Stephan Nelles

Excel im Controlling

Das umfassende Handbuch

Liebe Leserin, lieber Leser,

Excel ist ein fester Bestandteil im Controlling. Obwohl es zahlreiche Spezialsoftware zum Thema gibt, greifen viele Controller zur Tabellenkalkulation von Microsoft. Dies hat gute Gründe: Zum einen ist Excel vertraut und leicht verfügbar, zum anderen bietet das Programm sehr vielseitige Einsatzmöglichkeiten für professionelles Controlling. Es stellt für quasi jede anfallende Tätigkeit eine entsprechende Funktion bereit. Doch je größer die Funktionsvielfalt eines Werkzeugs ist, desto unübersichtlicher wird es auch. Wer kann da schon von sich behaupten, dass ihm die Wahl der richtigen Funktion, um ein gewünschtes Ergebnis möglichst unkompliziert und effizient zu erreichen, immer auf Anhieb gelingt?

Dieses Buch möchte Abhilfe schaffen. Es richtet sich an Controller, die Excel einsetzen und die möglichst schnell und effizient zum Ziel gelangen möchten. Dabei ist es egal, ob Sie Excel 2019, Office 365 oder eine ältere Excel-Version verwenden. Das Buch zeigt Ihnen umfassend, praxisnah und zielorientiert alle Funktionen, die Excel für das Controlling bietet. Import, Datenbereinigung, Analyse, Formeln und Funktionen, Reporting, Diagramme, Datenbankfunktionen, Power Pivot und Power Query: Hier finden Sie immer die für Sie beste Lösung. Ein großer Teil des Buches widmet sich auch der strategischen Planung, dem operativen Geschäft, den entscheidenden Kennzahlen sowie der Unternehmenssteuerung. Mit diesem Buch machen Sie Excel zu Ihrem Werkzeug für ein besseres Controlling.

Als Beispiele hat Stephan Nelles bewusst Fälle ausgewählt, die ihm als Berater mittelständischer und großer Unternehmen am häufigsten in der Praxis begegnen. So können Sie diese leicht auch für Ihre Einsatzzwecke verwenden. Sie finden alle Beispiele aus dem Buch zum Herunterladen auf *www.rheinwerk-verlag.de/4679/*. Klicken Sie dort einfach auf den Reiter MATERIALIEN ZUM BUCH.

Dieses Buch wurde mit größter Sorgfalt geschrieben, geprüft und hergestellt. Sollte dennoch einmal etwas nicht so funktionieren, wie Sie es erwarten, freue ich mich, wenn Sie sich mit mir in Verbindung setzen. Ihre Anregungen und Fragen sind jederzeit herzlich willkommen!

Ihr Erik Lipperts
Lektorat Rheinwerk Computing

erik.lipperts@rheinwerk-verlag.de
www.rheinwerk-verlag.de
Rheinwerk Verlag · Rheinwerkallee 4 · 53227 Bonn

Auf einen Blick

Wir hoffen, dass Sie Freude an diesem Buch haben und sich Ihre Erwartungen erfüllen. Ihre Anregungen und Kommentare sind uns jederzeit willkommen. Bitte bewerten Sie doch das Buch auf unserer Website unter **www.rheinwerk-verlag.de/feedback**.

An diesem Buch haben viele mitgewirkt, insbesondere:

Lektorat Erik Lipperts
Korrektorat Annette Lennartz, Bonn
Herstellung Denis Schaal
Typografie und Layout Vera Brauner
Einbandgestaltung Bastian Illerhaus
Coverbilder iStock: 498742346 © mapodile
Satz SatzPro, Krefeld
Druck C.H.Beck, Nördlingen

Dieses Buch wurde gesetzt aus der TheAntiquaB (9,35/13,7 pt) in FrameMaker.
Gedruckt wurde es auf chlorfrei gebleichtem Offsetpapier (80 g/m²).
Hergestellt in Deutschland.

Bibliografische Information der Deutschen Nationalbibliothek:
Die Deutsche Nationalbibliothek verzeichnet diese Publikation in der Deutschen Nationalbibliografie; detaillierte bibliografische Daten sind im Internet über *http://dnb.d-nb.de* abrufbar.

ISBN 978-3-8362-6400-6

4. aktualisierte Auflage 2019
© Rheinwerk Verlag, Bonn 2019

Informationen zu unserem Verlag und Kontaktmöglichkeiten finden Sie auf unserer Verlagswebsite **www.rheinwerk-verlag.de**. Dort können Sie sich auch umfassend über unser aktuelles Programm informieren und unsere Bücher und E-Books bestellen.

Inhalt

5 Datenbereinigung mit Power Query effizienter gestalten

6 Unternehmensdaten prüfen und analysieren

8   Wichtige Kalkulationsfunktionen für Controller

9 Neue dynamische Matrixfunktionen in Excel für Office 365

10 Bedingte Kalkulationen in Datenanalysen

11 Pivottabellen und -diagramme

14 Operatives Controlling mit Excel

635

15   Unternehmenssteuerung und Kennzahlen

16 Reporting mit Diagrammen und Tabellen

16.1 Grundlagen

17 Automatisierung mit Makros – VBA für Controller

Vorwort

Kennen Sie Multiplan? In den 1980er Jahren war das elektronische Planungssystem, wie Microsoft die Software nannte, ein im deutschsprachigen Raum erfolgreiches Tabellenkalkulationsprogramm. Ich arbeitete in dieser Zeit in einem sozialwissenschaftlichen Forschungsinstitut. Kurz vor Feierabend warfen wir die Rechner an und ließen Zehntausende Datensätze berechnen – beispielsweise für eine Mietenanalyse. Am nächsten Morgen war die Berechnung zumeist fertig. Man musste sich nun die Ergebnisse in Ruhe anschauen, um herauszufinden, ob das Programm alles korrekt ausgeführt hatte oder ob man, was passieren konnte, wegen eines Fehlers noch mal 8 Stunden rechnen lassen musste.

Konkurrenten von Multiplan waren damals Lotus 1-2-3 und wenig später PlanPerfect. Die von Mormonen in Utah entwickelte Office Suite beherrschte schon eine Unmenge an internationalen Zeichensätzen. Griechisch, Kyrillisch, Katakana – alles kein Problem. Wir hatten eine Tochterfirma gegründet, die sich mit IT-Schulung und -Beratung befasste. Und so wurden durch vielsprachige Anforderungen die Staatlichen Museen der Stiftung Preußischer Kulturbesitz unser erster wichtiger Kunde. Vormittags schulte ich Mitarbeiter auf unseren Seminar-PCs. Nachmittags besuchte ich immer neue Häuser des kulturellen Flaggschiffes, um Anwender vor Ort zu beraten. Ob Generaldirektion oder ethnologische Institute, Staats- oder die Kunstbibliothek, es war das Berlin der späten 1980er Jahre. Der Bund ließ sich die Kultur in der Mauerstadt etwas kosten, und ich staunte oft, wie viele Institute zu den Staatlichen Museen gehörten. Vor Ort ging es dann häufig über die Halbetagen verwinkelter Treppenhäuser, durch Nebeneingänge und vorbei an Vitrinen, unter denen Exponate ferner Zeiten und Kulturen gefangen waren. Am Ende des Weges wartet zumeist ein Schreibtisch, auf dem ein hölzerner Kasten mit Karteikarten einträchtig neben einem PC allerneuester Prägung thronte. Auf letzterem lief Multiplan, Charts oder WordPerfect, und mir fiel die immens dankbare Aufgabe zu, mit den im Hintergrund der Ausstellungsräume tätigen hochkarätigen Wissenschaftlern technische Lösungen für Datenbanken, Fachbücher oder Kataloge zu entwickeln.

Es war einmal: Die Zeit der Kauflizenzen

Im Laufe der Jahre wuchs nicht nur die Liste meiner Berliner Lieblingsorte und -museen. Auch die Softwarehandbücher bildeten nun eine stattliche Bibliothek. In meinem Büro hatte ich ein Sideboard, ungefähr 1,80 Meter breit. Etwa einmal jährlich gab es neue Programmversionen und mit ihr ein neues Handbuch. Das war ein mit Leinen verstärkter Schuber, bis zu 10 Zentimeter breit, mit Ringlochung, ausführlichem Inhaltverzeichnis und einem Papierfach für die Ablage der Programmdisketten. Multiplan 3.0, 4.0, 4.1 und – die Farewell-Version – 4.2. Dann übernahm Excel das Kommando.

Ja, Versionen gab es in den kommenden Jahren auch von Excel. Zwar wurden die dicken Handbücher bald abgeschafft, zunächst weil man glaubte, mit sogenannten Updates den Kampf gegen Raubkopierer erfolgreicher führen zu können. Später erkannten die Anbieter, dass sich Informationsmaterial zur Software besser oder zumindest kostengünstiger auf einem anderen Weg an den Nutzer bringen ließ. Spätestens dann mussten die meisten Anwender von Computersoftware eine neue Vokabel lernen: Internet.

Zwar sprach man damals noch von der Datenautobahn, doch jedem wurde schnell klar, dass das neue Netz der Netze eher einem Urwald glich mit einigen Hauptpfaden und einem unüberschaubaren Gewirr von Trampelpfaden, die durch das Unterholz des Informationszeitalters führten. Für ein Anwendungsprogramm wie Excel bedeutete diese Entwicklung, dass schon bald selbst die CD-ROM oder DVD verschwanden und damit der letzte physikalische Beweis, dass man für sein Geld überhaupt ein Produkt erworben hatte. Hatte der Käufer erst einmal auf den Button BEZAHLEN geklickt, registrierte er im Posteingang seines E-Mail-Programms maximal noch eine Nachricht, die Lizenznummer und Downloadlink enthielt. Der Installationsvorgang auf dem eigenen Rechner konnte somit beginnen.

Das neue Excel für Marsbewohner

Im Herbst 2018 kündigte Microsoft eine Neuerung an, die vermuten lässt, dass nun auch Softwarelizenzen, wie wir sie bisher kannten, zu einer aussterbenden Spezies gehören und schon bald in den virtuellen Vitrinen eines imaginären IT-Museums ausgestellt werden. Der Softwaregigant nahm das Erscheinen der Kauflizenz von Excel 2019 zum Anlass, um zeitgleich eine neue Funktionskategorie, die dynamischen Matrixfunktionen, in weltweit beachteten Live-Präsentationen vorzustellen. Schnell wurde klar, dass diese Funktionen das Potenzial besitzen, die Arbeit mit großen Datenmengen in Datenanalyse und Reporting fundamental zu verändern und zu erleichtern.

Doch in der gleichen Präsentation machten die Redmonder auch klar, dass diese neuen Wunderfunktionen nicht im soeben in den Verkauf gegangenen Excel 2019 zu finden wären, sondern nur in den Office-365-Abos verfügbar seien. Dynamische Matrixfunktionen und Kauflizenzen, das sollte laut Microsoft Communiqué frühestens 2022, also mit der nächsten Version, zusammengehen, sofern es die überhaupt noch geben wird. Wow! Einige Experten des Tabellenkalkulationsprogramms stand der Mund weit offen. Den zukünftigen Stellenwert der Kauflizenzen von Excel identifizierten Sie in ersten Statements schnell auf Anwender mit äußerst reduziertem Zugang zur Cloud, nämlich Bewohner der Arktis oder des Planeten Mars.

Natürlich sind die dynamischen Matrixfunktionen nicht das einzige Zeichen eines weiteren Wandels in der Welt der Anwendungsprogramme. Unter den Vorzeichen von *Software as a Service* sind schon viele Veränderungen bereits Realität. Nutzer der Cloud-Versionen entscheiden schon heute, ob sie monatlich oder halbjährlich Updates im Hintergrund ausführen lassen möchten. Neue Diagramm- oder Datentypen, auf die Nutzer von Einzellizenzen Jahre warten, gelangen so scheibchenweise über Updates auf die Rechner der Cloud-Anwender. Standardprogramme wie Outlook erhalten Funktionen wie IN KÜRZE VERFÜGBAR, in denen man sich über anstehende Neuerungen informieren kann. In Excel für Office 365 tauchen zusätzliche Menüoptionen mit dem Zusatz *Preview* auf – einem Hinweis darauf, dass etwas noch in der Entwicklung ist, aber schon bald dauerhaft ins Programm übernommen wird.

Unter diesen Vorzeichen wird es zusehends schwieriger, die Einheitlichkeit der im Unternehmen eingesetzten Software sicherzustellen. Und selbst ein Fachbuch, wie das, das Sie gerade in Händen halten, muss sich ganz neuen Herausforderungen stellen. Denn die simple Frage, was in Excel 2019 nun an neuen Funktionen verfügbar ist, lässt sich nicht mehr in ein oder zwei Sätzen beantworten. Eher muss man ihr mit zwei oder drei Gegenfragen begegnen: Sind Sie Käufer der Lizenzversion oder Abonnent? Nutzen Sie den monatlichen oder den halbjährlichen Updatechannel?

Innovation + Erfahrung = effiziente Lösung

Auch wenn sich der Wandel von der Softwarelizenz zum Softwareservice aktuell mit einer neuen Dynamik vollzieht und wir alle schon bald von den Vorzügen der Softwareverteilung über die Cloud überzeugt worden sein werden, bleiben im praktischen Einsatz der unterschiedlichen Versionen doch einige Rahmenbedingungen unverändert. Dieses Buch hat stets einen Spagat gewagt und wird davon auch in seiner aktuellen Auflage nicht abweichen: Es ist der Spagat zwischen ganz grundsätzlichen Themen wie nützlichen Tastenkombinationen und komplexeren Kalkulationsfunktionen, zwischen allgemeinen Tipps zur Entwicklung einer strukturierten Arbeitsweise in Excel und der Darstellung zahlreicher praxiserprobter Fallbeispiele wie Soll-Ist-Vergleiche, Forecasts und Statusberichte.

Das Buch möchte nicht die eine besondere Funktion oder Arbeitstechnik feiern, mit der – einem Zauber gleich – alle Berechnungs- und Berichtsfragen erschöpfend beantwortet werden. Sein Ideal der Wissensvermittlung fühlt sich im übertragenen Sinne meinem Gang über Halbetagen, verwinkelte Treppenhäuser und Nebeneingänge verpflichtet, wie ich ihn am Beginn dieses Vorworts beschrieben habe. Die Aneignung von Praxiswissen funktioniert eben so, aus eigenen geglückten oder missglückten Versuchen, aus aufgestöberten Ideen Gleichgesinnter, glücklichen Fügungen und unvermeidlichen Umwegen entwickelt sich ein Substrat, das man Erfahrung nennt. Auf Erfahrung gedeihen die besten praktikablen Lösungen. Mit anderen Worten: Man muss nicht immer die brandheißeste Version einsetzen und den kürzesten Channel abonniert haben, um seine Arbeit in Excel effizient zu erledigen. In den folgenden 17 Kapiteln werden Sie zahlreiche Beispiele dafür finden, dass es auch mit Mitteln geht, die schon seit Jahren in Excel verfügbar sind. Aber hier und da bricht sich selbstverständlich auch die eine oder andere Neuerung Bahn, mit der Excel immer wieder zu begeistern weiß.

Stephan Nelles

Kapitel 1
Neuerungen in Excel 2019

Mit Excel 2019 ist Microsoft den Weg der letzten Jahre konsequent weiter-gegangen und hat die beiden Self-Service-Business-Intelligence-Tools Power Query und Power Pivot in deutlich erweitertem Funktionsumfang implemen-tiert. Auch andere Neuerungen zielen vor allem auf Nutzer großer Daten-mengen ab. Verschaffen Sie sich in diesem Kapitel einen Überblick über die für die Arbeit im Controlling relevanten Updates.

Die offensichtlichste Neuerung für Nutzer älterer Excel-Versionen ist eine vollständig neue Gruppe im Menü DATEN. An der Stelle, an der einmal externe Datenverbindungen herge-stellt und bearbeitet wurden, befindet sich nun der Menüpunkt DATEN ABRUFEN UND TRANSFORMIEREN. Öffnen Sie das Listenfeld DATEN ABRUFEN, dann stoßen Sie auch auf die altbekannten Schnittstellen wie Microsoft Query, ODBC oder OLEDB (Abbildung 1.1).

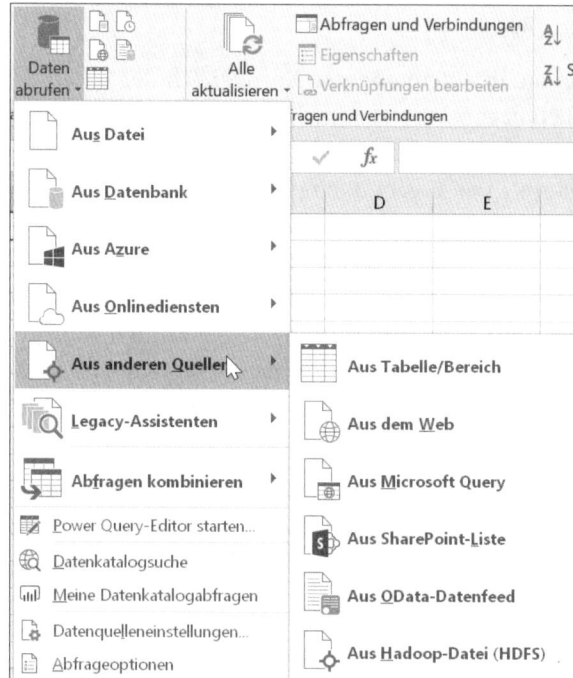

Abbildung 1.1 Daten abrufen und transformieren – Power Query residiert nun unter diesem Namen im Menü »Daten«.

Weitere Legacy-Assistenten können Sie nutzen, sofern Sie die Optionen dazu unter DATEI • OPTIONEN • LEGACY-DATENIMPORT-ASSISTENTEN ANZEIGEN aktiviert haben. Doch keines dieser Tools kann es auch nur annähernd mit dem *ETL-Tool* (Extract, Transform, Load) Power Query wirklich aufnehmen.

Die neue Version glänzt mit zahlreichen Funktionen, die die Transformation von Rohdaten in den meisten Fällen zu einer leichten Übung macht. Der Import von Excel- oder CSV-Dateien aus einem Ordner gleicht nun einem Kinderspiel. Neue Gruppierungsfunktionen auf Basis von Datumsspalten sind in der Lage, in Windeseile Quartals- oder Monatsspalten zu erstellen. Und mithilfe der Funktion SPALTE AUS BEISPIELEN werden Sie wohl nie wieder an komplexen Textfunktionen bei der Erstellung von Gruppierungsmerkmalen verzweifeln. Die Neuerungen sind hier so umfangreich, dass Kapitel 5, »Datenbereinigung mit Power Query effizienter gestalten«, in diesem Buch vollständig überarbeitet wurde. Es veranschaulicht Ihnen das Potenzial der neuen Funktionen an zahlreichen Fallbeispielen.

Auch technisch hat sich einiges bei Power Query getan. Nachdem es in der Community teils herbe Kritik an der Performance des Tools bei der Aktualisierung von aufeinander aufbauenden Abfragen gegeben hatte, musste Microsoft nachlegen. Dies geschah in Form einer Optimierung der Power-Query-Engine, die nun deutlich schneller beim Import externer Daten arbeitet. Doch die klare Ansage aus Redmond lautet auch: Die Optimierung gilt nur für Office-365-Abonnenten und Käufer einer Excel-2019-Lizenz. In Excel 2010 bis 2016 müssen sich Anwender weiterhin mit Wartezeiten anfreunden. Updates für diese Versionen wird es auch zukünftig nicht geben.

Apropos Performance und Excel-Versionen, in einem anderen Kernbereich der Excel-Anwendungen im Controlling wurde deutlich nachgebessert. Denn auch die Arbeitsweise von SVERWEIS(), WVERWEIS() und VERGLEICH() wurde optimiert. Erreicht wird dies durch eine Technik, die Microsoft *Index on Demand* nennt. Das Ergebnis einer einmal vom SVERWEIS() durchsuchten Spalte bleibt im Arbeitsspeicher resident und kann von weiteren Suchvorgängen durch die Verweisfunktion wiederholt genutzt werden. Auch die Performance beim Sortieren, Filtern und Kopieren bzw. Einfügen von Daten wurde beschleunigt. Doch wie bei den *Speedy Lookups* gilt auch bei diesen sehr sinnvollen Verbesserungen: Sie werden lediglich Office-365-Abonnenten das Leben versüßen. Wer mit einer klassischen Excel-2019-Lizenz arbeitet, muss auch weiterhin beim Umgang mit großen Datenmengen ein übers andere Mal Nerven bewahren.

Doch vielleicht werden Sie zukünftig viel seltener zu Verweisfunktionen greifen und große Datenmengen in Excel mit Bordmitteln filtern oder sortieren. Denn auch bei Power Pivot gibt es Weiterentwicklungen. Diese bestehen vorranging in der Verbesserung der Benutzeroberfläche. Aber selbstverständlich wird auch hier an der Weiterentwicklung der Funktionsbibliothek gearbeitet.

An einer weiteren Neuerung, die sich am Horizont abzeichnet, wird die Schere bei der Weiterentwicklung zwischen Abo- und Kauflizenzversionen überdeutlich. Im Herbst 2018 kündigte Microsoft eine vollkommen neue Funktionskategorie mit den *dynamischen Matrixfunktionen* an. Goodbye Strg-Shift-Enter! Die neuen Funktionen sind in der Lage, auf große Datenmengen zuzugreifen, diese zu transformieren und den Zielbereich der Berechnung »überlaufen« zu lassen (Abbildung 1.2). Es klingt sensationell, und ich verspreche Ihnen, das ist es auch.

In Kapitel 9, »Neue dynamische Matrixfunktionen in Excel für Office 365«, beschreibe ich die Funktionsweise und die hoch interessanten neuen Möglichkeiten solcher Funktionen wie SORTIEREN(), FILTER(), EINDEUTIG() oder SEQUENZ(). Sie sind im Frühjahr 2019 lediglich in einer Vorabversion des *Insider-Channels* verfügbar. Doch wenn Sie im Laufe des Jahres in die reguläre Office-365-Version integriert werden, könnte es schnell passieren, dass auch Sie Ihre Datenmodelle optimieren werden. Wie das funktionieren könnte, habe ich in Kapitel 9 am zentralen Datenmodellbeispiel, dem Forecast, für Sie dargestellt.

Aber auch im Fall der dynamischen Matrixfunktionen gelten Einschränkungen. Sie werden ausschließlich für Abokunden verfügbar sein. Wer hingegen eine Office- oder Excel-2019-Lizenz käuflich erworben hat, muss voraussichtlich bis zum Jahre 2022 auf den Performanceboost warten.

	A	B	C	D	E	F	G	H
1	Name	Datum	Summe		Überlaufbereich			
2	Paul Trumpf	04.03.2018	690,00 €					
3	Hannelore Jährer	06.03.2018	5.100,00 €		=SORTIEREN(A2:C15;2;-1;FALSCH)		690	
4	Karim Mouloum	09.03.2018	155,00 €		R SORTIEREN(**Matrix**; [Sortierindex]; [Sortierreihenfolge]; [nach_Spalte])			
5	Frieda Graun	04.04.2018	680,00 €		Rudolf Vollbrecht	43258	390	N
6	Eva Erbracht	05.04.2018	65,00 €		Eva Erbracht	43195	65	v
7	Rudolf Vollbrecht	07.06.2018	390,00 €		Frieda Graun	43194	680	s
8	Amparo Wermel	04.03.2018	1.125,00 €		Stephanie Rummer	43193	65	
9	Bernd Ülzen	04.03.2018	450,00 €		Karim Mouloum	43168	155	
10	Ellen Semmerling	16.02.2018	1.360,00 €		Hannelore Jährer	43165	5100	
11	Petra Unkroth	24.01.2018	5.100,00 €		Paul Trumpf	43163	690	
12	Mehmet Araci	04.03.2018	155,00 €		Amparo Wermel	43163	1125	
13	Remo Rauschenberg	05.07.2018	680,00 €		Bernd Ülzen	43163	450	
14	Stephanie Rummer	03.04.2018	65,00 €		Mehmet Araci	43163	155	
15	Dörte Jensen	30.08.2018	690,00 €		Ellen Semmerling	43147	1360	
16					Petra Unkroth	43124	5100	

Abbildung 1.2 Neue dynamische Matrixfunktionen bringen Zellen zum »Überlaufen«.

Verbesserungen für alle Excel-Nutzer, egal, ob sie nun Abonnenten oder Käufer von Excel 2019 sind, finden sich bei der Arbeit mit Pivottabellen – wenn auch mit geringerer Tragweite. Hier gibt es erstmalig die Möglichkeit, unter DATEI • OPTIONEN • DATEN ein STANDARDLAYOUT für das viel genutzte Werkzeug der Ad-hoc-Analyse zu definieren. In ihm können konkrete Vorgaben dazu gemacht werden, welches Berichtslayout standardmäßig verwendet werden soll und ob Teil- bzw. Gesamtergebnisse angezeigt werden sollen oder nicht. Auch Features aus den PIVOTTABLE-OPTIONEN, wie die automatische Anpassung von Spaltenbreiten bei der Datenaktualisierung, können nun endlich dauerhaft vordefiniert werden.

Pivottabellen analysieren zudem in Excel 2019 automatisch das Datenformat der im Zeilenbereich abgelegten Felder der PivotTable-Feldliste. Handelt es sich um ein Datumsformat, so generiert die Pivottabelle automatisch Datumsgruppierungen wie Jahre, Monate und Quartale. Eine schöne Funktion, sicherlich, doch ebenso positiv und wichtig erscheint mir, dass man die automatische Gruppierung über die Excel-Optionen (DATEI • OPTIONEN • DATEN) auch deaktivieren kann (Abbildung 1.3). Mehr über die neuen Funktionen erfahren Sie selbstverständlich in Kapitel 11, »Pivottabellen und -diagramme«.

Datenoptionen

Änderungen am Standardlayout von PivotTables vornehmen: Standardlayout bearbeiten...

☑ "Rückgängig" für große PivotTable-Aktualisierungsvorgänge deaktivieren, um die Aktualisierungsdauer zu reduzieren

   "Rückgängig" für PivotTables mit mindestens dieser Anzahl Datenquellenreihen (in Tausend) deaktivieren: 300

☐ Excel-Datenmodell beim Erstellen von PivotTables, Abfragetabellen und Datenverbindungen bevorzugen ⓘ

☑ "Rückgängig" für große Excel-Datenmodellvorgänge deaktivieren

   "Rückgängig" für Datenmodellvorgänge deaktivieren, wenn das Modell diese Größe (in MB) erreicht oder überschreitet: 8

☐ Datenanalyse-Add-Ins aktivieren: Power Pivot, Power View und 3D-Karten

☐ Automatische Gruppierung von Datum/Uhrzeit-Spalten in PivotTables deaktivieren

Abbildung 1.3 Standardlayouts für Pivottabellen sind nun über die Excel-Optionen konfigurierbar.

Im Bereich der Kalkulationsfunktionen setzt sich ein Trend der letzten Versionen fort. Die Zahl der bedingten Kalkulationen wird immer größer. Excel 2019 hat gleich zwei neue zu bieten: MAXWENNS() und MINWENNS(). Beide Funktionen machen genau das, was ihr Name verspricht. Sie erlauben die Berechnung des Minimal- oder Maximalwertes mit bis zu 126 Bedingungen (Abbildung 1.4), befinden sich also auf Augenhöhe mit solchen Klassikern wie SUMMEWENNS() und ZÄHLENWENNS().

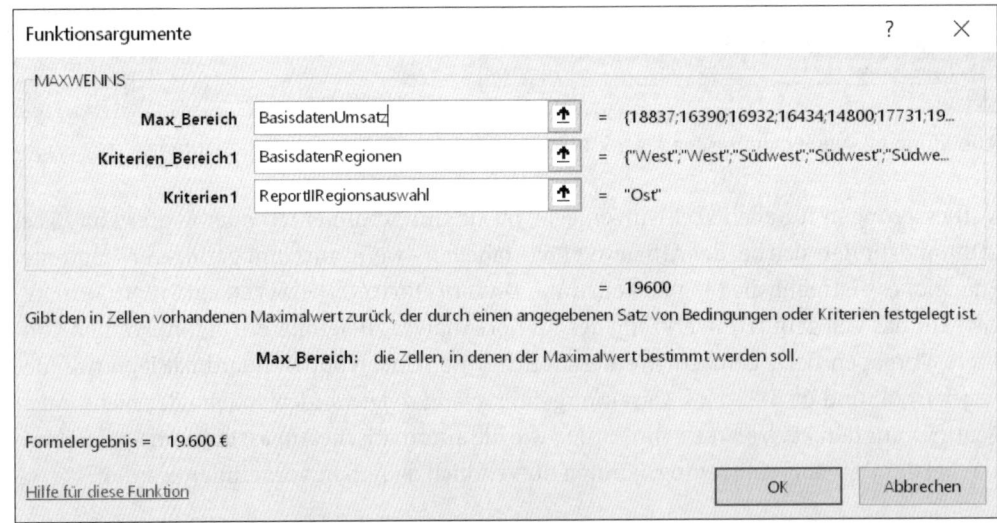

Abbildung 1.4 MAXWENNS() verarbeitet wie MINWENNS() von 1 bis 126 Filterbedingungen.

Zur Vereinheitlichung ist Microsoft bei den beiden Neulingen allerdings einen neuen Weg gegangen. Die entsprechenden Versionen für die Anwendung nur einer Bedingung – sie hätten *MINWENN()* und *MAXWENN()* heißen müssen – wurden in Excel 2019 nicht in die Funktionsbibliothek aufgenommen. Gute Entscheidung!

Auch bei der Visualisierung von Daten gibt es eher mikroskopische Neuerungen. Diese bestehen zunächst einmal darin, dass bei vielen neuen Diagrammtypen der letzten Version endlich die überwiegende Zahl der Anpassungsoptionen funktioniert. Waren bei Wasserfalldiagramm, Kastengrafik, Treemap und Co. beim letzten Release noch zahlreiche Menübereiche ausgegraut und somit nicht verwendbar, lassen sich nun endlich fast alle Optionen individuell konfigurieren. Richtig neu ist in Excel 2019 allerdings nur das Trichter- oder *Funnel-Diagramm* (Abbildung 1.5). Die visuellen Möglichkeiten von Excel 2019 werden zudem mit einer Auswahl an Piktogrammen aufgepeppt, die Sie über EINFÜGEN • ILLUSTRATIONEN • PIKTOGRAMME abrufen. Ansonsten muss man klar sagen, dass im Hause Microsoft wohl weiterhin deutlich mehr Kapazitäten in die Datenvisualisierungsfähigkeiten von *Power BI Desktop* investiert werden als in die von Excel.

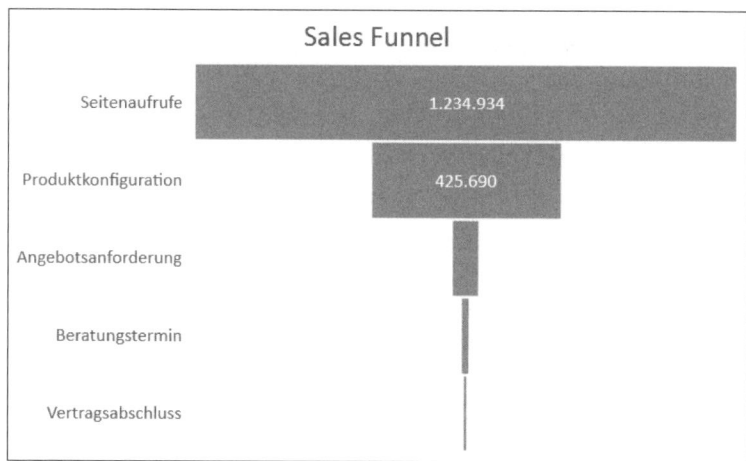

Abbildung 1.5 Jetzt auch in Excel 2019 verfügbar, das Trichter- oder Funnel-Diagramm

Eine wahrscheinlich richtungsweisende Neuerung offeriert die Office-365-Version von Excel hingegen im Menü DATEN. Dort werden in der Gruppe DATENTYPEN zwei neue Datenformate angeboten. Sie tragen die Bezeichnungen STOCKS und GEOGRAPHY und stellen so etwas wie die Tür zur Cloud dar. Trägt man in eine Zelle beispielsweise den Ortsnamen »Hamburg« ein und weist der Zelle das Format GEOGRAPHY zu, so baut Excel gleich eine Internetverbindung dieser Zelle auf (Abbildung 1.6). Abgerufen werden momentan Daten aus Bing und Wikipedia. Es gehört jedoch nicht viel Fantasie dazu, sich vorzustellen, dass weitere Datendienste zukünftig ebenfalls integriert werden.

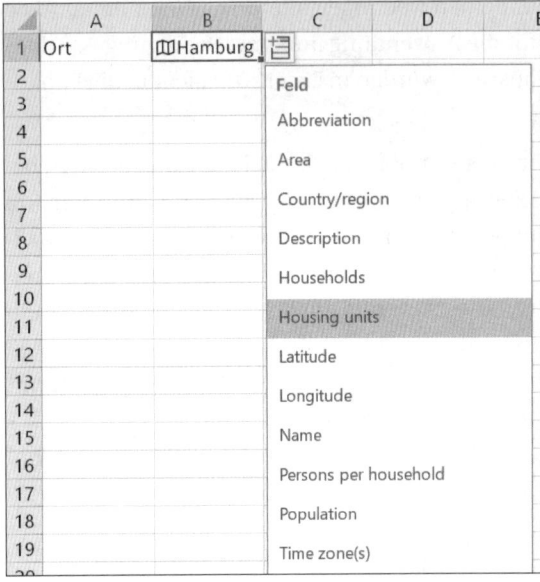

Abbildung 1.6 Über neue Datentypen werden Informationen aus Onlinedatendiensten abgerufen.

Die Zuordnung der externen Daten ist dabei voll in das System der Zellverweise von Excel integriert. Wird in einer anderen Zelle der Arbeitsmappe auf eine Zelle des Datentyps GEOGRAPHY verwiesen, öffnet sich gleich eine Liste mit Datenkategorien, aus denen Details abgerufen werden können (Abbildung 1.7).

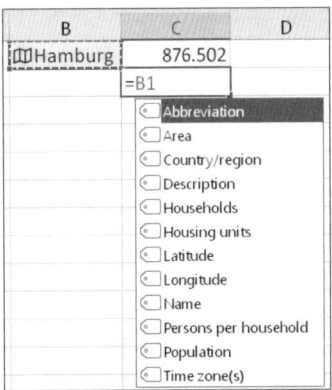

Abbildung 1.7 Zellbezug auf eine Zelle mit dem Datenformat »Geography«

Der Verweis =B1.Population in Zelle C2 fügt beispielsweise die Einwohnerzahl Hamburgs an der ausgewählten Stelle ein (Abbildung 1.8). Grundsätzlich funktioniert auch der Datentyp STOCKS nach dem gleichen Muster. Anbieter der Daten ist hier *Morningstar Inc.* Die Aktualisierung von Kursen unterliegt je nach ausgewähltem Handelsplatz einem individuellen Aktualisierungsintervall zwischen 5 und 30 Minuten. Von einigen Börsen können lediglich

Tagesschlusskurse bereitgestellt werden. Sicherlich hat die neue Funktion noch einen gewissen Beta-Touch. Doch sie stellt in gewisser Weise die erste Form der Öffnung von Excel gegenüber bestehenden Datendiensten dar. Copy & Paste war gestern, wenn man einerseits Power Query und andererseits die neuen Datentypen nutzt.

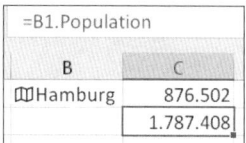

Abbildung 1.8 Rückgabe der Einwohnerzahl auf Basis des Datentyps »Geography«

Noch einen Schritt weiter geht dann schließlich die neue Funktion IDEEN – ebenfalls in der Office-365-Version im Menü START verfügbar. Diese in der englischen Version als INSIGHTS bezeichnete Neuerung dürfte den Anwendern von Power BI bekannt vorkommen. Denn sie bringt eine erste Brise *künstlicher Intelligenz* in den guten alten Kalkulator namens Excel. Haben Sie eine Datenliste oder Datentabelle in Ihre Arbeitsmappe geladen und klicken auf die Schaltfläche IDEEN, so werden Sie zunächst gebeten, die Intelligenten Dienste von Office 365 zu aktivieren (Abbildung 1.9).

Abbildung 1.9 Aktivierung der Intelligenten Dienste in der Aboversion von Excel

Sobald dies geschehen ist, beginnt Azure mit der Analyse Ihrer Daten. Ich habe in meinem Beispiel einen Auszug aus der Tabelle *SalesOrderDetail* der *AdventureWorks*-Datenbank verwendet. In Windeseile untersucht IDEEN nun die 14.000 Datensätze und unterbreitet wenig später eine ganze Reihe von Einsichten in die Daten am rechten Rand des Excel-Fensters (Abbildung 1.10).

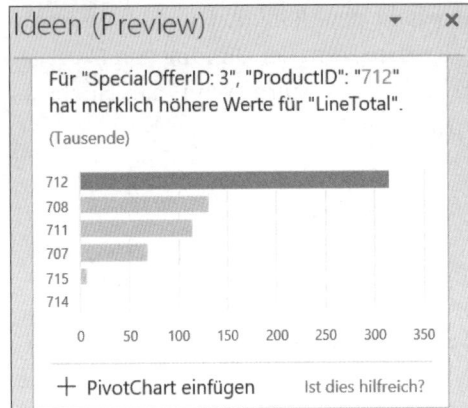

Abbildung 1.10 »Ideen« analysiert Daten der Arbeitsmappe und unterbreitet Auswertungsvorschläge.

Stößt eine davon auf das Interesse des Benutzers, so kann er sie mit einem Mausklick auf PIVOTCHART EINFÜGEN, unmittelbar in die eigene Arbeitsmappe übernehmen (Abbildung 1.11). Typischerweise werden Trends, Datenverteilungen und Ausreißer im Datenbestand aufgespürt, die dem menschlichen Auge eventuell entgangen wären. Die unscheinbare Frage IST DIES HILFREICH? Entpuppt sich schließlich als echtes Feature aus der Welt des Maschinenlernens. Denn selbstverständlich erstellt IDEEN Nutzungsmuster und versucht auf diesem Weg die zukünftigen Vorschläge Schritt für Schritt zu optimieren.

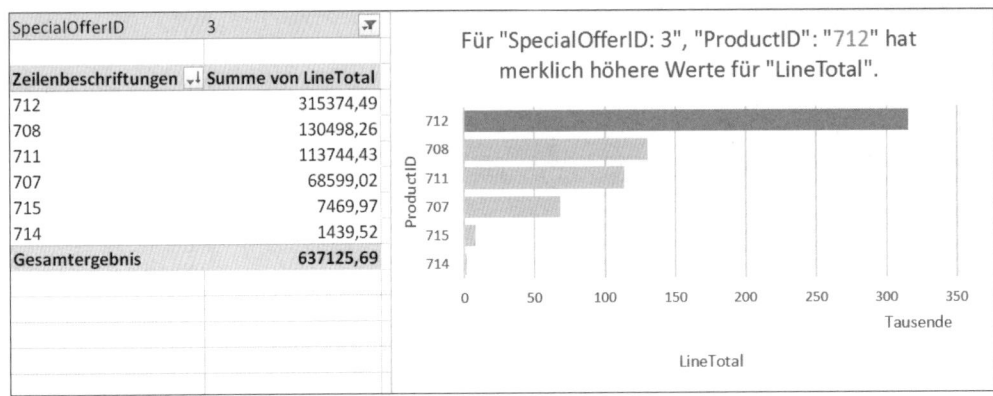

Abbildung 1.11 Pivottabelle und -diagramm auf Basis der neuen Funktion »Ideen«

Der letzte thematische Block bei der Weiterentwicklung des Kalkulationsprogramms kann mit der Überschrift *Barrierefreiheit und Kommunikation* überschrieben werden. Im Menü ÜBERPRÜFEN kann die Barrierefreiheit von Excel-Arbeitsmappen über die gleichnamige Schaltfläche gestartet werden. Excel unterbreitet dann auch Verbesserungsvorschläge für die Gestaltung von Dateien. Ergänzt wird diese neue Funktion durch eine ganze Reihe weiterer Verbesserungen wie die verbesserte Sprachausgabe, aber auch das Erstellen barrierefreier PDF-Dateien.

Die altbekannten Notizen, die man über das Kontextmenü und die Option NEUE NOTIZ an eine beliebige Zelle anheften konnte, haben mit Excel 2019 Konkurrenz erhalten. Denn im Kontextmenü wird nun auch die Option NEUER KOMMENTAR angeboten. Während Notizen eher darauf abzielen, Erinnerungen oder kürzere Erklärungen im Tabellenblatt abzuspeichern, sind Kommentare für die Kommunikation mit Kolleginnen und Kollegen gedacht (Abbildung 1.12).

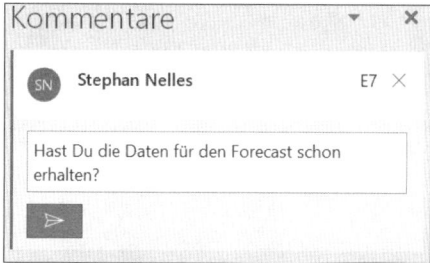

Abbildung 1.12 Kommentare werden gepostet, um anderen Nutzern zur Verfügung zu stehen.

Sie müssen gepostet werden, und andere Nutzer der Arbeitsmappe können auf die Kommentare antworten. Die einzelnen Threads werden – bezogen auf das jeweils aktive Tabellenblatt der Arbeitsmappe – ein- oder ausgeblendet, wenn der Benutzer auf die Schaltfläche KOMMENTARE rechts neben dem Hauptmenü klickt (Abbildung 1.13).

Abbildung 1.13 Kommentare können mit einem Mausklick ein- und ausgeblendet werden.

Kapitel 2

Tipps, Tricks und Tastenkürzel – zeitsparende Techniken für Controller

Manchmal sind es gar nicht die großen Dinge, die dabei helfen, effizienter zu arbeiten. Tastenkombinationen für in unteren Menüebenen versteckte Funktionen sind häufig willkommene Helfer, um Routineaufgaben einfach schneller umzusetzen. Dieses Kapitel versammelt einige Kleinigkeiten, die es in sich haben.

Oberstes Gebot, um bei der Arbeit mit Excel nicht unnötig Zeit zu verlieren, ist selbstverständlich systematisches Arbeiten. Was ganz allgemein für die Erledigung anstehender Aufgaben vernünftig ist – nämlich eine strukturierte Arbeitsweise –, kann für in einem Kalkulationsprogramm zu erledigende Berechnungen nicht unsinnig sein. Die Überlegungen, wie man für wiederkehrende Analysen und Reports stabile Datenmodelle entwickelt, werden sich somit auch wie ein roter Faden durch dieses Buch ziehen.

Doch um den großen Wurf geht es an dieser Stelle gar nicht. Mir ist in den vergangenen Jahren immer wieder aufgefallen, dass fortgeschrittene Benutzer sehr souverän und effizient mit Excel umgehen, aber auch die eine oder andere Sache umständlicher handhaben, als es denn eigentlich sein müsste. Auch mir selbst erging es immer wieder in der Vergangenheit so, dass ich, nachdem ich eine Aufgabe über lange Zeit in gewohnter Manier ausgeführt hatte, durch einen Zufall oder einen Tipp auf eine Vereinfachung stieß. Nach oben hin scheint also eigentlich immer noch Luft zu sein, wenn es um die Vereinfachung von alltäglichen Handgriffen geht.

2.1 Daten effizient eingeben

Lassen Sie uns mit der Eingabe von Daten beginnen. Sie folgt zunächst einem einfachen Schema:

► Die Eingabe in eine Zelle wird mit ⏎ abgeschlossen.

► Soll in mehrere Zellen der gleiche Wert eingegeben werden, markieren Sie diese Zellen, tippen den Zellinhalt und schließen dann mit Strg + ⏎ ab.

► Alt + ⏎ fügt während der Eingabe einen Zeilenumbruch in die aktuelle Zelle ein.

- ▶ Mit ⬆ + ⏎ bestätigen Sie die Eingabe eines Wertes und springen gleichzeitig in die Zelle darüber zurück.

- ▶ Steht der Cursor rechts von einer beschriebenen Zelle, kopieren Sie deren Wert mit Strg + R in die aktuelle Zelle.

- ▶ Mit Strg + U erreichen Sie den gleichen Effekt, wenn Sie mit dem Cursor unterhalb einer gefüllten Zelle stehen.

Diese Handgriffe decken bereits einen hohen Prozentsatz typischer Dateneingaben und -bearbeitungen in Excel ab. Aber schauen wir uns in den folgenden Abschnitten noch ein paar Maßnahmen zum effizienteren Arbeiten mit Excel an.

2.1.1 Eingabe von Werten aus Listen

Interessant wird es dann aber wieder, wenn Sie viele Werte einzugeben haben, die sich häufiger wiederholen. Sie werden in der Folge schleunigst nach Möglichkeiten suchen, solche Eingaben zu vereinfachen. Zwar wird bei der Eingabe von Werten standardmäßig die Funktion AutoVervollständigen aktiv, doch hilft dies verhältnismäßig wenig, wenn Sie eine Reihe ähnlicher Begriffe in einer Spalte verwenden, denn bis Sie das unterscheidende Zeichen von *Frankfurt/O.* und *Frankfurt/M.* erreicht haben, ist der Ortsname leider bereits geschrieben.

Benutzen Sie stattdessen die Tastenkombination Alt + ↓, um die Liste der in der Spalte bereits benutzten Begriffe aufzurufen und mit Maus oder Tastatur einen der angebotenen Begriffe auszuwählen (Abbildung 2.1). Der Haken an dieser Art der Bedienung: Excel vergisst leider die bereits verwendeten Begriffe dieser Spalte umgehend, sobald eine Leerzelle die Folge unterbrochen hat.

Abbildung 2.1 Die Listenauswahl

2.1.2 Benutzerdefinierte Listen

Wenn Sie eine bestimmte Abfolge von Begriffen nicht nur einmal, sondern immer wieder einsetzen, sollten Sie grundsätzlicher an die Problematik gehen. Erstellen Sie eine BENUTZERDEFINIERTE LISTE:

1. Dazu schreiben Sie alle Begriffe, die in der Liste später vorkommen sollen, in die Zellen eines Tabellenblattes.

2. Rufen Sie anschließend DATEI • OPTIONEN • ERWEITERT • ALLGEMEIN • BENUTZERDEFINIERTE LISTEN BEARBEITEN auf.

3. Markieren Sie im Eingabefeld LISTE AUS ZELLEN IMPORTIEREN des Dialogfensters Ihre soeben im Tabellenblatt geschriebenen Begriffe, klicken Sie zunächst auf IMPORTIEREN und dann auf OK (Abbildung 2.2).

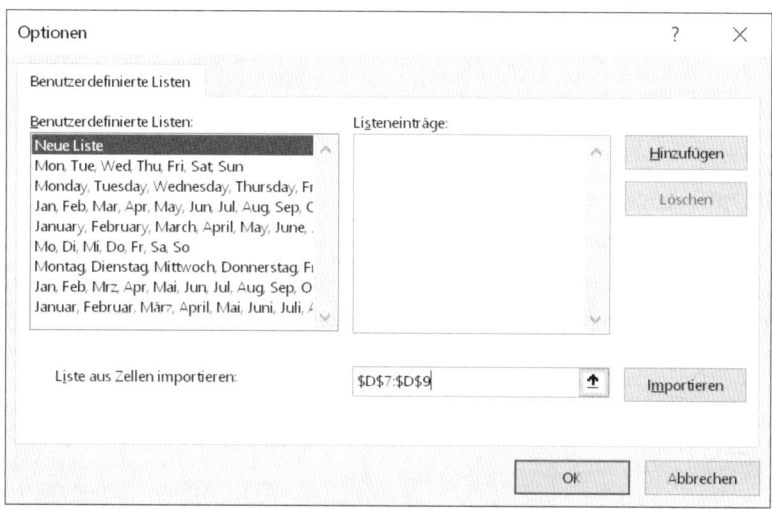

Abbildung 2.2 Erstellen einer benutzerdefinierten Liste

Benutzerdefinierte Listen können Sie auf zwei unterschiedliche Arten in Excel verwenden:

1. zum Füllen von Zellbereichen
2. zum benutzerdefinierten Sortieren von Tabellen

Um einen Bereich mit den Werten der Liste zu füllen, schreiben Sie einen Begriff aus der Liste in eine Zelle des Tabellenblattes, und ziehen Sie den Inhalt dann mit dem Ausfüllkästchen nach unten oder nach rechts (Abbildung 2.3).

Abbildung 2.3 »AutoAusfüllen« auf Basis einer benutzerdefinierten Liste

Möchten Sie hingegen eine Liste nicht in der Standardsortierreihenfolge, sondern nach Ihrer individuellen Prioritätensetzung sortieren, gehen Sie folgendermaßen vor:

1. Starten Sie die Funktion SORTIEREN • BENUTZERDEFINIERTES SORTIEREN.

2. Im Dialogfenster Sᴏʀᴛɪᴇʀᴇɴ wählen Sie die zu sortierende Spalte und unter Sᴏʀᴛɪᴇʀᴇɴ ɴᴀᴄʜ die Option Wᴇʀᴛᴇ.

3. Unter Rᴇɪʜᴇɴꜰᴏʟɢᴇ wählen Sie danach die Option Bᴇɴᴜᴛᴢᴇʀᴅᴇꜰɪɴɪᴇʀᴛᴇ Lɪsᴛᴇ und entscheiden sich darin für die gewünschte benutzerdefinierte Liste (Abbildung 2.4).

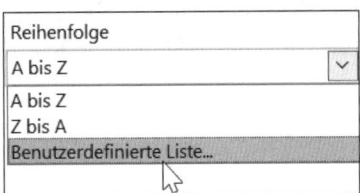

Abbildung 2.4 Benutzerdefiniertes Sortieren

2.1.3 AutoAusfüll-Optionen

Die Funktion AᴜᴛᴏAᴜsꜰüʟʟᴇɴ ist eines der mächtigsten Werkzeuge bei der Eingabe von Werten – insbesondere Datenserien – in das Tabellenblatt. Durch Ziehen am Ausfüllkästchen rechts unten in der Zellmarkierung können Sie Werte wahlweise in einer Serie fortschreiben oder aber kopieren (Abbildung 2.5).

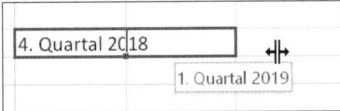

Abbildung 2.5 »AutoAusfüllen« spart viel Zeit.

Prinzipiell gelten die in Tabelle 2.1 dargestellten Regeln für das AᴜᴛᴏAᴜsꜰüʟʟᴇɴ.

Aktion	Funktion
am Ausfüllkästchen ziehen	Zahlen werden auf diese Weise in die jeweilige Richtung kopiert.
	Datumswerte wie 01.01.2016, Mai 2016, Mai oder Mittwoch werden per AᴜᴛᴏAᴜsꜰüʟʟᴇɴ als Datenreihe ausgefüllt.
	Text-Zahlen-Kombinationen wie *Raum 1* werden ebenfalls durch Ausfüllen fortgeschrieben.
	Erkennt Excel in dem Text eine zeitliche Angabe, z. B. 1. Quartal 2016, dann wird die zeitliche Abfolge auch korrekt fortgesetzt (nach dem 4. Quartal 2015 folgt das 1. Quartal 2016, nicht das 5. Quartal 2015).
	Bei Begriffen, die von einer benutzerdefinierten Liste stammen, wird – wie eben beschrieben – die Liste fortgeschrieben.

Tabelle 2.1 Möglichkeiten der Funktion »AutoAusfüllen«

Aktion	Funktion
mit [Strg] + linker Maustaste ziehen	Diese Kombination dient als Umkehrung zwischen Füllen und Kopieren. Ziehen Sie beispielsweise an einer Zelle mit dem Wert 1, erstellt Excel eine fortlaufende Nummerierung und keine Kopie des Wertes. Ziehen Sie mit gedrückter [Strg]-Taste an einem Datumswert, wird dieser kopiert und nicht wie gewohnt fortgeschrieben.
mit rechter Maustaste ziehen	Beim Loslassen der Maus öffnet sich das Kontextmenü, das je nach Datentyp entsprechende AutoAusfüll- oder Reihenoptionen offeriert. Ziehen Sie z. B. mit der rechten Maustaste an einem Datumswert, erhalten Sie Optionen wie TAGE AUSFÜLLEN, WOCHENTAGE AUSFÜLLEN oder MONATE AUSFÜLLEN.

Tabelle 2.1 Möglichkeiten der Funktion »AutoAusfüllen« (Forts.)

2.1.4   Einfügen von aktuellen Datums- und Zeitwerten

Das aktuelle Datum und die aktuelle Uhrzeit müssen Sie nicht in die Zelle tippen, denn Excel bietet für diese Werte Tastenkombinationen, wie sie Tabelle 2.2 zeigt.

Tastenkombination	Funktion
[Strg] + [.]	aktuelles Tagesdatum auf Basis der Systemzeit des Computers als fester Wert
[Strg] + [:]	aktuelle Uhrzeit auf Basis der Systemzeit des Computers als fester Wert

Tabelle 2.2 Tastenkombinationen zum Einfügen von Datums- und Zeitwerten

Sollen statt der festen Datums- und Zeitangaben veränderliche Werte eingesetzt werden, benutzen Sie die Funktion HEUTE(), um das aktuelle Datum in aktualisierbarer Form zu erhalten, oder JETZT() für Datum und Uhrzeit. Durch die Verwendung des Zahlenformats *hh:mm* erreichen Sie, dass letztere Angabe auch nur als Uhrzeit dargestellt wird.

2.1.5   Blitzvorschau – Einträge trennen und auf Spalten verteilen

Nicht selten werden Daten in Excel in einer Form importiert, die nicht zur Weiterverarbeitung geeignet ist. Nehmen wir an, Sie haben eine Spalte, in der Vornamen und Namen stehen. Sie benötigen aber die Vornamen in einer und die Nachnamen in einer anderen Spalte. BLITZVORSCHAU – in der US-Version als *FlashFill* bezeichnet – wird Sie entzücken.

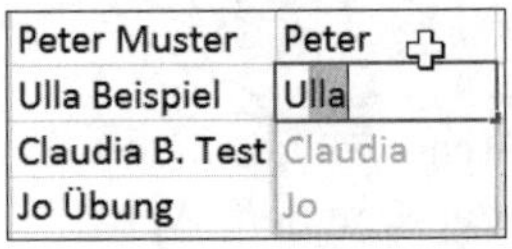

Peter Muster	Peter
Ulla Beispiel	Ulla
Claudia B. Test	Claudia
Jo Übung	Jo

Abbildung 2.6 Die »Blitzvorschau«

Schreiben Sie einfach den Vornamen der ersten Person in die Zelle rechts neben dem ersten Namen, und betätigen Sie ⏎. Sobald Sie nun in der Zelle darunter den Vornamen der zweiten Person erfassen, erkennt Excel das Eingabeschema. Das Programm schlägt Ihnen nun alle weiteren Vornamen der Personen vor, die in der Liste noch folgen (Abbildung 2.6). Mit ⏎ übernehmen Sie den Vorschlag.

Auf diese Weise können Sie auch ganze Spalteninhalte kopieren. Tippen Sie einfach in die ersten beiden Zellen die Inhalte der Nachbarspalte, und ⏎ erledigt den Rest.

2.2   Kopieren, Ausschneiden und Einfügen von Daten

Die Klassiker in dieser Rubrik sind selbstverständlich Strg + C , Strg + X und Strg + V , um Daten zu kopieren, auszuschneiden und an anderer Stelle wieder einzufügen. Doch für die Arbeit in bestehenden Tabellen gibt es einige weitere Hilfen.

Strg + U und Strg + R , mit denen Sie Werte aus einer angrenzenden Zelle links oder oberhalb der Cursorposition in die aktive Zelle kopieren, habe ich bereits am Beginn dieses Kapitels als alternative Eingabemöglichkeit erwähnt.

Das Ziehen einer Datenreihe nach unten, um beispielsweise eine Formel bis in Zeile 550 zu kopieren, entwickelte sich in der Vergangenheit gerne zum »Excel-Jo-Jo«. Mal zog der Benutzer die Kopie 50 Zeilen zu weit nach unten, dann ging es wieder 20 Zeilen zu weit nach oben, bis er schließlich die richtige Zeile getroffen hatte. Doch hier gibt es Gutes bereits seit Excel 2010 zu berichten: Das Programm »spürt« jetzt, wenn die richtige Stelle, an der der Einfügebereich enden soll, erreicht ist. Enden die Inhalte in den benachbarten Zellen, wird die Mausbewegung nach unten oder rechts automatisch verlangsamt und kommt in der letzten Zeile bzw. Spalte kurzzeitig völlig zum Stillstand. Lassen Sie die Maustaste dann los, wird der gewünschte Inhalt punktgenau ausgewählt und kopiert.

Um Kopiervorgänge zu vereinfachen, gibt es zwei weitere Methoden:

1. Es ist in manchen Situationen hilfreich, den Kopiervorgang nicht von oben nach unten, sondern vom Tabellenende an den -anfang auszuführen; beim mehrfachen Drücken der Tastenkombination Strg + ⇧ + ↑ erreichen Sie mit der Markierung zwangsläufig die erste Zeile (verwenden Sie statt ↑ die Taste ← , markieren Sie die gesamte Spalte) – ein Hinausschießen weit über das Tabellenende wie beim Markieren und Kopieren nach unten ist allerdings ausgeschlossen.

2. Wenn Sie beim Aufbau beispielsweise einer Vorlagendatei immer wieder die eingegebenen Formeln bis zur gleichen Zeile nach unten kopieren müssen, sollten Sie in alle Zellen dieser Zielzeile eine Markierung setzen; das Kürzel *EDS* (= Ende der Spalte), aber auch jede andere Markierung hilft Ihnen, den Zellbereich mit einer Tastenkombination bis zu genau dieser Zeile zu erweitern und die gewünschten Daten einzufügen.

Befinden sich rechts oder links von der zu kopierenden Zelle bereits Daten in der Spalte, lässt sich der Kopiervorgang noch wesentlich beschleunigen, indem Sie auf das Ausfüllkästchen doppelklicken. Excel füllt dann in einem Arbeitsgang den gesamten Zellbereich bis zur letzten Zeile der Tabelle. Dazu sollten Sie zwei weitere Dinge im Hinterkopf behalten:

▶ Sie können auch mehrere nebeneinanderliegende Zellen markieren und per Doppelklick nach unten kopieren.

▶ Die Taste [Strg] kehrt beim Arbeiten mit dem Doppelklick die beiden Optionen des Kopierens bzw. Ausfüllens nicht um. Datumswerte werden also immer fortlaufend gefüllt, Werte werden immer kopiert.

Formeln kopieren

Das Kopieren von Formeln und Funktionen durch AUTOAUSFÜLLEN ist unzweifelhaft eine sehr schnelle Möglichkeit, gleichartige Berechnungen in angrenzende Zellen zu übertragen. Doch auch mit Tastenkombinationen lässt sich dies realisieren – eine gute Nachricht für die, die ungern bei der Dateneingabe zwischen Tastatur und Maus wechseln möchten.

Wie funktioniert es? Markieren Sie einen horizontalen Zellbereich, in dem sich eine Formel in der äußersten linken Ecke befindet (Abbildung 2.7), wird diese Formel – oder auch Funktion – durch die Tastenkombination [Strg] + [R] in alle Zellen kopiert, die sich in der Markierung rechts der Formel befinden. Die Zellbezüge werden dabei wie gewohnt angepasst.

München	120	210	180	200	205
Düsseldorf	115	220	185	190	210
	235	430	365	390	415

Abbildung 2.7 Kopieren von Formeln in angrenzende markierte Zellen

[Strg] + [U] erledigt die Aufgabe mit gleicher Geschwindigkeit, wenn Sie eine Formel aus der ersten Zelle der Markierung nach unten kopieren möchten. Und schließlich: Unter den Tastenkombinationen ist auch eine, die einen Dienst verrichtet, der mit der Maus überhaupt nicht verfügbar ist: [Strg] + [,] kopiert eine Formel oder Funktion aus einer Zelle oberhalb der markierten Zeile ohne jede Anpassung der Bezüge. Hiermit lassen sich Formeln quasi verdoppeln.

2.3   Formelzusammenhänge erkennen

Wenn Sie Berechnungen in einem Tabellenblatt überprüfen, geht es nicht nur um die Prüfung der Ergebnisse, sondern – spätestens dann, wenn Sie Ungereimtheiten auf den Grund gehen möchten – auch um die Frage, welche Zellen überhaupt Teil einer Berechnung sind.

Um die Zellen ausfindig zu machen, in denen sich Formeln und Funktionen befinden, können Sie die Funktion GEHE ZU (am schnellsten starten Sie sie mit F5) benutzen. Klicken Sie in der Dialogbox auf die Schaltfläche INHALTE, um danach die Option FORMELN auszuwählen (Abbildung 2.8). Es werden nun im Tabellenblatt nur die Zellen markiert, in denen sich Formeln oder Funktionen befinden.

In der ersten Veröffentlichung von Excel 2010 kam eine wichtige Funktion abhanden und ist auch in Excel 2013 nicht wieder aufgetaucht. Wenn Sie Daten von Kolleginnen oder Kollegen erhalten, möchten Sie eventuell erst einmal wissen, in welchen Zellen Formeln und Funktionen verwendet werden und welche Formeln es im Einzelnen sind. Mit Strg + # wechselt Excel 2007 von der Ergebnis- in die Formelansicht. Zurück geht es mit der gleichen Tastenkombination. In Excel 2010 und 2013 müssen Sie diese Funktion über FORMELN • FORMEL-ÜBERWACHUNG • FORMEL ANZEIGEN aufrufen. Seit Excel 2016 nutzen Sie hierfür Strg + ⇧ + `.

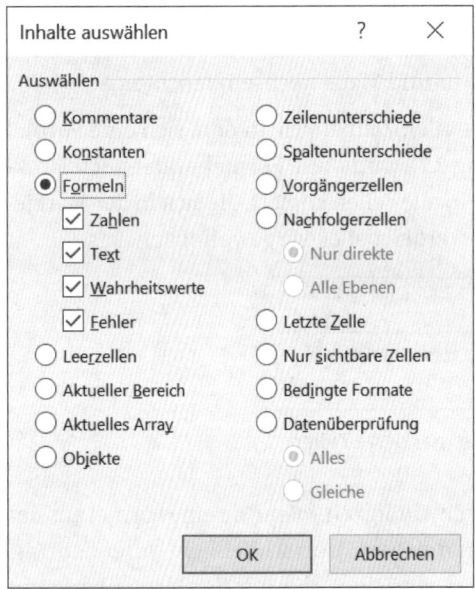

Abbildung 2.8 Suchen von Formeln und Funktionen über »Gehe zu«

Wo wir aber gerade dabei sind, Formeln und ihre Zellbezüge unter die Lupe zu nehmen, sollten Sie auch gleich über DATEI • OPTIONEN • ERWEITERT • BEARBEITUNGSOPTIONEN klären, wie Sie mit der Einstellung DIREKTE ZELLBEARBEITUNG umgehen möchten. Ist die Option aktiviert, zeigt Ihnen ein Doppelklick auf eine Zelle, die eine Formel oder Funktion enthält, an, welche Zellen in die Kalkulation einbezogen werden (Abbildung 2.9). Es werden die gewohnten bunten Zellumrahmungen angezeigt, die Sie übrigens mit der Maus verschieben können, um die Funktion zu editieren.

Bei einer Deaktivierung der Option hat ein Doppelklick auf die Zelle die Bedeutung eines Hyperlinks. Der Cursor springt an die Stelle, auf die die Formel verweist. Die Bearbeitung der Formel ist in diesem Fall nur noch über die Editierzeile möglich. Manche Benutzer schwören auf diese Funktion, da sie beim Doppelklick auch in die Ursprungszelle geführt werden, wenn sich diese in einem anderen Tabellenblatt befindet.

4. Quartal 2018	1. Quartal 2019
1320	1430
2134	1293
2192	1211
2100	1989
=SUMME(D4:D7)	
SUMME(**Zahl1**; [Zahl2]; …)	

Abbildung 2.9 Direkte Zellbearbeitung

Geht man davon aus, dass Formeln häufig miteinander verkettet sind, dann ist die direkte Zellbearbeitung zwar nützlich, um die Verbindung einer Formel mit der letzten vorangegangenen Rechenoperation aufzulösen. Doch die vorgelagerten Berechnungen sind durch den Doppelklick leider nicht nachvollziehbar.

Diesen Mangel können Sie beheben, indem Sie den Cursor in die Zelle des Gesamtergebnisses bewegen und die Tastenkombination [Alt] + [⇧] + [/] drücken. Diese Tastenkombination markiert alle über verschiedene Berechnungen miteinander verknüpften Zellen im Tabellenblatt (Abbildung 2.10).

4. Quartal 2018	1. Quartal 2019	UST	brutto
		19%	
1320	1430		
2134	1293		
2192	1211		
2100	1989		
7746	5923	1125,37	7048,37

Abbildung 2.10 Wer hätte das gedacht? Eine Tastenkombination verrät, welche Zellen und Zwischenkalkulationen zum Wert 7048,37 führen.

Um die Spurensuche zu vervollständigen, können Sie mit [Alt] + [⇧] + [$] auch die Verbindungen von Formeln untereinander aufdecken (Abbildung 2.11).

1. Quartal 2016
1430
1390
1398
1350
5568

Abbildung 2.11 Umgekehrt können Sie auch herausfinden, in welche Berechnungen ein ausgewählter Einzelwert einbezogen worden ist.

[i]

Formeln in der Statuszeile

Die Statuszeile von Excel ist seit der Version 2007 in vielfältiger Weise anpassbar. Mit einem Rechtsklick der Maus offeriert Excel eine umfangreiche Liste an Optionen. Wählen Sie beispielsweise die gewünschten Kalkulationsfunktionen aus dem Kontextmenü aus. Beim Markieren von Daten im Tabellenblatt zeigt Ihnen Excel dann die entsprechenden Ergebnisse in der Statuszeile an (Abbildung 2.12).

| Mittelwert: 1392 | Anzahl: 4 | Numerische Zahl: 4 | Minimum: 1350 | Maximum: 1430 | Summe: 5568 |

Abbildung 2.12 Berechnungsoptionen in der Statuszeile

2.4   Cursorsteuerung und Bewegen in Tabellen

Maus oder Tastatur? Darauf gibt es wahrscheinlich keine endgültige Antwort, wenn es um die Bewertung der Arbeitsgeschwindigkeit beim Bewegen im Tabellenblatt oder beim Markieren von Daten geht. Zu stark hängt die Nutzung von der jeweiligen Situation ab. Doch es gibt auch in dieser Hinsicht einige – manchmal verborgene – Pfeile, die Sie in Ihrem Köcher haben sollten, wenn es darauf ankommt.

Die wahrscheinlich schnellste Form, sich an den Anfang oder das Ende einer zusammenhängenden Tabelle zu bewegen, ist der Doppelklick auf die Zellmarkierung, wenn sich diese in der Tabelle befindet. Mit einem Doppelklick auf die untere Linie der Zellmarkierung springen Sie in die letzte Zeile der Spalte. Durch einen Doppelklick auf die linke Linie springen Sie in die erste Spalte der Zeile usw. Möchten Sie stattdessen Tastenkombinationen zum Bewegen innerhalb von Tabellenblättern und der Arbeitsmappe nutzen, dann finden Sie einige nützliche in Tabelle 2.3.

Tastenkombination	Funktion
`Strg` + `↓`	letzte Zeile der Spalte im aktiven Bereich
`Strg` + `→`	letzte Spalte der Zeile im aktiven Bereich

Tabelle 2.3 Cursorsteuerung mit Tastenkombinationen

Tastenkombination	Funktion
Strg + ↑	erste Zeile der Spalte im aktiven Bereich
Strg + ←	erste Spalte der Zeile im aktiven Bereich
Strg + Pos1	Zelle A1
Strg + Bild ↓	nächstes Tabellenblatt

Tabelle 2.3 Cursorsteuerung mit Tastenkombinationen (Forts.)

Zellbereiche direkt ansteuern

Da Sie bereits GEHE ZU (F5) als Funktion zum Aufspüren von Zellen, die Formeln enthalten, kennengelernt haben, können Sie sich sicher vorstellen, dass auch diese Funktionstaste ihren Beitrag leisten kann, um bestimmte Zellen im Tabellenblatt direkt anzusteuern. In der Dialogbox GEHE ZU können Sie eine der bereits aufgelisteten Zellen auswählen oder eine neue Zelladresse eingeben, um zu der gewünschten Zelle zu gelangen (Abbildung 2.13).

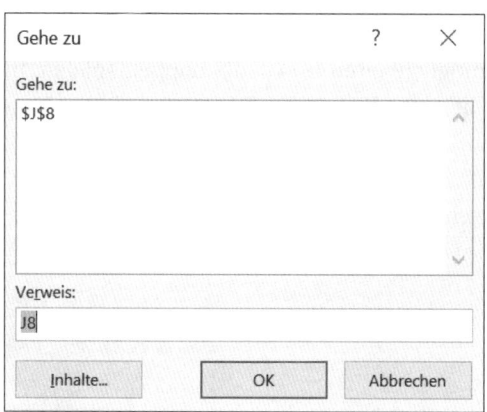

Abbildung 2.13 Auswahl einer Zelladresse mit »Gehe zu«

Letztlich ist aber festzuhalten, dass GEHE ZU eher ein optimales Mittel ist, um Zellen mit speziellen Inhalten zu finden. Bedingte Formatierungen, Datenüberprüfungen, Leerzellen – alle diese Möglichkeiten sind nur einen Mausklick entfernt, wenn Sie erst einmal F5 gedrückt haben. Die Schaltfläche INHALTE innerhalb der Dialogbox liefert Ihnen alle Optionen.

Die direkte Ansteuerung von Zellen kann Ihnen aber noch schneller gelingen: Tragen Sie die Zelladresse, zu der die Reise gehen soll, direkt in das NAMENFELD ein, und schließen Sie die Eingabe mit ↵ ab, schon steht der Cursor in der ausgewählten Zelle (Abbildung 2.14).

a120

Abbildung 2.14 Die Auswahl einer Zielzelle über das »Namenfeld« funktioniert gut.

Gehen wir für einen Augenblick davon aus, dass Namen nicht nur Schall und Rauch sind, dann verrät die Bezeichnung dieses Eingabefeldes oberhalb der Tabelle, dass es eigentlich für einen anderen Zweck geschaffen wurde. Es bietet bei Verwendung von Bereichsnamen einen ungleich größeren Nutzen. Das könnte so funktionieren:

Haben Sie zuvor einen Zellbereich markiert, dann einen Namen in das NAMENFELD getippt und diesen mit ⏎ bestätigt, steht dieser *Bereichsname* als Mittel der Navigation – übrigens über Tabellenblätter hinweg – zu Ihrer Verfügung. Einen Bereichsnamen wählen Sie über das NAMENFELD aus, um den Cursor in die betreffende Zelle zu bewegen (Abbildung 2.15). Zudem können Sie Bereichsnamen in Formeln und Funktionen als Bezug verwenden.

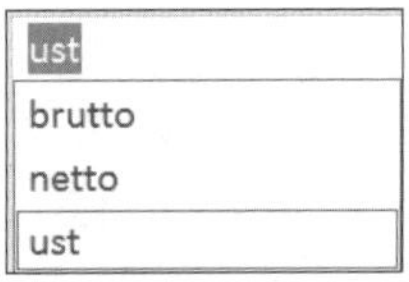

Abbildung 2.15 Die Navigation über Bereichsnamen ist noch bequemer als die Auswahl über die Zielzelle.

Bereichsnamen – das erkennen Sie schon an diesem kurzen Beispiel – können eine tragende Rolle bei der Vereinfachung von Bearbeitungsmöglichkeiten in Arbeitsmappen spielen. In Kapitel 7, »Dynamische Reports erstellen«, das die Entwicklung von Datenmodellen behandelt, gehe ich deshalb ausführlich auf die Nutzung von Bereichsnamen in Excel ein. Ein Weg zu effizienterem Arbeiten führt auch im Controlling über das Ersetzen der abstrakten Zellbezüge vom Typ $D$27 durch aussagekräftige Bereichsnamen wie *umsatzsteuer*. Dadurch werden auch komplexe Formeln und Funktionen einfacher lesbar und verständlicher.

2.5   Zellbereiche markieren

Wenn Sie die oben genannten Tastenkombinationen zum Bewegen des Cursors um die Taste ⬆ ergänzen, wird aus dem Bewegen des Cursors ein Markieren des Zellbereichs. Strg + ⬆ + → markiert folglich den Zellbereich von der Cursorposition bis zur letzten Spalte des aktiven Bereichs.

Auch ein Mausklick auf die untere Zellmarkierung bei gleichzeitigem Drücken von ⬆ führt zu einem Markieren von Zellen bis zum Spaltenende. Da dies aber leider nicht funktioniert, wenn Sie sich im Funktionsassistenten befinden und dort einen Zellbereich – beispielsweise für eine Pivottabelle – markieren möchten, benötigen Sie Alternativen zur Maussteuerung.

Diese gibt es in Form der Kombination Strg + ⬆ + ↓, die die Zellen von der aktuellen Zellposition bis zur letzten Zeile der Spalte markiert. Drücken Sie dann noch Strg + ⬆ + →, ist die Markierung der gesamten Tabelle vollständig. Sie haben mit zwei Arbeitsschritten den *aktiven Bereich* markiert, um dann weitere Berechnungen zu initiieren. Im Tabellenblatt markieren Sie den aktiven Bereich übrigens direkt mit Strg + ⬆ + +.

So schön diese Tastenkombinationen auch sind – die zweifelsfrei einfachste Art, einen Zellbereich als Bezug im Funktionsassistenten zu verwenden, bleibt immer noch die Auswahl des Bereichs über einen Bereichsnamen. Drücken Sie in einem Eingabefeld im Funktionsassistent $\boxed{\text{F3}}$, öffnet sich die Dialogbox NAMEN EINFÜGEN, aus der Sie den zutreffenden Namen mit einem Mausklick auswählen (Abbildung 2.16). Mühseliges Markieren von Zellbereichen gehört bei Nutzung dieses Verfahrens der Vergangenheit an.

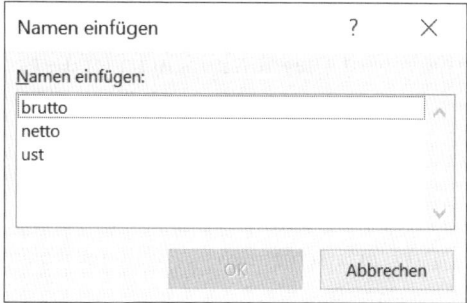

Abbildung 2.16 Einfügen von Bereichsnamen

Übrigens: Das Abrufen der Bereichsnamen über $\boxed{\text{F3}}$ funktioniert auch, wenn Sie Formeln oder Funktionen direkt in die Zellen eingeben.

2.6 Zahlen- und andere Formate schnell zuweisen

Ist ein Wertebereich erst einmal markiert, sollen nicht selten auch bestimmte Zahlenformate zugewiesen werden. Grundsätzlich bietet Excel auch hier wieder eine simple Logik an:

▶ Die Tastenkombination aus $\boxed{\text{Strg}}$ + $\boxed{\Diamond}$ bildet die Grundlage für die Zuweisung der Zahlenformate.

▶ Die Tasten von $\boxed{1}$ bis $\boxed{6}$ enthalten die einzelnen Formatierungsoptionen.

Dies führt ab Excel 2016 zu den in Tabelle 2.4 gezeigten Möglichkeiten.

Tastenkombination	Zahlenformat
$\boxed{\text{Strg}}$ + $\boxed{\Diamond}$ + $\boxed{1}$	Format ZAHL mit zwei Nachkommastellen und Tausendertrennzeichen
$\boxed{\text{Strg}}$ + $\boxed{\Diamond}$ + $\boxed{2}$	Exponentialformat
$\boxed{\text{Strg}}$ + $\boxed{\Diamond}$ + $\boxed{3}$	Datumsformat, seit Excel 2010 nicht mehr belegt
$\boxed{\text{Strg}}$ + $\boxed{\Diamond}$ + $\boxed{4}$	Euroformat mit zwei Nachkommastellen und Punkt als Separator der Tausenderstellen

Tabelle 2.4 Zahlenformate per Tastenkombinationen zuweisen

Tastenkombination	Zahlenformat
Strg + ⇧ + 5	Prozentformat
Strg + ⇧ + 6	Standardzahlenformat

Tabelle 2.4 Zahlenformate per Tastenkombinationen zuweisen (Forts.)

Eine unverständliche Besonderheit seit Excel 2010 – ich habe sie bereits erwähnt – ist die Tatsache, dass das Datumsformat mit Strg + # aktiviert wird. Dies durchbricht leider die gesamte Logik der Tastenbelegung.

Übertragung von Zellformaten

Eine Zelle oder ein Zellbereich, den Sie bereits formatiert haben, können Sie leicht als Vorlage für Formatierungen in weiteren Zellen verwenden. Drei unterschiedliche Vorgehensweisen sind möglich:

1. Nachdem Sie die Formatierung ausgeführt haben, können Sie zu einer anderen Zelle wechseln und durch Drücken von F4 die Formatierung wiederholen. Wie in allen Office-Programmen wiederholt diese Taste auch in Excel die zuletzt durchgeführte Aktion. Das bedeutet, dass Sie die Formatübertragung auch direkt durchführen müssen.

2. Mit FORMAT ÜBERTRAGEN lassen sich ebenfalls die Formate einer Zelle oder eines Zellbereichs auf andere Zellen übertragen. Wählen Sie die Zelle aus, deren Format Sie kopieren möchten, und klicken Sie dann unter START • ZWISCHENABLAGE auf die Schaltfläche FORMAT ÜBERTRAGEN. Danach wählen Sie den Zellbereich, der die Formate übernehmen soll. Beachten Sie, dass die Funktion FORMAT ÜBERTRAGEN nach einmaligem Benutzen wieder deaktiviert wird. Möchten Sie Formate in einem Arbeitsgang auf mehrere nicht zusammenhängende Zellbereiche übertragen, müssen Sie die Schaltfläche FORMAT ÜBERTRAGEN doppelklicken. Nachdem Sie die Übertragung auf mehrere Zellen abgeschlossen haben, beenden Sie die Funktion mit einem weiteren Mausklick auf die Schaltfläche.

3. Die Verwendung von Formatvorlagen bildet eine weitere gute Möglichkeit, Formatierungsaufgaben zu bündeln. Wählen Sie START • FORMATVORLAGEN • ZELLENFORMATVORLAGEN • NEUE ZELLENFORMATVORLAGE, um eine Vorlage zu erstellen (Abbildung 2.17). Aus dem gleichen Menü können Sie die Vorlage später jeder beliebigen Zelle zuweisen. Benutzerdefinierte Vorlagen werden Ihnen praktischerweise als erste im Menü angeboten.

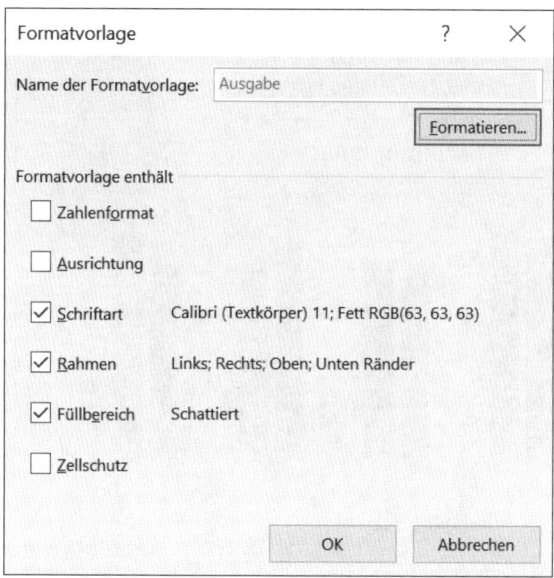

Abbildung 2.17 Zellenformatvorlagen können Zahlen-, aber auch Zellformate enthalten.

2.7 Inhalte löschen

Nichts spricht dagegen, die üblichen Tasten zum Löschen – nämlich Entf und ← – zu benutzen, außer dass es bei größeren Zellbereichen mit der Maus schneller geht: Ziehen Sie einfach eine Leerzelle mit der Maus über die Zellen, deren Inhalte Sie löschen möchten – schon sind die nicht mehr benötigten Zellinhalte verschwunden.

Mit Strg + - löschen Sie die markierten Spalten oder Zeilen einer Tabelle vollständig und ohne Rückfrage. Nebenbei sei an dieser Stelle bemerkt, dass Sie mit Strg + + auch Zeilen in einem markierten Bereich einfügen können.

2.8 Diagramme erstellen und bearbeiten

Ein Diagramm legen Sie über EINFÜGEN • DIAGRAMM und die dann folgende Auswahl des Diagrammtyps an. Danach stehen Ihnen sämtliche Funktionen im Kontextmenü DIA-GRAMMTOOLS zur Verfügung. Ein Standarddiagramm lässt sich allerdings auch direkt mit der Tastatur erstellen.

Markieren Sie dazu die Daten im Tabellenblatt inklusive der Beschriftungen, und betätigen Sie Alt + F1, um ein Diagramm als Objekt auf dem Tabellenblatt zu erstellen (Abbildung 2.18). Mit F11 wird das Standarddiagramm nicht als Objekt, sondern als eigenes Registerblatt in der Arbeitsmappe angelegt.

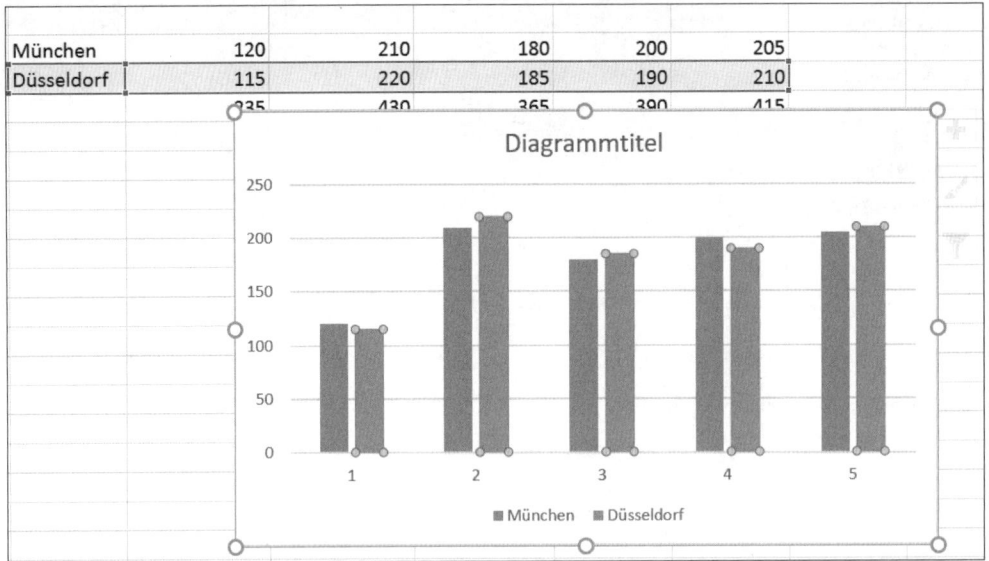

Abbildung 2.18 Aus einem markierten Datenbereich wird ein Diagramm als Objekt im Tabellenblatt.

Mit den Cursorsteuerungstasten können Sie innerhalb des Diagramms die einzelnen Elemente wie Datenreihen, Achsen oder Titel ansteuern, um diese im Bedarfsfall zu formatieren. Diese vereinfachte Auswahl von Elementen hat allerdings den Nebeneffekt, dass sich Diagramme nicht mehr direkt mit den Cursorsteuerungstasten auf dem Tabellenblatt positionieren lassen.

Klicken Sie das Diagramm mit `Strg` und linker Maustaste an. Sobald an den vier Ecken Markierungspunkte angezeigt werden, befindet sich das gesamte Diagramm im Bearbeitungsmodus. Sie können es nun mit den vier Cursorsteuerungstasten auf dem Tabellenblatt verschieben. Die Funktion der Präzisionsausrichtung von Diagrammen ist gleichermaßen in PowerPoint verwendbar.

2.9   AutoFilter und Bearbeitung von sichtbaren Zellen

Wenn Sie eine einfache Excel-Liste mit aussagekräftigen Spaltenüberschriften in Ihrem Tabellenblatt vorfinden, können Sie über `Strg` + `⇧` + `L` den *AutoFilter* direkt aus der Liste heraus aktivieren. Die Funktion arbeitet – wie so manche Funktion in Excel – nach dem Lichtschalterprinzip: Mit dem Schalter, den Sie zum Einschalten benutzt haben, schalten Sie die Funktion auch wieder ab. Ein weiteres `Strg` + `⇧` + `L`, und der AutoFilter ist wieder verschwunden.

Der AutoFilter geht mit ausgeblendeten und sichtbaren Zellen bereits sehr intelligent um. Werden Zellen durch einen Filtervorgang ausgeblendet, beziehen sich alle weiteren Bearbeitungsschritte – egal, ob es sich um eine Formatierung oder ein Kopieren von Werten nach unten handelt – einzig und allein auf die noch sichtbaren Zellen. Ausgeblendete Zellen bleiben von allen Änderungen unberührt.

Weniger schlau verhält sich Excel bei manuell oder durch andere Funktionen ausgeblendeten Zellen. Sie erkennen dies in Abbildung 2.19. Spalte A habe ich mit Fettdruck und einer Hintergrundfarbe formatiert, als die Zeilen 3 und 5 per AutoFilter ausgeblendet waren. Resultat: Die Formate wurden auch nur auf die sichtbaren Zellen angewandt.

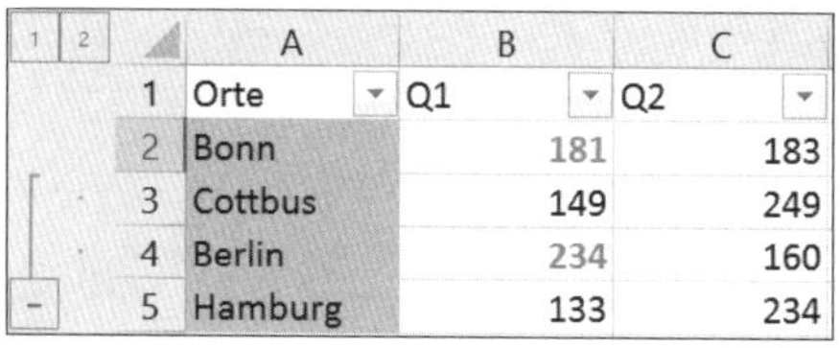

	A	B	C
1	Orte	Q1	Q2
2	Bonn	181	183
3	Cottbus	149	249
4	Berlin	234	160
5	Hamburg	133	234

Abbildung 2.19 Unterschiedliches Verhalten beim Formatieren nicht sichtbarer Zellen

Anders ist das Verhalten bei der Verwendung einer Gliederung. Diese habe ich für die Zeilen 3 und 4 aktiviert, bevor ich Spalte A formatiert habe. Auch bei der Verwendung von Teilergebnissen werden sämtliche nicht sichtbaren Zellen in die durchzuführenden Aktionen einbezogen, egal, ob Sie eine Formatierung vornehmen, die Zellen an eine andere Stelle kopieren oder durch Ziehen mit der Maus über den sichtbaren Bereich einen neuen Wert zuordnen möchten.

Um nur die sichtbaren Zellen des Zellbereichs zu bearbeiten, markieren Sie die Zellen im Tabellenblatt und drücken dann [Alt] + [;]. Dadurch wird die Markierung auf den sichtbaren Bereich beschränkt, und Sie können anschließend die folgende Bearbeitungsfunktion ausführen, in der Gewissheit, dass nicht sichtbare Zellen keinen Schaden nehmen.

2.10 Weitere nützliche Tastenkombinationen

Die Liste der Tastenkombinationen, die in Excel eingesetzt werden können, ist lang – suchen Sie einmal in der Excel-Hilfe nach diesem Begriff. Tabelle 2.5 möchte Ihnen folglich auch nicht mehr als eine weitere Auswahl nützlicher Shortcuts anbieten.

Tastenkombination	Funktion
[F2]	Wechseln zwischen Editier- und Zeigemodus in einer Formel oder Funktion
[F4]	Umwandeln von relativen in absolute Bezüge in einer Formel oder Funktion

Tabelle 2.5 Weitere nützliche Tastenkombinationen

Tastenkombination	Funktion
F9	Arbeitsmappe neu berechnen
⇧ + F9	aktuelles Tabellenblatt neu berechnen
⇧ + F10	Anzeigen des Kontextmenüs
⇧ + F11	neues Tabellenblatt einfügen
F12	Aufrufen des Dialogs SPEICHERN UNTER
Strg + ⇧ + F12	Aufrufen des Dialogs DRUCKEN
Strg + F	Aufrufen des Dialogs SUCHEN
Strg + H	Aufrufen des Dialogs ERSETZEN
Strg + 9	markierte Zeilen ausblenden
Strg + 8	markierte Spalten ausblenden
Strg + ⇧ + 9	Zeilen in markiertem Bereich einblenden
Strg + ⇧ + 0	Spalten in markiertem Bereich einblenden

Tabelle 2.5 Weitere nützliche Tastenkombinationen (Forts.)

Kapitel 3
xlSMILE – Excel-Lösungen mit System

Effizientes Arbeiten in Excel hat nicht nur damit zu tun, dass man die passenden Funktionen im richtigen Moment kennt. Systematisches Arbeiten ist ebenso häufig der Schlüssel zur erfolgreichen Umsetzung von Rechen- oder Datenmodellen. In diesem komprimierten Kapitel gebe ich Ihnen einen Überblick über nützliche arbeitsorganisatorische Maßnahmen bei der Entwicklung von Excel-Lösungen.

In den vergangenen Jahren ist mir ein faszinierendes Spektrum an Möglichkeiten und Anforderungen im Umgang mit Excel im Controlling begegnet. Die Essenz aus all diesen Erfahrungen ist für mich, dass es bei der Entwicklung von Reports, Dashboards oder Self-Service-BI-Lösungen in Excel immer noch am besten mit System und einem Lächeln geht. Lesen Sie hier, wie Sie sich ebenfalls das Leben mit Ihrer Lieblingstabellenkalkulation leichter machen können!

3.1 Simplify – Big Data nutzen und Datenmüll entfernen

Gute Excel-Reports zeichnen sich durch einfache Strukturen aus. Einfache Strukturen schaffen Übersichtlichkeit. Und Übersichtlichkeit erzeugt Verständlichkeit. *Simplify* heißt, auf allen Ebenen nach Vereinfachungen zu suchen: bei Datenstrukturen, bei Auswertungs- und Darstellungsprozessen, bei der Auswahl von Kennzahlen. Dies betrifft in erster Linie die Fertigstellung eines Reports oder Dashboards. Aber auch am anderen Ende des Prozesses, bei der Verarbeitung der Rohdaten, gelten die Überlegungen zu Vereinfachung und Reduzierung gleichermaßen.

Ein wichtiges Tool der Vereinfachung und Datenmodellierung ist *Power Query*, mit dem Sie immer wiederkehrende Schritte zum Datenimport und zur Bereinigung von Daten menügesteuert erstellen und automatisieren. Power Query hilft Ihnen auch dabei, überflüssige Daten aus ERP-Berichten radikal zu entfernen oder sehr große Datenbestände durch Gruppierungen deutlich zu verkleinern (Abbildung 3.1). Power Query ist ab Excel 2016 fester Bestandteil des Programms und befindet sich im Menü DATEN • ABRUFEN UND TRANSFORMIEREN. In Excel 2013 muss es als Add-in installiert werden.

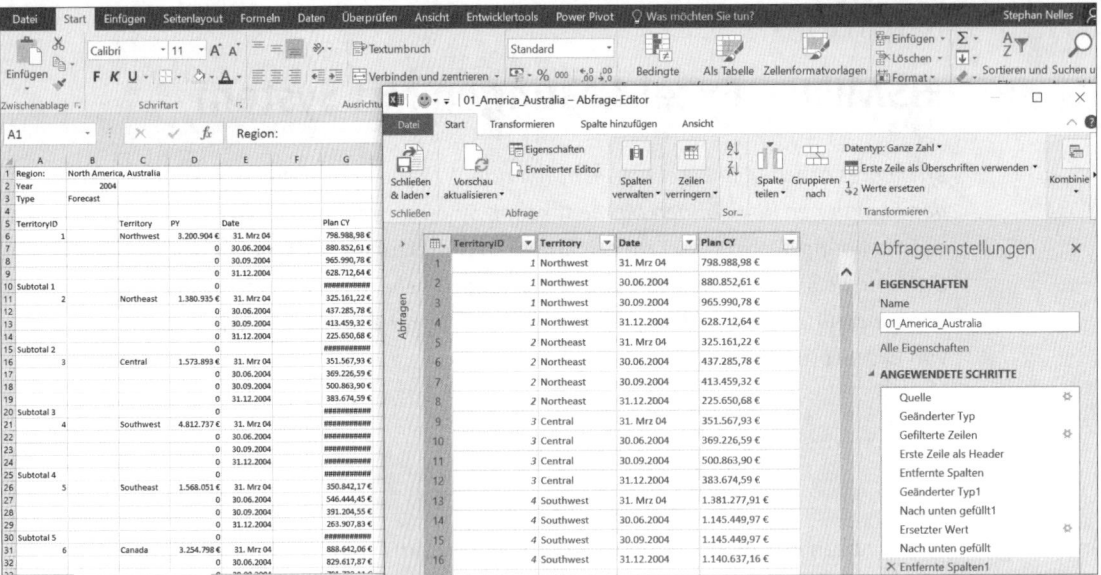

Abbildung 3.1 Power Query trennt schnell die Spreu vom Weizen und bereinigt auch große Datenmengen.

Um *Big Data* wieder zu *Small Data* einzudampfen und daraus letztlich *Usefull Data* zu machen, müssen Sie die Datenqualität kontinuierlich prüfen. Hierbei spielen auch klassische *Pivottabellen* eine wichtige Rolle, mit denen Sie ohne allzu großen Aufwand die Plausibilität von Datenbeständen prüfen können. Alles, was nicht Ihren Erwartungen an eine hohe Datenqualität entspricht, muss entfernt werden. Simplify!

3.2   Model – systematisch arbeiten und Reports automatisieren

Excel ist ein faszinierendes Tool, auch gerade deshalb, weil es seinen Anwendern schier unbegrenzte Möglichkeiten bietet. Doch das Pendel der frei gestaltbaren Funktionen und Optionen kann auch schnell in die andere Richtung ausschlagen, etwa wenn Sie immer wiederkehrende Berichte erstellen und sich stets durch einen Dschungel an Formeln, Verknüpfungen und zu ergänzenden Tabellen kämpfen müssen oder wenn Sie in einem Team arbeiten, in dem jeder seinen eigenen Arbeitsstil pflegt, wodurch Lösungen kaum mehr gemeinsam nutzbar sind.

Führen Sie sich immer dann, wenn Sie eine neue Reporting-Lösung entwickeln oder eine bestehende Lösung erweitern, die grundsätzlichen Überlegungen des Ansatzes *Model* vor Augen. Arbeiten Sie von Beginn an so systematisch wie möglich. Konzentrieren Sie sich mit gleicher Aufmerksamkeit auf alle fünf Schichten (*Layer*) eines jeden Datenmodells: Basisdaten, Berechnungen, Darstellung/Layout, Steuerung und Kommentierung/Message (Abbildung 3.2).

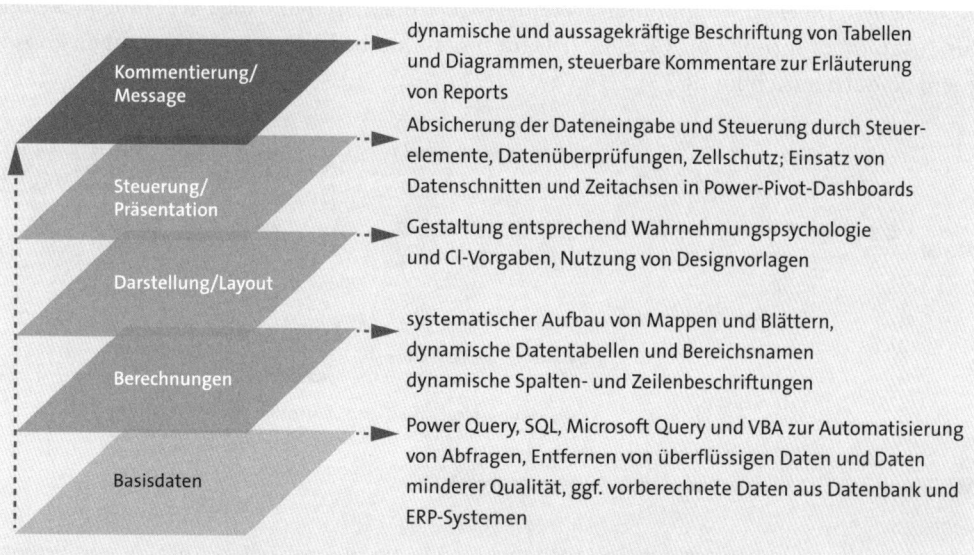

Abbildung 3.2 Layer bei der Erstellung von komplexen Excel-Lösungen

Lernen Sie die fundamentalen Handgriffe und Werkzeuge kennen, wie die Festlegung von Konventionen für Tabellen-, Bereichs- und Objektnamen. Entwickeln Sie aus konventionellen Tabellen *dynamische Datenmodelle*, in denen Sie mit einer überschaubaren Auswahl an Kalkulationsfunktionen auf intelligente Art von den Spalten- und Zeilenbeschriftungen über die tabellarischen Berichte bis hin zu den Diagrammen eine vollständig variable Lösung für Ihre Reports entwickeln. Oder nutzen Sie Power Pivot und seine leistungsstarken *DAX*-Funktionen (*Data Analysis Expression*) als wichtiges Tool bei der Modellierung von Daten aus externen Quellen. Lernen Sie die vielfältigen Möglichkeiten von Steuerelementen kennen. Und erweitern Sie Ihre Reports um dynamische Überschriften, Kommentare und Abstracts. Damit erhalten sie nicht nur wiedererkennbare Strukturen, sondern auch eine klare Message. Model!

3.3 Integrate – Layouts entwickeln und Tabellen und Diagramme anwenden

Jedes Datenmodell dient einem klar definierten unternehmerischen Zweck, der auch die Form der Datenpräsentation bestimmt. Anders ausgedrückt: Die Detailtiefe eines Dashboards, das als Gesprächsgrundlage in einem turnusmäßigen Meeting dient, ist eine andere als die in einem ausführlichen schriftlichen Geschäftsbericht an den Mutterkonzern. *Integrate* bedeutet, einheitliche Regeln (Reporting-Standards) für unterschiedlichen Output (Kennzahlen, Tabellen, Diagramme) systematisch zu etablieren und die Excel-Möglichkeiten zur Zusammenführung von Tabellen, Diagrammen und bedingten Formatierungen konsequent zu nutzen (Abbildung 3.3).

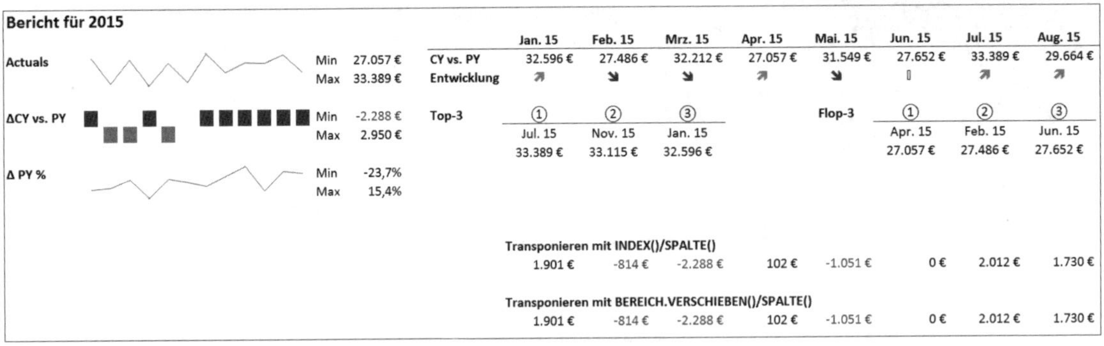

Bericht für 2015				Jan. 15	Feb. 15	Mrz. 15	Apr. 15	Mai. 15	Jun. 15	Jul. 15	Aug. 15
Actuals		Min	27.057 €	CY vs. PY	32.596 €	27.486 €	32.212 €	27.057 €	31.549 €	27.652 €	33.389 €	29.664 €
		Max	33.389 €	Entwicklung	↗	↘	↘	↗	↘	▯	↗	↗
ΔCY vs. PY		Min	-2.288 €	Top-3	①	②	③			Flop-3	①	②	③
		Max	2.950 €		Jul. 15	Nov. 15	Jan. 15				Apr. 15	Feb. 15	Jun. 15
					33.389 €	33.115 €	32.596 €				27.057 €	27.486 €	27.652 €
Δ PY %		Min	-23,7%									
		Max	15,4%									
				Transponieren mit INDEX()/SPALTE()							
				1.901 €	-814 €	-2.288 €	102 €	-1.051 €	0 €	2.012 €	1.730 €
				Transponieren mit BEREICH.VERSCHIEBEN()/SPALTE()							
				1.901 €	-814 €	-2.288 €	102 €	-1.051 €	0 €	2.012 €	1.730 €

Abbildung 3.3 Detailtiefe hängt vom Nutzungszweck ab.

Lernen Sie die Erkenntnisse der Gestalttheorie sowie die theoretischen Ansätze und Praxislösungen Edward Tuftes und Stephen Fews zur Visualisierung quantitativer Daten kennen. Und berücksichtigen Sie diese Informationen bei der Erstellung Ihrer eigenen Dashboards. Auf praktischer Ebene liefert der Ansatz Integrate wichtiges Know-how zum Umgang mit Tools wie *Sparklines*, *Bullet Graphs*, *Ampeldarstellungen* und benutzerdefinierten Diagrammen wie *Wasserfalldiagrammen* oder *Small Multiples*.

3.4   Lead – Benutzer führen und Fehleingaben verhindern

Datenmodelle und Excel-Analysetools bzw. -Reports werden häufig von unterschiedlichen Personen oder Zielgruppen genutzt. Der Fokus des Managements auf die Daten des Reports unterscheidet sich deutlich von dem des Vertriebsmitarbeiters oder des Controllers. Viele Auswertungen werden heute noch als Excel-Datei – manchmal auch als PDF-Datei – per E-Mail an die Zielpersonen verschickt. Im Einzelfall mit der Erläuterung wichtiger Ergebnisse in der begleitenden E-Mail. Betrachtet man jedoch die neuen Funktionalitäten von Excel ab der Version 2013, spricht vieles dafür, dass Reports zukünftig immer häufiger im Intranet auf einer SharePoint-Seite publiziert werden. Ist dies erst einmal der Fall, entscheidet der Adressat, wann er den Report öffnet und wie er durch die einzelnen Bereiche des Berichts navigiert.

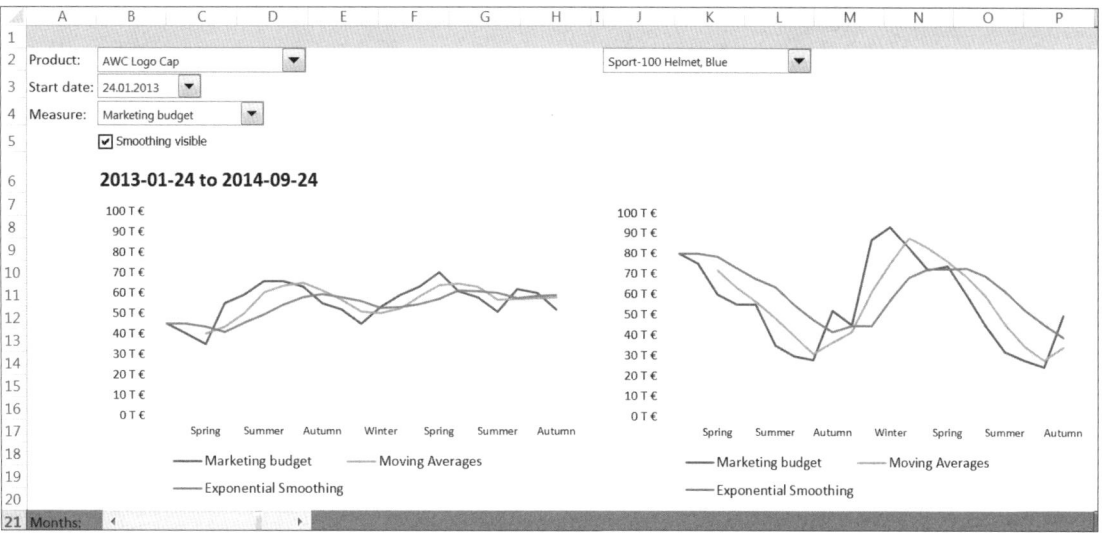

Abbildung 3.4 Komplexe Auswertungen benötigen einfache Steuerungsfunktionen.

Lead legt seinen Schwerpunkt auf die Entwicklung einer klar strukturierten und abgesicherten *Benutzerführung* in dynamischen Reports und Dashboards, damit ein autonom agierender Benutzer intuitiv erkennt, wie er bei der Bedienung eines Analysetools oder Berichts vorzugehen hat bzw. welche Optionen überhaupt zur Verfügung stehen (Abbildung 3.4). Lernen Sie die vielfältigen Einsatzmöglichkeiten von Gliederungen, VBA-basierten Drilldowns zu Datendetails, aber auch den Einsatz von Hyperlinks und Datenüberprüfungen kennen.

3.5   Explain – informieren und zusammenfassen

Je autonomer der Adressat eines Reports agiert, desto deutlicher müssen Orientierungspunkte vom Autor/Entwickler gesetzt werden, damit Inhalte ihr Ziel nicht verfehlen. Gut beraten ist an dieser Stelle, wer sich an traditionellen Formen bzw. Medien der Informationsvermittlung orientiert. Fachbücher, die komplexe Themen behandeln, bieten ihren Lesern *Abstracts* an, die einen schnell zugänglichen Überblick über die wichtigsten Inhalte und Ergebnisse enthalten. Artikel in Fachzeitschriften, aber auch Magazinen tun es ihnen gleich und erweitern das Spektrum um weitere Mittel wie Infoboxen mit wichtigen Fakten, Infografiken oder Zusammenfassungen in Form von *Bullet Points* am Ende eines Artikels (Abbildung 3.5).

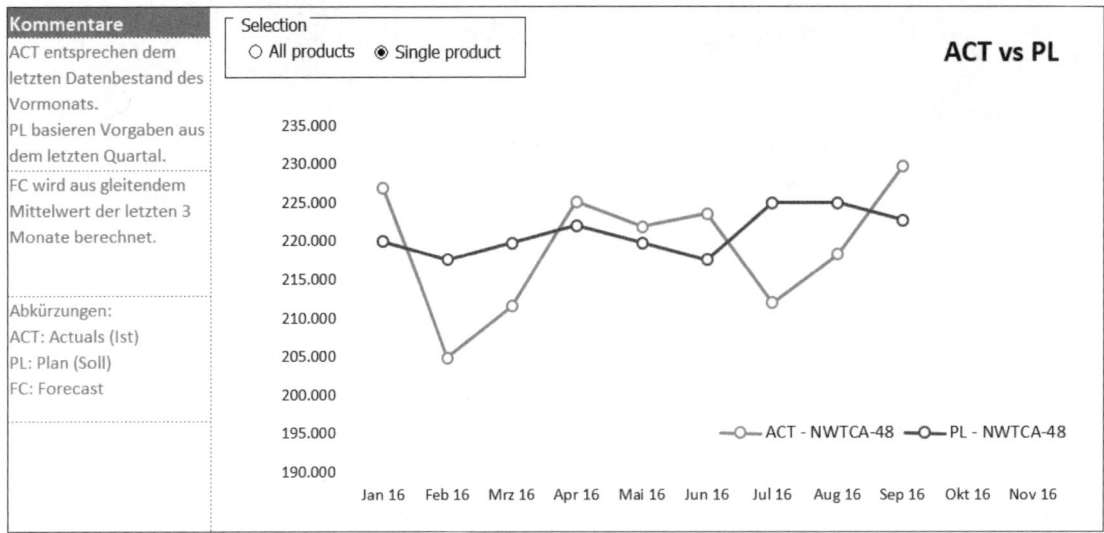

Abbildung 3.5 Kommentare oder Infoboxen ergänzen grundlegendes Zahlenmaterial.

Der Ansatz *Explain* gibt Ihnen Anregungen, wie Sie solche Werkzeuge gezielt in Excel einsetzen, um sich nicht nur auf das Liefern von Zahlen zu beschränken, sondern um klare Analysen und Messages zu transportieren. Neben den Rollenmodellen Buch und Fachartikel bedient sich Explain punktuell der pyramidalen Logik von Barbara Minto. Sie beschreibt eine Methode zum Aufbau von Argumentationsketten von der Kernaussage an der Spitze der Pyramide über die einzelnen Zwischenthesen/-ergebnisse bis hinunter zur Basis, den Datendetails.

Kapitel 4
Daten importieren und bereinigen

Daten aus anderen Systemen zu importieren war in der Vergangenheit für viele Nutzer mit aufwendigen manuellen Arbeitsschritten verbunden. Viele Anwender bahnten sich ihren Ausweg aus dem umständlichen händischen Bereinigen mithilfe von VBA-Programmierung. Mit Power Query gibt es seit geraumer Zeit eine einfach zu handhabende und sehr effiziente Alternative dazu. Die beiden folgenden Kapitel beschreiben die wichtigsten Arbeitstechniken mit den traditionellen Tools und dem neuen ETL-Werkzeug Power Query.

Excel war als Frontend für die Verarbeitung von Daten aus unterschiedlichen Vorsystemen immer schon gut gerüstet. Seit der Version 2016 haben sich die Möglichkeiten noch einmal erweitert und wesentlich verbessert. Power Query, bislang ein Add-in, war seitdem fester Bestandteil des Programms. Da Power Query, das Sie nun im Menüband unter DATEN ABRUFEN UND TRANSFORMIEREN finden, in relativ kurzen Intervallen erweitert wird, weist Excel 2019 wie auch die aktuelle Version von Excel für Office 365 eine ganze Reihe von Neuerungen gegenüber der Version Excel 2016 auf. In diesem Kapitel beschreibe ich zunächst aber die wesentlichen Schritte beim Import und bei der Nachbearbeitung von Daten mithilfe der klassischen Excel-Funktionen. Den umfangreichen Power-Query-Funktionen ist ein zusätzliches Kapitel direkt im Anschluss gewidmet.

Vorliegendes Kapitel befasst sich also zunächst mit den folgenden Themen (Abbildung 4.1):

▶ Überblick über die unterschiedlichen Datenquellen für Excel-Reports

▶ Import/Öffnen und Bereinigen von Dateien im TXT-, CSV- oder XLS-Format

▶ Nutzung von Add-ins für ERP-Systeme wie SAP

▶ Verwendung von ODBC-Schnittstellen beim Zugriff auf relationale Datenbanksysteme

▶ Verwendung des XML-Formats

▶ Bereinigung von importierten Daten (Entfernen von Leerzeilen, Anpassung von Datums- und Währungsformaten etc.)

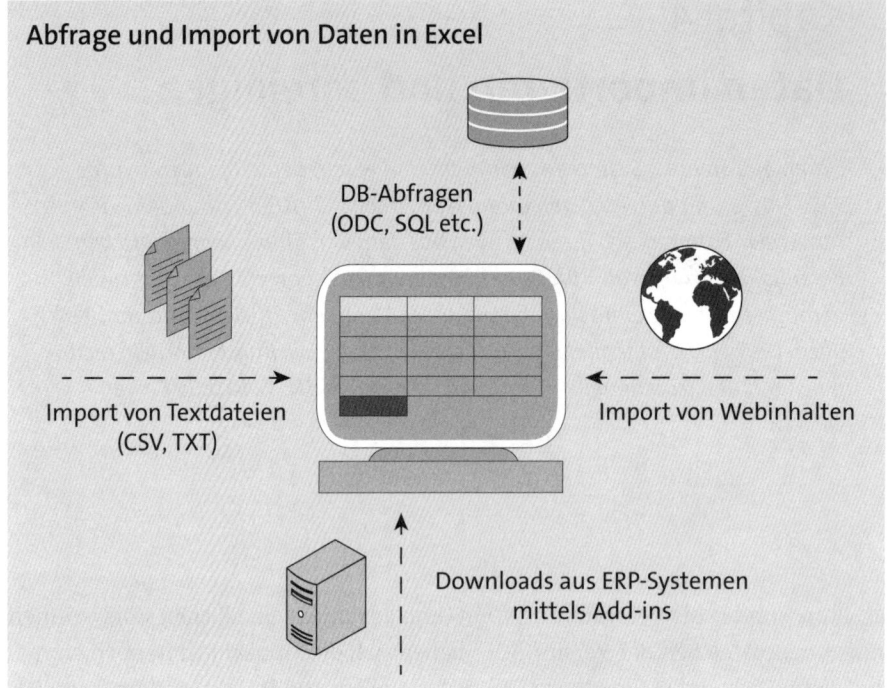

Abbildung 4.1 Datenquellen für Excel-Reports und -Analysen

Auf oberster Ebene der Hierarchie sind es ERP-Systeme (ERP: *Enterprise Resource Planning*) wie SAP oder Microsoft Dynamics NAV, aus denen Excel Daten beziehen kann. Diese werden sodann vom Benutzer, also von Ihnen, analysiert, in einem Report aufbereitet und präsentiert. Der Vorteil der Vorsysteme liegt darin, dass sie auf mächtigen und zuverlässigen Datenbanksystemen basieren. Es sind relationale Datenbanksysteme, bei denen zahlreiche auf viele Tabellen verteilte Informationen miteinander verknüpft werden. Es können sogar multidimensionale Datenbanksysteme, sogenannte *Data Cubes*, sein.

Natürlich geht es auch eine Nummer kleiner. Microsoft Access ist ein Beispiel einer relationalen Datenbanksoftware, die lokal oder im Netzwerk installiert wird und ebenso als Datenlieferant für Excel dienen kann. Auch in dieser Gewichtsklasse bieten zahlreiche Hersteller ihre Produkte an.

Ein dritter Datenquellentyp ist noch relativ neu. Das Internet als Datenquelle ist in den vergangenen Jahren auch für Excel-Anwender immer wichtiger geworden. Ob Rohstoffpreise, Wechselkurse, Marketingdaten oder Publikationslisten – viele Anbieter stellen solche Daten mittlerweile im Web oder im XML-Format zur Verfügung. Nach dem Download öffnen Sie diese Daten in Excel und verarbeiten sie gegebenenfalls weiter.

Und zu guter Letzt kann es natürlich passieren, dass Kunden, Lieferanten oder Projektpartner ein anderes Tabellenkalkulationsprogramm oder eine andere Excel-Version einsetzen.

Auch dies kann dazu führen, dass Sie sich die Frage stellen, wie Sie die fremden Daten am schnellsten und am besten verlustfrei in Excel übernehmen.

4.1 Textdatei aus einem Warenwirtschaftssystem importieren

Prinzipiell lassen sich zwei Modelle der Übernahme von Daten in Excel unterscheiden:

1. direkte Abfragen auf einen Datenbestand in einem Vorsystem
2. Erzeugen einer Datei in einem von Excel verwendbaren Datenaustauschformat

Uns beschäftigt in diesem Abschnitt die zweite Variante, obwohl sie – theoretisch betrachtet – einige Nachteile hat. Und diese Nachteile kennen Sie vielleicht auch:

- Datenaustauschdateien sind statisch; um an den aktuellsten Stand Ihrer Daten in der Datenbank zu gelangen, müssen Sie jeweils eine neue Datei exportieren.
- Durch den sich wiederholenden Export aktueller Datenbestände entstehen zahlreiche Dateien, und das trägt schnell zu einer Unübersichtlichkeit der Datenbestände bei.

Doch das ist eben nur die Theorie. In der Praxis gibt es noch genügend Systeme, die keine andere Schnittstelle für die Übernahme von Daten zur Verfügung stellen als das reine Textformat.

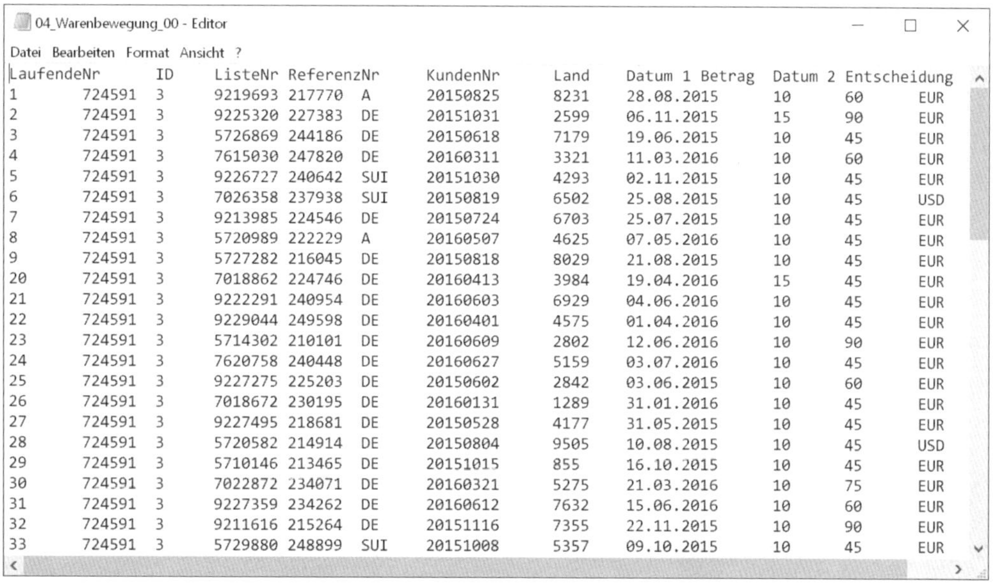


```
LaufendeNr      ID      ListeNr ReferenzNr      KundenNr        Land    Datum 1 Betrag  Datum 2 Entscheidung
1       724591  3       9219693 217770  A       20150825        8231    28.08.2015      10      60      EUR
2       724591  3       9225320 227383  DE      20151031        2599    06.11.2015      15      90      EUR
3       724591  3       5726869 244186  DE      20150618        7179    19.06.2015      10      45      EUR
4       724591  3       7615030 247820  DE      20160311        3321    11.03.2016      10      60      EUR
5       724591  3       9226727 240642  SUI     20151030        4293    02.11.2015      10      45      EUR
6       724591  3       7026358 237938  SUI     20150819        6502    25.08.2015      10      45      USD
7       724591  3       9213985 224546  DE      20150724        6703    25.07.2015      10      45      EUR
8       724591  3       5720989 222229  A       20160507        4625    07.05.2016      10      45      EUR
9       724591  3       5727282 216045  DE      20150818        8029    21.08.2015      10      45      EUR
20      724591  3       7018862 224746  DE      20160413        3984    19.04.2016      15      45      EUR
21      724591  3       9222291 240954  DE      20160603        6929    04.06.2016      10      45      EUR
22      724591  3       9229044 249598  DE      20160401        4575    01.04.2016      10      45      EUR
23      724591  3       5714302 210101  DE      20160609        2802    12.06.2016      10      90      EUR
24      724591  3       7620758 240448  DE      20160627        5159    03.07.2016      10      45      EUR
25      724591  3       9227275 225203  DE      20150602        2842    03.06.2015      10      60      EUR
26      724591  3       7018672 230195  DE      20160131        1289    31.01.2016      10      45      EUR
27      724591  3       9227495 218681  DE      20150528        4177    31.05.2015      10      45      EUR
28      724591  3       5720582 214914  DE      20150804        9505    10.08.2015      10      45      USD
29      724591  3       5710146 213465  DE      20151015        855     16.10.2015      10      45      EUR
30      724591  3       7022872 234071  DE      20160321        5275    21.03.2016      10      75      EUR
31      724591  3       9227359 234262  DE      20160612        7632    15.06.2016      10      60      EUR
32      724591  3       9211616 215264  DE      20151116        7355    22.11.2015      10      90      EUR
33      724591  3       5729880 248899  SUI     20151008        5357    09.10.2015      10      45      EUR
```

Abbildung 4.2 Warenwirtschaftsdaten im Textformat

Klicken Sie im Windows-Explorer doppelt auf die Datei *04_Warenbewegung_00.txt* (die Sie zum Herunterladen auf der Webseite zum Buch *www.rheinwerk-verlag.de/4679* finden), wird diese im Texteditor von Windows geöffnet. Sie erkennen, dass zwischen den einzelnen Spalten der Tabelle gleichmäßige Abstände bestehen.

Dies kann zwei Ursachen haben: Entweder wurden die Spalten mit einer fest definierten Spaltenbreite exportiert, oder das Warenwirtschaftssystem hat einen vorgegebenen Separator verwendet. In der Textansicht ist kaum zu erkennen, welche der beiden Möglichkeiten hier vorliegt (Abbildung 4.2).

4.1.1   Textkonvertierungs-Assistent

Es gibt zwei Möglichkeiten, die Daten des Warenwirtschaftssystems zu importieren. Klicken Sie einfach auf DATEI • ÖFFNEN • DURCHSUCHEN in einer der älteren Excel-Versionen, und wählen Sie dann im Listenfeld DATEITYP die Option TEXTDATEIEN, oder wechseln Sie in den Menübereich DATEN • EXTERNE DATEN ABRUFEN • AUS TEXT. In Excel 2019 oder Office 365 sollten Sie zunächst die Optionen ändern, um die sogenannten Legacy-Datenimport-Assistenten zu aktivieren. Dies erledigen Sie über das Menü DATEI • OPTIONEN • DATEN. Wählen Sie dann im Bereich LEGACY-DATENIMPORT-ASSISTENTEN ANZEIGEN die Option AUS TEXT (LEGACY). Dadurch stellen Sie sicher, dass Sie mit dem bereits bekannten Textkonvertierungs-Assistenten Daten importieren und bereinigen und nicht mit Power Query. Diesen Assistenten starten Sie im konkreten Fall eines Datenimports dann über DATEN • DATEN ABRUFEN UND TRANSFORMIEREN • LEGACY-ASSISTENTEN • AUS TEXT (LEGACY).

In beiden Fällen wählen Sie im anschließenden Arbeitsschritt die Textdatei aus, die Sie importieren möchten, und gelangen auf diesem Wege zum TEXTKONVERTIERUNGS-ASSISTENTEN. Im ersten Schritt des Assistenten müssen Sie drei Fragen beantworten (Abbildung 4.3):

1. Verwendet die zu importierende Textdatei einen Separator oder eine feste Spaltenbreite zur Trennung der Spalten? Die Antwort in unserem Beispiel: Ich habe die Daten mit einem Tabstopp getrennt.

2. Welches ist die erste zu importierende Zeile? Manche Systeme exportieren einen nicht zu verwendenden Header, den Sie auf diesem Weg entfernen können. In unserem Fall ist der Import ab Zeile 1 in Ordnung.

3. Welchen Zeichensatz hat das Warenwirtschaftssystem beim Exportieren verwendet? MS-DOS (PC-8) können Sie als Vorschlag übernehmen. Entscheidend ist immer der genaue Blick auf die Umlaute einer Textdatei, um zu erkennen, ob Excel den korrekten Zeichensatz auswählt.

Seit Excel 2013 sehen Sie eine neue Option in dieser Dialogbox: DIE DATEN HABEN ÜBERSCHRIFTEN. Diese Option sollten Sie z. B. dann aktivieren, wenn Sie den zu importierenden Datenbestand gleich mittels Pivottabelle analysieren möchten. In diesem Fall wird Excel die Daten in der Überschriftenzeile als Datenfelder in der Pivottabelle verwenden. Doch dazu später mehr in Kapitel 11, »Pivottabellen und -diagramme«.

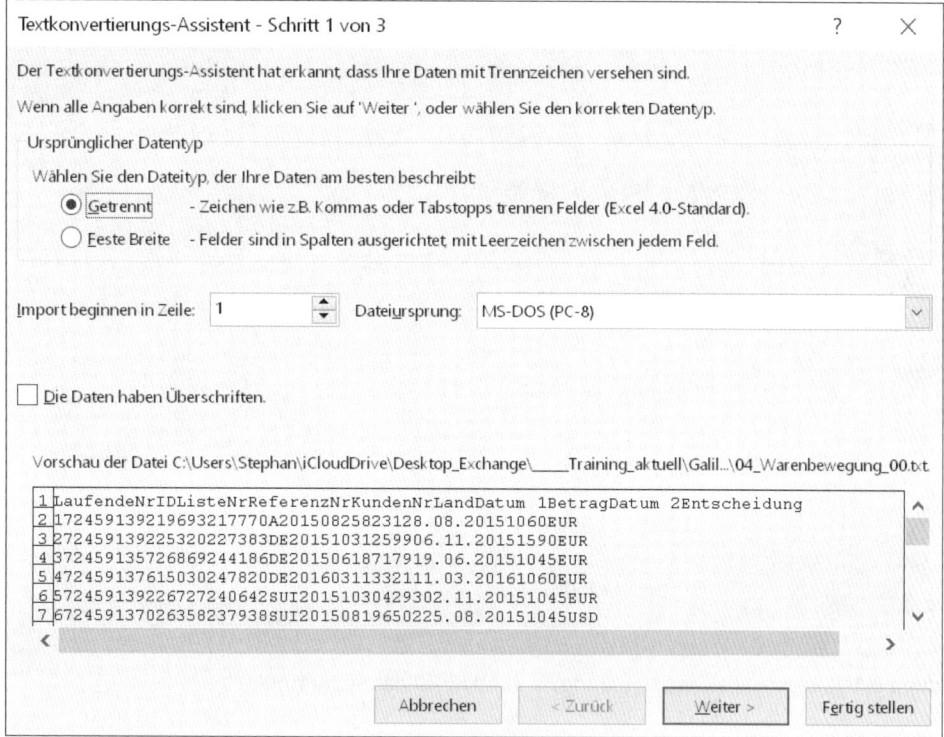

Abbildung 4.3 Textkonvertierungs-Assistent

Nach einem Klick auf WEITER werden Sie nach dem verwendeten Separator gefragt. Lassen Sie die Option TABSTOPP ausgewählt (Abbildung 4.4), da sie dem in der Beispieldatei verwendeten Trennzeichen entspricht.

In der DATENVORSCHAU erkennen Sie bereits, dass die einzelnen Spalten der Tabelle nun auch korrekt angezeigt werden.

Schritt 3 des Assistenten bietet Ihnen noch einmal die Gelegenheit,

▶ die zu importierenden Daten einzuschränken – verwenden Sie in diesem Fall die Option SPALTE NICHT IMPORTIEREN (ÜBERSPRINGEN);

▶ für ausgewählte Spalten das Datenformat anzupassen (Abbildung 4.5).

Zur Auswahl stehen Ihnen das Standardzahlenformat, das Textformat sowie Datumsformate. Dieser Schritt des TEXTKONVERTIERUNGS-ASSISTENTEN kann äußerst nützlich sein, um mühselige Nachbearbeitungen von Datenformaten nach dem Import zu vermeiden.

Beim Blick auf die siebte Spalte, DATUM 1, werden Sie erkennen, dass das Datum vom Warenwirtschaftssystem nicht korrekt exportiert wurde. In der Spalte DATUM 2 stimmt das Datenformat hingegen.

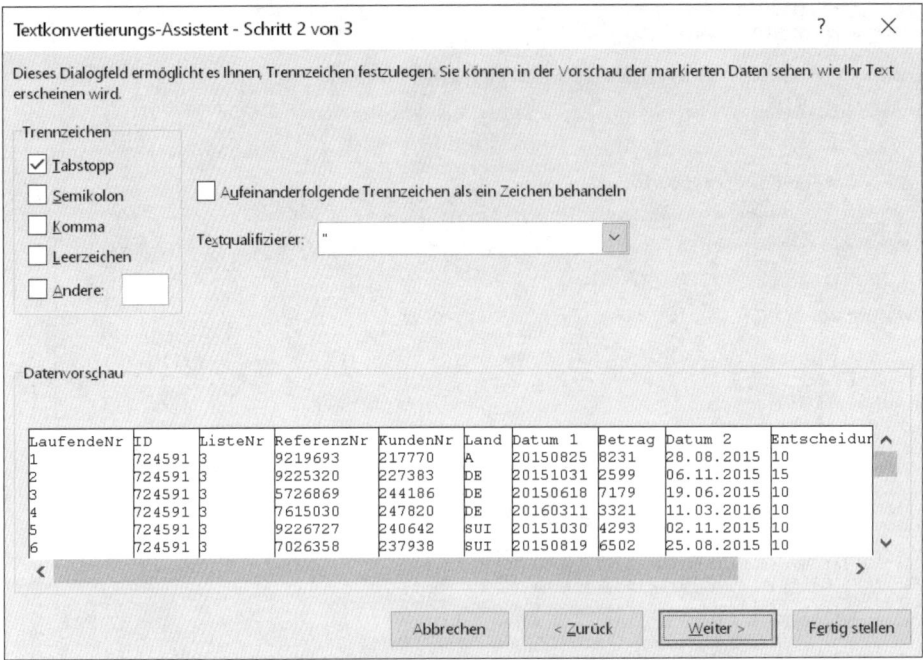

Abbildung 4.4 Korrekte Spaltendarstellung nach Auswahl des Separators

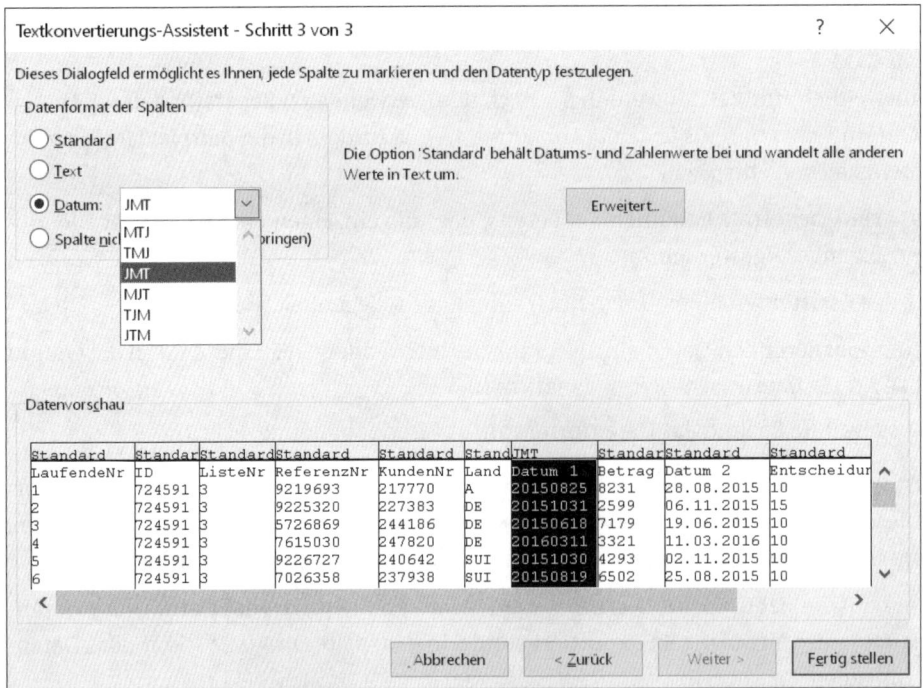

Abbildung 4.5 Anpassen des Datenformats einer Spalte

Klicken Sie auf die Spalte, in der Datum 1 steht, um den Fehler zu korrigieren. Wählen Sie danach die Option Datum und dann aus dem Listenfeld das Format JMT (Abbildung 4.5), da das Datum der siebten Spalte zunächst das Jahr, dann den Monat und schließlich den Tag enthält.

Dass der Textkonvertierungs-Assistent weitere nützliche Werkzeuge anbietet, erkennen Sie nach einem Klick auf die Schaltfläche Erweitert. Hier können Sie nicht nur vom europäischen Standard abweichende Dezimal- und Tausendertrennzeichen definieren, sondern auch das immer wieder auftretende Problem nachstehender Minuszeichen bei negativen Zahlen ebenfalls gleich beim Importieren verhindern.

Klicken Sie auf Fertig stellen, nachdem Sie den Bereich der erweiterten Optionen wieder verlassen haben.

Wenn Sie beim Datenimport zu Beginn die zweite Option über das Menü Daten gewählt haben, sollten Sie zunächst noch einmal im Dialogfenster Daten importieren auf Eigenschaften klicken (Abbildung 4.6). Dann zeigt Ihnen Excel die aktuellen Eigenschaften des externen Datenbereichs an.

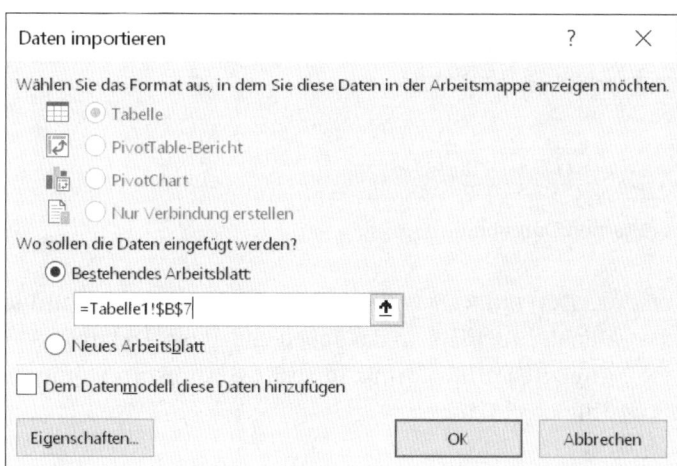

Abbildung 4.6 Auswahl des Zieltabellenblattes beim Importieren von Daten

Interessant ist vor allem der untere Bereich der Dialogbox Eigenschaften des externen Datenbereiches (Abbildung 4.7), in dem Sie festlegen können, wie das Programm mit Formeln und Funktionen umgeht, die unmittelbar an den importierten Datenbereich angrenzen. Mit der Option Formeln in angrenzenden Zellen ausfüllen werden Formeln, die Sie beispielsweise in Spalte M eingefügt haben, automatisch an die aktualisierte Datenmenge angepasst. Sie vermeiden damit, bei Aktualisierungen solche Formeln manuell kopieren bzw. löschen zu müssen.

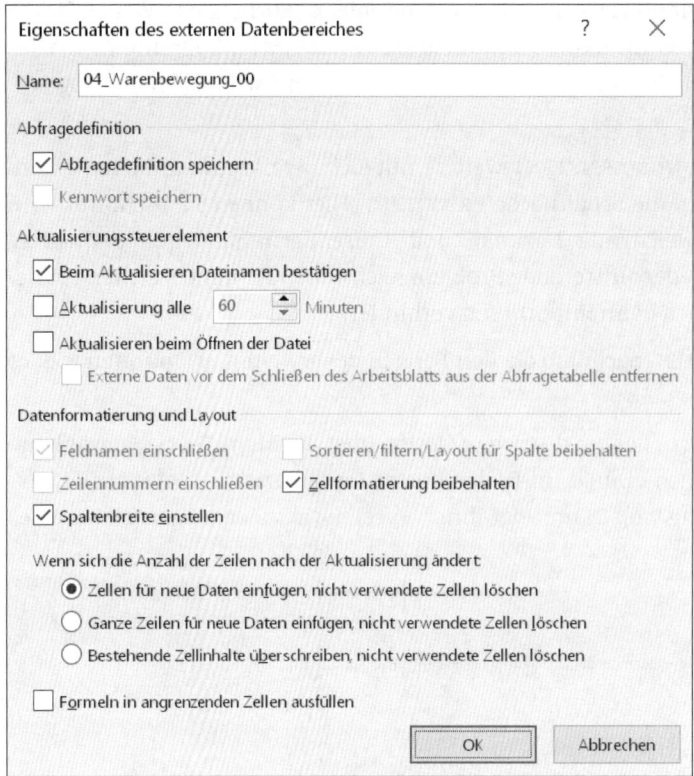

Abbildung 4.7 Eigenschaften des externen Datenbereichs

Nachdem Sie die Eigenschaften des externen Datenbereiches verlassen und dann auf OK geklickt haben, fügt Excel die Daten der Textdatei in das Tabellenblatt ein. Das im Text-konvertierungs-Assistenten korrigierte Datumsformat in Spalte G wird korrekt impor-tiert. Speichern Sie das Ergebnis nun als Excel-Datei ab.

4.1.2 Ein Datenmodell in Excel während des Imports erstellen

Wenn Sie diesen ersten Import Schritt für Schritt über das Menü Daten ausgeführt haben, ist Ihnen als erfahrener Excel-Anwender wahrscheinlich eine weitere Neuerung aufgefallen: Die letzte Dialogbox, in der Sie mit OK die Daten übernommen haben, hat sich grundlegend verändert. Es ist an der Zeit, zu ergründen, warum das so ist. Fügen Sie am besten ein neues Tabellenblatt in die Arbeitsmappe ein. Starten Sie den Import erneut, und führen Sie alle Schritte nochmals so aus wie zuvor. Doch lassen Sie uns dann die letzte Dialogbox ein wenig genauer betrachten. Es lohnt sich.

Denn eine Neuerung seit Excel 2013 besteht in der wichtigen Möglichkeit, Analysen zu erstel-len, die auf mehreren Tabellenblättern aufbauen. Davor mussten Sie über Verweisfunktionen wie den =SVERWEIS() Tabellenblätter aufwendig miteinander verknüpfen, um solche Auswertungen zu erstellen. Seit Excel 2013 gibt es eine grundlegende Alternative zu dieser Vorgehensweise.

Wenn Sie die Option DEM DATENMODELL DIESE DATEN HINZUFÜGEN aktivieren, werden Ihnen im oberen Bereich der Dialogbox neben der klassischen Tabelle zusätzliche Formate für die Datenanzeige angeboten (Abbildung 4.8 und Tabelle 4.1).

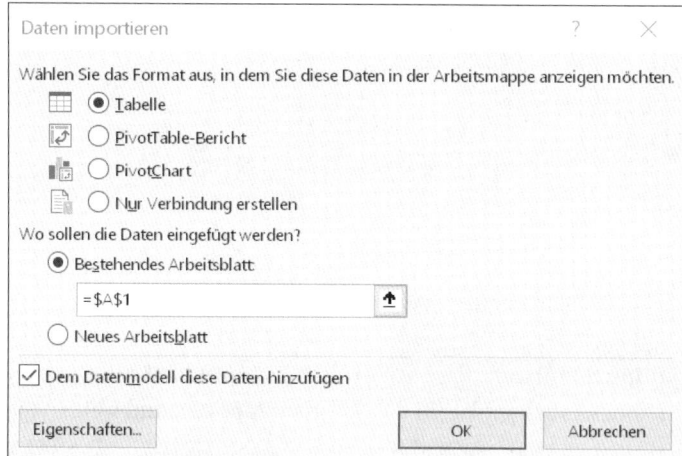

Abbildung 4.8 Daten einem Datenmodell ab Excel 2013 beim Import hinzufügen

Format	Bedeutung
PIVOTTABLE-BERICHT	Erstellt eine Pivottabelle auf Basis der importierten Daten. Die Spaltenüberschriften werden als PIVOTTABLE-FELDER verwendet, sofern Sie die Option im TEXTKONVERTIERUNGS-ASSISTENTEN aktiviert haben.
PIVOTCHART	Ein Stand-alone-Pivotdiagramm (also ohne Pivottabelle) wird erstellt. Auch hier werden die Spaltenüberschriften als Feldnamen eingesetzt, sofern Sie dies im Assistenten zuvor angegeben haben.
NUR VERBINDUNG ERSTELLEN	Excel erstellt lediglich die Abfrage auf einen externen Datenbestand. Es werden jedoch keine Daten in die Arbeitsmappe übertragen. Die erstellte Verbindung finden Sie unter DATEN • VERBINDUNGEN • VERBINDUNGEN. Dort können Sie die Datenverbindung weiter konfigurieren.

Tabelle 4.1 Formate für Datenmodelle beim Import mit Excel 2016

Fügen Sie nun zwei oder mehr importierte Tabellen auf diese Weise einem Datenmodell hinzu, bietet sich bei Pivottabellen und PivotCharts die Möglichkeit, die Tabellen logisch miteinander zu verknüpfen.

In der PivotTable-Feldliste sehen Sie neben dem Register AKTIV auch das Register ALLE. Öffnen Sie es, um die zum Datenmodell gehörenden Tabellen zu sehen (Abbildung 4.9).

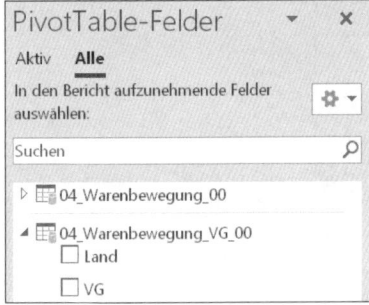

Abbildung 4.9 Auswahl mehrerer Tabellen im Register »Alle« einer Pivottabelle

Um mehrere Tabellen zu verknüpfen, müssen diese zuvor dem Datenmodell hinzugefügt werden. Fügen Sie zunächst ein neues Tabellenblatt in die Arbeitsmappe ein, und wählen Sie über das Menü DATEN ABRUFEN UND TRANSFORMIEREN • LEGACY-ASSISTENTEN • AUS TEXT (LEGACY) die Textdatei *04_Warenbewegung_VG_00.txt* aus. Ändern Sie den Dateiursprung erneut auf MS-DOS (PC-8) oder WINDOWS (ANSI). Abschließend wählen Sie wieder den Power-Pivot-Bericht als Ausgabeform und aktivieren die Option DEM DATENMODELL DIESE DATEN HINZUFÜGEN.

Unter PIVOTTABLE-TOOLS • ANALYSIEREN • BERECHNUNGEN • BEZIEHUNGEN finden Sie die Option, eine logische Verbindung zwischen den Tabellen des Datenmodells zu erstellen. Klicken Sie in der dann angezeigten Dialogbox auf NEU.

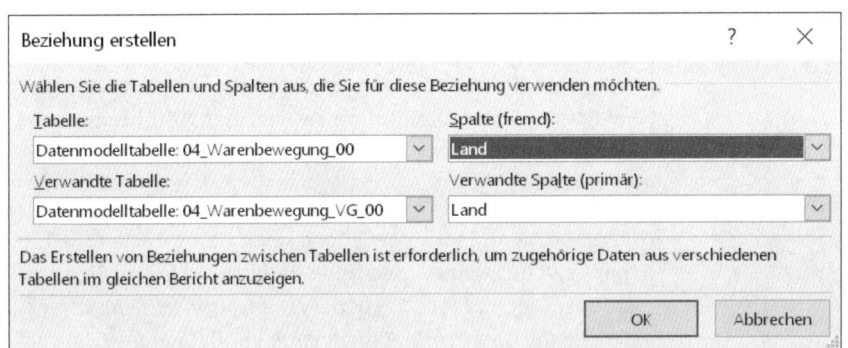

Abbildung 4.10 Erstellen einer logischen Beziehung zwischen zwei Tabellen eines Datenmodells

Ein einfaches Datenmodell besteht aus einer Faktentabelle (Transaktionstabelle) und einer Suchtabelle (Dimensionstabelle). Die Faktentabelle enthält Bewegungsdaten, in unserem

Fall die Umsätze einzelner Länder. Die Suchtabelle enthält zumeist zusätzliche Informationen. Hier im Beispiel ist es die Zuordnung der Länder zu übergeordneten Vertriebsgebieten. In der Dialogbox zum Aufbau der Beziehungen heißt eine solche Suchtabelle Verwandte Tabelle (Abbildung 4.10). Beide Tabellen werden über das gemeinsame Feld Land miteinander verknüpft. Nachdem Sie diesen Schritt ausgeführt haben, können Sie nun das Feld Land aus der Tabelle *04_Warenbewegung_00* und das Feld VG der dynamischen Datentabelle in den Zeilenbereich der Pivottabelle ziehen und das Feld Betrag im Wertebereich anordnen. Sie sehen nun das Ergebnis – inklusive der Vertriebsgebiete, und das völlig ohne `=SVERWEIS()` (Abbildung 4.11).

Zeilenbeschriftungen ⌄	Summe von Betrag
⊟ **Süd**	
I	12679
SUI	25752
⊟ **West**	
A	35091
DE	287907
Gesamtergebnis	**361429**

Abbildung 4.11 Pivottabelle auf Basis zweier importierter und verknüpfter Tabellen

Das Ergebnis finden Sie in der Arbeitsmappe *04_Warenbewegung_Datenmodell_01.xlsx*.

4.1.3   Fehlerhafte Datenformate nachträglich umwandeln

In der Praxis kommt es immer wieder vor, dass trotz der im Textkonvertierungs-Assistenten verfügbaren Korrekturmöglichkeiten fehlerhafte Datenformate den Weg in eine Excel-Tabelle finden. Dann stellt sich bei unter Umständen Tausenden von Datensätzen sofort die Frage, wie Sie solche Fehler effizient korrigieren. Einige Klassiker bei den Datenformatfehlern sind folgende:

▶ Zahlen werden versehentlich als Text importiert und lassen sich in Excel nicht berechnen.

▶ Datumswerte erscheinen als Abfolge von acht Ziffern und werden nicht als Datum erkannt.

▶ Bei Währungsformaten sind das Tausendertrennzeichen (Punkt) und das Dezimaltrennzeichen (Komma) vertauscht, wodurch fehlerhafte Werte entstehen.

▶ Das Minuszeichen bei negativen Werten steht hinter dem Wert, dadurch wird dieser von Excel als Text und nicht als Zahl interpretiert.

Wie bereits zu Beginn des Kapitels erwähnt, bietet Excel seit Version 2013 (als Add-in) mit Power Query ein leistungsstarkes Tool für Datenbereinigung und -import. Ich werde im nächsten Kapitel, »Datenbereinigung mit Power Query effizienter gestalten«, ausführlich auf die neuen Möglichkeiten, die sich daraus ergeben, eingehen. Doch lassen Sie uns zunächst die konventionellen Methoden betrachten, die Ihnen Excel zur Datenbereinigung bietet.

Nachstehendes Minuszeichen und fehlerhafte Trennzeichen korrigieren

Was ist also konkret in der Beispieldatei *04_Warenbewegung_Fehler_00.xlsx* zu tun? Ein erster Korrekturversuch sollte immer darin bestehen, den Textkonvertierungs-Assistenten nachträglich auf die bereits in Excel geöffnete Datei anzuwenden. Dabei gehen Sie folgendermaßen vor:

1. Markieren Sie die gesamte Spalte, in der sich die Daten befinden, die Sie umwandeln möchten. Klicken Sie dazu einfach auf die Spaltenüberschrift.
2. Rufen Sie die Funktion Daten • Datentools • Text in Spalten auf. Sie aktivieren damit den bereits bekannten Assistenten.
3. Da sich die Optionen zur Anpassung des Datenformats im dritten Arbeitsschritt des Assistenten befinden, klicken Sie zweimal auf Weiter.
4. Anschließend wählen Sie das gewünschte Datenformat über die Option Datum aus und schließen die Eingabe mit Fertig stellen ab.

Das fehlerhafte Format in der Datumsspalte G lässt sich auf diesem Wege mühelos korrigieren (Abbildung 4.12).

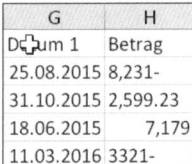

G	H
Datum 1	Betrag
25.08.2015	8,231-
31.10.2015	2,599.23
18.06.2015	7,179
11.03.2016	3321-

Abbildung 4.12 Auch solche irritierenden Formatfehler korrigiert die Funktion »Text in Spalten« mühelos.

Auch dem ziemlich verdrehten Zahlenformat in Spalte H machen Sie mit der Funktion Text in Spalten schnell den Garaus. Klicken Sie dazu auf die Schaltfläche Erweitert, und geben Sie ein Komma als 1000er-Trennzeichen sowie einen Punkt als Dezimaltrennzeichen vor (Abbildung 4.13). Die Option Nachstehendes Minuszeichen für negative Zahlen muss aktiviert sein.

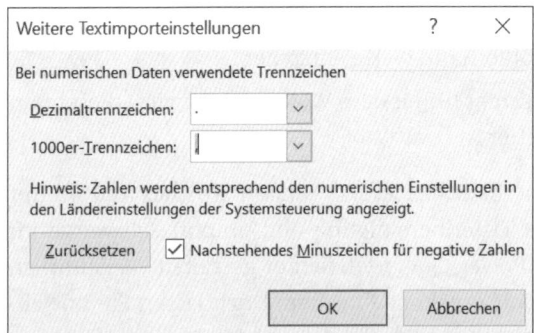

Abbildung 4.13 Korrektur von Dezimal- und Tausendertrennzeichen

Nachstehendes Minuszeichen mit einer Formel umstellen

Ein hinter den Zahlen stehendes Minuszeichen können Sie auch mit einer Berechnung an den Anfang der Zeichenkette holen. Sie lautet für ein fehlerhaftes Format in Spalte H:

`=WENN(RECHTS(H2)="-";-WERT(LINKS(H2;LÄNGE(H2)-1));H2)`

Mit `WENN()` wird zunächst geprüft, ob das erste Zeichen von rechts in Zelle H2 ein Minuszeichen ist. Sofern dies der Fall ist, wandelt `-WERT()` die Ziffernfolge in H2 unter Nichtberücksichtigung des Minuszeichens (`LINKS(H2;LÄNGE(H2)-1)`) in einen Wert mit negativen Vorzeichen um. Ist das letzte Zeichen der Zelle kein Minuszeichen, wird der positive Wert einfach übernommen.

4.2   Transaktionsdaten in einer CSV-Datei auswerten

Das Dateiformat *CSV* (*Comma-Separated Values*) ist wie das TXT-Format ein reines Zeichenformat. Die einzelnen Spalten werden mit einem festen Separator – zumeist dem Komma – voneinander getrennt. Im Gegensatz zur TXT-Datei ist die Endung *.csv* im Windows-Explorer normalerweise Excel zugeordnet.

Ein Doppelklick auf die Datei *04_Transaction_Data_00.csv* führt daher dazu, dass die Daten sofort in Excel und nicht im Editor geöffnet werden. Wenn Sie diesen Luxus in der Vergangenheit bereits genutzt haben, mussten Sie eventuell auch schon erleben, dass der Doppelklick manchmal jedoch zu einem seltsamen Datensalat in Excel führt. Denn bei dieser schnellen Form des Importierens werden bestimmte Annahmen vorausgesetzt, die sich auf das Trennzeichen zwischen den Spalten beziehen.

Wurde die Datei nach den Regeln der ANSI-Norm auf dem Fremdsystem gespeichert, wird als Separator ein Semikolon angenommen. Handelte es sich hingegen um eine Unicode-Codierung, wird als Trennzeichen zwischen den Spalten der Tabstopp erwartet. Hat der Benutzer, der die CSV-Datei erstellt hat, Veränderungen an den Einstellungen für den Separator vorgenommen, müssen Sie die Datei, wie oben bei der Textdatei beschrieben, über den LEGACY-ASSISTENTEN, sprich den TEXTKONVERTIERUNGS-ASSISTENTEN öffnen.

4.2.1   Nicht benötigte Zeilen aus Transaktionsdaten entfernen

Obwohl sich die Beispieldatei sowohl mit einem Doppelklick als auch über den TEXTKONVERTIERUNGS-ASSISTENTEN öffnen lässt, offenbart sich in ihr sogleich ein anderes typisches Ärgernis: Die Daten enthalten eine Reihe überflüssiger Zeilen, die leer sind oder Zwischensummen enthalten.

Diese Zeilen sind nicht nur optisch störend, sie verletzen auch die Grundregeln für die Bildung einfacher Excel-Listen. Doch Excel-Listen wiederum bilden die Basis für sehr nützliche, weil schnell umsetzbare Funktionen wie AUTOFILTER, DATENSCHNITT, TEILERGEBNISSE oder Pivottabellen.

Mit anderen Worten: Überflüssige Zeilen, die Zwischensummen, Listencodes der Quellanwendung etc. enthalten oder gar komplett leer sind, müssen weg, und zwar ohne allzu großen Aufwand.

Eine vergleichsweise einfache Herangehensweise an die Problematik ist die Verwendung des *AutoFilters*. Markieren Sie die gesamte Spalte A, und aktivieren Sie den AutoFilter mit [Strg] + [⇧] + [L]. Deaktivieren Sie die Option (ALLES AUSWÄHLEN), und wählen Sie stattdessen die Zeilen aus, die Sie entfernen möchten (Abbildung 4.14).

Abbildung 4.14 Ausblenden überflüssiger Zeilen mit dem AutoFilter

Nachdem Sie die Filterfunktion ausgeführt haben, markieren Sie die Resttabelle mit Ausnahme der Überschriftenzeile. Dabei ziehen Sie die Maus über die Zeilennummern, nicht über die Zellinhalte. Mit einem Rechtsklick öffnen Sie anschließend das Kontextmenü (ebenfalls im Bereich der Zeilennummern) und entfernen die überflüssigen Zeilen mit der Option ZELLEN LÖSCHEN.

Nach dem Entfernen der Zeilen deaktivieren Sie den AUTOFILTER wieder per Tastenkombination. Auf dem Bildschirm befindet sich nun die um alle nicht benötigten Zeilen bereinigte Excel-Liste.

Eine Alternative zur Verwendung des AutoFilters ist das Sortieren der Tabelle. Auch dadurch gelingt es mühelos, die Zeilen der Tabelle, die Leerzeilen enthalten, an den Anfang oder das Ende des Datenbereichs zu bewegen, um sie danach in einem Arbeitsgang zu entfernen.

4.2.2   Überflüssige Leerzeilen mit einem Makro entfernen

Dem Problem leerer Zeilen in den Transaktionsdaten können Sie auch mit einem VBA-Makro begegnen. Der Quellcode des Makros sieht folgendermaßen aus:

```
Sub LeerzeilenLoeschen1()
  Dim leere_Zeile As Long
  Application.ScreenUpdating = False
  For leere_Zeile = 200 To 1 Step -1
    If Application.CountA(Rows(leere_Zeile)) = 0 Then
      Rows(leere_Zeile).Delete
    End If
  Next
  Application.ScreenUpdating = True
End Sub
```

Das Makro macht sich das Ergebnis der Funktion ANZAHL2() zunutze, die im VBA-Code mit CountA bezeichnet wird. Liefert das Zählen der Texte und/oder Zahlen in einer Zeile im Bereich von Zeile 1 bis Zeile 200 das Ergebnis 0, muss diese Zeile leer sein. Dann wird sie durch das Makro gelöscht.

Speichern Sie das Makro in Ihrer persönlichen Makroarbeitsmappe *PERSONAL.XLSB*, dann können Sie es zukünftig immer dann aufrufen, wenn Sie aus einer Transaktionsdatei Leerzeilen löschen möchten. Wie Sie dabei am besten vorgehen, erfahren Sie in Kapitel 17, »Automatisierung mit Makros – VBA für Controller«, das sich ausführlich mit Makros befasst.

Die Anzahl der zu prüfenden Zeilen wird im obigen Makro mit 200 angegeben. Bei der Ausführung des Makros mit einer höheren Zeilenanzahl werden Sie feststellen, dass es mehrere Minuten dauern kann, bis alle Zeilen geprüft und gegebenenfalls gelöscht wurden. Unter diesem Gesichtspunkt könnte eine Optimierung mit der SpecialCells-Methode in VBA sinnvoll sein. Mit ihr untersuchen Sie die Zellen eines benannten Datenbereichs auf bestimmte Zelleigenschaften hin. Im konkreten Fall wird geprüft, ob in Spalte B leere Zellen (xlCellType-Blanks) vorkommen. Wird eine leere Zelle gefunden, wird auch in diesem Fall die gesamte Zeile gelöscht.

```
Sub LeerzeilenLoeschen2()
  Dim LetzteZeile As Long
  LetzteZeile = Cells(Rows.Count, 1).End(xlUp).Row
  Range("B1:B" & LetzteZeile).SpecialCells(xlCellTypeBlanks). _
    EntireRow.Delete
End Sub
```

Im Unterschied zum ersten Makro wird im zweiten Beispiel keine feste Anzahl an Wiederholungen vorgegeben. Stattdessen wird die Zahl der vorhandenen belegten Zeilen in Spalte A gezählt (Cells(Rows.Count, 1).End(xlUp).Row). Dies führt in der Praxis zu einer viel schnelleren Ausführung des Makros. Bei Anwendung dieses Makros kommt es aber darauf an, eine Spalte – hier Spalte B – zu bestimmen, deren Zellen immer dann leer sind, wenn auch tatsächlich keine zu berechnenden Werte in der betreffenden Zeile vorkommen. Prüfen Sie also gründlich, ob diese Bedingungen auch wirklich in Ihren Transaktionsdaten erfüllt sind. Andernfalls laufen Sie Gefahr, durch das Makro unbemerkt Werte zu löschen.

4.2.3   Gruppierung nach Standort und Konten

Die bereinigte Liste können Sie nun einfach gruppieren und die Ergebnisse beispielsweise nach Ländern und weiteren Kriterien wie den Konten berechnen.

Beginnen Sie deshalb zunächst mit einer einfachen Sortierung über DATEN • SORTIEREN UND FILTERN • SORTIEREN. Legen Sie als erstes Sortierkriterium die Spalte LOCATION und, nachdem Sie auf EBENE HINZUFÜGEN geklickt haben, die Spalte ACCOUNT als zweites Kriterium fest (Abbildung 4.15).

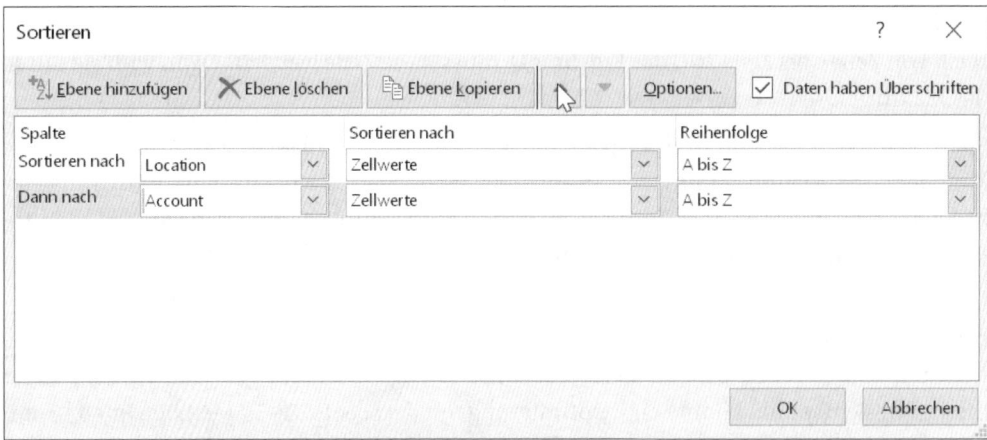

Abbildung 4.15 Sortierung der bereinigten Liste

Sobald die Liste nach diesen Kriterien sortiert ist, ergänzen Sie die Berechnung der Teilergebnisse über DATEN • GLIEDERUNG • TEILERGEBNIS. In der folgenden Dialogbox müssen Sie drei Entscheidungen treffen (Abbildung 4.16):

1. Welche Spalte soll als Gruppierungsmerkmal dienen? Es ist die Spalte, nach der Ihre Liste sortiert ist, also LOCATION.

2. Welche Funktion soll ausgeführt werden (UNTER VERWENDUNG VON)? Im Beispiel soll die SUMME berechnet werden.

3. Für welche Spalte sollen die Teilsummen berechnet werden? In unserem Fall für die Spalte VALUE.

4. Bestätigen Sie die Eingaben im Dialog TEILERGEBNISSE mit OK, um die berechneten Teilsummen zu erhalten.

Benutzen Sie die Gliederungsmarkierungen am linken Rand. Damit blenden Sie die Einzelheiten aus, und Sie erhalten einen direkten Blick auf die Teilergebnisse und das Gesamtergebnis.

In der Auswertung fehlt allerdings noch die zweite Ebene der Konten. Diese muss den bestehenden Teilergebnissen hinzugefügt werden. Im Prinzip ist der Vorgang identisch mit der Erstellung der ersten Gruppierung. Sie müssen diesmal lediglich Account als Gruppierungsmerkmal wählen und das Häkchen bei der Option Vorhandene Teilergebnisse ersetzen entfernen (Abbildung 4.17).

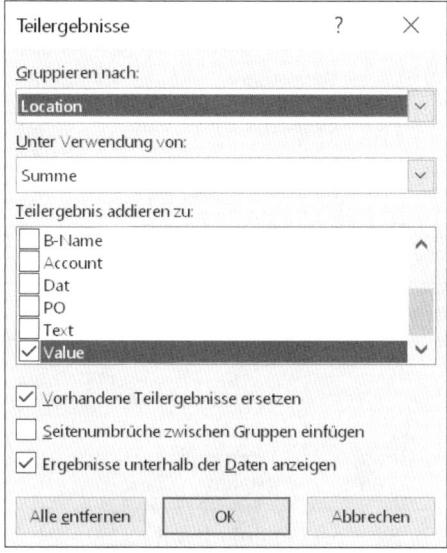

Abbildung 4.16 Erstellen der Teilergebnisse

Zum Abschluss sollten Sie noch einen Blick in die Zellen werfen, die die Teilergebnisse enthalten. In Zelle J30 finden Sie beispielsweise die Funktion `=TEILERGEBNIS(9;J2:J29)`. Unschwer ist zu erkennen, dass das zweite Argument für den Bereich steht, der berechnet werden soll.

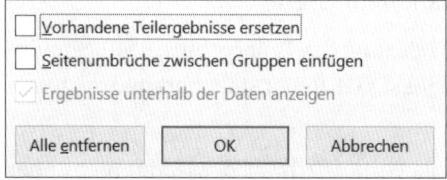

Abbildung 4.17 Hinzufügen einer weiteren Gruppierungsebene

Das erste Argument, in diesem Beispiel die 9, gibt an, welche Funktion beim Erstellen der Teilergebnisse verwendet werden soll. Es stehen die in Tabelle 4.2 dargestellten Zusammenfassungsfunktionen zur Verfügung. Das Funktionsargument kann dabei wahlweise einstellig (1) oder dreistellig (101) verwendet werden. Ein einstelliger Code bewirkt, dass Werte in Zeilen, die mit START • ZELLEN • FORMAT • SICHTBARKEIT • AUSBLENDEN & EINBLENDEN oder mit dem Kontextmenü ausgeblendet wurden, bei der Berechnung der Teilergebnisse mitberücksichtigt werden. Der dreistellige Code hat zur Folge, dass manuell ausgeblendete Werte unberücksichtigt bleiben.

Code	Funktion
1 oder 101	Mittelwert: Durchschnitt aller Werte
2 oder 102	Anzahl: Anzahl der Werte im Datenbereich
3 oder 103	Anzahl2: nicht leere Zellen im Datenbereich
4 oder 104	Max: höchster Wert im Datenbereich
5 oder 105	Min: niedrigster Wert im Datenbereich
6 oder 106	Produkt: Multiplikation aller Werte des Datenbereichs
7 oder 107	Stabw: Schätzung der Standardabweichung auf Basis einer Stichprobe
8 oder 108	Stabwn: Berechnung der Standardabweichung auf Basis der Grundgesamtheit
9 oder 109	Summe: Bildung der Summe aller Daten
10 oder 110	Varianz: Schätzung der Varianz auf Basis einer Stichprobe
11 oder 111	Varianzen: Berechnung der Varianz auf Basis der Grundgesamtheit

Tabelle 4.2 Verwendbare Funktionen für Teilergebnisse

Die Kenntnis dieser Funktionen kann, wie Sie wenig später sehen werden, bei der Erstellung von Reports sehr nützlich sein.

4.2.4   Kontengruppen in Transaktionsdaten zusammenfassen

Zunächst bleibt allerdings festzuhalten, dass die Berechnung der Teilergebnisse ein gemeinsames Gruppierungsmerkmal voraussetzt und dass dieses Gruppierungsmerkmal auch sortiert worden sein muss.

Dies führt immer dann zu Schwierigkeiten, wenn die Grundstruktur der Daten nicht über das Gruppierungsmerkmal verfügt, das Sie für Ihre eigene Auswertung unbedingt benötigen.

In der Datei *04_Transaction_Nachbearbeitung_00.xlsx* enthält die Spalte D eine Reihe von B-Codes, wie z. B. UVWXYX001.23456.0001 und UVWXYX001.23456.0002. Diese würden nach einer Sortierung der Daten jeweils eine eigene Gruppe und damit ein Teilergebnis bilden.

Wenn Sie stattdessen eine übergeordnete Gruppe für UVWXYX001 bilden möchten, müssen Sie sie nachträglich in Excel erzeugen. Dabei helfen fast immer Textfunktionen.

Eine Aufstellung wichtiger Textfunktionen für die Gruppierung von Daten nach dem Import enthält Tabelle 4.3.

Funktion	Erklärung
=LINKS()	Gibt eine von Ihnen festgelegte Anzahl an Zeichen zurück. Die Zählung beginnt links.
=RECHTS()	Gibt ebenfalls eine von Ihnen festgelegte Anzahl an Zeichen zurück. Die Zählung beginnt jedoch rechts.
=TEIL()	Gibt eine Anzahl an Zeichen ab einer bestimmten Position in der Zelle zurück. Sowohl Zeichenanzahl als auch Position werden vom Benutzer bestimmt.
=FINDEN()	Sucht ein definiertes Zeichen in einer Zelle und gibt den numerischen Wert der gefundenen Position zurück.
=LÄNGE()	Gibt die Anzahl der Zeichen zurück, die sich in einer festgelegten Zelle befinden.
=VERKETTEN()	Dient dazu, Inhalte von unterschiedlichen Zellen oder einer Zelle und vorgegebenen Zeichenfolgen miteinander in einer Zelle zu verknüpfen.
=GLÄTTEN()	Entfernt die Leerzeichen am Anfang und Ende der Zeichenkette einer Zelle.
=ERSETZEN()	Sucht nach einem Zeichen oder einer Zeichenkette und ersetzt die Fundstelle durch eine definierte Zeichenfolge.

Tabelle 4.3 Wichtige Textfunktionen für die Nachbearbeitung von Transaktionsdaten

Um den Report aus Abbildung 4.18 nachzubilden, werden die Konteninformationen in Spalte D mithilfe einer Funktion neu gruppiert, die Sie in Zelle K2 eingeben:

```
=LINKS(D9;FINDEN(".";D9)-1)
```

Da die Oberbezeichnungen der Konten unterschiedlich lang sind, allerdings immer mit einem Punkt von den Unterkonten getrennt werden, setzen Sie die Funktion FINDEN(".";D9) ein. Diese liefert der Funktion LINKS() das zweite Argument, das angibt, wie viele Zellen ausgelesen werden sollen. Da der trennende Punkt nicht mit ausgelesen werden soll, verwenden Sie -1. Den gesamten Ausdruck kopieren Sie nach unten.

[i]

Weitere typische Anwendungen für Textfunktionen

Trennen von Vor- und Nachnamen

Werden Vor- und Nachnamen in eine Spalte exportiert, können Sie sie in Excel trennen. Den Vornamen extrahieren Sie mit =LINKS(A1;FINDEN(" ",A1)-1) in Zelle A1, indem Sie nach dem Leerschritt im Anschluss an den Vornamen suchen. Den Nachnamen erhalten Sie mit =TEIL (A1;FINDEN(" ";A1)+1;LÄNGE(A1)-FINDEN(" ";A1)). Sie suchen in diesem Fall nach dem Leerschritt in Zelle A1, der dem Nachnamen vorangeht. Um zu ermitteln, wie viele Buchstaben ausgelesen werden sollen, berechnen Sie mit =LÄNGE() die Gesamtanzahl der Zeichen in der Zelle. Von dem berechneten Wert ziehen Sie die Zeichenanzahl bis zum Leerschritt, also bis zum Ende des Vornamens, ab.

Trennen von Postleitzahl und Ort

Die Trennung von Postleitzahl und Ort erfolgt nach dem gleichen Muster wie bei Vor- und Nachnamen.

Zusammenfassen (Verketten) von Feldern

In den Fällen, in denen bestimmte Felder auf verschiedene Spalten verteilt sind, lassen sich mit =VERKETTEN(A1;"-";B1) diese Zellen in einer Spalte zusammenfassen. Die Argumente der Funktion können sowohl Zellbezüge als auch Texte oder Textseparatoren sein. Im Beispiel werden die Inhalte der beiden Zellen A1 und B1, durch einen Bindestrich getrennt, zusammengeführt. Textzeichen müssen Sie in dieser Funktion immer in Anführungsstriche setzen.

Löschen von überflüssigen Leerzeichen

Nicht selten werden beim Export von Daten auch nicht benötigte Leerzeichen mit exportiert. Dies kann bei bestimmten Funktionen, die Filterkriterien benutzen, z. B. AutoFilter oder bei Datenbankfunktionen, zu Problemen führen. Die Leerzeichen lassen sich mit =GLÄTTEN(A1) aus der Zelle A1 entfernen.

4.2.5   Reporting von Zahlungsbewegungen mit AutoFilter, Teilergebnissen und Sparklines

In den meisten Fällen dienen Textfunktionen also dazu, in Rohdaten aus einem Fremdsystem die Grundlage für neue Gruppierungen zu schaffen. Gruppierungen bilden wiederum die Basis für ein gut strukturiertes Reporting. Der einfache Report in Abbildung 4.18 basiert auf drei Basiselementen:

1. Auswahl von Datengruppen mit dem AutoFilter
2. Berechnung der Summen mit der Funktion TEILERGEBNIS()
3. grafische Darstellung der gefilterten Ergebnisse als Sparklines

Sie haben sich sicherlich auch schon öfter die Frage gestellt, wie Sie einen Report dynamisch gestalten können, ohne auf eine Pivottabelle zurückzugreifen. Nun, hier ist eine mögliche Antwort: unter Verwendung des AutoFilters und der Funktion TEILERGEBNIS()!

Nachdem Sie einige Leerzeilen oberhalb der Daten eingefügt haben, aktivieren Sie den Auto-Filter, indem Sie den Cursor in die Excel-Liste bewegen und DATEN • SORTIEREN UND FIL-TERN • FILTERN aufrufen.

Sie haben bereits erfahren, dass die Funktion TEILERGEBNIS() für unterschiedliche Zusammenfassungsberechnungen eingesetzt werden kann und dass dabei nur die gefilterten Ergebnisse einer Liste berechnet werden. Nachdem Sie die Überschriften des Reports geschrieben haben, fügen Sie in Zelle D4 zunächst die Summenfunktion ein, um dann in D5 die Teilergebnisberechnung zu ergänzen:

```
=TEILERGEBNIS(9;J9:J149)
```

> ### Zellbezüge, Bereichsnamen, dynamische Datentabellen, globale Zeilen- und Spaltenangaben
>
> Wenn Sie jetzt einwenden, dass die Festlegung der Datenbereiche eher unglücklich ist, da sie sehr klein bemessen sind und ständiger Anpassung bedürfen, sobald sich der Datenbestand ändert, dann haben Sie recht.
>
> Doch mit der Verwendung von benannten Bereichen oder gar dynamischen Bereichen werden wir uns später ausführlich beschäftigen. In jedem Fall möchte ich an dieser Stelle von der Verwendung der gesamten Spalte als Zellbereich (in der Art von G:G) abraten.
>
> Bei den mehr als einer Million Zellen eines Tabellenblattes in Excel schaffen Sie nicht nur unnötigen Kalkulationsaufwand für eine verhältnismäßig kleine Tabelle, sondern die globale Verwendung von Spalten- ohne Zeilenangaben führt manchmal auch zu massiven Einschränkungen von Funktionen. So sind Gruppierungen in Pivottabellen beispielsweise nicht mehr durchführbar, wenn Sie bei der Auswahl des Datenbereichs die gesamte Spalte angegeben haben.
>
> Eine viel bessere Idee wäre es, aus den losen Zellbezügen eine dynamische Datentabelle zu machen. Dazu bewegen Sie den Cursor in den Zellbereich und drücken ⌷Strg⌷ + ⌷T⌷. Nachdem Sie die vorgeschlagenen Einstellungen der Dialogbox übernommen haben, können Sie die sich nun automatisch erweiternde Datenbasis für Ihre Auswertungen benutzen. In Kapitel 7, »Dynamische Reports erstellen«, erhalten Sie detaillierte Informationen zur Funktionsweise und Nutzung solcher dynamischen Datentabellen.

Im nächsten Schritt sollen nun die Eingänge und Ausgänge summiert werden. Dies bedeutet, dass Sie zwei Bedingungen einsetzen müssen: Es müssen die Werte der Zellen summiert werden, bei denen der Betrag größer null war (Eingang), und diejenigen, bei denen die Beträge kleiner null waren (Ausgang).

4.2.6 Nur Zahlungseingänge der gefilterten Konten addieren

Um alle Zahlungseingänge der Liste zu summieren, wenden Sie die folgende bedingte Kalkulation in Zelle E4 an:

```
=SUMMEWENN(J9:J149;">0";J9:J149)
```

Es werden nun alle Werte der Spalte J addiert, die größer null sind. Kein Problem! Durch Abwandlung dieser Funktion erhalten Sie in F4 auch die Summe der Ausgänge in den Transaktionsdaten:

```
=SUMMEWENN(J9:J149;"<0";J9:J149)
```

Danach muss eine bedingte Kalkulation auf den gefilterten Datenbereich angewandt werden, denn schließlich sollen in Zeile 5 lediglich die Eingänge und Ausgänge für die gefilterten B-Code-Gruppen berechnet werden.

Das Problem? Die Funktion TEILERGEBNIS(), die wir bislang benutzt haben, berücksichtigt keine Bedingungen. Die Funktion SUMMEWENN() wiederum ignoriert die Ergebnisse des Filtervorgangs und wendet ihre Berechnung auch auf den nicht sichtbaren Teil der gefilterten Daten an.

Dennoch lässt sich die Anforderung eines Teilergebnisses im Filterbereich mit einer Kombination recht unterschiedlicher Funktionen erfüllen. Von zentraler Bedeutung ist dabei SUMMENPRODUKT(), eine Matrixfunktion, die mehrere Spalten im Hinblick auf vom Benutzer definierte Bedingungen prüfen kann. Nützlich ist bei dieser Funktion, dass sie jeder Zelle, die die Suchbedingung erfüllt, den Wert 1, und den Zellen, bei denen die Bedingungen nicht erfüllt sind, eine 0 zuweist.

```
=SUMMENPRODUKT(TEILERGEBNIS(3;INDIREKT("J"&ZEILE(9:150)))*
(J9:J150>=0)*(J9:J150))
```

Abbildung 4.18 Report nach Neugruppierung

Die in unserem Fall zu benutzende Funktion benötigt gleich drei Datenbereiche, die analysiert werden. Der erste Datenbereich davon ist der Bereich von J9 bis J150. Er wird mit dem Ausdruck TEILERGEBNIS(3;INDIREKT("J"&ZEILE(9:150)) unter die Lupe genommen. Der Funktionscode 3 drückt aus, dass die Funktion ANZAHL2() verwendet wird. Mit anderen Worten: Excel zählt hier lediglich Zellen, die nach dem Filtern noch sichtbar sind.

Der zweite zu durchsuchende Bereich ist ebenfalls J9 bis J150. Jedoch wird im zweiten Argument geprüft, ob und welche Werte existieren, die größer als null sind, also einen Zahlungseingang darstellen ((J9:J150>0)). Das dritte Argument, ebenfalls auf J9 bis J150 bezogen, enthält keine Bedingungen, d. h., es werden die Originalwerte dieses Bereichs verwendet.

Alle drei Argumente sind mit dem Operator * verbunden. Dies bedeutet im Zusammenhang mit SUMMENPRODUKT(), dass in Zeilen, in denen die ersten beiden Bedingungen erfüllt sind (Wert 1), eine Multiplikation mit dem Wert in Spalte J durchgeführt wird. Beispiel: 1 * 1 * 73,30 in Zeile 38, wenn der Filter für die Kontenuntergruppe *GHIJKLC003* aktiviert ist.

Um die Ausgänge im gefilterten Bereich zu addieren, verwenden Sie in Zelle F5 die Funktion:

```
=SUMMENPRODUKT(TEILERGEBNIS(3;INDIREKT("J"&ZEILE(9:150)))*(J9:J150<0)*(J9:J150))
```

Die Funktion SUMMENPRODUKT() spielt eine bedeutende Rolle bei der bedingten Kalkulation im Controlling. In Kapitel 10, »Bedingte Kalkulationen in Datenanalysen«, werde ich die Funktion und ihre Anwendungsmöglichkeiten detailliert beschreiben.

4.2.7   Ein- und Ausgänge mit Sparklines visualisieren

Eine Form der grafischen Darstellung seit Excel 2010 sind die sogenannten *Sparklines*, also jene Minidiagramme, die man bequem in eine Zeile oder eine Gruppe von Zeilen einfügen kann.

Nachdem unser Report bereits über eine gewisse Dynamik verfügt, soll er nun noch um eine visuelle Information bereichert werden. Ein kleines Säulendiagramm ließe die mit dem AutoFilter ausgewählten Ein- und Ausgänge noch prägnanter erscheinen.

Abbildung 4.19 Sparklines vermitteln einen Überblick auf engstem Raum.

Aus welchen Einzelwerten sich die in Abbildung 4.18 gezeigten Summen der gefilterten Ein- und Ausgänge zusammensetzen, zeigt das Säulendiagramm der Sparklines (in Abbildung 4.19 im Detail). Um es zu erstellen,

1. heben Sie alle gesetzten Filterkriterien auf, damit Sie die gesamte Liste der Transaktionen sehen,

2. markieren Sie den Datenbereich von I2 bis K6,

3. verbinden Sie die markierten Zellen miteinander (START • AUSRICHTUNG • VERBINDEN UND ZENTRIEREN • ZELLEN VERBINDEN oder [Strg] + [1] und AUSRICHTUNG • ZELLEN VERBINDEN),

4. und wählen Sie EINFÜGEN • SPARKLINES • SÄULE.

5. Im folgenden Dialogfenster SPARKLINES ERSTELLEN ordnen Sie als DATENBEREICH den Wertebereich aus Spalte J zu; der POSITIONSBEREICH ist der zuvor verbundene Zellbereich aus Schritt 2 (Abbildung 4.20).

Bei solch kleinen grafischen Elementen spielt es eine wichtige Rolle, sämtliche Gestaltungsmerkmale zu nutzen, um die Les- und Interpretierbarkeit der Minidiagramme zu verbessern.

Deshalb sollten Sie eine farbliche Unterscheidung für positive und negative Werte wählen. Diese erhalten Sie mit einer bedingten Formatierung über SPARKLINETOOLS • ENTWURF • FORMATVORLAGE • DATENPUNKTFARBE • NEGATIVE PUNKTE.

Abbildung 4.20 Basisdefinition der Sparklines

4.3   Daten mit Microsoft Query importieren und Soll-Ist-Vergleich durchführen

Der Zugriff auf Daten einer Datenbank erfolgt meistens über Abfragen. Dies ist prinzipiell etwas völlig anderes als der Import einer TXT- oder CSV-Datei. Importdaten müssen in einem Fremdprogramm erzeugt und dann in einem Ordner auf dem Rechner gespeichert werden. Sie müssen sich dabei mit Fragen wie der Auswahl von Dateinamen, Separatoren oder Zeichensätzen herumschlagen. Und bevor Sie die Daten in Excel importiert haben, sind sie unter Umständen veraltet, denn zwischenzeitlich wurden eventuell in der Datenbank Änderungen vorgenommen, die in der exportierten Datei noch nicht enthalten sind.

Bei einer Abfrage gibt es diese ganzen Unannehmlichkeiten nicht. Unter der Voraussetzung, dass Sie über die benötigten Zugriffsrechte verfügen, greifen Sie unmittelbar auf die aktuellsten Werte der Datenbank zu. Einmal in Excel integrierte Daten können Sie mit einem Mausklick aktualisieren.

Um auf eine Datenbank zuzugreifen, benötigen Sie in den meisten Fällen *ODBC* (*Open Database Connectivity*.) und einen sogenannten *ODBC-Treiber*. Die Abfrage selbst wird zumeist mittels *SQL* (*Structured Query Language*) formuliert. Die SQL-Anweisungen werden dann via ODBC-Treiber an die Datenbank weitergegeben. Von dort werden die angeforderten Daten an Excel übergeben.

Sollte Windows für das von Ihnen benutzte Datenbanksystem standardmäßig keinen ODBC-Treiber zur Verfügung stellen, empfiehlt sich eine Recherche auf der Internetseite des Anbieters. Dort können Sie die entsprechenden Treiber herunterladen und auf Ihrem PC installieren.

Datenverbindungs-Assistent

Der DATENVERBINDUNGS-ASSISTENT bietet Funktionen, die in Excel 2003 unter DATEN • EXTERNE DATEN IMPORTIEREN • NEUE ABFRAGE ERSTELLEN zu finden waren. In Excel 2019 oder Excel für Office 365 muss der Assistent zunächst über DATEI • OPTIONEN • DATEN • AUS DEM DATENVERBINDUNGS-ASSISTENTEN (LEGACY) aktiviert werden, bevor er dann in DATEN ABRUFEN UND TRANSFORMIEREN angezeigt wird.

In der Rubrik ODBC DSN erhalten Sie Zugriff auf sämtliche ODBC-Treiber, die auf Ihrem PC verfügbar sind. Damit können Sie Verbindungen z. B. zu Datenbanken unterschiedlicher Entwickler herstellen.

Unter WEITERE/ERWEITERTE hingegen werden alle verfügbaren OLE-DB-Provider aufgeführt, mit deren Hilfe Sie neue Datenquellen in Excel erstellen können.

4.3.1 Abfrage auf einer Access-Datenbank

Wenn Sie Access als Datenbanksystem verwenden, müssen Sie sich bezüglich des ODBC-Treibers keine Sorgen machen – er ist bereits vorhanden. Allerdings spielt auch wieder die von Ihnen verwendete Excel-Version eine Rolle, wenn es um die Verfügbarkeit von Microsoft Query im Menü des Programms geht. In Excel 2019 und Excel für Office 365 müssen Sie über DATEI • OPTIONEN • SYMBOLLEISTE FÜR DEN SCHNELLZUGRIFF • BEFEHLE AUSWÄHLEN • ALLE BEFEHLE die Funktion AUS MICROSOFT QUERY mit einem Mausklick auf die Schaltfläche HINZUFÜGEN in die Schnellzugriffsymbolleiste aufnehmen. Anschließend kann der Assistent direkt über das neue Programmsymbol gestartet werden. Natürlich verrät die Tatsache, dass Microsoft das Tool so gut versteckt, einiges über die Intentionen des Unternehmens. Und die bestehen schlichtweg darin, nicht mehr Microsoft Query, sondern lieber gleich Power Query für den Import von Daten zu verwenden.

Dieses Ansinnen ist auch selbstverständlich nachvollziehbar. Aber dennoch sind mir in den vergangenen Jahren immer wieder Benutzer begegnet, die aus organisatorischen Gründen oder einfach nur, weil sie es gewohnt waren, mit dem Dinosaurier und den Importwerkzeugen weiterarbeiten möchten. Deshalb sei die Vorgehensweise hier beschrieben:

1. Öffnen Sie eine neue Excel-Arbeitsmappe, und wechseln Sie zu DATEN • EXTERNE DATEN ABRUFEN • AUS ANDEREN QUELLEN • VON MICROSOFT QUERY.

2. In der Dialogbox DATENQUELLE AUSWÄHLEN klicken Sie auf NEUE DATENQUELLE und dann auf OK.

3. In der nun angezeigten Dialogbox geben Sie in das Feld NAME DER NEUEN DATENQUELLE die Bezeichnung »Umsatzdaten« ein.

4. Wählen Sie dann aus dem Listenfeld darunter die Option MICROSOFT ACCESS DRIVER aus.

5. Mit einem Mausklick auf VERBINDEN gelangen Sie in eine zweite Dialogbox. In ihr klicken Sie auf die Schaltfläche AUSWÄHLEN.

6. In der recht unübersichtlichen Dialogbox navigieren Sie zu dem Ordner, der Ihre Beispieldateien enthält, und wählen die Access-Datenbank *04_Soll_Ist_Umsatz.accdb*. Klicken Sie nach Auswahl der Datei auf OK.

7. Dadurch gelangen Sie zurück in die erste Dialogbox. In ihr wählen Sie im letzten Listenfeld die Tabelle *Soll_Ist_DB* als Standardtabelle aus. Wenn Sie nun auf OK klicken, sollte die neue Abfrageverbindung (*Umsatzdaten*) bereits markiert sein. Klicken Sie deshalb nochmals auf OK, um die Verbindung zu öffnen.

8. Wählen Sie die folgenden Felder aus der Tabelle *Produkte_kurz* aus (Abbildung 4.21):
   - PRODUKTCODE
   - ARTIKELNAME
   - KATEGORIE

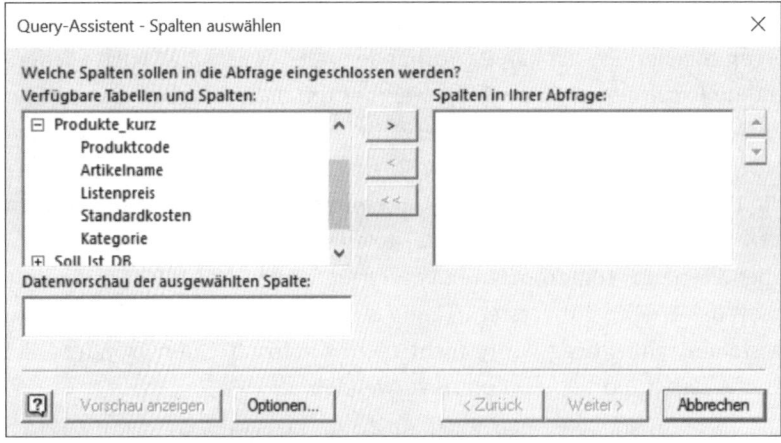

Abbildung 4.21 Auswahl der Datenfelder der Abfrage

9. Wählen Sie anschließend aus der Tabelle *Soll_Ist_DB* die Felder:
   - DATUM
   - UMSATZ
   - SOLL

10. Klicken Sie auf WEITER. Die nächste Dialogbox fordert Sie auf, einen Filter festzulegen. Wenden Sie aber zunächst keinen Filter an.

11. Sortieren Sie die Daten der Abfrage im nächsten Schritt nach den Produktcodes, und wählen Sie die Schaltfläche WEITER.

12. Die nun folgende Dialogbox weist für Excel 2019 eine gemischtsprachige Darstellung aus. Wählen Sie nicht die Option RETURN DATA TO MICROSOFT EXCEL. Benutzen Sie stattdessen die Auswahl DATEN IN MICROSOFT QUERY ANSEHEN ODER BEARBEITEN, und klicken Sie auf die Option FERTIG STELLEN.

13. Die Daten werden nun in Microsoft Query, also einem separaten Programmfenster, angezeigt. Nehmen wir an, dass Sie zunächst keine Modifikationen an der Abfrage vornehmen möchten. In diesem Fall wählen Sie aus dem Menü die Funktion DATEI • RETURN DATA TO MICROSOFT EXCEL oder eben DATEI • DATEN AN MICROSOFT EXCEL ZURÜCKGEBEN in den älteren Versionen.

14. Die anschließend in den neueren Excel-Versionen gezeigte Dialogbox kennen Sie bereits aus den vorangegangenen Beschreibungen (siehe Abschnitt 4.1.2, »Ein Datenmodell in Excel während des Imports erstellen«). Sie werden aufgefordert, die abgefragten Daten der Access-Tabelle wahlweise als einfache Tabelle, als Pivottabelle oder als Pivotdiagramm in das Tabellenblatt einzufügen. Lassen Sie die Option TABELLE aktiviert, und klicken Sie auf OK. Das Programm fügt nun die Abfragedaten als dynamische Datentabelle ein.

	A	B	C	D	E
1	Produktcode	Artikelname	Kategorie	Datum	Soll
2	NWTB-1	Northwind Traders Chai	Getränke	31.01.2010 00:00	312696
3	NWTB-1	Northwind Traders Chai	Getränke	28.02.2010 00:00	320000
4	NWTB-1	Northwind Traders Chai	Getränke	31.03.2010 00:00	320000
5	NWTB-1	Northwind Traders Chai	Getränke	30.04.2010 00:00	320000
6	NWTB-1	Northwind Traders Chai	Getränke	31.05.2010 00:00	320000
7	NWTB-1	Northwind Traders Chai	Getränke	30.06.2010 00:00	340000
8	NWTB-1	Northwind Traders Chai	Getränke	31.07.2010 00:00	340000

Abbildung 4.22 Datenfelder aus zwei Datenbanktabellen in Excel

Der offensichtliche Vorteil der ODBC-Abfrage ist, dass Daten aus unterschiedlichen Tabellen in einer Excel-Tabelle zusammengefasst werden können, egal, ob Sie die Funktion unter Excel 2010 oder einer späteren Version nutzen (Abbildung 4.22). Die beiden Tabellen werden über ein gemeinsames Feld (PRODUKTCODE) miteinander verknüpft, weil Microsoft Query diese Beziehung in der Access-Datenbank erkannt hat. Die Abfrage wird mit der folgenden SQL-Anweisung durchgeführt:

```
SELECT Produkte_kurz.Produktcode, Produkte_kurz.Artikelname,
    Produkte_kurz.Kategorie, Soll_Ist_DB.Datum, Soll_Ist_DB.Umsatz,
    Soll_Ist_DB.Soll
```

```
FROM Produkte_kurz Produkte_kurz, Soll_Ist_DB Soll_Ist_DB
WHERE Produkte_kurz.Produktcode = Soll_Ist_DB.Produktcode
ORDER BY Produkte_kurz.Produktcode
```

Die hierbei verwendeten häufigen SQL-Anweisungen werden in Tabelle 4.4 erläutert.

SQL-Befehl	Funktion
SELECT ... FROM	Der Befehl gibt an, welche Daten aus der Datenbank verwendet werden sollen. Nach SELECT werden der Tabellenname und der bzw. die Feldnamen benannt. Tabellenname und Feldname werden mit einem Punkt getrennt. Als Platzhalter für die Auswahl aller Feldnamen einer Tabelle wird ein Stern (*) eingesetzt. Mit FROM werden die Tabellen benannt, aus denen die Felder übernommen werden sollen.
WHERE	Dieser Ausdruck legt fest, dass nur die Daten in der Ergebnistabelle ausgegeben werden, die das Filterkriterium oder die Filterkriterien erfüllen. Kriterien werden in der Form *Feldname = "Kriterium"* definiert (z. B. WHERE Produktcode = "ABC123"). Operatoren wie >=, <= oder <> sind ebenfalls möglich.
ORDER BY	ORDER BY legt fest, nach welcher Spalte und in welcher Sortierfolge die Ergebnistabelle der Abfrage sortiert werden soll. Die Syntax lautet ORDER BY *Spaltenname*, wobei die aufsteigende Reihenfolge den Standard bildet. Mit ORDER BY *Kategorie* DESC wird das Ergebnis absteigend nach Kategorien sortiert.
AND/OR	Logische Operatoren werden eingesetzt, um mehrere Bedingungen miteinander zu kombinieren. AND und OR können als Teil eines WHERE-Ausdrucks verwendet werden, z. B. als WHERE Produktcode = "ABC123" AND Umsatz>1000.
UNION	Mit dieser Anweisung fassen Sie die Ergebnisse mehrerer SELECT-Abfragen in einer einzigen Tabelle zusammen. Beide zu kombinierenden Tabellen müssen allerdings über eine identische Spaltenanzahl, vergleichbare Datentypen und eine gleichartige Sortierung verfügen.

Tabelle 4.4 Häufig verwendete SQL-Anweisungen

4.3.2   Abfrage mit Microsoft Query bearbeiten

Die SQL-Anweisung enthält alle Vorgaben, die Sie bei der Erstellung in Excel getroffen haben. Ohne dass Sie es bemerken konnten, hat sich Excel des Tools *Microsoft Query* bedient, um die Abfrage zu erstellen. Sie können Query aber auch nutzen, um die bestehende Abfrage zu bearbeiten:

1. Klicken Sie mit der rechten Maustaste in den Datenbereich der Abfrage.

2. Wählen Sie TABELLE · ABFRAGE BEARBEITEN.

3. Klicken Sie sich dort über die Schaltfläche WEITER durch die einzelnen Schritte des Assistenten, sofern Sie die Feldzuordnung, die Filter- oder die Sortierkriterien ändern möchten.

4. Sobald Sie die Dialogbox QUERY-ASSISTENT – FERTIG STELLEN erreicht haben, wählen Sie diesmal die Option DATEN IN MICROSOFT QUERY BEARBEITEN ODER ANSEHEN, und klicken Sie dann auf FERTIG STELLEN.

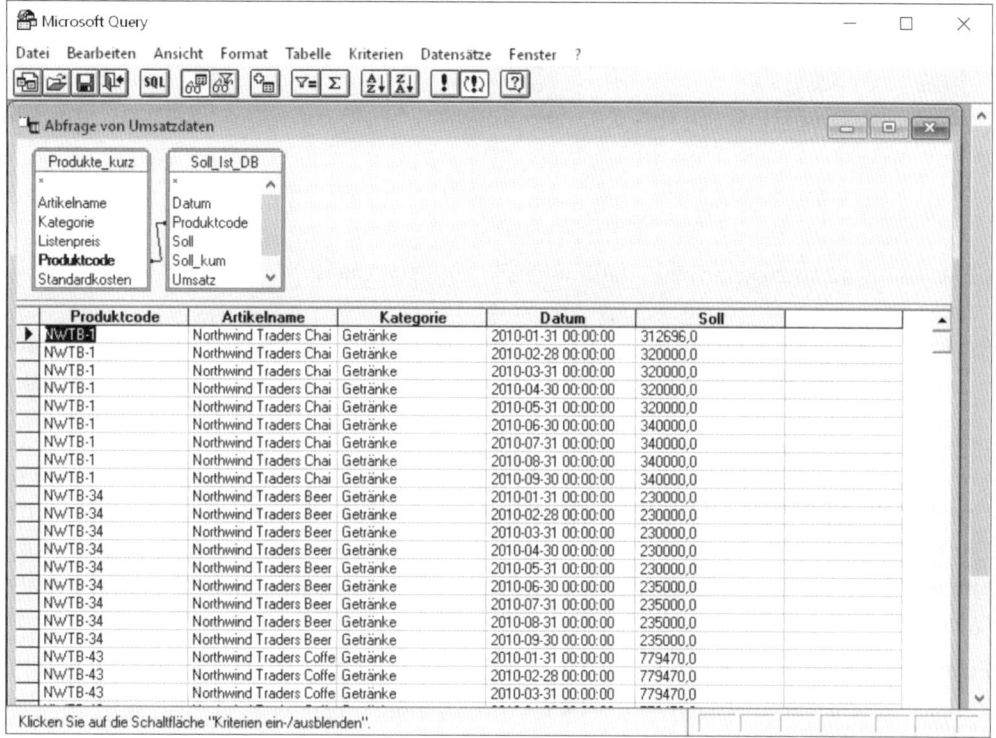

Abbildung 4.23 Microsoft Query ist eine grafische Schnittstelle zur Formatierung von SQL-Anweisungen.

Im nun geöffneten Query-Fenster werden Ihnen zwei Bereiche angezeigt (Abbildung 4.23):

▸ der Tabellenbereich, der auch die Darstellung der Verknüpfungen zwischen den Tabellen enthält

▸ der Datenbereich, der Ihnen den Inhalt der ausgewählten Spalten und Datensätze zeigt

Klicken Sie auf ANSICHT · KRITERIEN, um auch den Kriterienbereich einzublenden.

95

Datumsbereich filtern

Die Definition von Kriterien ist denkbar einfach in Microsoft Query:

1. Wählen Sie in der Zeile KRITERIENFELD den Feldnamen DATUM.

2. Doppelklicken Sie in das darunterliegende Feld in der Zeile WERT.

3. In der Dialogbox KRITERIEN BEARBEITEN übernehmen Sie aus dem Listenfeld den Operator IST KLEINER ALS (Abbildung 4.24).

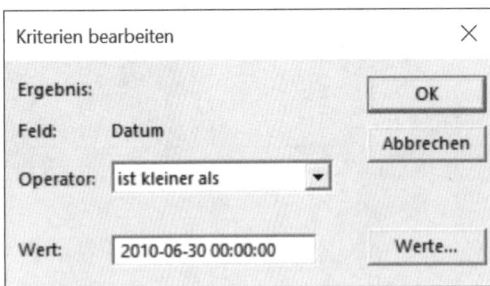

Abbildung 4.24 Aktivieren eines Datumfilters in Microsoft Query

4. Durch einen Klick auf die Schaltfläche WERTE zeigen Sie die Liste der verfügbaren Werte an und übernehmen hier den 30.06.2010, um Ihre Auswertung auf das erste Halbjahr 2010 zu beschränken.

Sie könnten nun bereits die geänderten Daten wieder in Ihre Arbeitsmappe übernehmen. Um die SQL-Anweisung als eigene Datei zu speichern, öffnen Sie aber zunächst das Menü DATEI. Dort wählen Sie die Option SPEICHERN UNTER. Nun wählen Sie einen Speicherort und einen Dateinamen, um die Abfrage zu speichern. Sie erhält die Dateiendung *.dqy* (*Data Query*).

Beenden Sie danach die Bearbeitung der Abfrage, indem Sie DATEI • DATEN AN MICROSOFT EXCEL ZURÜCKGEBEN aktivieren. In der Excel-Liste befinden sich nun nur noch die Werte des ersten Halbjahres.

Diese Filterfunktion hätte man selbstverständlich auch innerhalb der Excel-Liste durchführen können. Doch bedenken Sie folgende Unterschiede und Vorteile der Definition einer Abfrage in Microsoft Query:

▸ Mit der Abfrage werden große Datenbestände bereits im Vorfeld deutlich reduziert. Sie sparen Zeit und Speicherplatz.

▸ Auch komplexe und häufig wiederkehrende Kriterien können dauerhaft mit Microsoft Query gespeichert werden.

▸ Microsoft Query erlaubt auch komplexe berechnete Kriterien, die im AutoFilter von Excel nicht möglich sind.

▶ Eine DQY-Datei kann aus dem Dateisystem mit einem Doppelklick geöffnet werden. Dabei wird automatisch Excel gestartet, die Verbindung zur Datenbank aufgebaut, und alle SQL-Anweisungen werden ausgeführt. Sie haben also in Sekundenschnelle die gewünschten externen Daten in Excel zur Verfügung.

Soll-Ist-Vergleich als PivotTable-Bericht erstellen

Wie Sie sicherlich bei den vorangegangenen Schritten bemerkt haben, hätte auch die Möglichkeit bestanden, die Abfragedaten aus Microsoft Query direkt an eine Pivottabelle zu übergeben. In der letzten Dialogbox des Query-Assistenten wurde Ihnen diese Option angeboten.

Dass wir keine Pivottabelle genutzt haben, ist jedoch kein Problem. Da das Ergebnis einer Abfrage seit Excel 2007 immer als dynamische Datentabelle erstellt wird, sind wir jederzeit in der Lage, diese als Datenbasis für eine Pivottabelle zu nutzen.

Soll-Ist-Vergleich 1. Halbjahr 2010				
Zeilenbeschriftungen ▼	**Umsatz - Ist**	**Umsatz - Soll**	**Abweichung in €**	**in %**
Backwaren & Backmischungen	1.670.500	1.690.000	19.500	1,15%
Fleischkonserven	1.592.400	1.615.000	22.600	1,40%
Getränke	6.591.873	6.640.046	48.174	0,73%
Gewürze	2.510.635	2.535.490	24.855	0,98%
Marmelade, Konfitüre	4.174.954	4.212.075	37.121	0,88%
Obst- & Gemüsekonserven	3.125.620	3.170.000	44.380	1,40%
Öl	1.633.746	1.650.248	16.502	1,00%
Saucen	3.316.500	3.350.000	33.500	1,00%
Suppen	745.500	750.000	4.500	0,60%
Süßigkeiten	1.099.120	1.108.000	8.880	0,80%
Trockenfrüchte & Nüsse	8.240.230	8.316.000	75.770	0,91%
Gesamtergebnis	**34.701.078**	**35.036.859**	**335.782**	**0,96%**

Abbildung 4.25 Soll-Ist-Vergleich: Datenimport mit Pivottabelle und bedingter Formatierung

Um die Pivottabelle nachträglich zu erstellen, stellen Sie den Cursor in den Datenbereich der Abfrage und wählen Tabellentools • Entwurf • Tools • Mit PivotTable zusammenfassen.

Die beiden Felder Umsatz und Soll ziehen Sie mit der Maus in den Wertebereich der Pivottabelle, die Kategorien in den Bereich der Zeilenbeschriftungen. Danach weisen Sie dem Wertebereich ein Zahlenformat mit Tausendertrennzeichen und ohne Nachkommastellen zu.

Excel hat standardmäßig die Angewohnheit, die Funktion =PIVOTDATENZUORDNEN() zu verwenden, wenn Sie von einer Zelle außerhalb der Pivottabelle, z. B. D4, Bezug auf das Innenleben des Pivotbereichs nehmen.

Um die absolute und relative Abweichung zwischen Soll und Ist auszuweisen, sind die folgenden Schritte erforderlich:

1. Bewegen Sie den Cursor in die Pivottabelle.

2. Rufen Sie in Excel 2013 oder 2016 die Funktion PIVOTTABLE-TOOLS • ANALYSIEREN • PIVOTTABLE auf, und öffnen Sie das Listenfeld OPTIONEN (in Excel 2010 ist der Name des Untermenüs nicht ANALYSIEREN, sondern OPTIONEN). Klicken Sie dazu nicht auf den Namen der Schaltfläche, sondern rechts auf das Pfeilsymbol.

3. Deaktivieren Sie in diesem Listenmenü die Option GETPIVOTDATA GENERIEREN.

4. Stellen Sie den Cursor anschließend in Zelle D4, und geben Sie die Formel =B4-C4 und in Zelle E4 die Formel =D4/C4 ein.

5. Kopieren Sie die Formeln nach unten, und stellen Sie auch für diese Zellbereiche das entsprechende Zahlenformat ein.

6. Mithilfe von START • FORMATVORLAGEN • BEDINGTE FORMATIERUNG • DATENBALKEN weisen Sie zum Abschluss beiden Zellbereichen rote Datenbalken zu, um die Abweichungen zwischen Soll und Ist besser zu visualisieren (Abbildung 4.25).

Ein Beispiel für die Auswertung der Daten finden Sie in der Ergebnisdatei *04_Report_von_Soll_Ist_Umsatz_01.xlsx*.

---

[i]

Mehr Flexibilität mit Parameterabfragen in Microsoft Query

Es ist umständlich und auf Dauer auch fehlerträchtig, wenn Filterkriterien, wie z. B. der Auswertungszeitraum einer Abfrage, nur im Interface von Microsoft Query definiert werden. Um den Aufruf des Tools zu vermeiden, dennoch aber Filterkriterien in Excel anzupassen, gehen Sie folgendermaßen vor:

1. Bearbeiten Sie die Abfrage in Microsoft Query.

2. Schreiben Sie die Anweisung für die Abfrageparameter in eckige Klammern, z. B. für das Datumsfeld >[Bitte Startdatum eingeben!] bzw. <[Bitte Enddatum eingeben].

3. Beenden Sie Microsoft Query.

4. Sobald Sie im Datenbereich der Abfrage sind, starten Sie die Aktualisierung der Daten.

Nun werden Sie aufgefordert, per Tastatur das Start- und Enddatum der Auswertung einzugeben (Abbildung 4.26).

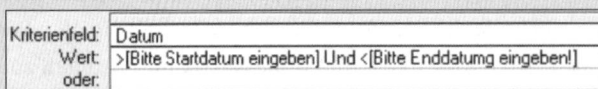

Abbildung 4.26 Parameterabfrage in Microsoft Query

4.4   Daten von einem SQL Server aus Excel abfragen

Auch für die Verbindung zu einem SQL Server gelten die eben bereits erwähnten Empfehlungen. Mithilfe von Microsoft Query ist eine solche Verbindung möglich, aber empfehlenswert ist die Nutzung des Tools nur, wenn der Einsatz von Power Query nicht möglich oder definitiv nicht gewünscht ist. Denn mit dem mächtigen ETL-Tool, das ab Excel 2010 als Add-in und dann ab Excel 2016 fest ins Programm integriert wurde, lässt sich der Zugriff auf SQL-Server-Daten deutlich vereinfachen. Nichtsdestotrotz können Sie auch in Excel 2019 oder Excel Office 365 die Schnellzugriffsymbolleiste um die Schaltfläche Aus SQL Server (Legacy) erweitern und damit eine Verbindung zu einem Server aufbauen. In den anderen Versionen finden Sie unter Daten • Externe Daten abrufen über die Option Aus anderen Quellen. Hier wird auch die Möglichkeit angeboten, Daten von einem Microsoft SQL Server abzufragen.

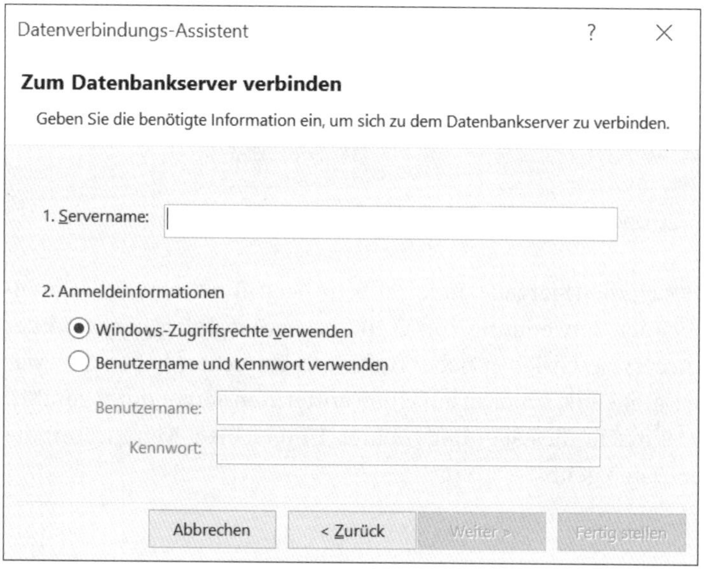

Abbildung 4.27 Verbindungsaufbau zum SQL Server

Um eine Verbindung aufzubauen, benötigen Sie den Servernamen, ein Benutzerkonto und die entsprechenden Zugriffsrechte (Abbildung 4.27). Nachdem Sie auf Weiter geklickt haben, müssen Sie im Assistenten als Nächstes sowohl die Datenbank als auch die Tabelle bestimmen, zu der die Verbindung aufgebaut werden soll (Abbildung 4.28). In Excel 2016 haben Sie zudem die Möglichkeit, mehrere Tabellen für die Verwendung in Excel zu bestimmen (Auswahl mehrerer Tabellen aktivieren).

Nachdem Sie erneut auf Weiter und im letzten Arbeitsschritt auf Fertig stellen geklickt haben, haben Sie die Wahl, ob Sie die Tabelle als einfache Tabelle, Pivottabelle oder Pivotdiagramm in Excel einfügen möchten.

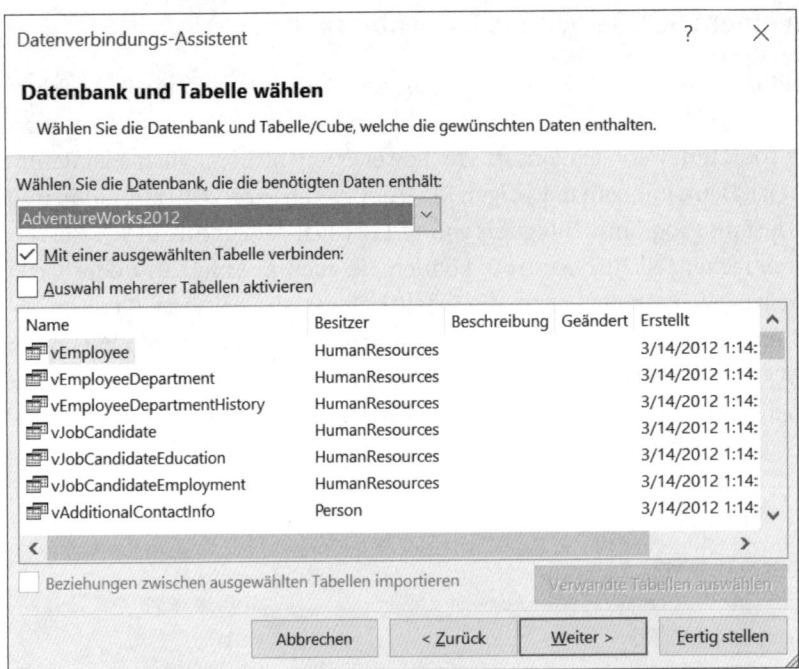

Abbildung 4.28 Auswahl von SQL-Datenbank und Datenbanktabelle

Anders gesagt unterscheidet sich die Übergabe an Excel beim Zugriff auf eine SQL-Datenbank nicht vom Prozedere bei der Verwendung von ODBC bzw. Microsoft Query und der Abfrage, die ich bereits für Access beschrieben habe. Technisch betrachtet haben Sie zwar keine Abfrage auf eine lokale Datenbank, sondern auf einen entfernten Server durchgeführt. Für die weitere Arbeit in Excel macht dies allerdings keinen Unterschied, wenn es um die Berechnung der importierten Daten geht.

4.5   Vorhandene Datenverbindungen nutzen

Über den Menüpunkt DATEN • EXTERNE DATEN ABRUFEN • VORHANDENE VERBINDUNGEN haben Sie Zugriff auf bereits existierende Datenverbindungen. Solche Verbindungsinformationen werden als Datei unter Windows standardmäßig im Ordner *Meine Datenquellen* gespeichert.

Es reicht aus, die Liste der vorhandenen Verbindungen in Excel zu öffnen und per Mausklick eine Verbindung auszuwählen, um den aktuellen Datenbestand in das Excel-Tabellenblatt zu übertragen.

Eine Abfrage, z. B. eine ODC-Abfrage, können Sie aber auch direkt aus dem Windows-Explorer starten. Wechseln Sie in den Ordner MEINE DATENQUELLE, und klicken Sie doppelt auf die gewünschte ODC-Datei (*Microsoft Office Data Connection*). Nach dem Start von Excel wird die Abfrage ausgeführt, und die Daten werden in Excel angezeigt.

Wenn Sie die Eigenschaften einer Datenverbindung sehen oder verändern möchten, bewegen Sie den Cursor in den Datenbereich Ihrer Datenverbindung und wählen aus dem Menü DATEN • VERBINDUNGEN bzw. ABFRAGEN UND VERBINDUNGEN. In der Dialogbox sehen Sie auf der rechten Seite eine Schaltfläche (VERBINDUNGSEIGENSCHAFTEN). Über diese gelangen Sie in eine weitere Dialogbox, wo Sie das Register VERWENDUNG öffnen (Abbildung 4.29).

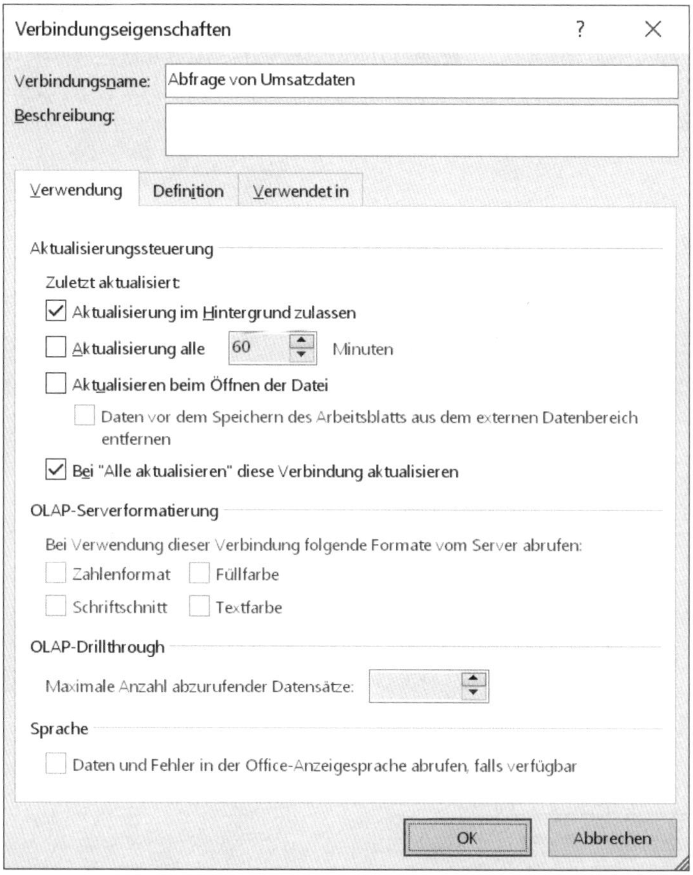

Abbildung 4.29 Bezeichnung und Eigenschaften einer Datenbankabfrage

Ändern Sie gegebenenfalls den Verbindungsnamen der Abfrage. Im Register DEFINITION wird nicht nur die Verbindungszeichenfolge, sondern auch die SQL-Anweisung angezeigt. Beide können Sie im Bedarfsfall an dieser Stelle auch bearbeiten.

Über die Schaltfläche VERBINDUNGSDATEI EXPORTIEREN sind Sie zudem in der Lage, alle Verbindungsinformationen in einer separaten ODC-Datei außerhalb von Excel zu speichern. Diese Datei kann später aus dem Explorer heraus geöffnet werden und führt dann Ihre Abfrage aus. Der Vorteil dieser Arbeitsweise besteht unter anderem darin, dass die Verbindungsdatei nur wenige Zeilen an Anweisungen umfasst, eine aktuelle Abfragetabelle in einer Excel-Arbeitsmappe jedoch zumeist mit mehreren zehn- oder hunderttausend Zeilen wesentlich mehr Speicherplatz belegt.

4.6   OLAP-Cubes und Analysis Services

Die bislang dargestellten Datenverbindungen haben einige Gemeinsamkeiten. Sie verfügen stets über zwei Dimensionen, nämlich Zeilen und Spalten. Außerdem beruhen sie entweder auf einer einzigen Tabelle (TXT-, CSV-Datei oder Zugriff auf eine Access-Tabelle bzw. SQL-DB-Tabelle) oder auf der logischen Verknüpfung von zweidimensionalen Tabellen (relationale Datenbank).

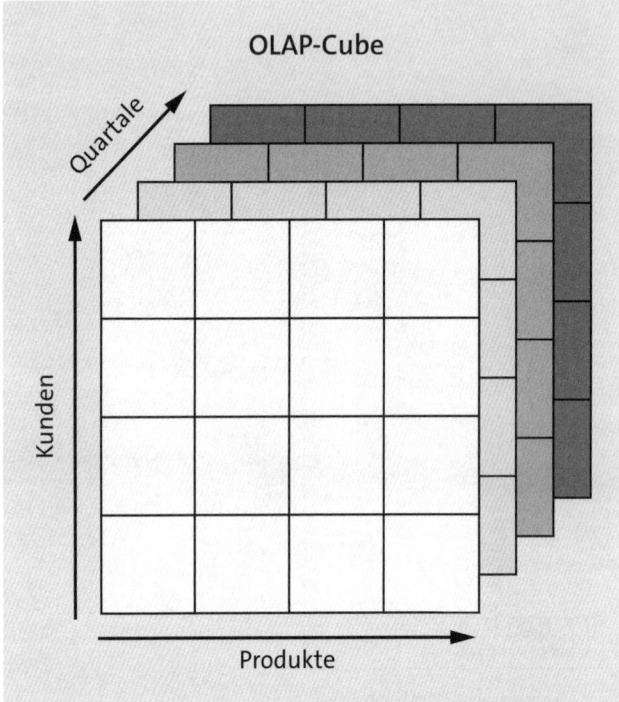

Abbildung 4.30 Schematische Darstellung eines OLAP-Cubes

SQL erwies sich bislang als das wichtigste Werkzeug, um auf solche relationalen Datenbanken zuzugreifen, auch wenn die Formulierung der SQL-Anweisungen mit der grafischen Abfrageschnittstelle Microsoft Query erfolgte und somit eine allzu eingehende Beschäftigung mit den Syntaxeigenschaften von SQL nicht erforderlich machte.

Die Analyse von Unternehmensdaten ist heute allerdings so komplex und vielschichtig wie die Datenbasis selbst. Dies resultiert nicht nur aus der schieren Datenmenge, sondern auch aus den unterschiedlichen Betrachtungsweisen auf das Datenmaterial, das für konkrete Entscheidungen herangezogen wird. An die Stelle der relationalen Datenmodelle ist somit fast zwangsläufig *OLAP* (*Online Analytical Processing*), ein mehrdimensionales System, getreten (Abbildung 4.30).

4.6.1   Technische Voraussetzungen der Analysis Services

Bereits in Excel 2003 konnten Sie sogenannte *OLAP-Cubes* auf Basis einer Abfrage erstellen und dann ihren Inhalt mit einer Pivottabelle auswerten. Doch der OLAP-Cube-Assistent existiert seit Excel 2007 nicht mehr. Microsoft hat OLAP kurzerhand in *Analysis Services* umbenannt und die Erstellung von Datenwürfeln auf Programme aus dem SQL-Server-Umfeld verlagert.

Komponenten mehrdimensionaler Datenbanken für Excel seit Version 2007

► **SQL Server**
Grundvoraussetzung ist der Betrieb eines SQL Servers. Ab Version 7 wird OLAP unterstützt. Ein gestarteter SQL Server bildet die Basis, um sich von Excel aus mit einer Serverdatenbank zu verbinden. Die jeweiligen Express-Versionen des SQL Servers sind kostenlos verfügbar.

► **Microsoft Visual Studio**
Dieses Programm ist eine Entwicklungsumgebung, die eine Reihe unterschiedlicher Programmiersprachen wie C, C++ oder C# unterstützt.

► **SQL Server Management Studio Express**
Diese Administrationsumgebung setzt auf SQL Server 2008 SP1 oder höher auf. Mit ihr verwalten Sie vorhandene Instanzen und Objekte von mehrdimensionalen Datenbanken. Dazu gehören die Fähigkeiten, sich mit Objekten der Analysis Services zu verbinden, diese zu sichern oder neu zu erstellen. SQL Server Management Studio Express besitzt allerdings keine grafische Benutzeroberfläche, die die Bearbeitung oder das Erstellen von Objekten unterstützt.

► **Business Intelligence Development Studio**
Diese Erweiterung der Entwicklungsumgebung basiert auf Microsoft Visual Studio 2008. Sie dient der Entwicklung von BI-Lösungen. Es steht eine grafische Benutzeroberfläche – im weitesten Sinne vergleichbar mit der Bedienbarkeit und Philosophie von Microsoft Query – zur Verfügung, um solche Lösungen zu entwickeln. Diese Entwicklungsumgebung dient dem Entwurf von Unternehmenslösungen; sie ist nicht mit den kostenlosen Express-Versionen kompatibel.

Jedoch sind weder OLAP noch Analysis Services beschränkt auf Lösungen von Microsoft. Mittlerweile gibt es ein breites Angebot an proprietären und Open-Source-Lösungen, die mit Excel kompatibel sind.

4.6.2 Bestandteile eines Data Cubes

Die Logik der Data Cubes sprengt in mehrfacher Hinsicht die Rahmenbedingungen der bereits durchgeführten Abfragen auf Daten:

▶ Die Grundlage von OLAP bilden nicht mehr relationale, sondern *mehrdimensionale Datenbanken.*

▶ Die Datenbank ist stark strukturiert durch sogenannte *Dimensionen*, die die am stärksten verdichtete Datenebene am obersten Ende der Datenhierarchie bilden. Der Zeitraum, auf den sich eine Datenanalyse bezieht, könnte beispielsweise eine solche Dimension darstellen. Jahr, Quartal, Monat, Kalenderwoche und Tag wären in diesem Fall die untergeordneten Ebenen dieses Gesamtzeitraumes. Ein anderes typisches Beispiel: Die regionale Darstellung der Daten ist eine Dimension, die wiederum in Land, Vertriebsgebiet, PLZ-Bezirk etc. unterteilt werden kann.

▶ Während die Dimensionen das Skelett der Datensammlung bilden, bezeichnen die *Measures* das Fleisch, nämlich die Werte, um die es ja eigentlich bei der Analyse geht.

▶ Sowohl Dimensionen als auch Measures werden separat in Tabellen verwaltet, den *Fakten-* bzw. *Dimensionstabellen.*

▶ Daten können nur analysiert werden, wenn zwischen den abstrakten Dimensionstabellen und den in Faktentabellen gespeicherten Werten eine Verbindung hergestellt wird. Um die logische Verknüpfung innerhalb eines mehrdimensionalen Systems zu gewährleisten, reicht SQL nicht mehr aus. Stattdessen setzt OLAP die Abfragesprache *MDX (Multidimensional Expressions)* ein.

▶ Eine Besonderheit bei OLAP sind *Key Performance Indicators (KPI)*. Mit ihnen können bereits beim Entwurf des Datenwürfels wichtige Kennzahlen benannt werden. Die realen Werte eines Elements der Faktentabellen können auf diesem Weg mit einem definierten Wert verglichen werden. Es können grafische Signale für den KPI vereinbart werden, die Erreichen, Unter- oder Überschreiten eines Wertes anzeigen.

4.6.3 Vorteile von OLAP und Analysis Services

Zieht man alle Einzelheiten in Betracht, stellt OLAP eine umfassende Umwälzung des Zugriffs auf Unternehmensdatenbanken dar. Auf der anderen Seite ist Ihnen die Struktur und Funktionsweise eines Datenwürfels sicherlich vertraut, wenn Sie bereits mit Pivottabellen gearbeitet haben.

Worin besteht also eigentlich der Nutzen eines Modells wie OLAP oder Analysis Services für Sie als Benutzer von Excel?

- Berechnungen werden direkt in der OLAP-Datenbank, also auf dem OLAP-Server, durchgeführt. Nur die Ergebnisse werden an Excel weitergegeben. Dies verringert den Rechen- und Speicheraufwand in Excel.

- Sie haben aus Excel heraus Zugriff auf gewaltige Datenmengen, auch auf solche, die die Limitationen von Excel eigentlich sprengen. Eine globale Marketingdatenbank mit mehreren Millionen Datensätzen können Sie nicht in Excel importieren, um daraus eine Pivottabelle zu erstellen, weil Excel maximal eine Million Zeilen in einem Tabellenblatt verwalten kann. Mit OLAP ist es dennoch möglich, auf eine solche Datenbank und alle ihre Inhalte zuzugreifen.

4.6.4 Zugriff auf Analysis Services

Wenn Sie auf mehrdimensionale Daten mit Excel zugreifen möchten und dabei nicht Power Query eingesetzt werden soll, heißt es erneut, zunächst einige Vorbereitungen durchzuführen. Und wie bereits in den vorangegangenen Beispielen geht es wieder darum, die aus dem Menü verbannte Funktion in die Schnellzugriffleiste einzufügen. Dies erreichen Sie erneut über die Auswahl ALLE BEFEHLE in den Excel-Optionen. Dort suchen Sie die Schaltfläche AUS ANALYSIS SERVICES, die Sie mit HINZUFÜGEN in die Symbolleiste übernehmen.

Ähnlich wie in Abbildung 4.27, die den Verbindungsaufbau zu einem SQL Server zeigt, verhält es sich nun auch mit den Analysis Services. Sie müssen den Server auswählen, sich gegebenenfalls mit Benutzernamen und Kennwort anmelden, um dann zu guter Letzt die Tabellen für Ihre Auswertung auszuwählen.

4.7 Importieren von externen Daten mit Power Pivot

In den späten 1970er Jahren wurde in Norditalien die Slow-Food-Bewegung gegründet, die sich als bewusste Gegenbewegung zum boomenden *Fast Food* verstand. Die Bewegung existiert heute noch und verfügt über äußerst erfolgreiche Restaurants, in denen man exzellent speisen kann. Ich empfehle diese aus der Zeit gefallenen Genusstempel uneingeschränkt und komme gleich darauf zurück.

Verbindungsdaten von Smartphones, Zugriffe auf Internetseiten, bargeldlose Zahlungsnachweise, verbindungslose Ein- und Ausbuchung von Kraftfahrzeugen und vieles mehr – alle diese Daten werden in verschiedenen Systemen gespeichert und wachsen zu immer gigantischeren Datenmengen an. Diese Entwicklung wird unter der Bezeichnung *Big Data* zusammengefasst. Vielfach ist die Frage, wie die Datenqualität dieser Datenmassen geprüft und bewertet werden kann, noch unklar. Auch fehlen teilweise noch Algorithmen der Erschließung. Aber eines ist klar: Diese Daten werden zukünftig immer ausgiebiger genutzt werden. Und klar ist auch: Ein *Small Data*, analog zu *Slow Food*, wird es nicht geben. Oder eben nur als Nischenerscheinung wie diese wunderbaren kleinen Restaurants.

Um der Entwicklung gerecht zu werden, stellte Microsoft bereits in Excel 2010 das kostenlose Add-in *Power Pivot* zur Verfügung. In vielerlei Hinsicht stellt dieses Tool einen Quantensprung dar. Es lagert Excel quasi einen lokalen Datenbankserver vor, über den Datenbestände aus unterschiedlichen Quellen vorkonfiguriert werden (Abbildung 4.31). Danach werden die Daten an Excel in Form einer Power-Pivot-Tabelle übergeben. Bevor ich einige der Fähigkeiten des Tools vorstelle, müssen Sie wissen, dass die Nutzung von Power Pivot in Excel 2016 von der Version abhängt, die auf Ihrem Rechner installiert ist.

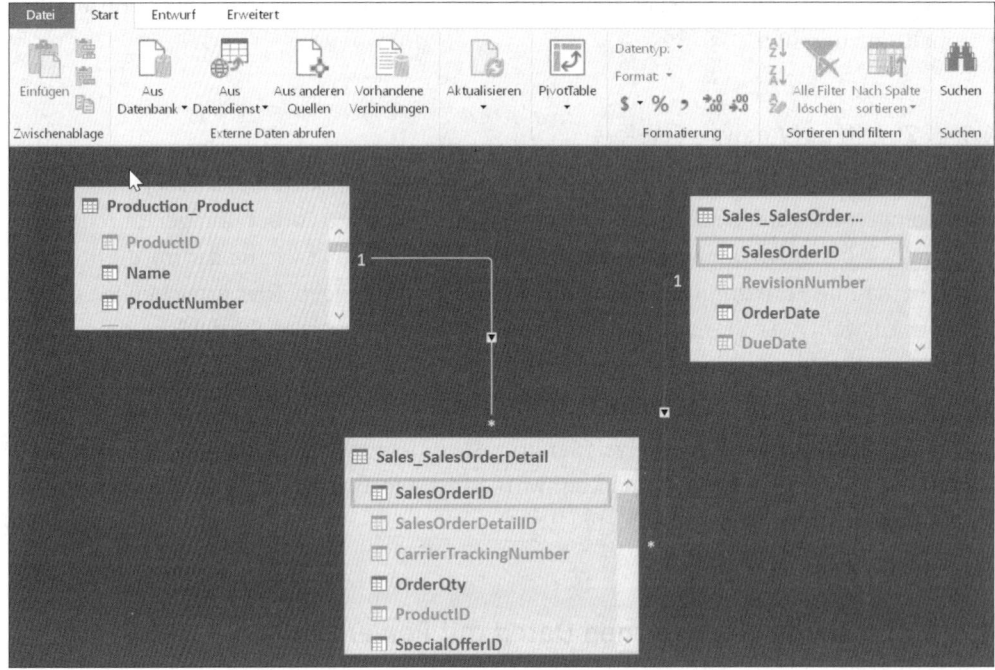

Abbildung 4.31 Im Power-Pivot-Fenster erstellen Sie komplexe Datenmodelle aus unterschiedlichen Quellen.

In den Cloud-Versionen Office 365 Professional Plus, Office 365 E3 und Office 365 E4 ist Power Pivot enthalten. Für Office 2016 gab es zudem die Möglichkeit, eine *Stand-alone*-Version (Office Professional Plus 2016) zu erwerben. Auch diese enthält Power Pivot. Alle anderen Office-Versionen enthalten dieses wichtige Tool zur Datenanalyse nicht und bieten leider auch keine Möglichkeit, es als Add-in zu ergänzen. Für Excel 2013 gilt: Wer eine Volumenlizenz für Office Professional Plus 2013 besitzt, verfügt über Power Pivot. Auch alle Stand-alone-Versionen von Excel 2013 nutzen das Add-in. Alle anderen Abos wie Home, Business, Business Premium, Enterprise E1 oder Einzellizenzen wie Home & Student bzw. Home & Business enthalten Power Pivot nicht. In Excel 2019 hat sich die Verfügbarkeit von Power

Pivot ein weiteres Mal geändert. Denn nun ist das Tool in den Versionen Professional, Home and Business sowie Home and Student fest integriert.

Die besonderen Stärken von Power Pivot liegen in den folgenden Fähigkeiten:

▶ im Zugang zu unterschiedlichen Datenquellen, wie z. B. Textdateien, SQL-Datenbanken, Excel- oder Onlinedateien

▶ in einem Algorithmus, der Beziehungen zwischen diesen unterschiedlichen Datentabellen erkennt und automatisch erstellt

▶ in der einfachen Form, Beziehungen zwischen Tabellen zu erstellen, falls diese nicht automatisch erkannt werden

▶ in einer hohen Komprimierungsrate, mit der auch mehrere hundert Megabyte große Datenquellen in Excel auf ein paar Dutzend Megabyte verkleinert werden

▶ in einer eigenen Funktionsbibliothek, die sogenannte *DAX-Funktionen* (*Data Analysis Expressions*) bereitstellt und mit der multivariable Measures erstellt werden

▶ in einem Tool zur Visualisierung von Kernergebnissen, den sogenannten *KPIs* (*Key Performance Indicators*)

▶ in einer einfachen Steuerung interaktiver Reports in Form von Datenschnitten und Zeitachsen

Besonders die DAX-Funktionen erweitern die Kalkulationsmöglichkeiten von Excel im Allgemeinen und Pivottabellen im Besonderen in beträchtlichem Ausmaß.

Um dem mächtigsten Tool die Reverenz zu erweisen, finden Sie eine ausführliche Beschreibung in Kapitel 12, »Business Intelligence mit Power Pivot«.

4.8   Importieren von Webinhalten

Zu den eher traditionellen Datentypen und den komplexen mehrdimensionalen Datenstrukturen für den Import gesellen sich nicht erst seit Excel 2013 weitere Möglichkeiten. Doch seit dieser Version gibt es die Möglichkeit, Daten aus dem Web, aus sozialen Netzwerken und Onlinedatenbanken mit Power Query zu importieren und zu bereinigen. Bevor wir uns diesen neuen Optionen zuwenden, sei ein Blick auf die traditionellen Funktionen der älteren Excel-Versionen im Menübereich DATEN • EXTERNE DATEN ABRUFEN • AUS DEM WEB gestattet. Um diese Funktionalität in Excel 2019 und Excel Office 365 nachzuvollziehen, müssen Sie wie gewohnt eine Schaltfläche in die Schnellzugriffsymbolleiste einfügen. Es die Schaltfläche AUS DEM WEB. Die URL der Webseite, auf die Sie zugreifen möchten, geben Sie entweder manuell ein oder über den Cache des Internet Explorers. Über den Dialog WEB-ABFRAGEOPTIONEN legen Sie fest, welche Formatierung beim Import übernommen werden soll (Abbildung 4.32).

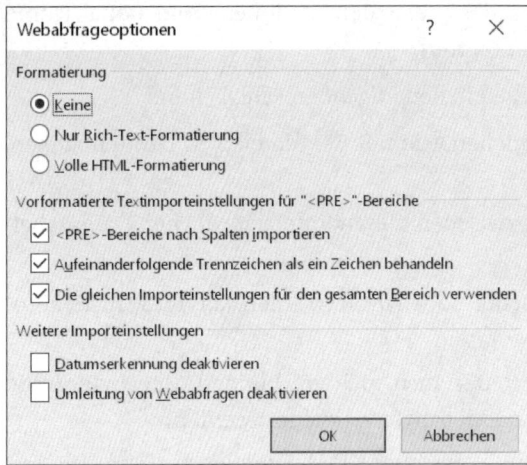

Abbildung 4.32 Optionen einer Webabfrage

Im Browserfenster wählen Sie mit einem Mausklick auf die gelben Pfeilmarkierungen aus, welche Teile der Internetseite Sie importieren möchten (Abbildung 4.33). Anschließend starten Sie den Importvorgang mit einem Mausklick auf IMPORTIEREN.

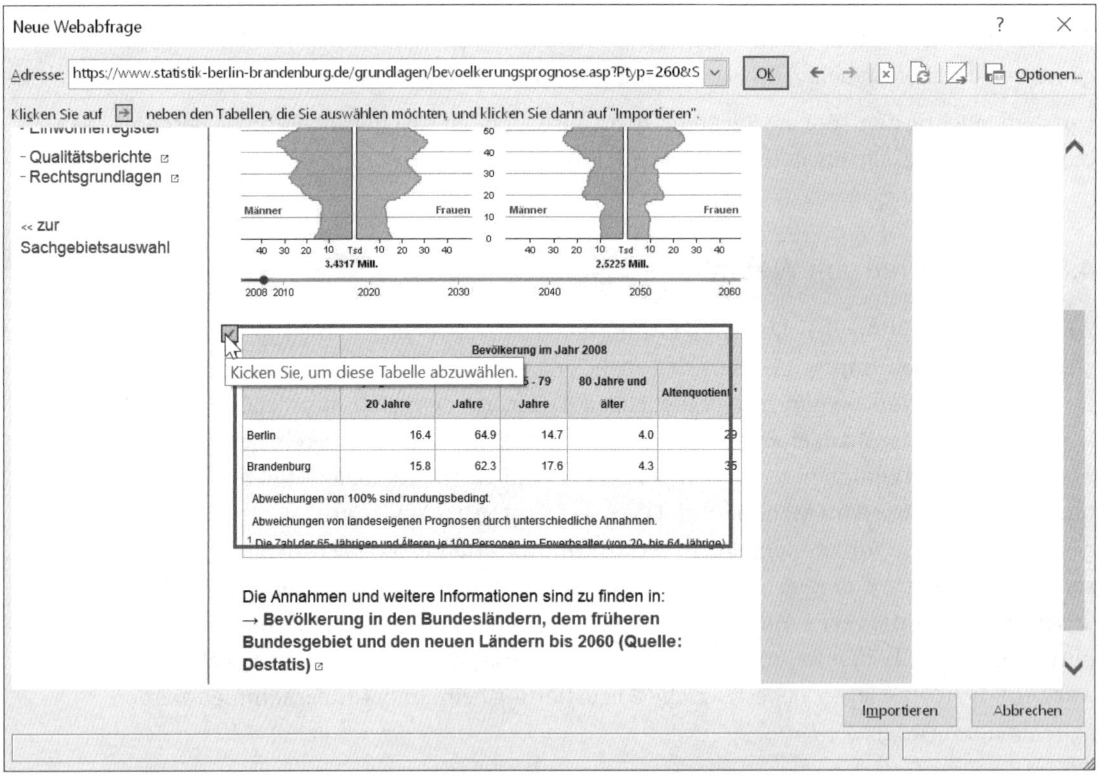

Abbildung 4.33 Auswahl des zu importierenden Seitenbereichs

Der ausgewählte Inhalt wird an der gewünschten Cursorposition in das Tabellenblatt eingefügt. Im Normalfall werden die originären Datenformate erkannt, sodass Sie mit den Daten
sofort weiterrechnen können (Abbildung 4.34).

	A	B	C	D	E	F
1	Bundesland	Bevölkerung im Jahr 2008				
2		jünger als 20 Jahre	20 - 64 Jahre	65 - 79 Jahre	80 Jahre und älter	Altenquotient [1]
3	Berlin	16. Apr	64.9	14. Jul	4.0	29
4	Brandenburg	15. Aug	62.3	17. Jun	04. Mrz	35
5	Abweichungen von 100% sind rundungsbedingt.					
6	Abweichungen von landeseigenen Prognosen durch unterschiedliche Annahmen.					
7	1 Die Zahl der 65-Jährigen und Älteren je 100 Personen im Erwerbsalter (von 20- bis 64-Jährige).					

Abbildung 4.34 Importierte Daten einer Webseite

4.9   Importieren und Exportieren von XML-Daten

Das *XML-Format* (XML: *Extensible Markup Language*) soll als nicht proprietäres Datenformat
vor allem den Transfer von Daten zwischen unterschiedlichen Anwendungen vereinfachen.
Wie bei HTML handelt es sich bei dem Format um eine Dokumentenbeschreibungssprache.

Für eine solche Datei in Excel bedeutet dies konkret, dass es einerseits die für Sie sichtbaren
Daten und andererseits eine ganze Reihe von Anweisungen gibt, auf welche Weise diese
Daten auf dem Tabellenblatt angeordnet werden sollen. Diese Sammlung von Anweisungen
wird als *XML-Schema* bezeichnet.

Während die vollständige und importierbare XML-Datei die Erweiterung *.xml* besitzt, lautet
die Endung des XML-Schemas *.xld*.

Um eine XML-Datei zu importieren, wechseln Sie zu DATEN • EXTERNE DATEN ABRUFEN •
AUS ANDEREN QUELLEN • VOM XML-DATENIMPORT. Öffnen Sie die Beispieldatei *04_Rech-
nungen.xml*. In den neueren Versionen müssen Sie zunächst die Schaltflächen XML-DATEN
IMPORTIEREN oder DATEN AUS ANDEREN QUELLEN ABRUFEN in die Schnellzugriffsymbolleiste einfügen.

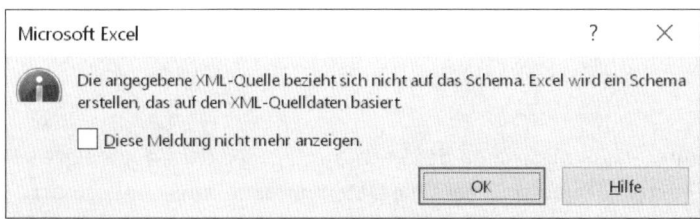

Abbildung 4.35 Hinweis auf ein unzutreffendes XML-Schema

Ignorieren Sie dann den angezeigten Hinweis auf ein unzutreffendes XML-Schema, indem
Sie auf OK klicken und anschließend die XML-Daten importieren (Abbildung 4.35). Die XML-
Datei wird als dynamische Datentabelle in Excel angezeigt, und Sie können sofort mit den

Daten weiterarbeiten, da auch bei XML-Daten die Datenformate der einzelnen Zellen auto-matisch erkannt werden.

Klicken Sie mit der rechten Maustaste in den importierten Datenbereich, und aktivieren Sie im Kontextmenü XML · XML-QUELLE. Excel zeigt Ihnen nun die Strukturinformationen der XML-Quelle an (Abbildung 4.36).

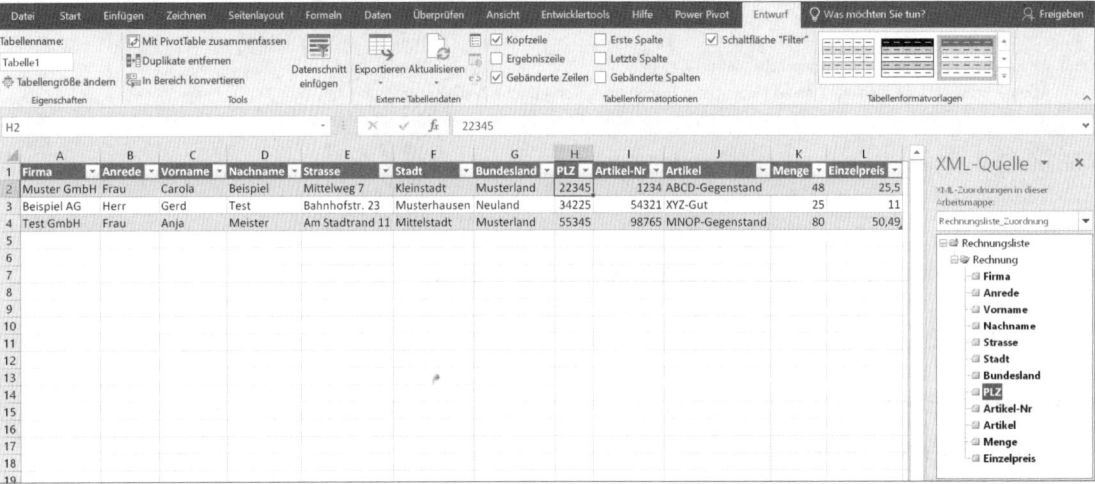

Abbildung 4.36 Strukturinformationen der XML-Quelle

[+]

XML-Schema einer Datei ermitteln

Beim Importieren einer fremden XML-Datei erhalten Sie den Hinweis, dass sich die Quelle nicht auf das von Excel verwendete Schema bezieht (Abbildung 4.35). Das XML-Schema kön-nen Sie allerdings mit einem Trick in Erfahrung bringen:

1. Öffnen Sie die XML-Datei.

2. Wechseln Sie dann mit ⎄Alt⎄ + ⎄F11⎄ in den VBA-Editor.

3. Öffnen Sie dort mit ⎄Strg⎄ + ⎄G⎄ das Direktfenster.

4. Geben Sie dort folgende Anweisung ein:

   `Print ActiveWorkbook.XmlMaps(1).Schemas(1).Xml`

5. Drücken Sie ⎄↵⎄.

Nun wird in der Zeile darunter das XML-Schema der Datei ausgegeben. Den angezeigten Text kopieren Sie in einen Texteditor und speichern die Datei mit dem Dateinamenzusatz *.xld* ab.

Im Fenster XML-QUELLE können Sie mit einem Klick auf XML-VERKNÜPFUNGEN nun das Sche-ma der geöffneten XML-Datei zuordnen und diese anschließend speichern.

4.10   Zusammenfassung: Datenimport und -bereinigung

Dateien können Sie in Excel mit dem Textkonvertierungs-Assistenten importieren. Sie finden dieses Tool in den älteren Excel-Versionen unter DATEN • EXTERNE DATEN ABRUFEN • ALS TEXT. Die alten Tools für den Datenimport sind auch in Excel 2019 und Excel Office 365 noch verfügbar, müssen aber ins Menü bzw. die Schnellzugriffsymbolleiste eingefügt werden. Aus Kompatibilitätsgründen oder aus reiner Gewohnheit kann es sinnvoll sein, diese auch in den neueren Excel-Versionen zu nutzen. Mit Power Query steht allerdings mittlerweile ein wesentlich effizienteres und umfassenderes Bearbeitungswerkzeug zur Verfügung. Dieses wird im nachfolgenden Kapitel ausführlich beschrieben.

Der Textkonvertierungs-Assistent besitzt jedoch immer noch ein Alleinstellungsmerkmal. Er kann auch auf Daten angewandt werden, die sich bereits in der Arbeitsmappe befinden, ohne eine zusätzliche Ergebnistabelle zu generieren. Die Bereinigung von Daten erfolgt sozusagen im Originalzellbereich. Bei dieser nachträglichen Bearbeitung von fehlerhaften Datentypen (Datumsformate, Vertauschen von Dezimaltrennzeichen etc.) starten Sie dieses Werkzeug dann über DATEN • DATENTOOLS • TEXT IN SPALTEN.

Die Bereinigung von importierten Daten beginnt häufig mit dem Löschen überflüssiger Leerzeilen. Dabei steht Ihnen folgende Möglichkeit zur Verfügung:

▸ Filtern Sie mit dem AutoFilter alle Daten, die nicht leer sind.

▸ Löschen Sie anschließend die verbleibenden Leerzeilen.

Oder verwenden Sie ein VBA-Makro, das mit einer einfachen Schleife oder der `SpecialCells`-Methode die Leerzeilen aus Ihrer Tabelle löscht.

Textfunktionen wie `LINKS()`, `RECHTS()` und `TEIL()` bilden eine wichtige Grundlage, um aus Zellen benötigte Informationen zu extrahieren. Umgekehrt können Sie auch einzelne Zellen `VERKETTEN()` oder mit & zusammenfassen.

Die Bedeutung dieser Funktionen liegt unter anderem darin, dass Sie damit die Grundlage für Gruppierungen schaffen können. Die gruppierten Daten können Sie danach mit Sortierungen, Teilergebnissen oder auch Pivottabellen auswerten.

Microsoft Query ist ein Abfrageassistent, mit dem Sie menügesteuert Abfragen auf Datenbanken, wie z. B. Access, erstellen können. Auch für ihn gilt, dass er sukzessive von Power Query verdrängt wird. Voraussetzung für den Zugriff auf eine Datenbank mit Microsoft Query ist ein ODBC-Treiber. Diesen müssen Sie unter Windows gegebenenfalls zunächst installieren.

Eine mit Microsoft Query erstellte Abfrage kann als Datei abgespeichert werden. Öffnen Sie zu einem späteren Zeitpunkt diese Datei, stellt sie die Verbindung zur Datenbank auf Grundlage der in der Datei vorhandenen SQL-Anweisungen her.

Microsoft Query bietet dem Benutzer auch die Möglichkeit, die Bedingungen direkt im Tabellenblatt der Excel-Arbeitsmappe einzugeben. Ist eine solche Parameterabfrage erst einmal definiert, wird der Benutzer beim Aktualisieren der Daten aufgefordert, seine konkreten Abfragebedingungen einzugeben. Microsoft Query übergibt die Abfrageergebnisse dann an Excel.

Außer auf relationale Datenbanken, wie sie in Access verfügbar sind, kann Excel über die Analysis Services des SQL Servers auch auf mehrdimensionale Datenbanken zugreifen. OLAP setzt voraus, dass auf einem Datenbankserver ein OLAP-Cube bereits definiert und bereitgestellt wurde. Der Zugriff auf diesen Cube erfolgt vonseiten des Benutzers mit einer Abfrage, die in eine Pivottabelle mündet, oder durch die Verwendung von Cube-Funktionen, die seit Excel 2007 in die Funktionsliste integriert sind.

Durch die Verwendung des nicht proprietären XML-Formats wurde die Möglichkeit weiter verbessert, Daten zwischen unterschiedlichen Programmen auszutauschen. Neben dem sichtbaren Teil enthalten alle Excel-Dateien ein sogenanntes *XML-Schema*. Ist das XML-Schema einer Datei nicht bekannt, können Sie es beispielsweise durch ein VBA-Makro ermitteln.

Kapitel 5
Datenbereinigung mit Power Query effizienter gestalten

Power Query ist ein sogenanntes ETL-Tool. Die drei Buchstaben, die für Extract, Transform und Load stehen, beschreiben sehr gut den Arbeitsprozess, den Daten auf dem Weg zum Reporting häufig durchlaufen. Power Query fasst zahlreiche Werkzeuge zusammen, die Anwender auf diesem Weg in der Vergangenheit verwendeten, Importassistenten, Textfunktionen, VBA, und führt sie auf ein neues Niveau bezüglich der Handhabung.

Power Query ist ein Self-Service-Business-Intelligence-Tool von Microsoft. Die Bezeichnung Power Query werden Sie jedoch seit Excel 2016 im Menü nicht mehr finden. Das Tool erhielt bereits in dieser Version den Namen DATEN ABRUFEN UND TRANSFORMIEREN. Es war in der Vergangenheit nicht übertrieben, zu behaupten, dass man über Power Query ein eigenes Buch schreiben könnte. Mittlerweile ist dies auch geschehen. Doch ebenso gilt auch noch immer, dass das Tool in großen Teilen seiner Bedienung so einfach und selbsterklärend ist, dass ich mich in diesem Kapitel auf einen Überblick beschränken werde. Dazu möchte ich Ihnen zunächst drei Nutzungsszenarien vorstellen und erläutern. Im Anschluss daran finden Sie im zweiten Teil des Kapitels zehn klassische Fallbeispiele für Datenbereinigungen, wie sie in der Praxis immer wieder notwendig werden.

Unsere drei Anfangsszenarien zeigen auf:

1. wie Sie mit Power Query eine einzelne externe Datei importieren und so aufbereiten, dass Sie diese in einer Excel-Arbeitsmappe oder in einem Power-Pivot-Datenmodell weiterverarbeiten können

2. wie Sie alle Excel-Dateien aus einem Ordner importieren und zu einem Datenbestand zusammenführen

3. wie Sie mit Power Query automatisch eine Liste eindeutiger Werte, z. B. Kundennummern, aus zwei Tabellen erstellen und als Suchtabelle in Power Pivot nutzen können

5.1   Wozu ist Power Query eigentlich gedacht?

Ich bin mir sicher, dass Sie diese Situation kennen: Aus einem ERP-System heraus wird ein Report generiert und als CSV-Datei ausgegeben. Die Datei enthält Datenstrukturen, die in dieser Form in Excel nicht verarbeitet werden können. Leerzeilen und -spalten, fehlerhafte Datentypen, überflüssige Spalten, fehlende Gruppierungen und Aggregierungen – die Liste der Möglichkeiten ist lang. Und in der Vergangenheit haben Sie

- ▶ entweder in den sauren Apfel gebissen und alle Unzulänglichkeiten per Hand korrigiert, wobei Ihr Groll über den enormen Zeitaufwand vermutlich von Monat zu Monat größer wurde,

- ▶ oder an der einen oder anderen Stelle filigran verschachtelte Textfunktionen zur Bereinigung und Gruppierung von Daten eingesetzt, was Ihnen ein gewisses Gefühl echter Excel-Meisterschaft vermittelte, was aber nach Monaten der Abstinenz schwer durchschaubar schien und zumeist erheblich auf die Rechenleistung von Excel drückte,

- ▶ oder sich den Luxus einer VBA-Programmierung gegönnt, was allerdings nur nach Monaten zähen Verhandelns mit IT-Abteilung und Einkauf für sinnvoll, unter Datensicherheitsgesichtspunkten zulässig und auch noch als umsetz- und finanzierbar erachtet wurde.

Power Query setzt dem ein Ende.

5.2   CSV-Dateien mit Power Query importieren

Die vierte Option zur Datenbereinigung bietet *Power Query*, eine Mischung aus allen drei oben genannten bisherigen Lösungen der Datenaufbereitung, unter einer einheitlichen Oberfläche und selbst für nicht VBA-affine Nutzer weitestgehend nachvollzieh- und erlernbar. Lassen Sie uns eine Annäherung an diese gelungene Promenadenmischung wagen. Beginnen wir mit einem Report, wie er Ihnen aus *Business Objects* oder jedem anderen Reporting-Modul eines ERP-Systems monatlich unter dem Namen *05_ERP_Report.csv* in den Ordner *C:\testbed* purzeln könnte (Abbildung 5.1).

Bereits auf den ersten Blick erkennen Sie hier die oben angedeuteten Unzulänglichkeiten. Denn die CSV-Datei enthält zwar sämtliche wichtigen Daten, aber leider auch eine Reihe nicht benötigter Informationen und Leerzellen. Schließen Sie die Datei wieder, um mithilfe des neuen Tools die Spreu vom Weizen zu trennen. Dazu öffnen Sie in Excel DATEN • ABFRAGE • NEUE ABFRAGE • AUS DATEI • AUS CSV oder in Excel 2019/Excel Office 365 aus der Gruppe DATEN ABRUFEN UND TRANSFORMIEREN die Funktion NEUE ABFRAGE • AUS DATEI • AUS TEXT/CSV (Abbildung 5.2).

▲	A	B	C	D	E	F	G
1	Region:	North America, Australia					
2	Year	2004					
3	Type	Forecast					
4							
5	TerritoryID		Territory	PY	Date		Plan CY
6	1		Northwest	3.200.904 €	31. Mrz 04		##########
7				0	30.06.2004		##########
8				0	30.09.2004		##########
9				0	31.12.2004		##########
10	Subtotal 1			0			##########
11	2		Northeast	1.380.935 €	31. Mrz 04		##########
12				0	30.06.2004		##########
13				0	30.09.2004		##########
14				0	31.12.2004		##########
15	Subtotal 2			0			##########
16	3		Central	1.573.893 €	31. Mrz 04		##########
17				0	30.06.2004		##########
18				0	30.09.2004		##########
19				0	31.12.2004		##########
20	Subtotal 3			0			##########

Abbildung 5.1 Typischer CSV-Bericht aus einem ERP-System

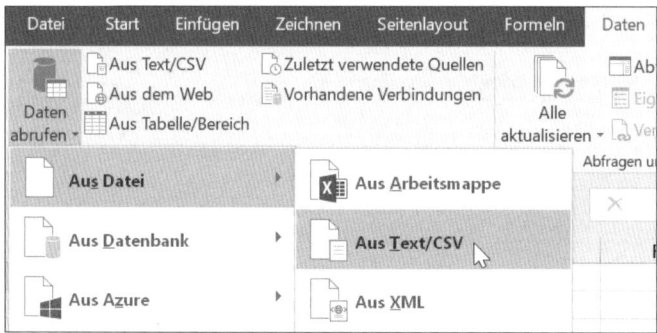

Abbildung 5.2 Zugriff auf eine CSV-Datei über das Menü »Daten«

Wechseln Sie im folgenden Dialog DATEN IMPORTIEREN in den Ordner *testbed* auf der Festplatte *C:* (sofern Sie die Beispieldateien dort gespeichert haben), und öffnen Sie dann die angezeigte CSV-Datei mit einem Doppelklick. Es wird einen Augenblick dauern, bis das Import- und Bereinigungstool die externen Daten in das Vorschaufenster, den sogenannten NAVIGATOR, geladen hat (Abbildung 5.3).

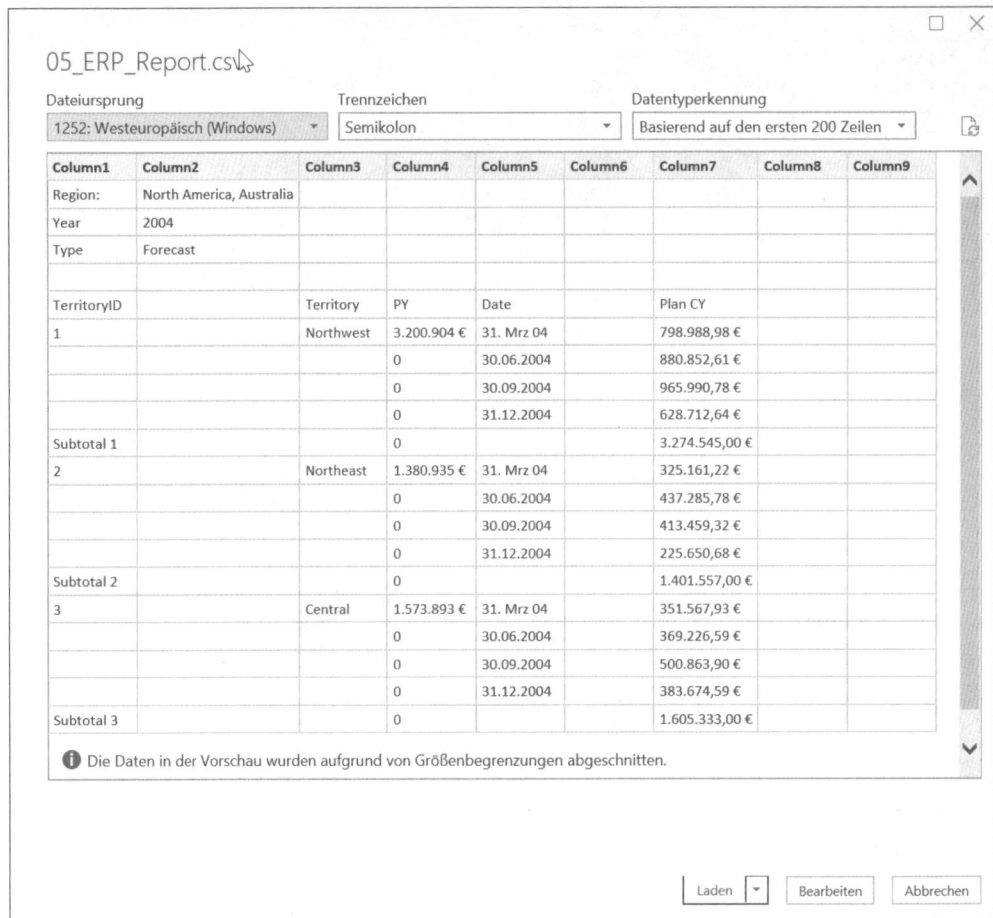

Abbildung 5.3 Datenanzeige im Navigator von Power Query

[i]

Power Query in den Versionen vor 2016

In Excel 2010 und 2013 wird *Power Query* als Add-in zur Verfügung gestellt. Es muss gegebenenfalls in seiner aktuellsten Fassung aus dem Internet heruntergeladen und anschließend installiert werden. Die Aktivierung erfolgt wie bei den meisten Erweiterungen über DATEI • OPTIONEN • ADD-INS • COM-ADD-INS • GEHE ZU. In der dann angezeigten Dialogbox wird das Tool unter MICROSOFT POWER QUERY FÜR EXCEL aktiviert.

Nach der Aktivierung enthält das Menüband ein neues Menü mit der Bezeichnung POWER QUERY. Dessen Inhalt variiert zwar von Version zu Version, da in kurzen Abständen vor allem zahlreiche zusätzliche Datenquellen integriert wurden. Dennoch blieb der grundsätzliche Aufbau des Menüs beginnend mit Excel 2010 bis zu Excel 2016 nahezu unverändert. Er lässt sich in vier Bereiche unterteilen:

Ganz links im Menü befindet sich die Gruppe EXTERNE DATEN ABRUFEN, gefolgt von der Gruppe KOMBINIEREN, die Funktionen zum Zusammenführen und Anfügen von Abfragen bereitstellt (Abbildung 5.4). Die Gruppe ARBEITSMAPPENABFRAGEN in den früheren Versionen erlaubte sowohl das Einblenden aller Abfragen am rechten Rand des Excel-Fensters als auch das Öffnen des Abfrage-Editors. Die erste der beiden Funktionen ist in Excel 2016 in der Gruppe ABRUFEN UND TRANSFORMIEREN • ABFRAGEN ANZEIGEN heimisch geworden. Die in Excel 2010 und 2013 dann folgenden Gruppen EINSTELLUNGEN und POWER BI dienen der Konfiguration des Tools (Sicherheitseinstellungen, regionale Einstellungen) und der Anmeldung an Office 365 mit einem Benutzerkonto, um auf dem Server abgelegte Abfragen auszuführen bzw. selbst erstellte Abfragen dort – z. B. für Arbeitskollegen – bereitzustellen.

Abbildung 5.4 Power-Query-Menü in Excel 2013

Viele der Funktionen, die auf einzelne Abfragen bezogen sind, lassen sich auch aufrufen, indem man die betreffende Abfrage im Listenbereich an der rechten Seite des Excel-Fensters mit der rechten Maustaste anklickt und dann die gewünschte Funktion aus dem Kontextmenü wählt.

Im Power-Query-Navigator stehen Ihnen nun mindestens zwei grundsätzliche Optionen zur Verfügung. Wenn Ihre Daten die perfekte Struktur zur Weiterverarbeitung aufweisen, können Sie auch die Schaltfläche LADEN klicken. Die Daten würden dann in die Excel-Arbeitsmappe geladen. Da es sich bei LADEN um ein Listenfeld handelt, wäre es auch machbar, die Daten in ein Power-Pivot-Datenmodell zu laden. Ist die Datenstruktur hingegen ungeeignet für eine weitere Auswertung, sollten Sie – wie in unserem Beispiel – die Option BEARBEITEN aktivieren. Die externen Daten werden nun stattdessen in das Power-Query-Bearbeitungsfenster geladen.

Dort gibt es fünf Bereiche (Abbildung 5.5):

▶ das *Menüband*, das die meisten Funktionen zur Nachbearbeitung der Daten enthält

▶ eine *Abfrageübersicht* auf der linken Seite, die das Wechseln zwischen den unterschiedlichen Abfragen in einer Arbeitsmappe ermöglicht

▶ die *Livevorschau* in der Mitte des Fensters, die den aktuellen Inhalt, die Struktur und das Format der gerade bearbeiteten Daten anzeigt

▶ die *Abfrageeinstellungen* auf der rechten Seite, die alle einzelnen Schritte der Datentransformation in ihrer logischen Abfolge unter der Überschrift ANGEWENDETE SCHRITTE anzeigt

▶ die *Editier- oder Bearbeitungsleiste* unterhalb des Hauptmenüs; sie wird erst angezeigt, wenn Sie sie über ANSICHT • BEARBEITUNGSLEISTE aktiviert haben.

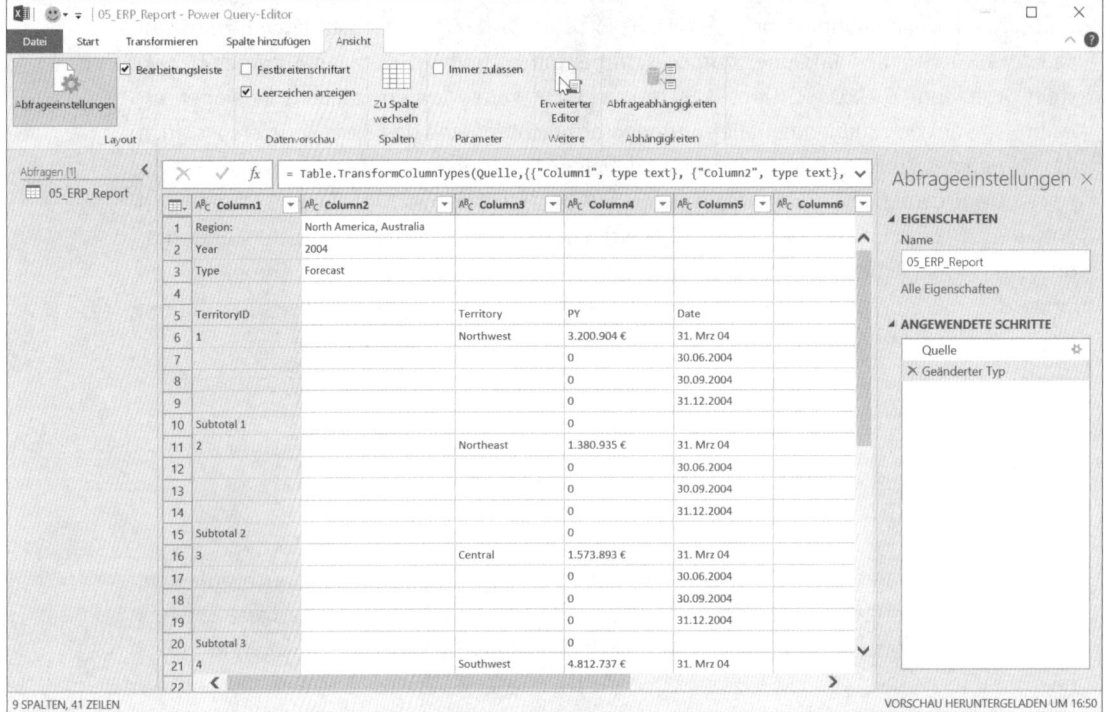

Abbildung 5.5 Power-Query-Editor

Momentan sehen Sie unterhalb von Angewendete Schritte lediglich zwei Transformationen: Quelle und Geänderter Typ. Sie sollten sich ansehen, was sich genau hinter diesen beiden Bezeichnungen versteckt. Klicken Sie dazu auf den ersten Schritt (Quelle), und werfen Sie dann einen Blick in die *Editierzeile*. Dort werden Sie folgende Anweisung lesen:

```
= Csv.Document(File.Contents("C:\testbed\05_ERP_Report.csv"),[Delimiter=";",
Columns=9, Encoding=1252, QuoteStyle=QuoteStyle.None])
```

Die Übersetzung dieser Power-Query-Anweisung lautet: »Öffne eine CSV-Datei. Sie befindet sich in *C:\testbed* und heißt *05_ERP_Report.csv*. Verwende als Trennzeichen zwischen den Spalten ein Semikolon und den Zeichensatz 1252 (Westeuropäisch).« Das ist eine einfache, kurze und verständliche Anweisung. Doch viel wichtiger erscheint mir, was Sie aus dieser ersten Annäherung ableiten können:

▶ Power Query wird über das Menü bedient, um solche Anweisungen zu generieren.

▶ Jede Menüaktion erzeugt einen Quelltext, der in einer Programmiersprache, *M* genannt, aufgezeichnet wird.

▸ Jeder dieser einzelnen Arbeitsschritte wird klar abgrenzbar mit einem Namen, z. B. QUEL-LE, versehen.

▸ Sie können in der Abfolge aufgezeichneter Schritte jederzeit zurückgehen und, wie Sie später sehen werden, Anweisungen entfernen, bearbeiten und einfügen.

▸ Im Fenster der Livevorschau sehen Sie entsprechend dem ausgewählten Arbeitsschritt den Zustand Ihrer Daten.

In unserem minimalistischen Beispiel werden Sie, wenn Sie zu GEÄNDERTER TYP zurückkehren, in der Livevorschau keine Unterschiede zum ersten Schritt feststellen, da Power Query bei CSV-Importen lediglich nach Öffnen der Quelle den Datentyp aller Spalten auf Text setzt. Das wiederum ist in der Editierzeile nachlesbar.

War's das? Ich denke, ja! Deshalb schlage ich vor, dass wir Power Query verlassen. Dazu wählen Sie im Menü START die Option SCHLIESSEN & LADEN (Abbildung 5.6). Dort werden zwei Möglichkeiten angeboten. Die erste Auswahl im Menü schließt Power Query und lädt die importierte Datei in Ihre Excel-Arbeitsmappe. Mit der zweiten Auswahl können Sie die Datei auch direkt in ein Power-Pivot-Datenmodell laden. Dies ist natürlich dann interessant, wenn Sie eine komplexere Analyse mithilfe eines Datenmodells durchführen und Redundanzen vermeiden möchten (externe CSV-Datei, Excel-Tabelle, Power-Pivot-Tabelle).

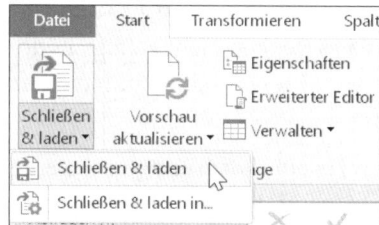

Abbildung 5.6 Die importierte Datei wird in eine Excel-Arbeitsmappe geladen.

Drei Dinge sind bemerkenswert, wenn Sie den vorgeschlagenen Schritten gefolgt sind und die Abfrage geschlossen haben (Abbildung 5.7):

▸ Die mit Power Query übernommenen CSV-Daten landen in Excel in Form einer *dynamischen Datentabelle*.

▸ Auf der rechten Seite des Excel-Fensters sehen Sie die ARBEITSMAPPENABFRAGEN bzw. in Excel 2019 und Excel Office 365 ABFRAGEN UND VERBINDUNGEN eine Liste aller mit Power Query erstellten Abfragen dieser Arbeitsmappe.

▸ Solange Sie den Cursor in der Datentabelle belassen, zeigt Ihnen Excel im Menüband ganz rechts ein Kontextmenü mit dem Namen ABFRAGE an, das Ihnen unter anderem die Möglichkeit gibt, die Abfrage erneut zu öffnen und zu bearbeiten.

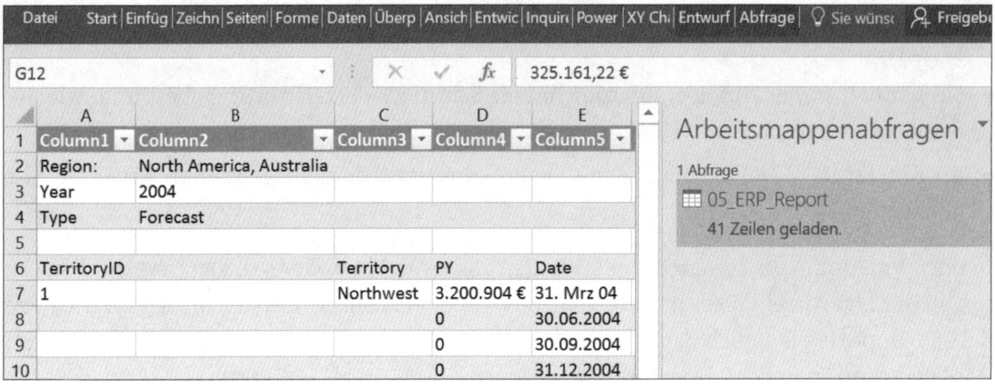

Abbildung 5.7 Daten einer mit Power Query importierten CSV-Datei

5.3   Einfache Schritte der Datenbereinigung ausführen

Nach dem Import sollten Sie die Abfrage erneut öffnen, um sie zu bearbeiten, da der momentane Zustand der importierten Daten unbrauchbar ist. Klicken Sie also auf ABFRAGE • BEARBEITEN • BEARBEITEN, oder rufen Sie diese Funktion auf, indem Sie die Abfrage am rechten Bildschirmrand mit der rechten Maustaste anklicken und im Kontextmenü BEARBEITEN wählen. Sobald Sie wieder im Editor angelangt sind, ist logisches Denken mehr gefragt als detaillierte Programmierkenntnisse. Und logisches Denken wird im Normalfall immer sehr stark mit dem eigentlichen Ziel Ihrer Auswertung zu tun haben.

Nehmen wir an, Sie möchten den vorliegenden Datenbestand in eine Form bringen, der eine regionale, aber auch zeitliche Auswertung erlaubt, dann werden uns die Gesetze der Logik sagen, dass sämtliche Daten, denen wir kein Datum zuordnen können, überflüssig sind. In Excel würden Sie in einem solchen Fall wahrscheinlich alle Daten wegfiltern, die in der Spalte DATEN keinen Datumswert und keine Überschrift enthalten. Warum machen Sie es in Power Query nicht auch so?

Öffnen Sie den AutoFilter in COLUMN5, und entfernen Sie das Häkchen vor dem Feld (LEER), wie in Abbildung 5.8 zu sehen. Wenn Sie diese Eingabe bestätigen, wird sich einerseits der Inhalt der Tabelle in der Livevorschau verändert haben, andererseits ist auf der rechten Seite ein Arbeitsschritt mit der Bezeichnung GEFILTERTE ZEILEN hinzugekommen.

Neben dem Arbeiten im Tabellenbereich werden Sie mit Sicherheit immer wieder Funktionen aus dem Menüband einsetzen. Viele der Grundfunktionen werden Ihnen im Menü START angeboten, so auch die Funktion, mit der wir die Bereinigung fortsetzen. Denn sicherlich ist Ihnen bereits aufgefallen, dass die Spaltenüberschriften unserer CSV-Datei nicht als Spaltenköpfe, sondern als Texte in der ersten Zeile der Tabelle angezeigt werden. In der Gruppe TRANSFORMIEREN des Menüs finden Sie die Option ERSTE ZEILE ALS ÜBERSCHRIFTEN VERWENDEN. Das ist genau das, was wir brauchen. Klicken Sie auf die Schaltfläche, und das Problem ist gelöst. Ein nicht zu unterschätzender Nebeneffekt der Aktion ist jedoch, dass Power Query nun die Datentypen der einzelnen Spalten angepasst hat. Da zahlreiche Leerzeilen nach dem Filtern entfallen sind, ist das Tool nun in der Lage, die Datentypen zutreffender zu bestimmen. Die Änderung wird in den Spaltenüberschriften deutlich (Abbildung 5.9).

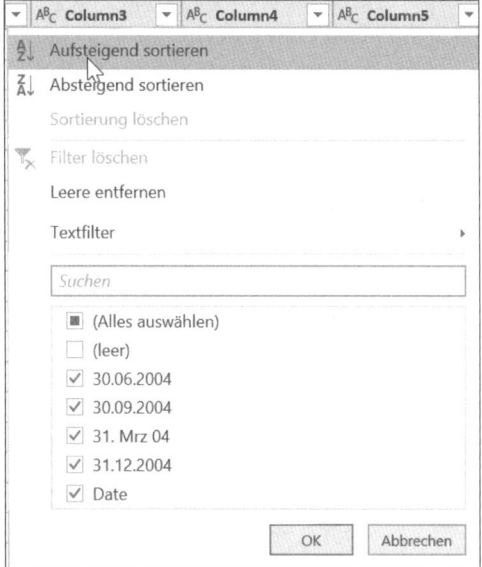

Abbildung 5.8 Entfernen von überflüssigen Zeilen wie in Excel per AutoFilter

Abbildung 5.9 Geänderte Datentypen nach dem Filtern der Daten

Power Query ist ein echtes *S-Tool* im Sinne von *xlSMILE* (siehe dazu Kapitel 3, »xlSMILE – Excel-Lösungen mit System«). *Simplify* aus *xlSMILE* bedeutet dabei auch immer, die Daten, die Sie definitiv für Ihre Auswertung nicht benötigen, so früh wie möglich zu entfernen. Und da ist es naheliegend, bei den überflüssigen Spalten anzusetzen. Wir benötigen in unserem Beispiel weder die leeren Spalten der CSV-Datei noch die Spalte TERRITORY, da unsere Vertriebsgebiete in allen anderen Tabellen unserer Auswertung numerisch codiert sind. Auch die Spalte mit den auf Jahresbasis aggregierten Vorjahresergebnissen (PY) ist überflüssig. Um die betreffenden Spalten zu entfernen, haben Sie zwei Möglichkeiten:

1. Markieren Sie die sechs überflüssigen Spalten nacheinander, wobei Sie die Taste ⌈Strg⌉ gedrückt halten, und rufen Sie dann START • SPALTEN VERWALTEN • SPALTEN ENTFERNEN auf, um dort die Option SPALTEN ENTFERNEN auszuführen.

2. Oder markieren Sie die drei Spalten, die Sie behalten möchten, und wählen Sie im Untermenü die Option ANDERE SPALTEN ENTFERNEN.

In beiden Fällen erzeugt Power Query einen Arbeitsschritt mit dazugehörigem Quelltext. Die beiden Quelltexte unterscheiden sich sowohl textlich als auch von der Logik her erheblich. Im ersten Fall werden die Spalten, die gelöscht werden sollen (`{""`, `"Territory"`, `"PY"`, `"_1"`, `"_2"`, `"_3"}`), ausdrücklich benannt. Die alternative Anweisung zählt die Spaltennamen auf, die zu erhalten sind (`{"TerritoryID"`, `"Date"`, `"Plan CY"}`). Wenn Sie wissen, dass zu Ihren Rohdaten immer wieder neue Spalten hinzugefügt, lediglich aber nur die drei zuvor genannten Spalten für Ihren Report benötigt werden, stellt die letzte Option einen idealen Lösungsansatz dar. Möchten Sie hingegen in der Zukunft ergänzte Spalten in den Report aufnehmen, werden Sie die andere der beiden Möglichkeiten der Bereinigung wählen. Die Auswahl des einen oder anderen Verfahrens bei der Bereinigung kann also abhängig von der konkreten Situation von großer Bedeutung sein.

Nach dem Entfernen der Spalten fällt auf, dass in der wichtigen Spalte TERRITORYID die Codes der Vertriebsgebiete leider nicht durchgehend vom ERP-System ausgegeben werden. Sie müssten jeweils nach unten kopiert werden. Wenn Sie sich in den Menüs auf die Suche nach einer geeigneten Funktion machen, werden Sie unter TRANSFORMIEREN • BELIEBIGE SPALTE • AUSFÜLLEN • NACH UNTEN fündig. Doch Power Query bietet neben dem Menüband auch ein Kontextmenü an, das Sie wie gewohnt mit einem rechten Mausklick auf die Spaltenköpfe starten. Dort finden Sie die gewünschte Funktion auch (Abbildung 5.10).

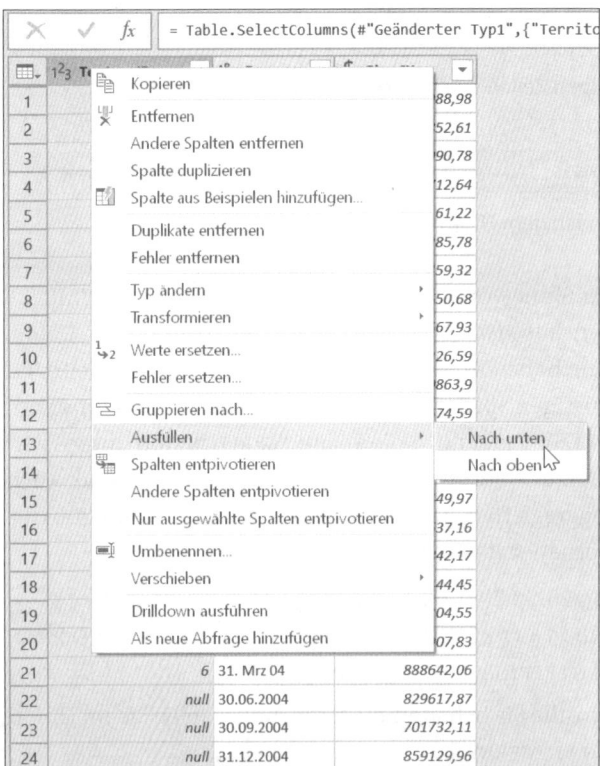

Abbildung 5.10 Füllen der leeren Zellen einer Spalte

Es kann Ihnen nun in den älteren Versionen von Power Query passieren, dass zwar ein Arbeitsschritt rechts erzeugt wird, aber keine Änderung an den Daten erkennbar wird. Es gibt in einem solchen Fall weder einen gefüllten Datenbereich noch eine Fehlermeldung. Des Rätsels Lösung ist, dass in Power Query nur Zellen überschrieben werden, wenn sie mit dem Schlüsselwort *null* als leer gekennzeichnet sind. In den älteren Versionen erfolgt diese Kennzeichnung nicht immer automatisch. Häufig hilft es, den Datentyp der betroffenen Spalte von Text auf Ganzzahl oder Dezimal umzustellen. Andernfalls müssen Sie die Kennzeichnung der leeren Zellen eigenhändig durchführen:

1. In diesem Fall bewegen Sie sich mit dem Cursor einen Arbeitsschritt nach oben.

2. Prüfen Sie, ob die betroffene Spalte den Datentyp Text verwendet.

3. Dann rufen Sie mit einem rechten Mausklick auf die Spaltenüberschrift TERRITORYID das Kontextmenü und in ihm die Option WERTE ERSETZEN auf.

4. Geben Sie keinen Suchbegriff in die dann angezeigte Dialogbox und »null« unter ERSETZEN DURCH ein.

5. Klicken Sie anschließend auf OK.

Power Query wird Sie nun fragen, ob Sie den Schritt einfügen möchten. Mit einem Mausklick auf EINFÜGEN übernehmen Sie die Änderung in den Bereinigungsprozess (Abbildung 5.11).

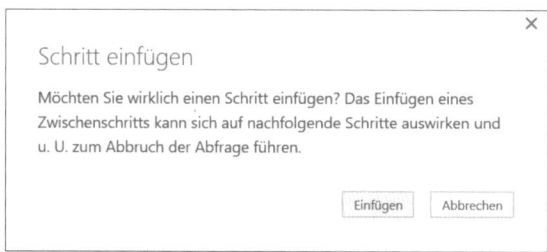

Abbildung 5.11 Mit eingefügten Schritten können Fehler nachträglich korrigiert werden.

Die eben eventuell noch scheinbar leeren Zellen enthalten jetzt den Text null. Gehen Sie nun erneut zum gerade noch fehlerhaften letzten Arbeitsschritt (NACH UNTEN GEFÜLLT), werden Sie feststellen, dass jetzt tatsächlich alle Zellen mit Vertriebsgebietscodes gefüllt sind.

Dies bringt uns auch zu den letzten beiden Korrekturen. Die Datumsspalte muss vom Datentyp TEXT in DATUM umgewandelt werden. Die Option dazu finden Sie im Menü START • TRANSFORMIEREN, aber auch die Datentypanzeige links neben den Spaltenüberschriften kann zur Auswahl geeigneter Datentypen eingesetzt werden (Abbildung 5.12):

1. Wenn Sie häufig Dateien nutzen, die unterschiedliche Datumsformate verwenden, sollten Sie aus dem Menü die Option MIT GEBIETSSCHEMA wählen.

2. In der Dialogbox wählen Sie anschießend DATUM als DATENTYP und DEUTSCH (DEUTSCHLAND) als GEBIETSSCHEMA aus.

3. Klicken Sie dann auf OK.

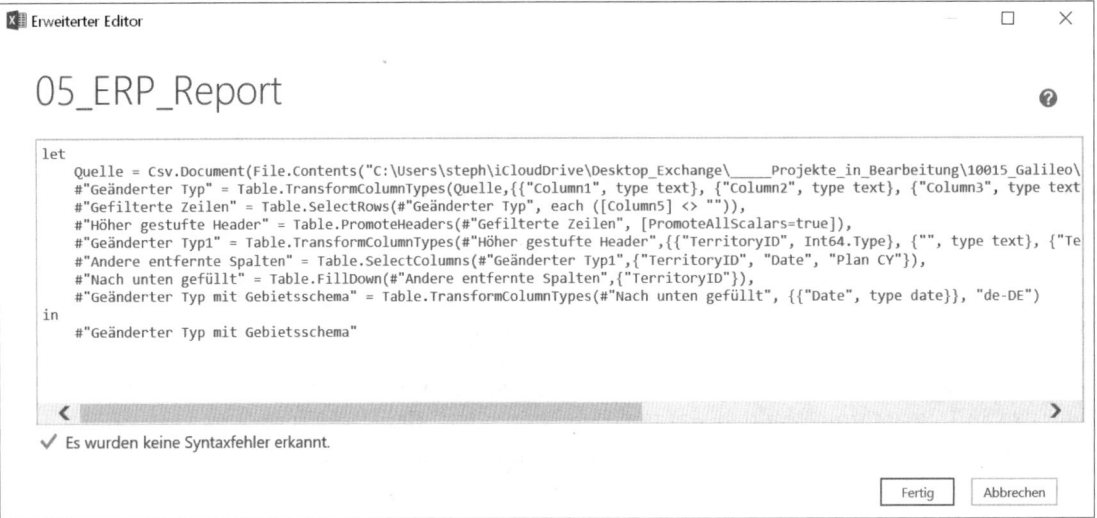

Abbildung 5.12 Zuweisen eines Datentyps mit Gebietsschema

Damit sind die anfänglich nur schwach strukturierten Daten in eine Form gebracht, die Sie mühelos weiterverarbeiten können. Bevor Sie das Ergebnis Ihrer Arbeit an Excel zurückgeben, sollten Sie es sich als Quelltext ansehen. Öffnen Sie dazu ANSICHT • ANZEIGEN • ERWEITERTER EDITOR. Hier wird Ihnen der Quelltext nicht nur gezeigt, sondern auch zur Überarbeitung angeboten (Abbildung 5.13).

Erweiterter Editor — □ ×

05_ERP_Report

```
let
    Quelle = Csv.Document(File.Contents("C:\Users\steph\iCloudDrive\Desktop_Exchange\_____Projekte_in_Bearbeitung\10015_Galileo\
    #"Geänderter Typ" = Table.TransformColumnTypes(Quelle,{{"Column1", type text}, {"Column2", type text}, {"Column3", type text
    #"Gefilterte Zeilen" = Table.SelectRows(#"Geänderter Typ", each ([Column5] <> "")),
    #"Höher gestufte Header" = Table.PromoteHeaders(#"Gefilterte Zeilen", [PromoteAllScalars=true]),
    #"Geänderter Typ1" = Table.TransformColumnTypes(#"Höher gestufte Header",{{"TerritoryID", Int64.Type}, {"", type text}, {"Te
    #"Andere entfernte Spalten" = Table.SelectColumns(#"Geänderter Typ1",{"TerritoryID", "Date", "Plan CY"}),
    #"Nach unten gefüllt" = Table.FillDown(#"Andere entfernte Spalten",{"TerritoryID"}),
    #"Geänderter Typ mit Gebietsschema" = Table.TransformColumnTypes(#"Nach unten gefüllt", {{"Date", type date}}, "de-DE")
in
    #"Geänderter Typ mit Gebietsschema"
```

✓ Es wurden keine Syntaxfehler erkannt.

Fertig   Abbrechen

Abbildung 5.13 Quelltext der über das Menü ausgeführten Datenbereinigung

Da Sie keine Änderungen ausführen möchten, klicken Sie auf ABBRECHEN und schließen auch den Power-Query-Editor über das Menü START • SCHLIESSEN & LADEN • SCHLIESSEN & LADEN. Die bereinigte CSV-Datei ist nun in ihrer aktualisierten Fassung als dynamische Datentabelle in Excel angekommen. Das Ergebnis der Bearbeitung finden Sie in der Arbeitsmappe *05_Power Query_CSV_Import_01.xlsx*.

---

[i]

5

Aktualisierung von Abfragen

Abfragen können auf unterschiedliche Weise aktualisiert werden. Klicken Sie mit der rechten Maustaste auf eine Abfrage, finden Sie im Kontextmenü die Option Aktualisieren. Bei einer größeren Anzahl von Abfragen werden Sie nach einer Möglichkeit suchen, alle Abfragen auf einen Schlag zu aktualisieren. Diese finden Sie unter Daten • Abfragen und Verbindungen • Alle aktualisieren (Abbildung 5.14). Außerdem steht die Tastenkombination [Strg] + [Alt] + [F5] zur Aktualisierung zur Verfügung.

Jede Abfrage beginnt mit dem Arbeitsschritt Quelle. Handelt es sich um eine Abfrage, die auf eine externe Datenquelle zugreift, also um keine Verweisabfrage oder Ähnliches, enthält dieser erste Schritt eine Zeichenkette, die auf den Speicherort und Dateinamen der externen Datei verweist, z. B.:

```
= Csv.Document(File.Contents("C:\testbed\Datei123.csv")
```

Wird die Datei umbenannt oder verschoben, liefert die Abfrage eine Fehlermeldung. Wenn Sie das Power-Query-Fenster öffnen und Quelle auswählen, lässt sich der nicht mehr aktuelle Speicherort und Dateiname allerdings anpassen. Bei sich regelmäßig ändernden Datei- oder Ordnernamen sollten Sie eine Parameterabfrage erstellen.

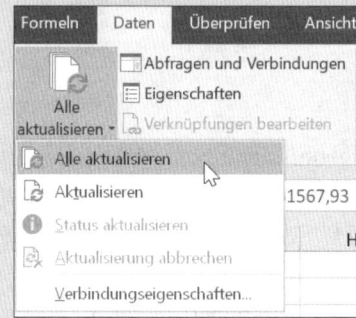

Abbildung 5.14 Aktualisieren aller Abfragen einer Arbeitsmappe

---

5.4   Gruppieren und Spalten berechnen

Neben den oben beschriebenen Grundfunktionen unterstützt Sie Power Query bei zahlreichen anderen Aufgaben der Datenbereinigung. Der Ansatz ist nicht selten ein modularer. Dies möchte ich an einem kurzen Beispiel veranschaulichen. Nehmen wir an, Sie möchten neben der nun erzeugten Liste eine weitere erstellen, die lediglich das Gesamtergebnis für das Jahr liefert und zudem noch die Provision auf Basis eines festen Wertes in einer separaten Spalte ausweist.

Öffnen Sie gegebenenfalls die *Arbeitsmappe 05_Power Query_CSV_Import_01.xlsx* nochmals, um die Arbeit mit der Datei fortzusetzen. Die grundsätzlichen Schritte zur Bereinigung sind bereits erstellt, und deshalb könnte das Ergebnis der ersten Abfrage ein guter Startpunkt für die zweite Liste sein. Aktivieren Sie gegebenenfalls zunächst die Abfrageübersicht am rechten Rand des Excel-Fensters über Daten • Abfragen und Verbindungen • Abfragen und Verbindungen. Klicken Sie dann im nun angezeigten Bereich mit der rechten Maustaste auf Ihre Abfrage, und wählen Sie aus dem Menü die Option Verweis (Abbildung 5.15).

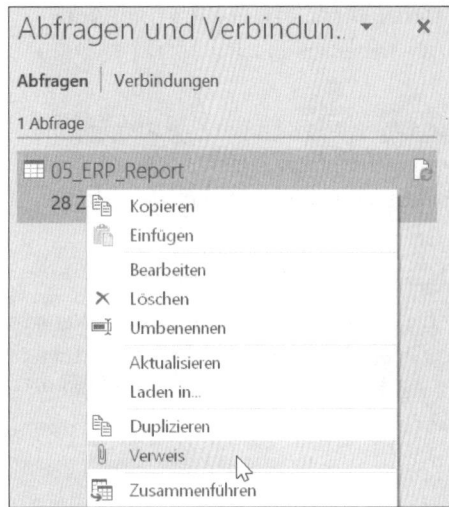

Abbildung 5.15 Starten Sie eine zweite Abfrage auf Basis der ersten.

Der Power-Query-Editor öffnet sich und zeigt Ihnen das Ergebnis der ersten Abfrage. Jedoch erkennen Sie am Namen rechts oben, dass es sich um eine neue Abfrage handelt. Außerdem wird deutlich, dass sich diese neue Abfrage, die nur einen einzigen Arbeitsschritt umfasst, auf die Ergebnisse der ersten Abfrage bezieht.

Nachdem Sie die Abfrage in `JahresergebnisUndProvision` unbenannt haben, fassen Sie als Erstes die Einzelwerte der Vertriebsgebiete zu einer Gruppe zusammen. Die Funktion dazu finden Sie entweder im Menü Transformieren oder aber, indem Sie mit der rechten Maustaste auf den Spaltenkopf TerritoryID klicken und das Kontextmenü aufrufen. Wählen Sie die Option Gruppieren nach, wird Ihnen die in Abbildung 5.16 dargestellte Dialogbox angezeigt.

Power Query schlägt Ihnen nun vor, eine Gruppe auf Grundlage der Spalte TerritoryID zu bilden. Dazu werden folgende Informationen benötigt:

▶ ein von Ihnen zu definierender Name für die neue Spalte, im Beispiel lautet er Gesamtergebnis

▶ die Auswahl der zu verwendenden Zusammenfassungsfunktion (Vorgang), also im Beispiel Summe

▸ die Angabe der Spalte, auf die die Zusammenfassungsfunktion angewandt werden soll
(PLAN CY)

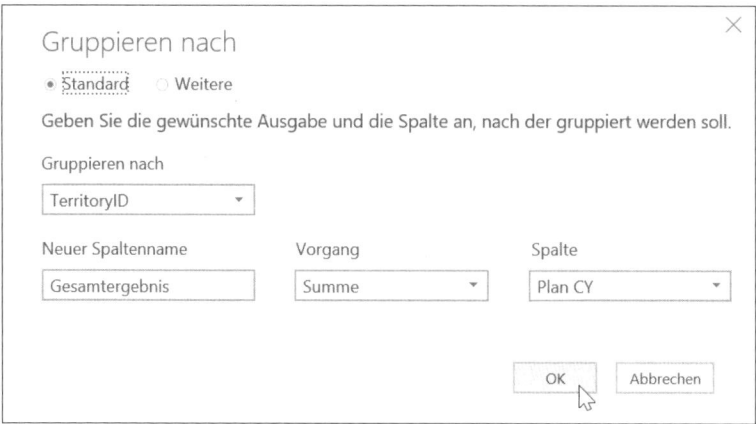

Abbildung 5.16 Gruppierungen sind auf Basis einer oder mehrerer Spalten möglich.

Nachdem Sie die Eingabe mit OK abgeschlossen haben, enthält Ihre Tabelle nur noch sieben Zeilen, die jeweils ein Jahresergebnis für jede einzelne Vertriebsregion enthalten. Geben Sie diese Tabelle mit START • SCHLIESSEN & LADEN • SCHLIESSEN & LADEN an Ihre Excel-Arbeitsmappe zurück. Hier wird jetzt eine zweite dynamische Datentabelle in einem separaten Tabellenblatt angezeigt. Am rechten Bildschirmrand wird auch die neue Abfrage mit dem von Ihnen zuvor vergebenen Namen aufgeführt.

Editieren und Umbenennen von Arbeitsschritten

Die im Power-Query-Editor angezeigten Arbeitsschritte weisen häufig eine unterschiedliche Komplexität auf, und deshalb unterscheiden sich auch die Werkzeuge, die Sie zur Nachbearbeitung nutzen sollten. Ein relativ einfacher Schritt wie das Löschen einer Spalte kann in der Editierzeile bearbeitet werden, wenn dazu Anlass besteht. Sehr schnell lässt sich dort der Name einer zu löschenden Spalte ändern.

Andere Arbeitsschritte, wie beispielsweise die Gruppierung von Tabellen, sollten hingegen über die gleiche Dialogbox editiert werden, über die sie auch erstellt wurden. Führen Sie auf den Arbeitsschritt (z. B. GRUPPIERTE ZEILEN) einen Doppelklick aus, oder klicken Sie auf das Zahnradsymbol. In der dann angezeigten Dialogbox überarbeiten Sie Ihre vorherigen Eingaben.

Klicken Sie mit der rechten Maustaste auf einen Arbeitsschritt, können Sie diesen auch umbenennen. Dies ist vor allem dann hilfreich, wenn Sie Standardfunktionen wie Sortieren oder Datentypänderungen mehrfach in einer Abfrage verwenden. Mit individuellen Beschriftungen wird es Ihnen später leichter fallen, den gesamten Prozess besser nachzuvollziehen.

Doch noch ist die Nachbearbeitung der importierten CSV-Daten nicht abgeschlossen. Denn es fehlt die Berechnung der Provisionen, die in unserem Beispiel in allen Regionen gleich hoch sind und 4 % des Bruttowertes betragen. Um diese Berechnung zu ergänzen, öffnen Sie die zweite Abfrage erneut über einen Mausklick auf die Abfrage und die Auswahl von BEAR-BEITEN aus dem Kontextmenü.

Diesmal muss eine Spalte neu erstellt und mit den Werten einer anderen Spalte multipliziert werden. Um dies umzusetzen, stehen Ihnen gleich mehrere Möglichkeiten zur Verfügung. Wählen Sie zunächst die Spalte Plan CY aus. Öffnen Sie dann das Menü SPALTE HINZUFÜGEN. Nun aktivieren Sie die Funktion AUS ZAHL • MULTIPLIZIEREN. In der nun erscheinenden Dialogbox geben Sie den Faktor ein, mit dem Sie alle Werte der Spalte Plan CY multiplizieren möchten, also »4 %« (Abbildung 5.17). Danach bestätigen Sie die Eingabe mit OK. Power Query erstellt die neue Spalte nun für Sie und gibt ihr die Bezeichnung MULTIPLIKATION. Selbstverständlich können Sie die Spalte umbenennen, beispielsweise in PROVISION.

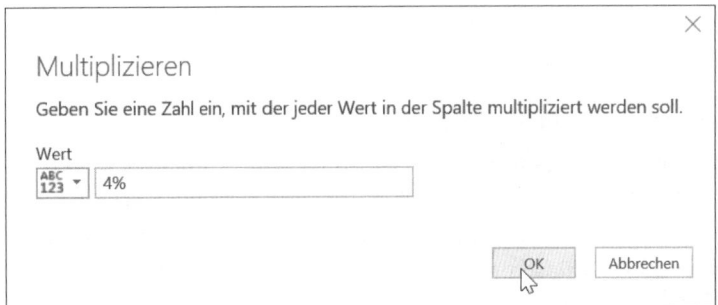

Abbildung 5.17 Anwenden einer Multiplikation auf eine bestehende Spalte

Wenn Sie sich die Möglichkeiten von Power Query anschauen, so können Sie bis zum aktuellen Zeitpunkt festhalten:

- ▶ Sie sind in der Lage, Daten aus unterschiedlichen Quellen zu importieren.
- ▶ Nicht benötigte Spalten und Zeilen können entfernt und Fehler bezogen auf Zellinhalte (Werte ersetzen) und Datentypen korrigiert werden.
- ▶ Datenmengen lassen sich mithilfe von Gruppierungen erheblich verringern, z. B. indem Sie die Zeilen der Einzelbelege auf Ebene von Kostenstellen, Projektnummern etc. zusammenfassen.
- ▶ Zusätzliche Berechnungen können gleich während des Imports und der Transformation hinzugefügt werden, also noch bevor die Datenmassen überhaupt in der Excel-Arbeitsmappe ankommen.

Obwohl dies bereits große Teilbereiche dessen, was an Aufgaben der Datenbereinigung im Controlling anfällt, abdeckt, stehen wir noch ganz am Anfang der Möglichkeiten von Power Query. Das lässt sich bereits an der Alternative zur Berechnung der Provision erkennen. Über SPALTE HINZUFÜGEN • ALLGEMEIN • BENUTZERDEFINIERTE SPALTE hätten Sie die Aufgabe ebenfalls umsetzen können. Und wie Sie sehen werden, zeichnet sich diese zweite Methode durch eine größere Flexibilität aus. Auch in dieser Dialogbox wird zunächst die Eingabe eines Namens für die neue Spalte erwartet (Abbildung 5.18). Nennen wir Sie der Einfachheit halber »Provision (alternativ)«. Im Feld BENUTZERDEFINIERTE SPALTENFORMEL können Sie nun die von Ihnen gewünschte Berechnung eingeben. Beziehen Sie sich auf eine Spalte, wählen Sie diese per Doppelklick aus der Liste VERFÜGBARE SPALTEN aus. In unserem Beispiel wird der Doppelklick auf den Spaltennamen GESAMTERGEBNIS ausgeführt. Nun haben Sie die Gelegenheit, die Formel zur Berechnung der Provision zu vervollständigen: =[Gesamt-ergebnis]*0.04. Schließen Sie die Eingabe mit OK ab.

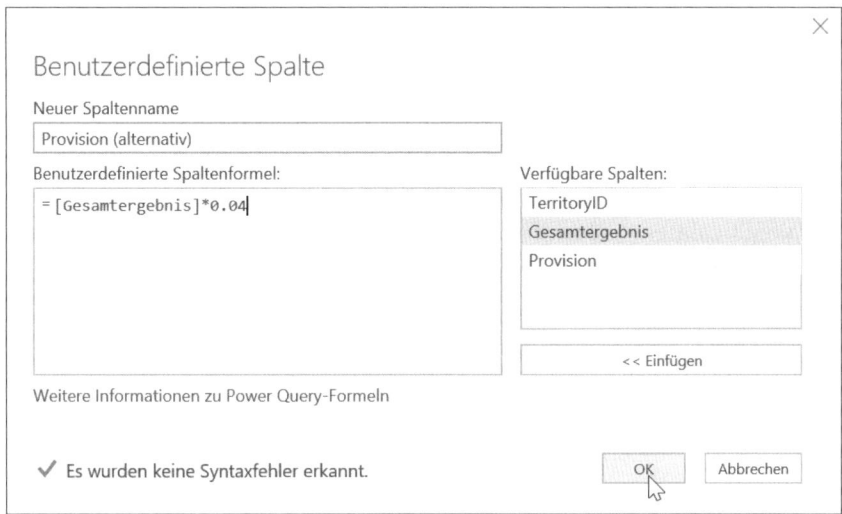

Abbildung 5.18 Eingabe der Formel einer benutzerdefinierten Spalte

5.5 Bedingte Berechnungen in Spalten

An diesem kurzen Beispiel lassen sich bereits einige grundsätzliche Regeln für die Verwendung von Formeln und letztlich auch Power-Query-Anweisungen im Allgemeinen ableiten:

▶ Spaltennamen werden in eckigen Klammern angegeben.

▶ Als Dezimaltrennzeichen wird der Punkt und nicht das Komma verwendet.

▶ Wenn Sie nach dem Klick auf OK die entstandene Anweisung in der Editierzeile betrachten = Table.AddColumn(#"Umbenannte Spalten", "Provision (alternativ)", each [Gesamt-ergebnis]*0.04)), fällt Ihnen sicherlich die Groß- und Kleinschreibung von Table.Add-Column auf. In der Tat unterscheidet M, die Programmiersprache von Power Query, Groß- und Kleinbuchstaben.

Sicherlich, dies sind Neuerungen, an die man sich erst einmal gewöhnen muss. Doch Power Query dankt Ihnen die Mühe mit einigen sehr nützlichen Funktionen. Dies können Sie sogleich an einer kleinen Erweiterung unserer Provisionsberechnung testen. Nehmen wir an, Sie möchten eine variable Provision verwenden. Es soll bei einem Ergebnis von bis zu 2.000.000 € eine Provision von 3 % geben. Bei Ergebnissen zwischen 2.000.000 und 4.000.000 € werden es 4 % sein. Und für Ergebnisse über ab 4.000.000 € steigt die Provision auf 5 %. In Excel hätten Sie es nun mit einer verschachtelten WENN()-Funktion zu tun, und das große Zählen von Klammern und Semikola nähme seinen unabwendbaren Lauf.

▶ In Power Query starten Sie nochmals die Funktion SPALTE HINZUFÜGEN • ALLGEMEIN • BENUTZERDEFINIERTE SPALTE (Abbildung 5.19).

▶ Als Bezeichnung der neuen Spalte geben Sie »Provision (variabel)« ein.

▶ Danach schreiben Sie die bedingte Anweisung wie folgt:

```
if [Gesamtergebnis]<2000000 then [Gesamtergebnis]*0.03
else if [Gesamtergebnis] >= 4000000 then [Gesamtergebnis]*0.05
else [Gesamtergebnis]*0.04
```

Die bedingte Anweisung in Power Query erfordert also keine Klammern und keine Separatoren wie das Semikolon. In diesem Fall kann auch auf Groß- und Kleinschreibung verzichtet werden. Schreiben Sie einfach alles hintereinander in Kleinbuchstaben, einfacher geht es kaum: if LOGISCHE_PRÜFUNG then WERT_WENN_WAHR else WERT_WENN_FALSCH.

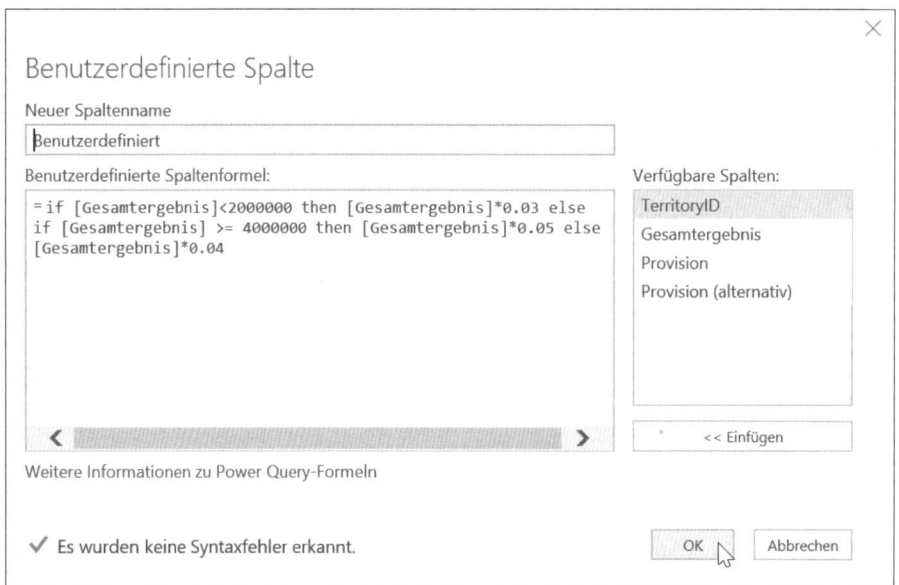

Abbildung 5.19 Eingabe einer verschachtelten bedingten Berechnung mit »if«

Fügen Sie danach noch eine weitere Spalte NETTO ein, in der Sie die Provisionen von den Jahresergebnissen abziehen: [Gesamtergebnis]-[Provision]. Geben Sie die bereinigten Daten schließlich an die Excel-Arbeitsmappe zurück, und speichern Sie das Ergebnis. Die Ergebnisdatei der Transformation zum Vergleichen finden Sie in der Arbeitsmappe *05_Power Query_ Spalten_hinzufügen_01.xlsx*.

Ein Labyrinth der Möglichkeiten

Spätestens mit dem Erstellen einer benutzerdefinierten Spalte werden Sie sich die Frage stellen, welche der vielen Tools, die vielfach zu identischen Resultaten führen, Sie denn wann einsetzen sollten. Eine Berechnung in einer zusätzlichen Spalte kann in Power Query erstellt werden, aber auch in der Ergebnistabelle in der Excel-Arbeitsmappe als zusätzliche Spalte an eine dynamische Datentabelle angehängt werden. Ganz zu schweigen davon, dass auch in Power Pivot eine berechnete Spalte vergleichbare Dienste leisten würde.

Hier sollte der Grundsatz »Je früher, desto besser« gelten. Wenn Sie die Chance haben, eine Berechnung quasi in *Runtime* zu realisieren, also während die Abfrage ausgeführt wird, sollten Sie dies auch tun. Die Spalte wird einmal im Rahmen der Abfrage berechnet, das Ergebnis in Excel ist eine Liste mit Zahlen, die keinen weiteren Rechenaufwand nach sich zieht. Von dieser Regel gibt es allerdings eine klare Ausnahme: Wenn Sie die bereinigten Daten an Power Pivot weitergeben, sollten in Power Query lediglich solche Berechnungen erstellt werden, die zur Gruppierung der Daten führen. Denn die Berechnung von Kennzahlen für Ihren Report ist in Power Pivot weit besser aufgehoben.

Außerdem gilt wieder das *M* von *xISMILE*. Komplexere Auswertungen, die auf unterschiedlichen importierten Datenquellen beruhen, erfordern eine klare Modellierung, ein strukturiertes Vorgehen. Beispiel: Sie erstellen eine erste Runde von Abfragen, in der lediglich die Daten aus verschiedenen Quellen importiert und die wichtigsten Grundfunktionen (Löschen überflüssiger Daten, Datentypen etc.) ausgeführt werden. In einer zweiten Runde mit weiteren Abfragen führen Sie dann die Transformationen durch (Gruppierungen, Berechnungen über die Spalten hinweg, Aggregieren etc.). Die dritte Runde dient der Zusammenführung bestimmter Abfragen, beispielsweise um eindeutige Suchtabellen für Power Pivot zu erstellen. Power Query unterstützt eine solche strukturierte Arbeitsweise, da es die Zusammenfassung von Abfragen in Gruppen erlaubt. Um eine Gruppe zu bilden und Abfragen in eine Gruppe zu verschieben, klicken Sie mit der rechten Maustaste in ARBEITSMAPPENABFRAGEN auf eine Abfrage und rufen dann die Option IN GRUPPE VERSCHIEBEN auf.

5.6 Power Query als Ersatz für Textfunktionen in Excel

Um Gruppierungen wie im vorangegangenen Beispiel überhaupt erstellen zu können, bedarf es eindeutiger Gruppierungsmerkmale. In der Praxis gibt es solche allerdings nicht immer. Viele Excel-Nutzer griffen deshalb in der Vergangenheit zu Textfunktionen wie LINKS(), TEIL() oder GLÄTTEN(), um aus einzelnen Zellinhalten Gruppierungsmerkmale zu gewinnen, die dann in einer Pivottabelle oder einem turnusmäßigen Report verwendet werden konnten. Es ist deshalb wichtig zu wissen, ob Power Query Alternativen für diese wichtigen Bereinigungsfunktionen bietet und wie diese angewandt werden. In der Datei *05_Power Query_Textfunktionen_00.xlsx* finden Sie einen Datenbestand, mit dem wir Antworten auf diese Fragen finden werden. Die Daten beziehen sich auf die Rohdaten aus *05_Transaktionsdaten_unbereinigt_00.xlsx*, die sich im Ordner *\testbed* befinden sollten.

Die Arbeitsmappe enthält die Abfrage *Transaktionen*, und wenn Sie diese mit einem rechten Mausklick und der Option BEARBEITEN öffnen, sehen Sie eine Tabelle, die bereits einige Bereinigungsschritte durchlaufen hat (Abbildung 5.20). Das Zwischenergebnis macht einen durchweg brauchbaren Eindruck. Doch lassen Sie uns annehmen, dass Sie die Daten in Excel weiterberechnen möchten und Ihnen für dieses Vorhaben noch einige Gruppierungsmerkmale fehlen.

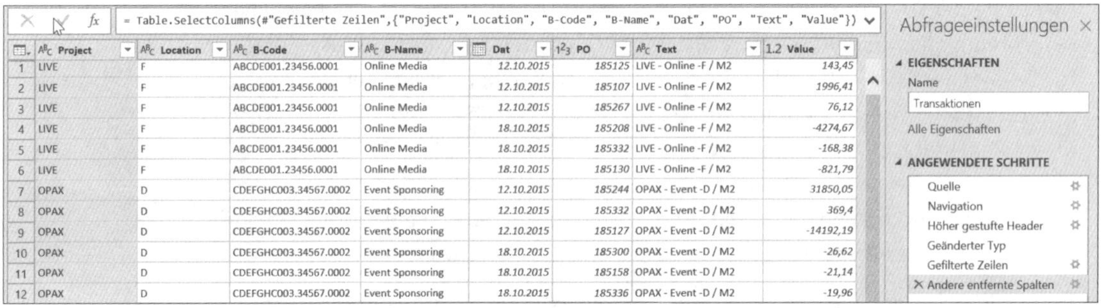

	Project	Location	B-Code	B-Name	Dat	PO	Text	Value
1	LIVE	F	ABCDE001.23456.0001	Online Media	12.10.2015	185125	LIVE - Online -F / M2	143,45
2	LIVE	F	ABCDE001.23456.0001	Online Media	12.10.2015	185107	LIVE - Online -F / M2	1996,41
3	LIVE	F	ABCDE001.23456.0001	Online Media	12.10.2015	185267	LIVE - Online -F / M2	76,12
4	LIVE	F	ABCDE001.23456.0001	Online Media	18.10.2015	185208	LIVE - Online -F / M2	-4274,67
5	LIVE	F	ABCDE001.23456.0001	Online Media	18.10.2015	185332	LIVE - Online -F / M2	-168,38
6	LIVE	F	ABCDE001.23456.0001	Online Media	18.10.2015	185130	LIVE - Online -F / M2	-821,79
7	OPAX	D	CDEFGHC003.34567.0002	Event Sponsoring	12.10.2015	185244	OPAX - Event -D / M2	31850,05
8	OPAX	D	CDEFGHC003.34567.0002	Event Sponsoring	12.10.2015	185332	OPAX - Event -D / M2	369,4
9	OPAX	D	CDEFGHC003.34567.0002	Event Sponsoring	12.10.2015	185127	OPAX - Event -D / M2	-14192,19
10	OPAX	D	CDEFGHC003.34567.0002	Event Sponsoring	18.10.2015	185300	OPAX - Event -D / M2	-26,62
11	OPAX	D	CDEFGHC003.34567.0002	Event Sponsoring	18.10.2015	185158	OPAX - Event -D / M2	-21,14
12	OPAX	D	CDEFGHC003.34567.0002	Event Sponsoring	18.10.2015	185336	OPAX - Event -D / M2	-19,96

Abbildung 5.20 Noch nicht gruppierte Transaktionsdaten

Die Spalte B-CODE beginnt jeweils mit einer Buchstabenfolge, der dann wiederum einige Zahlen und ein Punkt folgen. Sie benötigen die ersten vier Buchstaben, um auf deren Basis die Daten zusammenzufassen. In Excel hätten Sie nun die Textfunktion `LINKS()` eingesetzt, um die ersten Zeichen der Spalte zu extrahieren. In Power Query müssen Sie, so wie Sie es im vorangegangenen Abschnitt bereits erprobt haben, eine zusätzliche Spalte erstellen. Die in dieser Spalte eingesetzte Funktion heißt `=Text.Start(Text oder Spalte, Zeichenanzahl)`. Im ersten Argument geben Sie die Spalte an, aus der Sie Zeichen extrahieren möchten. Im zweiten Argument wird dann festgelegt, wie viele Zeichen ausgelesen werden sollen. Achten Sie bei der Eingabe auch hier darauf, dass Power Query zwischen Groß- und Kleinschreibung unterscheidet:

1. Wählen Sie im Power-Query-Editor SPALTE HINZUFÜGEN • ALLGEMEIN • BENUTZERDEFINIERTE SPALTE.
2. Geben Sie »B-Code gruppiert« als Spaltenbezeichnung ein.
3. Schreiben Sie die Textfunktion zum Extrahieren der ersten vier Zeichen: `=Text.Start([#"B-Code"], 4)`. Wenn Sie wie gewohnt die Spalte B-CODE per Doppelklick eingeben, erkennen Sie, dass Power Query die Schreibweise zu `[#"B-Code"]` abwandelt, da der Name mit dem Bindestrich ein Sonderzeichen enthält (Abbildung 5.21).
4. Klicken Sie dann auf OK, um Ihre Eingabe zu übernehmen.

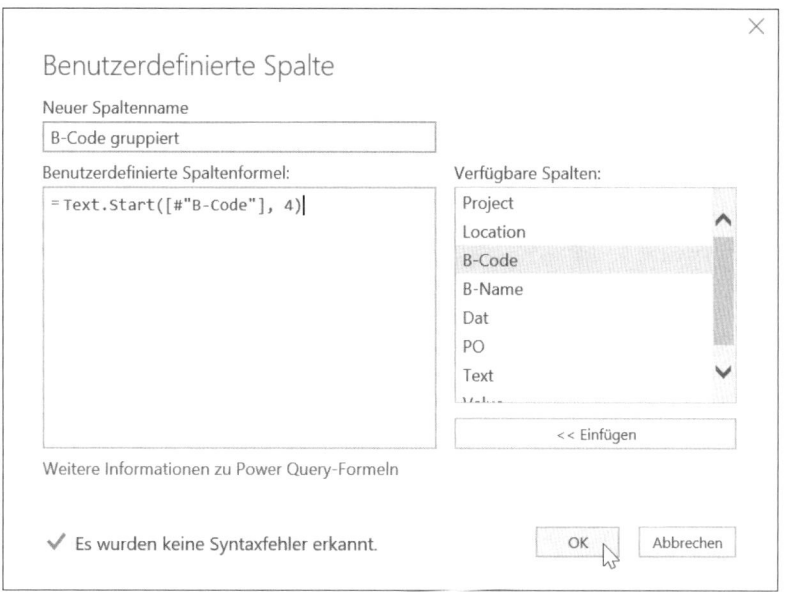

Benutzerdefinierte Spalte

Neuer Spaltenname

B-Code gruppiert

Benutzerdefinierte Spaltenformel:

= Text.Start([#"B-Code"], 4)

Verfügbare Spalten:

Project
Location
B-Code
B-Name
Dat
PO
Text

<< Einfügen

Weitere Informationen zu Power Query-Formeln

✓ Es wurden keine Syntaxfehler erkannt.

OK   Abbrechen

Abbildung 5.21 Text.Start() liest analog zur Excel-Textfunktion LINKS() Zeichenfolgen aus.

Hervorragend! Damit haben Sie die erste der häufig zur Datenbereinigung eingesetzten Textfunktionen ins neue Power-Query-Zeitalter gerettet. Wie geht es weiter? Zum Beispiel könnten Sie auch die letzten vier Zeichen der Spalte B-CODE interessieren, da diese anzeigen, um welches Posting es sich bei diesen Daten handelt. Die Textfunktion RECHTS() aus Excel wird in Power Query durch =Text.End(Text oder Spalte, Zeichenanzahl) ersetzt. Nachdem Sie eine neue Spalte eingefügt und ihr den Namen »B-Code Posting« gegeben haben, folgt also diese Power-Query-Funktion: =Text.End ([#"B-Code"], 4).

Welchen Typ die geposteten Daten hatten, entnehmen Sie der Spalte TEXT Ihrer Transaktionstabelle. Hier ist der Fall ein wenig komplizierter. Denn die für die weitere Gruppierung relevante Zeichenkette befindet sich mitten in der Zelle. In Excel wäre dies ein Fall für die Funktion TEIL(). In Power Query werden Sie eine solche Transformation zukünftig mit einer Funktion wie =Text.Range([Text], 7,2) umsetzen. Auch in diesem Fall gibt das erste Argument die Spalte oder Zeichenkette an, aus der Sie Zeichen auslesen möchten. An welcher Stelle mit dem Auslesen begonnen werden soll (7) verrät das zweite Argument, während das dritte Argument festlegt, wie viele Zeichen ausgelesen werden sollen. Aus der ersten Zeile der Transaktionstabelle werden auf diesem Weg aus der Zeichenkette *LIVE - Online -F / M2* die beiden Buchstaben *On* extrahiert. Da Power Query diese Aktion auch in den Folgezeilen wiederholt, erhalten Sie ein sehr gut verwendbares Gruppierungsmerkmal.

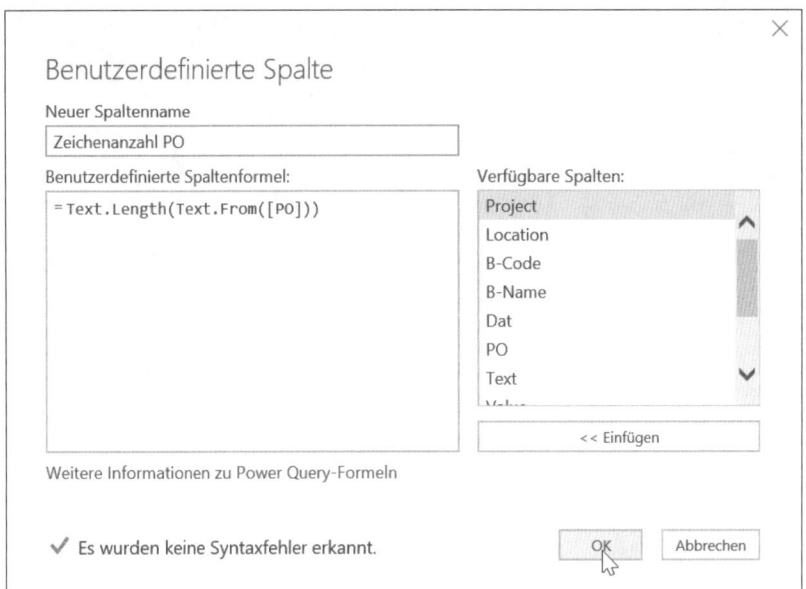

Abbildung 5.22 Verschachtelte Funktion zur Ermittlung der Zeichenanzahl in einer Wertespalte

Unser letztes Beispiel für die Nutzung der leistungsfähigen Textfunktionen in Power Query bietet noch einmal eine kleine Besonderheit. Denn wir möchten gerne überprüfen, wie viele Zeichen die in der Spalte PO angegebene Bestellnummer besitzt. Eine Bestellnummer soll eigentlich sechs Zeichen lang sein. Doch schnell kann bei der Eingabe versehentlich eine Ziffer zu viel oder zu wenig eingegeben werden. Wenn Sie die genaue Zeichenanzahl aus Hunderten Datensätzen hätten, könnten Sie die fehlerhaften einfach filtern und nachbearbeiten.

Doch diese Spalte enthält keinen Text, sie ist mit dem Datentyp Ganzzahl formatiert worden. Textfunktionen sind allerdings für die Analyse von Texten entwickelt worden und deshalb müssen Sie gleich zwei Schritte ausführen, um Ihr Ziel zu erreichen. Mit der Funktion `Text.From(Wert oder Spalte, Culture)` sind Sie in der Lage, den ganzzahligen Wert in eine Zeichenkette des Datentyps Text umzuwandeln. Mit `Text.Length(Text oder Spalte)` berechnen Sie anschließend die Länge der Zeichenkette. Der vollständige Ausdruck sieht im vorliegenden Beispiel dann folgendermaßen aus: `=Text.Length(Text.From([PO]))`. Die Funktion `Text.Length()` wird also wie in Excel um die Funktion `Text.From()` herumgeschrieben (Abbildung 5.22). Meine Empfehlung: Beginnen Sie bei verschachtelten Funktionen immer mit der inneren Funktion, um diese separat zu testen. Schreiben Sie erst nach erfolgreichem Test die äußere Funktion. Und eine zweite Anmerkung: Das Argument `Culture` von `Text.From()` gibt Ihnen die Möglichkeit, ein Gebietsschema für den zu erzeugenden Text, z. B. "de-DE", anzugeben.

In unserem Beispiel erkennen Sie nun beim Filtern der neuen Spalte, dass einige Datensätze lediglich fünf, andere wiederum sieben Zeichen enthalten. In diesen Datensätzen müssen folglich weitere Korrekturen vorgenommen werden, oder Sie müssen die fehlerhaften Datensätze durch einen Filter entfernen.

Die wichtigsten Textfunktionen in Power Query finden Sie in Tabelle 5.1.

Funktion	Erläuterung
Text.From()	Wandelt eine Zahl in einen Text um. Beispiel: Text.From([ReferenzNr], "de-DE")
Text.Start()	angegebene Anzahl an Zeichen von links extrahieren Text.Start(Text.From([ReferenzNr], "de-DE"), 2)
Text.End()	angegebene Anzahl an Zeichen von rechts extrahieren Text.End(Text.From([ReferenzNr], "de-DE"), 2)
Text.Length()	Zeichenanzahl der angegebenen Buchstabenfolge ermitteln Text.Length(Text.From([ReferenzNr], "de-DE"))
Text.PositionOf()	Position des gesuchten Zeichens in der Zelle. Das erste Zeichen hat den Wert 0. Text.PositionOf(Text.From([KundenNr],"de-DE"), "8")
Text.At()	Zeichen zurückgeben, das sich an der angegebenen Stelle befindet. Das erste Zeichen hat den Wert 0. Text.At(Text.From([KundenNr], "de-DE"), 1)
Text.Range()	Liest eine Zeichenfolge an der angegebenen Stelle aus. Text.Range(Text.From([KundenNr], "de-DE"),1,4)
Text.Contains()	Prüft, ob das Zeichen vorkommt. TRUE oder FALSE wird zurückgegeben. Text.Contains(Text.From([ReferenzNr], "de-DE"),"7")
Text.Trim()	Entfernt das angegebene Zeichen aus der betreffenden Zelle. Text.Trim(Text.From([ReferenzNr], "de-DE"),"4")

Tabelle 5.1 Wichtige Textfunktionen in Power Query

Anzeige der Funktionsbibliothek in Power Query

[i]

Die Liste der Power-Query-Funktionen ist fast ebenso lang wie es die Einsatzmöglichkeiten des Tools in der Datenbereinigung sind. Deshalb ist es sehr hilfreich, im Bedarfsfall Hilfe zu bestimmten Funktionen direkt im Programm abzurufen. Um dies zu bewerkstelligen, gehen Sie wie folgt vor:

1. Erstellen Sie eine neue leere Abfrage im Power-Query-Editor über Start • Neue Quelle • Andere Quellen • Leere Abfrage.

2. Geben Sie in die Editierzeile die Anweisung =#shared ein.

3. Es erscheint eine Liste mit allen Power-Query-Funktionen.

4. Wandeln Sie diese in eine Tabelle um: Konvertieren • Konvertieren • In Tabelle.

5. Benutzen Sie nun die Filterfunktion in der Spalte Name, um nach einer Funktion zu suchen.

6. Klicken Sie auf den Link in der Spalte Value, um weiterführende Informationen zu erhalten (Abbildung 5.23).

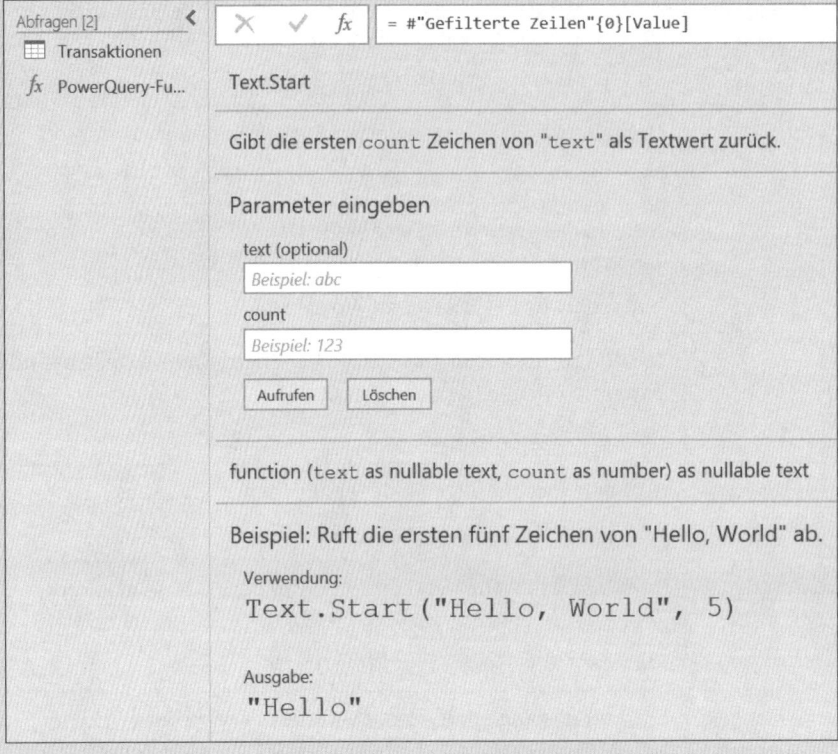

Abbildung 5.23 Interne Funktionsdokumentation in Power Query

5.7 Weitere Optionen beim Erstellen von Spalten und Gruppierungsmerkmalen

Power Query verfügt über eine Reihe fortgeschrittener Funktionen zum Erstellen von Gruppierungsmerkmalen, die dann in zusätzlichen Spalten ausgegeben werden. Hier muss aber zunächst ein mögliches Missverständnis ausgeräumt werden. Wenn Sie Ihre Tabellen bereinigen, um sie in einem gut strukturierten Datenmodell mit Power Pivot weiterzuverwenden, sind manche Gruppierungsfunktionen eventuell in Power Query nicht sinnvoll. Beispiel: die Datumsgruppierungen. Eine Tabelle mit fortlaufenden Buchungsdaten gruppieren Sie in Power Pivot, indem Sie in das Datenmodell eine Kalendertabelle mit allen nötigen Datumsgruppierungen wie Monaten, Quartalen, Kalenderwochen einbinden. Es besteht keine Notwendigkeit, diese Gruppierungen in Power Query zu erstellen.

Nutzen Sie hingegen das Ergebnis einer Datenbereinigung in einer Excel-Tabelle weiter, kann es durchaus hilfreich sein, die Datumsgruppierungen bereits bei der Bereinigung zu erstellen und nicht erst mit aufwendigen Datumsfunktionen oder bedingten Kalkulationen. Die Verwendungsart bestimmt also immer, welche Arbeitsschritte in Power Query angewandt werden. Und dies gilt nicht nur für Datumsfunktionen. Lassen Sie sich von einer einfachen Überlegung leiten: Ein Pivotbericht ist das Ergebnis einer Ad-hoc-Analyse, mit Power Query bereiten Sie allerdings Daten für ein kontinuierliches Reporting vor. Deshalb sind bei der Nutzung dieses Tools grundlegendere Vorüberlegungen angebracht.

5.7.1   Datumsgruppierungen in Power Query erstellen

Grundsätzlich gilt aber, dass auch die Datumsspalte in unseren Transaktionsdaten durchaus Anlass zu weiteren Transaktionen geben kann. Nehmen wir an, Sie benötigen nicht das genaue Tagesdatum, sondern eine Angabe des Quartals. Beginnen sich bereits alle Zahnräder Ihres Excel-Rechenwerks zu drehen: `=RUNDEN(MONAT(Dat)/3;0)`? Excel kennt keine Kalkulationsfunktion, um das Quartal aus einem laufenden Datum zu berechnen. Power Query schon. Und das Beste ist, dass Sie diese Funktion sogleich aus dem Menü abrufen können:

1. Markieren Sie die Spalte DAT im Power-Query-Editor.
2. Wählen Sie aus dem Menü SPALTE HINZUFÜGEN die Option AUS DATUM & UHRZEIT · DATUM · QUARTAL · QUARTAL DES JAHRES.
3. Zahlreiche andere Datumsgruppierungen lassen sich auf diesem einfachen Weg erstellen. Einzige Voraussetzung: Die Datumsspalte muss auch tatsächlich den Datentyp Datum oder Datum/Uhrzeit enthalten.

5.7.2   Neue Spalten aus Beispielen erstellen

Zum Abschluss dieses Abschnitts über das Anlegen von zusätzlichen Spalten möchte ich Ihnen eine weitere sehr leistungsfähige Funktion vorstellen. Diesmal soll es nicht um das Extrahieren oder Gewinnen von Gruppierungsmerkmalen aus Datumswerten gehen. Ihre Aufgabe besteht diesmal darin, aus mehreren Spalten oder deren Teilen eine neue Spalte zu erstellen. Denken Sie an zwei unterschiedliche Datenbanksysteme, aus denen Sie Daten zusammenführen, um diese dann auszuwerten. Im ersten System verfügen Sie über die Spalten B-Code (*ABCD*), Monat (*10*) und Posting Type (*On*). Im zweiten System sind diese Codierungsmerkmale jedoch in einer Spalte zusammengefasst (*ABCD-10-On*).

Um den vollständigen Inhalt von Spalten zusammenzuführen, gibt es in Power Query eine einfache Methode:

1. Sie markieren die Spalten der Reihe nach, deren Inhalt kombiniert werden soll. Dabei drücken Sie die Taste [Strg], um auch nicht direkt nebeneinander angeordnete Spalten auszuwählen.

2. Anschließend wählen Sie SPALTE HINZUFÜGEN • AUS TEXT • SPALTEN ZUSAMMENFÜHREN.

3. In der dann angezeigten Dialogbox wählen Sie eines der vorgeschlagenen Trennzeichen oder definieren ein eigenes (Abbildung 5.24).

4. Nachdem Sie der neuen Spalte einen Namen gegeben haben, bestätigen Sie die Eingaben mit OK.

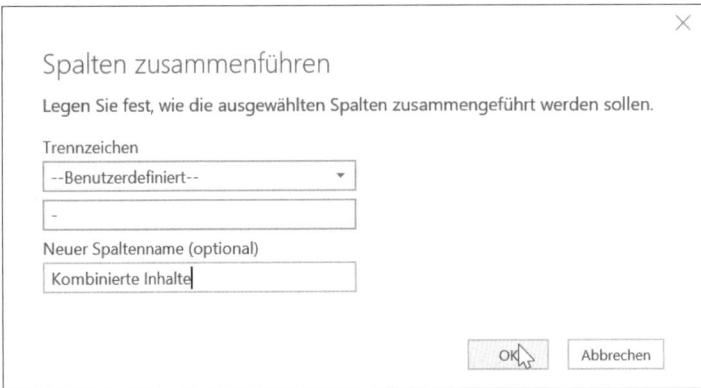

Abbildung 5.24 Zusammenführen der vollständigen Inhalte dreier Spalten

Entscheidend für die Anordnung der kombinierten Daten ist die Reihenfolge, in der Sie die drei Spalten markiert haben. Wenn Sie also zunächst *B-Code gruppiert* und dann *Monat* sowie *Posting Typ* ausgewählt haben, erhalten Sie die Kombination *ABCD-10-On*.

Der zugegebenermaßen recht kleine Haken an diesem Lösungsansatz kann in manchen Fällen sein, dass alle Trennzeichen zwischen den einzelnen Spalten identisch sein müssen – in unserem Beispiel werden alle Spalten mit einem Bindestrich getrennt. Was wäre also zu tun, wenn der benötigte externe Schlüssel, der mit der kombinierten Spalte generiert werden soll, so aussähe: *ABCD-10_On*? Auch dafür gibt es eine elegante Lösung in Power Query – Spalte aus Beispielen:

1. Markieren Sie zunächst die drei Spalten B-CODE GRUPPIERT, POSTING TYP und MONAT.

2. Wechseln Sie dann zu SPALTE HINZUFÜGEN • SPALTE AUS BEISPIELEN • AUS AUSWAHL.

3. Es wird nun eine neue Spalte mit der Bezeichnung ZUSAMMENGEFÜHRT.1 erstellt. In das erste leere Feld der Spalte klicken Sie doppelt mit der Maus.

4. Wählen Sie nun den Inhalt der Spalte, mit der Sie beginnen wollen, aus (*ABCD*).

5. Schreiben Sie dann die Beispieldaten aus den weiteren Spalten, die Sie benötigen: *-10_On*.

6. Beenden Sie die Eingabe mit [Strg] + [↵].

In Abbildung 5.25 ist gut erkennbar, dass die Funktion SPALTE AUS BEISPIELEN eine menügesteuerte Vereinfachung der Eingabe einer komplexen Textfunktion ist. Anstelle eines `Text.Combine()` mit zahlreichen Syntaxtücken, erzielen Sie das gewünschte Ergebnis durch einfach zu handhabende Menüfunktionen.

Spalte aus Beispielen hinzufügen

Geben Sie die Beispielwerte zum Erstellen einer neuen Spalte ein (STRG+EINGABE zum Übernehmen).

Transformieren: Text.Combine({[#"B-Code gruppiert"], "-", Text.From([Monat], "de-DE"), "_", [Posting Typ]})

	ABC Text	1.2 Value	ABC 123 B-Code gruppiert	ABC 123 B-Code Posting	Zusammengeführt.1
1	LIVE - Online -F / M2	143,45	ABCD	0001	ABCD-10_On
2	LIVE - Online -F / M2	1996,41	ABCD	0001	ABCD-10_On
3	LIVE - Online -F / M2	76,12	ABCD	0001	ABCD-10_On
4	LIVE - Online -F / M2	-4274,67	ABCD	0001	ABCD-10_On
5	LIVE - Online -F / M2	-168,38	ABCD	0001	ABCD-10_On
6	LIVE - Online -F / M2	-821,79	ABCD	0001	ABCD-10_On
7	OPAX - Event -D / M2	31850,05	CDEF	0002	CDEF-10_Ev
8	OPAX - Event -D / M2	369,4	CDEF	0002	CDEF-10_Ev
9	OPAX - Event -D / M2	-14192,19	CDEF	0002	CDEF-10_Ev
10	OPAX - Event -D / M2	-26,62	CDEF	0002	CDEF-10_Ev
11	OPAX - Event -D / M2	-21,14	CDEF	0002	CDEF-10_Ev

Abbildung 5.25 Zusammenführen von Spalteninhalten über Spalte aus Beispielen

5.8   Suchtabellen durch Anfügen von Abfragen erzeugen

Nachdem wir uns mit einigen wichtigen Optionen zur Bereinigung einer einzelnen externen Tabelle beschäftigt haben, geht es im nun folgenden Szenario um die Kombination mehrerer Tabellen. Sie haben in einer Tabelle Rechnungsdaten, die einer Kundennummer zugeordnet sind. In einer zweiten Tabelle sind ebenfalls Kundennummern einem Kontaktdatum zugewiesen. Ihr Problem: In beiden Tabellen sind nicht alle Kundennummern enthalten, und beide Listen beinhalten zudem auch noch Duplikate. Sie sollten die Daten zusammenfassen und doppelte Einträge löschen.

In Excel würden Sie wahrscheinlich die Kundennummern beider Tabellen in einer dritten Tabelle untereinander in eine Spalte kopieren und dann mithilfe der Funktion DATEN • DATENTOOLS • DUPLIKATE ENTFERNEN eine Liste mit eindeutigen Werten erstellen. Dies ist kein allzu großer Aufwand, doch wenn Sie diesen Vorgang monatlich oder gar wöchentlich durchführen müssen, auch nicht besonders erquickend. Lassen Sie uns deshalb schauen, ob und wie Power Query in dieser Situation hilfreich sein kann.

In der Datei *05_Power Query_Suchtabelle_00.xlsx* befinden sich zwei kleine Tabellen, die die oben beschriebenen Daten enthalten (Abbildung 5.26).

	A	B	C	D	E
1	KundenNr	Betrag		KundenNr	Kontakt
2	KD001	120		KD001	12.04.2016
3	KD002	200		KD001	01.07.2016
4	KD004	100		KD003	12.01.2016
5	KD004	80		KD003	20.03.2016
6	KD001	110		KD004	05.04.2016
7	KD005	130		KD006	03.04.2016

Abbildung 5.26 Zwei Faktentabellen, die Duplikate enthalten

Um die Daten beider Tabellen zusammenzuführen, müssen Sie zunächst jede einzelne mit einer Abfrage modifizieren. Während wir in den vorangegangenen Beispielen jeweils externe Daten abgefragt und bereinigt haben, verarbeiten wir nun also Daten mit Power Query, die bereits in der von uns geöffneten Excel-Arbeitsmappe sind. Power Query ist in der Lage, ganze Tabellenblätter oder auch Zellbereiche, die mit einem Bereichsnamen versehen sind, zu verarbeiten. Doch der optimale Objekttyp in Excel-Arbeitsmappen ist und bleibt die dynamische Datentabelle. Glücklicherweise handelt es sich in unserer Beispieldatei um solche Datentabellen.

Bewegen Sie deshalb den Cursor in die erste Tabelle, und wählen Sie DATEN • DATEN ABRUFEN UND TRANSFORMIEREN • DATEN ABRUFEN • AUS TABELLE/BEREICH. Im Power-Query-Editor wird eine neue Abfrage mit dem Namen RECHNUNGEN angezeigt, dieser Name entspricht dem Namen der ersten Datentabelle. Die auszuführenden Arbeitsschritte sind recht einfach:

1. Klicken Sie mit der rechten Maustaste auf die Spaltenüberschrift KUNDENNR, und rufen Sie dann die Option DUPLIKATE ENTFERNEN auf.

2. Anschließend klicken Sie mit der rechten Maustaste auf die Spaltenüberschrift BETRAG, um mit dem Befehl ENTFERNEN diese Spalte zu löschen.

3. Speichern und schließen Sie nun die Abfrage. Nachdem Sie die erste der beiden Tabellen bereinigt haben – mit dem Resultat, jetzt eine Liste der Kundennummern ohne Duplikate zu besitzen –, muss der Vorgang noch einmal mit der zweiten Tabelle wiederholt werden. Danach werden Sie zwei Abfragen und zwei Ergebnistabellen in zwei unterschiedlichen Tabellenblättern sehen (Abbildung 5.27).

	A	B
1	KundenNr	
2	KD001	
3	KD002	
4	KD004	
5	KD005	
6		
7		
8		

	A
1	KundenNr
2	KD001
3	KD003
4	KD004
5	KD006

Abbildung 5.27 Zwischenstand nach Entfernen der Duplikate beider Tabellen

Die beiden Abfragen mussten notwendigerweise erstellt werden, da es sich um zwei verschiedene Datenquellen handelte. Logisch betrachtet sind Sie allerdings nur an einer einzigen Liste interessiert, in der sich alle Kundennummern dieses Monats, Quartals oder Jahres befinden – abhängig davon, welchen Zeitraum Sie betrachten möchten. Um beide Datenbestände in einer Tabelle zusammenzuführen, klicken Sie im Bereich ABFRAGEN UND VERBINDUNGEN mit der rechten Maustaste auf die Abfrage KUNDENKONTAKT und aktivieren die Option ANFÜGEN (Abbildung 5.28).

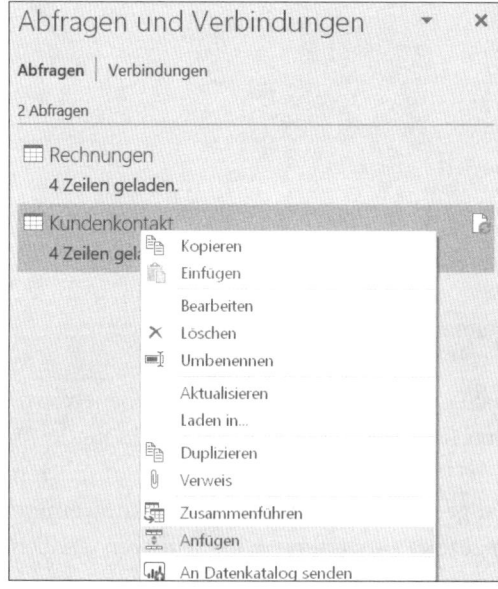

Abbildung 5.28 Das Kombinieren von Abfragen ist über den Befehl »Anfügen« möglich.

Hiermit kann der Inhalt der einen Abfrage mit dem einer zweiten kombiniert werden. In der angezeigten Dialogbox müssen Sie lediglich auswählen, welche andere Abfrage zu diesem Zweck genutzt werden soll. Da wir nur eine weitere Abfrage in dieser Arbeitsmappe besitzen, ist die Auswahl einfach (Abbildung 5.29).

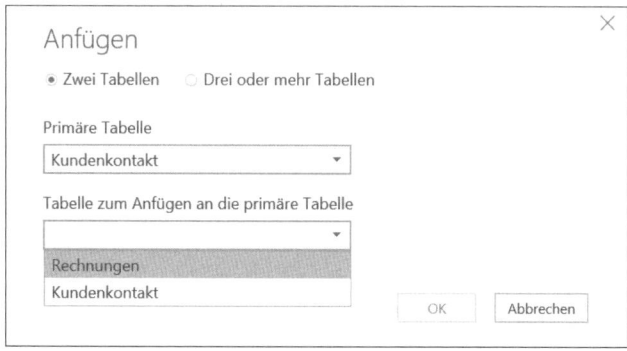

Abbildung 5.29 Die Abfrage der Rechnungsliste wird an die Abfrage der Kundenkontakte angefügt.

Nachdem Sie auf OK geklickt haben, landen Sie wie gewohnt im Power-Query-Editor. Geben Sie der neu entstandenen Abfrage einen Namen, z. B. »AlleKunden«. Da einige Kundennummern in beiden abgefragten Datenbeständen verwendet wurden, sind durch die Kombination sogar noch einige zusätzliche Duplikate entstanden. Und sollte es in diesem konkreten Beispiel nicht so gewesen sein, könnte es bei der nächsten Datenaktualisierung im kommenden Monat vorkommen. Aus diesem Grund müssen Sie unter allen Umständen in der zusammengeführten Liste die Duplikate entfernen.

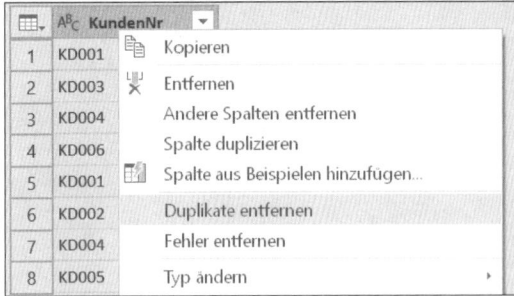

Abbildung 5.30 Entfernen von doppelten Kundennummern aus einer kombinierten Liste

Klicken Sie mit der rechten Maustaste auf der Spaltenüberschrift der einzig verbliebenen Spalte. Wählen Sie aus dem Kontextmenü die Option DUPLIKATE ENTFERNEN (Abbildung 5.30). Damit ist die Liste aktuell und auch in Zukunft nach jeder Aktualisierung garantiert frei von doppelten Kundennummern. In der Liste der angewandten Schritte wird diese Anweisung jetzt als einzige zusätzliche Transformation angezeigt (Abbildung 5.31). Selbstverständlich wäre es an dieser Stelle aber möglich, weitere Transformationen zu ergänzen.

Abbildung 5.31 Die konsolidierte Liste wird um einen weiteren Arbeitsschritt ergänzt: »Entfernte Duplikate«.

Power Query und Power Pivot im Team – Suchtabellen automatisch erstellen [i]

Das hier gezeigte Beispiel kann bereits bei Weiterverwendung in einer Excel-Arbeitsmappe einige Arbeitsprozesse verkürzen. Denn mit einem Aktualisierungsschritt werden beide Tabellen abgefragt, zusammengeführt und ihre Duplikate entfernt. Copy & Paste sowie die entsprechenden Menüfunktionen in Excel entfallen damit.

5

Noch wichtiger ist das Anfügen von Einzelabfragen beim Aufbau von automatisierten Power-Pivot-Datenmodellen. In der Datei *05_Power Query_Suchtabelle_01.xlsx* können Sie einen Eindruck von der Weiterverarbeitung der kombinierten Daten erhalten. Zunächst werden alle drei Tabellen, *Rechnungen*, der *Kundenkontakt* und die Ergebnistabelle der kombinierten Abfrage *AlleKunden* in das Datenmodell geladen (Power Pivot • Tabellen • Zu Datenmodell hinzufügen). Danach wird AlleKunden in der Diagrammsicht als Suchtabelle mit den beiden Faktentabellen verbunden (Abbildung 5.32). Ist dies erledigt, kann über Start • PivotTable • PivotTable eine Pivottabelle erstellt werden. Das Feld KundenNr aus AlleKunden ermöglicht schließlich die Auswahl der Rechnungsbeträge aus der einen sowie des Kontaktdatums aus der anderen Tabelle. Dazu wurden in der Beispieldatei zwei *Measures* erstellt: =LASTDATE(Kundenkontakt[Kontakt]) und =SUM(Rechnungen[Betrag]).

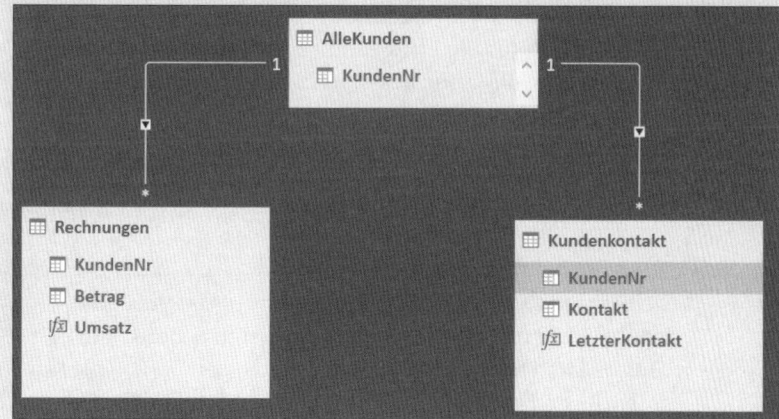

Abbildung 5.32 Nutzung der kombinierten Abfragen in Power Pivot

5.8.1   Abfragen organisieren

Wie bereits weiter oben erwähnt, bietet sich bei der Handhabung komplexer Strukturen des Imports und der Bereinigung ein modulares Vorgehen an. Häufig werden unterschiedliche Aufgaben auf einzelne Abfragen verteilt. Ein typisches Phasenmodell könnte folgendermaßen aussehen:

1. Verbinden mit der Datenquelle und Importieren der Daten

2. Beseitigen von Fehlern in Zellen, Füllen von Zellbereichen, Spalten und Zeilen entfernen, Spalten hinzufügen und Überschriften anpassen

3. Gruppierungen erstellen, Berechnungen ergänzen, Duplikate entfernen

4. Datentypen anpassen, Daten in Excel oder Power Pivot laden

Sobald man ein solches modulares Konzept anwendet, stellt sich selbstverständlich die Frage, wie man die Einzelabfragen zu guter Letzt managt und im Bedarfsfall zusammenführen kann. Sie haben im vorangehenden Beispiel gesehen, dass Abfragen mit identischer Struktur über ANFÜGEN miteinander kombiniert werden. In der Tat bietet Power Query aber einige weitere nützliche Funktionen in diesem Bereich an (Tabelle 5.2).

Power-Query-Funktion	Beschreibung
DUPLIZIEREN	Die Kopie einer bestehenden Abfrage wird auf diesem Weg erstellt. Dies spart Zeit, wenn gleichartige Transformationen auf einen weiteren Datenbestand angewandt werden sollen. Beispiel: Nachdem Sie den Monat Januar importiert und bereinigt haben, möchten Sie die identischen Arbeitsschritte auch auf die Tabelle des Monats Februar anwenden.
VERWEIS	Sie möchten das Ergebnis einer Abfrage aufgreifen und um weitere Transformationen ergänzen. Als Resultat benötigen Sie die bereinigten Daten der ersten und der zweiten Abfrage. Beispiel: Sie Bereinigen die Daten des Monats Januar, die Kundennummern und Umsätze enthalten. Dann verweisen Sie auf dieses Ergebnis, entfernen die Umsätze und Duplikate der Kundennummern. Auf diesem Weg erhalten Sie die bereinigten Umsatzdaten auf Kundenbasis und eine Liste aller Kunden des ausgewählten Zeitraumes.
ZUSAMMENFÜHREN	Sie besitzen zwei oder mehr Tabellen, die unterschiedliche Inhalte (Strukturen) aufweisen. In der ersten Tabelle sind die Umsatzdaten Ihrer Kunden gespeichert, in der zweiten die Plandaten. Beide Tabellen enthalten jedoch ein Schlüsselfeld, die Kundennummer. Über dieses Feld können Sie die Daten der beiden Tabellen zusammenführen. Diese sogenannten Joins sind die etwas andere Art der Funktion SVERWEIS() in Power Query. Sie finden ein Fallbeispiel zum Gebrauch dieser Funktion am Ende dieses Kapitels.
ANFÜGEN	Sie besitzen zwei Abfrageergebnisse, die identische Strukturen aufweisen (Spaltenanzahl, Spaltenbezeichnungen, Datentypen). Nun möchten Sie beide Abfragen in einer dritten Abfrage zusammenführen. Über die Funktion ANFÜGEN gelingt Ihnen das. Beispiel: Aus den bereinigten Daten der Monate Januar, Februar und März erstellen Sie auf diesem Weg eine Quartalstabelle.

Tabelle 5.2 Kombinieren von Abfragen mit Power Query

Weitere nützliche Funktionen bietet Power Query, um die im Laufe der Zeit entstandenen Abfragen in einer Arbeitsmappe übersichtlich abzulegen. Klicken Sie auf eine Abfrage mit der rechten Maustaste, so wird im Kontextmenü die Option In Gruppe verschieben • Neue Gruppe angezeigt. Mit ihr lassen sich einfach unterschiedliche Gruppen bilden, etwa prozessorientiert wie Import, Transformationen, Gruppierung oder objektorientiert nach unterschiedlichen Datenquellen wie CSV-/Textdaten, Datenbanken, Excel-Arbeitsmappen. Jede einzelne Abfrage kann dann in einen dieser Ordner verschoben werden.

5.9   Alle Excel-Dateien eines Ordners importieren und bereinigen

Kommen wird nach den Szenarien 1 und 2, in denen wir einzelne Tabellen bereinigt und später dann mehrere Abfragen konsolidiert haben, zum dritten und letzten Szenario. Es ist in gewissem Sinne die Erweiterung des letzten Beispiels, denn auch in ihm geht es um die Zusammenführung mehrerer Dateien. Aber diesmal sind es nicht nur zwei Tabellen und Abfragen, sondern ist es unter Umständen eine wesentlich höhere Anzahl. Ich spreche von den zahlreichen Excel- oder CSV-/Textdateien, die manchmal auf täglicher, wöchentlicher oder monatlicher Basis generiert und dann mit viel Aufwand oder VBA zusammengeführt werden müssen.

Auch dieses Szenario beherrscht Power Query perfekt. Wir wollen das am Beispiel von drei Excel-Dateien überprüfen. Sie besitzen einen völlig gleichartigen Aufbau und enthalten Rechnungsinformationen. Jede Datei enthält die Daten eines Monats – Mai, Juni und Juli. Die Aufgabenstellung besteht darin, die Dateien, die alle in einem Ordner gespeichert wurden, mit Power Query zusammenzuführen und die Rechnungspositionen anschließend in Excel oder Power Pivot zu berechnen. In den früheren Versionen von Power Query bestand das Problem, dass der Import von Dateien aus einem Ordner lediglich für CSV-Dateien möglich war. Arbeiten Sie mit einer solchen älteren Version, ist die Internetseite von Ken Puls, *www.excelguru.ca/blog/*, für Sie sehr hilfreich. Dort wird die Umwandlung einer Abfrage in eine Importfunktion unter Power Query sehr gut beschrieben. Eine Auseinandersetzung mit M, der in Power Query verfügbaren Programmiersprache, ist in diesem Fall allerdings notwendig.

Wenn Sie eine ältere Power-Query-Version nutzen, sollten Sie die drei Dateien *05_Power Query_May_Invoice.xlsx*, *05_Power Query_June_Invoice.xlsx* und *05_Power Query_July_Invoice.xlsx* in den Ordner *C:\testbed\Rechnugen* kopieren. Mithilfe der Datei *05_Power Query_Import_Funktion_01.xlsx* können Sie das Vorgehen beim Erstellen einer Importfunktion nachvollziehen, wenn Sie den Power-Query-Editor öffnen und dort die Funktion Ansicht • Erweiterter Editor aufrufen. Power Query zeigt Ihnen dann den Quelltext der Importfunktion.

Auch wenn Sie bereits über eine aktuelle Power-Query-Version verfügen, sollten Sie die drei Arbeitsmappen in den genannten Zielordner kopieren. Die Zusammenführung der Rechnungsdateien fällt aber nun wesentlicher einfacher aus.

5.9.1 Import aller Dateien eines Ordners

Wählen Sie die Funktion Daten • Daten abrufen und transformieren • Neue Abfrage • Aus Datei • Aus Ordner. Hier wählen Sie *C:\testbed\Rechnungen* und bestätigen mit OK. Im Navigator von Power Query erkennen Sie nun drei Dateien und die wichtigsten Dateiattribute (Abbildung 5.33). Am unteren Ende der Dialogbox werden Ihnen die beiden Listenfelder Kombinieren und Laden angeboten. Wenn Sie lediglich die Dateiliste und die Dateiattribute verarbeiten wollten, könnten Sie die Option Laden wählen, um die Daten wahlweise nach Excel oder Power Pivot zu befördern. Möchten Sie hingegen die Inhalte der Dateien extrahieren, zusammenführen und transformieren, werden Sie sich für Kombinieren entscheiden.

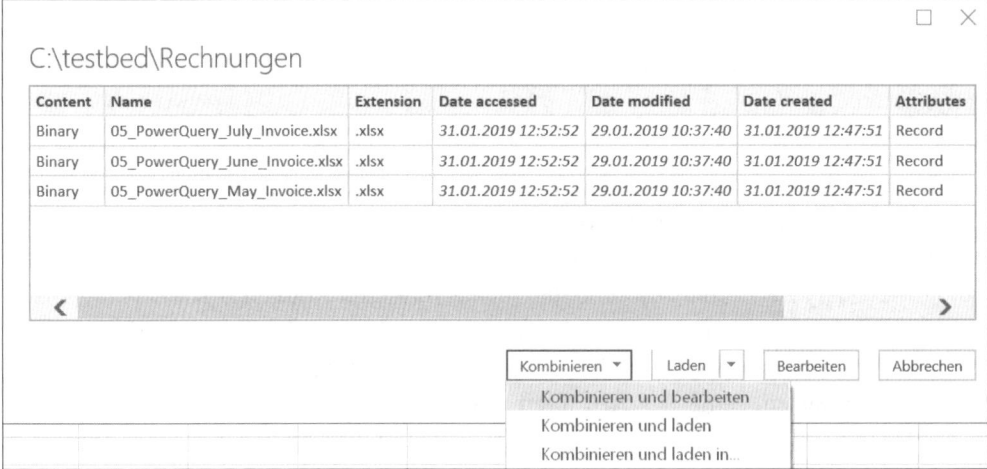

Abbildung 5.33 Anzeige des Ordnerinhalts und Auswahl der Bearbeitungsfunktion in Power Query

Da wir einige Bereinigungsschritte an den Dateien durchführen müssen, muss aus dem Listenfeld Kombinieren und bearbeiten gewählt werden. Damit gelangen Sie nun zum Navigator. Im Listenfeld Beispieldatei erhalten Sie die Möglichkeit zu bestimmen, welche der Dateien im Zielordner als Ausgangspunkt für die Konsolidierung verwendet werden soll (Abbildung 5.34). Da sich unsere Beispieldateien gleichen wie ein Ei dem anderen, müssen an dieser Stelle keine Veränderungen vorgenommen werden.

Anschließend klicken Sie auf das Tabellenblatt *Users* der ausgewählten Datei und erhalten nun eine Vorschau auf die Inhalte dieses Tabellenblattes.

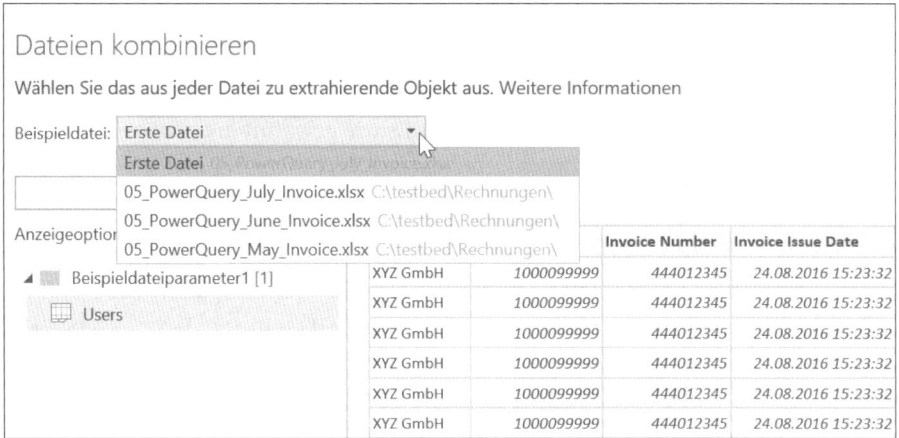

Abbildung 5.34 Auswahl der zu importierenden Objekte und Dateivorschau im Navigator

Am unteren Ende des Navigators haben Sie die Möglichkeit, die Option DATEIEN MIT FEH-LERN ÜBERSPRINGEN zu aktivieren. Dies kann beispielsweise sinnvoll sein, wenn sich im Importordner noch andere Dateitypen außer Excel und CSV befinden. Doch in unserem Beispiel besteht dazu kein Anlass. Stattdessen bestätigen Sie die Datei- und Tabellenblattauswahl mit OK. Am linken Bildschirmrand (Abbildung 5.35) erkennen Sie nun den fundamentalen Unterschied zwischen den älteren und neueren Power-Query-Versionen in puncto Ordnerimport. In den neueren Versionen erstellt Power Query die Importfunktion selbstständig, erstellt eine Beispielabfrage und bezieht diese auf die von Ihnen zuvor bestimmte Beispieldatei. Dieses Verfahren gilt nicht nur für den Import von Excel-Dateien aus einem Ordner. Auch CSV-Dateien werden auf diese Weise bearbeitet.

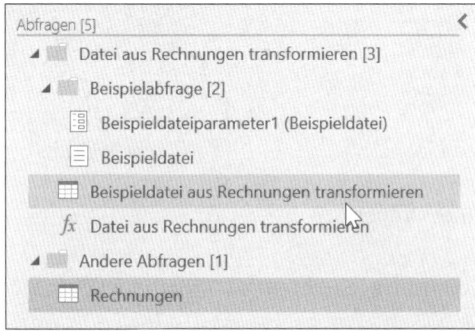

Abbildung 5.35 Abfragen und Importfunktion beim Zugriff auf einen Ordner

5.9.2   Bereinigung der importierten Dateien eines Ordners

Nachdem der menügeführte Import der Inhalte des Ordners durchgeführt wurde, können Sie sich nun wieder den typischen Schritten der Datenbereinigung widmen. In unserem Fall werden lediglich drei Spalten für die Auswertung benötigt. Die Spalte INVOICE START DATE enthält die Angaben zum Rechnungsdatum. In der Spalte USER ID erfolgt die Zuordnung der Kosten zu einem Mitarbeiter, und die Kosten selbst befinden sich in der Spalte TOTAL(€).

1. Sobald Sie die drei Spalten markiert haben, können Sie wie gewohnt die restlichen Spalten mit der Funktion ANDERE SPALTEN ENTFERNEN aus den Tabellen löschen.

2. Nun filtern Sie in der Spalte USER ID alle Zeilen mit dem Merkmal (NULL) und dem Inhalt TOTAL:, weil Sie die monatlichen Ergebnisse nicht benötigen.

3. Abschließend überprüfen Sie die Datentypen der drei verbliebenen Spalten. Die Datumsspalte sollte den Datentyp DATUM aufweisen, die Benutzer-ID sollte als TEXT ausgegeben werden und die Spalte mit den Telekommunikationskosten sollte den Datentyp DEZIMAL nutzen.

4. Nachdem Sie die Transformationen durchgeführt haben, laden Sie die konsolidierten Daten in Excel.

Mit dem AUTOFILTER können Sie in Excel nun sehr einfach überprüfen, ob Daten aller drei Monate von Power Query importiert wurden (Abbildung 5.36). Für einen Pivottabellen-Bericht ist diese Datenbasis natürlich eine ideale Grundlage.

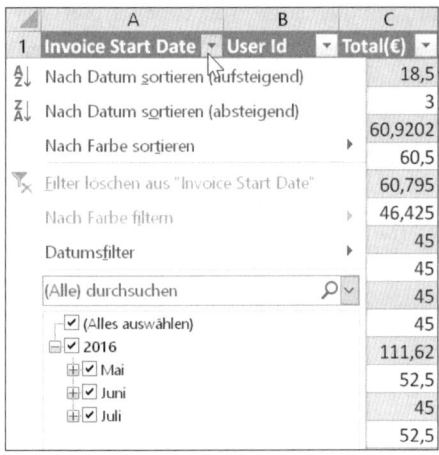

Abbildung 5.36 Ergebnis des Imports aller Dateien eines Ordners

1. Klicken Sie mit der rechten Maustaste auf die die Abfrage RECHNUNGEN, und wählen Sie die Option LADEN IN im Kontextmenü.

2. In der nun angezeigten Dialogbox ändern Sie das Ausgabeziel auf PIVOTTABLE-BERICHT (Abbildung 5.37).

3. Ignorieren Sie die Warnmeldung, die Ihnen anzeigt, dass die Datentabelle aus dem Tabellenblatt entfernt und die Daten nun ohne Umwege an den PivotCache-Speicher übergeben werden.

4. Danach können Sie wie gewohnt die importierten Daten mit einer Pivottabelle auswerten.

Abbildung 5.37 Übergabe der importierten Ordnerdaten an eine Pivottabelle

Das Ergebnis dieser Bereinigung finden Sie in der Beispieldatei *05_Power Query_Import_aus_Ordner_01.xlsx*.

5.10   Alltäglicher Datensalat – Power-Query-Lösungen für den Alltag

Die Anwendungsbereiche für Power Query sind umfangreich. Während der eine Nutzer vielleicht lediglich auf Tabellen aus Datenbanken zugreift, die durch einen blitzsauberen Aufbau glänzen, nutzt ein anderer eventuell überwiegend Standardreports aus dem ERP-System und muss eine Menge Bereinigungsschritte ausführen, um die Daten in Reports einzusetzen. Aus der Vielzahl der Möglichkeiten habe ich fünf ausgewählt, die in der täglichen Praxis häufig Verwendung finden können.

5.10.1   Tabelleninhalte vergleichen

Weiter oben in diesem Kapitel haben wir bereits über die verschiedenen Varianten beim Kombinieren von Abfragen gesprochen. Eine davon ist das Zusammenführen von Abfragen. Dazu wird ein gemeinsames Schlüsselfeld benötigt, beispielsweise eine Kundennummer. Existiert ein solches Feld, können zwei Ergebnistabellen problemlos über sogenannte *Joins* miteinander verknüpft werden, auch wenn ihre Struktur nicht völlig identisch ist.

Öffnen Sie die Arbeitsmappe *05_Power Query_Tabelleninhalte_vergleichen_00.xlsx*. In der Datei (Abbildung 5.38) gibt es ein solches gemeinsames Feld zwischen zwei Tabellen.

	A	B	C	D	E	F	G	H	I
1	KundenNr	Betrag	Zeitraum		KundenNr	Ort	Zeitraum	Umsatz	Status
2	KD001	120	31.01.2019		KD001	München	28.02.2019	300	ok
3	KD002	200	31.01.2019		KD001	München	28.02.2019	120	ok
4	KD004	100	31.01.2019		KD003	Hamburg	28.02.2019	209	Prüfung
5	KD004	80	31.01.2019		KD003	Hamburg	28.02.2019	315	ok
6	KD001	110	31.01.2019		KD004	Berlin	28.02.2019	110	ok
7	KD005	130	31.01.2019		KD006	Dortmond	28.02.2019	210	ok

Abbildung 5.38 Ausgangstabellen mit einem gemeinsamen Schlüsselfeld

Allerdings weisen die Umsatzspalten unterschiedliche Spaltenbezeichnungen auf, die Spalten sind nicht gleich angeordnet und in der zweiten Tabelle gibt es zwei Spalten, die in der ersten fehlen. Dennoch können Sie die Spalte Ort aus der zweiten Tabelle in die erste Tabelle über Zusammenführen übernehmen:

1. Erstellen Sie zunächst über Daten • Daten abrufen und transformieren • Aus Tabelle/Bereich jeweils eine Abfrage auf beide Datentabellen.

2. Da Sie die Einzeltabellen nicht benötigen, wählen Sie diesmal in Power Query Start • Schliessen & Laden • Schliessen & laden in. Wählen Sie dann die Option Nur Verbindung erstellen in der Dialogbox.

3. Klicken Sie nun auf die Abfrage Januar_DT, und aktivieren Sie im Kontextmenü die Option Zusammenführen.

4. In der nun angezeigten Dialogbox markieren Sie in der Tabelle Januar_DT die Spalte KundenNr und wählen als zweite Abfrage Februar_DT aus, in der Sie ebenfalls die Spalte KundenNr markieren.

5. Power Query zeigt Ihnen unter Join-Art an, dass nun ein Linker äusserer Join erstellt wird (Abbildung 5.39).

6. Klicken Sie einfach auf OK.

Linkerer äußerer Join? Das Ergebnis sieht doch schwer noch einem SVERWEIS() aus. Über ein gemeinsames Feld sollen Inhalte einer zweiten Tabelle in die Ausgangstabelle gezogen werden. Der Eindruck erhärtet sich, wenn Sie im Power-Query-Fenster auf den Doppelpfeil der Spalte Februar_DT klicken. In der nun sichtbaren Auswahl können Sie die Spalten markieren, die Sie in die gemeinsame Darstellung übernehmen wollen, beispielsweise die Spalte Ort (Abbildung 5.40).

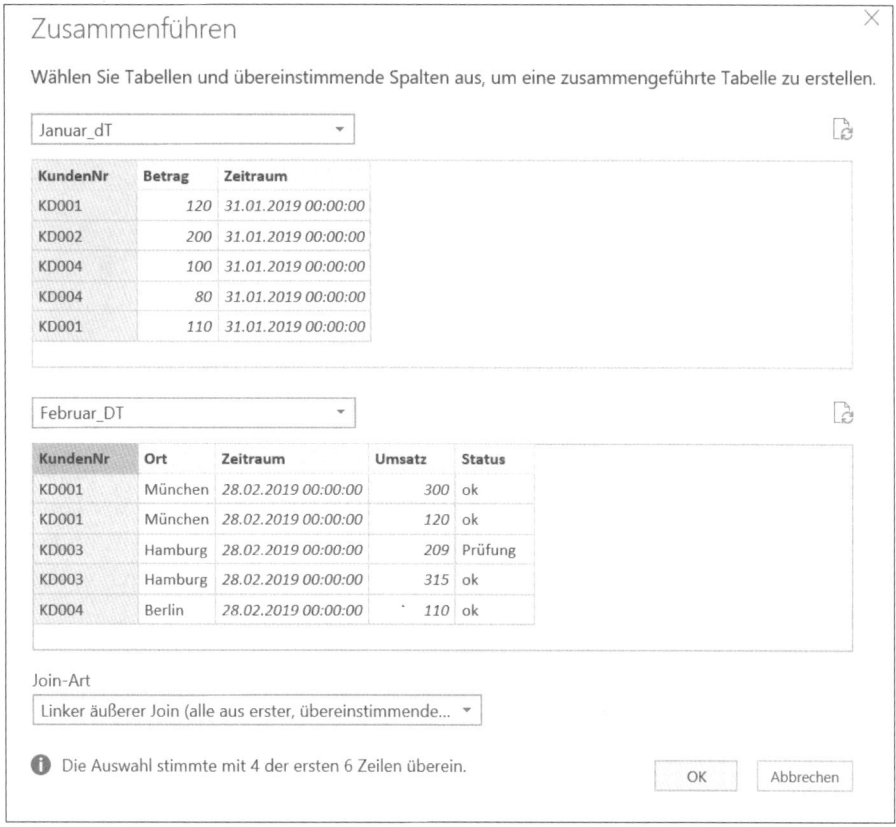

Abbildung 5.39 SVERWEIS() à la Power Query – der linke äußere Join

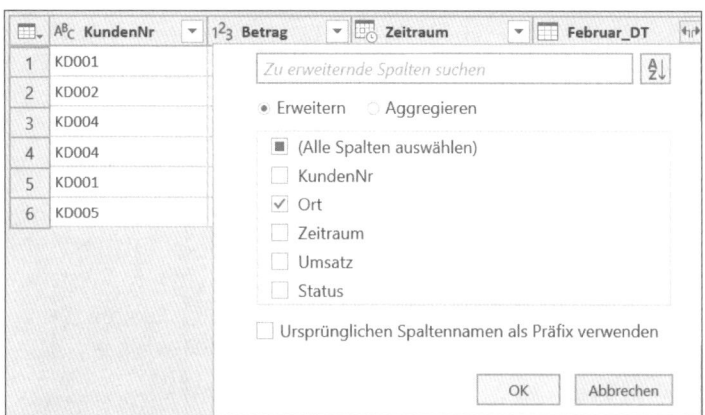

Abbildung 5.40 Auswahl der Spalten für die gemeinsame Tabelle

1. Anschließend entfernen Sie alle Spalten bis auf KUNDENNR und ORT.

2. Entfernen Sie aus der Spalte KUNDENNR auch die Duplikate.

3. Sie erhalten nun eine Tabelle, in der alle Kundennummern der Januar-Tabelle enthalten sind und sämtliche Ortsnamen aus der Februar-Tabelle – sofern vorhanden (Abbildung 5.41).

	ABC KundenNr	ABC 123 Ort
1	KD001	München
2	KD004	Berlin
3	KD002	null
4	KD005	null

Abbildung 5.41 Ergebnis des linken äußeren Joins

Der linke äußere Join ist nur einer von sechs Join-Typen, die in Power Query angeboten werden. Um die eigentliche Aufgabe – den Vergleich der Tabelleninhalte – zu realisieren, sollten Sie den *vollständigen äußeren Join* anwenden. Unsere Frage lautet: Welche Kundennummern sind im Januar vorhanden, die aber im Februar fehlen? Um sie zu beantworten, gehen Sie vor, wie im vorangehenden Beispiel. Mit einem Mausklick auf die Abfrage der Januardaten starten Sie die Funktion ZUSAMMENFÜHREN, wählen die zweite Abfrage aus und verbinden beide Datenbestände über die Kundennummer. Dann wählen Sie jedoch den VOLLSTÄNDIGEN ÄUSSEREN JOIN (Abbildung 5.42).

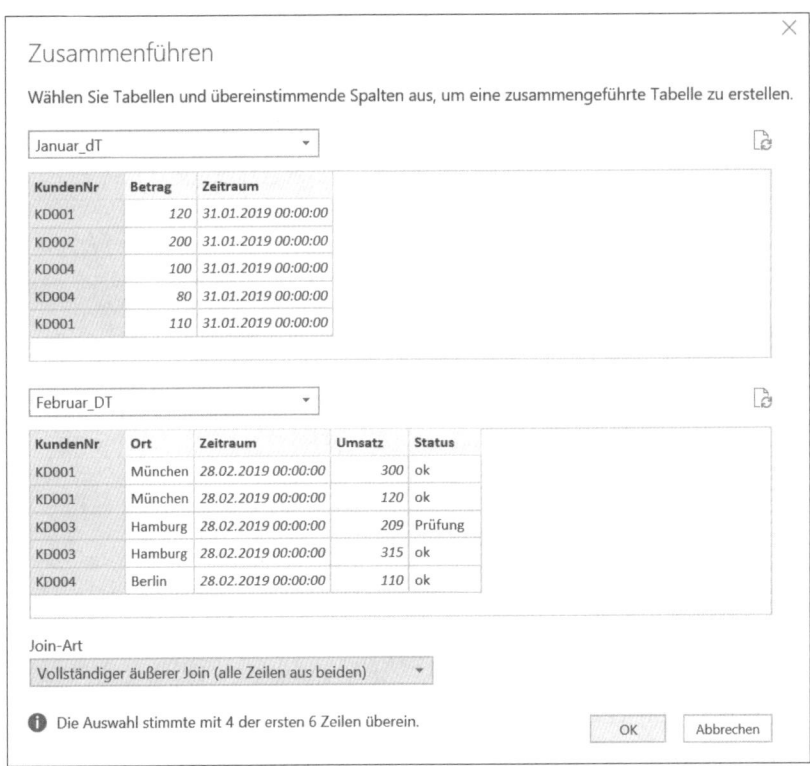

Abbildung 5.42 Der vollständige äußere Join führt alle Kundennummern in einer Abfrage zusammen.

In der Ergebnistabelle aktivieren Sie nun die Spalte aus der Februar-Abfrage. Die anderen Spalten aus der Januar-Abfrage entfernen Sie. Übrig bleibt auf diesem Weg eine Tabelle, die nur noch die Kundennummern beider Monate enthält (Abbildung 5.43). An den Lücken erkennen Sie, welcher Kunde in welchem Monat fehlte. Versäumen Sie es nicht, sowohl den beiden Spalten als auch der Abfrage aussagekräftige Namen zu geben.

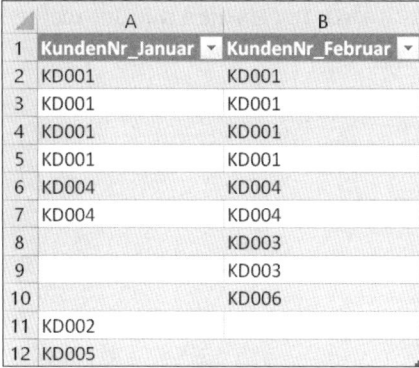

	A	B
1	KundenNr_Januar	KundenNr_Februar
2	KD001	KD001
3	KD001	KD001
4	KD001	KD001
5	KD001	KD001
6	KD004	KD004
7	KD004	KD004
8		KD003
9		KD003
10		KD006
11	KD002	
12	KD005	

Abbildung 5.43 Ergebnistabelle des vollständigen äußeren Joins

Die Ergebnistabelle finden Sie in der Datei *05_Power Query_Tabelleninhalte_vergleichen_01.xlsx*.

5.10.2   Entpivotieren von Rohdaten aus ERP-Systemen

Die meisten Berichtsmodule von ERP-Systemen sind darauf spezialisiert, pivotierte Tabellen auszugeben. Dies ist auch verständlich, denn Tabellen in pivotierter Form, also mit einer spaltenweisen Darstellung beispielsweise von Monaten und Jahren, sind für uns als Leser recht einfach zu konsumieren (Abbildung 5.44). Einfache Tabellen mit nur einer Spalte, in der sich alle Zahlen untereinander befinden, erschweren eher das Verständnis und den Datenvergleich. Dummerweise verhält es sich mit den Funktionen der Tabellenkalkulation genau andersherum. Für Excel erschweren pivotierte Daten zumeist die weitere Auswertung. Die Datenstruktur, die sich am leichtesten und zugleich flexibelsten auswerten lässt, ist und bleibt immer noch die einfache Liste.

	A	B	C	D	E	F	G
1	Produktgruppe	Jan 19	Feb 19	Mrz 19	Apr 19	Mai 19	Jun 19
2	ABC	2099	2796	3235	4393	4190	4158
3	DEF	4305	3380	2480	2554	4903	2679
4	XYZ	2273	3678	3988	2808	3243	2777

Abbildung 5.44 Auf Monatsbasis pivotierte Tabelle in Excel

Gut, dass Power Query es ermöglicht, mit wenigen Mausklicks die pivotierten Daten eines ERP-Systems in eine Liste zu verwandeln. Öffnen Sie die Beispieldatei *05_Power Query_Entpivotieren_00.xlsx*, um es auszuprobieren:

1. Bewegen Sie den Cursor in die Datentabelle, und aktivieren Sie das Menü DATEN • DATEN ABRUFEN UND TRANSFORMIEREN • AUS TABELLE/BEREICH.

2. In Power Query markieren Sie nun die Spalte PRODUKTGRUPPE, rufen mit der rechten Maustaste das Kontextmenü auf und wählen die Option ANDERE SPALTEN ENTPIVOTIEREN. Das Ergebnis sehen Sie in Abbildung 5.45.

	A	B	C
1	Produktgruppe	Datum	Wert
2	ABC	Jan 19	2099
3	ABC	Feb 19	2796
4	ABC	Mrz 19	3235
5	ABC	Apr 19	4393
6	ABC	Mai 19	4190
7	ABC	Jun 19	4158
8	ABC	Jul 19	3090

Abbildung 5.45 Mit Power Query entpivotierte Tabelle

Da dies so schnell ging, haben Sie eventuell noch ein wenig Zeit, um die Datumsspalte zu markieren und die Funktion SPALTE HINZUFÜGEN • AUS DATUM & UHRZEIT • ANALYSIEREN auszuführen. Power Query erkennt dann die Monats- und Jahresangaben und ergänzt jeweils den ersten Tag des Monats. So erhalten Sie in Windeseile eine vollwertige Datumsdarstellung.

Die Ergebnisdatei finden Sie unter dem Namen *05_Power Query_Entpivotieren_01.xlsx*.

5.10.3   Eindeutigen Schlüssel aus mehreren Spalten erstellen

Im folgenden Anwendungsfall liegen zwei Tabellen als Datenbasis vor, die beide doppelte Werte in der Spalte PRODUKTNR enthalten. Zwar könnten Sie mithilfe der Funktion ZUSAMMENFÜHREN eine Liste aller Produktnummern erstellen, die dann als Dimensionstabelle für beide Transaktionstabellen verwendet werden könnte. Doch dazu müssten Sie die Tabellen in ein Datenmodell einbinden. Power Query schafft es aber auch ohne Datenmodell, die Soll- den Ist-Daten pro Produkt und Monat gegenüberzustellen. Denn in dieser konkreten Situation könnte auch ein gemeinsamer Schlüssel – bestehend aus Produktnummer und Monat – Abhilfe schaffen, der sich mit Power Query erstellen lässt. In der Arbeitsmappe *05_Power Query_UniqueKey_00.xlsx* sind die beiden Tabellen enthalten (Abbildung 5.46).

	A	B	C	D	E	F	G	H	I
1	ProduktNr	Monat	Jahr	Ist		ProduktNr	Monat	Jahr	Soll
2	P001	1	2019	100		P001	1	2019	90
3	P002	1	2019	200		P002	1	2019	210
4	P003	1	2019	150		P003	1	2019	150
5	P004	1	2019	130		P004	1	2019	120
6	P001	1	2019	30		P001	2	2019	50
7	P002	1	2019	20		P002	2	2019	190
8	P003	1	2019	5		P003	2	2019	185
9	P004	1	2019	10		P004	2	2019	200
10	P001	2	2019	40					
11	P002	2	2019	125					
12	P003	2	2019	110					
13	P004	2	2019	85					

Abbildung 5.46 Zwei Tabellen mit doppelten Werten in der Spalte Produktnummer

1. Auch in diesem Beispiel muss zunächst eine Abfrage auf jede einzelne Tabelle mithilfe der Funktion DATEN • DATEN ABRUFEN UND TRANSFORMIEREN • AUS TABELLE/BEREICH erstellt werden.

2. Im Power-Query-Fenster markieren Sie anschließend die Spalten PRODUKTNR und MONAT.

3. Wählen Sie dann SPALTE HINZUFÜGEN • AUS TEXT • SPALTEN ZUSAMMENFÜHREN (Abbildung 5.47).

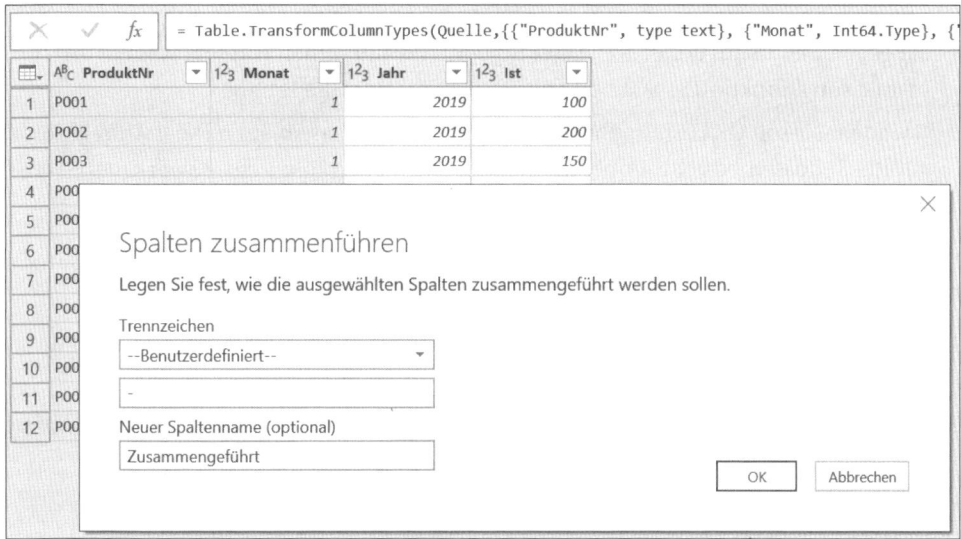

Abbildung 5.47 Zusammenführen von Spalten mit Trennzeichen

4. Als benutzerdefiniertes Trennzeichen verwenden Sie den Bindestrich.

5. Entfernen Sie nach dem Zusammenführen die beiden ursprünglichen Spalten PRODUKT-NR und MONAT.

6. Wiederholen Sie dann das Zusammenführen der Spalten auch für die zweite Abfrage.

Nun können Sie die Einzelwerte in beiden Tabellen auf Basis des neuen Gruppierungsmerkmals – der Kombination aus Produktnummer und Monat – zusammenfassen. Dazu klicken Sie mit der rechten Maustaste auf die Überschriftenzeile der neuen Spalte und wählen die Funktion GRUPPIEREN NACH aus dem Kontextmenü (Abbildung 5.48).

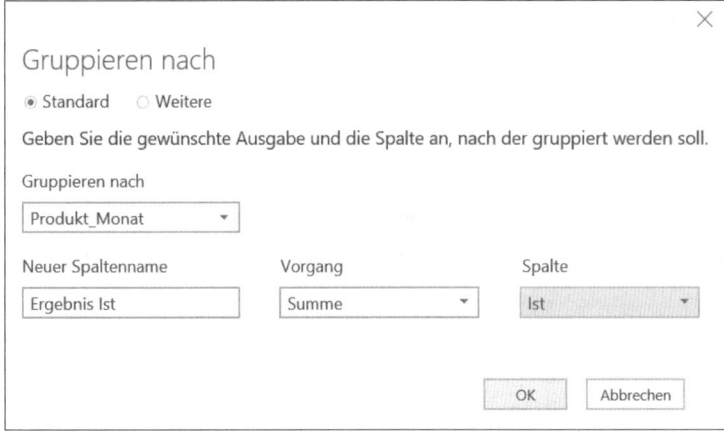

Abbildung 5.48 Summenbildung auf Basis des neuen Gruppierungsmerkmals

1. Sie geben der Spalte des gruppierten Ergebnisses nun einen Namen, wählen als Zusammenfassungsfunktion SUMME und als Basiswert die Spalte IST aus.

2. Nachdem Sie mit OK bestätigt haben, wiederholen Sie den Ablauf mit der Abfrage, die sich auf die Solldaten bezieht. Dabei können Sie am linken Rand des Power-Query-Fensters zwischen den beiden Abfragen hin und her wechseln.

Im Power-Query-Fenster lassen sich nun beide Tabelleninhalte auch gleich zusammenführen:

1. Dazu rufen Sie START • KOMBINIEREN • ABFRAGEN ZUSAMMENFÜHREN • ABFRAGE ALS NEUE ABFRAGE ZUSAMMENFÜHREN auf.

2. Sie landen in der bekannten Dialogbox, in der Sie die beiden ursprünglichen Abfragen über das neue eindeutige Schlüsselfeld verknüpfen.

3. Wenden Sie den VOLLSTÄNDIGEN ÄUSSEREN JOIN auf die beiden Abfragen an.

4. Wenn Sie nun die Spalte SOLL aus der zweiten Abfrage übernehmen, erhalten Sie den gewünschten Soll-Ist-Vergleich (Abbildung 5.49).

= Table.ReorderColumns(#"Erweiterte Ist_d

	Produkt_Monat	Soll	Ergebnis Ist
1	P001-1	90	130
2	P002-1	210	220
3	P003-1	150	155
4	P004-1	120	140
5	P001-2	50	40
6	P002-2	190	125
7	P003-2	185	110
8	P004-2	200	85

Abbildung 5.49 Soll-Ist-Vergleich auf Basis des neu erstellten Schlüsselfeldes

Das Ergebnis dieser Bearbeitung wurde in der Datei *05_Power Query_UniqueKey_01.xlsx* gespeichert.

5.10.4 Zellinhalte trennen

Wo sich Spalten menügesteuert zusammenfassen lassen, sollte es natürlich auch eine Menüfunktion geben, um Spalteninhalte zu teilen. Und tatsächlich, auch dies ist in Power Query bequem umzusetzen. Anhand der Datei *05_Power Query_Spalten_teilen_00.xlsx* können Sie sich davon überzeugen (Abbildung 5.50).

	A	B	C
1	Datum	Buchung	Wert
2	31.01.2019	DE-2019-VG2-Tax	242
3	01.02.2019	FR-2019-VG4-noTax	392
4	02.02.2019	DE-2019-VG2-Tax	321
5	03.02.2019	DE-2019-VG2-Tax	278
6	04.02.2019	FR-2019-VG4-noTax	267
7	05.02.2019	DE-2019-VG2-Tax	472
8	06.02.2019	DE-2019-VG2-Tax	349
9	07.02.2019	FR-2019-VG4-noTax	413
10	08.02.2019	DE-2019-VG2-Tax	422
11	09.02.2019	DE-2019-VG2-Tax	456
12	10.02.2019	FR-2019-VG4-noTax	211
13	11.02.2019	DE-2019-VG2-Tax	480
14	12.02.2019	DE-2019-VG2-Tax	232
15	13.02.2019	DE-2019-VG2-Tax	368

Abbildung 5.50 In einer Spalte zusammengefasste Informationen

Nachdem Sie die Tabelle wie gewohnt über AUS TABELLE/BEREICH in Power Query geladen haben, markieren Sie einfach die Spalte BUCHUNG. Da in der Spalte wichtige Informationen für die Auswertung jeweils mit einem Bindestrich voneinander getrennt eingegeben wurden, rufen Sie einfach START • TRANSFORMIEREN • SPALTE TEILEN • NACH TRENNZEICHEN AUF (Abbildung 5.51).

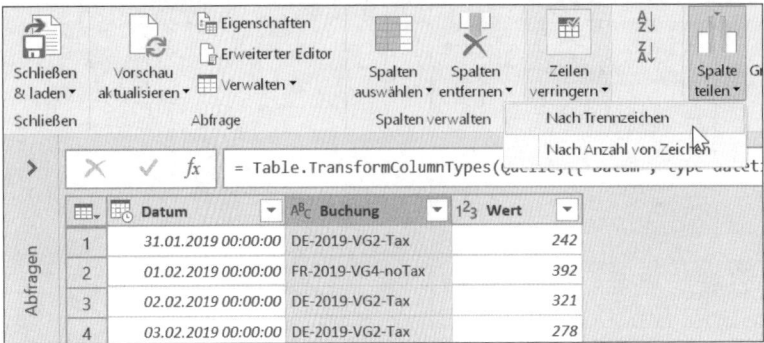

Abbildung 5.51 Teilen der Spalte anhand eines Trennzeichens

Die nun auf dem Bildschirm angezeigte Dialogbox erlaubt es Ihnen, als benutzerdefiniertes Trennzeichen den Bindestrich einzugeben. In der Folge müssen Sie nur noch angeben, auf welche Art und Weise der Inhalt der Spalte aufgeteilt werden soll. Da wir den Inhalt der Buchungsspalte auf mehrere Spalten verteilen wollen, um beispielsweise Daten nach Ländern, Vertriebsgebieten oder Jahren auswerten zu können, wird die Option BEI JEDEM VORKOMMEN DES TRENNZEICHENS aktiviert. Diese Vorgabe bestätigen Sie nun mit OK (Abbildung 5.52).

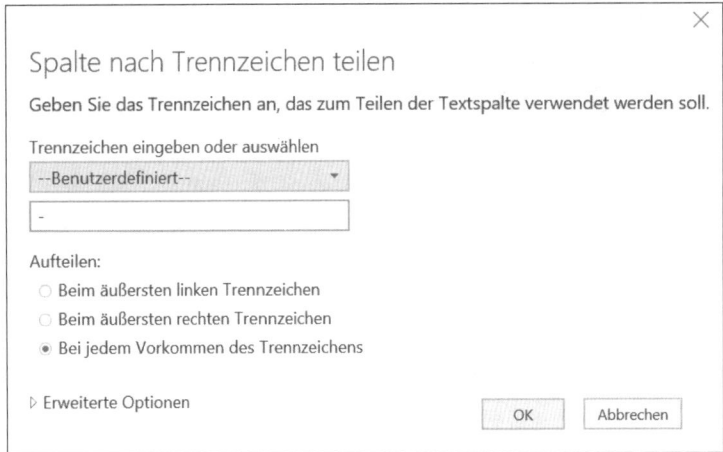

Abbildung 5.52 Wiederholtes Teilen bei mehrfachem Vorkommen des Trennzeichens

Das war's dann auch schon. Denn Power Query teilt die Spalteninhalte nun in gleich vier Spalten auf. Diese müssen lediglich umbenannt werden, beispielsweise in LAND, JAHR, VG und STEUERN (Abbildung 5.53).

Die Ergebnisdatei wurde unter dem Dateinamen *05_Power Query_Spalten_teilen_00.xlsx* gespeichert.

	A	B	C	D	E	F
1	**Datum** ▾	**Land** ▾	**Jahr** ▾	**VG** ▾	**Steuern** ▾	**Wert** ▾
2	31.01.2019 00:00	DE	2019	VG2	Tax	242
3	01.02.2019 00:00	FR	2019	VG4	noTax	392
4	02.02.2019 00:00	DE	2019	VG2	Tax	321
5	03.02.2019 00:00	DE	2019	VG2	Tax	278
6	04.02.2019 00:00	FR	2019	VG4	noTax	267
7	05.02.2019 00:00	DE	2019	VG2	Tax	472
8	06.02.2019 00:00	DE	2019	VG2	Tax	349
9	07.02.2019 00:00	FR	2019	VG4	noTax	413

Abbildung 5.53 Ergebnis nach Teilen der Spalte »Buchung«

Der Vorteil dieser Funktion ist also vergleichbar mit der Excel-Funktion TEXT IN SPALTEN, mit der Sie auch anhand eines Trennzeichens gleich mehrfach Spalteninhalte trennen können, mit dem kleinen Unterschied, dass Sie die benötigte Anzahl der neuen Spalten vorher manuell erstellen müssen. Diesen Job übernimmt Power Query gleich mit.

Und eine weitere Besonderheit: Power Query kann nicht nur Spalten-, sondern auch Zellinhalte aufteilen und diese in einer Spalte untereinander anordnen. Nehmen wir das Beispiel einer manuellen Eingabe, wie sie in der Datei *05_Power Query_Zeilen_in_Spalten_00.xlsx* vorgenommen wurde (Abbildung 5.54).

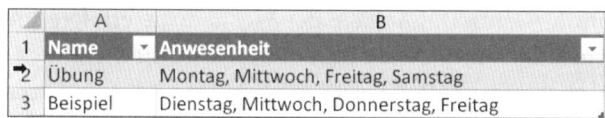

	A	B
1	**Name** ▾	**Anwesenheit** ▾
2	Übung	Montag, Mittwoch, Freitag, Samstag
3	Beispiel	Dienstag, Mittwoch, Donnerstag, Freitag

Abbildung 5.54 Eingabe von Gruppierungsmerkmalen in einer Zeile

Die Gruppierungsmerkmale – Wochentage – wurden hier in jeweils einer Zelle erfasst. Für eine Auswertung sollten sie allerdings als einfache Liste vorliegen:

1. Nachdem Sie die Datentabelle in Power Query geladen haben, markieren Sie die Spalte ANWESENHEIT.

2. Aktivieren Sie wie im vorangehenden Beispiel die Funktion START • TRANSFORMIEREN • SPALTE TEILEN • NACH TRENNZEICHEN AUF.

3. Das Trennzeichen (KOMMA) sollte das Programm bereits von alleine feststellen und auswählen.

4. Sie müssen nun lediglich vorgeben, dass die Zellinhalte nicht in Spalten, sondern in Zeilen ausgegeben werden sollen. Unter ERWEITERTE OPTIONEN schalten Sie deshalb die Auswahl ZEILEN ein.

5. Nachdem Sie mit OK bestätigt haben, transformiert Power Query Ihre Tabelle in der gewünschten Weise (Abbildung 5.55).

6. Über WERTE ERSETZEN können Sie abschließend die führenden Leerzeichen am Beginn einiger Zellen durch nichts ersetzen.

	$^{AB}_C$ Name		$^{AB}_C$ Anwesenheit	
1	Übung		Montag	
2	Übung		Mittwoch	
3	Übung		Freitag	
4	Übung		Samstag	
5	Beispiel		Dienstag	
6	Beispiel		Mittwoch	
7	Beispiel		Donnerstag	
8	Beispiel		Freitag	

Abbildung 5.55 Zeilenweise Anordnung der Gruppierungsmerkmale nach der Transformation

Auch diese Lösung befindet sich im Ordner der Beispieldateien: *05_Power Query_Zeilen_in_Spalten_01.xlsx*.

5.10.5 Manuell erstellte Tabellen in Listen umwandeln

Im meinem letzten Beispiel zu Power Query geht es erneut um die Schwierigkeiten, die sich bisweilen aus der manuellen Eingabe von Daten in pivotierte Tabellen ergeben. Abbildung 5.56 zeigt manuell erfasste Arbeitszeiten. Diese sind nicht nur pivotiert, sondern auch noch in Kategorien zusammengefasst (Kommt/Geht). Die Angabe der Wochentage erfolgte im Horrorformat aller Excel-Arbeitsmappen: in verbundenen Zellen! Die Beschriftung Mo gehört somit zur Hälfte zur Zelle B1 und zur anderen Hälfte zu C1. Verbundene Zellen in Excel besitzen einige Eigenschaften eines prächtig geschmückten Weihnachtsbaumes: schön anzusehen, ansonsten zu nichts zu gebrauchen und sehr aufwendig in der Entsorgung!

	A	B	C	D	E	F	G	H	I	J	K
1		Mo		Di		Mi		Do		Fr	
2		Kommt	Geht	Kommt	Geht	Kommt	Geht	Kommt	Geht	Kommt	Geht
3	MA001	08:00	16:30	08:25	16:45	08:10	16:35				
4	MA002	09:15	17:20	07:15	15:30						
5	MA003	08:30	16:45	07:00	15:25	09:00	17:05				
6	MA004	07:30	01:45	08:10	16:30	07:15	16:00				

Abbildung 5.56 Pivotierte und in Kategorien erfasste Daten

Stellen Sie sich einfach vor, Sie müssten alle diese Daten aus Einzelzellen nun in eine einfache Tabellenstruktur bringen, um sie beispielsweise mit einer Pivottabelle auszuwerten (Abbildung 5.57). Das wäre ein unglaublicher Aufwand, an den der Entwickler der Tabelle sicherlich keinen Gedanken verschwendet hat. Zum Glück bietet Power Query auch für die Daten aus der Datei *05_Power Query_Manuelle_Datenerfassung_00.xlsx* eine Lösung:

Auswertung			
	Kommt	Geht	Arbeitszeit
⊟ MA001	**24:35**	**49:50**	**25:15**
Mo	8:00	16:30	8:30
Di	8:25	16:45	8:20
Mi	8:10	16:35	8:25
⊟ MA002	**16:30**	**32:50**	**16:20**
Mo	9:15	17:20	8:05
Di	7:15	15:30	8:15
Mi			0:00
⊟ MA003	**24:30**	**49:15**	**24:45**
Mo	8:30	16:45	8:15
Di	7:00	15:25	8:25
Mi	9:00	17:05	8:05
⊟ MA004	**22:55**	**49:15**	**26:20**
Mo	7:30	16:45	9:15
Di	8:10	16:30	8:20
Mi	7:15	16:00	8:45

Abbildung 5.57 Auswertung der bereinigten Daten in einer Pivottabelle

1. Bei den Ausgangsdaten handelt es sich diesmal nicht um eine dynamische Datentabelle. Deshalb müssen Sie den Zellbereich von A1 bis K6 zunächst markieren.

2. Danach rufen Sie die Funktion DATEN · DATEN ABRUFEN UND TRANSFORMIEREN · AUS TABELLE/BEREICH auf.

3. Power Query möchte nun den Zellbereich in eine Datentabelle umwandeln. Das ist so weit in Ordnung. Achten Sie jedoch darauf, dass die Option TABELLE HAT ÜBERSCHRIFTEN in diesem Fall nicht aktiviert ist (Abbildung 5.58).

4. Klicken Sie dann auf OK.

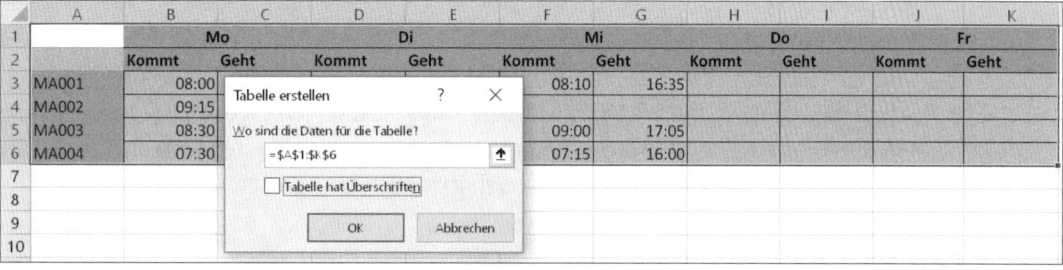

Abbildung 5.58 Umwandeln der Liste in eine Datentabelle beim Laden in Power Query

Die Bezeichnung MO befindet sich nun in Spalte 2. Darunter befinden sich die Zeiten für den Arbeitsbeginn. Doch durch die verbundenen Zellen fehlt die Angabe des Wochentages in Spalte 3, obwohl sich auch hier Daten dieses Tages befinden. Power Query besitzt keine Funktion, um Daten von links nach rechts bzw. von rechts nach links zu kopieren. Aber es gibt die Funktion AUSFÜLLEN · NACH UNTEN.

1. Wählen Sie deshalb aus dem Power-Query-Menü die Option TRANSFORMIEREN • TABELLE • VERTAUSCHEN. Diese Funktion entspricht dem Transponieren in Excel.

2. Nun befinden sich die Wochentage in einer Spalte untereinander. Sie können demnach auf die Überschrift der ersten Spalte mit der rechten Maustaste klicken und aus dem Menü AUSFÜLLEN • NACH UNTEN aktivieren.

3. Die beiden ersten Spalten, die nun durchgehend Wochentage und die Bezeichnungen für Arbeitsbeginn und -ende enthalten, müssen nun mit einem eindeutigen Trennzeichen zusammengeführt werden. Markieren Sie also beide Spalten, und nutzen Sie die Funktion TRANSFORMIEREN • TEXTSPALTE • SPALTEN ZUSAMMENFÜHREN. Als Trennzeichen verwenden Sie beispielsweise die Zeichenfolge __//__ (Abbildung 5.59).

	ABC Zusammengeführt	ABC Column3	ABC Column4	ABC Column5	ABC Column6
1	__//__	MA001	MA002	MA003	MA004
2	Mo__//__Kommt	0,333333333	0,385416667	0,354166667	0,3125
3	Mo__//__Geht	0,6875	0,722222222	0,697916667	0,697916667
4	Di__//__Kommt	0,350694444	0,302083333	0,291666667	0,340277778
5	Di__//__Geht	0,697916667	0,645833333	0,642361111	0,6875
6	Mi__//__Kommt	0,340277778	null	0,375	0,302083333
7	Mi__//__Geht	0,690972222	null	0,711805556	0,666666667
8	Do__//__Kommt	null	null	null	null
9	Do__//__Geht	null	null	null	null
10	Fr__//__Kommt	null	null	null	null
11	Fr__//__Geht	null	null	null	null

Abbildung 5.59 Zwischenstand nach dem ersten Transponieren und Füllen

Nun wird es Zeit, die Tabelle wieder in die ursprüngliche Form zurückzubringen:

1. Rufen Sie deshalb nochmals TRANSFORMIEREN • TABELLE • VERTAUSCHEN auf.

2. Stufen Sie dann die erste Zeile zur Überschrift hoch: START • TRANSFORMIEREN • ERSTE ZEILE ALS ÜBERSCHRIFTEN VERWENDEN.

3. Nachdem Sie auf diesem Weg die Kategorien aufgelöst haben, ist es an der Zeit, die Tabelle zu entpivotieren. Dazu führen Sie einen Rechtsklick auf die erste Spalte aus und starten die Funktion ANDERE SPALTEN ENTPIVOTIEREN (Abbildung 5.60).

	ABC __//__	ABC Attribut	ABC Wert
1	MA001	Mo__//__Kommt	0,333333333
2	MA001	Mo__//__Geht	0,6875
3	MA001	Di__//__Kommt	0,350694444
4	MA001	Di__//__Geht	0,697916667
5	MA001	Mi__//__Kommt	0,340277778
6	MA001	Mi__//__Geht	0,690972222
7	MA002	Mo__//__Kommt	0,385416667
8	MA002	Mo__//__Geht	0,722222222

Abbildung 5.60 Die Arbeitszeittabelle nach dem Entpivotieren

4. Ersetzen Sie nun die Zeichenfolge __//__ durch nichts.

5. Teilen Sie die Spalte Attribut am Leerzeichen.

6. Benennen Sie die vier Spalten um in Mitarbeiter, Wochentag, Arbeitsbeginn/-ende und Uhrzeit (Abbildung 5.61).

7. Weisen Sie den Spalten die korrekten Datentypen zu. Dies gilt besonders für die Spalte Uhrzeit, die als Datentyp Zeit erhalten muss.

8. Benennen Sie die Abfrage in »Arbeitszeiten« um.

✕ ✓ *fx*	= Table.RenameColumns(#"Geänderter Typ3",{{"__//__", "Mitarbeiter		
▦.	ᴬᴮC **Mitarbeiter** ▼	ᴬᴮC **Wochentag** ▼	ᴬᴮC **Arbeitsbeginn/-ende** ▼	⏱ **Uhrzeit** ▼
1	MA001	Mo	Kommt	08:00:00
2	MA001	Mo	Geht	16:30:00
3	MA001	Di	Kommt	08:25:00
4	MA001	Di	Geht	16:45:00
5	MA001	Mi	Kommt	08:10:00
6	MA001	Mi	Geht	16:35:00
7	MA002	Mo	Kommt	09:15:00
8	MA002	Mo	Geht	17:20:00
9	MA002	Di	Kommt	07:15:00

Abbildung 5.61 Tabelle nach Abschluss der Transformation

Auswertung der Daten mit einer Pivottabelle

Um die Daten auszuwerten, können Sie diese nun über Start • Schliessen & laden • Schliessen & laden in direkt an eine Pivottabelle übergeben. Ordnen Sie die Felder in der Pivottabelle an, wie in Abbildung 5.62 dargestellt.

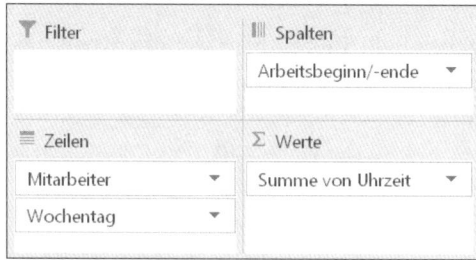

Abbildung 5.62 Anordnung der Datenfelder in der Pivottabelle

Um die Arbeitszeit für jeden Tag und jeden Mitarbeiter zu berechnen, müssen Sie ein berechnetes Element in der Pivottabelle anlegen:

1. Bewegen Sie dazu den Cursor in eine der Spaltenüberschriften (z. B. Kommt).

2. Wählen Sie dann PivotTable-Tools • Analysieren • Felder, Elemente und Gruppen • Berechnetes Element.

3. Schreiben Sie in das Feld NAME der Dialogbox »Arbeitszeit«, und geben Sie in das Feld FORMEL »= Geht – Kommt« ein, wobei Sie die Elementnamen per Doppelklick aus dem Feld ELEMENTE: übernehmen (Abbildung 5.63).

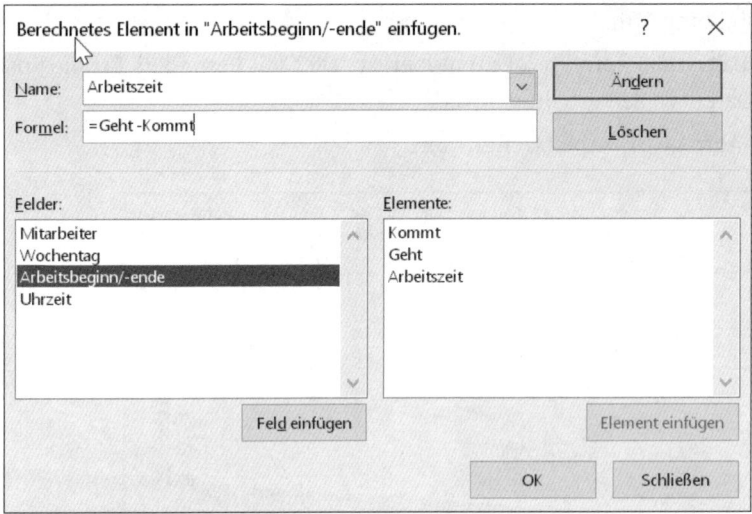

Abbildung 5.63 Erstellen eines berechneten Elements in der Pivottabelle

4. Nachdem Sie die Eingabe mit OK bestätigt haben, müssen Sie nur noch das Zahlenformat in der Pivottabelle anpassen (rechte Maustaste im Wertebereich drücken und ZAHLEN-FORMAT im Kontextmenü auswählen). Wählen Sie hier das benutzerdefinierte Format »[h]:mm«.

5. Nachdem Sie die Gesamtergebnisse für Zeilen und Spalten deaktiviert haben, ist der Pivot-bericht fertiggestellt.

Wenn Sie zukünftig neue Mitarbeiter in der Eingabetabelle führen oder weitere Arbeitszei-ten ergänzen, reicht ein Mausklick auf die Abfrage und die Auswahl von AKTUALISIEREN, um die Auswertung auf den neuesten Stand zu bringen.

Kapitel 6
Unternehmensdaten prüfen und analysieren

Nachdem Sie Daten in Excel importiert und bereinigt haben, beginnt zumeist deren Basis- oder Ad-hoc-Analyse. Dieses Kapitel stellt wichtige Funktionen dafür vor.

Eine einfache Liste in Excel, also diese simple Datenbank aus eindeutigen Überschriften, fortlaufenden Daten ohne Leerzeilen und -spalten, ist eine glänzende Basis für einige unkompliziert anwendbare Auswertungsfunktionen. So unkompliziert sind diese Funktionen in der Handhabung, dass sie häufig ad hoc ausgeführt werden. In vielen Fällen dienen sie einfach dem Ziel, die Datenqualität zu überprüfen. Erst viel später wird man vielleicht damit beginnen, komplexere Analysen anhand von aufwendigeren Formeln und Funktionen durchzuführen und sich Gedanken über das geforderte Aussehen eines Reports zu machen. Die Funktionen zur Basisanalyse von Listendaten stelle ich in diesem Kapitel vor. Dazu gehören:

► das Sortieren von Daten in Standard- und benutzerdefinierter Reihenfolge

► die auf der Sortierung basierende Bildung der Teilergebnisse

► das Filtern von Daten mit AutoFilter und die darauf aufbauende Ausgabe der berechneten Ergebnisse mit der Funktion `TEILERGEBNIS()`

► die Anwendung des erweiterten Filters, um einen umfangreichen Gesamtdatenbestand in besser handhabbare Teildatentabellen zu zerlegen

► die Verdichtung von Einzelwerten mithilfe der Datenbankfunktionen

► die Konsolidierung von Daten aus unterschiedlichen Tabellen oder Dateien in einem Tabellenblatt

Ebenfalls zur Gruppe der Ad-hoc-Analysefunktionen gehört die Bildung von Pivottabellen. Da diesem Werkzeug allerdings eine besondere Bedeutung zukommt, ist ihm ein eigenes Kapitel gewidmet (siehe Kapitel 11, »Pivottabellen und -diagramme«). Informationen zu allen anderen aufgeführten Funktionen finden Sie hingegen auf den folgenden Seiten.

6.1   Standardsortierung und benutzerdefiniertes Sortieren

Befassen wir uns gleich zu Beginn mit der einfachsten Form der Arbeit an einer Liste: dem Sortieren der Daten. In der hier verwendeten Arbeitsmappe *06_Sortieren_benutzerdefiniert_00.xlsx* sind einige regionale Daten zusammengefasst. Wenn Sie den Cursor in die Liste stellen und die Funktion DATEN • SORTIEREN UND FILTERN • SORTIEREN starten, können Sie in der gleichnamigen Dialogbox die Sortierkriterien definieren (Abbildung 6.1). Entscheiden Sie sich dabei für das Sortierkriterium LAND, werden Sie eine streng alphabetische Sortierung erhalten, die entweder aufsteigend (A – DE – I – SUI) oder absteigend (SUI – I – DE – A) ausgeführt wird.

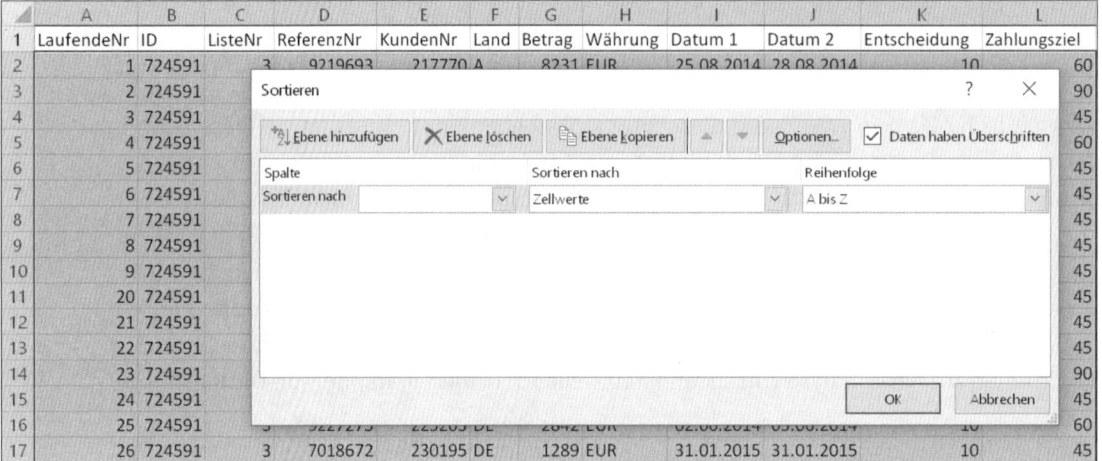

Abbildung 6.1 Standardsortierung einer Tabelle und Ergebnis

Doch was ist zu tun, wenn Sie die Liste nach Ihren individuellen Prioritäten sortieren möchten? Kein Problem! Sie müssen lediglich eine benutzerdefinierte Liste erstellen und diese dann als Grundlage der Sortierung verwenden.

6.1.1   Erstellen einer benutzerdefinierten Liste

Zum Erstellen der Liste wechseln Sie über DATEI • OPTIONEN • ERWEITERT in die Gruppe ALLGEMEIN und rufen dort die Option BENUTZERDEFINIERTE LISTEN BEARBEITEN auf.

Wenn Sie im Feld BENUTZERDEFINIERTE LISTEN den Eintrag NEUE LISTE wählen, können Sie auf der rechten Seite unter LISTENEINTRÄGE die Elemente Ihrer benutzerdefinierten Liste – DE, A, SUI, I – eingeben (Abbildung 6.2). Sobald Sie die Eingabe abgeschlossen haben, klicken Sie auf die Schaltfläche HINZUFÜGEN und kehren zu Ihrem Tabellenblatt zurück.

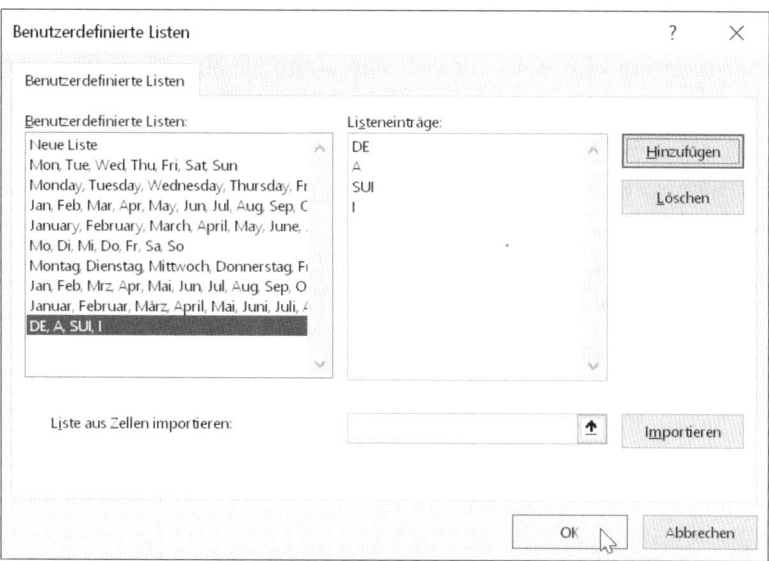

Abbildung 6.2 Definition einer benutzerdefinierten Liste

Benutzerdefinierte Listen können Sie auf zwei verschiedene Arten verwenden:

1. AutoAusfüllen: Wenn Sie einen Begriff der Liste in eine Zelle der Tabelle schreiben und dann mit der Maus den Zellinhalt am Ausfüllkästchen nach unten ziehen, wird Excel den Zellbereich mit den Werten aus der benutzerdefinierten Liste füllen.

2. Benutzerdefiniertes Sortieren: Wählen Sie in der Dialogbox SORTIEREN im Listenfeld REI-HENFOLGE die Option BENUTZERDEFINIERTE LISTE und anschließend die von Ihnen erstellte Liste, um eine von der Standardreihenfolge abweichende Sortierreihenfolge zu verwenden (Abbildung 6.3).

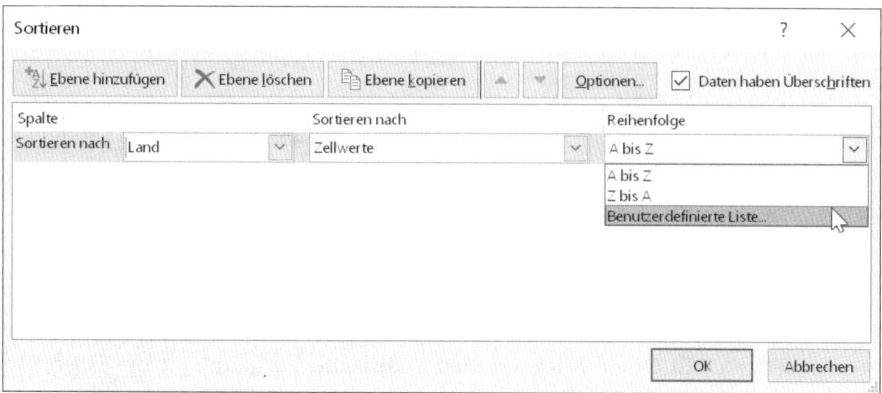

Abbildung 6.3 Umstellen von Standard- auf benutzerdefinierte Sortierreihenfolge

6.1.2 Benutzerdefiniertes Sortieren in Kombination mit Teilergebnissen

Die benutzerdefinierte Sortierung kann sehr hilfreich sein, wenn Sie eine Darstellung der Teilergebnisse einer Excel-Liste nach Ihren eigenen Prioritäten erstellen möchten. In der Beispieldatei wenden Sie zwei Sortierkriterien an:

▶ Das erste Sortierkriterium sortiert die Liste auf Basis der Spalte LAND in der von Ihnen festgelegten Sortierreihenfolge.

▶ Das zweite Kriterium bezieht sich auf die Spalte WÄHRUNG und sortiert innerhalb der Länder noch einmal nach den Währungen Euro und US-Dollar (Abbildung 6.4).

	A	F	G	H
1	LaufendeNr	Land	Betrag	Währung
52			268008	EUR Ergebnis
57			19899	USD Ergebnis
58		DE Ergebnis	287907	
63			25784	EUR Ergebnis
66			9307	USD Ergebnis
67		A Ergebnis	35091	
73			19250	EUR Ergebnis
75			6502	USD Ergebnis
76		SUI Ergebnis	25752	
79			11772	EUR Ergebnis
81			907	USD Ergebnis
82		I Ergebnis	12679	
83		Gesamtergebnis	361429	

Abbildung 6.4 Teilergebnisse mit benutzerdefinierter Sortierreihenfolge

Nachdem dies erledigt ist, starten Sie die Funktion DATEN • GLIEDERUNG • TEILERGEBNIS. Wählen Sie in der Dialogbox folgende Einstellungen:

▶ GRUPPIERUNG: LAND

▶ UNTER VERWENDUNG VON: SUMME

▶ TEILERGEBNIS ADDIEREN ZU: BETRAG

Sie erhalten eine Liste, für die in der Spalte BETRAG die Summen der einzelnen Länder gebildet werden. Über die Schaltflächen 1, 2 und 3 (links oben) legen Sie fest, welche Ebene der Teilergebnisse – Einzelheiten, Teil- oder Gesamtergebnis – Sie genau sehen möchten.

Um die vierte Ebene, die notwendige Unterscheidung zwischen Euro und US-Dollar, in die Teilergebnisse einzufügen, rufen Sie die Funktion erneut auf. Wählen Sie als GRUPPIERUNG dieses Mal die Spalte WÄHRUNG, und entfernen Sie das Häkchen bei VORHANDENE TEILERGEBNISSE ERSETZEN. Mit einem Klick auf die Schaltfläche 3 erhalten Sie die Ergebnisdarstellung aus Abbildung 6.4.

[i]

Nutzung der Analysefunktionen

Nach Aktivierung der Analysefunktionen als Add-in finden Sie unter Daten • Analyse • Datenanalyse unter anderem die Funktion Populationskenngrössen. Das Tool kann Ihnen helfen, bei großen Datenmengen einen schnellen Überblick über Wertebereiche, Kenngrößen und mitunter auch Datenqualität zu erhalten. Gehen Sie wie folgt vor:

Starten Sie die Funktion, wie oben beschrieben, aus dem Menü. Geben Sie in der Dialogbox unter Eingabebereich den Datenbereich an, den Sie untersuchen möchten (z. B. G1 bis G70), und wählen Sie die gewünschten Funktionen aus (Statistische Kenngrössen etc.; Abbildung 6.5). Klicken Sie dann auf OK.

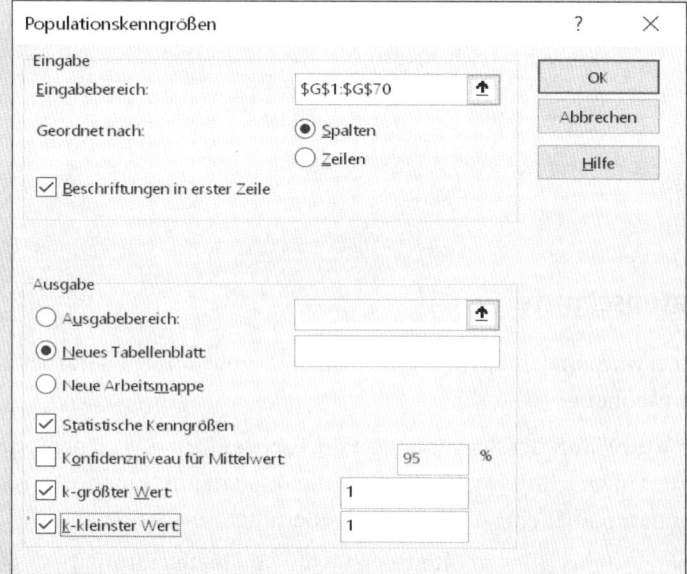

Abbildung 6.5 Analyse der Populationskenngrößen

Excel generiert nun in einem neuen Tabellenblatt die Liste mit den Populationskenngrößen (Abbildung 6.6). Im Unterschied zu manuell berechneten Kenngrößen wie Median, Maximalwert usw. arbeitet das Add-in im Stil einer Blackbox. Sie erhalten feste Werte, keine Formeln oder Funktionen in den Ergebniszellen. Demnach gibt es auch keine Möglichkeit der Aktualisierung, wenn der Datenbestand des Eingabebereichs geändert wurde. Der Vorteil des Add-ins liegt jedoch klar in der Geschwindigkeit, mit der es auf Ihre Daten angewandt werden kann. Möchten Sie bei einem komplett neuen Datenbestand ohne großen Aufwand die wichtigsten Eckdaten gewinnen, ist es nahezu unschlagbar.

	A	B
1	*Spalte1*	
2		
3	Mittelwert	5238,10145
4	Standardfehler	327,965822
5	Median	4625
6	Modus	#NV
7	Standardabweichung	2724,28872
8	Stichprobenvarianz	7421749,03
9	Kurtosis	-1,1960141
10	Schiefe	0,1557494
11	Wertebereich	9197
12	Minimum	731
13	Maximum	9928
14	Summe	361429
15	Anzahl	69
16	k-größter Wert(1)	9928
17	k-kleinster Wert(1)	731

Abbildung 6.6 Ergebnisliste nach Anwendung der Analysefunktionen

6.2   AutoFilter und Datenschnitte

Die Filterfunktionen von Excel wurden bereits für die Version 2007 vollständig überarbeitet. Neu waren in diesem Zusammenhang:

▸ Bei Funktionen wie dem AutoFilter, der Anwendung von Tabellenformatvorlagen oder Pivottabellen wurde die Benutzerschnittstelle vereinheitlicht; alle Funktionen mit Sortiermöglichkeiten verfügen nun über eine einheitliche Bedienung.

▸ Das Programm erkennt den Datentyp der zu filternden Spalte und bietet automatisch geeignete Filter wie Text-, Zahlen- und Datumsfilter an.

▸ Nicht nur auf Basis von Zellinhalten, sondern auch auf Grundlage von Formatierungen (Schriftfarbe, Symbolsätze der bedingten Formatierung etc.) kann gefiltert werden.

Diese erweiterten Möglichkeiten wurden in Excel 2010 um zwei weitere neue Funktionen ergänzt:

▸ In das Filtermenü wurde eine Suchfunktion integriert, die die Auswahl eines Filterkriteriums wesentlich erleichtert, wenn eine lange Werteliste vorhanden ist.

▸ Der DATENSCHNITT wurde neu eingeführt. Hierbei handelt es sich um eine neue grafische Schnittstelle zum Filtern von Pivottabellen und OLAP-Cubes. Anstatt zu filternde Elemente aus einer langen Liste zu wählen, benutzen Sie Schaltflächen bei der Datenauswahl.

Seit Excel 2013 ist diese Logik der Bedienung auch für in Excel erstellte Listen verfügbar: Die bequeme Datenauswahl per DATENSCHNITT können Sie nun also auch beim Sortieren von Tabellen einsetzen.

Die neue Funktionsweise können Sie mit der Datei *06_Sortieren_benutzerdefiniert_01.xlsx* testen. Bewegen Sie den Cursor dazu in die Tabelle, und heben Sie die Teilergebnisse auf. Betätigen Sie dann, ohne vorher einen Zellbereich zu markieren, [Strg] + [T]. Bestätigen Sie die Eingabe mit OK. Die Tastenkombination dient dazu, den Zellbereich in eine dynamische Datentabelle umzuwandeln (Abbildung 6.7). In Kapitel 7, »Dynamische Reports erstellen«, werde ich ausführlicher auf die wichtige Funktion der Datentabellen eingehen. Momentan reicht es festzuhalten, dass durch die Tastenkombination auch der AutoFilter aktiviert wurde.

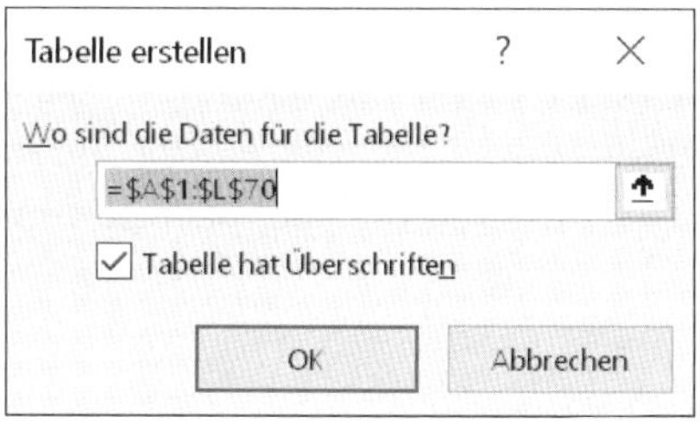

Abbildung 6.7 Erstellen einer dynamischen Datentabelle

Da es sich um eine einfache Liste handelte, hat Excel die Markierung des Zellbereichs für Sie übernommen. Sie könnten nun beginnen, die Liste wie gewohnt über die Listenfelder in den Spaltenüberschriften zu filtern. Doch stattdessen aktivieren Sie den DATENSCHNITT. Wählen Sie dazu EINFÜGEN • FILTER • DATENSCHNITT. Alternativ können Sie die Funktion auch über TABELLENTOOLS • ENTWURF • TOOLS aufrufen.

In der nun angezeigten Dialogbox DATENSCHNITT AUSWÄHLEN (Abbildung 6.8) klicken Sie die Felder an, über die Sie die Liste steuern möchten, z. B. LAND und WÄHRUNG. Nachdem Sie auf OK geklickt haben, zeigt Excel die beiden Datenschnitte an. Um die Handhabung zu verbessern, sollten Sie die beiden Tools Ihren Bedürfnissen anpassen.

Abbildung 6.8 Auswahl der Felder für einen Datenschnitt beim Sortieren

Wählen Sie den ersten Datenschnitt, Land, mit einem Mausklick aus. Im nun angezeigten Kontextmenü Datenschnitt-Tools stellen Sie unter Optionen • Schaltflächen • Spalten den Wert 4 ein, damit Sie alle Länderkürzel in einer Zeile nebeneinander sehen. Ziehen Sie mit der Maus das Rechteck des Datenschnitts kleiner. Anschließend verfahren Sie mit dem Datenschnitt Währung ähnlich, um Anordnung, Größe, Farbe und Position anzupassen.

In Excel 2016 wird Ihnen eine Neuerung bei den Datenschnitten auffallen. In der obersten Zeile gibt es eine neue Schaltfläche, direkt links neben dem Trichtersymbol (Abbildung 6.9). Sie ermöglicht die Aktivierung der Mehrfachauswahl. Wird diese mit der Maus oder über die Tastenkombination [Alt] + [S] aktiviert, sind Sie in der Lage, direkt mit mehreren Mausklicks unterschiedliche Schaltflächen eines Datenschnitts auszuwählen. In Excel 2013 führen Sie die Mehrfachauswahl durch, indem Sie die Taste [Strg] drücken und dann alle gewünschten Schaltflächen anklicken.

Abbildung 6.9 Nutzung eines Datenschnitts mit Möglichkeit der Mehrfachauswahl ab Excel 2016

Wählen Sie nun mit einem Mausklick auf eine der Schaltflächen beispielsweise ein Land und dann im zweiten Datenschnitt eine Währung aus. Unmittelbar danach werden die gefilterten Ergebnisse angezeigt. Mit einem Mausklick auf die Schaltfläche rechts oben im Datenschnitt heben Sie alle gesetzten Filter des ausgewählten Schnitts wieder auf.

Über das reine Erscheinungsbild des Datenschnitts hinaus sind weitere Einstellungen möglich. Die Dialogbox dazu öffnen Sie mit Datenschnitttools • Optionen • Datenschnitt • Datenschnitteinstellungen. Ob Sie eine benutzerdefinierte Sortierreihenfolge bei der Anzeige der Elemente – in unserem Beispiel der Länder – verwenden möchten, legen Sie hier fest. Auch den Umgang mit Elementen, die keine Daten enthalten, definieren Sie hier. Standardmäßig werden solche Elemente etwas blasser und ganz am Ende der Schaltflächenliste angezeigt (Abbildung 6.10).

Zum Abschluss sei noch auf eine Besonderheit bei Verwendung von Datenschnitten hingewiesen: Solange ein Datenschnitt für eine Tabelle aktiviert ist, lässt sich die AutoFilter-Funktion von Excel nicht einschalten. Es gilt also entweder oder. Um den AutoFilter zu verwenden, müssen folglich zunächst sämtliche Datenschnitte gelöscht werden. Dies erreichen Sie, indem Sie auf die Überschriftenzeile des Datenschnitts klicken und dann einfach [Entf] drücken.

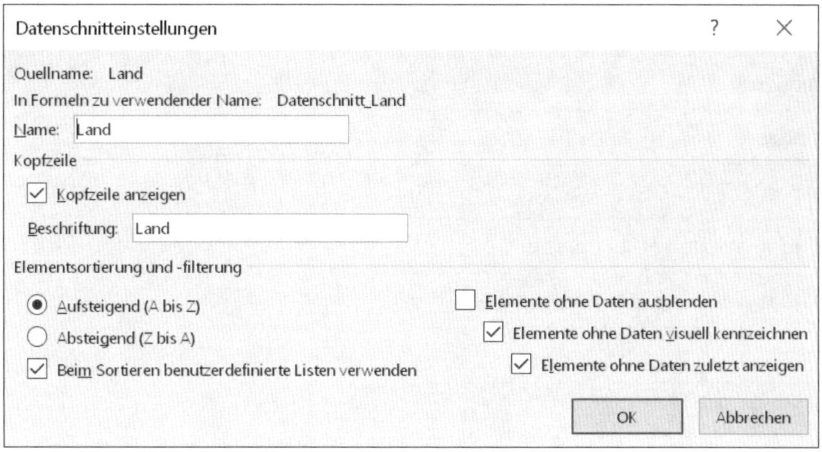

Abbildung 6.10 Konfiguration eines Datenschnitts

6.2.1 AutoFilter und die Funktion TEILERGEBNIS()

Der AutoFilter ist, wie Sie nun gesehen haben, Bestandteil einer dynamischen Datentabelle. Doch selbstverständlich können Sie ihn auch ganz unabhängig von einer Datentabelle auf einen normalen Zellbereich anwenden. Positionieren Sie den Mauszeiger in einer zusammenhängenden einfachen Liste und drücken Strg + ⇧ + L, aktivieren Sie den AutoFilter. Diese Tastenkombination funktioniert nach dem Lichtschalterprinzip: Betätigen Sie sie ein weiteres Mal, wird der Filter wieder deaktiviert. Alternativ können Sie auch DATEN • SORTIEREN UND FILTERN • FILTERN aufrufen – Sie gelangen so ebenfalls, wenn auch etwas umständlicher, zum AutoFilter.

Die nun aktivierte Funktion entfaltet ihre Leistungsstärke vor allem im Zusammenspiel mit der Funktion TEILERGEBNIS(). Letztere dient der Berechnung von Werten in den sichtbaren Zellen einer Datenliste. Blenden Sie also mit dem AutoFilter Teile der Liste aus, erhalten Sie ohne weiteren Aufwand das Ergebnis der verbliebenen sichtbaren Daten. Welche der verfügbaren Zusammenfassungsfunktionen Sie anwenden, legen Sie im ersten Argument der Funktion TEILERGEBNIS(Funktion; Bezug) fest.

In Kapitel 4, »Daten importieren und bereinigen«, habe ich bereits die elf unterschiedlichen Berechnungsoptionen beschrieben, die hier in Tabelle 6.1 wiedergegeben werden.

Code	Funktion
1	Mittelwert
2	Anzahl (der gefundenen Zahlen)
3	Anzahl2 (der nicht leeren Zellen)

Tabelle 6.1 Optionen der Funktion TEILERGEBNIS()

Code	Funktion
4	Maximalwert
5	Minimalwert
6	Produkt
7	Standardabweichung (Stichprobe)
8	Standardabweichung (Grundgesamtheit)
9	Summe
10	Varianz (Stichprobe)
11	Varianz (Grundgesamtheit)

Tabelle 6.1 Optionen der Funktion TEILERGEBNIS() (Forts.)

Wählen Sie als Argument statt der Werte 1 bis 11 die Funktionscodes 101 bis 111, werden Zellen, die Sie manuell oder mit der Gliederungsfunktion ausgeblendet haben, bei der Berechnung der Teilergebnisse mitberücksichtigt. Die Funktionscodes 1 bis 11 behandeln ausgeblendete und gefilterte Zellen gleich – beide werden bei der Berechnung nicht berücksichtigt.

In der Beispieldatei *06_AutoFilter_Teilergebnis_01.xlsx* habe ich in Zeile 2 die Funktion =TEIL-ERGEBNIS(9;J4:J144) eingegeben. Sobald Sie ein Filterkriterium über den AutoFilter setzen, erhalten Sie in der Folge das Ergebnis der gefilterten Liste (Abbildung 6.11).

	A	B	C	D	E	F	G	H
1					**Gefiltertes Ergebnis**			
2					**-3.048,86 €**			
3	I-Code	Project	Location	B-Code	B-Name	Account	Dat	PO
4	11225	LIVE	F	ABCDE001.23456.0001	Online Media	International Online Adv	12.10.2014	185125
5	11225	LIVE	F	ABCDE001.23456.0001	Online Media	International Online Adv	12.10.2014	185107
6	11225	LIVE	F	ABCDE001.23456.0001	Online Media	International Online Adv	12.10.2014	185267
10	11225	LIVE	F	ABCDE001.23456.0001	Online Media	International Online Adv	18.10.2014	185208
11	11225	LIVE	F	ABCDE001.23456.0001	Online Media	International Online Adv	18.10.2014	185332
12	11225	LIVE	F	ABCDE001.23456.0001	Online Media	International Online Adv	18.10.2014	185130

Abbildung 6.11 Ergebnisberechnung mit dem AutoFilter und TEILERGEBNIS()

6.3   Vorteile des erweiterten Filters

Bei der Verwendung der Funktion AutoFilter ist die Mehrfachauswahl von Kriterien in einer Spalte möglich. Die konkreten Optionen sind vom jeweiligen Datentyp in der gewählten Spalte abhängig. In Abbildung 6.12 zeige ich dies am Beispiel der Filteroptionen für eine Datumsspalte.

Abbildung 6.12 Mehrfachauswahl am Beispiel einer Datumsspalte

Der AutoFilter weist aber einige Beschränkungen auf, die Sie bei Verwendung der Funktion berücksichtigen sollten:

▶ Die Ergebnisse des Filtervorgangs werden immer an der Stelle der Basisdatenliste ausgegeben.

▶ Kriterien, die für zwei verschiedene Spalten definiert werden, sind immer mit einem logischen UND verknüpft; es müssen also beide Kriterien erfüllt sein, um die betreffenden Datensätze anzuzeigen.

▶ Innerhalb einer Spalte ist über die Option BENUTZERDEFINIERTER FILTER die Verknüpfung von maximal zwei Kriterien mit einem logischen UND verfügbar.

▶ Die Definition von berechneten Filterkriterien ist nicht möglich.

Diese Beschränkungen machen sich vor allem dann bemerkbar, wenn Sie mit großen Datenmengen arbeiten. Wurden solche beispielsweise aus anderen Systemen importiert (Abbildung 6.13) oder abgefragt, entsteht häufig der Wunsch, die Basisdaten in kleinere Teildatenbestände zu teilen. Dadurch sind die Daten bei der Weiterverarbeitung leichter zu handhaben, und die Berechnung ist mitunter bei kleineren Datenmengen auch schneller.

	A	B	C	D	E	F	G	H	I
1	Produktcode	Artikelname	Listenpreis	Kategorie	Datum	Umsatz	Soll	Umsatz_kum	Soll_kum
2	NWTB-1	Northwind Traders Chai	18,00	Getränke	31.01.2014 00:00	312.696	312.696	320.000	320.000
3	NWTB-1	Northwind Traders Chai	18,00	Getränke	28.02.2014 00:00	320.000	320.000	682.696	632.696
4	NWTB-1	Northwind Traders Chai	18,00	Getränke	31.03.2014 00:00	320.000	320.000	952.696	952.696
5	NWTB-1	Northwind Traders Chai	18,00	Getränke	30.04.2014 00:00	320.000	320.000	1.292.696	1.272.696
6	NWTB-1	Northwind Traders Chai	18,00	Getränke	31.05.2014 00:00	320.000	320.000	1.592.696	1.592.696
7	NWTB-1	Northwind Traders Chai	18,00	Getränke	30.06.2014 00:00	333.200	340.000	2.125.896	1.932.696

Abbildung 6.13 Basisdatentabelle nach Import aus Access …

Um sich diese Vorteile zu verschaffen, müssen Sie nun also nicht den AutoFilter, sondern den erweiterten Filter anwenden. Diesen können Sie mithilfe der Datei *06_FilterErweitert_ 00.xlsx* ausprobieren.

6.3.1   Aufbau des erweiterten Filters

Der erweiterte Filter arbeitet mit drei Datenbereichen:

1. Der Listenbereich enthält Ihre Basisdaten.
2. Im Kriterienbereich definieren Sie Ihre Filterkriterien.
3. Im Ergebnisbereich werden die gefilterten Daten ausgegeben.

Alle drei Bereiche sind über identische Spaltenbezeichnungen miteinander verbunden. Der wahrscheinlich häufigste Fehler bei der Anwendung des erweiterten Filters besteht darin, eine Spaltenüberschrift in einem der Bereiche falsch zu schreiben. Ein Buchstabendreher oder ein Leerschritt nach der Spaltenbezeichnung reicht bereits aus, um das Filtervorhaben scheitern zu lassen. Mein Tipp ist deshalb: Schreiben Sie die Spaltenüberschriften nicht in den Kriterien- und Ergebnisbereich, sondern kopieren Sie die Bezeichnungen aus dem Listenbereich. Das erspart Ihnen lästiges Suchen nach fehlerhaften Bezeichnungen.

	A	B	C	D	E	F	G
1	Artikelname	Kategorie	Datum		Differenz	Datum	
2		Backwaren & Backmischungen			FALSCH	30.09.2010	
3							
4							
5							
6	Produktcode	Artikelname	Listenpreis	Kategorie	Datum	Umsatz_kum	Soll_kum
7	NWTB-1	Northwind Traders Chai	18,00	Getränke	30.09.2010 00:00	3.139.096	2.952.696
8	NWTBGM-19	Northwind Traders Chocolate Biscuits Mix	9,20	Backwaren & Backmischungen	30.09.2010 00:00	1.632.000	1.350.000
9	NWTCA-48	Northwind Traders Chocolate	12,75	Süßigkeiten	30.09.2010 00:00	2.289.430	2.005.000
10	NWTCM-40	Northwind Traders Crab Meat	18,40	Fleischkonserven	30.09.2010 00:00	2.986.895	2.916.000
11	NWTDFN-14	Northwind Traders Walnuts	23,25	Trockenfrüchte & Nüsse	30.09.2010 00:00	3.393.975	3.330.000
12	NWTJP-7	Northwind Traders Boysenberry Spread	25,00	Marmelade, Konfitüre	30.09.2010 00:00	3.699.800	3.640.000
13	NWTSO-41	Northwind Traders Clam Chowder	9,65	Suppen	30.09.2010 00:00	1.396.500	1.350.000

Abbildung 6.14 … und Datenauszug nach Anwendung des erweiterten Filters

Um den Kriterien- und den Ergebnisbereich aufzubauen, habe ich in der Arbeitsmappe *06_ FilterErweitert_01.xlsx* die gewünschten Spaltenüberschriften in das Tabellenblatt *Kriterien + Ergebnisliste* kopiert. Der Kriterienbereich besteht dabei aus einer Teilmenge der Spaltenüberschriften der Originalliste. Darunter habe ich drei Zeilen für die Eingabe der Filterkriterien frei gelassen (Abbildung 6.14). Im Ergebnisbereich habe ich alle Spalten der Basisdaten verwendet. Dies ist allerdings nicht zwingend erforderlich. Durch die gezielte Auswahl von Spalten können Sie auch eine umfangreiche Tabelle in der Spaltenanzahl reduzieren, indem Sie im Ergebnisbereich einfach die nicht benötigten Spalten weglassen.

6.3.2   Ausführen des Filtervorgangs

Nachdem Sie die drei Bereiche angelegt und sichergestellt haben, dass die Schreibweise der Überschriften in allen Bereichen übereinstimmt, schreiben Sie ein Filterkriterium in den Kriterienbereich. In der Beispieldatei soll die Liste nach dem Kriterium Backwaren & Backmischungen in der Spalte Kategorie gefiltert werden. Folglich schreiben Sie das gewünschte Kriterium unmittelbar unter die Überschrift. Anschließend führen Sie den Filtervorgang aus:

1. Positionieren Sie den Cursor im Tabellenblatt *Kriterien + Ergebnisliste*, da der Filtervorgang immer im Tabellenblatt der Ergebnisliste gestartet werden muss.

2. Rufen Sie anschließend die Funktion Daten • Sortieren und Filtern • Erweitert auf (Abbildung 6.15).

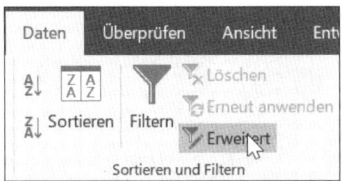

Abbildung 6.15 Starten Sie den erweiterten Filter.

3. Wählen Sie in der Dialogbox Spezialfilter die Option An eine andere Stelle kopieren (Abbildung 6.16).

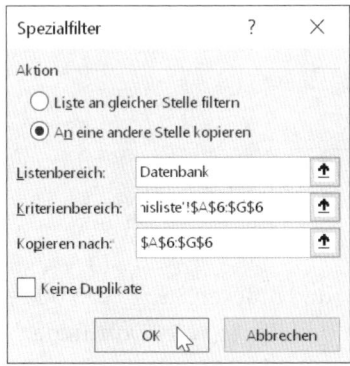

Abbildung 6.16 Einstellungen bei der Ausführung des erweiterten Filters

4. Geben Sie anschließend durch Markieren die drei Datenbereiche in den Eingabefeldern Listenbereich, Kriterienbereich und Kopieren nach an. Achten Sie darauf, dass im Kriterienbereich nur die Zeile der Spaltenüberschriften und die Zeilen markiert sind, in denen auch tatsächlich Kriterien stehen; als Ergebnisbereich markieren Sie lediglich die Überschriftenzeile, da Sie nicht wissen, wie viele Zeilen als Ergebnis ausgegeben werden.

5. Klicken Sie zum Abschluss auf OK, um den Filtervorgang auszuführen.

Excel erstellt nun den gewünschten Auszug aus den Originaldaten.

6.3.3 Kombination mehrerer Kriterien mit UND

Lassen Sie uns im folgenden Beispiel annehmen, dass Sie das Ergebnis eines ganz bestimmten Monats für die Produkte der ausgewählten Kategorie aus der Basisdatenliste herausfiltern möchten, z. B. die des Januars 2014. Sie werden in dem Fall ein zweites Kriterium einsetzen. Da die Spalte Datum jeweils das Datum des letzten Tages des Monats enthält, lautet das zweite Filterkriterium 31.01.2014. Schreiben Sie dieses Datum in Zelle C2, also in die gleiche Zeile des Kriterienbereichs, in dem Sie bereits die Kategorie eingetragen haben.

Wenn Sie die Filterfunktion mit Daten • Sortieren und Filtern • Erweitert erneut starten und auch festgelegt haben, dass die Ergebnisse an eine andere Stelle kopiert werden sollen, können Sie sich die Eingabe des Listenbereichs ein wenig erleichtern, indem Sie die von Excel automatisch generierten Bereichsnamen benutzen.

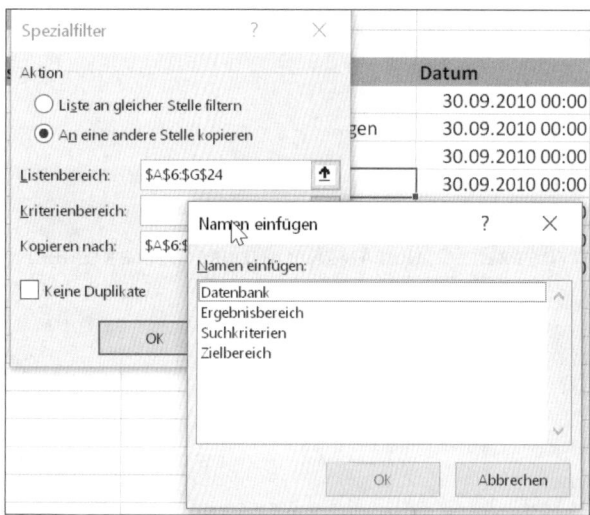

Abbildung 6.17 Auswahl der Bereiche

Markieren Sie den Inhalt der Eingabezelle Listenbereich, und drücken Sie F3. Excel zeigt Ihnen dann die Liste der verfügbaren Bereichsnamen an (Abbildung 6.17). Dort finden Sie auch den Namen Datenbank. Er entspricht Ihrer Basisdatenliste. Wählen Sie ihn mit einem Doppelklick aus.

Den Kriterienbereich müssen Sie gegenüber Ihren ersten Filtern verändern. Er wird nicht mehr durch den Zellbereich B1 bis B2, sondern durch B1 bis C2 definiert, da der Datumsfilter hinzugekommen ist. Um den Ergebnisbereich festzulegen, sollten Sie hingegen wieder Gebrauch von den Bereichsnamen und F3 machen. Wenn alle Bereiche bestimmt sind und Sie dies mit OK bestätigt haben, sollten Sie das in Abbildung 6.18 gezeigte Ergebnis in Ihrer Tabelle sehen.

	A	B	C	D	E	F	G
1	Artikelname	Kategorie	Datum		Differenz	Datum	
2		Backwaren & Backmischungen	31.01.2014		FALSCH	30.09.2010	
3							
4							
5							
6	Produktcode	Artikelname	Listenpreis	Kategorie	Datum	Umsatz_kum	Soll_kum
7	NWTBGM-19	Northwind Traders Chocolate Biscuits Mix	9,20	Backwaren & Backmischungen	31.01.2014 00:00	148.500	150.000
8	NWTBGM-21	Northwind Traders Scones	10,00	Backwaren & Backmischungen	31.01.2014 00:00	190.000	190.000

Abbildung 6.18 Mehrere Kriterien in einer Zeile: Filtern mit logischem UND

6.3.4   Kombination mehrerer Kriterien mit ODER

Die im vorangegangenen Schritt benutzte Kombination von Kriterien hätten Sie auch bei der Anwendung der Funktion AutoFilter hinbekommen. Zwei Spalten, je ein Kriterium in jeder Spalte, beide Kriterien mit einem logischen UND verbunden – mit dem AutoFilter ist die Umsetzung einer solchen Anforderung kein Problem. Einzig die Ausgabe der Ergebnisse in einem anderen Tabellenblatt als dem der Basisdaten stellt eine Abweichung von den Möglichkeiten der Funktion AutoFilter dar.

Doch wie sieht es aus, wenn Sie statt des logischen UND ein ODER verwenden möchten? Dies könnte der Fall sein, wenn Sie die Ergebnisse der Kategorien Backwaren & Backmischungen ODER Süßigkeiten filtern möchten, also zwei Kriterien in einer Spalte verbinden möchten.

Ein weiteres Beispiel wäre, einen bestimmten Artikel mit einer Kategorie zu vergleichen. In diesem Fall wäre Ihre Bedingung ein Artikelname ODER eine Kategorie. Hier wären dann zwei Kriterien in zwei unterschiedlichen Spalten aktiv.

	A	B	C	D	E	F	G
1	Artikelname	Kategorie	Datum		Differenz	Datum	
2		Backwaren & Backmischungen	31.01.2014		FALSCH	30.09.2010	
3	Northwind Traders Chocolate						
4							
5							
6	Produktcode	Artikelname	Listenpreis	Kategorie	Datum	Umsatz_kum	Soll_kum
7	NWTBGM-19	Northwind Traders Chocolate Biscuits Mix	9,20	Backwaren & Backmischungen	31.01.2014 00:00	148.500	150.000
8	NWTBGM-19	Northwind Traders Chocolate Biscuits Mix	9,20	Backwaren & Backmischungen	28.02.2014 00:00	295.500	300.000
9	NWTBGM-19	Northwind Traders Chocolate Biscuits Mix	9,20	Backwaren & Backmischungen	31.03.2014 00:00	472.500	450.000
10	NWTBGM-19	Northwind Traders Chocolate Biscuits Mix	9,20	Backwaren & Backmischungen	30.04.2014 00:00	611.000	600.000
11	NWTBGM-19	Northwind Traders Chocolate Biscuits Mix	9,20	Backwaren & Backmischungen	31.05.2014 00:00	758.000	750.000
12	NWTBGM-19	Northwind Traders Chocolate Biscuits Mix	9,20	Backwaren & Backmischungen	30.06.2014 00:00	988.000	900.000
13	NWTBGM-19	Northwind Traders Chocolate Biscuits Mix	9,20	Backwaren & Backmischungen	31.07.2014 00:00	1.235.000	1.050.000
14	NWTBGM-19	Northwind Traders Chocolate Biscuits Mix	9,20	Backwaren & Backmischungen	31.08.2014 00:00	1.185.000	1.200.000
15	NWTBGM-19	Northwind Traders Chocolate Biscuits Mix	9,20	Backwaren & Backmischungen	30.09.2014 00:00	1.632.000	1.350.000
16	NWTBGM-21	Northwind Traders Scones	10,00	Backwaren & Backmischungen	31.01.2014 00:00	190.000	190.000
17	NWTCA-48	Northwind Traders Chocolate	12,75	Süßigkeiten	31.01.2014 00:00	222.000	222.000
18	NWTCA-48	Northwind Traders Chocolate	12,75	Süßigkeiten	28.02.2014 00:00	437.560	442.000
19	NWTCA-48	Northwind Traders Chocolate	12,75	Süßigkeiten	31.03.2014 00:00	677.340	664.000
20	NWTCA-48	Northwind Traders Chocolate	12,75	Süßigkeiten	30.04.2014 00:00	899.340	886.000
21	NWTCA-48	Northwind Traders Chocolate	12,75	Süßigkeiten	31.05.2014 00:00	1.099.120	1.108.000
22	NWTCA-48	Northwind Traders Chocolate	12,75	Süßigkeiten	30.06.2014 00:00	1.616.680	1.330.000
23	NWTCA-48	Northwind Traders Chocolate	12,75	Süßigkeiten	31.07.2014 00:00	1.741.680	1.555.000
24	NWTCA-48	Northwind Traders Chocolate	12,75	Süßigkeiten	31.08.2014 00:00	1.866.680	1.780.000
25	NWTCA-48	Northwind Traders Chocolate	12,75	Süßigkeiten	30.09.2014 00:00	2.289.430	2.005.000

Abbildung 6.19 Mehrere Kriterien in verschiedenen Zeilen: Filtern mit logischem ODER

Wie auch immer die Kombination Ihrer Kriterien aussieht: Bei der Verwendung eines ODER müssen Sie die Kriterien nicht in die gleiche Zeile, sondern in verschiedene Zeilen des Kriterienbereichs schreiben. In Abbildung 6.19 sehen Sie diesen Aufbau der Kriterien und das gefilterte Ergebnis.

6.3.5   Verknüpfung von Kriterien mit UND in einer Spalte

Schreiben Sie zwei Kriterien in einer Spalte untereinander, erhalten Sie ein logisches ODER und damit eine Option, die Ihnen auch der AutoFilter bietet: Wähle aus der Kategorie Süßwaren ODER Getränke. Nehmen Sie allerdings das typische Beispiel, einen Datumsbereich aus Ihren Originaldaten zu extrahieren, müssen Sie zwei Bedingungen in einer Spalte mit einem logischen UND verbinden.

Ihre Bedingungen könnten in einem solchen Fall lauten: Filtere alle Datensätze, bei denen das Datum größer oder gleich dem 31.01.2014 UND kleiner oder gleich dem 31.03.2014 ist. Abbildung 6.20 richtet den Blick auf die Lösung zu dieser Fragestellung mittels Spezialfilter.

Abbildung 6.20 Filtern eines Datumsbereichs

Die Spalte DATUM müssen Sie in einem solchen Fall zweimal im Kriterienbereich anlegen, da die beiden Bedingungen nebeneinander in einer Zeile stehen müssen. Es ist bei der Verwendung des erweiterten Filters völlig unkritisch, eine Spalte mehrfach einzusetzen, um diverse UND-verknüpfte Bedingungen zu definieren. Und so erhalten Sie im vorliegenden Beispiel nach der Ausführung des Filtervorgangs die gewünschten Daten des ersten Quartals in Ihrer Ergebnisliste.

6.3.6   Vergleichsoperatoren bei numerischen Filterkriterien

Nachdem die ersten Bedingungen in dieser Beispieldatei alle den Vergleichsoperator *beginnt mit* verwendet haben, wurde dies beim Filtern der Daten des ersten Quartals erstmalig geändert. Hier wurden die Operatoren *größer oder gleich* (>=) bzw. *kleiner oder gleich* (<=) eingesetzt. Die Schreibweise von Operatoren unterstreicht hier noch einmal den Datenbankcharakter des erweiterten Filters.

So wie die Festlegung von UND- bzw. ODER-Verknüpfungen durch Eingabe der Kriterien in die gleiche oder aber in verschiedene Zeilen typisch für die Kriteriendefinition in Access oder auch im Abfragetool Microsoft Query ist, können Sie sich beim Schreiben der Vergleichsoperatoren ebenfalls getrost auf die Gepflogenheiten dieser Datenbankanwendungen stützen (Tabelle 6.2).

Vergleichsoperator	Filterergebnis
>1000	alle Datensätze, bei denen in der angegebenen Spalte der Wert größer als 1.000 ist
<1000	alle Datensätze, bei denen in der angegebenen Spalte der Wert kleiner als 1.000 ist
>=1000	alle Datensätze, bei denen in der angegebenen Spalte der Wert größer oder gleich 1.000 ist
<=1000	alle Datensätze, bei denen in der angegebenen Spalte der Wert kleiner oder gleich 1.000 ist
<>1000	alle Datensätze, bei denen in der angegebenen Spalte der Wert ungleich 1.000 ist

Tabelle 6.2 Vergleichsoperatoren beim Filtern von Daten

6.3.7 Vergleichsoperatoren bei Textkriterien

Wenn Sie Filterkriterien nicht auf eine numerische Spalte, sondern auf eine Textspalte anwenden, werden die Möglichkeiten sogar noch etwas umfassender. Tabelle 6.3 gibt Ihnen einen Überblick über die zur Verfügung stehenden Optionen.

Vergleichsoperator	Filterergebnis
="Northwind" oder Northwind	alle Datensätze, die in der ausgewählten Spalte mit dem Suchbegriff Northwind beginnen
<>Northwind Traders Chai	alle Datensätze, außer denen, die in der betreffenden Spalte den Suchbegriff enthalten (NICHT)
="=NWTB-1"	alle Datensätze, die genau die angegebene Zeichenkette in der Spalte enthalten (ist gleich), aber z. B. nicht die Datensätze, die den Artikel NWTB-1 enthalten
="<>NWTB-1"	alle Datensätze, die nicht genau der Zeichenkette NWTB-1 entsprechen

Tabelle 6.3 Textfilterkriterien

Vergleichsoperator	Filterergebnis
Ge*	alle Datensätze, die mit der Zeichenkette Ge beginnen und danach eine beliebige Zeichenkette enthalten (z. B. Gewürze oder Getränke)
NWTBGM-1?	alle Datensätze, die mit NWTBGM-1 beginnen und danach ein weiteres Zeichen enthalten (z. B. die Artikelnummern NWTBGM-19 und NWTBGM-18)
TC	alle Datensätze, die in der ausgewählten Spalte an beliebiger Stelle die Zeichenfolge TC enthalten, beispielsweise die Artikel NWTCFV-17 und NWTCA-48
="<>*TC*"	alle Datensätze, die in der ausgewählten Spalte nicht die Zeichenkette TC enthalten

Tabelle 6.3 Textfilterkriterien (Forts.)

6.3.8   Berechnete Filterkriterien

Eine weitere Einschränkung bei der Benutzung der Funktion AutoFilter besteht darin, dass keine berechneten Filterkriterien eingesetzt werden können. Gerade solche Kriterien sind aber bisweilen recht nützlich, um aus einer großen Datenmenge einen überschaubaren Datenauszug zu erstellen.

Stellen Sie sich vor, dass Sie in der Beispieldatei nur noch die Datensätze betrachten oder weiterverarbeiten möchten, bei denen die Ist-Umsätze unter den erwarteten Soll-Umsätzen liegen.

Abbildung 6.21 Verwendung eines berechneten Filterkriteriums

Rechnerisch hieße dies, dass die Differenz zwischen den Ist-Werten in Spalte I der Basisdatentabelle und den Soll-Werten in Spalte H größer null sein muss, um die betreffenden Datensätze in die Ergebnisliste zu filtern. Und genau diesen Vergleich müssen Sie auch als Filterkriterium festlegen (Abbildung 6.21):

1. Schreiben Sie zunächst in eine Zelle der Ergebnisliste eine Spaltenüberschrift, die sich von den Überschriften im Listenbereich eindeutig unterscheidet, z. B. Differenz oder Ta.

2. Geben Sie dann in der Zelle darunter die Formel =Datenbank!I2-Datenbank!H2>0 ein.

   Und behalten Sie die Nerven, möchte man noch hinzufügen! Denn es ist gut möglich, dass Excel nach der Bestätigung der Formel den Fehlerwert FALSCH anzeigt. Dies bedeutet jedoch keineswegs, dass Ihnen bei der Formeleingabe ein Fehler unterlaufen ist. Vielmehr wird lediglich angezeigt, dass die festgelegte Bedingung in der ersten Zeile der Basisdaten-tabelle nicht zutrifft.

3. Der Rest ist fast schon Routine: Sie starten den erweiterten Filter und verwenden nun die neu definierte Spaltenüberschrift und das berechnete Kriterium als Kriterienbereich.

Excel wird alle Datensätze, bei denen der Ist- unter dem Soll-Wert liegt, in der Ergebnisliste ausgeben. Selbstverständlich können Sie auch dieses berechnete Kriterium mit anderen Kriterien kombinieren und dabei auch UND- und ODER-Verknüpfungen verwenden.

Berechnete Kriterien und berechnete Felder

Grundsätzlich wäre es auch möglich gewesen, rechts neben der Basisdatentabelle die Formel =I2-H2>0 einzugeben. Das berechnete Ergebnis – WAHR oder FALSCH – hätte Ihnen dann als Filterkriterium dienen können.

Häufig ist es jedoch ratsam, keine Veränderungen oder zusätzliche Berechnungen an oder in den Basisdaten vorzunehmen. Ein Argument dafür ist die Mehrfacharbeit, die entsteht, wenn Ihre Daten beispielsweise im folgenden Monat aktualisiert werden. Dann müssten Sie sicherstellen, dass etwaige Berechnungen auch tatsächlich in allen Zeilen auf den aktuellen Stand gebracht wurden. Als weiteres Argument gegen eine Hilfskalkulation neben den Basisdaten spricht, dass bei großen Datenmengen ein völlig unnötiger Rechenaufwand erzeugt wird, der im Rahmen von Neukalkulationen der Arbeitsmappe eigentlich nur Zeit frisst.

Versuchen Sie, solche Hemmnisse von vornherein auszuschalten. Der Verwendung von berechneten Kriterien im erweiterten Filter oder bei Datenbankfunktionen entsprechen die berechneten Felder oder Elemente bei Pivottabellen. Auch bei ihnen wird der Berechnungsvorgang nicht im Tabellenblatt, sondern intern ausgeführt, wenn die Funktion angewandt wird.

6.4 Erweiterter Filter mit einem VBA-Makro

Ein erweiterter Filter stellt ein sehr flexibles Instrument dar, um eine große Datenmenge gezielt zu reduzieren. Bei gut durchdachter Verwendung der Bedingungen gelingt es immer, eine maßgeschneiderte Ergebnisliste zu erzeugen, mit der dann weitere Berechnungen realisiert werden können.

Die weniger erfreuliche Seite dieser Funktion ist einmal mehr der relativ hohe Aufwand bei der Ausführung und – dadurch bedingt – auch die mögliche Fehleingabe bei der Bestimmung der Listen-, Kriterien- und Ergebnisbereiche. Wägt man Vor- und Nachteile dieser speziellen Filterfunktion ab, entwickelt sich schnell der Wunsch, den gesamten Vorgang zu automatisieren. In Kapitel 17, »Automatisierung mit Makros – VBA für Controller«, stelle ich die Aufzeichnung und Überarbeitung von Makros unter anderem am Beispiel des erweiterten Filters dar.

Doch an dieser Stelle sollten wir bereits ein Makro betrachten, mit dem Sie die Benutzung des erweiterten Filters vereinfachen können.

6.4.1   Quelltext des VBA-Makros

Die Arbeitsmappe *06_FilterErweitert_01.xlsm* enthält ein Makro, das den erweiterten Filter automatisch ausführt. Drücken Sie [Alt] + [F11], um in den VBA-Editor zu gelangen. Wählen Sie dann auf der linken Seite die geöffnete Arbeitsmappe aus, und klicken Sie auf MODULE. In MODUL 1 ist der folgende Quelltext gespeichert:

```
Sub FilterErweitert()
Dim Listenbereich As Range
Dim Ergebnisbereich As Range
Dim Kriterienbereich As Range

'Anzahl der Zeilen und Spalten des Listenbereichs ermitteln
LetzteZeile = Cells(Rows.Count, 1).End(xlUp).Row
NächsteSpalte = Cells(1, Columns.Count).End(xlToLeft).Column + 2

'Kriterienbereich erzeugen
Set Kriterienbereich = Range("Kriterien")

'Ergebnisbereich erstellen und Überschrift aus den Zellen B1 bis D1 kopieren
Range("B1").Copy Destination:=Cells(1, NächsteSpalte)
Range("C1").Copy Destination:=Cells(1, NächsteSpalte + 1)
Range("D1").Copy Destination:=Cells(1, NächsteSpalte + 2)

'Ergebnisbereich erzeugen
Set Ergebnisbereich = Cells(1, NächsteSpalte).Resize(1, _
NächsteSpalte + 2)

'Listenbereich erzeugen
Set Listenbereich = Range("A1").Resize(LetzteZeile, NächsteSpalte + 2)

'Erweiterten Filter anwenden
Listenbereich.AdvancedFilter Action:=xlFilterCopy, _
CriteriaRange:=Kriterienbereich, CopyToRange:=Ergebnisbereich, _ Unique:=False

'Anzahl der Zellen im Ergebnisbereich ermitteln
LetzteZeile = Cells(Rows.Count, NächsteSpalte + 2).End(xlUp).Row
```

```
'Sortieren der Daten im Ergebnisbereich
Cells(1, NächsteSpalte + 2).Resize(LetzteZeile, 1). _
 Sort Key1:=Cells(1, NächsteSpalte + 2), _
 Order1:=xlAscending, Header:=xlsYes
End Sub
```

Listing 6.1 Quelltext von Modul 1

Unterhalb des Makronamens, der mit `Sub FilterErweitert()` angegeben ist, werden drei Variablen für den Listen-, Kriterien- und Ergebnisbereich definiert. Dazu dient das Schlüsselwort `Dim`. Alle drei Variablen sind als Bereich (`Range`) definiert. Mit den beiden Variablen `LetzteZeile` und `NächsteSpalte` bestimmen Sie die Größe des Listenbereichs. Dies erreichen Sie in beiden Fällen durch `Count`, mit dem Sie die Zeilenzahl von unten nach oben und die Spaltenzahl von rechts nach links zählen.

Der Kriterienbereich für den Filtervorgang befindet sich im Tabellenblatt *Tabelle 2* (Abbildung 6.22) und wird in der nächsten Zeile des Quelltextes aktiviert (`Set Kriterienbereich = Range("Kriterien")`).

Damit fehlt Ihnen zum Funktionieren des Filters nur noch der Ergebnisbereich. Da dieser flexibel neben den variabel großen Listenbereich gesetzt werden soll, müssen Sie auch hier die Variable `NächsteSpalte` zur Positionierung benutzen:

```
Set Ergebnisbereich = Cells(1, NächsteSpalte).Resize(1, _
NächsteSpalte + 2)
```

	A	B	C
1	Artikelname	Listenpreis	Kategorie
2			Getränke

Abbildung 6.22 Kriterienbereich im Tabellenblatt »Tabelle 2«

Danach erstellt das Makro aus den Zellen B1 bis D1 Überschriften für den Ergebnisbereich und aktiviert auch diesen Bereich.

Das Herzstück des Filtervorgangs ist schließlich der Code:

```
Listenbereich.AdvancedFilter Action:=xlFilterCopy, _
 CriteriaRange:=Kriterienbereich, CopyToRange:=Ergebnisbereich, _
 Unique:=False
```

In ihm wird die Methode `AdvancedFilter` auf den Listenbereich angewandt und dabei der Kriterienbereich als Filterkriterium verwendet (`CriteriaRange:=Kriterienbereich`), um den definierten Ergebnisbereich zu füllen. Die beiden letzten Aktionen in diesem Makro ermitteln die Zeilenanzahl des Ergebnisbereichs, um diesen schließlich zu sortieren.

Bewegen Sie den Cursor zunächst in den Listenbereich im Tabellenblatt *Tabelle 1*. Betätigen Sie dann die Tastenkombination $\boxed{\text{Alt}}$ + $\boxed{\text{F8}}$, um das Makro zu starten. Die Ergebnisse des Filtervorgangs werden dann in die Tabelle rechts neben die Ausgangsliste geschrieben.

6.4.2   Einsatzgebiete für das VBA-Makro

Das hier beschriebene Makro kann ein wichtiger Baustein bei routinemäßigen Auswertungen von importierten Daten sein. Häufig liefern Abfragen auf andere Systeme nicht die Trennschärfe der Daten, die man sich für die Weiterverarbeitung wünscht. In dieser Situation liefert das Filtermakro einen Datenauszug, der einfach über den Kriterienbereich gesteuert werden kann.

Das Makro bietet zwei Ansätze für Erweiterungen. Statt der Ausgabe des Ergebnisses im gleichen Tabellenblatt können Sie die Resultate auch in einem anderen Tabellenblatt ausgeben lassen. Der Kriterienbereich – in der Beispieldatei einzeilig und somit auf Bedingungen mit UND-Verknüpfungen zugeschnitten – kann auf mehrere Zeilen erweitert werden, um auch ODER-verknüpfte Bedingungen zu ermöglichen. In Kapitel 17, »Automatisierung mit Makros – VBA für Controller«, werde ich die Automatisierung des Filters weiter vertiefen.

6.5   Verwendung von Datenbankfunktionen

Mit den Datenbankfunktionen steht ein weiteres Arbeitsmittel bereit, um die Analyse von Basisdaten voranzutreiben. Wenn Sie diese Funktionen anwenden, wird Sie dabei vieles an die Arbeit mit den erweiterten Filterkriterien erinnern, die ich auf den vorangegangenen Seiten beschrieben habe, denn Excel verwendet bei Datenbankfunktionen die gleiche Logik wie bei der Definition von Bedingungen.

Ganz anders ist allerdings das Ergebnis, das Ihnen präsentiert wird, wenn Sie Datenbankfunktionen anwenden. Während bislang alle Funktionen in diesem Kapitel auf die Neuorganisation der Basisdaten hinausliefen, indem die ursprüngliche Liste neu sortiert, Teilergebnisse gebildet oder ein Teildatenbestand gefiltert wurde, verdichten Datenbankfunktionen den Gesamtdatenbestand auf einen einzigen Wert.

Wenn Sie einen Blick in den Funktionsassistenten werfen, stoßen Sie dort im Menü KATEGORIE AUSWÄHLEN auf die Funktionskategorie DATENBANK (Abbildung 6.23). In ihr listet Excel eine Reihe von Funktionen auf, die Ihnen bereits bei der Bildung der Teilergebnisse begegnet sind und die Ihnen sicherlich auch zukünftig etwa bei der Arbeit mit Pivottabellen begegnen werden: die sogenannten *Zusammenfassungsfunktionen* (SUMME, ANZAHL, MAXIMALWERT usw.).

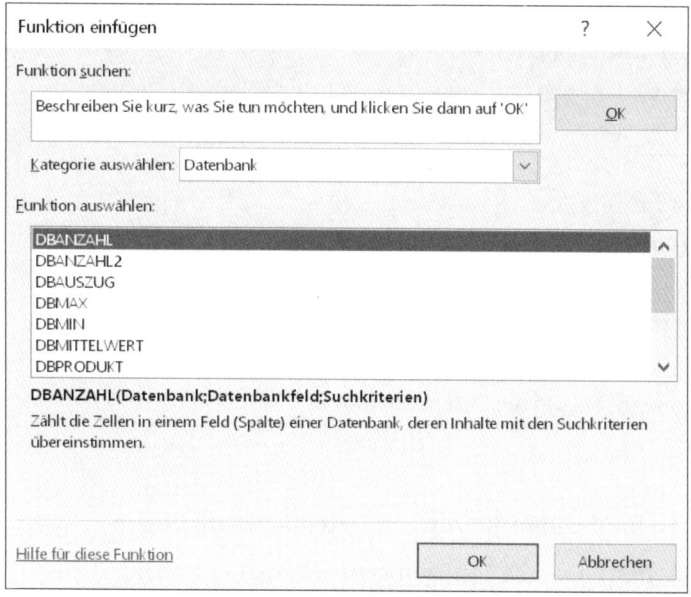

Abbildung 6.23 Funktionen der Kategorie »Datenbank« im Funktionsassistenten

6.5.1 Grundstruktur der Datenbankfunktionen

Allen Funktionen dieser Kategorie ist ein bestimmtes Arbeitsmuster eigen: Sie berechnen in einer Datenbank ein bestimmtes Datenbankfeld, sofern die Bedingungen in einem festgelegten Kriterienbereich erfüllt werden. Für die Kalkulation der Datenbanksumme weist die entsprechende Funktion folgenden Aufbau auf:

```
=DBSUMME(Datenbank; Datenbankfeld; Suchkriterien)
```

Wenn Sie diese Funktion auf die Datentabelle in Zelle B6 des Tabellenblattes *Kriterien + Ergebnisliste* der Beispieldatei *06_Datenbankfunktionen_01.xlsx* anwenden und sich Ihre Datenbank im Tabellenblatt *Transactions* befindet, kommen Sie beispielsweise zu folgender Funktion:

```
=DBSUMME(Transactions !A1:J142;Transactions!J1;'Kriterien + DB-Ergebnis'!A1:A2)
```

In diesem Fall wird also

▶ eine Datenbank im Zellbereich A1 bis J142 des Tabellenblattes *Transactions* verwendet,

▶ und dessen Werte werden unterhalb der Spaltenüberschrift in Zelle J1 (VALUE) summiert,

▶ sofern sie zu der im Kriterienbereich A1 bis A2 der im Tabellenblatt *Kriterien + DB-Ergebnis* angegebenen Codierung gehören.

[i]   **Angabe des zu berechnenden Datenbankfeldes**

Eine Besonderheit, die immer wieder Anlass für Verwirrungen bzw. fehlerhafte Resultate ist, stellt die Angabe des zu berechnenden Datenbankfeldes dar. Es kann auf drei Arten benannt werden, und zwar:

- ▶ durch die Angabe der Zelladresse, z. B. J1
- ▶ durch die von links nach rechts zu zählende fortlaufende Nummer der Spalte, z. B. 10 für die Spalte VALUE
- ▶ durch die Eingabe der Spaltenüberschrift, z. B. Value, in der Beispieldatei

Nicht möglich ist es hingegen, die gesamte Spalte, die die zu berechnenden Werte enthält, beispielsweise J1 bis J142, zu markieren, um die Datenbankfunktion zu berechnen.

6.5.2   Definition der Kriterien für die Berechnung von Datenbankfunktionen

Haben Sie den vorherigen Abschnitt über die Festlegung von Bedingungen bei der Anwendung des erweiterten Filters gelesen? Wenn ja, dann sind Sie auch automatisch in Sachen Datenbankfunktionen auf dem aktuellen Stand. Denn auch bei ihnen gilt:

- ▶ Die im Kriterienbereich verwendeten Überschriften müssen mit denen im Listenbereich, also mit der Basisdatentabelle, übereinstimmen.
- ▶ Kriterien können wahlweise mit UND bzw. ODER verknüpft werden, wobei Kriterien in der gleichen Zeile eine UND-Verknüpfung bilden, Kriterien in unterschiedlichen Zeilen eine ODER-Verknüpfung.
- ▶ Die Syntax für die Benutzung von Vergleichsoperatoren ist analog zur Syntax bei der Anwendung des erweiterten Filters.
- ▶ Berechnete Filterkriterien sind in gleicher Weise einsetzbar wie beim Filtern.

In Abbildung 6.24 erkennen Sie die Anwendung von drei Kriterien im Tabellenblatt *Kriterien + DB-Ergebnis*, die erfüllt werden müssen, um Excel zur Berechnung der Summe in Zelle B6 und der Anzahl in B7 zu veranlassen. Alle Kriterien sind mit UND verknüpft. Die Summe bezieht sich auf Datensätze mit dem I-Code 11225, die zum Projekt OPAX gehören und der Location F zugeordnet werden.

▲	A	B	C
1	I-Code	Project	Location
2	11225 OPAX		F
3	✛		
4			
5			
6	Gesamtsumme:	56.323,06 €	
7	Anzahl:	24	

Abbildung 6.24 Berechnung der Summe und Anzahl der Datensätze, die drei definierte Bedingungen erfüllen

6.5.3 Verfügbare Datenbankfunktionen

Wie bereits erwähnt, enthält die Kategorie DATENBANK des Funktionsassistenten die Gruppe der Zusammenfassungsfunktionen, mit denen Sie die in Tabelle 6.4 gezeigten Berechnungen durchführen können.

Datenbankfunktion	Ergebnis
DBANZAHL()	Ermittelt die Anzahl der *Werte* einer Spalte, auf die die definierten Bedingungen zutreffen.
DBANZAHL2()	Ermittelt die Anzahl der *nicht leeren Zellen*, auf die die Bedingungen im Kriterienbereich zutreffen.
DBAUSZUG()	Liefert den Inhalt des Datenfeldes, auf den die definierten Bedingungen zutreffen. Dies ist allerdings nur möglich, wenn das Ergebnis eindeutig ist. Erfüllen mehrere Datensätze die Bedingungen, wird der Fehlerwert #ZAHL! angezeigt. Das Ergebnis #WERT! zeigt hingegen an, dass kein Datensatz die definierten Bedingungen erfüllt.
DBMAX()	Zeigt den Höchstwert in der ausgewählten Spalte an, der die Suchbedingungen erfüllt.
DBMIN()	Liefert im Gegensatz dazu den niedrigsten Wert in der ausgewählten Spalte, der die Suchbedingungen erfüllt.
DBMITTELWERT()	Bildet aus allen Werten der Spalte, die die Bedingungen erfüllen, den Durchschnitt.
DBPRODUKT()	Alle Werte des Datenbankfeldes, für die die Bedingungen zutreffen, werden mit dieser Funktion multipliziert.
DBSTDABW()	Excel führt mit dieser Funktion eine Schätzung der Standardabweichung der betreffenden Datenbankwerte durch, wobei eine Stichprobe verwendet wird.
DBSTDABWN()	Bei Verwendung dieser Funktion resultiert die Berechnung der Standardabweichung aus der Grundgesamtheit.
DBSUMME()	Alle Werte, auf die die Bedingungen zutreffen, werden summiert.
DBVARIANZ()	Die Varianz der betreffenden Datenbankwerte wird auf Basis einer Stichprobe geschätzt.
DBVARIANZEN()	Die Varianz der Datenbankwerte wird mit dieser Funktion aus der Grundgesamtheit berechnet.

Tabelle 6.4 Übersicht über die Datenbankfunktionen

6.5.4 Editieren und Kopieren von Datenbankfunktionen

Die identische Struktur der Datenbankfunktionen und die in den meisten Fällen auch identischen Zellbezüge bei der Berechnung von Ergebnissen legen eine spezifische Arbeitsweise nahe. Wenn Sie – wie im Tabellenblatt *Kriterien + DB-Ergebnis* – in einer Zelle die Datenbanksumme und darunter die Datenbankanzahl kalkulieren möchten, gehen Sie am besten wie folgt vor:

1. Setzen Sie die Zellbezüge für die Datenbank (!$A$1:$J$142), das Datenbankfeld (Transactions!$J$1) und den Kriterienbereich ('Kriterien+DB-Ergebnis'!$A$1:$C$2) mit der Funktionstaste F4 absolut (Abbildung 6.25).

2. Kopieren Sie die Funktion DBSUMME() mit allen Argumenten nach unten.

3. Ersetzen Sie SUMME durch ANZAHL; Excel hilft Ihnen bei Funktionsbezeichnungen und zeigt gegebenenfalls Funktionsargumente an.

Abbildung 6.25 Das Editieren der Datenbankfunktionen ist seit Excel 2007 besonders einfach.

6.5.5 Soll-Ist-Vergleich mithilfe von Datenbankfunktionen

Ein häufig gegen die Datenbankfunktionen vorgebrachter Einwand ist die Tatsache, dass ihre Anwendung stets die Festlegung eines Kriterienbereichs erfordert, was in bestimmten Tabellen schlichtweg als störend empfunden wird. Die Datei *06_Datenbankfunktionen_Auswertung_01.xlsx* verdeutlicht allerdings, dass diese Grundvoraussetzung auch erfüllt werden kann, ohne das Erscheinungsbild der Datei auffällig zu stören.

In dieser Datei erfolgt die Auswahl der anzuwendenden Filterkriterien in den Zellen A2 und B2. Die Ergebnisse der Auswertung werden in den Zellen B4 bis B7 ausgegeben. In den Zeilen 8 und 9 werden die berechneten Ergebnisse zudem in Form eines Balkendiagramms visualisiert (Abbildung 6.26). Lassen Sie uns schauen, wie Sie diese Auswertung Schritt für Schritt aufbauen können.

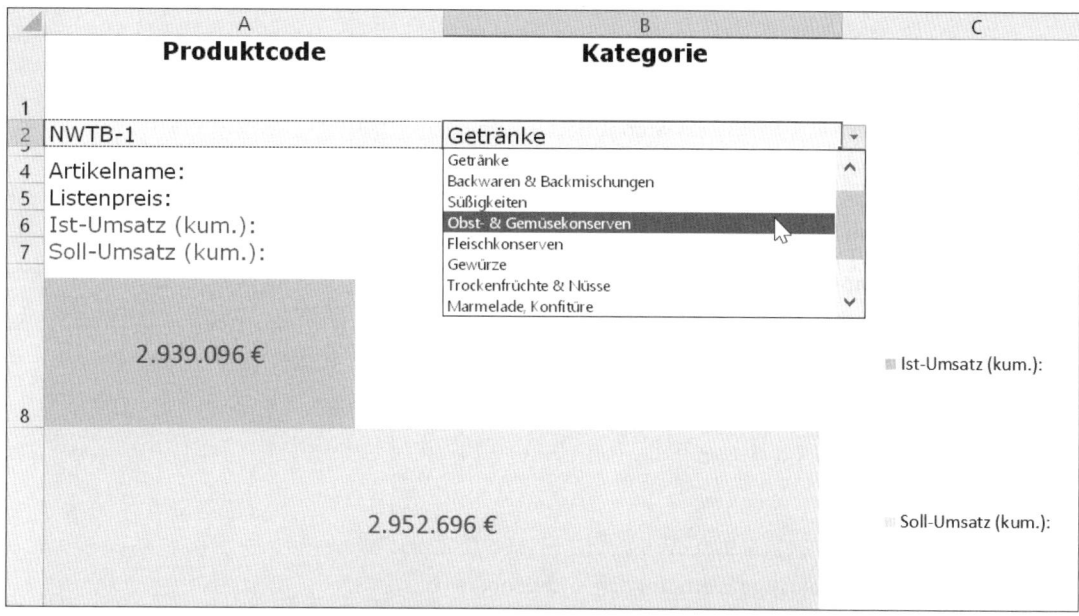

Abbildung 6.26 Einfacher Soll-Ist-Vergleich auf Basis von Datenbankfunktionen

6.5.6 Auswahl von Produktcode oder Kategorie über eine Eingabeliste

Die einfachste Vorgehensweise zur Berechnung der Ist- bzw. Soll-Werte für einen Produktcode wäre es, diesen in Zelle A2, also unmittelbar unter die Spaltenüberschrift PRODUKT-CODE, zu schreiben. Dies ergäbe einen Kriterienbereich, der beispielsweise in Zelle B4 mit der Funktion DBSUMME() ausgewertet werden könnte. Problematisch könnte bei dieser Vorgehensweise allenfalls sein, dass fehlerhafte Eingaben in die Eingabezelle zu falschen oder gar keinen Ergebnissen führen könnten.

Um solche Eingabefehler grundsätzlich zu verhindern, ist die Auswahl der zulässigen Werte für die Eingabezelle ein probates Mittel. Die zulässigen Werte für die Zelle sind bereits im Tabellenblatt *Listen* erfasst worden (Abbildung 6.27). Außerdem wurde den beiden Kriterienlisten bereits jeweils ein Bereichsname zugeordnet. Die beiden Namen lauten PRODUKTLISTE und KATEGORIENLISTE.

In Zelle A2 des Tabellenblattes *Soll-Ist-Vergleich* können Sie nun unter Verwendung der Listen die Eingabewerte beschränken und somit fehlerhafte Eintragungen verhindern:

1. Rufen Sie dazu die Funktion DATEN • DATENTOOLS • DATENÜBERPRÜFUNG auf.

2. Stellen Sie im Listenfeld ZULASSEN die Option LISTE ein.

3. Drücken Sie im Eingabefeld QUELLE die Funktionstaste F3.

4. Wählen Sie dann per Doppelklick den Namen PRODUKTLISTE aus (Abbildung 6.28).

5. Bestätigen Sie die Einstellungen mit einem Klick auf OK.

	A	B	C
1	**Produktcode**		**Kategorie**
2			
3	NWTB-1		Getränke
4	NWTB-34		Backwaren & Backmischungen
5	NWTB-43		Süßigkeiten
6	NWTBGM-19		Obst- & Gemüsekonserven
7	NWTBGM-21		Fleischkonserven
8	NWTCA-48		Gewürze
9	NWTCFV-17		Trockenfrüchte & Nüsse
10	NWTCM-40		Marmelade, Konfitüre
11	NWTCO-3		Öl
12	NWTCO-4		Saucen
13	NWTDFN-14		Suppen
14	NWTDFN-51		
15	NWTDFN-7		
16	NWTJP-6		
17	NWTJP-7		
18	NWTO-5		
19	NWTS-8		
20	NWTSO-41		

Abbildung 6.27 Zulässige Werte für den Kriterienbereich

Wiederholen Sie diesen Vorgang in Zelle B2, in der Sie nur die Werte der Liste KATEGORIE zulassen sollten.

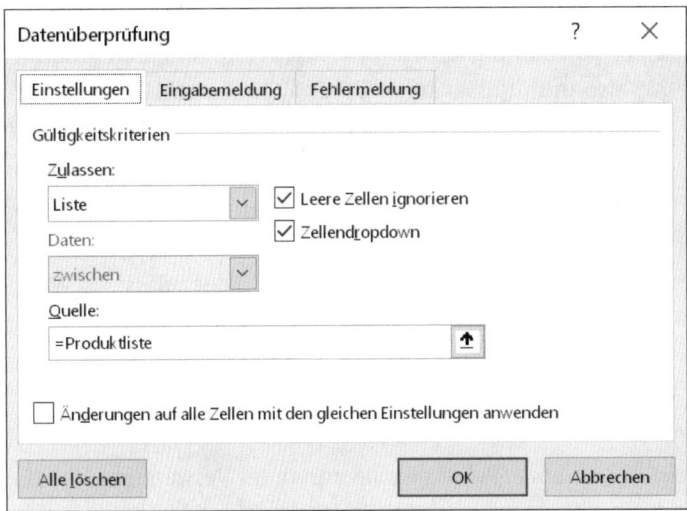

Abbildung 6.28 Definition einer Datenüberprüfung

6.5.7   Ausgabe von Artikelname und Listenpreis

Um in Zelle B4 den Artikelnamen für den ausgewählten Produktcode zu erhalten, lässt sich keine der Datenbankfunktionen verwenden. Der Grund dafür liegt in der Tatsache, dass das in Zelle A2 eingegebene Suchkriterium in der Datenbank mehrfach vorkommt. Für jedes Produkt sind die zu analysierenden Daten monatlich erfasst worden. Die Funktion DBAUSZUG() – die einzige Datenbankfunktion, die in der Lage ist, einen isolierten Zellinhalt auszulesen – reagiert mit dem Fehlerwert #ZAHL! auf das mehrfache Vorkommen der Produktcodes in der Datenbank.

Es bleibt Ihnen in dieser Situation nichts anderes übrig, als den Artikelnamen mit der Funktion SVERWEIS() zu bestimmen:

```
=SVERWEIS(A2;Datenbank;2;FALSCH)
```

Da der Soll-Ist-Vergleich jedoch wahlweise auf Grundlage der Produktcodes oder der Kategorien durchgeführt werden soll, könnte ein Fehlerwert entstehen, wenn Sie eine Kategorie als Kriterium wählen. Denn in diesem Fall würde Ihnen der Produktcode als Suchkriterium für den SVERWEIS() fehlen. Dies führt zwangsläufig zur Ausgabe des Fehlerwertes #NV.

In der Beispieldatei *06_Datenbankfunktionen_Auswertung_01.xlsx* wird dieses Problem mithilfe der neuen Funktion WENNFEHLER(Wert; Wert_falls_Fehler) behoben. Das Argument Wert wird hier durch den SVERWEIS() besetzt; im Fall eines auftretenden Fehlers, also fehlenden Produktcodes, wird mit "" eine Leerzelle zurückgeben:

```
=WENNFEHLER(SVERWEIS(A2;Datenbank;2;FALSCH);"")
```

Die Ausgabe des Listenpreises in Zelle B5 unterliegt den gleichen Vorbedingungen wie die Ausgabe des Artikelnamens. Deshalb wenden Sie in dieser Zelle die folgende Funktion an:

```
=WENNFEHLER(SVERWEIS(A2;Datenbank;3;FALSCH);"")
```

6.5.8   Darstellung der Ist- und Soll-Umsätze mittels Datenbankfunktion

Nachdem Sie die Hürde der fehlerfreien Auswahl von Kriterien hinter sich gelassen haben, steht nun die Summenbildung an. Die Ermittlung der Summen in den Spalten der Ist- und Soll-Umsätze ist eine Aufgabe, für die Datenbankfunktionen bestens geeignet sind. Die beiden Werte sollen in den Zellen B6 und B7 ausgegeben werden (Abbildung 6.29). Dabei sollen wahlweise der Produktcode oder die Kategorie für die Berechnung verwendet werden.

NWTB-1	Getränke
Artikelname:	Northwind Traders Chai
Listenpreis:	18,00 €
Ist-Umsatz (kum.):	2.939.096 €
Soll-Umsatz (kum.):	2.952.696 €

Abbildung 6.29 Berechnete Datenbanksummen für Soll- und Ist-Umsatz

Mit folgenden Parametern gelangen Sie in Zelle B6 ans Ziel:

▶ Die Datenbank befindet sich im Zellbereich A1 bis G163 des Tabellenblattes *Datenbank*.

▶ Das zu summierende Datenbankfeld ist die Zelle F1 des gleichen Tabellenblattes.

▶ Ihr Kriterienbereich befindet sich in den Zellen A1 bis B2 des Tabellenblattes *Soll-Ist-Vergleich*; diese zweispaltige Kriteriendefinition ermöglicht Ihnen wahlweise die Berechnung nach Produkt und Kategorie.

Aus den hier genannten Bausteinen ergibt sich in Zelle B6 folgende Datenbankfunktion:

```
=DBSUMME(Datenbank!$A$1:$G$163;Datenbank!$F$1;$A$1:$B$2)
```

Ziehen Sie die Funktion einfach nach unten in Zelle B7, und ändern Sie den Bezug für das zu summierende Datenbankfeld. Wenn Sie statt $F$1 die Zelle $G$1 angeben, erhalten Sie das Resultat für die Soll- statt für die Ist-Umsätze.

6.5.9   Darstellung der Soll-Ist-Ergebnisse im Diagramm

Mit der Auswahl eines Produkts oder einer Kategorie lässt sich nicht nur der Soll- bzw. Ist-Wert mittels Datenbankfunktion berechnen. Sie können selbstverständlich noch einen Schritt weitergehen und die Ergebnisse grafisch darstellen. Ein Balkendiagramm ließe sich ohne allzu großen Aufwand in Ihr Tabellenblatt integrieren (Abbildung 6.30).

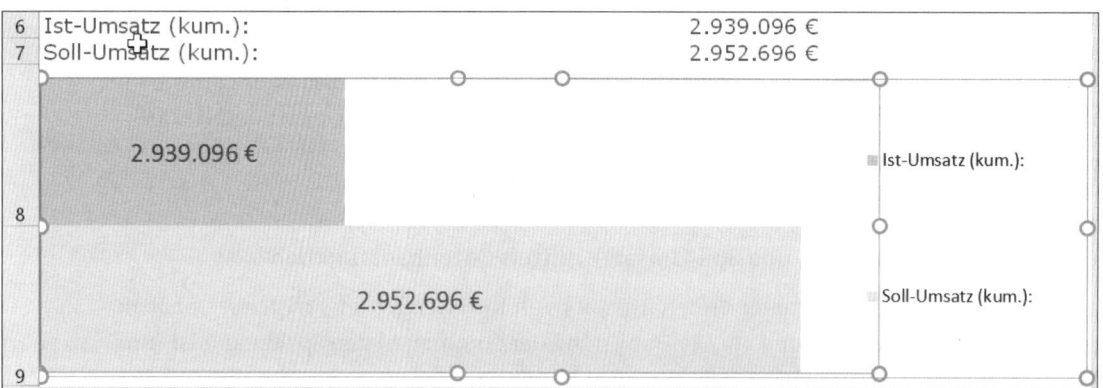

Abbildung 6.30 Darstellung des Soll-Ist-Vergleichs im Diagramm

Wir sollten in diesem Fallbeispiel mit der Zielsetzung antreten, ein Diagramm zu erzeugen, das sich in seinem Erscheinungsbild nahtlos an die restliche Tabelle anpasst. Dies bedeutet konkret, dass Sie

▶ für Diagramm und Tabelle einheitliche Farben einsetzen,

▶ die Diagrammgröße der Tabellengröße anpassen und

▶ alle diagrammspezifischen Markierungen wie Rahmen und Gitternetzlinien ausblenden sollten.

[i]

Auswahl vorgeschlagener Diagramme in Excel 2013 und 2016

Seit Excel 2013 unterbreitet das Programm beim Erstellen von Tabellen, Pivottabellen und auch Diagrammen Vorschläge für geeignete Lösungen. Grundlage ist zumeist der von Ihnen ausgewählte Wertebereich im Tabellenblatt. Wählen Sie in der Beispieldatei den Zellbereich A6 bis B7 aus, und starten Sie Einfügen • Diagramme • Empfohlene Diagramme, bietet Excel Ihnen unter anderem das benötigte gruppierte Balkendiagramm an (Abbildung 6.31). Den Vorschlag übernehmen Sie mit einem Klick auf OK. Anschließend stehen Ihnen die Formatierungsfunktionen für Diagramme zur Verfügung.

6

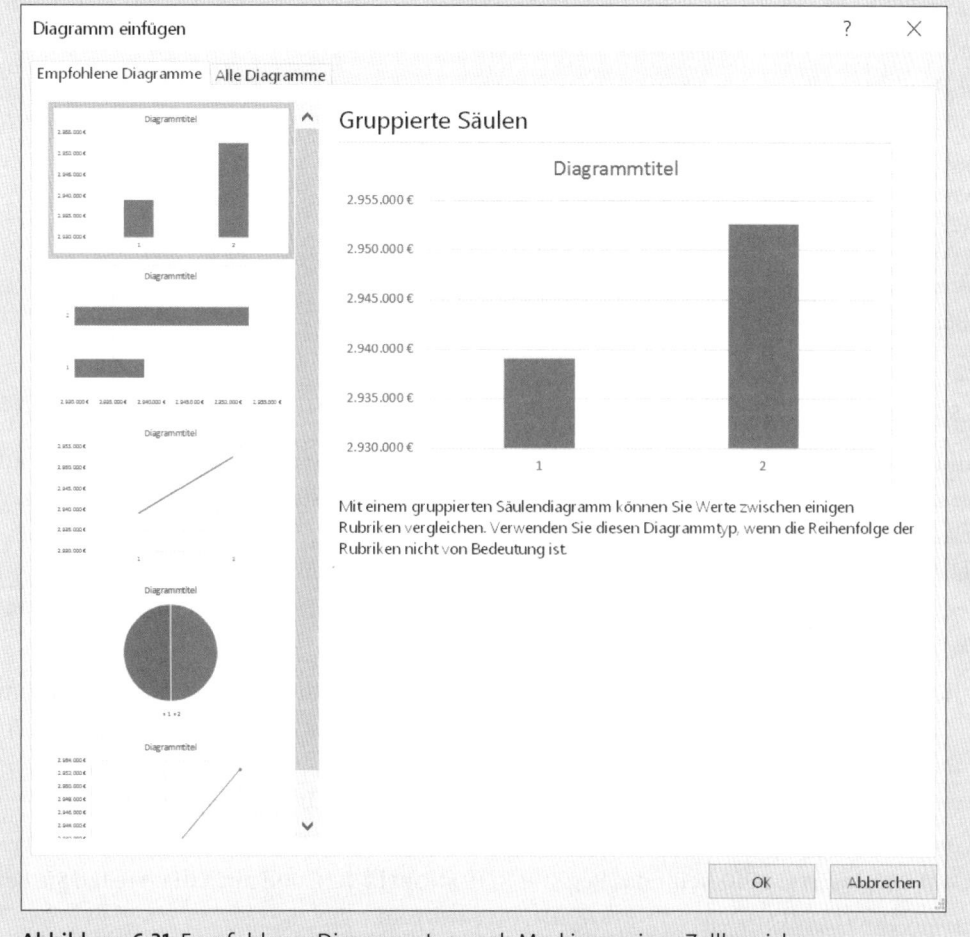

Abbildung 6.31 Empfohlener Diagrammtyp nach Markieren eines Zellbereichs

Beginnen Sie die Diagrammerstellung mit einem Aufruf der Funktion Einfügen • Diagramme • Säulen- oder Balkendiagramm einfügen • 2D-Balken • Gruppierte Balken, ohne dass Sie zuvor einen Datenbereich markiert haben. Sie erkennen, dass sich das Menü seit Excel 2016 verändert hat. Der Aufruf von Säulen- und Balkendiagrammen wurde zusammengefasst. In den früheren Versionen gab es noch für beide Diagrammtypen eine separate Schaltfläche. Nach diesem ersten Schritt erstellen Sie zwei Datenreihen in diesem Diagramm, die jeweils nur einen einzigen Datenpunkt besitzen. Dazu klicken Sie auf DIAGRAMMTOOLS • ENTWURF • DATEN AUSWÄHLEN • HINZUFÜGEN. Die erste Datenreihe soll den Wert aus Zelle B7, die Soll-Umsätze, enthalten. Den Datenreihennamen holen Sie sich für diese Datenreihe aus Zelle A7 (Abbildung 6.32). Den gesamten Vorgang des Anlegens einer Datenreihe wiederholen Sie anschließend mit den Zellinhalten der Zellen A6 und B6 für die Ist-Umsätze. Sollte Excel beim Starten der Funktion eventuell selbstständig Werte markiert haben, löschen Sie diese über die Schaltfläche ENTFERNEN.

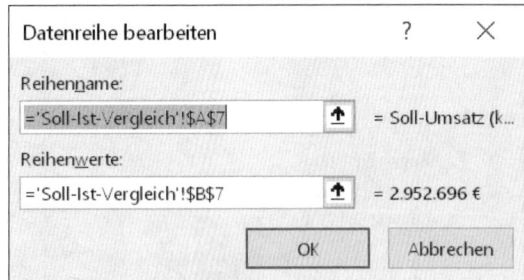

Abbildung 6.32 Die Datenreihen des Diagramms bestehen aus nur einem Datenpunkt.

6.5.10   Formatierung des Diagramms

Ist das Diagramm erst einmal erstellt, kommen noch einige Schritte der Formatierung auf Sie zu. In Excel 2013 wurde die Menüstruktur für Diagramme stark verändert, auch wenn es relativ wenig neue Funktionalitäten gibt. Doch lassen Sie uns zunächst mit einer auf die Tabelle bezogenen Anpassung beginnen: Ändern Sie zunächst die Höhe der Zeilen 8 und 9, in denen das Diagramm positioniert werden soll. Dann nehmen Sie der Reihe nach die folgenden Anpassungen am Diagramm selbst vor:

1. Klicken Sie mit der rechten Maustaste auf eine der Datenreihen, und wählen Sie aus dem Kontextmenü die Option DATENREIHEN FORMATIEREN. Seit Excel 2013 werden die Bearbeitungsfunktionen am rechten Bildschirmrand angezeigt, während die Vorgängerversionen noch eine konventionelle Dialogbox in der Bildschirmmitte öffnen.

2. In den DATENREIHENOPTIONEN von Excel 2013 und 2016 stellen Sie die ABSTANDSBREITE auf 0 %. In Excel 2010 heißt das Register REIHENOPTIONEN, und auch hier stellen Sie bei der Option ABSTANDSBREITE 0 % (KEIN ABSTAND) ein.

3. Bereits beim Entfernen der Rubrikenachse zeigt sich die geänderte Struktur des Menüs seit Excel 2013, denn Sie ergänzen oder löschen Elemente nun über das Plussymbol (DIAGRAMMELEMENTE) rechts neben dem Diagramm. Klicken Sie darauf, und wählen Sie ACHSEN. Entfernen Sie dort jeweils das Häkchen vor PRIMÄR VERTIKAL und PRIMÄR HORIZONTAL, um beide Achsen aus dem Diagramm zu entfernen (Abbildung 6.33). Klicken Sie abschließend erneut auf das Plussymbol, um die Dialogbox auszublenden.

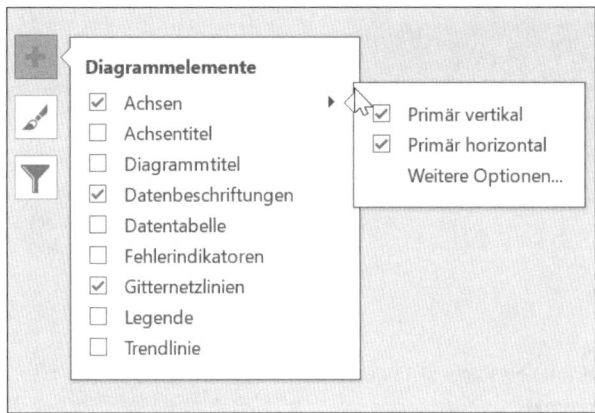

Abbildung 6.33 Entfernen und Hinzufügen von Elementen eines Diagramms ab Excel 2016

In Excel 2010 gehen Sie wie folgt vor: Klicken Sie mit der rechten Maustaste die vertikale Rubrikenachse an, wählen Sie ACHSE FORMATIEREN und dann im Register ACHSENOPTIONEN für ACHSENBESCHRIFTUNGEN die Einstellung KEINE. Damit verschwindet die Rubrikenachse aus dem Blickfeld. Wiederholen Sie den Vorgang für die horizontale Größenachse. Stellen Sie hier die Optionen HAUPTSTRICHTYP, HILFSSTRICHTYP und ACHSENBESCHRIFTUNGEN allesamt ebenfalls auf KEINE. In derselben Dialogbox wählen Sie im Register LINIENFARBE die Option KEINE LINIE, um auch alle Elemente der horizontalen Achse auszublenden.

4. Markieren Sie die Gitternetzlinien, und stellen Sie die Formatierung über die Option GITTERNETZLINIEN auf KEINE LINIE, um auch diesen Teil des Diagramms auszublenden. Seit Excel 2013 können Sie analog auch hier auf das Plussymbol rechts am Diagramm klicken und das Häkchen bei GITTERNETZLINIEN entfernen.

5. Optimieren Sie gegebenenfalls die Position der Legende am rechten Rand des Diagramms, und ziehen Sie sie dann so weit auseinander, dass sich ihre Beschriftungen auf gleicher Höhe mit den Balken des Diagramms befinden.

6. Fügen Sie durch einen Rechtsklick auf jede Datenreihe und die danach ausgewählte Option DATENBESCHRIFTUNGEN HINZUFÜGEN im Kontextmenü die Anzeige der Ergebniswerte des Soll-Ist-Vergleichs den Balken hinzu. Mit einem weiteren Rechtsklick auf die Datenbeschriftung selbst können Sie ihre Position anpassen (DATENBESCHRIFTUNGEN FORMATIEREN). Im Register BESCHRIFTUNGSOPTIONEN gelingt Ihnen dies am besten, wenn Sie als BESCHRIFTUNGSPOSITION den Wert ZENTRIERT einstellen.

7. Seit Excel 2013 steht Ihnen die Option mit der Funktion DATENLEGENDEN HINZUFÜGEN zur Verfügung, die Sie unter DATENBESCHRIFTUNGEN HINZUFÜGEN finden (Abbildung 6.34). Wenn Sie sie wählen, sollten Sie allerdings im Menü DATENREIHENOPTIONEN im Register BESCHRIFTUNGSOPTIONEN den RUBRIKENNAMEN deaktivieren.

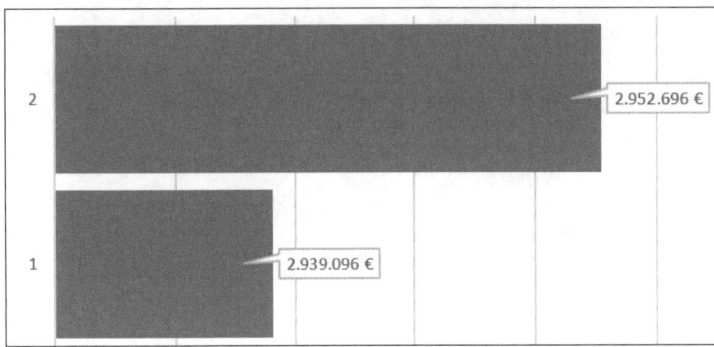

Abbildung 6.34 Datenlegenden enthalten seit Excel 2013 einen Rahmen und Verweis auf den jeweiligen Datenpunkt.

Die Menüänderungen für Diagramme seit Excel 2013 beziehen sich zunächst darauf, dass das Untermenü LAYOUT in den DIAGRAMMTOOLS verschwunden ist. Seine Aufgaben, das Hinzufügen und Entfernen von Elementen, übernimmt nun die Funktion DIAGRAMMELEMENTE, die als Plussymbol rechts neben dem Diagramm angezeigt wird.

Die verschiedenen Menübereiche für Diagramme und die darin angebotenen Optionen beschreibt Tabelle 6.5.

Dialogbox oder Symbol	Menü
die Dialogbox FORMATIEREN	Diese Dialogbox wird auf der rechten Seite angezeigt, wenn Sie ein Element des Diagramms mit der rechten Maustaste anklicken und im Kontextmenü die Option zum Formatieren wählen.
	Die Dialogbox besteht aus zwei Registern: TITELOPTIONEN und TEXTOPTIONEN. Alle Elemente, die keinen Text enthalten (Datenreihen, Zeichnungsfläche etc.), enthalten nur ein Register.
die Ebene OPTIONEN	Diese Ebene wird mit Texten bezeichnet.
	Haben Sie ein Element gewählt, das eine Beschriftung enthält (Titel, Legende, Datenbeschriftung etc.), bestehen die Optionen aus zwei Registern: ein Register, das je nach Auswahl mit TITELOPTIONEN, ACHSENOPTIONEN oder auch BESCHRIFTUNGSOPTIONEN bezeichnet ist, und die TEXTOPTIONEN. Alle Elemente, die keinen Text enthalten (Datenreihen, Zeichnungsfläche etc.), enthalten nur ein Register.

Tabelle 6.5 Die Struktur des Diagrammmenüs

Dialogbox oder Symbol	Menü
	BESCHRIFTUNGS-, TITEL-, ACHSENOPTIONEN Diese Ebene wird nicht mit Text, sondern mit Symbolen bezeichnet. Wenn Sie diese Register aktivieren, werden für das ausgewählte Element maximal vier Optionen angeboten. FÜLLUNG UND LINIE: Hier legen Sie die Füllfarben, die Linienart und -stärke für flächige Objekte wie Datenpunkte und Rechtecke fest. EFFEKTE: Man darf behaupten, dass diese Option all jene Gestaltungsmöglichkeiten auflistet, von denen man im Sinne guter Lesbarkeit der Diagramme lieber die Finger lässt (Schattierungen, 3D-Effekte und viel anderes Sinnloses mehr). GRÖSSE UND EIGENSCHAFTEN: Sofern ein Element in seiner Größe veränderlich ist (beispielsweise die Diagrammfläche), können Sie hier die Größe millimetergenau einstellen. Das ginge aber über DIAGRAMMTOOLS • FORMAT • GRÖSSE schneller. Ansonsten dient die Option der Ausrichtung, z. B. von Texten. BESCHRIFTUNGSOPTIONEN: Diese Auswahl wird nur angezeigt, wenn das ausgewählte Element einen Bezug zu einer Datenreihe hat. Verzeihen Sie den Entwicklern, dass die Bezeichnung der Option bei Textelementen identisch mit dem übergeordneten Register ist (BESCHRIFTUNGSOPTIONEN). Verzeihen Sie auch, dass das Symbol bei der Auswahl von Datenreihen auf einmal eine zweite, abweichende Bezeichnung hat (DATENREIHENOPTIONEN). Dann stellen Sie fest, dass sich hinter dem Symbol so unterschiedliche Funktionen wie Abstandsbreiten bei Datenreihen oder die Beschriftungsauswahl für Datenbeschriftungen befinden.
	TEXTOPTIONEN Es werden drei Optionen angeboten: Textfüllung und -kontur, Texteffekte und Textfeld. Die beiden ersten Optionen enthalten Möglichkeiten, die verwendete Schrift mit zahlreichen Fülleffekten und Farbverläufen (!) zu formatieren oder Leuchteffekte zu verwenden. Es wird der Aussagekraft Ihrer zukünftigen Diagramme keinesfalls schaden, wenn Sie diese Funktionen nie benutzen. TEXTFELD: Die horizontalen und vertikalen Ausrichtungsfunktionen finden Sie in diesem Menü.

Tabelle 6.5 Die Struktur des Diagrammmenüs (Forts.)

Erhalten geblieben ist in den neueren Excel-Versionen die Grundfunktion, die bei einem Rechtsklick mit der Maus auf eines der Diagrammelemente über das Kontextmenü zumeist einen guten Einstieg in die entsprechenden Formatierungsfunktionen offeriert. Alle Versionen bieten zudem eine Option, ein ausgewähltes Element über das Menü zu formatieren. Dies ist besonders nützlich, wenn ein Element so klein ist, dass es sich mit der rechten Maustaste nicht zuverlässig anklicken lässt.

In Excel 2010 können Sie diese Option direkt über das Menü Diagrammtools • Layout ausführen. Dort wählen Sie in der Gruppe Aktuelle Auswahl zuerst das Diagrammelement aus und klicken dann auf Auswahl formatieren. In der daraufhin angezeigten Dialogbox nehmen Sie dann die gewünschten Änderungen vor (Abbildung 6.35). Seit Excel 2013 wurde diese Funktion in Diagrammtools • Format • Aktuelle Auswahl übernommen.

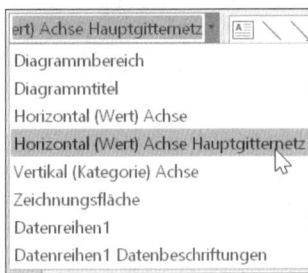

Abbildung 6.35 Auswahl zu formatierender Elemente in den »Diagrammtools«

6.6   Konsolidierung von Daten

In den bisherigen Beispielen lagen die Basisdaten, die einer Analyse unterzogen werden sollten, jeweils in Form einer einfachen Excel-Liste und in einem Tabellenblatt vor. Dies ist natürlich nicht immer so. Wenn Sie beispielsweise monatlich Daten aus einem anderen Programm oder eventuell auch als Textdatei erhalten, werden Sie sich sicherlich die Frage stellen, wie Sie solche Daten am schnellsten zusammenführen können.

Excel verfügt über eine Funktion zur Konsolidierung von Daten, die sehr hilfreich sein kann, wenn die Daten, die Sie zusammenführen möchten, geeignete Voraussetzungen mitbringen:

▸ Die Tabellen, die konsolidiert werden sollen, müssen über korrekt bezeichnete oder genauer gesagt codierte Zeilen- und/oder Spaltenbeschriftungen verfügen.

▸ Die Werte, die Sie berechnen möchten, sollten nach Möglichkeit unmittelbar neben den Zeilenbeschriftungen stehen.

▸ Verbundene Zellen, beispielsweise im Bereich der Überschriften, sollten in den Tabellen nicht verwendet werden.

▸ Die Tabellen sollten grundsätzlich einen gleichartigen Aufbau besitzen, z. B. die gleiche Abfolge von Spalten haben (Abbildung 6.36).

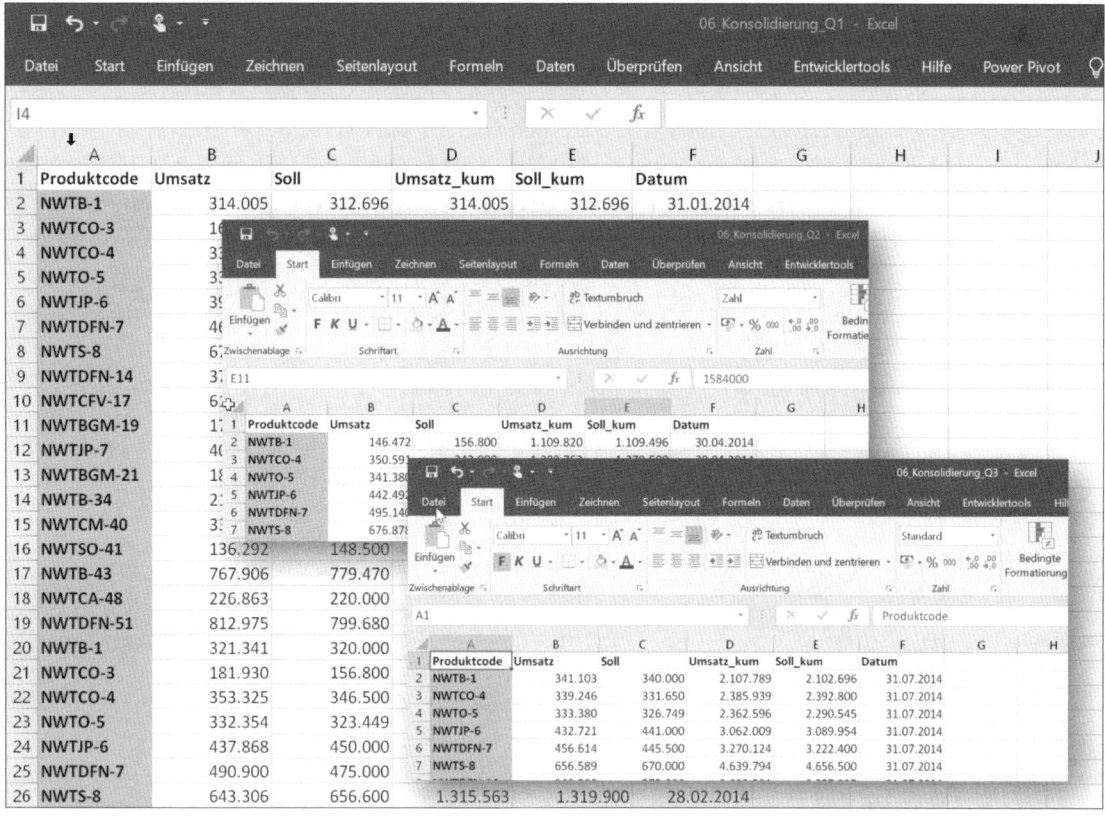

Abbildung 6.36 Konsolidierungsbereiche, bestehend aus den Daten aus Q1, Q2 und Q3, sollten einen identischen Aufbau besitzen.

6.6.1   Betrachtung der Ausgangsdaten

Bei Betrachtung des Konsolidierungsbereichs im Tabellenblatt *Q1* der Arbeitsmappe *06_Konsolidierung_01.xlsx* ist erkennbar, dass in Spalte A eine Produktcodierung verwendet wird (Abbildung 6.37). Dies lässt darauf schließen, dass zur Identifizierung der Produkte eindeutige Bezeichnungen verwendet wurden.

	A	B	C	D	E	F
1	Produktcode	Umsatz - Q1	Soll - Q1	Umsatz_kum	Soll_kum	Datum
2	NWTB-1	314.005	312.696	314.005	312696	31.01.2014
3	NWTCO-3	163.020	153.935	163.020	153935,1	31.01.2014
4	NWTCO-4	333.185	340.000	333.185	340000	31.01.2014

Abbildung 6.37 Aufbau eines typischen Konsolidierungsbereichs

Möchten Sie dem Augenschein in dieser Situation nicht völlig trauen, sondern die Qualität der Daten eingehender prüfen, stehen Ihnen zwei Verfahren zur Verfügung:

1. Durch Einschalten der Funktion AutoFilter und die anschließende Auswahl des Listenfeldes in Spalte A erkennen Sie leicht, ob einzelne Produktcodes, die für ein Produkt gelten, irrtümlich in unterschiedlicher Schreibweise in die Liste eingegeben wurden.

2. Durch Kopieren aller Codierungen aus den Spalten A der verschiedenen Konsolidierungsbereiche in die Spalte eines neuen Tabellenblattes und durch Filtern der Duplikate über Daten • Datentools • Duplikate entfernen stellen Sie sehr schnell fest, ob in der Gesamtheit der verschiedenen Listen fehlerhafte Codierungen enthalten sind (Abbildung 6.38).

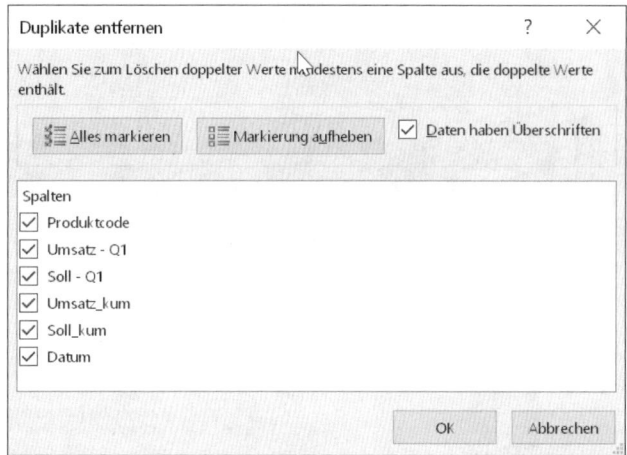

Abbildung 6.38 Die Funktion zum Filtern von Duplikaten bietet Excel seit der Version 2007.

6.6.2   Verwendbare Spalten für die Konsolidierung

Nachdem die Frage zur Verwendbarkeit der Codierung in Spalte A beantwortet ist, sollten Sie einen genaueren Blick auf die Tabellenstruktur werfen. Bei Betrachtung der Daten in Abbildung 6.37 erkennen Sie, dass zwischen den Beschriftungen in Spalte A und den für eine Konsolidierung interessanten Werten in den Spalten B bis E keine überflüssigen Daten vorhanden sind. Aber was sind überflüssige Daten eigentlich? Überflüssige Daten könnten im Einzelfall aus Spalten bestehen, die zwischen der Beschriftung in Spalte A und den Werten stehen und wahlweise Textinhalte, Datumswerte oder Zahlen wie Produktnummern, also nicht konsolidierbare Werte, enthalten.

Das Beispiel in Abbildung 6.39 veranschaulicht, wie Excel mit solchen für die Konsolidierung unbrauchbaren Daten verfährt. Während Spalten, die Texte enthalten, nach der Konsolidierung einfach leer angezeigt werden, kommt es sowohl bei den Datums- als auch bei den sonstigen Zahlen zu einer Konsolidierung der Spalten unter der Verwendung der für die Konsolidierung ausgewählten Funktion. Im Beispiel ist dies die Funktion Summe. Dies führt zu dem kuriosen Resultat, dass die Datumswerte in der zweiten Spalte zu einem Datum in ferner Zukunft summiert werden. Die Summe der im unteren Beispiel verwendeten Nummerierung ist allerdings nicht weniger unbrauchbar für den Benutzer der Daten.

	Text	Betrag
123		210
234		410
345		501
456		241

	Datum	Betrag
123	01.01.2133	210
234	01.01.2133	410
345	05.05.2133	501
456	05.05.2133	241

	KdNr.	Betrag
123	2002	210
234	2004	410
345	2004	501
456	2006	241

Abbildung 6.39 Konsolidierung von Text-, Datums- und Zahlenspalten

6.6.3 Verwendung von Spaltenüberschriften bei der Konsolidierung

Da die Konsolidierung wesentliche Daten auch aus den Spaltenüberschriften gewinnen kann, sollten Sie auch diesem Bereich ausreichend Aufmerksamkeit schenken. Wenn Sie durch die drei Tabellenblätter *Q1*, *Q2* und *Q3* der Beispieldatei blättern, werden Sie feststellen, dass die Beschriftungen in den ersten Zeilen absolut *identisch* sind. Wenn Sie z. B. die drei Spalten, die Angaben zum Umsatz enthalten, in *einer gemeinsamen Spalte* zusammenführen möchten, ist dieser Aufbau ideal.

Produktcode		
NWTB-1	1.766.686	
NWTCO-3	1.150.095	
NWTCO-4	2.046.693	
NWTO-5	2.029.215	
	Umsatz - Q1	Umsatz - Q2
NWTB-1	963.348	803.338
NWTCO-3	511.967	638.128
NWTCO-4	1.038.171	1.008.522
NWTO-5	1.026.235	1.002.980
NWTJP-6	1.291.316	1.337.972

Abbildung 6.40 Konsolidierung in eine oder mehrere Spalten

Möchten Sie hingegen die Daten der Originaltabellen durch eine Konsolidierung zunächst einmal in *verschiedenen Spalten* nebeneinander anordnen, wie dies im unteren Teil von Abbildung 6.40 geschehen ist, dann ist es notwendig, dass sich die Spaltenüberschriften in den Ausgangstabellen *eindeutig voneinander unterscheiden*. Im Beispiel ist dies dadurch erreicht worden, dass der erste Konsolidierungsbereich die Überschrift *Umsatz – Q1*, der zweite *Umsatz – Q2* verwendet.

6.6.4   Konsolidierung der Daten einer Arbeitsmappe

Die einfachste Form, Daten in Excel zu konsolidieren, ist es, Inhalte aus den verschiedenen Tabellenblättern einer Arbeitsmappe zusammenzuführen. In der Beispielarbeitsmappe existieren drei Tabellenblätter mit Quartalsergebnissen. Die drei Tabellen sollen nun im vierten Tabellenblatt *Konsolidierung Q1 bis Q3* konsolidiert werden. Dazu bewegen Sie den Cursor in Zelle A1 des Tabellenblattes und starten die Funktion DATEN • DATENTOOLS • KONSOLIDIEREN.

Konsolidierungseinstellungen sind immer an das jeweilige Tabellenblatt der Arbeitsmappe gebunden, in dem sie erstellt wurden. Wenn in diesem Tabellenblatt noch keine Konsolidierung konfiguriert wurde, zeigt Ihnen Excel die in Abbildung 6.41 gezeigte Dialogbox KONSOLIDIEREN an. In ihr sind keine Konsolidierungsbereiche für dieses Blatt sichtbar, selbst wenn bereits für andere Tabellenblätter der Arbeitsmappe Konsolidierungen definiert wurden.

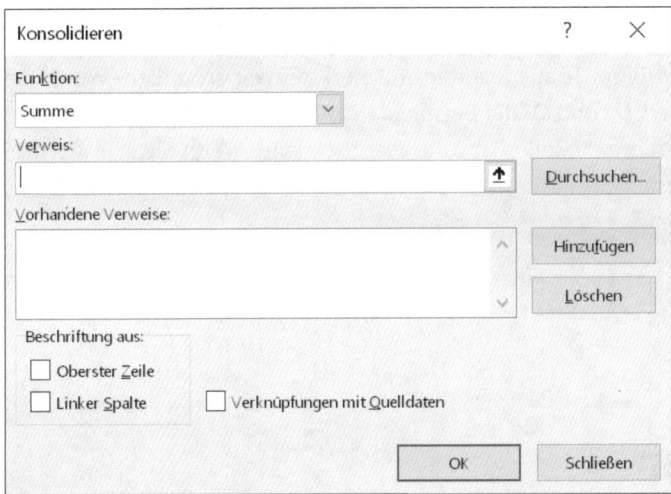

Abbildung 6.41 Dialogbox zur Definition der Konsolidierung

Sie ändern diesen Zustand, indem Sie zunächst im Listenfeld FUNKTION die Funktion auswählen, mit der die Konsolidierung durchgeführt werden soll, und – nachdem Sie den Cursor im Eingabefeld VERWEIS positioniert haben – den Zellbereich A1 bis C55 im Tabellenblatt *Q1* markieren. Anschließend klicken Sie auf HINZUFÜGEN. Excel trägt den ausgewählten Zellbereich nun in die Liste des Feldes VORHANDENE VERWEISE ein (Abbildung 6.42).

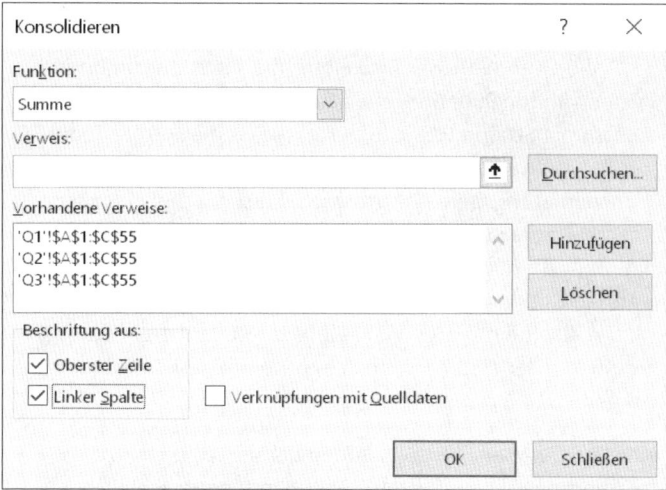

Abbildung 6.42 Auswahl der Konsolidierungsbereiche

Wiederholen Sie diese Schritte, um auch die Konsolidierungsbereiche in den Tabellenblättern *Q2* und *Q3* in die Liste aufzunehmen. Dazu reicht es aus, mit der Maus auf das Tabellenregister *Q2* zu klicken. Sofern die Konsolidierungsbereiche die gleiche Größe und Struktur besitzen, übernimmt Excel den Zellbereich aus der ersten Tabelle. Und Sie müssen die Auswahl des Bereichs lediglich durch einen Klick auf HINZUFÜGEN noch bestätigen.

Bei der Konsolidierung verfügbare Funktionen

Wenn Sie die Funktion KONSOLIDIEREN anwenden, stoßen Sie erneut – wenn auch in leicht abgewandelter Bezeichnung – auf die bereits bekannten Zusammenfassungsfunktionen (siehe dazu Abschnitt 6.2.1, »AutoFilter und die Funktion TEILERGEBNIS()«).

6.6.5 Übernahme der Beschriftung und Konsolidierung aus der linken Spalte

Zwei von drei Informationen, die für die Konsolidierung benötigt werden, haben Sie bereits in den vorangegangenen Abschnitten festgelegt. Durch die Cursorposition steht fest, an welcher Stelle die Konsolidierung eingefügt werden soll. Die Tabellenbereiche, die für die Konsolidierung berücksichtigt werden sollen, wurden ebenfalls bereits benannt. Die dritte noch fehlende Information ist die Angabe der Grundlage, auf der konsolidiert werden soll.

Hier stehen vier unterschiedliche Möglichkeiten zur Verfügung, wie Tabelle 6.6 veranschaulicht.

Konsolidierungsmerkmal	Konsolidierungsergebnis
Zeilen	Bei der Auswahl der Zeilen als Grundlage der Konsolidierung führt Excel die Werte von Zeilen, die die gleiche Beschriftung (z. B. eine Kunden- oder Artikelnummer) besitzen, mit der ausgewählten Funktion, etwa Summe oder Mittelwert, zusammen. Damit ist sichergestellt, dass die korrespondierenden Werte zusammengefasst werden, auch wenn die Konsolidierungsbereiche unterschiedlich sortiert sind. Kommen mehrere Werte zu einer Beschriftung in einem Konsolidierungsbereich vor, z. B. die Daten der Monate Januar, Februar und März im Tabellenblatt *Q1*, werden auch diese Werte zu einem Wert konsolidiert. Die Zeilenbeschriftungen werden in der ersten Spalte der konsolidierten Tabelle eingetragen.
Spalten	Die Spaltenüberschriften werden herangezogen, um die Konsolidierung durchzuführen. Spalten mit identischen Überschriften werden somit auf Grundlage der ausgewählten Funktion zusammengefasst. Enthalten die Spalten unterschiedliche Überschriften, z. B. *Q1, Q2, Q3*, werden sie bei der Konsolidierung als Einzelergebnisse nebeneinander dargestellt. Werden nicht ausdrücklich auch die Zeilen als Merkmal für die Konsolidierung aktiviert, konsolidiert Excel allein auf Grundlage der Reihenfolge der Datensätze. Dies führt zu Fehlern, wenn die Tabellen unterschiedlich sortiert sind.
Zeilen und Spalten	Die Berücksichtigung der Zeilenbeschriftungen stellt sicher, dass auch unterschiedliche Tabelleninhalte und Sortierungen zu einer korrekten Konsolidierung führen. Die Einbeziehung der Spaltenüberschriften führt zur Ausgabe aller Einzelergebnisse in einer gemeinsamen Tabelle. Mit diesen Ergebnissen kann anschließend weitergearbeitet werden.
weder Zeilen noch Spalten	Excel erstellt eine Konsolidierung aller Werte der einzelnen Konsolidierungsbereiche. Die erste Spalte und damit die Zeilenbeschriftungen der Tabellen werden nicht als Konsolidierungsgrundlage eingesetzt. Zusammengefasst werden die Werte somit lediglich auf Basis ihrer Reihenfolge in den verschiedenen Tabellen. Unterscheidet sich die Reihenfolge in den Tabellen, werden Werte zusammengefasst, die nicht korrespondieren.

Tabelle 6.6 Möglichkeiten der Datenkonsolidierung

Um sowohl die Werte aus den einzelnen Monaten eines Tabellenblattes als auch aus den drei Quartalen zusammenzufassen, müssen Sie in jedem Fall die Beschriftung aus den Zeilen erstellen lassen (Abbildung 6.43). Da die Spaltenüberschriften in den Zellen B1 und C1 aller Tabellenblätter identisch sind, wird die Auswahl der Option SPALTEN auf Ebene der Kalkulation keine Folgen haben. Den einzigen Effekt, den Sie erzielen, ist, dass Excel die Überschriften Umsatz und Soll auch in die Konsolidierungstabelle schreiben wird.

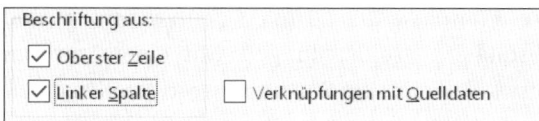

Abbildung 6.43 Konsolidierung auf Basis der Produktcodes der Basistabellen

Klicken Sie auf OK, um die Funktion auszuführen. Als Ergebnis erhalten Sie an der Cursorposition die in Abbildung 6.44 dargestellte Ergebnistabelle.

	A	B	C
1	Produktcode	Ist	Soll
2	NWTB-1	2.779.157	2.775.896
3	NWTCO-3	1.662.512	1.584.585
4	NWTCO-4	3.061.873	3.059.450
5	NWTO-5	3.052.653	2.944.043
6	NWTJP-6	3.946.786	3.956.754
7	NWTDFN-7	4.198.771	4.117.900
8	NWTS-8	5.972.709	5.976.400
9	NWTDFN-14	3.369.763	3.303.975
10	NWTCFV-17	5.709.469	5.705.560
11	NWTBGM-19	1.403.712	1.332.000
12	NWTJP-7	3.601.030	3.599.800
13	NWTBGM-21	1.718.075	1.640.150
14	NWTB-34	2.068.945	2.066.700
15	NWTCM-40	2.990.071	2.886.895
16	NWTSO-41	1.313.215	1.336.500
17	NWTB-43	7.009.244	6.929.488
18	NWTCA-48	1.973.865	1.989.430
19	NWTDFN-51	7.444.244	7.383.080

Abbildung 6.44 Konsolidierungsergebnis

6.6.6   Konsolidierung auf Basis der Spaltenüberschriften

Das Ergebnis der ersten Konsolidierung kann sich zweifelsfrei sehen lassen. Am ehesten werden Sie eventuell bemängeln, dass die Einzelergebnisse der Quartale in der jetzigen Konsolidierung zugunsten eines Gesamtergebnisses nicht erkennbar sind. Doch dies können Sie selbstverständlich ändern.

Es bedarf nur einer kleinen Korrektur der Spaltenüberschriften, um die Grundstruktur der Konsolidierung zu modifizieren. Ändern Sie den Titel in Zelle B1 des Tabellenblattes *Q1* von *Umsatz* in *Umsatz – Q1*, den in Tabellenblatt *Q2* in *Umsatz – Q2* und schließlich den im Tabellenblatt *Q3* in *Umsatz – Q3*. Ändern Sie auch die Überschriften in Zelle C1 der drei Blätter entsprechend.

Um sich die Arbeit der Definition sämtlicher Konsolidierungsbereiche zu sparen, erstellen Sie am besten eine Kopie des Tabellenblattes *Konsolidierung Q1 bis Q3*, denn wie gesagt sind Tabellenblätter der Speicherort der Konsolidierungseinstellungen. Mit einem rechten Mausklick auf das Tabellenregister und Auswahl der Option VERSCHIEBEN ODER KOPIEREN erstellen Sie somit nicht nur eine Kopie der Tabellenblattinhalte, sondern auch der Konsolidierungsvorgaben des Tabellenblattes. Aktivieren Sie in der angezeigten Dialogbox VERSCHIEBEN ODER KOPIEREN die Option KOPIE ERSTELLEN, bevor Sie Ihre Wahl mit OK bestätigen (Abbildung 6.45).

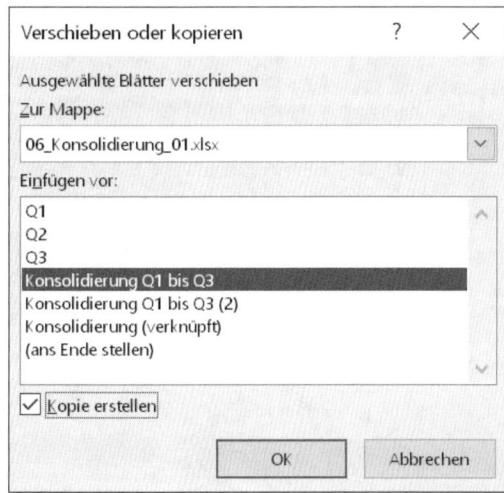

Abbildung 6.45 Kopieren des Tabellenblattes und seiner Konsolidierungseinstellungen

An den Konsolidierungseinstellungen müssen Sie keine Veränderungen vornehmen. Auf Basis der Beschriftungen in ZEILEN und SPALTEN erhalten Sie nun eine Tabelle, in der sämtliche Produkte gelistet und alle Quartalsergebnisse in separaten Spalten nebeneinander ausgegeben werden (Abbildung 6.46).

Diese Tabelle bildet wiederum eine gute Grundlage, um weitere Berechnungen durchzuführen. Beispielsweise könnten Sie in ihr die drei Quartalsergebnisse für Ist- und Soll-Umsatz addieren.

Wenn Sie sich die Tabelleninhalte genauer ansehen, werden Sie feststellen, dass die Ergebnisse der Konsolidierung als feste Werte in dieses Tabellenblatt geschrieben wurden. Es gibt also keine Verknüpfung mehr zu den ursprünglichen Tabellen.

	A	B	C	D	E	F	G
1	Produktcode	Umsatz - Q1	Soll - Q1	Umsatz - Q2	Soll - Q2	Umsatz - Q3	Soll - Q3
2	NWTB-1	963.348	952.696	803.338	810.000	1.012.471	1.013.200
3	NWTCO-3	511.967	467.535	638.128	633.600	512.417	483.450
4	NWTCO-4	1.038.171	1.036.500	1.008.522	1.024.650	1.015.180	998.300
5	NWTO-5	1.026.235	976.947	1.002.980	986.848	1.023.437	980.247
6	NWTJP-6	1.291.316	1.307.954	1.337.972	1.341.000	1.317.498	1.307.800
7	NWTDFN-7	1.428.540	1.415.650	1.384.970	1.361.250	1.385.261	1.341.000
8	NWTS-8	1.960.030	1.976.500	2.023.175	2.010.000	1.989.504	1.989.900
9	NWTDFN-14	1.099.600	1.080.225	1.139.611	1.102.600	1.130.552	1.121.150
10	NWTCFV-17	1.871.966	1.870.740	1.902.063	1.888.480	1.935.440	1.946.340
11	NWTBGM-19	467.436	442.500	484.993	445.500	451.283	444.000
12	NWTJP-7	1.201.814	1.184.000	1.172.436	1.188.000	1.226.780	1.227.800
13	NWTBGM-21	597.655	554.400	574.230	564.300	546.190	521.450
14	NWTB-34	674.353	680.800	681.215	690.300	713.377	695.600
15	NWTCM-40	998.580	951.375	978.847	965.525	1.012.644	969.995
16	NWTSO-41	425.303	448.500	445.081	445.500	442.831	442.500
17	NWTB-43	2.325.724	2.315.026	2.333.858	2.307.231	2.349.662	2.307.231
18	NWTCA-48	643.324	657.340	670.537	659.340	660.004	672.750
19	NWTDFN-51	2.455.593	2.443.080	2.514.656	2.473.400	2.473.995	2.466.600

Abbildung 6.46 Konsolidierungsergebnis nach Verwendung unterschiedlicher Spaltenbeschriftungen

6.6.7   Verknüpfung der Konsolidierung mit den Originaldaten

Es mag nun aber auch Situationen geben, in denen Sie gerne in Ihrem Tabellenblatt auf aktualisierbare Verknüpfungen zu den ursprünglichen Konsolidierungsbereichen statt auf fixe Werte in der Ergebnistabelle zugreifen möchten. In diesem Fall käme die dritte Option in der Dialogbox KONSOLIDIEREN zum Tragen: die Option VERKNÜPFUNGEN MIT QUELLDATEN (Abbildung 6.43).

Kopieren Sie das Tabellenblatt *Konsolidierung Q1 bis Q3* erneut, um die Funktionsweise der Verknüpfungen zu überprüfen. Dann starten Sie die Konsolidierung erneut und aktivieren die Beschriftungen aus ZEILEN sowie die VERKNÜPFUNGEN MIT QUELLDATEN. Das Ergebnis sollte die in Abbildung 6.47 gezeigte Tabelle sein.

Die beiden Schaltflächen 1 und 2 links oberhalb der Tabelle sowie das Plussymbol neben den Zeilennummern in jeder Zeile deuten bereits an, dass mit der Verknüpfung automatisch die Gliederungsfunktion aktiviert wurde (Abbildung 6.47). Durch Klicken auf diese Schaltflächen blenden Sie die Einzelheiten, sprich die Monatsergebnisse zu den Produktcodes, ein und aus.

Bewegen Sie den Cursor in Zelle C2 des Tabellenblattes, zeigt sich, dass nun keine fixen Werte, sondern Zellbezüge (='Q1'!$B$2) in der Ergebnistabelle verwendet werden. Aktualisieren Sie einen Wert in den Tabellenblättern *Q1*, *Q2* oder *Q3*, wird diese Änderung folglich unmittelbar an die Konsolidierungstabelle weitergegeben.

		A	B	C	D
	1	Produktcode	Zeitraum	Ist	Soll
+	11	NWTB-1	Gesamt	2.779.157	2.775.896
+	21	NWTCO-3	Gesamt	1.662.512	1.584.585
+	31	NWTCO-4	Gesamt	3.061.873	3.059.450
+	41	NWTO-5	Gesamt	3.052.653	2.944.043
+	51	NWTJP-6	Gesamt	3.946.786	3.956.754
+	61	NWTDFN-7	Gesamt	4.198.771	4.117.900
+	71	NWTS-8	Gesamt	5.972.709	5.976.400
+	81	NWTDFN-14	Gesamt	3.369.763	3.303.975
+	91	NWTCFV-17	Gesamt	5.709.469	5.705.560
+	101	NWTBGM-19	Gesamt	1.403.712	1.332.000
+	111	NWTJP-7	Gesamt	3.601.030	3.599.800
+	121	NWTBGM-21	Gesamt	1.718.075	1.640.150
+	131	NWTB-34	Gesamt	2.068.945	2.066.700
+	141	NWTCM-40	Gesamt	2.990.071	2.886.895

Abbildung 6.47 Konsolidierungsergebnis mit Verknüpfung und Gliederungsfunktion

Wenig hilfreich ist hingegen die Beschriftung in Spalte B. Darin wird der Name der verwendeten Arbeitsmappe ausgegeben. Wenn alle Konsolidierungsbereiche aus einer Datei stammen, ist diese Information überflüssig. Deshalb sollten Sie den Inhalt von Spalte B löschen. Stattdessen können Sie in dieser Spalte die Monatsangaben verwenden:

1. Beginnen Sie in Zelle B2 mit der Eingabe von Januar.

2. Ziehen Sie den Zellinhalt mit der linken Maustaste bis zu Zelle B10.

3. In B11 geben Sie als Beschriftung Gesamt ein.

4. Markieren Sie dann den gesamten Bereich von B2 bis B11, und ziehen Sie den markierten Bereich mit gedrückter Strg-Taste bis zu Zelle B181 nach unten (Abbildung 6.48).

Abbildung 6.48 Anpassung der Beschriftungen in der Ergebnistabelle

Ihre Konsolidierungstabelle ist mit dem Hinzufügen der Beschriftungen nun vollständig.

6.6.8   Konsolidierung von Daten aus unterschiedlichen Arbeitsmappen

Datenkonsolidierungen sind nicht darauf angewiesen, dass sich alle Konsolidierungsbereiche in einer Arbeitsmappe befinden. Wenn, im Gegenteil, die Basistabellen in unterschiedlichen Dateien gespeichert sind, gelten aber zunächst die gleichen Voraussetzungen in puncto Tabellenaufbau und Spalten- bzw. Zeilenbeschriftung, wie sie bereits bei der Konsolidierung von Tabellenblättern in einer Arbeitsmappe galten.

Möchten Sie die drei ersten Quartale des Jahres, die in den Dateien *06_Konsolidierung_Q1.xlsx*, *06_Konsolidierung_Q2.xlsx* und *06_Konsolidierung_Q3.xlsx* erfasst wurden, in einer vierten Datei – wie in *06_Konsolidierung_aus_Dateien_01.xlsx* – konsolidieren, ist dies über die Schaltfläche DURCHSUCHEN der Dialogbox KONSOLIDIEREN möglich. Sobald Sie die betreffende Datei aus dem Dateisystem ausgewählt haben, stehen Sie aber wahrscheinlich vor einem Problem: Sie müssen den Tabellennamen und die korrekten Zellbezüge angeben, um auf die Daten zuzugreifen, die Sie konsolidieren möchten.

Bei all den Klammern, Hochkommata und Ausrufezeichen, die Excel bei der Eingabe der Dateinamen und Tabellenblattnamen erwartet, ist es ziemlich wahrscheinlich, dass Sie sich bei dem benötigten Verweis verheddern. Und die Aussicht, dieses Geduldsspiel gleich bei drei Dateien auszuführen, wird Sie wohl kaum besonders euphorisch stimmen. Doch es gibt zwei Auswege:

1. Sie verwenden in den Dateien Bereichsnamen für die Adressierung der Konsolidierungsbereiche.
2. Sie öffnen alle Dateien und erstellen die Verweise wie gewohnt im Zeigemodus, also durch Markieren der Zellbereiche in den verschiedenen Arbeitsmappen.

6.6.9   Konsolidierung durch Nutzung von Bereichsnamen

Lassen Sie uns Alternative 1 ausprobieren. Wenn Sie eine völlig neue Excel-Datei erstellen und in die Funktion DATEN • DATENTOOLS • KONSOLIDIEREN wechseln, klicken Sie in der folgenden Dialogbox einfach auf DURCHSUCHEN und wählen dann die Datei *06_Konsolidierung_Q1.xlsx* aus (Abbildung 6.49). Da die Funktionstaste F3 , mit der Sie gewöhnlich die Anzeige der verfügbaren Bereichsnamen veranlassen, in der Dialogbox KONSOLIDIEREN nicht funktionieren kann, sind Sie gezwungen, den Bereichsnamen in diesem Fall per Tastatur einzugeben.

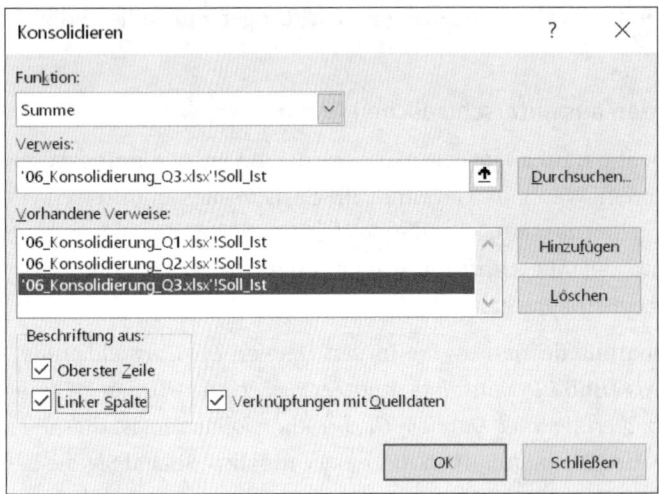

Abbildung 6.49 Konsolidierung unter Verwendung von Bereichsnamen

Schreiben Sie also hinter das Ausrufezeichen des Dateinamens im Eingabefeld VERWEIS den Bereichsnamen *Soll_Ist*, der in allen drei Dateien die Konsolidierungsbereiche bezeichnet. Dann klicken Sie wie gewohnt auf HINZUFÜGEN. Mit den beiden weiteren Dateien verfahren Sie in gleicher Weise.

Aktivieren Sie für die Option BESCHRIFTUNG AUS: sowohl OBERSTE ZEILE als auch LINKE SPALTE. Auch die Option VERKNÜPFUNGEN MIT QUELLDATEN sollten Sie einschalten. Dann klicken Sie auf OK, um die Daten zusammenzuführen.

Durch Öffnen der Detailebene in der Ergebnistabelle erkennen Sie, dass nun die drei Dateinamen der Konsolidierungsdateien in Spalte B angegeben werden und somit diesmal auch eine brauchbare Information liefern. Beim Produkt NWTCO-3 stellen Sie so auf den ersten Blick fest, dass dafür lediglich aus der ersten Datei Werte übernommen wurden (Abbildung 6.50).

		A	B	C	D
	1			Umsatz	Soll
	2		06_Konsolidierung_Q1	314.005	312.696
	3			321.341	320.000
	4			328.002	320.000
	5		06_Konsolidierung_Q2	146.472	156.800
	6			313.284	320.000
	7			343.582	333.200
	8		06_Konsolidierung_Q3	341.103	340.000
	9			350.979	340.000
	10			320.389	333.200
	11	NWTB-1		2.779.157	2.775.896
	12		06_Konsolidierung_Q1	163.020	153.935
	13			181.930	156.800
	14			167.017	156.800
	15	NWTCO-3		511.967	467.535

Abbildung 6.50 Details der aus unterschiedlichen Dateien konsolidierten Produktdaten

Tatsächlich enthalten die Dateien für das zweite und dritte Quartal keine Daten zu diesem Produkt. Nehmen wir der Einfachheit halber an, dass sein Vertrieb eingestellt wurde.

In den Zellen der Ergebnistabelle verwendet Excel wieder Verweise auf die Originaldateien, sodass Änderungen in diesen Dateien direkt an die Konsolidierung weitergegeben werden. Die Verknüpfungen auf die drei externen Dateien werden unter VERKNÜPFUNGEN MIT DATEIEN BEARBEITEN im Menü DATEI • INFORMATIONEN wie üblich aufgelistet. Außerdem finden Sie diese Funktion in allen Versionen unter DATEN • VERBINDUNGEN • VERKNÜPFUNGEN BEARBEITEN (Abbildung 6.51).

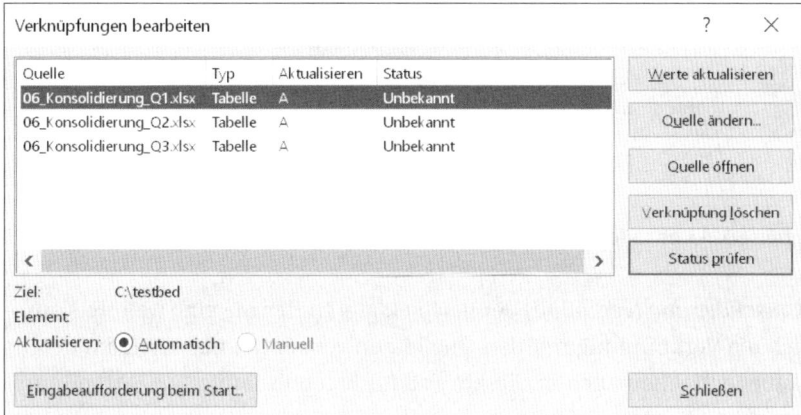

Abbildung 6.51 Verknüpfungsstatus

6.6.10 Konsolidierung mit geöffneten Dateien

Alternative 2, Daten aus unterschiedlichen Arbeitsmappen zu konsolidieren, besteht schlichtweg darin, den Zugriff auf die Dateien über das Dateisystem zu umgehen. Das erreichen Sie, indem Sie alle drei Dateien, die in die Konsolidierung einbezogen werden sollen, in Excel öffnen.

Sobald dies erledigt ist, starten Sie die Funktion KONSOLIDIEREN wie gewohnt. Wenn Sie nun im Zeigemodus über die Taskleiste von Windows in die Datei *06_Konsolidierung_Q1.xlsx* wechseln und den Zellbereich A1 bis C55 markieren, können Sie diesen Konsolidierungsbereich mit HINZUFÜGEN in die Liste der vorhandenen Verweise aufnehmen.

Diesen Vorgang müssen Sie anschließend ebenfalls für die beiden weiteren Dateien des zweiten und dritten Quartals wiederholen. Zu guter Letzt wird in der Dialogbox die Liste aller Konsolidierungsbereiche angezeigt (Abbildung 6.52). Da die Dateien während der Auswahl geöffnet waren, werden die Dateinamen in eckigen Klammern angezeigt.

Aktivieren Sie auch hier die beiden Optionen zur Übernahme der Beschriftungen aus der obersten Zeile und der linken Spalte, bevor Sie auf OK klicken. Die Daten werden dadurch als fixe Werte in das Tabellenblatt geschrieben.

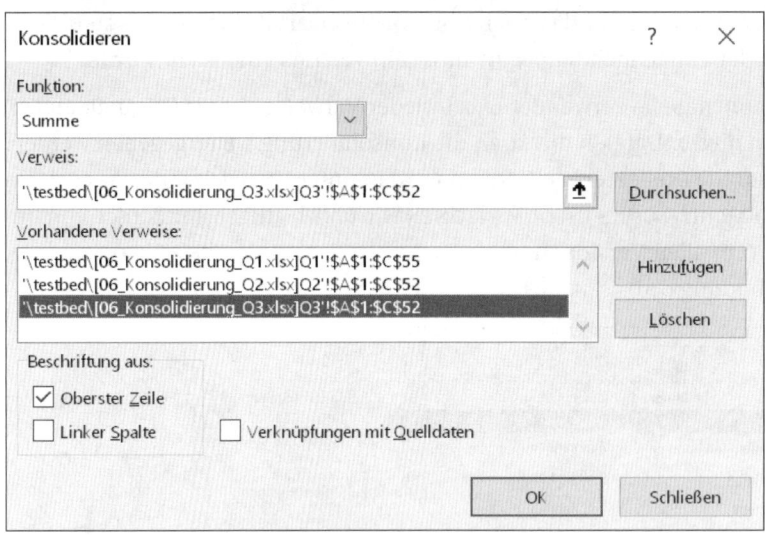

Abbildung 6.52 Verweise auf Konsolidierungsbereiche bei geöffneten Dateien

Im Tabellenblatt *Konsolidierung (verknüpft)* der Beispieldatei finden Sie eine weitere Konsolidierung, bei der ich die Verknüpfung mit den Quelldaten verwendet habe. Wie im bereits beschriebenen Beispiel entstehen auch in diesem Fall im Ergebnisbereich Zellverknüpfungen auf die drei Ursprungsdateien, die jederzeit aktualisiert werden.

6.7   Zusammenfassung: Basisanalyse

Zu den Methoden der Basisanalyse von Daten gehören in Excel:

- benutzerdefiniertes Sortieren
- Bildung der Teilergebnisse
- Anwendung des erweiterten Filters
- Verwendung von Datenbankfunktionen
- Bildung von Pivottabellen

Die benutzerdefinierten Sortierungen setzen voraus, dass zuvor BENUTZERDEFINIERTE LISTEN erstellt wurden. Dies ist über DATEI • OPTIONEN • ERWEITERT in der Gruppe ALLGEMEIN • BENUTZERDEFINIERTE LISTEN möglich.

Die Berechnung der Teilergebnisse setzt voraus, dass die Liste zuvor sortiert wurde. Danach werden drei Angaben zur Bildung der Teilergebnisse benötigt:

1. das Gruppierungsmerkmal (also die Spalte, nach der sortiert wurde)
2. die Funktion, die angewandt werden soll
3. für welche Spalte die Ergebnisse berechnet werden sollen

Teilergebnisse stellen keine dauerhafte Veränderung der Datenbasis dar. Mit der Option ALLE ENTFERNEN können Sie mühelos den ursprünglichen Zustand der Daten wiederherstellen.

Eine gute Kombination stellen AutoFilter und die Funktion TEILERGEBNIS() dar, da diese in der Lage ist, die Ergebnisse aus dem sichtbaren Zellbereich zu berechnen. Filtern Sie die Tabelle mit AutoFilter, liefert TEILERGEBNIS() umgehend das Ergebnis der verbliebenen sichtbaren Daten.

Der erweiterte Filter ist ein wichtiges Werkzeug, um aus einer umfangreichen Datenbasis Teildatenbestände zu isolieren. Sie rufen ihn über DATEN • DATENTOOLS • SORTIEREN UND FILTERN • ERWEITERT auf. Dieser Filter verfügt gegenüber AutoFilter über zusätzliche Möglichkeiten, unter anderem die, Ergebnisse in ein neues Tabellenblatt zu filtern und komplexe Filterkriterien mit UND- bzw. ODER-Verknüpfungen zu definieren.

Aufgrund des verhältnismäßig großen Aufwands – bei der Funktion des erweiterten Filters müssen Sie bei jeder Ausführung den Listen-, Kriterien- und Ergebnisbereich angeben – empfiehlt es sich, diesen Vorgang über ein Makro zu automatisieren. Beispiele dafür finden Sie in diesem und in Kapitel 17, »Automatisierung mit Makros – VBA für Controller«.

Datenbankfunktionen bilden in der Option FUNKTIONSASSISTENT eine eigene Kategorie. Ihre Logik hinsichtlich der Definition von Kriterien folgt der des erweiterten Filters. Auch bei ihnen können Sie Bedingungen mit komplexen UND- bzw. ODER-Verknüpfungen versehen. Selbst berechnete Kriterien sind möglich.

Im Vergleich zu allen anderen Funktionen der Basisanalyse verdichten Datenbankfunktionen allerdings die Auswertung der Basisdaten auf einen einzigen Wert, z. B. die Summe, Anzahl oder den Mittelwert einer Spalte der gesamten Datenbank.

Die Konsolidierung von Daten stellt eine gute Möglichkeit dar, Daten, die sich in verschiedenen Tabellenblättern oder auch Arbeitsmappen befinden, zusammenzuführen. Voraussetzung für eine gelungene Konsolidierung ist eine korrekte Codierung der vorliegenden Daten, da Excel die Bezeichnungen aus der ersten Spalte bzw. Zeile verwendet, um die Daten zu konsolidieren.

Excel bietet zwei Formen der Konsolidierung an. Standardmäßig werden die Daten aus den Konsolidierungsbereichen als fixe Werte in die Konsolidierungstabelle übernommen. Aktivieren Sie die Option zur Verknüpfung der Daten, erstellt Excel hingegen verknüpfte Zellbezüge zu den Konsolidierungsbereichen. Änderungen in den Ausgangsdaten werden dann direkt an die Konsolidierungstabelle weitergegeben.

Kapitel 7
Dynamische Reports erstellen

Makros sind nicht die einzige Möglichkeit, standardisierte Auswertungen und Planungen zu realisieren. Aufgabenspezifische Datenmodelle leisten nicht selten vergleichbare Resultate. Berechnungen, Auswertungen und Forecasts werden im Controlling selten als typische Eintagsfliegen behandelt. Sie werden zyklisch wiederholt. Eventuell verlagern sich einzelne Schwerpunkte, die hauptsächlichen Erkenntnisinteressen allerdings bleiben weitgehend identisch. In diesem Kapitel lernen Sie die wichtigsten Werkzeuge von Excel für das Erstellen dynamischer Reports kennen.

Während die Datenstrukturen, vorgegeben durch die eingesetzten Vorsysteme, überwiegend unverändert bleiben, variieren die Dateninhalte der Reports und vor allem die Datenmengen von einem Auswertungszeitpunkt zum nächsten.

Viele Controller wissen, dass sie bei bestimmten Analysen immer wieder die gleichen Handgriffe ausführen. Und sie sind sich sicher, dass sie damit wertvolle Zeit vergeuden. Um diesem Missstand zu begegnen, wird häufig der Ruf nach einer Automatisierung der Tätigkeiten durch Makroprogrammierung laut. Da der Controller jedoch nur selten auch Programmierer in Personalunion ist, heißt dies eigentlich immer, dass Automatisierungsprojekte an Dritte zu vergeben sind.

Dabei sind die Standardisierung und die Automatisierung über Makros nur ein möglicher Weg in Excel. Die Bildung eines funktionierenden Datenmodells bietet auch ganz ohne Programmierkenntnisse mit den Bordmitteln von Excel einen effizienten Lösungsansatz. Datenmodelle verfolgen ähnliche Ziele wie die umfassende Makroprogrammierung und führen bei wiederkehrenden Tätigkeiten zu einer erheblichen Zeitersparnis. Der Schlüssel liegt bei Datenmodellen nicht in den – zumeist geringen – Programmierkenntnissen, sondern eher in einer stringenten Arbeitsweise. Und natürlich im Wissen um wichtige Bordwerkzeuge von Excel.

7.1   Das 5-Minuten-Datenmodell

Öffnen Sie die Datei *07_Datenmodell_01.xlsx* – eine einfache Tabelle, die einige Daten zu Kundenanfragen enthält. Die daraus gebildeten Daten werden in einem Liniendiagramm umgesetzt. Nichts Besonderes eigentlich.

Wenn Sie den Cursor allerdings in Zelle A17 stellen und dort den Monat »August« eintragen, werden Sie feststellen, dass dieser neue Text automatisch auf der Rubrikenachse des Diagramms eingetragen wird. Ergänzen Sie in Zelle B17 noch einen Zahlenwert, wird dieser ebenfalls automatisch in das Diagramm übernommen. Die Linie wird um einen Datenpunkt ergänzt (Abbildung 7.1).

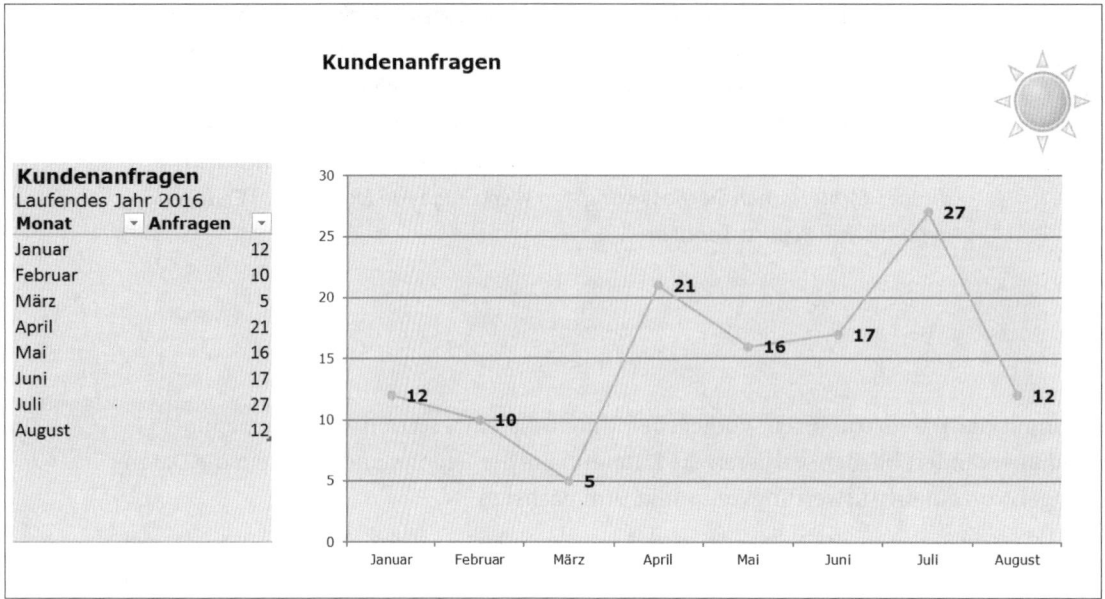

Abbildung 7.1 Das 5-Minuten-Datenmodell

Ist dies nicht genau das, wovon alle Excel-Anwender insgeheim träumen? Zusätzliche Daten zu erfassen, Excel die Aktualisierung aller Berechnungen sowie der grafischen Aufbereitung zu überlassen und auf ein in immer gleicher Art formatiertes Ergebnis zuzugreifen!

Im Fall unseres Beispiels reichen drei Funktionen, um ein Modell mit dynamischen Elementen zu erstellen:

▸ eine dynamische Datentabelle

▸ eine Diagrammvorlage

▸ Zellenformatvorlagen

Öffnen Sie die Arbeitsmappe *07_Datenmodell_00.xlsx*, um es selbst anhand der folgenden Schritte auszuprobieren:

1. Markieren Sie als Erstes den Datenbereich A9 bis B16, also die Spaltenüberschriften und alle bereits vorhandenen Daten.

2. Drücken Sie die Tastenkombination ⌷Strg⌷ + ⌷T⌷ oder ⌷Strg⌷ + ⌷L⌷, um den Bereich als Tabelle zu formatieren. Die Option TABELLE HAT ÜBERSCHRIFTEN lassen Sie aktiviert und klicken direkt auf OK.

3. Drücken Sie die Funktionstaste ⌷F11⌷, um ein Standarddiagramm aus den noch markierten Daten zu erstellen.

4. Weisen Sie dem Diagramm über DIAGRAMMTOOLS • ENTWURF • TYP • DIAGRAMMTYP ÄNDERN • VORLAGEN eine Ihrer Diagrammvorlagen zu.

5. Wenn Sie noch keine Vorlage in Excel 2019 angelegt haben, holen Sie dies nach. Wechseln Sie noch einmal in die Arbeitsmappe *07_Datenmodell_01.xlsx*. Klicken Sie dort mit der rechten Maustaste auf das fertige Diagramm. Wählen Sie aus dem Kontextmenü die Funktion ALS VORLAGE SPEICHERN. In Excel 2010 rufen Sie stattdessen DIAGRAMMTOOLS • ENTWURF • ALS VORLAGE SPEICHERN auf. Das damit erstellte Diagramm können Sie nun in jeder Excel-Datei als Vorlage nutzen.

6. Verwenden Sie die Excel-Zellenformatvorlagen zur Gestaltung von Zellbereichen unter START • FORMATVORLAGEN • ZELLENFORMATVORLAGEN, um die Haupt- und Zwischenüberschrift (Vorlagenbezeichnung ÜBERSCHRIFT 1. STUFE und ÜBERSCHRIFT 2. STUFE), die Spaltenüberschriften, den Tabellenkörper und das Tabellenende (alle mit den gleichnamigen Vorlagen) zu gestalten.

7. Klicken Sie nun in die erste leere Zeile unter die bereits eingegebenen Daten, und ergänzen Sie den Monat »August«.

Die zusätzlich erfassten Daten werden automatisch in das Diagramm übernommen. Ihr erstes Datenmodell ist damit bereits fertiggestellt!

7.2   Bestandteile eines Datenmodells

Das soeben beschriebene Modell stellt in seinem Minimalismus jedoch nur einen Anfang dar. Doch welches sind die wesentlichen Elemente eines Datenmodells?

7.2.1   Grundsätzliche Überlegungen zu den Elementen eines Datenmodells

Tabelle 7.1 gibt Ihnen einen ersten Überblick über die Elemente eines Datenmodells. Wenn wir über systematisches Arbeiten sprechen, sollten Sie zunächst an diese Elemente denken und überlegen, wie Sie die *xlSMILE*-Grundsätze der Systematisierung und Vereinfachung anwenden können (siehe dazu Kapitel 3, »xlSMILE – Excel-Lösungen mit System«).

Element	Anforderung
Arbeitsmappe	Die Arbeitsmappe ist die größte Einheit in einem Datenmodell. Es kann allerdings auch sein, dass durch eine Verknüpfung mehrere Arbeitsmappen in einem Modell miteinander verbunden werden.
	Achten Sie bei Arbeitsmappen auf standardisierte Dateinamen. Dateinamen sollten einer Systematik folgen, z. B. *Datum_Inhalt_Version.xlsx* (*20100629_Datenmodell_03.xlsx*), damit Sie sie leichter zuordnen können.
	Auch Ordnernamen sollten einer solchen Systematik folgen. Systematisch vergebene Ordner- und Dateinamen ermöglichen es Ihnen, bereits im Windows-Explorer oder im Fall einer Verknüpfung in Excel ohne Öffnen der Datei zu erkennen, um welche Daten es sich konkret handelt. Gerade beim Umgang mit zahlreichen Dateien sparen Sie dadurch Zeit und bewahren den Überblick.
Tabellenblatt	Arbeitsmappen enthalten Tabellenblätter. Oftmals sind es zahlreiche. Auch hier ist also eine Systematik nötig bzw. ratsam, um den Überblick zu behalten.
	Teilen Sie zunächst gedanklich Ihre Tabellenblätter in Kategorien. Häufig bietet sich folgende Einteilung an: ▶ Basisdaten (Download aus Vorsystemen) ▶ Blätter für Zwischenrechnungen ▶ Hilfsblätter für Menüs, Datenprüfungen etc. ▶ Blätter zur Dokumentation des Modells ▶ Blätter für Präsentation oder Report ▶ Blätter für Diagramme
	Um die Navigation in der Arbeitsmappe zu vereinfachen, kennzeichnen Sie die Blätter einer Kategorie mit einer einheitlichen Farbe (rechter Mausklick • REGISTERFARBE).
	Kennzeichnen Sie zusammengehörige Tabellenblätter numerisch oder alphabetisch (z. B. *A_Basisdaten*, *B_Zwischenrechnung*, *X_Dokumentation*, *Z_Bereichsnamen*). Dies vereinfacht die Lesbarkeit und Unterscheidbarkeit von Zellbezügen und Bereichsnamen.

Tabelle 7.1 Festlegung von Standards für die Elemente eines Datenmodells

Element	Anforderung
Datenbereich und dynamische Datentabelle	Ein Datenbereich kann aus einer oder mehreren Zellen bestehen und Texte, Zahlen oder Formeln/Funktionen enthalten. Abstrakte Zellbezüge geben keinen Aufschluss darüber, welchen Inhalt ein Datenbereich hat. Dies erschwert die Lesbarkeit von Formeln und Verknüpfungen.
	Verwenden Sie Bereichsnamen und somit *sprechende* Bezüge, um die Verständlichkeit von Formeln und Funktionen zu verbessern. Nennen Sie beispielsweise die Zelle, in der der Umsatzsteuersatz steht, UST, oder nennen Sie die Zellen, die Ihre Soll-Umsätze enthalten, Umsatz-Soll.
	Um sich erweiternden Datenbeständen Rechnung zu tragen, sollten Sie gegebenenfalls dynamische Bereiche oder besser noch *dynamische Datentabellen* verwenden. Jeder zusammenhängende Zellbereich kann mit [Strg] + [T] in eine dynamische Datentabelle umgewandelt werden. Dynamische Datentabellen bieten folgende Vorteile:
	▶ Sie werden von Excel automatisch mit einem Namen versehen.
	▶ Sie verwenden strukturierte Bezüge, wie etwa die Funktion =SUMME(Umsatz[Anfragen]), die beim Anhängen von neuen Daten automatisch mitwachsen.
	▶ Auch die Tabellen selbst sind automatisch erweiterbar, wenn Sie Zeilen oder Spalten ergänzen.
	▶ Sie bieten eine bessere Ergonomie durch die Verwendung von Vorlagen, bei denen die Zeilen unterschiedliche Farben erhalten und somit große Tabellen einfacher gelesen werden können.
Formel/Funktion	Gewöhnen Sie sich an, Formeln und Funktionen in einer gleichbleibenden Syntax zu verwenden. Beispiel: Manche Funktionen enthalten optionale Argumente, die Sie mit FALSCH oder 0 belegen oder auch ganz leer lassen können. Entscheiden Sie sich für einen einheitlichen Umgang mit solchen Argumenten, und wenden Sie ihn zukünftig bei allen Formeln und Funktionen dieser Art an. Dies hilft Ihnen, Aufbau und Zweck der verwendeten Funktionen mühelos zu verstehen.
	Noch ein Tipp: Die Anzeige aller Formeln und Funktionen in einem Tabellenblatt über FORMELN • FORMELÜBERWACHUNG • FORMELN ANZEIGEN bzw. [Strg] + [⇧] + [`] oder in Excel 2010 mit der Tastenkombination [Strg] + [#] vereinfacht die Betrachtung von benutzten Formeln und die Fehlersuche erheblich.

Tabelle 7.1 Festlegung von Standards für die Elemente eines Datenmodells (Forts.)

Element	Anforderung
Text/Beschriftung	Texte und Beschriftungen dienen nicht nur der Orientierung in der Arbeitsmappe. Überschriften oder Zeilenbeschriftungen bilden häufig auch Bedingungen, die in Funktionen benutzt werden. Beispiel: Sie möchten eine bedingte Summe für den Monat Mai berechnen. Die Überschrift der Spalte lautet *Mai*. Es ist sinnvoll, diese Überschrift z. B. in die Funktion SUMMEWENN() einzubinden. Vorteil: Wenn Sie die Ergebnisse für Juni benötigen, reicht die Änderung der Überschrift aus, um die Ergebnisse anzuzeigen.
	Überschriften sollten zudem nicht manuell erfasst werden, sondern Ergebnisse von Berechnungen sein. Dies ermöglicht z. B. die Steuerung der Beschriftungen über Steuerelemente. Sind die Überschriften dann auch noch Bedingungen für bedingte Kalkulationen, kann durch die Steuerung das gesamte Modell variabel neu berechnet werden.
	Zu guter Letzt bilden Beschriftungen auch die Gestaltungsgrundlage für Präsentationen oder Reports, die Sie selbst oder Kolleginnen und Kollegen verwenden.
	Beschriftungen müssen also den Corporate-Identity-Vorgaben Ihres Unternehmens folgen. Legen Sie fest, welche Schriftarten, -schnitte und -größen in Überschriften, Tabellen, Diagrammen etc. eingesetzt werden dürfen. Legen Sie ebenso die Hintergrundfarben für alle Zellbereiche fest.
	Erstellen Sie Zellenformatvorlagen, um schnell auf die CI-Vorgaben zugreifen zu können.
Diagramm	Definieren Sie auch Farben für die Datenreihen und -punkte der Diagramme und sämtlicher anderer Diagrammelemente auf Basis der firmeninternen CI-Vorgaben. Die farblichen Grundlagen fassen Sie unter SEITENLAYOUT • DESIGNS • FARBEN in einem FARBDESIGN zusammen. Farbdesigns sind nicht nur datei-, sondern auch programmübergreifend. Ein in Excel erstelltes Farbdesign steht Ihnen also auch in PowerPoint zur Verfügung.
	Legen Sie fest, welche Logos in welcher Größe und an welcher Stelle eingesetzt werden dürfen. Erstellen Sie Musterdiagramme, und speichern Sie sie als Diagrammvorlage ab, um so ein einheitliches Erscheinungsbild zu erzeugen.

Tabelle 7.1 Festlegung von Standards für die Elemente eines Datenmodells (Forts.)

Element	Anforderung
Objekte	Arbeitsmappen können weitere Objekte enthalten, beispielsweise Pivottabellen, Abbildungen oder importierte Datenbereiche. Solche Objekte verwaltet Excel über ihren Objektnamen, was dem Benutzer manchmal überhaupt nicht klar ist.
	Bei Pivottabellen gelangen Sie z. B. mit einem Rechtsklick und den PivotTable-Optionen zur Anzeige und Änderungsmöglichkeit des internen Objektnamens. Bei Diagrammen finden Sie diese Option unter Diagrammtools • Format • Auswahlbereich (Excel 2010: Diagrammtools • Layout).
	Gezeichnete Formen und Kamera-Screenshots verfügen ebenfalls über interne Namen. Wenn Sie Start • Bearbeiten • Suchen und Auswählen aufrufen, können Sie den Auswahlbereich am rechten Rand anzeigen lassen. Er zeigt Ihnen alle verwendeten Objekte inklusive ihrer Namen. Eine systematische Änderung der Namen ist hier ebenfalls möglich. Dies erleichtert es Ihnen später, gezielt auf die Daten dieser Bereiche zuzugreifen, und schafft bei komplexen Modellen einen besseren Überblick (unter anderem auch bei der Arbeit mit VBA-Makros).
Makros	Auch bei der Vergabe von Makronamen sollten Sie sich feste Regeln auferlegen. Sofern Sie Makros nicht über Schaltflächen starten, ist für Sie der Name das einzige Orientierungsmerkmal beim Ausführen eines Makros.
	Nutzen Sie bei VBA-Makros die Möglichkeit, Zeile für Zeile zu kommentieren, welche Befehle mit welcher Intention im Makro ausgeführt werden. Dies hilft Ihnen, bei Änderungen und Erweiterungen auch noch nach vielen Monaten schnell wieder in die Logik Ihres Programms zu finden.
Bereichsnamen	Bereichsnamen sind ein wichtiges Element bei der Entwicklung von Datenmodellen. Verwenden Sie, wie bereits erwähnt, *sprechende* Namen. Ein Bereichsname sollte im Idealfall Aufschluss darüber geben, ▶ auf welches Tabellenblatt (*A_Basisdaten*) und ▶ auf welche Daten er sich bezieht (UmsatzSoll, UST, Zinssatz etc.) ▶ und ob es sich um einen statischen Bereich, einen dynamischen Bereich oder um eine einzelne verknüpfte Zelle handelt (z. B. _Ber, _dBer oder _vZ).

Tabelle 7.1 Festlegung von Standards für die Elemente eines Datenmodells (Forts.)

7.2.2 Grundsätzliche Überlegungen zu Berechnungen in einem Datenmodell

Zu den Anforderungen an einzelne Elemente eines Datenmodells treten weitere grundsätzliche Überlegungen. Sie betreffen hauptsächlich den Umgang mit Formeln und Funktionen, die immer noch das Herzstück eines jeden Datenmodells bilden. Auch hier ist es selten zielführend, einfach draufloszurechnen. Eine systematische Herangehensweise ist bei Datenmodellen, die über einen längeren Zeitraum im Unternehmen eingesetzt werden, selbst dann effizienter, wenn der Aufwand bei der Erstellung zunächst deutlich höher erscheint und in der Tat auch deutlich höher ist als bei einer Ad-hoc-Lösung. Häufig müssen neue Funktionen erprobt und eingeschliffene Gewohnheiten aufgegeben werden. Das kostet Zeit, gewiss. Doch es besteht kein Zweifel, dass sich durchdachte und optimierte Modelle schnell amortisieren, weil sie weniger Pflege benötigen, schneller rechnen und im Idealfall einfacher erweiterbar sind.

Dies sind die Dinge, auf die Sie achten sollten:

1. Das Modell muss auf einer weitgehenden Abstraktion der Rechenwege beruhen, sodass auch mit anderen Datenbeständen und gegebenenfalls mit Ausnahmen von der bestehenden Regel eine reibungslose Kalkulation möglich ist. Feste Werte oder Bedingungen für Berechnungen in Formeln und Funktionen sind deshalb tabu. Solche Informationen müssen immer aus Zellen geholt werden. Bedingte Kalkulationen spielen in diesem Zusammenhang eine bedeutende Rolle. Aber auch den Beschriftungen kommt eine besondere Rolle zu, wie Punkt 2 erläutert.

2. Auch Beschriftungen – egal, ob Zeilen- oder Spaltentitel – eines Modells sollten vollständig auf Formeln und Funktionen beruhen. Basieren die Beschriftungen von Tabellen und Diagrammen auf Berechnungen, können sie beispielsweise durch Steuerelemente mit einem Mausklick verändert werden. Eine Monats- oder Quartalsliste, die mit einer Funktion wie =EDATUM() erstellt wurde, kann z. B. mit einem Mausklick vom Jahr 2016 auf das Jahr 2017 angepasst werden. Dies reduziert den Aufwand bei der Beschriftung aktualisierter Datenbestände und auch von Fehlern bei Datenaktualisierungen. Sind die Beschriftungen auch noch Bedingungen für bedingte Kalkulationen wie =SUMMEWENNS(), lassen sich durch Steuerelemente ganze Datenmodelle benutzergesteuert neu berechnen.

3. Datenbereiche, auf denen die Berechnungen und Beschriftungen beruhen, müssen dynamisch erweiterbar sein. Auch dadurch verhindern Sie Nachbearbeitungen und Fehler bei der Aktualisierung. Die automatische Erweiterung von Bereichen ist durch die Verwendung von dynamischen Datentabellen und durch Funktionen wie BEREICH.VERSCHIEBEN() möglich. Da BEREICH.VERSCHIEBEN() eine volatile Funktion ist, also einer fast kontinuierlichen Neuberechnung unterliegt und somit negativ auf die Performance wirken kann, sollte sie allerdings sparsam verwendet werden. In komplexen und dynamischen Datenmodellen sollten Sie deshalb dynamische Datentabellen und *strukturierte Bezüge* verwenden.

4. Sensible Bereiche des Modells – und dies sind fast sämtliche Zellbereiche, die Formeln und Funktionen enthalten – sollten Sie vor unbeabsichtigter Veränderung oder Löschung schützen. Bereiche, in denen Daten manuell erfasst werden, müssen Eingabebeschränkungen enthalten, um die Eingabe fehlerhafter Daten zu verhindern. Hier sind *Steuerelemente* und Funktionen wie die Datenüberprüfung von besonderer Bedeutung.

7.2.3   Basisanforderungen an die Erstellung von multivariablen Datenmodellen und Reports

Im Controlling sind Reports das A und O. Die Excel- oder CSV-Datei, die ERP-Systeme wie SAP oder deren Reporting-Tools wie Business Objects ausspucken, sind einfache Reports, auch wenn sie häufig in puncto Lesbarkeit, Vollständigkeit und Flexibilität zu wünschen übrig lassen. Die Ad-hoc-Auswertung von Rohdaten mithilfe einer Pivottabelle ist ein einfacher Report, der wegen seiner Flexibilität im Controlling äußerst beliebt ist, allerdings auch wenige Optionen hinsichtlich der Gestaltbarkeit der Ergebnisse bietet. Auch der Managementbericht und das hochverdichtete Dashboard sind Reports, die, wenn sie auf einem systematischen Datenmodell aufbauen, multivariabel, bis ins kleinste Detail hinein gestaltbar und aus unterschiedlichen Quellen gespeist sein können.

Für Letztere, die multivariablen Berichte, gelten hohe Anforderungen an (Abbildung 7.2):

▶ Aktualisierbarkeit   ▶ Übertragbarkeit

▶ Übersichtlichkeit   ▶ Veränderlichkeit

▶ Verständlichkeit   ▶ Steuerbarkeit

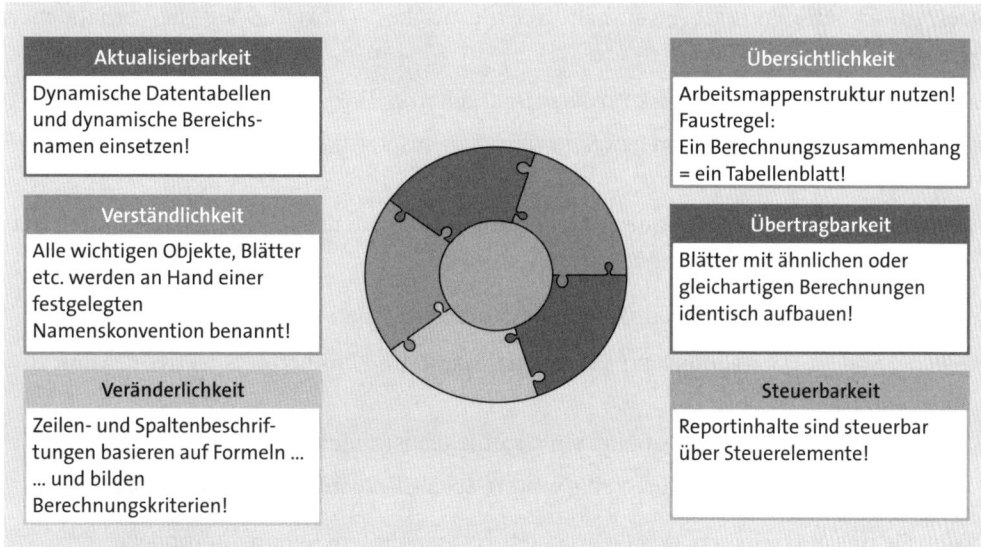

Abbildung 7.2 Anforderungen an multivariable Reports in Excel

Wie diese zunächst abstrakt erscheinenden Anforderungen in der Praxis umgesetzt werden können, möchte ich Ihnen auf den folgenden Seiten zeigen.

7.3   Datenmodell für einen Forecast erstellen

Das folgende Datenmodell – Sie finden es in der Beispieldatei *07_Forecast_01.xlsx* – ist in mehrfacher Hinsicht komplexer als das Modell am Anfang dieses Kapitels. Ich habe es bereits in den früheren Auflagen des Buches an dieser Stelle verwendet. Und obwohl es in der Vergangenheit meines Erachtens bereits ein gutes Beispiel war, habe ich es für die aktuelle Auflage an einigen Stellen überarbeitet. Denn viele wichtige Funktionen wie Bereichsnamen und dynamische Bereiche mit der Funktion BEREICH.VERSCHIEBEN() sind heute einfach ersetzbar durch dynamische Datentabellen.

Zwei Überlegungen bewogen mich, den Aufbau dieser Beispieldatei zu ändern: Da BE-REICH.VERSCHIEBEN() bei extensiver Nutzung schnell zu Performanceproblemen führt, Datenmengen aber immer größer werden, erschienen mir Datentabellen zur Dynamisierung die bessere Wahl.

Strukturierte Bezüge, die Art, mit der auf Datentabellen in Berechnungen verwiesen wird, sind in meinen Augen richtungsweisend. Power Pivot und seine DAX-Funktionen arbeiten ausschließlich mit dieser Bezugsart. Da dieses Tool sicherlich eine große Bedeutung in der Excel-Zukunft haben wird, erscheint es mir notwendig, sich an diese Adressierungsart zu gewöhnen und damit die eigene Arbeitsweise in konventionellen Datenmodellen und Power-Pivot-Modellen zu vereinheitlichen.

Doch zurück zum Forecast. Er enthält drei spezifische Sichtweisen auf die vorhandenen Daten:

1. den Vergleich der Soll- und Ist-Umsätze im Diagramm links
2. die Anzeige der monatlichen bzw. kumulierten Umsätze der einzelnen Produkte in Form einer Tabelle
3. die Prognose der zu erwartenden Entwicklung auf Basis der bekannten Werte aus den letzten drei Monaten (Abbildung 7.3)

Alle drei Ergebnisebenen kann der Benutzer durch die Steuerelemente verändern:

▶ Bei der Soll-Ist-Darstellung kann zwischen Gesamt- und Produktperspektive gewählt werden.

▶ Das anzuzeigende Produkt ist über ein Listenfeld auswählbar.

▶ Der Forecast-Zeitraum ist durch eine weitere Schaltfläche rollierend darstellbar.

Lassen Sie uns nun schauen, welche Excel-Funktionen diesem Report zugrunde liegen.

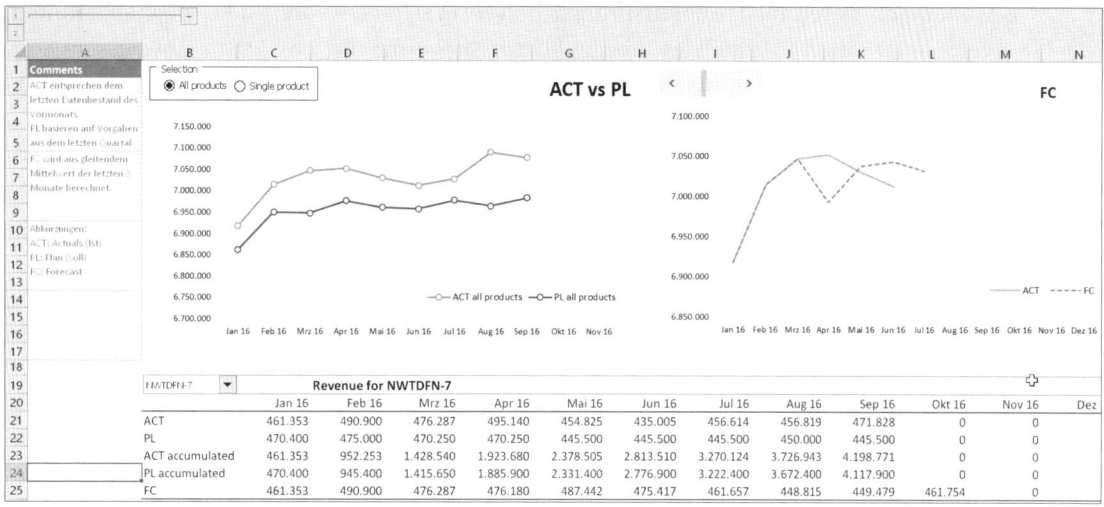

Abbildung 7.3 Dem dynamischen Forecast liegt ein Datenmodell zugrunde.

7.3.1   Festlegung der Arbeitsmappenstruktur für den Forecast

Die Basis des Forecasts besteht aus vier Datenreihen: monatliche Ist-Werte, monatliche Soll-Vorgaben, kumulierte Ist-Werte und kumulierte Soll-Werte. Lassen Sie uns annehmen, dass diese Daten aus einer Datenbank oder einem ERP-System übernommen werden. Für jedes Produkt liegen zum Monatsende folglich spaltenweise vier Werte vor (Abbildung 7.4).

	Produktcode	Datum	Umsatz	Soll	Umsatz_kum	Soll_kum
1	**Produktcode**	**Datum**	**Umsatz**	**Soll**	**Umsatz_kum**	**Soll_kum**
2	**NWTB-1**	31.01.2016	314.005	312.696	314.005	312.696
3	**NWTCO-3**	31.01.2016	163.020	153.935	163.020	153.935
4	**NWTCO-4**	31.01.2016	333.185	340.000	333.185	340.000
5	**NWTO-5**	31.01.2016	339.411	323.449	339.411	323.449
6	**NWTJP-6**	31.01.2016	395.621	407.954	395.621	407.954
7	**NWTDFN-7**	31.01.2016	461.353	470.400	461.353	470.400
8	**NWTS-8**	31.01.2016	672.257	663.300	672.257	663.300
9	**NWTDFN-14**	31.01.2016	373.997	360.000	373.997	360.000
10	**NWTCFV-17**	31.01.2016	619.557	617.400	619.557	617.400
11	**NWTBGM-19**	31.01.2016	170.095	148.500	170.095	148.500
12	**NWTJP-7**	31.01.2016	401.251	396.000	401.251	396.000

Abbildung 7.4 Importierte Basisdaten

Die importierten Daten werden in einem separaten Tabellenblatt *A_Basisdaten* gespeichert. Die Trennung von aktualisierbaren Basisdaten und festgelegten Berechnungen ist ein Muss und der Startpunkt beim Aufbau eines Datenmodells. Dies und auch die Aufteilung der folgenden Tabellenblätter sowie die dafür verwendete Namensregelung entspricht der in Kapitel 3, »xlSMILE – Excel-Lösungen mit System«, beschriebenen Logik von *xlSMILE* (*Simplify – Model – Integrate – Lead – Explain*). Hier handelt es sich um das M von xlSMILE: Model. Obwohl wir die Daten auch in der ursprünglichen Form zu einem Forecast verarbeiten könnten, verteilen wir die Werte auf vier Tabellenblätter. Dies ermöglicht nicht nur eine bessere Kontrolle der Zwischenergebnisse, es führt auch zu einer Vereinfachung der Formeln und Funktionen, die wir eingeben müssen.

Die vier Tabellenblätter erhalten die folgenden Namen:

- *B_Ist*
- *B_Ist_kumuliert*
- *B_Soll*
- *B_Soll_kumuliert*

Die Namensgebung der Tabellenblätter entspricht also einer einfachen Regel: führender Buchstabe als Kennzeichnung, welche Berechnungen auf einer Stufe zusammengehören; ein Tiefstrich und anschließend eine Bezeichnung, die den Inhalt des jeweiligen Blattes beschreibt.

Ein zweiter Grundsatz ist beim Aufbau der Tabellenblätter erkennbar. Alle vier Blätter sind weitgehend identisch strukturiert. Sie enthalten in Spalte A die Auflistung der Produkte und in der ersten Zeile ab Spalte B die zugehörigen Datumsangaben (Abbildung 7.5). Es wäre möglich, diese Beschriftungen per Tastatur in ein Tabellenblatt einzugeben und dann in die anderen Blätter zu kopieren. Käme es zu Änderungen bei den Artikelbezeichnungen oder beim Analysezeitraum, zöge dies jedoch umfangreiche Nachbearbeitungen nach sich.

	A	B	C	D	E	F
1	ACT	Jan 16	Feb 16	Mrz 16	Apr 16	Mai 16
2	NWTB-1	314.005	321.341	328.002	146.472	313.284
3	NWTCO-3	163.020	181.930	167.017	306.401	165.216
4	NWTCO-4	333.185	353.325	351.661	350.591	337.469
5	NWTO-5	339.411	332.354	354.471	341.380	317.485
6	NWTJP-6	395.621	437.868	457.827	442.492	458.344
7	NWTDFN-7	461.353	490.900	476.287	495.140	454.825
8	NWTS-8	672.257	643.306	644.467	676.878	671.136
9	NWTDFN-14	373.997	348.072	377.531	369.740	391.446
10	NWTCFV-17	619.557	637.498	614.911	624.554	642.698

Abbildung 7.5 Verteilung der importierten Daten auf einzelne Tabellenblätter

Aus diesem Grund ist es sinnvoller, alle Beschriftungen wie Produktbezeichnungen und Datumsangaben in Mastertabellen der Arbeitsmappe zu hinterlegen und zu pflegen. Im Tabellenblatt *Y_Listen* befinden sich zwei dynamische Datentabellen – Produktliste und Datumsliste –, deren Inhalte die Beschriftungen für alle Tabellen liefern (Abbildung 7.6). Diese beiden Datentabellen wurden wie gewohnt mit Strg + T erstellt. Danach wurden die Tabellennamen über TABELLENTOOLS • ENTWURF • EIGENSCHAFTEN • TABELLENNAME definiert. Wie Sie aus den Rohdaten eine Liste ohne Duplikate erstellen, erfahren Sie im weiteren Verlauf dieses Kapitels.

	A	B	C	D
1	Produkte		Monatsende	
2	NWTB-1		31.01.2016	
3	NWTCO-3		29.02.2016	
4	NWTCO-4		31.03.2016	
5	NWTO-5		30.04.2016	
6	NWTJP-6		31.05.2016	
7	NWTDFN-7		30.06.2016	
8	NWTS-8		31.07.2016	
9	NWTDFN-14		31.08.2016	
10	NWTCFV-17		30.09.2016	
11	NWTBGM-19		31.10.2016	
12	NWTJP-7		30.11.2016	
13	NWTBGM-21		31.12.2016	
14	NWTB-34		31.01.2017	
15	NWTCM-40			
16	NWTSO-41			
17	NWTB-43			
18	NWTCA-48			
19	NWTDFN-51			

Abbildung 7.6 Die Mastertabelle enthält Beschriftungen, Auswahloptionen und Datumsvorgaben.

Die Bezeichnungen aus der Mastertabelle werden nicht nur in den vier bereits genannten Datentabellen eingesetzt, auch in einem weiteren Tabellenblatt kommen sie zum Einsatz. Es enthält die Berechnung der Prognose; seine Daten werden notwendigerweise aus den Basisdaten abgeleitet. Der Aufbau des Prognoseblattes stimmt allerdings mit dem der Tabellenblätter *B_Ist*, *B_Ist_kumuliert*, *B_Soll* und *B_Soll_kumuliert* überein (Abbildung 7.7). Es erhält deshalb die Bezeichnung *C_Prognose*.

	A	B	C	D	E	F	G	H	I	J	K	L	M	N
1	FC	Jan 16	Feb 16	Mrz 16	Apr 16	Mai 16	Jun 16	Jul 16	Aug 16	Sep 16	Okt 16	Nov 16	Dez 16	Gesamt
2	NWTB-1	314.005	321.341	328.002	321.116	265.272	262.586	267.779	332.656	345.221	337.490	0	0	3.095.469
3	NWTCO-3	163.020	181.930	167.017	170.656	218.449	212.878	212.709	171.897	175.264	170.806	0	0	1.844.625
4	NWTCO-4	333.185	353.325	351.661	346.057	351.859	346.574	336.174	332.392	331.045	338.393	0	0	3.420.665
5	NWTO-5	339.411	332.354	354.471	342.078	342.735	337.778	334.327	331.660	343.562	341.146	0	0	3.399.521
6	NWTJP-6	395.621	437.868	457.827	430.439	446.062	452.888	445.991	442.734	439.110	439.166	0	0	4.387.705
7	NWTDFN-7	461.353	490.900	476.287	476.180	487.442	475.417	461.657	448.815	449.479	461.754	0	0	4.689.284
8	NWTS-8	672.257	643.306	644.467	653.343	654.884	664.160	674.392	667.629	662.268	663.168	0	0	6.599.874
9	NWTDFN-14	373.997	348.072	377.531	366.533	365.114	379.572	379.870	377.750	375.809	376.851	0	0	3.721.101
10	NWTCFV-17	619.557	637.498	614.911	623.989	625.654	627.388	634.021	641.220	634.984	645.147	0	0	6.304.368
11	NWTBGM-19	170.095	161.270	136.071	155.812	151.498	149.210	161.664	161.238	156.112	150.428	0	0	1.553.399
12	NWTJP-7	401.251	394.096	406.467	400.605	395.626	391.686	390.812	393.264	409.236	408.927	0	0	3.991.970
13	NWTBGM-21	184.058	212.190	201.407	199.218	197.945	192.818	191.410	201.519	196.750	182.063	0	0	1.959.379
14	NWTB-34	216.002	232.017	226.334	224.784	233.135	227.924	227.072	225.390	231.462	237.792	0	0	2.281.912
15	NWTCM-40	330.322	329.897	338.361	332.860	334.105	327.210	326.282	324.032	336.811	337.548	0	0	3.317.428
16	NWTSO-41	136.292	137.945	151.066	141.768	146.451	153.658	148.360	144.122	143.175	147.610	0	0	1.450.447
17	NWTB-43	767.906	778.203	779.615	775.241	783.782	786.227	777.953	774.124	771.775	783.221	0	0	7.778.046
18	NWTCA-48	226.863	204.884	211.577	214.441	213.860	219.515	223.512	219.125	217.931	220.001	0	0	2.171.709
19	NWTDFN-51	812.975	818.325	824.293	818.531	824.644	836.175	838.219	834.625	824.343	824.665	0	0	8.256.795
20		6.918.170	7.015.420	7.047.365	6.993.652	7.038.517	7.043.664	7.032.204	7.024.193	7.044.338	7.066.176	0	0	70.223.699

Abbildung 7.7 Die Prognose beruht auf Daten der Soll- und Ist-Tabellen.

Alle Bemühungen in diesem Modell laufen darauf hinaus, in einem Tabellenblatt sämtliche benötigten Ergebnisse zusammenzuführen und in angemessener Form zu präsentieren. Dies bedeutet auch, dass bestimmte für den Report nicht benötigte Informationen verschwinden müssen oder – umgekehrt – zusätzliche Beschriftungen und Zellen mit Informationen zur Steuerung des Reports in der Arbeitsmappe untergebracht werden müssen.

Zu diesem Zweck fügen wir ein zusätzliches Tabellenblatt – *Forecast_Auswahl* – in die Arbeitsmappe ein (Abbildung 7.8). Blau markierte Zellen bezeichnen Beschriftungen, die beispielsweise als Legenden in den Diagrammen des Reports Verwendung finden. Der grau markierte Zellbereich rechts oben enthält Informationen, die durch die Steuerelemente des Reports erstellt werden. Darüber hinaus ist in diesem Tabellenblatt der Auszug an Werten sichtbar, auf die der Benutzer mithilfe der Steuerelemente flexibel zugreifen soll.

	A	F	G	H	I	J	K	L	M	N	O	P	Q
1	ACT vs PL	Mai 16	Jun 16	Jul 16	Aug 16	Sep 16	Okt 16	Nov 16	Dez 16		Datenauswahl	Monatszahl	Produktauswahl
2	ACT all products	7.030.862	7.012.985	7.028.732	7.091.296	7.078.498	#NV	#NV	#NV		1	6	6
3	PL all products	6.962.104	6.958.215	6.979.054	6.965.579	6.984.680	#NV	#NV	#NV				NWTDFN-7
4													
5	FC	7.038.517	7.043.664	7.032.204	#NV	#NV	#NV	#NV	#NV				
6	ACT	7.030.862	7.012.985	7.028.732	7.091.296	7.078.498	#NV	#NV	#NV				
7													
8	NWTDFN-7												
9	ACT	454.825	435.005	456.614	456.819	471.828	0	0	0				
10	PL	445.500	445.500	445.500	450.000	445.500	0	0	0				
11	ACT accumulated	2.378.505	2.813.510	3.270.124	3.726.943	4.198.771	0	0	0				
12	PL accumulated	2.331.400	2.776.900	3.222.400	3.672.400	4.117.900	0	0	0				
13	FC	487.442	475.417	461.657	448.815	449.479	461.754	0	0				
14													

Abbildung 7.8 Das Tabellenblatt »Forecast_Auswahl«

Zu guter Letzt ist ein weiteres Tabellenblatt der Dokumentation des Datenmodells vorbehalten (Abbildung 7.9).

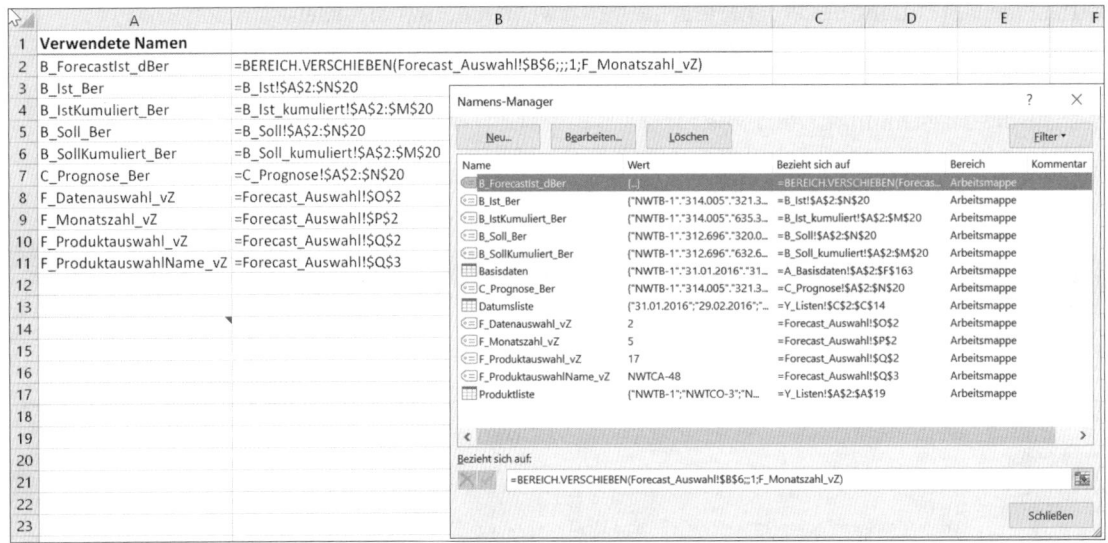

Abbildung 7.9 Dokumentation der verwendeten Bereichsnamen

Im hier dargestellten Modell bedeutet dies, dass die in der Arbeitsmappe verwendeten Bereichsnamen in tabellarischer Form mit ihren Zellbezügen aufgelistet werden. Dies ist über die Funktion FORMELN • DEFINIERTE NAMEN • IN FORMELN VERWENDEN • NAMEN EINFÜGEN machbar. Selbstverständlich können Sie dieses Blatt auch für weitere Erklärungen und Informationen nutzen. Da die Namen der dynamischen Datentabellen im Dialog NAMENS-MANAGER (⌈Strg⌉ + ⌈F3⌉) zwar angezeigt, aber nicht mit ins Tabellenblatt eingefügt werden, habe ich hier noch einen Screenshot des Namens-Managers aufgenommen, der auch die Namen der dynamischen Datentabellen anzeigt.

7.3.2   Strukturierte Bezüge und Bereichsnamen

Bei umfangreichen Arbeitsmappen und komplexen Kalkulationen ist die Arbeit mit Zelladressen ermüdend und oft unübersichtlich. Um einen besseren Überblick zu erhalten und die Eingabe von tabellenblattübergreifenden Formeln und Funktionen zu vereinfachen, stehen Ihnen prinzipiell drei Methoden zur Verfügung:

1. Bereichsnamen sind ein sehr effizientes Werkzeug, um z. B. einzelnen Zellen, die wichtige Variablen enthalten (Umsatzsteuersatz, Provision, Zinssatz etc.) mit aussagekräftigen Bezeichnungen zu versehen. Bereichsnamen können auch mehrzeilige und mehrspaltige Zellbereiche oder eine Kombination aus beidem umfassen. Sie eignen sich in besonderer Weise auch, um in einer umfangreichen Arbeitsmappe eine Navigation mit *Hyperlinks* aufzubauen.

2. Strukturierte Bezüge setzen sich aus einem Tabellennamen und einem oder mehreren Elementen einer Datentabelle zusammen (eine Spalte, eine Überschrift, ein Datenbereich etc.). Der Vorteil von strukturierten Bezügen besteht bei der Eingabe darin, dass Tabellennamen in der Direkthilfe angezeigt werden. Tippen Sie beispielsweise nur `=summe(um`, zeigt Excel sogleich den Namen Ihrer Datentabelle `UmsatzMai` an. Dies vereinfacht das Schreiben von Formeln enorm und verringert die Tippfehlerquote erheblich. Zum anderen erweitert sich der Zellbereich für die Funktion `=mittelwert(UmsatzMai[Ost])` automatisch, wenn Sie in der Tabelle für die Umsätze des Monats Mai in der Spalte *Ost* zusätzliche Werte anhängen. Strukturierte Bezüge sind somit ein klares *S* wie *Simplify* aus der *xlSMILE*-Logik (siehe Kapitel 3, »xlSMILE – Excel-Lösungen mit System«).

3. Von diesen beiden Methoden einmal abgesehen, werden immer wieder dynamische Bereiche benötigt, beispielsweise um einen veränderlichen Zellbereich in einem Diagramm zu verwenden. In einer überschaubaren Anzahl von Fällen sollten Sie demnach zu dynamischen Bereichsnamen greifen. Solche Bereichsnamen mit veränderlichen Zellbezügen werden zumeist mit den Funktionen `INDEX()`, `INDIREKT()` und `BEREICH.VERSCHIEBEN()` erstellt.

[i]

Generelle Informationen zu Bereichsnamen

Regeln für die Vergabe von Bereichsnamen

Überlegen Sie sich aussagekräftige Bezeichnungen für Ihre Bereichsnamen, damit Sie von deren Einsatz profitieren. Bei der Namensvergabe sollten Sie allerdings die vorgegebenen Regeln beachten:

> ▶ Das erste Zeichen des Bereichsnamens muss ein Buchstabe, der Unterstrich (_) oder ein Backslash (\) sein.
>
> ▶ Maximal 255 Zeichen darf ein Bereichsname lang sein.
>
> ▶ Leerzeichen oder Zelladressen (z. B. A1) sind nicht erlaubt.
>
> ▶ Bei Bereichsnamen unterscheidet Excel zwischen Groß- und Kleinschreibung; Ust und UST bezeichnen für Excel folglich zwei unterschiedliche Zellbereiche.
>
> **Zellbezüge, Funktionen und Konstanten**
>
> Im NAMENS-MANAGER legen Sie nicht nur den Namen für einen Bereich fest. Sie entscheiden auch, auf welche Zellen sich der Bereichsname beziehen soll. Grundsätzlich bestehen drei Möglichkeiten:
>
> ▶ Geben Sie einen Zellbereich per Tastatur oder durch Markieren der Zellen mit der Maus ein.
>
> ▶ Geben Sie einen festen Wert ein, um eine Konstante für weitere Berechnungen zu definieren (z. B. = 2,54 für den Bereichsnamen Zoll, um die Maßeinheit Zoll an jeder beliebigen Zelle in der Arbeitsmappe in Zentimeter umzurechnen).
>
> ▶ Geben Sie eine Formel ein, um den Bereichsnamen dynamisch zu gestalten. Mit den Funktionen INDEX(), INDIREKT() und BEREICH.VERSCHIEBEN() können Sie die Größe eines Bereichs an die Menge der tatsächlich vorhandenen Daten anpassen.

Bereichsnamen können Sie auf zwei Arten nutzen:

1. Zur Navigation innerhalb einer Arbeitsmappe: Drücken Sie F5 (GEHE ZU), und wechseln Sie in den gewünschten Bereich, indem Sie auf einen der angezeigten Namen der Namensliste doppelklicken. Oder wählen Sie mit der Maus einen Namen aus dem NAMEN-FELD links oben über der Spaltenbezeichnung A aus, um zu dem Bereich zu wechseln.

2. Zur Berechnung von Formeln und Funktionen: Schreiben Sie die gewünschte Formel, oder geben Sie die Parameter einer Funktion in der Dialogbox des Funktionsassistenten ein, und drücken Sie dann F3. Aus der Liste der angezeigten Bereichsnamen wählen Sie per Doppelklick den gewünschten Namen aus.

Beim Erstellen eines Bereichsnamens haben Sie die Wahl zwischen zwei Arbeitsweisen: Entweder markieren Sie den Zellbereich und schreiben den gewünschten Namen in das NAMEN-FELD des Excel-Fensters, oder Sie rufen die Funktion FORMELN • DEFINIERTE NAMEN • NAMEN DEFINIEREN auf (Excel 2010: FORMELN • DEFINIERTE NAMEN • NAMENS-MANAGER • NEU).

Im Forecast, den wir hier als Beispiel verwenden, ist es naheliegend, zunächst einige zentrale Zellen im Tabellenblatt FORECAST_AUSWAHL mit Bereichsnamen zu belegen. Öffnen Sie mit FORMELN • DEFINIERTE NAMEN • NAMENS-MANAGER das Verwaltungstool für Bereichsnamen (Abbildung 7.10). Alternativ können Sie auch Strg + F3 drücken.

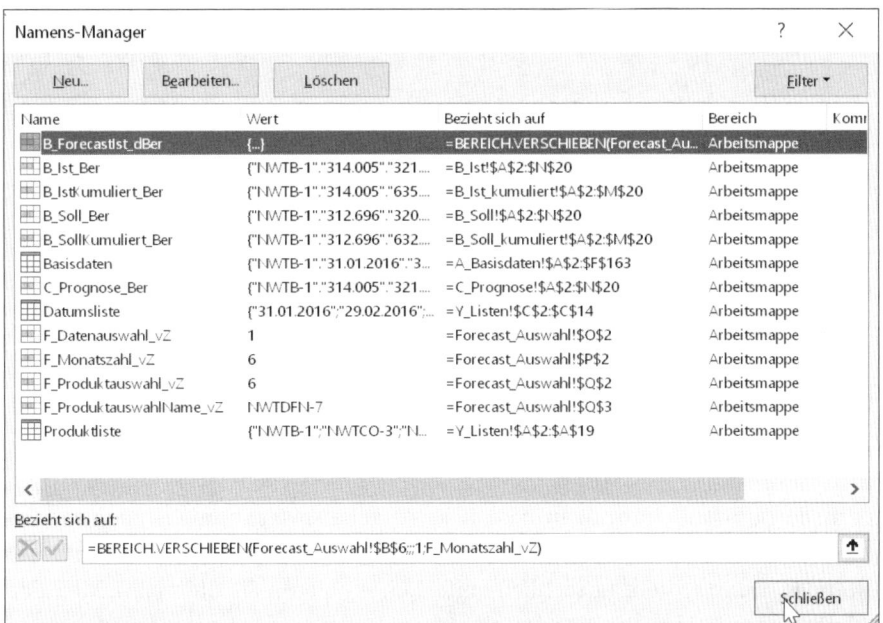

Abbildung 7.10 Seit Excel 2007 bietet der »Namens-Manager« ein neues Layout und erweiterte Funktionalität.

Vergewissern Sie sich zunächst einiger grundsätzlicher Funktionen des Verwaltungstools:

▶ Sie können das Fenster durch Ziehen mit der Maus an der rechten unteren Ecke vergrößern, sodass auch längere Bezeichnungen und Zellbezüge gut lesbar sind.

▶ Bereichsnamen können sich auf nur ein Tabellenblatt oder auf die gesamte Arbeitsmappe beziehen. Gleichartige Bereiche in verschiedenen Tabellenblättern können Sie also mit dem gleichen Namen bezeichnen und dann auf ein bestimmtes Tabellenblatt beziehen.

▶ Mit der Filterfunktion rechts oben in der Dialogbox können Sie die existierenden Namen nach verschiedenen Kriterien filtern, was die Übersichtlichkeit erheblich verbessert.

Klicken Sie auf NEU, und geben Sie in das Eingabefeld die Bezeichnung *F_Datenauswahl_vZ* ein (Abbildung 7.11). Das Präfix *F_* soll Ihnen später helfen, den Bereichsnamen leichter zu finden und einen konkreten Zusammenhang, in dem er Verwendung findet, zu erkennen. Es steht für den Bezug auf Daten, die sich im Tabellenblatt *Forecast_Auswahl* befinden.

Die Bezeichnung *Datenauswahl* kennzeichnet Inhalt oder Funktion des Datenbereichs. Das Suffix *_vZ* gibt Aufschluss darüber, dass es sich um eine verknüpfte Zelle handeln wird. Zeigen Sie nun unter BEZIEHT SICH AUF: im Tabellenblatt *Forecast_Auswahl* auf die Zelle O2. Denn diese Zelle wird später einen Wert enthalten, über den Sie festlegen, ob Sie das Ergebnis eines einzelnen Produkts sehen möchten oder das Resultat für alle Produkte. Klicken Sie dann auf OK.

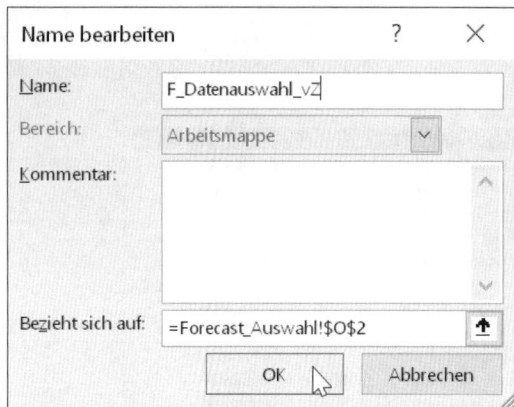

Abbildung 7.11 Definition eines Bereichsnamens

Sie könnten nun den Einwand vorbringen, dass diese Vorgehensweise zum Erstellen von Bereichsnamen doch relativ kompliziert sei. Und ehrlich gesagt wäre dagegen nur schwer etwas einzuwenden. Denn es geht tatsächlich einfacher. Probieren Sie die zweite Methode zur Namensdefinition mit dem Namen für Zelle P2 aus. Nachdem Sie den Cursor in diese Zelle bewegt haben, klicken Sie in das Namenfeld links über dem Tabellenblatt. Überschreiben Sie den Zellbezug *P2* nun mit »F_Monatszahl_vZ«. Drücken Sie ⏎, und schon ist der zweite Bereichsname angelegt. Mit Strg + F3 können Sie sich leicht davon überzeugen. Die Zelle, die Sie gerade benannt haben, wird später übrigens die Anzahl der Monate in Ihrem Forecast steuern.

Tabelle 7.2 gibt einen Überblick über die zwei weiteren Bereichsnamen, die Sie nach dem gleichen Verfahren definieren und die sich alle auf die Steuerung des Reports beziehen.

Bereichsname	Zellbezug
F_Produktauswahl_vZ	=Forecast_Auswahl!$Q$2
F_ProduktauswahlName_vZ	=Forecast_Auswahl!$Q$3

Tabelle 7.2 Zusätzliche Bereichsnamen im Tabellenblatt »Forecast_Auswahl«

7.3.3   Liste eindeutiger Produktcodes erstellen

Zuerst benötigen wir allerdings eine Liste eindeutiger Produktcodes in der Mastertabelle *Y_Listen*. Die Basisdaten erhalten naturgemäß eine Menge Duplikate, und diese sind für unsere Zwecke – die Auswahl des gewünschten Produkts im Forecast und die automatische Generierung der Beschriftungen – nicht geeignet.

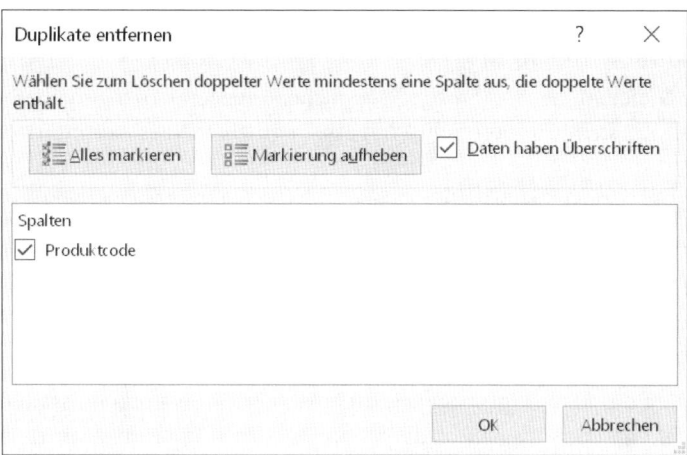

Abbildung 7.12 Filtern der Produktcodeduplikate

Kopieren Sie Spalte A der Basisdaten in das Tabellenblatt *Y_Listen*. Gehen Sie dann wie folgt vor:

1. Markieren Sie die Liste der Produktcodes (Abbildung 7.12).

2. Wählen Sie DATEN • DATENTOOLS • DUPLIKATE ENTFERNEN.

3. Klicken Sie auf OK, um die doppelten Einträge aus der Liste zu entfernen (Abbildung 7.13).

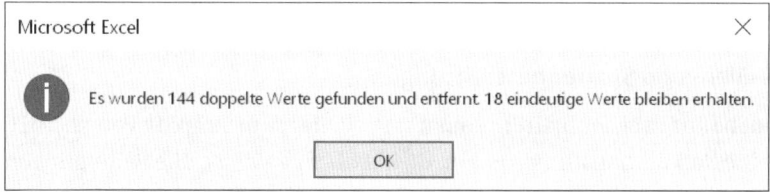

Abbildung 7.13 Ergebnisanzeige nach dem Filtern der Duplikate

Die Liste der eindeutigen Produktcodes muss mit ⌜Strg⌟ + ⌜T⌟ in eine dynamische Datentabelle umgewandelt werden. Nachdem dies geschehen ist, geben Sie der Tabelle über TA-BELLENTOOLS • ENTWURF • EIGENSCHAFTEN • TABELLENNAME einen Namen für die Datentabelle (*Produktliste*).

In Spalte C des Tabellenblattes sollten Sie nun eine weitere Datentabelle für die Datumsbeschriftungen Ihrer Berechnungstabellen anlegen. Beginnen Sie in der ersten Zeile mit der Überschrift »Monatsende«, und geben Sie darunter den letzten Tag des ersten Auswertungsmonats ein (»31.01.2016«).

Nachdem Sie die Formel nach unten kopiert und damit eine veränderliche Datumsreihe angelegt haben, geben Sie auch dieser Datentabelle einen Namen (*Datumsliste*).

Automatisierung der Datumsbezeichnungen

Die Datumswerte in Spalte D dienen der Beschriftung sämtlicher Tabellen in der Arbeitsmappe. Werden die Werte in *Y_Listen* geändert, führt dies später zu einer Neuberechnung aller Soll- und Ist-Werte.

Um den Auswertungszeitraum möglichst ohne großen Aufwand zu ändern, sollten Sie nur das Startdatum – im Beispiel »31.01.2016« – per Tastatur eingeben.

Verwenden Sie in Zelle D3 dann die Funktion =MONATSENDE(D2;1). Damit addiert Excel zum Wert des Vormonats (D2) einen Monat (1) und gibt das Datum des letzten Tages dieses Folgemonats zurück (Abbildung 7.14).

Sie vermeiden auf diesem Weg die zukünftige manuelle Eingabe des Datums und müssen sich auch keine Gedanken mehr darüber machen, ob der Monat 30 oder 31 Tage oder, wie im Fall des Februars, 28 oder 29 Tage hat.

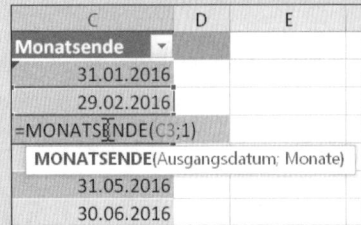

Abbildung 7.14 Berechnete Datumswerte dienen als Tabellenbeschriftungen.

7.3.4 Dynamische Zeilen- und Spaltenbeschriftungen

Die Berechnungen in den fünf Tabellenblättern sollen nun wieder dem Simplify von xlSMILE folgen. Es muss also eine Kalkulationsfunktion her, die flexibel genug ist, alle Bedingungen und Datenbereiche in den Blättern *B_Ist*, *B_Soll*, *B_Ist_kumuliert*, *B_Soll_kumuliert* und *C_Prognose* abzudecken. Diese Funktion wird =SUMMEWENNS() sein, eine Funktion, die bis zu 127 Bedingungen berücksichtigen kann. In unserem Forecast wird es lediglich zwei Bedingungen geben: den Produktcode und den Monat, für den die Ergebnisse berechnet werden sollen (Abbildung 7.15). Diese beiden Bedingungen wird sich die Kalkulationsfunktion aus der Zeilen- und Spaltenbeschriftung holen. Um für eine Änderung einzelner Produkte und Zeiträume in allen fünf Blättern gewappnet zu sein, müssen diese Beschriftungen veränderlich sein.

Denn die Beschriftung der Zeilen und Spalten aller Tabellen zur Berechnung der Ist-, Soll- und Prognosewerte ist identisch. Käme es zu einer Änderung des Produktangebots oder des Analysezeitraumes, müssten Sie alle Tabellen manuell überarbeiten.

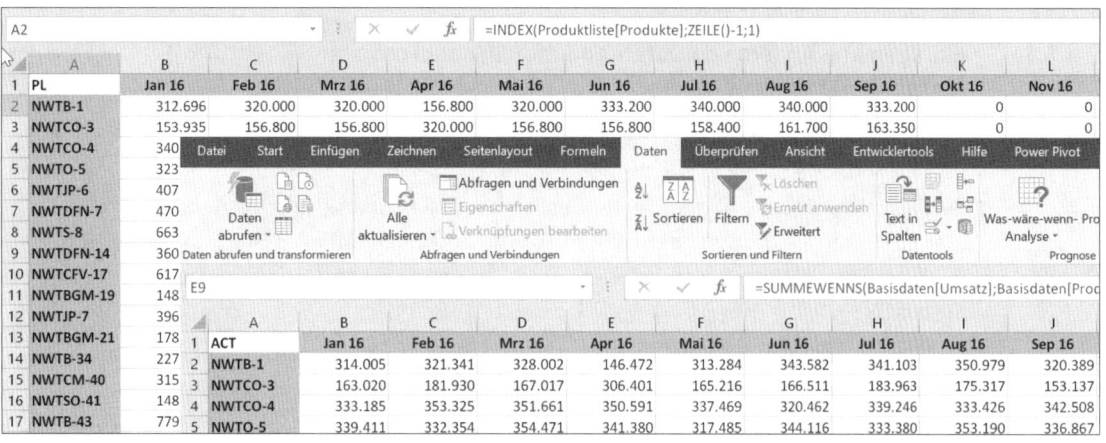

Abbildung 7.15 Identische Spalten- und Zeilenbeschriftungen werden durch Berechnungen erzeugt.

> **Dynamische Verweise mithilfe von ZEILE()**
>
> Die Funktion ZEILE() liefert den numerischen Wert der Zeile, in der die Funktion eingegeben wurde. Wird Sie in A2 eingegeben, lautet das Ergebnis 2. Von der realen Zeilennummer können beispielsweise mit –1 oder +1 Werte abgezogen oder hinzugezählt werden. Diese Eigenschaft können Sie nutzen, um in INDEX() jeweils den nächsten Wert aus der Liste auszulesen, auf die INDEX() verweist. Sie vermeiden so, die Zeilennummer für jede Zelle manuell eingeben und gegebenenfalls in Zukunft auch wieder ändern zu müssen. Kopieren Sie die Funktion nach unten bis in Zelle A19, und Sie erhalten sämtliche Produktcodes.

Beide Beschriftungsmerkmale wurden als dynamische Datentabellen in *Y_Listen* erstellt. Mit einer Kalkulationsfunktion erzeugen Sie nun ab Zelle A2 die Produktcodes als Zeilenbeschriftung, dabei verweisen Sie mithilfe strukturierter Bezüge auf die dynamischen Datentabellen in *Y_Listen*:

```
=INDEX(Produktliste[Produkte];ZEILE()-1;1)
```

INDEX() durchsucht die Spalte [Produkte] in der Datentabelle Produktliste, also die dynamische Liste der Produktcodierungen. Die Funktion wählt den Wert, der in der ersten Zeile (ZEILE()-1) steht. Gefunden wird der Produktcode NWTB-1. Dies ist der erste Wert der Produktliste.

Mit den Monatsangaben im Bereich B1 bis M1 verhält es sich ähnlich wie mit den dynamischen Zeilenbeschriftungen. Verwenden Sie hier die Funktion, um auf die Datumswerte aus *Y_Listen* zuzugreifen:

```
=INDEX(Datumsliste[Monatsende];SPALTE()-1;1)
```

[i] **Einfügen und Ändern von Daten, Funktionen oder Formaten in mehreren Tabellenblättern**

Da Sie einen völlig identischen Aufbau bei allen fünf Tabellenblättern vorfinden, stellt sich die Frage, wie Sie die gesamte Struktur möglichst effizient aufbauen können.

Eine Möglichkeit besteht darin, eine Tabelle zu erstellen und sie anschließend viermal zu kopieren. Klicken Sie dazu mit der rechten Maustaste auf das Tabellenregister, und wählen Sie dann die Option VERSCHIEBEN ODER KOPIEREN. Aktivieren Sie die Option KOPIEREN, und klicken Sie auf OK.

Die andere Arbeitsweise besteht darin, dass Sie zunächst alle fünf Tabellenblätter erstellen. Aktivieren Sie danach mit gedrückter ⌜Strg⌟-Taste alle fünf Register. Alle Eingaben in das sichtbare Tabellenblatt erfolgen nun an gleicher Stelle in den gruppierten Tabellenblättern.

Um die Gruppierung aufzuheben, klicken Sie einfach auf ein anderes Tabellenblattregister.

7.3.5   Bedingte Kalkulation für Soll, Ist und Prognose

Nachdem Sie die Funktionen für die Berechnung des ersten Produktcodes nach links und die Funktion zur Berechnung der Datumsreihen nach rechts kopiert haben, kann nun die bedingte Kalkulation im ersten Tabellenblatt erfolgen. Bedingung 1 betrifft den Produktcode, Bedingung 2 das Datum. Im Tabellenblatt *B_Ist* lautet die Funktion:

```
=SUMMEWENNS(Basisdaten[Umsatz];Basisdaten[Produktcode];$A2;Basisdaten[Datum];B$1)
```

Das erste Argument (`Basisdaten[Umsatz]`) gibt an, wo die zu summierenden Werte gefunden werden. `$A$2` bezeichnet das erste Suchkriterium, den Produktcode des ersten Produkts. Er soll im Kriterienbereich `Basisdaten[Produktcode]` gesucht werden. Das zweite Kriterienpaar wird durch `$B$1` (Datumswert) und `Basisdaten[Datum]`, die Datumsspalte in den Basisdaten, gebildet. Alle Argumente verwenden demnach strukturierte Bezüge. Sollte sich der Umfang der Basisdaten in Zukunft verändern, wird sich diese bedingte Kalkulation automatisch an den geänderten Datenbestand anpassen.

[i] **Strukturierte Bezüge**

Verschiedene Bestandteile werden in strukturierten Bezügen verwendet. Diese sind:

▶ **Tabellenname**: Dies ist der von Ihnen festzulegende Name für die gesamte Datentabelle. Beim Erstellen einer Datentabelle vergibt Excel automatisch einen Tabellennamen in der Form von Tabellen, wobei n für eine fortlaufende Nummerierung steht. Diesen Namen sollten Sie über TABELLENTOOLS • ENTWURF • EIGENSCHAFTEN • TABELLENNAME immer in einen aussagekräftigen Namen umwandeln.

▶ **Spaltenbezeichner**: Die Überschrift in einer Spalte der Datentabelle ist der Spaltenbezeichner. Er gilt für alle Zellen der Tabelle mit Ausnahme der Überschrift und der Summenzelle. Der Spaltenbezeichner wird in strukturierten Bezügen immer in eckigen Klammern verwendet, z. B. [Mai].

▶ **Bezeichner besonderer Elemente**: Bestimmte Teile der Datentabelle, wie z. B. die Überschriften oder der Wertebereich, verwenden eigene Bezeichner. =Basisdaten[#Alle] bezieht sich beispielsweise auf die gesamte Tabelle, bestehend aus Überschriften und den darunterstehenden Daten. =Basisdaten[#Kopfzeilen] greift ausschließlich auf die Spaltenüberschriften zu. Soll lediglich auf die Überschrift der Umsatzspalte zugegriffen werden, geschieht dies mit =Basisdaten[[#Kopfzeilen];[Umsatz]]. Die Überschrift der Spalte DATUM und alle darunter befindlichen Werte werden mit =Basisdaten[[#Alle];[Datum]] markiert.

Nachdem Sie die Funktion eingegeben haben, können Sie sie bedenkenlos nach unten kopieren. Dazu ziehen Sie mit der Maus am Ausfüllkästchen in der rechten unteren Ecke der Zellmarkierung. Doch Vorsicht! Strukturierte Bezüge besitzen ein anderes Kopierverhalten als normale Zellbezüge. Um die bedingte Kalkulation der ersten Spalte in die elf angrenzenden Monatsspalten zu kopieren, funktioniert das Ziehen der bereits berechneten Felder nicht. Strukturierte Bezüge müssen Sie auf folgendem Weg kopieren: Markieren Sie die Berechnungen in Spalte B, drücken Sie zum Kopieren [Strg] + [C], markieren Sie dann den Zellbereich C2 bis M2, und fügen Sie dann die Formel mit [Strg] + [V] ein. Diese Vorgehensweise ist notwendig, da sich ansonsten beim Ziehen mit der Maus die Spaltenbezüge in der Kalkulationsfunktion ändern würden.

Die Funktionen in den Tabellenblättern *B_Soll*, *B_Ist_kumuliert* und *B_Soll_kumuliert* unterscheiden sich nur in einem einzigen Merkmal von der Funktion zur Kalkulation der Ist-Umsätze:

Statt des Bereichs Basisdaten[Umsatz] müssen Sie die adäquaten Spaltenüberschriften angeben:

1. Kopieren Sie also die Funktion von *B_Ist* in *B_Soll*.

2. Setzen Sie anstelle von Basisdaten[Umsatz] den Bereich Basisdaten[Soll] in die Funktion SUMMEWENNS().

3. Kopieren Sie die angepasste Funktion nach unten und in die angrenzenden Spalten rechts.

Wenn Sie die Funktion durch Gruppierung der Tabellenblätter in sämtliche Tabellen gleichzeitig eingegeben hätten, ständen nun in allen Blättern die Bezüge auf die Umsatzspalte. In diesem Fall könnten Sie die Option SUCHEN UND ERSETZEN (Tastenkürzel [Strg] + [H]) nutzen, um die Summierungsbereiche anzupassen.

1. Markieren Sie den Datenbereich B2 bis M19 im Tabellenblatt *B_Soll*.

2. Drücken Sie die Tastenkombination [Strg] + [H], um den Dialog SUCHEN UND ERSETZEN einzublenden.

3. Geben Sie `Basisdaten[Umsatz]` als Such- und `Basisdaten[Soll]` als Ersatztext ein.

4. Starten Sie den Vorgang des Ersetzens mit einem Mausklick auf ALLE ERSETZEN (Abbildung 7.16).

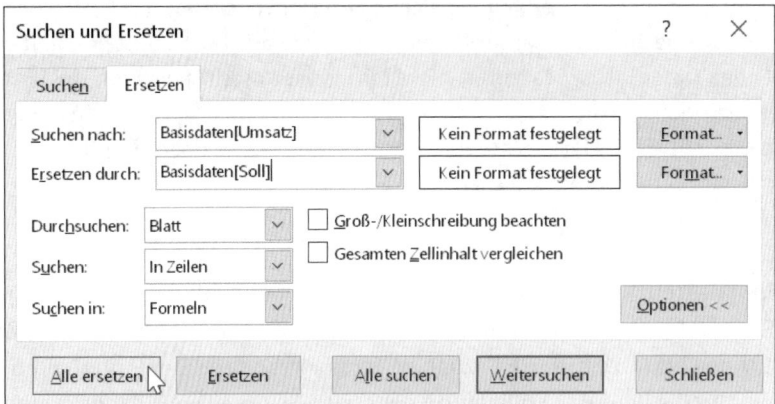

Abbildung 7.16 Anpassung von SUMMEWENNS() mit »Suchen und Ersetzen«

Auf die gleiche Weise tauschen Sie auch in den anderen Tabellenblättern die Bereichsnamen der Summierungsbereiche aus.

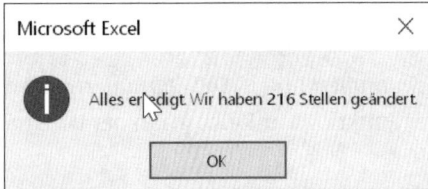

Abbildung 7.17 Ergebnishinweis nach dem Ersetzen der Bereichsnamen

7.3.6 Methoden zur Berechnung von Prognosen

Um aus den vorhandenen Werten einer Datenreihe eine Prognose auf zukünftige Werte zu bilden, stehen Ihnen unterschiedliche Verfahren zur Verfügung:

▶ **Linearer Trend**: Die Berechnung des linearen Trends basiert auf der Formel $y = mx + b$ und ist ein Mittel der Analyse von Zeitreihen. Grafisch dargestellt erscheint der lineare Trend als Gerade. Um den Wert der abhängigen Variablen y zu berechnen, wird die unabhängige Variable x mit der Steigung der Geraden, dem Faktor m, multipliziert und anschließend der Achsenabschnitt b addiert.

In Excel können Sie den linearen Trend mit der Matrixfunktion `TREND()` berechnen oder im Diagramm als *Trendlinie* darstellen. Klicken Sie dazu mit der rechten Maustaste auf die Datenreihe im Diagramm, und wählen Sie aus dem Kontextmenü TRENDLINIE HINZUFÜ-

GEN. Mit der rechten Maustaste gelangen Sie auch zu den OPTIONEN, mit denen Sie die Eigenschaften der Trendlinie ändern.

Die Trendberechnung berücksichtigt keinerlei saisonale Effekte bei der Berechnung.

▶ **Gleitender Mittelwert**: Beim gleitenden Mittelwert wird aus einer Reihe von Vorgängerwerten ein Mittelwert berechnet, der für eine kurzfristige Prognose benutzt werden kann. Durch diese Mittelwertbildung wird erreicht, dass datenmäßige Ausreißer der Vormonate ausgeglichen – geglättet – werden.

Die Glättung hängt stark von der Anzahl der zur Glättung herangezogenen Vorgängerwerte ab. Ist diese zu klein, wird auch die Glättung der Spitzen gering sein. Wird hingegen die Anzahl der Vorgängerwerte erhöht, führt dies zu dem Effekt, dass am Anfang der Datenreihe Vorhersagewerte fehlen. Wird beispielsweise ein gleitender Mittelwert aus sechs Monaten gebildet, kann erst mit Beginn des zweiten Halbjahres die erste Prognose berechnet werden.

Der gleitende Mittelwert berücksichtigt als kurzfristige Prognose keine saisonalen Effekte, es sei denn, die Anzahl der verwendeten Vorgängerwerte entspricht exakt dem saisonalen Muster.

▶ **Exponentielle Glättung**: Die exponentielle Glättung enthält eine Gewichtung der prognostizierten Werte. Sie ist geeignet für Prognosen in Datenreihen, die keinen eindeutigen Trend erkennen lassen. Die Grundaussage lautet: Alle Werte der Vergangenheit haben einen Einfluss auf gegenwärtige und zukünftige Werte. Doch der Einfluss weiter zurückliegender Werte ist schwächer als jener der aktuellen Werte.

Um einen Ausgleich zu schaffen, wird der aktuell gemessene Wert mit dem Glättungsfaktor ? multipliziert. Der Wert der letzten Prognose der Vorgängerperiode wird hingegen mit 1 – ? multipliziert. Die Summe beider Multiplikationen ergibt den nächsten prognostizierten Wert.

▶ **Bildung der ersten Differenzen**: Die Berechnung der ersten Differenzen dient dazu, den Trend aus einer Datenreihe zu entfernen. Anschließend können Sie mithilfe des gleitenden Mittelwertes oder der exponentiellen Glättung eine Prognose berechnen.

Die ersten Differenzen bilden Sie, indem Sie vom aktuellen Wert den Wert der Vorgängerperiode subtrahieren. Auf Basis der ersten Differenz der aktuellen Periode und der exponentiellen Glättung der ersten Differenz der Vorgängerperiode entsteht die Prognose der ersten Differenzen.

Addieren Sie schließlich zum gemessenen Wert der Vorgängerperiode die Prognose der ersten Differenz der aktuellen Periode, erhalten Sie die integrierte Prognose.

Beispiele für alle beschriebenen Methoden der Erstellung von Prognosen finden Sie in der Arbeitsmappe *12_Trend_Prognose_Bereinigung_01.xlsx*.

7.3.7 Berechnung einer Prognose mithilfe des gleitenden Mittelwertes

In der Beispieldatei *07_Forecast_01.xlsx* erfolgt die Prognose im Tabellenblatt *C_Prognose* mit dem gleitenden Mittelwert. Aus drei Vorgängermonaten wird der Durchschnitt gebildet, um die Werte des Folgemonats vorherzusagen. Es liegen zudem keine Daten aus dem Vorjahr vor.

Dies hat bei einem Beginn der Datenreihe zum Januar 2016 zur Folge, dass für die Monate Januar bis März keine Prognosen möglich sind. In den betreffenden Zellen werden somit statt der Prognose- die Ist-Werte mit der Formel `=SUMMEWENNS(Basisdaten[Umsatz];Basisdaten[ Produktcode];$A2;Basisdaten[Datum];B$1)` übernommen.

Bei der Berechnung des gleitenden Mittelwertes ist es wichtig, die Berechnung nur dann durchzuführen, wenn auch tatsächlich drei Vorgängerwerte in der Tabelle der Ist-Werte vorhanden sind. Das erreichen Sie durch:

`=WENN(ZÄHLENWENN('B_Ist'!B2:D2;"<>0")=3;MITTELWERT('B_Ist'!B2:D2);0)`

Sollte die Anzahl der Werte, die nicht null entsprechen, in den drei vorangegangenen Monaten gleich 3 sein, wird der Mittelwert berechnet; andernfalls wird 0 als Ergebnis ausgegeben. Dies hat wiederum zur Folge, dass in den letzten Monaten der Prognosenübersicht – in den Monaten November und Dezember – keine Prognosewerte erscheinen (Abbildung 7.18).

	A	B	C	D	E	F	G	H	I	J	K	L	M	N
1	FC	Jan 16	Feb 16	Mrz 16	Apr 16	Mai 16	Jun 16	Jul 16	Aug 16	Sep 16	Okt 16	Nov 16	Dez 16	Gesamt
2	NWTB-1	314.005	321.341	328.002	=WENN(ZÄHLENWENN(B_Ist!B2:D2;"<>0")=3;MITTELWERT(B_Ist!B2:D2);0)						337.490	0	0	3.095.469
3	NWTCO-3	163.020	181.930	167.017	WENN(**Wahrheitstest** [Wert_wenn_wahr] [Wert_wenn_falsch])				.897	175.264	170.806	0	0	1.844.625
4	NWTCO-4	333.185	353.325	351.661	346.057	351.859	346.574	336.174	332.392	331.045	338.393	0	0	3.420.665
5	NWTO-5	339.411	332.354	354.471	342.078	342.735	337.778	334.327	331.660	343.562	341.146	0	0	3.399.521
6	NWTJP-6	395.621	437.868	457.827	430.439	446.062	452.888	445.991	442.734	439.110	439.166	0	0	4.387.705
7	NWTDFN-7	461.353	490.900	476.287	476.180	487.442	475.417	461.657	448.815	449.479	461.754	0	0	4.689.284
8	NWTS-8	672.257	643.306	644.467	653.343	654.884	664.160	674.392	667.629	662.268	663.168	0	0	6.599.874

Abbildung 7.18 Prognose mithilfe des gleitenden Mittelwertes

7.3.8 Steuerelemente für die Benutzereingaben im Forecast

Die Steuerelemente für die Diagramme bzw. die dynamische Tabelle im Tabellenblatt *Forecast* fügen Sie über den Menüpunkt ENTWICKLERTOOLS • STEUERELEMENTE • FORMULAR-STEUERELEMENTE ein (Abbildung 7.19).

Sollte das Menü ENTWICKLERTOOLS bei Ihnen nicht angezeigt werden, müssen Sie es zunächst in den Excel-Optionen aktivieren. Rufen Sie es über DATEI • OPTIONEN • MENÜBAND ANPASSEN auf. Im Eingabefeld HAUPTREGISTERKARTEN auf der rechten Seite aktivieren Sie die ENTWICKLERTOOLS.

Sie benötigen zwei verschiedene Formularsteuerelemente für die Bedienung des Forecasts:

1. ein Kombinationsfeld zur Auswahl der Produktcodes
2. eine Scrollleiste zur Steuerung der rollierenden Darstellung der Prognose

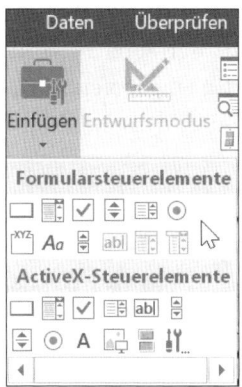

Abbildung 7.19 Steuerelemente-Toolbox

Zeichnen Sie beide Steuerelemente in das noch leere Tabellenblatt.

Formularsteuerelemente verfügen über einige Eigenschaften, die Sie mit einem rechten Mausklick auf das Element und die Option Steuerelement formatieren editieren können.

Zu den wichtigsten Eigenschaften eines Steuerelements gehört die Angabe, woher es seine Daten bezieht (Eingabebereich) und wohin der durch den Benutzer in der Liste ausgewählte Wert geschrieben werden soll (Zellverknüpfung).

Abbildung 7.20 Eigenschaften des Kombinationsfeldes

Der Eingabebereich für das hier verwendete Kombinationsfeld ist die Spalte der dynamischen Datentabelle Produktliste. Markieren Sie entsprechend den Zellbereich A2 bis A19, um das Feld Eingabebereich zu füllen (Abbildung 7.20). Erneut werden Sie mit einer Besonderheit der strukturierten Bezüge bzw. der damit verbundenen Datentabellen konfrontiert. Der Zellbezug $A$2:$A$19 erscheint zwar absolut und statisch zu sein. Würden Sie aber ein zusätzliches Produkt an die dynamische Datentabelle anhängen, würde auch der Zellbezug des Kombinationsfeldes angepasst. Mit anderen Worten: Verweise auf Datentabellen sind immer dynamisch! Dies ist eine wichtige Erkenntnis für den Aufbau von Datenmodellen. Dynamische Bereichsnamen, die zumeist mit BEREICH.VERSCHIEBEN() erstellt werden, sind somit obsolet.

Wenn ein Produkt aus der Liste ausgewählt wurde, soll es in Tabellenblatt *Forecast_Auswahl* in die Zelle Q2 geschrieben werden. Für diese Zelle wurde aber bereits der Bereichsname *F_Produktauswahl_vZ* festgelegt. Schreiben Sie also diesen Namen in das Eingabefeld ZELLVERKNÜPFUNG. Geben Sie noch an, wie viele Produktcodierungen maximal im Listenfeld angezeigt werden sollen, und bestätigen Sie die Eingabe dann mit OK.

Aus der Nutzung von Formularsteuerelementen können wir bereits an dieser Stelle zwei wichtige Aussagen ableiten:

1. Zur Erstellung einer dynamischen Diagrammlösung benötigen Sie so gut wie immer Hilfsblätter, in denen Daten berechnet und bereitgestellt werden.

2. Steuerelemente schreiben in diese Hilfsblätter Parameter, die zur Berechnung und letztlich zur dynamischen Anpassung der Diagramme genutzt werden.

Wahrscheinlich ist Ihnen aufgefallen, dass es neben Formularsteuerelementen auch ActiveX-Steuerelemente gibt. Beide Werkzeuge unterscheiden sich zum Teil erheblich voneinander. Aufgrund der Tatsache, dass Letztere eng mit der Windows-Benutzerschnittstelle verbunden sind und unter anderem beim Öffnen der Excel-Datei als potenzielles Sicherheitsrisiko deaktiviert werden, habe ich mich im Fall des Forecasts für die Verwendung von Formularsteuerelementen entschieden. Diese schreiben jeweils die Zeilennummer des aus dem Listenfeld ausgewählten Produkts in die verknüpfte Zelle (Abbildung 7.21), während ActiveX-Steuerelemente dort den Produktnamen eintragen würden.

O	P	Q
Datenauswahl	Monatszahl	Produktauswahl
1	6	6
		NWTDFN-7

Abbildung 7.21 Unter den grauen Überschriften befinden sich Werte aus der Benutzung von Steuerelementen.

Da die im Tabellenblatt *Forecast_Auswahl*, Zellbereich B9 bis M13, verwendete bedingte Kalkulation jedoch den Produktnamen benötigt, müssen wir die Zeilennummer mithilfe einer Verweisfunktion in diesen Namen umwandeln. Die Funktion in Zelle Q3 sieht folgendermaßen aus:

```
=INDEX(Produktliste[Produkte];F_Produktauswahl_vZ;1)
```

Die Funktion `=INDEX()` durchsucht in der Datentabelle `Produktliste` die Spalte `[Produkte]` und bewegt sich bis zur in der Zelle `F_Produktauswahl_vZ` angegebenen Zeile in der Spalte 1. So wird der Name des Produkts in die verknüpfte Zelle übertragen. Von dort wird das Ergebnis in Zelle A8 übernommen: `=F_ProduktauswahlName_vZ`.

Zum Abschluss ergänzen Sie das dritte Steuerelement für Ihren Forecast. Zeichnen Sie die beiden Optionsfelder und das Gruppenfeld für die Auswahl zwischen Gesamt- und Produktdarstellung (Abbildung 7.22).

Abbildung 7.22 Formularsteuerelemente für die Datenauswahl

Hierbei handelt es sich erneut um Formularsteuerelemente. Wählen Sie aus der Liste der Steuerelemente die benötigten Elemente aus, und zeichnen Sie diese in Ihr Tabellenblatt (Abbildung 7.23).

▲	A	B	C	D	E	F	G	H	I	J	K	L	M
1	ACT vs PL	Jan 16	Feb 16	Mrz 16	Apr 16	Mai 16	Jun 16	Jul 16	Aug 16	Sep 16	Okt 16	Nov 16	Dez 16
2	ACT all products	6.918.170	7.015.420	7.047.365	7.052.765	=WENN(WAHL(F_Datenauswahl_vZ;B_Ist!F20;F9)=0;NV();WAHL(F_Datenauswahl_vZ;B_Ist!F20;F9))							
3	PL all products	6.862.744	6.950.319	6.948.705	6.977.205	WENN(Wahrheitstest; [Wert_wenn_wahr]; [Wert_wenn_falsch])		4.680	#NV	#NV	#NV	#NV	#NV
4													
5	FC	6.918.170	7.015.420	7.047.365	6.993.652	7.038.517	7.043.664	7.032.204	#NV	#NV	#NV	#NV	#NV
6	ACT	6.918.170	7.015.420	7.047.365	7.052.765	7.030.862	7.012.985	7.028.732	7.091.296	7.078.498	#NV	#NV	#NV
7													
8	NWTDFN-7												
9	ACT	461.353	490.900	476.287	495.140	454.825	435.605	456.614	456.819	471.828	0	0	0
10	PL	470.400	475.000	470.250	470.250	445.500	445.500	445.500	450.000	445.500	0	0	0
11	ACT accumulated	461.353	952.253	1.428.540	1.923.680	2.378.505	2.813.510	3.270.124	3.726.943	4.198.771	0	0	0
12	PL accumulated	470.400	945.400	1.415.650	1.885.900	2.331.400	2.776.900	3.222.400	3.672.400	4.117.900	0	0	0
13	FC	461.353	490.900	476.287	476.180	487.442	475.417	461.657	448.815	449.479	461.754	0	0

Abbildung 7.23 Die Diagrammdaten sind von den Eingaben der Steuerelemente abhängig.

Klicken Sie das Optionsfeld mit der rechten Maustaste an. Sie gelangen dann über das Kontextmenü zu der Option STEUERELEMENT FORMATIEREN. Im Register STEUERUNG der Dialogbox geben Sie in das Eingabefeld ZELLVERKNÜPFUNG das Ziel der Verknüpfung ein: »F_Datenauswahl_vZ«. Anschließend definieren Sie eine geeignete Beschriftung (z. B. All products) für das erste Optionsfeld. Danach erstellen Sie das zweite Optionsfeld (Single product) analog zum ersten Feld, oder Sie kopieren das erste Feld und passen lediglich seine Beschriftung an. Um die beiden Felder zu einer Gruppe zusammenzufassen und außerdem eine eindeutigere Bezeichnung zu erhalten, legen Sie schließlich noch ein GRUPPENFELD an und definieren auch hier eine verständliche Beschriftung (SELECTION). Kleiner Tipp: Achten Sie immer darauf, dass zwischen allen Feldern ein ausreichender Abstand besteht. Ist dies nicht der Fall, kommt Excel schnell mit den Zeilennummern der Listenfelder durcheinander.

7.3.9 Datenblatt für die Diagrammdaten

Bevor Sie sich an die Erstellung und Gestaltung der Diagramme machen, müssen Sie noch die Formeln und Funktionen in das Tabellenblatt *Forecast_Auswahl* eingeben, mit denen die gewünschten Daten für die Diagramme berechnet werden.

Im Forecast lassen sich drei Bereiche unterscheiden:

1. das Liniendiagramm der Soll-Ist-Umsätze mit der Option, zwischen Gesamt- und Produktansicht zu wechseln

2. das Liniendiagramm, das rollierende Linien zum Vergleich von Ist-Werten und Prognosen zeigt

3. die Tabelle mit sämtlichen Soll-, Ist- und Prognosewerten des vom Benutzer ausgewählten Produkts

Diese drei Bereiche finden Sie auch im Tabellenblatt *Forecast_Auswahl* wieder.

Für die Berechnung der Ist-Werte in den Zellen B2 bis M2 benötigen Sie die folgende Funktion:

```
=WENN(WAHL(F_Datenauswahl_vZ;B_Ist!B20;B9)=0;NV();
WAHL(F_Datenauswahl_vZ;B_Ist!B20;B9))
```

Findet Excel in der Zelle F_Datenauswahl_vZ den Wert 1 (Gesamt), wird der entsprechende Januarwert aus Zelle B2 des Tabellenblattes *B_Ist* geholt. Wird hingegen auf PRODUKT geklickt und damit der Wert 2 in F_Datenauswahl_vZ geschrieben, führt die Funktion WAHL(index; wert 1; wert 2 ...) die zweite Option aus und schreibt den Ist-Umsatz des Produkts – Zelle B8 – in die Tabelle.

Mit den Soll-Umsätzen verhält es sich ähnlich. Die Funktion lautet:

```
=WENN(WAHL(F_Datenauswahl_vZ;B_Soll!B20;B10)=0;NV();
WAHL(F_Datenauswahl_vZ;B_Soll!B20;B10))
```

Hier muss einzig der Bezug auf *B_Soll* gesetzt werden. Ansonsten können Sie die Funktion getrost kopieren.

Der Ausdruck WENN() in dieser Funktionskombination stellt sicher, dass im Fall von nicht vorhandenen Werten bzw. eines Nullwertes das Liniendiagramm nicht auf die Rubrikenachse *abstürzt*. Der Ausdruck NV() verhindert dies. Er wird als Datenpunkt im Liniendiagramm ignoriert, sodass die Linie im Fall von nicht vorhandenen Werten nicht fortgesetzt wird (Abbildung 7.24).

7.3.10 Rollierende Liniendiagramme

Die Prognose der Umsätze beginnt – wie bereits oben dargestellt – mit dem Monat April. Insofern können Sie im zweiten Teil der Diagrammdaten für die Monate Januar bis März mit einem einfachen Verweis auf die Originalwerte beginnen (='B_Prognose'!B20 bzw. ='B_Ist'!B20 in den Zellen B5 und B6).

Danach müssen Sie sicherstellen,

▸ dass Nullwerte erneut durch NV() ersetzt werden und

▸ dass nur die Werte bis zur ausgewählten Monatszahl angezeigt werden und nicht darüber hinaus.

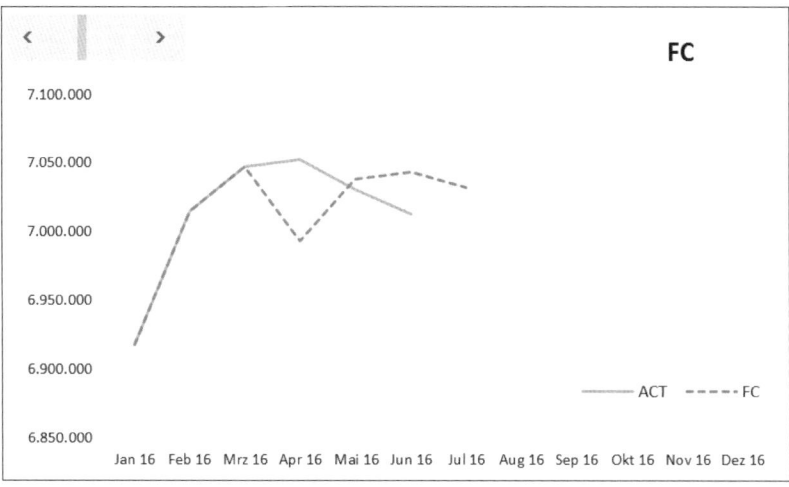

Abbildung 7.24 Mit dem Drehfeld links oben wird die rollierende Darstellung der Werte erreicht.

Zwei Bedingungen müssen in diesem Fall mit der Funktion UND() überprüft und in ein WENN() eingebunden werden. Die verschachtelte Funktion lautet:

```
=WENN(UND(F_Monatszahl_vZ>=MONAT(E1)-1;C_Prognose!E20<>0);
C_Prognose!E20;NV())
```

7.3.11 Dynamische Tabelle mit der Funktion INDEX()

Um den letzten Baustein zur Vorbereitung des dynamischen Forecasts zu vervollständigen, benötigen wir eine bekannte Funktion: INDEX(). Was soll diese Funktion konkret bewirken?

Zunächst benötigen Sie fünf Bereichsnamen, wie sie Tabelle 7.3 darstellt.

Bereichsname	Zellbezug
B_Ist_Ber	=B_Ist!$A$2:$N$20
B_Soll_Ber	=B_Soll!$A$2:$N$20
B_IstKumuliert_Ber	=B_Ist_Kumuliert!$A$2:$N$20
B_SollKumuliert_Ber	=B_Soll_Kumuliert!$A$2:$N$20
C_Prognose_Ber	=C_Prognose!$A$2:$N$20

Tabelle 7.3 Legen Sie Bereichsnamen fest.

Diese Bereiche enthalten die jeweiligen Ergebnisse – ohne Spalten- und Zeilenbeschriftungen. In Zelle B9 verwenden Sie nun folgende bedingte Kalkulation, um die Daten für das per Kombinationsfeld im Tabellenblatt *Forecast* ausgewählte Produkt zu erhalten:

```
=INDEX(B_Ist_Ber;VERGLEICH(Forecast_Auswahl!$A$8;
Basisdaten[Produktcode];0);SPALTE())
```

Die Suche wird mit der Funktion VERGLEICH() durchgeführt. Findet diese Funktion im Bereich Basisdaten[Produktcode] die gewünschte Produktbezeichnung, gibt sie die Position der Fundstelle als numerischen Wert zurück. Dieser Wert wird an INDEX() übergeben, um den zugehörigen Wert aus dem Bereich der Ist-Umsätze zu holen.

Auch diese Funktion stellt eine solide Kopiervorlage dar, denn wenn Sie nach dem Kopieren den Bezug *B_Ist_Ber* durch die Bereichsnamen *B_Soll_Ber*, *B_IstKumuliert_Ber*, *B_SollKumuliert_Ber* und *B_Prognose_Ber* ersetzen, erhalten Sie den Zugriff auf sämtliche gewünschten Daten der vier Tabellenblätter. Natürlich vorausgesetzt, Sie haben die Bereichsnamen zuvor erstellt!

7.3.12 Formate, Formatvorlagen, Diagrammvorlagen

Dienen alle bisherigen Tabellen quasi lediglich als Arbeitsgrundlage für Ihre Kalkulationen, ist spätestens mit der Tabelle und den Diagrammen im Tabellenblatt *Forecast* der Zeitpunkt gekommen, sich über das Thema CI und Wahrnehmungspsychologie Gedanken zu machen.

Beherzigen Sie einige der Grundregeln, die auch bei Präsentationen gültig sind:

▶ Beschränken Sie die Informationsmenge in Ihren Diagrammen. Wenn Sie überflüssige oder zu detaillierte Daten weglassen, wird Ihr Diagramm übersichtlicher.

▶ Vermeiden Sie überflüssige schmückende Elemente wie Schatten und 3D-Effekte.

▶ Verwenden Sie nicht mehr als zwei Schriftarten bzw. Schriftschnitte (z. B. normal und fett, aber nicht normal, fett, unterstrichen und kursiv).

▶ Verwenden Sie Überschriften, Legenden und Steuerelemente innerhalb von Diagrammen und Reporting-Tabellen möglichst immer an den gleichen Stellen und nicht kreuz und quer verstreut.

▶ Benutzen Sie Farben, um die Wahrnehmungsaktivität zu unterstützen. Setzen Sie dabei Kontraste ein, um Unterschiede zu verdeutlichen, und Harmonien, um Gemeinsamkeiten zu betonen.

▶ Zeigen Sie das Logo Ihres Unternehmens, aber in angemessener Größe.

In Excel sollten Sie die Verwendung von Farben in Ihrer Arbeitsmappe durch die Definition von Designfarben vorgeben. Wechseln Sie zu Seitenlayout • Designs • Farben • Farben anpassen (in früheren Versionen: Neue Designfarben erstellen).

Unter Akzent 1 bis Akzent 6 legen Sie unter anderem fest, welche Farben Excel bei der Erstellung von Diagrammen den Datenreihen zuweist, wenn im Diagramm die Farbauswahl Automatisch aktiviert ist.

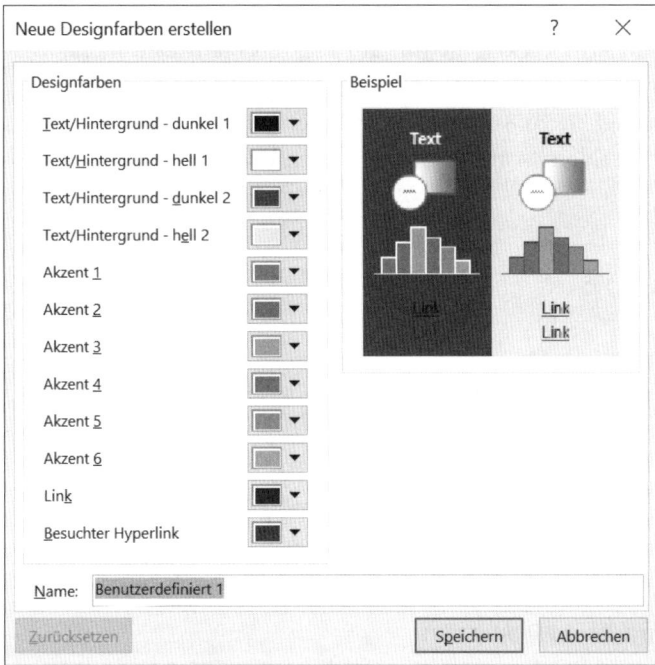

Abbildung 7.25 Definieren Sie eine Farbskala für Ihre Arbeitsmappe.

Definieren Sie anhand der CI-Vorgaben Ihres Unternehmens, welche Schriftarten, -schnitte und -größen für Überschriften in Excel-Arbeitsmappen verwendet werden sollen. Nachdem Sie die Festlegung getroffen haben, wechseln Sie in START • FORMATVORLAGEN • ZELLENFOR-MATVORLAGEN. Klicken Sie auf NEUE ZELLENFORMATVORLAGE, und wählen Sie die Schrift-art, -farbe und -größe und gegebenenfalls Linien- und Hintergrundfarben für Überschriften, Zwischenüberschriften, Spaltenüberschriften etc. (Abbildung 7.26).

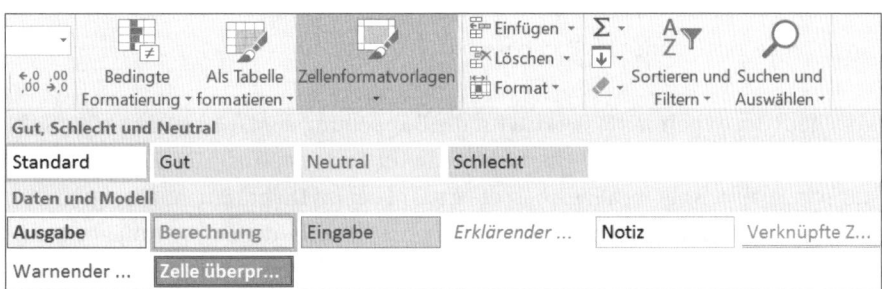

Abbildung 7.26 Passen Sie die Zellenformatvorlagen entsprechend Ihrem CI-Handbuch an.

Vorlagen für Zellformate können Sie auch zwischen geöffneten Arbeitsmappen über die Op-tion FORMATVORLAGEN ZUSAMMENFÜHREN austauschen.

Wenn Sie ein Diagramm nach Ihren Vorstellungen und CI-Vorgaben erstellt haben, sollten Sie es als Diagrammvorlage speichern. Klicken Sie mit der rechten Maustaste in das Diagramm (Excel 2010: Diagrammtools • Entwurf • Layout • Als Vorlage speichern), um die Vorlage zu erstellen (Abbildung 7.27). Alle diese Überlegungen und Vorlagen lassen sich wieder unter dem Begriff *Model*, also dem M aus xlSMILE, zusammenfassen.

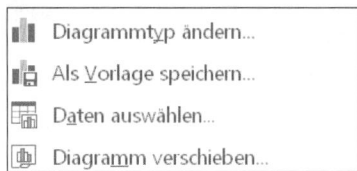

Abbildung 7.27 Speichern einer Diagrammvorlage auf Basis eines fertiggestellten Diagramms

Die Diagrammvorlage können Sie zukünftig in anderen Dateien wiederverwenden. Nach dem Erstellen eines neuen Diagramms wechseln Sie zu Diagrammtools • Entwurf • Diagrammtyp ändern • Vorlagen, um einem Diagramm die Vorlage zuzuweisen.

7.3.13 Dynamische Bereichsnamen im Diagramm

Die beiden Diagramme verwenden die in Tabelle 7.4 dargestellten Zellbereiche als Datenbasis.

Name	Zellbezug
Soll-Ist-Vergleich	=Forecast_Auswahl!$B$2:$L$2 und =Forecast_Auswahl!$B$3:$L$3
Forecast	='07_Forecast_01.xlsx'!B_ForecastIst_dBer =Forecast_Auswahl!$B$5:$M$5

Tabelle 7.4 Diese Zellbereiche dienen als Datenbasis.

Hierbei ist vor allem der dynamische Bereich für die Darstellung der Ist-Ergebnisse (*Actuals*) im Forecast-Diagramm von Interesse. Die Datenreihe in *Forecast_Auswahl*, Zellbereich B6 bis M6, ist statisch. Beabsichtigt ist allerdings, die Anzahl der im Diagramm angezeigten Monate durch die Scrollleiste zu steuern. Es gibt nun mehrere Methoden, diese Aufgabe zu lösen. Ein Lösungsansatz ist die Verwendung eines *dynamischen Bereichsnamens* auf Basis von =BEREICH.VERSCHIEBEN(). Und ich möchte genau diesen verwenden, da er einen dieser typischen Einsatzbereiche für die Funktion beschreibt (Tabelle 7.5).

Funktion	Erklärung
BEREICH.VERSCHIEBEN()	Diese Funktion hat fünf Argumente: ▶ Bezug: der Startpunkt des Bereichs ▶ Zeilen: Anzahl der Zeilen, um die der Bereich verschoben werden soll ▶ Spalten: Anzahl der Spalten, um die der Bereich verschoben werden soll ▶ Höhe: Anzahl der Zeilen des verschobenen Bereichs ▶ Breite: Anzahl der Spalten des verschobenen Bereichs Um einen dynamischen Bereich für das Diagramm zu erstellen, verwenden Sie die drei Argumente *Bezug*, *Höhe* und *Breite*.

Tabelle 7.5 Die Funktion BEREICH.VERSCHIEBEN()

Die daraus resultierende Funktion lautet:

```
=BEREICH.VERSCHIEBEN(Forecast_Auswahl!$B$6;;;1;F_Monatszahl_vZ)
```

Schreiben Sie diese Funktion zunächst in eine Zelle des Tabellenblattes. Das ist einfacher, als sie gleich im NAMENS-MANAGER einzugeben, und Sie gewöhnen sich unter Umständen auch gleich an eine Besonderheit bei der Verwendung dieser Funktion: In eine Zelle geschrieben, liefert die Funktion nicht selten einen Fehlerwert. Da heißt es häufig: Nerven bewahren!

Im konkreten Beispiel beginnt der definierte dynamische Bereich in Zelle B6. Er wird eine Zeile hoch sein. Die Anzahl der zu verwendenden Spalten ergibt sich aus dem Wert in *F_Monatszahl_vZ*, also in P2. Gehen Sie nach dem Erstellen der Berechnung nun wie folgt vor:

1. Markieren Sie die Funktion in der Editierzeile, und kopieren Sie sie in die Zwischenablage.

2. Öffnen Sie dann die Dialogbox NAMENS-MANAGER mit ⌨Strg + ⌨F3.

3. Klicken Sie auf NEU, um einen neuen Namen im folgenden Dialog NAME BEARBEITEN anzulegen.

4. Fügen Sie mit ⌨Strg + ⌨V die Funktion in das Eingabefeld BEZIEHT SICH AUF: ein, und vergeben Sie unter NAME einen Bereichsnamen (Abbildung 7.28).

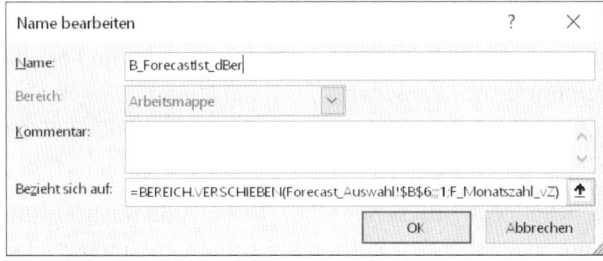

Abbildung 7.28 Erstellen eines dynamischen Bereichsnamens mit BEREICH.VERSCHIEBEN()

Diesen Bereichsnamen setzen Sie nun in Ihrem Diagramm als zweite Datenreihe ein. Das Ergebnis sollte sein, dass die Länge der Datenreihe über die Scrollleiste verändert werden kann.

[i] **Editieren und Prüfen von dynamischen Bereichsnamen**

Wenn Sie in der Zelle BEZIEHT SICH AUF: Korrekturen an der eingefügten Funktion vornehmen möchten, müssen Sie zuvor mit [F2] in den Editiermodus wechseln. Solange Sie sich noch im Zeigemodus befinden, führt jede Cursorbewegung zu einer unerwünschten Änderung der angezeigten Funktion.

Sie sollten überprüfen, ob der dynamische Bereichsname auch wirklich funktioniert und die korrekten Zellen zugeordnet werden. Klicken Sie dazu im NAMENS-MANAGER in das Eingabefeld BEZIEHT SICH AUF: des dynamischen Bereichsnamens. Excel umrahmt dann im Tabellenblatt die Zellen, die dem Bereichsnamen zugeordnet werden.

7.3.14 Kommentare in Datenmodellen einsetzen

Die Formularsteuerelemente im Forecast können Sie als *Lead* oder L von xlSMILE verstehen – sie helfen Ihnen und auch anderen Benutzern dabei, ganz gezielt aus den Tabellenblättern Daten zu extrahieren, ohne in den Blättern umherzuirren. Auf der linken Seite des Tabellenblattes Forecast finden Sie auch noch das E (*Explain*) von xlSMILE.

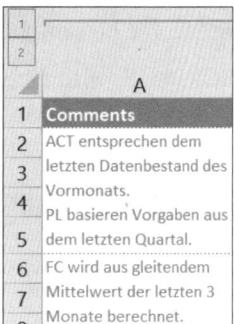

Abbildung 7.29 Ein- und ausblendbare Kommentare im Forecast

Gerade wenn Sie selbst nicht täglich mit bestimmten Reports arbeiten oder andere Benutzer in einem Team auf bestimmte standardisierte Berichte zugreifen, können Kommentare eine sinnvolle Ergänzung sein. Da der Platz auf dem Bildschirm beschränkt ist, sollten Sie nach Möglichkeiten suchen, um die Kommentare nur im Bedarfsfall einzublenden. Dies erreichen Sie dadurch, dass Sie die Spalte A markieren und dann über DATEN • GLIEDERUNG • GRUPPIEREN die Option GRUPPIEREN aufrufen (Abbildung 7.29).

Verbinden Sie dann mehrere Zellen in Spalte A, drücken Sie [Strg] + [1], und wechseln Sie in das Register AUSRICHTUNG. Hier ändern Sie die Ausrichtung der Zellinhalte und aktivieren die Option zum Verbinden der markierten Zellen (Abbildung 7.30).

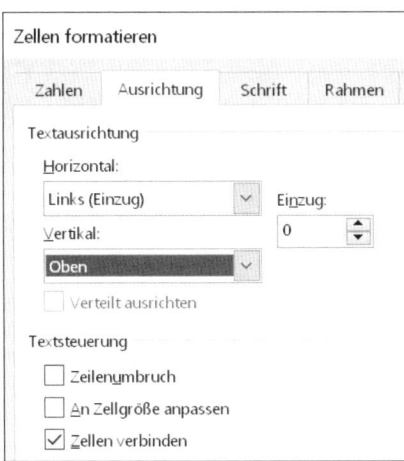

Abbildung 7.30 Verbinden von Kommentarzellen

Wechseln Sie danach wieder in das Tabellenblatt *Forecast*, und geben Sie in die Zellen Ihre Kommentare ein. Diese können nun über die Gliederungssteuerung oberhalb der Spaltenbuchstaben nach Bedarf ein- und ausgeblendet werden.

7.4   Datenmodell zur Kalkulation der optimalen Bestellmenge

Datenmodelle sind nicht nur sehr nützlich, wenn es um Datenauswertungen in Arbeitsmappen geht, die zahlreiche Tabellenblätter und damit auch Verknüpfungen enthalten. Auf den folgenden Seiten finden Sie ein weiteres Beispiel. Es besteht aus einem einzigen Tabellenblatt und behandelt die Berechnung der optimalen Bestellmenge. Worum geht es dabei konkret?

Ein Unternehmen hat einen spezifischen Jahresbedarf für die Bestellung eines Produkts identifiziert. Das Warenlager bindet Kapital, das in den kalkulatorischen Zinsen der im Warenlager gebundenen Mittel zum Ausdruck kommt. Jeder einzelne Bestellvorgang schlägt hingegen auch mit Kosten zu Buche. Es stellt sich somit die Frage, welches die optimale Bestellmenge pro Bestellvorgang ist, bei der die Summe aus kalkulatorischen Zinsen und Bestellkosten minimiert werden kann.

Im Gegensatz zum vorherigen Fallbeispiel bezieht sich das hier vorgestellte, wie bereits erwähnt, auf eine Arbeitsmappe mit nur einem einzigen Tabellenblatt. Darin befindet sich der Eingabebereich für die Eckwerte der Berechnung (Abbildung 7.31):

- ▶ Jahresbedarf
- ▶ Fixkosten je Bestellvorgang
- ▶ Stückpreis
- ▶ kalkulatorischer Zinssatz

Optimale Bestellmenge

Rahmenbedingungen	
Jahresbedarf:	**9.000**
Fixkosten je Bestellvorgang:	**275,00 €**
Stückpreis:	**8,95 €**
kalkulatorische Zinsen:	**6,25%**

optimale Bestellmenge	m_{opt}
Fixkosten je Bestellung	K_f
Jahresbedarf	B
Stückpreis	p
kalkulatorische Zinsen	q

$$m_{opt} = \sqrt{\frac{200 * K_f * B}{p * q}}$$

Abbildung 7.31 Rahmenbedingungen und Formel zur Berechnung der optimalen Bestellmenge

Das Ergebnis der Dateneingabe wird unter anderem in einem Liniendiagramm angezeigt, das drei Datenreihen enthält:

1. die jährlichen Kosten für die Bestellvorgänge
2. die jährlichen Lagerungskosten (kalkulatorische Zinsen)
3. die Gesamtkosten der Lagerhaltung für das ausgewählte Produkt

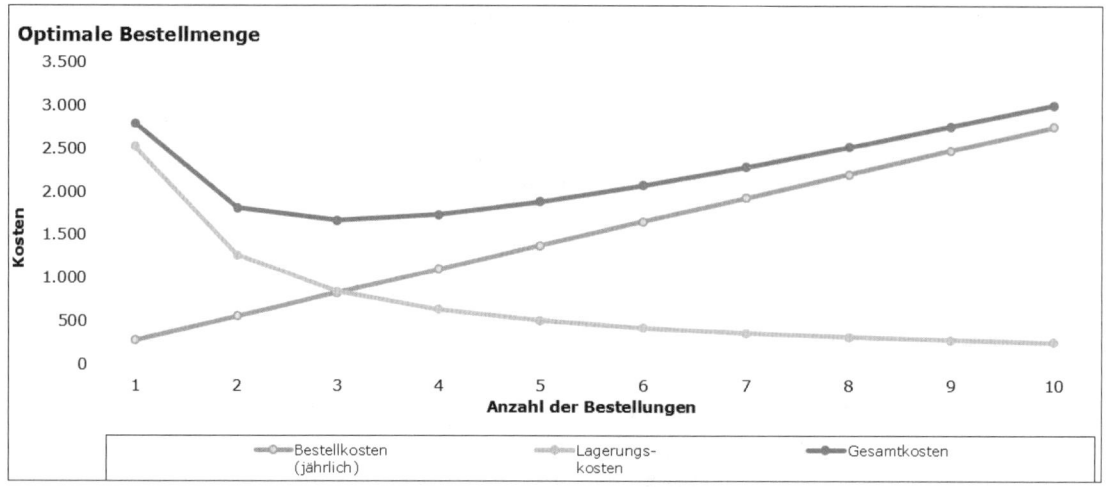

Abbildung 7.32 Darstellung der optimalen Bestellmenge im Diagramm

Die blaue obere Linie im Diagramm in Abbildung 7.32 repräsentiert die Gesamtkosten. Der unterste Punkt der Kurve kennzeichnet die Variante, bei der die Kosten am niedrigsten sind.

Diese blaue Datenreihe ergibt sich aus der Addition der jährlichen Bestellkosten sowie der Lagerungskosten.

Im dritten Abschnitt des Tabellenblattes werden die Berechnungsergebnisse auch in tabellarischer Form dargestellt. Hier wird die Zeile der optimalen Bestellmenge mit einer bedingten Formatierung ebenfalls blau gekennzeichnet (Abbildung 7.33).

Das vollständige Modell können Sie sich in der Beispieldatei *07_Optimale_Bestellmenge_01.xlsx* ansehen.

Bestellungen	Bestell- menge	Bestellkosten (jährlich)	Lagerbestand Ø	Lagerbestand Ø in €	Lagerungs- kosten	Gesamtkosten	Kosten pro Stück
1	9.000	275,00 €	4.500	40.275,00 €	2.517,19 €	2.792,19 €	0,31 €
2	4.500	550,00 €	2.250	20.137,50 €	1.258,59 €	1.808,59 €	0,20 €
3	3.000	825,00 €	1.500	13.425,00 €	839,06 €	1.664,06 €	0,18 €
4	2.250	1.100,00 €	1.125	10.068,75 €	629,30 €	1.729,30 €	0,19 €
5	1.800	1.375,00 €	900	8.055,00 €	503,44 €	1.878,44 €	0,21 €
6	1.500	1.650,00 €	750	6.712,50 €	419,53 €	2.069,53 €	0,23 €
7	1.286	1.925,00 €	643	5.753,57 €	359,60 €	2.284,60 €	0,25 €
8	1.125	2.200,00 €	563	5.034,38 €	314,65 €	2.514,65 €	0,28 €
9	1.000	2.475,00 €	500	4.475,00 €	279,69 €	2.754,69 €	0,31 €
10	900	2.750,00 €	450	4.027,50 €	251,72 €	3.001,72 €	0,33 €

Abbildung 7.33 Optimale Bestellmenge tabellarisch

7.4.1 Definition der Bereichsnamen für die Kalkulationsfaktoren

Beginnen Sie auch hier mit der Erstellung der Bereichsnamen. Diese beziehen sich auf die vier Kalkulationsfaktoren der Berechnung, die in Tabelle 7.6 wiedergegeben werden.

Name	Zellbezug
FixkostenBestellung	=Optimale_Bestellmenge!$B$4
Jahresbedarf	=Optimale_Bestellmenge!$B$3
Stückpreis	=Optimale_Bestellmenge!$B$5
ZinsenKalkulatorisch	=Optimale_Bestellmenge!$B$6

Tabelle 7.6 Bereichsnamen zur Berechnung der optimalen Bestellmenge

Mehr Bereichsnamen benötigen Sie nicht für die Kalkulation. Sie können demnach sogleich mit der Eingabe der Formeln und Funktionen beginnen.

7.4.2 Das Formelgerüst der Optimierung

Setzen wir voraus, dass Sie minimal einmal und maximal zehnmal pro Jahr den gewünschten Artikel bestellen wollen. Geben Sie diese Werte in die Zellen C18 bis C27 ein.

Damit können Sie nun in den Zellen D18 bis D27 die Bestellmenge je Bestellvorgang auf Basis des vorgegebenen Jahresbedarfs berechnen. Ihr erster Bereichsname kommt zum Einsatz:

```
=Jahresbedarf/C18
```

Diese Formel kopieren Sie selbstverständlich sogleich nach unten.

Auch die Fixkosten je Bestellvorgang liegen Ihnen vor, und für die Zelle, in der dieser Wert steht, haben Sie ebenfalls bereits den Bereichsnamen `FixkostenBestellung` definiert. In E18 bis E27 berechnen Sie folglich nun die Kosten mit `=FixkostenBestellung*C18`, also durch die Multiplikation der Fixkosten mit der Anzahl der jährlichen Bestellung.

Jede Bestellung, oder besser jede Lieferung, verändert Ihren Warenlagerbestand. Da dieser allerdings nicht nur Zugänge, sondern auch Abgänge zu verzeichnen hat, wird im Normalfall davon ausgegangen, dass sich auf das Jahr verteilt etwa die Hälfte der bestellten Artikel im Warenlager befindet.

In den Zellen F18 bis F27 tragen Sie dieser Annahme mit der Formel `=D18/2` Rechnung, um dann im Zellbereich G18 bis G27 den durchschnittlichen Bestand an Waren mit dem Stückpreis zu multiplizieren (`=F18*Stückpreis`).

Jetzt kennen Sie den durchschnittlichen Wert Ihres Warenlagerbestandes. Bringen Sie in den Zellen H18 bis H27 die kalkulatorischen Zinsen zur Geltung (`=G18*ZinsenKalkulatorisch`), um auch die konkreten Lagerungskosten zu erfahren.

Wenn Sie nun die jährlichen Bestellkosten und die Lagerungskosten addieren, zeigt Ihnen die Tabelle die entstehenden Gesamtkosten für sämtliche Bestellvarianten. Teilen Sie die Kosten durch den Gesamtbedarf des Jahres (`=I18/Jahresbedarf`), um auch die Kosten pro Stück in die tabellarische Darstellung aufzunehmen.

7.4.3 Darstellung der Optimierung im Diagramm

Nachdem Sie die tabellarische Darstellung der Kalkulation abgeschlossen haben, erstellen Sie im Anschluss das Liniendiagramm mit den folgenden drei Datenreihen (Abbildung 7.34):

▶ Bestellkosten (jährlich)

▶ Lagerungskosten

▶ Gesamtkosten

Sofern es nicht bereits geschehen ist, sollten Sie auch die Designfarben für Ihr Datenmodell festlegen. Unter SEITENLAYOUT • DESIGNS • FARBEN können Sie entweder ein bestehendes Farbschema auswählen oder ein neues erstellen.

Solange Sie die Farbzuordnung der Datenreihen auf AUTOMATISCH stehen lassen, verwendet Excel die Farben des ausgewählten Schemas im Diagramm (Abbildung 7.35).

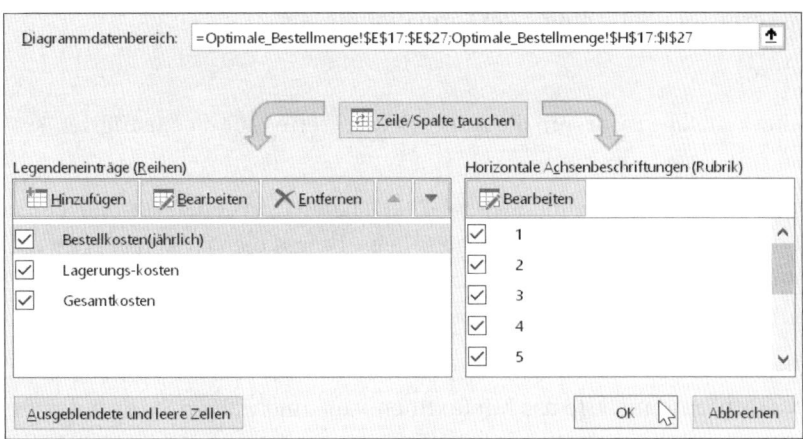

Abbildung 7.34 Datenbereiche des Liniendiagramms

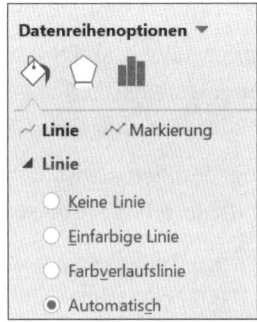

Abbildung 7.35 Ist die Einstellung »Automatisch« aktiviert,
wendet Excel die Designfarben an.

Eine Verbesserungsmöglichkeit für dieses Diagramm wäre es, wenn automatisch der wichtigste Wert, in diesem Fall die niedrigsten Kosten, farblich gekennzeichnet würde. Wie Sie solche Markierungen von Höchst- oder Niedrigstwerten in Diagrammen erreichen, erfahren Sie in Kapitel 16, »Reporting mit Diagrammen und Tabellen«.

7.4.4   Formatierung und Zellschutz

Schließen Sie die Arbeit an dem Datenmodell erneut damit ab, dass Sie auf alle Beschriftungen und Daten einheitliche Zeichen- und Zellenformatierungen anwenden. Greifen Sie dabei auch wieder auf die verfügbaren Zellenformatvorlagen zurück.

Um den niedrigsten Wert in der Ergebnistabelle optisch hervorzuheben, verwenden Sie für den Zellbereich C18 bis J27 eine bedingte Formatierung (START • FORMATVORLAGEN • BEDINGTE FORMATIERUNG • NEUE REGEL).

Geben Sie folgende Formel zur Berechnung der Formatierung ein:

`=$I18=MIN($I$18:$I$27)`

Wählen Sie dann eine auffällige Farbe, um die Zeile mit den Werten für die niedrigsten Kosten hervorzuheben.

Da es sich bei diesem Modell fast ausschließlich um Zellen handelt, in denen Formeln eingesetzt werden, liegt die Überlegung nahe, sämtliche Zellen – bis auf die vier Eingabezellen in Spalte B – zu sperren. Dadurch laufen Sie nicht Gefahr, dass Sie selbst oder andere Benutzer der Datei versehentlich Formeln überschreiben oder gar löschen.

1. Markieren Sie die vier Zellen von B3 bis B6.
2. Rufen Sie mit der rechten Maustaste das Kontextmenü auf, und wählen Sie dort den Befehl Zellen formatieren.
3. Wechseln Sie in das Register Schutz, und deaktivieren Sie die Option Gesperrt.
4. Bestätigen Sie die Einstellung abschließend mit einem Klick auf OK.

Nachdem Sie die gewünschten Zellen für die Eingabe von Daten präpariert haben, aktivieren Sie den Blattschutz für dieses Tabellenblatt. Sie finden die Funktion unter Überprüfen • Änderungen • Blatt schützen (Abbildung 7.36).

Stellen Sie den Schutz so ein, dass der Benutzer lediglich die vier Eingabezellen auswählen kann. Geben Sie ein Kennwort zum Schutz der Einstellungen ein, und wiederholen Sie dieses auf Aufforderung.

Sobald der Blattschutz aktiv ist, lassen sich nur noch die nicht gesperrten Zellen des Tabellenblattes per Mausklick oder durch Betätigen der ⇥-Taste ansteuern und inhaltlich verändern.

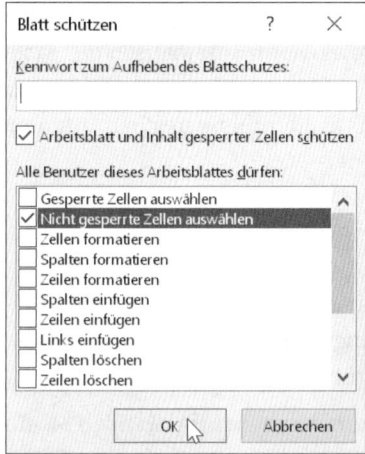

Abbildung 7.36 Aktivierung des Blattschutzes, um das Überschreiben von Formeln und Funktionen zu verhindern

7.5   Rollierende Berichte

Das vierte und letzte Beispiel für den Aufbau von Datenmodellen in Excel kann als Antwort auf eine häufig gestellte Frage verstanden werden: Wie schaffe ich es, einen rollierenden Bericht zu erstellen? Zumeist ist mit dieser Fragestellung die Idee verbunden, über einen großen Datenbereich – häufig eine lange Zeitreihe – einen veränderlichen Ausschnitt zu bewegen. In den meisten Fällen soll dieser Ausschnitt der Gesamtdaten dann außerdem in einem Diagramm dargestellt werden. Das folgende Beispiel erweitert diese Idee um einen zusätzlichen Aspekt: Es soll nicht nur ein veränderlicher Bereich in einer Tabelle genutzt werden, sondern auch ein Wechsel zwischen zwei Rohdatentabellen möglich sein.

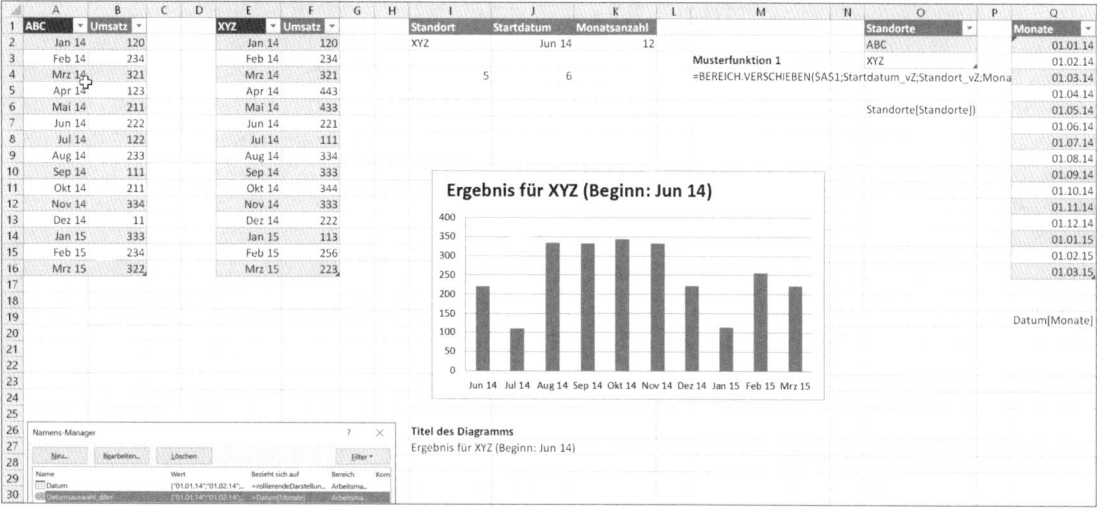

Abbildung 7.37 Rollierender Report in Form eines Balkendiagramms

Im Einzelnen bedeutet dies für die Beispieldatei *07_Rollierender_Bericht_01.xlsx*:

▸ Mit einer Auswahl des Standortes in Zelle I2 soll ein Umschalten zwischen den beiden Datentabellen in den Spalten A und B bzw. E und F ermöglicht werden.

▸ Durch Zelle J2 soll bestimmt werden, mit welchem Monat das Diagramm beginnen soll.

▸ Durch die Eingabe der Anzahl an Monaten in Zelle K12 soll festgelegt werden, wie viele Monate im Diagramm angezeigt werden.

In der Datei *07_Rollierender_Bericht_01.xlsx* sind einige der benötigten Arbeitsschritte bereits ausgeführt worden. Vier dynamische Datentabellen wurden erstellt. In ihnen befinden sich die Daten der Standorte *ABC* und *XYZ* sowie die Daten für die zu treffende Auswahl (Standorte und Monate). Wenn Sie den Namens-Manager mit Strg + F3 öffnen, werden Sie diese Datentabellen finden (Abbildung 7.37).

Ein erster sinnvoller Schritt kann nun in der Festlegung von Namen für die variablen Werte liegen, über die der rollierende Bericht später gesteuert werden soll. Tabelle 7.7 gibt einen Überblick.

Bereichsname	Inhalt
Standort_vZ	Bezeichnet den in Zelle I4 zurückgegebenen Wert des ausgewählten Standortes.
Startdatum_vZ	Bezeichnet den in Zelle J4 zurückgegebenen Wert des ausgewählten Startdatums.
Monatsanzahl_vZ	Bezeichnet die in Zelle K2 eingegebene Monatsanzahl.

Tabelle 7.7 Bereichsnamen zur Steuerung des rollierenden Berichts

Um die Eingaben in die Zellen I4, J4 und K2 abzusichern, definieren Sie für alle Felder über DATEN • DATENTOOLS • DATENÜBERPRÜFUNG geeignete Datenüberprüfungen (Abbildung 7.38).

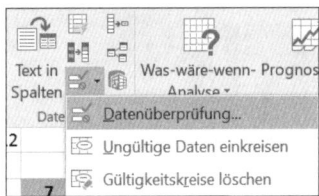

Abbildung 7.38 Festlegung von Datenüberprüfungen

Bei den Datenüberprüfungen *Standort_vZ* und *Startdatum_vZ* wählen Sie unter ZULASSEN jeweils LISTE. Im Eingabefeld QUELLE drücken Sie (F3) und ordnen dann den Bereichsnamen *Standortauswahl_dBer* bzw. *Datumsauswahl_dBer* zu (Abbildung 7.39).

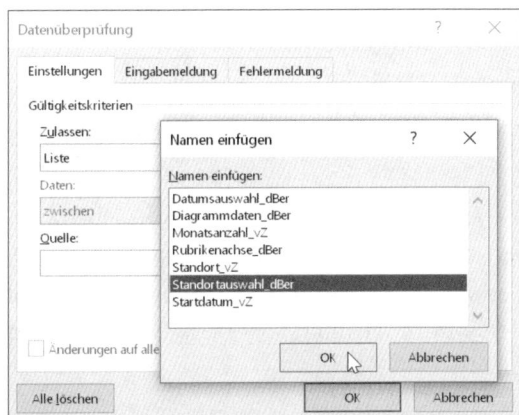

Abbildung 7.39 Zuordnung eines Bereichsnamens zu einer Datenüberprüfung

Für die Datenüberprüfung *Monatsanzahl_vZ* wählen Sie unter ZULASSEN die Option GANZE ZAHL. Danach geben Sie als niedrigsten Wert »3« und als höchsten Wert »12« ein. Damit legen Sie fest, dass eine Auswertung mindestens drei und maximal zwölf Monate umfassen kann (Abbildung 7.40).

Abbildung 7.40 Festlegung der minimalen und maximalen Monatsanzahl im Report

Die Datenüberprüfungen schreiben nun in die Steuerungszellen den Namen des Standortes sowie die Monatsbezeichnung. Die Funktion BEREICH.VERSCHIEBEN(), die Sie später zum Erstellen der dynamischen Bereichsnamen verwenden werden, benötigt allerdings Zahlen, um die konkrete Position des ausgewählten Bereichs zu bestimmen.

Die Übersetzung der Namen in Zahlen wird die Funktion VERGLEICH() für Sie in den Zellen I4 und J4 übernehmen:

=VERGLEICH(I2;$A$1:$F$1;0) bzw.

=VERGLEICH($J$2;StandortABC[ABC];0).

Diese Funktion durchsucht den Zellbereich von A1 bis F1 nach dem in I2 angegebenen Suchbegriff. Dieser Suchbegriff ist entweder ABC oder XYZ. Wird er gefunden, gibt VERGLEICH() entweder eine 1 (ABC) oder eine 5 (XYZ) zurück. Unerlässlich ist das Argument 0 in dieser Funktion, mit dem eine genaue Übereinstimmung beim Suchkriterium erzwungen wird. Wie am zweiten Beispiel zu erkennen ist, funktioniert eine Suche mittels VERGLEICH() auch in dynamischen Datentabellen.

7.5.1 Dynamische Bereichsnamen als Grundlage von dynamischen Diagrammen

Um Diagramme mit veränderlichen Zellbereichen anzulegen und diese über Steuerelemente zu steuern, ist die Funktion BEREICH.VERSCHIEBEN() bestens geeignet. Meistens benötigt man nur einige wenige dynamische Datenreihen, sodass der Aufwand beim Anlegen der Namen nicht besonders hoch ist und sich auch der Rechenaufwand von Excel bei diesen hochveränderlichen Bezügen in Grenzen hält.

Legen Sie nun also zunächst in zwei Zellen des Tabellenblattes folgende dynamische Bereiche an:

```
=BEREICH.VERSCHIEBEN(rollierendeDarstellung!$A$1;
Startdatum_vZ;Standort_vZ;Monatsanzahl_vZ;1)
```

und

```
=BEREICH.VERSCHIEBEN(rollierendeDarstellung!$A$1;
Startdatum_vZ;0;Monatsanzahl_vZ;1)
```

Der zu verschiebende Bereich beginnt in beiden Fällen in Zelle A1. Die erste Funktion wird die Werte aus einer der beiden Datentabellen auslesen. Über das Argument Standort_vZ wird der Vorschub nach rechts vorgegeben: Standort = ABC = Position 1 = Spalte B. Oder: Standort = XYZ = Position 5 = Spalte F.

Die zweite Funktion markiert hingegen den Abschnitt der Rubrikenachsenbeschriftung, der im Diagramm angezeigt werden soll. Er befindet sich immer in Spalte A. Deshalb weist die Funktion keinen variablen Wert für den Vorschub aus, sondern ist immer mit 0 definiert.

7.5.2   Dynamische Bereichsnamen in Diagrammen

Wie bereits erwähnt, sind dynamische Bereichsnamen mit BEREICH.VERSCHIEBEN() ein wichtiges Werkzeug, wenn Sie dynamische Diagramme erstellen möchten. Und so wenden wir uns nun den beiden letzten Schritten zu. Der Bereich muss mit einem Namen versehen werden und der Bereichsname ins Diagramm übernommen werden.

Markieren Sie zunächst die Funktion BEREICH.VERSCHIEBEN() in der Editierzeile, und kopieren Sie den Text mit [Strg] + [C]. Verlassen Sie die Editierzeile danach mit [Esc]. Wenn Sie nun den NAMENS-MANAGER mit [Strg] + [F3] öffnen, können Sie, wie bereits im Abschnitt zuvor beschrieben, einen neuen Namen erstellen. Nennen Sie den Bereich »Diagrammdaten_dBer«, und fügen Sie unter BEZIEHT SICH AUF: die zuvor kopierte Funktion mit [Strg] + [V] ein. Dann bestätigen Sie die Eingabe mit OK.

Wiederholen Sie die Schritte mit dem zweiten Bereich, und nennen Sie diesen »Rubrikenachse_dBer«. Nachdem dies erledigt ist, erstellen Sie zunächst ein Standarddiagramm. Markieren Sie dazu den Zellbereich A1 bis B16, und drücken Sie [Alt] + [F1]. Excel erstellt für Sie aus dem Zellbereich ein Säulendiagramm, das als Objekt auf dem Tabellenblatt abgelegt wird.

Über das Menü starten Sie nun die Bearbeitung des Diagramms mit der Funktion DIA-GRAMMTOOLS • ENTWURF • DATEN AUSWÄHLEN. Klicken Sie in der Dialogbox auf die Datenreihe Umsatz im linken Bereich der Dialogbox, und wählen Sie die Option BEARBEITEN.

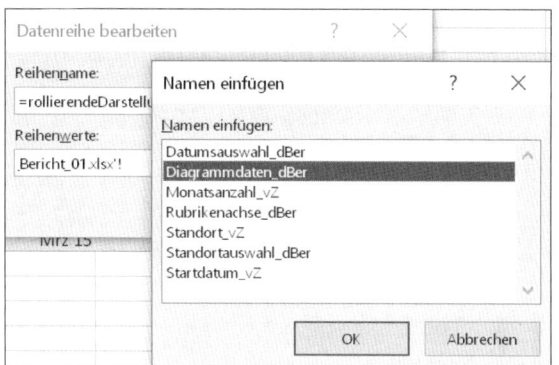

Abbildung 7.41 Ersetzen der Zellbezüge durch einen dynamischen Bereichsnamen im Diagramm

Im Eingabefeld REIHENWERTE wird nun der Bezug auf das aktuelle Tabellenblatt und den Zellbereich angezeigt. Markieren Sie alle Angaben rechts vom Ausrufezeichen, und drücken Sie Strg + F3. Es wird Ihnen nun die Liste der verfügbaren Bereichsnamen angezeigt (Abbildung 7.41). Hier wählen Sie den dynamischen Bereichsnamen *Diagrammdaten_dBer* aus. Nachdem Sie die Datenreihe hinzugefügt und sich vom Funktionieren der Lösung überzeugt haben, fügen Sie auf gleiche Art und Weise die dynamische Rubrikenachse hinzu.

7.5.3   Dynamischer Diagrammtitel

Der rollierende Bericht in Form eines veränderlichen Diagramms ist fertig. Doch selbst in einem solch kleinen Beispiel steckt auch ein Fünkchen E, also das *Explain* aus xlSMILE. Denn für den Betrachter mag es möglich sein, auf der Rubrikenachse die Monate abzulesen und auch aus der Überschrift zu entnehmen, dass es hier um Umsatzdaten geht. Doch spätestens bei der Frage nach dem Standort findet er im Diagramm keine Antwort. Ein beschreibender und veränderlicher Diagrammtitel muss also her.

In Zelle I27 finden Sie bereits die Bausteine für einen solchen Titel vorbereitet:

```
="Ergebnis für "&I2&" (Beginn: "& TEXT(J2;"MMM JJ") & ")"
```

Hier handelt es sich um die Verkettung eines Textes (Ergebnis für) mit einem Zellinhalt, und zwar dem ausgewählten Standort, der in Zelle I2 per DATENÜBERPRÜFUNG bestimmt wird. Danach wird auch noch das Startdatum der Analyse aus Zelle J2 in den Titel eingebunden. Dies ist allerdings nur über TEXT(J2;"MMM JJ") möglich. Warum?

Ein Datum, das in einen Textzusammenhang übernommen wird, verliert alle Zahlenformate, und statt des 01.01.2016 stände in der Folge einfach nur die fortlaufende Zahl 42370 in der Überschrift. Sie müssen dem entgegenwirken, indem Sie dem Text 42370 ein Zahlenformat verpassen ("MMM JJ").

Fügen Sie nun dem Diagramm einen Diagrammtitel hinzu. Sobald dies geschehen ist, klicken Sie auf die Umrahmung des Titels. Geben Sie ein Gleichheitszeichen ein, und zeigen Sie mit der Maus auf die Zelle I27, um die Eingabe dann mit ⮐ abzuschließen (Abbildung 7.42). Der veränderliche Diagrammtitel ist nun fester Bestandteil des rollierenden Berichts.

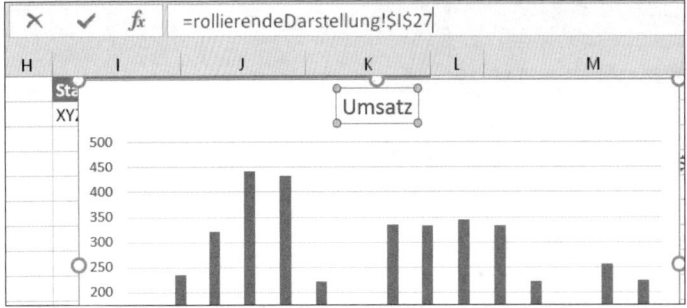

Abbildung 7.42 Verweis auf eine veränderliche Zelle im Diagrammtitel

7.6   Zusammenfassung: Datenmodelle

Um ein Datenmodell für häufig wiederkehrende Berechnungen zu erstellen, werden folgende Mittel eingesetzt:

▶ eine systematische Strukturierung der Arbeitsmappe

▶ der Einsatz dynamischer Datentabellen und strukturierter Bezüge

▶ konsequente Verwendung von Bereichsnamen

▶ eine klare Logik bei der Namensgebung für alle wichtigen Komponenten des Datenmodells wie Tabellenblätter, Bereiche, Makros und Objekte

▶ berechnete Zeilen- und Spaltenbeschriftungen, die zugleich als Bedingungen innerhalb spezifischer Kalkulationen eingesetzt werden

▶ Steuerelemente, die die Auswahl der Reportinhalte ermöglichen

Die systematische Strukturierung der Arbeitsmappe berücksichtigt die Trennung von:

▶ Basisdaten, die beispielsweise aus Systemen wie SAP importiert werden

▶ Zwischenberechnungen, die erforderlich sind

▶ Ergebnistabellen und -diagrammen in Form dynamischer Reports

▶ weiterer Tabellenblätter, in denen Sie z. B. Bereichsnamen dokumentieren

Für alle Tabellenblätter bzw. Blatttypen sollten Sie eine klare Namenssystematik einsetzen.

Verwenden Sie in umfangreicheren Datenmodellen überwiegend dynamische Datentabellen und punktuell dynamische Bereiche auf Basis von BEREICH.VERSCHIEBEN() (Volatilität und Performance). Datentabellen erstellen Sie per Tastenkombination Strg + T oder über das Menü START • FORMATVORLAGEN • ALS TABELLE FORMATIEREN.

Auch die Funktionen INDEX() und VERGLEICH() spielen in Datenmodellen eine herausragende Rolle, da mit VERGLEICH() die Position eines Suchbegriffs in einer Liste bestimmt und mit INDEX() eine Zelle innerhalb einer Tabelle auf Basis ihrer numerischen Koordinaten angesteuert werden kann.

Steuerelemente erstellen Sie in Excel über das Menü ENTWICKLERTOOLS. Dieses Menü müssen Sie allerdings in den OPTIONEN zunächst aktivieren, da es aus Sicherheitsgründen nach der Standardinstallation ausgeblendet ist.

Die Steuerelemente OPTIONSFELD oder KOMBINATIONSFELD schreiben bei Aktivierung bzw. Auswahl eines Listenfeldinhalts entweder einen numerischen Wert in eine sogenannte *verknüpfte Zelle*. Die Inhalte solcher Verknüpfungszellen können von Funktionen wie WAHL() oder INDEX() aufgegriffen werden, sodass eine Steuerung von Berechnungen über die Steuerelemente möglich ist.

In der Konsequenz bedeutet dies für Sie, dass Sie aus einem Datenbestand über ein individuelles Menü gezielt die Auswertungen erstellen können, die Sie benötigen. Statt dreißig Diagramme und Tabellen für einen Report zu generieren, die Sie alle dauerhaft pflegen müssen, generieren Sie ein Diagramm und eine Tabelle, die Sie nach Belieben und mit viel geringerem Aufwand anpassen können.

Die Gestaltung von Datenmodellen sollte zudem Gebrauch von den folgenden Werkzeugen machen:

▶ Zellenformatvorlagen (DATEI · FORMATVORLAGEN · ZELLENFORMATVORLAGEN)

▶ Designfarben (SEITENLAYOUT · DESIGNS · FARBEN)

▶ Diagrammvorlagen (rechte Maustaste ALS VORLAGE SPEICHERN oder in Excel 2010 DIAGRAMMTOOLS · ENTWURF · ALS VORLAGE SPEICHERN)

7

Kapitel 8
Wichtige Kalkulationsfunktionen für Controller

Kalkulationsfunktionen bilden das Herzstück von Excel. Mit jeder neuen Version des Programms lässt sich das Entwicklungsteam in Redmond etwas Neues einfallen. Das ist auch in Excel 2019 nicht anders. Aber, keine Sorge, es ist nicht notwendig, alle Kalkulationsfunktionen zu kennen. Mit denen, die Ihnen die folgenden Seiten vorstellen, sollten Sie im Controlling allerdings schon sehr weit kommen. Und einige neue Funktionen der aktuellen Version sind auch dabei. Ich gehe diesmal sogar einen Schritt weiter: Am Ende dieses Kapitels finden Sie einen Überblick über die neuen Matrixfunktionen. Sie werden erst in naher Zukunft in den käuflichen Versionen verfügbar sein. Doch diese Funktionen werden die Arbeit mit Excel in vielen Bereichen so grundlegend beeinflussen, dass ich mich entschlossen habe, sie bereits in dieser Buchauflage vorzustellen.

Die Auswahl an Kalkulationsfunktionen ist riesig. Und von Version zu Version werden es immer mehr. Wie soll ich da nur den Überblick wahren? Muss ich die alle kennen? Und wann benötige ich eigentlich welche? Zwar dreht sich nicht alles in Excel um Funktionen, aber eben doch sehr vieles. Und mit einem Fundus von mehreren hundert Kalkulationsfunktionen, deren Anzahl Sie im Bedarfsfall durch Aktivieren einzelner Add-ins noch um ein paar Dutzend erhöhen können, bietet Excel eine schwindelerregende Fülle an Möglichkeiten.

Auch wenn Sie sich Schritt für Schritt eingearbeitet und einen funktionierenden Workflow für die meisten Ihrer Aufgaben gefunden haben, bleibt doch fast immer das latente Gefühl, genau die eine wichtige Funktion, durch deren Nutzung vieles deutlich einfacher wäre, eben doch nicht gefunden zu haben.

Doch so wie es diese eine wichtige Funktion nicht gibt, ist auch das enzyklopädische Wissen um die Potenziale des gesamten Funktionsumfangs von Excel keine effiziente Lösung bei der Bewältigung der alltäglichen Aufgaben des Controllers. Erfahrungen aus der eigenen Praxis untermauern dies: Seit einiger Zeit zähle ich stichprobenartig die verwendeten Funktionen in meinen Excel-Arbeitsmappen. Und das Ergebnis liegt selbst bei komplexen Aufgabenstellungen selten im zweistelligen Bereich.

Mit anderen Worten: Man benötigt nicht alle oder viele Funktionen, sondern die richtigen! In diesem Kapitel möchte ich Ihnen die Funktionen vorstellen, die meiner Erfahrung nach das unverzichtbare Grundgerüst für Lösungen im Controlling darstellen. Ich werde Ihnen ihre Funktionsweise kurz beschreiben und ihre Verwendung an ebenso kurzen Beispielen veranschaulichen, bevor sich die folgenden Kapitel dann mit komplexeren Anwendungen aus der Praxis ausführlicher mit den Funktionen befassen.

Bei meinem Vorhaben orientiere ich mich nicht durchgängig an den Kategorien des Funktionsassistenten. Meine thematische Gliederung ist stattdessen folgende:

▶ Rechnen mit Datum und Zeit

▶ Verweise und Matrizen

▶ dynamischer Zugriff auf Tabellen

▶ Bildung und Berechnung von Rangfolgen

▶ Rundung und Mittelwerte

▶ logische Funktionen und Fehlerunterdrückung

▶ die alten Matrixfunktionen und die neuen Matrixfunktionen von Excel 2019.

8.1   Berechnungen mit Datumsbezug

Zeitliche Analysen von Daten gehören im Controlling zum Alltag. Der Funktionsassistent hält in der Kategorie Datum & Zeit einige Funktionen bereit, die in diesem Zusammenhang hilfreich sind. Grundsätzlich haben Sie auf unterschiedlichen Wegen Zugang zu den Datums- und allen anderen Funktionen. Da ist zunächst der Funktionsassistent, den Sie über die Schaltfläche Funktion einfügen direkt neben der Editierleiste oder mit ⬆ + F3 aktivieren.

Im Menü Formeln • Funktionsbibliothek finden Sie die nach Kategorien geordnete Übersicht der Funktionen. Die Kategorie Datum u. Uhrzeit listet die Funktionen auf, um die es in diesem Abschnitt geht (Abbildung 8.1).

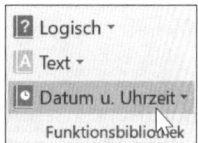

Abbildung 8.1 Kategorie »Datum u. Uhrzeit« im Menü »Formeln«

Datumsbereich

Bevor wir uns mit der Ermittlung von so speziellen Daten wie Nettoarbeitstagen beschäftigen, ist ein wenig Grundlagenarbeit zu leisten. In der Arbeitsmappe *08_Datum_Grundlagen_01.xlsx* habe ich wesentliche Informationen zur Verwendung von Datumswerten in

Excel zusammengetragen. Mit diesen Basisinformationen sollten wir uns zu Beginn auseinandersetzen.

Das Tabellenblatt *Datumsbereich* veranschaulicht Ihnen den Datumsbereich von Excel, der vom 01.01.1900 bis zum 31.12.9999 reicht. In den beiden Zellen A4 und A19 wird deutlich, was geschieht, wenn Sie einen Wert eingeben, der außerhalb dieses Bereichs liegt: Die Eingabe wird als Text interpretiert, was Sie an der linksbündigen Ausrichtung unschwer erkennen (Abbildung 8.2).

	A	B	C	D	E
1		Serieller Datumswert und Datumsformat				
2	Eingabe des Datums und Anzeige des seriellen Werts			Eingabe des seriellen Werts und Formatierung als Datum	
3	Datum	serieller Wert		serieller Wert	Datum
4	31-12-1899	31-12-1899		-1	######################
5		1900-01-01	1	1	1900-01-01
6		1913-09-08	5000	5.000	1913-09-08
7		1927-05-18	10000	10.000	1927-05-18
8		1941-01-24	15000	15.000	1941-01-24
9		1954-10-03	20000	20.000	1954-10-03
10		1968-06-11	25000	25.000	1968-06-11
11		1982-02-18	30000	30.000	1982-02-18
12		1995-10-28	35000	35.000	1995-10-28
13		2009-07-06	40000	40.000	2009-07-06
14		2036-11-21	50000	50.000	2036-11-21
15		2105-05-04	75000	75.000	2105-05-04
16		2173-10-14	100000	100.000	2173-10-14
17		4637-11-26	1000000	1.000.000	4637-11-26
18		9999-12-31	2958465	2.958.465	9999-12-31
19	01.01.10000	01.01.10000		2.958.466	######################

Abbildung 8.2 Datumsbereich in Excel

Wertemäßig entspricht das Datum 01.01.1900 der 1 und der 31.12.9999 der Zahl 2.958.465. Jedem Datumswert ist folglich ein Zahlenwert zugeordnet. Und diese Werte bilden die eigentliche Basis für sämtliche Berechnungen, die in Excel auf Grundlage des Datums möglich sind. Der Datumsbereich definiert aber auf besondere Art auch, was nicht möglich ist. Und das sind Kalkulationen mit negativen Datums- oder auch Zeitwerten.

Die Zeichenkette ################## in Zelle E4 resultiert nicht aus einer mangelnden Spaltenbreite im Tabellenblatt, sondern aus dem Versuch, den Wert –1 aus Zelle C4 über eine Datumsformatierung als Datum anzuzeigen. Um Probleme dieser Art bei Kalkulationen zu verhindern, verfügt Excel über eine Option, den Beginn des internen Kalenders vom Jahr 1900 auf das Jahr 1904 zu verschieben. Sie gewinnen dadurch quasi vier Jahre oder genau 1.463 Tage, um auch mit negativen Datums- und Zeitdifferenzen, etwa bei der Arbeitszeiterfassung, arbeiten zu können. Dieses Verfahren beschreibe ich in Abschnitt 8.2, »Berechnungen mit Zeitangaben«.

Datumsformate und ISO 8601:2000

Wenn Sie einen Datumswert aus dem gültigen Bereich vor sich haben, stehen Ihnen – und das wird im Tabellenblatt *Datumsformat* deutlich – zum Teil sehr unterschiedliche Datumsformate zur Verfügung (Abbildung 8.3). Wenn Sie mit einer Formatierung über START • ZAHL •

ZAHLENFORMAT · ZAHLEN oder ⌊Strg⌋ + ⌊1⌋ in die Kategorie DATUM wechseln, stoßen Sie auf eine Liste, die Datumsformate nach dem GEBIETSSCHEMA von Afrikaans über Grönländisch und Maori bis Zulu anbietet. Was hingegen fehlt, ist das aus früheren Excel-Versionen bekannte Schema INTERNATIONAL, das das Datum nach ISO 8601:2000 formatierte. Dieser internationale Standard definiert die Schreibweise des Datums in der Form einer vierstelligen Jahresangabe, des zweistelligen Monats und der ebenfalls zweistelligen Tagesangabe, wobei alle Datumsteile mit einem Bindestrich getrennt werden: JJJJ-MM-TT.

▲	A	B
1	**Datumsformate**	
2	**eingegebenes Ausgangsdatum:**	**19.06.2016**
3	Ausgabeformat:	
4	serieller Wert	42540
5	ISO 8601:2000	2016-06-19
6	Wochentag-Tag-Monat-Jahr	Sonntag, 19. Juni 2016
7	Tag-Monat-Jahr	19. Juni 2016
8	benutzerdefiniert	2016-Juni-Sonntag

Abbildung 8.3 Formatierung eines Wertes mit unterschiedlichen Datumsformaten

Den Verlust der Kategorie INTERNATIONAL – so verwunderlich er angesichts der Tatsache ist, dass die ISO 8601:2000 EU-weiter Standard und auch in anderen Regionen der Welt weit verbreitet ist – können Sie auf zwei Arten kompensieren:

▶ Erstellen Sie ein benutzerdefiniertes Datumsformat mit dem Aufbau JJJJ-MM-TT in der Kategorie BENUTZERDEFINIERT.

▶ Wählen Sie ein anderes Gebietsschema, z. B. AFRIKAANS, in dem das Datum nach dem Schema JJJJ-MM-TT verwendet wird.

Als Nebeneffekt dieser nachträglichen Anpassung nehmen Sie aber immerhin mit, dass die Definition von Datumsteilen über die drei Buchstaben J, M und T erfolgt, wie es Tabelle 8.1 veranschaulicht.

Platzhalter im Format	Datum
M	Monat (einstellig)
MM	Monat (zweistellig)
MMM	Monat (Wort, abgekürzt)
MMMM	Monat (Wort, ausgeschrieben)
T	Tag (einstellig)
TT	Tag (zweistellig)

Tabelle 8.1 Optionen für die Erstellung benutzerdefinierter Datumsformate

Platzhalter im Format	Datum
TTT	Tag (Wort, abgekürzt)
TTTT	Tag (Wort, ausgeschrieben)
J bis JJJJ	Jahresangabe (ein- bis vierstellig)

Tabelle 8.1 Optionen für die Erstellung benutzerdefinierter Datumsformate (Forts.)

Datumsberechnungen

Die Kalkulationsmöglichkeiten auf Grundlage von Datumswerten sind vielfältig und reichen von einfacher Addition und Subtraktion, beispielsweise bei der Berechnung von Zahlungszielen, bis hin zu filigran ineinander verschachtelten Funktionen, etwa der Berechnung der Kalenderwoche nach ISO 8601:2000. Einige Kostproben liefert Ihnen das Tabellenblatt *Datumsberechnung* der Beispieldatei (Abbildung 8.4).

Abbildung 8.4 Addition und Subtraktion von Werten zu bzw. von einem Datum

Zum Ausgangsdatum in Zelle C3 können Sie mit der Formel =C2+B3 eine in Zelle B3 festgelegte Anzahl von Tagen hinzuzählen, und zwar so, wie Sie in C4 mit =C2-B4 eine bestimmte Anzahl subtrahieren können. Kein Problem!

8.1.1   Dynamische Datumslisten ohne Wochenenden

Ein wenig komplizierter können jedoch auf Ebene der Datumsfunktionen selbst einfache Fragestellungen aussehen. Im Zellbereich C6 bis C15 wird dies an einer Liste berechneter Nachfolgetermine deutlich, bei der alle Tage, die auf ein Wochenende fallen, ausgespart werden sollen. In diesem Fall kommen wir schon nicht mehr ohne eine Verschachtelung mehrerer Funktionen aus.

Die Logik, die dieses Beispiel bestimmt, lautet: Zähle zum letzten genannten Datum drei Tage hinzu, wenn es auf einen Freitag fällt. Zwei Tage sind hinzuzuzählen, wenn das letzte Datum auf einen Samstag fällt; ansonsten ist immer nur ein Tag zum letzten Datumswert hinzuzuaddieren. Logisch! Ja, um die Liste ohne Wochenenden in Excel umzusetzen, greifen Sie deshalb auch auf eine Funktion aus der Kategorie LOGIK zurück (Abbildung 8.5):

```
=WENN(Prüfung; Dann-Wert; Sonst-Wert)
```

In Zelle C6 lautet die Funktion, bezogen auf das Ausgangsdatum in Zelle C5:

```
=WENN(WOCHENTAG(C5;2)=5;C5+3;WENN(WOCHENTAG(C5;2)=6;C5+2;C5+1))
```

eingegebenes Ausgangsdatum:		2016-06-19	Sonntag
Folgetermine (ohne Wochenenden)	=WENN(WOCHENTAG(C5;2)=5;C5+3;WENN(WOCHENTAG(C5;2)=6;C5+2;C5+1))		
	WENN(Wahrheitstest; **[Wert_wenn_wahr]**; [Wert_wenn_falsch])		Dienstag
		2016-06-22	Mittwoch

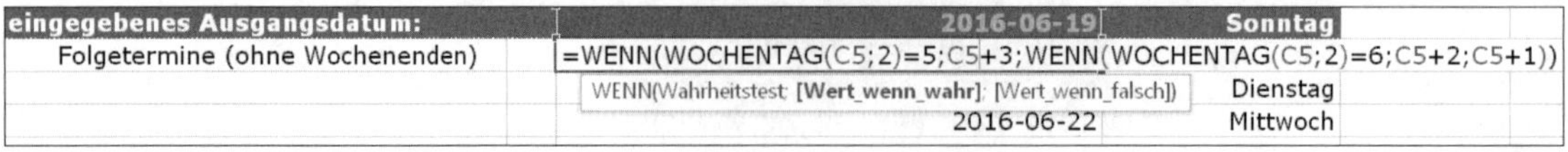

Abbildung 8.5 Berechnung einer Datumsliste ohne Wochenendtermine

Die Prüfung bezieht sich hier auf den Wochentag in Zelle C5. Mit WOCHENTAG(C5;2)=5 finden Sie heraus, ob das Datum auf den fünften Tag der Woche fällt. Das Argument 2 sorgt dafür, dass der Wochenbeginn auf Montag gesetzt wird. Ist das Datum in Zelle C5 ein Freitag, gibt die Funktion WENN() ein WAHR zurück, und die DANN-Anweisung kann ausgeführt werden. Zum Freitag werden drei Tage hinzuaddiert, und die Liste wird somit mit dem Datum des folgenden Montags fortgesetzt.

Hinsichtlich der SONST-Anweisung verbleiben nun zwei Alternativen: Wenn das geprüfte Datum nicht auf einen Freitag fällt, könnte es sich entweder um einen Samstag oder um einen anderen Wochentag handeln. Dies muss herausgefunden werden, weil auch beim Samstag ein Tag, nämlich der nachfolgende Sonntag, in der Datumsliste übersprungen werden muss. Es bleibt Ihnen also nichts anderes übrig, als die SONST-Anweisung mit einem weiteren WENN() zu füllen:

```
WENN(WOCHENTAG(C5;2)=6;C5+2;C5+1)
```

8.1.2   Berechnung der Kalenderwoche nach ISO 8601:2000 und des Quartals

Die ISO 8601:2000 definiert nicht nur das Erscheinungsbild einer Datumsangabe. Grundlegende Aussagen trifft diese Norm auch zu der Frage, welche überhaupt die erste Woche des Jahres ist. Dabei gilt: Die Woche beginnt generell mit dem Montag, und die erste Kalenderwoche des Jahres enthält immer den Donnerstag der Woche. Mit anderen Worten: Beginnt das neue Jahr mit einem Freitag, wird die Woche dem vorangegangenen Jahr als KW 53 zugeschlagen.

Seit der Version 2000 verfügt Excel über die Funktion KALENDERWOCHE(Bezug, Typ), die erst ab Version 2010 das eigentlich nicht allzu komplizierte Regelwerk der ISO 8601:2000 beherrscht. Im ersten Argument müssen Sie das Datum angeben. Das zweite Argument sollte den Wert 21 enthalten. Dies entspricht den Vorgaben, dass die Woche mit dem Montag zu beginnen hat und mindestens vier Tage haben muss, um zum neuen Jahr zu zählen. Nähmen Sie hingegen Typ 2, fiele der zweite Teil der Regel weg, und die Berechnung wäre nicht ISO-konform.

Seit Excel 2013 gibt es nun die Funktion: ISOKALENDERWOCHE(). Sie erwartet nur noch die Angabe des Datums, dessen Kalenderwoche Sie berechnen möchten, und wendet automatisch das ISO-Regelwerk an (Abbildung 8.6).

Kalenderwochen			
Datum	ISOKALENDERWOCHE()	KALENDERWOCHE() - Typ 21	KALENDERWOCHE() - Typ 2
01.01.2009	=ISOKALENDERWOCHE(G3)		1
01.01.2010	ISOKALENDERWOCHE(Datum)	53	1
01.01.2011	52	52	1
01.01.2012	52	52	1
01.01.2013	1	1	1
01.01.2014	1	1	1
01.01.2015	1	1	1
01.01.2016	53	53	1
01.01.2017	52	52	1
01.01.2018	1	1	1
01.01.2019	1	1	1
01.01.2020	1	1	1

Abbildung 8.6 Zwei Funktionen ermöglichen seit Excel 2013 die ISO-konforme Berechnung der Kalenderwoche.

Arbeiten Sie mit einer älteren Excel-Version, wird es gleich etwas komplizierter. In Zelle C17 sehen Sie eine verschachtelte Funktion, die in allen Versionen das richtige Ergebnis ermittelt:

```
=KÜRZEN((C16-DATUM(JAHR(C16+3-REST(C16-2;7));1;REST(C16-2;7)-9))/7)
```

Nicht ganz so kompliziert geht es zu, wenn Sie ein Quartal berechnen. In Zelle C18 bedarf es aber immer noch einiger Handarbeit, um eine Funktion nachzubilden, die es in Excel nicht gibt – die Berechnung des Quartals auf Basis eines gegebenen Datums. Die verschachtelte Funktion lautet hier:

```
=AUFRUNDEN(MONAT(C16)/3;0)&". Quartal"
```

Fazit: Verhältnismäßig banale Tatbestände bei der Kalkulation von Datumswerten setzen in Excel ein gewisses Fingerspitzengefühl und eine gesunde kritische Grundhaltung gegenüber dem Funktionskatalog des Programms voraus.

8.1.3 Berechnung von Nettoarbeitstagen

Dass die Addition und Subtraktion einer Anzahl von Tagen zu bzw. von einem vorgegebenen Datumswert problemlos funktioniert, haben Sie bereits erkennen können. Auch die Berechnung der Differenz zwischen zwei Datumswerten ist umstandslos möglich. Ziehen Sie z. B. vom 07.09.2014 den 01.01.2014 ab, erhalten Sie das Ergebnis 249. In den meisten Fällen wird Sie allerdings nicht die Anzahl der Kalendertage zwischen zwei Datumswerten interessieren, sondern die Anzahl der Arbeitstage.

	A	B	C	D	E	F	G	H	I
1	Pers. Nr.	Name	Vorname	Vertragsbeginn	Laufzeit (in Monaten)	Vertragsende	Nettoarbeitstage	verbleibend	Arbeitszeit (Std.)
2	210-001	Thewes	Paul	01.01.2016	24	31.01.2018	518	-258	167
3	210-002	Piel	Luis	01.01.2016	24	31.01.2018	518	-258	167
4	210-003	Lohmeyer	Herbert	01.01.2016	24	31.01.2018	518	-258	167
5	210-004	Umbert	Hanno	01.01.2016	24	31.01.2018	518	-258	83
6	210-005	da Silva	Everaldo	01.01.2016	24	31.01.2018	518	-258	167
7	210-006	Wolsch	Lydia	01.01.2016	24	31.01.2018	518	-258	167
8	210-007	Ballert	Susanne	01.01.2016	24	31.01.2018	518	-258	167

Abbildung 8.7 Berechnung der Nettoarbeitstage in einer Personalliste

Dazu steht Ihnen die Funktion NETTOARBEITSTAGE(Ausgangsdatum; Enddatum; Freie_Tage) zur Verfügung. In der Arbeitsmappe *08_Datum_Nettoarbeitstage_01.xlsx* wird die Anzahl der Arbeitstage berechnet, die zwischen einem Vertragsbeginn und -ende unter Berücksichtigung einer Liste von freien Tagen liegen (Abbildung 8.7).

Arbeitsfreie Tage 2016	Datum
Neujahr	01.01.2016
Hl. 3 Könige	06.01.2016
Karfreitag	25.03.2016
1. Mai	01.05.2016
Himmelfahrt	05.05.2016
Pfingstmontag	16.05.2016
Fronleichnam	26.05.2016
Ostermontag	28.03.2016
Mariä Himmelfahrt	15.08.2016
Nationalfeiertag	03.10.2016
Reformationstag	31.10.2016
Allerheiligen	01.11.2016
1. Weihnachtstag	25.12.2016
2. Weihnachtstag	26.12.2016

Abbildung 8.8 Liste berechneter Feiertage und sonstiger arbeitsfreier Tage

Dies bedeutet, dass Sie zunächst einmal in einem Tabellenblatt die Liste der arbeitsfreien Tage – Feiertage, Betriebsferien, Fortbildungstage etc. – erfassen müssen (Abbildung 8.8). Im Tabellenblatt *Arbeitsfreie Tage* ist dies bereits für einen Zeitraum von drei Jahren geschehen. Die Liste muss aus einem zusammenhängenden Zellbereich bestehen, der auch nicht durch etwaige Texte wie Überschriften für die einzelnen Jahre unterbrochen werden darf. In der Beispieldatei habe ich dem Zellbereich B5 bis B63 den Bereichsnamen *ArbeitsfreieTage* zugewiesen.

	A	B	C	D	E	F	G	H	I
1	Pers. Nr.	Name	Vorname	Vertragsbeginn	Laufzeit (in Monaten)	Vertragsende	Nettoarbeitstage	verbleibend	Arbeitszeit (Std.)
2	210-001	Thewes	Paul	01.01.2016	24	31.01.2018		-258	167
3	210-002	Piel	Luis	01.01.2016	24	31.01.2018	=NETTOARBEITSTAGE(D3;F3;ArbeitsfreieTage)		
4	210-003	Lohmeyer	Herbert	01.01.2016	24	31.01.2018	NETTOARBEITSTAGE(Ausgangsdatum; Enddatum; [Freie_Tage])		7
5	210-004	Umbert	Hanno	01.01.2016	24	31.01.2018	518	-258	83

Abbildung 8.9 Verwendung der Funktion NETTOARBEITSTAGE()

In Zelle G2 können Sie nun die Anzahl der Arbeitstage ohne Wochenenden, Feiertage und sonstige arbeitsfreie Tage berechnen (Abbildung 8.9):

`=NETTOARBEITSTAGE(D2;F2;ArbeitsfreieTage)`

Die Funktion kopieren Sie dann nach unten, um auch für die anderen Mitarbeiter und Verträge die gewünschten Ergebnisse zu erhalten.

`NETTOARBEITSTAGE()` gibt es seit Excel 2010 in einer weiteren Version mit der Bezeichnung `NETTOARBEITSTAGE.INTL()`. Bei dieser internationalen Version der Funktion können Sie mit dem Argument `Wochenende` bestimmen, welche Tage der Woche innerhalb der Kalkulation als Wochenende gelten sollen.

8.1.4   Berechnung der verbleibenden Tage bis zum Monats- oder Projektende

Der Leitgedanke *From here to eternity!* zählt im Controlling bekanntlich verhältnismäßig wenig. Die Anzahl der verbleibenden Tage vom heutigen Datum bis zum Monatsende oder bis zum Ende eines definierten Projekts liegt schon eher im Erkenntnisinteresse des Controllers. Kein Wunder also, dass Excel für Letzteres auch einige Berechnungsfunktionen anbietet.

So können Sie sich die Eingabe des Vertragsendes in Spalte F sparen, indem Sie es mit der Funktion `MONATSENDE(Ausgangsdatum; Monate)` von Excel berechnen lassen und die Funktion dann wieder aus der Ausgangszelle F2 nach unten kopieren:

`=MONATSENDE(D2;E2)`

Als Ergebnis erhalten Sie immer den kalendarisch letzten Tag eines Monats, der um die angegebene Anzahl von Monaten hinter dem Ausgangsdatum liegt. Ups! Das ist nicht ganz richtig! Denn wenn das Argument `Monate` einen negativen Wert (z. B. -6) enthält, können Sie das Monatsende auch für vorangegangene Perioden berechnen.

`=MONATSENDE(HEUTE();0)` liefert Ihnen das Enddatum des aktuellen Monats. Die Funktion `HEUTE()` ist Ihr Garant für die Verwendung des aktuellen Tagesdatums im Tabellenblatt. Sie enthält keine weiteren Argumente. Doch da sich beide Funktionen wunderbar miteinander kombinieren lassen, errechnen Sie mit den hier vorgestellten Bausteinen auch die Anzahl der Nettoarbeitstage bis zum Ende des aktuellen Monats:

`=NETTOARBEITSTAGE(HEUTE();MONATSENDE(HEUTE();0);ArbeitsfreieTage)`

Bezogen auf die Projektdauer lautet die Funktion:

`=NETTOARBEITSTAGE(HEUTE();F2;ArbeitsfreieTage)`

Hier wird vorausgesetzt, dass in Zelle F2 das Datum des Projektendes eingegeben wurde.

[i]

ARBEITSTAG.INTL() und NETTOARBEITSTAGE.INTL()

In Excel 2010 wurden zwei neue Funktionen in der Kategorie Datum & Zeit etabliert. AR-BEITSTAG.INTL(Ausgangsdatum; Tage; Wochenende; freie_Tage) enthält das zusätzliche Argument Wochenende. Über einen Code können Sie hier vorgeben, an welchen Tagen der Woche das reguläre Wochenende ist. Der Code 2 definiert das Wochenende beispielsweise auf Sonntag und Montag. Außerdem ist eine Wochenendzeichenfolge möglich, bei der 1 für einen arbeitsfreien Tag steht, 0 für einen Arbeitstag. Die Woche beginnt bei solchen Zeichenfolgen grundsätzlich mit einem Montag. Die Zeichenfolge 0011000 lieferte das Resultat, dass das Wochenende auf Mittwoch und Donnerstag fällt. Die Zeichenfolge 1111111 ist übrigens unzulässig. Schade!

In gleicher Weise können Sie seit Excel 2010 die neue Funktion NETTOARBEITSTAGE.INTL(Ausgangsdatum; Enddatum; Wochenende; freie_Tage) verwenden.

8.1.5 Feiertage berechnen

Für das vorangegangene Thema lässt sich festhalten, dass es manchmal selbstverständlich praktischer und schneller ist, einen Blick in den Kalender zu werfen und dort die Tage einfach abzuzählen, um sie anschließend in Excel einzugeben, als mit einer komplexen verschachtelten Funktion die Anzahl der Tage zwischen – sagen wir – dem 27.07. und 31.07. aufwendig zu berechnen. Umgekehrt gilt in gleichem Maße für die bereits dargestellten wie die nun folgenden Beispiele, dass Datumsberechnungen in manchen Tabellenblättern unabdingbar sind, um dynamische Auswertungen überhaupt erst zu ermöglichen. Es kommt also immer auf das Augenmaß und den konkreten Anwendungsbereich an.

Die Liste der arbeitsfreien Tage in der letzten Beispieldatei enthielt bereits Elemente zur Berechnung von beweglichen Feiertagen. In der Arbeitsmappe *08_Datum_Feiertage_01.xlsx* ist dieser Aufgabe ein größerer Raum gewidmet.

Im Mittelpunkt steht dabei immer der Ostersonntag, von dem aus die weiteren Feiertage bestimmt werden können, sofern das konkrete Jahr angegeben wird (Abbildung 8.10). Die Jahresangabe steht in der Beispieldatei in Zelle B1. In Zelle B2 ist somit die Berechnung des Ostersonntags mit der folgenden Funktion möglich:

```
=DM((TAG(MINUTE(B1/38)/2+55)&".4."&B1)/7;)*7-6
```

Diese phänomenale Funktion stammt von Norbert Hetterich, der sie im Rahmen eines Internetwettbewerbs um die kürzeste Funktion zur Berechnung des Ostersonntags entwickelte ... und den Wettbewerb gewann. Kleiner Haken: Die Funktionsverkettung liefert nur das richtige Ergebnis, wenn die Datumswerte in den Excel-Optionen mit dem Jahr 1900 beginnen.

Jahr:	2016
berechneter Ostersonntag:	27.03.2016
Feiertag	**Datum**
Neujahr	01.01.2016
Hl. 3 Könige	06.01.2016
Karfreitag	25.03.2016
1. Mai	01.05.2016
Himmelfahrt	05.05.2016
Pfingstmontag	16.05.2016
Fronleichnam	26.05.2016

Abbildung 8.10 Berechnung der beweglichen Feiertage

Setzen Sie in einer Arbeitsmappe hingegen 1904-DATUMSWERTE im Rahmen der Funktion DATEI • OPTIONEN • ERWEITERT ein, wird die Funktion zur Berechnung des Ostersonntags etwas länger:

```
=DATUM(B1;3;28)+REST(24-REST(B1;19)*10,63;29)-REST(KÜRZEN(B1*5/4)+
REST(24-REST(B1;19)*10,63;29)+1;7)
```

Die vom Ostersonntag abhängigen beweglichen Feiertage erhalten Sie, indem Sie sich auf das berechnete Datum beziehen und die entsprechende Tagesanzahl hinzuzählen. Beispiel: Den Pfingstmontag ermitteln Sie in Zelle B10 durch die Formel =B2+50. Die restlichen Feiertage ergeben sich aus der Anwendung der Funktion DATUM(Jahr; Monat; Tag). Dies lässt sich am Beispiel des ersten Weihnachtsfeiertages in Zelle B17 gut nachvollziehen: =DATUM(B1;12;25).

8.1.6 Dynamischer Kalender für alle Bundesländer

Der notwendige nächste Schritt bei der Dynamisierung von Datumsberechnungen liegt in der Einbeziehung regionaler Unterschiede. Da sich die Feiertagsregelungen in den Bundesländern erheblich unterscheiden, kann es nicht nur eine Liste von arbeitsfreien Tagen geben. Zu den mindestens 16 Listen der Bundesländer treten nochmals drei weitere hinzu, da für die Bundesländer Bayern, Saarland und Thüringen zusätzliche Feiertage in Gemeinden mit überwiegend katholischer Bevölkerung üblich sind.

In der Arbeitsmappe *08_Datum_Kalender_01.xlsx* enthält das Tabellenblatt *Berechneter Kalender mit KW* einen Jahreskalender, in dem Sie durch die Auswahl des Jahres und des Bundeslandes in den Zellen B1 und D1 die Anzeige der betreffenden Feiertage im Kalender steuern können (Abbildung 8.11). Beide Listen basieren auf der Funktion DATENÜBERPRÜFUNG im Menü DATEN • DATENTOOLS und greifen auf jeweils einen Bereichsnamen zu.

#	Januar		Februar		März		April		Mai		Juni		Juli		August		September	
	2019		Mecklenburg-Vorpommern															
1	Di-01-01	5	Fr-02-01	9	Fr-03-01	14	Mo-04-01	18	Mi-05-01	22	Sa-06-01	27	Mo-07-01	31	Do-08-01	35	So-09-01	40
1	Mi-01-02	6	Sa-02-02	9	Sa-03-02	14	Di-04-02	18	Do-05-02	22	So-06-02	27	Di-07-02	31	Fr-08-02	36	Mo-09-02	40
1	Do-01-03	6	So-02-03	9	So-03-03	14	Mi-04-03	18	Fr-05-03	22	Mo-06-03	27	Mi-07-03	31	Sa-08-03	36	Di-09-03	40
1	Fr-01-04	6	Mo-02-04	10	Mo-03-04	14	Do-04-04	18	Sa-05-04	23	Di-06-04	27	Do-07-04	31	So-08-04	36	Mi-09-04	40
1	Sa-01-05	6	Di-02-05	10	Di-03-05	14	Fr-04-05	18	So-05-05	23	Mi-06-05	27	Fr-07-05	32	Mo-08-05	36	Do-09-05	40
1	So-01-06	6	Mi-02-06	10	Mi-03-06	14	Sa-04-06	19	Mo-05-06	23	Do-06-06	27	Sa-07-06	32	Di-08-06	36	Fr-09-06	40
2	Mo-01-07	6	Do-02-07	10	Do-03-07	14	So-04-07	19	Di-05-07	23	Fr-06-07	27	So-07-07	32	Mi-08-07	36	Sa-09-07	41
2	Di-01-08	6	Fr-02-08	10	Fr-03-08	15	Mo-04-08	19	Mi-05-08	23	Sa-06-08	28	Mo-07-08	32	Do-08-08	36	So-09-08	41
2	Mi-01-09	6	Sa-02-09	10	Sa-03-09	15	Di-04-09	19	Do-05-09	23	So-06-09	28	Di-07-09	32	Fr-08-09	37	Mo-09-09	41
2	Do-01-10	6	So-02-10	10	So-03-10	15	Mi-04-10	19	Fr-05-10	24	Mo-06-10	28	Mi-07-10	32	Sa-08-10	37	Di-09-10	41
2	Fr-01-11	7	Mo-02-11	11	Mo-03-11	15	Do-04-11	19	Sa-05-11	24	Di-06-11	28	Do-07-11	32	So-08-11	37	Mi-09-11	41
2	Sa-01-12	7	Di-02-12	11	Di-03-12	15	Fr-04-12	19	So-05-12	24	Mi-06-12	28	Fr-07-12	32	Mo-08-12	37	Do-09-12	41
2	So-01-13	7	Mi-02-13	11	Mi-03-13	15	Sa-04-13	20	Mo-05-13	24	Do-06-13	28	Sa-07-13	33	Di-08-13	37	Fr-09-13	41
3	Mo-01-14	7	Do-02-14	11	Do-03-14	15	So-04-14	20	Di-05-14	24	Fr-06-14	28	So-07-14	33	Mi-08-14	37	Sa-09-14	42
3	Di-01-15	7	Fr-02-15	11	Fr-03-15	16	Mo-04-15	20	Mi-05-15	24	Sa-06-15	29	Mo-07-15	33	Do-08-15	37	So-09-15	42
3	Mi-01-16	7	Sa-02-16	11	Sa-03-16	16	Di-04-16	20	Do-05-16	24	So-06-16	29	Di-07-16	33	Fr-08-16	38	Mo-09-16	42
3	Do-01-17	7	So-02-17	11	So-03-17	16	Mi-04-17	20	Fr-05-17	25	Mo-06-17	29	Mi-07-17	33	Sa-08-17	38	Di-09-17	42
3	Fr-01-18	8	Mo-02-18	12	Mo-03-18	16	Do-04-18	20	Sa-05-18	25	Di-06-18	29	Do-07-18	33	So-08-18	38	Mi-09-18	42
3	Sa-01-19	8	Di-02-19	12	Di-03-19	16	Fr-04-19	20	So-05-19	25	Mi-06-19	29	Fr-07-19	34	Mo-08-19	38	Do-09-19	42
3	So-01-20	8	Mi-02-20	12	Mi-03-20	16	Sa-04-20	21	Mo-05-20	25	Do-06-20	29	Sa-07-20	34	Di-08-20	38	Fr-09-20	42
4	Mo-01-21	8	Do-02-21	12	Do-03-21	16	So-04-21	21	Di-05-21	25	Fr-06-21	29	So-07-21	34	Mi-08-21	38	Sa-09-21	43
4	Di-01-22	8	Fr-02-22	12	Fr-03-22	17	Mo-04-22	21	Mi-05-22	25	Sa-06-22	30	Mo-07-22	34	Do-08-22	38	So-09-22	43
4	Mi-01-23	8	Sa-02-23	12	Sa-03-23	17	Di-04-23	21	Do-05-23	25	So-06-23	30	Di-07-23	34	Fr-08-23	39	Mo-09-23	43
4	Do-01-24	8	So-02-24	12	So-03-24	17	Mi-04-24	21	Fr-05-24	26	Mo-06-24	30	Mi-07-24	34	Sa-08-24	39	Di-09-24	43
4	Fr-01-25	9	Mo-02-25	13	Mo-03-25	17	Do-04-25	21	Sa-05-25	26	Di-06-25	30	Do-07-25	34	So-08-25	39	Mi-09-25	43
4	Sa-01-26	9	Di-02-26	13	Di-03-26	17	Fr-04-26	21	So-05-26	26	Mi-06-26	30	Fr-07-26	35	Mo-08-26	39	Do-09-26	43
4	So-01-27	9	Mi-02-27	13	Mi-03-27	17	Sa-04-27	22	Mo-05-27	26	Do-06-27	30	Sa-07-27	35	Di-08-27	39	Fr-09-27	43
5	Mo-01-28	9	Do-02-28	13	Do-03-28	17	So-04-28	22	Di-05-28	26	Fr-06-28	30	So-07-28	35	Mi-08-28	39	Sa-09-28	44
5	Di-01-29	9			Fr-03-29	18	Mo-04-29	22	Mi-05-29	26	Sa-06-29	31	Mo-07-29	35	Do-08-29	39	So-09-29	44
5	Mi-01-30	9			Sa-03-30	18	Di-04-30	22	Do-05-30	26	So-06-30	31	Di-07-30	35	Fr-08-30	40	Mo-09-30	44
5	Do-01-31	9			So-03-31	18			Fr-05-31				Mi-07-31	35	Sa-08-31	40		

Abbildung 8.11 Dynamischer Kalender auf Ebene der Bundesländer

Bereichsnamen für die Jahres- und Länderauswahl

Der Bereichsname *C.ber.jahresauswahl* greift auf eine Liste der Jahreszahlen von 2010 bis 2050 im Tabellenblatt *Kalenderauswahl* zu und dürfte kurzfristig wohl kaum Anlass zu weiteren Anpassungen geben. Im gleichen Tabellenblatt steuert der Bereichsname *C.ber.bundesländer* die Liste der Bundesländer an.

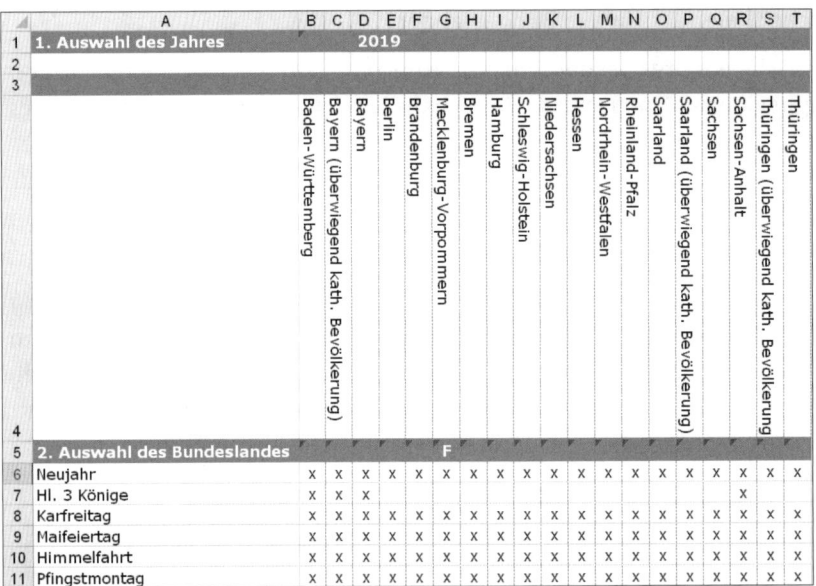

	Baden-Württemberg	Bayern (überwiegend kath. Bevölkerung)	Bayern	Berlin	Brandenburg	Mecklenburg-Vorpommern	Bremen	Hamburg	Schleswig-Holstein	Niedersachsen	Hessen	Nordrhein-Westfalen	Rheinland-Pfalz	Saarland	Saarland (überwiegend kath. Bevölkerung)	Sachsen	Sachsen-Anhalt	Thüringen (überwiegend kath. Bevölkerung)	Thüringen
1. Auswahl des Jahres 2019																			
2. Auswahl des Bundeslandes F																			
Neujahr	X	X	X	X	X	X	X	X	X	X	X	X	X	X	X	X	X	X	X
Hl. 3 Könige	X	X	X														X		
Karfreitag	X	X	X	X	X	X	X	X	X	X	X	X	X	X	X	X	X	X	X
Maifeiertag	X	X	X	X	X	X	X	X	X	X	X	X	X	X	X	X	X	X	X
Himmelfahrt	X	X	X	X	X	X	X	X	X	X	X	X	X	X	X	X	X	X	X
Pfingstmontag	X	X	X	X	X	X	X	X	X	X	X	X	X	X	X	X	X	X	X

Abbildung 8.12 Matrix der Feiertage je Bundesland

Von zentraler Bedeutung für die Zuordnung der Feiertage zu den Bundesländern ist eine Matrix im Zellbereich von A4 bis T19. In ihr wird mit einem X festgelegt, ob der betreffende Feiertag im Bundesland gültig ist oder nicht (Abbildung 8.12). Für das fehlerfreie Funktionieren des dynamischen Kalenders ist dieser Bereich immer auf dem aktuellen Stand zu halten.

Aktivierung des Bundeslandes

Um die Daten für das ausgewählte Bundesland nun zu berechnen und in den Jahreskalender zu übernehmen, muss ein Mechanismus gefunden werden. Am einfachsten ist es erneut, das aktive Bundesland mit einem Buchstaben zu kennzeichnen. Im Zellbereich B5 bis T5 erfolgt diese Kennzeichnung mit WENN(A.ber.länderauswahl=B4;"F";""). Sofern also die Länderauswahl in der Zelle A.ber.länderauswahl im Tabellenblatt des Kalenders mit der Länderbezeichnung in Zelle B4, der Überschriftenzeile der Matrix, übereinstimmt, wird die Zelle mit einem F markiert.

Die Markierung lässt sich nun sehr einfach mit einer anderen Funktion aufgreifen und verwerten. Diese Funktion ist WVERWEIS(). Die Funktion wird hier genutzt, um die je nach Länderauswahl veränderlichen Codierungsspalten in eine für alle weiteren Berechnungen fixe Bezugsspalte umzuwandeln. In Zelle V6 erreichen Sie das mit der Funktion WVERWEIS ("F";$B$5:$T$19;2;FALSCH). Diese können Sie selbstverständlich nach unten kopieren.

WVERWEIS(), das Pendant zum häufig eingesetzten SVERWEIS(), durchsucht die erste Zeile der angegebenen Matrix ($B$5:$T$19) auf das Vorkommen des Suchkriteriums "F" und gibt den korrespondierenden Wert aus einer vorgegebenen Zeile zurück. Im Beispiel ist dies die zweite Zeile, also der Datumswert für Neujahr (Abbildung 8.13). Ist der Feiertag im ausgewählten Bundesland gültig, schreibt die Funktion das in der Matrix gefundene X in die ausgewählte Zelle der Spalte V.

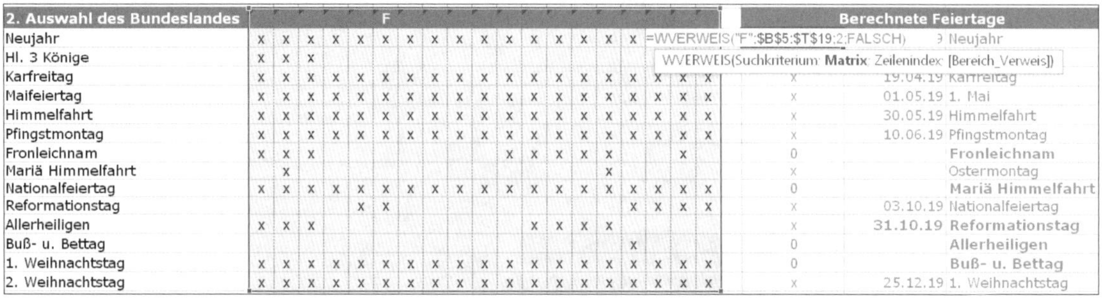

Abbildung 8.13 Auslesen der Feiertage für ein ausgewähltes Bundesland mit WVERWEIS()

Berechnung der Feiertage

Da nun ein fester Zellbereich für den Status des Feiertages im ausgewählten Bundesland besteht, ist es kein großer Schritt mehr, das Datum des Feiertages zu berechnen oder – wenn der Tag im betreffenden Bundesland nicht arbeitsfrei ist – es in der Anzeige zu unterdrücken.

Sie erreichen dies mit einer logischen Funktion. Für einen nicht beweglichen Feiertag wie Neujahr gelingt die Anzeige beispielsweise in Zelle W6 mit:

`=WENN(V6="x";DATUM(JAHR(V2);1;1);DATUM(1900;1;1))`

Bei beweglichen Feiertagen wie dem Pfingstmontag verwenden Sie in Zelle W11 stattdessen:

`=WENN(V11="x";V2+50;DATUM(1900;1;1))`

Formatierung des Kalenders

Um die Wochenenden, die Feiertage und das aktuelle Datum im Kalender zu kennzeichnen, verwenden Sie am besten die *bedingte Formatierung*. Die einzusetzenden Funktionen sehen Sie in Tabelle 8.2.

Funktion	Formatierung
`=B3=HEUTE()`	Zeigt das aktuelle Datum rot an.
`=WOCHENTAG(B3;2)=6`	Markiert die Samstage hellgrau.
`=WOCHENTAG(B3;2)=7`	Markiert die Sonntage dunkelgrau.
`=SVERWEIS(B3;C.ber.feiertage;1;FALSCH)`	Zeigt Feiertage dunkelrot an.

Tabelle 8.2 Funktionen der Bedingten Formatierung

Wenn ein Feiertag auf ein Wochenende fällt, ist die Reihenfolge der Regeln für die bedingte Formatierung dafür ausschlaggebend, ob der Tag im Kalender grau oder dunkelrot gekennzeichnet wird. Setzen Sie die BEDINGTE FORMATIERUNG mit der Funktion SVERWEIS() an die Spitze der Regelliste, wenn Sie die Feiertage auch an den Wochenenden gekennzeichnet sehen möchten (Abbildung 8.14).

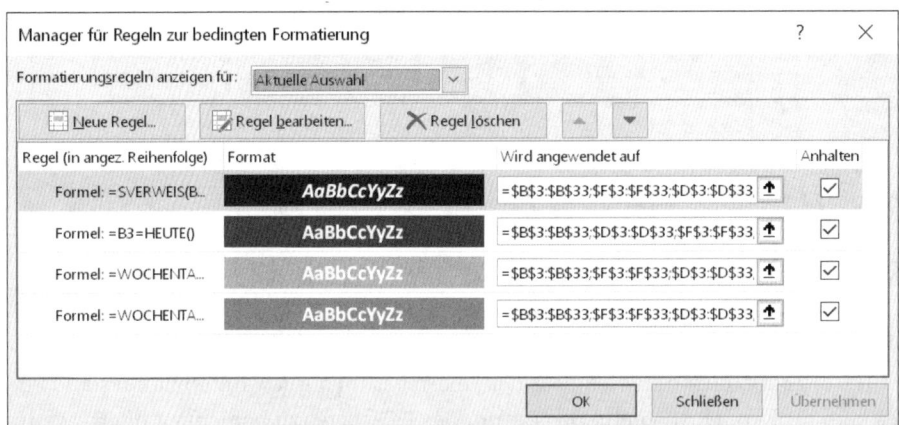

Abbildung 8.14 Prioritätensetzung der Formatierungsregeln für den Kalender

8.1.7   Berechnung des Enddatums für Vorgänge

Lassen Sie uns nach diesem notwendigen Exkurs in das Gebiet der Feiertagsberechnung in Excel zu unserem ursprünglichen Thema, der Berechnung von Zeitintervallen, zurückkehren. Dort ist es uns eben gelungen, aus zwei Datumsvorgaben die Anzahl der Nettoarbeitstage zwischen diesen Eckwerten zu ermitteln. Von einer vergleichbaren Überlegung werden Sie geleitet, wenn Sie das Enddatum eines Vorgangs berechnen möchten, dessen Startdatum und Dauer Sie kennen.

Auch in einem solchen Fall wird Sie nicht die Einbeziehung der Wochenenden und arbeitsfreien Tage in die Berechnung von *aktuelles Datum + x* interessieren. Sie benötigen, wie schon bei der Kalkulation der Nettoarbeitstage, eine spezielle Funktion und eine Liste der arbeitsfreien Tage. In der Arbeitsmappe *08_Datum_Arbeitstag_01.xlsx* finden Sie beides.

Die Liste der arbeitsfreien Zeiten befindet sich in dieser Beispieldatei im Tabellenblatt *Arbeitsfreie Tage*. Es wird erneut der Bereichsname *ArbeitsfreieTage* für den notwendigerweise zusammenhängenden Zellbereich verwendet. Das Startdatum für die Berechnung wurde in Zelle G1 des Tabellenblattes *Bühnenaufbau* eingegeben.

In D1 wird das Abschlussdatum für die eintägige Tätigkeit mit der Funktion =ARBEITS-TAG(G1;C2-1;ArbeitsfreieTage) ermittelt. Wenn Sie diese Funktion in Zelle D2 in =ARBEITS-TAG(D2;C3;ArbeitsfreieTage) abwandeln und nach unten kopieren, schließt jeder nachfolgende Vorgang nahtlos an den bereits abgeschlossenen Vorgänger an. Doch, wie gut zu erkennen ist, liegen zwischen den Vorgängen *Beladung Transporter* und *Anfahrt* nicht weniger als zwei Tage, da sie durch das Wochenende unterbrochen werden (Abbildung 8.15).

	A	B	C	D	E	F	G
1	Nr.	Arbeitsschritt	Dauer	Abgeschlossen am		Startdatum:	17.06.2016
2	1	Beladung Transporter	1	17.06.2016			
3	2	Anfahrt	1	20.06.2016			
4	3	Bühnenbau	5	27.06.2016			
5	4	Licht & Dekoration	3	30.06.2016			
6	5	Funktionstest	1	01.07.2016			

Abbildung 8.15 Berechnung des Enddatums

8.1.8   Berechnung von Datumsdifferenzen mit DATEDIF()

Eine Übersicht über wichtige Datumsfunktionen kann nicht ohne einen echten Exoten unter den Excel-Funktionen abgeschlossen werden. Die Funktion DATEDIF(Startdatum; Enddatum; Zeiteinheit) fristet ein Schattendasein, da sie weder im Funktionsassistenten noch in der Hilfe von Excel aufgeführt wird. Aus Kompatibilitätsgründen mit *Lotus 1-2-3* vor langer Zeit in Excel integriert, leistet sie verlässliche Dienste bei der Berechnung unterschiedlicher Datumsdifferenzen, wenn man von ihrer Existenz weiß. Denn da die Funktion nicht aufgelistet wird, kann sie ausschließlich per Tastatur in die Zellen des Tabellenblattes eingegeben werden.

Die bereits in einem vorherigen Beispiel verwendete Vertragsübersicht ist in der Arbeitsmappe *08_Datum_DATEDIF_01.xlsx* Grundlage für die Berechnung einer Datumsdifferenz.
Lassen Sie uns annehmen, Sie möchten die Anzahl der Jahre, die ein Vertrag läuft, berechnen,
weil davon bestimmte Zuschlagzahlungen an Angestellte abhängen.

In Zelle G2 verwenden Sie in diesem Fall die Funktion =DATEDIF(D2;E2;"Y") und kopieren sie
wie gewohnt nach unten. In Zelle F2 erreichen Sie die Ausgabe der Monatsanzahl zwischen
Vertragsbeginn und -ende mit =DATEDIF(D2;E2;"M"). Sie erkennen unschwer, dass dem Argument Zeiteinheit die Rolle eines Schalters bei der Auswahl der Ergebnisanzeige zukommt
(Abbildung 8.16). Die verfügbaren Optionen für dieses Argument sehen Sie in Tabelle 8.3.

	A	B	C	D	E	F
1	Pers. Nr.	Name	Vorname	Vertragsbeginn	Vertragsende	Laufzeit (in Monaten)
2	210-001	Thewes	Paul	01.01.2016	31.01.2018	=DATEDIF(D2;E2;"M")
3	210-002	Piel	Luis	01.01.2016	31.01.2018	DATEDIF() 24
4	210-003	Lohmeyer	Herbert	01.01.2016	31.01.2018	24

Abbildung 8.16 Anzahl der Jahre zwischen Vertragsbeginn und -ende, berechnet mit DATEDIF()

Option	Berechnung
"D"	Anzahl der Tage zwischen zwei Datumswerten
"M"	Anzahl der Monate zwischen zwei Datumswerten
"Y"	Anzahl der Jahre zwischen zwei Datumswerten
"MD"	Ignoriert Monate und Jahre und bildet die Differenz der Tage zwischen Anfang- und Enddatum.
"YM"	Berechnet die Differenz der Monate; Tage und Jahre werden ignoriert.
"YD"	Differenz der Tage wird berechnet, Jahre aber werden ignoriert.

Tabelle 8.3 Optionen der Funktion DATEDIF()

Für Excel 2007 SP2 wurde zwischenzeitlich ein Bug der Funktion bei Verwendung der Argumente MD und YD festgestellt. Dieser wurde behoben. DATEDIF() ist also undokumentiert, wird
aber dennoch weiterentwickelt.

8.1.9   Weitere nützliche Funktionen in der Kategorie »Datum & Zeit«

Im Controlling spielen zeitliche Betrachtungen und Analysen stets eine bedeutende Rolle.
Auch die in Tabelle 8.4 dargestellten Datumsfunktionen können dabei äußerst nützlich sein.

Funktion	Beschreibung
`HEUTE()`	Gibt das veränderliche Tagesdatum auf Basis der Systemzeit des Computers aus.
`EDATUM()`	Addiert zu einem Ausgangsdatum die im zweiten Argument `Monate` angegebene Anzahl an Monaten.

`JAHR()`
`MONAT()`
`TAG()`
	Die drei Funktionen dienen dazu, aus einem vorgegebenen Datumswert Teile wie Jahr, Monat oder Tag zu isolieren. Die Ergebnisse werden häufig z. B. beim Sortieren, Filtern oder bei der Bildung von Teilergebnissen weiterverwendet.

`BRTEILJAHRE()`	Auf der Basis eines Start- und Enddatums berechnet Excel die Differenz in ganzen Tagen. Das Ergebnis wird in Bruchteile von Jahren umgewandelt, wobei Sie im Argument `Basis` zwischen verschiedenen Systemen unterscheiden können, wie z. B. USA (NASD) oder tagesgenauer Abrechnung für die Berechnung der Zinstage. Die Funktion dient der Verbesserung der Vergleichbarkeit von Forderungen und Verbindlichkeiten.

Tabelle 8.4 Nützliche Datumsfunktionen in der Übersicht

8.2 Berechnungen mit Zeitangaben

Den Einstieg in den Themenbereich der Berechnungen auf Grundlage von Zeitangaben möchte ich analog zu den Datumskalkulationen beginnen. Auch bei den Zeitwerten in Excel bilden der Wertebereich, die Formatierung und die Berechnung einen Dreiklang, mit dem sich – in kalkulatorischer Hinsicht – eine Menge zum Klingen bringen lässt.

In der Arbeitsmappe *08_Zeit_Grundlagen_01.xlsx* sehen Sie ein in Einzelheiten vertrautes Bild. Einer in Spalte A eingegebenen formatierten Uhrzeit entspricht in Spalte B ein numerischer Wert. Der Uhrzeitbereich reicht von 0, also 00:00 Uhr, bis 1, dem Dezimalwert für 24:00 Uhr. Rutschen Sie bei der Eingabe oder Berechnung von Uhrzeiten in einen negativen Wertebereich – in Zelle A3 ist dies durch den Wert –0,125 geschehen –, erhalten Sie die Fehleranzeige ######### (Abbildung 8.17).

	A	B
1	**Grundlagen**	
2	**Zeit**	**Dezimal**
3	########	-0,125
4	00:00	0
5	03:00	0,125
6	06:00	0,25
7	09:00	0,375
8	12:00	0,5
9	15:00	0,625
10	18:00	0,75
11	21:00	0,875
12	23:59	0,999306

Abbildung 8.17 Zeitbereich in Excel

[i]   **Umgang mit negativen Zeitangaben**

Das Problem der negativen Uhrzeiten entsteht häufig bei der Erfassung und Berechnung von Arbeitszeiten. Nehmen Sie an, ein Mitarbeiter hat von 8 Uhr 30 bis 15 Uhr gearbeitet, dann entspricht das 6,5 Stunden, die in Excel in der Form 06:30 angezeigt werden.

Beträgt die Soll-Arbeitszeit hingegen 7 Stunden, ergibt sich bei der Subtraktion ein negativer Wert von −0,5, der als Uhrzeit in Excel allerdings nicht darstellbar ist.

Um das Problem zu lösen, wechseln Sie in die OPTIONEN von Excel und rufen dort das Register ERWEITERT auf. In der Rubrik BEIM BERECHNEN DIESER ARBEITSMAPPE aktivieren Sie die Option 1904-DATUMSWERTE VERWENDEN. Dadurch gewinnen Sie einen Puffer von vier Jahren, der für das skizzierte Problem bei der Arbeitszeiterfassung ausreicht.

8.2.1   Formatierung von Uhrzeiten

Die Formatierung der Zeitwerte erfolgt in Excel nach dem Schema *hh:mm:ss*. Die unterschiedlichen Formate übernehmen Sie mit ⌜Strg⌟ + ⌜1⌟ aus der Kategorie UHRZEIT der Dialogbox ZELLEN FORMATIEREN. Dies klingt alles wenig aufregend. Eine kleine Tücke bieten die Uhrzeitformate aber doch: Sie offenbart sich, wenn Sie Zeiten addieren möchten und das Ergebnis dabei die 24-Stunden-Marke überschreitet. Excel beginnt in diesem Fall wieder bei 0, was Sie im Tabellenblatt *Zeit – Format* in der Zelle D8 sehr gut erkennen (Abbildung 8.18).

Erst die Umstellung des Zeitformats in Zelle E8 von *hh:mm* auf *[hh]:mm* führt zum korrekten Ergebnis. Die eckigen Klammern sind also mehr als reiner Schmuck – sie befähigen Excel quasi, sich das Ergebnis des Vortages zu merken und darauf aufbauend weiterzurechnen.

	A	B	C	D	E
1	**Arbeitszeiten**				
2	**Tag**	**Beginn**	**Ende**	**Dauer** (Format hh:mm)	**Dauer** (Format [hh]:mm)
3	Montag	06:30	15:45	09:15	09:15
4	Dienstag	07:15	16:35	09:20	09:20
5	Mittwoch	08:30	16:00	07:30	07:30
6	Donnerstag	08:20	16:20	08:00	08:00
7	Freitag	08:30	15:25	06:55	06:55
8				**17:00**	**41:00**

Abbildung 8.18 Addition von Zeitangaben

8.2.2   Umrechnung von Dezimal- in Industriezeit

Für das Umrechnen von Dezimalzeit in Industriezeit gibt es in Excel keine eingebaute Funktion. Sie müssen zurück zu den Wurzeln und sich vor Augen führen, dass die Werte, die Ihnen in dezimaler Form vorliegen, durch die Dauer eines Tages, sprich 24 Stunden, geteilt werden müssen und dass eine Stunde aus 60 Minuten besteht.

In Zelle B3 des Tabellenblattes *Dezimal- und Industriezeit* der Arbeitsmappe *08_Zeit_Industriezeit_01.xlsx* wird mit der einfachen Formel =A3/24/60 gearbeitet, um den Wert 68,1 in die Industriezeit 1:08:06 – also in 1 Stunde, 8 Minuten und 6 Sekunden – zu konvertieren (Abbildung 8.19). Wenn Sie die Formel nach unten kopieren, werden auch alle anderen Werte aus Spalte A entsprechend umgerechnet und dargestellt, vorausgesetzt, in Spalte B wurde mit *[h]:mm:ss* auch das gewünschte Uhrzeitformat aktiviert.

	A	B	C	D	E
1	**Dezimal- und Industriezeit**				
2	dezimal (Minuten)	Industrie		Industrie	dezimal
3	68,1	1:08:06		0:45:30	0,7583333
4	57,3	0:57:18		2:05:45	2,0958333
5	1250	20:50:00		16:40:00	16,666667
6	1400	23:20:00		25:00:00	25
7	1700	28:20:00		33:20:00	33,333333
8		**74:35:24**			**77,85417**

Abbildung 8.19 Umrechnung von Dezimal- in Industriezeit und umgekehrt

Möchten Sie hingegen von einer Uhrzeit im Industriezeitformat in eine dezimale Darstellung umrechnen, wie es in Spalte E der Fall ist, dann reicht es aus, den Wert in Spalte D mit 24 zu multiplizieren, um das korrekte Ergebnis zu erhalten. Auch hier müssen Sie gegebenenfalls das Zahlenformat auf STANDARD stellen.

8.2.3 Berechnung von Arbeitszeiten bei Schichtbetrieb

Eine letzte mögliche Hürde bei der Anwendung von Kalkulationen im Bereich der Zeiterfassung und -auswertung ist die Problematik von Arbeitsbeginn und -ende bei Schichtbetrieb. Wie errechnet man die Anzahl der geleisteten Arbeitsstunden, wenn ein Mitarbeiter um 19:30 Uhr mit seiner Arbeit begonnen und diese um 04:09 Uhr beendet hat?

Die einfache Subtraktion würde hier erneut zu einem negativen Ergebniswert führen, der zu allem Überfluss falsch wäre, wenn Sie die 1904-Datumswerte verwenden. Die Lösung ist in diesem Beispiel die Verwendung der Funktion =REST(C3-B3;1) in Zelle D3 (Abbildung 8.20).

	A	B	C	D
1	**Schichtzeiten**			
2	Tag	Beginn	Ende	Gesamt
3	Montag	19:30	04:09	08:39
4	Dienstag	20:10	04:00	07:50
5	Mittwoch	20:15	04:07	07:52
6	Donnerstag	20:00	04:12	08:12
7	Freitag	20:05	03:50	07:45
8				**40:18**

Abbildung 8.20 Berechnung von Arbeitszeiten bei Schichtdienst

Sie subtrahiert den Wert aus Zelle B3 von C3 und teilt das Ergebnis durch den Divisor 1, was einer Umwandlung des negativen in einen positiven Wert gleichkommt, bevor der Wert überhaupt in die Zelle geschrieben wird.

Die Formel kopieren Sie wie gewohnt nach unten. Dann setzen Sie für den Zellbereich D2 bis D7 das Uhrzeitformat *hh:mm* und für die Ergebniszelle D8 auf *[hh]:mm*, um alle Berechnungen korrekt abzuschließen.

8.3   Arbeiten mit Verweisen und Matrizen

Das Arbeiten mit Verweisen auf Tabellen ist in Excel äußerst populär. Nur zu oft werden nach dem Import von Daten für die Weiterverarbeitung nötige Werte aus Referenztabellen den Basisdaten über Verweise hinzugefügt. Auch bei durchgestalteten Tabellen, seien es Liquiditätspläne oder Produktkalkulationen, kommen Verweisfunktionen oft zum Einsatz. Gäbe es eine Top 10 der am häufigsten eingesetzten Funktionen in Excel, würde der SVERWEIS() mit großer Wahrscheinlichkeit einen der vorderen Ränge belegen.

Würden wir hingegen nur einige Seiten zurückblättern und zum Arbeitsbeispiel des dynamischen Kalenders zurückkehren, ist beinahe anzunehmen, dass die Schwester dieses Prominenten, der WVERWEIS(), schon wesentlich weniger Bekanntheit besitzt. Da Verweisfunktionen aber eine wichtige Rolle bei der Zusammenführung und Umgestaltung von bereits vorhandenen Daten spielen, sollten wir dieser Kategorie eine angemessene Aufmerksamkeit widmen.

Genauso wichtig ist es aber, zwei wichtige Anmerkungen an den Beginn dieses Abschnitts zu stellen: Zum einen haben die konventionellen Verweisfunktionen mit der seit Excel 2013 verfügbaren Funktion der *Datenmodelle* und mit *Power Pivot* starke Konkurrenten bekommen. Über die Datenmodelle ist Excel erstmalig in der Lage, Pivottabellen auf Basis mehrerer Tabellen zu erstellen. Verweisfunktionen ade! Mithilfe von Power Pivot lassen sich ebenso über logische Beziehungen Tabellen unterschiedlicher Provenienz zusammenführen und mit leistungsstarken DAX-Funktionen berechnen. Adios Verweisfunktionen! Beide Alternativen bestechen vor allem durch ihre Performancevorteile bei größeren Datenmengen.

Und zum anderen gilt folgende zweite Anmerkung: Wenn der SVERWEIS() auch die bekannteste Verweisfunktion ist und in diesem Abschnitt die Reihe der Möglichkeiten anführt, ist sie längst nicht die beste im Hinblick auf Flexibilität. Dies liegt schlichtweg an der festgelegten Suchrichtung – von links nach rechts. Die Kombination von INDEX() und VERGLEICH() ist in dieser Hinsicht weitaus elastischer. Und wenn wir beim Aufbau von dynamischen Datenmodellen immer die Erweiterungsfähigkeit im Fokus behalten, sind INDEX() und VERGLEICH() die bevorzugten Funktionen beim *M* für *Model* von *xlSMILE*.

8.3.1   Erste Spalte oder Zeile einer Matrix durchsuchen

Doch lassen Sie uns mit SVERWEIS() und WVERWEIS() beginnen. In der Arbeitsmappe *08_Verweise_SVERWEIS_01.xlsx* ist das Arbeitsprinzip der Funktion SVERWEIS(Prüfung; Matrix; Spaltenindex; Bereich_Verweis) exemplarisch dargestellt (Abbildung 8.21). Die Datei enthält eine Referenztabelle im Zellbereich D1 bis E6. Die erste Spalte stellt für den Benutzer die wohl am besten les- und erinnerbare Information bereit: eine Liste mit Bezeichnungen. Um die Kostenanalyse im Zellbereich A1 bis B5 durchzuführen, wäre es am angenehmsten, eine der Bezeichnungen einzugeben, um die davon abhängigen Berechnungen der Anzahl und Kosten in den Zellen B4 und B5 zu starten.

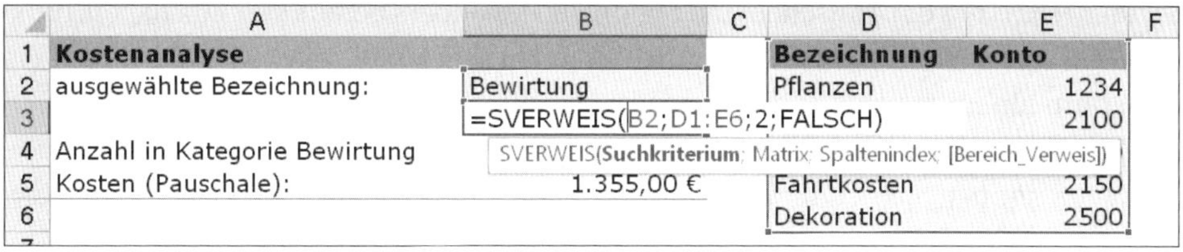

	A	B	C	D	E	F
1	**Kostenanalyse**			**Bezeichnung**	**Konto**	
2	ausgewählte Bezeichnung:	Bewirtung		Pflanzen	1234	
3		=SVERWEIS(B2;D1:E6;2;FALSCH)			2100	
4	Anzahl in Kategorie Bewirtung	SVERWEIS(**Suchkriterium**; Matrix; Spaltenindex; [Bereich_Verweis])				
5	Kosten (Pauschale):	1.355,00 €		Fahrtkosten	2150	
6				Dekoration	2500	

Abbildung 8.21 Suchen in einer Matrix mit SVERWEIS()

Genau das funktioniert jedoch nicht, weil die Liste der Kosten im Zellbereich G1 bis I16 diese Bezeichnung nicht enthält, sondern lediglich die Konten, die in der Referenztabelle die zweite Spalte bilden.

Erste Spalte mit SVERWEIS() durchsuchen

Die Funktion =SVERWEIS(B2;D1:E6;2;FALSCH) hilft Ihnen in diesem konkreten Beispiel mit einer Übersetzungsarbeit. Wird der in B3 eingetragenen Funktion eine Bezeichnung übergeben (B2), durchsucht sie die erste Spalte der Matrix (D1:E5) auf eine Übereinstimmung und gibt das zugehörige Konto aus der zweiten Spalte zurück (2), sofern eine hundertprozentige Übereinstimmung zwischen Suchbegriff und Fundstelle besteht (FALSCH). Der senkrechten Suchrichtung verdankt die Funktion ihren Anfangsbuchstaben: SVERWEIS().

Wichtig ist in diesem Zusammenhang die Bedeutung des Arguments Bereich_Verweis. Ist es auf FALSCH oder 0 gesetzt, wird eine genaue Entsprechung von Gesuchtem und Gefundenem erzwungen. Dies umfasst auch die Möglichkeit, dass kein korrespondierender Wert gefunden wird und der Fehlerwert #NV statt z. B. eines Kontos zurückgegeben wird. In der Folge kann dies den Benutzer wiederum dazu zwingen, den möglichen Fehlerwert mit Funktionen wie WENNFEHLER() zu unterdrücken. Doch dazu später mehr. Möchten Sie hingegen ausdrücklich den Fehlerwert #NV abfangen, andere Fehlerwerte hingegen nicht, steht Ihnen auch die Funktion WENNNV() zur Verfügung.

Nimmt das Argument hingegen den Wert WAHR an oder wird es einfach weggelassen, gibt sich Excel bei einer aufsteigend sortierten Liste bereits mit einer Ähnlichkeit zwischen Suchkriterium und Fundstück zufrieden. Der Zeiger stoppt in der ersten Spalte bei dem Wert, der am nächsten beim Suchbegriff liegt, und Excel liest den entsprechenden Spaltenindex aus.

In der Beispieldatei *08_Verweise_SVERWEIS_01.xlsx* wird die Variante, bei der die genaue Entsprechung erzwungen wird, verwendet. Das Resultat bildet schließlich die Grundlage für zwei bedingte Kalkulationen in den Zellen B4 und B5. Dort kann nun durch das Heraussuchen des Kontos aus der Referenzliste mit =ZÄHLENWENN(H2:H16;B3) die Anzahl der Buchungen und mit =SUMMEWENN(H2:H16;B3;I2:I16) auch deren Gesamtsumme ermittelt werden.

Erste Zeile mit WVERWEIS() durchsuchen

Wie Sie im Beispiel des dynamischen und regionalen Kalenders bereits gesehen haben, funktioniert die Suche auch in einer anderen Richtung. Wird die erste Zeile einer Matrix auf ein Suchkriterium hin untersucht, ist für diese waagerechte Suche die Funktion WVERWEIS() verantwortlich. Ihr Funktionsprinzip unterscheidet sich ansonsten in keiner Weise von SVERWEIS(). Davon können Sie sich in der Beispieldatei *08_Verweise_WVERWEIS_01.xlsx* einmal mehr überzeugen (Abbildung 8.22).

	A	B	C	D	E
1	Kostenanalyse			Bezeichnung	Konto
2	ausgewählte Bezeichnung:	Fahrtkosten		Pflanzen	1234
3		=WVERWEIS(B2;A19:F20;2;FALSCH)			2100
4	Anzahl in Kategorie Fahrtkosten	WVERWEIS(Suchkriterium; Matrix; Zeilenindex; [Bereich_Verweis])			1200
5	Kosten (Pauschale):	1.187,00 €		Fahrtkosten	2150
6				Dekoration	2500

Abbildung 8.22 Durchsuchen einer horizontalen Matrix mit WVERWEIS()

Im Zellbereich A19 bis F20 befindet sich erneut eine Referenztabelle. Doch diesmal ist die Liste horizontal ausgerichtet. Wollen Sie nach einer Bezeichnung suchen, um ein Konto zu finden, muss die Funktion in Zelle B3 diesmal =WVERWEIS(B2;A19:F20;2;FALSCH) lauten.

8.3.2   Transponieren einer Matrix

Sicherlich ist Ihnen aufgefallen, dass die Referenztabelle in diesem Beispiel gleich zweimal im Tabellenblatt vorkommt. Neben dem eben benutzten Bereich A19 bis F20 befindet sie sich noch einmal im Zellbereich D1 bis E5. Die untere der beiden Tabellen ist einfach gedreht oder – wie es in Excel heißt – *transponiert* worden. Sie können eine Tabelle auf zweierlei Arten transponieren:

▶ Manuell: Markieren Sie die Daten, und kopieren Sie sie mit [Strg] + [C] in die Zwischenablage. Danach bewegen Sie den Cursor an die Zielstelle und fügen den Inhalt der Zwischenablage mit START • ZWISCHENABLAGE • EINFÜGEN • TRANSPONIEREN wieder ein.

▶ Per Funktion: Verwenden Sie die Funktion MTRANS(Matrix) aus dem Funktionsassistenten. Markieren Sie einen Zielbereich im Tabellenblatt, der mindestens die Größe der zu transponierenden Tabelle hat, starten Sie die Funktion dann aus dem Funktionsassistenten, und schließen Sie die Eingabe mit `Strg` + `⇧` + `↵` ab, da es sich um eine Matrixfunktion handelt.

Die Vorteile von MTRANS() bei der Neuordnung von Basisdaten liegen gegenüber dem manuellen Drehen via Zwischenablage auf der Hand: Die Funktion ist dynamisch. Aktualisieren Sie Ihre Basisdaten, wird auch der transponierte Bereich angepasst. Bei der manuellen Variante müssten Sie nach jedem Ändern der Basisdaten die Tabelle auch wieder manuell transponieren.

MTRANS() macht aber auch in einem anderen Zusammenhang der Überschrift dieses Abschnitts alle Ehre: Es ist eine dezidierte *Matrixfunktion*. Das erkennen Sie an einigen typischen Merkmalen:

▶ Anders als normale Funktionen werden Matrixfunktionen häufig nicht in eine Zielzelle eingegeben, sondern gleich in einen zusammenhängenden Zellbereich.

▶ Sie werden nicht mit `↵`, sondern mit `Strg` + `⇧` + `↵` abgeschlossen.

▶ In der Editierzeile erkennen Sie Matrixfunktionen an den geschweiften Klammern, die Anfang und Ende des Funktionstextes umschließen.

▶ Sollten Sie versuchen, einen Teil des Ergebnisbereichs einer Matrixfunktion zu überarbeiten oder zu entfernen, wird Ihnen dies nicht gelingen; Änderungen sind nur für den gesamten zusammenhängenden Bereich zulässig.

Matrixfunktionen

Zwar gibt es eine Kategorie Matrix im Funktionsassistenten, doch sind die hier gemeinten Matrixfunktionen über verschiedene Kategorien verteilt. Und auch »normale« Funktionen, beispielsweise SUMME(), können als Matrixfunktionen in Excel eingesetzt werden. Suchen Sie nach einem gemeinsamen Merkmal der Matrixfunktionen, ist dies die Art und Weise, mit der sie ihre Aufgaben erledigen. Sie durchlaufen einen Zellbereich nicht einmal von oben nach unten, wie es beispielsweise bei der Berechnung der Summe geschieht, um dann das Ergebnis in eine Zelle zu schreiben. Stattdessen durchlaufen sie den definierten Zellbereich mehrmals, speichern bei jedem Durchlauf die ermittelten Zwischenergebnisse ab und sind in der Lage, das Endergebnis oder die Endergebnisse abschließend in eine oder mehrere Zellen zu schreiben.

Typische und wichtige Matrixfunktionen sind:

▶ MTRANS(Matrix) – sie dient dem Transponieren von Zellbereichen.

▶ TREND(Y_Werte; X_Werte; Neue_X_Werte; Konstante) –
sie berechnet einen linearen Trend.

▶ HÄUFIGKEIT(Daten; Klassen) – sie berechnet eine Häufigkeitsverteilung.

Ein Beispiel für die Verwendung von SUMME() als Matrixfunktion:

{=SUMME((A2:A10="Mai")*(B2:B10="Nord")*D2:D10)}

Durchsucht wird der Zellbereich in Spalte A nach der Bedingung Mai, der Bereich in Spalte B wird auf das Suchkriterium Nord hin überprüft. Die Werte aus Spalte D, die die beiden Bedingungen erfüllen, werden anschließend addiert.

Den Möglichkeiten von solchen bedingten Kalkulationen, bei denen auch Matrixfunktionen eine wichtige Rolle spielen, ist Kapitel 10, »Bedingte Kalkulationen in Datenanalysen«, gewidmet. Informieren Sie sich dort über Matrixfunktionen, wie z. B. SUMMENPRODUKT().

8.3.3   Finden des letzten Eintrags einer Spalte oder Zeile

Diese Fragestellung ist Ihnen vielleicht beim Erstellen eines Soll-Ist-Vergleichs schon einmal begegnet: Sie hängen an eine bestehende Tabelle kontinuierlich Zeilen oder Spalten an, benötigen aber immer nur den letzten, den aktuellsten Wert der Tabelle, um ihn mit einem anderen Wert, der Soll-Vorgabe, zu vergleichen.

In der Arbeitsmappe *08_Verweise_VERWEIS_01.xlsx* habe ich dieses Beispiel aufgegriffen (Abbildung 8.23). Es liefert eine einfache Lösung für das beschriebene Problem und ist eine kleine Hommage an Bill Jelen – besser bekannt unter dem Namen *Mr. Excel* –, der eine ähnliche Vorgehensweise in einem seiner lohnenswerten Excel-Podcasts vorstellte. Versäumen Sie es nicht, auf *www.mrexcel.com* vorbeizuschauen und den einen oder anderen Podcast zu genießen. Großes Excel-Kino im ganz kleinen Format!

	A	B	C	D	E	F	G	H	I	J	K	L
1	Soll	19.500 €	17.500 €	20.000 €	18.000 €	17.500 €	18.500 €	17.000 €	20.000 €		Maximalwert	24.298 €
2	Abweichung	-38,5%	-9,4%	-32,3%	9,3%	22,3%	17,5%	-23,5%	1,2%			
3	Letzter Wert	12.000 €	=VERWEIS($L$1;D5:D16)			21.410 €	21.735 €	13.010 €	20.245 €			
4		Nord	VERWEIS(Suchkriterium; **Suchvektor**; [Ergebnisvektor])				Ost	Nordost	Mitte			
5	Status 1	17.263 €	VERWEIS(Suchkriterium; **Matrix**)			€	20.612 €	15.068 €	12.179 €			
6	Status 2	18.943 €	21.265 €	21.379 €	13.975 €	15.276 €	12.086 €	12.337 €	19.407 €			
7	Status 3	13.533 €	17.440 €	15.529 €	13.472 €	14.491 €	12.774 €	18.819 €	20.752 €			
8	Status 4	19.473 €	19.423 €	16.651 €	23.340 €	21.846 €	17.518 €	24.297 €				
9	Status 5	22.951 €	19.100 €	20.184 €	19.782 €	21.410 €	15.287 €	12.417 €	17.962 €			
10	Status 6	18.570 €	15.859 €	17.998 €	13.534 €		12.693 €	13.010 €	20.285 €			
11	Status 7	14.631 €		23.961 €	19.680 €		16.319 €		20.245 €			
12	Status 8	15.109 €		13.535 €			21.735 €					
13	Status 9	12.000 €										
14	Status 10											
15	Status 11											
16	Status 12											

Abbildung 8.23 Den aktuellen Wert für einen Soll-Ist-Vergleich finden

Alternative 1: SVERWEIS()

Wenn wir einige Informationen zusammenfassen, die wir bezüglich der Verweisfunktionen bereits besitzen, dann kommen wir unter Umständen auf die Idee, dass ein SVERWEIS() in der

Lage wäre, die gestellte Aufgabe zu lösen. Die Funktion könnte beispielsweise den Zellbereich B5 bis B16 durchsuchen. Wonach? Nach einem möglichst hohen Wert, der in diesem Zellbereich garantiert nicht vorkommt. Wäre das Argument Bereich_Verweis nicht oder auf WAHR gesetzt, würde die Funktion bis zum letzten Eintrag der Liste suchen und nicht fündig werden. Sie gäbe den letzten Wert des durchsuchten Bereichs zurück, vorausgesetzt, der Spaltenindex wäre 1, Such- und Ergebnisspalte wären also identisch.

Alternative 2: VERWEIS()

Diese Lösung würde funktionieren. Sie hätte aber einen ästhetischen sowie einen didaktischen Mangel:

▸ Rein ästhetisch wäre zu bemängeln, dass es eine andere Funktion gibt, bei der wir uns die Eingabe von zwei Argumenten sparen können.

▸ Didaktisch betrachtet entginge uns durch den Gebrauch der altbekannten Funktion eine neue wichtige Stütze bei der Analyse von Matrizen – die Funktion VERWEIS().

Diese Funktion, die es in einer Vektor- und in einer Matrixausführung gibt, wird hier in der Matrixvariante benutzt. In Zelle B3 lauten die Argumente =VERWEIS($L$1;B5:B16). Grundannahmen bei der Verwendung der Funktion sind:

▸ Es wird eine Matrix anhand eines Suchkriteriums durchsucht.

▸ Besitzt die Matrix mehr Zeilen als Spalten oder sind Spalten- und Zeilenzahl identisch, wird die erste Spalte durchsucht; umgekehrt wird die erste Zeile durchsucht, wenn mehr Spalten als Zeilen vorhanden sind.

▸ Wird eine Übereinstimmung mit dem Suchkriterium in der ersten Spalte bzw. Zeile festgestellt, gibt die Funktion den korrespondierenden Wert aus der letzten Spalte bzw. Zeile zurück.

▸ Wird hingegen keine Übereinstimmung mit dem Suchkriterium gefunden, fällt der Zeiger der Funktion um eine Position zurück und wählt den nächstkleineren Wert in der Matrix.

▸ Letzteres kann nur funktionieren, wenn die Matrix auf Basis der Spalte, die durchsucht wird, aufsteigend sortiert ist.

Diese hier beschriebenen Grundannahmen werden gleich in drei Punkten bei der Anwendung der Funktion zum Auffinden des letzten Eintrags in einer Spalte nicht erfüllt: Erstens ist die uns vorliegende Liste nicht sortiert. Zweitens ist die Spalte, die durchsucht wird, mit der Ergebnisspalte identisch; die Matrix ist also einspaltig. Drittens wird mit dem Ergebnis der Funktion =MAX(B5:I16)+1 eine Zahl gesucht, die genau um den Wert 1 über dem Maximalwert liegt und deshalb unmöglich gefunden werden kann.

Doch genau diese Verfremdungen der Argumente haben zur Folge, dass die Funktion VERWEIS() bis zum letzten Eintrag einer jeden unsortierten Spalte den Suchvorgang erfolglos fortsetzt. Danach fällt der Zeiger der Funktion auf den letzten geprüften Wert zurück. Und dies ist der letzte, also aktuellste Wert in der jeweiligen Spalte.

8.4   Funktionen zur Dynamisierung von Tabellen

Die Ausgangslage der folgenden Beschreibung ist Ihnen sicherlich auch bekannt: Sie beziehen in regelmäßigen Abständen aktuelle Datenbestände aus anderen Programmen. Dann beginnen Sie damit, die Daten zu analysieren und zu verdichten. Am Ende des Arbeitsprozesses möchten Sie über eine Reihe aussagekräftiger Tabellen und Diagramme verfügen. Eigentlich ganz einfach!

Erschwert wird das Datenmanagement jedoch zumeist durch die schiere Menge an Auswertungen, Dimensionen und Betrachtungsweisen. Gingen Sie von lediglich fünf Vertriebsgebieten und zehn darin vertretenen Produkten aus, kämen Sie in der Einzelbetrachtung bereits auf 50 Tabellen und ebenso viele Diagramme. Hinzuzuzählen wären noch die regionalen oder produktspezifischen Vergleiche und die zeitliche Analyse der Daten.

In der Praxis sind diese Teildatenbestände durch verschiedene Funktionen untereinander verknüpft, was es noch schwieriger macht, den Überblick zu bewahren. Der Aufwand für die Pflege und Datenaktualisierung bei der Verwendung solcher Spaghetti-Lösungen ist immens. Ganz zu schweigen von den anschwellenden Dateigrößen, die zumeist erheblich auf die Arbeitsgeschwindigkeit von Excel drücken.

Vor dem Hintergrund dieses Szenarios spielen Funktionen, mit denen Sie dynamische Tabellen und Diagramme generieren können, eine wichtige Rolle. Sie bilden neben den Pivottabellen als Ad-hoc-Analysewerkzeuge und der VBA-Programmierung als Tool für die Entwicklung ganzer Anwendungen die dritte Säule bei der flexiblen und wiederkehrenden Auswertung von großen Datenmengen. Von den Pivottabellen unterscheiden sie sich durch ihre fast unbeschränkte Formatierbarkeit, die klare Benutzerführung und die Möglichkeit der problemlosen Weiterverarbeitung einmal generierter Daten. Der Unterschied zur VBA-Programmierung liegt für den Controller vor allem darin, dass er keine Programmierkenntnisse benötigt, um solche dynamischen Reports zu erstellen. Er kann sich stattdessen aller Mittel im Funktionsassistenten auf der Oberfläche des Tabellenblattes bedienen, um seine Ziele zu erreichen.

Zielführend ist dabei vor allem die systematische Nutzung einiger kombinierter Excel-Werkzeuge. In Kapitel 7, »Dynamische Reports erstellen«, bin ich darauf bereits ausführlich eingegangen. Besonders wichtig sind dabei die dynamischen Datentabellen, die Sie mit $\boxed{\text{Strg}}$ + $\boxed{\text{T}}$ erstellen. Sie bilden das Werkzeug Nummer eins zur Dynamisierung. Doch es gibt auch Konstellationen, in denen Sie eine andere Lösung als eine komplette dynamische Datentabelle benötigen. Deshalb werde ich Ihnen einige Funktionen zeigen, die ebenjenes dynamische Potenzial besitzen, das Ihnen die tägliche Arbeit erheblich erleichtern kann – `INDEX()`, `INDIREKT()`, `VERGLEICH()`, `BEREICH.VERSCHIEBEN()` und Co.

8.4.1 Dynamischen Summenbereich mit BEREICH.VERSCHIEBEN() erstellen

In der Arbeitsmappe *08_Dynamisierung_BEREICH.VERSCHIEBEN_01.xlsx* ist das Problem der sich verändernden Zellbereiche bei der Nutzung von Kalkulationsfunktionen zunächst an einem sehr überschaubaren Beispiel beschrieben. Im Zellbereich B2 bis B6 des Tabellenblattes *dynamische Summe I* wurden einige Werte erfasst. In Zelle G2 wurde aus ihnen mit der Funktion =SUMME(B2:B6) das Gesamtergebnis gebildet. Tragen Sie nun zu einem späteren Zeitpunkt in B7 einen weiteren Wert in Spalte B ein, erkennt Excel zwar, dass Daten hinzugekommen sind, doch das Programm bezieht den neuen Wert nicht in die Bildung der Summe ein.

Stattdessen zeigt Ihnen das Programm durch ein kleines grünes Dreieck in der Ecke links oben in der Summenzeile an, dass eventuell ein Problem vorliegt. Der Hinweistext beim Klicken auf das Ausrufezeichen lautet: DIE FORMEL SCHLIESST NICHT ALLE ANGRENZENDEN ZELLEN EIN (Abbildung 8.24). Um das Problem zu umgehen, müssten Sie einen dynamischen Bereich definieren, bei dem erkannt wird, wenn ein oder mehrere Werte im Zellbereich ergänzt worden sind.

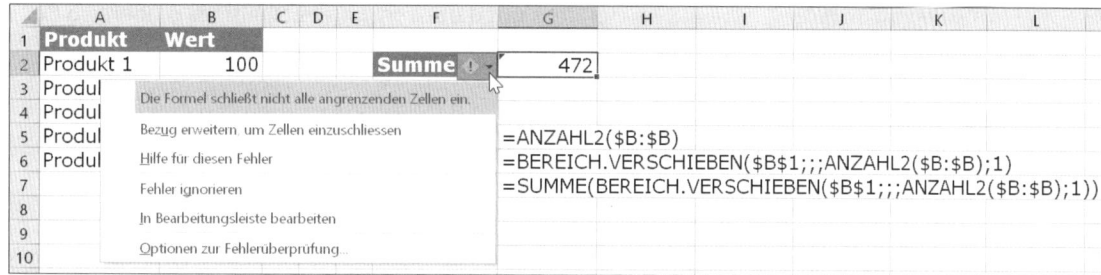

Abbildung 8.24 Hinweis auf Zellen, die an einen berechneten Zellbereich angrenzen

Beim Aufbau eines dynamischen Bereichs zählen Sie in einem ersten Schritt, wie viele Werte in Spalte B der Tabelle überhaupt vorhanden sind. Dazu setzen Sie die Funktion = ANZAHL2($B:$B) ein. Mit ihrer Hilfe ermitteln Sie die Anzahl der nicht leeren Zellen in der gesamten Spalte B, unabhängig davon, ob es sich um Textüberschriften oder Zahlen handelt. Da Sie im Vorfeld nicht wissen können, wie viele Werte in der Spalte zukünftig stehen werden, ist es ratsam, den Bereich mit $B:$B anzugeben. Dadurch wird die gesamte Spalte von der ersten bis zur letzten Zeile untersucht.

Das Ergebnis des Zählens muss nun an eine Funktion übergeben werden, die daraus einen dynamischen Bereich erstellen kann. BEREICH.VERSCHIEBEN() ist dazu in der Lage. Die Funktion bewegt, ausgehend von einem definierten Startpunkt, einen Zellbereich auf dem Tabellenblatt an eine bestimmte Stelle. Die Größe des Zellbereichs bestimmen Sie, indem Sie z. B. die Größe des Zellbereichs mit ANZAHL2() berechnen lassen.

Die beiden Funktionen scheinen perfekt zusammenzupassen. Mit dem Ausdruck =BEREICH.VERSCHIEBEN($B$1;;;ANZAHL2($B:$B);1) testen Sie das beispielsweise in Zelle G14 der

Beispieldatei. Nehmen Sie den kleinen Rückschlag, dass Ihnen Excel den Fehlerwert `#WERT!` präsentiert, gelassen. Dies bedeutet nicht, dass Sie etwas Fehlerhaftes eingegeben haben. Die Funktion ist lediglich an dieser Stelle nicht brauchbar. Und glücklicherweise müssen wir die Funktion dort auch nicht einsetzen. Der Fehlerwert verschwindet aber schlagartig, wenn Sie die verschachtelte Funktion als Bereichsangabe bei der Berechnung der Gesamtsumme verwenden.

In Zelle G2 steht dann folgende Funktion (Abbildung 8.25):

```
=SUMME(BEREICH.VERSCHIEBEN($B$1;;;ANZAHL2($B:$B);1))
```

Was ist in diesem Beispiel genau geschehen?

▶ Sie haben mit dem ersten Argument Bezug einen Startpunkt mit der Zelle $B$1 festgelegt.

▶ Danach wurden zwei Argumente, die sich auf das Verschieben eines Zellbereichs für diesen Startpunkt beziehen, einfach übersprungen.

▶ Um im vierten Argument die Höhe des Bereichs zu benennen, wurde die Funktion ANZAHL() eingesetzt, woraus sich zwangsläufig eine variable Größe der Tabelle ergibt.

▶ Zuletzt wurde die Breite des Zellbereichs mit dem Wert 1 als einspaltiger Zellbereich definiert.

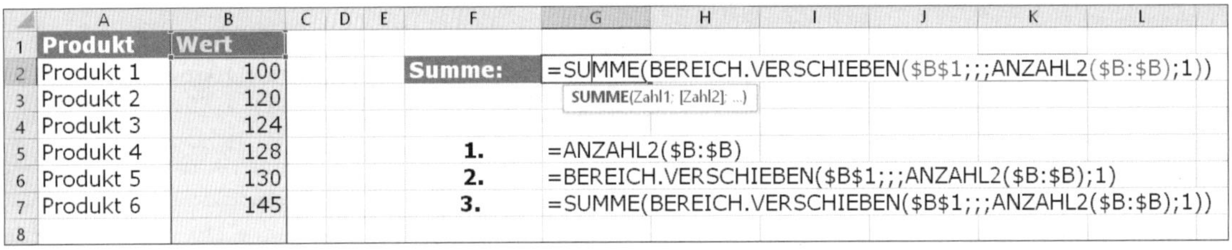

	A	B	C	D	E	F	G	H	I	J	K	L
1	**Produkt**	**Wert**										
2	Produkt 1	100				**Summe:**	=SUMME(BEREICH.VERSCHIEBEN($B$1;;;ANZAHL2($B:$B);1))					
3	Produkt 2	120					SUMME(Zahl1; [Zahl2]; ...)					
4	Produkt 3	124										
5	Produkt 4	128				**1.**	=ANZAHL2($B:$B)					
6	Produkt 5	130				**2.**	=BEREICH.VERSCHIEBEN($B$1;;;ANZAHL2($B:$B);1)					
7	Produkt 6	145				**3.**	=SUMME(BEREICH.VERSCHIEBEN($B$1;;;ANZAHL2($B:$B);1))					
8												

Abbildung 8.25 Berechnung der Summe für einen dynamischen Bereich

Wird diese Funktion in einer Kalkulationsfunktion als Zellbereich verwendet, erweitert sich der Kalkulationsbereich automatisch, wenn Werte an die bestehenden Daten angehängt werden. Voraussetzung: Die neuen Werte müssen unmittelbar an die bereits vorhandenen Daten angefügt werden. Die Funktionen ANZAHL2() oder ANZAHL() sollten sich deshalb immer auf eine Spalte beziehen, in der obligatorische Werte stehen (z. B. Produkt-, Kunden- oder Personalnummern).

Streng genommen ist diese Nutzungsform von BEREICH.VERSCHIEBEN() am ehesten zu ersetzen, und zwar durch eine dynamische Datentabelle und strukturierte Bezüge. Nehmen wir an, die Produktliste wäre in eine Datentabelle umgewandelt und mit dem Namen Umsatz versehen worden, dann hätte der strukturierte Bezug in SUMME() ebenfalls eine dynamische Erweiterbarkeit zur Folge:

```
=SUMME(Umsatz[Wert])
```

Die entscheidende Überlegung, welche der beiden Möglichkeiten angewandt wird, sollte stets die Auswirkungen auf die Performance von Excel mit in Erwägung ziehen. Einige Berechnungen mit BEREICH.VERSCHIEBEN() mögen unkritisch sein. Wird diese volatile Funktion jedoch hundert- oder tausendfach eingesetzt, bleibt das nicht ohne negative Auswirkungen auf die Rechengeschwindigkeit.

Im Sinne einer Vereinheitlichung der eigenen Werkzeuge und Methoden spricht Weiteres für die Verwendung von strukturierten Bezügen. Power Pivot als wichtiges Analysetool benutzt diese Bezugsform. Möchten Sie also Arbeitsmappenfunktionen und DAX-Funktionen angleichen, erreichen Sie dies nur über dynamische Datentabellen. Und die Vereinheitlichung von Methoden und Mitteln ist eine Grundforderung von M, wie Model, im xlSMILE-Konzept.

Produkt-, Regions- oder Periodendaten mit einem dynamischen Bereich markieren

Doch mit BEREICH.VERSCHIEBEN() ist noch mehr möglich. Im Tabellenblatt *dynamische Summe II* der Beispieldatei können Sie sich davon überzeugen. Das Tabellenblatt enthält eine einfache Liste, in der Daten zu unterschiedlichen Produkten dargestellt werden. Die Zielsetzung ist einfach: Es soll für jedes Produkt die Summe der Ergebnisse aus den vier angegebenen Regionen gebildet werden. Die Summenbildung soll auf Knopfdruck des Benutzers erfolgen.

Technisch bedeutet dies, dass mit der Funktion SUMME() die Werte aus den Spalten C bis F addiert werden müssen. Die Zeile, deren Werte summiert werden sollen, muss jedoch flexibel angesteuert werden. Excel bietet verschiedene Funktionen an, mit denen Sie Zellbezüge über das Tabellenblatt wandern lassen können. Doch erneut ist die Funktion BEREICH.VERSCHIEBEN() die erste Wahl bei der Lösung dieser Aufgabenstellung (Abbildung 8.26).

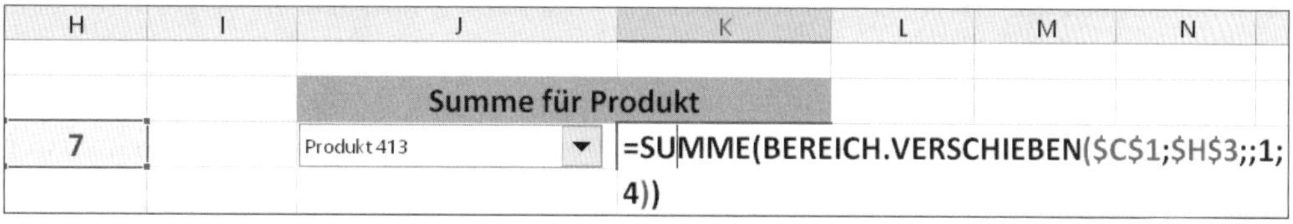

H	I	J	K	L	M	N
		Summe für Produkt				
7		Produkt 413 ▼	=SUMME(BEREICH.VERSCHIEBEN($C$1;$H$3;;1; 4))			

Abbildung 8.26 Berechnung einer Summe auf Basis einer Produktauswahl

Wie Sie bereits im vorherigen Beispiel gesehen haben, eignet sie sich für die hier skizzierte Aufgabe besonders, da sie einen Zellbereich, der in seiner Höhe und Breite flexibel bestimmt werden kann, von einem fest definierten Ausgangspunkt wie dem Anfang einer Datentabelle vertikal und/oder horizontal auf dem Tabellenblatt verlagern kann.

Lassen Sie uns jetzt einen etwas genaueren Blick auf die fünf Argumente der Funktion werfen, die Sie in Tabelle 8.5 finden.

Argument	Funktion
Bezug	Definiert den Startpunkt der Tabelle. In der Beispieldatei ist dies die Zelle $C$1, also die erste Zeile der ersten Spalte, in der sich Umsatzdaten befinden. Diesen Zellbezug sollten Sie immer absolut setzen.
Zeilen	Dieses Argument gibt an, um wie viele Zeilen der Zellbereich, bezogen auf den Startpunkt, verschoben werden soll. Dieser Wert muss in der Beispieltabelle dynamisch bestimmt werden.
Spalten	Mit diesem Argument wird festgelegt, um wie viele Spalten der Bereich, bezogen auf den Startpunkt, verschoben werden soll. Da in der Beispieltabelle die Berechnung immer in der ersten Spalte beginnen soll, wird hier kein Wert oder 0 eingegeben.
Höhe	Dieses Argument dient dazu, die Höhe des verschobenen Bereichs fest oder veränderlich zu bestimmen. Im Beispiel soll die Summe immer für ein Produkt berechnet werden. Da die Produktdaten eine Zeile umfassen, ist die Höhe mit 1 anzugeben.
Breite	Analog zum Argument Höhe legen Sie hiermit die Breite des zu verschiebenden Bereichs fest. Auch hier kann wahlweise eine feste Vorgabe oder eine flexible Berechnung erfolgen. In der Beispieldatei ist die Breite des Bereichs gleichbleibend mit vier Spalten anzugeben.

Tabelle 8.5 Argumente der Funktion BEREICH.VERSCHIEBEN()

Den dynamischen Bereich an die Summenfunktion übergeben

Im Unterschied zum ersten Anwendungsbeispiel müssen wir nun also alle Argumente von BEREICH.VERSCHIEBEN() verwenden. Der variable Teil ist diesmal nicht die Höhe des zu verschiebenden Zellbereichs, sondern die Anzahl der Zeilen, um die der Bereich verschoben werden soll. Wenn Sie das Ergebnis für Produkt 627 sehen wollen, muss der Bereich um zwei Zeilen verschoben werden. Für Produkt 413 sind es schon sieben Zeilen.

Diesen variablen Teil der Funktion können Sie über den Wert in Zelle H3 steuern. Geben Sie dort den Wert, um den der Zellbereich nach unten verschoben werden soll, per Tastatur ein, oder wählen Sie die Zeile durch ein Formularfeld aus. In der Beispieldatei habe ich über das Menü Entwicklertools • Steuerelemente • Einfügen • Formularsteuerelemente ein Kombinationsfeld in das Tabellenblatt eingefügt. Bei der Auswahl eines Produkts aus der Liste wird dessen Position in der Liste als Zahl in eine Verknüpfungszelle, z. B. H3, geschrieben. Somit haben Sie eine einfache Steuerung des veränderlichen Bezugs der Funktion BEREICH.VERSCHIEBEN().

Alle anderen Koordinaten des Zellbereichs bleiben hingegen unveränderlich. Der Startpunkt wird immer Zelle C1 sein; ein Verschieben der Spalten ist nicht notwendig. Die Höhe des Zellbereichs, den Sie berechnen möchten, wird immer 1 sein, seine Breite wird immer vier Spalten betragen. Daraus ergibt sich die folgende Funktion:

`=BEREICH.VERSCHIEBEN($C$1;$H$3;0;1;4)`

Möchten Sie die Summe zu diesem dynamischen Bereich in Zelle G3 ausgeben, verwenden Sie dort diese Funktion:

`=SUMME(BEREICH.VERSCHIEBEN($C$1;$H$3;;1;4))`

Wägen Sie den Einsatz von BEREICH.VERSCHIEBEN() ab

Bereits im vorangegangenen Kapitel habe ich den volatilen Charakter von `BEREICH.VERSCHIEBEN()` erwähnt. Die häufigen Neuberechnungen, die auch dann initiiert werden, wenn Sie an einer anderen Stelle der Arbeitsmappe Änderungen vornehmen, können Excel drastisch ausbremsen, wenn Sie diese Funktion häufig verwenden. Deshalb sollten Sie den Einsatz von `BEREICH.VERSCHIEBEN()` immer gegenüber dynamischen Datentabellen abwägen.

[!]

8

8.4.2 Zusammengesetzte Zellbezüge mit INDIREKT() erstellen

Zellbezüge setzen sich in Excel aus einem Buchstaben für die Spaltenbezeichnung und einer Zeilennummer zusammen. Dies wird auch als die *A1-Schreibweise* oder *A1-Methode* bezeichnet. Sie ist die gängigste Methode, Zellen zu adressieren. Die Adressierung einer Zelle oder eines Zellbereichs funktioniert im Normalfall immer dann, wenn Sie den Zellbereich direkt in die Formel schreiben. Er funktioniert jedoch nicht, wenn Sie einen Zellbezug, der als Text selbst in einer Zelle steht, in eine Formel oder Funktion übernehmen möchten.

Im Tabellenblatt *Indirekt() I* der hier verwendeten Arbeitsmappe *08_Dynamisierung_INDI-REKT_01.xlsx* wird der Versuch unternommen, aus den Zellen I3 und I4 zwei Zellbezüge zu übernehmen, um eine Summe in Zelle J3 zu bilden: `=SUMME(I3:I4)`. Doch das funktioniert nicht. Das Ergebnis ist 0, obwohl im Zellbereich A5 bis A7 Zahlen stehen (Abbildung 8.27).

◢	A	B	C	D	E	F	G	H	I	J	K	L
1												
2												
3		**Kategorien**				Auswahl:	**C**	A5		0		**5**
4	**A**	**B**	**C**	**D**		Ergebnis:	=SUMME(INDIREKT(G3&5):INDIREKT(G3&7))					**1011**
5	100	200	310	401			SUMME(Zahl1; [Zahl2]; ...)					
6	120	210	312	410								
7	130	215	319	420								
8												
9												
10							**Falsch!**	=SUMME(I3:I4)				
11							**Richtig!**	=SUMME(INDIREKT(I3):INDIREKT(I4))				

Abbildung 8.27 Verwendung von INDIREKT() bei der Bildung einer Summe

Damit der Inhalt der Zelle I3 – also der Text A5 – an die Summenfunktion als Zellbezug und nicht als Text übergeben wird, müssen Sie die Funktion `INDIREKT(Bezug; A1)` verwenden.

Diese Funktion liest einen Zellinhalt aus und gibt ihn als Zellbezug an eine andere Funktion weiter. Die Funktion, die den Bezug entgegennimmt, z. B. die Summenfunktion, kann dann – auf indirektem Weg – mit dem Zellbezug ihre Aufgabe ausführen. Fazit: Verwenden Sie also in Zelle J4 die Funktion =SUMME(INDIREKT(I3):INDIREKT(I4)), bildet Excel wie beabsichtigt die Summe aus den Werten, die im Zellbereich A5 bis A7 stehen.

Spalten oder Zeilen flexibel ansteuern und berechnen

Die Funktion INDIREKT() ist in dynamischen Auswertungen enorm wichtig und vor allem unersetzlich, da nur sie in der Lage ist, diese spezielle Umwandlung von Texten in Bezüge zu realisieren. Zudem können Sie mit ihr Kombinationen aus festen Spaltenbezeichnungen und veränderlichen Zeilen oder – genau umgekehrt – aus veränderlichen Spaltenbezeichnungen und festen Zeilennummern erstellen.

Das zweite Beispiel im Tabellenblatt *Indirekt() I* zeigt, wie das funktioniert. In den Spalten A bis D werden die Daten zu vier Kategorien wiedergegeben. Die Summe der Daten für jede Kategorie muss jeweils aus den Werten in den Zeilen 5 bis 7 gebildet werden. Die Spaltenbezeichnung muss jedoch veränderlich sein (A5 bis A7, B5 bis B7 usw.). Wenn Sie nun in eine Zelle – im Beispiel ist es Zelle G3 – den Buchstaben der Spalte eingeben, deren Summe Sie berechnen möchten, können Sie Excel dazu veranlassen, mit der Funktion

```
=SUMME(INDIREKT(G3&5):INDIREKT(G3&7))
```

die Summe für die gewünschte Spalte/Kategorie zu bilden.

Das Verknüpfungszeichen & dient in diesem Fall dazu, den variablen Teil der Zelladresse, also die Spaltenangabe aus Zelle G3, mit einem fest vorgegebenen Bestandteil, der Zeilennummer, zu verbinden. Im Ergebnis haben Sie nun die Möglichkeit, die Berechnung in einem Tabellenblatt über eine Tastatureingabe zu steuern.

Das Verfahren sähe kaum anders aus, wenn die Berechnung der Summe nicht von Spalte zu Spalte, sondern zeilenweise verschoben werden sollte. In diesem Fall wäre die Spaltenbezeichnung als fester Bestandteil mit einer veränderlichen Zeilennummer kombinierbar. Dabei entstünde eine Funktion, die beispielsweise so aussieht:

```
=SUMME(INDIREKT("A"&L3):INDIREKT("D"&L3))
```

Der einzige beachtenswerte Unterschied besteht darin, dass Spaltenbezeichnungen als Text und somit in diesem Fall mit Anführungsstrichen eingegeben und verknüpft werden müssen.

Fehlervermeidung durch Eingabebeschränkungen

Das nächste Fallbeispiel im Tabellenblatt *Indirekt() II* geht in der Anwendung der Funktion lediglich einen kleinen Schritt weiter. Es zeigt Ihnen eine Kombination aus INDIREKT() und Datenüberprüfung (Abbildung 8.28). Denn das Risiko der Steuerung einer Funktion und Kalkulation über eine Dateneingabe in eine Zelle des Tabellenblattes liegt natürlich immer in der möglichen Fehleingabe durch den Benutzer.

	A	B	C	D	E	F	G	H	I	J	K	L	M	N	O	P	Q	R	S
1	Produkt	Ist	ProdGruppe	Januar	Februar	März	April	Mai	Juni	Juli	August	September	Oktober	November	Dezember	Ist	Abweichung		H
2	Produkt 159	Ist	B	28.717 €	34.919 €	51.831 €	45.371 €									160.838 €			H
3		Soll		25.000 €	33.000 €	53.000 €	48.000 €	45.000 €	50.000 €	56.000 €						204.000 €	27%		I
4	Produkt 627	Ist	D	30.613 €	47.984 €	23.089 €	53.740 €									155.326 €			K
5		Soll		28.000 €	50.000 €	30.000 €	34.000 €	40.000 €	42.000 €	40.000 €						182.000 €	17%		L
6	Produkt 116	Ist	C	54.573 €	25.598 €	30.989 €	23.045 €									134.205 €			M
7		Soll		55.000 €	25.000 €	32.000 €	25.000 €	34.000 €	30.000 €	35.000 €						171.000 €	27%		N
8	Produkt 256	Ist	C	48.273 €	53.927 €	36.514 €	43.874 €									182.588 €			O
9		Soll		50.000 €	54.000 €	45.000 €	53.000 €	40.000 €	23.000 €	34.000 €						242.000 €	33%		
10	Produkt 247	Ist	D	49.471 €	36.820 €	23.904 €	39.258 €									149.453 €			
11		Soll		45.000 €	40.000 €	30.000 €	54.000 €	34.000 €	23.000 €	43.000 €						203.000 €	36%		

Abbildung 8.28 Die per Datenüberprüfung gewählte Spalte wird mit INDIREKT() weiterverarbeitet.

In diesem Tabellenblatt sollen die Plandaten mit den Ist-Daten verglichen werden. Ihre Plandaten stehen bereits für einen längeren Zeithorizont fest. Aber monatlich kommen neue Ist-Daten hinzu. Die Länge der Ist-Datenreihe verändert sich also kontinuierlich. Um eine fundierte Aussage bei Ihrem Soll-Ist-Vergleich zu erhalten, müssen Sie das Soll von Januar bis April mit dem Ist des gleichen Zeitraumes vergleichen. Sobald jedoch die Daten für Mai vorliegen, muss sich der Vergleich auf diesen Zeitraum beziehen.

Die dynamische Anpassung der Funktion erfolgt wieder durch die Eingabe des Spaltenbuchstabens und mithilfe der Funktion INDIREKT(). In Zelle P3 befindet sich die Funktion =SUMME(D3:INDIREKT(S1&3)). Die Spalte, bis zu der die Summe berechnet werden soll, wird aus Zelle S1 übernommen. Doch in S1 wird der Spaltenbuchstabe mit einer Datenüberprüfung, die über DATEN • DATENTOOLS • DATENÜBERPRÜFUNG eingefügt wurde, ausgewählt. So verhindern Sie, dass folgenschwere Fehleingaben in dieser Zelle möglich sind.

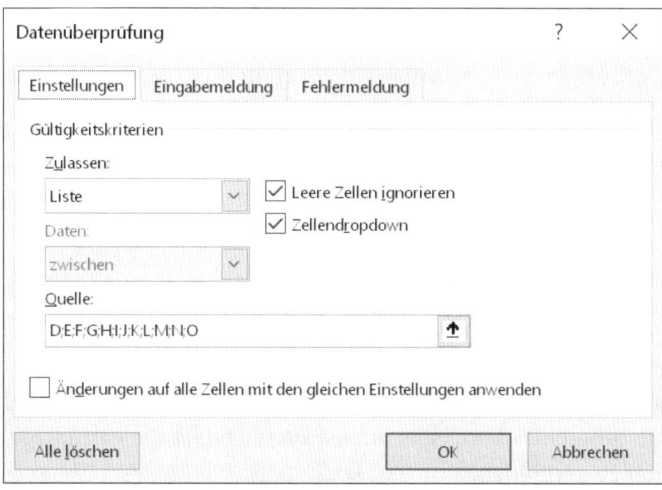

Abbildung 8.29 Eingabe der erlaubten Listeneinträge

Die Liste der erlaubten Spaltenbezeichnungen können Sie einfach in das Eingabefeld QUELLE der Dialogbox DATENÜBERPRÜFUNG (Abbildung 8.29), jeweils getrennt durch ein Semikolon, eingeben.

8.4.3   INDIREKT() zum Ansteuern von Zellen in anderen Tabellenblättern

Die Funktion INDIREKT() kann auch ein hervorragender Helfer sein, um durch eine Auswahl des Benutzers auf Zellen unterschiedlicher Tabellenblätter zuzugreifen. Das Tabellenblatt *Indirekt() III* der Beispieldatei *08_Dynamisierung_INDIREKT_01.xlsx* zeigt das. Stellen Sie sich etwa vor, dass Sie in einem Dashboard mal die Monate des einen und dann wieder des anderen Monats auswählen möchten. Sie geben den jeweiligen Namen des Tabellenblattes, das die gewünschten Daten enthält, in eine Zelle ein oder wählen den Namen mit einer Datenüberprüfung aus. Und INDIREKT() kombiniert diesen Namen mit dem restlichen Zellbezug.

Ein Bezug auf ein Tabellenblatt *Mai* sähe in Excel so aus: =Juni!B5. Die Lösung zur Flexibilisierung des Tabellenblattbezugs würde folgendermaßen lauten (Abbildung 8.30):

=INDIREKT(A2&"!B"&5)

	A	B	C	D
1	Monat		Ergebnis	
2	Juni		=INDIREKT(A2&"!B"&5)	
3			INDIREKT(Bezug: [A1])	

Abbildung 8.30 Zugriff auf ein Tabellenblatt mit INDIREKT()

Voneinander abhängige Datenüberprüfungen mit INDIREKT() erstellen

Die Option Datenüberprüfung passt auch zum nächsten Beispiel, der Datei *08_Dynamisierung_INDIREKT_Datenüberprüfung_01.xlsx*. In ihr sollen zwei Listen, die mit einer Datenüberprüfung abgerufen werden, zueinander in Beziehung gesetzt werden.

Wird aus der ersten Liste z. B. das Vertriebsgebiet Nord ausgewählt, sollen in der zweiten Liste nur noch die zu diesem Gebiet gehörigen Orte zur Auswahl angeboten werden (Abbildung 8.31).

	A	B	C	D	E	F	G	H
1	**Vertriebsgebiet**	**Ort**			**Vertriebsgebiet**	**Nord**	**West**	**Nordost**
2	Nord	Bremen			Nord	Bremen	Aachen	Berlin
3		Bremen			West	Flensburg	Düsseldorf	Cottbus
4		Flensburg			Nordost	Hamburg	Essen	Eberswalde
5		Hamburg			Mitte	Kiel	Köln	Potsdam
6		Kiel			Ost	Oldenburg		
		Oldenburg						

Abbildung 8.31 Steuerung voneinander abhängiger Listen mit INDIREKT()

Zu den bereits dargestellten Argumenten der Funktion INDIREKT() tritt in diesem Beispiel eine weitere Funktion: die Benutzung eines Bereichsnamens. Dieser bildet die Grundlage, um die beiden Listen miteinander zu verbinden.

1. Markieren Sie den Zellbereich E1 bis J6, in dem sich sowohl die Namen der Vertriebsgebiete als auch die Details zu diesen Gebieten befinden.

2. Wählen Sie die Funktion FORMELN • DEFINIERTE NAMEN • AUS AUSWAHL ERSTELLEN. Aktivieren Sie die Option AUS OBERSTER ZEILE für die Namenserstellung, und klicken Sie dann auf OK.

3. Ordnen Sie Zelle A2 eine Datenüberprüfung zu, und wählen Sie unter ZULASSEN die Option LISTE. Im Eingabefeld QUELLE drücken Sie ⌷F3⌷ und wählen den Bereichsnamen *Vertriebsgebiet* aus.

4. Danach legen Sie über FORMELN • DEFINIERTE NAMEN • NAMENS-MANAGER • NEU einen neuen Bereichsnamen mit der Bezeichnung *VGebiete* an. In der Eingabezelle BEZIEHT SICH AUF: der Option NAMENS-MANAGER geben Sie die Funktion =INDIREKT($A$2) ein und beenden die Definition mit OK.

5. Zum Abschluss erstellen Sie eine weitere Datenüberprüfung für Zelle B2. Als QUELLE für die Datenauswahl bestimmen Sie den Bereichsnamen *VGebiete*.

Diese Verknüpfung von INDIREKT() mit einem Bereichsnamen hat den Effekt, dass Excel, sobald Sie Zelle A2 mithilfe der ersten Datenüberprüfung verändern, den für die zweite Datenüberprüfung notwendigen Bereichsnamen aktualisiert. INDIREKT() leitet eine Texteingabe diesmal nicht an eine Kalkulationsfunktion, sondern an den NAMENS-MANAGER weiter. Sämtliche Funktionen in dieser Arbeitsmappe, die den von der Aktualisierung betroffenen Namen verwenden – beispielsweise die Datenüberprüfung –, werden als logische Folge ebenfalls aktualisiert.

8.4.4 Finden und Berechnen von Daten mit INDEX() und VERGLEICH()

Aufgrund der Eigenschaft, Textwerte an andere Excel-Funktionen weiterzugeben, könnte man INDIREKT() geradezu als *Everybody's Darling* in Excel bezeichnen. Das Verhältnis zwischen zwei anderen Funktionen muss man hingegen als wesentlich inniger bezeichnen:

▶ Die Funktion VERGLEICH(Suchkriterium; Suchmatrix; Vergleichstyp) durchsucht eine Spalte oder Zeile und gibt die Position der Fundstelle als Zahl zurück; gesucht werden kann – je nach Vergleichstyp – nach einer genauen Übereinstimmung von Suchkriterium und Fundstelle oder der nächstgrößeren oder -kleineren Zahl.

▶ INDEX(Matrix; Zeile; Spalte) lokalisiert eine Zelle in einer Tabelle durch Angabe der genauen Zeile und Spalte in Form eines numerischen Wertes; mit anderen Worten, mit INDEX() verlassen Sie die strenge Logik der A1-Schreibweise.

Die Arbeitsmappe *08_Dynamisierung_INDEX_VERGLEICH_01.xlsx* enthält einige Beispiele, die veranschaulichen, wie gut die beiden Funktionen zusammenpassen. Beginnen Sie im Tabellenblatt *INDEX() + VERGLEICH()*, um sich mit der Logik der Funktionen vertraut zu machen. Im Zellbereich A2 bis D5 befindet sich eine einfache Tabelle, deren Zeilenbeschriftungen einige Produktbezeichnungen und deren Spaltenüberschriften verschiedene Kategorien enthalten (Abbildung 8.32).

⟋	A	B	C	D	E	F	G	H	I	J	K
1			**Kategorien**								
2	**Produkte**	**A**	**B**	**C**			Inhalt	Position			
3	ABC	105	104	101		**Produkt wählen:**	ABC	=VERGLEICH(G3;A3:A5;0)			
4	DEF	114	115	110		**Kategorie wählen**	A	VERGLEICH(Suchkriterium; Suchmatrix; [Vergleichstyp])			
5	GHI	110	107	107		**Zellinhalt:**		105			
6											

Abbildung 8.32 Ansteuern einer Zelle mit VERGLEICH() und INDEX()

In Zelle G3 können Sie eine Produktbezeichnung eingeben. Dann erhalten Sie durch die Funktion =VERGLEICH(G3;A3:A5;0) die Information, in welcher Zeile der Matrix A3 bis A5 die gesuchte Bezeichnung zu finden ist. Auf gleiche Art und Weise verfahren Sie in Zelle G4, um in der Nachbarzelle mit =VERGLEICH(G4;B2:D2;0) zu erfahren, in welcher Spalte eine von Ihnen gesuchte Spaltenüberschrift steht.

Sie erhalten also die Koordinaten, die ein bestimmtes Produkt einer ausgewählten Kategorie in der Produkttabelle, Ihrer Matrix, besitzt. Wäre es nicht eine nützliche Sache, wenn es eine Funktion gäbe, mit der Sie diese Informationen verwerten könnten? Klar! Und die Funktion, mit der Sie die Koordinaten aufgreifen, um die konkrete Zelle ansteuern und ihren Inhalt nutzen zu können, ist INDEX(Matrix; Zeile; Spalte).

⟋	A	B	C	D	E	F	G	H	I	J
1			**Kategorien**							
2	**Produkte**	**A**	**B**	**C**			Inhalt	Position		
3	**ABC**	105	104	101		**Produkt wählen:**	ABC	1		
4	**DEF**	114	115	110		**Kategorie wählen**	A	1		
5	**GHI**	110	107	107		**Zellinhalt:**		=INDEX(B3:D5;H3;H4)		
6								INDEX(Matrix; Zeile; [Spalte])		
7								INDEX(Bezug; Zeile; [Spalte]; [Bereich])		

Abbildung 8.33 Kombination von INDEX() und VERGLEICH()

In Zelle H5 greift =INDEX(B3:D5;H3;H4) die Werte aus den Zellen H3 und H4 auf (Abbildung 8.33). Als Ergebnis wird für das Produkt ABC in der Kategorie der Wert 105 ausgegeben.

Dynamische Beschriftungen mit INDEX() erstellen

Die weiteren Tabellenblätter der Beispieldatei enthalten eine typische Anwendung für die beiden gerade beschriebenen Funktionen. Im Tabellenblatt *Produktdaten* befindet sich eine Liste mit Daten, wie Sie sie z. B. per Download aus einem anderen Programm erhalten. Es handelt sich um ein Beispiel aus dem Marketing, eine Auswertung der numerischen Distribution von Produkten in verschiedenen Teilmärkten. Die Spalte Abweichung zeigt Ihnen, wo Sie Ihre Kapazitäten noch nicht ausgereizt haben (Abbildung 8.34). In der Spalte ID werden zudem die verschiedenen Marktsegmente codiert.

	A	B	C
1	**ID**	**Produkt**	**Abweichung**
2	100	Produkt 1	1
3	100	Produkt 2	1
4	100	Produkt 3	1
5	100	Produkt 4	1
6	100	Produkt 5	1
7	101	Produkt 5	1
8	101	Produkt 2	1
9	101	Produkt 3	2
10	101	Produkt 4	1
11	101	Produkt 5	3

Abbildung 8.34 Ergebnis der Analyse der numerischen Distribution

Wechseln Sie in das Tabellenblatt *Prognose*, werden Ihnen dort die neuesten Daten einer Marktanalyse geliefert. Diese Werte zeigen Ihnen, welche zusätzlichen Umsätze Sie generieren könnten, wenn Sie die Potenziale, die als Abweichung in der vorherigen Tabelle ausgewiesen wurden, nutzen würden (Abbildung 8.35). Die Formel zur Berechnung der Potenziale wäre einfach zu bilden: *Summe der Abweichungen eines Produkts * Prognosewert pro Produkt = Gesamtpotenzial des Produkts.*

	A	B	C
1	**Reihenfolge**	**Prognose**	**Produkt**
2	1	10	Produkt 1
3	2	20	Produkt 2
4	3	10	Produkt 3
5	4	5	Produkt 4
6	5	20	Produkt 5

Abbildung 8.35 Liste der Marktpotenziale laut Marktanalyse

Doch es gibt einige technische Hürden bei der Berechnung des Potenzials. In der Tabelle *Ergebnis* müssen Sie erst einmal die Summe der Abweichungen pro ID und Produkt ermitteln. Dies ist an sich kein Problem. Wenn Sie in die Zeilen die ID schreiben und Ihre Produktbezeichnungen als Spaltenüberschriften eingeben, können Sie mit SUMMEWENNS() eine bedingte Summe auf Basis der zwei Bedingungen bilden.

Da Sie in regelmäßigen Abständen die gleiche Analyse aber mit aktualisierten Downloaddaten und den Ergebnissen von neuen Marktstudien durchzuführen gedenken, sollten so gut wie alle Elemente der Berechnung dynamisch veränderbar sein. Für die Überschriften in den Zellen B1 bis F1 erreichen Sie die angestrebte Dynamisierung mit der folgenden Funktion (Abbildung 8.36):

```
=INDEX(Prognose!$C$2:$C$6;SPALTE()-1;1)
```

Diese Funktion sorgt dafür, dass als Spaltenüberschriften immer die aktuellen und fehlerfreien Produktbezeichnungen in Ihrer Berechnungstabelle eingesetzt werden, die auch in der Prognosetabelle zum Einsatz kommen. Sie sparen auf diesem Weg einerseits die Arbeit des Kopierens und vermeiden andererseits unnötige und nur mit großem Zeitaufwand zu findende Abweichungen in der Schreibweise der Daten.

	A	B	C	D	E	F
1	ID	=INDEX(Prognose!$C$2:$C$6;SPALTE()-1;1)				Produkt 5
2	100	INDEX(Matrix; Zeile; [Spalte])		1	1	1
3	101	INDEX(Bezug; Zeile; [Spalte]; [Bereich])		2	1	4
4	102	0	3	1	1	8
5	103	0	0	1	2	1

Abbildung 8.36 Dynamische Beschriftung einer Tabelle mit INDEX()

Verknüpfungen von Berechnungen mit INDEX() und VERGLEICH()

Welchen Zwischenstand haben wir nun zu verbuchen? Erstens: Unsere Ausgangstabelle, in der die Produkte untereinander angeordnet waren, wurde mittlerweile gedreht. Zweitens: Um die Spaltenüberschriften werden wir uns zukünftig nicht mehr kümmern müssen, da sie ohne unser Zutun auch nach jeder Datenaktualisierung dynamisch aus den Basisdaten generiert werden. Es existiert also bereits eine grundsätzliche Dynamisierung der Daten.

Doch auch bei der eigentlichen Zielsetzung, die in der Berechnung der Potenziale pro Produkt liegt, können die beiden hier erprobten Funktionen einen wichtigen Beitrag leisten. Sie helfen dabei, ein Manko von SVERWEIS() in den Griff zu bekommen: Die Funktion SVERWEIS() kann immer nur die erste Spalte einer Matrix durchsuchen. Die auszulesende Spalte muss sich stets rechts von dieser Suchspalte befinden. VERGLEICH() kann hingegen eine beliebige Spalte durchsuchen, und mit INDEX() können Werte ausgelesen werden, die sich rechts oder auch links von der Suchspalte befinden. In der Beispieldatei ginge das so (Abbildung 8.37):

`=INDEX(Prognose!$B$2:$C$6;VERGLEICH(Ergebnis!H$1;Prognose!$C$2:$C$6;0);1)*B2`

	A	B	C	D	E	F	G	H	I	J	K	L	M
1	ID	Produkt 1	Produkt 2	Produkt 3	Produkt 4	Produkt 5		Produkt 1	Produkt 2	Produkt 3	Produkt 4	Produkt 5	
2	100	1	1	1	1	1		=INDEX(Prognose!$B$2:$C$6;VERGLEICH(Ergebnis!H$1;Prognose!$C$2:$C$6;0);					
3	101	0	1	2	1	4		1)*B2					
4	102	0	3	1	1	8		INDEX(Matric Zeile [Spalte])		10	5	160	235
5	103	0	0	1	2	1		INDEX(Bezug Zeile [Spalte] [Bereich])		10	10	20	40
6	104	0	0	0	0	0		0	0	0	0	0	0
7	105	2	3	1	1	4		20	60	10	5	80	175
8								30	160	60	30	360	640

Abbildung 8.37 INDEX()/VERGLEICH() funktionieren hier als SVERWEIS() von rechts nach links.

Auch hier wird der Zellbereich C2 bis C6 mittels Vergleich auf Übereinstimmung mit einer Produktbezeichnung hin untersucht. Die ermittelte Zeilennummer wird alsdann an INDEX() übergeben und die erste Spalte der Matrix, die sich diesmal links von der Suchspalte befindet, als weitere Koordinate bestimmt. Der damit lokalisierbare Prognosewert kann nun mit der Summe aus Zelle B2 des Tabellenblattes *Ergebnis* multipliziert werden.

Am Ende der einzelnen Schritte erhalten Sie das Marktpotenzial je Produkt und Marktsegment. Aus allen Einzelergebnissen, die sich mit dieser kopierbaren Funktion schnell errechnen lassen, bilden Sie die Zwischenergebnisse je Produkt und Marktsegment sowie das Gesamtpotenzial aller Produkte und Teilmärkte.

Fazit zur Verwendung von INDEX() und VERGLEICH()

Die Funktion INDEX() ist schwer zu ersetzen, wenn Sie über numerische Koordinaten gezielt auf die Zellen einer Matrix zugreifen möchten. Numerische Daten erhalten Sie immer dann, wenn Sie:

▶ mit Steuerelementen wie Kombinationsfeldern oder Optionsfeldern arbeiten

▶ einen Tabellenbereich mit der Funktion VERGLEICH() durchsuchen

INDEX()/VERGLEICH() sind in Kombination in der Lage, den SVERWEIS() zu ersetzen. Letzteres ist vor allem dann bedeutsam, wenn sich aufgrund der Datenstruktur die zu durchsuchende Spalte rechts von der Ergebnisspalte befindet und der SVERWEIS() aus diesem Grund nicht anwendbar ist. Insgesamt lassen sich also folgende Vorteile von INDEX()/VERGLEICH() gegenüber SVERWEIS() festhalten:

▶ höhere Rechengeschwindigkeit

▶ Nachschlagen von Werten in alle vier Richtungen

▶ einfache Kombinierbarkeit mit anderen Werkzeugen der Dynamisierung (z. B. Steuerelementen)

Datenüberprüfungen und dynamische Datentabellen

Im Laufe dieses Abschnitts habe ich ein Beispiel beschrieben, bei dem BEREICH.VERSCHIEBEN() mit einem Kombinationsfeld verbunden wurde, um einen Tabelleninhalt anzusteuern und das Ergebnis der darin gespeicherten Werte zu berechnen. Kombinationsfelder liefern durch die Auswahl eines Listeneintrags immer einen numerischen Ergebniswert, den Sie dann z. B. durch Funktionen wie BEREICH.VERSCHIEBEN() weiterverarbeiten können.

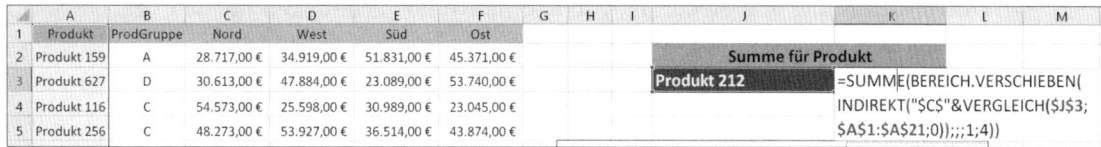

Abbildung 8.38 Auswahl von Daten mit einer Datenüberprüfung und dynamische Berechnung des gewählten Zellbereichs

Was ist jedoch zu tun, wenn keine numerischen Koordinaten vorliegen, ein Tabelleninhalt aber dennoch ausgewählt und berechnet werden soll? Die Problematik und eine mögliche Lösung lassen sich am Beispiel der Arbeitsmappe *08_Dynamisierung_INDIREKT_VERGLEICH_01.xlsx* gut nachvollziehen.

In Zelle J3 befindet sich eine Datenüberprüfung, die ihre Werte aus dem Zellbereich A2 bis A21, also aus den Produktbezeichnungen, bezieht. Die Auswahl eines Eintrags aus der Liste führt nicht – wie bei Formularsteuerelementen – zur Anzeige eines numerischen Wertes in einer verknüpften Zelle. Stattdessen wird in der betreffenden Zelle der konkrete Zellinhalt, die Produktbezeichnung selbst, angezeigt (Abbildung 8.38).

Dies führt dazu, dass die Funktion INDEX() in diesem Beispiel nicht oder nur über Umwege anwendbar wäre. Eine Alternative zu dieser Funktion besteht jedoch in einer Kombination aus BEREICH.VERSCHIEBEN(), INDIREKT() und VERGLEICH(), da sich auch hier die Funktionen zur Dynamisierung von Tabellen wieder gegenseitig ergänzen.

Im Mittelpunkt der Bestimmung eines veränderbaren Bereichs steht die folgende Kombination:

```
BEREICH.VERSCHIEBEN(INDIREKT("$C$"&VERGLEICH($J$3;$A$1:$A$21;0));;;1;4)
```

- ▶ Um den Startpunkt für den dynamischen Bereich zu definieren, wird mit INDIREKT() eine Kombination aus der Spaltenbezeichnung "$C" und dem mit VERGLEICH() ermittelten Zeilenwert des ausgewählten Produkts gebildet.
- ▶ Diese Kombination wird an BEREICH.VERSCHIEBEN() übergeben.
- ▶ Die Höhe des veränderbaren Bereichs wird mit 1 angegeben.
- ▶ Die Breite ist ebenfalls konstant, nämlich 4 Spalten.

Wenn Sie diesen Ausdruck als Zellbezug von SUMME() verwenden, erhalten Sie eine benutzergesteuerte Berechnung der einzelnen Produkte. Die Beschreibung zur Erstellung des in diesem Beispiel verwendeten dynamischen Diagramms finden Sie in Kapitel 16, »Reporting mit Diagrammen und Tabellen«.

8.4.5   Auswahl von Berechnungsalternativen – WAHL() statt WENN()

Die Durchführung und Steuerung von alternativen Berechnungen in einem Tabellenblatt führt in den meisten Fällen zur Verwendung der Funktion WENN(Prüfung, Dann_Anweisung; Sonst_Anweisung). Liegen nur zwei Alternativen vor, ist die Benutzung dieser logischen Funktion auch weitestgehend unkritisch. Aber schon eine dritte Anweisungsalternative führt dazu, dass mehrere WENN()-Anweisungen ineinander verschachtelt werden müssen. Zwar sind seit Excel 2007 insgesamt bis zu 64 Ebenen der Verschachtelung von Funktionen möglich. Doch ist es niemandem zu wünschen, sich mit den Hunderten daraus resultierender Semikola und Klammern herumschlagen zu müssen.

Wo immer es möglich ist, Vereinfachungen einzuführen und Funktionsargumente zu reduzieren, sollten Sie diese Gelegenheit auch nutzen. Eine wesentliche Vereinfachung gegenüber verschachtelten WENN()-Funktionen bei der Ausführung von alternativen Berechnungen bietet die Funktion WAHL(Index; Wert1, Wert2 ...). Mit Index fragen Sie einen fortlaufenden numerischen Index ab, also z. B. die Abfolge der Zahlen von 1 bis 50. Für jeden der 50 Werte können Sie dann eine Anweisung definieren, die von der Funktion ausgeführt wird. Da die Anweisungen nur durch ein Semikolon getrennt werden müssen, ist die Definition der Funktion erheblich leichter als eine WENN()-Funktion mit 49 Ebenen.

	A	B	C	D	E	F	G	H	I
1	Personal-ID	Stunden	Honorar	Tarif	Zuschlag	Gesamt		Zuschlag	
2	P001	167	4.175 €	1	0	4.175 €		0 €	
3	P002	167	5.344 €	2	25	5.369 €		25 €	
4	P003	84	1.764 €	1	0	1.764 €		75 €	
5	P004	112	2.800 €	1	0	2.800 €			
6	P005	112	2.464 €	3	75	=WAHL(D6;C6+$H$2;C6+$H$3;C6+$H$4)			
7	P006	84	2.352 €	2	25	WAHL(Index; Wert1; [Wert2]; [Wert3]; [Wert4]; [Wert5]; ...)			
8	P007	167	5.344 €	3	75	5.419 €			
9									

Abbildung 8.39 Drei und mehr Zuschlagsstufen können Sie mit WAHL() zuordnen.

Die Arbeitsmappe *08_Dynamisierung_WAHL_01.xlsx* beschreibt zwei typische Anwendungsbeispiele für die Funktion. Das Tabellenblatt *WAHL()*, das Sie in Abbildung 8.39 sehen, zeigt Teile einer Honorarliste und eine Auswahl von drei möglichen Zuschlagszahlungen, die abhängig von der jeweiligen Tarifgruppe gezahlt werden. In Zelle E2 ordnen Sie den Zuschlag mithilfe der Funktion =WAHL(D2;$H$2;$H$3;$H$4) einer Personal-ID zu. Die Aussage der Funktion ist simpel: Wenn die Tarifgruppe 1 gilt, dann verwende den Zuschlag aus Zelle H2; bei Tarifgruppe 2 benutze den in H3 stehenden Zuschlag; und wende schließlich den Zuschlag aus Zelle H4 an, wenn es sich um die Tarifgruppe 3 handelt. 254 dieser Argumente wären insgesamt möglich.

Selbstverständlich können Sie mit WAHL() nicht nur Zellinhalte zuweisen, sondern auch beliebige Berechnungen steuern. In Zelle F2 wird dies lediglich mit =WAHL(D2;C2+$H$2;C2+$H$3;C2+$H$4) angedeutet. Dem festgelegten Honorar aus Zelle C2 wird an dieser Stelle der von der Tarifgruppe abhängige Zuschlag hinzugefügt. In der Praxis können Berechnungen, die über WAHL() gesteuert werden, natürlich auch wesentlich komplexer sein.

WAHL() in Kombination mit Steuerelementen

Die definitive Voraussetzung für die Benutzung von WAHL() für die Berechnung von Alternativen ist das Vorhandensein eines Indexwertes. Diese Tatsache ist vor allem deshalb interessant, weil viele Steuerelemente, aber auch Funktionen wie VERGLEICH(), solche Indexwerte produzieren. Im Tabellenblatt *Soll-Ist* der Beispieldatei wird diese Überlegung aufgegriffen. Sie enthält einige Soll-Vorgaben in Spalte B und die dazu verfügbaren Ist-Werte in den Spalten C bis F. Um die Abweichung zwischen Soll und Ist nun für jede der vier Kalenderwochen zu ermitteln, benötigen wir vier Formeln: C2/B2-1 (Vergleich KW 1 mit Soll), D2/B2-1 (Vergleich KW 2 mit Soll), E2/B2-1 (Vergleich KW 3 mit Soll) und F2/B2-1 (Vergleich KW 4 mit Soll).

Auf konventionellem Weg würden Sie nun wahrscheinlich die vier Berechnungen in vier verschiedenen Spalten durchführen und daraus dann vier Diagramme erstellen. Mit der Funktion =WAHL($M$2;C2/B2-1;D2/B2-1;E2/B2-1;F2/B2-1) in Zelle G2 können Sie die Ausgabe der Ergebnisse in einer Spalte zusammenfassen und aus den dort dargestellten Daten ein dynamisches Diagramm generieren (Abbildung 8.40). Vorausgesetzt, in Zelle M2 befindet sich für die Berechnungen ein brauchbarer Indexwert.

8

307

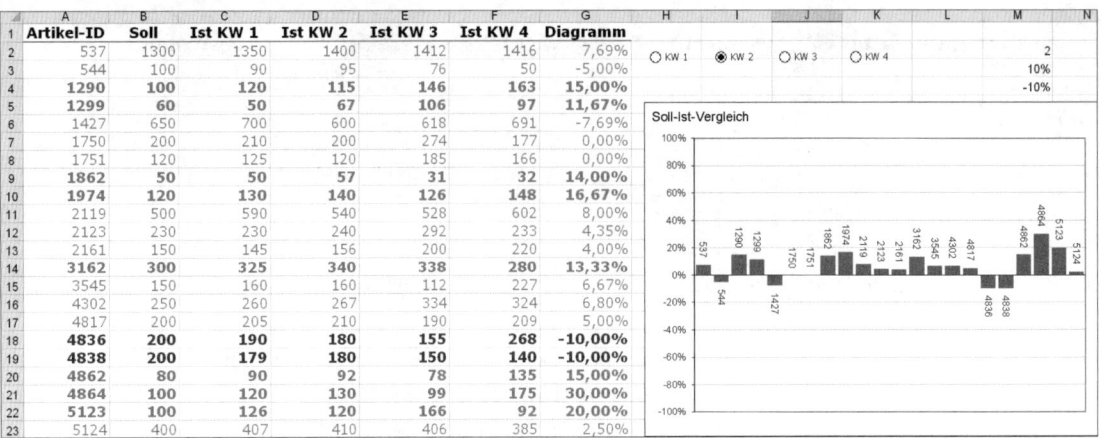

Abbildung 8.40 Auswahl von Kalenderwochen mit WAHL() und Optionsfeldern

Erzeugen von Indexwerten mit Steuerelementen

Diesen Indexwert können Sie natürlich in die betreffende Zelle einfach per Tastatur einge-ben. Soll die erste Kalenderwoche mit dem Soll verglichen werden, tragen Sie den Wert 1 ein. Wird die zweite KW benötigt, ist es die 2. Doch auch hier sollten Sie wieder die Überlegung be-rücksichtigen, dass Fehleingaben zwangsläufig zu fehlerhaften Berechnungen führen und unbedingt vermieden werden müssen.

Der Einsatz von Optionsfeldern könnte sich unter diesem Gesichtspunkt lohnen (Abbildung 8.41). Sie wählen sie über ENTWICKLERTOOLS • STEUERELEMENTE • EINFÜGEN • FORMULAR-STEUERELEMENTE aus (gegebenenfalls müssen Sie das Menü ENTWICKLERTOOLS zunächst in den Excel-Optionen aktivieren) und zeichnen sie in das Tabellenblatt. Wenn Sie das Steuer-element mit der rechten Maustaste anklicken, gelangen Sie unter STEUERELEMENT FORMA-TIEREN in das Register STEUERUNG und können dort als ZELLVERKNÜPFUNG eben die Zelle M2 angeben.

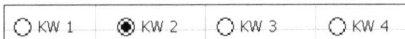

Abbildung 8.41 Optionsfelder zur Auswahl der Kalenderwochen

Das erste Optionsfeld schreibt den Wert 1 in die Verknüpfungszelle, das zweite Feld den Wert 2. Mit anderen Worten: Vier Optionsfelder reichen aus, um die vier Indexwerte in M2 zu generieren, die Sie zur Steuerung von vier alternativen Formeln in Zelle G2 benötigen.

8.5   Berechnung von Rangfolgen

Die Bildung von Rangfolgen in Excel-Arbeitsmappen kann gleich mehrere Hintergründe haben:

- Im Sinne von typischen Top-10-Listen ist es das Ziel, aus einer Fülle von Daten die Spitzenwerte – oder auch die niedrigsten Werte – auszulesen.

- Für die Benutzersteuerung mithilfe von Kombinationsfeldern stellen automatisch sortierte Listen für den Benutzer eine Erleichterung dar, wenn die Einträge der Auswahllisten nicht beliebig angeordnet sind, sondern automatisch sortiert wurden.

- Klassische Auswertungsmethoden wie die ABC-Analyse setzen die Sortierung und Bildung einer Rangfolge zwingend voraus.

Excel verfügt seinerseits über verschiedene Funktionen, die Sie bei der Bildung von Rangfolgen unterstützen. Das Angebot beginnt bereits beim Filtern von Daten. Wenn Sie die Funktion DATEN • SORTIEREN UND FILTERN • FILTERN aktivieren oder wahlweise `Strg` + `⇧` + `L` drücken und dann den Filter für eine Spalte setzen, die Zahlen enthält, werden Sie über die Option ZAHLENFILTER auch zur Auswahl TOP 10 gelangen (Abbildung 8.42).

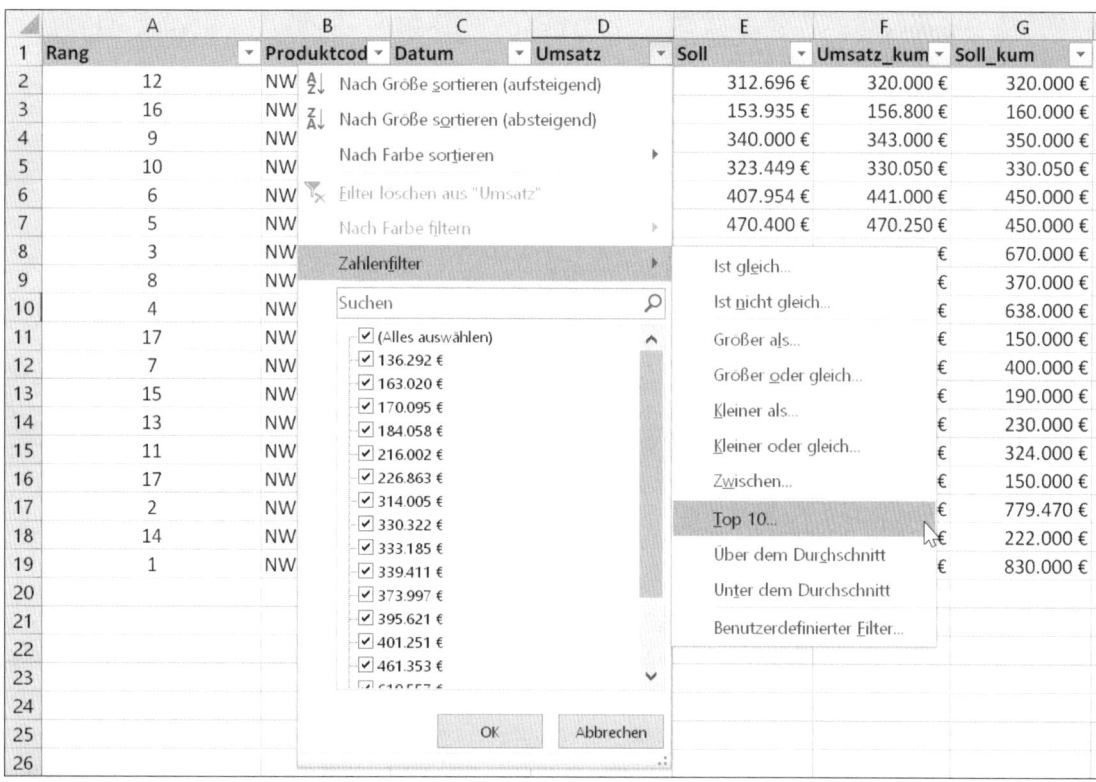

Abbildung 8.42 Top-10-Auswahl im AutoFilter

Als Ergebnis werden Sie eine Liste erhalten, die die obersten zehn Werte der Spalte enthält. Die Liste ist zunächst allerdings unsortiert. Durch die Angleichung der Benutzeroberfläche und Funktionalität von AutoFilter und Pivottabellen können Sie nach dem Erstellen einer Pivottabelle auf dem gleichen Weg auch dort einen Top-10-Filter nutzen.

8.5.1   Funktionen zur Bildung von Rangfolgen

Stoßen Sie fast zwangsläufig auf diese beiden Funktionen, wenn Sie Daten filtern oder zu Pivottabellen verarbeiten, sind einige der Funktionen des Funktionsassistenten, die ebenfalls bei der Bildung von Rangfolgen nützlich sind, versteckter und in der Folge auch weniger bekannt. Um diese Funktionen geht es an dieser Stelle.

In der Arbeitsmappe *08_Rangfolge_MIN_MAX_01.xlsx* werden die beiden wohl bekanntesten Funktionen dieser Art angewandt: die Funktionen zur Berechnung von Minimal- und Maximalwert.

Im Beispiel wird der Höchstwert in Zelle J1 auf Basis der Funktion =MAX($F$2:$F$19) für die kumulierten Umsätze ermittelt. Auch die Berechnung des niedrigsten Wertes bedient sich dieses Wertebereiches: =MIN($F$2:$F$19) (Abbildung 8.43).

	A	B	C	D	E	F	G	H	I	J
1	Rang	Produktcod	Datum	Umsatz	Soll	Umsatz_kum	Soll_kum		Höchster Wert	821.700 €
2	12	NWTB-1	31.01.2016	314.005 €	312.696 €	320.000 €	320.000 €		Niedrigster Wert	148.500 €
3	16	NWTCO-3	31.01.2016	163.020 €	153.935 €	156.800 €	160.000 €			
4	9	NWTCO-4	31.01.2016	333.185 €	340.000 €	343.000 €	350.000 €			
5	10	NWTO-5	31.01.2016	339.411 €	323.449 €	330.050 €	330.050 €			
6	6	NWTJP-6	31.01.2016	395.621 €	407.954 €	441.000 €	450.000 €			
7	5	NWTDFN-7	31.01.2016	461.353 €	470.400 €	470.250 €	450.000 €			
8	3	NWTS-8	31.01.2016	672.257 €	663.300 €	670.000 €	670.000 €			
9	8	NWTDFN-14	31.01.2016	373.997 €	360.000 €	363.825 €	370.000 €			
10	4	NWTCFV-17	31.01.2016	619.557 €	617.400 €	629.640 €	638.000 €			
11	17	NWTBGM-19	31.01.2016	170.095 €	148.500 €	148.500 €	150.000 €			
12	7	NWTJP-7	31.01.2016	401.251 €	396.000 €	400.000 €	400.000 €			

Abbildung 8.43 Minimal- und Maximalwert und nicht eindeutige Rangfolge

In Spalte A der Tabelle geht es dann jedoch nicht mehr um die beiden Werte am oberen bzw. unteren Ende der Skala. Hier soll stattdessen für jeden einzelnen Wert der Datenreihe die konkrete Position in der Rangfolge ermittelt werden. Um dies zu realisieren, nutzen Sie RANG(Zahl; Bezug; Reihenfolge). In Zelle A2 führt dies zu den folgenden Argumenten (Abbildung 8.44):

=RANG(F2;$F$2:$F$19)

Bei einem Doppelklick auf Zelle A2 nach Eingabe der Bezüge wird schnell klar, was Excel zur Kalkulation der Rangfolge macht. Mit F2 wird der Wert benannt, dessen Rangfolge Sie bestimmen möchten. Durchsucht wird der gesamte Zellbereich, in dem sich Ihre kumulierten Umsatzdaten befinden. Das dritte Argument, Reihenfolge, ist optional. Wenn Sie es nicht ausdrücklich angeben oder null eingeben, wird Excel von der Rangfolge in einer absteigend sortierten Liste ausgehen. Der höchste Wert der Liste erhält somit den Wert 1. Bei Eingabe eines beliebigen anderen Wertes wird das Ergebnis auf Grundlage einer aufsteigend sortierten Liste ermittelt.

Achten Sie darauf, den Bezug auf den zu analysierenden Wert relativ und den auf den gesamten Wertebereich absolut zu setzen. Danach können Sie die Funktion einfach nach unten kopieren.

	A	B	C	D	E	F	G
1	Rang	Produktcod	Datum	Umsatz	Soll	Umsatz_kum	Soll_kum
2	=RANG(F2;$F$2:$F$19)	NWTB-1	31.01.2016	314.005 €	312.696 €	320.000 €	320.000 €
3	RANG(Zahl; **Bezug**; [Reihenfolge])	)-3	31.01.2016	163.020 €	153.935 €	156.800 €	160.000 €
4	9	NWTCO-4	31.01.2016	333.185 €	340.000 €	343.000 €	350.000 €
5	10	NWTO-5	31.01.2016	339.411 €	323.449 €	330.050 €	330.050 €
6	6	NWTJP-6	31.01.2016	395.621 €	407.954 €	441.000 €	450.000 €
7	5	NWTDFN-7	31.01.2016	461.353 €	470.400 €	470.250 €	450.000 €
8	3	NWTS-8	31.01.2016	672.257 €	663.300 €	670.000 €	670.000 €
9	8	NWTDFN-14	31.01.2016	373.997 €	360.000 €	363.825 €	370.000 €
10	4	NWTCFV-17	31.01.2016	619.557 €	617.400 €	629.640 €	638.000 €
11	17	NWTBGM-19	31.01.2016	170.095 €	148.500 €	148.500 €	150.000 €
12	7	NWTJP-7	31.01.2016	401.251 €	396.000 €	400.000 €	400.000 €
13	15	NWTBGM-21	31.01.2016	184.058 €	178.200 €	190.000 €	190.000 €
14	13	NWTB-34	31.01.2016	216.002 €	227.700 €	230.000 €	230.000 €
15	11	NWTCM-40	31.01.2016	330.322 €	315.560 €	320.265 €	324.000 €
16	17	NWTSO-41	31.01.2016	136.292 €	148.500 €	148.500 €	150.000 €
17	2	NWTB-43	31.01.2016	767.906 €	779.470 €	771.675 €	779.470 €
18	14	NWTCA-48	31.01.2016	226.863 €	220.000 €	222.000 €	222.000 €
19	1	NWTDFN-51	31.01.2016	812.975 €	799.680 €	821.700 €	830.000 €

Abbildung 8.44 Datenbereich bei Verwendung der Funktion RANG()

8.5.2   Eindeutige Rangfolge bei identischen Werten der Liste

In dieser Beispieltabelle wird bereits ein charakteristisches Problem bei der Benutzung von RANG() offenbar: Die Liste kann gleichartige Werte enthalten. Ist dies der Fall, liefert Excel für diese Werte zwangsläufig auch den gleichen Rang. In den Zellen 11 und 16 ist dies erkennbar. In beiden Fällen beträgt der Wert der kumulierten Umsätze 148.500, was Rang 17 in der gesamten Liste entspricht.

Wenn dies auch rechnerisch korrekt ist, verursacht die Tatsache, dass keine eindeutig unterscheidbaren Werte vorliegen, bei der Weiterverarbeitung mit anderen Funktionen, wie z. B. SVERWEIS(), Probleme. Aus diesem Grund ist es notwendig, eine Eindeutigkeit der ursprünglichen Werte und damit auch der Rangfolge zu erzwingen.

Wie Sie dies umsetzen können, sehen Sie in der Arbeitsmappe *08_Rangfolge_RANG_KGRÖSSTE_KKLEINSTE_01.xlsx*.

RANG.GLEICH() und RANG.MITTELW()   [i]

Diese beiden Funktionen sind neu seit Excel 2010. RANG.GLEICH(Zahl; Bezug; Reihenfolge) entspricht dem bereits aus früheren Versionen bekannten RANG(). Kommt ein Wert zweimal in einer Liste vor, wird für jede Zahl derselbe Rang ausgegeben, z. B. Rang 14. Rang 15 entfiele dann zwangsläufig, und die Liste würde stattdessen mit 16 fortgesetzt.

Bei Verwendung der Funktion RANG.MITTELW(Zahl; Bezug; Reihenfolge) kommt hingegen ein Korrekturfaktor zur Anwendung. Aus Rang 14 wird dadurch 13,5. Bei einer Auswertung erkennen Sie so mühelos, dass dieser Rang zweimal belegt wurde. Auch in diesem Fall wird die Rangfolge jedoch mit 16 fortgesetzt.

Aus Gründen der Kompatibilität blieb RANG() in der Funktionsliste von Excel erhalten. Sollten Sie jedoch keine Dateien mit Nutzern älterer Versionen austauschen, rät Microsoft zur Verwendung von RANG.GLEICH().

Die kalkulatorische Bestimmung der eindeutigen Rangfolge von Werten kommt nicht ohne die Bildung einer Hilfsspalte aus. Das Verfahren ist jedoch einfach, da an die ursprünglichen Werte ein eindeutiger Wert im Nachkommastellenbereich angehängt wird. Das klingt komplizierter, als es in der Praxis wirklich ist, da diese Ergänzung durch die Funktion ZEILE() automatisiert werden kann (Abbildung 8.45).

	A	B	C	D
1	Rang	Produktcode	Umsatz_kum	in %
2	1,019	NWTDFN-51	821.700 €	11,78%
3	2,017	NWTB-43	771.675 €	11,06%
4	3,008	NWTS-8	670.000 €	9,60%
5	4,010	NWTCFV-17	629.640 €	9,02%
6	5,007	NWTDFN-7	470.250 €	6,74%
7	6,006	NWTJP-6	441.000 €	6,32%
8	7,012	NWTJP-7	400.000 €	5,73%
9	8,009	NWTDFN-14	363.825 €	5,21%
10	9,004	NWTCO-4	343.000 €	4,92%
11	10,005	NWTO-5	330.050 €	4,73%
12	11,015	NWTCM-40	320.265 €	4,59%
13	12,002	NWTB-1	320.000 €	4,59%
14	13,014	NWTB-34	230.000 €	3,30%
15	14,018	NWTCA-48	222.000 €	3,18%
16	15,013	NWTBGM-21	190.000 €	2,72%
17	16,003	NWTCO-3	156.800 €	2,25%
18	17,011	NWTBGM-19	148.500 €	2,13%
19	17,016	NWTSO-41	148.500 €	2,13%

Abbildung 8.45 Bildung einer eindeutigen Rangfolge mithilfe von ZEILE()

Diese Funktion liefert die Zeilennummer der aktuellen Zeile. Kopieren Sie sie nach unten, erhalten Sie eine fortlaufende Nummerierung. Teilen Sie das Ergebnis beispielsweise durch 10.000, in der Form =ZEILE()/10000, resultiert daraus ein eindeutiger Wert in der vierten Nachkommastelle, dem Sie als Unterscheidungsmerkmal den Originalwert hinzufügen.

8.5.3   Eindeutige Rangfolge berechnen

Es kommt auf die konkrete Situation und die Weiterverwendung der Daten an, ob Sie Ihren Umsatzzahlen den Ausdruck ZEILE()/10000 zuschlagen und dann die Rangfolge berechnen oder erst das Ergebnis der Rangfolge mit der Funktion ZEILE()/10000 in einen eindeutigen

Wert umwandeln. In der Beispielarbeitsmappe finden Sie beide Anwendungen. Im Tabellen-blatt *transponiert* wird in Spalte A die Rangfolge auf Basis der kumulierten Umsätze gebildet. In den Zeilen 11 und 16 würde dies jeweils zum Rang 17 als Ergebnis führen, da der Wert 150.000 in Spalte G zweimal vorkommt.

In Zelle A2 können Sie nun mit =RANG(F2;$F$2:$F$19)+ZEILE()/1000 für eine eindeutige Rang-folge sorgen und die ursprünglichen Daten unverändert lassen. In den Zeilen 11 und 16 erhal-ten Sie in der Folge die Werte 17,011 und 17,016. Diese beiden Werte könnten problemlos in Verweisfunktionen wie dem SVERWEIS() ausgewertet werden. Es besteht keine Gefahr mehr, dass SVERWEIS() durch das mehrmalige Vorkommen von Rang 17 durcheinandergerät.

	A	B	C	D
1	Rang	Produktcode	Umsatz_kum	in %
2	=KKLEINSTE(transponiert!$A$2:$A$19;ZEILE()-1)			
3	KKLEINSTE(Matrix; k)		771.675 €	11,06%
4	3,008	NWTS-8	670.000 €	9,60%
5	4,010	NWTCFV-17	629.640 €	9,02%
6	5,007	NWTDFN-7	470.250 €	6,74%

Abbildung 8.46 Erstellen einer aufsteigenden Sortierung mit KKLEINSTE()

Im Tabellenblatt *sortiert* wird dies am Beispiel einer automatischen Sortierung auf Basis der berechneten eindeutigen Rangfolge sichtbar. Um die Liste auch nach dem Aktualisieren von Daten automatisch zu sortieren, benötigen Sie zunächst die gleiche Rangfolge wie in der Ur-sprungstabelle. Diese Werte der eindeutigen Rangfolge erhalten Sie am schnellsten, indem Sie die Daten nicht eingeben, sondern von Excel berechnen lassen:

=KKLEINSTE(transponiert!$A$2:$A$19;ZEILE()-1)

Die Funktion KKLEINSTE(Matrix; k) ermittelt einen spezifischen Wert aus einer angegebenen Matrix. An welcher Position der Wert stehen soll, wird durch das Argument k bestimmt. Möchten Sie also auf den niedrigsten Wert zugreifen, wäre das Argument k auf 1, für den zweitniedrigsten Wert auf 2 zu setzen. Um dieses Argument nicht in jede Zeile eingeben zu müssen, setzen Sie erneut die Funktion ZEILE() in die Funktion ein. Da Ihre Daten in der zweiten Zeile unterhalb der Überschrift beginnen, erhalten Sie mit ZEILE()-1 den Wert 1 für das Argument k (Abbildung 8.46). Die gesamte Funktion kopieren Sie dann wie gewohnt nach unten.

Nun können Sie den Produktcode und die kumulierten Umsätze per SVERWEIS() zuordnen, ohne befürchten zu müssen, dass durch das Vorhandensein identischer Ränge die Zuord-nung der Daten fehlerhaft ist. Die beiden Spalten B und C enthalten somit die Funktionen

=SVERWEIS(A2;transponiert!$A$1:$G$19;2;FALSCH)

und

=SVERWEIS(A2;transponiert!$A$1:$G$19;6;FALSCH)

8.5.4   Eindeutige Ursprungsdaten erzeugen

Das Pendant der Funktion KKLEINSTE() ist – und dies ist nicht schwer zu erraten – KGRÖSSTE(). Beide Funktionen sind ideal, um benutzerdefinierte und beliebig formatierbare Top-10-, Top-5-, Last-3-Listen und Ähnliches zu generieren. Wenn Ihnen also die ganz zu Beginn dieses Abschnitts vorgestellten Top-10-Funktionen im AutoFilter oder in der Pivottabelle nicht bei der Auswertung der Daten reichen, sind diese beiden Funktionen unersetzlich.

Im Tabellenblatt *Top 5 – Last 5* sind die fünf höchsten und die fünf niedrigsten Ergebnisse aus der Spalte der kumulierten Umsätze im Tabellenblatt *transponiert* aufgelistet. An den beiden Tabellen wird das praktische Problem sogleich sichtbar (Abbildung 8.47).

	A	B	C	D	E	F	G
1	**Top**	**Produktcode**	**Umsatz (kum.)**		**Flop**	**Produktcode**	**Umsatz (kum.)**
2	1	NWTDFN-51	821.700 €		1	NWTBGM-19	148.500 €
3	2	NWTB-43	771.675 €		2	NWTSO-41	148.500 €
4	3	NWTS-8	670.000 €		3	NWTCO-3	156.800 €
5	4	NWTCFV-17	629.640 €		4	NWTBGM-21	190.000 €
6	5	NWTDFN-7	470.250 €		5	NWTCA-48	222.000 €

Abbildung 8.47 Top 5 und Last 5 mit KGRÖSSTE() und KKLEINSTE()

Im Zellbereich A2 bis A6 sind lediglich die Werte der Ränge angegeben, die Sie darstellen möchten. In C2 müssten Sie nun eigentlich mit =KGRÖSSTE(transponiert!$F$2:$F$19;'Top 5 – Last 5'!A2) den höchsten kumulierten Umsatz finden. Die Rangfolge dazu basiert aber auf den Originalwerten der kumulierten Umsätze, und darin gibt es nun einmal leider Duplikate. Es bleibt Ihnen nicht viel anderes übrig, als bei den Umsatzdaten mit ZEILE()/10000 wieder für Eindeutigkeit zu sorgen. Im Tabellenblatt *transponiert* müssen Sie in Zelle H2 die Funktion =F2+ZEILE()/10000 einfügen und nach unten kopieren. Auf die eindeutigen Umsatzergebnisse können Sie anschließend mit =KGRÖSSTE(transponiert!$H$2:$H$19;'Top 5 – Last 5'!A2) zugreifen.

Danach stellt sich erneut die bereits oben gestellte Frage, ob mit SVERWEIS() oder INDEX() weitergearbeitet werden soll. Denn wenn Sie die Produktcodierung in Spalte B angeben möchten, basiert diese Angabe auf den eindeutigen Umsatzwerten. Diese befinden sich in der Originaltabelle allerdings in einer Spalte links der kumulierten Ergebnisse. Es bleibt Ihnen, wenn Sie den SVERWEIS() ausführen möchten, keine andere Wahl, als die Produktcodierung in Spalte I des Tabellenblattes *transponiert* noch einmal zu erzeugen.

Möchten Sie die unschöne Redundanz vermeiden, sollten Sie INDEX() und VERGLEICH() einsetzen, mit dem der Verweis von rechts nach links und damit ohne Veränderung der Basisdaten möglich ist. Die alternativen Berechnungen in den Zellen B9 bis B13 im Tabellenblatt *Top 5 – Last 5* gründen auf der Funktion:

```
=INDEX(transponiert!$A$2:$H$19;VERGLEICH('Top 5 – Last 5'!C9;
transponiert!$H$2:$H$19;0);2)
```

VERGLEICH() bestimmt die genaue Position des mit KGRÖSSTE() bestimmten kumulierten Umsatzes. INDEX() nimmt das Resultat als Zeilenangabe auf und holt sich den Inhalt der zweiten Spalte der gesamten Matrix, also die Produktcodierung. Im Zellbereich F bis F13 verfahren Sie in der gleichen Weise mit der Bildung der Liste der fünf niedrigsten Werte.

8.6   Berechnung von Mittelwerten

Bereits in Excel 2007 wurde die Auswahl an Funktionen erweitert, die für bedingte Kalkulationen eingesetzt werden können. Zu den Neuerungen gehören auch die Funktionen MITTELWERTWENN() und MITTELWERTWENNS(), mit denen Sie bedingte Mittelwerte, wahlweise mit einer oder auch mit mehreren Bedingungen, ermitteln. Doch nicht nur diese beiden Funktionen lohnen die Beschäftigung mit dem Thema Mittelwerte.

In der Datei *08_Lageparameter_Diverse_01.xlsx* sind einige typische Berechnungen rund um die sogenannten *Lageparameter* zusammengefasst (Abbildung 8.48).

	A	B	C	D	E	F
1	**Standort**	**Kosten**	**Anzahl**		**Lageparameter**	
2	Standort 1	43.451 €	2		Mittelwert	66.835 €
3	Standort 2	1.748 €	3		Median	37.744 €
4	Standort 3	44.652 €	1		Modalwert	2
5	Standort 4	25.384 €	2			
6	Standort 5	39.324 €	2		Gestutzter Mittelwert	49.450 €
7	Standort 6	43.121 €	4		Gewogener Mittelwert	45.775 €
8	Standort 7	24.435 €	1			
9	Standort 8	254.909 €	1			
10	Standort 9	27.199 €	2			
11	Standort 10	471 €	3			
12	Standort 11	26.439 €	2			
13	Standort 12	35.281 €	4			
14	Standort 13	37.744 €	4			
15	Standort 14	359.200 €	1			
16	Standort 15	39.164 €	2			

Abbildung 8.48 Darstellung unterschiedlicher Lageparameter in Excel

8.6.1   Mittelwert, Median, Modalwert

Aus einer Datenreihe bilden Sie mithilfe von MITTELWERT(Zahl1; Zahl2 ...) den einfachen Durchschnitt. In Zelle F2 ist dies, bezogen auf den Zellbereich B2 bis B16, auch geschehen. Dieser Mittelwert zeichnet sich durch einige Besonderheiten aus:

▶ Er ist ein *künstlicher Wert*, da der Betrag 66.835 € in keinem der aufgelisteten Standorte erreicht wird.

▶ Er ist anfällig für Verzerrungen, da Datenreihen Ausreißer wie die Werte der Standorte 8 und 14, aber auch die von Standort 2 und 10, enthalten können.

Diese beiden Merkmale weist der in Zelle F3 berechnete MEDIAN(Zahl1; Zahl2 ...) nicht auf. Er teilt eine Datenreihe in zwei Hälften und ermittelt den Wert, der genau in der Mitte liegt: =MEDIAN(B2:B16). Eine wichtige Aussage im Zusammenhang mit der hier verwendeten Kostenanalyse wäre beispielsweise, dass es genau so viele Standorte gibt, deren Kosten über 37.744 € liegen, wie es Standorte mit geringeren Kostenanteilen gibt. Zudem können Sie mit Fug und Recht behaupten, dass es einen Standort gibt, der exakt den ermittelten Kostenanteil aufweist. Dies eröffnet Ihnen völlig andere Denk- und Analyseansätze als bei der Berechnung des Mittelwertes. Sie könnten etwa den Standort genauer unter die Lupe nehmen, der den Median bildet, und durch einen Vergleich mit anderen Standorten die Faktoren bestimmen, die die Kosten insgesamt stark beeinflussen.

Der Modalwert bezieht sich in der Beispieldatei, wie Sie in Abbildung 8.49 erkennen, auf die Werte in Spalte C. Hier interessiert uns, welcher Wert in der Datenreihe am häufigsten vorkommt. Die Antwort liefert die Funktion =MODALWERT(C2:C16).

	A	B	C	D	E	F	G
1	**Standort**	**Kosten**	**Anzahl**		**Lageparameter**		
2	Standort 1	43.451 €	2		Mittelwert	66.835 €	
3	Standort 2	1.748 €	3		Median	37.744 €	
4	Standort 3	44.652 €	1		Modalwert	=MODALWERT(C2:C16)	
5	Standort 4	25.384 €	2			MODALWERT(Zahl1; [Zahl2]; ...)	
6	Standort 5	39.324 €	2		Gestutzter Mittelwert	49.450 €	
7	Standort 6	43.121 €	4		Gewogener Mittelwert	45.775 €	
8	Standort 7	24.435 €	1				
9	Standort 8	254.909 €	1				
10	Standort 9	27.199 €	2				
11	Standort 10	471 €	3				
12	Standort 11	26.439 €	2				
13	Standort 12	35.281 €	4				
14	Standort 13	37.744 €	4				
15	Standort 14	359.200 €	1				
16	Standort 15	39.164 €	2				

Abbildung 8.49 Häufigster Wert einer Datenreihe, berechnet mit MODALWERT()

[i]

MODUS.EINF() und MODUS.VIELF()

In Excel 2010 wurde der Funktionsumfang um MODUS.VIELF(Zahl1; Zahl2 ...) ergänzt. Damit ist es nun möglich, eine korrekte Berechnung des Modalwertes durchzuführen, auch wenn mehrere Werte an der Spitze die gleiche Häufigkeit haben. MODUS.VIELF() ist eine Matrixfunktion. Markieren Sie also mehrere Zellen, um der Möglichkeit Rechnung zu tragen, dass es mehrere häufigste Werte geben kann. Starten Sie die Funktion, und wählen Sie den Datenbereich aus, der analysiert werden soll. Schließen Sie dann die Auswahl mit [Strg] + [⇧] + [↵] ab. Sie erhalten als Resultat die Liste der häufigsten Werte in der Liste.

> MODUS.EINF() verfügt über die Funktionalität der aus früheren Versionen bekannten Funktion MODALWERT(), die aus Gründen der Kompatibilität im Funktionsassistenten erhalten wurde.
>
> Die Datei *08_Lageparameter_MODUS.VIELF_01.xlsx* enthält ein Beispiel für die neue Funktion.

Im Tabellenblatt *Modalwert* wurde beispielhaft eine Häufigkeitsverteilung berechnet (Abbildung 8.50). Im Zellbereich F2 bis F5 befinden sich die vier in der Liste vorkommenden Werte. In Zelle G2 steht die Funktion =SUMMENPRODUKT(($C$2:$C$16=F2)*1). Sie untersucht den Listenbereich auf eine Übereinstimmung mit dem Kriterium in F2 hin. Wird diese entdeckt, multipliziert Excel den Wahrheitswert WAHR, der mit dem Wert 1 gleichzusetzen ist, mit dem in der Funktion angegebenen Faktor 1 (*1). Wenn Sie die Funktion nach unten kopieren, erhalten Sie die Häufigkeit aller Werte und stellen in diesem Beispiel fest, dass sowohl der Wert 1 als auch der Wert 2 fünfmal in der Liste vorkommen (Abbildung 8.51). Über den Modalwert wäre dies nicht zu erkennen gewesen.

	A	B	C	D	E	F	G
1	**Standort**	**Kosten**	**Anzahl**		**Häufigkeit**		
2	Standort 1	43.451 €	2		Häufigkeit von 1:	1	5
3	Standort 2	1.748 €	3		Häufigkeit von 2:	2	5
4	Standort 3	44.652 €	1		Häufigkeit von 3:	3	2
5	Standort 4	25.384 €	2		Häufigkeit von 4:	4	3
6	Standort 5	39.324 €	1				
7	Standort 6	43.121 €	4		Modalwert		2
8	Standort 7	24.435 €	1				
9	Standort 8	254.909 €	1				
10	Standort 9	27.199 €	2				
11	Standort 10	471 €	3				
12	Standort 11	26.439 €	2				
13	Standort 12	35.281 €	4				
14	Standort 13	37.744 €	4				
15	Standort 14	359.200 €	1				
16	Standort 15	39.164 €	2				

Abbildung 8.50 Vergleich der Ergebnisse von MODALWERT() und Häufigkeit

8.6.2   Gestutzter Mittelwert

Die Problematik der Ausreißer innerhalb der gemessenen Daten habe ich bereits im Zusammenhang mit der Berechnung des einfachen Mittelwertes erwähnt. Den Median habe ich als einen Ausweg aus dem Dilemma beschrieben. Excel bietet aber eine weitere Funktion mit dem gestutzten Mittelwert, um den Einfluss von Ausreißern in einer Datenreihe zu reduzieren.

Mit =GESTUTZTMITTEL(B2:B16;13,5%) in Zelle F6 wurde bereits im Tabellenblatt *Lageparameter* entsprechend gegengesteuert. Im ersten Argument der Funktion geben Sie wie gewohnt die Matrix an, aus der Sie den Mittelwert ermitteln möchten. Mit dem Argument Prozent sind Sie dann aber in der Lage, den Anteil an Werten zu bestimmen, der bei der Berechnung ignoriert werden soll.

	A	B	C	D	E	F	G	H
1	**Standort**	**Kosten**	**Anzahl**		**Lageparameter**			
2	Standort 1	43.451 €	2		Mittelwert	66.835 €		
3	Standort 2	1.748 €	3		Median	37.744 €		
4	Standort 3	44.652 €	1		Modalwert	2		
5	Standort 4	25.384 €	2					
6	Standort 5	39.324 €	2		Gestutzter Mittelwert	=GESTUTZTMITTEL(B2:B16;13,5%)		
7	Standort 6	43.121 €	4		Gewogener Mittelwert	GESTUTZTMITTEL(Matrix; Prozent)		
8	Standort 7	24.435 €	1					
9	Standort 8	254.909 €	1					
10	Standort 9	27.199 €	2					
11	Standort 10	471 €	3					
12	Standort 11	26.439 €	2					
13	Standort 12	35.281 €	4					
14	Standort 13	37.744 €	4					
15	Standort 14	359.200 €	1					
16	Standort 15	39.164 €	2					

Abbildung 8.51 Gestutzter Mittelwert mithilfe von GESTUTZTMITTEL()

Bei einer Datenreihe mit 15 Werten, wie sie uns in der Beispieltabelle *08_Lageparameter_Diverse_01.xlsx* vorliegt, entspräche der Prozentwert von 13,5 % in etwa zwei Werten in den Ausgangsdaten. Excel streicht als Konsequenz aus dieser Vorgabe je einen Wert am Anfang und am Ende der sortierten Datenreihe. In unserem Beispiel fallen die Werte 359.200 € und 471 € aus der Kalkulation. Das Ergebnis für den Mittelwert ist nun nicht mehr 66.835 €, sondern 49.450 €.

8.6.3   Bedingte Mittelwerte

Öffnen Sie die Datei *08_Lageparameter_BedingterMittelwert_01.xlsx*, um sich mit der Funktion zur Berechnung des bedingten Mittelwertes mit einer oder mehreren Bedingungen vertraut zu machen. In Zelle F2 befindet sich die Bedingung für die erste Berechnung. Den gewünschten Wert geben Sie mit dem Vergleichsparameter – in diesem Fall > (größer) – ein. Daneben lässt sich der bedingte Mittelwert dann unschwer mit =MITTELWERTWENN(B2:B16;F2) errechnen.

Dabei wird die Syntax von der Funktion MITTELWERTWENN(Bereich; Kriterien; Mittelwert_Bereich) verwendet. Das Argument Mittelwert_Bereich ist optional. Da im Beispiel Kriterien- und Wertebereich identisch sind, muss es auch nicht eingesetzt werden.

[+]

AGGREGAT() als Tool zur Unterdrückung von Fehlerwerten

Wie andere Zusammenfassungsfunktionen reagiert auch der Mittelwert sensibel, wenn eine Datenreihe Fehlerwerte wie #NV! oder #DIV/0! enthält. Häufig müssen Sie solche Fehlerwerte deshalb mit WENNFEHLER() ausschalten. Bei großen Datenmengen kann dies wiederum mehr Arbeit für Sie und für Excel mehr Rechenarbeit bedeuten. Prüfen Sie deshalb immer eine alternative Berechnung mit der Funktion AGGREGAT(Funktion, Optionen, Array, k).

Neben vielen anderen Einsatzbereichen ist sie auch beim Umgang mit Fehlerwerten äußerst nützlich. Die Funktion `=AGGREGAT(1;6;D4:D7)` beispielsweise berechnet den Mittelwert (Funktion = 1) unter Ausschluss aller Fehlerwerte (Optionen = 6) für den Zellbereich D4 bis D7.

Anders sieht dies schon bei der Kalkulation des Mittelwertes mit mehreren Bedingungen aus. Die Argumente und die Syntax der Funktion lauten:

```
MITTELWERTWENNS(Mittelwert_Bereich; Kriterien_Bereich1;
Kriterien1; ...)
```

Alle Argumente werden in diesem Fall auch tatsächlich benötigt. In den Zellen F4 und F5 werden die beiden Kriterien erwartet. Aufgegriffen werden diese Kriterien dann folgendermaßen (Abbildung 8.52):

```
=MITTELWERTWENNS(B2:B16;B2:B16;F4;C2:C16;F5)
```

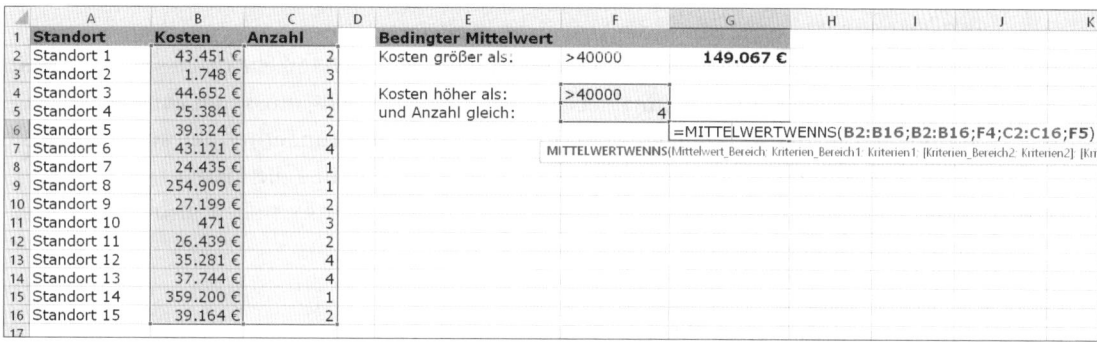

Abbildung 8.52 Mittelwert mit einer bzw. mehreren Bedingungen

Nachbemerkung: Auch bei dieser Funktion ist die Anzahl der maximal verwendbaren Kriterien sehr hoch. Möglich sind insgesamt 127 Bedingungen.

Nullwerte durch leere Zellen ersetzen

Eine weitere typische Problematik bei der Verwendung von Zusammenfassungsfunktionen sind Nullwerte bzw. scheinbar leere Zellen. Taucht der Wert 0 in einer Zelle auf, wird er häufig durch eine Funktion wie `=WENN(A2=0;"", A2)` oder `=WENN(A2=0;;A2)` ersetzt. Doch die scheinbar leere Zelle, die so entsteht, ist nicht leer. Sie enthält einen Text, da eine Formel oder Funktion schlichtweg unfähig ist, nichts zurückzugeben. Wenn Sie in dem Zellbereich, in dem Sie die Nullwerte getauscht haben, mit `ANZAHL2()` die Anzahl der nicht leeren Zellen ermitteln, stellen Sie spätestens fest, dass die Zellen nicht leer sind.

Abhilfe kann hier jenseits von einschlägigen VBA-Makros nur ein typischer Excel-Workaround schaffen. Dabei markieren Sie zunächst den Zellbereich, in dem Sie mit `WENN()` Nullwerte durch Text (z. B. "") ersetzt haben. Danach drücken Sie [F5] und klicken in der folgenden Dialogbox GEHE ZU auf INHALTE. Wählen Sie die Option FORMELN, und aktivieren Sie unterhalb der Option nur die Auswahl TEXT. Nachdem Sie die Suche gestartet haben, sind nur die Zellen markiert, die einen Text enthalten – nicht solche, in denen Zahlen stehen. Wenn Sie nun ⌐Entf⌐ drücken, sind die Zellen wirklich leer.

8.7   Runden von Daten

Die drei Funktionen zum Runden von Werten sind weitgehend selbsterklärend, daher an dieser Stelle nur eine kurze Zusammenfassung:

RUNDEN(Zahl; Anzahl_Stellen) rundet den Inhalt einer Zelle oder auch das Ergebnis einer Berechnung auf die Anzahl der angegebenen Nachkommastellen. Bis zum Wert 4 wird ab-, danach wird aufgerundet. In der Datei *08_Runden_AUF_ABRUNDEN_01.xlsx* wird dies am Beispiel der Getränkebestellung für eine Veranstaltung dargestellt.

Im Zellbereich C8 bis C12 wurde die Anzahl der benötigten Tassen Kaffee auf Basis der gemeldeten Teilnehmerzahlen berechnet. Das Ergebnis beläuft sich in Zelle C8 beispielsweise auf 7,2 Tassen. Da eine Kanne maximal sechs Tassen Kaffee enthält, muss nun entschieden werden, ob die Zahl der zu bestellenden Kannen auf- oder abgerundet werden soll oder ob Sie diese Entscheidung dem Programm überlassen. Wenn Sie in Zelle E8 die Funktion =RUNDEN(C8/$D$3;0) einsetzen, wird mathematisch auf 0 Nachkommastellen, also ganze Kaffeekannen, gerundet (Abbildung 8.53).

	A	B	C	D	E	F
1		Kaffee- und Teebestellung				
2	**Element**	**Anteil**	**Preis in €**	**Tassen pro Kanne**		
3	Kaffee	60%	2,40	6		
4	Tee	40%	2,10			
5	Service	30%				
6						
7	**Wochentag**	**Zahl der Teiln.**	**Kaffetassen**	**Teetassen**	**Kaffeekannen**	**Teekannen**
8	Montag	6	7,2	4,8	1	1
9	Dienstag	7	8,4	5,6	1	1
10	Mittwoch	12	14,4	9,6	2	1
11	Donnerstag	16	19,2	12,8	3	2
12	Freitag	9	10,8	7,2	2	1
13				Summe	9	6
14				Preis	21,60 €	12,60 €
15				Service	6,48 €	3,78 €
16				Zw.-Summe	28,08 €	16,38 €
17				Gesamtsumme:		44,46 €
18				UST	19%	8,45 €
19				**Summe einschl. MwSt**		**51,57 €**

Abbildung 8.53 Runden von berechneten Ergebnissen

Anders ist das in Zelle F8. Dort wird AUFRUNDEN(D8/$D$3;0) als Teil einer WENN()-Funktion verwendet. Der Grund dafür: Bei einer geringen Teilnehmerzahl würden die Teetrinker leer ausgehen. Bei einem angenommenen Anteil von 40 % (Zelle B4) könnte es passieren, dass ihr Anteil auf null gerundet würde, wenn Sie die Rundung Excel überlassen. Die Folge ist, dass erst ab einer Teilnehmerzahl von mindestens acht Personen mit ABRUNDEN(D8/$D$3;0) auch wirklich abgerundet werden kann, ohne die Teetrinker zu verärgern.

Der vollständige Ausdruck in Zelle F8 lautet:

`=WENN(B8=6;AUFRUNDEN(D8/$D$3;0);WENN(B8=7;AUFRUNDEN(D8/$D$3;0);ABRUNDEN(D8/$D$3;0)))`

Die Werte 6 und 7 habe ich der Übersichtlichkeit halber in diesem Beispiel als Kriterium fest in die Funktion geschrieben. Im *realen Leben* sollten Sie diese Bedingungen aber wie gewohnt über einen Zellbezug integrieren. Die gesamte Funktion können Sie wie üblich nach unten kopieren.

8.7.1 Runden auf ganze Zehner, Hunderter oder Tausender

Wenn Sie die Absicht haben, auf ein Vielfaches eines Ausgangswertes zu runden, stehen Ihnen in Excel gleich drei Möglichkeiten zur Verfügung:

▶ die Funktionen RUNDEN(), ABRUNDEN() oder AUFRUNDEN()

▶ die Funktionen OBERGRENZE() und UNTERGRENZE()

▶ die Funktion VRUNDEN()

	A	B	C	D	E
1	**Maschine**	**Produktionsmenge**	**gerundet (Fünfer)**	**gerundet (Zehner)**	**gerundet (Hunderter)**
2	Maschine 1	45.297	45.295	45.300	45.300
3	Maschine 2	36.155	36.155	36.160	36.200
4	Maschine 3	51.214	51.215	51.210	51.200
5	Maschine 4	46.687	46.685	46.690	46.700
6	Maschine 5	50.410	50.410	50.410	50.400
7	Maschine 6	44.840	44.840	44.840	44.800
8	Maschine 7	42.019	42.020	42.020	42.000
9	Maschine 8	73.965	73.965	73.970	74.000
10	Maschine 9	60.959	60.960	60.960	61.000
11	Maschine 10	56.374	56.375	56.370	56.400

Abbildung 8.54 Rundung auf ein Vielfaches am Beispiel von RUNDEN()

In der Arbeitsmappe *08_Runden_Vielfaches_01.xlsx* wird im Tabellenblatt *RUNDEN()* zunächst die gleichnamige Funktion angewandt (Abbildung 8.54). Lassen Sie uns mit dem Runden auf volle Zehner beginnen. In Zelle D2 wird dies mit =RUNDEN(B2/10;0)*10 umstandslos erreicht. Teilen Sie die angegebene Produktionsmenge durch 10, entfernen Sie die Nachkommastellen, indem Sie das Argument Anzahl_Stellen auf 0 setzen, und multiplizieren Sie das Resultat wiederum mit 10. Schon erhalten Sie die Rundung auf volle Zehnerwerte.

Möchten Sie auf Hunderter runden, unterscheidet sich das Grundkonzept nicht, wie Sie in Zelle E2 der Beispieldatei (=RUNDEN(B2/100;0)*100) erkennen können. Auch die beiden Funktionen AUFRUNDEN() und ABRUNDEN() würden nach dem gleichen Muster arbeiten.

Ein wenig ungewöhnlich ist lediglich der Aufbau der Rundungsfunktion, wenn es darum geht, nicht auf ein Vielfaches von 10 zu runden. Bei =RUNDEN(B2*2;-1)/2 in Zelle C2, in der auf Fünfer gerundet werden soll, erscheint das Argument Anzahl_Stellen, das mit dem Wert -1 belegt ist, auf den ersten Blick unverständlich. Sie erreichen damit aber, dass Excel auf Zehnerpotenzen – man könnte auch sagen, nicht auf die Stellen rechts, sondern auf die links vom Komma – rundet. Die Multiplikation mit dem Faktor 2 gibt Ihnen den Anlass, das Ergebnis dann wiederum durch 2 zu teilen. Und bei der Division einer Zehnerpotenz durch 2 entsteht zwangsläufig ein Vielfaches von fünf.

8.7.2 OBERGRENZE() und UNTERGRENZE()

Der Charme dieser beiden Funktionen liegt – bei gleichartiger Fragestellung wie oben – in der Einheitlichkeit, mit der die Argumente verwendet werden. Es gilt für Runden auf …

- ▶ … Fünfer: =OBERGRENZE(B2;5)
- ▶ … Zehner: =OBERGRENZE(B2;10)
- ▶ … Tausender: =OBERGRENZE(B2;1000)

Der unter Zahl angegebene Wert – im Beispiel der Inhalt von Zelle B2 – wird auf das kleinste Vielfache des zweiten Arguments (Schritt) aufgerundet (Abbildung 8.55).

	A	B	C	D
1	Maschine	Produktionsmenge	Obergrenze (Fünfer)	Obergrenze (Zehner)
2	Maschine 1	45.297	=OBERGRENZE(B2;5)	45.300
3	Maschine 2	36.155	OBERGRENZE(**Zahl**; Schritt) .55	36.160

Abbildung 8.55 Verwendung von OBERGRENZE() zum Runden auf ein Vielfaches des Ausgangswertes

Im Tabellenblatt *Obergrenze – Untergrenze* sind auch die Berechnungen mit der Funktion UNTERGRENZE() enthalten (z. B. =UNTERGRENZE(B2;5) in Zelle F2), die nach dem gleichen Schema arbeitet und den Ausgangswert auf das nächste Vielfache abrundet.

8.7.3 Runden auf ein Vielfaches mit VRUNDEN()

Zu guter Letzt können Sie die Lösung der gleichen Aufgaben im Tabellenblatt *VRUNDEN()* mithilfe der Funktion testen, die das Runden auf ein Vielfaches bereits in ihrem Namen trägt (Abbildung 8.56).

	A	B	C
1	**Maschine**	**Produktionsmenge**	**VRUNDEN() (Fünfer)**
2	Maschine 1	45.297	=VRUNDEN(B2;5)
3	Maschine 2	36.155	VRUNDEN(**Zahl**; Vielfaches) .155

Abbildung 8.56 Rundung mit VRUNDEN()

Auch diese Funktion verwendet lediglich zwei Argumente: Zahl und Vielfaches. Beziehen Sie sich auf den Wert in Zelle B2, erhalten Sie mit dem Wert 5 als Argument Vielfaches die Fünfer, mit 10 die Zehner und schließlich – wen wundert es? – mit 1000 die Tausender des Ursprungswertes.

8.8   Neue Textfunktionen ab Excel 2016 (Office 365)

Textfunktionen gehören zu den Grundwerkzeugen in Excel, weil sie nicht selten bei der Aufbereitung von Rohdaten eingesetzt werden, um beispielsweise Leerzeichen zu entfernen, Spalteninhalte zu trennen oder zu verknüpfen oder Zeichenketten zu ersetzen. Es ist nicht auszuschließen, dass sich ihre Bedeutung in dem langen Schatten, den Power Query als Tool für die Bereinigung von Daten wirft, verdunkeln wird. Dennoch ist es sinnvoll, zwei Textfunktionen kurz vorzustellen, die neu seit Excel 2016 sind. In der Beispieldatei *08_Textfunktionen_TEXTKETTE_TEXTVERKETTEN_01.xlsx* können Sie ihre Bekanntschaft machen.

Mit der Funktion TEXTKETTE() können Sie alle Zellinhalte eines angegebenen Zellbereichs zusammenfassen. Bisher mussten Sie dazu die Zelladresse jeder einzelnen Zelle angeben. Dies fällt nun weg. Möchten Sie, wie im Beispiel dargestellt, aus einer Reihe von Informationen ein Suchkriterium erstellen, muss beispielsweise nur noch der Bereich B2 bis D2 angegeben werden.

Die damit erstellte Textkette kann nun beispielsweise in einer Verweisfunktion eingesetzt werden, um z. B. einen Wert zuordnen zu können.

Auch die zweite neue Textfunktion finden Sie in der bereits geöffneten Arbeitsmappe. Ihr Name klingt sehr ähnlich: TEXTVERKETTEN() (Abbildung 8.57). Diese Funktion könnte auf große Gegenliebe bei Nutzern von *Dynamics NAV* stoßen, denn sie ermöglicht das Verketten von Zellinhalten unter Angabe eines Trennzeichens zwischen den Einzelwerten (Abbildung 8.58).

	A	B	C	D	E	F	G
1	Kunde	PLZ	Ort	Anschrift	Hausnr.	TEXTVERKETTEN()	
2	Muster GmbH	12345	Berlin	Tusneldastr.	14	=TEXTVERKETTEN(" / ";WAHR;A2:E2)	
3	Test AG	89102	München	Buchenallee	32	T **TEXTVERKETTEN**(Trennzeichen; Leer_ignorieren; Text1; [Text2]; [Text3] ...)	
4	Übung GmbH	23561	Hamburg	Hauptstr.	1	Übung GmbH / 23561 / Hamburg / Hauptstr. / 1	
5	Beispile & Co	56789	Köln	Hansaring	78	Beispile & Co / 56789 / Köln / Hansaring / 78	

Abbildung 8.57 Verketten von Zellinhalten mit vorgegebenem Trennzeichen

In der Vergangenheit mussten solche Verkettungen, die bei bestimmten Uploads in ERP-Systemen vom Datenformat vorgeschrieben sind, entweder manuell oder mit benutzerdefinierten Funktionen erzeugt werden. Jetzt geht es auch mit einer einfachen Textfunktion.

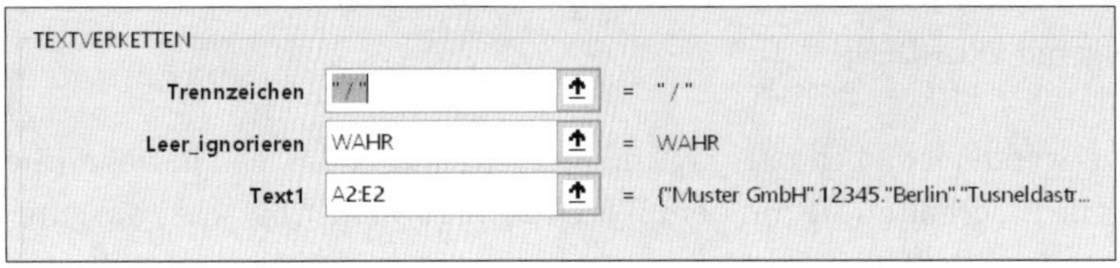

Abbildung 8.58 Definition des Trennzeichens in TEXTVERKETTEN()

8.9   Fehlerunterdrückung

Excel verwendet unterschiedliche Fehlerwerte, wenn für eine Berechnung kein korrektes Resultat ermittelt werden kann. Sicherlich sind Ihnen einige davon auch schon in Ihren Tabellen angezeigt worden: der Fehlerwert #DIV/0!, wenn Sie eine Division durchführen möchten, der Divisor jedoch fehlt oder gleich null ist, ist keine Seltenheit. Auch die Anzeige des Fehlerwertes #BEZUG!, wenn Sie beispielsweise beim SVERWEIS() auf einen unzulässigen Spaltenindex verweisen, kommt immer wieder vor.

Insgesamt können Ihnen die Fehlerwerte begegnen, die Tabelle 8.6 zeigt.

Fehlerwert	Erklärung
#BEZUG!	Dieser Fehlerwert wird von Excel zurückgegeben, wenn eine Formel oder Funktion einen ungültigen Zellbezug enthält. Außer bei fehlerhaften Spaltenangaben in SVERWEIS() können gelöschte Spalten oder Zeilen die Ursache für den Fehlerwert sein. Mit FORMELN • FORMELÜBERWACHUNG • FEHLERÜBERPRÜFUNG • SPUR ZUM FEHLER gehen Sie der Ursache auf den Grund.
#DIV/0!	Der Divisor bei einer Division ist null, oder die betreffende Zelle ist leer. Fehler dieser Art können Sie mit =WENN() und =ISTFEHLER() bzw. seit Version 2007 auch mit WENNFEHLER() unterdrücken. Mehr Informationen zur Handhabung dieser Funktionen finden Sie auf den folgenden Seiten.
#NAME?	Dieser Fehlerwert tritt auf, wenn Sie in einer Formel oder Funktion einen Bereichsnamen nicht korrekt angegeben haben. Auch wenn der Name einer Funktion falsch geschrieben wird, taucht dieser Fehlerwert auf. Verhindern lassen sich nicht richtig geschriebene Bereichsnamen dadurch, dass Sie sich die Namen mit F3 anzeigen lassen und dann auswählen.

Tabelle 8.6 Fehlerwerte in Excel

Fehlerwert	Erklärung
#NULL!	Sie möchten eine Schnittmenge aus zwei Zellbereichen mit der Funktion =summe(a1:a10 b2:b18) berechnen. Da es bei den beiden angegebenen Zellbereichen in den Spalten A und B allerdings keine Überschneidungen gibt, wird der Fehlerwert #NULL! ausgegeben.
#NV	Diese Anzeige kann beispielsweise im SVERWEIS() entstehen, wenn für ein Suchkriterium keine Fundstelle zu ermitteln ist. In den meisten Fällen ist auch hier die Anwendung von FORMELN • FORMELÜBERWACHUNG • FEHLERÜBERPRÜFUNG • SPUR ZUM FEHLER eine gute Grundlage, den Fehler aufzuspüren und zu korrigieren.
#WERT!	Ursache ist die Verwendung eines nicht zulässigen Datentyps in einer Formel oder Funktion. Dies ist dann der Fall, wenn ein numerischer Wert, z. B. für die Multiplikation, erwartet wird, in der betreffenden Zelle allerdings ein Text steht. Dies kann unter anderem dann geschehen, wenn nach dem Datenimport ein Punkt statt des Kommas in Zellen verwendet wird. Die langwierige Suche nach der Ursache sollten Sie nach Möglichkeit ebenfalls mit der FORMELÜBERWACHUNG abkürzen.
#ZAHL!	Gibt eine Funktion einen nicht eindeutigen oder keinen numerischen und damit ungültigen Wert zurück, entsteht dieser Fehlerwert. Typisches Beispiel ist die Funktion =DBAUSZUG(). Auf Basis der Suchkriterien darf nur ein einziger Wert der Datenbank oder Liste als Ergebnis gefunden werden. Sind es hingegen mehrere Werte, wird #ZAHL! als Fehlerwert zurückgegeben.

Tabelle 8.6 Fehlerwerte in Excel (Forts.)

8.9.1   Formelüberwachung als Mittel der Ursachenanalyse

Als erstes Diagnosewerkzeug in Excel eignet sich die FORMELÜBERWACHUNG. Tritt ein Fehlerwert auf, können Sie sich von der betroffenen Zelle aus über den Menüpunkt FORMELN • FORMELÜBERWACHUNG die Verbindungen zwischen den Zellen anzeigen lassen, die in die Entstehung des Fehlerwertes verwickelt sind (Abbildung 8.59). Weitere Informationen erhalten Sie, wenn Sie die Option SPUR ZUM FEHLER wählen.

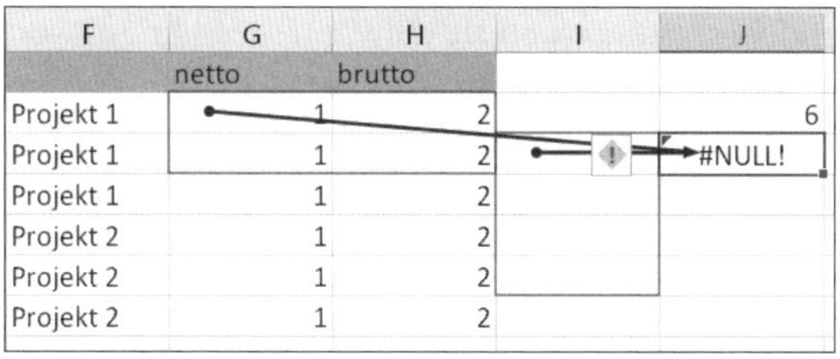

Abbildung 8.59 Fehlersuche mit der Formelüberwachung

Neben der Kennzeichnung der betroffenen Zellen und den auf die Ergebniszelle zulaufenden Pfeilen signalisiert Ihnen das Ausrufezeichen zugleich weitere Informationen und Optionen. Im konkreten Beispiel werden Sie darauf aufmerksam gemacht, dass die zu berechnende Schnittmenge nicht gebildet werden kann, da sich die angegebenen Zellbereiche nicht überschneiden. Neben der allgemeinen Hilfe bietet Excel die Option BERECHNUNGSSCHRITTE ANZEIGEN an, die vor allem dann sehr nützlich sein kann, wenn es sich bei der Berechnung um eine Abfolge von Einzelschritten bei der Ausführung der Formel oder Funktion handelt.

Die Funktion FEHLERÜBERPRÜFUNG sollten Sie anwenden, wenn es in einem Tabellenblatt gleich mehrere Fehlerwerte gibt, deren Ursachen Sie näher untersuchen möchten (Abbildung 8.60). Die Dialogbox bietet Ihnen die gleichen Werkzeuge an wie in der Einzelprüfung. Durch einen Mausklick auf WEITER bzw. ZURÜCK können Sie von einem Wert zum nächsten wechseln, ohne immer wieder von Neuem die Funktion der FEHLERÜBERPRÜFUNG starten zu müssen.

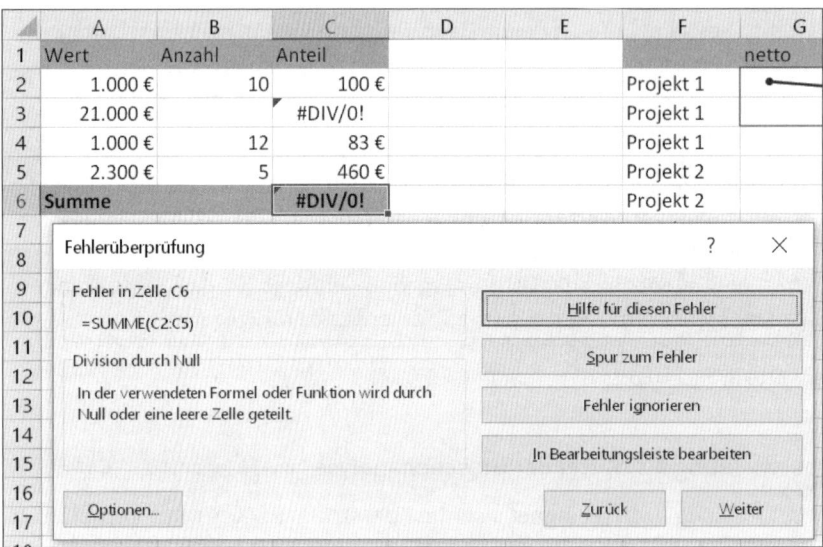

Abbildung 8.60 Die Dialogbox »Fehlerüberprüfung«

8.9.2   Unterdrücken von Fehlerwerten

Problematisch sind Fehlerwerte unter anderem dann, wenn sie die Weiterberechnung von Tabellen unterbinden. Das klassische Beispiel dazu ist die Anzeige von #DIV/0! aufgrund einer fehlenden Angabe als Divisor und der daraus resultierende Fehlerwert bei der Berechnung der Summe aus den Werten der Spalte (Abbildung 8.61).

◢	A	B	C
1	Wert	Anzahl	Anteil
2	1.000 €	10	100 €
3	21.000 €		#DIV/0!
4	1.000 €	12	83 €
5	2.300 €	5	460 €
6	**Summe**		**#DIV/0!**

Abbildung 8.61 Fehlerwert aufgrund einer Division durch null

Um zu verhindern, dass Fehlerwerte die Weiterberechnung solcher abhängigen Funktionen unterbrechen, stehen Ihnen in Excel die in Tabelle 8.7 dargestellten Funktionen zur Verfügung.

Funktion	Bedeutung
=ISTFEHLER()	Die Funktion ISTFEHLER(Wert) prüft, ob das Ergebnis einer Berechnung einen Fehlerwert ergibt. Ist dies der Fall, wird der Wahrheitswert WAHR, andernfalls FALSCH ausgegeben. Das Ergebnis der Prüfung kann danach an die Funktion WENN() übergeben werden, um eine alternative Berechnung durchzuführen.
=WENN()	Mit WENN(Prüfung; Dann_Anweisung; Sonst_Anweisung) kann abhängig vom Ergebnis einer Prüfung eine bestimmte Anweisung ausgeführt werden, z. B. statt eines Fehlerwertes der Wert 0 ausgegeben werden. Beispiel: =WENN(ISTFEHLER(A2/B2); 0; A2/B2). Der Wert 0 verursacht bei weiteren Berechnungen wie der Summenbildung im Gegensatz zu #DIV/0! keine Probleme.
=WENNFEHLER()	Da die Kombination aus ISTFEHLER() und WENN() die doppelte Eingabe der Formel oder Funktion erfordert – einmal im Argument Prüfung und ein weiteres Mal im Argument Sonst_Anweisung –, stellt WENNFEHLER (Wert; Wert_falls_Fehler) eine sinnvolle Verkürzung dar. Der oben verwendete Ausdruck lässt sich mit dieser seit Excel 2007 verfügbaren Funktion als =WENNFEHLER(A2/B2; 0) darstellen.
=ISTLEER() =ISTTEXT() =ISTZAHL()	Diese Funktionen prüfen, ob eine angegebene Zelle leer ist oder ob sie einen Text oder eine Zahl enthält. Auch sie geben die Wahrheitswerte WAHR oder FALSCH zurück. Die Ergebnisse können Sie mit WENN() weiterverarbeiten.

Tabelle 8.7 Funktionen zur Unterdrückung von Fehlerwerten

8.9.3   Praktische Anwendung

In der Beispieldatei *08_Fehlerunterdrückung_WENNFEHLER_01.xlsx* wird ein Fehlerwert durch die Auswahl einer Bezeichnung in Zelle B2 ausgelöst, für die es in der Referenztabelle zwar ein Konto gibt, nämlich das Konto 2500 für die Bezeichnung Dekoration (Abbildung 8.62). Allerdings kann diesem Konto aus der Ausgabenliste kein Betrag zugeordnet werden.

		2500	Bewirtung	2100	2	2100	380,00 €
Anzahl in Kategorie Dekoration		0	Büromaterial	1200	3	1200	412,00 €
		#DIV/0!	Fahrtkosten	2150	4	2150	393,00 €
Kosten (Pauschale):		0,00 €	Dekoration	2500	5	2100	408,00 €
					6	1200	136,00 €
					7	2150	352,00 €
					8	1234	280,00 €
					9	2100	151,00 €
					10	1200	449,00 €
=ISTFEHLER()		WAHR			11	1234	448,00 €
=FEHLER.TYP()		2			12	2100	416,00 €
=WENNFEHLER()		0,00 €			13	1200	391,00 €
=INFO()		1			14	2150	442,00 €
					15	1234	434,00 €

Abbildung 8.62 Fallbeispiel zur Anwendung von Fehlerwerten

In Zelle B6 führt dies zwangsläufig bei der Benutzung der Funktion =MITTELWERTWENN(H2:H16; B3;I2:I16) zum Fehlerwert #DIV/0!. In Zelle B14 habe ich dieses Problem ausgeschaltet, indem ich die Funktion mit WENNFEHLER() kombiniert habe:

=WENNFEHLER(MITTELWERTWENN(H2:H16;B3;I2:I16);0)

In den Zellen darüber wurden in B12 die bereits beschriebene Funktion =ISTFEHLER(MITTEL-WERTWENN(H2:H16;B3;I2:I16)) und in B13 die Funktion =FEHLER.TYP(MITTELWERTWENN(H2:H16; B3;I2:I16)) eingesetzt. Letztere bringt als Ergebnis einer Prüfung einen Fehlercode hervor. Der Code 2 steht für den Fehlerwert #DIV/0!. Die zurückgegebenen Codes können ebenfalls im Zuge der Weiterverarbeitung mit Funktionen wie WENN() oder WAHL() für alternative Anweisungen genutzt werden. Die Fehlercodes von FEHLER.TYP() zeigt Tabelle 8.8.

Fehlercode	Fehlerwert
1	#NULL!
2	#DIV/0!
3	#WERT!
4	#BEZUG!
5	#NAME?
6	#ZAHL!
7	#NV
8	#DATEN_ABRUFEN!
#NV	Sonstiges

Tabelle 8.8 Rückgabewerte der Funktion FEHLER.TYP()

8.10   Einsatz von logischen Funktionen

Im vorangegangenen Beispiel ist bereits die Funktion `WENN()` und damit eine Funktion aus der Kategorie LOGIK des Funktionsassistenten zum Einsatz gekommen. Mit den neuen Möglichkeiten von `WENNFEHLER()` ist der Aktionsradius dieses *normalen* `WENN()` sicherlich etwas verkleinert worden. Nehmen wir noch die Fälle hinzu, in denen Sie, wie weiter oben dargestellt, statt mit der verschachtelten Funktion `WENN()` mit `WAHL()` Kalkulationsalternativen einleiten, reduziert sich das Einsatzfeld der Funktion noch ein wenig weiter.

Dennoch finden sich genügend Situationen, in denen `WENN()` angebracht ist, etwa wenn `WAHL()` nicht einsetzbar ist, weil der zu prüfende Indexwert nicht fortlaufend numerisch ist. `WENN(A2="ja", A2*B2;0)` kann nicht durch `WAHL()` ersetzt werden, weil nur 1 oder 2, nicht aber `ja` oder `nein` in dieser Funktion verwertet werden können.

In der Beispieldatei *08_Logik_ODER_NICHT_01.xlsx* wird ein typisches Feld dargestellt, auf dem logische Funktionen ebenfalls genutzt werden: die bedingte Formatierung (Abbildung 8.63).

	A	B	C	D	E	F	G	H	I	J	K	L
1	Artikel-ID	Soll	Ist KW 1	Ist KW 2	Ist KW 3	Ist KW 4	Diagramm					
2	537	1300	1350	1400	1412	1416	8,62%		○ KW 1	○ KW 2	● KW 3	○ KW 4
3	544	100	90	95	76	50	-24,00%					
4	1290	100	120	115	146	163	46,00%		**Bedingte Formatierung:**			
5	1299	60	50	67	106	97	76,67%		=$G2>=$M$3			
6	1427	650	700	600	618	691	-4,92%		=$G2<=$M$4			
7	1750	200	210	200	274	177	37,00%		=NICHT($G2=ODER($G2>=$M$3;$G2<=$M$4))			
8	1751	120	125	120	185	166	54,17%					
9	1862	50	50	57	31	32	-38,00%					

Abbildung 8.63 Bedingte Formatierung auf der Grundlage logischer Funktionen

Dem Beispiel liegt die Überlegung zugrunde, die Zeilen mit einer roten Schriftfarbe hervorzuheben, wenn die Abweichung zwischen Soll und Ist in Spalte G kleiner oder gleich –10 % ist. Dieser Vergleichswert wird aus Zelle M4 des Tabellenblattes übernommen. Die Formel zur Definition der Bedingung lautet demnach =$G2<=$M$4. Für die grüne Schriftfarbe der Zellen gilt die Bedingung, dass die Abweichungen mindestens bei +10 % liegen müssen. Die Formel für diese Bedingung lautet =$G2>=$M$3.

Über START • FORMATVORLAGEN • BEDINGTE FORMATIERUNG • NEUE REGEL • FORMEL ZUR ERMITTLUNG DER ZU FORMATIERENDEN ZELLEN EINGEBEN geben Sie die beiden Bedingungen und die Formatierungsvorgaben ein, nachdem Sie den Zellbereich A2 bis G23 markiert haben. Sicherlich könnten Sie jetzt alle Zellen dieses Bereichs mit der Schriftfarbe Grau belegen, um eine dritte Farbe für all die Datensätze zu erhalten, bei denen weder die eine noch die andere Bedingung erfüllt wird. Doch lassen Sie uns stattdessen den Weg über zwei logische Funktionen wählen.

Um die beiden bereits verwendeten Bedingungen – größer oder gleich 10 %, kleiner oder gleich –10 % – zu verknüpfen, setzen Sie eine weitere logische Funktion ein: `ODER(Wahrheits-`

wert1, Wahrheitswert2, ...). Das Resultat WAHR erhalten Sie bei der Nutzung dieser Funktion, wenn nur eine der vorgegebenen Bedingungen erfüllt wird. Maximal können Sie übrigens 255 Bedingungen definieren.

Was passiert nun bei einem Wert, der beispielsweise bei 5 % liegt, wenn Sie =ODER($G2>= 10 %;$G2<=-10 %) als Bedingungskombination angeben? Die erste Bedingung wird nicht erfüllt (größer oder gleich 10 %). Die zweite Bedingung (kleiner oder gleich –10 %) kann aber ebenso wenig erfüllt werden. Dies führt zu einem FALSCH. Bei einem Wert von über 10 % oder unterhalb von –10 % hingegen wird eine der beiden Bedingungen erfüllt, und so gibt die Funktion ein WAHR aus (Abbildung 8.64). Mit anderen Worten: Eigentlich müssten alle Zellen, in denen der Wahrheitswert FALSCH erscheint, die gewünschte graue Schriftfarbe erhalten.

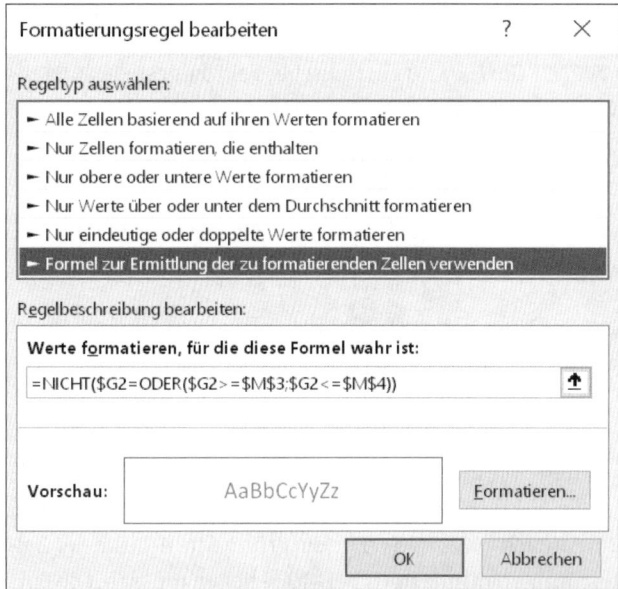

Abbildung 8.64 Umkehrung des Wahrheitswertes WAHR mithilfe von NICHT()

Doch diese Logik ist für Excel problematisch, wenn man sich die Funktionsweise der bedingten Formatierung ansieht. Eine Formatierung wird nämlich nur dann ausgeführt, wenn die Prüfung der Bedingungen das Resultat WAHR – oder den in Excel damit assoziierten Wert 1 – ergibt. Um diesem Dilemma in unserem Beispiel zu entrinnen, müssen wir also den Ergebniswert der Prüfung umkehren. Und dies erreichen Sie mit der Funktion NICHT(Wahrheitswert).

Wenn Sie den gesamten Ausdruck der Bedingung in der Form `=NICHT($G2=ODER( $G2>= $M$3;$G2<=$M$4))` ergänzen, dann erhalten Sie für alle Zellen in Spalte G, in denen keine der beiden Bedingungen zutrifft, den benötigten Wahrheitswert `WAHR`. Die graue Hintergrundformatierung wird somit wie gewünscht umgesetzt.

Neben `WENN()`, `ODER()` und `NICHT()` enthält die Kategorie LOGIK eine vierte wichtige Funktion: Es ist die Funktion `UND()`. Im Aufbau unterscheidet sie sich nicht von dem soeben beschriebenen `ODER()`. Ihre einzelnen Bedingungen geben Sie mit Semikolon getrennt ein. Nur wenn alle Bedingungen erfüllt werden, gibt diese Funktion den Wahrheitswert `WAHR` zurück.

8.10.1 Mehrfachprüfungen in Excel 2016 mit der Funktion WENNS()

Seit Excel 2016 gibt es einige neue Kalkulationsfunktionen. Eine davon ist der Kategorie der logischen Funktionen zuzuordnen. Sie heißt `WENNS()`, und der Name allein wird erfahrenen Anwendern schon einen Hinweis darauf geben, worum es bei dieser Funktion wohl geht, nämlich um die Anwendung von verschachtelten logischen Bedingungen. In der Vergangenheit bedeuteten mehrere logische Prüfvorgänge entweder das lästige Zählen von Semikola und Klammern oder aber den Umstieg auf `WAHL()`. Nun gibt es eine Funktion, die die Arbeit wesentlich vereinfacht.

In der Beispieldatei *08_Logik_WENNS_ERSTERWERT_01.xlsx* sähe die konventionelle Lösung auf Basis einer verschachtelten Funktion so aus:

```
=WENN(B2>=$G$4;B2*$H$4;WENN(B2>=$G$3;B2*$H$3;WENN(B2>=$G$2;B2*$H$2;0)))
```

Abhängig von unterschiedlichen Obergrenzen möchten Sie einen vorgegebenen Rabattsatz zuweisen. Mit der neuen Funktion sieht die Lösung folgendermaßen aus (Abbildung 8.65):

```
=WENNS(B2>=$G$4;B2*$H$4;B2>=$G$3;B2*$H$3;B2>=$G$2;B2*$H$2)
```

	A	B	C	D	E	F	G	H	I
1	Produkt	Preis		=WENN()	=WENNS()		Obergrenze	Rabatt	
2	ABCD1234	1.256,50 €		25,13	=WENNS(B2>=$G$4;B2*$H$4;B2>=$G$3;B2*$H$3;B2>=$G$2;B2*$H$2)				
3	EFGH4567	980,75 €		0	WENNS(Wahrheitstest1; Wert_wenn_wahr1; [Wahrheitstest2; Wert_wenn_wahr2];				
4	GHIJ9876	2.395,00 €		119,75	119,75 €		2.000 €	5%	
5	WXYZ5678	1.482,75 €		29,655	29,66 €				

Abbildung 8.65 WENNS() verwendet mehrere logische Bedingungen.

Auf Ebene der fertigen Funktion würde man nun nicht gerade in Jubelstürme ausbrechen. Der Komfortfaktor liegt eher bei der Eingabe der Funktion. Denn erstmalig können mit `WENNS()` verschachtelte Berechnungen über den Funktionsassistenten eingegeben werden (Abbildung 8.66).

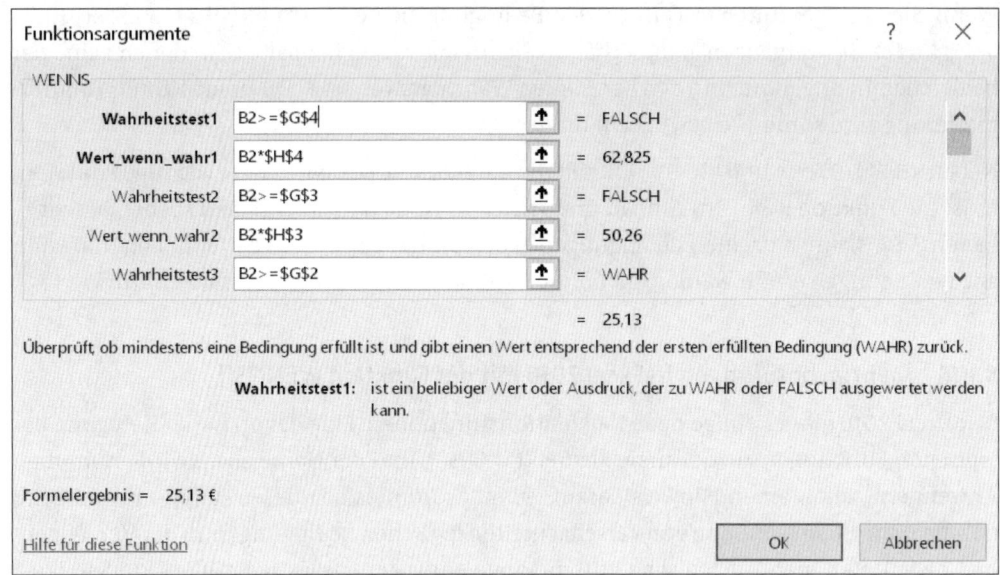

Abbildung 8.66 Verschachtelte logische Prüfungen im Funktionsassistenten

8.10.2   Codierungen in Excel 2016 umwandeln mit ERSTERWERT()

Eine der Funktionen, die mir in Power Pivot sofort sehr gut gefiel, war die DAX-Funktion SWITCH(). Da es wohl dem verantwortlichen Entwicklungsteam bei Microsoft ebenso ging, gibt es diese Funktion jetzt auch in Excel. Der Name klingt in der deutschen Version nicht ganz so knackig wie im Original. Doch das tut der Nutzbarkeit keinen Abbruch.

Im Tabellenblatt *ERSTERWERT()* der Arbeitsmappe *08_Logik_WENNS_ERSTERWERT_01.xlsx* finden Sie ein einfaches Beispiel zu ihrer Anwendung. Sie haben einige Kategorien mit fortlaufenden Ziffern angegeben und eine Referenztabelle, in der sich die Beschreibungen dazu befinden.

Normalerweise würden Sie nun wahrscheinlich mit einem SVERWEIS() oder INDEX() die Beschreibungen auf Basis der Codes zuweisen. Mit ERSTERWERT() schreiben Sie hingegen die gewünschten Texte direkt in die Funktion (Abbildung 8.67). Das erste Argument liefert den Zellbezug auf die Zelle, in der der erste Code steht. Dann folgen abwechselnd Code und textliche Zuordnung (1 = Software, 2 = Service etc.). Das letzte Argument gilt für alle anderen in der Tabelle gefundenen numerischen Werte, für die in der Funktion kein Text zugewiesen wurde:

```
=ERSTERWERT(B2;1;"Software";2;"Service";3;"Hardware";
"Sonstiges")
```

Egal also, ob 4, 25 oder 100 gefunden wird, alle diese Produkte wären automatisch in der Kategorie Sonstiges verortet.

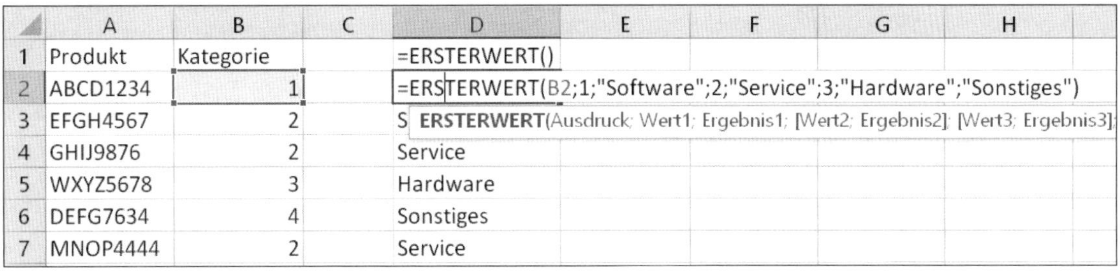

	A	B	C	D	E	F	G	H
1	Produkt	Kategorie		=ERSTERWERT()				
2	ABCD1234	1		=ERSTERWERT(B2;1;"Software";2;"Service";3;"Hardware";"Sonstiges")				
3	EFGH4567	2		S **ERSTERWERT**(Ausdruck; Wert1; Ergebnis1; [Wert2; Ergebnis2]; [Wert3; Ergebnis3];				
4	GHIJ9876	2		Service				
5	WXYZ5678	3		Hardware				
6	DEFG7634	4		Sonstiges				
7	MNOP4444	2		Service				

Abbildung 8.67 ERSTERWERT() dient der Zuordnung von Textkategorien.

8

Kapitel 9

Neue dynamische Matrixfunktionen in Excel für Office 365

Matrixfunktionen galten lange bei vielen Excel-Anwendern als Ultima Ratio für komplexe Berechnungen. Leider eilte ihnen nicht ganz unberechtigt auch der Ruf eines komplizierten Handlings voraus. Ende 2018 kündigte Microsoft eine grundlegende Revision der leistungsstarken Funktionen an. Tatsächlich sind diese nun einfach zu bedienen und noch vielfältiger zu nutzen. Doch in den Genuss der neuen Supertools kommen vorerst nur Abonnenten von Excel 2019 für Office 365.

Im Herbst 2018 stellte Microsoft auf einer Konferenz eine relativ überschaubare Anzahl neuer Excel-Funktion vor. Insgesamt sieben an der Zahl, hätte die Neuigkeit so schnell von anderen Nachrichten aus den Entwicklungsteams in Redmond überlagert werden können, wie es auch in früheren Versionen bei der Ankündigung neuer Kalkulationsfunktionen oder Diagrammtypen oft geschehen ist. Doch dieses Mal kam es anders. Microsoft MVPs (Most Valuable Professionals) rund um den Globus starteten ihre Excel-Vorabversionen, um zahlreiche Rechenmodelle und Fallbeispiele durchzuspielen. Das Urteil war einhellig: Diese neuen Funktionen werden die Bearbeitung großer Datenmengen in Excel teilweise auf den Kopf stellen.

David Ringstrom, ein in den USA bekannter Excel-Berater und -Trainer, veröffentlichte zeitgleich mit dem Erscheinen von Excel 2019 einen Artikel auf *www.accountingweb.com*, dem er einen beunruhigenden Titel gab: »Why Excel 2019 is Already Obsolete«. Bill Jelen, seit etwa 20 Jahren einer der einflussreichsten Experten bezüglich des Tabellenkalkulationsprogramms, machte sich sogleich an die Erstellung eines E-Books zu den neuen Funktionen und nahm in dessen Einleitung das *Control-Shift-Enter-Beben*, denn um dies schien es sich zu handeln, auch mit einem gewissen Humor: Alle klassischen Excel-Lizenzen, die nicht auf Office-365-Abos basierten, hätten schon noch ihre Berechtigung. Denn die im Drei-Jahres-Turnus aktualisierten Versionen seien sehr wichtig für Anwender mit limitiertem Internetzugriff, etwa für Top-Secret-Regierungsbeamte mit Internetverbot, Bewohner des Südpols oder des Planeten Mars. Für alle anderen Nutzer spiele die Musik allerdings zukünftig bei den Office-365-Abonnements. `Ctrl` (bzw. `Strg`) + `⇧` + `↵`, so viel sei an dieser Stelle bereits erwähnt, in Excel-Kreisen auch kurz *CSE* genannt, galt als Bestätigungsbefehl für herkömmliche Matrixfunktionen stets als Inbegriff schwergängigen Handlings bei der Eingabe komplexer Berechnungen.

Was war geschehen? Wie konnten die Experten zu solchen fundamentalen Neubewertungen kommen? Und warum sollte Excel 2019 als Einzellizenzversion so stark ins Hintertreffen geraten gegenüber einem Produkt, Excel 2019 auf Office 365, das ebenfalls aus dem Hause Microsoft stammt? Ganz einfach! Microsoft hatte kurz nach dem Erscheinen der klassischen Version von Excel 2019 diese grundlegende Innovation bei den Kalkulationsfunktionen publik gemacht und sogleich darauf hingewiesen, dass Office-365-Abonennten die Neuerungen bereits in wenigen Wochen einsetzen können, während Anwender der klassischen Excel-2019-Lizenz bis zur nächsten Version, also etwa bis etwa 2022, auf die bahnbrechenden Kalkulationsfunktionen warten müssen!

Mit neuen Versionen einer Software geht auch immer das Versprechen verbesserter Produktivität bei der täglichen Arbeit einher. Mit den Ankündigungen rund um die neuen dynamischen Matrixfunktionen, um die es im konkreten Fall geht, wird – ähnlich wie schon bei maßgeblichen technischen Verbesserungen für Power Query – somit überdeutlich, dass die Schere zwischen Lizenz- und Abo-Version von Excel – und damit die Möglichkeit, produktiver zu arbeiten – immer weiter auseinandergeht. Wer wirklich neue Tools einsetzen möchte und/oder muss, kommt um Office 365 einfach nicht mehr herum. Egal, wie man die Internetabhängigkeit nun bewertet.

Ich habe mich deshalb zum ersten Mal dazu entschlossen, in diesem Buch Funktionen vorzustellen, die im Frühling 2019 lediglich in der über den *Office Insider-Channel* von Microsoft verteilten Excel-Version verfügbar sind. Dort wird Nutzern die Möglichkeit gegeben, neue Funktionen zu testen. In den meisten Fällen sind die auf diesem Weg zum Test freigegebenen Weiterentwicklungen dann etwa ein halbes Jahr später auch für alle anderen Anwender verfügbar. Vorausgesetzt, diese verfügen über ein Office-365-Abonnement!

9.1   Das Control-Shift-Enter-Beben

Matrixfunktionen! Für viele fortgeschrittene Benutzer von Excel stellen Sie so etwas wie die Königsdisziplin des Programms dar. Mehrfachoperationen, Summenprodukte oder komplexe Kalkulationskriterien, all das lässt sich mit dieser Funktionskategorie manchmal gar mit einem Hauch von Magie realisieren. Magisch erscheinen diese Funktionen vor allem deshalb, weil man meistens erkennt, dass eine Berechnung zwar funktioniert, aber nur die allerwenigsten Benutzer auch wirklich verstehen oder gar erklären können, warum diese scheinbaren Alleskönner korrekt rechnen.

Schon die simple Tatsache, dass Matrixfunktionen mit der Tastenkombination $\boxed{\texttt{Strg}}$ + $\boxed{\texttt{⇧}}$ + $\boxed{\texttt{↵}}$ abgeschlossen werden müssen, brachte zahlreiche Nutzer in Rage. Kein Funktionsassistent zeigt dies auf Anhieb an. Und selbst die einfache Vorüberlegung, ob für eine Funktion wie HÄUFIGKEIT() oder TREND(), die eigentlich zum Standardwerkzeugkasten der Datenanalyse gehören sollten, vorher alle Ergebniszellen markiert werden müssen oder das Ergebnis einer Zelle kopierbar ist, stellte viele Benutzer bereits vor so manches Rätsel. Zwar gehört der bei vielen Controllern geschätzte SVERWEIS() nicht zu dieser Gruppe der Matrixfunktionen. Dennoch steht er häufig für ein drittes Mysterium des Excel-Universums: Warum macht der SVERWEIS() eigentlich alle meine Datenmodelle so langsam? Alles in allem fragte man sich immer wieder: Gibt es nicht ein grundsätzlich anderes Konzept des Zugriffs auf Daten, die sich in anderen Tabellen befinden? Eines das einfach performanter ist?

SORTIEREN(), SORTIERENNACH(), FILTER(), EINDEUTIG(), SEQUENZ(), EINZELW() und ZUFALLSMA-TRIX() geben nun endlich eine Antwort auf alle diese Fragen, Bedrängnisse und Ärgernisse. Auf geht's, wir machen eine Zeitreise in die nähere Zukunft von Excel, in der es kein CSE, keine Zweifel hinsichtlich des Eingabefeldes einer Kalkulationsfunktion mehr geben wird und in der eine Funktion wie SVERWEIS() nur noch eine unter vielen Möglichkeiten sein wird.

9.1.1 Grundlagen der neuen dynamischen Matrixfunktionen

Anzeige der neuen Matrixfunktionen in älteren Excel-Versionen

Um sich die Berechnungen und neuen Funktionen in den folgenden Beispieldateien anzusehen, benötigen Sie eine Excel-Version, die bereits dynamische Matrixfunktionen unterstützt. Ältere Versionen zeigen aus Kompatibilitätsgründen in der Editierzeile lediglich einen Verweis wie {=_xlfn._xlws.SORT($A$2:$C$13;2;-1)} an. Die hier lediglich als Beispiel gewählte Anzeige bezieht sich auf die Verwendung der Matrixfunktion SORTIEREN(). Bei anderen Matrixfunktionen wie FILTER() oder SEQUENZ() variiert diese Anzeige. Die in den älteren Versionen angezeigten Ersatzfunktionen dienen lediglich der statischen Anzeige Ihrer Daten. Sie ermöglichen aber nicht die dynamische Erweiterung oder Reduzierung des Ergebnisbereichs abhängig von den verwendeten Rohdaten.

Wenn Sie die Datei *09_Neue_Matrixfunktionen_Grundlagen_01.xlsx* öffnen, finden Sie im Tabellenblatt *Grundlagen* im Zellbereich A1 bis C13 Daten in Form einer einfachen Liste. Würden Sie in Excel 2016 in Zelle I3 die Formel =A1:C13 eingeben, erhielten Sie als Antwort einen Fehlerwert: #WERT!. Der Fall ist eigentlich klar, denn schließlich hätten Sie in dem Fall versucht, den Inhalt von 39 Zellen in eine einzige Zelle, nämlich in I3, zu quetschen (Abbildung 9.1).

Das lässt Excel nicht zu. Es sei denn Sie haben eine Version, die die dynamischen *Überlaufbereiche* bereits unterstützt. In einer solchen neueren Version habe ich die Eingabe mit ← abgeschlossen, und das bringt die ausgewählte Zelle I3 zum Überlaufen. Sofern die nächsten 12 Zeilen unterhalb der Eingabe und die beiden Spalten daneben leer sind, füllt das Programm die angrenzenden Zellen mit den Daten der Spalten A bis C (Abbildung 9.2).

I3			▾	⋮	✕	✓	*fx*	=A1:C13		

◢	A	B	C	D	E	F	G	H	I
1	Datum	Region	Wert		Datum ▾	Region ▾	Wert ▾		
2	01.01.2019	West	2.393 €		01.01.2019	West	2.393 €		
3	01.02.2019	Süd	4.980 €		01.02.2019	Süd	4.980 €	◆	#WERT!
4	01.03.2019	Ost	2.221 €		01.03.2019	Ost	2.221 €		
5	01.04.2019	Nord	3.600 €		01.04.2019	Nord	3.600 €		
6	01.05.2019	Süd	4.055 €		01.05.2019	Süd	4.055 €		
7	01.06.2019	Ost	2.422 €		01.06.2019	Ost	2.422 €		
8	01.07.2019	West	4.992 €		01.07.2019	West	4.992 €		
9	01.08.2019	West	4.368 €		01.08.2019	West	4.368 €		
10	01.09.2019	Nord	3.462 €		01.09.2019	Nord	3.462 €		
11	01.10.2019	Süd	2.483 €		01.10.2019	Süd	2.483 €		
12	01.11.2019	Ost	3.552 €		01.11.2019	Ost	3.552 €		
13	01.12.2019	Nord	4.319 €		01.12.2019	Nord	4.319 €		
14									

Abbildung 9.1 Fehlerwert bei der Übernahme eines Zellbereichs in eine einzelne Zelle

I3			▾	⋮	✕	✓	*fx*	=A1:C13		

◢	A	B	C	D	E	F	G	H	I	J	K
1	Datum	Region	Wert		Datum ▾	Region ▾	Wert ▾				
2	01.01.2019	West	2.393 €		01.01.2019	West	2.393 €		Verweis auf einen Zellbereich		
3	01.02.2019	Süd	4.980 €		01.02.2019	Süd	4.980 €		Datum	Region	Wert
4	01.03.2019	Ost	2.221 €		01.03.2019	Ost	2.221 €		43466	West	2393
5	01.04.2019	Nord	3.600 €		01.04.2019	Nord	3.600 €		43497	Süd	4980
6	01.05.2019	Süd	4.055 €		01.05.2019	Süd	4.055 €		43525	Ost	2221
7	01.06.2019	Ost	2.422 €		01.06.2019	Ost	2.422 €		43556	Nord	3600
8	01.07.2019	West	4.992 €		01.07.2019	West	4.992 €		43586	Süd	4055
9	01.08.2019	West	4.368 €		01.08.2019	West	4.368 €		43617	Ost	2422
10	01.09.2019	Nord	3.462 €		01.09.2019	Nord	3.462 €		43647	West	4992
11	01.10.2019	Süd	2.483 €		01.10.2019	Süd	2.483 €		43678	West	4368
12	01.11.2019	Ost	3.552 €		01.11.2019	Ost	3.552 €		43709	Nord	3462
13	01.12.2019	Nord	4.319 €		01.12.2019	Nord	4.319 €		43739	Süd	2483
14									43770	Ost	3552
15									43800	Nord	4319
16											

Abbildung 9.2 Neue Matrixfunktionalität – die Zelle I3 läuft über.

So einfach die hier dargestellte Formel auch erscheinen mag, sie veranschaulicht das fundamental neue Konzept des Umgangs mit Verweisen auf Zellbereiche. Sie werden im weiteren Verlauf dieses Kapitels sehen, dass sechs der neuen dynamischen Matrixfunktionen die Fähigkeit besitzen, sich entsprechend der Datenmenge im ursprünglichen Zellbereich so viel Platz zu verschaffen, wie für die Darstellung des jeweiligen Ergebnisses benötigt wird. Dieses neue Verhalten wird als *Überlaufen* bezeichnet. Zwei handwerkliche Neuerungen gesellen sich beim Verweis auf Zellbereiche anno 2019 zu diesem speziellen Verhalten:

- Bezüge auf Bereiche werden – wie auch die neuen Matrixfunktionen – mit einem einfachen ⏎ und nicht mehr mit [Strg] + [⇧] + [⏎] abgeschlossen.

- Ein mehrzelliger Ergebnisbereich muss nicht mehr **vor** der Funktionseingabe vom Anwender markiert werden. Das erledigt Excel nun selbstständig.

- Überlaufbereiche sind vollständig dynamisch! Wird der ursprüngliche Datenbereich, auf den sie sich beziehen, größer, wächst auch der Überlaufbereich. Verkleinern sich die Basisdaten, schrumpft der Überlaufbereich mit ihm.

Aber halt! Es werden also sechs Funktionen angeboten, die einen Datenüberlauf ermöglichen. Und wozu benötigt man dann die siebte? Um den Überlauf in einzelnen Fällen zu verhindern. Sollte aus irgendeinem Grund die Notwendigkeit bestehen, nur einen einzelnen Wert aus dem ursprünglichen Zellbereich zu extrahieren, schlägt die Stunde der Funktion EINZELW(), mit der man einen Einzelwert aus den Rohdaten auslesen kann.

9.1.2 Speicherort und Editierbarkeit der neuen Matrixfunktionen

Die neue Funktionalität wirft zunächst einige Fragen auf. Zum Beispiel: Wenn das Ergebnis der Eingabe in Zelle I3 in 38 weitere Zellen übergelaufen ist, enthalten dann alle 39 Zellen die ursprüngliche Formel oder Funktion? Wenn Sie in den neuen Excel-Versionen den Cursor in die Zelle I3 und damit dahin bewegen, wo die Formel =A1:B13 ursprünglich eingegeben wurde, dann erkennen Sie in der EDITIERZEILE wie gewohnt den Formeltext. Auch die Möglichkeit der Überarbeitung der Anweisung besteht hier. Sie könnten also den Bereich beispielsweise auf A1 bis B15 erweitern. Doch in Zelle I4 des Überlaufbereichs wird bereits deutlich, dass sich hier zwar ebenfalls die Anzeige der Formel befindet, allerdings erscheint diese ausgegraut (Abbildung 9.3). Klicken Sie in die Editierzeile, um Veränderungen vorzunehmen, so verschwindet die Formel auf wundersame Weise. Denn editieren oder entfernen können Sie den Verweis auf die Ursprungsdaten nur in der Zelle (I3), in der die Eingabe erfolgte und mit ⏎ bestätigt wurde.

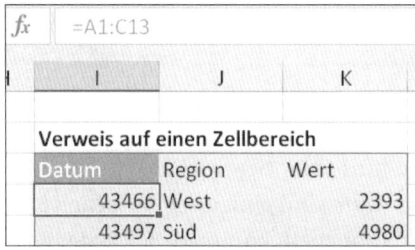

Abbildung 9.3 Ausgegraut und nicht editierbar – die Formel im Überlaufbereich

[!] **Ein Speicherort – viele Überlaufzellen**

Für das Verständnis der neuen Überlaufbereiche ist es von Bedeutung, dass die Formeln und Funktionen, auf denen sie basieren, immer nur einen einzigen Speicherort in der Arbeitsmappe besitzen. Dieser wird mit ⏎ erzeugt. Zwar wird über F5 (GEHE ZU) und die Auswahl von INHALTE • FORMELN • OK aktuell noch der gesamte Überlaufbereich als Zellbereich mit Formeln markiert, doch laut Microsoft ist dies ein aktueller Anzeigefehler. In Zukunft wird nur die tatsächliche Eingabezelle als Formel ausgewiesen werden.

9.1.3   Excel läuft über ... und schon sind Fehlerwerte möglich

Die neue Funktionalität des Überlaufens von Zellen wirft wahrscheinlich bei den meisten Nutzern umgehend eine weitere Frage auf. Und die betrifft die einfache Tatsache, wie zukünftig mit Zellinhalten umgegangen wird, die dem Überlaufen im Weg sind. Werden eventuell andere wichtige Daten einfach überschrieben oder komplexe Berechnungen gelöscht? Die Antwort lautet eindeutig nein, denn vor dem Überlaufen prüft Excel den verfügbaren Zellbereich. Sollte dieser nicht ausreichen, so wird Ihnen dies auch angezeigt. In Abbildung 9.4 ist der Fehlerwert #ÜBERLAUF! erkennbar, der durch störende Daten in den Zellen A11 und A12 verursacht wurde.

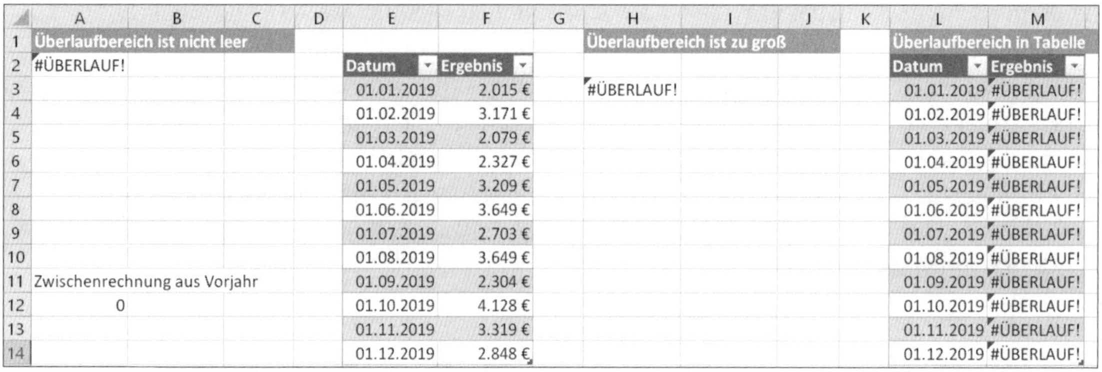

	A	B	C	D	E	F	G	H	I	J	K	L	M
1	Überlaufbereich ist nicht leer							Überlaufbereich ist zu groß				Überlaufbereich in Tabelle	
2	#ÜBERLAUF!				Datum ▾	Ergebnis ▾						Datum ▾	Ergebnis ▾
3					01.01.2019	2.015 €		#ÜBERLAUF!				01.01.2019	#ÜBERLAUF!
4					01.02.2019	3.171 €						01.02.2019	#ÜBERLAUF!
5					01.03.2019	2.079 €						01.03.2019	#ÜBERLAUF!
6					01.04.2019	2.327 €						01.04.2019	#ÜBERLAUF!
7					01.05.2019	3.209 €						01.05.2019	#ÜBERLAUF!
8					01.06.2019	3.649 €						01.06.2019	#ÜBERLAUF!
9					01.07.2019	2.703 €						01.07.2019	#ÜBERLAUF!
10					01.08.2019	3.649 €						01.08.2019	#ÜBERLAUF!
11	Zwischenrechnung aus Vorjahr				01.09.2019	2.304 €						01.09.2019	#ÜBERLAUF!
12	0				01.10.2019	4.128 €						01.10.2019	#ÜBERLAUF!
13					01.11.2019	3.319 €						01.11.2019	#ÜBERLAUF!
14					01.12.2019	2.848 €						01.12.2019	#ÜBERLAUF!

Abbildung 9.4 Fehlerwerte beim Überlauf von Matrixergebnissen

Doch nicht nur solche Zellinhalte können die Ursache für Fehler bei der Verwendung der neuen Matrixfunktionen bilden. Im Tabellenblatt *Fehlerwerte* sind einige der typischen Szenarien dargestellt, bei denen die neuen Funktionen ins Straucheln kommen. Sollte der Fehlerwert #ÜBERLAUF! angezeigt werden, ist es möglich, auf das neben der Zelle angezeigte gelbe Ausrufezeichen zur Fehleranalyse zu klicken. Dadurch erhalten Sie einen ersten Hinweis auf die Fehlerursache (Abbildung 9.5). Tabelle 9.1 gibt Ihnen einen Überblick über die Fehlermeldungen und liefert entsprechende Erklärungen für ihr jeweiliges Erscheinen.

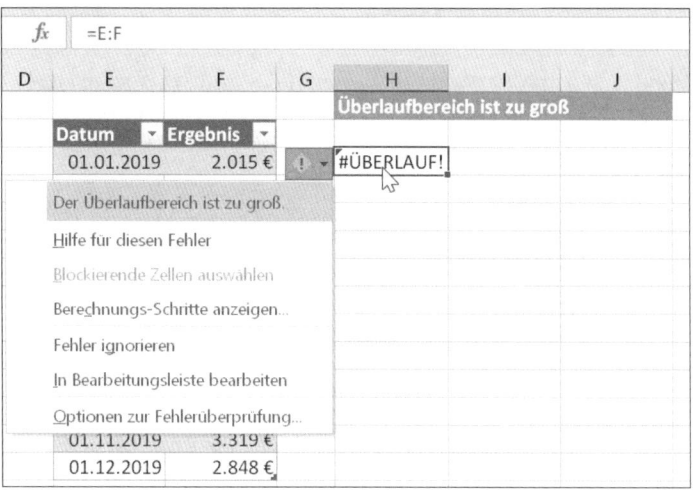

Abbildung 9.5 Fehlermeldung bei einem Überlauffehler

Fehlerwert	Ursache
Eine für den Überlauf von Daten erforderliche Zelle ist nicht leer.	Im benötigten Ergebnis- oder Überlaufbereich befinden sich Zellen, die mit Text, Zahlen, Berechnungen etc. gefüllt sind. Aus diesem Grund kann die gewählte Matrixfunktion das Ergebnis nicht zurückgeben.
Der Überlaufbereich ist zu groß.	Dieser Fehlerwert entsteht dadurch, dass bei der Auswahl des ursprünglichen Datenbereichs eine globale Adressierung verwendet wurde (z. B. =F:H). Wie viele der alten Matrixfunktionen erwarten auch die neuen präzise Zelladressierungen (beispielsweise =F1:H1000). Auch strukturierte Bezüge wie =Basisdaten [Umsatz] sind in den neuen Matrixfunktionen erlaubt.
Überlauf innerhalb einer Tabelle nicht möglich.	Die neuen Matrixfunktionen können nicht innerhalb einer dynamischen Datentabelle eingesetzt werden.
Excel erkennt die Ursache dieses Fehlers nicht oder kann nicht ausgleichen.	Der Fehlerwert tritt unter anderem bei der Verwendung von volatilen Funktionen innerhalb einer neuen Matrixfunktion auf. =SEQUENZ(ZUFALLSBEREICH(200;500);1;200;3) soll eine einspaltige Zahlenreihe mit dem Anfangswert 200 und dem Intervall 3 bilden. Doch die Anzahl der Ergebniszeilen wird mit der volatilen Funktion ZUFALLSBEREICH() vorgegeben. Volatile Funktion führen zu einer kontinuierlichen Neuberechnung des Zellinhalts. Aufgrund dieser Veränderlichkeit lässt sich für SEQUENZ() die Zeilenanzahl nicht endgültig bestimmen.

Tabelle 9.1 Fehlerwerte bei der Verwendung der neuen Matrixfunktionen

Fehlerwert	Ursache
Überlauf in eine verbundene Zelle nicht möglich.	Sind Zellen im Überlaufbereich über das Menü START • AUSRICHTUNG • VERBINDEN UND ZENTRIEREN bzw. ZELLEN VERBINDEN miteinander verbunden worden, kann der Überlauf nicht mehr durchgeführt werden.
Nicht erkannt/Fallback	Die Ursache des Fehlers im Überlaufbereich kann nicht einwandfrei identifiziert werden. Vonseiten Microsofts wird in diesem Fall lediglich der Hinweis gegeben, alle Argumente der verwendeten Kalkulationsfunktion zu überprüfen.
Nicht genügend Arbeitsspeicher	Für die Ausführung der Matrixfunktion steht nicht genügend Arbeitsspeicher zur Verfügung. In diesem Fall wird empfohlen, einen kleineren Zellbereich oder Ergebnisbereich für die Berechnung zu verwenden.

Tabelle 9.1 Fehlerwerte bei der Verwendung der neuen Matrixfunktionen (Forts.)

9.1.4   Mit dem Spiller auf Überlaufbereiche zugreifen

Wenn Sie in der Zukunft die neuen Matrixfunktionen anwenden, dann werden Sie mit großer Wahrscheinlichkeit auch die im Überlaufbereich angezeigten Datenauszüge weiterverarbeiten wollen. Stellen Sie sich vor, dass Sie die Ist-Daten eines bestimmten Zeitraumes aus einer Tabelle extrahiert und nach Datum geordnet haben. Anschließend möchten Sie mit einer Funktion wie TREND() oder FORECAST.ETS() eine Prognose für die kommenden sechs Monate berechnen. Dann hätten Sie es mit mehreren Arbeitsschritten zu tun:

▶ Mithilfe der neuen Matrixfunktion FILTER() müssen die benötigten Daten aus den Basisdaten gezogen werden.

▶ Danach werden die Ergebnisse mit SORTIEREN() neu angeordnet.

▶ Anschließend könnten Sie mit SEQUENZ() eine dynamische Datumsreihe über die jeweils folgenden sechs Monate erstellen.

▶ Und am Ende des Arbeitsprozesses stände der Einsatz von TREND() oder FORECAST.ETS(), um die zukünftige Entwicklung der Umsätze zu prognostizieren.

Diese formel- und funktionsbasierte Lösung eines Forecasts wäre vollkommen dynamisch. Sie reagierte selbstständig auf Aktualisierungen der Basisdaten. Auch Veränderungen des Datumsbereichs hätten zur Folge, dass die sechs Monate, für die ein Forecast berechnet werden soll, automatisch neu bestimmt würden. Für eine solche Lösung benötigten Sie unter Anwendung der neuen Matrixfunktionen keine dynamischen Datenbereiche (z. B. BEREICH.VERSCHIEBEN()), keine Programmierkenntnisse (beispielsweise VBA) und noch nicht einmal [Strg] + [⇧] + [↵] (CSE).

Außerdem gesellte sich neben die Annehmlichkeiten einer deutlich vereinfachten Lösungsentwicklung auch noch ein weiterer unglaublicher Vorteil: zwei konventionelle Kalkulationsfunktionen in Excel wie TREND() oder FORECAST.ETS() werden durch die Kombination mit den neuen Matrixfunktionen selbst zu dynamischen Matrixfunktionen. Doch diese beiden Funktionen sind lediglich zwei von sehr vielen Funktionen, die in ein völlig neues Anwendungsuniversum katapultiert werden. Und genau dies ist der Grund für die Aussage, dass die neuen Matrixfunktionen viele Berechnungen in Datenanalyse und Controlling zukünftig völlig auf den Kopf stellen werden.

Fallbeispiel eines Datenmodells mit dynamischen Matrixfunktionen

Das hier gerade skizzierte Beispiel des Forecasts finden Sie am Ende des Kapitels. In ihm wird modellhaft dargestellt, wie die neue Funktionskategorie der dynamischen Matrixfunktionen die Entwicklung von Datenmodellen und häufig eingesetzten Funktionen wie SVERWEIS(), SUMMEWENNS(), INDEX(), DATUM() oder PROGNOSE.ETS() zukünftig verändern kann.

[i]

9

Bevor Sie sich jedoch mit der Verknüpfung der neuen Kalkulationsfunktionen zu komplexen Datenmodellen beschäftigen, ist es notwendig, mehr darüber zu erfahren, wie man überhaupt auf die Daten in Überlaufbereichen zugreifen kann. Eine entscheidende Rolle dabei spielt der sogenannte *Spiller*.

Im Tabellenblatt *Verweis auf Überlaufbereich* wird in Zelle E3 erstmalig eine der sieben neuen Matrixfunktionen eingesetzt. =SORTIEREN($A$2:$C$13;2;-1) greift auf den Zellbereich A2 bis C13 zu (Abbildung 9.6).

f_x	=SORTIEREN($A$2:$C$13;2;-1)	
E	**F**	**G**
Sortierter Überlaufbereich		
01.01.2019	West	2.393 €
01.07.2019	West	4.992 €
01.08.2019	West	4.368 €
01.02.2019	Süd	4.980 €
01.05.2019	Süd	4.055 €
01.10.2019	Süd	2.483 €
01.03.2019	Ost	2.221 €
01.06.2019	Ost	2.422 €
01.11.2019	Ost	3.552 €
01.04.2019	Nord	3.600 €
01.09.2019	Nord	3.462 €
01.12.2019	Nord	4.319 €

Abbildung 9.6 Sortierter Überlaufbereich nach Anwendung von SORTIEREN()

Die Syntax dieser Funktion stellt sich folgendermaßen dar: `=SORTIEREN(Datenbereich; Sortierindex; Sortierreihenfolge)`. Das zweite Argument definiert, nach welcher der drei Spalten des ursprünglichen Datenbereichs die Daten im Überlaufbereich sortiert werden sollen. Im letzten Argument wird zudem festgelegt, ob ab- oder aufsteigend sortiert werden soll. Als Ergebnis erhalten Sie folglich einen Überlaufbereich mit einer Datenkopie aus dem Zellbereich A2 bis A13. Diese sind lediglich anders sortiert.

Der Überlaufbereich ist dynamisch. Fügt man an die Rohdaten eine weitere Zelle für die Region Süd an, so werden diese neuen Daten automatisch in den Überlaufbereich korrekt einsortiert. Automatisches Sortieren von Daten über eine Kalkulationsfunktion! Wenn ich an die ehemals dafür notwendigen verschachtelten Funktionen mit `ZEILE()`, `RANG()` und `SVERWEIS()` zurückdenke …

Wenn Sie nun in eine beliebige leere Zelle ein Gleichheitszeichen tippen und mit der Maus dann in die Zelle E3 klicken (*Zeigemodus*), erkennen Sie in der Editierzeile den Ausdruck `=E3#` (Abbildung 9.7). Das Rautezeichen, das hinter dem Zellbezug erscheint, schreibt im Zusammenhang mit den neuen Matrixfunktionen weiter an seiner scheinbar endlosen Erfolgsgeschichte. Nach der Verwendung bei internationalen Telefonvorwahlen, als Hashtag auf Twitter und beim Hilfeaufruf in Power Query (`=#shared`) kommt es nun als sogenannter Spiller daher. Der Spiller weist Excel an, alle Daten des auf diesem Weg angesteuerten Überlaufbereichs zu übernehmen. Soll also das vollständige und veränderliche Ergebnis einer dynamischen Matrixfunktion in einen weiteren Zellbereich der Arbeitsmappe übernommen oder die übergelaufenen Daten an eine andere Kalkulationsfunktion übergeben werden, muss nur das Zeichen # in Kombination mit dem Zellbezug verwendet werden.

f_x	=E3#							
	E	F	G	H	I		J	K
	Sortierter Überlaufbereich				**Verweis mit Überlaufbereichsoprator (#)**			
					Beispiel: =E3# (der gesamte Bereich wird dynamisch übernommen)			
	01.01.2019 West		2.393 €		01.01.2019	West		2.393 €
	01.07.2019 West		4.992 €		01.07.2019	West		4.992 €
	01.08.2019 West		4.368 €		01.08.2019	West		4.368 €
	01.02.2019 Süd		4.980 €		01.02.2019	Süd		4.980 €
	01.05.2019 Süd		4.055 €		01.05.2019	Süd		4.055 €
	01.10.2019 Süd		2.483 €		01.10.2019	Süd		2.483 €
	01.03.2019 Ost		2.221 €		01.03.2019	Ost		2.221 €
	01.06.2019 Ost		2.422 €		01.06.2019	Ost		2.422 €
	01.11.2019 Ost		3.552 €		01.11.2019	Ost		3.552 €
	01.04.2019 Nord		3.600 €		01.04.2019	Nord		3.600 €
	01.09.2019 Nord		3.462 €		01.09.2019	Nord		3.462 €
	01.12.2019 Nord		4.319 €		01.12.2019	Nord		4.319 €

Abbildung 9.7 Weiterverarbeitung eines Überlaufbereichs mithilfe des Operators #

Der Spiller verwandelt fast jede Kalkulationsfunktion in eine dynamische Matrixfunktion

Es mag in der Praxis sicherlich Gründe dafür geben, einen bereits bestehenden Überlaufbereich in einer Arbeitsmappe an anderer Stelle erneut zu verwenden. Wesentlich bedeutsamer ist jedoch die Übergabe des Überlaufbereichs an weiterführende Kalkulationsfunktionen. Dies lässt sich am Beispiel der Trendberechnung veranschaulichen. Die Funktion ist folgendermaßen aufgebaut:

`=TREND(Y_Werte; [X_Werte]; [Neue_x_Werte]; [Konstante])`.

Bei Verwendung in den älteren Excel-Versionen müssen für die ersten drei Argumente Zellbereiche angegeben werden, z. B. `=TREND(B2:B13; A2:A13; A14:A19)`. In den Zellen B2 bis B13 würden sich in diesem Fall die abhängigen Werte (z. B. Umsätze) befinden, in A2 bis A13 die unabhängigen Werte, beispielsweise die Periodennummern 1 bis 12. Das dritte Argument, A14 bis A19, enthielte die neuen unabhängigen Werte, dies wären beim Forecast die zukünftigen sechs Perioden (13 bis 18), für die die Prognose berechnet werden soll.

Alle drei Argumente der Funktion wären in den älteren Excel-Versionen statisch – sowohl der Bezug auf die bestehenden Daten als auch die zu berechnenden zukünftigen Perioden. Erzeugt man hingegen mit einer der neuen Matrixfunktionen einen Überlaufbereich ab Zelle D2, in dem sich eine variable Anzahl an Perioden befindet, ändert sich auch das Verhalten von `=TREND()` grundlegend. Schreibt man die Funktion nun `=TREND(B2:B13; A2:A13; D2#)`, ändert sich der Forecast-Zeitraum abhängig vom dynamischen Überlaufbereich. Enthält dieser sechs Perioden in Form von Monaten, wird eine Prognose für die kommenden sechs Monate erstellt. Werden hingegen zwölf Monate im Überlaufbereich angezeigt, erstreckt sich die Prognose über ein Jahr.

Mit dem Spiller, in diesem Fall `D2#`, wird also aus der grundsätzlich statischen Trendfunktion eine dynamische Kalkulationsfunktion, die die wesentlichen Eigenschaften des in ihr verwendeten Überlaufbereichs übernimmt. `TREND()` ist jedoch eine der alten Matrixfunktionen von Excel. Dies bedeutet, dass normalerweise zunächst die sechs Ergebniszellen markiert werden müssten, in denen die sechs Monatsprognosen ausgegeben werden können. Außerdem müsste die Funktion in älteren Versionen stets mit `Strg` + `⇧` + `↵` abgeschlossen werden. Auch diese alten Erfordernisse entfallen in Excel-Versionen, die die neuen Matrixfunktionen unterstützen.

Es entsteht somit eine dynamische Trendberechnung, die in eine Zelle eingegeben und mit einem einfachen `↵` bestätigt wird! Nichtsdestotrotz kann die alte Arbeits- und Funktionsweise von Matrixfunktionen wie `TREND()` auch in den neuen Excel-Versionen eingesetzt werden. Wenn Sie den Ergebnisbereich markieren, die Funktion und ihre Argumente eingeben und schließlich Ihre Eingabe mit `Strg` + `⇧` + `↵` abschließen, wird dies nach wie vor funktionieren. Eine solche Vorgehensweise kann beispielsweise sinnvoll sein, um andere Benutzer davon abzuhalten, den Ergebnisbereich eigenmächtig zu verändern. Denn für mit dem traditionellen Verfahren eigegebene Matrixfunktionen gilt immer noch: Teile einer Matrix können nicht verändert werden.

9.1.5 Überlauf in Zellbereiche und Funktionen verhindern

Da es in der Praxis auch immer wieder von Bedeutung sein kann, nicht auf den gesamten Überlaufbereich, sondern lediglich auf eine oder mehrere Zellen darin zu verweisen, muss es selbstverständlich auch ein Verfahren geben, den Überlauf von Daten zu verhindern. Im Tabellenblatt *Verweis auf Überlaufbereich* finden Sie in Zelle M3 ein Beispiel dafür (Abbildung 9.8).

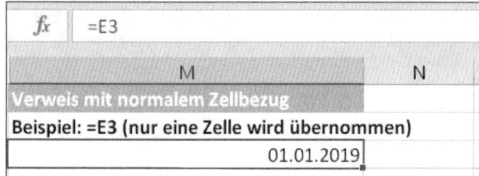

Abbildung 9.8 Auswahl einer einzelnen Zelle beim Zugriff auf einen Überlaufbereich

Sobald das Rautezeichen im Zellbezug nicht verwendet wird, gibt Excel lediglich den Inhalt der angegebenen Zelle zurück. Der Spiller kann zu diesem Zweck bei Verwendung des Zeigemodus aus der Editierzeile gelöscht oder der Verweis selbst direkt durch Eingabe des Zellbezugs über die Tastatur erstellt werden.

9.1.6 Übersicht über die neuen dynamischen Matrixfunktionen

Im Frühjahr 2019 umfasst die Liste der neuen Matrixfunktionen in den Excel-Testversionen sieben Kalkulationsfunktionen (Tabelle 9.2). Es ist damit zu rechnen, dass diese Neuerungen spätestens in der zweiten Jahreshälfte allen Nutzern der Aboversion von Excel 2019 zur Verfügung stehen werden. Es ist nicht ausgeschlossen, dass die bestehende Funktionsliste im Laufe der Zeit noch erweitert wird.

Neue Funktion	Funktionsweise
SORTIEREN()	Ein mehrspaltiger Datenbereich wird mit dieser Funktion sortiert und das sortierte Ergebnis in einen anderen Zellbereich geschrieben: =SORTIEREN(Matrix; Sortierindex; Sortierreihenfolge; Nach_Spalte). Matrix definiert den Bereich, auf den zugegriffen werden soll. Der Sortierindex ist eine Zahl, über die die Spalte oder Zeile angegeben wird, nach der sortiert werden soll. Die Sortierreihenfolge wird mit 1 (aufsteigend) oder -1 (absteigend) festgelegt. Das letzte Argument gibt an, ob zeilenweise (FALSCH) oder spaltenweise (WAHR) sortiert werden soll.

Tabelle 9.2 Übersicht über die dynamischen Matrixfunktionen von Excel 2019 in Office 365

Neue Funktion	Funktionsweise
SORTIERENNACH()	Diese Funktion sortiert einen Zellbereich (Matrix) auf Grundlage eines anderen einspaltigen bzw. einzeiligen Bereichs. =SORTIERENNACH(Matrix; Nach_Matrix1; Sortierreihenfolge1; Nach_Matrix2; Sortierreihenfolge2;…). Der Ausgangsbereich wird im Argument Matrix angegeben. Anschließend können bis zu 126 Sortierbereiche (Nach_Matrix) und -reihenfolgen (Sortierreihenfolge) angegeben werden. Matrix und der Bereich der Sortierkriterien müssen über die gleiche Anzahl an Zeilen verfügen.
FILTER()	Die Funktion ermöglicht es, Ausgangsdaten aus einem Zellbereich dynamisch zu filtern: =FILTER(Matrix; Einschließen; Wenn_leer). Auch in dieser Funktion werden die Ausgangsdaten im Argument Matrix angegeben. Unter Einschließen wird ein Filterkriterium angegeben, über das festgelegt wird, welche Daten zurückgegeben werden sollen (z. B. B2:B13=G3, um nach dem Zellinhalt der Zelle G3 zu filtern). Auch muss darauf geachtet werden, dass der unter Matrix angegebene Bereich gleich viele Zeilen aufweist wie der im Argument Einschließen angegebene.
EINDEUTIG()	Die Funktion erzeugt eine Liste eindeutiger Werte durch Entfernen aller Duplikate des Ausgangsbereichs oder aber eine Liste der Werte, die im Ausgangsbereich lediglich einmal vorkommen: =EINDEUTIG (Matrix; Anhand_Spalte; Einmaliges_Vorkommen). Der mit dem Argument Matrix definierte Bereich kann spalten- oder zeilenweise auf Duplikate hin untersucht werden. Angegeben wird dies im Argument Anhand_Spalte mit FALSCH (zeilenweise) oder WAHR (spaltenweise). Wird im letzten Argument Einmaliges_Vorkommen der Wahrheitswert FALSCH eingesetzt, so wird eine Liste der eindeutigen Werte als Ergebnis ausgegeben. Die Verwendung von WAHR veranlasst die Funktion, eine Liste der Werte zu erzeugen, die lediglich einmal in den Originaldaten vorkommen.
SEQUENZ()	Mithilfe von =SEQUENZ(Zeilen; Spalten; Anfang; Schritt) kann eine Liste von Werten erzeugt werden. Dabei wird mit den Argumenten Zeilen und Spalten die Größe der Ergebnismatrix bestimmt. Der Anfangswert wird mit Anfang und die zu verwendenden Intervalle werden mit Schritt definiert. Die Angabe von Dezimalzahlen (z. B. 12,5) ist als Intervall zulässig. =SEQUENZ() kann auch innerhalb von Datumsfunktionen eingesetzt werden, um Datumsreihen dynamisch zu generieren.

Tabelle 9.2 Übersicht über die dynamischen Matrixfunktionen von Excel 2019 in Office 365 (Forts.)

Neue Funktion	Funktionsweise
ZUFALLSMATRIX()	Mit dieser neuen Funktion kann ein mehrzeiliger und -spaltiger Zellbereich mit Zufallszahlen gefüllt werden: =ZUFALLSMATRIX(Zeilen; Spalten; Min; Max; Ganze_Zahl). Das Argument Ganze_Zahl legt fest, ob ganzzahlige Werte oder Dezimalzahlen verwendet werden sollen, wobei WAHR für die Verwendung von Ganzzahlen angegeben werden muss. Mit den anderen Argumenten werden Zeilen- und Spaltenzahl sowie Ausgangs- und Endwerte des Zufallszahlenbereichs definiert.
EINZELW()	Diese Funktion ermöglicht es, einen Einzelwert aus einer Matrix auszulesen. Dabei wird das Prinzip der *impliziten Schnittmenge* verwendet (siehe Erläuterungen weiter unten). Wird die Funktion =EINZELW (I3:I16) in Zelle K10 eines Tabellenblattes eingegeben, liefert die Funktion als Ergebnis den Wert, der sich in Zelle I10 befindet. Bei Eingabe in Zelle L5 wird hingegen der Wert aus I5 zurückgegeben. Es wird also immer der Wert ermittelt, der sich im Schnittpunkt von Datenbereich und Eingabezelle der Kalkulationsfunktion befindet.

Tabelle 9.2 Übersicht über die dynamischen Matrixfunktionen von Excel 2019 in Office 365 (Forts.)

[i]

Implizite Schnittmenge

Das Prinzip der *impliziten Schnittmenge* existiert in Excel bereits seit Generationen unterschiedlicher Versionen. In der praktischen Arbeit war die Kenntnis dieses Prinzips allerdings zumeist wenig bedeutsam. Allenfalls bei der Eingabe mancher Matrixfunktionen wie =BEREICH.VERSCHIEBEN() wurde die Wirkungsweise der impliziten Schnittmenge offensichtlich. Denn schnell konnte es geschehen, dass die Eingabe der Funktion unterhalb des gewählten Datenbereichs zu einem Fehler vom Typ #WERT! führte, während bei Eingabe mit identischen Argumenten direkt neben dem Datenbereich, das Ergebnis der aktiven Zeile ausgegeben wurde.

Der Effekt ist auch zu beobachten, wenn ein strukturierter Bezug wie =Beispieldaten_dT [@Summe]) neben der gleichnamigen Datentabelle eingegeben wird. Das Ergebnis ist in diesem Fall der Wert d der aktiven Zeile in der Spalte *Summe*. Auch hier würde die Eingabe unterhalb der Datentabelle in einem Fehlerwert resultieren.

Die implizite Schnittmenge ermittelt also immer den Wert, den der Verweis auf einen Zellbereich oder eine Datentabelle in der Zelle findet, in der er eingegeben wurde (Schnittmenge zwischen Wertebereich und Eingabezelle). Die Schnittmenge kann sowohl für Zeilen als auch für Spalten gebildet werden.

9.1.7   Automatisches Sortieren von Daten mit SORTIEREN() und SORTIERENNACH()

In der Beispieldatei *09_Neue_Matrixfunktionen_SORTIEREN_SORTIERENNACH_01.xlsx* werden die ersten grundsätzlichen Veränderungen, die sich für die Arbeitsweise bei der Datenanalyse in Excel zukünftig ergeben, bereits deutlich. Im Tabellenblatt *SORTIEREN()* finden Sie im Zellbereich A1 bis C15 eine Datentabelle. Sie bildet die Grundlage für die gleichnamige Matrixfunktion (Abbildung 9.9). Wo man diese Datentabelle nach bisherigem Vorgehen über das Menü noch manuell sortieren und diesen Vorgang nach der Aktualisierung der Daten jeweils wiederholen musste, reicht nun die einmalige Eingabe der Matrixfunktion zum Sortieren der Daten.

	A	B	C	D	E	F	G	H
1	Name	Datum	Summe		Überlaufbereich			
2	Paul Trumpf	04.03.2018	690,00 €					
3	Hannelore Jährer	06.03.2018	5.100,00 €		=SORTIEREN(A2:C15;2;-1;FALSCH)		690	
4	Karim Mouloum	09.03.2018	155,00 €		SORTIEREN(**Matrix**; [Sortierindex]; [Sortierreihenfolge]; [nach_Spalte])			
5	Frieda Graun	04.04.2018	680,00 €		Rudolf Vollbrecht	43258	390	
6	Eva Erbracht	05.04.2018	65,00 €		Eva Erbracht	43195	65	
7	Rudolf Vollbrecht	07.06.2018	390,00 €		Frieda Graun	43194	680	
8	Amparo Wermel	04.03.2018	1.125,00 €		Stephanie Rummer	43193	65	
9	Bernd Ülzen	04.03.2018	450,00 €		Karim Mouloum	43168	155	
10	Ellen Semmerling	16.02.2018	1.360,00 €		Hannelore Jährer	43165	5100	
11	Petra Unkroth	24.01.2018	5.100,00 €		Paul Trumpf	43163	690	
12	Mehmet Araci	04.03.2018	155,00 €		Amparo Wermel	43163	1125	
13	Remo Rauschenberg	05.07.2018	680,00 €		Bernd Ülzen	43163	450	
14	Stephanie Rummer	03.04.2018	65,00 €		Mehmet Araci	43163	155	
15	Dörte Jensen	30.08.2018	690,00 €		Ellen Semmerling	43147	1360	
16					Petra Unkroth	43124	5100	

Abbildung 9.9 Sortieren per Kalkulationsfunktion – SORTIEREN()

Durch Eingabe der Funktion =SORTIEREN(A2:C15;2;-1;FALSCH) in Zelle E3 wird der gesamte Wertebereich der Datentabelle eingelesen, nach der zweiten Spalte *Datum* sortiert, und zwar in absteigender Reihenfolge (-1). Da zeilenweise sortiert werden muss, wird als abschließendes Argument FALSCH verwendet. Sofern der Zellbereich unterhalb der Eingabezelle leer ist, gibt Excel die sortierte Liste nun in den Spalten E bis G zurück.

Charakteristisch für die Anwendung der neuen Matrixfunktionen ist, dass keine Zahlenformate in den Überlaufbereich übernommen werden. Sowohl die Datumswerte als auch die im Währungsformat erfassten Zahlen der Spalte *Summe* werden als unformatierte Werte ausgegeben. Eine nachträgliche Zuweisung des Zahlenformats ist also notwendig. Dies gilt auch für die Erweiterung des Überlaufbereichs. Wenn Sie einen Datensatz in Zeile 16 ergänzen, wird dieser automatisch in den Überlaufbereich übernommen und selbstverständlich auch sofort an die richtige Stelle sortiert. Die Zahlenformate für Datum und Währung werden ebenfalls korrekt an dieser Position übernommen. Da der Überlaufbereich nach der Ergänzung aber über eine zusätzliche Zeile verfügt, ist diese erneut unformatiert.

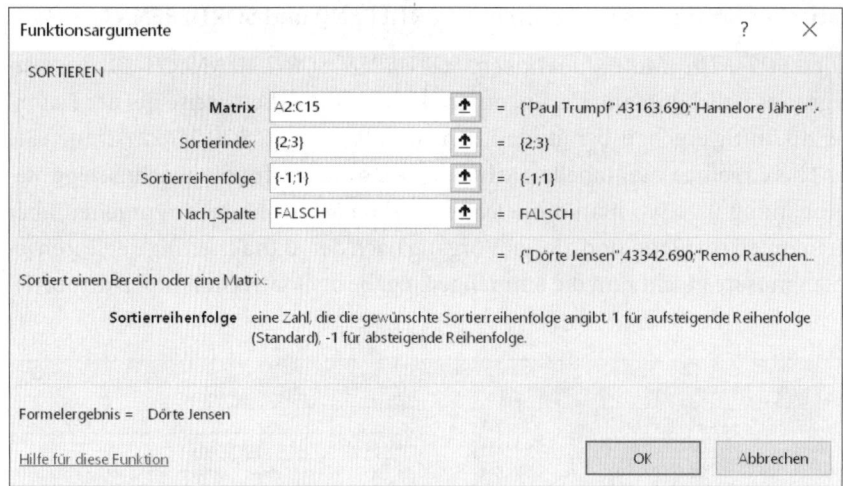

Abbildung 9.10 Funktionsargumente zum Sortieren einer dreispaltigen Tabelle

Sortieren nach mehreren Spalten mit SORTIEREN()

Grundsätzlich erwartet die Funktion SORTIEREN() im Argument Sortierindex die Spaltennummer einer einzigen Spalte (z. B. 2) und im Argument Sortierreihenfolge ebenfalls nur genau eine Zahl, nämlich entweder 1 oder -1. Wie bei anderen Kalkulationsfunktionen auch ist es jedoch im Fall dieser neuen Matrixfunktion möglich, anstelle der einzelnen Argumente *Matrixkonstanten* zu verwenden. Wird dies gemacht, erlaubt dieses Vorgehen die Auswahl mehrerer Sortierspalten (z. B. {2;3}) und Sortierreihenfolgen (beispielsweise {-1, 1}). Diese Form der Erweiterung von Funktionsargumenten wird als *Pairing* bezeichnet (Abbildung 9.10). Es beschränkt sich selbstverständlich nicht auf die Verwendung von zwei Spalten und Sortierreihenfolgen. Es können problemlos weitere Konstanten in einer Funktion verwendet werden.

Der Ausdruck =SORTIEREN(A2:C15;{2;3};{-1;1};FALSCH) in Zelle E3 des Tabellenblattes *SORTIEREN() mehrspaltig* sortiert den Ausgangsbereich der Spalten A bis C zunächst nach der zweiten Spalte in absteigender Reihenfolge (-1) und anschließend auch noch nach der dritten Spalte aufsteigend (1). Erst dann wird das Ergebnis in den Überlaufbereich ab Zelle E3 geschrieben. Schlussfolgerung für die Handhabung: Matrixkonstanten müssen in geschweiften Klammern eingegeben und die einzelnen Konstanten in diesem Fall mit Semikolon voneinander getrennt werden.

9.1.8   Ein Ergebnis, aber viele Sortierkriterien – SORTIERENNACH()

Im dritten Tabellenblatt der Beispieldatei – *SORTIERENNACH()* – besteht die Zielsetzung ebenfalls darin, gleich mehrere Sortierkriterien anzuwenden. Um die Verwendung von Ma trixkonstanten zu vermeiden, wird hier allerdings =SORTIERENNACH() eingesetzt. In Zelle E3 ist dies mit der Eingabe von =SORTIERENNNACH(A2:A15; B2:B15; -1; C2:C15;1) umgesetzt worden (Abbildung 9.11).

	A	B	C	D	E	F	G	H	I
1	Name	Datum	Summe		Überlaufbereich		Die Funktion SORTIERENNACH()		
2	Paul Trumpf	04.03.2018	690,00 €				=SORTIERENNACH(A2:A15;B2:B15;-1;C2:C15;1)		
3	Hannelore Jährer	06.03.2018	5.100,00 €		=SORTIERENNACH(A2:A15;B2:B15;-1;C2:C15;1)				
4	Karim Mouloum	09.03.2018	155,00 €		R SORTIERENNACH(Matrix; nach_Matrix1; Sortierreihenfolge1] [nach_Matrix2; Sortierreihenfolge2] [nach_Matrix3; Sortierreihenfolge3] ...)				
5	Frieda Graun	04.04.2018	680,00 €		Rudolf Vollbrecht		Die Funktion erlaubt es, nur eine Spalte aus einem		
6	Eva Erbracht	05.04.2018	65,00 €		Eva Erbracht		Datenbereich zu extrahieren und die Ergebnisse nach einem		
7	Rudolf Vollbrecht	07.06.2018	390,00 €		Frieda Graun		oder mehreren Kriterien zu sortieren.		
8	Amparo Wermel	04.03.2018	1.125,00 €		Stephanie Rummer		Die Sortierkriterien werden hier nicht als Array eingegeben,		
9	Bernd Ülzen	04.03.2018	450,00 €		Karim Mouloum		sondern nacheinander unter Angabe der Sortierreihenfolge		
10	Ellen Semmerling	16.02.2018	1.360,00 €		Hannelore Jährer		angegeben.		
11	Petra Unkroth	24.01.2018	5.100,00 €		Mehmet Araci				
12	Mehmet Araci	04.03.2018	155,00 €		Bernd Ülzen				
13	Remo Rauschenberg	05.07.2018	680,00 €		Paul Trumpf				
14	Stephanie Rummer	03.04.2018	65,00 €		Amparo Wermel				
15	Dörte Jensen	30.08.2018	690,00 €		Ellen Semmerling				
16					Petra Unkroth				
17									

Abbildung 9.11 Verwendung von bis zu 126 Sortierkriterien – SORTIERENNACH()

Im Unterschied zur Funktion SORTIEREN() muss in dieser alternativen Sortierfunktion kein Sortierindex definiert, sondern ein Zellbereich angegeben werden, anhand dessen, die Sortierung erfolgen soll. Dies funktioniert aber nur, wenn der Matrixbereich (Matrix) und das Sortierkriterium (Nach_Matrix) über eine identische Zeilenzahl verfügen. Andernfalls produziert die Funktion einen Fehlerwert.

Die Sortierreihenfolge wird wie bei der Funktion SORTIEREN() über die Schalter 1 (aufsteigend) und -1 (absteigend) definiert.

9.1.9   Automatische Datenauszüge mit FILTER() erstellen

Neben dem Sortieren von Rohdaten wird in diesem Buch das Filtern als eine der fünf typischen Techniken der Vorbereitung von Basisdaten beschrieben. Mit der Funktion FILTER() gibt es in Excel 2019 für Office 365 eine neue Option, mit der sich eine dieser wichtigen im Controlling grundlegenden Arbeitstechniken grundlegend ändern könnte. In der Arbeitsmappe *O9_Neue_Matrixfunktionen_FILTER_O1.xlsx* werden verschiedene Varianten bei der Anwendung dieser neuen Funktion durchgespielt. Im Tabellenblatt *FILTER()* handelt es sich zunächst um die standardmäßige Verwendung der Funktion: =FILTER(A2:D13;B2:B13=G3; "keine Daten vorhanden") lautet die Definition in Zelle F5 (Abbildung 9.12).

Das wichtige Filterkriterium Süd wird dabei aus der Zelle G3 übernommen. Das Argument Wenn_leer kann optional angegeben werden. Der in diesem Eingabefeld der Dialogbox eingegebene Text wird dann in das Tabellenblatt geschrieben, wenn kein Datensatz der ursprünglichen Matrix die Filterkriterien erfüllt und der Überlaufbereich somit leer bliebe.

Das Beispiel in diesem Tabellenblatt verwendet in Zelle G3 eine DATENÜBERPRÜFUNG, aus der das Filterkriterium übernommen wird. Hiermit lässt sich vermeiden, dass durch Tippfehler bei der Eingabe des Filterkriteriums ein leerer Überlaufbereich entsteht. Und noch ein abschließender Hinweis: In den neuen Matrixfunktionen dürfen selbstverständlich auch strukturierte Bezüge verwendet werden. Die Funktion =FILTER(Rohdaten_dT; Rohdaten_dT [Region]=G3;"keine Daten vorhanden") würde gleichermaßen ein korrektes Ergebnis liefern.

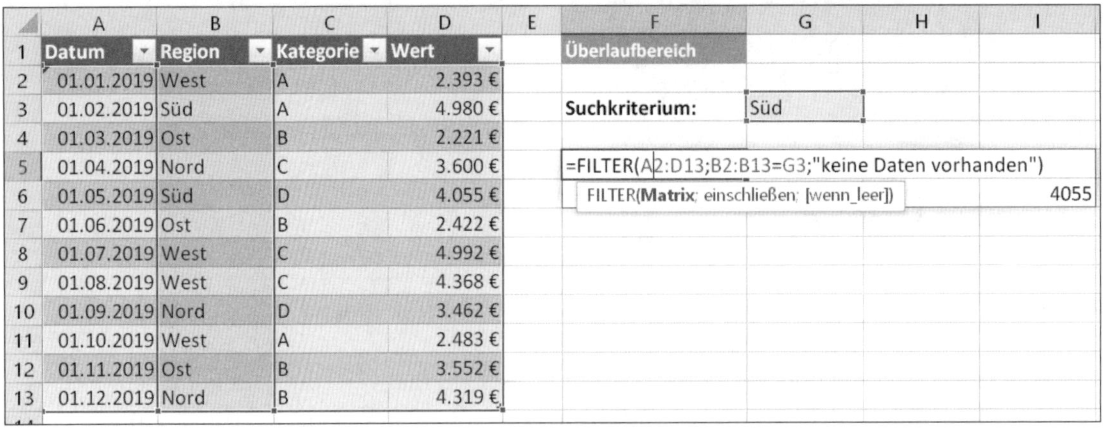

▲	A	B	C	D	E	F	G	H	I
1	Datum ▾	Region ▾	Kategorie ▾	Wert ▾		Überlaufbereich			
2	01.01.2019	West	A	2.393 €					
3	01.02.2019	Süd	A	4.980 €		Suchkriterium:	Süd		
4	01.03.2019	Ost	B	2.221 €					
5	01.04.2019	Nord	C	3.600 €		=FILTER(A2:D13;B2:B13=G3;"keine Daten vorhanden")			
6	01.05.2019	Süd	D	4.055 €		FILTER(**Matrix**; einschließen; [wenn_leer])			4055
7	01.06.2019	Ost	B	2.422 €					
8	01.07.2019	West	C	4.992 €					
9	01.08.2019	West	C	4.368 €					
10	01.09.2019	Nord	D	3.462 €					
11	01.10.2019	West	A	2.483 €					
12	01.11.2019	Ost	B	3.552 €					
13	01.12.2019	Nord	B	4.319 €					

Abbildung 9.12 Filtern einer Datentabelle mithilfe der Funktion FILTER()

Zwar bringt diese Eingabe keinen nennenswerten Vorteil bei der Berechnung des Ergebnisses. Denn wie Sie bereits gesehen haben, erweitert sich der Überlaufbereich auch dann automatisch, wenn die Ausgangsdaten in Form einer einfachen Liste vorliegen. Möchten Sie jedoch mithilfe von FILTER() das gefilterte Ergebnis einer Rohdatentabelle in einem neuen Tabellenblatt ausgeben, erweisen sich strukturierte Bezüge als äußerst vorteilhaft. Denn Sie ersparen Ihnen das lästige Markieren der Rohdatentabelle und vereinfachen somit den Zugriff auf entfernte Daten. In die Funktion FILTER() geben Sie in einem solchen Fall Tabellen- und Spaltenname des strukturierten Bezugs ein und erhalten direkten Zugriff auf die entfernten Daten, ohne sich einen Millimeter aus der Zielzelle hinausbewegt zu haben.

Wie Abbildung 9.13 veranschaulicht, ist auch FILTER(), wie bereits die Matrixfunktion SORTIEREN(), offen für die Nutzung von Matrixkonstanten. Im vorliegenden Beispiel geht es darum, unterschiedliche Textausgaben in verschiedenen Spalten des Überlaufbereichs zu ermöglichen, sofern der Filtervorgang keine Ergebnisse liefert. Mit der in der Abbildung gezeigten Eingabe wird in der ersten Spalte der Text »keine Daten gefunden«, in der zweiten »keine Region gefunden« und in der dritten eine 0 ausgegeben, wenn kein Datensatz die Filterkriterien erfüllt.

```
=FILTER(A2:D13;B2:B13=G3;{"kein Daten gefunden"."keine Region gefunden".0})
```

Abbildung 9.13 Definition der Textausgabe mehrerer Spalten mit Matrixkonstanten

Separatoren bei der Verwendung von Matrixkonstanten

Die zu verwendenden Trennzeichen innerhalb der geschweiften Klammern einer Matrixkonstante hängen davon ab, ob die Werte der Konstante spaltenweise oder zeilenweise ins Tabellenblatt geschrieben oder eine in eine Weiterberechnung übernommen werden sollen.

Sollen die Werte der Matrixkonstante – wie im obigen Beispiel – zeilenweise in das Tabellenblatt geschrieben werden, muss ein Punkt als Separator eingesetzt werden. Ein Semikolon führt dazu, dass die Werte der Konstante in einer Spalte untereinander angeordnet werden.

Beispiel: In den Zellen A5 bis D5 stehen die Werte 2, 4, 6 und 8. Geben Sie nun in Zelle E5 die Kalkulationsfunktion =SUMME(A5:D5+{1.2.3.4}) als Matrixfunktion ein ([Strg] + [⇧] + [↵]), so erhalten Sie das Ergebnis _30_ (2 + 1, 4 + 2, 6 + 3 und 8 + 4). Eine Eingabe der vier zu addierenden Werte muss hier zeilenweise, also mit dem Punkt als Separator erfasst werden, da auch die Werte des Summenbereichs in einer Zeile angeordnet wurden. Werden die vier Ausgangswerte jedoch in die Zellen A1 bis A4 geschrieben, müsste die Kalkulationsfunktion =SUMME(A1:A4+{1;2;3;4}) lauten. Um eine vertikale Anordnung der Matrix zu erreichen, müssen die Matrixkonstanten mit Semikolon getrennt werden.

9.1.10   Mehrfachkriterien mit logischem UND/ODER beim automatischen Filtern verwenden

Ähnlich wie die Matrixfunktion SORTIEREN() bietet FILTER() lediglich drei Argumente für die Definition des dynamischen Filters an: Matrix, Einschließen, Wenn_leer. Sollen mehrere Filterkriterien eingesetzt werden, muss der Anwender erneut kreativ werden. Im Tabellenblatt _FILTER()_Mehrfachkriterien_ enthält die Zelle F5 ein Beispiel dafür.

Die hier eingesetzte Methodik erinnert stark an konventionelle Matrixfunktionen, allen voran SUMMENPRODUKT(). Denn um die Ausgangsdaten zunächst nach dem in Zelle G3 angegebenen Filterkriterium Nord und anschließend nach Werten zu filtern, die größer als 3.500 sind, müssen beide Kriterien miteinander multipliziert werden (Abbildung 9.14).

=FILTER(A2:D13;(B2:B13=G3)*(D2:D13>G4);"keine Daten gefunden")				
	E	F	G	H	I
		Überlaufbereich	logisches UND		
93 €					
80 €		Suchkriterium 1:	Nord		
21 €		Suchkriterium 2:	3500		
00 €		01.04.2019	Nord	C	3.600 €
55 €		01.12.2019	Nord	B	4.319 €

Abbildung 9.14 Verwendung von Mehrfachkriterien bei Anwendung von FILTER()

Wie bei einer konventionellen Matrixfunktion durchläuft die Funktion nun jede Zelle der angegebenen Bereiche und kennzeichnet Zellen, in denen das jeweilige Filterkriterium erfüllt wird mit WAHR (1) bzw. FALSCH (0). Aus der Multiplikation der Werte 1 und 0 ergibt sich dann eine Kennzeichnung der Datensätze, in denen beide Filterkriterien erfüllt werden. Ist kein Kriterium oder lediglich eines erfüllt, beläuft sich das Produkt auf 0. Der Datensatz kann dann ignoriert werden.

Ebenfalls angelehnt an die Arbeit mit den bereits bekannten Matrixfunktionen ist die Eingabe von mehreren Filterbedingungen, die mit einem logischen ODER verknüpft werden müssen. Hier dient das Pluszeichen als Operator zwischen den einzelnen Filterkriterien. Das Ergebnis des Filtervorgangs wird in Abbildung 9.15 gezeigt. Alle Datensätze, bei denen das Resultat der Addition aller Kriterien größer null ist, werden gefiltert. Die restlichen Datensätze nicht.

| =FILTER(A2:D13;(B2:B13=G22)+(D2:D13>G23);"keine Daten gefunden") |

E	F	G	H	I
	Überlaufbereich	logisches ODER		
	Suchkriterium 1:	Nord		
	Suchkriterium 2:	3500		
	01.02.2019	Süd	A	4.980 €
	01.04.2019	Nord	C	3.600 €
	01.05.2019	Süd	D	4.055 €
	01.07.2019	West	C	4.992 €
	01.08.2019	West	C	4.368 €
	01.09.2019	Nord	D	3.462 €
	01.11.2019	Ost	B	3.552 €
	01.12.2019	Nord	B	4.319 €

Abbildung 9.15 Mit einem Pluszeichen zwischen den Bedingungen entsteht die ODER-Verknüpfung

9.1.11   Duplikate aus Listen mit der Funktion EINDEUTIG() entfernen

Eindeutig oder einmalig? Diese Frage müssen Sie zunächst beantworten, bevor Sie die neue Funktion =EINDEUTIG() einsetzen. In der Arbeitsmappe *09_Neue_Matrixfunktionen_EINDEUTIG_01.xlsx* werden für beide Anwendungsfälle passende Beispiele geliefert. In Zelle E3 des Tabellenblattes *EINDEUTIG()* geht es zunächst darum, eine Liste aller Namen unter Ausschluss von Duplikaten zu erstellen. Um dies zu erreichen, wird das Argument Einmaliges_Vorkommen auf FALSCH gesetzt. Alle sieben unterschiedlichen Namen aus Spalte A werden folglich in Spalte E ausgegeben. Die Funktion =EINDEUTIG() entspricht hier bezüglich ihres Ergebnisses der Funktion DATEN • DATENTOOLS • DUPLIKATE ENTFERNEN, mit dem angenehmen Unterschied, dass bei der Aktualisierung der Ausgangsliste automatisch alle doppelten Werte entfernt werden und der neueste Stand im Überlaufbereich angezeigt wird (Abbildung 9.16).

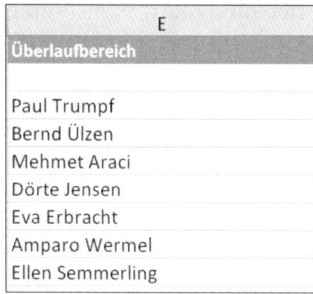

Abbildung 9.16 Liste eindeutiger Werte bei Verwendung von FALSCH
für das Funktionsargument »Einmaliges_Vorkommen«

Im selben Tabellenblatt wurde in Zelle J3 das Argument Einmaliges_Vorkommen auf WAHR gesetzt. Wie nicht anders zu erwarten, wird der Überlaufbereich in diesem Fall um einiges kürzer. Denn es ist nur ein einziger Name in Spalte A vorhanden, der lediglich einmal vorkommt: Eva Erbracht (Abbildung 9.17).

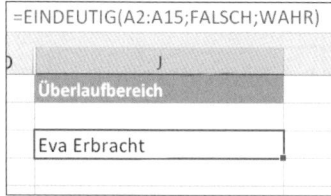

Abbildung 9.17 Bei Setzen von »Einmaliges_Vorkommen« auf
WAHR bleibt nur ein Name im Überlaufbereich erhalten.

9.1.12   Eindeutige Werte auf Basis mehrere Spalten mithilfe von WAHL() extrahieren

Auch für die Funktion EINDEUTIG() gilt, dass Sie recht problemlos auf mehrere Spalten einer Matrix bezogen werden kann. Dies ist im Tabellenblatt *EINDEUTIG()_mehrspaltig* erkennbar. Denn wenn der Ausgangsdatenbereich auf Spalte B erweitert wird (*A2:B15*), werden automatisch beide Spalten in die Identifizierung der Duplikate einbezogen. So kommen Paul Trumpf und Mehmet Araci gleich zweimal im Ergebnisbereich vor. Denn für beide Personen gibt es jeweils zwei unterschiedliche Datumsangaben in der zweiten Spalte.

Etwas komplizierter wird das Entfernen der Duplikate einer Liste erst dann, wenn mehrere nicht zusammenhängende Spalten als Argumente verwendet werden müssen. Dieser Fall kann im Tabellenblatt *EINDEUTIG()_unzusammenhängend* nachvollzogen werden. Auch hier hilft ein alter Excel-Trick, der bereits in Zusammenhang mit anderen Funktionen wie SVERWEIS() erfolgreich war: =WAHL(). Diese Funktion ist generell gut geeignet, um Kalkulationsalternativen in einer Berechnung zu realisieren.

Im konkreten Beispiel in Abbildung 9.18 wird sie herangezogen, um wahlweise auf die Spalten *Name* oder *Summe* der Datentabelle *Beispieldaten02_dT2* zuzugreifen. Das erste Argument der Funktion (Index) enthält die bereits weiter oben beschriebenen Matrixkonstanten {1.2}. Der gesamte Ausdruck =EINDEUTIG(WAHL({1.2}; Beispieldaten02_dT2[Name]; Beispieldaten02_dT2[Summe])) kann folgendermaßen verstanden werden:

▶ Der Reihe nach werden die beiden Spalten *Name* und *Summe*, zwischen denen noch die Spalte *Datum* liegt, zu einem zusammenhängenden Bereich angeordnet.

▶ Anschließend wird diese neue Matrix an die Funktion EINDEUTIG() übergeben.

▶ Letztere Funktion übernimmt nun die Aufgabe, alle Duplikate zu entfernen.

	E	F	G	H	I
	Überlaufbereich				
	=EINDEUTIG(WAHL({1.2};Beispieldaten02_dT2[Name];Beispieldaten02_dT2[Summe]))				
	P EINDEUTIG(Matrix; [anhand_Spalte]; [einmaliges_Vorkommen])				
	Mehmet Araci	4.500 €			
	Eva Erbracht	2.000 €			
	Amparo Wermel	1.200 €			
	Mehmet Araci	3.000 €			
	Amparo Wermel	1.500 €			
	Mehmet Araci	1.000 €			

Abbildung 9.18 Unzusammenhängende Spalten werden mit WAHL() zu einer virtuellen Matrix zusammengefügt.

Diese Arbeitstechnik ist auch deshalb wichtig, weil sie zeigt, dass nicht nur physikalisch in der Arbeitsmappe gespeicherte Daten an die neuen dynamischen Matrixfunktionen übergeben werden können. Dies ist – wie im Beispiel mit WAHL() dargestellt – auch mit virtuellen Tabellen möglich. Es gehört nicht viel Fantasie dazu, sich vorzustellen, welche vielfältigen Möglichkeiten sich aus der Kombination unterschiedlicher Kalkulationsfunktionen beim Erstellen von Datenmodellen auf diesem Weg durch die neuen Matrixfunktionen ergeben.

	A	B	C	D	E	F	G	H
1	Name	Datum	Summe		**Überlaufbereich**			
2	Paul Trumpf	04.03.2018	4.000,00 €					
3	Paul Trumpf	04.03.2018	2.000,00 €		=SORTIEREN(EINDEUTIG(WAHL({1.2};Beispieldaten02_dT[Name];Beispieldaten02_dT[Summe]));{2.1};{-1.1})			
4	Mehmet Araci	09.03.2018	4.500,00 €		P SORTIEREN(Matrix; [Sortierindex]; [Sortierreihenfolge]; [nach_Spalte])			
5	Mehmet Araci	09.03.2018	4.500,00 €		Mehmet Araci	3.000 €		
6	Eva Erbracht	05.04.2018	2.000,00 €		Eva Erbracht	2.000 €		
7	Paul Trumpf	04.03.2018	4.000,00 €		Paul Trumpf	2.000 €		
8	Amparo Wermel	16.02.2018	1.200,00 €		Amparo Wermel	1.500 €		
9	Amparo Wermel	09.03.2018	3.000,00 €		Amparo Wermel	1.200 €		
10	Amparo Wermel	16.02.2018	1.500,00 €		Mehmet Araci	1.000 €		
11	Amparo Wermel	16.02.2018	1.200,00 €					
12	Mehmet Araci	04.03.2018	3.000,00 €					
13	Paul Trumpf	05.07.2018	4.000,00 €					
14	Amparo Wermel	16.02.2018	1.200,00 €					
15	Mehmet Araci	04.03.2018	1.000,00 €					
16								

Abbildung 9.19 Weiterberechnung der virtuellen Tabelle mithilfe der Matrixfunktion SORTIEREN()

In Abbildung 9.19, die eine weitere Anwendung von EINDEUTIG() im Tabellenblatt *EINDEU-TIG()_verschachtelt* zeigt, soll die eindeutige Liste abschließend noch sortiert werden. Dies ist relativ einfach möglich, wenn die Funktion SORTIEREN() ergänzt wird. Da beim Sortieren sowohl die Spaltennummer, nach der sortiert werden soll, als auch die Sortierreihenfolge angegeben werden müssen, erweitert sich der Gesamtausdruck um gleich zwei weitere Matrixkonstanten:

```
=SORTIEREN(
EINDEUTIG(
WAHL({1.2}; Beispieldaten02_dT2[Name]; Beispieldaten02_dT2[Summe]))
;{2.1};{-1;1})
```

Die virtuelle Tabelle soll also zuerst nach der zweiten Spalte (*Summe*) in absteigender Reihenfolge sortiert werden (-1). Anschließend erfolgt die aufsteigende Sortierung nach der ersten Spalte. Wichtig ist hierbei, dass der Sortierindex der virtuellen Tabelle (2 = *Summe*) und nicht etwa der physikalischen Tabelle in den Spalten A bis C (3 = *Summe*) angegeben wird.

9.1.13 Dynamische Datenreihen mit der Funktion SEQUENZ() generieren

Anwendungsbereiche für =SEQUENZ() erschließen sich vielleicht nicht auf den ersten Blick. Um einen Zellbereich mit fortlaufenden Werten zu füllen, gibt es schließlich das AUTOAUS-FÜLLEN, bei dem Sie mit gedrückter Maustaste am AUTOAUSFÜLL-KÄSTCHEN ziehen. Befreit man sich allerdings von der Idee, dass eine Zahlenreihe immer in ein Tabellenblatt eingegeben werden muss, erkennt man schnell das riesige Potenzial der neuen Funktion. Denn wenn das Ergebnis von SEQUENZ() an eine andere Kalkulationsfunktion weitergegeben werden kann, lassen sich beispielsweise mühelos dynamische Datumsbereiche erstellen. Diese können dann wieder von anderen Funktionen weiterverarbeitet oder für das Erstellen dynamischer Diagramme eingesetzt werden.

Aber der Reihe nach! In Abbildung 9.20 sehen Sie zunächst eine ganz einfache Nutzung von SEQUENZ(). Es wird festgelegt, dass zehn Zeilen und eine Spalte des Tabellenblattes gefüllt werden sollen. Die Datensequenz soll mit dem Wert 1 beginnen und ein Intervall von 0,5 verwenden. Die Beispieldatei *09_Neue_Matrixfunktionen_SEQUENZ()_01.xlsx* enthält dieses Beispiel im Tabellenblatt *SEQUENZ()*.

Beginnend mit Zelle C3 wurde im selben Tabellenblatt auch eine mehrspaltige Datensequenz erzeugt. Die vier Argumente der neuen Funktion lauten Zeilen, Spalten, Anfang, Schritt und sind damit selbsterklärend.

	A
1	Überlaufbereich SEQUENZ()
2	
3	=SEQUENZ(10;1;1;0,5)
4	1,5
5	2
6	2,5
7	3
8	3,5
9	4
10	4,5
11	5
12	5,5

Abbildung 9.20 Einfache Datenreihen können mit SEQUENZ() im Tabellenblatt erzeugt werden.

9.1.14 Dynamische Datumsreihen durch die Kombination von Datumsfunktionen und SEQUENZ() erzeugen

Eine ganz andere Dimension erhalten die zu generierenden Datensequenzen allerdings, wenn sie in einem zeitlichen Rahmen eingebettet werden. Und dies ist nicht besonders schwierig, weil SEQUENZ(), wie auch alle anderen neuen Matrixfunktionen, als Argument in anderen Funktionen verwendet werden kann. In Abbildung 9.21 sehen Sie, dass in Kombination mit DATUM(Jahr; Monat; Tag) beispielsweise eine Liste fortlaufender Monatsdaten generiert werden kann. Das Beispiel befindet sich im Tabellenblatt *SEQUENZ() und Datumsreihen*. Während die Parameter für Jahr und Tag in diesem Beispiel aus den Zellen A2 übernommen bzw. mit 1 festgelegt werden, wird der Monat aus einer Sequenz der Werte 1 bis 12 berechnet: SEQUENZ(12; 1; MONAT(A2); E2).

	A	D	E	F	G	H	I
1	**Startdatum**		**Intervall**		**Überlaufbereich mit Intervallsteuerung**		**Überlaufbereich für Monats-/Quartalsende**
2	01.01.2019		1				
3					=DATUM(JAHR(A2);SEQUENZ(12;1;MONAT(A2);E2);1)		
4					DATUM(Jahr; **Monat** Tag) 01.02.2019		31.03.2019
5					01.03.2019		30.04.2019
6					01.04.2019		31.05.2019
7					01.05.2019		30.06.2019
8					01.06.2019		31.07.2019
9					01.07.2019		31.08.2019
10					01.08.2019		30.09.2019
11					01.09.2019		31.10.2019
12					01.10.2019		30.11.2019
13					01.11.2019		31.12.2019
14					01.12.2019		31.01.2020

Abbildung 9.21 Eine dynamische Datumsreihe wird mit SEQUENZ() generiert.

Eine solche Kombination der beiden Funktionen hat einige sehr nützliche Konsequenzen für dynamische Reports:

▸ Anfangsdatum und Intervall der Datumsreihe können über die Eingabe in mehrere Zellen gesteuert werden (A2 und E2).

▸ Die Länge der Datumsreihe kann über die Matrixfunktion hingegen variabel gestaltet werden.

▸ Da DATUM() mithilfe der Matrixfunktion generiert wird, verhält sich der Zellbereich, in dem die Datumswerte ausgegeben werden, selbst wie eine dynamische Datumsfunktion. Wählt der Benutzer also eine höhere Anzahl zu generierender Monate, erweitert sich der Überlaufbereich von DATUM() entsprechend.

▸ Jede andere Funktion kann nun auf diesen veränderlichen Überlaufbereich zur Berechnung weiterer Ergebnisse zugreifen.

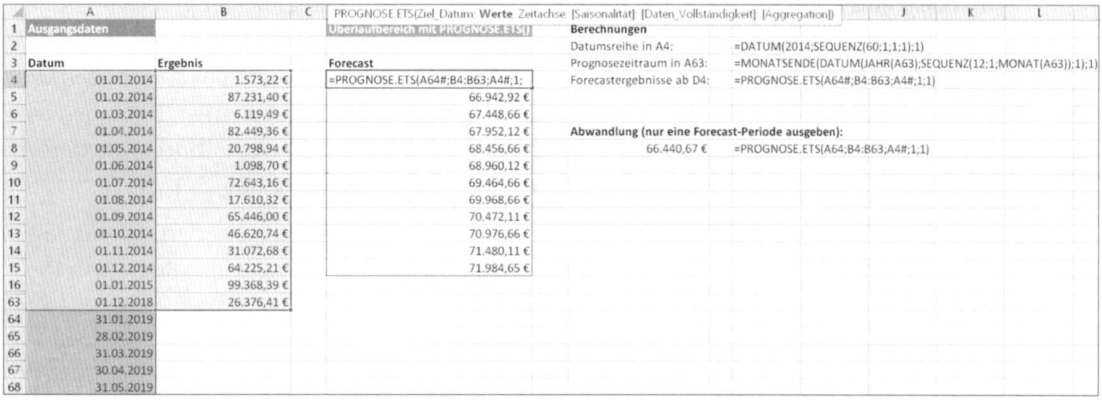

Abbildung 9.22 Dynamischer Forecast mit SEQUENZ() und PROGNOSE.ETS()

Im Tabellenblatt *SEQUENZ() und FORECAST()* können Sie auch dieses Prinzip nachvollziehen. Hier wird im Zellbereich A4 bis A63 zunächst eine Datumssequenz auf Monatsbasis erstellt. Von A64 bis A75 erstreckt sich eine weitere Sequenz mit Monatsintervallen. Zwei Datumsbereiche – das ist exakt die Grundlage, die die Funktion =PROGNOSE.ETS(Ziel_Datum; Werte; Zeitachse; [Saisonalität]; [Daten_Vollständigkeit]; [Aggregation]) benötigt, um einen Forecast zu berechnen. Bei gewöhnlicher Verwendung von Datumsbereichen müssten sowohl Ziel_Datum als auch Zeitachse mit Wertebereichen angegeben werden – nämlich mit A64 bis A75 und A4 bis A63. Da sich beide Datumsreihen als Folge der Verwendung von SEQUENZ() jedoch in Überlaufbereichen befinden, können sie mit A64# und A4# adressiert werden. Lediglich der Wertebereich B4:B63, in dem sich die Umsatzdaten befinden, muss mit einem konventionellen Zellbezug angegeben werden.

Verlängern Sie nun die Datumsreihe für die Forecast-Monate von zwölf auf 18 Monate – MONATSENDE(DATUM(JAHR(A63);SEQUENZ(18;1;MONAT(A63));1);1) – so wird auch die Berechnung des Forecasts im Überlaufbereich D4 bis D16 automatisch um sechs Zellen erweitert. Die an sich nicht dynamische Funktion PROGNOSE.ETS() ist also durch die Einbeziehung von SEQUENZ() zu einer dynamischen Matrixfunktion geworden.

9.1.15   Zufallszahlen mit der Funktion ZUFALLSMATRIX() erstellen

Um Aufbau und Funktionsweise von Datenmodellen ausgiebig zu testen, benötigt man eine ausreichende Datenverteilung. In der Vergangenheit konnten solche Daten auf unterschiedliche Art gewonnen werden, unter anderem durch die beiden Funktionen =ZUFAHLSZAHL() und =ZUFALLSBEREICH(). Beide Funktionen liefern unter unterschiedlichen Vorzeichen einspaltige Zahlenreihen, mit denen sich dann Tabellen oder Diagramme füttern lassen. Auf diesem Weg können sehr schnell Formatierungsfehler identifiziert und korrigiert werden.

Aus der Gruppe der neuen Matrixfunktionen gesellt sich nun =ZUFALLSMATRIX() zu den beiden bekannten Werkzeugen, und es gehört keine prophetische Gabe dazu, vorherzusagen, dass diese neue Funktion den beiden älteren bald den Rang ablaufen wird. Der Newcomer kann nämlich ein- und mehrspaltige Zahlenreihen generieren, beherrscht sowohl den Umgang mit ganzzahligen Werten als auch mit Dezimalzahlen und generiert Datenbereiche unter Angabe eines Start- und Endwertes. In der Arbeitsmappe *09_Neue_Matrixfunktionen_ZUFALLSMATRIX_01.xlsx* befindet sich das Beispiel, das Sie in Abbildung 9.23 sehen.

In ihm wurde eine zwölfzeilige Tabelle mit vier Spalten (Quartalen) generiert. Da das Argument Ganze_Zahl auf FALSCH gesetzt wurde, liefert die Funktion eine ganze Reihe von Dezimalzahlen.

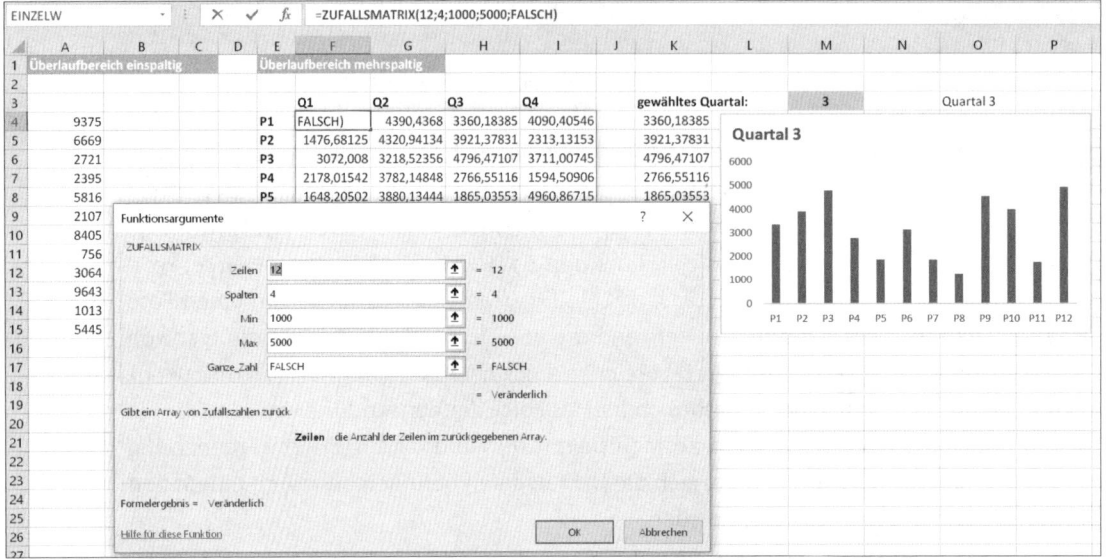

Abbildung 9.23 Zufallsmatrix zum Testen der Funktionsfähigkeit eines dynamischen Reports

Im vorliegenden Beispiel werden die zufällig generierten Daten in Zelle K4 bis K15 über die Funktion =WAHL($M$3; F4; G4; H4; I4) ausgelesen. Die Auswahl des Quartals kann über die Eingabe einer Quartalsnummer in Zelle M3 gesteuert werden. Auf den aus der Auswahl erstellten Wertebereich K4 bis K15 greift wiederum das Balkendiagramm auf der rechten Seite des Tabellenblattes zu. ZUFALLSMATRIX() ist eine volatile Funktion. Wenn Sie die Funktionstaste F9 (NEUBERECHNEN) betätigen, wird folglich der Matrixbereich und auf diesem Weg auch das Diagramm mit neuen Daten gefüllt.

Fertig ist das Testszenario! Schnell finden Sie mit diesen Werkzeugen heraus, ob das Diagramm beispielsweise bei einem weit auseinanderreichenden Wertebereich noch gut lesbar ist oder ob in einer Tabelle eventuell Spaltenbreiten angepasst werden müssen.

9.1.16 Extrahieren einzelner Werte mithilfe von EINZELW()

Der publizistische Wirbel, der in den vergangenen Monaten um die neue Matrixfunktion =EINZELW() gemacht wurde, rührt von einem einfachen, aber stets verkannten Funktionsprinzip bei den Berechnungen in Excel her: der *impliziten Schnittmenge*. In der Beispieldatei *09_Implizite_Schnittmenge_01.xlsx* habe ich einige einfache Beispiele für Sie zusammengestellt, anhand derer Sie dieses grundsätzliche Prinzip nachvollziehen können.

Bei der ersten verwendeten Funktion handelt es sich um =ISTTEXT(A2:A5), die in die Zellen J3 und J6 eingegeben wurde. Während die obere Berechnung zum Ergebnis WAHR kommt, liefert die untere ein FALSCH (Abbildung 9.24). Wie kann es sein, dass sich im identischen Wertebereich A2 bis A5 einmal der Datentyp Text und ein anderes Mal etwas anderes befinden soll? Die Erklärung besteht darin, dass Excel beim einfachen Bezug auf Matrizen stets die Schnittmenge der Zelle, in der eine Funktion eingegeben wurde, mit dem benannten Zellbereich, auf den sie sich bezieht, berücksichtigt. Da der Wertebereich der Funktion von Zeile 2 bis 5 reicht, kann bei Eingabe in Zeile 3 der Wert Süd eindeutig als Text identifiziert werden. In Zeile 6 gibt es hingegen keinen Inhalt und so kommt die Berechnung zum Ergebnis: kein Text, also FALSCH.

⊿	A	B	C	D	E	F	G	H	I	J	K
1		Q1	Q2	Q3	Q4						
2	Nord	212	286	395	399						
3	Süd	265	247	259	289		265	=BEREICH.VERSCHIEBEN($A$1;1;1;4;1)		WAHR	=ISTTEXT(A2:A5)
4	West	296	259	300	287						
5	Ost	270	366	368	319						
6							#WERT!	=BEREICH.VERSCHIEBEN($A$1;1;1;4;1)		FALSCH	=ISTTEXT(A2:A5)
7											
8											
9							259	=Süd Q3_			

Abbildung 9.24 Zweifache Verwendung von ISTTEXT(A2:A5) – zwei unterschiedliche Resultate

Diese spezielle Berücksichtigung des Kontextes einer Kalkulationsfunktion konnte in der Vergangenheit vor allem bei der Nutzung von volatilen Funktionen, allen voran von =BEREICH.VERSCHIEBEN(), für Verwirrung sorgen. Gibt man die Funktion in eine Zelle ein, um den daraus entstehenden Zellbereich anschließend beispielsweise in ein Diagramm zu übernehmen oder eine dynamische Berechnung damit aufzubauen, konnte die Funktion – je nach Cursorposition – den Fehlerwert #WERT! oder eine Zahl aus der Matrix zurückgeben. Es bestand jedoch niemals auch nur die geringste Aussicht, das korrekte Ergebnis aller Werte des ausgewählten veränderlichen Zellbereichs zu erhalten. Da es unmöglich ist, die Inhalte mehrerer Zellen, die über =BEREICH.VERSCHIEBEN() ausgewählt wurden, in einer einzigen Zelle darzustellen, müsste schon eine Zusammenfassungsfunktion wie =SUMME() oder =MITTELWERT() eingesetzt werden, um ein verwertbares Resultat zu erhalten.

Zusammenfassungsfunktionen sind also stets in der Lage gewesen, das Funktionsprinzip der impliziten Schnittmenge aufzuheben. Egal, in welche Zelle sie eingegeben werden, sie liefern immer das Ergebnis des Zellbereichs, der in der Funktion konkret angegeben wurde. An all diesen Prinzipien hat sich durch die Entwicklung der neuen Matrixfunktionen nichts geändert. Das wirklich Neue ist lediglich, dass die implizite Schnittmenge nun unverhofft ins Rampenlicht manövriert wurde, indem man die Funktion EINZELW(Wert) geschaffen hat. Damit gibt es nun etwas wie die *explizite Schnittmenge*.

In Abbildung 9.25 bezieht sich diese Funktion auf die Spalte einer dynamischen Datentabelle: =EINZELW(Beispieldaten_dT[Summe]). Da die Eingabe in der dritten Zeile erfolgte, beträgt das Ergebnis *5.100,00 €*. Dies ist genau der Wert, der in Zelle C3 steht. Excel wäre übrigens auch in der Lage, mit @Beispieldaten_dT[Summe] zu diesem Ergebnis zu gelangen, denn das @-Zeichen wirkt bei strukturierten Bezügen ebenfalls wie eine implizite Schnittmenge.

| E3 | | : | × | ✓ | *fx* | =EINZELW(Beispieldaten_dT[Summe]) |

	A	B	C	D	E
1	Name ↓T	Datum ▼	Summe ▼		
2	Paul Trumpf	04.03.2018	690,00 €		
3	Hannelore Jährer	06.03.2018	5.100,00 €		5.100,00 €
4	Karim Mouloum	09.03.2018	155,00 €		
5	Frieda Graun	04.04.2018	680,00 €		
6	Eva Erbracht	05.04.2018	65,00 €		
7	Rudolf Vollbrecht	07.06.2018	390,00 €		
8	Amparo Wermel	04.03.2018	1.125,00 €		
9	Bernd Ülzen	04.03.2018	450,00 €		
10	Ellen Semmerling	16.02.2018	1.360,00 €		
11	Petra Unkroth	24.01.2018	5.100,00 €		
12	Mehmet Araci	04.03.2018	155,00 €		
13	Remo Rauschenberg	05.07.2018	680,00 €		
14	Stephanie Rummer	03.04.2018	65,00 €		
15	Dörte Jensen	30.08.2018	690,00 €		

Abbildung 9.25 EINZELW() berechnet die implizite Schnittmenge auch bei Datentabellen.

Die weiteren Anwendungsbeispiele für die neue Funktion befinden sich in den Zellen K7 und Q7 des Tabellenblattes *EINZELW()*. In K7 wird auf den Teilbereich eines vertikalen Überlaufbereichs (I3 bis I16) verwiesen. Kein Problem für die Funktion – der Inhalt der Zelle I7 wird aus der Liste extrahiert. Und auch in Zelle Q7 ist es unproblematisch, auf einen diesmal horizontalen Matrixbereich (M5 bis Z5) zu verweisen. Auch bei dieser Ausrichtung der Daten kann eine Schnittmenge gebildet werden (Abbildung 9.26).

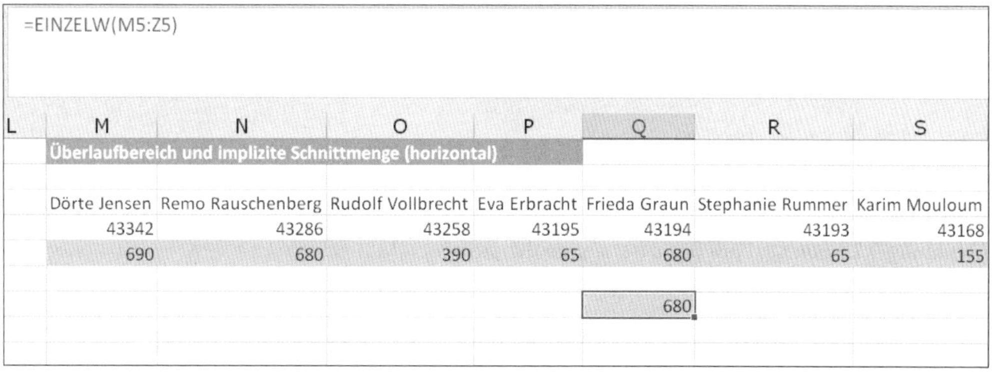

=EINZELW(M5:Z5)							
L	**M**	**N**	**O**	**P**	**Q**	**R**	**S**
	Überlaufbereich und implizite Schnittmenge (horizontal)						
	Dörte Jensen	Remo Rauschenberg	Rudolf Vollbrecht	Eva Erbracht	Frieda Graun	Stephanie Rummer	Karim Mouloum
	43342	43286	43258	43195	43194	43193	43168
	690	680	390	65	680	65	155
					680		

Abbildung 9.26 Implizite Schnittmenge bei horizontal angeordneten Daten

9.2   Neue Optionen für die Erstellung dynamischer Datenmodelle

Wenn man sich die Funktionsweise der neuen Matrixfunktionen angesehen und erste Tests zu ihrer Nutzung durchgeführt hat, dann gelangt man zwangsläufig zu der Frage, ob und inwieweit diese Neuerungen die Entwicklung von dynamischen Datenmodellen verändern werden. Meine Antwort: Es wird grundlegende Änderungen bei der Berechnung von dynamischen Kalkulationen geben. Davon werden vor allem die *Big 5* betroffen sein: Statusbericht mit sich ändernder Datenbasis, Soll-Ist-Vergleich, Year-over-Year-Vergleich, Year-to-Date-Berechnung und Forecast. Alle diese typischen Berechnungen basieren auf sich kontinuierlich ändernden Datumsbereichen. Sie müssen fast zwangsläufig flexibel Teilbereiche aus Rohdaten extrahieren und transformieren, was mit Funktionen wie SVERWEIS(), RANG() oder manuellen Filter- und Sortiervorgängen zeitraubend und unsicher ist. Und in einem letzten Schritt münden diese Standardreports in Kalkulationsfunktionen wie SUMMEWENNS(), PROGNOSE.ETS(), TREND(), HÄUFIGKEIT() etc., welche eigentlich keinerlei Potenzial zum Umgang mit veränderlichen Zell- und Datenbereichen besitzen.

Dynamische Matrixfunktionen werden eine ganze Reihe dieser Limitationen sprengen und die Methodik des Zugriffs auf veränderliche Bereiche in Form des Überlaufbereichs, den sie produzieren, stark vereinheitlichen. Um dies zu zeigen, habe ich den Versuch unternommen, ein zentrales Anwendungsbeispiel dieses Buches, den am Ende von Kapitel 7, »Dynamische Reports erstellen«, behandelten Forecast (Abbildung 9.27), unter Berücksichtigung der neuen Matrixfunktionen zu modifizieren.

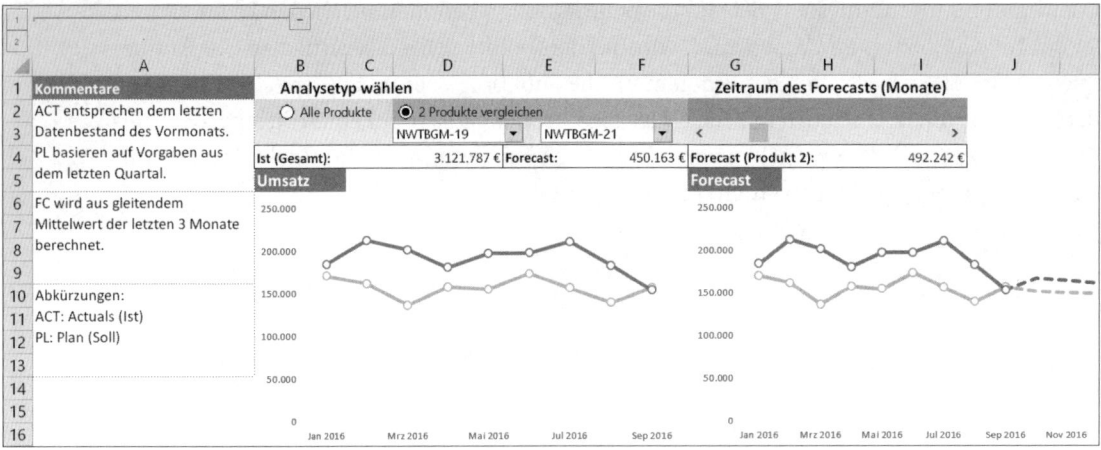

Abbildung 9.27 Forecast auf Basis der neuen dynamischen Matrixfunktionen

9.2.1   Erzeugen dynamischer Produktlisten und Datumsreihen mit EINDEUTIG()

Bei den in der Arbeitsmappe *09_Forecast_Neue_Matrixfunktionen_01.xlsx* im Tabellenblatt *A_Basisdaten* verwendeten Daten handelt es sich um eine pivotierte Tabelle mit den Spalten *Umsatz*, *Soll*, *Umsatz_kum* und *Soll_kum*. Die Gruppierungsmerkmale befinden sich hingegen in den Spalten *Produktcode* und *Datum*. Diese Daten wurden über Power Query entpivotiert und im Tabellenblatt *B_Basisdaten_entpivotiert* ausgegeben. Auch nach der Bereinigung enthält die dortige Rohdatentabelle noch Duplikate, da für jeden Monat und jedes Produkt jeweils vier Werte gespeichert wurden (Ist, Soll, Ist kumuliert und Soll kumuliert).

Die erste Aufgabe besteht somit darin, im Tabellenblatt *C_Soll_kumuliert* eine Liste eindeutiger Produktbezeichnungen in Spalte A zu erzeugen. In Zelle A2 wird dies über die Funktion `=EINDEUTIG(BasisdatenEntpivotiert_dT[Produktcode];FALSCH;FALSCH)` erreicht. Die beiden Wahrheitswerte `FALSCH` stehen hier für den Zugriff auf Rohdaten, die zeilenweise untereinander angeordnet sind, und die Ausgabe der eindeutigen Liste aller Produktnamen (Abbildung 9.28). Diese neue Funktion ersetzt die im ursprünglichen Datenmodell (Kapitel 7, »Dynamische Reports erstellen«) eingesetzte Funktionskombination aus `INDEX()` und `ZEILE()`.

	A	B	C	D	E	F
1	**Soll_kum**	31.01.2016	29.02.2016	31.03.2016	30.04.2016	31.05.2016
2	=EINDEUTIG(BasisdatenEntpivotiert_dT[Produktcode];FALSCH;FALSCH)					1.429.496
3	N **EINDEUTIG**(Matrix; [anhand_Spalte]; [einmaliges_Vorkommen])		5		787.535	944.335
4	NWTCO-4	340.000	686.500	1.036.500	1.379.500	1.729.500

Abbildung 9.28 Extrahieren der Produktliste ohne Duplikate aus den Rohdaten

Analog hierzu wurde eine der neuen Matrixfunktionen in Zeile 1 angewandt, um eine veränderliche Datumsreihe zu generieren. Eine Datentabelle mit den Monatsendterminen befindet sich unter dem Namen *Datumsliste_dT* im Tabellenblatt *Y_Listen*. Über die Eingabe in

Zelle C2 wird das Startdatum definiert, aus dem elf Folgemonate über die Funktion MONATS-
ENDE() berechnet werden. KKLEINSTE(Datumsliste_dT[Monatsende]) liest nun den Startwert
aus der Datumsliste aus. Dabei wird zunächst die gesamte Liste aller Werte bestimmt (Da-
tumsliste_dT[Monatsende]). Der Rang (k), also die Angabe, ob das erste, zweite oder ein anderes Folgedatum ausgelesen werden soll, wird durch die dynamische Matrixfunktion SE-
QUENZ() bestimmt. Diese bezieht ihren Vorgabewert wiederum aus der Zelle *Monatsanzahl_
vZ* des Tabellenblattes *Z_Steuerung* (Abbildung 9.29).

	A	B	C	D	E	F	G	H
1	Soll_kum	=MTRANS(KKLEINSTE(Datumsliste_dT[Monatsende];SEQUENZ(Monatsanzahl_vZ)))						31.07.2016
2	NWTB-1	MTRANS(**Matrix**)	632.696	952.696	1.109.496	1.429.496	1.762.696	2.102.696

Abbildung 9.29 Generieren einer transponierten monatlichen Datumsliste des ausgewählten
Jahres

Da sich in dieser Zelle der Wert 12 befindet, wird in Zeile 1 automatisch eine Liste der ersten
zwölf Datumswerte gebildet. Würde man die Datumsliste im Tabellenblatt *Y_Listen* verlängern
und den Wert in der Zelle *Monatsanzahl_vZ* beispielsweise auf 18 erhöhen (Abbildung 9.30),
ginge dies mit einer Vergrößerung der Datentabelle in *C_Soll_kumuliert* auf 18 Spalten einher. Hier erkennt man bereits den enormen Vorteil, den Überlaufbereiche für dynamische
Reports bringen. Anstelle des manuellen Kopierens von Formeln und Funktionen genügt die
Änderung eines Parameters, um den Berechnungsbereich eines Berichts zu erweitern oder
zu verkleinern.

	A	B	C	D	E	F	G	H	I	J
1		Startdatum		Monate Forecast		ausgewähltes Produkt 1		ausgewähltes Produkt 2		Analysetyp
2		31.01.2016		3		10		12		2
3						NWTBGM-19		NWTBGM-21		
4		Anzahl Monate								
5		12								
6										

Abbildung 9.30 Parameter der Datumslisten im Tabellenblatt »Z_Steuerung«

Die dynamische Datumsliste soll schließlich nicht vertikal angeordnet werden wie die Ausgangsdaten. Deshalb muss der Ergebnisbereich mithilfe von MTRANS() transponiert werden.
Auch hier funktioniert das Zusammenspiel zwischen konventioneller und neuer Matrixfunktion perfekt.

9.2.2 Bedingte Kalkulationen im Kontext der neuen Matrixfunktionen

Sind die beiden Koordinaten, bestehend aus Produktbezeichnungen und Monatsangaben,
erst einmal generiert, können diese umgehend als Kriterien der nun folgenden bedingten
Kalkulationen eingesetzt werden. Dies lässt sich in Zelle B2 des Tabellenblattes *C_Soll_kumu-
liert* sehr gut erkennen. Hier wird die folgende Funktion verwendet (Abbildung 9.31):

```
=SUMMEWENNS(BasisdatenEntpivotiert_dT[Wert];
BasisdatenEntpivotiert_dT[Produktcode];A2#;
BasisdatenEntpivotiert_dT[Datum];B1#;
BasisdatenEntpivotiert_dT[Datenart];$A$1).
```

Zunächst wird mit dem Argument Summe_Bereich Bezug auf die Spalte *Wert* der Rohdaten genommen. Die erste Bedingung, das Produkt NWTB-1, befindet sich in Zelle A2. Mit # wird der in SUMMEWENNS() eingesetzte Bezug aber ebenfalls dynamisch. Er bezieht sich auf den Überlaufbereich, der zuvor erstellt wurde mit:

```
=EINDEUTIG(BasisdatenEntpivotiert_dT[Produktcode];FALSCH;FALSCH)
```

Dies hat zur Folge, dass die grundsätzlich nicht »überlaufende« Funktion SUMMEWENNS() ebenfalls automatisch auf Erweiterungen oder Verkleinerungen der dynamischen Produktliste und des Datumsbereichs reagieren kann. Sollten also zukünftig einige neue Produkte in den Report einfließen, müsste der Berechnungsbereich nicht durch manuelles Kopieren der Kalkulationsfunktionen mühselig angepasst werden. Auch alle aufwendigen Checks, um zu überprüfen, ob noch alle Zellbezüge nach einer Änderung der Datenbasis auf dem aktuellen Stand und korrekt sind, entfiele.

| B2 | | | fx | =SUMMEWENNS(BasisdatenEntpivotiert_dT[Wert];BasisdatenEntpivotiert_dT[Produktcode];A2#;BasisdatenEntpivotiert_dT[Datum];B1#; BasisdatenEntpivotiert_dT[Datenart];$A$1) | | | | | | | | |

	A	B	C	D	E	F	G	H	I	J	K	L	M
1	Soll_kum	31.01.2016	29.02.2016	31.03.2016	30.04.2016	31.05.2016	30.06.2016	31.07.2016	31.08.2016	30.09.2016	31.10.2016	30.11.2016	31.12.2016
2	NWTB-1	312.696	632.696	952.696	1.109.496	1.429.496	1.762.696	2.102.696	2.442.696	2.775.896	0	0	0
3	NWTCO-3	153.935	310.735	467.535	787.535	944.335	1.101.135	1.259.535	1.421.235	1.584.585	0	0	0
4	NWTCO-4	340.000	686.500	1.036.500	1.379.500	1.729.500	2.061.150	2.392.800	2.724.450	3.059.450	0	0	0
5	NWTO-5	323.449	646.897	976.947	1.306.997	1.633.746	1.963.795	2.290.545	2.617.294	2.944.043	0	0	0

Abbildung 9.31 SUMMEWENNS() mit Bezug auf veränderliche Überlaufbereiche

Das Zugriffsverfahren innerhalb der bedingten Kalkulation wiederholt sich noch einmal für die Bestimmung des Zeitraumes. Denn auch mit BasisdatenEntpivotiert_dT[Datum];B1#; wird auf den gesamten Datumsbereich in Zeile 1 zugegriffen. Nachdem die Funktion in Zelle B2 mit ⏎ bestätigt wird, bildet sie einen Überlaufbereich in allen zwölf Spalten und 18 Zeilen des Tabellenblattes.

Zuvor muss allerdings noch ein Bezug auf Zelle A1 des Tabellenblattes gesetzt werden. In ihr befindet sich die Angabe des Wertetyps, der in der bedingten Kalkulation benutzt werden soll (z. B. *Soll_kum* oder *Umsatz_kum*). Der Inhalt dieser Zelle wird somit als dritte Bedingung in SUMMEWENNS() eingebunden. Sind alle Bedingungen definiert, kann die Berechnung nun mit geringen Anpassungen in die drei weiteren Tabellenblätter (*C_Ist_kumuliert*, *C_Soll*, *C_Ist*) übertragen werden.

9.2.3   Einbindung eines Forecasts mit veränderlichem Datumsbereich

Mit der Fertigstellung dieser Transformation der Rohdaten geht es nun direkt zur Berechnung des Forecasts. Wenn Sie sich die Syntax und Arbeitsweise der Funktion PROGNOSE.ETS() anschauen möchten, gibt es einen einfachen Trick. Erzeugen Sie in einem leeren Tabellenblatt eine Monatsliste der ersten neun oder zwölf Monate, und geben Sie in die Spalte daneben entsprechend viele Werte ein. Markieren Sie diese Daten, und wählen Sie aus dem Menü die Funktion DATEN • PROGNOSE • PROGNOSEBLATT. Klicken Sie dann in der Dialogbox auf ERSTELLEN. Excel generiert nun einen Forecast und verwendet dabei die Kalkulationsfunktion PROGNOSE.ETS(Ziel_Datum; Werte; Zeitachse; [Saisonalität]; [Daten_Vollständigkeit]; [Aggregation]).

	A	B	C	D	E
1	Datum	Umsatz	Schätzer(Umsatz)	Untere Konfidenzgrenze(Umsatz)	Obere Konfidenzgrenze(Umsatz)
2	31.01.2016	384.343			
3	29.02.2016	389.746			
4	31.03.2016	391.520			
5	30.04.2016	391.820			
6	31.05.2016	390.603			
7	30.06.2016	389.610			
8	31.07.2016	390.485			
9	31.08.2016	393.961			
10	30.09.2016	393.250	393.250	393.250	393.250
11	30.10.2016		=PROGNOSE.ETS(A11;$B$2:$B$10;$A$2:$A$10;1;1)		398.271
12	30.11.2016		PROGNOSE.ETS(Ziel_Datum; Werte; Zeitachse; [Saisonalität]; [Daten_Vollständigkeit]; [Aggregation])		449
13	30.12.2016		395.578	388.826	402.329
14	30.01.2017		396.314	388.585	404.043
15	02.03.2017		397.051	388.453	405.649
16	30.03.2017		397.788	388.399	407.176
17	30.04.2017		398.524	388.405	408.644
18	30.05.2017		399.261	388.459	410.063
19	30.06.2017		399.998	388.553	411.443

Abbildung 9.32 Testbereich für den Forecast mithilfe der Funktion »Prognoseblatt«

Wenn Sie einen Doppelklick auf eine der Zellen ausführen, in denen sich die Kalkulationsfunktion befindet, erkennen Sie sehr gut, welche Bestandteile Sie für einen Forecast Ihrer Daten benötigen (Abbildung 9.32). Dies sind in erster Linie eine Datumsreihe (A2 bis A10 bei Verwendung von neun Monaten mit Umsatzdaten), die Umsatzdaten selbst (B2 bis B10) und eine Datumsreihe mit Monaten, für die Sie die Umsätze prognostizieren möchten (A11 bis A19).

Die Aufgabe besteht nun darin, einerseits zwei dynamische Datumslisten in Überlaufbereichen zu erstellen und sich anschließend mit der Funktion PROGNOSE.ETS() auf diese dynamischen Bereiche zu beziehen. In Zelle A2 des Tabellenblattes *Prognose_Matrix* wird zu diesem Zweck die Funktion =KKLEINSTE(Datumsliste_dT[Monatsende];SEQUENZ(9)) verwendet.

Die Funktion unterscheidet sich nur in einem Punkt von jener, die zum Erstellen der Datumsliste im Tabellenblatt *C_Soll-kumuliert* beschrieben wurde. Sie verwendet eine feste Anzahl an Monaten (9) zur Bestimmung des Zeitraumes, der für die Umsatzdaten herangezogen werden soll. Durch die Bestätigung der Eingabe mit ⏎ wird ein Überlaufbereich bis Zelle A10 erzeugt (Abbildung 9.33).

◢	A	B	C	D	E	F	G	H	I	J
1	Datum	Umsatz		NWTBGM-19		NWTBGM-21		Diagrammdaten 1		Diagrammdaten 2
2	31.01.2016	6.918.170 €		170.095 €		184.058 €		170.095 €		184.058 €
3	29.02.2016	7.015.420 €		161.270 €		212.190 €		161.270 €		212.190 €
4	31.03.2016	7.047.365 €		136.071 €		201.407 €		136.071 €		201.407 €
5	30.04.2016	7.052.765 €		157.154 €		180.237 €		157.154 €		180.237 €
6	31.05.2016	7.030.862 €		154.405 €		196.810 €		154.405 €		196.810 €
7	30.06.2016	7.012.985 €		173.434 €		197.183 €		173.434 €		197.183 €
8	31.07.2016	7.028.732 €		155.876 €		210.565 €		155.876 €		210.565 €
9	31.08.2016	7.091.296 €		139.027 €		182.502 €		139.027 €		182.502 €
10	30.09.2016	7.078.498 €		156.380 €		153.123 €		156.380 €		153.123 €
11	31.10.2016	=PROGNOSE.ETS($A11#;$B$2:$B$10;$A$2#;1;1)						151.172 €		166.989 €
12	30.11.2016	PROGNOSE.ETS(Ziel_Datum; Werte; Zeitachse; [Saisonalität]; [Daten_Vollständigkeit]; [Aggregation])								164.144 €
13	31.12.2016	7.120.824 €		148.912 €		161.109 €		148.912 €		161.109 €

Abbildung 9.33 PROGNOSE.ETS() mit Bezug auf zwei veränderliche Überlaufbereiche

Der Datumsbereich, aus dem der Prognosezeitraum abgeleitet wird, kann nun in Zelle A11 begonnen werden. Soll mit Zeiträumen von variabler Länge gearbeitet werden, ist es ratsam, die Liste der zu prognostizierenden Monate in einer neuen Spalte anzulegen. Grundlage ist in jedem Fall folgende Berechnung:

```
=MONATSENDE(DATUM(JAHR(A10);SEQUENZ(MonateForecast_vZ;1;MONAT(A10));1);1)
```

Hierbei werden JAHR() und MONAT() aus dem Datum des letzten Monats, für den Ist-Daten vorliegen, übernommen (Zelle A19). Dadurch dass MONAT() von der Funktion SEQUENZ() umschlossen ist, wird eine Datumsliste erstellt. Die Anzahl der Monate, für die ein Forecast berechnet werden soll, ergibt sich aus der Zelle *MonateForecast_vZ*, die sich im Tabellenblatt *Z_Steuerung* befindet. Zunächst enthält jedes Datum den Wert des Monatsanfangs (1). Da der gesamte Ausdruck jedoch mit MONATSENDE() kombiniert wird, entsteht eine Liste von Monaten (Intervall 1), die jeweils den letzten Tag des Monats ausweisen. Dies ist notwendig, weil auch die Basisdaten in *B_Basisdaten_entpivotiert* jeweils zum Monatsende erfasst wurden.

Die aktuellen Umsatzdaten müssen abschließend noch in Zelle B2 berechnet werden, wobei SUMMEWENNS() abermals zum Einsatz kommt:

```
=SUMMEWENNS(BasisdatenEntpivotiert_dT[Wert];
BasisdatenEntpivotiert_dT[Datum];A2#;
BasisdatenEntpivotiert_dT[Datenart];B1)
```

Auffällig ist hierbei vor allem, dass die erste Bedingung aus dem Überlaufbereich der aktuellen Datumsliste (A2#) stammt, während die zweite über einen konventionellen Zellbezug (B1)

übernommen wird. Solcherlei gemischte Bezüge sind beim Einsatz der neuen Matrixfunktionen allerdings kein ernsthaftes Problem.

Wenn Sie sich die Frage gestellt haben, warum für die Monatsliste der Umsatzdaten und des Prognosezeitraumes unterschiedliche Überlaufbereiche definiert wurden, dann erhalten Sie an dieser Stelle endlich eine Antwort. Sobald Sie die Kalkulationsfunktion mit ⏎ bestätigen, bildet sie einen Überlaufbereich bis zur Zelle B10, dem Ende des ersten Datumsbereichs. In die Zelle B11 können Sie nun endlich die eigentliche Kalkulationsfunktion zum Berechnen der Prognose eingeben:

```
=PROGNOSE.ETS($A11#;$B$2:$B$10;$A$2#;1;1)
```

In ihr wird dynamisch auf die Liste der zu prognostizierenden Monate Bezug genommen ($A11$). Auch die Monatsangaben der aktuellen Werte sind dynamisch ($AA$2#). Ab Zelle B11 wird nun der Forecast auf Monatsbasis berechnet (Abbildung 9.33). Die bedingten Kalkulationen in den Spalten D und F folgen demselben Muster. Allerdings werden bei Ihnen in den Zellen D1 und F1 die Produktnamen als Bedingung einbezogen, die über das Kombinationsfeld in *Report* bestimmt werden.

9.2.4 Auswahl von Datenbereichen mit WAHL() und Überlaufbereichen

Die abschließende Herausforderung des dynamischen Datenmodells besteht nun in der Übergabe der berechneten Wertebereiche an die beiden Diagramme im Tabellenblatt *Report*. Wie schon bei der Verwendung von dynamischen Bereichen mit BEREICH.VERSCHIEBEN() oder INDEX() gibt es grundsätzliche keine Möglichkeit, die neuen Matrixfunktionen direkt in ein Diagramm einzubinden. Ein klassischer *Workaround* besteht darin, die Funktionen stattdessen an einen Bereichsnamen zu übergeben und dann diesen dynamischen Bereichsnamen als Wertebereich des Diagramms zu verwenden.

Wenn Ihnen dies zu kompliziert ist, dann können Sie aber alternativ auch mithilfe von WAHL() einen Ergebnisbereich erzeugen, der sich entsprechend der über ein Formularsteuerelement getroffenen Auswahl variabel mit unterschiedlichen Daten füllen lässt. Diese Option ist im Zellbereich H2 bis H10 gewählt worden:

```
=WAHL(Analysetyp_vZ;B2#;D2#)
```

Über das Formularsteuerelement im Tabellenblatt *Report* wird nun bestimmt, ob das Ergebnis aller Produkte angezeigt werden soll oder aber zwei Produkte miteinander verglichen werden sollen (Analysetyp_vZ). Sobald dies geklärt ist, kann die Funktion WAHL() entweder das Ergebnis aller Produkte (B2#) oder des ersten ausgewählten Produkts (D2#) ausgelesen werden. Der Vorgang muss in Zelle H11 noch einmal für den Überlaufbereich des Prognosezeitraumes wiederholt werden (Abbildung 9.34). Nachdem dies auch noch für die Daten des möglichen zweiten Produkts in Spalte J wiederholt wurde, können alle Zellbereiche in den beiden Diagrammen genutzt werden.

Der Inhalt des Reports kann nun über die einzelnen Steuerelemente im Tabellenblatt *Report* gesteuert werden.

B	C	D	E	F	G	H	I	J
Umsatz		**NWTBGM-19**		**NWTBGM-21**		**Diagrammdaten 1**		**Diagrammdaten 2**
6.918.170 €		170.095 €		184.058 €		=WAHL(Analysetyp_vZ;B2#;D2#)		
7.015.420 €		161.270 €		212.190 €		WAHL(**Index**; Wert1; [Wert2]; [Wert3]; [Wert4]; ...)		
7.047.365 €		136.071 €		201.407 €		136.071 €		201.407 €
7.052.765 €		157.154 €		180.237 €		157.154 €		180.237 €
7.030.862 €		154.405 €		196.810 €		154.405 €		196.810 €
7.012.985 €		173.434 €		197.183 €		173.434 €		197.183 €
7.028.732 €		155.876 €		210.565 €		155.876 €		210.565 €
7.091.296 €		139.027 €		182.502 €		139.027 €		182.502 €
7.078.498 €		156.380 €		153.123 €		156.380 €		153.123 €

Abbildung 9.34 Diagrammdatenauswahl mit WAHL() und dynamischen Bereichen

Fazit dieses Fallbeispiels: Die neuen Matrixfunktionen können anstelle der bekannten Funktionen zur Dynamisierung von Berechnungen (BEREICH.VERSCHIEBEN(), INDEX()), aber auch als Ersatz für Klassiker wie SVERWEIS() und DATUM() verwendet werden. Die unübersehbaren Stärken der neuen Tools bestehen einerseits darin, dass sie Überlaufbereiche veränderlicher Größe generieren, was bislang lediglich durch manuelles Kopieren oder Löschen von Zellbereichen möglich war, die Kalkulationsfunktionen enthielten, oder durch die Anwendung von VBA-Programmierung.

Ein momentan noch kaum abschätzbarer Nutzen der neuen Matrixfunktionen besteht andererseits vor allem darin, dass die neuen Überlaufbereiche direkt an andere Kalkulationsfunktionen übergeben werden können, wodurch sich diese selbst in dynamische Funktionen verwandeln. Das Einbetten von Zahlen- oder Datumssequenzen ist ein weiterer Vorteil, der eine immense Flexibilität in dynamischen Datenmodellen vorzeichnet, wenn man die Startwerte oder Intervalle dieser Sequenzen beispielsweise mit Steuerelementen kombiniert.

Kapitel 10
Bedingte Kalkulationen in Datenanalysen

Bedingte Kalkulationen spielen bei der Erstellung von Reports eine bedeutende Rolle. Seit Excel 2007 wurden bestehende Funktionen wesentlich erweitert. Seitdem erweitert sich die Liste der Kalkulationsfunktionen mit einer oder mehreren Bedingungen beständig. In Excel 2019 sind die Funktionen MAXWENNS() und MINWENNS() hinzugekommen.

Es liegt in der Natur der in Unternehmen vorhandenen Datenstrukturen sowie der in ihnen verwendeten Programme, dass Daten, die die Grundlage für Reports darstellen, quasi en masse in Excel importiert werden müssen. Liegen diese Daten dann im Tabellenkalkulationsprogramm vor, beginnt – selbst dann, wenn Sie als Benutzer beim Importieren bereits selektiv vorgegangen sind – eine weitere Phase Ihrer Arbeit: Der Datenbestand muss verringert, Informationen müssen zusammengefasst und große, unübersichtliche Datenreihen müssen auf wenige aussagekräftige Werte reduziert werden.

Im besten Fall können Sie eine große Datenmatrix aus einem Fremdsystem auf einige wenige Kennzahlen verdichten. In der hier skizzierten Arbeitsphase werden Sie es immer wieder mit Sortier- und Filterfunktionen oder der Berechnung von Teilergebnissen und Datenbankfunktionen zu tun haben. Und Sie werden Kalkulationen auf Grundlage spezifischer Bedingungen durchführen wollen: Sie interessieren sich wahrscheinlich nicht nur für die Einnahmen oder Ausgaben des gesamten Unternehmens, sondern auch für die eines speziellen Produkts (erste Bedingung) in einem bestimmten Vertriebsgebiet (zweite Bedingung) zu einer vorgegebenen Zeit (dritte Bedingung).

Seit Excel 2007 werden Ihnen für genau diese Arbeitsphase eine Reihe neuer Werkzeuge angeboten. Sortier- und Filterfunktionen wurden um einige Optionen ergänzt, ihre Bedienung wurde vereinfacht und vereinheitlicht. Die Liste der bedingten Kalkulationen hat in Excel 2019 noch einmal Zuwachs erhalten. `MINWENNS()` und `MAXWENNS()` sind nun neben den bereits bekannten Funktionen `SUMMEWENNS()`, `ZÄHLENWENNS()` und `MITTELWERTWENNS()` verfügbar.

Alle fünf Funktionen ermöglichen die Definition von bis zu 127 Bedingungen bei der Berechnung von Datenreihen. Neben den beiden »Neulingen« wurden auch bereits bekannte und bei der bedingten Kalkulation sehr nützliche Funktionen wie `SUMMENPRODUKT()` überarbeitet. Es wird sich für Sie lohnen, sich mit den Änderungen vertraut zu machen.

Das aktuelle Kapitel wird Ihnen die folgenden Themen ausführlich näherbringen:

▶ die Anwendung der Funktionen zur bedingten Kalkulation mit einer Bedingung (SUMME-WENN(), ZÄHLENWENN(), MITTELWERT())

▶ die Kombination mehrerer Bedingungen mithilfe der neuen Funktionen SUMMEWENNS(), ZÄHLENWENNS() und MITTELWERTWENNS()

▶ die Verwendung unterschiedlicher logischer Operatoren wie UND und ODER

▶ den Einsatz der Funktion von SUMMENPRODUKT() zur Ermittlung der bedingten Anzahl oder zur Summenbildung

▶ die Bildung von Matrixfunktionen als Alternative oder Ergänzung zu den oben genannten Funktionen

Alle diese Funktionen lassen sich einfacher einsetzen, wenn Sie Bereichsnamen systematisch verwenden. Auch hiermit wird sich das vorliegende Kapitel beschäftigen.

Es ist zudem sinnvoll, an dieser Stelle nochmals auf eine grundlegende Überlegung aus Kapitel 7, »Dynamische Reports erstellen«, Bezug zu nehmen. In diesem Kapitel habe ich Ihnen den Aufbau von dynamischen Datenmodellen vorgestellt. Eine der Anforderungen an multivariable Reports bestand darin, Zeilen- und Spaltenbeschriftungen veränderlich mithilfe von Berechnungen zu erzeugen (z. B. eine Datumsreihe mit Funktionen wie EDATUM() zu erstellen). Diese dynamischen Beschriftungen bilden dann im Idealfall Bedingungen für bedingte Kalkulationen. Ändert sich die Beschriftung, gibt die bedingte Kalkulation ein aktualisiertes Ergebnis zurück. Bedingte Kalkulationen sind mit anderen Worten ein wichtiger Bestandteil von *M*, der Modellierungsphase, genannt *Model*, von *xlSMILE*.

10.1   Kalkulationen ohne Bedingungen

Lassen Sie uns zunächst einen Blick auf die Daten werfen, mit denen wir es bei den folgenden Kalkulationen zu tun haben. Sie finden diese Datei in den Beispieldateien zum Buch (*www.rheinwerk-verlag.de/4679*) unter dem Dateinamen *10_Bedingte_Kalkulationen_01.xlsx*.

	A	B	C	D	E	F	G	H	I	J
1	Nr	Artikel	Typ	Kategorie	Region	Status	Anzahl	Umsatz	Transportkosten	Datum
2	1	Artikel ABC	100	300	West	WAHR	63	18.837,00 €	3,5%	17.11.2014
3	2	Produkt XYZ	900	1100	West	FALSCH	110	16.390,00 €	3,5%	07.11.2014
4	3	Artikel DEF	200	400	Südwest	FALSCH	68	16.932,00 €	2,1%	25.11.2014
5	4	Artikel DEF	200	400	Südwest	WAHR	66	16.434,00 €	2,1%	16.12.2014
6	5	Produkt ABC	600	800	Südwest	FALSCH	37	14.800,00 €	2,1%	02.12.2014
7	6	Produkt XYZ	900	1100	Süd	FALSCH	119	17.731,00 €	2,1%	06.11.2014

Abbildung 10.1 Basisdaten für einen einfachen Report

Es handelt sich ganz offensichtlich um eine einfache Excel-Liste. Sie enthält (Abbildung 10.1):

▶ eindeutige Spaltenüberschriften

▶ keine Leerzeilen oder Leerspalten

▸ eine Reihe unterschiedlicher Zahlenformate wie Text, Zahlen, logische Werte, Prozent-
und Datumswerte

Eine solche Liste könnte sowohl das Resultat einer Dateneingabe in Excel als auch das Ergebnis eines Datenimports aus einem Fremdprogramm mit anschließender Bereinigung der
Daten sein. In Kapitel 6, »Unternehmensdaten prüfen und analysieren«, habe ich diese Thematik näher erläutert. Excel-Listen eignen sich aufgrund ihrer klaren Struktur in besonderem Maße für alle Operationen der Datenanalyse – so auch für die Anwendung bedingter
Kalkulationen.

Wie Sie in Kapitel 7, »Dynamische Reports erstellen«, gesehen haben, ist auch ein klar strukturierter Aufbau der Excel-Arbeitsmappe bei der Datenanalyse von großem Nutzen. In unserem Beispiel befinden sich die Basisdaten im Tabellenblatt *A_Basisdaten*. Vier knappe Auswertungen sind in den Tabellenblättern *Report_I* bis *Report_IV* durchgeführt worden
(Abbildung 10.2).

| Report_I | Report_II | Report_III | Report_IV | **A_Basisdaten** | B_Listen | Namen |

Abbildung 10.2 Aufbau der Arbeitsmappe für die bedingte Kalkulation

Lassen Sie uns den Inhalt von *Report_I* als Fingerübung betrachten, um ein wenig mit dem
Thema warm zu werden, denn allzu kompliziert und neu werden die dort dargestellten
Funktionen für Sie wahrscheinlich nicht sein (Abbildung 10.3).

	A	B
1	**Report I**	
2		
3	Anzahl gelisteter Artikel	30
4	Umsätze insgesamt	458.628 €
5	Gesamtzahl der verkauften Artikel	1.906
6	durchschnittlicher Umsatz/gelistete Artikel	15.288 €
7	Mittelwert ohne Nullwerte	16.380 €
8	durchschnittlicher Umsatz/verkaufte Artikel	240,62 €

Abbildung 10.3 Zusammenfassung der Basisdaten mithilfe von SUMME(),
ANZAHL() und MITTELWERT()

Was gibt es zu diesem Tabellenblatt zu sagen? Die Funktion zur Berechnung der Anzahl von
Werten in einer Datenreihe finden Sie in Excel gleich zweimal:

▸ =ANZAHL(Bereich) berechnet die Anzahl der Zahlen im ausgewählten Datenbereich.

▸ =ANZAHL2(Bereich) liefert hingegen die Anzahl der Zellen im Bereich, die nicht leer sind.
Mit dieser Funktion können Sie also auch Texteinträge zählen.

Da in der Beispieldatei zunächst die *Anzahl* der gelisteten Artikel in Zelle B3 gezählt werden
soll und die Artikelbezeichnungen als Text vorliegen, kommt bei der Berechnung letztere
Variante zum Einsatz:

```
=ANZAHL2('A_Basisdaten'!B2:B31)
```

Überspringen wir die beiden Summen in den Zellen B4 und B5, um uns gleich dem Mittelwert in B6 zuzuwenden. Wenden Sie dort die Funktion MITTELWERT() an, erhalten Sie den Durchschnitt der Umsätze bezogen auf die in den Basisdaten gelisteten Artikel:

```
=MITTELWERT('A_Basisdaten'!H2:H31)
```

Nehmen wir an, die Tabelle in *A_Basisdaten* ist das Ergebnis einer Marktanalyse, bei der Sie die Verkäufe in 30 Verkaufsstellen erfasst haben. Dann wissen Sie zunächst lediglich, dass Ihre Produkte in 30 verschiedenen Läden geführt werden. Der Mittelwert als großer Gleichmacher liefert Ihnen damit den Durchschnitt der Umsätze je Verkaufsstelle, auch wenn in einigen Läden überhaupt keine Ihrer Produkte verkauft wurden. Dies sehen Sie z. B. in Zelle G9 der Basisdaten.

Interessanter wäre es jedoch, den Mittelwert ohne solche Läden, die Ihre Produkte gar nicht anbieten, zu berechnen. Den *Mittelwert ohne null* berechnen Sie mit der Funktion:

```
=SUMME('A_Basisdaten'!H2:H31)
/ZÄHLENWENN('A_Basisdaten'!H2:H31;">0")
```

Sie bilden zunächst die Summe, um diese dann durch die Anzahl der Läden zu teilen, bei denen der Verkauf nicht gleich null oder kleiner ist. Im Verlauf dieses Kapitels erhalten Sie eine genaue Erläuterung zu ZÄHLENWENN() und weitere Berechnungsalternativen. Momentan gilt es festzuhalten, dass selbst auf den ersten Blick ganz einfach erscheinende Berechnungen schon ihre Tücken haben können.

Doch weiter geht's. Sie interessiert nicht der durchschnittliche Umsatz je Verkaufsstelle, sondern jener der real verkauften Artikel? Die Formel dazu finden Sie in Zelle B8:

```
=SUMME('A_Basisdaten'!H2:H31)
/SUMME('A_Basisdaten'!G2:G31)
```

Es handelt sich hier ganz einfach um die Summe der Umsätze aller Verkaufsstellen in Spalte H der Basisdatentabelle, die durch die Summe aller verkauften Artikel in Spalte G geteilt wird. Da hier zwei zusammengefasste Werte, nämlich die beiden Summen, miteinander in Beziehung gesetzt werden – und nicht die Einzelwerte –, fallen die Läden, bei denen der Verkauf gleich null ist, nicht störend ins Gewicht.

10.2   Kalkulationen mit einer Bedingung

Im Tabellenblatt *Report_II* finden Sie nun die ersten *bedingten Kalkulationen* dieser Arbeitsmappe. Berechnungen mit nur einer Bedingung waren auch schon in den Vorgängerversionen von Excel möglich. Die dazu verwendeten Funktionen sind und waren die, die Sie der nachfolgenden Liste entnehmen können:

▶ =SUMMEWENN(Suchbereich;Bedingung;Summenbereich)

Die Funktion bildet die Summe der Werte, die mit einer vorgegebenen Suchbedingung übereinstimmen.

Der Suchbereich wird zumeist als Zellbezug (z. B. A1:A20) oder mithilfe eines Bereichsnamens festgelegt. Er enthält die Daten, die Sie auf Basis der Suchbedingungen durchsuchen möchten.

Die Bedingungen können Sie als Wert, Zellbezug, Funktion oder Text eingeben. Bedingungen, die als Text (z. B. Artikelbezeichnungen) eingegeben werden oder mathematische bzw. logische Operatoren verwenden (z. B. größer als 1.000), müssen in Anführungsstriche gesetzt werden. Diese Bedingungen müssen also folgende Syntax aufweisen: "Artikel ABC" oder ">=1000".

Der Summenbereich setzt sich aus den Zellen zusammen, in denen die zu summierenden Werte stehen. Dieser Bereich kann auch identisch mit dem zu durchsuchenden Bereich sein. In diesem Fall können Sie den Summenbereich weglassen.

▶ =ZÄHLENWENN(Suchbereich; Bedingung)

Diese Funktion zählt die Zellen eines Tabellenbereichs, die mit einem bestimmten Kriterium übereinstimmen.

Der Suchbereich ist zumeist ein Zellbezug, oder er wird als Bereichsname eingegeben.

Wie bei SUMMEWENN() geben Sie auch hier die Bedingung als Wert, Zellbezug, Funktion oder Text ein. In der Bedingung ("") gelten die gleichen Regeln für die Benutzung von Text und Operatoren.

▶ =MITTELWERTWENN(Suchbereich; Bedingung; Mittelwertbereich)

Mit dieser Funktion wird der Durchschnittswert der Zellen errechnet, die der von Ihnen festgelegten Bedingung entsprechen.

Im Suchbereich wird wie bei den vorangegangenen Funktionen geprüft, ob die Bedingung erfüllt wird oder nicht.

Das Bedingungsfeld legen Sie ebenfalls als Zellbezug, Formel oder mit einem Bereichsnamen fest.

Der Mittelwertbereich enthält die Zahlenwerte, aus denen der Durchschnitt berechnet werden soll. Auch hier ist bei der Eingabe von Textkriterien und Operatoren wieder auf die Verwendung von doppelten Anführungsstrichen zu achten.

Wichtig: Ist eine Zelle im Mittelwertbereich *leer*, wird sie bei der Bildung des Mittelwertes *nicht berücksichtigt*. Enthält eine Zelle den Wert 0, fließt sie hingegen in die Berechnung mit ein.

Wird kein Wert gefunden, der mit der Bedingung übereinstimmt, liefert die Funktion den Fehlerwert #DIV/0!.

▶ Zwar gibt es in Excel 2019 die beiden neuen Funktionen für die Berechnung von Minimalwert und Maximalwert mit Bedingungen, allerdings nur bei Verwendung von Mehrfachbedingungen (=MINWENNS() und =MAXWENNS()). Möchten Sie Minimal- oder Maximalwert mit nur einer Bedingung berechnen, so können Sie selbstverständlich eine der Funktionen nutzen und lediglich eine Filterbedingung einsetzen.

Das Tabellenblatt *Report_II* zeigt die Anwendung und die Ergebnisse der bedingten Kalkulationen. Um die Auswertung flexibler zu gestalten, werden in den Zellen B4 und B11 zwei Datenüberprüfungen verwendet. Sie ermöglichen eine schnelle Auswahl der Artikel bzw. Regionen (Abbildung 10.4). Zudem verhindert eine solche Listenauswahl Eingabefehler beim Schreiben der Bedingungen, denn Tippfehler bei der Definition der Suchbedingungen führen naturgemäß zu fehlerhaften Resultaten bei der Berechnung.

	A	B
1	**Report II**	
2		
3	**Betrachtung nach Artikeln**	
4	Artikelauswahl	Produkt ABC
5	Anzahl	9
6	Umsätze	113.600 €
7	verkaufte Artikel	284
8	durchschnittlicher Umsatz	12.622 €
9		
10	**Betrachtung nach Regionen**	
11	Auswahl der Region	Ost
12	Anzahl	Nord
13	Umsätze	Ost
14	verkaufte Artikel	Süd
15	durchschnittlicher Umsatz	Südwest
		West

Abbildung 10.4 Bedingte Kalkulation mit Auswahl der Bedingung über eine Datenüberprüfung

Eine zweite Besonderheit der in diesem Tabellenblatt verwendeten Funktionen und Bedingungen ist, dass sie als Zellbezug eingegeben (z. B. B4) sind und nicht als fester Wert oder Text (z. B. Artikel DEF). Dies sollte eigentlich der Normalfall sein. Es ist definitiv davon abzuraten, die Bedingungen als Text oder Wert direkt in die Funktion einzugeben. Dies ist fehlerträchtig, umständlich und unflexibel. Im vorliegenden Fall kommen Sie zu den in Tabelle 10.1 dargestellten Funktionen.

Zelle	Funktion
B5	=ZÄHLENWENN('A_Basisdaten'!B2:B31;'Report_II'!B4)
B6	=SUMMEWENN('A_Basisdaten'!B1:I31;'Report_II'!B4; 'A_Basisdaten'!H1:H31)
B7	=SUMMEWENN('A_Basisdaten'!B1:I31;'Report_II'!B4; 'A_Basisdaten'!G1:G31)
B8	=MITTELWERTWENN('A_Basisdaten'!B1:B31;B4;'A_Basisdaten'!H1:H31)

Tabelle 10.1 Verwendete Funktionen im Tabellenblatt »Report_ II«

Zelle	Funktion
B16	`=MAXWENNS(BasisdatenUmsatz;BasisdatenRegionen;ReportIIRegionsauswahl)`
B17	`=MINWENNS(BasisdatenUmsatz;BasisdatenRegionen;ReportIIRegionsauswahl)`

Tabelle 10.1 Verwendete Funktionen im Tabellenblatt »Report_ II« (Forts.)

Im unteren Bereich des Tabellenblattes wiederholen sich die eingesetzten Funktionen unterhalb der Überschrift `Betrachtung nach Regionen` noch einmal. Sie unterscheiden sich lediglich im ausgewählten Suchbereich, der sich in Spalte E des Tabellenblattes *A_Basisdaten* befindet, und dem Zellbezug für die Suchbedingung (B11).

Die beiden Zellen B4 und B11 bieten nun einen schnellen Zugriff auf die Berechnung der Daten nach Artikeln und Regionen.

Syntax bei Suchbedingungen beachten

Bei der Verwendung von Vergleichsoperatoren wie > oder < ist zunächst zu beachten, dass diese in Anführungszeichen gesetzt werden müssen. Darüber hinaus ist zu bedenken, dass Zellbezüge, die auf Bedingungen verweisen, mit dem Verkettungszeichen eingegeben werden müssen. Beispiel:

`=ZÄHLENWENN(E:E;">="&H1)-ZÄHLENWENN(E:E;">="&H2)`

Hier wird die Anweisung gegeben, die Zellen nur zu zählen, wenn der gefundene Wert größer oder gleich dem Wert ist, der sich in Zelle H2 befindet. Der korrekte Ausdruck lautet: `">= "&H2`. Mit & fassen Sie den Operator und die Zelle zu einer Bedingung zusammen. Ohne diese Verkettung würde Excel nach dem Text H2 suchen.

10.3 Bereichsnamen – der schnelle Zugriff auf Datenbereiche

Bereits an diesen ersten einfachen Funktionen in dieser Arbeitsmappe erkennen Sie, dass die Verwendung von Zellbezügen in den Funktionsargumenten bisweilen zu einer gewissen Unübersichtlichkeit führt. Bezieht sich der Zellbezug im Summenbereich der Funktion `SUMMEWENN()` – `'A_Basisdaten'!G1:G31` – auf die Anzahl der Artikel in den Basisdaten oder auf die Umsätze? `'Report_II'!B4` ist wohl eine Bedingung in der Funktion `ZÄHLENWENN()`. Aber handelt es sich dabei um eine Artikel- oder eine Regionensuche?

Bei der Betrachtung Ihrer eigenen Arbeitsmappen und den darin eingesetzten Funktionen werden Sie auf eine kaum zählbare Menge solcher Funktionen stoßen. Diese Funktionen werden eine Unmenge gleichartiger Fragen aufwerfen, auf die Sie spontan keine Antwort finden werden. Häufig beginnt dann ein mühseliges Erkunden der Zellbezüge, um herauszufinden, worauf sich Ihre Funktionsargumente überhaupt beziehen. Schließlich werden Sie prüfen, ob die verwendeten Bezüge noch auf dem aktuellen Stand sind. Sie werden die Bereiche eventuell auch aktualisieren müssen, um korrekte Ergebnisse zu erhalten.

Haben Sie eigentlich die Zeit zur kontinuierlichen Vergegenwärtigung, Prüfung und Aktualisierung von Formeln und Funktionen? Nein, die haben Sie nicht! Und deshalb schlage ich vor, die abstrakten Bezüge durch *sprechende Bereichsnamen* zu ersetzen. Bereichsnamen sind eine wesentliche Vereinfachung bei komplexen Berechnungen. Sie können zudem als Navigationsmittel in Arbeitsmappen verwendet werden. Mit anderen Worten: Bereichsnamen gehören zum Themenkreis *S*, *Simplify*, von *xlSMILE* (siehe Kapitel 3, »xlSMILE – Excel-Lösungen mit System«).

Hätte der Zellbezug 'A_Basisdaten'!G1:G31 den Namen BasisdatenAnzahl und der Zellbezug 'A_Basisdaten'!H1:H31 den Namen BasisdatenUmsatz, wüssten Sie bei der Betrachtung Ihrer Funktionen auch noch nach Monaten, worauf sich die Argumente eigentlich beziehen.

Definieren Sie also den ersten Bereichsnamen in einem Tabellenblatt. Wechseln Sie in das Tabellenblatt *A_Basisdaten*, und markieren Sie den Datenbereich von Zelle B2 bis B31. Klicken Sie anschließend in das NAMENFELD oberhalb der Spaltenüberschrift von Spalte A, und schreiben Sie den gewünschten Bereichsnamen in das Feld (Abbildung 10.5). Schließen Sie die Eingabe sofort mit ⏎ ab.

Abbildung 10.5 Festlegung eines sprechenden Bereichs-namens für die Artikelliste in Ihren Stammdaten

Wiederholen Sie den Vorgang beispielsweise mit den Zellbereichen E2 bis E31 (*Basisdaten-Regionen*), G2 bis G31 (*BasisdatenAnzahl*) und H2 bis H32 (*BasisdatenUmsatz*), um für die zentralen Bereiche Ihrer Basisdaten sprechende und damit verständliche Namen festzulegen.

Auch im Tabellenblatt *Report_II* finden Sie zwei Zellen, die Sie mit Namen versehen sollten:

▸ Zelle B4 enthält die für die Auswertung nach Artikeln wichtige Bedingung. Nennen Sie diese Zelle z. B. *ReportIIArtikelauswahl*.

▸ In Zelle B11 bietet sich für das auf die Regionenauswahl gerichtete Suchkriterium der Bereichsname *ReportIIRegionsauswahl* an.

Bereichsnamen unterliegen gewissen Regeln vonseiten des Programms. Ausführliche Informationen dazu finden Sie in Kapitel 7, »Dynamische Reports erstellen«. Nur so viel sei an dieser Stelle gesagt:

▶ Ein Bereichsname muss mit einem Buchstaben, einem Tiefstrich (_) oder einem Slash (\) beginnen.

▶ Er darf weder Leerzeichen enthalten noch wie ein Zellbezug lauten (z. B. A13).

▶ Der Name darf maximal 255 Zeichen lang sein.

Bereichsnamen systematisch anwenden

Sie sollten eigene Grundsätze entwickeln, nach denen Sie Bereichsnamen vergeben. Es kommt auf ein Arbeiten mit System an, und Sie müssen dieses System auch noch nach Monaten oder vielleicht Jahren beherrschen. In den oben genannten Beispielen bildet der Name des Tabellenblattes, auf das sich der Zellbezug richtet, jeweils einen Teil des Bereichsnamens. Der erste Grundsatz für den Einsatz von Namen könnte folglich lauten: In allen Namen muss der Tabellenbezug erkennbar sein! Ob ein Bereich dynamisch oder statisch ist, ob der Bezug sich auf eine oder mehrere Zellen richtet – auch dies kann eine hilfreiche Information sein, die bereits am Bereichsnamen ablesbar sein sollte. Auch diese Überlegungen könnten demnach in Ihre Namensgrundsätze mit einfließen. In Kapitel 7, »Dynamische Reports erstellen«, finden Sie weitere Anregungen zur Verwendung von Bereichsnamen und letztlich zur Modellierung Ihrer Daten.

10.3.1 Verwendung sprechender Bereichsnamen

Bereichsnamen helfen Ihnen gleich in zweierlei Hinsicht bei der täglichen Arbeit:

▶ Mithilfe der Funktionstaste F5 (GEHE ZU) oder der Option NAMENFELD unterstützen die vorhandenen Bereichsnamen Sie bei der Navigation gerade in umfangreichen Arbeitsmappen.

▶ Namen können Sie in Formeln und Funktionen verwenden. Mit F3 können Sie die Bereichsnamen anzeigen und dann in Ihre Berechnungen einfügen.

Befinden Sie sich in einem beliebigen Tabellenblatt Ihrer Arbeitsmappe an einer beliebigen Stelle, öffnen Sie einfach das NAMENFELD und klicken auf einen Bereichsnamen, um direkt zum entsprechenden Zellbereich zu wechseln (Abbildung 10.6). Alle Bereichsnamen werden in dieser Liste angezeigt, solange sie keine dynamischen Bezüge enthalten.

Alternativ zeigt Ihnen die Dialogbox GEHE ZU, nachdem Sie F5 betätigt haben, alle verfügbaren Namen der Arbeitsmappe an (Abbildung 10.7).

Abbildung 10.6 Einfache Navigation durch Auswahl eines Bereichsnamens aus dem »Namenfeld«

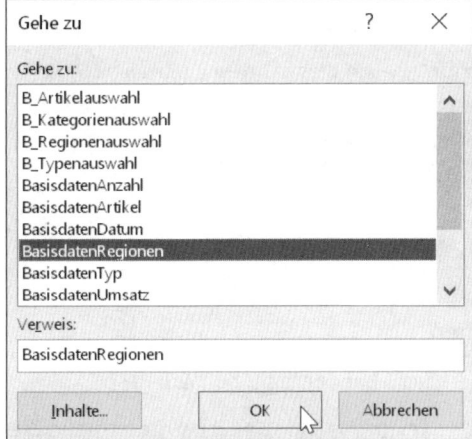

Abbildung 10.7 Auch die Dialogbox »Gehe zu« liefert eine Liste der verfügbaren Bereichsnamen.

Mit einem Doppelklick auf den betreffenden Bereichsnamen gelangen Sie umgehend zum gewünschten Bereich. Allerdings werden auch in dieser Anzeige Namen, die dynamische Bezüge verwenden, nicht aufgelistet.

Was ist aber zu tun, wenn Sie einen Bereichsnamen in einer Formel oder Funktion verwenden möchten? Bewegen Sie den Cursor in Zelle B5 des Tabellenblattes *Report_II*. Starten Sie den Funktionsassistenten mit einem Mausklick auf die Schaltfläche FUNKTION EINFÜGEN (Abbildung 10.8), oder drücken Sie ⟨⇧⟩ + ⟨F3⟩.

Abbildung 10.8 Aufrufen des Funktionsassistenten

Sobald Sie die gewünschte Funktion – in diesem Fall ZÄHLENWENN() – aufgerufen und den Cursor im Eingabefeld BEREICH positioniert haben, drücken Sie F3, um zur Dialogbox NAMEN EINFÜGEN zu gelangen. Wählen Sie dort den gewünschten Bereichsnamen aus, und bestätigen Sie die Auswahl mit OK (Abbildung 10.9).

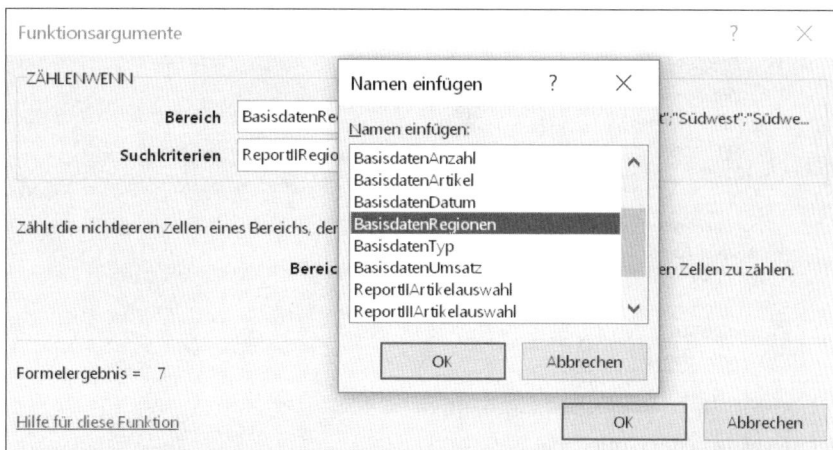

Abbildung 10.9 Einfügen von Bereichsnamen in die Funktion ZÄHLENWENN()

Aus den mit unübersichtlichen Zelladressen übersäten Funktionen für diese einfache Auswertung werden in kürzester Zeit acht verständliche Funktionen:

▶ =ZÄHLENWENN(BasisdatenArtikel;ReportIIArtikelauswahl)

▶ =SUMMEWENN(BasisdatenArtikel;ReportIIArtikelauswahl;BasisdatenUmsatz)

▶ =SUMMEWENN(BasisdatenArtikel;ReportIIArtikelauswahl;BasisdatenAnzahl)

▶ =MITTELWERTWENN(BasisdatenArtikel;ReportIIArtikelauswahl;BasisdatenUmsatz)

▶ =ZÄHLENWENN(BasisdatenRegionen;ReportIIRegionsauswahl)

▶ =MITTELWERTWENN(BasisdatenRegionen;ReportIIRegionsauswahl;BasisdatenUmsatz)

▶ =SUMMEWENN(BasisdatenRegionen;ReportIIRegionsauswahl;BasisdatenUmsatz)

▶ =SUMMEWENN(BasisdatenRegionen;ReportIIRegionsauswahl;BasisdatenAnzahl)

Ein weiterer Vorteil wird bei den beiden letzten Funktionen deutlich. Beide unterscheiden sich nur im letzten Funktionsargument. Statt des Bezugs BasisdatenUmsatz benötigen Sie den Bereich BasisdatenAnzahl. Es wäre also naheliegend, die erste Formel zu kopieren und dann den Bereichsnamen zu editieren. Und genau dabei bietet Ihnen Excel eine weitere nützliche Unterstützung an: Unterhalb der Editierzeile werden die verfügbaren Namen angezeigt. Mit einem Mausklick auf den gewünschten Namen können Sie das Erstellen der neuen Berechnung abschließen, ohne auch nur ein Mal mit hohem Aufwand und Fehlerpotenzial die Datenbereiche in einem Tabellenblatt markieren zu müssen! Dies gilt übrigens auch für die direkte Eingabe von Formeln und Funktionen. Geben Sie innerhalb einer Funktion den Anfangsbuchstaben eines Bereichsnamens ein, zeigt Excel alle Namen, die mit diesem Buchstaben beginnen (Abbildung 10.10).

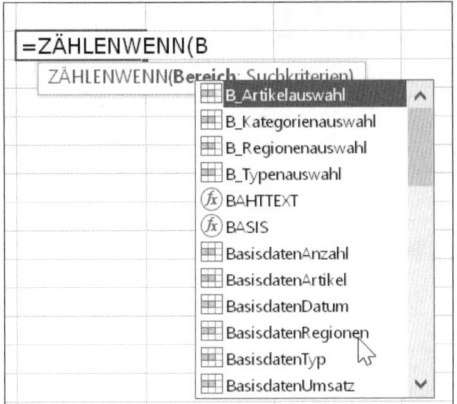

Abbildung 10.10 Anpassen eines Bereichsnamens mithilfe der kontextbezogenen Hilfe in der Editierzeile

10.3.2   Editieren von Bereichsnamen

Zum Abschluss dieses Exkurses zum Thema Bereichsnamen möchte ich Sie darauf hinweisen, dass die Excel-Versionen seit 2007 über einen in vielerlei Hinsicht verbesserten NAMENS-MANAGER verfügen. Seine Funktion habe ich in Kapitel 8, »Wichtige Kalkulationsfunktionen für Controller«, ausführlich beschrieben. Dennoch möchte ich eine Funktion dieses Managers auch an dieser Stelle erläutern, denn vielleicht ist Ihnen gerade jetzt ein Tippfehler bei der Definition eines Namens unterlaufen oder nach dem Speichern eines Namens eine viel bessere Bezeichnung eingefallen.

Wie lassen sich bestehende Namen also ändern? Mit Strg + F3 gelangen Sie in den NAMENS-MANAGER – oder über FORMELN • DEFINIERTE NAMEN • NAMENS-MANAGER.

Wählen Sie nun aus der Liste den Bereichsnamen aus, den Sie verändern möchten. Bezüge ändern Sie unmittelbar im Feld BEZIEHT SICH AUF:. Um die Bezeichnung des Bereichsnamens anzupassen, klicken Sie auf BEARBEITEN (Abbildung 10.11).

In der dann angezeigten Dialogbox NAME BEARBEITEN geben Sie den korrigierten Namen ein und speichern die Änderungen mit einem weiteren Klick auf OK.

Selbstverständlich lassen sich Bereichsnamen, die Sie nicht mehr benötigen, an dieser Stelle auch endgültig löschen.

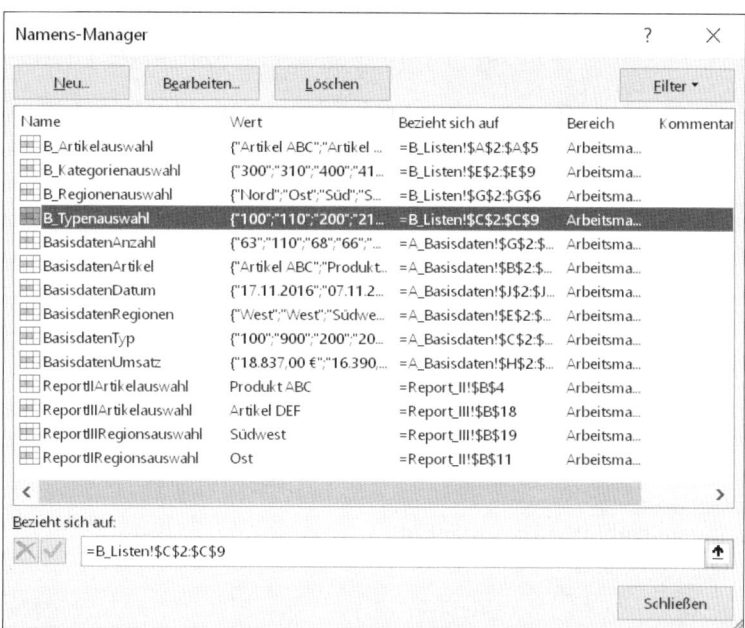

Abbildung 10.11 Bereichsnamen verwalten Sie im »Namens-Manager«.

10.4   Fehlervermeidung bei der Eingabe von Bedingungen – die Datenüberprüfung

Bei der Verwendung bedingter Kalkulationen wirkt einmal mehr – wie könnte es auch anders sein – das mächtige *GIGO-Prinzip. Garbage in – garbage out* bedeutet hier: Wenn Ihre Eingaben bei den Bedingungen fehlerhaft sind, dann werden selbstverständlich auch sämtliche berechneten Ergebnisse unbrauchbar sein. Sinnvoll ist es also in jedem Fall, Mittel zu nutzen, um die Eingabe fehlerhafter Suchbedingungen zu verhindern. Ein recht schnell zu realisierendes Mittel ist die Anwendung der Datenüberprüfung.

Diese Funktion dient lediglich dazu, die prinzipiell unbeschränkten Möglichkeiten der Eingabe von Daten in die Zellen einer Excel-Tabelle rigoros zu beschränken. So ließe sich beispielsweise in unserem Fall des Tabellenblattes *Report_II* vermeiden, dass irgendetwas anderes in die Zelle B4 eingetragen werden kann als die Namen der real vorhandenen Artikel. Dies ist deshalb sinnvoll, weil ein einfacher Buchstabendreher bei der Artikeleingabe dazu führen würde, dass bei den bedingten Summen der Wert 0, bei den Mittelwerten der Fehlerwert `#DIV/0!` als Ergebnis präsentiert würde.

Wählen Sie hingegen Zelle B4 aus und wechseln in das Menü DATEN • DATENTOOLS • DATEN-ÜBERPRÜFUNG, landen Sie in der gleichnamigen Dialogbox, in der Sie die Rahmenbedingungen für eine Datenüberprüfung bei der Eingabe in die Zelle bestimmen (Abbildung 10.12).

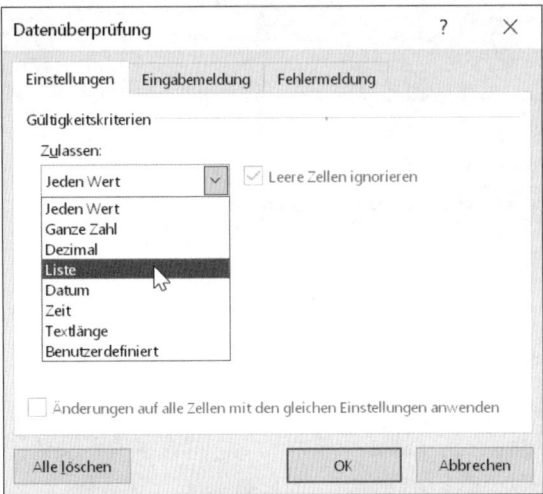

Abbildung 10.12 Mit einer Datenüberprüfung beschränken
Sie die Eingabemöglichkeiten in eine Zelle.

Es bietet sich an, im Listenfeld ZULASSEN: von der Option JEDEN WERT auf LISTE umzuschalten. Diese bietet zwei Möglichkeiten zur Vorgabe zulässiger Texteingaben:

▸ Tragen Sie in das Eingabefeld QUELLE: die Begriffe ein, die später als Werte in Zelle B4 erlaubt sein sollen. Diese Begriffe trennen Sie jeweils mit Semikolon (Artikel ABC;Artikel DEF …).

▸ Oder Sie rufen im Feld QUELLE: mit F3 die bereits bekannte Namensliste auf (Abbildung 10.13). Aus dieser Liste wählen Sie dann den Bereichsnamen aus, der für den Zellbereich der Artikelbezeichnungen erstellt wurde.

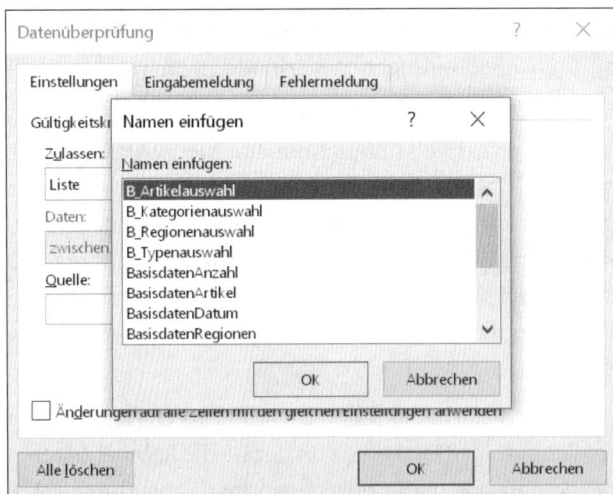

Abbildung 10.13 Zuordnung eines Bereichsnamens zu einer Datenüberprüfung

Letztere Variante ist natürlich empfehlenswerter. Gehen Sie am besten so vor: Pflegen Sie Ihre Artikelliste in einem separaten Tabellenblatt Ihrer Arbeitsmappe, um eine Liste zu erhalten, die keine Duplikate enthält. Ordnen Sie der Liste einen Bereichsnamen zu, und verwenden Sie diesen Namen dann in der Datenüberprüfung.

In der vorliegenden Datei ist bereits sowohl ein Tabellenblatt zum Verwalten Ihrer Stammdaten eingerichtet (*B_Listen*) als auch ein Bereichsname für die Artikelliste (*B_Artikelauswahl*). Wählen Sie also einfach diesen Bereichsnamen im Dialog DATENÜBERPRÜFUNG aus. Die beiden Optionen LEERE ZELLEN IGNORIEREN bzw. ZELLENDROPDOWN bleiben aktiviert. Die letzte der beiden Optionen wird es Ihnen später ermöglichen, die zu berechnenden Artikel direkt aus einer Liste zu übernehmen. Dies wird die Eingabe von lästigen Tippfehlern verhindern.

Wiederholen Sie den Vorgang für Zelle B11. Dort weisen Sie den Bereichsnamen *B_Regionenauswahl* zu. Das Resultat Ihrer Arbeit sollten Sie umgehend prüfen. Wählen Sie mit der linken Maustaste das Listenfeld der Datenüberprüfung in Zelle B4 aus, und wählen Sie einen Artikel aus (Abbildung 10.14).

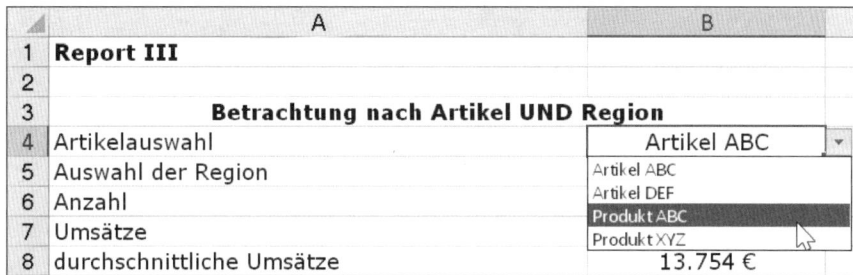

Abbildung 10.14 Auswahl der zulässigen Artikel durch die Datenüberprüfung

[i]

Datenüberprüfung und Bereichsnamen

Befindet sich ein Bereich, auf den Sie in einer Datenüberprüfung verweisen möchten, in einem anderen Tabellenblatt, haben Sie zwei Möglichkeiten, ihn zu adressieren:

1. Eingabe der kompletten Adresse, bestehend aus dem Tabellennamen und Zellbezug (z. B. `='B_Listen'!A2:A5`)

2. Verwendung eines Bereichsnamens

Es ist hingegen in Versionen vor Excel 2013 nicht möglich, im Zeigemodus mit der Maus einen Bereich zu markieren, der in einem anderen Tabellenblatt liegt.

10.4.1   Eingabe von Duplikaten mit der Datenüberprüfung vermeiden

Ein häufiges Problem bei der Erfassung von Daten ist auch die Eingabe von Duplikaten in Listen, in denen diese nicht erwünscht oder zulässig sind. Gerade bei langen Listen, die auf einen Blick nicht mehr zu überschauen sind, entstehen hier schnell Fehler, oder es wird durch ständiges manuelles Prüfen, ob ein Wert bereits zuvor einmal erfasst wurde, unnötig Zeit verschwendet.

Wie gut, dass es die Datenüberprüfung und die Funktion ZÄHLENWENN() gibt, die Sie beide in diesem Kapitel kennengelernt haben. Beide Funktionen miteinander kombiniert lösen das Problem der Duplikate zuverlässig. Mit ZÄHLENWENN() berechnen Sie, wie oft ein Wert bereits in einen vorher festgelegten Bereich eingegeben wurde. Als maximal erlaubte Anzahl einer beliebigen Eingabe legen Sie 1 fest. Sollte nun ein Wert versehentlich zum zweiten Mal eingegeben werden, zeigt Excel eine von Ihnen definierte Fehlermeldung an und weist das Duplikat zurück.

Ein Beispiel für diese Form der Datenüberprüfung finden Sie in der Datei *10_ZÄHLENWENN_Duplikate_01.xlsx*.

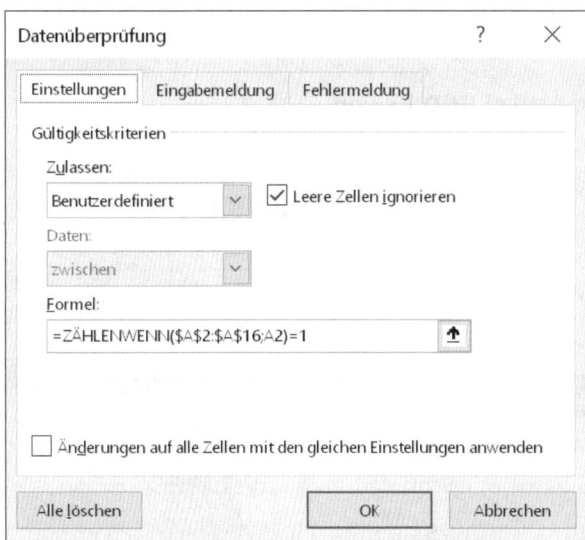

Abbildung 10.15 Die Eingabe von Duplikaten verhindern Sie mit einer Funktion in der Datenüberprüfung.

Markieren Sie zunächst den Zellbereich, auf den Sie die Datenüberprüfung anwenden möchten. Die Funktion ZÄHLENWENN() schreiben Sie dann, wie es Abbildung 10.15 zeigt, in das Eingabefeld FORMEL, nachdem Sie unter ZULASSEN: die Option BENUTZERDEFINIERT gewählt haben. Wechseln Sie anschließend in das Register FEHLERMELDUNG, um einen Text einzugeben, der den Benutzer auf seine fehlerhafte Eingabe hinweist (Abbildung 10.16).

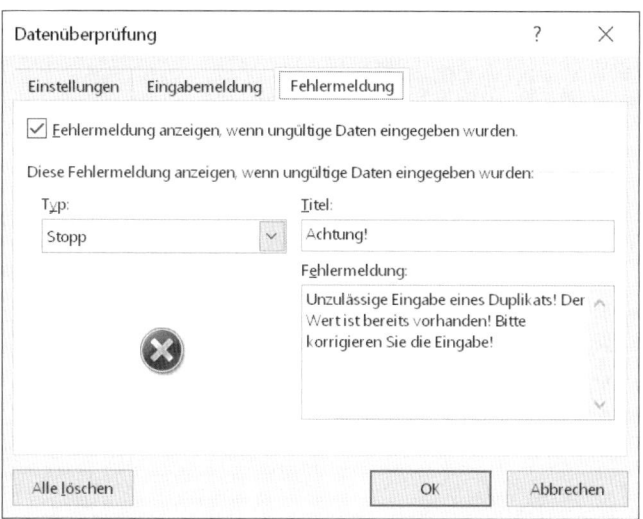

Abbildung 10.16 Eine Fehlermeldung wird als Warnhinweis festgelegt.

Sollte nun versehentlich ein doppelter Wert in den Datenbereich eingegeben werden, wird Excel den Benutzer darauf hinweisen (Abbildung 10.17). Das Duplikat wird nicht in die Zelle übernommen. Dies gilt gleichermaßen für die Eingabe von Zahlen wie auch von Texten.

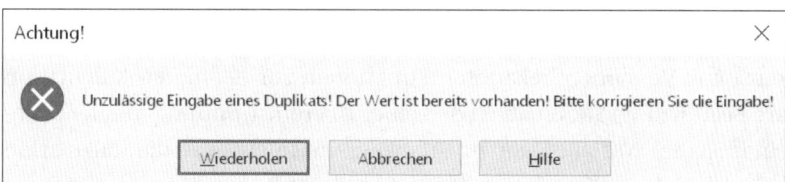

Abbildung 10.17 Anzeige der Fehlermeldung bei Eingabe eines Duplikats

10.4.2   Datenüberprüfungen bearbeiten oder entfernen

Sicherlich wird es Fälle geben, in denen Sie eine Datenüberprüfung ändern oder entfernen möchten. Spätestens dann stellen Sie sich wahrscheinlich die Frage, in welchen Zellen Sie diese Funktion denn zuvor verwendet haben. Um eine schnelle Antwort zu erhalten, nutzen Sie am besten erneut die Funktion GEHE ZU, die Sie mit [F5] aufrufen.

Sobald die Dialogbox auf dem Bildschirm erscheint, klicken Sie auf die Schaltfläche INHALTE. In der nun angezeigten Auswahl wählen Sie die Option DATENÜBERPRÜFUNG aus und starten die Suche mit einem weiteren Klick auf OK (Abbildung 10.18).

Prüfen Sie, ob Excel die richtigen Zellen markiert hat. Rufen Sie dann erneut die Funktion DATEN • DATENTOOLS • DATENÜBERPRÜFUNG auf. Hier können Sie die Vorgaben für die Prüfung überarbeiten oder die gesamte Prüfung dauerhaft entfernen. Klicken Sie dazu auf die Schaltfläche ALLE LÖSCHEN. Fertig!

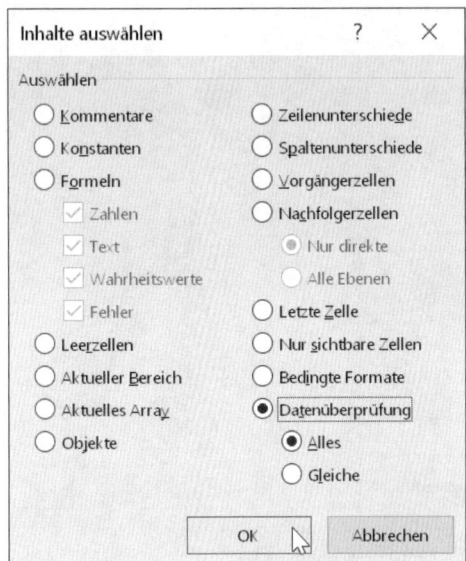

Abbildung 10.18 Zellen mit Datenüberprüfungen finden
Sie mühelos mit der Funktion »Gehe zu«.

10.5 Bedingte Kalkulationen mit mehr als einer Bedingung

Die von den früheren Excel-Versionen bekannten Funktionen zur bedingten Kalkulation hatten eine ganz klare Begrenzung: Sie suchten nach einer Übereinstimmung mit der Suchbedingung in nur einer Spalte. Was aber war zu tun, wenn beispielsweise die Kalkulation einer Tabelle von zwei oder mehr Bedingungen abhängen sollte, z. B. von einem bestimmten Produkt und einer bestimmten Region?

Der Benutzer musste in einem solchen Fall zu komplexen, weil verschachtelten WENN()-Funktionen greifen, zu Matrixfunktionen oder zur Funktion SUMMENPRODUKT(). Alle diese Alternativen hatten den Makel, relativ unhandlich bei der Eingabe zu sein. Lediglich der TEILSUMMEN-ASSISTENT als in die Jahre gekommenes Add-in versprach ein wenig Vereinfachung. Doch auch mit seiner Hilfe entstand eine verschachtelte Matrixfunktion. Und Matrixfunktionen führen, bei häufiger Verwendung in einer Arbeitsmappe, vor allem dazu, dass die Berechnung deutlich an Performance verliert. Es ist also keine Überraschung, dass dieses Add-in mit der Version 2013 endgültig verschwunden ist.

Doch schon in den Versionen ab 2007 war es an der Zeit, SUMMEWENN() und ZÄHLENWENN() neue Funktionen zur Seite zu stellen. Dies geschah auch mit den Funktionen SUMMEWENNS(), ZÄHLENWENNS() und MITTELWERTWENNS(). Auf das -S am Ende kommt es also an, um eine Funktion, die bislang auf eine Bedingung ausgerichtet war, um 126 Kriterien zu erweitern.

Ich wünsche Ihnen von Herzen, dass Sie nie in die Situation kommen, diese nun 127 Kriterien der neuen S-Klasse bei den bedingten Berechnungen ausreizen zu müssen, obwohl die Bedienung der bedingten Kalkulationen sehr einfach ist. Probieren Sie es am besten mit dem Tabellenblatt *Report_III* der Beispieldatei *10_Bedingte_Kalkulationen_01.xlsx* selbst aus (Abbildung 10.19).

◢	A	B
1	**Report III**	
2		
3	**Betrachtung nach Artikel UND Region**	
4	Artikelauswahl	Artikel ABC
5	Auswahl der Region	Nord
6	Anzahl	2
7	Umsätze	27.508 €
8	durchschnittliche Umsätze	13.754 €

Abbildung 10.19 Die neuen Funktionen in Excel ermöglichen Berechnungen mit zwei Bedingungen.

Dem Kriterium Artikel (B4) im Tabellenblatt *Report_III* habe ich hier im Beispiel das zweite Kriterium Region in Zelle B5 hinzugefügt. Beide Bedingungen müssen erfüllt sein, um in den darunterliegenden Zellen die Anzahl der gelisteten Artikel, die mit ihnen erzielten Umsätze und den durchschnittlichen Umsatz pro gelisteten Artikel zu erhalten. Für alle drei Funktionen sind die Bedingungen also mit einem logischen UND verknüpft.

Mit einer solchen Konstellation hat Excel keine weiteren Probleme. Die fünf Funktionen zeigt Tabelle 10.2.

Zelle	Funktion
B6	=ZÄHLENWENNS(BasisdatenArtikel;B4;BasisdatenRegionen;B5)
B7	=SUMMEWENNS(BasisdatenUmsatz;BasisdatenArtikel;B4; BasisdatenRegionen;B5)
B8	=MITTELWERTWENNS(BasisdatenUmsatz;BasisdatenArtikel;B4; BasisdatenRegionen;B5)
B9	=MINWENNS(BasisdatenUmsatz;BasisdatenArtikel;B4;BasisdatenRegionen;B5)
B10	=MAXWENNS(BasisdatenUmsatz;BasisdatenArtikel;B4;BasisdatenRegionen;B5)

Tabelle 10.2 Bedingte Kalkulationen mit zwei Bedingungen

Im Funktionsassistenten lassen Sie mit F3 wie gewohnt die Bereichsnamen für die einzelnen Argumente der Funktionen zuordnen. Abbildung 10.20 zeigt dies am Beispiel von SUMMEWENNS().

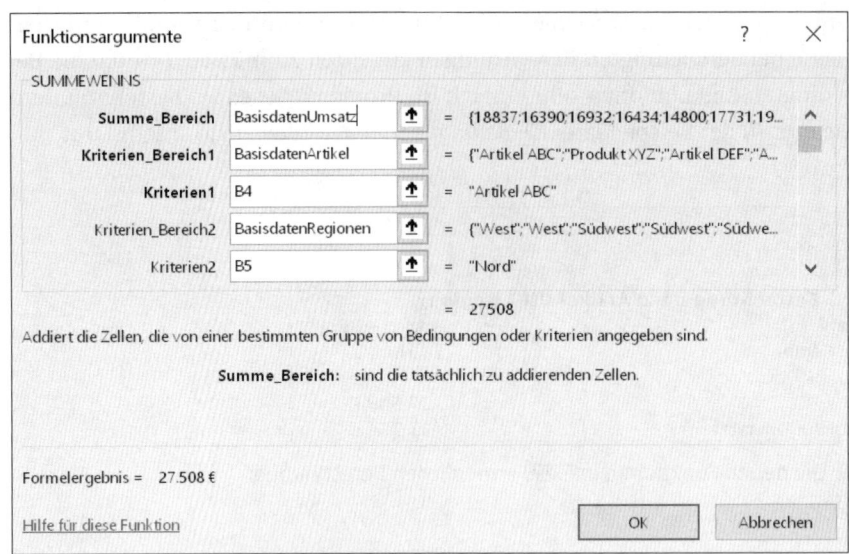

Abbildung 10.20 SUMMEWENNS() verlangt als erstes Argument den zu summierenden Bereich und danach erst Kriterien und Kriterienbereiche.

Aus diesem Funktionsaufbau lässt sich auch problemlos die Syntax der fünf Funktionen ableiten, wie die folgende Liste veranschaulicht:

▶ =SUMMEWENNS(Summenbereich; erster Kriterienbereich; erstes Kriterium;
zweiter Kriterienbereich; zweites Kriterium; ...)

Bei dieser Funktion ist vor allem die geänderte Anordnung der Argumente gegenüber SUMMEWENN() zu beachten. SUMMEWENNS() beginnt mit dem Summenbereich, in dem die Werte stehen, die bei Übereinstimmung mit den Kriterien addiert werden sollen. Bei SUMMEWENN() kam dieses Argument zum Schluss.

Danach legen Sie den ersten zu durchsuchenden Kriterienbereich fest, dem das erste Kriterium folgt. Ist dieses Kriterium in Form eines Wertes, Namens, Textes, Zellbezugs oder einer Funktion definiert, öffnet sich ein weiteres Eingabefeld. In dieses Feld tragen Sie sodann den zweiten Kriterienbereich ein, gefolgt vom zweiten Kriterium. Diesen Vorgang können Sie für maximal 127 Kriterienbereiche und Kriterien wiederholen.

▶ =ZÄHLENWENNS(erster Kriterienbereich;erstes Kriterium; zweiter Kriterienbereich;
zweites Kriterium; ...)

Wie bei SUMMEWENNS() öffnet sich ein drittes Eingabefeld in der Dialogbox, nachdem Sie den ersten Kriterienbereich und das zugehörige Kriterium eingegeben haben, sodass Sie nachfolgend alle weiteren Bedingungen festlegen können.

▶ =MITTELWERTWENNS(Mittelwertbereich; erster Kriterienbereich; erstes Kriterium; zweiter Kriterienbereich; zweites Kriterium; ...)

Der Aufbau dieser Funktion gleicht ebenfalls SUMMEWENNS(). Im ersten Argument wird der Datenbereich der zu berechnenden Werte erwartet. Danach folgen abwechselnd Kriterienbereiche und Kriterien.

Wie schon bei MITTELWERTWENN() werden leere Zellen im Kriterienbereich als Wert 0 interpretiert. Es wird der Fehlerwert #DIV/0! ausgegeben, wenn keine Zelle gefunden wird, die den Suchkriterien entspricht.

▶ =MINWENNS(Min_Bereich;Kriterienbereich1;Kriterium1; …)

=MAXWENNS(Max_Bereich;Kriterienbereich1;Kriterium1; …)

Beide Funktionen sind ab Excel 2019 verfügbar und weisen den gleichen Funktionsaufbau wie beispielsweise =SUMMEWENNS() auf.

Für alle fünf Funktionen gelten zudem die folgenden Regeln:

▶ Die Kriterienbereiche müssen alle gleich groß sein (z. B. von Zeile 1 bis Zeile 100).

▶ Werden Kriterien verwendet, die Text oder mathematische sowie logische Operatoren enthalten, müssen Sie diese Kriterien in doppelte Anführungsstriche setzen (">=100").

▶ Bei den Suchkriterien können Sie Zeichen durch Platzhalter ersetzen, wobei ? ein Zeichen, * mehrere Zeichen ersetzt ("Firma M?ier" oder "Artikel *").

Mehrfachbedingungen mit logischem ODER

Der zweite Abschnitt der Berechnungen im Tabellenblatt *Report_III* ist mit den gerade beschriebenen Funktionen nicht so einfach zu realisieren. Die Kriterien der zuvor benutzten Funktionen wurden mit einem logischen UND verknüpft. Die im darunterliegenden Abschnitt gezeigte Berechnung soll allerdings Ergebnisse für die Zeilen liefern, in denen entweder der Artikel ODER die Region zutreffend ist.

Sie könnten sich nun behelfen, indem Sie z. B. zur Berechnung der Produktanzahl die Funktion ZÄHLENWENN() einmal für die Artikelspalte und danach für die Regionenspalte anwenden, um schließlich die beiden Ergebnisse zu addieren. Die Funktion sähe dann so aus:

=ZÄHLENWENN(BasisdatenArtikel;B11)+ZÄHLENWENN(BasisdatenRegionen;B12)

Doch an dieser Lösung werden Sie kaum lange Freude haben. Für die beiden Kriterien Artikel DEF und Region Südwest erhalten Sie das Ergebnis 17. Bei einem Blick auf die Daten werden Sie jedoch feststellen, dass drei Datensätze doppelt gezählt wurden, weil sie sowohl Artikel DEF enthalten als auch der Region Südwest zuzuordnen sind (Abbildung 10.21). Mit einem AutoFilter in der Stammdatentabelle lässt sich dies sehr schnell überprüfen.

⁄⁘	A	B	C	D	E
1	Nr ⌄	Artikel ⌅	Typ ⌄	Kategori ⌄	Region ⌄
4	3	Artikel DEF	200	400	Südwest
5	4	Artikel DEF	200	400	Südwest
12	11	Artikel DEF	200	400	Ost
15	14	Artikel DEF	200	400	Nord
22	21	Artikel DEF	200	400	Süd
23	22	Artikel DEF	210	410	Südwest
29	28	Artikel DEF	210	410	Ost

Abbildung 10.21 Doppelt gezählte Datensätze schließen Sie mit SUMMENPRODUKT() aus.

Um den Fall der ODER-Verknüpfungen bei der bedingten Kalkulation angemessen zu berücksichtigen, ist die Nutzung einer ungemein leistungsstarken, aber häufig unterschätzten Funktion ratsam. Öffnen Sie die Datei *10_SUMMENPRODUKT_01.xlsx*, um sich die Funktionsweise von SUMMENPRODUKT() zu erschließen.

⁄⁘	A	B	C	D	E	F	G
2		Matrix 1		Matrix 2		Produkt 1	Produkt 2
3		2	4	1	5	2	20
4		3	2	4	3	12	6
5						14	26
6			Summenprodukt		40		40

Abbildung 10.22 Berechnung zweier Matrizen mit SUMMENPRODUKT()

Die Funktion SUMMENPRODUKT(Matrix1;Matrix2 ...) macht zunächst lediglich, was ihr Name verspricht. Liegen zwei Matrizen, also einfache Tabellen, vor (wie in Abbildung 10.22 die Matrizen 1 und 2), multipliziert die Funktion die einzelnen Werte beider Bereiche, sofern die Werte *aufgrund der Position zusammenpassen*. Im Beispiel wird also 2 mit 1 multipliziert, 4 mit 5, 3 mit 4 und schließlich 2 mit 3. Die daraus entstandenen vier Produkte der korrespondierenden Werte werden danach zum Summenprodukt addiert. Die Funktion dazu hat folgenden Aufbau:

```
=SUMMENPRODUKT(B3:C4;D3:E4)
```

Dies sieht auf den ersten Blick wenig spektakulär aus, da Sie die vier Produkte selbstverständlich auch mit einer einfachen Multiplikation berechnen könnten, um anschließend einfach die Summe zu bilden. Richtig interessant wird diese Matrixfunktion aber dann, wenn in ihr ein Suchkriterium zum Einsatz kommt, wie Sie es von den bedingten Kalkulationen her kennen.

In Abbildung 10.23, die die Daten im Tabellenblatt *Summenprodukt() II* wiedergibt, ist dies der Fall. In der ersten Spalte, der ersten Matrix, befinden sich Ortsnamen; die zweite enthält Monatsbezeichnungen. In Zelle F7 wird die Funktion eingesetzt:

```
=SUMMENPRODUKT((A2:A11="München")*(B2:B11="Mai"))
```

	A	B	C	D	E	F	G
1	Ort	Monat	Betrag		Ort	Monat	
2	München	Mai	500,00 €		München	Mai	
3	Stuttgart	Mai	200,00 €		Stuttgart		
4	Berlin	Mai	400,00 €				
5	Hamburg	Juni	300,00 €				
6	Köln	Juni	500,00 €		**Ergebnisse**		
7	Stuttgart	Juni	200,00 €		Anzahl Veranstaltungen in München und Mai	1	
8	Berlin	Juni	100,00 €		Summe der Kosten für München und Mai	500,00 €	500,00 €
9	Hamburg	Juli	600,00 €				
10	München	Juli	200,00 €				
11	Köln	Juli	500,00 €		Summe der Kosten in München sowie Stuttgart im Monat Mai	1.300,00 €	1.300,00 €
12							
13							
14					**Numerische Werte mit Textüberschrift**		
15					#WERT!		
16						1.000,00 €	
17						1.000,00 €	

Abbildung 10.23 SUMMENPRODUKT() mit Bedingungen

Kurze Randbemerkung

Ich verwende in diesem und den folgenden Beispielen die Suchbedingungen München und Mai direkt in den Funktionen, um die Beispiele verständlicher zu machen. In der Praxis sollten Sie aber stattdessen immer durch Zellbezüge oder Bereichsnamen auf die Zellen verweisen, in denen Ihre Bedingungen stehen.

Zurück zur Berechnung: Diese führt zum Ergebniswert 1. Dieses Ergebnis entspricht der offensichtlichen Tatsache, dass nur in Zeile 2 beide Kriterien erfüllt sind. Doch wie kommt Excel eigentlich zu diesem Ergebnis?

Der Zeiger der benutzten Funktion durchläuft die erste Matrix (Ort), um die Zellen auf Übereinstimmung mit dem Suchkriterium hin zu überprüfen. Wird der Suchbegriff gefunden, ordnet SUMMENPRODUKT() der Zelle den Wert WAHR zu. Im anderen Fall wird die Zelle auf FALSCH gesetzt. Auffällig ist, dass sowohl die Inhalte der durchsuchten Spalten mit ihren Texteintragungen als auch die Ergebniswerte (WAHR/FALSCH) keine Zahlen sind und dennoch ein numerischer Wert als Ergebnis ausgegeben wird. Verantwortlich dafür ist der * zwischen den beiden Matrizen. Er erzwingt die Umwandlung der Wahrheitswerte in die Werte 0 und 1 sowie die unmittelbare Weiterberechnung der Matrizen.

Würden wir das Zwischenergebnis des Suchvorgangs in beiden Spalten in einer Tabelle festhalten, sähe es wie in Abbildung 10.24 aus.

Da die beiden durchsuchten Matrizen mit * verbunden sind ((A2:A11= "München")*(B2:B11= "Mai")), werden die Zwischenergebnisse der beiden Spalten multipliziert. Nur in der ersten Zeile ist das Produkt 1, während alle anderen Produkte 0 zum Ergebnis haben. Dies führt zum Gesamtergebnis 1 in Zelle F7.

SUMMENPRODUKT() prüft also bei Verwendung dieser Schreibweise – zwei Matrizen, die jeweils eine Bedingung enthalten und durch * verknüpft sind – die Anzahl der Datensätze, bei denen beide Kriterien erfüllt werden.

Ort	Monat
1	1
0	1
0	1
0	0
0	0
0	0
0	0
0	0
1	0
0	0

Abbildung 10.24 Internes Ergebnis von SUMMENPRODUKT() nach der Kriterienprüfung (Anzahl)

Diesem Grundschema von zwei Matrizen, die auf Basis definierter Bedingungen durchsucht werden, können Sie aber mit Leichtigkeit eine dritte Matrix hinzufügen, die beispielsweise die Kosten der Veranstaltungen enthält. Dann wird Ihnen SUMMENPRODUKT() nicht die Anzahl, sondern die Summe der Kosten aller Zeilen liefern, bei denen die Suchbedingungen erfüllt werden.

Die für diese Berechnung benötigte Funktion sieht dann so aus:

```
=SUMMENPRODUKT((A2:A11="München")*(B2:B11="Mai");C2:C11)
```

Es werden erneut die beiden ersten Spalten durchsucht und die gefundenen Wahrheitswerte, 1 oder 0, miteinander multipliziert. Dann werden die Zwischenergebnisse mit den korrespondierenden Werten des Datenbereichs C2 bis C11 (*Kosten*) multipliziert. Schließlich bildet Excel die Summe aller Einzelergebnisse. Das ergibt den Wert 500 in Zelle F8. Abbildung 10.25 zeigt mit einer Hilfstabelle die Vorgehensweise bei Anwendung der Funktion.

Überraschend ist in dieser Konstellation lediglich das Zeichen, mit dem die Kostenmatrix eingebunden wird: Hier steht ein Semikolon und kein *. Doch streng genommen stellt das Semikolon das Standardzeichen zur Verknüpfung von Matrizen dar, bei denen keine Bedingungen angewandt werden.

Erinnern Sie sich? SUMMENPRODUKT(Matrix1;Matrix2 ...)!

Da in der Kostenspalte keine Bedingung mehr geprüft wird und keine Wahrheitswerte in Zahlen umgewandelt werden müssen, kann diese Matrix über das standardmäßige Verknüpfungszeichen ; (Semikolon) angefügt werden.

Sollte Sie dieses Hin und Her zwischen den Operatoren nerven, ließe sich mit dieser Variante das gleiche Ergebnis errechnen:

```
=SUMMENPRODUKT((1*(A2:A11="München"));(1*(B2:B11="Mai"));C2:C11)
```

Bei ihr werden alle drei Matrizen mit ; verbunden. Dies hat allerdings zur Folge, dass die Umwandlung von WAHR in 1 und die erzwungene Multiplikation quasi in die Matrixdefinition (1*(A2:A11="München") verlagert werden müssen.

	I	J	K
	Ort	**Monat**	**Betrag**
	1	1	500,00 €
	0	1	0,00 €
	0	1	0,00 €
	0	0	0,00 €
	0	0	0,00 €
	0	0	0,00 €
	0	0	0,00 €
	0	0	0,00 €
	1	0	0,00 €
	0	0	0,00 €

Abbildung 10.25 Internes Ergebnis von SUMMENPRODUKT() nach der Kriterienprüfung (Summe)

Wo bereits * und ; als Verknüpfungszeichen funktionieren, sind natürlich auch andere Operatoren verwendbar. Das Pluszeichen bringt uns der eigentlichen Aufgabenstellung wieder näher, nämlich ein ODER in eine bedingte Kalkulation einzufügen. Bei der nachfolgenden Funktion

`=SUMMENPRODUKT((A2:A11=E2)+(B2:B11=F2);C2:C11)`

bewirkt das +, dass entweder das erste Kriterium im Bereich A2 bis A11 gefunden werden muss ODER das zweite Kriterium in Zelle F2 im Zellbereich B2 bis B11, um die Zeile mit den Kosten zu multiplizieren. Das Ergebnis in Zelle F10 lautet nun 1.800. Doch es kann noch nicht überzeugen, da es – wie schon die Funktion SUMMEWENNS() – die Fundstellen gleich mehrfach in die Gesamtaddition einbezieht.

Die Summe der Veranstaltungen im Datenblatt Mai beläuft sich auf 1.100. Der Gesamtbetrag für München liegt bei 700. Macht zusammen 1.800. Dummerweise findet allerdings eine Veranstaltung im Mai in München statt. Und sie wird in jedem Suchdurchgang berechnet (Abbildung 10.26).

	A	B	C
1	**Ort**	**Monat**	**Betrag**
2	München	Mai	500,00 €
3	Stuttgart	Mai	200,00 €
4	Berlin	Mai	400,00 €
5	Hamburg	Juni	300,00 €
6	Köln	Juni	500,00 €
7	Stuttgart	Juni	200,00 €
8	Berlin	Juni	100,00 €
9	Hamburg	Juli	600,00 €
10	München	Juli	200,00 €
11	Köln	Juli	500,00 €

Abbildung 10.26 Doppelberechnung von Zeilen bei Anwendung von SUMMENPRODUKT()

Die Funktion SUMMENPRODUKT() ist jedoch so flexibel, dass sie auch diesen schwierigen Fall des Ausschließens von doppelten Berechnungen mühelos in den Griff bekommt, denn SUMMENPRODUKT() lässt sich verketten.

Sie kennen das bedingte Ergebnis mit doppelt berücksichtigten Zeilen. Auch das Ergebnis der Zeilen, in denen beide Bedingungen erfüllt werden, ist Ihnen bekannt. Ziehen Sie das eine Ergebnis vom anderen ab, erhalten Sie das lange gesuchte logische ODER bei der Berechnung von Bedingungen, die auf verschiedene Spalten verteilt sind:

```
=SUMMENPRODUKT((A2:A11=E2)+(B2:B11=F2);C2:C11)
-SUMMENPRODUKT((A2:A11=E2)*(B2:B11=F2);C2:C11)
```

Das Ergebnis lautet nun völlig korrekt 1.300.

10.6   Vorteile von SUMMENPRODUKT() gegenüber anderen Funktionen zur bedingten Kalkulation

Auffällig bei SUMMENPRODUKT() ist unter anderem die große Flexibilität, mit der diese Funktion eingesetzt werden kann. Sie kann Bedingungen auswerten, die sich auf unterschiedliche Datenbereiche beziehen. Dabei spielt es keine Rolle, ob es sich um numerische oder Textwerte in den Kriterienbereichen handelt. Die Ergebnisse der Prüfungen lassen sich mit unterschiedlichen Operatoren, aber auch mit anderen Excel-Funktionen problemlos weiterverarbeiten. Dies ermöglicht die Ermittlung wichtiger Kennzahlen, wie Sie an einem Beispiel weiter unten sehen werden, bei dem es um die Berechnung der Anzahl unterschiedlicher Einträge in einer Liste geht.

Ein nicht zu diskutierender Vorteil von SUMMENPRODUKT() ist ebenfalls, dass die Funktion auch dann korrekt rechnet, wenn sie sich Werte aus einer Arbeitsmappe holt, die zum Zeitpunkt der Berechnung geschlossen ist. Holen Sie sich mit SUMMEWENNS(), ZÄHLENWENNS() und Co. Daten aus einer nicht geöffneten Arbeitsmappe, liefert Excel im Augenblick der Neuberechnung den Fehlerwert #WERT!. Dies kann fatale Folgen für weiterführende Berechnungen in verknüpften Arbeitsmappen haben. Und verknüpfte Arbeitsmappen sind – Sie werden mir da sicherlich zustimmen – im Controlling keine Seltenheit.

Sie umgehen diese Schwäche der Funktionen zur bedingten Kalkulation mithilfe von SUMMENPRODUKT(), da diese Funktion bei der Neuberechnung der Arbeitsmappe den letzten berechneten Wert externer Bezüge bewahrt und diese erst aktualisiert, wenn die andere Arbeitsmappe erneut geöffnet wird.

10.7   Multiplikation von Textwerten mit SUMMENPRODUKT()

Wie bereits beschrieben, können Sie die aus der Prüfung von Textwerten resultierenden Wahrheitswerte einer Matrix in die Werte 0 und 1 umwandeln, um eine Weiterberechnung zu ermöglichen. Der Operator * spielte dabei eine tragende Rolle.

Probleme können aber dann entstehen, wenn eine Datenreihe mit ansonsten numerischen Werten eine Textüberschrift enthält. Wird die Überschriftenzeile in die Berechnung einbezogen, gibt Excel den Fehlerwert `#WERT!` zurück. Abbildung 10.27 veranschaulicht dieses Problem.

	A	B	C	D	E	F
1	**Ort**	**Monat**	**Betrag**		**Ort**	**Monat**
2	München	Mai	500,00 €		München	Mai
3	Stuttgart	Mai	200,00 €		Stuttgart	
4	Berlin	Mai	400,00 €			
5	Hamburg	Juni	300,00 €			
6	Köln	Juni	500,00 €		**Ergebnisse**	
7	Stuttgart	Juni	200,00 €		Anzahl Veranstaltungen in München und Mai	1
8	Berlin	Juni	100,00 €		Summe der Kosten für München und Mai	500,00 €
9	Hamburg	Juli	600,00 €			
10	München	Juli	200,00 €			
11	Köln	Juli	500,00 €		Summe der Kosten in München sowie Stuttgart im Monat Mai	1.300,00 €
12						
13						
14					**Numerische Werte mit Textüberschrift**	
15					=SUMMENPRODUKT((A1:A11="Köln")*(C1:C11>300)*C1:C11)	
16					SUMMENPRODUKT(**Array1**; [Array2]; [Array3]; …) 1.000,00 €	
17					1.000,00 €	

Abbildung 10.27 Die Überschrift in Spalte C verhindert die Berechnung der ansonsten numerischen Werte der Spalte.

Sie können das Problem auf drei unterschiedlichen Wegen lösen:

▸ Ersetzen Sie die ursprüngliche Funktion `=SUMMENPRODUKT((A1:A11="Köln")* (C1:C11> 300)*C1:C11)` durch die Variante `=SUMMENPRODUKT((A1:A11="Köln") *(C1:C11>300);C1:C11)` – Sie ersetzen also lediglich den zweiten Stern durch ein Semikolon.

▸ Reduzieren Sie die Datenbereiche, sodass die Überschriften nicht in die Kalkulation einbezogen werden:

`=SUMMENPRODUKT((A2:A11="Köln")*(C2:C11>300)*C2:C11)`

Die Schwierigkeit dabei: Dies wird nicht immer möglich sein. Vor allem dann nicht, wenn eine ganze Spalte (`A:A`) berechnet werden soll – seit Excel 2007 ist dies mit `SUMMENPRODUKT()` möglich.

▸ Wandeln Sie die Funktion in der folgenden Art und Weise ab:

`=SUMMENPRODUKT(--(A1:A11="Köln")*--(C1:C11>300);C1:C11)`

Das doppelte Minuszeichen (`--`) unmittelbar vor der Matrixadresse erzwingt auch im Fall von Textwerten eine Umwandlung in die Werte 0 oder 1. Damit können Sie zu guter Letzt einen Fehlerwert bei der Bildung des Summenprodukts verhindern.

10.8   Bedingte Kalkulation mit ODER im Tabellenblatt »Report_III«

Die im Tabellenblatt *Report_III* der Arbeitsmappe *10_Bedingte_Kalkulation_01.xlsx* aufgeworfene Frage, wie ein logisches ODER in einer bedingten Kalkulation berücksichtigt wird, können wir nun also abschließend beantworten. Und die Antwort für die Berechnung der Anzahl in Zelle B13 hat das folgende Aussehen:

```
=SUMMENPRODUKT((BasisdatenArtikel=B11)+(BasisdatenRegionen=B12))-
SUMMENPRODUKT(1*(BasisdatenArtikel=B11);1*(BasisdatenRegionen=B12))
```

Mit der Summe verhält es sich ähnlich. Hier müssen Sie die Spalte der Umsätze in die Funktion integrieren:

```
=SUMMENPRODUKT((BasisdatenArtikel=B11)+(BasisdatenRegionen=B12);
BasisdatenUmsatz)-SUMMENPRODUKT(1*(BasisdatenArtikel=B11);1*(BasisdatenRegionen=B12);
BasisdatenUmsatz)
```

10.9   Ausschluss von Datensätzen bei bedingten Kalkulationen

Das Tabellenblatt *Report_III* enthält noch eine weitere Auswertung. Darin sollen die Ergebnisse unter Ausschluss eines von Ihnen zu bestimmenden Wertes berechnet werden (Abbildung 10.28).

17	Betrachtung nach Artikel (Ausschluß einer Region)	
18	Artikelauswahl	Artikel DEF
19	Auswahl der Region	Südwest
20	Anzahl	4
21	Umsätze	62.748 €
22	durchschnittliche Umsätze	15.687 €

Abbildung 10.28 Ausschluss von Werten bei bedingten Kalkulationen

Um die Anzahl der Datensätze zu ermitteln, die zwar dem Artikel Artikel DEF, aber *nicht* der Region Südwest zuzuordnen sind, sollten Sie die Funktion ZÄHLENWENNS() verwenden. Deren Aufbau ist Ihnen im Prinzip bekannt. Allerdings muss ein Operator für die Bedingung *Südwest ausschließen* gefunden werden. Den liefert der Ausdruck <>. Er steht für den Vergleichsoperator *ist nicht* oder *ungleich*.

Da Sie Texte und Operatoren nur unter Verwendung von doppelten Anführungszeichen in den Funktionen zur bedingten Kalkulation einsetzen können, muss die Funktion in Zelle B20 so aussehen:

```
=ZÄHLENWENNS(BasisdatenArtikel;ReportIIIArtikelauswahl;
BasisdatenRegionen;"<>"&B19)
```

Sollten Sie für Zelle B19, die das Suchkriterium enthält, einen Bereichsnamen verwenden, können Sie diesen Teil der Funktion auch abwandeln (z. B. "<>"&ReportIIIRegionsauswahl).

Wichtig ist es in jedem Fall, den Operator – egal, ob es sich um >, <, =, <>, >= oder <= handelt – in Anführungsstriche zu setzen und dann mit dem Verknüpfungszeichen & in Beziehung zu einem numerischen Wert, einem Text, Zellbezug oder Bereichsnamen zu setzen. Texte müssen Sie nach dem & ebenfalls in Anführungsstriche setzen, wie die Übersicht in Tabelle 10.3 zeigt.

Operator und ...	Syntax
... Zahl	">"&17000
... Text	"<>"&"Südwest"
... Bezug	"<>"&B19
... Name	"<>"&ReportIIIRegionsauswahl

Tabelle 10.3 Syntax bei der Verkettung von Operatoren und Bedingungen

Alternativ setzen Sie die Funktion VERKETTEN() ein, um die Operatoren mit den gewünschten Werten zu einer Suchbedingung zu verbinden. Der Ausdruck sähe dann so aus:

VERKETTEN("<>";"Südwest")

Oder bei Verwendung eines Bereichsnamens auch wie folgt:

VERKETTEN("<>";ReportIIIRegionsauswahl)

Das hier gezeigte Beispiel von ZÄHLENWENNS() lässt sich ohne Probleme auf die Bildung der Summe unter Ausschluss der Region Südwest übertragen. Die Funktion lautet dann:

=SUMMEWENNS(BasisdatenUmsatz;BasisdatenArtikel;B18;
BasisdatenRegionen;VERKETTEN("<>";ReportIIIRegionsauswahl))

10.10   Häufigkeiten schnell berechnen

Nach allem, was ich auf den vorangegangenen Seiten beschrieben habe, liegt es nahe, einer Frage wie der nach der Häufigkeit eines bestimmten Artikeltyps mit der Funktion ZÄHLEN-WENN() zu Leibe zu rücken. Doch es gibt eine effizientere Lösung: die Funktion HÄUFIGKEIT(). In der Datei *10_HÄUFIGKEIT_01.xlsx* finden Sie das hier vorgestellte Beispiel.

Bei dieser Funktion handelt es sich um eine Matrixfunktion. Deren Besonderheiten sollten Sie unbedingt kennen, um Enttäuschungen über nicht immer ganz einleuchtende Fehlerwerte von Excel zu vermeiden.

Das Credo von Matrixfunktionen lautet: Durchlaufe einen vorgegebenen Datenbereich, wenn nötig mehrmals, und prüfe jedes gegebene Kriterium auf ein Vorkommen in diesem Datenbereich. Merke dir das Zwischenergebnis. Führe mit ihm gegebenenfalls weitere Berechnungen durch, und schreibe Endergebnisse in eine oder nötigenfalls mehrere Zellen.

Lassen Sie uns diesen Glaubenssatz in eine Anleitung für die Lösung unserer konkreten Aufgabenstellung übersetzen. Dann heißt es: Durchlaufe den Datenbereich, in dem unsere Typenbezeichnungen stehen (C2 bis C31 im Tabellenblatt *A_Basisdaten*), und prüfe für jede Typenbezeichnung in den Zellen A4 bis A11 des Tabellenblattes *Report_I_Häufigkeit*, wie oft sie vorkommt. Merke dir die Ergebnisse, und schreibe sie abschließend in den Datenbereich B4 bis B11 (Abbildung 10.29).

	A	B	C
1	**Report I – Häufigkeiten**		
2			
3	**Gerätetypen**	**Anzahl**	**in %**
4	100	3	10,0%
5	110	4	13,3%
6	200	5	16,7%
7	210	2	6,7%
8	600	3	10,0%
9	650	6	20,0%
10	900	3	10,0%
11	910	4	13,3%
12	**Gesamtergebnis**	**30**	**100,0%**
13			
14			
15	**Artikel**	**Anzahl**	**in %**
16	Artikel ABC	7	23,3%
17	Artikel DEF	7	23,3%
18	Produkt ABC	9	30,0%
19	Produkt XYZ	7	23,3%
20	**Gesamtergebnis**	**30**	**100,0%**

Abbildung 10.29 Die Häufigkeit der Gerätetypen können Sie mit der Funktion HÄUFIGKEIT() berechnen.

Der erste entscheidende Unterschied einer solchen Matrixfunktion gegenüber normalen Funktionen kann somit für Sie als Benutzer sein, dass Sie nicht nur eine Zelle für das Ergebnis auswählen müssen, sondern gleich einen ganzen Datenbereich. Markieren Sie deshalb den Datenbereich B4 bis B11, und rufen Sie anschließend den Funktionsassistenten auf, um die Funktion HÄUFIGKEIT() auszuwählen.

Der Aufbau der Funktion HÄUFIGKEIT(Datenbereich; Klassen) erlaubt es, die beiden Datenbereiche mit der Maus zu markieren oder mit F3 zuvor festgelegte Bereichsnamen zuzuordnen (Abbildung 10.30).

Die zweite Besonderheit von Matrixfunktionen ist, sie mit Strg + ⇧ + ↵ abzuschließen und nicht mit ↵ oder OK. Danach beginnt die Funktion mit ihrer Arbeit; sie durchläuft den Datenbereich für jedes einzelne Kriterium.

Ergebnisse von Matrixfunktionen warten schließlich mit weiteren Besonderheiten auf:

{=HÄUFIGKEIT(BasisdatenTyp;A4:A11)}

Dieses Erkennungszeichen können Sie auch sehr gut als Beweis verwerten, ob die Funktion wirklich als Matrixfunktion oder vielleicht doch irrtümlich als normale Funktion eingegeben wurde. Fehlen die geschweiften Klammern, müssen Sie dies durch Neueingabe mit Strg + ⇧ + ↵ korrigieren. Es reicht keineswegs, die geschweiften Klammern per Tastatur nachzutragen.

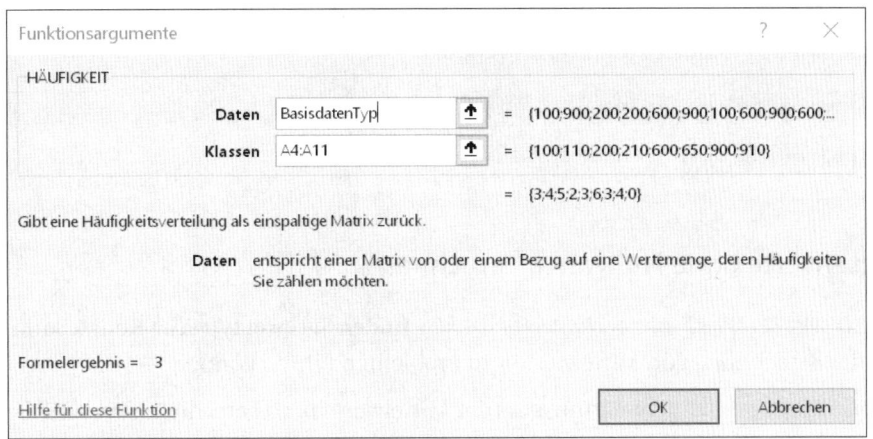

Abbildung 10.30 Nach Festlegung der Datenbereiche müssen Sie die Funktion HÄUFIGKEIT()
noch abschließen.

Neben dem mehrzelligen Ergebnisbereich, der besonderen Tastenkombination zur Eingabe
und den geschweiften Klammern bei den Ergebnissen gibt es eine vierte Eigenart bei Matrixfunktionen: Einzelne Zellen des zusammenhängenden Ergebnisbereichs können nämlich
nicht nachträglich bearbeitet oder entfernt werden. Entschließen Sie sich beispielsweise, die
letzte Typenbezeichnung in Zelle B11 aus der Zählung auszuschließen, wird Ihnen das nicht
dadurch gelingen, dass Sie Zellinhalte in A4 und B11 löschen. Dies wird Ihnen lediglich eine
Fehlermeldung einbringen (Abbildung 10.31).

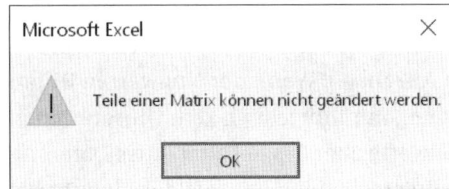

Abbildung 10.31 Fehlermeldung beim Versuch, die Ergebniszelle
einer Matrixfunktion zu löschen

Stattdessen werden Sie den gesamten Ergebnisbereich markieren und löschen müssen, um
anschließend in einem geänderten Ergebnisbereich die Funktion nach bewährtem Muster
neu zu erfassen.

Häufigkeit bei Textwerten

Eine Begrenzung der Funktion HÄUFIGKEIT() liegt darin, dass sie nur bei Zahlenwerten das
korrekte Ergebnis liefert. Handelt es sich bei den zu zählenden Elementen um Texte, hilft
HÄUFIGKEIT() nicht weiter. Im Ergebnisbereich werden dann einige Nullen und der Fehlerwert #NV erscheinen.

Dies ist jedoch verkraftbar. Denn im Fall der Häufigkeitsverteilung der gelisteten Artikel wäre nun eine andere bekannte Funktion anwendbar:

`=ZÄHLENWENN(BasisdatenArtikel;'Report_I_Häufigkeit'!A16)`

Im Datenbereich B16 bis B19 finden Sie deshalb diese Funktion.

10.11   Mittelwerte ohne Nullwerte berechnen

In der Datei *10_MITTELWERT_ohne_Nullwerte_01.xlsx* finden Sie zwei typische Konstellationen, die bei der Berechnung von Mittelwerten zu Problemen führen können.

Im ersten Beispiel geht es schlicht darum, dass der Mittelwert falsch berechnet wird, weil die Datenreihe einen Nullwert (B5) enthält (Abbildung 10.32).

	A	B	C
1	**Mittelwert mit und ohne Nullwerte**		
2			
3	**Artikel**	**Betrag 1**	**Betrag 1**
4	Artikel ABC	1.000,00 €	1.000,00 €
5	Produkt XYZ	0,00 €	0,00 €
6	Artikel DEF	1.000,00 €	-1.000,00 €
7	Artikel DEF	1.000,00 €	1.000,00 €
8			
9	Mittelwert (mit Nullwerten)	750,00 €	250,00 €
10	Mittelwert (ohne Nullwerte, Werte <> Null)	1.000,00 €	333,33 €

Abbildung 10.32 Nullwerte können bei der Berechnung des Mittelwertes zu Problemen führen.

Die Funktion `=MITTELWERT(B4:B7)` führt zum Ergebnis 750,00 € in Zelle B9. Dies entspricht der Summe aller Werte (3.000), geteilt durch deren Anzahl (4). Wenn der Nullwert in B5 tatsächlich so zu verstehen ist, dass ein Artikel angeboten, mit ihm jedoch kein Umsatz erzielt wurde, ist das Ergebnis in Ordnung. Häufig sind Nullwerte aber das Resultat eines Datenimports und werden auch dann gesetzt, wenn in den entsprechenden Datenfeldern überhaupt keine Werte standen, weil z. B. der spezifische Artikel gar nicht im Sortiment einer ausgewählten Region enthalten ist. In diesem Fall wäre es falsch, den Wert bei der Bildung des Durchschnitts einzubeziehen.

Da das Löschen aller Nullwerte einen unzumutbaren Aufwand darstellt, muss dem Problem mit einer Formel zu Leibe gerückt werden. Die Formel lautet im vorliegenden Beispiel:

`=SUMME(B4:B7)/ZÄHLENWENN(B4:B7;">0")`

Gebildet wird die Summe aller Werte im Datenbereich B4 bis B7. Danach wird die bedingte Anzahl der Werte im selben Datenbereich gebildet. Die Bedingung lautet dabei, nur die Werte zu zählen, die größer als null sind:

`ZÄHLENWENN(B4:B7;">0")`

Das Ergebnis in Zelle B10 wird nun mit dem Wert 1.000 angegeben. Es entspricht der Summe sämtlicher Werte im Datenbereich, dividiert durch die Anzahl positiver Werte, die dort zu finden sind.

In Spalte C wird zusätzlich zum Nullwert ein Wert mit negativem Vorzeichen verwendet. Dies würde zu einer Veränderung des Ergebnisses führen. Wenn Sie allerdings den Mittelwert nur auf Basis der positiven Werte bilden möchten, hieße das, dass die Funktion in C10 abgewandelt werden muss:

```
=SUMME(C4:C7)/ZÄHLENWENN(C4:C7;"<>0")
```

Damit wird im Beispiel auch der negative Wert berücksichtigt (C5), und als Resultat wird 333,33 in Zelle C10 ausgegeben.

10.12 Mittelwert bei #DIV/0!

Nicht nur Nullwerte erschweren die Berechnung des Mittelwertes von Datenreihen, auch die Fehlerwerte stellen ein Problem dar. Führt eine Division innerhalb der Datenreihe, für die der Durchschnitt berechnet werden soll – wie dies in Abbildung 10.33 der Fall ist –, z. B. zu dem Fehlerwert #DIV/0!, übernimmt MITTELWERT() diesen Fehlerwert.

Anzahl	Umsatz	Umsatz/Stück
10	10.000,00 €	1.000,00 €
0	0,00 €	#DIV/0!
100	100.000,00 €	1.000,00 €
5	5.000,00 €	1.000,00 €
		#DIV/0!
		1.000,00 €

Abbildung 10.33 Enthält die Datenreihe Fehlerwerte, führt auch die Funktion MITTELWERT() zum Fehler.

Auch hier müssen Sie entscheiden, ob Sie das Problem direkt an der Wurzel packen, also bei der Division in Spalte D, oder erst bei der abschließenden Berechnung des Mittelwertes.

Den Fehlerwert bei der Division können Sie mit einer Funktion sehr einfach unterdrücken:

```
=WENNFEHLER(zu_prüfender_Wert; alternativer_Wert)
```

Sie werden also prüfen, ob C14 dividiert durch B14 einen Fehlerwert vom Typ #DIV/0! produziert, und als alternativen Wert einen leeren Text vorgeben. Das sieht dann so aus:

```
=WENNFEHLER(C14/B14;"")
```

Die beiden Anführungszeichen erzeugen eine *leere Zelle*. Die Funktion MITTELWERT() berechnet folglich den Mittelwert 1.000 in Zelle D19 auf Basis der Summe aller Werte (3.000) und der Anzahl der ausgefüllten Zellen (3).

Sind Sie nicht der Urheber des Fehlerwertes, weil er eventuell erneut das unerfreuliche Resultat einer Datenübernahme ist, könnten Sie alle Werte so stehen lassen, wie Sie sie vorfinden. Stattdessen korrigieren Sie den Fehlerwert in Zelle D20 mit einer Matrixvariante:

```
{=MITTELWERT(WENN(ISTZAHL(D14:D17);WENN(D14:D17>0;D14:D17))))}
```

Die `WENN()`-Funktion prüft in einem ersten Durchlauf, ob und wo im Datenbereich D14 bis D17 Zahlen zu finden sind. Dafür sorgt die Funktion `ISTZAHL(Bereich)`. Jeder gefundene Zahlenwert wird mit `WAHR` registriert, alle anderen Werte mit `FALSCH`. Im zweiten Durchlauf prüft eine weitere Funktion, welche Zellen Werte enthalten, die größer als null sind. Alle Werte, auf die beide Bedingungen zutreffen, werden an die Funktion `MITTELWERT()` übergeben, die schließlich das Ergebnis in Zelle D20 liefert.

Selbstverständlich können Sie diese Funktion mit dem Ausdruck <>0 so anpassen, dass sie auch negative Werte bei der Berechnung berücksichtigt.

Möchten Sie die Verschachtelung von Funktionen vermeiden, hilft Ihnen die Funktion `AGGREGAT()`. Im vorangegangenen Kapitel habe ich ein Beispiel für ihren Einsatz beschrieben.

10.13   Fallbeispiel zur bedingten Kalkulation

In der Arbeitsmappe *10_MiniReport_01.xlsx* finden Sie ein Anwendungsbeispiel für bedingte Kalkulationen in einem kurzen Report. Idealtypisch befindet sich die Liste der Basisdaten in einem eigenen Tabellenblatt (*A_Basisdaten*). Außerdem verfügt die Arbeitsmappe über eine Reihe definierter Bereichsnamen, die sich auf wichtige Spalten in den Basisdaten beziehen. Aber auch im Tabellenblatt *B_Listen* werden einige Listen mit Bereichsnamen angesprochen. Mithilfe zweier Datenüberprüfungen werden diese Listen genutzt, um in den Zellen G8 zwischen Gerätekategorien und -typen sowie in Zelle G9 zwischen Regionen und Artikeln wechseln zu können (Abbildung 10.34).

Je nach den gewählten Bedingungen generiert Excel auf der linken Seite des Tabellenblattes *Report_I_Häufigkeit* zwei Tabellen, die die absoluten und prozentualen Häufigkeiten darstellen, um weiter rechts davon die Daten in zwei Diagrammen zu visualisieren. Tabellen und Diagramme sind somit Bestandteil eines dynamischen Reports.

Im darüberliegenden Bereich – A2 bis B6 – enthält der Report verschiedene Häufigkeitsberechnungen. Diese sind nicht von der Auswahl in den Zellen G8 und G9 abhängig. Lassen Sie uns mit dem Aufbau dieser Kalkulationen beginnen.

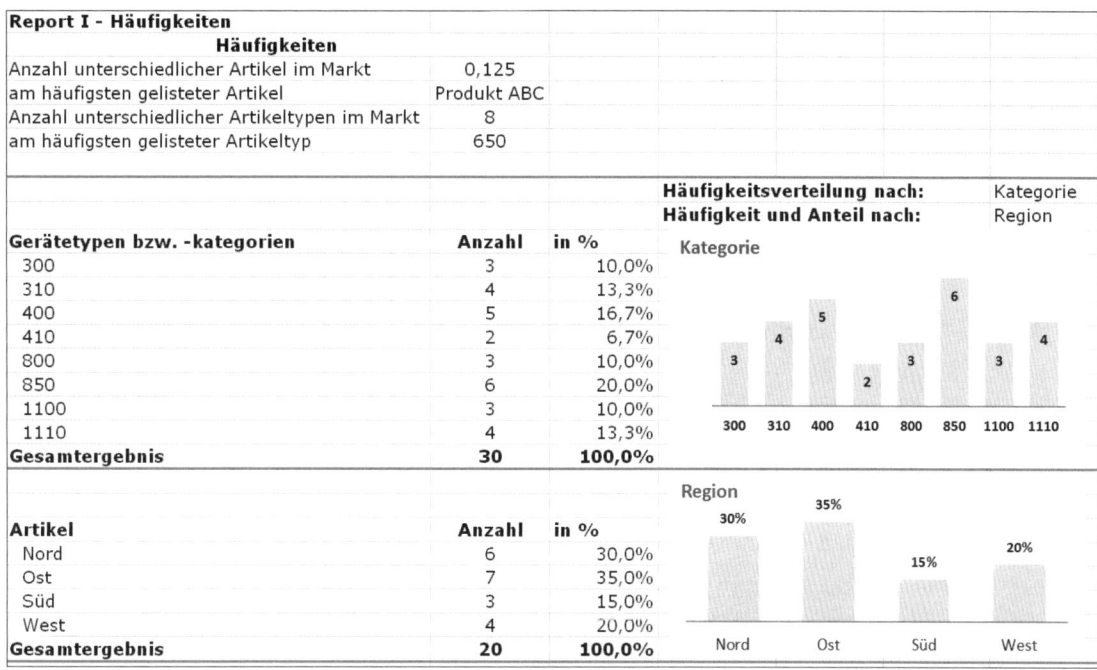

Abbildung 10.34 Fallbeispiel zu bedingten Kalkulationen

10.13.1   Anzahl unterschiedlicher Zahlenwerte im Datenbereich

In Zelle B3 interessieren wir uns für die Anzahl der unterschiedlichen Artikel im Markt. Das ist ein Wert, den uns weder die Funktion ANZAHL() noch die Funktion ANZAHL2() liefern kann. Stattdessen ist eine kombinierte Funktion nötig:

```
{=SUMME(1/ZÄHLENWENN(BasisdatenArtikel;BasisdatenArtikel))}
```

ZÄHLENWENN() durchläuft den Datenbereich B3 bis B31 im Tabellenblatt *A_Basisdaten*, für den der Bereichsname *BasisdatenArtikel* festgelegt wurde. Jede vorkommende Artikelbezeichnung ist gleichzeitig eine Suchbedingung, sodass der Datenbereich nach dem Semikolon ein zweites Mal angegeben wird. Die Funktion zählt die Häufigkeit des Vorkommens eines Artikels und schreibt die Gesamtzahl als Nenner in einen Bruch (1/ZÄHLENWENN(), Abbildung 10.35).

Report I - Häufigkeiten		
Häufigkeiten		
Anzahl unterschiedlicher Artikel im Markt	0,125	
am häufigsten gelisteter Artikel	Produkt ABC	
Anzahl un=SUMME(1/ZÄHLENWENN(A_Basisdaten!C2:C31;A_Basisdaten!C2:C31))		
am häufigsten gelistet ZÄHLENWENN(**Bereich**; Suchkriterien) 550		

Abbildung 10.35 Die Funktion zur Ermittlung der unterschiedlichen Artikel im Markt müssen Sie als Matrixfunktion eingeben.

Wird der Artikel beispielsweise viermal gefunden, ist das Zwischenergebnis ein Viertel. Bei zwei Fundstellen wäre es ein Halbes. Die gebildete SUMME() für jeden Artikel, bestehend aus vier Vierteln oder zwei Halben, ist somit in jedem Fall 1. Die Funktion ist an den geschweiften Klammern unschwer als Matrixfunktion identifizierbar. Werden folglich alle Zwischenergebnisse der einzelnen Durchläufe addiert (jeweils 1), steht am Ende die Gesamtanzahl der unterschiedlichen in den Märkten vorkommenden Artikel.

In Zelle B5 lässt sich die Berechnung mit der Anzahl unterschiedlicher Artikeltypen mühelos wiederholen:

```
{=SUMME(1/ZÄHLENWENN(BasisdatenTyp;BasisdatenTyp))}
```

10.13.2   Häufigste Artikelbezeichnung im Datenbereich

In den beiden vorangegangenen Fällen haben wir Zahlenreihen analysiert. Etwas komplizierter ist die Lage, wenn es darum geht, den häufigsten Texteintrag eines Datenbereichs zu berechnen. Diesen Fall finden Sie in Zelle B4:

```
{=INDEX(BasisdatenArtikel;VERGLEICH(MAX(ZÄHLENWENN(BasisdatenArtikel;
BasisdatenArtikel));ZÄHLENWENN(BasisdatenArtikel;BasisdatenArtikel);
0);1)}
```

Beginnen wir mit den Teilen der verschachtelten Funktion, die uns am vertrautesten sind. Mit dem Abschnitt =ZÄHLENWENN(BasisdatenArtikel; BasisdatenArtikel) zählt Excel, wie oft eine Artikelbezeichnung in der Liste der Artikel vorkommt. Wenn es nach Art der Matrixfunktionen mehrere Durchläufe durch den Datenbereich BasisdatenArtikel gibt, wird nicht nur der erste Eintrag in diesem Bereich gezählt, sondern sämtliche gelisteten Artikel finden Berücksichtigung.

Erweitern Sie diese Funktion um MAX(Bereich), das den Maximalwert einer Datenreihe ermittelt, zu MAX(ZÄHLENWENN(BasisdatenArtikel;BasisdatenArtikel)), erhalten Sie die Anzahl des am häufigsten auftretenden Wertes innerhalb des Datenbereichs. Im Beispiel ist es das Produkt ABC, das neunmal vorkommt.

Nun muss dieser Wert 9 noch durch den konkreten Artikelnamen ersetzt werden. Mit der Funktion INDEX(Bereich; Zeile; Spalte) bestimmen Sie den Inhalt einer Zelle, deren Koordinaten – Zeile und Spalte – Sie durch eine Berechnung gewonnen haben. Hilfreich wäre es demnach, wenn wir wüssten, in welcher Zeile der am häufigsten genannte Artikel steht. Diese Frage wiederum wird uns die Funktion VERGLEICH(Suchkriterium; Suchbereich; Vergleichstyp) beantworten:

```
VERGLEICH(MAX(ZÄHLENWENN(BasisdatenArtikel;BasisdatenArtikel));
ZÄHLENWENN(BasisdatenArtikel;BasisdatenArtikel);0)
```

Wir suchen den Maximalwert (Suchkriterium) in der Artikelliste (Suchbereich) und wollen ein Ergebnis nur dann verwenden, wenn es eine genaue Übereinstimmung gibt (Vergleichstyp 0). Die Vergleichstypen 1 und –1 ermöglichen es, auch Werte zurückzugeben, die kleiner als das oder gleich dem bzw. größer als das oder gleich dem Suchkriterium sind.

Das Ergebnis im konkreten Fall lautet 5. In der fünften Zeile der Artikelliste steht die Bezeichnung Produkt ABC. Dies ist der Artikel, der mit neun Nennungen am häufigsten vorkommt. Diese berechnete und somit veränderliche Position innerhalb der Artikelliste wird nun von der Funktion INDEX() als erste Koordinate für die Zeile der zu bestimmenden Zelle übernommen. Die zweite Koordinate (Spalte) hat zwangsläufig den Wert 1, da der Suchbereich einspaltig ist. Damit ist die Bezeichnung des am häufigsten vorkommenden Textes im Datenbereich B2 bis B31 korrekt bestimmt: Er steht in der fünften Zeile und ersten Spalte des Suchbereichs oder genauer gesagt in Zelle B6 von Tabellenblatt *A_Basisdaten*.

10.13.3 Bedingte Kalkulation in Tabelle und Diagramm über Auswahlliste steuern

Im unteren Tabellenabschnitt steht die Steuerung der durchzuführenden Berechnungen über eine Datenüberprüfung im Mittelpunkt. In Zelle G8 wird wahlweise auf die Listen KATEGORIE oder TYP zugegriffen (Abbildung 10.36).

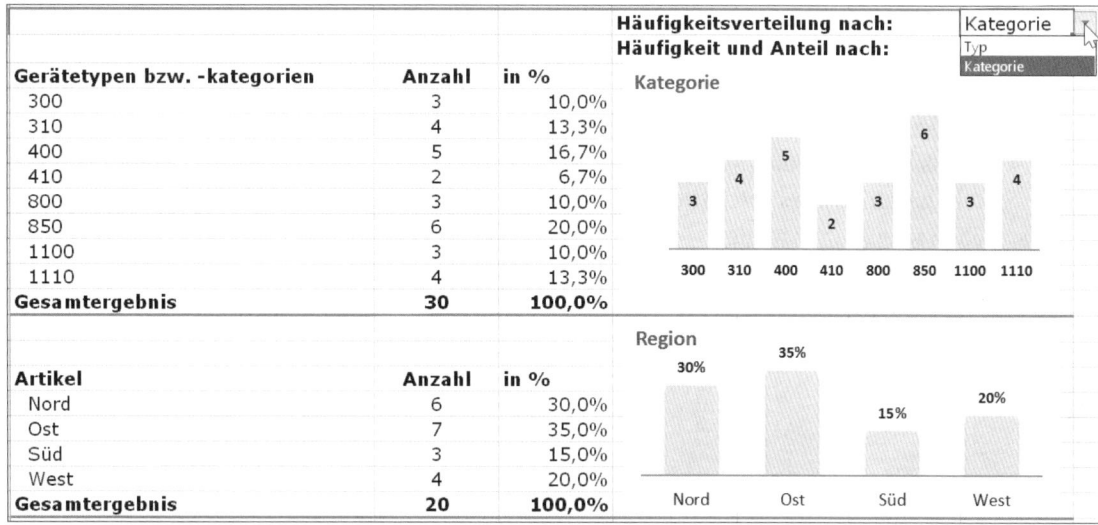

Abbildung 10.36 Tabelle und Diagramm werden über die Einträge einer Datenüberprüfung gesteuert.

Der über die Datenüberprüfung ausgewählte Begriff wird in Zelle A11 von folgender Funktion aufgegriffen:

```
=INDEX('B_Listen'!$E$1:$G$9;ZEILE()-9;VERGLEICH($G$8;'B_Listen' !$E$1:$G$1;0))
```

Was macht diese Funktion? Sie durchsucht für uns den Bereich E1 bis G9 im Tabellenblatt *B_Listen*, in dem sämtliche Typen- und Kategorienbezeichnungen stehen. Ausgelesen werden soll die zweite Zeile. Dies wird erreicht, indem die aktuelle Zeilenzahl (11) ermittelt und davon der Wert 9 subtrahiert wird.

Auch die Spalte wird mit `VERGLEICH($G$8;'B_Listen'!$E$1:$G$1;0)` dynamisch bestimmt. Dazu wird der Überschriftenbereich der Listen (E1 bis G1) nach einer Übereinstimmung mit dem in Zelle G8 ausgewählten Begriff – `Typ` oder `Kategorie` – durchsucht. Steht dort die Bezeichnung `Typ`, wird die zweite Zeile in der ersten Spalte, also Zelle E2 im Tabellenblatt *B_Listen*, angesteuert und der Wert 100 als Typenbezeichnung in Zelle A11 des Tabellenblattes *Report_I* geschrieben.

Kopieren Sie nun diese Funktion in die darunterliegenden Zeilen, wird die Zeilennummer durch den Ausdruck `ZEILE()-9` variabel bestimmt, und der Reihe nach werden alle Typenbezeichnungen oder Kategorien in die Tabelle geschrieben.

Die eigentliche Berechnung mithilfe von `ZÄHLENWENN()` müssen wir nun auch abhängig von dem in Zelle G8 auswählten Begriff veranlassen:

```
=WENN($G$8="Kategorie";ZÄHLENWENN(BasisdatenKategorie;A11);
ZÄHLENWENN(BasisdatenTyp;A11))
```

Diese `WENN()`-Funktion berechnet wahlweise die Spalten C oder D des Tabellenblattes *A_Basisdaten*, je nachdem, ob in der Auswahlzelle das Wort `Kategorie` steht oder nicht. Zugegeben: Die harte Codierung des Kriteriums `Kategorie` als Text direkt im Funktionstext sollten Sie, wie bereits erwähnt, eigentlich unterlassen. Auch stellt sich die Frage, was zu tun wäre, wenn Sie hier vier, fünf oder mehr Kriterien zur Auswahl hätten. Dennoch ist die Lösung an dieser Stelle geeignet, um sie auch bei der Berechnung der Anzahl im Zellbereich B23 bis B26 dieses Fallbeispiels zu variieren.

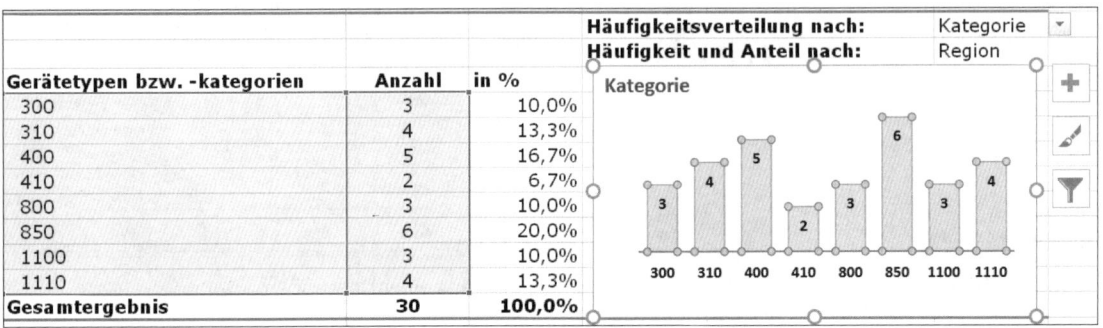

Abbildung 10.37 Das Säulendiagramm verwendet die Gerätetypen bzw. -kategorien als Rubrikenachse.

Um die kleine dynamische Lösung abzuschließen, müssen noch die beiden Diagramme erstellt werden. Bei beiden handelt es sich um Standarddiagramme. Das Säulendiagramm bezieht sich auf die veränderlichen Bereiche A11 bis A18 als Rubrikenachsenbeschriftung und B11 bis B18 als Datenbereich (Abbildung 10.37). Das Kreisdiagramm bezieht seine Informationen aus A23 bis A26 (Beschriftung) und B23 bis B26 (Daten). Wenn Sie diese Bereiche über den Diagramm-Assistenten festlegen, erhalten Sie die gewünschten Diagramme. Ändern Sie dann in den Zellen G8 und G9 die Berechnungskriterien, werden sowohl die Tabellen als auch die Diagramme neu berechnet. Ihr dynamischer Minireport ist fertig.

10.14   Zusammenfassung: Bedingte Kalkulationen

Die Funktionen =SUMMEWENN(), MITTELWERTWENN() und ZÄHLENWENN() ermöglichen die Berechnung von Datenbereichen mit einer Bedingung.

Texte und Operatoren müssen im Bedingungsfeld immer in Anführungszeichen stehen. Beispiele:

```
=SUMMEWENN(A1:A100;"Artikel ABC";B1:B100)
=ZÄHLENWENN(B1:B100;">50")
=MITTELWERTWENN(A1:A100; "Nord";B1:B100)
```

Ist eine Zelle im Datenbereich leer, wird sie bei der Berechnung des Mittelwertes nicht berücksichtigt. Nullwerte werden hingegen in den Mittelwert einbezogen.

Bereichsnamen vereinfachen die Arbeit nicht nur mit bedingten Kalkulationen. Folgende Vorgehensweise kann genutzt werden:

▶ Datenbereich markieren

▶ Namen in das NAMENFELD schreiben und ⏎ drücken

▶ Namen mit F3 innerhalb einer Formel oder Funktion abrufen

▶ F5 zum Wechsel in einen mit Bereichsnamen gekennzeichneten Datenbereich drücken

Die Funktionen SUMMEWENNS(), MITTELWERTWENNS() und ZÄHLENWENNS() sowie die beiden neuen Funktionen MINWENNS() und MAXWENNS() erlauben es, bis zu 127 Bedingungen in eine bedingte Kalkulation einzufügen. Alle Bedingungen sind mit einem logischen UND miteinander verknüpft.

Bei SUMMEWENNS() wird entgegen der Reihenfolge von SUMMEWENN() zuerst die zu summierende Spalte angegeben, dann erst folgen Kriterienbereiche und Kriterien.

Um Fehler bei der Eingabe von Bedingungen zu vermeiden, eignet sich die Datenüberprüfung. Ideal ist es,

▶ eine Liste mit zugelassenen Werten in einem anderen Tabellenblatt zu hinterlegen,

▶ den Daten der Liste einen Bereichsnamen zu geben,

▶ die Funktion DATEN • DATENTOOLS • DATENÜBERPRÜFUNG zu wählen und dann

▶ den Bereichsnamen als LISTE zugelassener Werte einzurichten.

Mit F5 und INHALTE · DATENÜBERPRÜFUNG finden Sie alle Datenüberprüfungen in einem Tabellenblatt.

Die Funktion =SUMMENPRODUKT((A2:A9="Köln")*(B2:B9="Mai")) gibt die Anzahl der Datensätze zurück, bei denen beide Bedingungen erfüllt werden.

Enthält Spalte C auch noch eine Zahlenreihe, liefert die Funktion =SUMMENPRODUKT ((A2:A9= "Köln")*(B2:B9="Mai");C2:C9) die Summe aller Werte aus Spalte C, bei denen die Bedingungen aus den ersten beiden Spalten zutreffen.

Mit einer kombinierten Funktion wie

```
=SUMMENPRODUKT((A2:A11=E2)+(B2:B11=F2);C2:C11)
-SUMMENPRODUKT((A2:A11=E2)*(B2:B11=F2);C2:C11)
```

lassen sich Bedingungen auch mit einem logischen ODER verknüpfen.

Zwei große Vorteile von SUMMENPRODUKT() sind:

1. Es entsteht kein Fehlerwert (#WERT!), wenn die aktuelle Arbeitsmappe neu berechnet wird und die Funktion auf eine verknüpfte, aber geschlossene Arbeitsmappe verweist.

2. Die Funktion kann auch angewandt werden, wenn in einer zu berechnenden Spalte abwechselnd Text und Zahlen verwendet werden. Dann lautet ihr Aufbau:

   ```
   =SUMMENPRODUKT(--(A1:A11="Köln")*--(C1:C11>300);C1:C11)
   ```

Die Häufigkeitsverteilung von Daten können Sie mit der Funktion HÄUFIGKEIT (Datenbereich; Klassen) berechnen. Es handelt sich um eine Matrixfunktion. Besonderheiten von Matrixfunktionen sind:

▶ Ergebnisse werden zumeist nicht nur in eine Ergebniszelle, sondern in einen zusammenhängenden Ergebnisbereich geschrieben.

▶ Die Funktionen werden mit Strg + ⇧ + ↵ abgeschlossen.

▶ Nach dem Bestätigen der Funktionen werden diese von Excel in geschweifte Klammern gesetzt, z. B.:

   ```
   {=HÄUFIGKEIT(B4:B11;A4:A11)}
   ```

▶ Einzelne Zellen eines Matrixbereichs können nicht nachträglich verändert werden.

Wichtige typische Berechnungen

Mittelwert ohne Nullwerte:

```
=SUMME(B4:B7)/ZÄHLENWENN(B4:B7;"<>0")
```

Mittelwert ohne Fehlerwert #DIV/0!:

```
{=MITTELWERT(WENN(ISTZAHL(D1:D9);WENN(D1:D9>0;D1:D9))))}
=AGGREGAT(1, 6, D1:D9)
```

Anzahl unterschiedlicher Einträge in einem Datenbereich:

`{=SUMME(1/ZÄHLENWENN('B2:B31; B2:B31))}`

Häufigster Zahlenwert in einem Datenbereich:

`=MODALWERT(B2:B31)`

Häufigster Text in einem Datenbereich:

`{=INDEX(B2:B31;VERGLEICH(MAX(ZÄHLENWENN(B2:B31; B2:B31)); ZÄHLENWENN(B2:B31; B2:B31);0))}`

Kapitel 11
Pivottabellen und -diagramme

Bei der Auswertung großer Datenmengen sind Pivottabellen enorm hilfreich. Lange Zeit tat sich nicht sonderlich viel hinsichtlich der Weiterentwicklung dieses wichtigen Tools der Ad-hoc-Analyse. In Excel 2013 änderte sich dies: Datenmodelle ermöglichen es seitdem, Pivottabellen auf Basis mehrerer Tabellen zu erstellen. In Excel 2019 fallen die Änderungen nicht ganz so grundlegend aus. Dieses Kapitel bringt Sie auf den neuesten Stand.

Wie Sie in Kapitel 4, »Daten importieren und bereinigen«, bereits gesehen haben, stehen Ihnen in Excel unterschiedliche und umfangreiche Möglichkeiten zur Verfügung, Daten aus anderen Systemen zu importieren. Ergebnis ist in den meisten Fällen eine mehr oder weniger große Tabelle, derer Sie als Controller Herr werden müssen.

Wie fasse ich die immensen Einzelinformationen übersichtlich zusammen? Wie kann ich Daten regional, funktional oder zeitlich am schnellsten gruppieren? Wie bleibe ich bei einer Änderung meiner Datenbestände zukünftig beim Reporting flexibel? Diese oder ähnliche Fragen werden Sie sich vermutlich bei der Betrachtung Ihrer Rohdaten gestellt haben oder zukünftig stellen. In vielen Fällen wird die Antwort lauten: Verwenden Sie eine Pivottabelle! Diese Excel-Funktion ist nahezu ein Muss, wenn Sie die Verdichtung Ihrer Daten anstreben und aus einer großen Datenmenge ein Extrakt ziehen möchten, das sich gleichsam in Tabellen- oder Diagrammform ausgeben lässt.

In diesem Kapitel werden Sie sich mit folgenden Aspekten von Pivottabellen und -diagrammen vertraut machen:

▶ Analyse von Basisdaten im Hinblick auf deren Tauglichkeit für einen Pivottabellenreport und gegebenenfalls Bereinigung der Rohdaten

▶ Aufbau eines Datenmodells aus zwei Tabellen und seine Auswertung in einer Pivottabelle

▶ Nutzung der Pivotgrundfunktionen zur Analyse von Unternehmensdaten

▶ Verwendung des Datenschnitts sowie der Zeitachse für die Ad-hoc-Datenanalyse

▶ Nutzung der seit Excel 2019 und in Office 365 verfügbaren Funktion, Standardlayouts für Pivottabellen anzulegen

▶ Konfiguration der ebenfalls seit Excel 2019 und in Office 365 verfügbaren Funktion zur automatischen Datumsgruppierung

▶ automatische und manuelle Gruppierung von Daten

► Variieren der Datendarstellung und Verwendung eigener Berechnungen im Datenbereich

► Weiterverarbeitung von Pivotdaten in Arbeitsmappen

► Erstellung von Diagrammen auf Basis der verdichteten Pivotdaten

11.1   Vorbereitung der Basisdaten für eine Pivottabelle

Pivottabellen dienen der Gruppierung von Daten und ermöglichen Ihnen ohne allzu großen Aufwand:

► das Zusammenfassen großer Datenmengen in übersichtlichen Reports

► durch die Interaktivität der Funktion die Analyse von Daten aus sich immer wieder ändernden Betrachtungswinkeln

Aus einer einfachen, eventuell aus einem Datenimport gewonnenen Liste mit Rohdaten, wie sie in Abbildung 11.1 vorliegt, erstellen Sie mit wenigen Mausklicks beispielsweise den in Abbildung 11.2 dargestellten Pivotbericht.

	A	B	C	D	E	F	G	H	I	J	K
1	Produktgruppe	Artikel	Bestellnummer	Kunde	Bestellmenge	Lieferung	Bestelldatum	Verfügbarkeit	Liefermenge	Wert	Vertriebsgebiet
2		101	ABC	AI20001001	Muster AG	600	12.10.2016	14.09.2016	13.09.2016	600	4.794,00	Süd
3		199	DEF	AI20001001	Muster AG	25	12.10.2016	14.09.2016	13.09.2016	25	612,50	Süd
4		101	GHI	AI20001001	Muster AG	1.200	12.10.2016	14.09.2016	13.09.2016	1.200	18.000,00	Süd
5		201	XYZ	AI20001002	Test GmbH	100	27.09.2016	26.08.2016	24.08.2016	100	8.000,00	West
6		200	UVW	AI20001111	No Name GbR	10	27.09.2016	30.08.2016	27.08.2016	10	125,00	West
7		101	ABC	AI20001005	Probe GmbH	35	28.09.2016	07.09.2016	04.09.2016	35	279,65	Nord
8		201	XYZ	AI20001005	Probe GmbH	120	28.09.2016	07.09.2016	03.09.2016	120	9.600,00	Nord
9		101	ABC	AE10101678	Beispiel GmbH	250	28.09.2016	07.09.2016	03.09.2016	250	1.997,50	Ost
10		199	DEF	AE10101678	Beispiel GmbH	200	28.09.2016	07.09.2016	03.09.2016	200	4.900,00	Ost

Abbildung 11.1 Die Ausgangslage: Rohdaten für eine Pivottabelle …

	A	B	C	D	E
1	Artikel	(Alle)			
2					
3	Kunde	Bestellwert in €	Wert in %	Produktgruppenanzahl	in %
4	Beispiel GmbH	12710	6,11%	5	20,83%
5	Dummy AG	106392	51,14%	2	8,33%
6	Felix Test AG	13250	6,37%	2	8,33%
7	Muster & Söhne	79,9	0,04%	1	4,17%
8	Muster AG	23406,5	11,25%	3	12,50%
9	No Name GbR	125	0,06%	1	4,17%
10	P. Robe GbR	1117,5	0,54%	2	8,33%
11	Probe GmbH	9879,65	4,75%	2	8,33%
12	Test & Partner	719,1	0,35%	1	4,17%
13	Test GmbH	8000	3,85%	1	4,17%
14	Übung AG	29730	14,29%	3	12,50%
15	Übungsgesellscht mbH	2625	1,26%	1	4,17%
16	Gesamtergebnis	208034,65	100,00%	24	100,00%

Abbildung 11.2 … und das Resultat: ein einfacher Pivottabellenreport

Um diese Vorzüge effizient zu nutzen, müssen Ihre Daten allerdings einige grundsätzliche Anforderungen erfüllen, wie es Tabelle 11.1 zeigt.

Tabellenelement	Bedingung/Empfehlung
Spaltenüberschriften	Spaltenüberschriften sind für das Erstellen einer Pivottabelle unbedingt notwendig. Überschriften der Basisdaten bilden in der Pivottabelle Datenlabel. Durch Datenlabels, genauer gesagt durch ihr Verschieben, entsteht erst der interaktive Charakter der Pivottabelle. Sie sollten immer darauf achten, dass Sie überflüssige Leerzeichen, z. B. am Ende des Textes, aus den Überschriften entfernen.
Eindeutigkeit der Labels	Überschriften und damit die Labels der Pivottabelle müssen eindeutig sein. Nur so können Sie immer sicher sein, dass Sie die richtigen Daten zur Analyse heranziehen. Befinden sich in Ihren Basisdaten mehrere Spaltenüberschriften, z. B. mit der Überschrift Datum, sollten Sie diese Überschriften nachbearbeiten (z. B. Datum 1, Datum 2 oder Bestelldatum, Lieferdatum).
verbundene Zellen	Häufig werden verbundene Zellen im Bereich der Spaltenüberschriften verwendet. Wenn diese Zellverbindungen unmittelbar an den Datenbereich grenzen, verhindern sie den Aufbau einer Pivottabelle. Heben Sie Zellverbindungen unbedingt auf, bevor Sie eine Pivottabelle erstellen.
Leerzeilen und -spalten	Importierte Daten enthalten häufig leere Zeilen und Spalten. Diese müssen Sie vor dem Einfügen der Pivottabelle aus den Basisdaten entfernen. Eine einfache Excel-Liste bildet immer die Grundlage für einen Pivotreport. Einfache Listen bestehen aus Spaltenüberschriften, gegebenenfalls Zeilenbeschriftungen und einem ununterbrochenen, zusammenhängenden Wertebereich. Auch gegebenenfalls bereits eingefügte Zwischenberechnungen sind aus der Datenbasis der Pivottabelle unbedingt zu entfernen.
Datencodierung	Pivottabellen dienen unter anderem der Gruppierung von Daten. Um korrekt zu gruppieren, müssen Ihre Basisdaten durchgängig codiert sein. Enthalten einige Zellen Ihrer Daten etwa die Länderkennung I für Italien, andere aber It, ist es für Sie kein Problem, diese Informationen als zusammengehörig zu erkennen. Ihre Pivottabelle wird daraus allerdings zwei Datengruppen bilden und dafür separate Ergebnisse erstellen.

Tabelle 11.1 Grundanforderungen an Basisdaten einer Pivottabelle

Die in (Abbildung 11.3) dargestellten Basisdaten erfüllen die oben definierten Anforderungen an eine Pivotdatenbasis gleich in mehrfacher Hinsicht nicht. Die einige Überarbeitungen benötigende Liste finden Sie unter dem Dateinamen *11_Pivot-Basisdatenbereinigung.xlsx*.

	A	B	C	D	E	F	G	H	I	J	K
1					Übersicht - Bestellungen und Lieferungen						
2	Produktgruppe	Artikel	Bestellnummer	Kunde	Bestellmenge	Bestelldatum	Lieferung	Verfügbarkeit		Liefermenge	Wert
3	Produktdaten			Bestellinformationen				Lieferungsdaten			Wert
4	101	ABC	AI20001001	Muster AG	600	14.09.2016	12.10.2016	13.09.2016		600	4.794,00
5	199	DEF	AI20001001	Muster AG	25	14.09.2016	12.10.2016	13.09.2016		25	612,50
6	101	GHI	AI20001001	Muster AG	1.200	14.09.2016	12.10.2016	13.09.2016		1.200	18.000,00
7	201	XYZ	AI20001002	Test GmbH	100	26.08.2016	27.09.2016	24.08.2016		100	8.000,00
8	200	UVW	AI20001111	No Name GbR	10	30.08.2016	27.09.2016	27.08.2016		10	125,00
9	101	ABC	AI20001005	Probe GmbH	35	07.09.2016	28.09.2016	04.09.2016		35	279,65
10	201	XYZ	AI20001005	Probe GmbH	120	07.09.2016	28.09.2016	03.09.2016		120	9.600,00
11	101	ABC	AE10101678	Beispiel GmbH	250	07.09.2016	28.09.2016	03.09.2016		250	1.997,50
12	199	DEF	AE10101678	Beispiel GmbH	200	07.09.2016	28.09.2016	03.09.2016		200	4.900,00
13	101	GHI	AE10101678	Beispiel GmbH	100	07.09.2016	28.09.2016	03.09.2016		100	1.500,00
14	201	XYZ	AE10101678	Beispiel GmbH	50	07.09.2016	28.09.2016	03.09.2016		50	4.000,00
15	200	UVW	AE10101678	Beispiel GmbH	25	07.09.2016	28.09.2016	03.09.2016		25	312,50
16	101	ABC	AI20001003	Übung AG	2.000	10.09.2016	15.10.2016	08.09.2016		2.000	15.980,00
17	199	DEF	AI20001003	Übung AG	500	10.09.2016	15.10.2016	08.09.2016		500	12.250,00
18	101	GHI	AI20001003	Übung AG	100	10.09.2016	15.10.2016	08.09.2016		100	1.500,00
19	101	GHI	AE10101682	Felix Test AG	50	14.09.2016	12.10.2016	10.09.2016		50	750,00
20	200	UVW	AE10101682	Felix Test AG	1000	14.09.2016	12.10.2016	10.09.2016		1.000	12.500,00
21	101	ABC	AI20001006	Test & Partner	90	28.08.2016	18.09.2016	26.08.2016		90	719,10
22	101	ABC	AI20001009	Muster & Söhne	10	26.08.2016	23.09.2016	24.08.2016		10	79,90
23	200	UVW	AI20001004	Übungsgesellschft mbH	210	14.09.2016	12.10.2016	10.09.2016		210	2.625,00
24											
25											
26											
27	101	ABC	AE10101683	Dummy AG	800	15.09.2016	13.10.2016	14.09.2016		800	6.392,00
28	201	XYZ	AE10101683	Dummy AG	1250	21.09.2016	13.10.2016	20.09.2016		1.250	100.000,00
29	101	GHI	AI20001112	P. Robe GbR	50	30.08.2016	23.09.2016	27.08.2016		50	750,00
30	199	DEF	AI20001113	Test und Partner	15	30.08.2016	23.09.2016	27.08.2016		15	367,50

Abbildung 11.3 Diese Datenbasis muss für einen Pivottabellenbericht zunächst bereinigt werden.

Um die offensichtlichsten Fehler zu beseitigen, gehen Sie wie folgt vor:

1. Klicken Sie mit der rechten Maustaste auf die Spaltenbezeichnung von Spalte I, und wählen Sie aus dem angezeigten Kontextmenü die Funktion ZELLEN LÖSCHEN (Abbildung 11.4), um die gesamte Spalte zu entfernen.

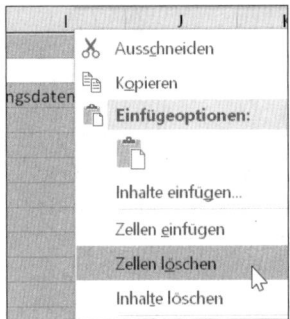

Abbildung 11.4 Entfernen von Leerspalten und -zeilen aus den Basisdaten

2. Wiederholen Sie diesen Vorgang auch für die Leerzeilen 24 bis 26. Entfernen Sie danach auf gleiche Weise Zeile 3. Sie enthält verbundene Zellen, die in der Pivottabelle nicht ver-

wendet werden können. Auch die Überschrift in der ersten Zeile ist für die zu erstellende Pivottabelle nutzlos. Sie sollten sie ebenfalls löschen.

3. Prüfen Sie danach, ob die nun entstandene einfache Liste korrekt codierte Daten enthält. Vor dieser Aufgabe mögen Sie zunächst zurückschrecken, wenn es sich um große Datenmengen handelt. Doch eine einfach zu bedienende Excel-Funktion wird diese wichtige Aufgabe erheblich erleichtern: der *AutoFilter*.

4. Positionieren Sie den Cursor in der einfachen Liste, und aktivieren Sie den AutoFilter über Daten • Sortieren und Filtern • Filtern. Klicken Sie auf das Listenfeld, um den Inhalt der vierten Spalte zu überprüfen. In der sortierten Liste der Werte, die sich in der ausgewählten Spalte befinden, identifizieren Sie Codierungsfehler mühelos. In Abbildung 11.5 erkennen Sie beispielsweise, dass ein Firmenname einmal mit der Bezeichnung Test & Partner, ein anderes Mal mit Test und Partner eingegeben wurde.

Abbildung 11.5 Unsaubere Codierungen spüren Sie mit dem AutoFilter auf.

5. Korrigieren Sie solche nicht eindeutigen Schreibweisen, bevor Sie Ihre Pivottabelle erstellen. Wiederholen Sie die Prüfung mittels AutoFilter für sämtliche Spalten Ihrer Basisdaten. Schalten Sie dann den AutoFilter über Daten • Sortieren und Filtern • Filtern wieder ab, bevor Sie mit dem Erstellen der Pivottabelle beginnen.

6. Damit haben Sie eine einfache Liste erstellt, die schon problemlos für das Erstellen einer Pivottabelle genutzt werden kann. Speichern Sie diese Datei einfach unter einem neuen Dateienamen ab.

Erzeugen von Codierungen mittels Textfunktionen oder Power Query

Häufig enthalten Basisdaten zu viele Detailinformationen. Eine Ortsspalte beispielsweise enthält nicht nur den Ortsnamen München, sondern diesen kombiniert mit dem Stadtteil: München-Haar, München-Giesing.

Textfunktionen helfen Ihnen in solchen Fällen bei der Bereinigung der Daten. Mit der Funktion =LINKS(Zellbezug; Zeichenzahl) gelingt es Ihnen, den Ortsnamen aus der Zelle zu extrahieren. Steht der Ortsname in Spalte B, lautet die Funktion =LINKS(B2; 7). Geben Sie die Funktion in eine Spalte ein, die unmittelbar an Ihre Basisdaten angrenzt, und kopieren Sie die Funktion dann nach unten. Vergessen Sie nicht, der neuen Spalte eine Überschrift zu geben, z. B. Orte – bereinigt.

Haben Sie mehrere Ortsnamen mit unterschiedlicher Länge, variieren Sie die Funktion in folgender Form:

=LINKS(B2;FINDEN("-";B2)-1)

Anstelle einer fest vorgegebenen Zeichenzahl, die ausgelesen werden soll, verwenden Sie die Funktion =FINDEN(Suchtext; Zellbezug; erstes Zeichen) in der Form FINDEN("-";B2)-1. Gesucht wird damit die Position des Bindestrichs. Im Fall von München-Haar wäre dies das achte Zeichen. Ziehen Sie davon den Wert 1 ab, liest Excel den Ortsnamen bis zum Bindestrich aus. Das funktioniert nicht nur bei München-Haar, sondern auch bei Köln-Nippes.

Umfassendere Transformationen sollten Sie mit Power Query (Daten • Daten abrufen und transformieren) durchführen. In Kapitel 5, »Datenbereinigung mit Power Query effizienter gestalten«, wird dieses noch relative neue Tool zur Datenbereinigung ausführlich beschrieben.

11.2   Pivottabellen erstellen

Um die nächsten Schritte bei der Nutzung von Pivottabellen auszuführen, können Sie auch die Datei *11_Pivot_Grundfunktionen_00.xlsx* öffnen. Beginnen Sie am besten damit, den Cursor an einer beliebigen Stelle in der einfachen Liste zu positionieren. Um Ihre Pivottabelle auf zukünftige Erweiterungen der Basisdaten vorzubereiten, wandeln Sie den Datenbereich in eine dynamische Datentabelle um. Dazu drücken Sie $\boxed{\text{Strg}}$ + $\boxed{\text{T}}$. Im Kontextmenü Tabellentools • Entwurf geben Sie der Datentabelle in der Gruppe Eigenschaften zunächst den Namen »Bestellungen«. Sie finden in der Gruppe Tools die Option Mit Pivottable zusammenfassen. Rufen Sie diese auf (Abbildung 11.6).

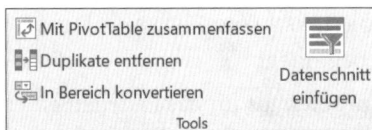

Abbildung 11.6 Erstellen der Pivottabelle über die »Tabellentools«

Eine Neuerung für Benutzer von früheren Excel-Versionen ist, dass bereits seit Excel 2007 kein Pivottabellen-Assistent mehr zur Verfügung steht. Stattdessen erscheint eine einfache Dialogbox, in der der beim Umbenennen der dynamischen Datentabelle erstellte Bereichsname *Bestellungen* bereits übernommen wurde.

Außerdem ist bereits die Option NEUES ARBEITSBLATT vorausgewählt. Möchten Sie stattdessen ein spezifisches Arbeitsblatt Ihrer Arbeitsmappe verwenden, klicken Sie die Option VORHANDENES ARBEITSBLATT an und zeigen dann unter QUELLE mit der Maus auf das gewünschte Arbeitsblatt und eine Zelle darin (Abbildung 11.7). Ganz unten sehen Sie dann die wichtigste Änderung für das Erstellen von Pivottabellen seit Excel 2013. Hier steht die Option DEM DATENMODELL DIESE DATEN HINZUFÜGEN. Wenn Sie die Option aktivieren, schaffen Sie die Grundlage, eine zweite oder dritte Tabelle auszuwählen und über logische Beziehungen eine gemeinsame Auswertung zu realisieren. Mit anderen Worten: Zusätzliche Daten, die bislang stets mit Verweisfunktionen wie SVERWEIS() zu den Rohdaten hinzugefügt wurden, können Sie seit Excel 2013 wie in einer Datenbank logisch miteinander verbinden.

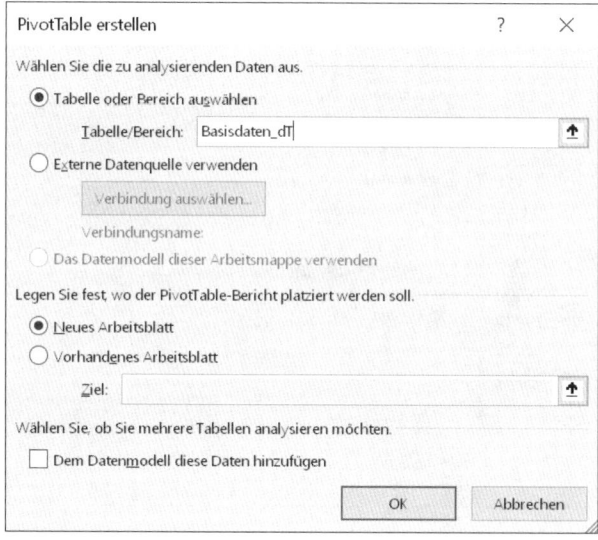

Abbildung 11.7 Dialogbox zum Einfügen einer Pivottabelle

Pivottabellen-Assistenten aus Excel 2003 nutzen

Mit der Tastenkombination [Alt] + [N] können Sie Tastenkürzel aus Excel 2003 auch in der neuen Version nutzen. Um den Pivottabellen-Assistenten zu starten, lautet die Tastenfolge [Alt] + [N], [P]. Zwar fehlt in diesem Assistenten die Layoutfunktion zur Auswahl der Datenfelder für die Pivottabelle. Doch beim Erstellen von Pivottabellen aus Konsolidierungsbereichen ist der Assistent nach wie vor hilfreich.

Weitere Informationen zur Verwendung von konsolidierten Pivotberichten finden Sie in Abschnitt 11.9, »Personaldaten mithilfe von Pivottabellen konsolidieren«.

Nach einem Klick auf OK finden Sie den Pivottabellenbereich auf der linken Seite des Arbeitsblattes. Die PIVOTTABLE-FELDLISTE befindet sich am äußersten rechten Rand des Excel-Fensters. Es hindert Sie allerdings nichts daran, sie mit der Maus gleich neben den Pivottabellenbereich zu ziehen, um allzu weite Wege mit der Maus zu vermeiden.

Die Auswahl der Datenlabels – sprich der Spaltenüberschriften Ihrer Basisdaten – ist mehr als einfach. Jedes Label besitzt ein vorangestelltes Auswahlfeld. Und wenn Sie darin per Mausklick ein Häkchen setzen, erscheinen die zu diesem Feld gehörigen Daten in Ihrer Pivottabelle. Klicken Sie beispielsweise die Felder Kunden, Liefermenge und Wert an, erhalten Sie die in Abbildung 11.8 dargestellte Pivottabelle. Eine sehr nützliche Erweiterung ist das Feld SUCHEN oberhalb der Feldliste. Geben Sie hier einen Suchbegriff ein, um sämtliche Tabellen eines Datenmodells auf Übereinstimmung hin zu durchsuchen. Alle Treffer werden in einer Ergebnisliste angezeigt.

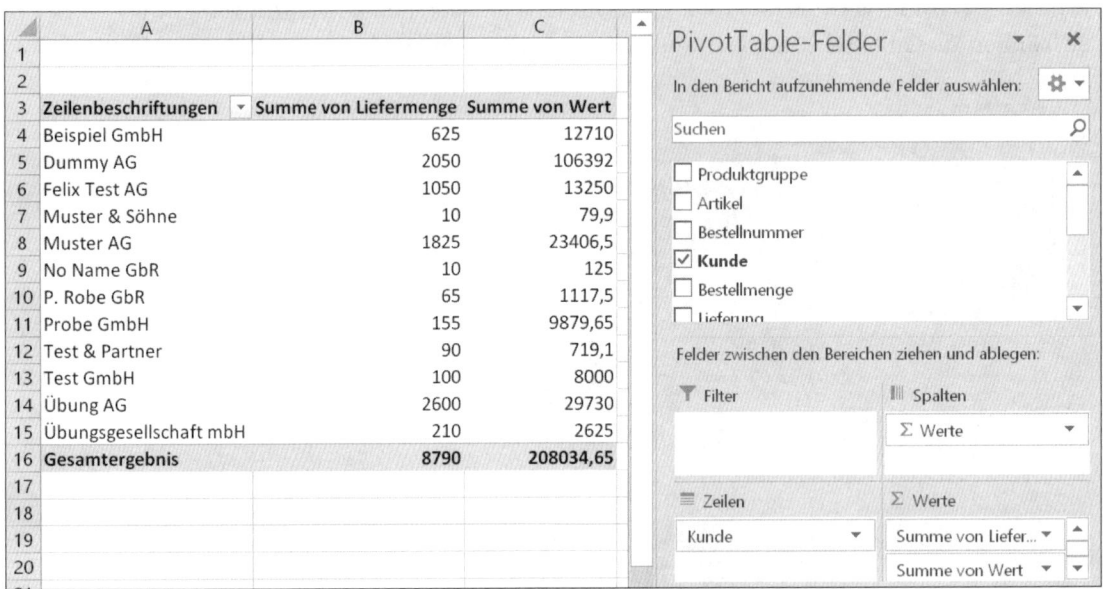

Abbildung 11.8 Pivottabelle und »PivotTable-Felder«

Die PivotTable-Feldliste verschwindet immer dann aus dem Blickfeld, wenn Sie den Cursor in einer Zelle positionieren, die außerhalb des Pivottabellenbereichs liegt. Stellen Sie den Cursor erneut in den Bereich Ihrer Pivotdaten, ist auch die Feldliste wieder sichtbar – es sein denn, Sie hätten sich durch einen Klick auf das X in der Dialogbox PIVOTTABLE-FELDLISTE bewusst oder unbewusst zum dauerhaften Schließen dieses Bereichs entschieden.

Sollte dies der Fall sein, ist das eine gute Gelegenheit, die weitere Arbeitsumgebung von Pivottabellen zu erkunden. Für Excel-2003-Anwender ist selbstverständlich das kontextbezogene Menü mit der Bezeichnung PIVOTTABLE-TOOLS die entscheidende Neuerung. Es wird immer dann oberhalb des Menübandes angezeigt, wenn der Cursor in den Pivotdaten steht.

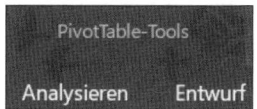

Abbildung 11.9 PivotTable-Tools mit zwei Untermenüs

Dieser Menübereich enthält seit Excel 2013 die beiden Untermenüs ANALYSIEREN und ENT-WURF (Excel 2010: OPTIONEN und ENTWURF). Hier finden Sie wesentliche Funktionen zur Bearbeitung der ausgewählten Pivottabelle. Dazu gehört auch die Option, eine deaktivierte Feldliste wieder zu aktivieren. Im Untermenü ANALYSIEREN (2010: OPTIONEN) finden Sie die Auswahl ANZEIGEN • FELDLISTE. Mit einem Klick auf die Schaltfläche FELDLISTE holen Sie das nützliche Werkzeug wieder zurück auf den Bildschirm.

Zu kompliziert? Nun gut, es gibt auch hier eine Abkürzung: Ein rechter Mausklick in den Datenbereich der Pivottabelle ruft das betreffende Kontextmenü auf. Dieses stellt auch die Option FELDLISTE ANZEIGEN zur Auswahl. Verzeihen Sie den kleinen Umweg. Er hat Ihnen die Gelegenheit gegeben, einen ersten Blick in die PIVOTTABLE-TOOLS zu werfen.

11.2.1 Datenlabels hinzufügen, entfernen und anders anordnen

Die in der Pivottabelle anzuzeigenden Daten wählen Sie, wie bereits erwähnt, mittels Feldliste aus. Ein Klick entfernt beispielsweise das Häkchen vor dem Label LIEFERMENGE. Ein weiterer Klick fügt die Produktgruppe hinzu.

Doch nicht nur das – die Feldliste bietet mehr! Was genau, das zeigt Ihnen Tabelle 11.2.

Element der Feldliste	Funktion
☐ Produktgruppe ☐ Artikel ☐ Bestellnummer ☑ **Kunde**	Im oberen Bereich bietet Ihnen ein Listenfeld die Möglichkeit, Filterkriterien für das ausgewählte Feld zu setzen.
▤ Zeilen Σ Werte Kunde ▼ Summe von Lieferme... ▼ Summe von Wert ▼	Durch Ziehen eines Labels aus dem oberen Bereich der Feldliste in eines der vier Felder BERICHTSFILTER, SPALTENBESCHRIFTUNGEN, ZEILENBESCHRIFTUNGEN oder WERTE legen Sie die Anordnung der Daten in der Pivottabelle und damit das gesamte Layout der Analyse fest. Ebenso entfernen Sie nicht mehr benötigte Labels aus der Tabelle, indem Sie sie aus einem der vier Felder herausziehen.

Tabelle 11.2 Wichtige Funktionen der »PivotTable-Feldliste«

Element der Feldliste	Funktion
Feldeinstellungen…	Durch Öffnen des Listenfeldes im Bereich ZEILENBESCHRIFTUNGEN gelangen Sie unter anderem zu den FELDEINSTELLUNGEN. Hier können Sie beispielsweise die Berechnung von Teilergebnissen aktivieren und konfigurieren.
Wertfeldeinstellungen…	Auch die Labels im Bereich WERTE verfügen über ein Listenfeld, mit dem Sie zu den WERTFELDEINSTELLUNGEN gelangen. Hier können Sie unter anderem die Funktion zur Berechnung der Werte verändern (SUMME, MITTELWERT, ANZAHL etc.).

Tabelle 11.2 Wichtige Funktionen der »PivotTable-Feldliste« (Forts.)

Lassen Sie uns einige dieser Funktionen ausprobieren! Nachdem Sie das Feld PRODUKTGRUPPE aktiviert haben, ist es in den WERTE-Bereich gelegt worden. Da es sich um eine Spalte handelt, die Zahlen enthält, wendet Excel automatisch die Funktion SUMME auf die Daten an (Abbildung 11.10).

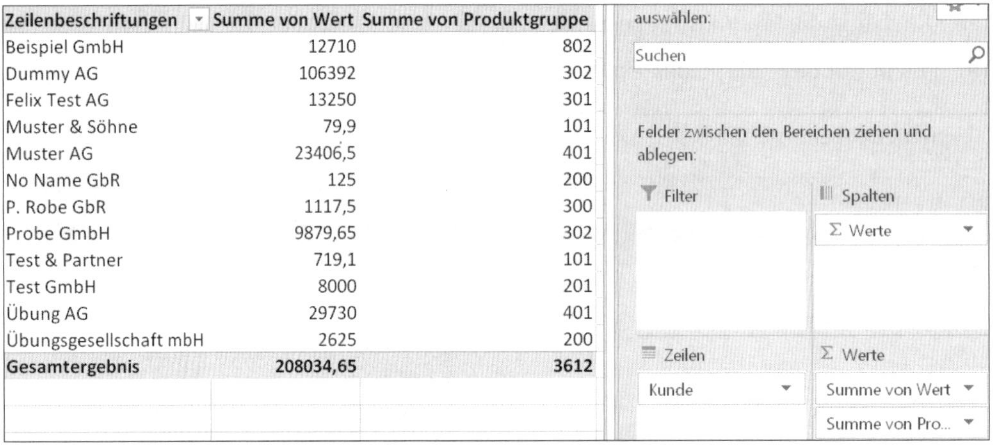

Zeilenbeschriftungen	Summe von Wert	Summe von Produktgruppe
Beispiel GmbH	12710	802
Dummy AG	106392	302
Felix Test AG	13250	301
Muster & Söhne	79,9	101
Muster AG	23406,5	401
No Name GbR	125	200
P. Robe GbR	1117,5	300
Probe GmbH	9879,65	302
Test & Partner	719,1	101
Test GmbH	8000	201
Übung AG	29730	401
Übungsgesellschaft mbH	2625	200
Gesamtergebnis	208034,65	3612

Abbildung 11.10 Excel wendet automatisch die Funktion »Summe« an.

Dies ist natürlich nicht sinnvoll, da die Summe der Produktgruppennummern keinen Erkenntniswert besitzt. Stattdessen könnte es Sie aber interessieren, wie viele unterschiedliche Produktgruppen in den Bestellungen der einzelnen Unternehmen enthalten sind, die Sie im

Zeilenbereich angeordnet haben. Öffnen Sie dazu das Listenfeld des Labels PRODUKTGRUP-PE, und wählen Sie im Menü den Befehl WERTFELDEINSTELLUNGEN. In der Dialogbox WERT-FELDEINSTELLUNGEN klicken Sie im Register WERTE ZUSAMMENFASSEN NACH auf die Option ANZAHL (Abbildung 11.11).

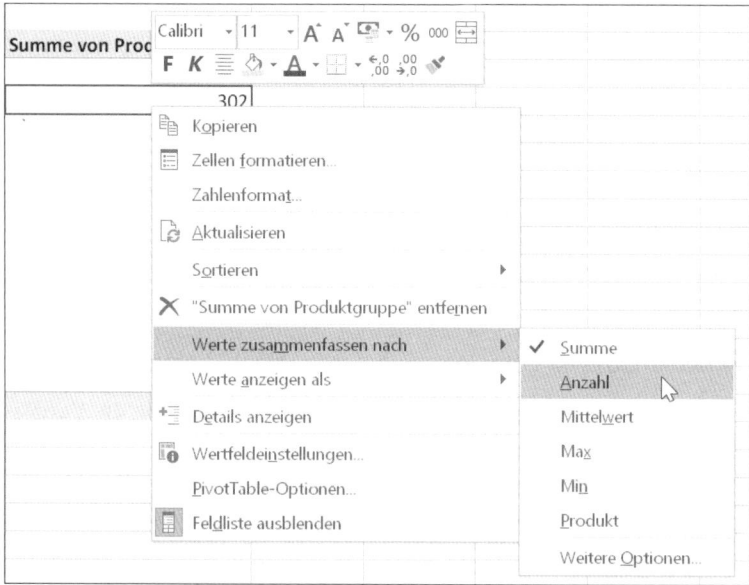

Abbildung 11.11 Ändern der Berechnungsfunktion für ein Wertfeld

Alternativ können Sie übrigens die Funktion zur Berechnung eines Feldes verändern, indem Sie den Cursor innerhalb der Pivottabelle positionieren und dann unter PIVOTTABLE-TOOLS • ANALYSIEREN (Excel 2010: OPTIONEN) • AKTIVES FELD die Option FELDEINSTELLUNGEN anklicken.

Doch lassen Sie uns diesen kurzen Pivotbericht mit einer Analyse der bestellten Artikel abschließen. Dazu ziehen Sie das Label ARTIKEL in den Bereich BERICHTSFILTER. Excel ordnet es automatisch oberhalb der Pivottabelle an. Wie Zeilen- und Spaltenbeschriftungen enthalten auch die Berichtsfilter ein Listenfeld, mit dessen Hilfe Sie Filterkriterien setzen können.

Öffnen Sie das Listenfeld des Berichtsfilters, können Sie beispielsweise die Analyse auf den Artikel ABC beschränken. Um auch den Artikel DEF in die Pivottabelle zu übernehmen, wiederholen Sie den Vorgang. Klicken Sie dann auf MEHRERE ELEMENTE AUSWÄHLEN, und fügen Sie den gewünschten Artikel der Pivottabelle hinzu. Der Pivotbericht sollte dann so aussehen, wie in Abbildung 11.12 dargestellt.

Zeilenbeschriftungen ▼	Summe von Wert	Anzahl von Produktgruppe
Beispiel GmbH	12710	5
Dummy AG	106392	2
Felix Test AG	13250	2
Muster & Söhne	79,9	1
Muster AG	23406,5	3
No Name GbR	125	1
P. Robe GbR	1117,5	2
Probe GmbH	9879,65	2
Test & Partner	719,1	1
Test GmbH	8000	1
Übung AG	29730	3
Übungsgesellschaft mbH	2625	1
Gesamtergebnis	**208034,65**	**24**

Abbildung 11.12 Produktgruppenbezogene Analyse der Bestelldaten

11.2.2 Anpassungen und Abkürzungen beim Erstellen des Pivottabellenlayouts

Das vorangegangene Beispiel war zunächst nicht mehr als ein erster Einstieg in die Variationsbreite eines mächtigen Analysewerkzeugs. Festzuhalten bleibt, dass die Schaltzentrale der Pivottabellen die PIVOTTABLE-LISTE ist. Hier werden die Felder angeordnet, die Filter aktiviert und die Berechnungsfunktionen ausgewählt. In Excel 2003 waren Feldauswahl und Filter noch im Pivottabellenbereich üblich. Vorbei! Microsoft empfiehlt uns, das Programm jetzt anders zu benutzen.

Doch man kann Empfehlungen auch in den Wind schlagen. Wenn Sie das machen möchten, gehen Sie folgendermaßen vor, um das klassische PivotTable-Layout zu aktivieren:

Positionieren Sie den Cursor in die Pivottabelle, und wählen Sie in den PIVOTTABLE-TOOLS das Untermenü ANALYSIEREN (Excel 2010: OPTIONEN). Darin finden Sie ganz links die Funktionsgruppe PIVOTTABLE mit der Auswahl OPTIONEN. Wechseln Sie in der Dialogbox PIVOT-TABLE-OPTIONEN in das Register ANZEIGE, und aktivieren Sie die Auswahl KLASSISCHES PIVOTTABLE-LAYOUT (Abbildung 11.13).

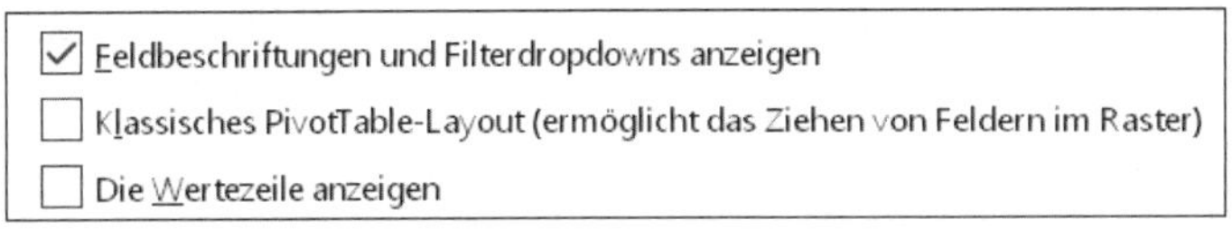

☑ Feldbeschriftungen und Filterdropdowns anzeigen
☐ Klassisches PivotTable-Layout (ermöglicht das Ziehen von Feldern im Raster)
☐ Die Wertezeile anzeigen

Abbildung 11.13 Das klassische Layout aktivieren Sie in den »PivotTable-Optionen«.

Nach Aktivierung dieser Option zeichnet Excel wie in den früheren Versionen jeweils einen blauen Rahmen um Berichts- und Datenbereiche sowie um Zeilen- und Spaltenbeschriftungen. Sie können nun wie gewohnt die Labels direkt innerhalb der Pivottabelle verschieben und auf den Gebrauch der PIVOTTABLE-FELDLISTE verzichten.

Außerdem erhalten Sie die klassische Darstellung, wenn Sie eine Datei im alten *.xls*-Format öffnen und daraus eine Pivottabelle erstellen. Möchten Sie das neue Layout und die neuen Funktionen wie DATENSCHNITTE nutzen, sollten Sie solche Dateien zuvor im *.xlsx*-Format speichern.

Außerdem sei der Hinweis erlaubt, dass die Nutzung der rechten Maustaste und damit des Kontextmenüs in vielen Fällen der direkteste Weg zu den Optionen des Pivotberichts ist. Zudem unterscheiden sich die verschiedenen Excel-Versionen im Kontextmenü weniger gravierend als in den Menüstrukturen.

Die Nutzung des Kontextmenüs wäre z. B. auch möglich gewesen bei der Aktivierung der PIVOTTABLE-FELDLISTE. Es hätte für das Umschalten von SUMME auf ANZAHL für das Label PRODUKTGRUPPE die richtige Option bereitgestellt. Und es wird uns nun bei unserer nächsten Anpassung unterstützen: dem Wechsel von der absoluten zur prozentualen Darstellung der zu analysierenden Daten.

11.2.3   Berechnungsfunktionen ändern

Die Basisdaten enthalten die absoluten Werte der Bestellsummen, bezogen auf die Bestellwerte und die Bestellmengen. Darüber hinaus liefert die Basisdatentabelle eine Auflistung der bestellten Artikel und der zugehörigen Produktgruppen. Die Bestellwerte liegen numerisch vor; bei ihnen interessiert uns sicherlich die Gesamtsumme. Die Artikelgruppen liegen ebenfalls numerisch vor. Die Bildung der Summe aller Artikelnummern haben wir bereits als sinnlos verworfen. Stattdessen haben wir die Funktion ANZAHL angewandt, um zu zählen, wie viele unterschiedliche Produktgruppen je Kunde bestellt wurden. Die Artikel liegen als alphanumerische Werte vor. Die Summenbildung ist demnach nicht möglich; die Ermittlung der Anzahl schon.

Um ohne Umwege diese oder andere Funktionen in einer Pivottabelle zu aktivieren, gehen Sie wie folgt vor:

1. Klicken Sie mit der rechten Maustaste in das Datenfeld der Pivottabelle, für das Sie die Berechnungsfunktion ändern wollen.
2. Wählen Sie im Kontextmenü die Option WERTE ZUSAMMENFASSEN NACH.
3. Klicken Sie in der danach angezeigten Liste auf die gewünschte Funktion für die Berechnung.

Excel 2016 und Excel 2019 verfügen über die in Tabelle 11.3 gezeigten Funktionen zur Berechnung von Datenfeldern in Pivottabellen.

Funktionsbezeichnung	Berechnung
SUMME	Berechnet die Summe aller Werte.
ANZAHL	Ermittelt die Anzahl aller Zellen in den Basisdaten, die Zahlen oder Texte enthalten, also nicht leer sind. Entspricht der Funktion ANZAHL2().
MITTELWERT	Liefert den Mittelwert aller Zahlenwerte der ausgewählten Spalte in den Basisdaten.
MINIMALWERT	Findet den kleinsten Wert der betreffenden Basisdatenspalte.
MAXIMALWERT	Berechnet den größten Wert der gewählten Basisdatenspalte.
ANZAHL (ZAHLEN)	Entspricht der Funktion ANZAHL() und zählt die Zellen der Basisdaten, die numerische Werte enthalten.
PRODUKT	Bildet das Produkt sämtlicher Werte des ausgewählten Feldes.
STANDARDABWEICHUNG (STICHPROBE)	Schätzt die Standardabweichung auf Basis einer Stichprobe der Daten.
STANDARDABWEICHUNG (GRUNDGESAMTHEIT)	Berücksichtigt bei der Berechnung der Standardabweichung alle Daten (Grundgesamtheit) der Datenreihe.
VARIANZ (STICHPROBE)	Liefert die geschätzte Varianz auf Basis einer Stichprobe der Daten.
VARIANZ (GRUNDGESAMTHEIT)	Bildet die Varianz der Daten und berücksichtigt dabei alle Daten (Grundgesamtheit) der Datenreihe.

Tabelle 11.3 Berechnungsfunktionen in Pivottabellen

Mit der Auswahl einer Berechnungsfunktion in der Dialogbox WERTFELDEINSTELLUNGEN, die immer dann angezeigt wird, wenn Sie im Kontextmenü unter WERTE ZUSAMMENFASSEN NACH die Auswahl WEITERE OPTIONEN anklicken, geht eine Änderung der Spaltenüberschrift im Feld BENUTZERDEFINIERTER NAME einher. Je nachdem, welche Funktion Sie ausgewählt haben, steht dort SUMME VON WERT, ANZAHL VON WERT etc. Es bleibt Ihnen überlassen, ob Sie diese Vorschläge akzeptieren oder anpassen.

Um individuelle Überschriften zu verwenden, geben Sie die gewünschte Bezeichnung – beispielsweise Bestellwert in € statt Summe von Wert – einfach in das betreffende Eingabefeld der Dialogbox WERTFELDEINSTELLUNGEN ein (Abbildung 11.14).

Zeilenbeschriftungen ▾	Bestellwert in €	Anzahl von Produktgruppe
Beispiel GmbH	12710	5
Dummy AG	106392	2
Felix Test AG	13250	2
Muster & Söhne	79,9	1
Muster AG	23406,5	3
No Name GbR	125	1
P. Robe GbR	1117,5	2
Probe GmbH	9879,65	2
Test & Partner	719,1	1
Test GmbH	8000	1
Übung AG	29730	3
Übungsgesellschaft mbH	2625	1
Gesamtergebnis	208034,65	24

Abbildung 11.14 Pivottabellenbericht mit benutzerdefinierter Überschrift

11.2.4   Prozentual oder absolut? Rangfolge oder Kumulation? Die Datendarstellung macht den Report

Die nächste Veränderung, die Sie wahrscheinlich an Ihren Pivotdaten vornehmen möchten, betrifft den Bezugspunkt der Berechnungen. Momentan geht Excel lediglich von den Inhalten jeder einzelnen Spalte als Gesamtheit aus. Dementsprechend liefert das Programm Zusammenfassungsfunktionen wie SUMME, ANZAHL oder MITTELWERT.

Es ist allerdings auch möglich, Berechnungen auf einen bestimmten Wert oder eine Auswahl von Werten zu beziehen. Das gängigste Beispiel ist sicherlich die prozentuale Darstellung der ausgewählten Werte. Um den prozentualen Anteil jedes Kunden am Gesamtergebnis zu berechnen, muss jeder kundenbezogene Bestellwert auf das Gesamtergebnis, also die Summe der Spalte, bezogen werden.

Excel bietet diese Funktion unter der Bezeichnung WERTE ANZEIGEN ALS und % DES SPALTENGESAMTERGEBNISSES an (Abbildung 11.15). Sie haben erneut die Wahl, ob Sie die Funktion über das Kontextmenü oder das Menü PIVOTTABLE-TOOLS • ANALYSIEREN (Excel 2010: OPTIONEN) • AKTIVES FELD • WERTE ANZEIGEN ALS aktivieren. In beiden Fällen erhalten Sie mühelos die Umwandlung des zuvor absoluten in den nun relativen Anteil des Gesamtergebnisses.

Um sowohl das absolute als auch das relative Ergebnis Ihrer Analyse in der gleichen Pivottabelle auszugeben, ziehen Sie einfach das betreffende Label ein zweites Mal in den Bereich WERTE. Danach ordnen Sie einer Spalte der Pivottabelle die Option KEINE BERECHNUNG aus dem Kontextmenü WERTE ANZEIGEN ALS zu. Die Daten dieser Spalte erscheinen dadurch als absolute Werte. Für die zweite Spalte wählen Sie, wie zuvor beschrieben, die Option % DES SPALTENGESAMTERGEBNISSES.

Ändern Sie anschließend noch den Feldnamen, und entfernen Sie das Feld PRODUKTGRUPPE aus der Pivottabelle.

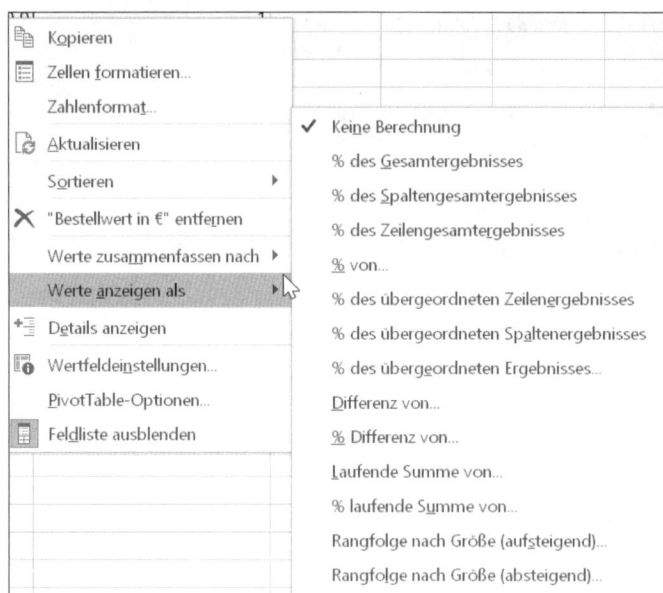

Abbildung 11.15 »Werte anzeigen als« offeriert eine große Anzahl von Berechnungsoptionen – auch die prozentuale Darstellung der Werte.

Sowohl absolute als auch relative Ergebnisse stehen nun in übersichtlicher Form in Ihrer Pivottabelle nebeneinander (Abbildung 11.16).

Artikel	(Alle)	
Kunde	**Bestellwert in €**	**Wert in %**
Beispiel GmbH	12710	6,11%
Dummy AG	106392	51,14%
Felix Test AG	13250	6,37%
Muster & Söhne	79,9	0,04%
Muster AG	23406,5	11,25%
No Name GbR	125	0,06%
P. Robe GbR	1117,5	0,54%
Probe GmbH	9879,65	4,75%
Test & Partner	719,1	0,35%
Test GmbH	8000	3,85%
Übung AG	29730	14,29%
Übungsgesellschft mbH	2625	1,26%
Gesamtergebnis	**208034,65**	**100,00%**

Abbildung 11.16 Absolutes und prozentuales Ergebnis im Vergleich

Die Möglichkeiten im Menübereich WERTE ANZEIGEN gehen aber weit über die prozentuale Darstellung hinaus. Zunächst möchte ich Ihnen einen Gesamtüberblick über die verschiedenen Optionen geben (Tabelle 11.4). Anschließend sollten wir einige Beispiele genauer betrachten. Los geht's!

Option	Berechnung
% DER GESAMTSUMME	Diese Option berechnet den prozentualen Anteil der Einzelwerte in Bezug auf die Gesamtsumme aller Werte des Datenbereichs der Pivottabelle.
% DES SPALTENGESAMTERGEBNISSES	Berechnet den prozentualen Anteil der Einzelwerte am Gesamtergebnis der Spalte.
% DES ZEILENGESAMTERGEBNISSES	Ermittelt den prozentualen Anteil der Einzelwerte am Gesamtergebnis der Zeile.
% VON	Errechnet die prozentualen Anteile der Werte einer Pivottabelle bezogen auf ein Element. Beispiel: Artikel ABC ist die Bezugsgröße (= 100 %) für den Vergleich mit allen anderen Artikeln.
% DES VORGÄNGERZEILEN-GESAMTERGEBNISSES	Gemeint ist hier die prozentuale Darstellung der Werte in Bezug zum Teilergebnis einer Zeile. Beispiel: Vier Vertriebsgebiete bilden vier Teilergebnisse. Die vier Teilergebnisse bilden ein Gesamtergebnis (= 100 %). Das Teilergebnis Nord ist mit 20 % am Gesamtergebnis beteiligt und enthält die Artikel ABC und XYZ. Die Option zeigt den prozentualen Anteil jeden Artikels am Teilergebnis.
% DES VORGÄNGERSPALTEN-GESAMTERGEBNISSES	Diese Option verhält sich wie die oben beschriebene. Allerdings bezieht sie sich auf das Teilergebnis in einer Spalte.
% DES VORGÄNGERGESAMT-ERGEBNISSES	Jedes Teilergebnis – z. B. der vier Regionen – wird auf 100 % gesetzt. Dargestellt wird der prozentuale Anteil aller Artikel am regionalen Teilergebnis.
DIFFERENZ VON	In einem Basisfeld (z. B. Artikel) wird ein Basiselement (z. B. ABC) bestimmt. Alle anderen Werte der Pivottabelle werden als Differenz zum ausgewählten Element dargestellt.
% DIFFERENZ VON	Das Prinzip ist identisch mit DIFFERENZ VON. Allerdings werden die Relationen zum Basiselement prozentual ausgedrückt.
ERGEBNIS IN (in 2019: LAUFENDE SUMME VON ...)	Stellt alle Einzelwerte kumuliert dar.

Tabelle 11.4 Die Berechnungsoptionen von »Werte anzeigen als«

Option	Berechnung
% Ergebnis in (in 2019 % Laufende Summe von …)	Stellt die Werte kumuliert und prozentual dar.
Rangfolge nach Grösse (aufsteigend)	Berechnet die Rangfolge der Einzelwerte innerhalb der Datenreihe. Der Wert 1 entspricht dem niedrigsten Wert. Die Berechnung bezieht sich immer auf alle Spalten und Zeilen der Pivottabelle. Nullwerte werden ignoriert.
Rangfolge nach Grösse (absteigend)	Diese Option dient ebenfalls der Bestimmung der Rangfolge, allerdings in absteigender Reihenfolge.
Index	Wendet auf jeden Wert der Pivottabelle eine Formel zur Indexberechnung an: *(Zellwert)*(Gesamtergebnis)/(Zeilengesamtergebnis)* (Spaltengesamtergebnis)*

Tabelle 11.4 Die Berechnungsoptionen von »Werte anzeigen als« (Forts.)

11.2.5 Fallbeispiel 1: Anteil eines regionalen Artikels am Gesamtergebnis

Die folgenden Fallbeispiele basieren auf der Datei *11_Pivot_Datenanzeige_Fallbeispiele.xlsx*. Im ersten Fall bildet die Auswertung der Basisdaten nach Regionen und innerhalb der Regionen nach Artikeln die Grundlage. Die Grundlage ist die in Abbildung 11.17 dargestellte Pivottabelle.

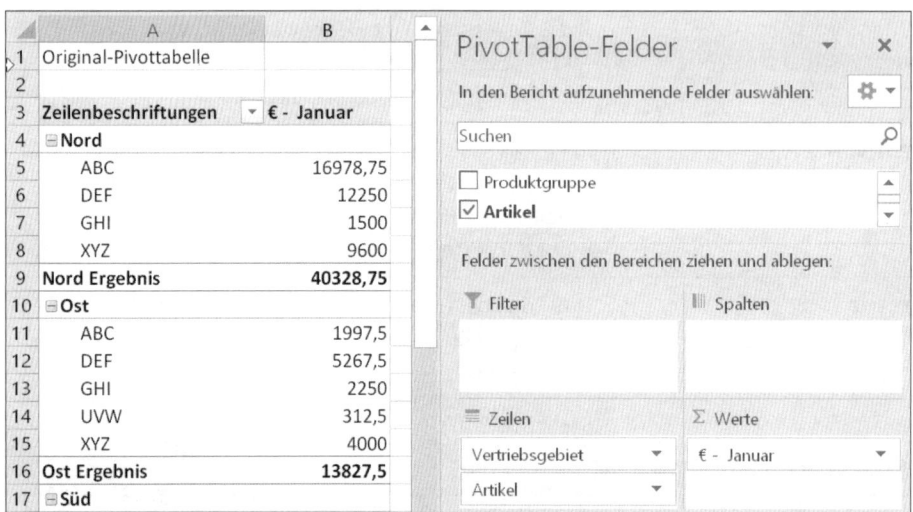

Abbildung 11.17 Auszug aus einer regionalen Auswertung nach Produkten

Die Labels Vertriebsgebiet und Artikel befinden sich im Bereich ZEILENBESCHRIFTUNGEN, das Label Januar im WERTE-Bereich.

Um die prozentuale Verteilung der Artikelergebnisse in Bezug auf das Gesamtergebnis zu erhalten, gehen Sie folgendermaßen vor:

Positionieren Sie den Cursor in der Spalte der Januardaten, und öffnen Sie mit der rechten Maustaste das Kontextmenü. Wählen Sie aus dem Menü WERTE ANZEIGEN ALS • % DES SPALTENGESAMTERGEBNISSES. Das Ergebnis gestaltet sich, wie in Abbildung 11.18 gezeigt.

Anteil des Artikels am Ergebnis aller Regionen	
Zeilenbeschriftungen ▾	€ - Januar
Nord	
ABC	8,16%
DEF	5,89%
GHI	0,72%
XYZ	4,61%
Nord Ergebnis	**19,39%**
Ost	
ABC	0,96%
DEF	2,53%
GHI	1,08%
UVW	0,15%
XYZ	1,92%
Ost Ergebnis	**6,65%**

Abbildung 11.18 Anteile aller Artikel am Gesamtergebnis (Auszug)

Wenn Sie nun die Ergebnisse für die einzelnen Artikel stärker unter Berücksichtigung der regionalen Besonderheiten betrachten möchten, erreichen Sie dies ebenfalls mit wenigen Mausklicks.

Anteil des Artikels am Ergebnis der Einzelregion	
Zeilenbeschriftungen ▾	€ - Januar
Nord	
ABC	42,10%
DEF	30,38%
GHI	3,72%
XYZ	23,80%
Nord Ergebnis	**100,00%**
Ost	
ABC	14,45%
DEF	38,09%
GHI	16,27%
UVW	2,26%
XYZ	28,93%
Ost Ergebnis	**100,00%**

Abbildung 11.19 Anteile aller Artikel, bezogen auf das Vertriebsgebiet (Auszug)

In diesem Fall klicken Sie die Datenreihe des Monats Januar erneut mit der rechten Maustaste an. Aus dem Menü WERTE ANZEIGEN ALS wählen Sie nun jedoch % DES VORGÄNGERGESAMTERGEBNISSES (in Excel 2019 % DES ÜBERGEORDNETEN ERGEBNISSES). Die Bezeichnung der Funktion in der englischen Version ist in mancherlei Hinsicht eindeutiger: % OF PARENT. Gemeint ist also nicht etwa der Zeilenvorgänger, sondern die Vorgängerstufe des Gesamtergebnisses. Und das sind die Teilergebnisse der Vertriebsgebiete. Im Ergebnis erhalten Sie die in Abbildung 11.19 dargestellte Pivottabelle.

11.2.6   Fallbeispiel 2: Auswertung nach KW und Kumulation der KW-Ergebnisse

Statt der isolierten Betrachtung einzelner Perioden interessieren Sie sich bisweilen für die kumulierten Ergebnisse einer Datenreihe. Auch das lässt sich mit der Funktion WERTE ZEIGEN ALS mühelos umsetzen. Alles, was Sie in Ihren Basisdaten benötigen, ist eine Spalte, in der z. B. die Kalenderwochen, Monate oder Quartale erfasst wurden. In unserer Beispieldatei ist dies in Spalte I der Fall. Die Grundstruktur der Pivottabelle sieht aus, wie in Abbildung 11.20 dargestellt.

Original-Pivottabelle				
Summe von Januar	**Spaltenbeschriftungen** ▼			
Zeilenbeschriftungen ▼	**12**	**13**	**11**	**Gesamtergebnis**
⊟**Nord**				
ABC	279,65	15980	719,1	16978,75
DEF			12250	12250
GHI			1500	1500
XYZ			9600	9600
Nord Ergebnis	**279,65**	**15980**	**24069,1**	**40328,75**
⊟**Ost**				
ABC			1997,5	1997,5
DEF	4900		367,5	5267,5
GHI		750	1500	2250
UVW			312,5	312,5
XYZ		4000		4000
Ost Ergebnis	**4900**	**4750**	**4177,5**	**13827,5**

Abbildung 11.20 Pivottabellenaufbau für die Kumulation der Kalenderwochen

Die Pivottabelle zeigt zunächst die absoluten Bestellwerte der einzelnen Kalenderwochen an. Um die Wochenwerte zu kumulieren, klicken Sie mit rechts auf den WERTE-Bereich der Pivottabelle. Aus dem Menü WERTE ANZEIGEN ALS wählen Sie die Option ERGEBNIS IN, und in der nun angezeigten Dialogbox entscheiden Sie sich für das Basisfeld KW (Abbildung 11.21).

Abermals modifiziert Excel die Pivottabelle in der gewünschten Weise (Abbildung 11.22).

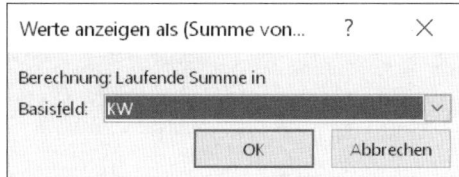

Abbildung 11.21 Auswahl des Basisfeldes der Kumulation

Kumulierte Ergebnisse (nach KW)			
Summe von Januar	**Spaltenbeschriftungen**		
Zeilenbeschriftungen	**12**	**13**	**11**
⊟ **Nord**			
ABC	279,65	16259,65	16978,75
DEF	0	0	12250
GHI	0	0	1500
XYZ	0	0	9600
Nord Ergebnis	**279,65**	**16259,65**	**40328,75**
⊟ **Ost**			
ABC	0	0	1997,5
DEF	4900	4900	5267,5
GHI	0	750	2250
UVW	0	0	312,5
XYZ	0	4000	4000
Ost Ergebnis	**4900**	**9650**	**13827,5**

Abbildung 11.22 Kumulierte Darstellung der Kalenderwochen (Auszug)

11.2.7   Fallbeispiel 3: Kundenranking auf Basis des Bestellwertes

Auch dieses Fallbeispiel verwendet eine der Darstellungsoptionen, die es bereits seit Excel 2010 gibt. Die Bildung der Rangfolge von Einzelwerten einer Datenreihe gab es in den Vorgängerversionen noch nicht. Aus der Basis-Pivottabelle, die die Kunden als Zeilenbeschriftung und die Bestellwerte im WERTE-Bereich verwendet, soll ein einfaches Ranking erstellt werden (Abbildung 11.23).

Um die absoluten Bestellwerte und die Rangfolge nebeneinander in der Pivottabelle auszugeben, ziehen Sie zunächst die Januarwerte ein zweites Mal in den WERTE-Bereich. Anschließend wandeln Sie die Darstellung der zweiten Datenreihe ab. Dazu klicken Sie auf die soeben eingefügte Datenreihe. Wählen Sie wiederum WERTE ANZEIGEN ALS, und aktivieren Sie die Option RANGFOLGE NACH GRÖSSE (ABSTEIGEND). Fertig!

Eventuell wird Sie nun noch die Relation der restlichen Bestellwerte zu Ihrem bedeutsamsten Kunden interessieren. Auch diese Berechnung nimmt nicht viel Zeit in Anspruch. Diesmal verwenden Sie die Option % VON. Wenn Sie in der Dialogbox als Basisfeld KUNDE auswählen, stehen Ihnen unter BASISELEMENT sämtliche in der Pivottabelle enthaltenen Kunden zur Auswahl zur Verfügung (Abbildung 11.24).

Rangfolge - Bestellwert je Kunde		
⊕		
Kunden	**Bestellwert - 01**	**Rang - 01**
Beispiel GmbH	12710	5
Dummy AG	106392	1
Felix Test AG	13250	4
Muster & Söhne	79,9	12
Muster AG	23406,5	3
No Name GbR	125	11
P. Robe GbR	1117,5	9
Probe GmbH	9879,65	6
Test & Partner	719,1	10
Test GmbH	8000	7
Übung AG	29730	2
Übungsgesellschft mbH	2625	8
Gesamtergebnis	**208034,65**	**1**

Abbildung 11.23 Kundenranking

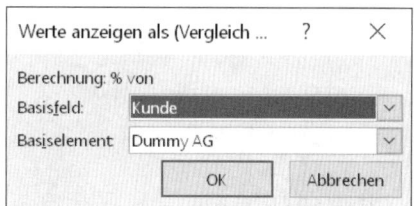

Abbildung 11.24 Kundenvergleich mittels Pivottabelle

Der ausgewählte Kunde wird nun auf den Wert 100 % gesetzt. Alle anderen Kundenergebnisse werden in der Pivottabelle mit diesem Basiswert verglichen. Der Kundenvergleich sieht aus, wie in Abbildung 11.25 dargestellt.

Kundenvergleich - Bestellwert je Kunde		
Kunden	**Bestellwert - 01**	**Vergleich - 01**
Beispiel GmbH	12710	11,95%
Dummy AG	106392	100,00%
Felix Test AG	13250	12,45%
Muster & Söhne	79,9	0,08%
Muster AG	23406,5	22,00%
No Name GbR	125	0,12%
P. Robe GbR	1117,5	1,05%
Probe GmbH	9879,65	9,29%
Test & Partner	719,1	0,68%
Test GmbH	8000	7,52%
Übung AG	29730	27,94%
Übungsgesellschft mbH	2625	2,47%
Gesamtergebnis	**208034,65**	

Abbildung 11.25 Prozentualer Vergleich mit einem Referenzkunden

11.2.8   Fallbeispiel 4: Bewertung der Datenqualität

Die bis hierhin vorgestellten Grundfunktionen von Pivottabellen lassen es nun zu, dieses leistungsstarke Instrument in einem wichtigen Arbeitszusammenhang zu verwenden: der Bewertung der Datenqualität. Wenn wir uns die unterschiedlichen Datenquellen und auch ihre unterschiedliche Art der Erfassung bzw. Weitergabe vor Augen führen – manuelle Eingabe, automatische Erfassung, Übertragung über Netzwerke, Downloads etc. –, dann spielt die Prüfung der Vollständigkeit und Richtigkeit dieser Daten natürlich eine wichtige Rolle. Diskutieren wir die Auswahl geeigneter Kennzahlen, muss erst einmal sichergestellt sein, dass die Datenbasis für deren Bildung quantitativ und qualitativ ausreichend ist. Reden wir über die Reduzierung übergroßer Datenbestände, also über das *S* (*Simplify*) von *xlSMILE*, benötigen wir belastbare Aussagen darüber, welche Daten aufgrund ihrer mangelnden Qualität ignoriert werden können.

In der Arbeitsmappe *11_Pivot_Datenqualität_01.xlsx* finden Sie einige typische Beispiele für die Überprüfung von Rohdaten. Die Datei enthält 1.500 Datensätze, die die Telekommunikationskosten eines Unternehmens beinhalten. Schon bei dieser verhältnismäßig geringen Zeilenzahl wird es nicht einfach sein, die folgenden Stolpersteine zu identifizieren:

- ▸ typische Ausreißer auf Ebene der Kosten
- ▸ fehlende oder fehlerhafte Codierungen
- ▸ ungültige Datumsbereiche, die sich durch fehlerhafte Eingaben eingeschlichen haben

Mit einer Pivottabelle ist all diese Detektivarbeit schnell erledigt.

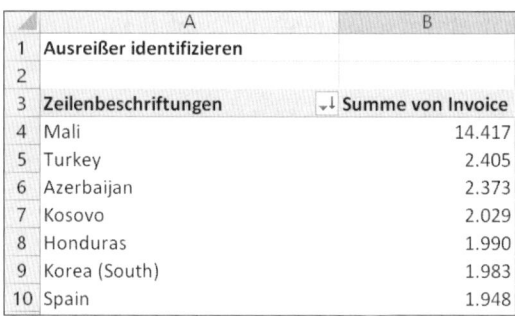

Abbildung 11.26 Ausreißer in einem Datenbestand

Um einen Ausreißer – in diesem Fall bei den TK-Kosten – ausfindig zu machen, genügt es, eine einfache Pivottabelle auf Länderebene zu erstellen und die Summenfunktion anzuwenden. Sortieren Sie die Ergebnisspalte noch über die rechte Maustaste und die Option SORTIEREN • NACH GRÖSSE SORTIEREN, werden Sie sicherlich schnell bei den Kosten des ersten Landes in der Liste stutzig (Abbildung 11.26).

Marketing	9943,26
Marketing	53,31
Merchandising	7101,43
Operations	8820,8
PR	2409,12

Abbildung 11.27 Unterschiedliche Schreibweisen werden nach dem Sortieren offensichtlich.

Die manuelle Sortierung der Zeilenbeschriftungen hilft Ihnen hingegen, fehlerhafte Codierungen bei den Abteilungsbezeichnungen schnell zu entdecken (Abbildung 11.27). Die Sortierfunktion kann hier wahlweise über die rechte Maustaste oder über den AutoFilter aufgerufen werden.

Auch Länder, bei denen die Abteilungsbezeichnung fehlt, bleiben dem Benutzer nicht lange verborgen. Sie werden am Ende der Pivottabelle mit der Bezeichnung (Leer) aufgelistet (Abbildung 11.28).

Sales	5756,48
Shipping	6427,41
(Leer)	9824,79
Gesamtergebnis	**167021,03**

Abbildung 11.28 Fehlende Abteilungen werden in der Gruppierung »(Leer)« zusammengefasst.

Um die Details zu diesen 97 Fällen der Beispieldatei zu erhalten, führen Sie einen Doppelklick auf die Zahl aus. Die Pivottabelle erstellt dann in einem separaten Tabellenblatt eine Tabelle mit allen Einzelheiten dieser Datensätze.

Fehlerhafte Datumsangaben	
Zeilenbeschriftungen ▾	**Anzahl von Last Name**
15.03.2016	499
15.04.2016	499
15.05.2016	500
15.04.2061	1
15.03.2016	1
Gesamtergebnis	**1500**

Abbildung 11.29 Datum als Text oder mit Zahlendreher eingegeben – die Pivottabelle bringt's an den Tag.

Nicht wenige Auswertungen besitzen einen Datumsbezug. In diesen Fällen kommt der Prüfung von Datumswerten im Rohdatenbestand eine besondere Bedeutung zu. Zumeist sind es Zahlendreher oder Datumsangaben, die als Text eingegeben oder nach dem Import in Excel angekommen sind, die Probleme verursachen und fehlerhafte Berechnungen bewirken.

Ziehen Sie eine Datumsspalte in den Bereich der Zeilenbeschriftung, werden solche fehlerhaften Daten schnell erkennbar (Abbildung 11.29). Im Beispiel handelt es sich um lediglich drei korrekte Datumswerte, wodurch die fehlerhaften Werte besonders ins Auge stechen. Bei vielen unterschiedlichen Datumsangaben kann die Gruppierung der Datumswerte sinnvoll sein. Dazu erfahren Sie mehr im weiteren Verlauf dieses Kapitels.

11.3 Pivotcache und Speicherbedarf

Durch die große Variationsbreite bei der Berechnung von Daten in Pivottabellen und der umfangreichen Auswahl an Darstellungsmöglichkeiten liegt es nahe, aus einem Basisdatenbestand zwei oder gleich mehrere Pivottabellen zu erstellen. Dabei sollten Sie aber beachten, dass im Hintergrund einer Pivottabelle immer der gesamte Basisdatenbestand liegt. Abgelegt werden die Daten in einem speziellen Cache der Arbeitsmappe. Hierbei sind einige Details zu beachten.

Von früheren Versionen ist Ihnen wahrscheinlich noch bekannt, dass Excel Sie beim Erstellen der zweiten Pivottabelle innerhalb der Arbeitsmappe fragt, ob Sie den Cache der ersten Tabelle nutzen möchten, um Speicherplatz zu sparen. Diese Abfrage existiert seit Excel 2010 bereits nicht mehr. Immer dann, wenn Sie über EINFÜGEN • PIVOTTABLE oder eine dynamische Datentabelle eine neue Pivottabelle erstellen, wird automatisch der ursprüngliche Cache verwendet, um den Arbeitsspeicher Ihres Rechners optimal zu nutzen. Dies hat aber zur Folge, dass verschiedene Funktionen und Elemente der ersten Pivottabelle auch für die nachfolgenden gelten:

▶ Beim Aktualisieren einer Pivottabelle werden auch alle anderen Tabellen aktualisiert, die auf denselben Cache zugreifen.

▶ Gruppierungen, die Sie einer Pivottabelle hinzufügen, werden auch auf alle anderen Tabellen übertragen.

▶ Auch bei berechneten Feldern und Elementen sind alle Pivottabellen fest miteinander verbunden. Berechnete Felder und Elemente werden in einem Zug auf alle Tabellen übertragen.

Möchten Sie hingegen in einer Arbeitsmappe mehrere Pivottabellen nutzen, die jeweils über einen eigenen Cache verfügen und unabhängig voneinander agieren, starten Sie zunächst den Pivottabellen-Assistenten mit der Tastenfolge [Alt] + [N], [P]. Im Dialogfenster PIVOTTABLE- UND PIVOTCHART-ASSISTENT erstellen Sie eine weitere Pivottabelle über die Option PIVOTTABLE (Abbildung 11.30). Klicken Sie auf WEITER.

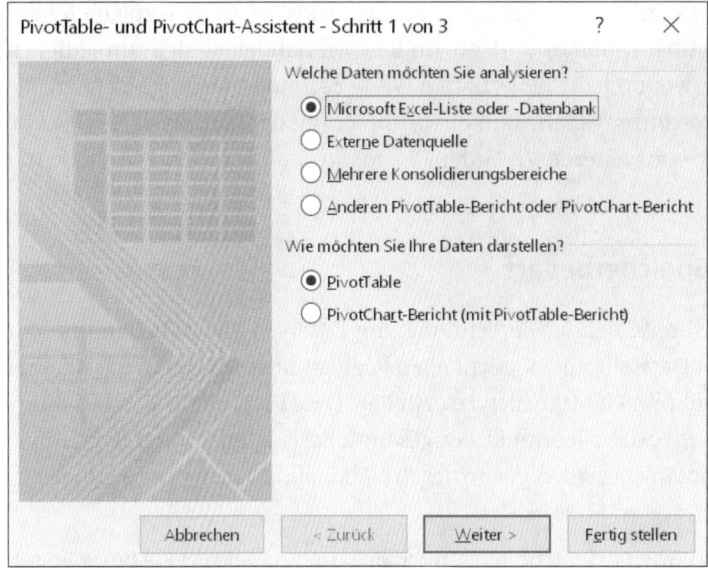

Abbildung 11.30 Pivottabellen-Assistent seit Excel 2016

11.4   Visuelle interaktive Analyse von Daten

Da die Datenmengen, die mit Excel ausgewertet werden, immer umfangreicher werden, war die Entwicklung einer neuen Schnittstelle zur Steuerung der Pivottabellen dringend notwendig geworden. Diese neue Schnittstelle ist der *Datenschnitt* und im Menü PIVOTTABLE-TOOLS zu finden (Abbildung 11.31). Das ist eine nüchterne Bezeichnung für ein visuelles Steuerungstool zur Auswertung großer Datenmengen. In der englischen Version trägt dieses Tool die ungleich knackigere Bezeichnung *Slicer*.

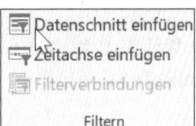

Abbildung 11.31 Fügen Sie Datenschnitte zur Auswertung ein.

Werfen Sie zunächst einen Blick auf die bisherigen Werkzeuge, die Sie einsetzen, um Daten in Pivottabellen zu filtern. Das hier dargestellte Beispiel bezieht sich erneut auf die Daten in der Datei *11_Pivot_Grundfunktionen.xlsx*.

Analysen, die mithilfe von Pivottabellen durchgeführt werden, bestehen häufig aus voneinander abhängigen Informationen. In unserem Beispiel existieren Produktgruppen, die sich aus einzelnen Artikeln zusammensetzen. Diese wurden von verschiedenen Kunden bestellt – oder auch nicht.

Das traditionelle Werkzeug zur Auswertung der Basisdaten in der Pivottabelle ist eine Kombination aus Berichtsfilter und gefilterter Zeilenbeschriftung. Abbildung 11.32 zeigt eine typische Anwendung dieser Werkzeuge.

	A	B	C	D	E
1	Artikel	ABC ⊤			
2					
3	**Kunde** ⊤	Bestellwert in €	Wert in %	Produktgruppenanzahl	in %
4	Beispiel GmbH	1997,5	23,81%	1	50,00%
5	Dummy AG	6392	76,19%	1	50,00%
6	**Gesamtergebnis**	**8389,5**	**100,00%**	**2**	**100,00%**

Abbildung 11.32 Datenfilterung mit Berichtsfilter und gefilterten Zeilenbeschriftungen

Im Berichtsfilter besteht zwar die Möglichkeit der Mehrfachauswahl z. B. der Produktgruppen. Das heißt, Sie können mehrere Artikel in der Liste aktivieren. Doch welche Elemente im Filter benutzt werden, lässt sich nicht erkennen. Excel zeigt lediglich die Information (MEHRERE ELEMENTE) an. Auch müssen Sie immer dann, wenn Sie die Kriterien wechseln möchten, das Listenfeld im Berichtsfeld öffnen, die alten Filterkriterien deaktivieren und die neuen aktivieren. Das ist umständlich.

Ob ein Filter bei der ZEILENBESCHRIFTUNG für das Feld ARTIKEL gesetzt ist und wenn ja, welcher, lässt sich ebenso wenig an den Daten der Pivottabelle erkennen. Es herrscht auch hier ein gewisser Informationsverlust. Mit der Funktion DATENSCHNITT ändert sich dies grundlegend (Abbildung 11.33):

▸ Alle Elemente und aktiven Filterkriterien werden im Livemodus neben der Pivottabelle angezeigt.

▸ Zusammenhänge zwischen über- und untergeordneten Filterkriterien werden grafisch dargestellt.

▸ Alle Kriterien sind mit nur einem Mausklick aktivier- und deaktivierbar.

Mit anderen Worten: Durch die Funktion DATENSCHNITT schaffen die Pivottabellen den Sprung von der menügesteuerten zur visuellen Datenanalyse.

	A	B	C	D	E	F	G	H
1	Artikel	(Alle) ▾				Produktgruppe	Artikel	
2								
3	**Kunde** ▾	Bestellwert in €	Wert in %	Produktgruppenanzahl	in %	101 199	ABC DEF	
4	Beispiel GmbH	8397,5	11,85%	3	18,75%	200 201	GHI UVW	
5	Dummy AG	6392	9,02%	1	6,25%		XYZ	
6	Felix Test AG	750	1,06%	1	6,25%			
7	Muster & Söhne	79,9	0,11%	1	6,25%			
8	Muster AG	23406,5	33,03%	3	18,75%			
9	P. Robe GbR	1117,5	1,58%	2	12,50%			
10	Probe GmbH	279,65	0,39%	1	6,25%			
11	Test & Partner	719,1	1,01%	1	6,25%			
12	Übung AG	29730	41,95%	3	18,75%			
13	**Gesamtergebnis**	**70872,15**	**100,00%**	**16**	**100,00%**			

Abbildung 11.33 Ein Datenschnitt-Cockpit vereinfacht die Steuerung des Reports.

11.4.1   Datenschnitt in der Pivottabelle aktivieren

Öffnen Sie die Datei *11_Pivot_Datenschnitt_00.xlsx*. Um dieses neuartige Tool in Ihre Pivottabelle zu integrieren, bedarf es nur einiger simpler Arbeitsschritte:

1. Positionieren Sie den Cursor an einer beliebigen Stelle in der Pivottabelle im linken Bereich.

2. Wechseln Sie zu PIVOTTABLE-TOOLS • ANALYSIEREN • FILTERN (in Excel 2010: PIVOTTABLE-TOOLS • OPTIONEN • SORTIEREN UND FILTERN).

3. Klicken Sie dann auf das Symbol DATENSCHNITT EINFÜGEN.

4. In der anschließend angezeigten Dialogbox DATENSCHNITT AUSWÄHLEN klicken Sie die Felder an, für die Sie im Rahmen der Datenanalyse Filterkriterien verwenden möchten (Abbildung 11.34).

Abbildung 11.34 Auswahl der zu filternden Felder der Pivottabelle

Neben der Pivottabelle werden nun die Bedienelemente für den DATENSCHNITT überlappend angezeigt (Abbildung 11.35).

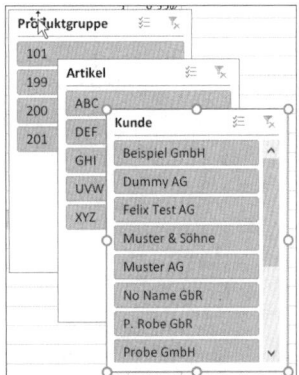

Abbildung 11.35 Datenschnitte der Pivottabelle

11.4.2   Gestaltung und Anordnung der Datenschnitttools

Der besseren Handhabung halber sollten Sie einige Augenblicke auf die Gestaltung und Anordnung der drei Dialogboxen verwenden. Es ist sicherlich einfacher und übersichtlicher, die überlappenden Rechtecke nebeneinander anzuordnen. Dies erreichen Sie durch Ziehen mit der linken Maustaste im Überschriftenbereich.

Wenn Sie sich schon für eine visuell unterstützte Form der Steuerung Ihrer Analyse entschieden haben, sollten Sie diesen Weg auch bis zu Ende gehen. Verwenden Sie für die unterschiedlichen Filterbereiche also am besten auch gleich individuelle Farben. Das funktioniert so:

1. Klicken Sie ein Tool an, und wählen Sie das Kontextmenü DATENSCHNITTTOOLS.

2. Ordnen Sie schließlich eine Datenschnitt-Formatvorlage zu.

3. Die Höhe und die Breite der Dialogboxen lassen sich einfach anpassen, indem Sie mit der linken Maustaste den unteren bzw. rechten Rand verschieben.

4. Enthält ein Feld viele Einträge, ist es sinnvoll, diese Einträge mehrspaltig anzuzeigen. Öffnen Sie dazu das Menü DATENSCHNITTTOOLS • OPTIONEN.

5. Stellen Sie in der Gruppe SCHALTFLÄCHEN unter SPALTEN die gewünschte Spaltenanzahl ein (Abbildung 11.36).

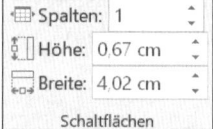

Abbildung 11.36 Bestimmung der Spaltenzahl in den Datenschnitttools

In diesem Menü erkennen Sie auch auf der rechten Seite, dass Excel für jeden Datenschnitt einen Namen vergeben hat. Ähnlich wie bei Datentabellen, können Sie diesen Namen im Bedarfsfall an Ihre eigenen Vorstellungen anpassen.

Um mehrere DATENSCHNITTE einfacher zu positionieren, ist es ratsam, die einzelnen Elemente zu einer Gruppe zusammenzufassen. Halten Sie zu diesem Zweck die Taste ⎡Strg⎤ gedrückt, und klicken Sie nacheinander alle DATENSCHNITTTOOLS an. Klicken Sie im Menü DATENSCHNITTTOOLS • OPTIONEN • ANORDNEN auf das Symbol GRUPPIEREN, um die gleichnamige Option zu aktivieren (Abbildung 11.37).

Ihre visuellen Analysewerkzeuge sind nun einsatzbereit. Lassen Sie uns gemeinsam erkunden, wie Sie sie einsetzen können.

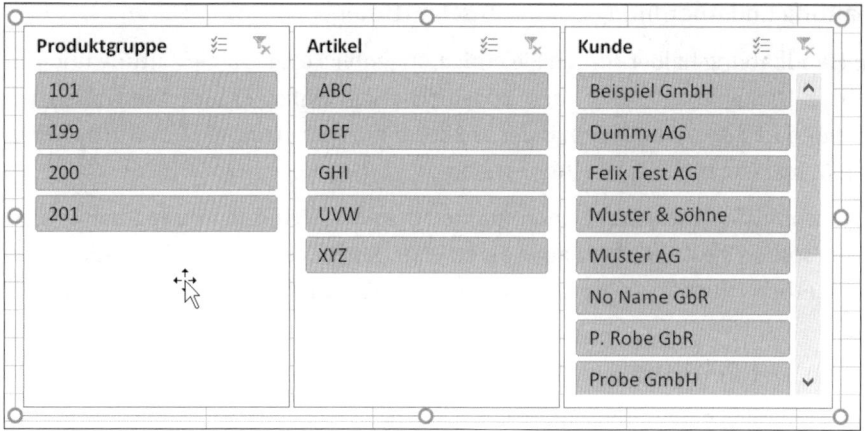

Abbildung 11.37 Gruppierte Datenschnitte lassen sich mühelos auf dem Tabellenblatt positionieren.

11.4.3   Datenanalyse mithilfe der Datenschnitttools

Der Vorteil der Anwendung des Datenschnitts liegt sowohl in der Einfachheit der Bedienung als auch in der Übersichtlichkeit der verfügbaren Filterkriterien. Dies stellen Sie bereits fest, wenn Sie als erstes Filterkriterium eine Produktgruppe auswählen. Ein Klick beispielsweise auf den Wert 101 filtert nicht nur die Daten der Pivottabelle. Die abhängigen Elemente der Zeilenbeschriftungen – Artikel und Kunde – werden ebenfalls aktualisiert.

Dort werden die Produkte GHI, UVW und XYZ nicht mehr zur Auswahl angeboten, da sie nicht Bestandteil der Produktgruppe sind. Das verwendete Kriterium wird auch unmittelbar an den dritten Datenschnitt weitergegeben: Drei Firmen, die keinen Artikel aus Produktgruppe 101 bestellt haben, erscheinen ausgegraut (Abbildung 11.38). Es wäre sinnlos, nach diesen Unternehmen zu filtern, da das Ergebnis eine leere Pivottabelle wäre.

Abbildung 11.38 Nicht verfügbare abhängige Filterkriterien werden im Datenschnitt automatisch deaktiviert.

Wählen Sie im zweiten Datenschnitt einen Artikel, beispielsweise ABC, werden im Kundenbereich weitere Firmen als Filterkriterium deaktiviert.

Die Funktionen im Datenschnitt sind zwar überschaubar, doch ihre Wirkungsweise beschleunigt die Analyse von großen Datenmengen erheblich. Dies liegt daran, dass alle überflüssigen Mausklicks vermieden werden und Abhängigkeiten zwischen den Filterkriterien auf den ersten Blick erkennbar sind.

Die Schaltflächen eines Datenschnitts können Sie so benutzen, wie es in Tabelle 11.5 dargestellt wird.

Aktion	Ergebnis
einfacher Mausklick	Auswahl eines Elements als Filterkriterium
Strg + Mausklick	Hinzufügen oder Entfernen eines weiteren zu einem bereits gewählten Filterkriterium
⇧ + Mausklick	Auswahl mehrerer Filterkriterien, die unmittelbar untereinanderstehen
Mausklick auf das Filtersymbol	Klicken Sie dieses Symbol rechts oben neben der Überschrift des Datenschnitttools an, wird dessen Filter aufgehoben.

Tabelle 11.5 Bedienung des Datenschnitttools

Bereits mit Excel 2016 ist die Mehrfachauswahl im Datenschnitt nochmals vereinfacht worden. In der Überschriftenzeile des Datenschnitts gibt es nun eine Schaltfläche, mit der die Auswahl mehrerer Elemente gestartet wird (Abbildung 11.39).

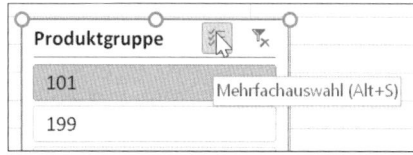

Abbildung 11.39 Mehrfachauswahl von Elementen ab Excel 2016

Die Funktion kann auch mit der Tastenkombination Alt + S aktiviert werden.

11.4.4   Mehrere Pivottabellen per Datenschnitt steuern

Nun ist es in der täglichen Praxis nicht unüblich, aus einem Basisdatenbestand mehrere Pivottabellen zu erstellen, die unterschiedliche Analyseschwerpunkte besitzen. Bislang mussten dafür in jeder einzelnen Pivottabelle manuell identische Kriterien gesetzt werden, um den gleichen Betrachtungswinkel für alle Tabellen zu wählen. Auch diese Mehrarbeit wird durch die Anwendung des Datenschnitts vermieden.

Die zweite Pivottabelle in der Datei *11_Pivot_Datenschnitt_00.xlsx* bezieht sich auf die gleichen Basisdaten wie die erste Tabelle, betrachtet den Datenbestand allerdings aus einer regionalen Perspektive. Diese zweite Pivottabelle wird nicht automatisch mit dem Datenschnitt verknüpft, den Sie für die erste Tabelle erstellt haben. Wählen Sie beispielsweise Produktgruppe 101 und Artikel GHI als Filterkriterien, wird die regionale Pivottabelle nicht aktualisiert.

Um mehrere Pivottabellen mit einem Datenschnitt zu steuern, müssen Sie die Berichts- oder Filterverbindungen anpassen. Der Weg führt über die Option DATENSCHNITTTOOLS • OPTIONEN • DATENSCHNITT • BERICHTSVERBINDUNGEN. Zu dieser gelangen Sie auch – wie sollte es anders sein – mit einem rechten Mausklick auf einen Datenschnitt und der Verwendung des Kontextmenüs.

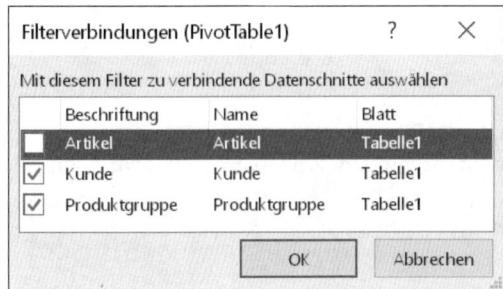

Abbildung 11.40 Die Verbindungen zwischen Datenschnitt und Pivottabelle können einfach gelöst werden.

Sie erkennen zunächst, dass auch Pivottabellen – ähnlich wie Datenschnitte und Datentabellen – einen internen Namen besitzen. Entsprechend den Überlegungen zur Modellierung von Reports und Auswertungen empfehle ich Ihnen im Sinne von *M* (*Model*) in *xlSMILE*, diese internen Namen durch aussagekräftigere Namen zu ersetzen. Dies können Sie über PIVOTTABLE-TOOLS • ANALYSIEREN • PIVOTTABLE erledigen. Die Vorteile dieser Vorgehensweise sehen Sie in Abbildung 11.40. Auch wenn Sie gleich mehrere Pivottabellen in einer Arbeitsmappe verwenden, wird es Ihnen leichtfallen, die gewünschten Tabellen mit dem Datenschnitt zu verbinden.

Umgekehrt verfügt auch jede Pivottabelle über die Option FILTERVERBINDUNGEN im Menü PIVOTTABLE-TOOLS • ANALYSIEREN • FILTERN. Hier können Sie, ausgehend von der einzelnen Tabelle, bestimmen, welche Datenschnitte für diese verwendet werden sollen.

11.4.5   Weitere Einstellungen für die Datenschnitttools

Im Kontextmenü der Datenschnitttools finden Sie eine weitere Konfigurationsfunktion. Es sind die DATENSCHNITTEINSTELLUNGEN. Darin können Sie weitere Veränderungen vornehmen:

- ▶ die Felder im Tool sortieren

- ▶ die Überschriftenzeile (Kopfzeile) festlegen und diese aktivieren oder deaktivieren

- ▶ die Darstellungsweise von Schaltflächen, zu denen es keine Daten gibt, ändern

- ▶ das Anzeigeverhalten von Elementen, die aus der ursprünglichen Datenbasis entfernt wurden, einstellen

Letzteres können Sie im Datenschnitt Kunde ausprobieren. Da in einer früheren Version der Basisdaten der Kunde Übungsgesellschaft GmbH einmal falsch geschrieben, mittlerweile aber korrigiert wurde, sollte diese Schaltfläche entfernt werden (Abbildung 11.41).

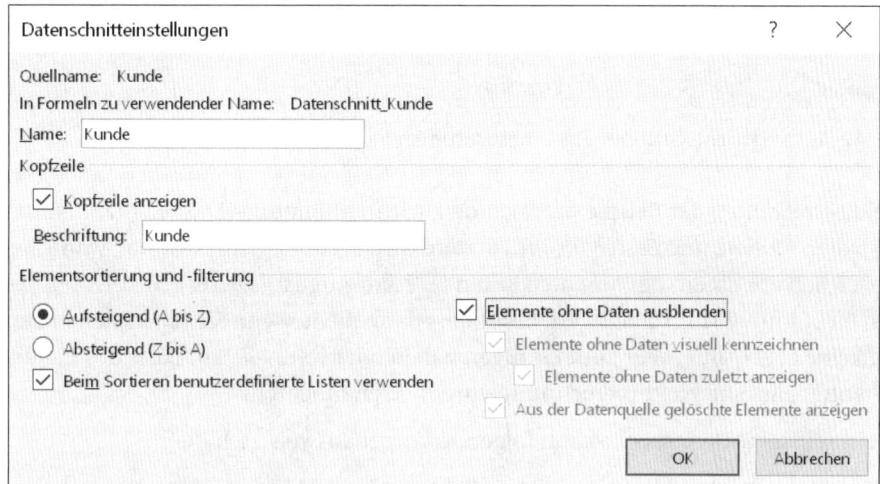

Abbildung 11.41 Entfernen der in den Rohdaten nicht mehr vorhandenen Elemente aus dem Datenschnitt

11.5   Zeitbezogene Auswertungen von Pivottabellen mit Zeitachsen

Neben den Datenschnitten gibt es in Excel bereits seit der Version 2013 eine weitere Möglichkeit der Steuerung von Pivottabellen: die Zeitachsen. Enthält ein Rohdatenbestand mindestens eine Spalte mit Datumswerten, kann diese Funktion eingesetzt werden, um die Auswertung nach unterschiedlichen Intervallen wie Monaten oder Jahren zu realisieren. Zeitachsen sind somit eine Ergänzung zu den bereits verfügbaren Gruppierungsfunktionen bei Datumswerten. In einigen Fällen können sie diese Gruppierungen sogar vollständig ersetzen.

11.5.1   Automatische Gruppierung von Datumswerten ab Excel 2019

Bevor Sie diese Funktion in Excel 2019 oder einer neueren Office-365-Version einsetzen, sollten Sie sich allerdings einer neuen Funktion zur Gruppierung von Datumswerten in Pivottabellen vergewissern. Im Menü Datei • Optionen • Daten finden Sie die Option Automatische Gruppierung von Datum/Uhrzeitspalten in PivotTables deaktivieren. Diese Option ist in Excel standardmäßig nicht eingeschaltet. Ziehen Sie also eine Datums- oder Uhrzeitspalte in den Zeilen- oder Spaltenbereich einer Pivottabelle, werden diese Daten automatisch gruppiert.

	A	B	C
1	Artikel	(Alle)	
2			
3	**Monate**	**Bestelldatum**	**Bestellwert in €**
4	⊟ **Aug**	26. Aug	8079,9
5		28. Aug	719,1
6		30. Aug	1242,5
7	**Aug Ergebnis**		**10041,5**
8	⊞ **Sep**		197993,15
9	**Gesamtergebnis**		**208034,65**

Abbildung 11.42 Automatische Gruppierung eines Datumsfeldes

Aus dem Feld *Bestelldatum* der Beispieldatei werden, wie in Abbildung 11.42 zu erkennen ist, die beiden Spalten *Monate* und *Bestelldatum*. Letztere wird aber erst dann sichtbar, wenn Sie auf das Pluszeichen vor einem der Monate klicken (z. B. vor August). Dieser Effekt ist selbstverständlich nicht immer wünschenswert, besonders dann nicht, wenn Sie rechts neben der Pivottabelle keine Leerspalte mehr zum Einfügen haben oder wenn Sie auf Basis des Ergebnisses der Pivottabelle eine Weiterberechnung durchführen möchten.

Abhilfe für eine einzelne Pivottabelle kann folgende Vorgehensweise schaffen:

1. Klicken Sie mit der rechten Maustaste in eine Zelle der Spalte *Monate*.
2. Wählen Sie aus dem Kontextmenü Gruppierung aufheben.

Möchten Sie grundsätzlich bei allen Pivottabellen, die Sie zukünftig erstellen, selbst entscheiden, ob Datums- oder Zeitangaben gruppiert werden sollen oder nicht, so sollten Sie die Standardoptionen im Menü Datei • Optionen • Daten anpassen. Setzen Sie an dieser Stelle das Häkchen, werden bei neuen Pivottabellen keine Gruppierungen mehr automatisch erstellt (Abbildung 11.43).

Daten	Datenoptionen
Dokumentprüfung	Änderungen am Standardlayout von PivotTables vornehmen: [Standardlayout bearbeiten...]
Speichern	☑ "Rückgängig" für große PivotTable-Aktualisierungsvorgänge deaktivieren, um die Aktualisierungsdauer zu reduzieren
Sprache	"Rückgängig" für PivotTables mit mindestens dieser Anzahl Datenquellenreihen (in Tausend) deaktivieren: [300 ▲▼]
Erleichterte Bedienung	☐ Excel-Datenmodell beim Erstellen von PivotTables, Abfragetabellen und Datenverbindungen bevorzugen ⓘ
Erweitert	☑ "Rückgängig" für große Excel-Datenmodellvorgänge deaktivieren
Menüband anpassen	"Rückgängig" für Datenmodellvorgänge deaktivieren, wenn das Modell diese Größe (in MB) erreicht oder überschreitet: [8 ▲▼]
Symbolleiste für den Schnellzugriff	☑ Datenanalyse-Add-Ins aktivieren: Power Pivot, Power View und 3D-Karten
Add-Ins	☑ Automatische Gruppierung von Datum/Uhrzeit-Spalten in PivotTables deaktivieren

Abbildung 11.43 Deaktivierung der automatischen Gruppierung von Zeit- und Datumsangaben

11.5.2   Zeitachsen einfügen

Nachdem Sie sich mit dieser neuen Funktion vertraut gemacht haben, öffnen Sie die Bei-spieldatei *11_Pivot_Zeitachse_00.xlsx*. In ihr befindet sich eine Pivottabelle, deren Roh-daten insgesamt drei Datumsspalten enthalten. Öffnen Sie PɪᴠᴏᴛTᴀʙʟᴇ-Tᴏᴏʟs · Aɴᴀʟʏ-sɪᴇʀᴇɴ · Fɪʟᴛᴇʀɴ · Zᴇɪᴛᴀᴄʜsᴇ ᴇɪɴꜰüɢᴇɴ, werden Ihnen diese drei Felder auch angezeigt (Abbildung 11.44).

Abbildung 11.44 Auswahl eines Datumsfeldes zum Erstellen einer Zeitachse

Wählen Sie hier das Feld Bestelldatum aus, und klicken Sie auf OK. Die Zeitachse wird da-durch in das Tabellenblatt eingefügt (Abbildung 11.45).

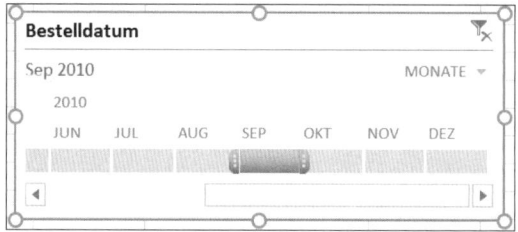

Abbildung 11.45 Zeitachse für das Filtern der Pivottabelle auf Basis des Bestelldatums

Bevor Sie die Achse nutzen, sollten Sie sich überlegen, welche Intervalle zur Auswertung ein-gesetzt werden sollen. Das Listenfeld Mᴏɴᴀᴛᴇ unterhalb der Überschriftenzeile gibt Ihnen die Gelegenheit, auch nach Jahren, Quartalen und Tagen zu filtern.

Wählen Sie dann den Zeitraum Ihrer Analyse aus, indem Sie den Schieberegler über die Zeit-achse bewegen, mit der Maus über einen Abschnitt der Zeitachse gehen oder an der Endmar-kierung des Schiebereglers ziehen (Abbildung 11.46).

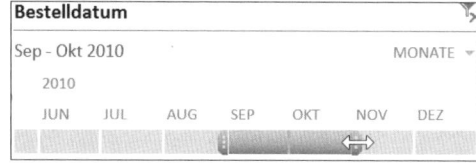

Abbildung 11.46 Vergrößern des Analysebereichs durch Ziehen der Endmarkierung

Auch bei Zeitachsen müssen Sie gegebenenfalls über die Option BERICHTSVERBINDUNGEN festlegen, welche Pivottabellen in Ihrer Arbeitsmappe durch die Zeitachse gesteuert werden sollen.

11.6   Filtern von Daten in einer Pivottabelle

Die soeben beschriebenen Datenschnitttools und Zeitachsen bieten eine leicht zu bedienende Möglichkeit, um auch große Datenbestände effizient zu filtern. Dennoch bestehen die aus früheren Versionen bekannten sonstigen Filterfunktionen weiter.

Sie rufen die Filter auf, indem Sie das Listenfeld einer Zeilen- oder Spaltenbeschriftung öffnen. Danach müssen Sie sich entscheiden, ob Sie den Zeilen- bzw. Spaltenbereich filtern möchten oder den Wertebereich. Excel erkennt den jeweiligen Datentyp des ausgewählten Feldes und stellt dementsprechend Text-, Datums- oder Wertefilter zur Verfügung. Die Filterkriterien können Sie dann analog zur in Kapitel 6, »Unternehmensdaten prüfen und analysieren«, beschriebenen Vorgehensweise beim Filtern von Excel-Listen mithilfe des Auto-Filters festlegen.

[i]

Suchfunktion für Elemente einer Pivottabelle

Bereits in Excel 2010 wurde eine Suchfunktion für Elemente im Berichts-, Zeilen- und Spaltenbereich integriert. Wenn Sie die jeweiligen Listenfelder öffnen, geben Sie in das Feld SUCHEN eine Zeichenkette ein, um bestimmte Elemente oder eine Gruppe von Elementen zu finden. Diese Funktion ist bei umfangreichen Elementlisten ausgesprochen hilfreich.

11.7   Gruppierungen in Pivottabellen

Detaillierte Werte in Basisdatentabellen erzeugen zumeist Pivottabellen von kaum überschaubarer Größe. Ihre Transaktionsdatei enthält beispielsweise tagesgenaue Angaben zur Rechnungsstellung an Kunden. In Ihrer Auswertung werden jedoch Reports nach Kalenderwochen, Monaten oder Quartalen gefordert. Seit Excel 2013 können Sie Zeitachsen einsetzen, um Datumswerte zu gruppieren. Doch was ist zu tun, wenn Sie eine frühere Version einsetzen oder nicht Datumswerte, sondern Kunden oder Produkte zu Gruppen zusammenfassen möchten?

Um die Unterschiede zwischen der Detailtiefe in der Datenbasis und Ihren Anforderungen für einen Pivotbericht unter einen Hut zu bekommen, stehen in Excel unterschiedliche Gruppierungsfunktionen zur Verfügung. Tabelle 11.6 zeigt die denk- und umsetzbaren Lösungsansätze.

Lösungsansatz	Einschätzung
Prüfung der Exportmöglichkeiten im Quellprogramm	Leicht gesagt und häufig doch mit erhöhtem Aufwand verbunden, dennoch sollte der erste Lösungsansatz immer in die Richtung gehen, das Übel an der Wurzel zu packen. Prüfen Sie also zunächst, ob und mit welchem zeitlichen und finanziellen Aufwand der Datenexport aus der Quellanwendung auf Ihre Bedürfnisse angepasst werden kann. Sie müssen bedenken, dass Modifikationen an der Quelle einmaliges Handeln bedeuten, während Anpassungen in der Zielanwendung bei jeder Berichtserstellung nötig sind.
manuelle Gruppierung in der Pivottabelle	Elemente einer Pivottabelle können manuell gruppiert werden. Nach dem Sortieren lassen sich Aachen, Düsseldorf und Köln z. B. zur Region West zusammenfassen. Gruppierte Elemente bleiben auch nach der Aktualisierung von Daten erhalten. Enthält Ihre ursprüngliche Pivottabelle eine große Anzahl an Einzelelementen, ist der Aufwand der manuellen Gruppierung allerdings hoch.
automatische Gruppierung in der Pivottabelle	Klingt nicht nur gut, es funktioniert auch fantastisch. Wermutstropfen: Die automatische Gruppierung gelingt nur bei Datums- und Zeitwerten. Datumsangaben lassen sich mit einigen wenigen Mausklicks z. B. in Monats- oder Quartalsübersichten umwandeln.
Bildung einer Gruppierung durch Berechnung in den Basisdaten	Wenn die erste und zweite Option dieser Übersicht nicht umsetzbar ist, lassen sich viele Anforderungen bei der Gruppierung mit Excels Mitteln doch erfüllen. In Spalten, die an Ihre Rohdaten angrenzen, werden durch zusätzliche Berechnungen die benötigten Gruppierungsmerkmale geschaffen. Häufig werden Sie dabei Text-, Datumsfunktionen oder Verweisfunktionen benutzen, um gegebenenfalls aus einer Referenztabelle eine Zuordnung vorzunehmen. Seit Excel 2013 kann auch ein Datenmodell aus zwei oder mehr Tabellen das für eine Gruppierung benötigte Datenmaterial bereitstellen.

Tabelle 11.6 Optionen für die Gruppierung in Pivottabellen

11.7.1   Manuelle Gruppierung von Produkten

In der Datei *11_Pivot_Gruppierung_00.xlsx* finden Sie einen Basisdatenbestand, der einige der Probleme verursachen könnte, wie sie bei der Bildung von Pivottabellen immer wieder auftreten. Die Datenbasis enthält Angaben wie Artikelnummern oder Datumsangaben zu den Verkäufen und Ortsnamen (Abbildung 11.47). All diese Angaben sind sehr hilfreich, aber für den beabsichtigten Report viel zu kleinteilig.

	A	B	C	D	E	F	G	H	I
1	Rechnungsnr.	Datum	Kundennr.	Kunde	AP	Artikelnr.	Bezeichnung	Summe	Ort
2	B00007	04.03.2016	K10023	Abraham GmbH	Hannelore Jährer	AK19287	19-1 Display	1.125,00 €	Augsburg
3	B00010	04.03.2016	K50001	Lohner GmbH	Walter Rollfs	AT00012	Portabler Projektor	5.100,00 €	Düsseldorf
4	B00002	04.03.2016	K30013	Branco KG	Mehmet Araci	AT00012	Portabler Projektor	5.100,00 €	Hamburg
5	B00009	04.03.2016	K10025	Drilling & Co KG	Karim Mouloum	OU64783	Core Media Player	1.360,00 €	München
6	B00008	04.03.2016	K50024	Claus Willems GmbH	Kenny Opermann	QU85132	FlexScan	450,00 €	Dortmund

Abbildung 11.47 Basisdatenbestand mit Detailinformationen

Lassen Sie uns gleich mit den Artikelnummern beginnen. Wenn Sie nicht jede einzelne Artikelnummer im Report verwenden möchten, es aber bevorzugen, Gruppen von Artikeln zusammenzufassen, sollten Sie dies mit einer manuellen Gruppierung versuchen.

Die zu erstellende Pivottabelle hat die in Tabelle 11.7 gezeigte Struktur.

Pivotelement	Label
Berichtsfilter	Kunde
Zeilenbeschriftung	Artikelnr.
Werte	Summe

Tabelle 11.7 Struktur der Pivottabellen

Daraus ergibt sich eine Liste von insgesamt neun Artikeln. Sie möchten zunächst die Artikel AK19287, AT00012 und UA0022 zu einer Gruppe zusammenfassen. Dazu müssen Sie die Elemente markieren und anschließend die Funktion zur Gruppierung aufrufen.

Drei Konstellationen sind denkbar:

▶ Die Elemente, die gruppiert werden sollen, stehen direkt untereinander.

In diesem Fall markieren Sie die Elemente und schalten mit der rechten Maustaste die Option GRUPPIERUNG aus, oder Sie wählen die Funktion über PIVOTTABLE-TOOLS • ANALYSIEREN (Excel 2010: OPTIONEN) • GRUPPIEREN • GRUPPENAUSWAHL aus.

▶ Die Elemente stehen nicht direkt, aber doch dicht untereinander.

Markieren Sie die Daten mit (Strg) und der linken Maustaste, und schalten Sie dann, wie oben beschrieben, die Gruppierung ein.

▶ Die Elemente sind über einen größeren Teil der Pivottabelle verteilt.

Sortieren Sie die Daten manuell. Wenn alle Elemente, die Sie gruppieren möchten, untereinander angeordnet sind, aktivieren Sie die Gruppierung.

Um die Elemente einer Pivottabelle manuell zu sortieren, muss die manuelle Sortierung aktiviert sein. Dies ist normalerweise der Fall. Überzeugen Sie sich dennoch, ob Sie nicht bei früheren Bearbeitungen der Tabelle aus gutem Grund eine automatische Sortierung aktiviert haben.

Mit einem rechten Mausklick in den Bereich der ZEILENBESCHRIFTUNG Ihrer Pivottabelle, in diesem Fall also auf die Artikelnummern, gelangen Sie zur Option SORTIEREN und dort zu WEITERE SORTIEROPTIONEN (Abbildung 11.48).

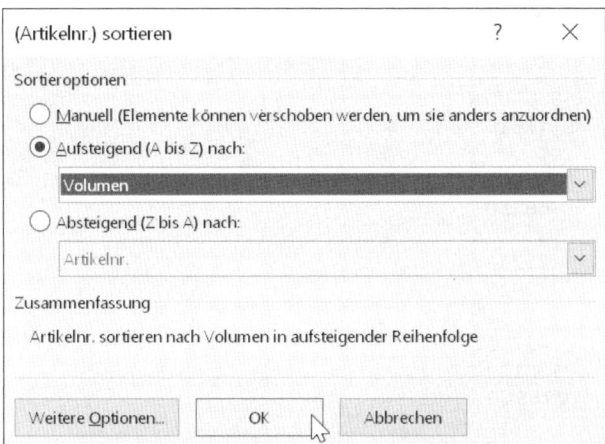

Abbildung 11.48 Sortieroptionen in einer Pivottabelle

Elemente per Maus verschieben Sie in der Tabelle, indem Sie die Option MANUELL (ELEMENTE KÖNNEN VERSCHOBEN WERDEN, UM SIE ANDERS ANZUORDNEN) aktivieren.

Nachdem Sie sichergestellt haben, dass die manuelle Sortierung der Pivottabelle aktiviert ist, markieren Sie die gewünschte Zeile und ziehen die Markierung mit der Maus an die richtige Stelle (Abbildung 11.49).

AK19287	27675
AT00012	368900
UA00222	17615
OU64783	89420

Abbildung 11.49 Verschieben einer Zeile in einer Pivottabelle

Nun markieren Sie die zu gruppierenden Elemente der Tabelle und wählen aus dem Kontextmenü die Option GRUPPIEREN. Im vorliegenden Beispiel können Sie diesen Vorgang für alle Produkte, die mit R oder mit Z beginnen, wiederholen.

Damit hätten Sie drei individuelle Produktgruppen geschaffen. Abschließend sollten Sie die Spaltenüberschriften ändern. Dazu bewegen Sie den Cursor in die betreffende Zelle und überschreiben beispielsweise die von Excel vergebene Bezeichnung Artikelnr.2 mit dem Titel Produktgruppe. Mit den neu geschaffenen Gruppierungen verfahren Sie genauso.

Pivottabellen erfordern eigentlich immer eine Nachbearbeitung in Sachen Formatierung. Auch Ihr Bericht wird nicht zwangsläufig das Aussehen der Datenreihen aus Abbildung 11.50 besitzen.

	A	B	C
1	Kunde	(Alle) ▾	
2			
3	**Artikelnr.2** ▾	**Artikelnr.** ▾	**Volumen**
4	⊟ **Produktgruppe A**		
5		AK19287	27675
6		AT00012	368900
7		UA00222	17615
8	⊟ **Produktgruppe B**		
9		OU64783	89420
10		QU85132	68250
11	⊟ **Produktgruppe C**		
12		RW00017	25760
13		RW00018	30420
14	⊟ **Produktgrupe C**		
15		ZT10100	42780
16		ZT10101	108120
17	**Gesamtergebnis**		**778940**

Abbildung 11.50 Manuell gruppierte Daten einer Pivottabelle

11.7.2 Tabellenlayouts

Mit den vier Untermenüs unter PivotTable-Tools • Entwurf • Layout beeinflussen Sie das Erscheinungsbild Ihres Berichts. Die Schaltfläche Teilergebnisse offenbart wenig Überraschendes. Mit ihm legen Sie fest, wie Teilergebnisse angezeigt werden:

▶ oberhalb der Daten

▶ unterhalb der Daten

▶ gar nicht

Ich habe mich, wie Sie in Abbildung 11.50 sehen, für die Variante entschieden, die Teilergebnisse nicht anzuzeigen.

Auch die Schaltfläche Gesamtergebnisse ist kein Garant für Überraschungen. Über ihn steuern Sie die zeilen- bzw. spaltenweise Anzeige der Gesamtergebnisse Ihrer Pivottabelle. Von etwas anderem Kaliber ist da schon die Funktion Berichtslayout. Sie unterscheidet mehrere Varianten, bei denen sich eine genauere Betrachtung lohnt. In Tabelle 11.8 finden Sie daher eine Übersicht über die zur Verfügung stehenden Layouts und eine kurze Beschreibung.

Format	Struktur
KURZFORMAT	Bei diesem Format stehen die übergeordneten Elemente (z. B. Produktgruppen) in einer Spalte und direkt über den untergeordneten Elementen (z. B. Artikelnummern). Sie benötigen weniger Spalten für die Pivottabelle. Teilergebnisse werden direkt neben dem Elementnamen angezeigt.
GLIEDERUNGSFORMAT	Die über- und untergeordneten Elemente werden bei Verwendung dieses Layouts auf nebeneinanderliegende Spalten verteilt. Neben den untergeordneten Elementen der zweiten Spalte (`Artikelnr.`) werden die übergeordneten Elemente (`Produktgruppen`) nicht ausdrücklich genannt. Dies ist häufig von Nachteil, wenn Sie das Ergebnis der Pivottabelle mit INHALTE EINFÜGEN • WERTE an anderer Stelle verwenden möchten. In diesem Fall fehlen in einigen Zellen wichtige Informationen. Bei der Darstellung der Teilergebnisse gibt es keine Unterschiede zum KURZFORMAT; sie erscheinen auch hier unmittelbar neben dem unveränderten Elementnamen.
TABELLENFORMAT	Das Tabellenformat ist ein Gliederungsformat mit mehr Gestaltungsbestandteilen. Die Elemente stehen auch hier in verschiedenen Spalten. Die Teilergebnisse werden mit dem Begriff ERGEBNIS und dem Elementnamen sowie durch je eine Linie am oberen und unteren Zellrand gekennzeichnet.
ALLE ELEMENTNAMEN bzw. ELEMENTNAMEN NICHT WIEDERHOLEN	Diese Option behebt die soeben erwähnten Probleme, die beim Gliederungs- und Tabellenformat entstehen, wenn die Daten an anderer Stelle zur Weiterberechnung verwendet werden sollen. Die Option ALLE ELEMENTNAMEN kopiert den Namen des übergeordneten Elements in die darunterliegenden, bislang leeren Zellen. ELEMENTNAMEN NICHT WIEDERHOLEN hebt die Beschriftung wieder auf.

Tabelle 11.8 Formatierungsoptionen in Pivottabellen

11.7.3 Standardlayout für Pivottabellen festlegen

Für die Office-365-Version von Excel wurde im Herbst 2017 eine Neuerung eingeführt, die nun auch in Excel 2019 verfügbar ist. Es können nun Standardlayouts für Pivottabellen definiert werden. Erstellt der Benutzer eine vollständig neue Pivottabelle, so wird das in den Optionen von Excel einmal definierte Layout automatisch angewandt.

Um ein Standardlayout zu definieren, gehen Sie folgendermaßen vor:

1. Erstellen Sie eine Pivottabelle.
2. Formatieren Sie die Pivottabelle, indem Sie die einzelnen gewünschten Optionen aus dem Menü PIVOTTABLE-TOOLS • ENTWURF • LAYOUT auswählen. Hierzu gehören die Einstel-

lungen für die Verwendung und Positionierung von Teilergebnissen und Gesamtergebnissen sowie das Berichtslayout (KURZFORMAT, GLIEDERUNGSFORMAT und TABELLENFORMAT) sowie die Darstellung von Leerzeilen im Pivottabellen-Bericht.

3. Rufen Sie dann die Funktion DATEI • OPTIONEN • DATEN auf.

4. In der Dialogbox klicken Sie nun auf die Schaltfläche TABELLENLAYOUT BEARBEITEN.

5. Achten Sie darauf, dass Sie im Eingabefeld LAYOUTIMPORT eine Zelle der Pivottabelle ausgewählt haben, die Sie als Vorlage für das Layout verwenden möchten.

6. Nachdem Sie die Einstellungen in der Dialogbox überprüft und gegebenenfalls angepasst haben, klicken Sie auf OK (Abbildung 11.51).

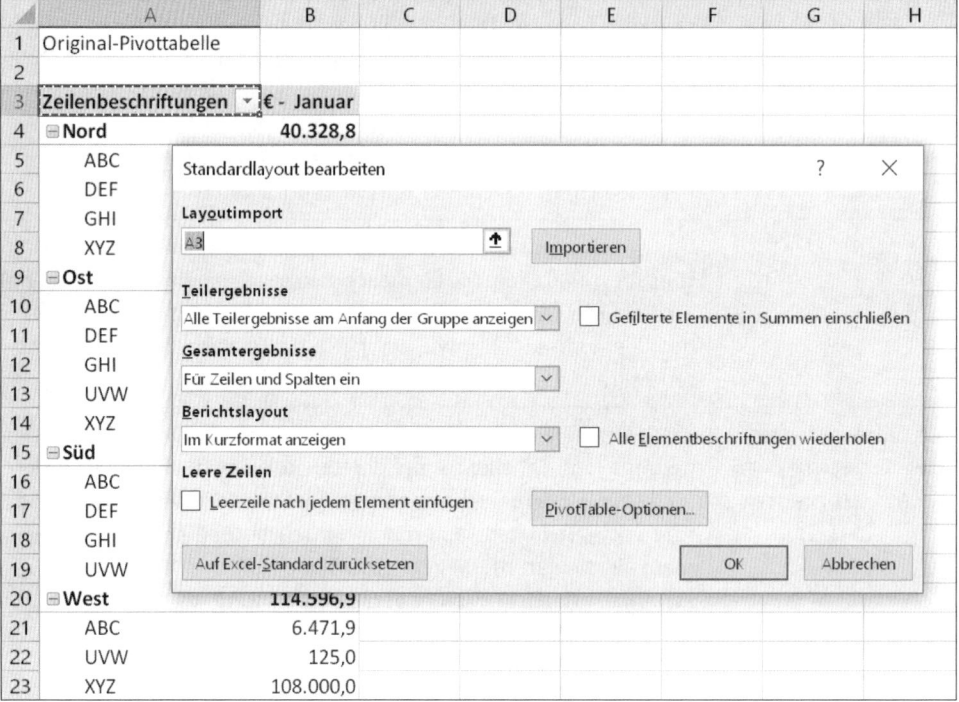

Abbildung 11.51 Erstellen eines Standardlayouts für Pivottabellen in den Excel-Optionen

Zu den Standardeinstellungen für Pivottabellen gehören auch die Konfigurationsmöglichkeiten des Menüs PIVOTTABLE-OPTIONEN. Wenn Sie auf die gleichnamige Schaltfläche in der Dialogbox STANDARDLAYOUT BEARBEITEN klicken, gelangen Sie in diese Optionen und können über die einzelnen Register weitere Standardeinstellungen individuell definieren (Abbildung 11.52).

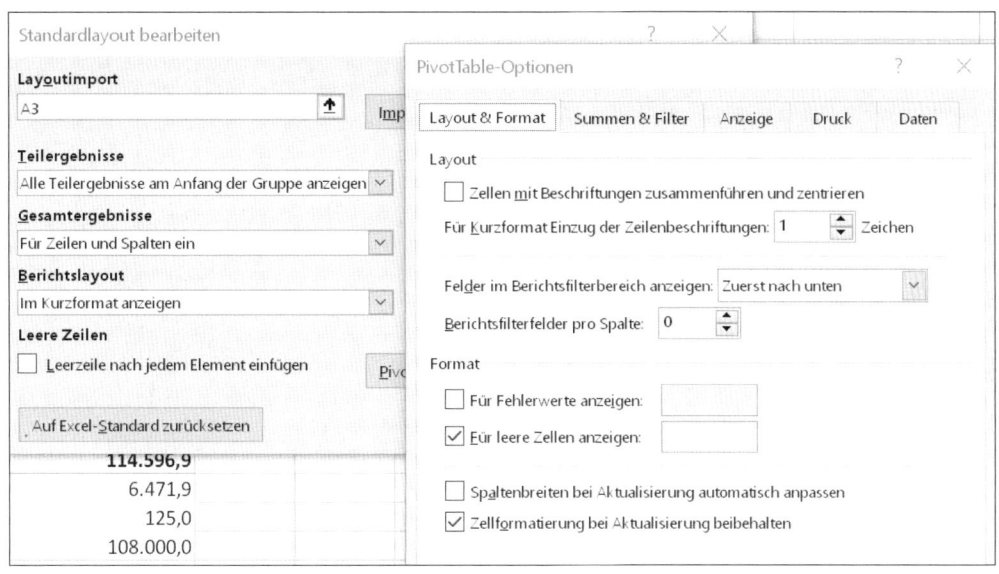

Abbildung 11.52 Übernahme weiterer Pivottabellen-Optionen in das Standardlayout

Nicht zu den vorkonfigurierbaren Elementen gehören die Feldformate der Pivottabelle. Dies bedeutet, dass beispielsweise Zahlenformate nach wie vor den Wertfeldern manuell zugewiesen werden müssen.

11.7.4   Sortieroptionen

Begonnen habe ich diesen Abschnitt mit dem manuellen Sortieren von Elementen der Pivottabelle. Bevor ich diesen Teil abschließe, möchte ich Ihnen noch die fehlenden Informationen zu weiteren Sortieroptionen geben. Denn insgesamt gibt es derer drei:

1. manuelles Sortieren durch Verschieben einzelner Elemente, um Daten zu gruppieren
2. Standardsortierfunktion
3. automatisches Sortieren bei jeder Aktualisierung der Pivottabelle

Von diesen Optionen ist vor allem das automatische Sortieren eine zeitsparende Arbeitsweise. Sie erreichen diese Funktion nur, wenn Sie mit der rechten Maustaste in die Zeilenbeschriftungen (Artikelnummern) klicken. Im Werte-Bereich steht die Option nicht zur Verfügung.

Klicken Sie also an der richtigen Position, erscheint unter Sortieren • Weitere Sortieroptionen eine Dialogbox, in der Sie die Wahl haben zwischen Aufsteigend (A bis Z) nach oder Absteigend (Z bis A) nach Abbildung 11.53. Sobald Sie sich entschieden haben, übernehmen Sie aus dem sich öffnenden Listenfeld das Feld, nach dem die Elemente der Pivottabelle automatisch sortiert werden sollen.

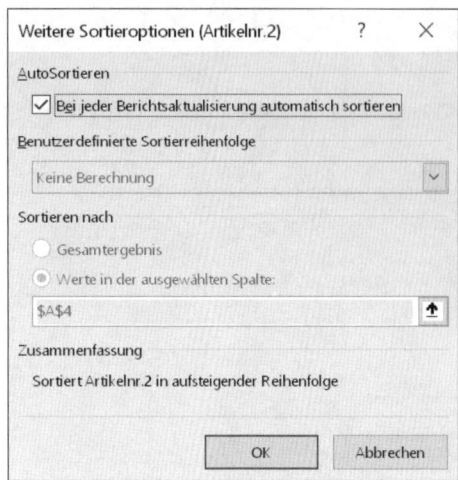

Abbildung 11.53 Eine automatische Sortierung bei Aktualisierung der Daten ist nach jedem Feld der Pivottabelle möglich.

[i]

Bildung von Teilergebnissen bei gruppierten Daten

Ob und wo Teilergebnisse einer gruppierten Pivottabelle angezeigt werden, legen Sie über PIVOTTABLE-TOOLS • ENTWURF (Excel 2010: OPTIONEN) • TEILERGEBNISSE fest.

Welche Berechnungsfunktion den Teilergebnissen zugrunde gelegt werden, können Sie bestimmen, indem Sie die Beschriftung der Datengruppe im Zeilen- oder Spaltenbereich mit der rechten Maustaste anklicken und dann die Option FELDEINSTELLUNGEN wählen. Alternativ führt die Verwendung von PIVOTTABLE-TOOLS • ANALYSIEREN (Excel 2010: OPTIONEN) • AKTIVES FELD • FELDEINSTELLUNGEN zum Ziel.

Die Dialogbox FELDEINSTELLUNGEN gibt drei Optionen für die Bildung der Teilergebnisse vor:

▶ AUTOMATISCH: Es wird eine Funktion entsprechend dem Datentyp der Datengruppe gewählt (SUMME bei Zahlenwerten, ANZAHL bei Texten).

▶ KEINE: Teilergebnisse werden nicht berechnet.

▶ MANUELL: Sie wählen aus der Liste der Zusammenfassungsfunktionen eine aus. In diesem Feld ist durch Drücken von [Strg] aber auch Mehrfachauswahl erlaubt (z. B. SUMME und MITTELWERT).

11.7.5 Gruppierungen mittels berechneter Produktgruppen

Besonders bei umfangreichen Pivottabellen stößt die manuelle Gruppierung schnell an ihre Grenzen – sie ist einfach zu zeitraubend. In diesem Fall müssen Sie sich etwas einfallen lassen, um den Aufwand zu reduzieren. In den meisten Fällen ist eine berechnete Kategorisierung anhand von Funktionen die beste Lösung. Welche Funktionen dabei infrage kommen, zeigt die Übersicht in Tabelle 11.9.

Funktion oder Funktionsgruppe	Anwendbarkeit
`INDEX()`/`VERGLEICH()`und `SVERWEIS()`	Die Kombination aus `INDEX()` und `VERGLEICH()` sowie der `SVERWEIS()` sind immer dann erste Wahl, wenn Sie bereits über eine Referenztabelle verfügen, aus der Sie die Gruppierung ableiten können, oder wenn eine solche Tabelle leicht zu erstellen ist. Beispiel: Sie verfügen über eine Kundentabelle, die eine eindeutige Kundennummer und das Vertriebsgebiet enthält. Dann könnten Sie über eine Verweisfunktion auf die Kundennummer das Vertriebsgebiet in Ihre Basisdaten übernehmen.
Datenmodell	Diese Funktion steht seit Excel 2013 zur Verfügung. Um beim oberen Beispiel zu bleiben: Sie binden Ihre Kundentabelle mit den Kundennummern als zweite Tabelle in ein Datenmodell ein. Nachdem Sie eine logische Beziehung zwischen dieser und der Umsatztabelle erstellt haben, können Sie die Daten gruppieren.
Textfunktionen	Stehen bestimmte Zeichenfolgen, die Sie für die Gruppierung benötigen, immer an der gleichen Stelle in den Basisdaten, kann mit einer einfachen Textfunktion wie `LINKS()` eine Bildung des Gruppierungsmerkmals gelingen. Gibt es Separatoren wie Binde- oder Schrägstrich, gibt es ebenso kaum Probleme.
`WAHL()`	Wenn es Ihnen gelingt, in den Basisdaten einen numerischen Wert zu finden, der als Codierung der Gruppen eingesetzt werden kann, ist die Funktion `WAHL()` ein geeignetes Werkzeug. Der benötigte numerische Wert kann dabei allein in einer Zelle stehen oder Teil eines Zellwertes sein.
`WENN()`	Diese Funktion – eventuell in Kombination mit `UND()` oder `ODER()` – können Sie zur Gruppierung nutzen, wenn die Zuordnung von Einzelwert und Gruppe weniger eindeutig ist als beim `SVERWEIS()` oder wenn eine umfassende Referenztabelle nicht vorhanden ist.

Tabelle 11.9 Wichtige Funktionen zum Erstellen einer berechneten Gruppierung

SVERWEIS() und Referenztabelle

Wie funktioniert das nun alles praktisch? Beginnen wir mit dem SVERWEIS() und INDEX()/ VERWEIS(). In unserer Arbeitsmappe existiert eine Tabelle KUNDEN, die sowohl die benötigte Kundennummer als Verknüpfung zur Basisdatentabelle enthält als auch das Vertriebsgebiet (Abbildung 11.54).

	A	B	C	D
1	Kundennr.	Kunde	AP	Vertriebsgebiet
2	K10021	Handelshaus Herbing GmbH	Paul Trumpf	Süd
3	K10023	Abraham GmbH	Hannelore Jährer	Süd
4	K10025	Drilling & Co KG	Karim Mouloum	Süd
5	K20022	Zech & Partner	Frieda Graun	Südwest
6	K20026	Paschke GmbH	Eva Erbracht	Südwest

Abbildung 11.54 Referenztabelle für die Zuordnung des Vertriebsgebiets zu den Basisdaten

Mit SVERWEIS(Suchkriterium; Matrix; Spaltenindex; Bereich_Verweis) durchsuchen Sie die Kundentabelle (Matrix) nach dem Suchkriterium Kundennummer und lassen sich die vierte Spalte, nämlich die Region, zurückgeben, wenn eine genaue Entsprechung der Kundennummern in Basisdaten- und Kundentabelle vorliegt (FALSCH).

Die Funktion, die Sie in Zelle J2 eingeben und dann nach unten kopieren, lautet:

```
=SVERWEIS(C2;Kunden!$A$1:$D$31;4;FALSCH)
```

Wenn Sie den Datenbereich Ihrer Pivottabelle anschließend um Spalte J erweitern, greift diese auch auf das Gruppierungsmerkmal Vertriebsgebiet zu, und Sie können Ihre regionale Analyse der Daten durchführen.

INDEX()/VERGLEICH() und Referenztabelle

Die Funktion INDEX(Matrix; Zeile; Spalte) steuert in einer Tabelle eine Zelle durch Angabe der Zeilen- und Spaltennummer an. VERGLEICH(Suchkriterium; Suchmatrix; Vergleichstyp) sucht einen vorgegebenen Wert und liefert die Zeilen- oder Spaltennummer der Fundstelle. Gemeinsam bildet das Gespann den universellen Verweis nach links, rechts, oben oder unten. Zudem ist INDEX()/VERGLEICH() ressourcenschonender und somit schneller als der SVERWEIS(). In Zelle K2 der Umsatztabelle ordnen Sie das Vertriebsgebiet so zu:

```
=INDEX(Tabelle2;VERGLEICH([@[Kundennr.]];Tabelle2[Kundennr.];0);4)
```

Die Adressierung ist in diesem Fall nicht mehr auf Zellbezüge ausgerichtet, sondern auf die dynamische Datentabelle *Tabelle2*. Sollten Sie mit einer zukünftigen Erweiterung Ihrer Umsatztabelle rechnen, ist diese Adressierungsform sinnvoll.

Auslesen des Artikelnummer anfangs mit LINKS()

Gibt es eine feste Zeichenzahl in einer Spalte, aus der Sie eine Gruppierung ableiten könnten, lösen Sie diese Aufgabe mit links. Oder besser mit LINKS(), denn diese Textfunktion liest eine feste Zeichenzahl aus einer Zelle aus: LINKS(Zellbezug; Zeichenanzahl).

Befindet sich der Schlüssel zur Produktgruppenbildung in den ersten beiden Zeichen der Artikelnummer in Spalte F, erhalten Sie mit =LINKS(F2;2) genau die Information, die Sie zur Bildung der Gruppierung in der Pivottabelle benötigen.

Textfunktionen lassen sich untereinander problemlos verknüpfen. Wie Sie kompliziertere Fälle des Extrahierens von Zeichenketten in den Griff bekommen, habe ich in Kapitel 6, »Unternehmensdaten prüfen und analysieren«, beschrieben.

Codierung von Daten mit WAHL()

Zugegeben, der gerade eben beschriebene Fall einer Produktgruppierung aus den ersten Zeichen einer Artikelnummer war recht simpel gestrickt. Aber er eignet sich gut als Einstieg in eine etwas komplexere Problemlage. Diesmal liegt die Angabe des Vertriebsgebiets in der Kundennummer verborgen. Es ist das zweite Zeichen, aus dem sich die Region ablesen lässt.

Sie könnten nun mit TEIL(Zellbezug; Erstes Zeichen; Zeichenanzahl) einfach nur dieses zweite Zeichen isolieren und in einer eigenen Spalte ausgeben. Die Funktion lautete dann konkret:

=TEIL(C2;2;1)

Als Resultat hätten Sie dann eine Reihe von Werten (1, 2, 3 usw.) in einer neuen Spalte neben den Basisdaten und letztlich auch in der Pivottabelle. Wie wäre es aber mit ein wenig mehr Klartext? Mit lesbaren Gebietsbezeichnungen? Auch das ist kein Problem!

Kombinieren Sie TEIL() mit WAHL(Index; Wert 1, Wert 2 . . .), und Sie haben die Lösung (Abbildung 11.55).

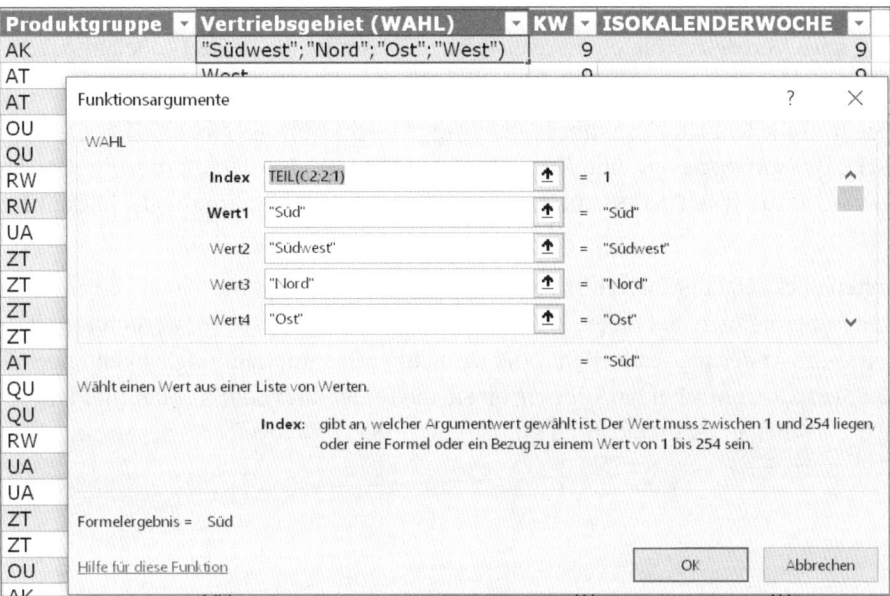

Abbildung 11.55 Die Codierung für eine Gruppierung können Sie auch mit WAHL() vorbereiten.

WAHL() benötigt als erstes Argument einen numerischen Wert und danach eine Abfolge von ausführbaren Alternativen. Das erste Argument holen wir uns mit TEIL(C2;2;1) – es ist der Wert, der an der zweiten Stelle der Kundennummer steht. Die alternativen Texte lauten Süd, Südwest, Nord, Ost und West. Wird der Wert 1 mit TEIL() gefunden, schreibt WAHL() den Text Süd in die Zielzelle. Ist es hingegen eine 2, wird Südwest geschrieben usw.

Die Pivottabelle mit berechneter Gruppierung sieht schließlich so aus wie in Abbildung 11.56.

Abbildung 11.56 Nach Regionen gruppiertes Ergebnis des Pivotberichts

11.7.6   Aufbau eines Datenmodells zur Gruppierung

Es ist an der Zeit, sich nun die Option der Verknüpfung mithilfe eines Datenmodells anzusehen. Öffnen Sie dazu die Datei *11_Pivot_Datenmodell_00.xlsx*. Sie finden dort die beiden dynamischen Datentabellen mit Umsatzdaten und den Kundeninformationen. Um eine Auswertung nach Vertriebsgebieten zu realisieren, gilt es nun, die beiden Tabellen zusammenzuführen.

Erstellen Sie im Tabellenblatt *Rechnungen* über TABELLENTOOLS • ENTWURF • TOOLS • MIT PIVOTTABLE ZUSAMMENFASSEN eine Pivottabelle, und achten Sie darauf, dass die Option DEM DATENMODELL DIESE DATEN HINZUFÜGEN aktiviert ist (Abbildung 11.57). Klicken Sie dann auf OK.

Auf den ersten Blick zeigt der Bildschirm eine vertraute Darstellung, wie Sie sie von anderen Pivotberichten her kennen. Sehen Sie sich die Pivottabellen-Feldliste an, werden Sie allerdings bereits eine Änderung feststellen. Dort wird eine erste Auswahlmöglichkeit angeboten, mit der Sie später entscheiden können, ob Sie die Felder aller oder nur der im Pivotbericht benutzten Tabellen sehen möchten (Abbildung 11.58).

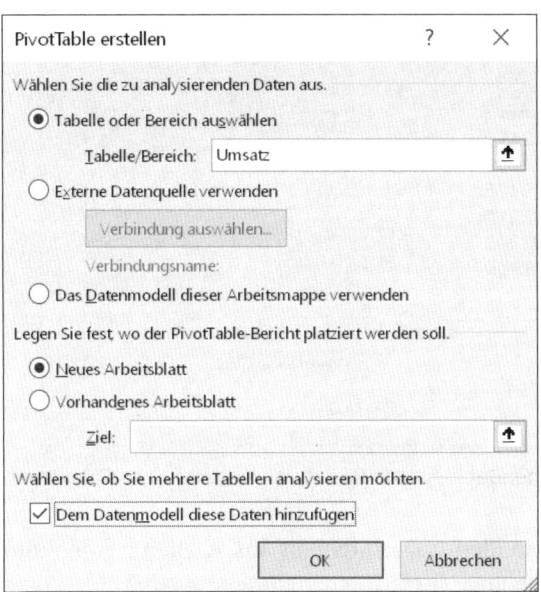

Abbildung 11.57 Datentabellen können seit Excel 2013 einem Datenmodell hinzugefügt werden.

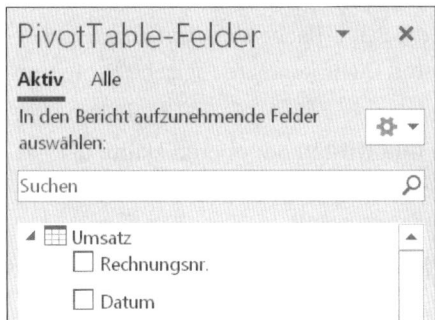

Abbildung 11.58 Auswahl der angezeigten Tabellen des Datenmodells in der Pivottabellen-Feldliste

Wenn Sie auf das Register ALLE klicken, dann erkennen Sie, dass auch die Tabelle *Kunden* in der Pivottabellen-Feldliste bereits verfügbar ist. Denn alle dynamischen Datentabellen werden automatisch als Datenquelle für Pivottabellen von Excel erkannt. Dies ist ein weiterer wichtiger Vorteil, den Tabellenbellen gegenüber einfachen Excel-Listen vorweisen.

Ziehen Sie das Feld Vertriebsgebiet aus *Kunden* in den Zeilenbereich der Pivottabelle und das Feld Summe aus *Umsatz* in den Wertebereich. Im Idealfall erkennt Excel nun, dass in beiden Tabellen ein Feld Kundennummer vorhanden ist und stellt eine logische Beziehung zwischen den beiden Tabellen her. Ist dies der Fall, werden Sie eine korrekte Berechnung der Ergebnisse für die einzelnen Vertriebsgebiete sehen (Abbildung 11.59).

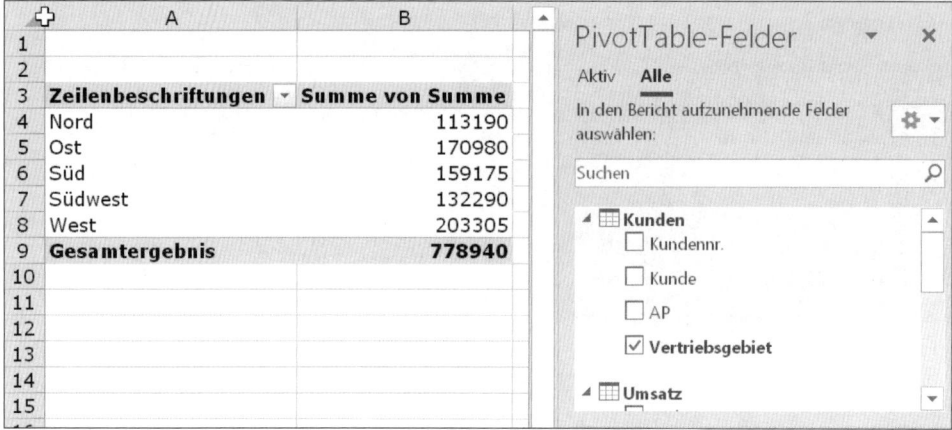

Abbildung 11.59 Korrektes Ergebnis bei bestehender logischer Beziehung zwischen den Tabellen

Sollte hingegen für alle Vertriebsgebiete ein identisches Ergebnis ausgegeben werden und dieses auch noch mit dem Gesamtergebnis übereinstimmen, dann gibt es nur eine Erklärung: die beiden Tabellen des Berichts sind noch nicht korrekt miteinander verbunden.

1. In diesem Fall rufen Sie das Menü PIVOTTABLE-TOOLS • ANALYSIEREN • BERECHNUNGEN • BEZIEHUNGEN auf.

2. In der nun angezeigten Dialogbox klicken Sie auf die Schaltfläche NEU, um eine neue Beziehung zu erstellen, oder auf BEARBEITEN, um eine nicht korrekte logische Beziehung zwischen den Tabellen anzupassen.

3. Die Tabelle *Umsatz* enthält Ihre Bewegungsdaten und wird in der oberen Hälfte der Dialogbox ausgewählt. Die Dimensionen, Ihre Kunden, finden Sie in der gleichnamigen Tabelle. Diese wird im unteren Bereich der Dialogbox ausgewählt.

4. Beide Tabellen können Sie über das Feld *Kundennr.* miteinander verbinden (Abbildung 11.60).

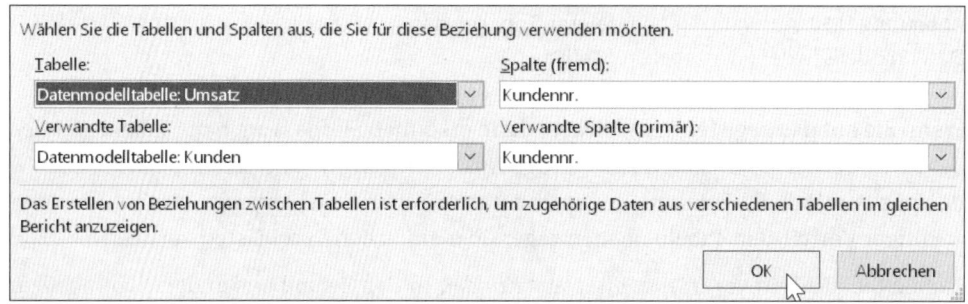

Abbildung 11.60 Verbinden der beiden Tabellen über ein gemeinsames Feld

5. Bestätigen Sie Eingabe mit OK.

Damit sollten Sie nun korrekte Ergebnisse in der Pivottabelle erhalten. Das hier beschriebene Vorgehen unterscheidet sich übrigens nicht von dem, das Sie anwenden müssen, wenn Excel Ihnen einen Vorschlag zum Aufbau einer logischen Beziehung anbietet und Sie dann auf die Schaltfläche ERSTELLEN klicken.

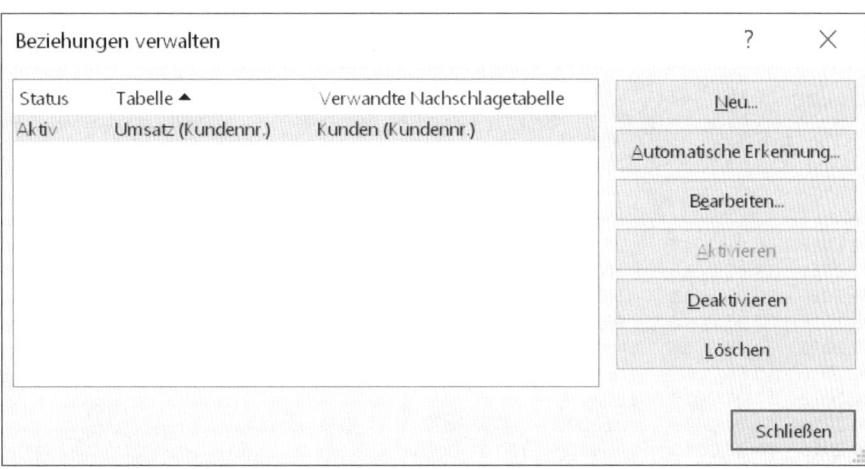

Namen dynamischer Datentabellen

Die automatisch vergebenen Namen für dynamische Datentabellen sind nicht sehr aussagekräftig. Dies macht sich bemerkbar, wenn Sie weitere Tabellen in ein Datenmodell einbinden möchten.

Geben Sie den Datentabellen daher individuelle und beschreibende Namen. Dies ist unter TABELLENTOOLS • ENTWURF • EIGENSCHAFTEN möglich oder über den NAMENS-MANAGER. Den öffnen Sie mit Strg + F3. Wählen Sie eine der Tabellen aus, und klicken Sie auf BEARBEITEN. Anschließend vergeben Sie den neuen Namen (z. B. Umsatz). Solche beschreibende Namen kommen Ihnen nicht nur bei der Verknüpfung des Datenmodells zugute, auch in der Pivottabellen-Feldliste werden die Tabellennamen angezeigt und verbessern dadurch die Orientierung bei der Zusammenstellung der Felder des Pivotberichts.

Die Beziehungen eines Datenmodells können jederzeit überarbeitet (Abbildung 11.61) und weitere Tabellen in das Datenmodell einbezogen werden. Dieses Verfahren besitzt den Vorteil, dass keinerlei Verweisfunktionen verwendet werden müssen, um alle Daten in einer einzigen Tabelle zusammenzuziehen, die dann die Grundlage für den Pivottabellen-Bericht darstellt.

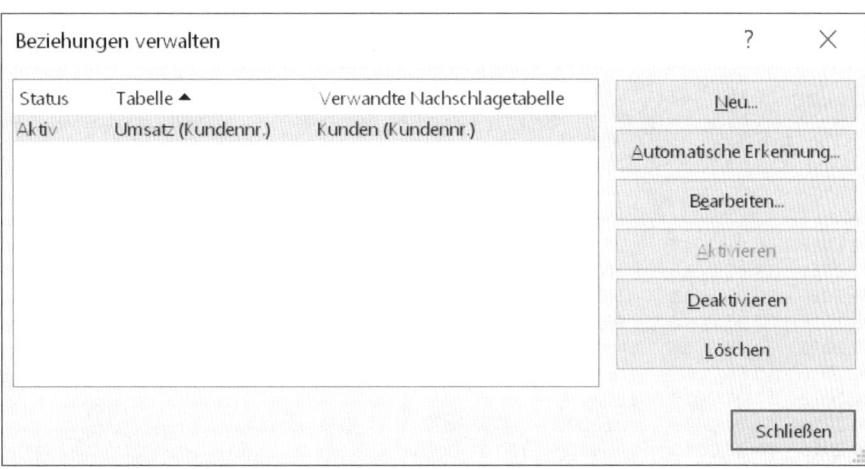

Abbildung 11.61 Verwalten von Beziehungen zwischen den Tabellen des Datenmodells

In einem Datenmodell können zusätzliche Berechnungen durchgeführt werden. Dazu werden sogenannte *Measures* erstellt (in Excel 2013 noch *berechnete Felder* genannt). Ab Excel 2016 können diese Measures erstmalig direkt in der PivotTable-Feldliste erstellt werden.

Klicken Sie dazu mit der rechten Maustaste auf den Tabellennamen, und wählen Sie die Option MEASURE HINZUFÜGEN. Auch die Bearbeitung bzw. das Entfernen sind direkt in der Feldliste möglich. Im nachfolgenden Kapitel 12, »Business Intelligence mit Power Pivot«, finden Sie weiterführende Informationen zum Arbeiten mit Power Pivot, Datenmodellen und Measures.

11.7.7   Automatische Gruppierung nach Kalenderwochen

Wenn es um die Frage geht, wann Daten überhaupt für das Erstellen einer Pivottabelle geeignet sind, lautet eine der Antworten zumeist: immer dann, wenn es Elemente gibt, die man gruppieren kann. Dies ist auch richtig. Doch manchmal gibt es auch Daten, die sich in allen Zeilen zu unterscheiden scheinen und dennoch in Pivottabellen verdichtet werden können. Es sind Tabellen, die Datums- oder Zeitwerte enthalten.

Selbst wenn in einer Transaktionsdatei jeder Datumswert nur einmal vorkäme, ließen sich diese Basisdaten zu Wochen, Monaten, Quartalen und Jahren zusammenfassen. Wie bereits weiter oben dargestellt, ist eine Neuerung in Excel, dass in Pivottabellen Datums- und Zeitangaben automatisch gruppiert werden können und dass dieses Verhalten im Menü DATEI • OPTIONEN • DATEN konfiguriert werden kann.

Egal, ob Sie die neue Funktion als Annehmlichkeit oder eher als störend empfinden, ist es wichtig, im Hinterkopf zu behalten, dass weder die neue automatische noch die manuell eingefügte Datumsgruppierung zum Erzeugen einer DIN-ISO-tauglichen Nummerierung von Kalenderwochen führt.

1. Klicken Sie beispielsweise mit der rechten Maustaste auf den Datumswert eines Zeilenelements der Pivottabelle, können Sie eine automatische Datumsgruppierung manuell starten (Abbildung 11.62).

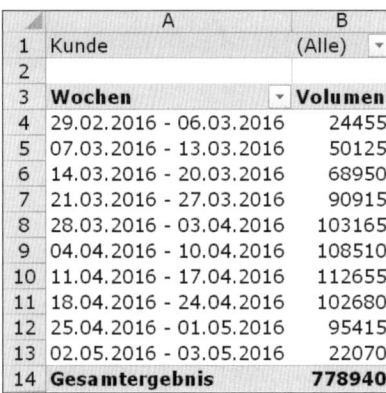

	A	B
1	Kunde	(Alle) ▾
2		
3	**Wochen** ▾	**Volumen**
4	29.02.2016 - 06.03.2016	24455
5	07.03.2016 - 13.03.2016	50125
6	14.03.2016 - 20.03.2016	68950
7	21.03.2016 - 27.03.2016	90915
8	28.03.2016 - 03.04.2016	103165
9	04.04.2016 - 10.04.2016	108510
10	11.04.2016 - 17.04.2016	112655
11	18.04.2016 - 24.04.2016	102680
12	25.04.2016 - 01.05.2016	95415
13	02.05.2016 - 03.05.2016	22070
14	**Gesamtergebnis**	**778940**

Abbildung 11.62 Pivotgruppierung nach Kalenderwochen

2. Wählen Sie aus dem Kontextmenü die Option GRUPPIERUNG. Dort werden Sie zwar keine Kategorie WOCHE finden, aber dafür die mit der Bezeichnung TAGE.

3. Da sieben Tage eine Woche bilden, klicken Sie auf TAGE und setzen den Wert für die Option TAGE ANZEIGEN auf »7«.

4. Nun müssten Sie nur noch wissen, ob der 04.03.2016 auch wirklich ein Wochenbeginn ist oder nicht. Ein Blick in den Kalender beantwortet die Frage dahingehend, dass die Woche mit dem 29.02.2016 beginnt. Geben Sie also dieses Datum in das Eingabefeld STARTEN ein, und klicken Sie auf OK, um sich die Auswertung der Daten nach Kalenderwochen anzusehen (Abbildung 11.63).

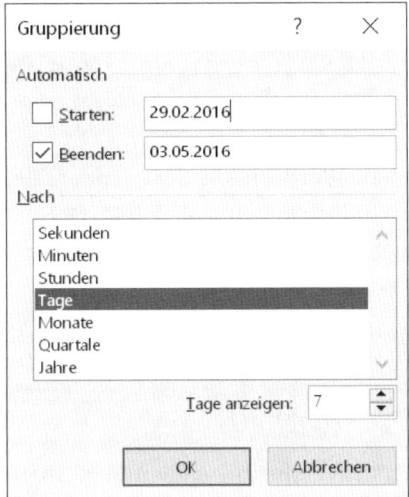

Abbildung 11.63 Kalenderwochen als Gruppierung werden aus der Option »Tage« abgeleitet.

Die Kalenderwochen werden jeweils mit den Datumswerten des Wochenbeginns und -endes angezeigt. Wie Sie eine Auswertung mit den Nummern der Kalenderwochen durchführen und diese berechnen können, erfahren Sie im folgenden Abschnitt.

11.7.8 Kalenderwochen nach ISO 8601

Seit Excel 2013 gibt es die neue Funktion ISOKALENDERWOCHE(Datum), die die Kalenderwoche nach ISO 8601 bestimmt. Steht Ihr Datum, wie in der dynamischen Datentabelle RECHNUNGEN in Spalte B, unter der Überschrift Datum, lautet die Funktion ganz einfach =ISOKALENDERWOCHE([@Datum]) (Abbildung 11.64).

Die Vorgängerversionen kennen diese Art von Luxus nicht. Excel 2010 steht beispielsweise noch auf Kriegsfuß mit den Regeln der ISO-Norm 8601. Nach deren Definition beginnt die Kalenderwoche immer mit einem Montag, und die erste Kalenderwoche des neuen Jahres ist dadurch definiert, dass in sie mindestens vier Tage des beginnenden Jahres fallen müssen. Mit anderen Worten: Beginnt das neue Jahr mit einem Freitag, Samstag oder Sonntag, wird die betreffende Woche noch dem Vorjahr zugeschlagen.

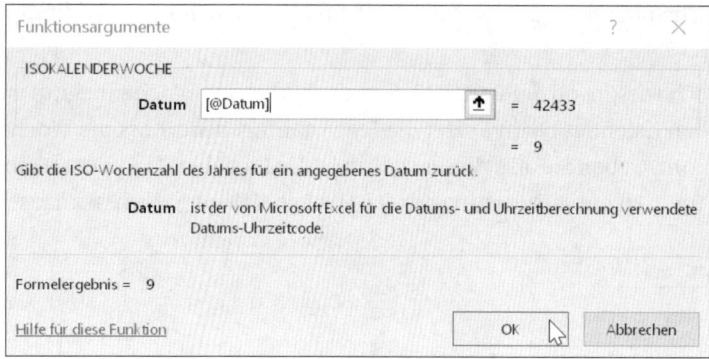

Abbildung 11.64 Die Funktion ISOKALENDERWOCHE()

Die Funktion KALENDERWOCHE() bestimmt hartnäckig jene Woche, in die der 1. Januar fällt, als erste Kalenderwoche des Jahres. Dies führt selbstverständlich in manchen Jahren zu Fehlern, und deshalb ist es gut, dass Sie die korrekte KW auch mit einer verschachtelten Funktion selbst berechnen können.

Die Kalkulation dient als ein weiteres Beispiel für die Berechnung von Gruppierungskriterien in den Basisdaten. In Zelle M2 geben Sie dazu ein:

```
=KÜRZEN((B2-DATUM(JAHR(B2+3-REST(B2-2;7));1;REST(B2-2;7)-9))/7)
```

Danach kopieren Sie die Funktion nach unten und erstellen eine neue Pivottabelle bzw. erweitern den Datenbereich der neuen Tabelle um Spalte M und N.

Ziehen Sie das Label KW ODER ISOKALENDERWOCHE, das die berechnete KW enthält, in den Bereich der Zeilenbeschriftung und die Werte in den WERTE-Bereich. Das Ergebnis ist nun eine Übersicht nach Kalenderwochen, wobei diese nur noch – wie beabsichtigt – als Nummer angezeigt werden (Abbildung 11.65).

	A	B
1	Kunde	(Alle)
2		
3	**KW**	**Volumen**
4	10	50125
5	11	68950
6	12	90915
7	13	103165
8	14	108510
9	15	112655
10	16	102680
11	17	95415
12	18	22070
13	9	24455
14	**Gesamtergebnis**	**778940**

Abbildung 11.65 Pivotgruppierung mit berechneten KW

11.7.9 Pivottabellen mit berechneten Feldern

Berechnete Gruppierungsmerkmale in den Basisdaten müssen nach Aktualisierung der Daten nicht mehr manuell nach unten kopiert werden, wenn Sie eine dynamische Datentabelle verwenden. Dennoch sollten Sie immer überlegen, ob und wie viele Zusatzberechnungen Sie an die Rohdaten anhängen. Bei großen Datenmengen wirken sich die zusätzlichen Berechnungen letztlich auf die Performance aus.

Weniger Rechenaufwand für Excel ist es hingegen, Berechnungen, die in den Basisdaten nicht enthalten sind, direkt in der Pivottabelle durchzuführen. Dazu bietet Excel die beiden Optionen BERECHNETES FELD und BERECHNETES ELEMENT an. In berechneten Feldern bestehen folgende Möglichkeiten:

- Formeln, in denen ausschließlich mit den Labels der Pivottabelle gerechnet wird (z. B. =Februar – Januar, um die Differenz zwischen den beiden Monaten zu berechnen)
- Formeln auf Basis von Labels und fixen Werten (z. B. =Januar/1,19, um aus dem Bruttowert des Monats Januar den Nettowert zu berechnen)
- Kalkulationsfunktionen unter Verwendung von Labels der Pivottabelle (z. B. =wenn(Januar >= 1000;1;0), um die Ergebnisse im Januar zu kennzeichnen, die den Grenzwert 1000 überschreiten)

Nicht möglich bei berechneten Feldern sind:

- die Verwendung von Zellbezügen in Formeln oder Funktionen (z. B. =Januar * f4)
- Berechnungen unter Verwendung von Bereichsnamen (z. B. =Januar * UST)

Trotz der Einschränkungen sind berechnete Felder eine überaus effiziente Ergänzung zu den Standardfunktionen der Pivottabelle, vor allem dann, wenn es um immer wiederkehrende Berechnungen geht (Abbildung 11.66).

	A	B	C	D
1	Produktgruppe	(Alle)		
2				
3	Kunden	€ - Januar	€ - Februar	Differenz in €
4	Beispiel GmbH	12.710	10.429	-2.281,20
5	Dummy AG	106.392	109.993	3.600,50
6	Felix Test AG	13.250	11.550	-1.700,00
7	Muster & Söhne	80	96	15,98
8	Muster AG	23.407	14.113	-9.294,00
9	No Name GbR	125	263	137,50
10	P. Robe GbR	1.118	1.188	70,50
11	Probe GmbH	9.880	16.000	6.120,35
12	Test & Partner	719	999	279,65
13	Test GmbH	8.000	9.600	1.600,00
14	Übung AG	29.730	36.645	6.915,00
15	Übungsgesellschft mbH	2.625	3.750	1.125,00
16	Gesamtergebnis	208.035	214.624	6.589,28

Abbildung 11.66 Zwei Monatsergebnisse bilden die Grundlage eines berechneten Feldes.

Nehmen Sie als Ausgangspunkt die Pivottabelle der Datei *11_Pivot_berechnetes_Feld_ 00.xlsx*. Sie enthält lediglich die zusammengefassten Ergebnisse der Monate Januar und Februar. Sie möchten die Differenz zwischen den beiden Monatswerten gerne in der Analyse sehen. Doch dieser Differenzwert ist auch in den Basisdaten nicht vorhanden.

Um Abhilfe zu schaffen, bewegen Sie den Cursor in die Pivottabelle und rufen PIVOTTABLE-TOOLS • ANALYSIEREN (Excel 2010: OPTIONEN) • BERECHNUNGEN • FELDER, ELEMENTE UND GRUPPEN auf. Klicken Sie dann auf BERECHNETES FELD. Es erscheint die gleichnamige Dialogbox, in die Sie nun die fehlende Berechnung eingeben (Abbildung 11.67).

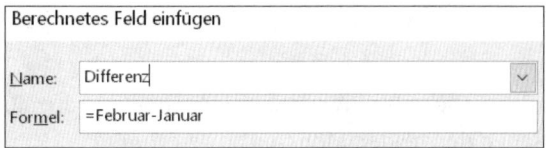

Abbildung 11.67 Berechnete Felder bestehen aus einem Feldnamen und einer Formel oder Funktion.

Nachdem Sie die Eingabe mit OK bestätigt haben, werden das neue Feld und alle berechneten Einzelergebnisse in die Pivottabelle eingefügt. Der Vorteil dieser Form der Berechnung liegt darin, dass mit jedem Aktualisieren der Tabelle die zusätzliche Kalkulation automatisch ausgeführt wird. Sie müssen sich also nicht mehr darum kümmern, ob eine Nebenrechnung in den Basisdaten auch korrekt aktualisiert wurde, und können sich auf das Wesentliche konzentrieren.

Berechnete Felder sind immer auch Bestandteil Ihrer PIVOTTABLE-FELDLISTE. Dies bedeutet, dass Sie diese Felder auch in jeder anderen Pivottabelle, die Sie auf Basis des gleichen Datenbestandes erstellen, verwenden können (Abbildung 11.68). In welcher Form Sie berechnete Felder bearbeiten können, fasst Tabelle 11.10 zusammen.

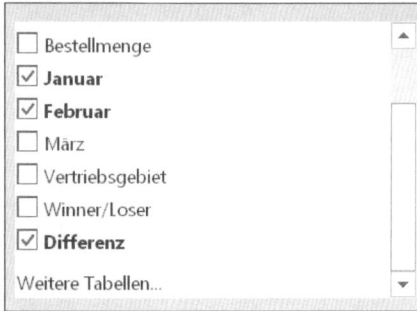

Abbildung 11.68 Berechnetes Feld als Teil der Pivottabelle und der »PivotTable-Feldliste«

Maßnahme	Beschreibung
Einfügen	Formeln oder Funktionen können Feldnamen (Labels) der Pivottabelle und feste Werte enthalten. Feldnamen können Sie auf drei Arten hinzufügen: ▶ durch Eingabe per Tastatur ▶ durch Auswahl in der Liste FELDER und Mausklick auf FELD EINFÜGEN ▶ durch Doppelklick auf den Feldnamen im Bereich FELDER
Änderung	Um die Formel oder Funktion eines berechneten Feldes zu verändern, positionieren Sie den Cursor in der Pivottabelle und wählen erneut PIVOT-TABLE-TOOLS • ANALYSIEREN (Excel 2010: OPTIONEN) • BERECHNUNGEN • FELDER, ELEMENTE UND GRUPPEN • BERECHNETES FELD. Wählen Sie dann aus dem Listenfeld NAME das Feld aus, dessen Formel oder Funktion Sie ändern möchten. Klicken Sie in das Feld FORMEL, und ändern Sie die Formel oder Funktion ab. Bestätigen Sie Ihre Änderung mit OK.
Umbenennen	Auch bei Änderungen von Feldnamen verfahren Sie, wie oben beschrieben. Geben Sie nach der Auswahl des Feldnamens den neuen Namen ein, und bestätigen Sie mit OK.
Löschen	Um ein berechnetes Feld vollständig aus der Pivottabelle zu entfernen, wechseln Sie ebenfalls in die Dialogbox BERECHNETES FELD EINFÜGEN. Dort wählen Sie das Feld aus der Liste aus und klicken anschließend auf LÖSCHEN.

Tabelle 11.10 Bearbeitung von berechneten Feldern

Berechnete Felder in der Praxis – Winner und Loser

Da Sie in Pivottabellen wahrscheinlich immer auf der Jagd nach weiteren Chancen zur Datenverdichtung bleiben werden, stellt sich die Frage, ob Sie berechnete Felder nicht auch zur Kennzeichnung und Sortierung von Daten nutzen können. Die Antwort lautet: Ja, Sie können!

Dazu setzen Sie diesmal die Funktion WENN() ein. Mit ihr kennzeichnen Sie die Kunden, bei denen der Umsatz im Februar über dem des Januars lag:

```
=WENN(Februar > Januar; 1;0)
```

Da die Verwendung von Textelementen in berechneten Feldern nicht zulässig ist, bleibt uns zunächst nichts anderes übrig, als für alle *Winner* den Wert 1 und für die *Loser* eine 0 ausgeben zu lassen (Abbildung 11.69).

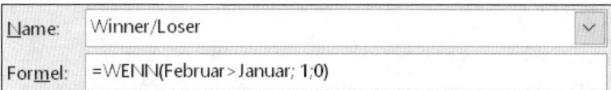

Abbildung 11.69 Schaffung eines Sortierkriteriums mit WENN() im berechneten Feld

Im Prinzip würde dieses Ergebnis bereits reichen, um Ihre Tabelle anschließend nach Gewinnern und Verlierern zu sortieren, am besten natürlich mit einer automatischen Sortierung, sodass Sie diese bei der Aktualisierung Ihrer Daten nicht manuell durchführen müssen.

Besser sähe Ihre Analyse natürlich aus, wenn dem Wert 1 das Wort *Winner* und der 0 der Begriff *Loser* zugeordnet wäre. Dies erreichen Sie mit einem benutzerdefinierten Zahlenformat. Und damit wären Sie letztlich auch auf Schleichwegen in der Lage, die Begrenzung der berechneten Felder, die keine Texteingaben in Formeln und Funktionen erlaubt, zu umgehen.

Markieren Sie also eine Zelle in der Spalte, die Ihr berechnetes Feld enthält. Wechseln Sie dann über das Kontextmenü zu WERTFELDEINSTELLUNGEN • ZAHLENFORMAT • BENUTZERDEFINIERT. Geben Sie nun das Zahlenformat wie in Abbildung 11.70 vor.

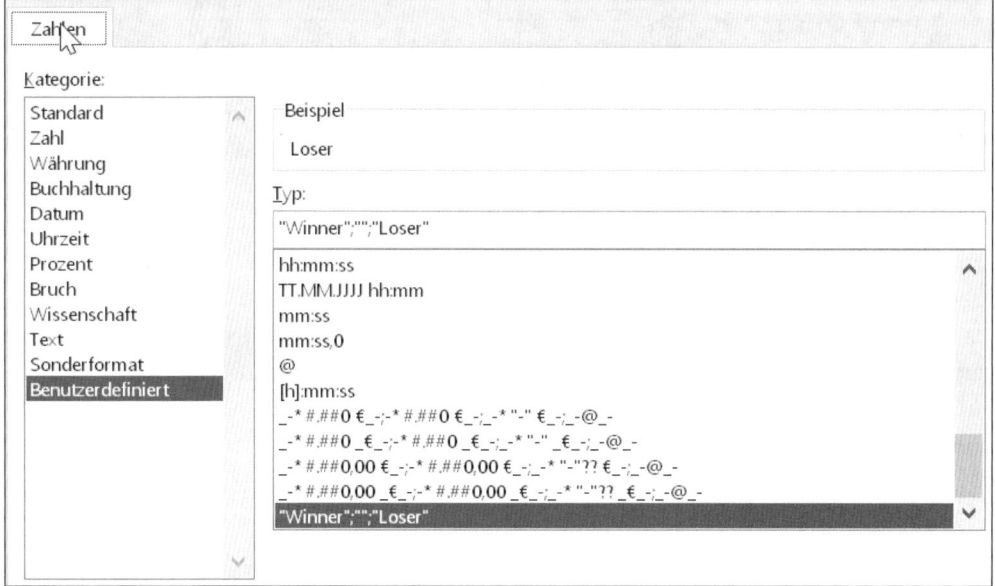

Abbildung 11.70 Ein benutzerdefiniertes Zahlenformat sorgt für bessere Lesbarkeit.

Damit veranlassen Sie, dass Excel alle positiven Werte – sprich Zellen, die den Wert 1 enthalten – mit Winner kennzeichnet. Negative Werte, die es in unserem Fall aber nicht geben wird, erhalten keine Kennzeichnung. Allen Nullwerten wird der Begriff Loser zugeordnet.

Auch diese nun *sprechende* Bezeichnung des Datenvergleichs können Sie im Rahmen einer automatischen Sortierung weiterverwenden.

Berechnete Elemente

Die berechneten Elemente in Pivottabellen gehen noch etwas mehr in die Tiefe als die berechneten Felder. Mit ihnen werden keine Kalkulationen zu den übergeordneten Feldern durchgeführt, z. B. den Regionen, vielmehr berechnen sie die Elemente eines Feldes oder setzen mehrere Elemente miteinander in Beziehung.

Stellen Sie sich vor, Sie hätten einen Referenzkunden, -artikel oder -standort und möchten ihn als Grundlage für einen Vergleich mit anderen Elementen des Feldes heranziehen. Mit einem berechneten Element geht dies.

Grundbedingungen bei der Verwendung berechneter Elemente sind folgende:

▶ Das Feld, das die Elemente enthält, die berechnet werden sollen, muss im Bereich der Spalten- oder Zeilenbeschriftung angeordnet sein.

▶ Es darf keine Gruppierung vorhanden sein.

In der Arbeitsmappe *11_Pivot_berechnetes_Element_00.xlsx* befindet sich eine Pivottabelle, die diese beiden Bedingungen erfüllt. Im Zeilenbereich finden Sie die Produktgruppen; im Spaltenbereich liegen die Vertriebsgebiete. Beide Felder würden sich demnach zur Bildung berechneter Elemente eignen.

Lassen Sie uns einen Vergleich der Regionen Ost und Nord durchführen. Dazu positionieren Sie den Cursor zunächst im Bereich der Spalten- oder auch der Zeilenbeschriftung. Im Menü PivotTable-Tools • Analysieren (Excel 2010: Optionen) • Berechnungen • Felder, Elemente und Gruppen ist die Option Berechnetes Element nun auswählbar. Dies wäre nicht der Fall gewesen, wenn der Cursor stattdessen im Werte-Bereich gestanden hätte.

Die Definition des berechneten Elements beginnt wieder mit der Eingabe eines Namens. Dieser lautet »Nord-Ost-Vergleich«. Darunter können Sie im Feld Formel die konkrete Berechnung eingeben.

Dazu wählen Sie in Felder das Label Vertriebsgebiet aus. Anschließend sehen Sie auf der rechten Seite der Dialogbox die Elemente des Feldes. Mit einem Doppelklick auf die Elemente fügen Sie sie in die Formel ein (Abbildung 11.71).

Zu guter Letzt bestätigen Sie die Eingaben in die Dialogbox mit OK und fügen das neue Element damit in die Pivottabelle ein.

Nachdem Sie nicht benötigte Elemente wie Süd und West ausgeblendet haben, müssen Sie nur noch die Gesamtergebnisse für Spalten ausblenden (Abbildung 11.72), um den Vergleich der beiden Regionen zu begutachten. Klicken Sie rechts in die Pivottabelle, wählen Sie PivotTable-Optionen, und entfernen Sie das Häkchen Gesamtsummen für Spalten anzeigen im Register Summen & Filter.

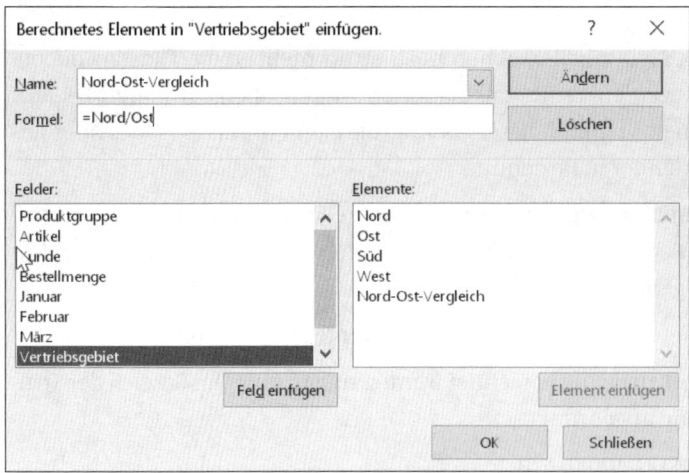

Abbildung 11.71 Mit berechneten Elementen lassen sich Daten in Pivottabellen vergleichen.

Summe von März	Region ⷮ			
Produktgruppe ⷮ	Nord	Ost	Nord-Ost-Vergleich	Gesamtergebnis
101	25.468	4.143	615%	29.617
199	9.800	7.350	133%	17.151
200	959	150	639%	1.115
201	14.400	4.800	300%	19.203

Abbildung 11.72 Regionsvergleich mithilfe eines berechneten Elements

Um die Ergebnisse des Vergleichs prozentual darzustellen, markieren Sie die Werte in der Spalte *Nord-Ost-Vergleich* und weisen dieses Format über START • ZAHL oder die Minisymbolleiste zu.

[i] **Zahlenformate in Pivottabellen**

Um ein Zahlenformat in einer Pivottabelle anzuwenden, klicken Sie im WERTE-Bereich der Pivottabelle mit der rechten Maustaste. Danach wählen Sie im Menü den Befehl ZAHLENFORMAT und weisen das gewünschte Format zu. Excel übernimmt dieses Zahlenformat für alle Werte der Pivottabelle, egal, ob Sie in der Tabelle zuvor eine oder mehrere Zellen markiert haben.

Zahlenformate, die auf diesem Weg zugewiesen wurden, bleiben auch nach der Aktualisierung der Pivottabelle erhalten. Das Gleiche gilt für Formate, die über WERTFELDEINSTELLUNGEN • ZAHLENFORMAT ausgewählt wurden.

Alternativ können Sie einen Zellbereich markieren und das gewünschte Zahlenformat über das Menü START • ZAHL oder die Minisymbolleiste zuweisen. In diesem Fall wird nur der zuvor markierte Zellbereich formatiert. Ob diese Formatierung beim Aktualisieren erhalten bleibt, hängt von den Standardeinstellungen der Pivottabelle ab. Mithilfe der Funktion PIVOTTABLE-

TOOLS • ANALYSIEREN (Excel 2010: OPTIONEN) • PIVOTTABLE • OPTIONEN muss die Option ZELL-
FORMATIERUNG BEI AKTUALISIERUNG BEIBEHALTEN aktiviert sein, sonst gehen die auf diesem
Weg festgelegten Formate wieder verloren.

11.8   Weiterverarbeitung von Daten aus Pivottabellen

Die Weiterverarbeitung von Daten aus Pivottabellen kann unterschiedliche Gründe haben.
Pivottabellen werden in vielen Fällen als Ad-hoc-Analysewerkzeug eingesetzt, mit dem sich
Daten auf die Schnelle verdichten lassen. Einzelheiten möchte man danach an anderer Stelle
weiterverwenden. Oder: Die Ergebnisse eines Pivotberichts sollen in einem standardisierten
Reportformat verwendet werden. Dieses Format lässt sich allerdings mit den eingeschränk-
ten Gestaltungsmöglichkeiten einer Pivottabelle nicht umsetzen.

Zur Weiterverarbeitung von Daten aus Pivottabellen gibt es drei Möglichkeiten, die hier in
Tabelle 11.11 dargestellt werden.

Vorgehensweise	Ergebnis
Werte kopieren	Bei dieser Vorgehensweise werden die Beschriftungen und Werte der Pivottabelle markiert, kopiert und an anderer Stelle mit INHALTE EIN-FÜGEN • WERTE wieder eingefügt.
	Nachteil: Durch diese Operation gehen alle Bezüge zur Pivottabelle ver-loren. Werden die Pivotdaten aktualisiert, müssen Sie die gesamte Pro-zedur des Einfügens wiederholen.
PIVOTDATEN-ZUORDNEN()	Mit dieser Funktion kann von jeder beliebigen Zelle aus auf Daten in der Pivottabelle zugegriffen werden. Der Bezug zur Pivottabelle bleibt erhal-ten, sodass Aktualisierungen der Basisdaten auch an die Zellbereiche außerhalb der Pivottabelle weitergegeben werden.
	Nachteil: Die Daten, auf die zugegriffen wird, müssen in der Pivottabelle sichtbar sein. Werden sie durch einen Filtervorgang oder eine Layout-änderung in der Pivottabelle ausgeblendet, führt dies zum Fehlerwert #BEZUG!.
einfacher Zellbezug	Die Funktion PIVOTDATENZUORDNEN() kann deaktiviert werden. Ist dies der Fall, führt der Verweis auf eine Zelle der Pivottabelle zu einem normalen Zellbezug, etwa zu F4.
	Nachteil: Filtern oder Layoutänderungen in der Pivottabelle führen zwar zu keinem Fehlerwert, die Werte außerhalb der Pivottabelle beziehen sich auf die gleichen Zellen, die nun aber völlig andere Daten enthalten.

Tabelle 11.11 Zugriffsmöglichkeiten auf Daten in Pivottabellen

Sie können es also drehen und wenden, wie Sie wollen: Der Zugriff auf Pivotdaten birgt immer seine Tücken. Der Aufwand aber zum Erstellen von auf Formeln und Funktionen basierenden dynamischen Reports ist meistens ungleich höher. Und deshalb ist es wichtig, die zentrale Funktion der Weiterverarbeitung, PIVOTDATENZUORDNEN(), unter die Lupe zu nehmen.

11.8.1   PIVOTDATENZUORDNEN() bei einem Soll-Ist-Vergleich

In der Arbeitsmappe *11_Pivot_Weiterverarbeitung_00.xlsx* finden Sie einen Basisdatenbestand, aus dem eine einfache Pivottabelle (Tabellenblatt *Pivot (Artikel)*) erstellt wurde. Diese Pivottabelle enthält im Bereich der Zeilenbeschriftung alle in den Basisdaten aufgeführten Artikelnummern und im WERTE-Bereich die Anzahl der Bestellungen zu diesen Artikeln.

Ziel ist es, mit diesen Pivotdaten einen Soll-Ist-Vergleich durchzuführen. Die Soll-Werte befinden sich in einem anderen Tabellenblatt (*Soll-Ist*). Es kommt also nun darauf an, in der Spalte neben den Soll-Werten die Ist-Werte aus der Pivottabelle aufzulisten. Dazu stellen Sie den Cursor in Zelle C2 von *Soll-Ist*, geben ein Gleichheitszeichen ein und zeigen dann auf Zelle B4 im Tabellenblatt *Pivot (Artikel)* (Abbildung 11.73).

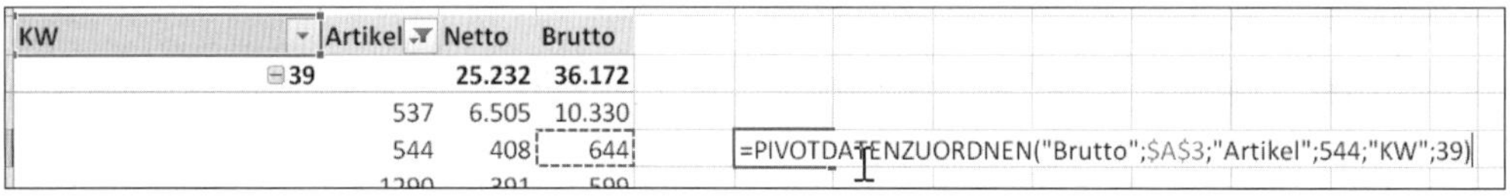

Abbildung 11.73 Beim Zeigen auf Zellen einer Pivottabelle generiert Excel die Funktion PIVOT-DATENZUORDNEN().

Sobald Sie ⏎ betätigen, wird in C2 folgende Funktion eingefügt:

```
=PIVOTDATENZUORDNEN("Einheiten";'Pivot (Artikel)'!$A$3;"Artikel";537)
```

Auch wenn die Funktion auf den ersten Blick verwirrend aussieht, enthält sie doch lediglich drei Argumente:

▸ Datenfeld: Dies ist der Name des Datenfeldes, auf das Sie gezeigt haben. Das Datenfeld der Beispieltabelle war das Feld Einheiten. Diese Bezeichnung wird in Anführungszeichen in die Funktion übernommen.

▸ PivotTable: Dies ist immer eine Zelle, die zur Pivottabelle gehört. Im Beispiel ist es die erste Zelle der Tabelle, ('Pivot (Artikel)'!$A$3).

▸ [Feld1;Element1]: Hiermit werden das Feld und das Element spezifiziert, mit dem auf die Werte zugegriffen wird. Das Feld in der Beispieldatei – als Zeilenbeschriftung – ist Artikel. Seine Ausprägungen sind die einzelnen Artikelnummern. Maximal 126 Feld-Element-Paare sind möglich.

PIVOTDATENZUORDNEN() deaktivieren

Die automatische Generierung der Funktion können Sie abschalten. Bewegen Sie dazu den Cursor in die Pivottabelle, für die Sie die Deaktivierung wünschen. Rufen Sie dann PIVOT-TABLE-TOOLS • ANALYSIEREN (Excel 2010: OPTIONEN) • PIVOTTABLE auf. Öffnen Sie das Listenmenü OPTIONEN, und deaktivieren Sie die Option GETPIVOTDATA GENERIEREN. Wenn Sie nun von einer beliebigen Zelle außerhalb der Pivottabelle auf eine Zelle im Pivotbericht zeigen, wird Excel einen gewöhnlichen Zellbezug erstellen.

[+]

11.8.2   Anpassung der Funktion PIVOTDATENZUORDNEN()

Die erste Überraschung erleben Sie wahrscheinlich, wenn Sie nach Erstellen des GETPIVOT-DATA()-Bezugs die in Zelle C2 generierte Funktion nach unten kopieren. Sie werden feststellen, dass Excel alle Soll-Werte Ihrer verschiedenen Artikel mit nur einem Ist-Wert vergleicht. Dies ist der Ist-Wert für den ersten Artikel (537).

Bei genauerer Inspektion der Funktion lässt sich dieses seltsame Verhalten leicht erklären. Artikelnummer 537 steht als feste Größe in PIVOTDATENZUORDNEN().

Wir wissen, dass solcherart harte Codierung einem wahren Frevel in dynamischen Auswertungen gleichkommt. Deshalb ersetzen wir den Wert 537 durch den Zellbezug A2, denn in Spalte A stehen sämtliche Artikelnummern, gefolgt von den Soll-Werten in Spalte B.

Nach dieser Anpassung kopieren Sie die Funktion in C2 erneut nach unten. Nun haben Sie den gewünschten Vergleich zwischen Soll-Werten in einem normalen Tabellenbereich und Ist-Werten aus einer dynamischen Pivottabelle.

11.8.3   Der Fehler #BEZUG! bei Anwendung von PIVOTDATENZUORDNEN()

Apropos dynamische Pivottabelle: Genau dies ist der Ursprung allen Übels. Sie müssen nur einmal von den bequemen Möglichkeiten Gebrauch machen, das Layout der Pivottabelle zu verändern oder auch nur einen Artikel aus dem Bereich der Zeilenbeschriftung zu filtern, um die Früchte Ihrer Arbeit schwinden zu sehen. Sofort wird an irgendeiner Stelle bestimmt der Fehlerwert #BEZUG! erscheinen (Abbildung 11.74).

	A	B	C	D
1	**Artikel-ID**	**Soll**	**Ist**	**+/-**
2	537	1300	1350	3,85%
3	544	100	#BEZUG!	
4	1290	100	81	-19,00%
5	1299	60	#BEZUG!	
6	1427	650	687	5,69%

Abbildung 11.74 Gefilterte Daten in der Pivottabelle verursachen einen #BEZUG!-Fehler im Soll-Ist-Vergleich; im Diagramm fehlen Werte.

Möchten Sie den Verweis auf die Pivottabelle dennoch aufrechterhalten, sollten Sie zumindest den möglichen Fehlerwert mithilfe von WENNFEHLER(Wert; Wert falls Fehler) unterdrücken. Die Funktion dazu lautet in Zelle C2:

```
=WENNFEHLER(PIVOTDATENZUORDNEN("Einheiten";'Pivot (Artikel)'!A3; "Artikel";A2);"")
```

Und in Zelle D2:

```
=WENNFEHLER(C2/B2-1;"")
```

In beiden Fällen wird der Fehlerwert #BEZUG! durch ein Leerzeichen ersetzt.

Fazit dieser ersten Annäherung an PIVOTDATENZUORDNEN() in einer recht übersichtlichen Tabelle:

▶ Der Zugriff auf Pivottabellen, die häufig durch Filtervorgänge und Layoutänderungen verändert werden, ist problematisch.

▶ Der #BEZUG!-Fehler wird häufig zum ständigen Begleiter in solchen Tabellen.

▶ Optische Fehlerunterdrückung, z. B. mit WENNFEHLER(), ist der einzige Weg, die Darstellungsprobleme bei nicht sichtbaren Elementen der Pivottabelle in den Griff zu bekommen.

11.8.4   PIVOTDATENZUORDNEN() zum Umsetzen von Reportlayouts

Geht es Ihnen auch so? Mich reizt es immer wieder, mit PIVOTDATENZUORDNEN() die dynamischen Möglichkeiten einer Pivottabelle auszureizen und dennoch aus deren engem Korsett der Gestaltungs- und Berechnungsspielräume herauszukommen.

Man müsste diese Funktion mit etwas kombinieren, was an sich keine strukturellen Veränderungen erlaubt. Und dies könnte ein typischer, standardisierter Report sein, den Sie – millimetergenaue Layoutvorgaben befolgend – allmonatlich drucken oder in ein Word-Dokument oder eine PowerPoint-Präsentation einbinden müssen.

Da, wo gar nicht mehr gefiltert wird, weil die inhaltlichen Elemente von der Zentrale klar vorgegeben werden, wo kein Datenwürfel mehr nach Pivotmanier per *Slicing* und *Dicing* lustvoll seziert oder herumgewirbelt wird, um ihm vielleicht doch noch eine verborgene Relation oder Kennzahl zu entlocken, da liegt der eigentliche Anwendungsbereich von PIVOTDATEN-ZUORDNEN().

In Abbildung 11.75 sehen Sie ein Beispiel für eine solche Anwendung der Funktion. Sie finden es in der Datei *11_Pivot_Weiterverarbeitung_01.xlsx*. Da die Intervalle für den Report mit zwei Wochen fest vorgegeben sind und ein festes Set an Artikeln dargestellt werden soll, besteht die eigentliche Funktion der Pivottabelle darin, die im Hintergrund liegenden Basisdaten zu verdichten und ständig zu aktualisieren.

Der Zugriff auf die Pivottabelle mit PIVOTDATENZUORDNEN() hat den Vorteil, dass Sie den Report übersichtlicher gestalten und gegebenenfalls zusätzliche Berechnungen durchführen können.

◢	A	B	C	D	E	F	G	H	I	J	K	L
2												
3	KW	▾ Artikel ▾	Netto	Brutto			Ergebnisse in KW 39					
4		⊟39	25.232	36.172				Netto	Brutto	Provision	% von KW	% von Gesamt
5			537	6.505	10.330			537	6.505 €	10.330 €	3.825 €	35,0%	26,1%
6			544	408	644			544	408 €	644 €	237 €	2,2%	1,6%
7			1290	391	599			1290	391 €	599 €	209 €	1,9%	1,4%
8			1299	522	835			1299	522 €	835 €	313 €	2,9%	2,1%
9			1427	11.468	14.865			1427	11.468 €	14.865 €	3.397 €	31,0%	23,2%
10			1750	1.807	2.521			1750	1.807 €	2.521 €	714 €	6,5%	4,9%
11			1751	2.516	3.817			1751	2.516 €	3.817 €	1.300 €	11,9%	8,9%
12			1862	399	626			1862	399 €	626 €	228 €	2,1%	1,6%
13			1974	1.217	1.935			1974	1.217 €	1.935 €	719 €	6,6%	4,9%
14		⊟38	9.192	12.882					25.232 €	36.172 €	10.941 €		
15			537	4.233	5.941								
16			544	420	623			Ergebnisse in KW 38					
17			1290	526	780				Netto	Brutto	Provision	% von KW	% von Gesamt
18			1299	772	1.015			537	4.233 €	5.941 €	1.708 €	46,3%	11,7%
19			1427	811	1.152			544	420 €	623 €	202 €	5,5%	1,4%
20			1750	833	1.177			1290	526 €	780 €	253 €	6,9%	1,7%
21			1751	859	1.174			1299	772 €	1.015 €	243 €	6,6%	1,7%
22			1862	239	355			1427	811 €	1.152 €	341 €	9,2%	2,3%
23			1974	498	665			1750	833 €	1.177 €	344 €	9,3%	2,4%
24	Gesamtergebnis		34.424	49.054				1751	859 €	1.174 €	315 €	8,6%	2,2%
25								1862	239 €	355 €	115 €	3,1%	0,8%
26								1974	498 €	665 €	166 €	4,5%	1,1%
27									9.192 €	12.882 €	3.689 €		
28												
29								gesamter Zeitraum	34.424 €	49.054 €	14.630 €		

Abbildung 11.75 Pivottabelle und gestalteter Report

Die Elemente des Reports

[i]

▶ =PIVOTDATENZUORDNEN("Netto";$A$3;"Artikel";$G5;"KW";$G$3)

Mit dieser Funktion wird in Zelle H5 der Nettowert für den ersten Artikel und die 39. KW aus der Pivottabelle gezogen. Da die Artikelnummer $G5 im Hinblick auf die Zeile veränderlich, der Bezug auf die Kalenderwoche mit $G$3 allerdings absolut gesetzt ist, können Sie die Funktion mühelos nach unten kopieren. So übernehmen Sie sämtliche Artikel in den Report.

▶ =I5-H5

Diese Option berechnet die Provision resultierend aus den beiden Zellen Netto und Brutto der Pivottabelle.

▶ =J5/$J$14

Die Formel dient der Berechnung des prozentualen Anteils der Provision an der Gesamtprovision der Kalenderwoche.

▶ =J5/$J$29

Hiermit wird der prozentuale Anteil der Provision an den Provisionen aller Kalenderwochen kalkuliert.

11

Der Zellbereich H18 bis I26 unterscheidet sich lediglich in einem Punkt von dem oberen Bereich in H5 bis I13: Der absolute Zellbezug auf die konkrete KW – oben $G$3 – muss im unteren Abschnitt in $G$16 geändert werden. Im Anschluss daran lassen sich auch die beiden Funktionen in den Zellen H18 und I18 problemlos nach unten kopieren.

Die beiden festen Bezugspunkte in den Zellen G3 und G16 selbst werden mit einer benutzerdefinierten Formatierung in Reportform gebracht (Abbildung 11.76).

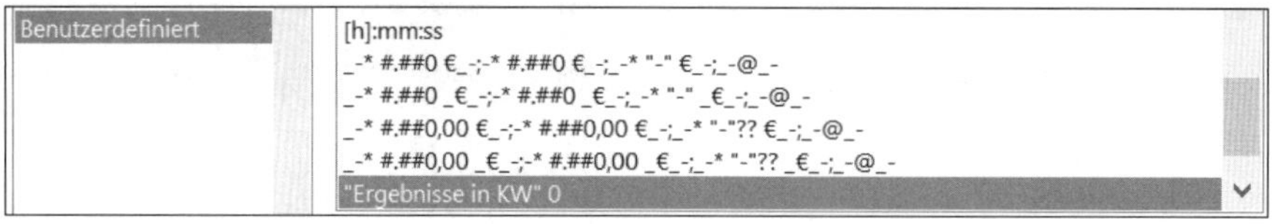

Abbildung 11.76 Der nackten KW wird per benutzerdefiniertem Format eine Beschriftung verpasst.

Letztlich besteht der Vorteil dieser Anwendung in der mühelosen Aktualisierung von Daten, die im Hintergrund der Pivottabelle liegen. Den Auswertungscharakter der Pivotfunktion mit ihren Filtern und Gruppierungen hat diese Tabelle aber verloren.

11.8.5   Andere Formen der Weiterverarbeitung von Pivottabellen

Betrachten wir die weiteren Methoden der Verwendung von Pivotdaten mit der soeben beschriebenen, kommen wir im Vergleich zu PIVOTDATENZUORDNEN() bei jeder einzelnen zu dem Fazit: Das geht aber schön einfach! Doch nicht nur dies ist der Grund dafür, sie hier zu beschreiben. Alle drei Methoden haben in besonderen Situationen ihre speziellen Vorteile.

Werte kopieren

Das ist der Klassiker schlechthin: Die Daten der Pivottabelle werden markiert, kopiert und mit INHALTE EINFÜGEN • WERTE an anderer Stelle wieder abgerufen. Als Versicherung, dass die Aktion auch wirklich korrekt ausgeführt wird, ist es nützlich, bereits beim Zeigen mit der Maus für diese Einfüge-Option eine Livevorschau auf die Ergebnisse zu erhalten.

Ist die Pivottabelle im Gliederungs- oder Tabellenformat angelegt worden, bietet Ihnen Excel nun die Gelegenheit, vor dem Kopieren der Werte in der ersten Spalte alle Zellen mit Elementnamen zu füllen. Diese Information fehlte in früheren Excel-Versionen nach dem Einfügen, was gerade bei größeren Tabellen unübersichtlich wirkte.

Um beim Einfügen der Werte keine Informationen zu verlieren, sollten Elementnamen wiederholt werden.

Drilldown zu Einzeldaten

Dies ist eine der typischen Funktionen, die man ungewollt und per Zufall kennenlernt. Ein zu heftiger Klick auf eine Wertezelle der Pivottabelle, und plötzlich öffnet sich ein neues Tabellenblatt mit allen Einzelwerten, aus denen sich die angeklickte Zelle zusammensetzt: ein so-genannter *Drilldown*.

Die Funktion steht nur zur Verfügung, wenn in PIVOTTABLE-TOOLS • ANALYSIEREN (Excel 2010: OPTIONEN) • PIVOTTABLE • OPTIONEN • DATEN die Auswahl DETAILS ANZEIGEN AKTIVIEREN angehakt ist. Nehmen Sie das Häkchen heraus, führt der Doppelklick auf einen Wert in der Pivottabelle nur zu einer Bildschirmmeldung. Die Sperrung der Detailanzeige kann in Kombination mit Blattschutz und Arbeitsmappenschutz Ihre Basisdaten vor neugierigen Blicken schützen. Um den Bezug zu den Quelldaten allerdings völlig zu kappen, müssen Sie auch den Cache der Pivottabelle aus der Datei entfernen. Ist dies nicht der Fall, kann jeder Benutzer mit einem Doppelklick auf das Gesamtergebnis die gesamten Basisdaten sehen. Sie entfernen den Zwischenspeicher, indem Sie über PIVOTTABLE-TOOLS • ANALYSIEREN (Excel 2010: OPTIONEN) • PIVOTTABLE • OPTIONEN • DATEN die Option QUELLDATEN MIT DATEI SPEICHERN deaktivieren und die Datei dann unter einem neuen Dateinamen speichern. Somit haben Sie eine externe Version Ihrer Auswertung. Das Ergebnis ist in etwa vergleichbar mit WERTE EINFÜGEN, enthält aber alle Formatierungen der Pivottabelle.

Seitenfelder anzeigen

Diese Funktion führt ein Schattendasein, obwohl sie unglaublich nützlich ist. Die Wahrscheinlichkeit, über sie zu stolpern, wie es beim Drilldown möglich wäre, ist eher gering. Denn aus unerfindlichen Gründen taucht sie nicht im Kontextmenü auf, sondern ist vergleichsweise gut versteckt unter PIVOTTABLE-TOOLS • ANALYSIEREN (Excel 2010: OPTIONEN) • PIVOTTABLE • OPTIONEN • BERICHTSFILTERSEITEN ANZEIGEN.

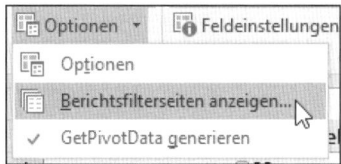

Abbildung 11.77 Mit einem Mausklick generiert Excel für jedes Berichtsfilterelement ein eigenes Tabellenblatt.

Alles, was Sie benötigen, ist eine Pivottabelle, die über ein Feld im Bereich BERICHTSFELDER verfügt. In der Arbeitsmappe *11_Pivot_Berichtsseiten_00.xlsx* finden Sie ein solches Beispiel.

Die Funktion BERICHTSFILTERSEITEN ANZEIGEN erzeugt in Windeseile aus jedem Element des ausgewählten Berichtsfeldes – hier sind es die beiden Kalenderwochen 39 und 40 – ein eigenes Tabellenblatt (Abbildung 11.77). Mehr Zeit sparen konnte man selten in Excel!

Abbildung 11.78 Arbeitsmappe nach dem Erstellen der Berichtsseiten

11.9 Personaldaten mithilfe von Pivottabellen konsolidieren

Daten, die auf verschiedene Tabellenblätter oder Arbeitsmappen verteilt sind, können Sie mithilfe von Pivottabellen zusammenführen. Doch wenn Sie es gewohnt sind, mit Excel 2003 oder einer früheren Version Daten in Pivottabellen zu konsolidieren, wird Ihnen als Erstes auffallen, dass es den gewohnten Assistenten zur Erstellung der Pivottabellen mittlerweile nicht mehr gibt. Bereits am Beginn dieses Kapitels habe ich darauf hingewiesen.

Unangenehm ist, dass sich genau in diesem Assistenten die Funktion zur Konsolidierung von Daten in einer Pivottabelle befand. Auch die Suche im Menü unter EINFÜGEN • PIVOT-TABLE wird keinen Erfolg bringen. Der Assistent ist aus dem Menübereich verbannt worden.

Dennoch gibt es zwei Möglichkeiten, die gewünschte Funktion aufzurufen:

1. Mit Alt + N, P starten Sie den Excel-2003-Assistenten (die Pivotfunktion wurde in früheren Versionen aus dem Menü DATEN mit der Option PIVOTTABLE und PIVOT-CHART-BERICHT aufgerufen).

2. Durch Anpassung der Symbolleiste für den Schnellzugriff können Sie den Assistenten auch dauerhaft im Menübereich unterbringen.

Entscheiden Sie sich für letztere Variante, öffnen Sie das Listenmenü der Symbolleiste für den Schnellzugriff und klicken auf die Option WEITERE BEFEHLE. Wählen Sie aus dem Listenfeld BEFEHLE AUSWÄHLEN den Eintrag ALLE BEFEHLE. Klicken Sie auf den Befehl PIVOT-TABLE- UND PIVOTCHART-ASSISTENT, und übernehmen Sie den Befehl mit HINZUFÜGEN in die SYMBOLLEISTE FÜR DEN SCHNELLZUGRIFF (Abbildung 11.79). Bestätigen Sie mit OK. Der Assistent ist nun in der Symbolleiste verfügbar.

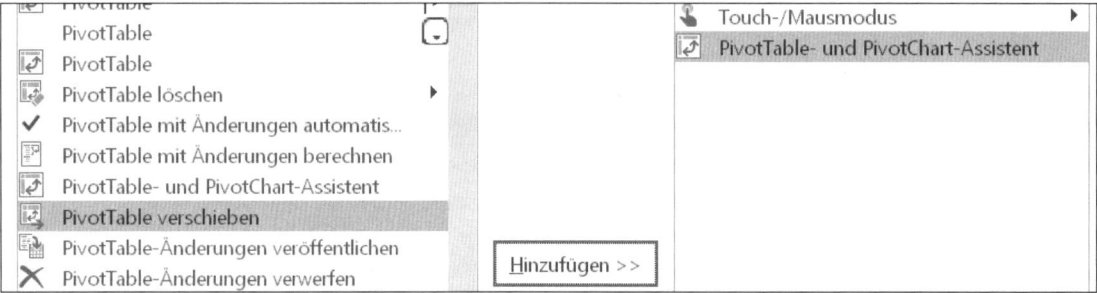

Abbildung 11.79 Einfügen des Pivottabellen-Assistenten in die Symbolleiste für den Schnellzugriff

Die Datei *11_Pivot_Konsolidierung_00.xlsx* enthält drei Tabellenblätter, in denen die Arbeitsstunden von Mitarbeitern jeweils für die Monate April, Mai und Juni erfasst wurden.

Für eine erfolgreiche Konsolidierung von Daten gibt es einige Empfehlungen bzw. Vorgaben. Einen Überblick darüber gibt Ihnen Tabelle 11.12.

Element	Vorgabe/Empfehlung
Grundstruktur	Je ähnlicher die Grundstruktur der zu konsolidierenden Tabellen ist, desto einfacher ist deren Konsolidierung. Die Zeilen- und Spaltenstruktur sollte demnach im Idealfall identisch sein.
Spaltenbezeichnungen	Spalten, die über identische Namen verfügen und Werte enthalten, werden in der Pivottabelle zusammengeführt. Achten Sie also beim Erstellen der Basisdaten darauf, dass die betreffenden Spalten über identische Spaltenüberschriften verfügen.
erste Spalte	Die Konsolidierung der Daten in der Pivottabelle basiert immer auf den Informationen, die sich in der ersten Spalte der Basisdatentabellen befinden. Hier müssen Sie folglich aussagekräftige und korrekte Informationen verwenden.

Tabelle 11.12 Zu berücksichtigende Vorgaben bei der Konsolidierung

Ein Blick auf die Arbeitszeitdaten in den drei Tabellenblättern zeigt, dass sie zwar identisch aufgebaut sind, aber in der ersten Spalte die Personalnummern vermerkt sind. Dies hätte zur Folge, dass in der konsolidierten Pivottabelle die Personalnummern im Bereich der Zeilenbeschriftung stünden. Die Berechnung wäre zwar korrekt, da die Mitarbeiternamen jedoch fehlen würden, wären die Daten nicht so einfach zu lesen (Abbildung 11.80).

Zeilenbeschriftungen ▼	Summe von Arbeitsstunden
1	80
2	85
3	83
4	179
5	176
6	183

Abbildung 11.80 Korrekt, aber unübersichtlich – Konsolidierung auf Basis der Personalnummern

11.9.1 Erste Spalte anpassen, um Konsolidierung zu optimieren

Viel besser wäre das Ergebnis lesbar, wenn Personalnummern und Namen in der fertigen Pivottabelle angezeigt würden. Da aber nur die erste Spalte der Konsolidierung ausgewertet wird, besteht die einzige Lösung darin, beide Informationen in dieser Spalte zusammenzufassen.

11

[+]
Gruppierung von Tabellenblättern

Um die notwendigen Änderungen in allen drei Tabellenblättern gleichzeitig auszuführen, halten Sie die Taste ⌊Strg⌋ fest und klicken der Reihe nach alle Tabellenblätter der Arbeitsmappe an, um sie zu gruppieren.

Die Gruppierung heben Sie später auf, indem Sie – dann ohne ⌊Strg⌋ festzuhalten – auf einen beliebigen Tabellenblattnamen klicken.

1. Klicken Sie auf die Spaltenbezeichnung A, und wählen Sie nach einem Rechtsklick mit der Maus aus dem Kontextmenü die Option Zellen einfügen.

2. Schreiben Sie in die erste Zeile die Spaltenüberschrift PersNr + Name.

3. Geben Sie in Zelle A2 folgende Funktion ein:

4. =WENN(LÄNGE(B2)=1;"0"&B2&" – " & C2 &", " &D2;B2&" – " & C2 &", " &D2)

5. Kopieren Sie die Formel mit einem Doppelklick auf die rechte untere Ecke der aktiven Zelle oder durch Ziehen nach unten.

6. Überprüfen Sie abschließend, ob die Aktionen auch in allen Tabellenblättern korrekt ausgeführt wurden.

Die in Zelle A2 eingegebene Funktion dient der Verknüpfung von Personalnummer und Mitarbeitername: B2&" – " & C2 &", " &D2. Mit dem Verkettungszeichen & werden die drei Zellen B2 (Personalnummer), C2 (Nachname des Mitarbeiters) und D2 (Vorname des Mitarbeiters) verbunden. Zwischen Personalnummer und Mitarbeitername wird ein Bindestrich eingefügt. Nachname und Vorname des Mitarbeiters werden durch ein Komma getrennt.

Damit noch nicht genug der Basisdatenanpassung, denn ein Problem würde auch die Tatsache verursachen, dass einige Personalnummern eine Stelle besitzen (1 bis 9), andere hingegen zwei (10 bis 29). Das Ergebnis der Konsolidierung ergäbe keine korrekte Sortierung, da aus der Verknüpfung von Zahlen- und Textfeld ein neues Textfeld entstünde, das alphanumerisch den Textbeginn 1 weit weg vom Textbeginn 2 einsortieren würde.

Deshalb sollten Sie mit WENN() überprüfen, welche Länge der Inhalt der Zelle B2 hat. Ist die Personalnummer einstellig – (LÄNGE(B2)=1) –, soll Excel eine führende Null vor den Wert setzen ("0"&B2&" – " & C2 &", " &D2). Andernfalls soll die Verknüpfung der Felder ohne führende Null erfolgen.

11.9.2   Personaldaten konsolidieren

Starten Sie nun den PivotTable-Assistenten über das Symbol, das Sie in die Symbolleiste für den Schnellzugriff hinzugefügt haben, oder mit ⌊Alt⌋ + ⌊N⌋, ⌊P⌋. Darin sehen Sie die Optionen zur Pivottabellenerstellung, und zwar so, wie sie bereits in Excel 2003 verfügbar waren.

Wählen Sie MEHRERE KONSOLIDIERUNGSBEREICHE als Datenbasis aus. Die Option PIVOT-TABLE als Ziel lassen Sie unverändert und klicken dann auf WEITER. Lassen Sie im nächsten Schritt des Assistenten auch die Einstellung EINFACHE SEITENFELDERSTELLUNG unverändert, und bewegen Sie sich mit WEITER zu nächsten Arbeitsschritt- Jetzt kommt es darauf an, die Bereiche, die Sie konsolidieren möchten, korrekt anzugeben.

Markieren Sie jeweils den Datenbereich der Personaldaten in den Tabellenblättern, und fügen Sie jeden Bereich mit einem Klick auf HINZUFÜGEN dem Eingabefeld VORHANDENE BEREICHE hinzu (Abbildung 11.81). Sobald Sie alle drei Datenbereiche erfasst haben, klicken Sie auf WEITER.

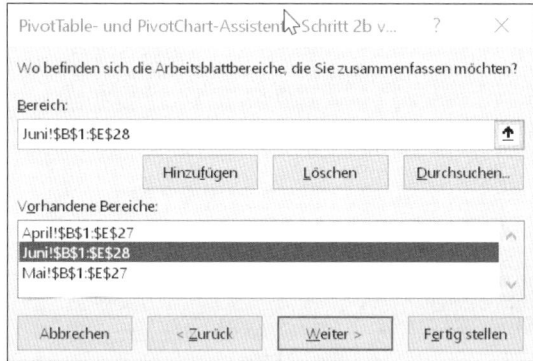

Abbildung 11.81 Konsolidierungsbereiche werden der Pivottabelle hinzugefügt.

Gegen den Vorschlag des Assistenten, die Pivottabelle in ein neues Tabellenblatt zu übernehmen, ist nichts einzuwenden. Deshalb sollten Sie hier auf FERTIG STELLEN klicken.

Zum Ergebnis der Konsolidierung kann man in diesem Stadium nur so viel sagen, dass es technisch gelungen ist, die Daten zusammenzuführen (Abbildung 11.82).

Abbildung 11.82 Der Wertebereich der Konsolidierung muss nachbearbeitet werden.

Doch noch bedarf die konsolidierte Tabelle zweier Schritte der Nachbearbeitung. Diese beginnt damit, die Funktion ANZAHL, mit der Excel die Arbeitsstunden berechnet hat, in die Funktion SUMME umzuwandeln. Sie erreichen dies über das Kontextmenü in der Spalte *Arbeitsstunden* und die Option WERTE ZUSAMMENFASSEN NACH • SUMME.

Alle Informationen, die Excel aus den Spaltenüberschriften der Basisdaten gezogen hat, Name, Pers.-Nr. und Vorname, sind für unsere Auswertung völlig unwichtig. Entfernen Sie durch einen Filtervorgang im Feld SPALTENBESCHRIFTUNGEN alle Felder mit Ausnahme des Feldes Arbeitsstunden. Wenn Sie danach auch noch die Summenspalte entfernen, bleibt nur das konsolidierte Ergebnis je Mitarbeiter übrig (Abbildung 11.83).

Da die Konsolidierung auf Basis der ersten Spalte der Basisdatentabellen erfolgte, weist die Tabelle 29 Datensätze auf. In den Monaten Mai und Juni sind einige Mitarbeiter ausgeschieden, andere neu eingestellt worden. Die Daten sind aber auch bei diesen unterschiedlichen Datenbeständen korrekt auf Basis der eindeutigen Daten in Spalte A konsolidiert worden.

Seite1	(Alle)	
Summe von Wert		
	Arbeitsstunden	
01 - Thewes, Paul	240	
02 - Piel, Luis	255	
03 - Lohmeyer, Herbert	249	
04 - Umbert, Hanno	537	
05 - da Silva, Everaldo	528	
06 - Wolsch, Lydia	549	
07 - Ballert, Susanne	516	

Abbildung 11.83 Abgeschlossene Konsolidierung

11.9.3   Personalnummern und Namen der Konsolidierungsspalte trennen

Sollte Sie die Vermischung der Daten in Spalte A, bestehend aus Personalnummer und Mitarbeitername, stören, könnten Sie diese Informationen nach durchgeführter Konsolidierung wieder trennen:

1. Markieren Sie die Daten der Pivottabelle.

2. Kopieren Sie die Daten in die Zwischenablage.

3. Fügen Sie die Daten über INHALTE EINFÜGEN • WERTE an einer anderen Stelle in das Tabellenblatt ein.

Wenn die Daten als Werte in einer Tabelle vorhanden sind, können Sie sie genau an der Stelle trennen, an der sich bislang der Bindestrich befindet.

Fügen Sie zunächst zwischen den Spalten Pers. Nr. / Name und Arbeitsstunden eine neue leere Spalte ein. Markieren Sie dazu die gesamte Spalte, in der sich Personalnummer und Mitarbeitername befinden:

1. Wechseln Sie zu DATEN • TEXT IN SPALTEN.

2. Aktivieren Sie die Option GETRENNT, um die Informationen am Bindestrich als festem Zeichen zu trennen.

3. Klicken Sie auf WEITER.

4. Wählen Sie die Option ANDERE, und tragen Sie in das dazugehörige Eingabefeld einen Bindestrich ein.

5. Klicken Sie danach auf FERTIG STELLEN.

Die Konsolidierung ist nun abgeschlossen und die ursprüngliche Datenstruktur wiederhergestellt. Die Ergebnistabelle können Sie nun nach eigenem Gusto gestalten oder auch weiterverarbeiten (Abbildung 11.84).

Arbeitszeitauswertung	Q2/2014	
Personalnummer	Name	Arbeitsstunden
1	Thewes, Paul	240
2	Piel, Luis	255
3	Lohmeyer, Herbert	249
4	Umbert, Hanno	537
5	da Silva, Everaldo	528
6	Wolsch, Lydia	549
7	Ballert, Susanne	516
8	Saupel, Udo	528
9	Abel, Ute	510
10	Überlag, Sabine	178
11	Hellmeier, Josephine	510
12	Ewaldt, Thomas	525
13	Hermes, Karoline	176
14	Boer, Maria	567
15	Kuster, Thomas	522
16	Kramer, Ella	495
17	Thönnes, Felix	513
18	Kirschner, Klaus	504
19	Malakow, Eva	240
20	Traun, Anna	528
21	Person, Gabriel	510
22	Grün, Andy	237
23	Drehsen, Frank	249
24	Kant, Guido	510
25	Tallert, Jan	516
26	Friedrich, Karl	528
27	Koll, Sebastian	356
28	Wertusch, Julius	80
29	Gruber, Beate	176
Gesamtergebnis		11.832

Abbildung 11.84 Nach der Umwandlung in Werte können Sie Personalnummern und Namen trennen.

Konsolidierung von Daten in externen Arbeitsmappen

Auch wenn sich Ihre Basisdaten in unterschiedlichen Arbeitsmappen befinden, lassen sie sich mit den oben beschriebenen Werkzeugen in einer Pivottabelle konsolidieren. Klicken Sie, wenn Sie im Assistenten nach den Konsolidierungsbereichen gefragt werden, auf die Schaltfläche DURCHSUCHEN. Danach wählen Sie die Dateien aus dem Dateisystem aus.

Dabei übernimmt Excel die Laufwerksbezeichnung, die Ordnerangabe und den Dateinamen:

`'R:\Konsolidierung\11_Pivot_Konsolidierung_01.xlsx'!`

Sie müssen diese Dateiinformationen aber noch um die konkreten Zellbezüge ergänzen. Konkret müssen Sie den Namen des Tabellenblattes und den Zellbezug angeben:

`Basisdaten!$D$7:$G$14`

Dies ist natürlich sehr fehlerträchtig. Zwei Alternativen gibt es, um die Datenauswahl zu erleichtern:

▶ Vergeben Sie in den Basisdatendateien Bereichsnamen, um die gültigen Datenbereiche zu kennzeichnen. Beim Konsolidieren schreiben Sie dann den Bereichsnamen direkt hinter das Ausrufezeichen, das Excel hinter den Dateinamen setzt:
`'R:\Konsolidierung\11_Pivot_Konsolidierung_01.xlsx'!Mai`

▶ Öffnen Sie alle Dateien, die Sie konsolidieren möchten. Danach verzichten Sie auf die Funktion Durchsuchen und markieren stattdessen wie gewohnt die Konsolidierungsbereiche, indem Sie die Dateien in der Taskleiste auswählen und dann die Datenbereiche mit der Maus markieren.

11.9.4   Daten durch Konsolidierung »pivotierbar« machen

Die Erstellung von Pivottabellen aus konsolidierten Datenbereichen ist nicht nur wertvoll, wenn es um ihre Kernaufgabe geht – die Zusammenführung von Daten, die sich in verschiedenen Tabellenblättern befinden. Nützlich ist die Funktion auch, wenn die Basisdaten keine optimalen Voraussetzungen zum Erstellen einer Pivottabelle mitbringen. Dies ist z. B. der Fall, wenn Ihre Umsatzwerte der Monate Januar bis März in drei verschiedenen Spalten vorliegen (Abbildung 11.85). Sie werden dann Schwierigkeiten bekommen, die Gesamtergebnisse für jeden Kunden in einer Spalte als Quartalsergebnis zu berechnen (Abbildung 11.86). Die Quartalssumme pro Kunde könnten Sie in einem solchen Fall nur mit einem berechneten Feld bilden.

	A	B	C	D	E	F	G
1	Kunde	Januar	Februar	März	Produktgruppe	Artikel	Vertriebsgebiet
2	Muster AG	4.794,00	1.598,00	639,20	101	ABC	Süd
3	Muster AG	612,50	514,50	1.837,50	199	DEF	Süd
4	Muster AG	18.000,00	12.000,00	15.000,00	101	GHI	Süd
5	Test GmbH	8.000,00	9.600,00	9.600,00	201	XYZ	West
6	No Name GbR	125,00	262,50	362,50	200	UVW	West

Abbildung 11.85 Mehrspaltige Zahlenwerte schränken die Pivotfunktionalität ein.

	A	B	C	D
1	Kunde	Januar	Februar	März
2	Muster AG	4.794,00	1.598,00	639,20
3	Muster AG	612,50	514,50	1.837,50
4	Muster AG	18.000,00	12.000,00	15.000,00
5	Test GmbH	8.000,00	9.600,00	9.600,00
6	No Name GbR	125,00	262,50	362,50
7	Probe GmbH	279,65	0,00	95,88

Abbildung 11.86 Die Pivottabelle gruppiert zwar nach Kunden, liefert aber kein kundenbezogenes Gesamtergebnis.

Mit einer Konsolidierung der Daten – auch wenn es sich eigentlich nur um eine Basisdatentabelle handelt – bekommen Sie die Lage aber wieder in den Griff. Durch diese Entfremdung der Funktion bringen Sie die Daten in die Form, mit der eine Pivottabelle erstellt werden kann.

Probieren Sie es mit der Datei *11_Pivot_Konsolidierung_Umwandlung_00.xlsx* einmal aus:

1. Starten Sie den PivotTable-Assistenten.

2. Wählen Sie MEHRERE KONSOLIDIERUNGSBEREICHE und EINFACHE SEITENFELDERSTELLUNG.

3. Markieren Sie den Datenbestand von A1 bis D25, und klicken Sie auf HINZUFÜGEN, um ihn als Konsolidierungsbereich zu definieren.

4. Wählen Sie dann ohne Umschweife FERTIG STELLEN.

Die erzeugte Pivottabelle scheint sich auf den ersten Blick kaum von der ersten Tabelle zu unterscheiden. Doch sie stellt auch nur eine Zwischenstation bei der Umwandlung der Basisdaten dar (Abbildung 11.87).

Summe von Wert	Spaltenbeschriftungen			
Zeilenbeschriftungen	Januar	Februar	März	Gesamtergebnis
Beispiel GmbH	12710	10428,8	15203,1	38341,9
Dummy AG	106392	109992,5	114392	330776,5
Felix Test AG	13250	11550	15450	40250
Muster & Söhne	79,9	95,88	79,9	255,68
Muster AG	23406,5	14112,5	17476,7	54995,7
No Name GbR	125	262,5	362,5	750
P. Robe GbR	1117,5	1188	1240	3545,5
Probe GmbH	9879,65	16000	14495,88	40375,53
Test & Partner	719,1	998,75	958,8	2676,65
Test GmbH	8000	9600	9600	27200
Übung AG	29730	36645	35172	101547
Übungsgesellschft mbH	2625	3750	4250	10625
Gesamtergebnis	**208034,65**	**214623,93**	**228680,88**	**651339,46**

Abbildung 11.87 Die Konsolidierung ist ein Zwischenschritt zur Umwandlung der Basisdaten.

Doppelklicken Sie auf das Gesamtergebnis ganz rechts unten. Excel erstellt dann, wie Sie wissen, eine neue Tabelle mit allen Details des ausgewählten Wertes. Wenn Sie auf das Gesamtergebnis doppelklicken, erhalten Sie eine neue Detailtabelle mit sämtlichen Werten aus den Basisdaten, allerdings mit einem Unterschied: Alle Werte stehen nun in Spalte C (Abbildung 11.88).

Entfernen Sie die Werte aus Spalte D (ELEMENT1), sie werden nicht länger benötigt. Auf Grundlage der Spalten A bis C hingegen erstellen Sie im Anschluss eine neue, nämlich die ursprünglich beabsichtigte Pivottabelle. Darin lassen sich nach der Umwandlung durch die Konsolidierung auch die gewünschten Quartalsdaten in einer Spalte zusammenfassen (Abbildung 11.89).

	A	B	C
1	**Kunden**	**Monat**	**Umsatz**
2	Beispiel GmbH	Januar	1997,5
3	Beispiel GmbH	Januar	4900
4	Beispiel GmbH	Januar	1500
5	Beispiel GmbH	Januar	4000
6	Beispiel GmbH	Januar	312,5
7	Beispiel GmbH	Februar	958,8
8	Beispiel GmbH	Februar	5145
9	Beispiel GmbH	Februar	1800
10	Beispiel GmbH	Februar	2400
11	Beispiel GmbH	Februar	125

Abbildung 11.88 Die Detailtabelle wird zu Ihren neuen Basisdaten.

Kunden ▾	Umsatz Q1
Beispiel GmbH	38.342 €
Dummy AG	330.777 €
Felix Test AG	40.250 €
Muster & Söhne	256 €
Muster AG	54.996 €
No Name GbR	750 €
P. Robe GbR	3.546 €
Probe GmbH	40.376 €
Test & Partner	2.677 €
Test GmbH	27.200 €
Übung AG	101.547 €
Übungsgesellschft mbH	10.625 €
Gesamtergebnis	**651.339 €**

Abbildung 11.89 Geht doch! Über die Konsolidierung
gelingt die kundenbezogene Quartalsauswertung.

11.10   Grundlegendes zu PivotCharts

Sobald Sie eine Pivottabelle erstellt haben, ist das zugehörige Diagramm nur noch einige
Mausklicks weit entfernt. Öffnen Sie die Datei *11_Pivot_Diagramme_00.xlsx*. Bewegen Sie
den Cursor in die Pivottabelle, und wählen Sie aus dem Menü PIVOTTABLE-TOOLS • ANALY-
SIEREN (Excel 2010: OPTIONEN) • TOOLS • PIVOTCHART aus.

Erstellen Sie aus den Daten ein Säulendiagramm. Es wird umgehend im gleichen Tabellenblatt wie die Pivottabelle abgelegt. Die Ortsbezeichnungen aus der Tabelle bilden die Rubrikenachse des Diagramms, während die Größenachse auf Basis der vorliegenden Werte automatisch skaliert wird (Abbildung 11.90).

Seit Excel 2007 können Sie in Pivotdiagrammen fast alle Diagrammelemente in der gleichen
Art und Weise bearbeiten und formatieren, wie Sie es von Standarddiagrammen her

gewohnt sind. Die zweite gute Nachricht lautet, dass manuell definierte Formatierungen beim Aktualisieren der Pivottabelle nicht mehr verloren gehen. Sie werden folglich nicht mehr vor die frustrierende Aufgabe gestellt, das gesamte Diagramm nach durchgeführter Datenänderung komplett neu zu formatieren.

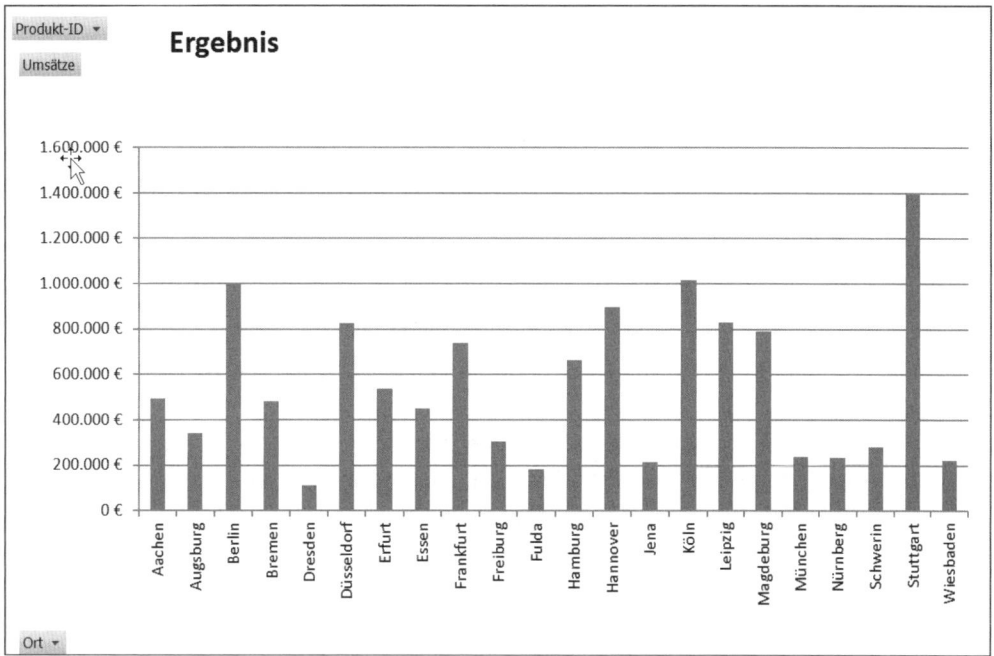

Abbildung 11.90 Pivotdiagramme behalten beim Aktualisieren der Daten in Excel auch alle Formatierungen.

Pivottabelle und Pivotdiagramm sind aber immer noch die beiden Seiten der gleichen Medaille. Das bedeutet, dass jede Änderung, die Sie in der Tabelle durchführen, auch das Diagramm verändert. Umgekehrt verschwindet ein Element, das Sie beispielsweise im Diagramm entfernt haben, auch umgehend aus der zugrunde liegenden Pivottabelle. Von der Bedienung her betrachtet, gibt es seit Excel 2016 eine Neuerung. Haben Sie im Zeilenbereich der Pivottabelle zwei Datenebenen, z. B. Produktgruppen und danach die zugehörigen Produkte, werden im Diagramm zwei Schaltflächen angezeigt, mit denen Sie die Detailebene ein- und ausblenden können (*Drilldown*, Abbildung 11.91). Die Daten in der Tabelle spiegeln auch in diesem Fall exakt den Stand des Diagramms wider.

Jedes Pivotdiagramm verfügt – ganz wie eine neue Pivottabelle aus den Basisdaten – über den gesamten Datenbestand der Basisdaten im Hintergrund. Jedes Diagramm belegt demnach Speicher und verlangsamt so gegebenenfalls Ihre Anwendung.

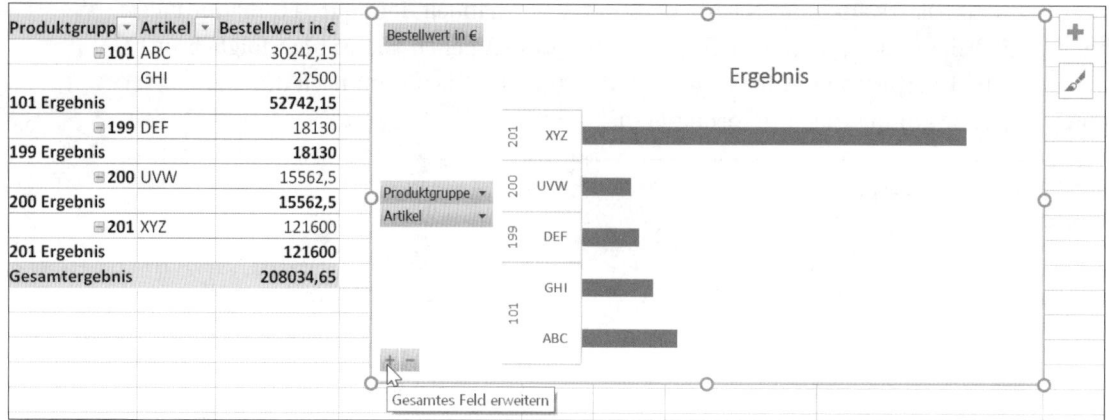

Abbildung 11.91 Neue Schaltflächen zur Detailanzeige

Senden Sie z. B. einer Kollegin oder einem Kollegen eine Arbeitsmappe, in der oberflächlich betrachtet lediglich das Pivotdiagramm enthalten ist, müssen Sie sich immer darüber im Klaren sein, dass Sie auch die gesamten Basisdaten mit versenden. Die Diagrammdatei wird also unter Umständen eine Dateigröße besitzen, die dem Empfänger beim Herunterladen und dem Netzwerkadministrator beim Blick auf die Postfachgrößen des Mailservers nicht allzu viel Freude bereiten. Wir werden uns im weiteren Verlauf aber mit Alternativen beschäftigen, die dabei helfen, Platz zu sparen.

11.10.1   Einschränkungen bei Pivotdiagrammen

Obwohl die Diagrammfähigkeit der Pivottabellen in den letzten Excel-Versionen noch einmal erweitert wurde, gibt es immer noch einige Einschränkungen bei den Diagrammtypen. Nach wie vor sind die folgenden Diagrammtypen nicht direkt auf Basis einer Pivottabelle generierbar:

▶ Punktdiagramm

▶ Blasendiagramm

▶ Kursdiagramm

▶ alle neuen Diagrammtypen wie Wasserfall, Treemap, Histogramm

Bereits Excel 2016 bietet Ihnen in der Dialogbox schlichtweg die Schaltfläche OK nicht mehr zur Bestätigung der Auswahl an. In der Version 2010 zeigte Ihnen das Programm eine Fehlermeldung, wenn Sie dennoch versuchten, einen dieser Diagrammtypen über PIVOTTABLE-TOOLS • OPTIONEN • TOOLS • PIVOTCHART zu erzeugen (Abbildung 11.92).

Wir werden allerdings weiter unten eine Möglichkeit nutzen, um dennoch einen der gewünschten Diagrammtypen zu erstellen. Doch zunächst noch einmal zu weiteren Auffälligkeiten von Pivotdiagrammen.

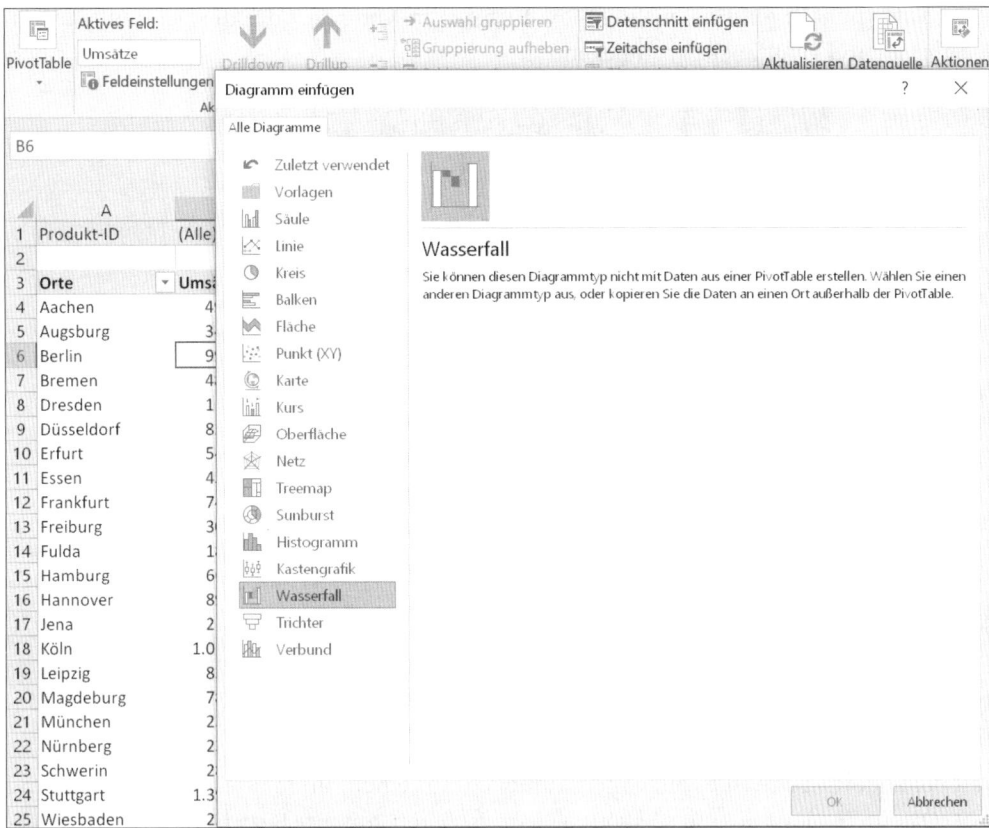

Abbildung 11.92 Punktdiagramme, aber auch neue Diagrammtypen wie Wasserfalldiagramme sind auf Basis von Pivottabellen nicht möglich.

11.10.2   Schaltflächen in Pivotdiagrammen

Der augenfälligste Unterschied eines Pivotdiagramms zu normalen Diagrammen ist der, dass sich die Schaltflächen an seinen Rändern befinden. Es sind die Zeilen- bzw. Spaltenbeschriftungen und der Berichtsfilter, die genauso bedient werden wie die Labels in der Pivottabelle selbst.

Unter diesem Gesichtspunkt ist es völlig unerheblich, ob Sie Ihre Datenanalyse über die Tabelle oder über das Diagramm steuern. Beide Arbeitsweisen führen zum gleichen Ergebnis.

Im Menü PIVOTTABLE-TOOLS • ANALYSIEREN • EINBLENDEN/AUSBLENDEN finden Sie in der aktuellen Version ein Listenfeld FELDSCHALTFLÄCHEN. Mit ihm blenden Sie die auf dem Diagramm liegenden Schaltflächen wahlweise ein oder aus (Abbildung 11.93). Bedenken Sie immer, dass das Ausblenden einer Schaltfläche und das Entfernen eines Feldes zwei verschiedene Stiefel sind. Das Ausblenden hat keinerlei Auswirkungen auf die Datendarstellung. Entfernen Sie ein Feld aus dem Pivotdiagramm, verändert das die Dateninhalte von Diagramm und Pivottabelle grundlegend.

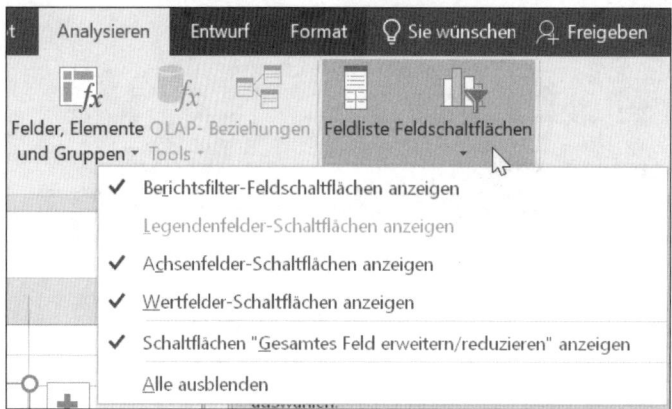

Abbildung 11.93 Ausblenden der Schaltflächen des Pivotdiagramms

11.10.3   Punkt-(XY-)Diagramm aus einer Pivottabelle erstellen

Das *Punkt-(XY-)Diagramm* gehört nicht unbedingt zu den Exoten unter den Diagrammtypen, ist es doch glänzend dazu geeignet, die Beziehung zwischen zwei Datenreihen einprägsam darzustellen.

Auf der anderen Seite ist es auch nicht unüblich, aus einem umfangreichen Datenbestand zwei Datenreihen mittels einer Pivottabelle zu isolieren, um ihre Beziehung zueinander genauer zu betrachten. Es wird Sie wahrscheinlich ärgern, dass eben das XY-Diagramm in einer Pivottabelle nicht möglich ist.

Die Unmöglichkeit, die beiden Königskinder *Datenverdichtung durch Pivottabelle* und *grafische Darstellung der Regression* mithilfe eines Diagramms zusammenfinden zu lassen, liegt jedoch nicht an der Schlampigkeit der Entwicklerteams bei Microsoft. Vielmehr ist es die spezifische Arbeitsweise von Pivottabellen, die ein Happy End verhindert.

Bei einem XY-Diagramm wird jeder Punkt auf der Grundlage zweier Koordinaten, eben dem x- und dem y-Wert, lokalisiert. Diese beiden Werte entnimmt das XY-Diagramm eindeutig definierten Zellen eines Tabellenblattes. Doch genau diese Eindeutigkeit gibt es in einer Pivottabelle niemals.

In ihr erwächst jeder Wert aus der Verdichtung zahlreicher anderer Werte, die verteilt in den Basisdaten zu finden sind. Der kleinste gemeinsame Nenner der Daten in den Spalten B und C der in Abbildung 11.94 gezeigten Pivottabelle lässt sich folgendermaßen beschreiben: Zeige alle Daten für Produkt KA225 für eine ausgewählte Teilmenge an Standorten.

	A	B	C
1	Produkt-ID	KA225 ⊤	
2			
3	**Orte** ⊤	**Shopanzahl**	**Umsätze**
4	Dresden	20	46.200 €
5	Düsseldorf	31	72.912 €
6	Essen	19	40.698 €
7	Freiburg	15	31.815 €
8	Hannover	25	50.400 €
9	Köln	39	73.710 €
10	Magdeburg	24	51.912 €
11	München	42	197.020 €
12	Nürnberg	13	28.119 €
13	Stuttgart	28	53.508 €
14	**Gesamtergebnis**	**256**	**646.294 €**

Abbildung 11.94 Diese Pivottabelle lädt geradezu dazu ein, eine Korrelation zu bilden.

Das ist zu ungenau für ein XY-Diagramm. Doch heißt das nun auch: XY-Diagramm ade? Natürlich nicht. Denn weiter oben habe ich schon diverse Techniken beschrieben, mit denen Sie Daten einer Pivottabelle auch in anderen Bereichen der Arbeitsmappe weiterverarbeiten können. Und auf der Grundlage dieser Arbeitsblattdaten ist es nicht allzu schwierig, ein XY-Diagramm aufzubauen.

Sie wissen:

▸ Wenn Sie die Daten der Pivottabelle kopieren und an anderer Stelle als Werte einfügen, gehen die Vorzüge der Datenaktualisierung mittels Pivottabelle verloren.

▸ Wenn Sie die Option GETPIVOTDATA GENERIEREN deaktivieren, können Sie mit einfachen Zellbezügen auf Zellen der Pivottabelle referenzieren und erhalten die Aktualisierungsoptionen der Pivottabelle; dieses Verfahren funktioniert aber nur dann reibungslos, wenn die Grundstruktur der Pivottabelle (Spalten- und Reihenanzahl) nicht mehr verändert wird.

Gehen wir der Einfachheit halber also davon aus, dass die Pivottabelle in Abbildung 11.95 immer nur die Shop-Anzahl und die Umsätze für zehn ausgewählte Standorte darstellen soll. In diesem Fall bliebe das Grundgerüst auch dann gewahrt, wenn Sie einen anderen Artikel für die Analyse auswählen und damit den Wertebereich aktualisieren würden.

Um nun ein XY-Diagramm zu erstellen, gehen Sie wie folgt vor:

1. Deaktivieren Sie die Option GETPIVOTDATA über PIVOTTABLE-TOOLS • OPTIONEN • OPTIONEN.

2. Wählen Sie die Zelle aus, in der die Kopie der Pivottabelle beginnen soll.

3. Tippen Sie ein Gleichheitszeichen ein, und zeigen Sie mit der Maus auf die erste Zelle, die Sie aus der Pivottabelle übernehmen möchten.

4. Anschließend kopieren Sie den Zellbezug zeilen- und spaltenweise.

493

Orte	⊤ Shopanzahl	Umsätze	Orte	Shopanzahl	Umsätze
Dresden	20	46.200 €	=A4	20	46.200 €
Düsseldorf	31	72.912 €	Düsseldorf	31	72.912 €
Essen	19	40.698 €	Essen	19	40.698 €
Freiburg	15	31.815 €	Freiburg	15	31.815 €
Hannover	25	50.400 €	Hannover	25	50.400 €
Köln	39	73.710 €	Köln	39	73.710 €
Magdeburg	24	51.912 €	Magdeburg	24	51.912 €
München	42	197.020 €	München	Diagrammbereich	197.020 €
Nürnberg	13	28.119 €	Nürnberg	13	28.119 €
Stuttgart	28	53.508 €	Stuttgart	28	53.508 €
Gesamtergebnis	**256**	**646.294 €**	**Gesamtergebnis**	**256**	**646.294 €**

Abbildung 11.95 Ist »Get PivotData« deaktiviert, können Sie die Daten einer Pivottabelle an anderer Stelle klonen.

Markieren Sie den Zellbereich, in dem sich die Werte der kopierten Pivottabelle befinden, und erstellen Sie über EINFÜGEN • DIAGRAMME • PUNKT (XY) das gewünschte Punkt-(XY-) Diagramm.

Im fertigen Diagramm entfernen Sie die Legende und fügen eine Trendlinie hinzu (Abbildung 11.96). Dafür klicken Sie mit der rechten Maustaste auf einen der Datenpunkte. Im Kontextmenü aktivieren Sie die Option TRENDLINIE.

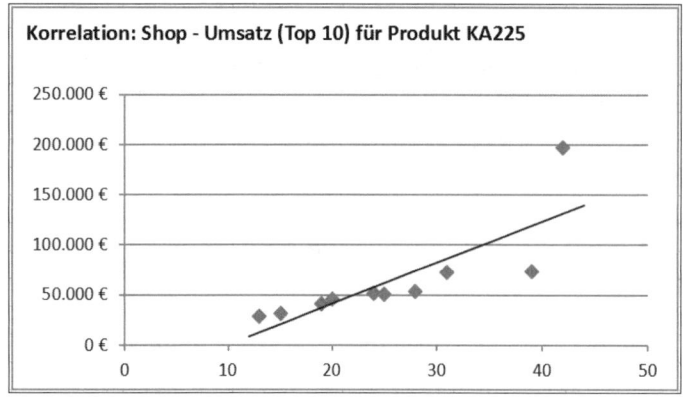

Abbildung 11.96 Darstellung der Korrelation im Diagramm

Nun ist noch zu überprüfen, ob die dynamischen Vorteile der Pivottabelle auch wirklich an Ihre Tabellenkopie und das Diagramm weitergegeben werden. Öffnen Sie den Berichtsfilter der Pivottabelle, um ein anderes Produkt auszuwählen. Tabelle und Diagramm werden sofort aktualisiert.

Ungünstig wirkt sich lediglich aus, dass Sie anhand der Diagrammüberschrift nicht erkennen können, welche Produktdaten aktuell angezeigt werden. Setzen wir den Fall voraus, dass Pivottabelle und Punktdiagramm in verschiedenen Tabellenblättern liegen, wäre es unmöglich, einen Zusammenhang zwischen der Korrelation und einem konkreten Produkt herzustellen.

Sie benötigen also noch einen dynamischen Titel für das Diagramm:

1. Geben Sie in eine leere Zelle die Formel ="Korrelation: Shop – Umsatz (Top 10) für Produkt " & B1 ein.

2. Klicken Sie nun den Diagrammtitel an.

3. Geben Sie bei dem ausgewähltem Diagrammtitel in die Editierzeile von Excel ein Gleichheitszeichen ein.

4. Zeigen Sie dann mit der Maus auf die Zelle, in die Sie zuvor die Formel geschrieben haben.

Nun wird im Diagrammtitel der verwendete Zellbezug – nämlich genau die Zelle, in der der Berichtsfilter der Pivottabelle den Namen des ausgewählten Produkts anzeigt – mit dem allgemeinen Überschriftentext kombiniert.

11.10.4   Alternativen bei der Erstellung eines XY-Diagramms aus Pivotdaten

Wenn Sie den Weg über den Aufbau einer zweiten Tabelle neben den Pivotdaten nicht gehen möchten, bietet Excel eine Alternative:

1. Positionieren Sie den Cursor außerhalb der Pivottabelle.

2. Wählen Sie dann die Option EINFÜGEN • DIAGRAMME • PUNKT (XY).

3. Klicken Sie danach auf die Schaltfläche DATEN AUSWÄHLEN, und fügen Sie die Datenbereiche der x- und y-Werte hinzu, indem Sie die Zellbereiche in der Pivottabelle markieren.

Auch dadurch wird ein XY-Diagramm erstellt.

11.10.5   Andere Techniken der grafischen Darstellung von Pivottabellen

Der Grund, warum überhaupt ein Punkt-(XY-)Diagramm aus einem Zellbereich außerhalb der Pivottabelle erstellt werden sollte, lag in der Tatsache begründet, dass dieser Diagrammtyp mit Pivottabellen grundsätzlich unverträglich ist. Doch wie bereits erwähnt, kann auch der Wunsch, den Speicherplatzbedarf einer Arbeitsmappe zu reduzieren, die Suche nach anderen Lösungen als einem reinen Pivotdiagramm befördern. Im Folgenden beschreibe ich die unterschiedlichen Konstellationen.

Kopieren und Werte einfügen

Sie möchten eine nicht allzu große Datei an einen anderen Benutzer weitergeben. Dieser soll sowohl das Diagramm als auch die ihm zugrunde liegenden Daten sehen, nicht aber die gesamten Basisdaten. Er oder sie soll auch die Gelegenheiten nutzen, mit den Daten weiterzuarbeiten.

In diesem Fall kopieren Sie die Pivotdaten und fügen sie mit INHALTE EINFÜGEN • WERTE in eine neue Arbeitsmappe ein. Dann erstellen Sie aus den Tabellendaten das gewünschte Diagramm.

Pivotdiagramm als Bild einfügen

Der Benutzer, dem Sie das Diagramm zur Verfügung stellen, soll eine kleine Excel-Datei erhalten. Er benötigt weder die Basisdaten noch den Datenauszug, auf dem basierend Sie das Pivotdiagramm erstellt haben.

Das ist der Fall, wenn Sie das Pivotdiagramm erstellen und es nach dem Markieren in die Zwischenablage kopieren. Wechseln Sie dann in eine neue Arbeitsmappe, und fügen Sie das Diagramm mit INHALTE EINFÜGEN • GRAFIK aus dem Kontextmenü ein.

Pivottabelle und -diagramm mit dem Kameratool kopieren

Eine Variante zu diesem Lösungsansatz besteht darin, sowohl Tabelle als auch Diagramm mit dem Kameratool von Excel zu kopieren und diese Kopie in eine andere Arbeitsmappe einzufügen.

Dieses überaus nützliche Tool hält Microsoft immer noch gut versteckt. Sie müssen es sich über DATEI • OPTIONEN und MENÜBAND ANPASSEN oder SYMBOLLEISTE FÜR DEN SCHNELLZUGRIFF zunächst einmal in den Menübereich holen. Wählen Sie am besten die Option ALLE BEFEHLE, und markieren Sie KAMERA in der Funktionsliste, um diese dann dem Menü hinzuzufügen.

Ist das Tool erst einmal verfügbar, gehen Sie wie folgt vor:

1. Markieren Sie den Datenbereich, in dem sich Pivottabelle und Pivotdiagramm befinden, sofern beide unmittelbar nebeneinander abgelegt wurden.
2. Klicken Sie auf das Symbol KAMERA.
3. Zeichnen Sie dann an einer beliebigen Stelle im Tabellenblatt ein Rechteck.

Sobald Sie die linke Maustaste loslassen, überträgt Excel den Inhalt des zuvor markierten Bereichs in das gezeichnete Rechteck. Die Abbildung ist zunächst sogar noch dynamisch. Der Inhalt des Schnappschusses ändert sich mit jeder Änderung der Filterkriterien in der Pivottabelle. Dies ändert sich allerdings, wenn Sie den Schnappschuss als Grafik in eine andere Arbeitsmappe einfügen.

Anzumerken bleibt, dass Sie selbstverständlich Tabelle und Diagramm auch getrennt voneinander markieren, kopieren und einfügen können.

Verwendung grafischer Elemente durch bedingte Formatierung

Ist Ihnen der ganze Aufwand bei der Erstellung von Diagrammen zu groß, haben Sie zu wenig Platz für ein Diagramm oder suchen Sie nach einer schnell umsetzbaren Möglichkeit, alle Zahlenwerte bereitzustellen und mit schlüssigen grafischen Mitteln zu ergänzen, etwa mittels Datenbalken direkt in der Pivottabelle, kommt für Sie die Verwendung der seit Excel 2007 enorm weiterentwickelten Option BEDINGTE FORMATIERUNG infrage (Abbildung 11.97).

Die Arbeitsschritte dazu sind folgende:

1. Wählen Sie den WERTE-Bereich der Pivottabelle aus.

2. Rufen Sie START • FORMATVORLAGEN • BEDINGTE FORMATIERUNG • DATENBALKEN auf.

3. Übernehmen Sie eine bedingte Formatierung aus der Rubrik EINFARBIGE FÜLLUNG.

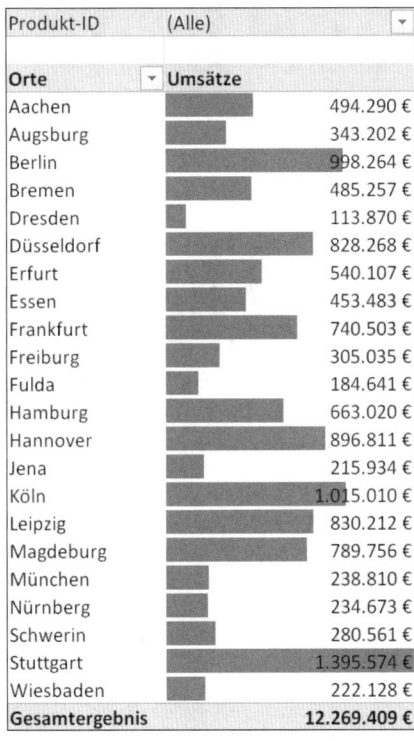

Produkt-ID	(Alle)	
Orte	**Umsätze**	
Aachen		494.290 €
Augsburg		343.202 €
Berlin		998.264 €
Bremen		485.257 €
Dresden		113.870 €
Düsseldorf		828.268 €
Erfurt		540.107 €
Essen		453.483 €
Frankfurt		740.503 €
Freiburg		305.035 €
Fulda		184.641 €
Hamburg		663.020 €
Hannover		896.811 €
Jena		215.934 €
Köln		1.015.010 €
Leipzig		830.212 €
Magdeburg		789.756 €
München		238.810 €
Nürnberg		234.673 €
Schwerin		280.561 €
Stuttgart		1.395.574 €
Wiesbaden		222.128 €
Gesamtergebnis	**12.269.409 €**	

Abbildung 11.97 Schnell umsetzbar – Datenbalken direkt in der Pivottabelle

Pivottabellen und Sparklines

Für die Verwendung von Sparklines spricht, dass sie nicht viel Platz im Tabellenblatt beanspruchen (Abbildung 11.98).

Die Arbeitsweise, um eines oder mehrere dieser Minidiagramme neben der Pivottabelle abzulegen, ist recht einfach:

1. Wählen Sie eine Zelle aus, oder verbinden Sie über ZELLEN FORMATIEREN • AUSRICHTUNG • ZELLEN VERBINDEN mehrere Zellen des Tabellenblattes miteinander.

2. Rufen Sie die Option EINFÜGEN • SPARKLINES • SPALTE auf.

3. Im Eingabefeld DATENBEREICH geben Sie den Zellbezug der Pivottabelle an, der die Werte enthält.

4. Zeigen Sie dann im Eingabefeld POSITIONSBEREICH auf die Zelle oder die verbundenen Zellen, in denen das Sparkline-Diagramm abgelegt werden soll.

5. Klicken Sie dann auf OK.

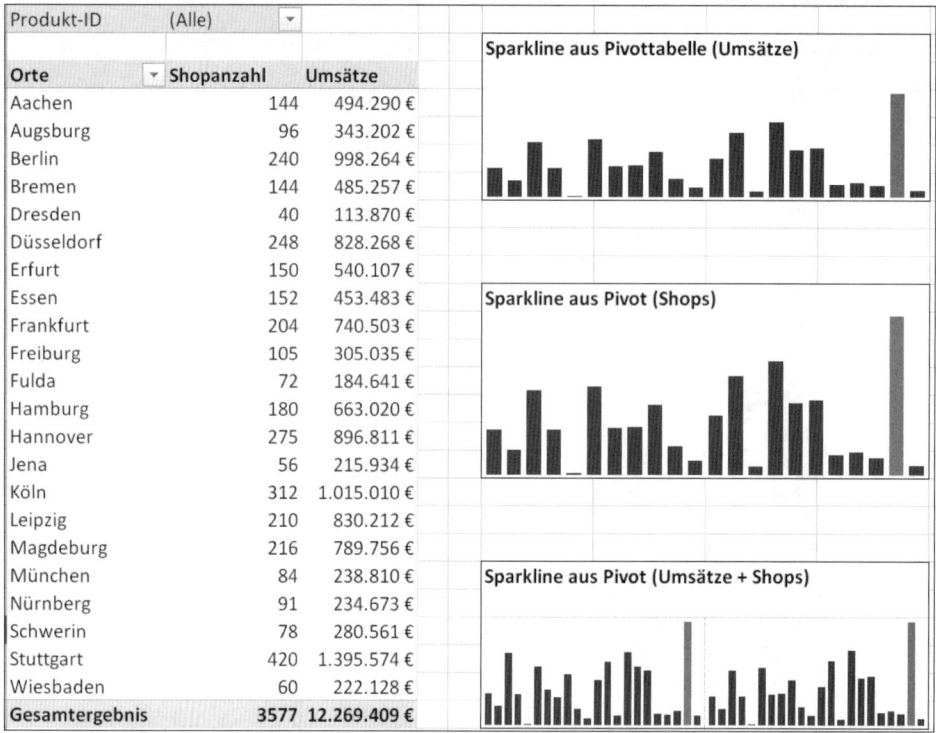

Abbildung 11.98 Mit Sparklines erstellen Sie platzsparend einzelne Diagramme aus unterschiedlichen Datenreihen der Pivottabelle.

Solange die Sparklines im Tabellenblatt aktiviert sind, werden die SPARKLINETOOLS als Kontextmenü im Menüband angeboten. Nachformatierungen für die Säulen der Sparklines, den höchsten oder niedrigsten Datenpunkt der Datenreihe, nehmen Sie über dieses Werkzeug vor.

11.11   Zusammenfassung: Pivottabellen und PivotCharts

Pivottabellen dienen der Gruppierung großer Datenmengen. Vor dem Erstellen einer Pivottabelle müssen Sie prüfen, ob die vorliegenden Daten die notwendigen Voraussetzungen für diesen Auswertungstyp mitbringen:

- eindeutige Spaltenüberschriften

- keine verbundenen Zellen im Überschriftenbereich

- nach Möglichkeit Struktur einer einfachen Liste ohne Leerzeilen

- Vorhandensein von Merkmalen, die sich gruppieren lassen

- korrekte Codierung der Daten

Sind die Voraussetzungen erfüllt, erstellen Sie die Pivottabelle über EINFÜGEN • PIVOTTABLE oder aus einer dynamischen Datentabelle über TABELLENTOOLS • TOOLS • MIT PIVOTTABLE ZUSAMMENFASSEN.

Die Basisarbeitstechniken bei Pivottabellen sind:

- Ziehen der Spaltenüberschriften aus der PIVOTTABLE-FELDLISTE in wahlweise den Berichtsfilter-, Zeilen-, Spalten- oder WERTE-Bereich der Pivottabelle

- Filtern der Daten durch Aktivieren der Filterfunktion im Zeilen-, Spalten- oder Berichtsbereich

- Auswahl der Berechnungsfunktion über DATEN ZUSAMMENFASSEN NACH im Kontextmenü

- Änderung der Datendarstellung (z. B. von absoluter in prozentuale Darstellung) über WERTE ANZEIGEN ALS bzw. WERTFELDEINSTELLUNGEN bei Excel 2007

- Zuweisen von Zahlenformaten über die WERTFELDEINSTELLUNGEN

Von der verdichteten Darstellung der Daten gibt es zwei Wege zurück zur Detaildarstellung:

- Der Doppelklick auf einen Wert der Pivottabelle startet einen Drilldown zu den Einzelheiten, die in einem separaten Tabellenblatt angezeigt werden.

- Die Funktion BERICHTSFILTERSEITEN ANZEIGEN unter PIVOTTABLE-TOOLS • OPTIONEN • PIVOTTABLE • OPTIONEN erstellt separate Tabellenblätter aus ausgewählten Berichtsseiten.

In Pivottabellen stehen Funktionen zum Erstellen von berechneten Feldern und berechneten Elementen zur Verfügung. Ein berechnetes Feld kann:

- aus einer Kalkulation zwischen zwei Feldern der Pivottabelle erstellt werden (`=Spalte1-Spalte2`)

- Berechnungen unter Verwendung von Konstanten enthalten (`=Spalte1 * 19 %`)

- in begrenztem Maße auch Funktionen enthalten (`=wenn(Spalte1< 1000;WAHR;FASCH)`,

- aber keineswegs Zellbezüge außerhalb der Pivottabelle einbeziehen (`=Spalte1*D25`)

Mit berechneten Elementen können Sie Bezüge innerhalb einer Spalte herstellen. Auf diesem Weg gelingt es beispielsweise, die Ergebnisse aller Standorte, die sich in einer Spalte der Basisdaten befinden, mit einem konkreten Standort zu vergleichen.

Grundlage jeder Pivottabelle ist die *Gruppierbarkeit* der Daten, d. h., es muss ein Element geben, nach dem die Daten zusammengefasst werden können, z. B. die verschiedenen Kunden in der Basisdatentabelle. Ist dies nicht der Fall, bleiben Ihnen zwei Optionen:

1. Sortieren Sie die Daten manuell, und markieren Sie die sortierten Daten, um sie dann mit der Funktion GRUPPIEREN manuell zu gruppieren, was selbstverständlich sehr aufwendig ist.

2. Gruppieren Sie Werte im Datums- oder Zeitformat automatisch, indem Sie die Funktion aus dem Kontextmenü aufrufen und dann ein Gruppierungsintervall (Monat, Quartal, Jahr etc.) zuordnen.

Die Formatierungsmöglichkeiten von Pivottabellen bieten aufgrund ihrer Einschränkungen immer wieder Anlass zu Ärgernissen. Dies führt dazu, dass die Daten von Pivottabellen häufig an anderer Stelle weiterverarbeitet und formatiert werden müssen.

Dazu gibt es zwei Möglichkeiten:

1. Kopieren Sie die Daten, und fügen Sie sie als Werte in andere Tabellenblätter ein; dadurch verlieren sie allerdings die Vorteile der Dynamik von Pivottabellen.

2. Greifen Sie mit PIVOTDATENZUORDNEN() über eine Funktion auf die Pivotdaten zu; doch auch diese Variante führt zu Problemen, sobald die Struktur der Daten in der Pivottabelle verändert wird.

Die Funktion PIVOTDATENZUORDNEN() können Sie über PIVOTTABLE • OPTIONEN deaktivieren. Dadurch wird beim Verweis auf die Pivottabelle ein regulärer Verweis in Form der A1-Schreibweise erzeugt. Seit Excel 2010 ist es zudem möglich, unter PIVOTTABLE-TOOLS • LAYOUT • BERICHTSLAYOUT • ALLE ELEMENTNAMEN die Elementnamen der Zeilenbeschriftung für jede Zeile des Berichts zu kopieren. Dadurch werden das Kopieren der Pivottabelle und das Einfügen als Wert in einem anderen Tabellenblatt wesentlich vereinfacht.

Excel 2013 führte eine völlig neue Technik ein: die Bildung von Datenmodellen. Ein Datenmodell verbindet zwei oder mehr Tabellen über ein gemeinsames Feld. Um ein Datenmodell zu bilden, nutzen Sie den gewohnten Dialog zum Erstellen von Pivottabellen, die Option DEM DATENMODELL DIESE DATEN HINZUFÜGEN muss dabei aktiviert sein. Anschließend bestimmen Sie das Feld, das zum Aufbau der logischen Beziehung zwischen den Tabellen verwendet werden soll.

Pivotdiagramme werden aus der gleichen Datenbasis erstellt, aus der auch die Pivottabelle generiert wird. Eine Änderung der ausgewählten Daten im Diagramm wirkt sich somit sofort auf die Tabelle aus und umgekehrt.

Zu beachten ist, dass bestimmte Diagrammtypen wie das XY-Diagramm in Pivottabellen nicht erstellt werden können. Es ist allerdings möglich, den Cursor außerhalb der Tabelle zu positionieren, den Diagramm-Assistenten zu starten und dann mit Verweis auf die Pivotdaten die gewünschten Diagramme zu erstellen.

Kapitel 12
Business Intelligence mit Power Pivot

Power Pivot wurde vielfach als ein Paradigmenwechsel für die Arbeit mit großen Datenmengen und Excel bezeichnet. Datenmodelle, DAX-Funktionen und Datenbankdenken – für Excel-Anwender hatte eine neue Zeitrechnung begonnen. Für Excel 2019 hat Microsoft das Tool zur Datenanalyse nochmals deutlich aktualisiert. In diesem Kapitel stelle ich Ihnen die grundlegenden Arbeitstechniken und Werkzeuge vor.

Seit es in Excel 2007 erstmalig möglich war, mehr als eine Million Zeilen in einem Tabellenblatt zu speichern und zu bearbeiten, ist das Programm auf dem besten Weg, zu einem Frontend, einer Drehscheibe für die Analyse sehr großer Datenmengen zu werden. In Excel 2010 gab es erstmalig Datenschnitte, zunächst nur, um die Inhalte von Pivottabellen zu steuern; in Excel 2013 waren diese auch für das Filtern von sehr großen Datentabellen verfügbar und wurden auch gleich um Zeitachsen ergänzt, die die Auswahl von Analysezeiträumen so einfach machten wie nie zuvor. In die Reihe der Maßnahmen für ein besseres Handling großer Tabellen passt die Nachricht, dass Microsoft im Herbst 2018 deutliche Performanceverbesserungen bei der Nutzung von Kopier-, Einfüge- und Sortiervorgängen und bei den Funktionen SVERWEIS() und VERGLEICH() bekannt machte. Excel 2019 ist also noch besser gerüstet für das ständige Anwachsen der Datenmengen.

Begleitet wurde diese Hintergrundmusik von der Entwicklung eines neuen Tools, Power Pivot. Zunächst wurde es von den Excel-Professionals als Geheimtipp gehandelt. Dann luden immer mehr Power-User das entsprechende Add-in für Excel 2010 aus dem Internet. In Excel 2013 war Power Pivot erstmalig fest integriert. Es war und ist das Tool zur Verknüpfung externer und interner Datenbestände. In Excel 2019 wurde eine vollständig aktualisierte Fassung implementiert. Da Power Pivot in relativ kurzen zeitlichen Intervallen als Add-in und für die Office-365-Version weiterentwickelt wurde, werden Umsteiger von Excel 2016 auf Excel 2019 folglich eine Reihe von Neuerungen nutzen können.

Power Pivot ist eine Komponente der Self-BI-Werkzeuge von Microsoft. Kurz skizziert, lässt sich die neue Welt der Datenanalyse so beschreiben: Der Benutzer greift mit Power Query (DATEN ABRUFEN UND TRANSFORMIEREN) auf einen externen Datenbestand zu und bereinigt diesen so weit, dass er in einem Datenmodell verwendbar ist.

Mit Power Pivot verknüpft er in einem zweiten Schritt die Tabellen verschiedener Herkunft, berechnet mithilfe der DAX-Funktionen (*Data Analysis Expressions*) seinen *KPI* (Key Performance Indicator) und stellt die Ergebnisse in einem Power-Pivot-Dashboard dar. Dies steuert er mithilfe der bereits erwähnten Datenschnitte und Zeitachsen.

Möchte er einen typischen *Onepager* für das nächste Meeting erstellen, könnte er sich des Tools Power View bedienen, mit dem er wichtige Teile seiner Auswertungen mit wenigen Mausklicks tabellarisch, als Diagramm oder als Landkarte visualisieren kann – selbstverständlich dynamisch steuerbar. Doch die Präsentation dieses Tools im Menü spricht eigentlich schon Bände. Hat der Benutzer das Add-in in den Optionen aktiviert, so sucht er die Schaltfläche zum Starten des Programms vergeblich. Microsoft hat sie aus dem Menüband entfernt. Und so müsste ein potenzieller Anwender über DATEI • OPTIONEN • MENÜBAND ANPASSEN Power View in Eigenregie ins Excel-Hauptmenü integrieren, um es einzusetzen.

Der Grund für dieses Versteckspiel ist recht einfach zu benennen, denn Microsoft setzt bei der interaktiven Visualisierung von Daten schon seit 2016 auf *Power BI Desktop*. In die aus dem Internet herunterladbare App können Excel-Arbeitsmappeninhalte, also beispielsweise Power-Query-Abfragen, Power-Pivot-Datenmodelle inklusive der bereits erstellten Measures, importiert werden. Die Visualisierung und Bereitstellung auf *Power BI Service* übernimmt dann diese lokale Entwicklungsumgebung für interaktive Berichte.

12.1   Arbeiten auf der Self-BI-Baustelle

Power Pivot, um das es in diesem Kapitel geht, ist im Prinzip ein lokaler Datenbankserver mit Verbindung zu Excel. Wer das Add-in für Excel 2010 installieren möchte, wird über die Hard- und Softwareanforderungen des Tools auf der Downloadseite informiert (*www.microsoft.com/de-DE/download/details.aspx?id=43348*). Stabilität und Performance haben sich verbessert, nachdem Power Pivot in Excel 2013 integriert wurde. Wichtiger ist allerdings für Umsteiger, dass Power-Pivot-Datenmodelle nicht abwärtskompatibel sind. Datenmodelle, die in Excel 2013 oder später erstellt wurden, können in Excel 2010 nicht geöffnet werden. Umgekehrt führt 2013 bereits eine Konvertierung des 2010er-Datenmodells durch, wenn Sie dieses in einer neueren Version nutzen. Sie sollten also beim Einsatz von Excel 2013 oder neuer immer daran denken, vor der Bearbeitung eines 2010er-Datenmodells eine Kopie der Datei zu erstellen. Ansonsten können Sie das Datenmodell nach der Konvertierung nicht mehr unter 2010 einsetzen. Ab Excel 2013 gibt es diese Kompatibilitätsprobleme mit späteren Versionen nicht mehr.

Noch ein Wort zur Lizenzpolitik. Power Pivot ist Bestandteil aller Office-365-Lizenzen von Excel. Office-2016-Anwender benötigen eine Professional-Plus-Volumenlizenz, um das Tool zu nutzen. Verfügen Sie über eine normale Office-2013-Professional-Plus-Lizenz oder über eine Stand-alone-Lizenz für Excel 2013 oder Excel 2016 steht Ihnen ebenfalls Power Pivot zur Verfügung. Und um die Lizenzpolitik noch ein wenig unübersichtlicher zu gestalten, muss es bei den 2019er-Versionen dann eine Office-Professional-, eine Home-and-Business- oder eine Home-and-Student-Lizenz sein, um in den Genuss von Power Pivot zu kommen.

12.2   Inhaltliches und Organisatorisches zu den Beispielen

Viele Seminarteilnehmer möchten immer wieder gerne die Unterschiede von Power Pivot zu normalen Pivottabellen und formelbasierten Excel-Kalkulationsmodellen kennenlernen. Hier knüpft dieses Buchkapitel an. Es zeigt am Fallbeispiel einer Sales-Analyse den Aufbau eines einfachen Datenmodells, bestehend wahlweise aus einer oder mehreren Datenquellen. Danach wendet es sich nach einigen Überlegungen zur Ergonomie bei der Handhabung großer Datenmengen den berechneten Feldern (*Measures*) zu. Ich beschränke mich hierbei auf einen Teilbereich, der im Controlling besonders wichtig ist: die bedingten Kalkulationen. Zum Abschluss stehen dann wieder die Fragen nach der Gestaltung der berechneten Ergebnisse im Vordergrund.

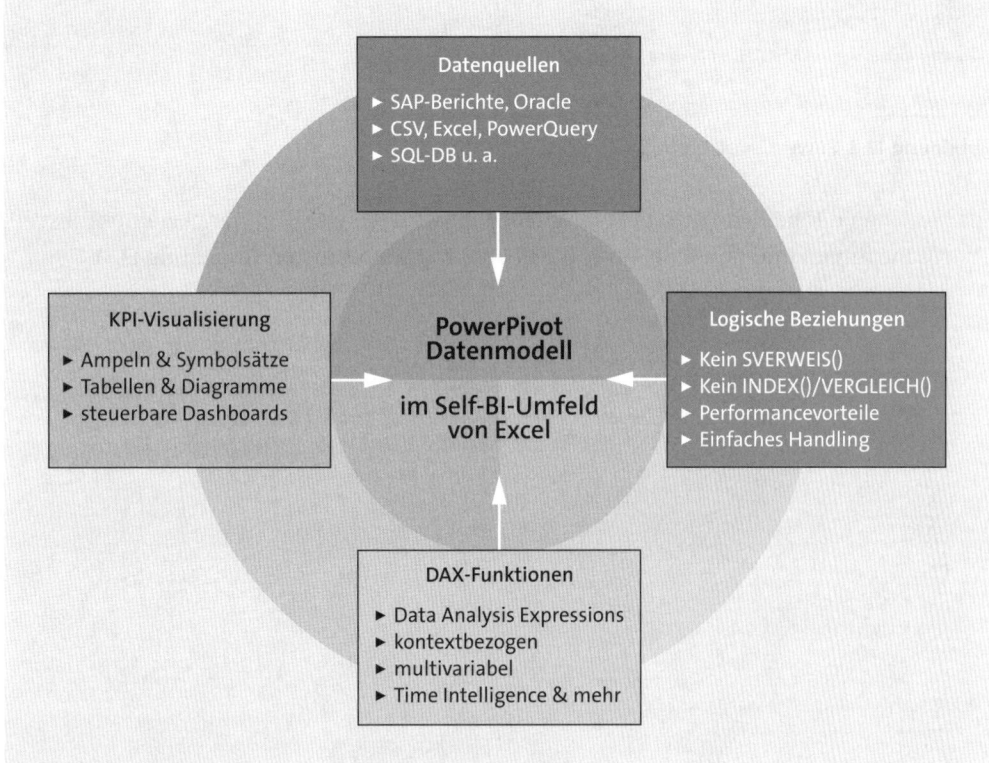

Abbildung 12.1 Power Pivot im Self-BI-Umfeld von Excel

Noch eine technisch-organisatorische Anmerkung: Die Beispiele in diesem Kapitel verwenden überwiegend die Access-Datenbank *AdventureWorks.accdb*. Diese Datenbank wird von Microsoft kostenlos im Internet zum Download angeboten (*https://github.com/Microsoft/sql-server-samples/releases/tag/adventureworks*). Sie finden Sie außerdem unter den Beispieldateien zu diesem Buch. Für die einzelnen Beispiele habe ich die Datenbank unter dem Dateinamen *12_AdventureWorks.accdb* auf Laufwerk *C:* im Ordner *\testbed* gespeichert. Um sicherzustellen, dass alles so funktioniert, wie in diesem Kapitel beschrieben, sollten Sie es auch so machen.

12.3   Die Power-Pivot-Oberfläche im Überblick

Im Menü präsentiert sich POWER PIVOT als eigener Menüpunkt, sofern Sie das Add-in unter DATEI • OPTIONEN • ADD-INS • COM-ADD-INS • LOS zuvor aktiviert haben. Das danach angezeigte Menü enthält verschiedene Funktionsgruppen. Ganz links finden Sie in der Gruppe DATENMODELL den Menüeintrag VERWALTEN (Abbildung 12.2). Seit Excel 2016 ist diese Funktion auch unter DATEN • DATENTOOLS zu finden.

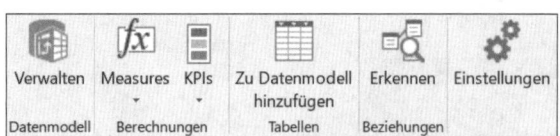

Abbildung 12.2 Power-Pivot-Menü in Excel 2016

Egal, welchen der beiden Wege Sie einschlagen, er wird Sie weg von der gewohnten Excel-Oberfläche führen und hinein in ein völlig neues Programmfenster (Abbildung 12.3).

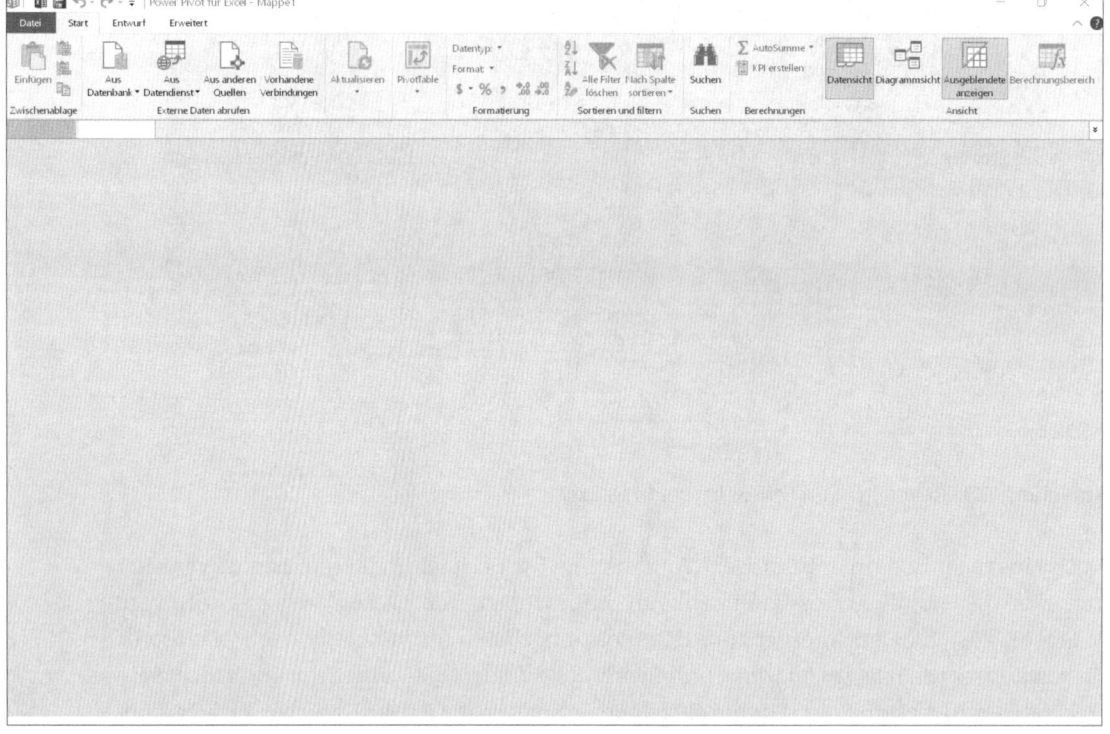

Abbildung 12.3 Das Power-Pivot-Fenster

Eine erste Aufgabe bei der Datenmodellierung besteht grundsätzlich darin, die Tabellen für das Datenmodell zu laden und diese dann später logisch miteinander zu verknüpfen. Dazu stehen zwei unterschiedliche Methoden zur Verfügung. Wie bereits in Kapitel 5 beschrieben, können externe Daten über Power Query importiert und bereinigt werden. Anschließend besteht die Möglichkeit, die bereinigten Daten von Power Query aus über die Funktion LADEN IN in das Datenmodell, also nach Power Pivot, zu laden. Dieser Weg ist bei umfassenderen Datenmodellen auch empfehlenswert. In weniger komplexen Datenmodellen kann der Import aber auch im Power-Pivot-Fenster direkt erledigt werden. Sie starten diese Aufgabe dann beispielsweise mit einem Klick auf EXTERNE DATEN ABRUFEN • AUS DATENBANK • AUS ACCESS, wenn es sich, wie in meinem Beispiel, um eine Access-Datenbank handelt (Abbildung 12.4).

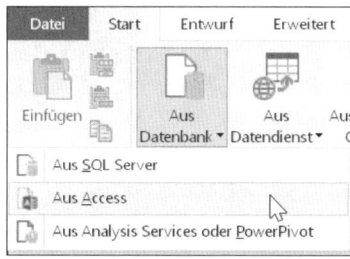

Abbildung 12.4 Auswahl einer Access-Datenbank als Datenquelle für Power Pivot

Wie bereits weiter oben erwähnt, liegt die von mir verwendete Datenbank *12_Adventure-Works.accdb* in *C:\testbed*. Da diese Datenbank keine Benutzerbeschränkungen hat, können Sie sie mühelos in der nächsten Dialogbox auswählen und eine Verbindung zur Datenbank aufbauen (Abbildung 12.5).

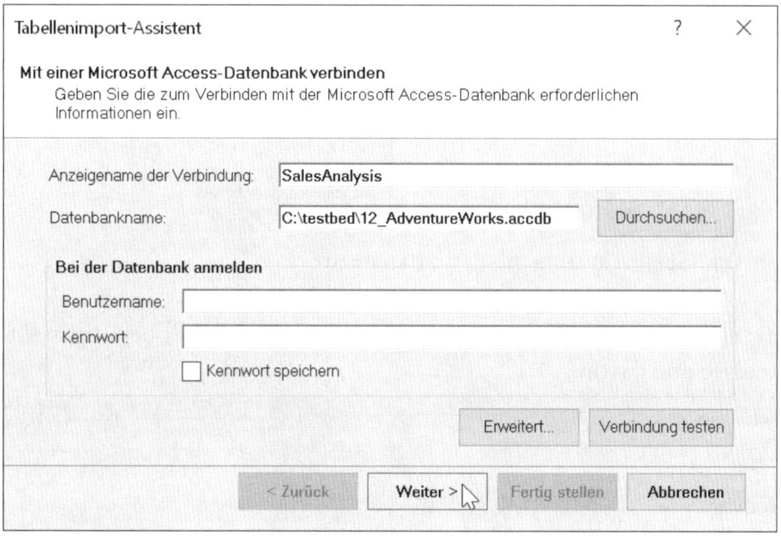

Abbildung 12.5 Auswahl der Datenbankdatei »12_AdventureWorks.accdb«

Danach klicken Sie auf WEITER. Da es sich in vielen Fällen, in denen Sie Power Pivot einset-zen, um einen Zugriff auf relationale Datenbanken oder gar einen Daten-Cube handeln wird, benötigen Sie ein Werkzeug zur Auswahl der Tabellen, die Sie für Ihre Datenanalyse verwen-den möchten. Power Pivot fragt Sie auf dem nächsten Bildschirm deshalb, auf welche Weise Sie die Tabellen für die weitere Arbeit auswählen möchten. Hätten Sie bereits eine funktio-nierende SQL-Abfrage, könnten Sie den Abfragetext unter ABFRAGE ZUR ANGABE DER ZU IM-PORTIERENDEN DATEN SCHREIBEN einfügen. Da wir momentan keine Abfragedatei besitzen, müssen wir die erste Option wählen und die Tabellen für das zu erstellende Datenmodell manuell auswählen (Abbildung 12.6).

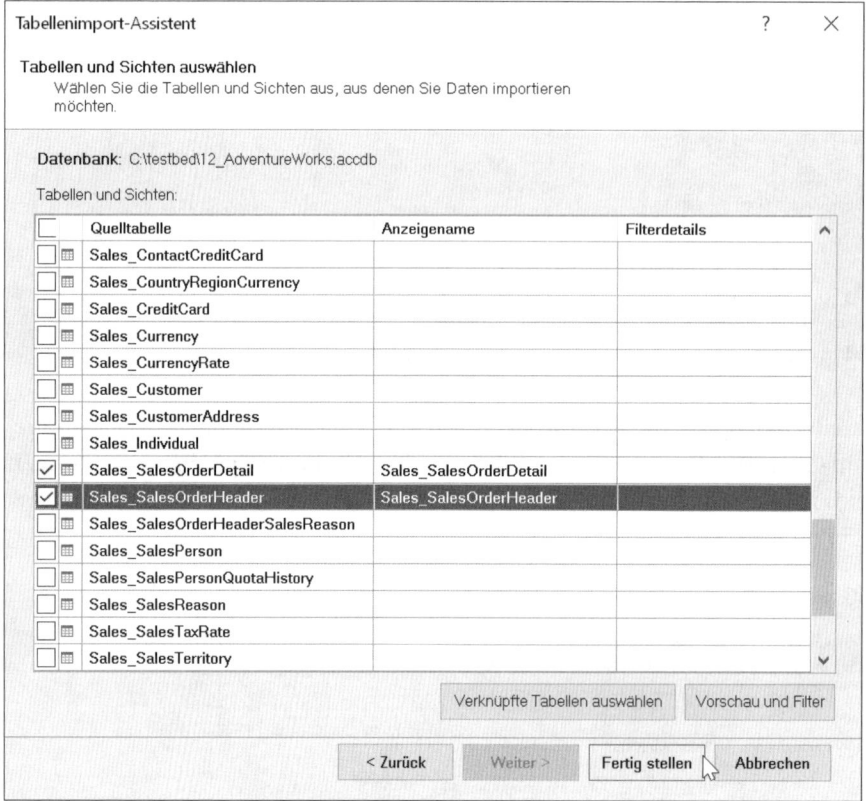

Abbildung 12.6 Auswahl von Tabellen einer relationalen Datenbank

Die Datenbank *12_AdventureWorks.accdb* enthält eine Fülle von Tabellen. Wir benötigen für eine einfache Sales-Analyse drei davon:

▶ *Production_Product*

▶ *Sales_SalesOrderDetail*

▶ *Sales_SalesOrderHeader*

Um die Datenmenge, die von der externen Access-Datenbank in den lokalen Datenbankserver Power Pivot übertragen wird, zu reduzieren, können Sie die Schaltfläche VORSCHAU UND FILTER betätigen. Wenn Sie dies beispielsweise für die Tabelle *Sales_SalesOrderHeader* machen, sehen Sie in einem separaten Fenster alle Spalten der ausgewählten Tabelle (Abbildung 12.7). Klicken Sie auf das Kontrollkästchen ganz links, werden alle Spalten der Tabelle deaktiviert. Wählen Sie anschließend nur die Spalten *SalesOrderID*, *OrderDate*, *OnlineOrderFlag*, *CustomerID*, *TerritoryID*, *TotalDue* und *ModifiedDate* aus. Bestätigen Sie die Auswahl mit OK.

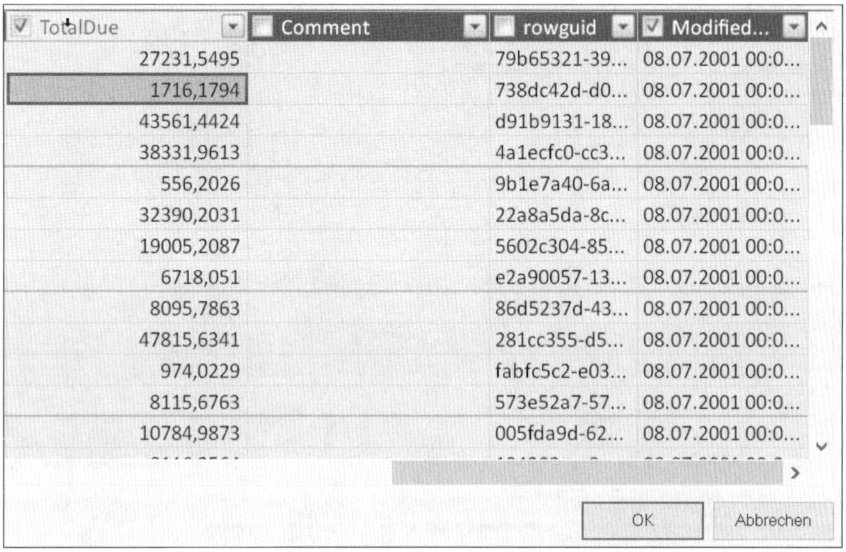

☑ TotalDue ▼	☐ Comment ▼	☐ rowguid ▼	☑ Modified... ▼
27231,5495		79b65321-39...	08.07.2001 00:0...
1716,1794		738dc42d-d0...	08.07.2001 00:0...
43561,4424		d91b9131-18...	08.07.2001 00:0...
38331,9613		4a1ecfc0-cc3...	08.07.2001 00:0...
556,2026		9b1e7a40-6a...	08.07.2001 00:0...
32390,2031		22a8a5da-8c...	08.07.2001 00:0...
19005,2087		5602c304-85...	08.07.2001 00:0...
6718,051		e2a90057-13...	08.07.2001 00:0...
8095,7863		86d5237d-43...	08.07.2001 00:0...
47815,6341		281cc355-d5...	08.07.2001 00:0...
974,0229		fabfc5c2-e03...	08.07.2001 00:0...
8115,6763		573e52a7-57...	08.07.2001 00:0...
10784,9873		005fda9d-62...	08.07.2001 00:0...

Abbildung 12.7 Auswahl der Spalten einer zu importierenden Tabelle

Selbstverständlich könnten Sie diesen Vorgang auch für die weiteren Tabellen wiederholen, um die Datenmenge zu reduzieren. Verzichten Sie allerdings dieses Mal darauf, und klicken Sie stattdessen auf FERTIG STELLEN.

Nachdem Sie die Auswahl der zu importierenden Tabellen bestätigt haben, dauert es wenige Sekunden, in denen Power Pivot diese Daten sucht und auf Verfügbarkeit, Konsistenz etc. hin prüft. Danach werden die Tabelleninhalte von Access in Power Pivot geladen. Am Ende dieses kurzen Arbeitsschrittes sollten Sie eine Mitteilung auf dem Bildschirm sehen, dass der Vorgang erfolgreich abgeschlossen wurde (Abbildung 12.8).

Klicken Sie auf SCHLIESSEN. Es wird nun die vorerst letzte Seite angezeigt, die für die Phase der Datenauswahl von Bedeutung ist. Im Power-Pivot-Fenster sehen Sie die drei ausgewählten Tabellen in verschiedenen Registern (Abbildung 12.9). Erkennbar ist die reduzierte Spaltenanzahl in *Sales_SalesOrderHeader*.

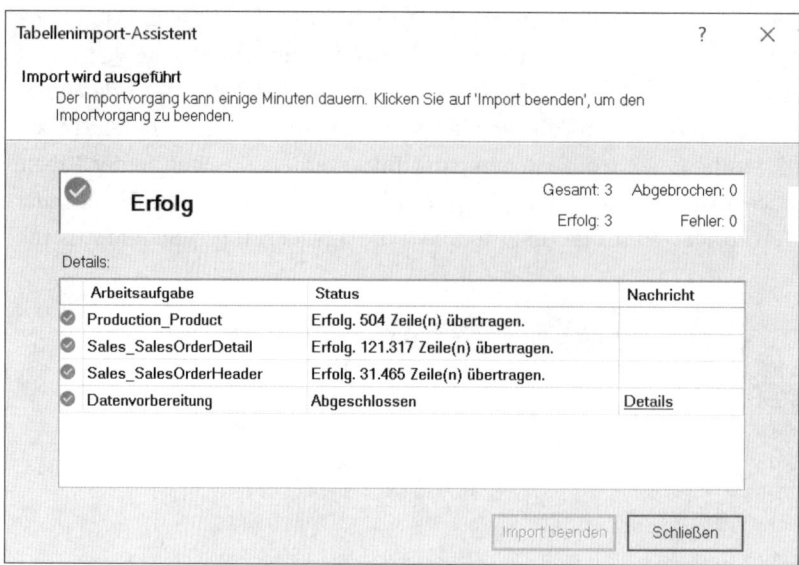

Abbildung 12.8 Erfolgsmeldung nach der Verarbeitung der ausgewählten Tabellen

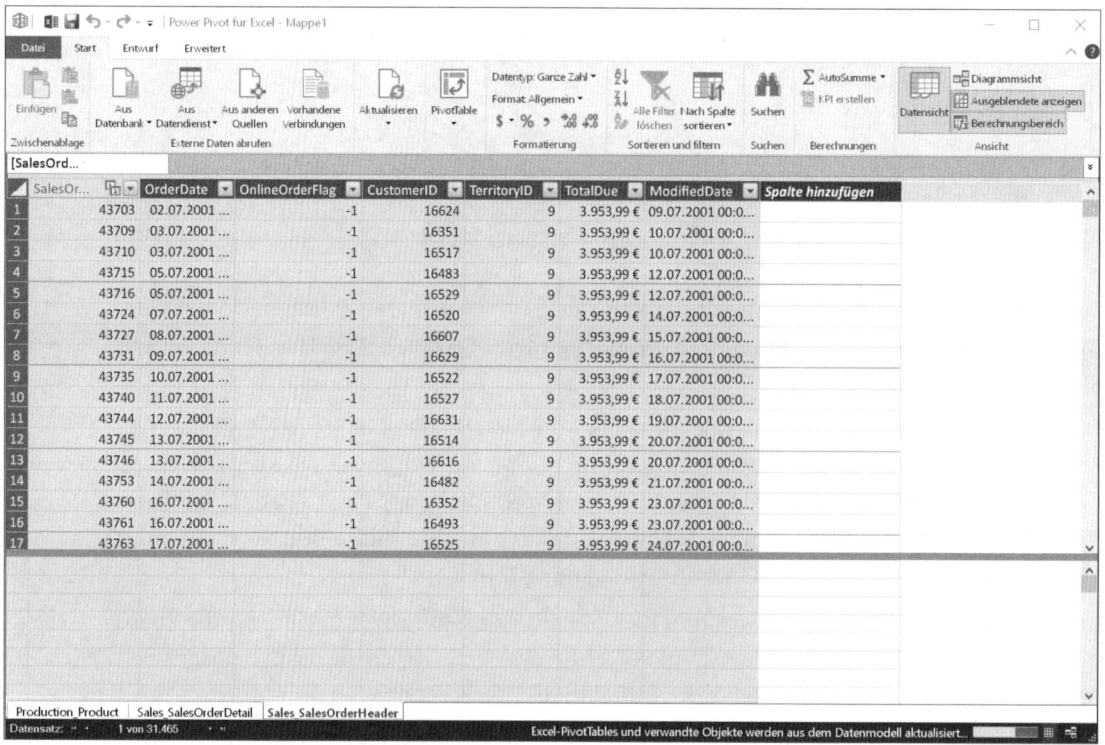

Abbildung 12.9 Die ausgewählten Tabellen im Power-Pivot-Fenster

Datenquellen und Zugriffspunkte für den Aufbau eines Datenmodells

Die Möglichkeiten der Nutzung von Power Pivot stehen und fallen selbstverständlich mit dem Zugriff auf externe Datenquellen. Deshalb ist es wichtig, die verfügbaren Optionen zu kennen:

▶ **Power Query**

Das Tool, ab Excel 2016 erreichbar im Menü DATEN • ABRUFEN UND TRANSFORMIEREN • NEUE ABFRAGE, ist in der Lage, auf zahlreiche externe Datenquellen zuzugreifen. Dazu gehören unter anderem Excel-Arbeitsmappen, Text- und CSV-Dateien, zahlreiche Datenbankdateien (Oracle, SQL, MySQL, Sybase etc.), aber auch diverse Quellen aus dem Azure-Onlineangebot und weitere Formate wie Facebook, OData-Feeds, Salesforce und Dynamics CRM Online. Daten, die mithilfe dieses Tools importiert und bereinigt wurden, können wahlweise in ein Tabellenblatt der Arbeitsmappe oder direkt in ein Power-Pivot-Datenmodell geladen werden. Letztere Option ist vor allem empfehlenswert, um die Menge redundanter Informationen (ein Datenbestand als externe Datei, als Excel-Tabelle und als Power-Pivot-Tabelle) zu verringern.

▶ **Power Pivot**

Im Power-Pivot-Fenster finden Sie das MENÜ • EXTERNE DATEN ABRUFEN und in ihm verschiedene Optionen. Die interessanteste, wenn es darum geht, einen Überblick zu gewinnen, ist AUS ANDEREN QUELLEN. Denn ein Mausklick auf die Schaltfläche listet alle Datenquellen auf, die Sie aus Power Pivot direkt abfragen können. Hier finden Sie vor allem den Zugriff auf relationale Datenbanken, Analysis Services, Datenfeeds und Textdateien, wozu auch Excel-Arbeitsmappen gezählt werden.

▶ **Verknüpfte Tabellen**

Jede dynamische Datentabelle, die in Ihrer Arbeitsmappe enthalten ist, kann einem Datenmodell hinzugefügt werden. Die Option dazu finden Sie im Menü POWER PIVOT • TABELLEN • ZU DATENMODELL HINZUFÜGEN. Bewegen Sie den Cursor in eine Datentabelle, und betätigen Sie die genannte Schaltfläche, wird die Datentabelle als Kopie in das Power-Pivot-Fenster übernommen. Diese Option ist besonders reizvoll, da sie es ermöglicht, ein Datenmodell unter völligem Verzicht auf externe Quellen aufzubauen und damit die performancelastige Verweisfunktion zu umgehen. In einem solchen Datenmodell werden die Tabellen nicht mehr über SVERWEIS() oder Ähnliches, sondern stattdessen über logische Beziehungen verknüpft, und es werden leistungsstarke DAX-Funktionen zur Berechnung der Ergebnisse eingesetzt.

12.4   Logische Beziehungen statt SVERWEIS() und Co.

Die drei Tabellen *Production_Product*, *Sales_SalesOrderDetail* und *Sales_SalesOrderHeader* bilden ein *Datenmodell*. Dieses dient einem Zweck, nämlich der Durchführung einer klar definierten Datenanalyse. Man kann es als eine Datenstruktur beschreiben, in der unterschiedliche Tabellen (unter Umständen aus verschiedenen Quellen) über logische Beziehungen miteinander verknüpft sind. In diesem Sinne ist die Nutzung von Power Pivot eher das genaue Gegenteil von der Arbeit mit Pivottabellen, auch wenn einige Strukturen und Techniken vergleichbar sind. Pivottabellen sind ursprünglich ein Mittel der Ad-hoc-Analyse von Daten gewesen, haben sich jedoch mehr und mehr einen Platz auf dem Gebiet des kontinuierlichen Reportings erkämpft. Power-Pivot-Datenmodelle bedürfen jedoch immer einer vorangestellten Datenanalyse sowie einer akribischen Vorbereitung. Man erstellt sie nicht zum Zweck einer einmaligen Auswertung, sondern entwickelt sie mit der Perspektive einer mindestens mittelfristigen Nutzung.

Wesentlich für Datenmodelle ist die logische Verknüpfung der einzelnen Tabellen. Da im vorliegenden Beispiel alle Tabellen aus einer einzigen Datenbank stammen und in dieser Datenbank bereits logische Beziehungen zwischen den Tabellen bestanden, kann man erwarten, dass Power Pivot diese logischen Beziehungen auch erkennt und nutzt. Überzeugen Sie sich davon, und klicken Sie auf START · ANSICHT · DIAGRAMMSICHT (Abbildung 12.10).

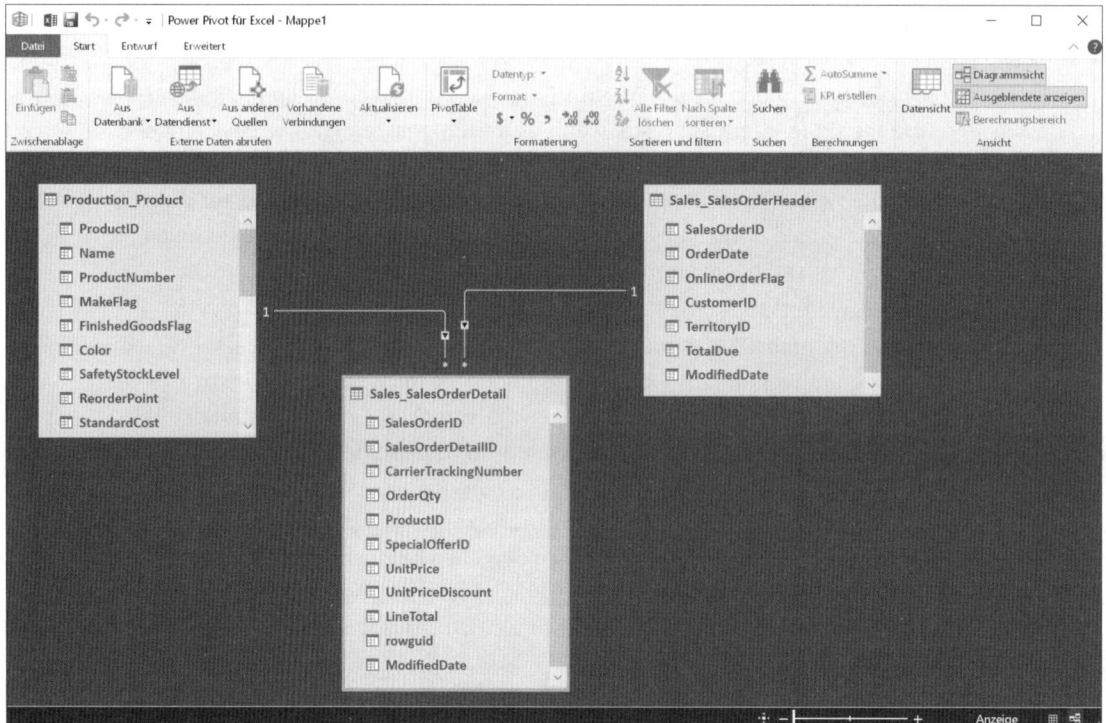

Abbildung 12.10 Logische Beziehungen der Tabellen des Datenmodells

In dieser Sicht sehen Sie die logischen Beziehungen zwischen den einzelnen Tabellen des Datenmodells. Und Sie erkennen, dass zwischen den Tabellen *Sales_SalesOrderDetail* und *Sales_SalesOrderHeader* die Verknüpfung auf Basis des gemeinsamen Feldes SalesOrderID hergestellt wurde. *Sales_SalesOrderDetail* ist wiederum über das Feld `ProductID` mit der Tabelle *Production_Product* verbunden.

Beide Verknüpfungen verwenden eine sogenannte *1:n-Beziehung*. Das bedeutet, dass Sie das Produkt 707, einen roten Fahrradhelm, in der Tabelle *Sales_SalesOrderDetail* mit Sicherheit mehrfach (n-fach) finden, während genau dieses Produkt in *Production_Product* lediglich ein einziges Mal vorkommt. *Sales_SalesOrderDetail* ist eine Faktentabelle, in der sich Bewegungsdaten Ihrer Bestellungen befinden. *Production_Product* ist eine Such- oder Dimensionstabelle. Sie stellt Eigenschaften bereit, z. B. die Farbe, den Preis, das Einstandsdatum eines Produkts. Um bei umfangreicheren Datenmodelle den Überblick zu bewahren, sollten Sie sich angewöhnen, Suchtabellen im oberen Bereich des Power-Pivot-Fensters abzulegen und die Faktentabelle etwas weiter unten, wie in Abbildung 12.10 zu sehen.

Stark verändert hat sich die Darstellung von logischen Beziehungen in Power Pivot bereits seit Excel 2016. Klicken Sie beispielsweise doppelt auf die Verbindungslinie zwischen der Sales- und der Produkttabelle, öffnet sich eine Dialogbox, die nun im oberen Abschnitt die gesamte Fakten- und darunter die vollständige Suchtabelle anzeigt (Abbildung 12.11).

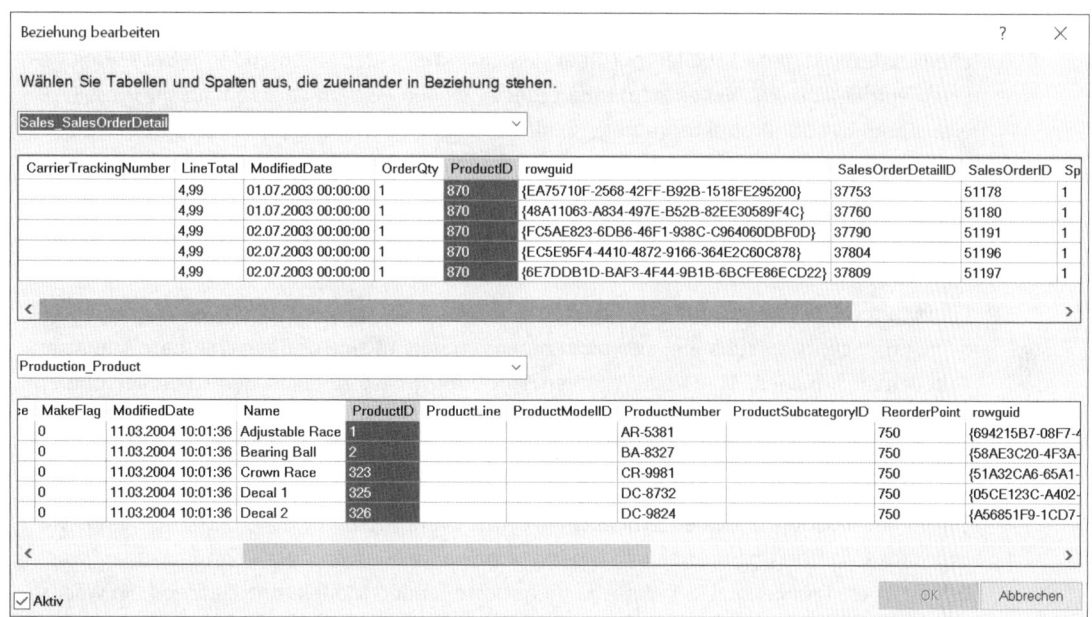

Abbildung 12.11 Anzeige der Beziehungen zwischen Tabellen in Power Pivot seit Excel 2016

Im Unterschied zu den ursprünglichen Tabellen werden in dieser Ansicht die Spalten jedoch in alphabetischer Reihenfolge angezeigt. Diese neue Dialogbox hilft enorm, ein besseres Verständnis davon zu erhalten, welche Daten miteinander verknüpft wurden. Um Verknüpfungen nachzuvollziehen, die Sie vielleicht vor Monaten erstellt haben, oder beim Troubleshooting von DAX-Funktionen bewirkt diese Darstellung einen wahrhaften Produktivitätssprung.

[i] ## Tabellenverknüpfungen und Datenmodelle

Sollte das Erkennen von Beziehungen zwischen Tabellen einmal nicht automatisch funktionieren, lassen sich diese selbstverständlich auch manuell anlegen. Im Menü ENTWURF finden Sie zu diesem Zweck die Option BEZIEHUNG ERSTELLEN. Rufen Sie diese Funktion auf, müssen Sie aus dem oberen Listenfeld Ihre Faktentabelle auswählen und aus dem unteren Listenfeld die Suchtabelle. Ab Excel 2016 wählen Sie dann in der oberen und unteren Tabelle die beiden Spalten aus, über die die Verbindung erstellt werden soll. In Excel 2013 erstellen Sie die Verknüpfung über die Auswahl einer gemeinsamen Spalte in den Listenfeldern SPALTE und VERKNÜPFTE SUCHSPALTE.

Auch in der Diagrammansicht können Sie Beziehungen zwischen den Tabellen erstellen, indem Sie das Schlüsselfeld einer Faktentabelle in das der Suchtabelle ziehen. Und schließlich: Mit einem Klick auf BEZIEHUNGEN VERWALTEN gelangen Sie auf die Ebene, auf der Sie bestehende Beziehungen anzeigen, bearbeiten und löschen können. In der DIAGRAMMANSICHT erreichen Sie diese Bearbeitungsebene mit einem rechten Mausklick auf eine der Verbindungslinien zwischen den Tabellen. Dann wählen Sie die Option BEZIEHUNG BEARBEITEN.

Beim Aufbau eines Datenmodells sind zahlreiche Aspekte zu beachten. Elementar ist aber sicherlich der Fakt, dass Tabellen nur über gemeinsame Felder miteinander in Beziehung gesetzt werden können. Neben dem Inhalt, der in beiden Feldern vorhanden sein muss (z. B. eine Kunden- oder Produktnummer), spielt vor allem der Datentyp bei der automatischen und manuellen Verknüpfung eine entscheidende Rolle. Bevor Sie sich mit dem Problem herumschlagen, dass etwas in Power Pivot nicht so funktioniert, wie es soll, sollten Sie auf einem Blatt Papier Ihr Datenmodell und seine Eigenschaften skizzieren. Häufig fallen beim »analogen« Arbeiten bereits logische Fehler, Inkonsistenzen oder *Missing Links* auf.

Eine weitere Vereinfachung der Arbeit mit Power Pivot besteht darin, ein Datenmodell Schritt für Schritt aufzubauen, also nicht bereits zu Beginn eine unüberschaubare Menge an Tabellen einzubinden. Man verliert in der Erprobungsphase zu leicht den Überblick und erhält ein Datenmodell, in dem überflüssige Tabellen, Felder, berechnete Spalten und Measures enthalten sind. All dies beeinflusst die Performance negativ und führt auch zu einer unhandlichen Navigation. Das Entfernen solcher überflüssigen Elemente zu einem späteren Zeitpunkt bedeutet oft einen erheblichen Zeitaufwand, weil vor dem Entfernen eines Elements dessen Wirkung unter Umständen auf alle anderen Elemente geprüft werden muss. Besser ist es, Tabellen nach und nach einem bestehenden Modell hinzuzufügen. So wächst die Komplexität Ihres Datenmodells mit Ihren sich erweiternden Power-Pivot-Kenntnissen.

Um die Performance Ihres Datenmodells zu analysieren und nicht genutzte Spalten sowie alle verwendeten Measures aufzulisten, gibt es seit März 2016 ein unverzichtbares und kostenloses Add-in: die *Power Pivot Utilities* (*www.sqlbi.com/tools/power-pivot-utilities*).

12.5   Berechnete Spalten und berechnete Felder unterscheiden

Solange Sie sich noch im Power-Pivot-Fenster befinden, ist die Welt der Excel-Kalkulationsfunktionen völlig außen vor. Power Pivot verwendet DAX-Funktionen. Diese *Data Analysis Expressions* sind speziell für die Berechnung von Tabellen in Datenmodellen entwickelt worden. Sie können eingesetzt werden als *berechnete Spalten* oder *berechnete Felder* (*Measures*). Die beiden Einsatzbereiche unterscheiden sich stark voneinander. Setzen Sie eine DAX-Funktion als berechnete Spalte im Power-Pivot-Fenster ein, rechnet diese immer bezogen auf die Zeile, in der die Funktion steht. Aus der Liste mit Tausenden Bestelldatumswerten ist die Funktion =MONTH() beispielsweise in der Lage, den Monat der Bestellung ABCD1234 zu berechnen (Abbildung 12.12). Der Sinn von berechneten Spalten ist zumeist der, eine fehlende Information oder ein Gruppierungsmerkmal, wie z. B. den Monat, in eine Tabelle einzubringen. Bei einer Tabelle mit einer halben Million Zeilen bedeutet dies zwangsläufig einen erhöhten Rechenaufwand.

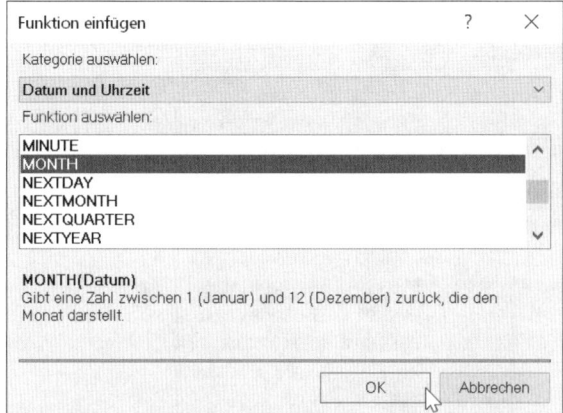

Abbildung 12.12 Funktionsassistent in Power Pivot

Berechnete Felder oder Measures dienen hingegen der Berechnung von Kennzahlen oder der Vorbereitung einer solchen Berechnung. Die Zielsetzung könnte darin bestehen, die durchschnittliche Höhe des Bestellwertes aller Produkte zu berechnen, die teurer als 500 € sind und im Mai verkauft wurden. Ein solch berechnetes Feld würde gleich auf Informationen aus drei Tabellen zugreifen: Bestellungen, Produktliste und Kalender. Genau darin liegt das immense Potenzial berechneter Felder – sie führen Kalkulationen durch, die sich am jeweiligen Filterzustand des gesamten, im Hintergrund liegenden Datenmodells orientieren. Teilweise wenden sie selbst Filterfunktionen quasi *in Runtime* an. Im Hinblick auf die Performance einer Datenanalyse ist das berechnete Feld als Teil der Power-Pivot-Tabelle in der Excel-Arbeitsmappe zu verstehen. Berechnen Sie den oben angegebenen Durchschnitt für jeden Monat des Jahres und beispielsweise zwei Unternehmensstandorte, wird die Kalkulation lediglich zwölfmal ausgeführt. Im Gegensatz zur Kalkulation einer berechneten Spalte geht das vergleichsweise schnell vonstatten.

12.6   Eine berechnete Spalte erstellen

Setzen wir nun einfach die eben beschriebenen Schritte um. Im Power-Pivot-Fenster gehen Sie zur Tabelle *Sales_SalesOrderDetail*. Doppelklicken Sie in die Überschrift der äußersten rechten Spalte (SPALTE HINZUFÜGEN), und geben Sie als Titel der Spalte »Monat« ein, gefolgt von ⏎. Klicken Sie dann im Menü ENTWURF • BERECHNUNGEN auf die Schaltfläche FUNKTION EINFÜGEN, oder klicken Sie das gleichartige Symbol links neben der Editierzeile an. Wählen Sie unter KATEGORIE AUSWÄHLEN schließlich DATUM UND UHRZEIT. Sie erkennen hier, dass alle DAX-Funktionen englische Namen besitzen. Wählen Sie aus der Liste die Funktion =MONTH() aus.

Da sich das Bestelldatum in der Tabelle *Sales_SalesOrderDetail* in der Spalte *ModifiedDate* befindet und DAX-Funktionen strukturierte Bezüge, also eine Kombination aus Tabellennamen und Spaltenbezeichnung, verwenden, geben Sie nach der öffnenden Klammer die Zeichenkette »sales« ein.

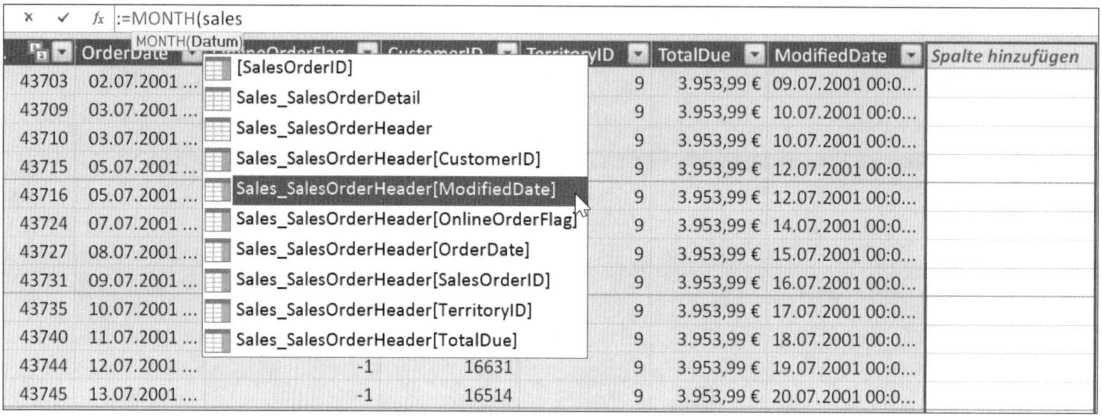

Abbildung 12.13 Eingabe eines strukturierten Bezugs in einer berechneten Spalte

Wie Sie es von strukturierten Bezügen in Excel-Arbeitsmappen gewohnt sind, bietet Ihnen Power Pivot nun sämtliche Tabellen und Spaltenbezeichnungen zur Auswahl an, die mit der eingegebenen Zeichenfolge beginnen (Abbildung 12.13). Wählen Sie Sales_SalesOrderDetail [ModifiedDate], schließen Sie die runde Klammer der Funktion =MONTH(), und drücken Sie ⏎. Zeilenweise wird nun die Berechnung durchgeführt, an deren Ende Sie die Monatsnummer jeder Bestellung in der neu erstellten Spalte vorfinden. Außerdem wird deutlich, dass berechnete Spalten schwarze Tabellenköpfe verwenden, während die der originären Spalten grün sind.

Dass Sie für die Eingabe einer DAX-Funktion den Funktionsassistenten nicht zwangsläufig verwenden müssen, können Sie anhand einer weiteren berechneten Spalte überprüfen. Fügen Sie eine weitere Spalte mit dem Namen »Jahr« hinzu, und schreiben Sie »=year(sales« in die Eingabezeile. Sie erhalten wieder eine Auswahlliste, aus der Sie die Datumsspalte der

Tabelle wählen. Nach Schließen der Klammer und Bestätigung mit ⏎ wird auch das Bestelljahr in der neuen Spalte ausgegeben (Abbildung 12.14).

Abbildung 12.14 Mit DAX-Funktionen in Power Pivot berechnete Spalten

Überprüfen Sie durch den AutoFilter, dass Power Pivot tatsächlich vier Jahreszahlen aus den Bestelldaten isoliert in die Spalte geschrieben hat.

Ein kleiner Nachtrag an dieser Stelle: Um die Eingabe von DAX-Funktionen in berechneten Spalten an einem einfachen Beispiel zu demonstrieren, habe ich im vorangegangenen Beispiel die beiden sehr einfachen Datumsfunktionen zur Berechnung des Monats und Jahres verwendet. In einem durchdachten Datenmodell würde man hingegen eine Kalendertabelle zur Gruppierung nach Monaten, Jahren oder Quartalen einsetzen. Doch dazu später mehr.

12.7   Eine Power-Pivot-Tabelle in Excel erstellen

Nun, nachdem wir uns genug im neuen Areal des Power-Pivot-Fensters umgesehen haben, ist es an der Zeit, wieder zu Excel zurückzukehren. Natürlich sollten wir unser Datenmodell dahin mitnehmen. Unter START • PIVOTTABLE finden Sie eine Reihe von unterschiedlichen Berichtslayouts. Wählen Sie eine einfache PIVOTTABLE (Abbildung 12.15), und übernehmen Sie den Vorschlag, sie in einem neuen Arbeitsblatt zu erstellen, mit OK.

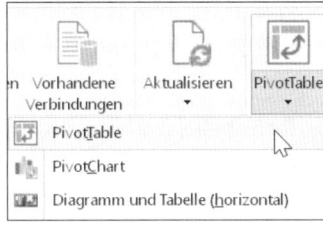

Abbildung 12.15 Übergabe der Power-Pivot-Daten an Excel in Form einer Pivottabelle

In Excel wurde bereits ein Platzhalter für die Power-Pivot-Tabelle eingerichtet. Gewöhnen Sie sich gleich an, diesen Tabellen aussagekräftige Namen zu geben. Das wird Ihre Arbeit später erheblich vereinfachen, wenn Sie Datenschnitte oder Zeitachsen mit Ihren Tabellen in einem Power-Pivot-Dashboard verbinden. Öffnen Sie PivotTable-Tools • Analysieren • PivotTable, und geben Sie in das Feld PivotTable-Name »SalesAnalyse« ein.

Schauen Sie sich dann auf der rechten Seite den Bereich PivotTable-Felder an. Hier finden Sie die Bestätigung, dass die nun zu erstellende Pivottabelle nicht wie gewohnt auf einer einzelnen Tabelle aufbaut, sondern auf drei verknüpften Tabellen: *Production_Product*, *Sales_SalesOrderDetail* und *Sales_SalesOrderHeader* (Abbildung 12.16).

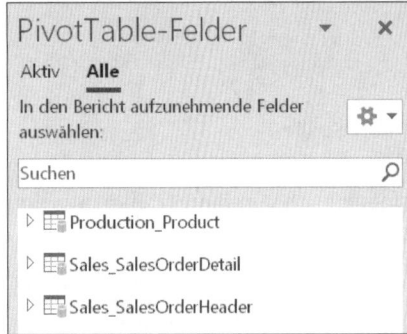

Abbildung 12.16 Basistabellen der Power-Pivot-Tabelle in Excel

Beginnen Sie im nächsten Schritt damit, die Power-Pivot-Tabelle zu erstellen, und wenden Sie dabei die Basisarbeitstechniken einer normalen Pivottabelle an:

1. Ziehen Sie Felder mit der linken Maustaste aus dem oberen Bereich PivotTable-Felder in einen der Platzhalter (Spalten, Zeilen, Werte, Filter) im unteren Bereich, um die Tabelle anzuordnen.

2. Benutzen Sie den AutoFilter der Pivottabelle, um Daten zu filtern.

3. Klicken Sie mit der rechten Maustaste in den Werte-Bereich der Pivottabelle, und wählen Sie dort Werte zusammenfassen nach, um eine Kalkulationsfunktion zu ändern (z. B. Mittelwert statt Summe bilden).

4. Schalten Sie die Datenanzeige um (z. B. von absolut auf prozentual), indem Sie ebenfalls mit der rechten Maustaste in den Werte-Bereich klicken und dort die Option Werte anzeigen als … öffnen.

5. Klicken Sie mit der rechten Maustaste in eine beliebige Zelle der Tabelle, und wählen Sie PivotTable-Optionen. In diesem Menü ändern Sie tabellenbezogene Einstellungen wie die Summenanzeige oder das Aktualisierungsverhalten.

Wenn Sie nun aus der Tabelle *Sales_SalesOrderDetail* das Feld LineTotal in den Werte-Bereich und aus *Production_Product* das Feld Name in den Zeilenbereich ziehen, haben Sie eine erste Datenanalyse erstellt (Abbildung 12.17) – basierend auf zwei logisch verknüpften Tabellen.

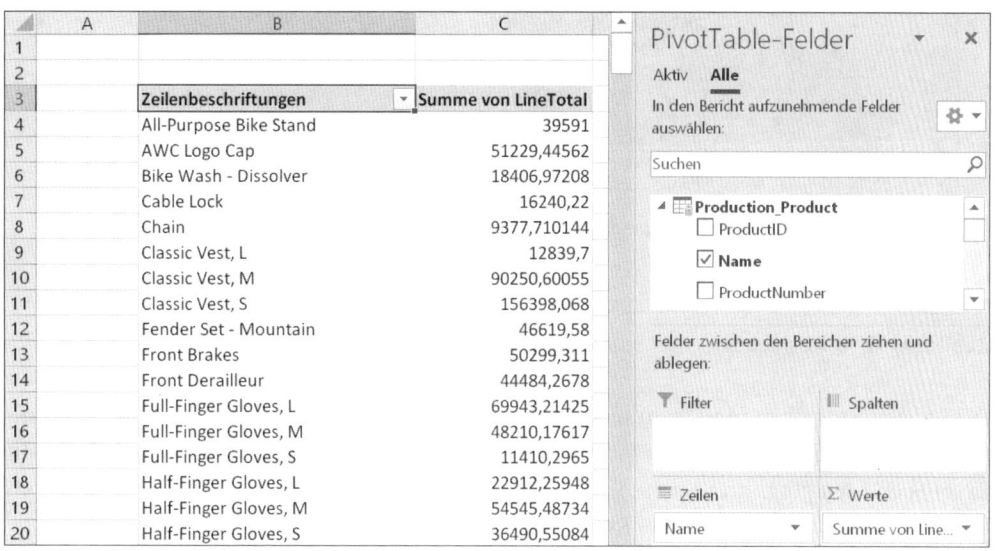

Abbildung 12.17 Produktübersicht auf Basis zweier verknüpfter Tabellen

12.8   Mehr Übersichtlichkeit herstellen

Mit der Einbindung mehrerer Tabellen in ein Datenmodell treten selbstverständlich auch neue Herausforderungen in puncto Ergonomie und Bedienbarkeit in den Vordergrund. Allein die drei bislang eingesetzten Tabellen des beschriebenen Beispiels bringen es auf stolze 44 Datenfelder – eine Ausgangslage, die die Navigation und Datenauswahl nicht eben erleichtert. Das hätte selbstverständlich vermieden werden können, wenn beim Importieren gleich nicht benötigte Spalten ausgeschlossen worden wären. Im Power-Pivot-Fenster könnten Sie auch noch nachträglich im Menü ENTWURF • TABELLENEIGENSCHAFTEN einzelne Spalten ausschließen oder hinzufügen.

Nehmen wir aber an, dass Sie die Spalten für weitere Auswertungen noch benötigen werden und lediglich im aktuellen Bericht ausblenden möchten. Dann bietet Ihnen Power Pivot zum Glück einige Funktionen, mit denen Sie nicht benötigtes Datenmaterial vorübergehend von der Bildfläche verschwinden lassen können. Diese sollten wir uns ansehen, bevor wir mit einigen weiteren Berechnungen fortfahren. Zunächst kehren Sie in das Power-Pivot-Fenster zurück. Dazu wählen Sie POWER PIVOT • DATENMODELL • VERWALTEN.

Aus der Tabelle *Production_Product* benötigen Sie für Ihre Auswertung eigentlich nur die Felder Name, ProductNumber und Color. Alle anderen Felder, sprich Spalten, werden Sie nun ausblenden. Klicken Sie zu diesem Zweck auf die Spaltenüberschrift *ProductID*, und aktivieren Sie im Kontextmenü die Option AUS CLIENTTOOLS AUSBLENDEN (Abbildung 12.18). Die Spalte wird ausgegraut dargestellt und später in der Feldliste der Power-Pivot-Tabelle nicht mehr angezeigt werden.

12

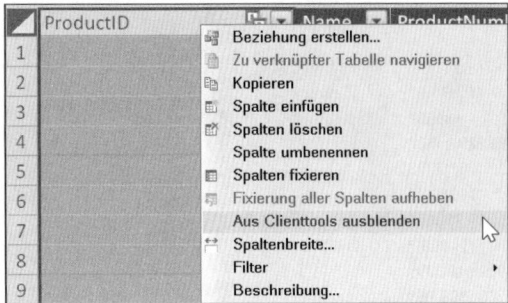

Abbildung 12.18 Ausblenden einer Spalte aus der Pivottabelle

Die Bezeichnung *Clienttools* steht hier also für Pivottabelle. Wenn Sie den Vorgang für die anderen nicht mehr gewünschten Felder wiederholen, bleiben am Ende in der Pivottabelle auf Excel-Ebene lediglich drei Spalten übrig. Überzeugen Sie sich von der neu gewonnenen Übersichtlichkeit, indem Sie über START • SCHLIESSEN zu Excel zurückkehren.

In der Feldliste der Pivottabelle werden für die ausgewählte Tabelle nur noch die drei gewünschten Felder angezeigt. Schritt für Schritt können Sie nun auch die Anzahl der Felder in *Sales_SalesOrderDetail* reduzieren, um am Ende eine Auswahl wie in Abbildung 12.19 zu erhalten.

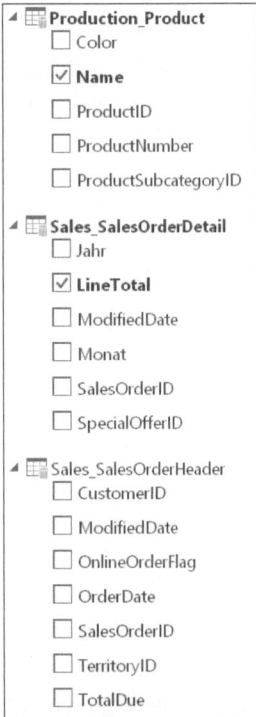

Abbildung 12.19 Feldliste der Tabellen nach Ausblenden nicht benötigter Felder

Speichern Sie schließlich die Arbeitsmappe unter dem Namen *12_ErstesDatenmodell_01.xlsx* ab. Mit der Arbeitsmappe wird auch das gesamte Power-Pivot-Datenmodell gespeichert.

12.9   Referenztabellen einbinden

Da alle drei Tabellen logisch miteinander verknüpft sind, ist es zum momentanen Stand möglich, die Ergebniszeile (*LineTotal*) nach Aufträgen (*SalesOrderID*), Produkten (*ProductID*) und Jahren sowie Monaten auszuwerten. Dies ist ein guter Ausgangspunkt. In der Realität wird es aber immer vorkommen, dass sich Auswertungsperspektiven im Laufe der Zeit verschieben. Das könnte für Sie bedeuten, neue Tabellen in das Datenmodell aufzunehmen.

Grundsätzlich kommen drei Varianten für die Aufnahme neuer Tabellen in das Datenmodell infrage:

1. Die Tabelle befindet sich in der Datenquelle, die bereits für die ersten drei Tabellen benutzt wurde – im Beispiel wären sie also Teil der Access-Datenbank *12_Adventure-Works.accdb*.

2. Oder die neue Tabelle stammt aus einer anderen Datenquelle, ist beispielsweise eine SQL- oder Onlinedatenbank oder eine Text- bzw. CSV-Datei.

3. Schließlich könnte die neue Tabelle auch von Ihnen selbst in dieser Arbeitsmappe erstellt worden sein, mit der Absicht, sie in das Datenmodell zu integrieren.

In den ersten beiden Fällen gehen Sie jeweils sehr ähnlich vor. Speichern und schließen Sie die Arbeitsmappe, die Ihr erstes Datenmodell enthält. Öffnen Sie zunächst die Datei *12_Power-Pivot_EinfachesDatenmodell_00.xlsx*. Wechseln Sie dann wieder zum Power-Pivot-Fenster: POWER PIVOT • DATENMODELL • VERWALTEN. Um eine weitere Tabelle aus Access in Ihr Datenmodell zu integrieren, öffnen Sie das Menü START • EXTERNE DATEN ABRUFEN • AUS DATENBANK • AUS ACCESS und greifen auf die Datei *12_AdventureWorks.accdb* am Speicherort *C:\testbed* zu. Durch die manuelle Auswahl der Tabellen haben Sie Zugriff auf die Tabelle *Production_ProductSubcategory*. Da Sie eine Sales-Analyse nach Produktkategorien durchführen sollen, ist dies genau die Tabelle, die Sie benötigen. Markieren Sie die Tabelle, und klicken Sie auf FERTIG STELLEN. Das war's! Das Datenmodell wurde um die ausgewählte Tabelle erweitert (Abbildung 12.20).

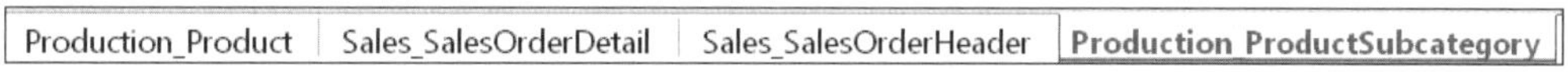

| Production_Product | Sales_SalesOrderDetail | Sales_SalesOrderHeader | **Production_ProductSubcategory** |

Abbildung 12.20 Hinzugefügte Tabelle der Subkategorien

Allerdings stellt sich natürlich sogleich die Frage, ob die neue Tabelle nicht nur rein physikalisch, sondern auch bereits logisch in Ihr Datenmodell eingebunden worden ist. Die schnellste Antwort auf diese Frage gibt Ihnen die DIAGRAMMSICHT. Öffnen Sie diese über START • ANSICHT • DIAGRAMMSICHT oder einen Klick auf das Symbol ganz rechts unten in der Statusleiste.

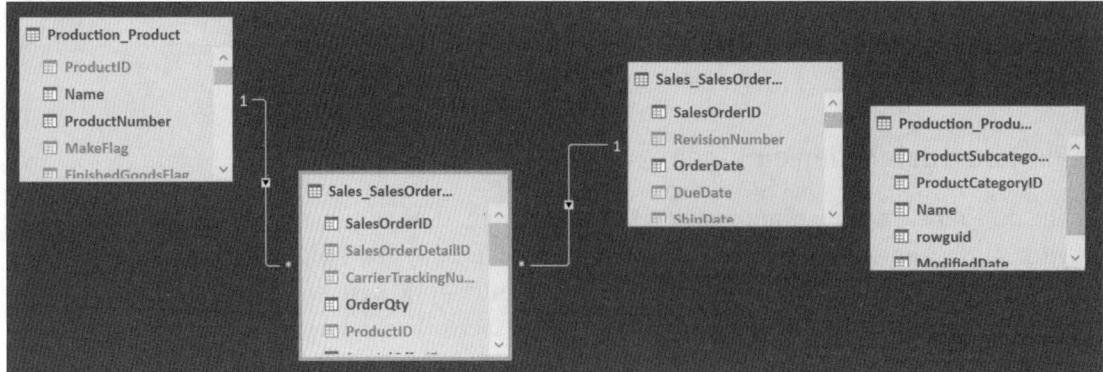

Abbildung 12.21 Die Tabelle »Production_ProductSubcategory« ist noch nicht logisch in das Daten-modell eingebunden.

Unschwer ist erkennbar, dass die Subkategorien noch keine logische Anbindung an die rest-lichen Daten besitzen (Abbildung 12.21). Und deshalb müssen Sie diese jetzt unbedingt auf-bauen. Klicken Sie mit der rechten Maustaste in der Diagrammsicht auf das Feld ProductSub-categoryID in der Tabelle *Production_ProductSubcategory*, und wählen Sie im Kontextmenü BEZIEHUNG ERSTELLEN. Ihre Suchtabelle, in der die Subkategorie-ID nur einmal vorkommt, wird nun im oberen Teil der Dialogbox angezeigt. Wählen Sie im unteren Listenfeld nun die Tabelle *Production_Product* aus, in der die Subkategorie-ID von mehreren Produkten ver-wendet wird.

Diese Einstellung ist eigentlich falsch, da die Subcategory-Tabelle die Suchtabelle für Ihre Produktliste ist. Klicken Sie dennoch auf OK, um die Auswahl zu bestätigen. Power Pivot kor-rigiert Ihren Fehler und erstellt die Beziehung in die richtige Richtung. Dies erkennen Sie bei-spielsweise, wenn Sie einen Doppelklick auf die Verbindungslinie zwischen den beiden Ta-bellen ausführen. In der Dialogbox wird die Faktentabelle nun oben und die Suchtabelle unten angezeigt (Abbildung 12.22).

Eine Überraschung mag es für Nutzer von Power Pivot unter Excel 2010 oder 2013 sein, dass Beziehungen zwischen Tabellen nicht mehr durch Ziehen der Felder mit der linken Maustas-te erstellt werden können (z. B. Ziehen des Feldes ProductSubcategoryID aus der Tabelle *Pro-duction_Product* auf das gleichnamige Feld in der Tabelle *Production_ProductSubcategory*). Da die fortlaufenden Optimierungen von Power Pivot schon so manche Funktion vorüber-gehend haben verschwinden und kurz danach wieder haben auftauchen lassen, sollte man davon ausgehen, dass das *Drag & Drop* von Feldern zum Erstellen von Beziehungen in einem späteren Release wieder verfügbar sein wird.

Wie dem auch sei, schließen Sie nun das Power-Pivot-Fenster, und klicken Sie auf ALLE in der PIVOTTABLE-FELDLISTE in Excel. Sie werden feststellen, dass die vierte Tabelle nun in das Da-tenmodell eingebunden ist. Somit sollten Sie in der Lage sein, die gewünschte Auswertung nach Subkategorien durchzuführen. Ziehen Sie das Feld Name der Tabelle *Production_Product* aus der Pivottabelle und stattdessen das Feld Name der Tabelle *Production_ProductSubcategory* in den Zeilenbereich. Das Ergebnis sollte nun die Umsätze je Subkategorie ausweisen.

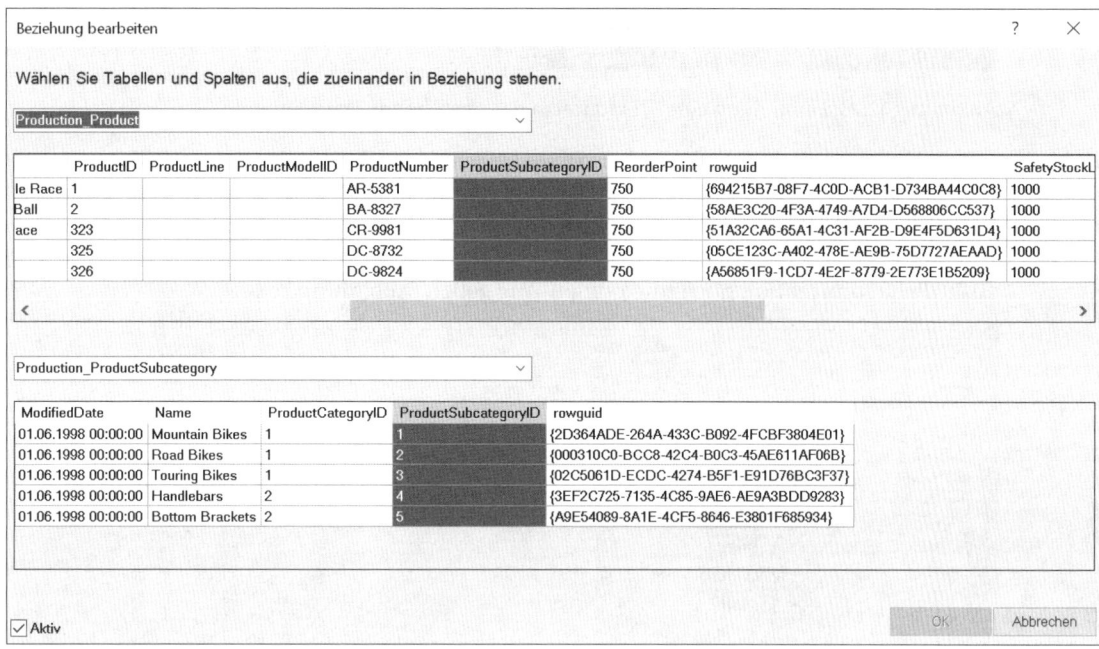

Abbildung 12.22 Herstellen einer Verknüpfung zwischen zwei Tabellen

12.10   Einbinden von Daten aus anderen Datenquellen

Die Einbindung von Tabellen aus anderen Datenquellen in ein bestehendes Datenmodell unterscheidet sich kaum von dem im vorherigen Abschnitt beschriebenen Vorgehen. Nehmen wir an, Sie möchten neben den Subkategorien auch noch die Hauptkategorien der verkauften Produkte in die Auswertung einbeziehen. Und gehen wir weiter davon aus, dass diese kleine, nur vier Zeilen umfassende Tabelle nicht in der Datenbank vorhanden ist, aber als Textdatei vorliegt.

Um dieses Beispiel nachzuvollziehen, kopieren Sie die Datei *12_PowerPivot_Categories.txt* in den Ordner *C:\testbed*. Arbeiten Sie mit dem im vorangegangenen Abschnitt verwendeten Datenmodell weiter, oder öffnen Sie die Datei *12_PowerPivot_Einfaches-Datenmodell_01.xlsx*. Auch diesmal starten Sie den Vorgang der Dateneinbindung im Power-Pivot-Fenster über START • EXTERNE DATEN ABRUFEN. Allerdings benötigen Sie jetzt die Option AUS ANDEREN QUELLEN. Ganz am Ende der Liste in dieser Dialogbox wird auch die Einbindung von Textdateien angeboten (Abbildung 12.23).

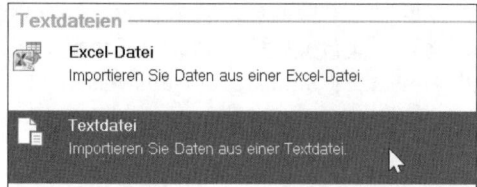

Abbildung 12.23 Einbindung einer Textdatei in das bestehende Datenmodell

Greifen Sie, wie zuvor auch, auf *C:\testbed* zu. Dort sollte die Datei *12_PowerPivot_Categories.txt* nun angezeigt werden. Wählen Sie diese aus. Da es unterschiedliche Verfahren gibt, in Textdateien die Spalten eindeutig voneinander zu trennen, müssen Sie Power Pivot diese zusätzliche Information noch mit auf den Weg geben (Abbildung 12.24).

Anzeigename der Verbindung:	Text 12_PowerPivot_Categories	
Dateipfad:	C:\testbed\12_PowerPivot_Categories.txt	Durchsuchen...
Spaltentrennzeichen:	Tabstopp (t)	Erweitert

☑ Erste Zeile als Spaltenüberschriften verwenden

ProductCategoryID	Name
1	1 Bikes
2	2 Components
3	3 Clothing
4	4 Accessories

Abbildung 12.24 Auswahl von Datei und Spaltentrennzeichen bei der Einbindung einer Textdatei

Wählen Sie nun im Menü SPALTENTRENNZEICHEN die Option TABSTOPP (T) aus, und aktivieren Sie darunter das Kontrollkästchen ERSTE ZEILE ALS SPALTENÜBERSCHRIFTEN VERWENDEN. Danach klicken Sie auf FERTIG STELLEN und, nachdem der Importvorgang abgeschlossen wurde, auf SCHLIESSEN. Die Textdatei ist nun Teil des Datenmodells. Doch im Unterschied zu den bisherigen Tabellen stammt sie nicht aus Access, und Power Pivot hat keinerlei Informationen darüber, in welcher Beziehung die neuen Daten zum bisherigen Datenmodell stehen.

Stellen Sie deshalb sicher, dass die Spalte *Product_CategoryID* der Tabelle *12_PowerPivot_Categories* mit dem gleichnamigen Feld in *12_Production_ProductSubcategories* verbunden ist. Wenn Sie sich an die Empfehlung halten, Suchtabellen oben und Faktentabellen darunter abzulegen, müssten Sie das in Abbildung 12.25 dargestellte Datenmodell im Power-Pivot-Fenster erhalten.

Von den Kategorien fließt eine Verbindung in die Unterkategorien und von dort weiter in die Produktliste. Diese liefert wiederum Informationen für die eine Ebene darunter abgelegte Faktentabelle, die die Bestellinformationen enthält. Ebenfalls als Suchtabelle für die Bestellungen dient *Sales_SalesOrderHeader*, die gleichermaßen oberhalb von *Sales_SalesOrderDetail* angeordnet wurde. Diese Tabelle beinhaltet beispielsweise zu jeder Bestellung

Informationen über Frachtgebühren, Steuern etc. – Informationen, die wir im vorliegenden Beispiel noch nicht benutzt haben.

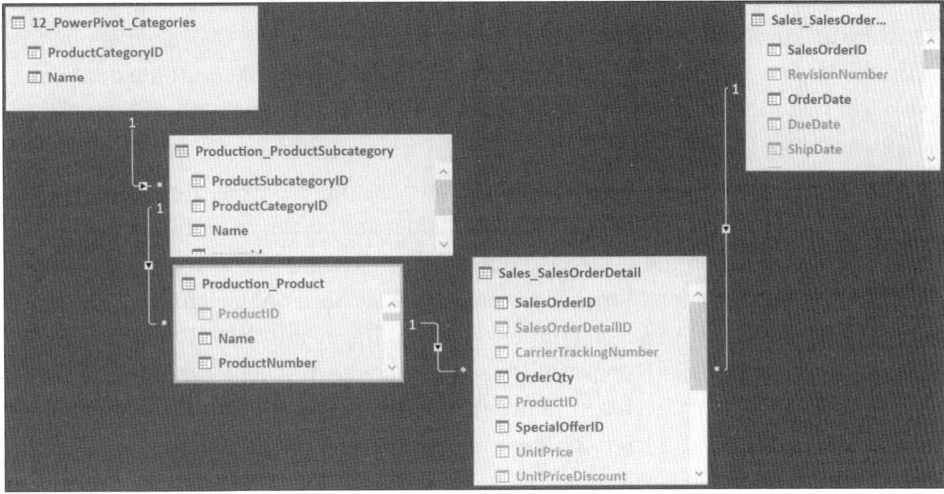

Abbildung 12.25 Datenmodell nach Einbindung einer Textdatei

Kehren Sie abschließend in die Excel-Arbeitsmappe zurück, und entfernen Sie das Feld Name der Subkategorietabelle aus der Pivottabelle. Ersetzen Sie es durch das Feld Name aus der eben eingebundenen Kategorientabelle. Sie sehen nun die korrekt berechneten Ergebnisse für jede Hauptkategorie der bestellten Produkte. Speichern Sie die Datei unter dem Namen *12_ PowerPivot_EinfachesDatenmodell_02.xlsx* ab.

12.11   Typische Erkennungszeichen für fehlende logische Beziehungen in Datenmodellen

Bislang sind alle Arbeitsschritte zur Berechnung der Power-Pivot-Tabelle, die wir in den vorangegangenen Abschnitten vorgenommen haben, reibungslos verlaufen, und alle Berechnungen wurden ebenfalls korrekt ausgeführt. Mit zunehmender Komplexität Ihrer Datenmodelle wird das jedoch nicht immer so sein. Bei der Verknüpfung von Tabellen müssen Sie auf mindestens zwei typische Szenarien gefasst sein:

1. Eine logische Beziehung lässt sich nicht erstellen, weil das Schlüsselfeld in den beiden zu verbindenden Tabellen mehrfach vorkommt, also keine 1:n-Beziehung vorhanden ist.

2. Eine logische Beziehung ist nicht möglich, weil das Schlüsselfeld in beiden Tabellen unterschiedliche Datentypen aufweist. Dies kann geschehen, wenn ein Datum in der Faktentabelle etwa als Text, in der Kalendertabelle jedoch als Datum gespeichert ist.

Das erste der beiden Szenarien lässt sich in Power Pivot sinnvoll nur durch zwei Lösungsansätze in den Griff bekommen:

▶ In manchen Fällen können Sie durch Verketten der Inhalte zweier Spalten einen eindeutigen Schlüssel erstellen. Nachdem Sie dies in beiden Tabellen erledigt haben, verbinden Sie sie über das neu entstandene Schlüsselfeld. Das Verketten der Spalten erfolgt als berechnete Spalte im Power-Pivot-Fenster. Wenn Sie die Funktion =CONCATENATE() verwenden, ist die Anzahl der zu verkettenden Felder auf maximal zwei beschränkt. Mithilfe des Verkettungszeichens & können Sie hingegen mehr Spalten miteinander verketten: =[Jahr]&[Monat]&[ProductID].

▶ Ist das Verketten nicht möglich, besteht ein weiterer Lösungsansatz darin, eine Suchtabelle zu erstellen, in der alle Elemente des Schlüsselfeldes aus beiden zu verbindenden Tabellen vorkommen. Müssen Sie diese Liste eindeutiger Schlüsselwerte manuell und vielleicht jede Woche oder jeden Monat generieren, wird Sie dieser Abgleich eine Menge Zeit kosten. Mit Power Query hingegen können Sie die Abfragen auf beide Tabellen aneinanderhängen und danach die Duplikate des Schlüsselfeldes löschen. Zukünftig reicht es dann, die Abfrage zu aktualisieren, und in Sekundenschnelle haben Sie Ihre dringend benötigte Suchtabelle. Diese setzen Sie dann als Brücke zwischen den beiden ursprünglichen Tabellen ein.

Sollte die Verbindung von zwei Tabellen hingegen an unterschiedlichen Datentypen scheitern, ist dies relativ einfach zu korrigieren. Wechseln Sie ins Power-Pivot-Fenster, und öffnen Sie die Tabelle, in der sich die anzupassende Spalte befindet. Unter START • FORMATIERUNG finden Sie das Listenfeld DATENTYP, mit dem Sie den gewünschten Datentyp auswählen können (Abbildung 12.26).

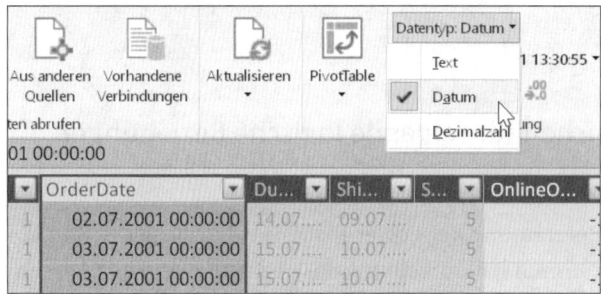

Abbildung 12.26 Anpassung von Datentyp und -format im Power-Pivot-Fenster

Doch sind wir ehrlich: Eine dritte Quelle für fehlende logische Beziehungen zwischen Tabellen ist unsere eigene Unachtsamkeit. Die Freude über die eben importierte Textdatei, das klingelnde Telefon – es gibt eine Menge Gründe, einfach zu vergessen, dass zwischen zwei Tabellen eine Beziehung erstellt werden muss. Glücklicherweise macht Sie Power Pivot aber auf zwei Arten auf solche Missstände aufmerksam.

Versuchen Sie es selbst, und löschen Sie aus der eben bearbeiteten Datei die Beziehung zwischen Bestellungen und Kategorien einfach wieder. Dazu markieren Sie die Verbindungslinie und drücken Entf. Bestätigen Sie den Vorgang mit einem Klick auf AUS MODELL LÖ-

SCHEN. Kehren Sie dann wieder in die Arbeitsmappe zurück. Auf der rechten Seite des Bildschirms wird bereits angezeigt, dass im Datenmodell nicht alle Tabellen korrekt miteinander verbunden sind. Das zweite nicht zu übersehende Erkennungszeichen für eine fehlende Beziehung in Power Pivot ist das berechnete Ergebnis der einzelnen Kategorien. Es ist für alle Kategorien identisch und entspricht dem Gesamtergebnis (Abbildung 12.27).

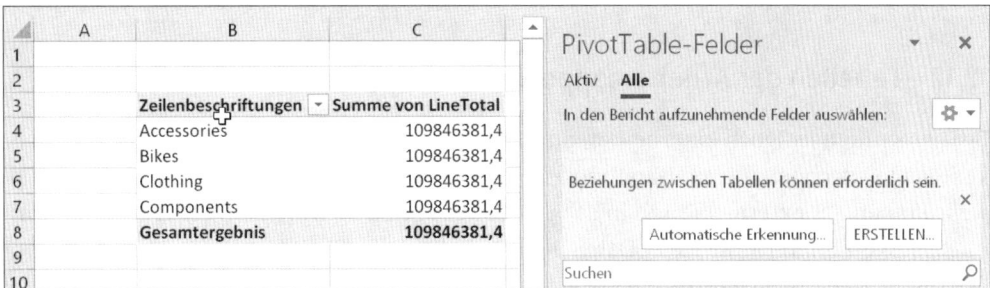

Abbildung 12.27 Hinweis auf die notwendige Erstellung einer logischen Beziehung zwischen Tabellen des Datenmodells

Um das Problem zu beheben, klicken Sie auf die Schaltfläche ERSTELLEN. Es erscheint eine Dialogbox auf dem Bildschirm. Sie bietet Ihnen eine weitere Option an, Beziehungen zwischen den Tabellen herzustellen (Abbildung 12.28). Diese Option ist allerdings weniger flexibel im Umgang mit Fehleingaben. Vertauschen Sie hier die Anordnung von Faktentabelle (oben) und Suchtabelle (unten), erhalten Sie eine Fehlermeldung. Power Pivot wird den Fehler diesmal aber nicht für Sie korrigieren. Sie müssen diese Aufgabe selbst übernehmen. Und nachdem Sie bei korrekter Zuordnung auf OK geklickt haben, wird Power Pivot schließlich die richtigen Ergebnisse für alle Produktkategorien ausweisen.

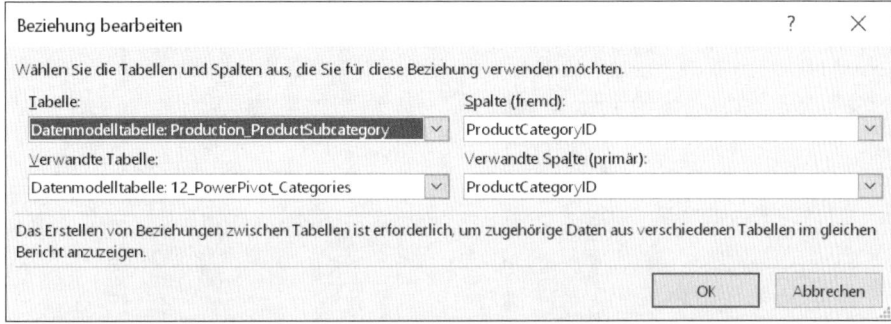

Abbildung 12.28 Nachträglicher Aufbau einer logischen Beziehung zwischen Tabellen des Datenmodells

Fazit: Die nachträgliche Einbindung von Daten in ein bestehendes Datenmodell folgt stets den gleichen Verfahren und Regeln. Sie öffnen das Power-Pivot-Fenster des bestehenden Modells und fügen dort über START • EXTERNE DATEN ABRUFEN eine Datenquelle hinzu. Anschließend prüfen Sie die logischen Beziehungen der Tabellen des Modells in der Diagramm-sicht. Darin können Sie fehlende Beziehungen bereits vor Übergabe der Daten an Excel er-stellen oder fehlerhafte bearbeiten. Sollten Sie dies einmal vergessen, weist Excel Sie bei der Erstellung der Pivottabelle auf solche Ungereimtheiten hin. Über die Schaltfläche ERSTELLEN korrigieren Sie den Einbindungsfehler am schnellsten.

12.12   Tabellen der Arbeitsmappe in das Datenmodell einbinden

Bislang wurden lediglich externe Datenquellen in Form einer Access-Datenbank und einer Textdatei verwendet, um ein Datenmodell unter Power Pivot aufzubauen. Dabei werden je-weils Kopien der externen Daten in das Self-BI-Tool geladen. Durch ein effizientes Kompri-mierungsverfahren ist die Excel-Datei, die das vollständige Datenmodell enthält, letztend-lich relativ klein. Nichtsdestotrotz kann der Wunsch entstehen, eine oder mehrere Tabellen, die sich nicht extern, sondern in der Excel-Arbeitsmappe befinden, ins Datenmodell zu inte-grieren.

Stellen wir uns vor, Sie möchten eine Auswertung der Daten auf Basis der einzelnen Ver-triebsgebiete durchführen, und Sie wissen, dass es in *Sales_SalesOrderHeader* ein Feld Terri-toryID gibt. Würden Sie es sich leicht machen, zögen Sie das entsprechende Feld einfach in den Zeilenbereich der Pivottabelle. Das Ergebnis sähe etwa so aus wie Abbildung 12.29.

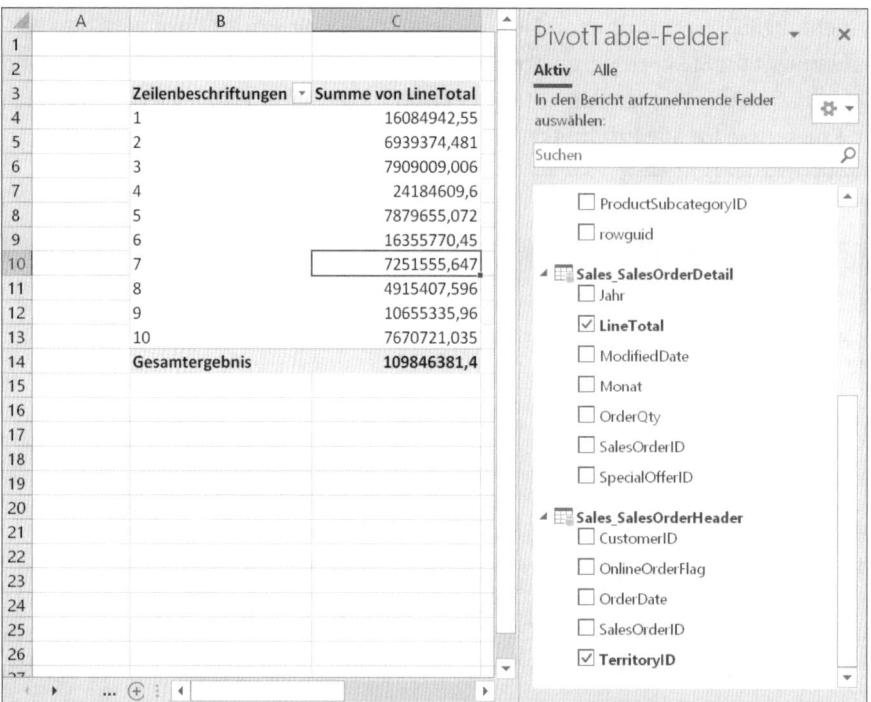

Abbildung 12.29 Ergebnisse nach numerischen Vertriebsgebieten

Wenn Ihre Teammitglieder und Vorgesetzten Sie aufgrund dieser Ergebnistabelle zum *Enfant terrible* der Datenanalyse küren würden, hätten Sie wenige Gegenargumente. Territorial-Codes, die niemand auf Anhieb versteht, unformatierte Zahlen – die Ergebnistabelle ist eine Zumutung!

Da es sich lediglich um zehn Vertriebsgebiete handelt, wäre es allerdings eine Angelegenheit von wenigen Minuten, die Territorialnummern in einem Tabellenblatt der Arbeitsmappe zu erfassen, mit Beschreibungen zu ergänzen, um sie dann in das Datenmodell zu integrieren. Okay, beginnen Sie mit der Rettung Ihres Images sofort! Öffnen Sie dazu die Datei *12_PowerPivot_EinbindungVerknüpfteTabelle_00.xlsx*.

1. Bewegen Sie den Cursor in das Tabellenblatt *Territories* und dort in die Liste der Vertriebsgebiete.

2. Drücken Sie die Tastenkombination ⎄Strg⎄ + ⎄T⎄, und wandeln Sie die Daten in eine dynamische Datentabelle um. Achten Sie dabei darauf, dass Excel die Überschriften der Tabelle korrekt erkennt.

3. Geben Sie unter TABELLENTOOLS • ENTWURF • EIGENSCHAFTEN • TABELLENNAME den Namen »Vertriebsgebiete« ein, und drücken Sie ⎄↵⎄.

4. Positionieren Sie den Cursor in der Tabelle, und wählen Sie dann POWER PIVOT • TABELLEN • ZU DATENMODELL HINZUFÜGEN (Abbildung 12.30).

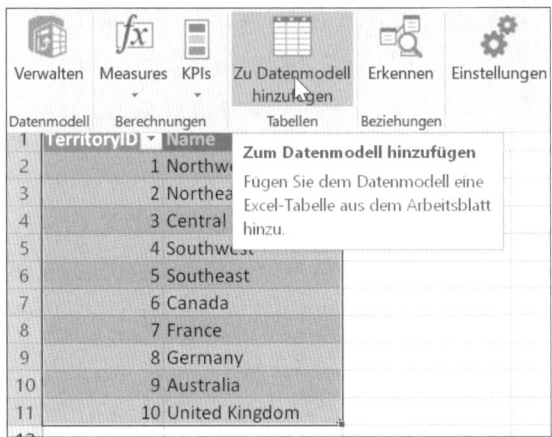

Abbildung 12.30 Hinzufügen einer verknüpften Tabelle

Die verknüpfte Tabelle wird nun im Power-Pivot-Fenster angezeigt (Abbildung 12.31). Am Kettensymbol erkennen Sie in den älteren Excel-Versionen, dass es sich um eine Tabelle handelt, die mit einer dynamischen Datentabelle der Arbeitsmappe verknüpft ist. In Excel 2019 unterscheidet sich die Darstellung allerdings nicht mehr von denen der anderen eingebundenen Tabellen. Ist die Tabelle aktiviert, zeigt Ihnen Power Pivot ein zusätzliches Menü an, das VERKNÜPFTE TABELLE heißt. In ihm finden Sie unter anderem den Updatemodus der Tabelle. Sollten Sie umfangreichere Tabellen aus einer Arbeitsmappe einbinden, ist es ratsam, den Modus auf MANUELL zu stellen, um zu verhindern, dass jede Änderung in Excel zu einer Aktualisierung des Datenmodells führt.

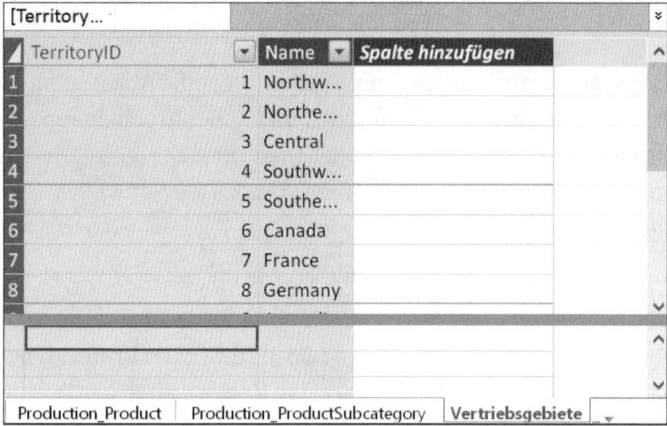

Abbildung 12.31 In ein Datenmodell eingebundene verknüpfte Excel-Tabelle

Nachdem Sie die Tabelle in das Datenmodell übernommen haben, stehen noch einige Nachbearbeitungen an:

1. Rufen Sie die DIAGRAMMSICHT auf, und erstellen Sie eine Beziehung zwischen den Tabellen *Sales_SalesOrderHeader* und *Vertriebsgebiete* auf Basis des Feldes TerritoryID.

2. Kehren Sie zu Excel zurück, und ziehen Sie das Feld Name aus *Vertriebsgebiete* als einziges Feld in den Zeilenbereich der Pivottabelle.

3. Klicken Sie mit der rechten Maustaste in den WERTE-Bereich, und wählen Sie ZAHLENFORMAT aus dem Kontextmenü. Ordnen Sie über ZAHLENFORMAT ein Währungsformat ohne Nachkommastellen zu, und klicken Sie auf OK.

Nach diesen Anpassungen können Sie das Ergebnis in einer Pivottabelle ausgeben, wobei Sie die Namen der Vertriebsgebiete im Zeilen- und das Feld *LineTotal* im Wertebereich verwenden (Abbildung 12.32)

Zeilenbeschriftungen	Summe von LineTotal
Australia	10.655.336 €
Canada	16.355.770 €
Central	7.909.009 €
France	7.251.556 €
Germany	4.915.408 €
Northeast	6.939.374 €
Northwest	16.084.943 €
Southeast	7.879.655 €
Southwest	24.184.610 €
United Kingdom	7.670.721 €
Gesamtergebnis	**109.846.381 €**

Abbildung 12.32 Pivottabelle mit Bezeichnungen der Vertriebsgebiete aus der verknüpften Tabelle

[i]

Update von Daten eines Datenmodells

Grundsätzlich müssen Sie beim Aktualisieren von Daten Ihres Datenmodells folgende Fälle unterscheiden:

▸ **Verknüpfte Tabellen**
Die Aktualisierung erfolgt im Power-Pivot-Fenster unter VERKNÜPFTE TABELLE. Hier kann grundsätzlich zwischen einer automatischen und manuellen Aktualisierung unterschieden werden.

▸ **Power Query**
Daten, die über Power Query in ein Datenmodell übernommen werden, müssen auch über die jeweilige Abfrage aktualisiert werden. Im Normalfall führen Sie einen rechten Mausklick auf die Abfrage aus, um das Datenupdate zu starten. Die Power-Query-Abfrage verwendet eine Zeichenkette, die den Speicherort der externen Datei enthält (Laufwerk, Ordner, Dateiname). Ändert sich der Speicherort oder der Dateiname, kann die Aktualisierung nicht durchgeführt werden. Bei häufiger wechselnden Ordner- und Dateinamen kann in *M*, der Programmiersprache von Power Query, eine *Parameterabfrage* geschrieben werden, um mehr Flexibilität zu erreichen.

▸ **Power-Pivot-Fenster**
Externe Daten, die über das Power-Pivot-Fenster und dort über EXTERNE DATEN ABRUFEN eingebunden wurden, können auch dort in START • AKTUALISIEREN • ALLE AKTUALISIEREN auf den neuesten Stand gebracht werden. Haben sich der Speicherort und/oder der Dateiname der externen Datei oder Feldnamen verändert, wird der Datenimport scheitern. Unter START • EXTERNE DATEN ABRUFEN • VORHANDENE VERBINDUNGEN müssen Sie dann die Verbindung auswählen und nach einem Klick auf BEARBEITEN editieren.

Eine schnelle Aktualisierung Ihrer Daten ist möglich, indem Sie in der Power-Pivot-Tabelle die rechte Maustaste betätigen und dann die Option AKTUALISIEREN wählen.

12

12.13   Tabellen des Datenmodells ausblenden

Sie erinnern sich, wir haben bereits zu Beginn der Arbeit mit Power Pivot die Möglichkeit genutzt, nicht benötigte Spalten auszublenden, um die Handhabung der Pivottabelle zu vereinfachen. Es ist absehbar, dass wir unser Datenmodell zukünftig immer wieder einmal um eine oder mehrere Tabellen erweitern werden. Auch ist zu erwarten, dass bestimmte Tabellen in den Hintergrund des Analyseinteresses treten werden – vielleicht nicht dauerhaft, aber doch für einen bestimmten Zeitraum.

Ist dies der Fall, wäre es vorteilhaft, ganze Tabellen – nicht nur einzelne Felder – aus den Clienttools auszublenden. Wir sollten uns eine typische Vorgehensweise dafür einmal genauer ansehen!

In der Datei *12_PowerPivot_RELATED_00.xlsx* wird die Tabelle *Vertriebsgebiete* nur benötigt, um den Namen der Region in die Pivottabelle zu schreiben und auf dieser Basis die Auswertung durchzuführen. Die betreffende Tabelle ist mit *Sales_SalesOrderHeader* über das Feld TerritoryID verknüpft. Wenn es Ihnen gelänge, den Namen der Region mit einer Art Verweisfunktion in *Sales_SalesOrderHeader* zu schreiben, könnten Sie die andere Tabelle und ihre störenden Felder vollständig ausblenden. Die dazu benötigte Verweisfunktion heißt in Power Pivot RELATED().

1. Wechseln Sie in das Power-Pivot-Fenster, und fügen Sie an die Tabelle *Sales_SalesOrder-Header* eine neue Spalte an, indem Sie in die oberste Zeile die Überschrift »Region« schreiben.

2. Klicken Sie in die Editierzeile von Power Pivot, um die Funktion direkt einzugeben: =RE-LATED(Vertriebsgebiete[Name]) (Abbildung 12.33). Drücken Sie dann [↵].

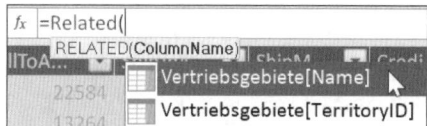

Abbildung 12.33 Direkteingabe der Funktion RELATED() in der Editierzeile von Power Pivot

3. Um zu prüfen, ob die Bezeichnungen der Subkategorien übernommen wurden, sollten Sie den AutoFilter öffnen. Sie sehen dann die verschiedenen Regionen, die den Bestellungen zugeordnet wurden.

4. Benennen Sie die Spaltenüberschrift *Name* in *Region* um.

5. Klicken Sie nun mit der rechten Maustaste im Power-Pivot-Fenster auf das Register VERTRIEBSGEBIETE, und wählen Sie AUS CLIENTTOOLS AUSBLENDEN.

6. Kehren Sie zu Excel zurück. Überzeugen Sie sich davon, dass die ausgeblendete Tabelle in der PivotTable-Feldliste nicht mehr angezeigt wird. Außerdem wurde das Feld Name aus der Pivottabelle entfernt.

7. Ziehen Sie deshalb das Feld Region aus *Sales_SalesOrderHeader* als einziges Feld in den Zeilenbereich, um die Auswertung nach Regionen abzuschließen (siehe Abbildung 12.34).

Die Übernahme von Inhalten aus einer anderen Tabelle funktioniert nur, wenn zwischen den beiden Tabellen bereits eine logische Beziehung besteht. Ist dies der Fall, mag Sie die Funktion =RELATED() in mancher Hinsicht an die guten alten Verweisfunktionen in Excel erinnern. Funktionen wie =SVERWEIS() oder =INDEX() werden häufig verwendet, um Detailinformationen in eine Tabelle zu holen, beispielsweise um den Kundennamen auf Basis der Kundennummer zu ergänzen. Mit =RELATED() schaffen Sie in Power Pivot ein Gruppierungsmerkmal, das später beispielsweise als Filter in der Ergebnistabelle eingesetzt werden kann. Der Vorteil dabei ist vor allem, dass Sie eine ganze Ursprungstabelle ausblenden können, nachdem Sie das betreffende Feld in eine andere Tabelle übernommen haben.

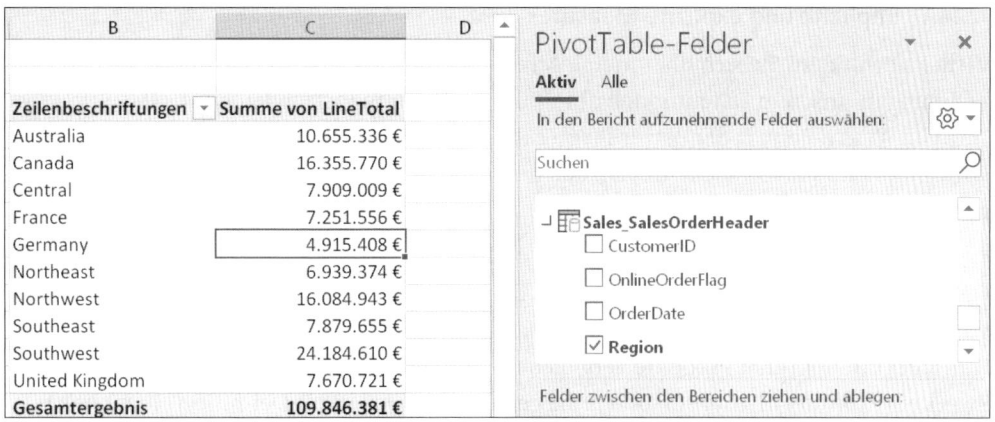

Abbildung 12.34 Einbinden der mit RELATED() eingebundenen Regionen

12.14   Berechnete Felder in Power-Pivot-Tabellen verwenden

DAX-Funktionen haben Sie im bisherigen Datenmodell lediglich im Power-Pivot-Fenster verwendet, um *berechnete Spalten* zu erstellen. Die Funktionen YEAR(), MONTH() und RE-LATED() sind nur einige wenige Beispiele für die Vielzahl von Einsatzmöglichkeiten. Eine Faustregel besagt aber auch, dass Sie Berechnungen in Spalten eher sparsam einsetzen soll-ten, da sie, je nach Größe der verwendeten Tabellen, umfassende und aufwendige Berech-nungen nach sich ziehen können. Die beiden Spalten zur Monats- bzw. Jahresberechnung ließen sich leicht durch die Verwendung einer Kalendertabelle ersetzen. Die Verwendung von =RELATED() entspricht jedoch, wie Sie im vorigen Abschnitt nachvollziehen konnten, der typischen Aufgabe von berechneten Spalten: Schaffung eines Feldes, das als Filter in der Power-Pivot-Tabelle benutzt werden kann.

Doch nun ist es an der Zeit, die zweite und wesentlich bedeutsamere Verwendungsform von DAX-Funktionen kennenzulernen. Wir werden sie in der Power-Pivot-Tabelle als *berechnete Felder* oder *Measures* einsetzen. Die Tatsache, dass zwei Begriffe zur Beschreibung einer Sache herhalten müssen, ist erneut in der »Großbaustelle« Self-Service-BI in Excel begrün-det. Bis Excel 2010 war dem Benutzer der Begriff berechnetes Feld lediglich von Pivottabellen her bekannt. Das für diese Version angebotene Add-in Power Pivot führte den Begriff Measure für DAX-Berechnungen in der Ergebnistabelle ein. In Excel 2013 verschwand dieser Terminus jedoch zugunsten von … richtig, zugunsten des Begriffs berechnetes Feld. Die Rolle rückwärts brachte schließlich die Excel-Version 2016, in der dann wieder von Measures ge-sprochen wurde, und dabei ist es auch in Excel 2019 geblieben.

12.14.1 Implizite und explizite Measures

Vielleicht wundern Sie sich über meine Ankündigung, dass wir nun erstmalig eine DAX-Berechnung in unserem Datenmodell durchführen. Denn mehrfach haben wir das Feld `Line-Total` im WERTE-Bereich der Power-Pivot-Tabelle verwendet. Dazu haben wir es, wie bei einer konventionellen Pivottabelle üblich, aus der Feldliste einfach in den WERTE-Bereich gezogen. Diese Vorgehensweise wird auch als Erstellen eines *impliziten Measures* bezeichnet. Sie ist schnell anwendbar, hat aber auch einige Nachteile.

Denn Berechnungen in Power Pivot sind in den meisten Fällen verschachtelt. Stellen Sie sich vor, Sie möchten die Differenz des durchschnittlichen Bestellwertes der Produktkategorie *Fahrräder* mit dem aller Produkte vergleichen. In einem ersten Schritt werden Sie zu diesem Zweck ein *explizites Measure* erstellen. Sie gehen dabei analog zur Definition einer berechneten Spalte vor und legen zunächst einen Namen fest, z. B. `MW`, um dann die Formel, die den Mittelwert berechnet, zu erfassen. Einziger fundamentaler Unterschied: Sie machen dies nicht im Power-Pivot-Fenster, sondern in der Power-Pivot-Tabelle der Arbeitsmappe. In einem zweiten Schritt erstellen Sie danach das explizite Measure für die durchschnittlichen Umsätze bei Fahrrädern. Es erhält den Namen `MW_bikes` und verwendet die erste Mittelwertberechnung, ergänzt um eine Bedingung, `Fahrräder`. Beide expliziten Measures fließen schließlich in eine dritte Berechnung ein. Diese bildet die Differenz zwischen den beiden zuvor erstellten Berechnungen. Sie nennen das dritte explizite Measure `MW_Delta`. Es sähe in Ihrer Ergebnistabelle folglich so aus:

```
MW_Delta:=[MW]-[MW_bikes]
```

Bei der Verwendung von impliziten Measures wäre die Formel um einiges unübersichtlicher:

```
MW_Delta:=AVERAGE(Sales_SalesOrderDetail[LineTotal])-CALCULATE(AVERAGE(Sales_
SalesOrderDetail[LineTotal]; '12_2PowerPivot_Categories'[Name]="Bikes")
```

Weitere Vorteile der Nutzung expliziter Measures sind:

▶ die Zuweisung eines Zahlenformats, das auch dann erhalten bleibt, wenn Sie das Measure in unterschiedlichen Tabellen einsetzen

▶ Die Kontrolle über die Namensfestlegung, mit der Sie erreichen, dass zusammengehörige Berechnungen in der Feldliste unmittelbar untereinander angezeigt werden (z. B. alle Measures, die mit `MW_` beginnen).

▶ Die Weitergabe von Änderungen im Basis-Measure an alle nachfolgenden Berechnungen. Ersetzen Sie im Measure `MW` die DAX-Funktion `=AVERAGE()` durch `=MEDIAN()`, werden alle darauf aufbauenden Berechnungen ebenfalls den Median verwenden.

▶ Und zu guter Letzt: Measures sind multivariabel. Sie können in verschiedenen Tabellen, an verschiedenen Stellen und zur Weiterverarbeitung in verschiedenen Measures eingesetzt werden.

12.14.2 Aggregierungsfunktionen in Power Pivot

Werden DAX-Funktionen in einer Ergebnistabelle verwendet, die auf einem Power-Pivot-Datenmodell aufbaut, entsprechen sie im weitesten Sinne zwar dem, was berechnete Felder in normalen Pivottabellen sind. Doch die berechneten Felder in Power-Pivot-Tabellen leisten ungleich mehr und fungieren als Herzstück des riesigen Leistungsumfangs von Power Pivot:

▶ Während konventionelle berechnete Felder nur mit einer Handvoll Excel-Funktionen realisierbar sind, bietet Power Pivot über 100 DAX-Funktionen.

▶ Konventionelle berechnete Felder liefern Ergebnisse auf Basis der sichtbaren Pivottabelle. DAX-Funktionen kalkulieren jedoch im Filterkontext der Power-Pivot-Tabelle, eine Fähigkeit, auf die ich später noch eingehen werde.

▶ DAX-Funktionen verfügen über eine Reihe von bedingten Kalkulationsmöglichkeiten und auch Funktionen der Kategorie Datum und Uhrzeit. Diese werden unter dem Oberbegriff *Time Intelligence* zusammengefasst und ermöglichen komplexe zeitbezogene Auswertungen großer Datenmengen.

Lassen Sie uns mit einem einfachen Beispiel beginnen, damit Sie zunächst die Besonderheiten bei der Eingabe von DAX-Funktionen kennenlernen.

Öffnen Sie die Datei *12_PowerPivot_Measures_00.xlsx*. Bewegen Sie den Cursor in die Power-Pivot-Tabelle, und wählen Sie aus dem Menü Power Pivot • Berechnungen • Measures (Excel 2013: Berechnetes Feld) • Neues Measure (Excel 2013: Neues berechnetes Feld). Es wird nun der Funktionsassistent angezeigt (Abbildung 12.35).

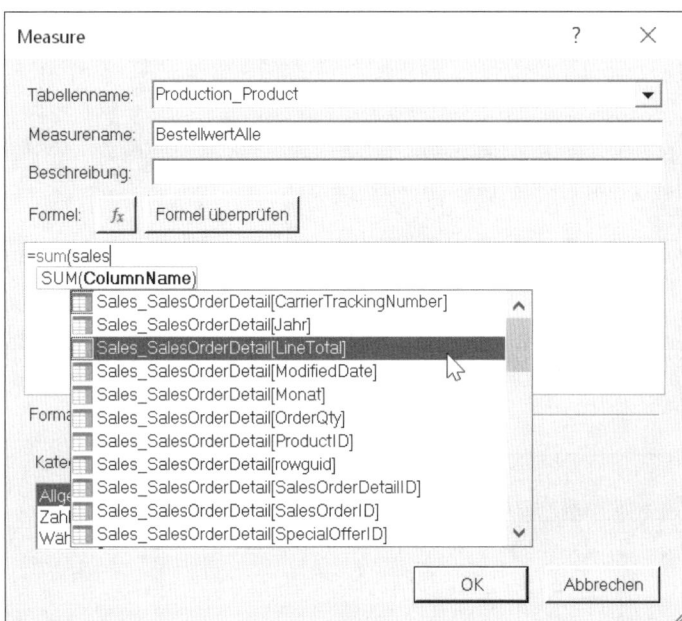

Abbildung 12.35 Funktionsassistent für die Eingabe von berechneten Feldern

Die erste Berechnung über eine DAX-Funktion soll sich lediglich auf die Bildung der Summe für die Spalte *LineTotal* beziehen. Diese Spalte ist Teil der Tabelle *Sales_SalesOrderDetail*. Wählen Sie diesen Tabellennamen aus dem Listenfeld TABELLENNAME aus. Dies hat zur Folge, dass das neue berechnete Feld auch in dieser Tabelle gespeichert wird.

Geben Sie in das Feld MEASURENAME einen aussagekräftigen Namen ein, z. B. »BestellwertAlle«, da es sich hier um die Summe des Bestellwertes aller Produkte handelt.

Nun haben Sie zwei Möglichkeiten, die Summenfunktion einzugeben: Entweder klicken Sie auf die Schaltfläche FUNKTION EINFÜGEN und benutzen den Funktionskatalog, oder Sie geben die Funktion direkt über die Tastatur ein. Da alle Funktionen in englischer Sprache geführt werden, müssten Sie einfach nur »sum« tippen. Und da dies schneller geht, als sich durch den Katalog zu hangeln, sollten Sie diesen Weg wählen. Wie schon im Power-Pivot-Fenster zeigt Ihnen Excel nach Eingabe der öffnenden Klammer und des Anfangsbuchstabens der Tabelle (»s« für *Sales_SalesOrderDetail*) den Tabellennamen und alle darin enthaltenen Felder an.

Wählen Sie `Sales_SalesOrderDetail[LineTotal]` aus, und fügen Sie die schließende Klammer der Summenfunktion hinzu.

Bevor Sie weitermachen, sollten Sie in jedem Fall prüfen, ob die Syntax der Funktion korrekt ist. Dazu klicken Sie auf FORMEL ÜBERPRÜFEN (Abbildung 12.36).

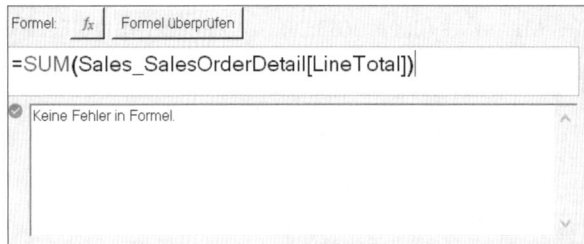

Abbildung 12.36 Ergebnis der Überprüfung einer DAX-Funktion

Wie bei einer einfachen DAX-Funktion nicht anders zu erwarten, erscheint die Meldung KEINE FEHLER IN FORMEL.

Damit können Sie zum letzten Arbeitsschritt übergehen. Weisen Sie dem berechneten Feld noch ein Zahlenformat zu. Wählen Sie die Kategorie WÄHRUNG und keine Nachkommastellen (Abbildung 12.37).

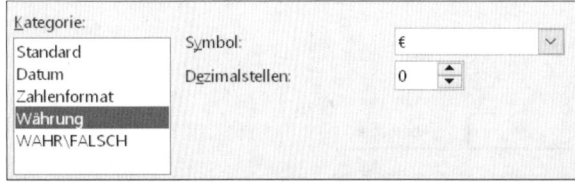

Abbildung 12.37 Zuweisen des Zahlenformats zu einem berechneten Feld

Klicken Sie abschließend auf OK, um das berechnete Feld in die Pivottabelle zu übernehmen. Zwei Dinge werden nun geschehen: Das berechnete Feld wird in die Power-Pivot-Feldliste übernommen, und zwar in die Tabelle *Sales_SalesOrderDetail*. Außerdem wird das Feld automatisch in den WERTE-Bereich der Ergebnistabelle übernommen (Abbildung 12.38).

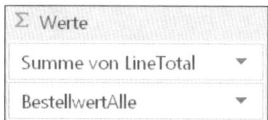

Abbildung 12.38 Berechnetes Feld im Bereich »Werte« der Pivottabelle

---

Aggregieren mit DAX-Funktionen

Das hier verwendete Beispiel schafft eine wichtige Voraussetzung für weitere Berechnungen in diesem Datenmodell. Spalten müssen unbedingt aggregiert werden, um mit den Ergebnissen weitere Berechnungen zu realisieren. Anders ausgedrückt: DAX-Funktionen sind nicht in der Lage, mit Feldbezeichnungen allein zu rechnen.

Beispiel: Die Tabelle der Bestellungen enthält eine Spalte *OrderQty*, in der die Bestellmenge angegeben wird. Nehmen wir an, eine zweite fiktive Tabelle *Sales_CustomerComplaints* enthielte in einem Feld `Cancellation` Angaben zu Stornierungen. Um die tatsächliche fakturierbare Warenmenge zu erhalten, würden Sie nun ein Measure erstellen, das zunächst so aufgebaut wäre: FakturierbareMenge:=(Sales_SalesOrderDetail[OrderQty]-Sales_Customer-Complaints[Cancellation]

Dieses Measure würde nicht funktionieren, da es keine Aggregierung, sondern bloße Feldnamen (Spaltenüberschriften) enthält.

Richtig wäre hingegen, wenn Sie die Schreibweise `FakturierbareMenge:=SUM(Sales_Sales-OrderDetail[OrderQty])-SUM(Sales_CustomerComplaints[Cancellation])` verwenden würden. Idealerweise würden Sie sogar zwei separate Measures erstellen und dann in einem dritten das zweite vom ersten subtrahieren.

In der Beispieldatei können noch weitere Aggregierungsfunktionen hinzugefügt werden:

▶ `=AVERAGE()` – Mittelwert
Fügen Sie das Measure `MittelwertAlle=AVERAGE(Sales_SalesOrderDetail[LineTotal])` in die gleichnamige Tabelle ein. Mit ihm berechnen Sie das arithmetische Mittel des Bestellwertes.

▶ `=COUNT()` – Anzahl
Ergänzen Sie das Measure `AnzahlProdukte:=COUNT(Sales_SalesOrderDetail[OrderQty])`, um die Gesamtbestellmenge aller Artikel zu bestimmen.

▶ `=DISTINCTCOUNT()` – eindeutige Anzahl
Mithilfe des Measures `=DISTINCTCOUNT(Sales_SalesOrderDetail[ProductID])` berechnen Sie die Anzahl der unterschiedlichen Produkte, die bestellt wurden.

▶ =MEDIAN() – Median

Zum Abschluss erstellen Sie das Measure MedianAlle:=MEDIAN(Sales_SalesOrderDetail [LineTotal]), um den Median des Bestellwertes zu berechnen.

12.15   Bearbeiten von berechneten Feldern

Alle soeben definierten Measures wurden auf gleichem Weg eingegeben, nämlich über die Dialogbox, die angezeigt wird, wenn Sie aus dem Power-Pivot-Menü die Option MEASURES • NEUES MEASURE bzw. in Excel 2013 BERECHNETES FELD • NEUES BERECHNETES FELD auswählen. Sicherlich ist Ihnen bereits aufgefallen, dass sich dort auch die Option MEASURES VERWALTEN (Excel 2013: BERECHNETE FELDER VERWALTEN) befindet. Die Auswahl dieser Option führt Sie zurück in die entsprechende Dialogbox, in der Sie dann ein Measure auswählen und über die Schaltfläche BEARBEITEN anschließend editieren können (Abbildung 12.39).

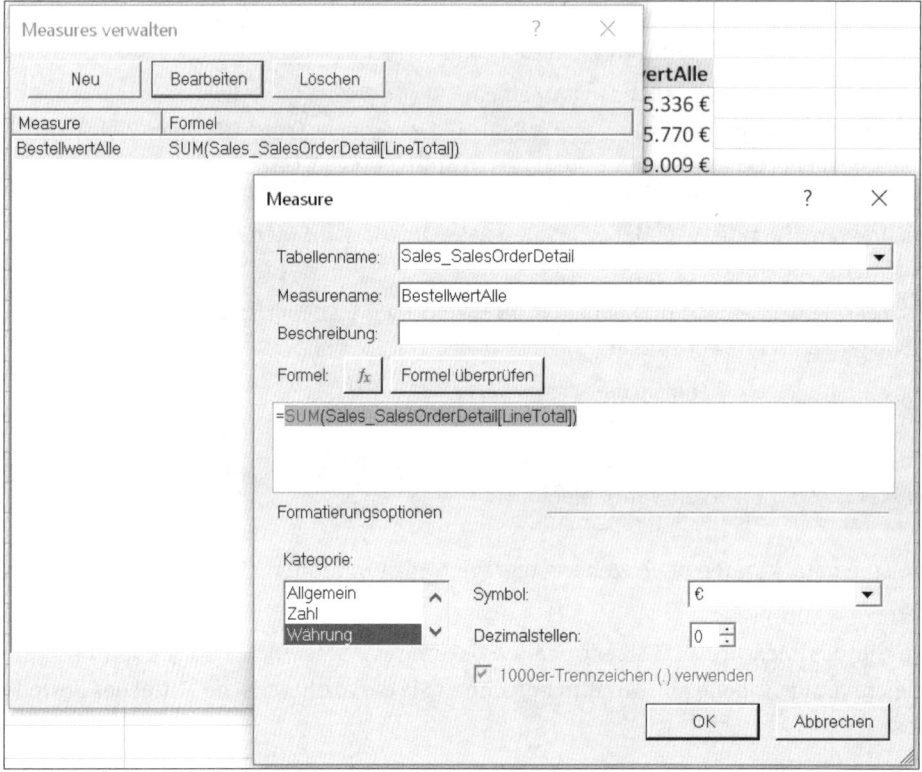

Abbildung 12.39 Bearbeitung bereits erstellter berechneter Felder

Unabhängig davon können Sie Measures auch im Power-Pivot-Fenster bearbeiten. Schalten Sie dazu unter START • ANSICHT den BERECHNUNGSBEREICH ein, sofern er nicht bereits unterhalb der Datentabelle sichtbar ist. In *Sales_SalesOrderDetail* sehen Sie dann beispielsweise alle bereits erfassten Berechnungen (Abbildung 12.40).

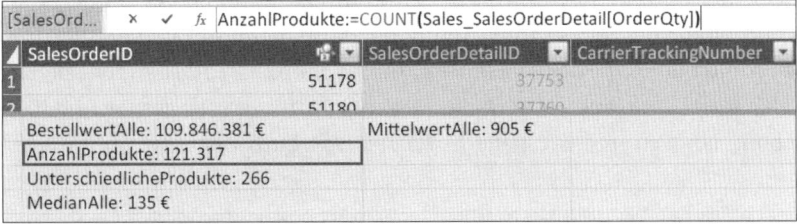

Abbildung 12.40 Editieren der Measures im Berechnungsbereich

Im Berechnungsbereich können auch neue Measures angelegt werden, was manchmal bequemer ist als die Eingabe in der Dialogbox. Um die gewohnten Zahlenformate zuzuweisen, benutzen Sie START • FORMATIERUNG • FORMAT.

Namensänderung von Measures und Aktualisierung von nachfolgenden Berechnungen [i]

Bis Excel 2013 müssen Sie bei der Umbenennung von Measures besonders vorsichtig sein, da Namensänderungen in einem Basis-Measure nicht automatisch an die nachfolgenden Berechnungen, also darauf aufbauende Measures, weitergegeben werden. Dieses für Excel untypische Verhalten kann eine Menge Nacharbeiten zur Folge haben. Nehmen wir an, Sie nennen ein Measure, das die Summe aller Einzelbestellungen berechnet, Bestellwert und verwenden dies in einem folgenden Measure, das eine Provision von 4 % auf Basis des Bestellwertes berechnet und das Provision heißt. Ihnen missfällt nun der Name Bestellwert, und Sie benennen ihn um in SummeBestellungen. In Excel 2010 und 2013 wird die Berechnung von Provision nun scheitern. Sie sind gezwungen, diese Kalkulation zu editieren und den neuen Bezug auf das Measure SummeBestellungen manuell anpassen. Erst Excel 2016 ist in der Lage, Änderungen an Measure-Namen an nachfolgende Berechnungen weiterzugeben.

Dies gilt in gleichem Maße für Änderungen an Tabellennamen. Wird eine Tabelle nachträglich umbenannt, werden erst ab Excel 2016 sämtliche Berechnungen, die den Bezug auf diese Tabelle enthalten, automatisch angepasst.

12.16   Bedingte Kalkulationen mit CALCULATE()

In Excel-Arbeitsmappen gehören bedingte Kalkulationen, also Funktionen wie SUMMEWENNS(), zu den wichtigsten Werkzeugen. Power Pivot verfügt über eine vergleichbare Superfunktion, sie heißt CALCULATE(). Während SUM() die Summe für ein angegebenes Feld berechnet, bietet CALCULATE() die Möglichkeit, Bedingungen in die Berechnung einzubeziehen. Nehmen wir an, Sie interessieren sich besonders für die Verkaufszahlen aller Produkte der Kategorie Fahrräder. Dann könnte Ihnen ebendiese Funktion entscheidend helfen.

Öffnen Sie die Datei *12_PowerPivot_CALCULATE_00.xlsx*, um dies zu testen. Diese Arbeitsmappe enthält bereits eine Reihe von Measures, die allesamt Aggregierungsfunktionen nutzen (Abbildung 12.41). Und zunächst möchten Sie zwei Mittelwerte miteinander vergleichen: den Mittelwert aller Produkte, der bereits im Datenmodell vorhanden ist (*MedianAlle*), mit dem, der nur für die Produktkategorie der Fahrräder gilt. Die Spalte *LineTotal* befindet sich in der Tabelle *Sales_SalesOrderDetail*, dort ist auch das Measure *MittelwertAlle* gespeichert. Die Produktkategorien befinden sich in der Tabelle *12_PowerPivot_Categories.xlsx*, in ihr auch die Spalte *Name*.

Zeilenbeschriftungen	Summe von LineTotal	BestellwertAlle	MittelwertAlle	AnzahlProdukte	UnterschiedlicheProdukte	MedianAlle
Australia	10.655.336 €	10.655.336 €	708 €	15.058	187	35 €
Canada	16.355.770 €	16.355.770 €	858 €	19.064	262	128 €
Central	7.909.009 €	7.909.009 €	1.356 €	5.832	253	470 €
France	7.251.556 €	7.251.556 €	798 €	9.088	247	65 €
Germany	4.915.408 €	4.915.408 €	653 €	7.528	219	35 €
Northeast	6.939.374 €	6.939.374 €	1.189 €	5.836	246	450 €
Northwest	16.084.943 €	16.084.943 €	954 €	16.865	263	87 €
Southeast	7.879.655 €	7.879.655 €	1.319 €	5.976	253	445 €
Southwest	24.184.610 €	24.184.610 €	943 €	25.644	262	149 €
United Kingdom	7.670.721 €	7.670.721 €	736 €	10.426	254	54 €
Gesamtergebnis	**109.846.381 €**	**109.846.381 €**	**905 €**	**121.317**	**266**	**135 €**

Abbildung 12.41 Power-Pivot-Tabelle mit unterschiedlichen Aggregierungsfunktionen

Führen Sie die Funktion POWER PIVOT • BERECHNUNGEN • MEASURES • NEUES MEASURE aus. Wählen Sie SALES_SALESORDERDETAIL als Speicherort für die zu erstellende bedingte Kalkulation aus. Geben Sie dann »MittelwertFahrräder« als Namen ein. Klicken Sie anschließend auf die Schaltfläche FUNKTION EINFÜGEN, um den Funktionsassistenten zu öffnen. Dort wählen Sie die Kategorie FILTER und in ihr die Funktion Calculate() aus. Danach klicken Sie auf OK.

Die Direkthilfe zeigt Ihnen bereits an, dass CALCULATE() mindestens zwei Funktionsargumente erwartet (Abbildung 12.42). Expression (Ausdruck) ist die Basisberechnung der Funktion, entweder eine vollqualifizierte Aggregierung, wie etwa AVERAGE(Sales_SalesOrderDetail [LineTotal]), oder ein bereits zuvor erstelltes Measure wie [MittelwertAlle]. Da in der Beispieldatei das Measure bereits vorhanden ist, sollten wir es nun auch verwenden. Geben Sie hinter der öffnenden eckigen Klammer das Zeichen [über die Tastenkombination [AltGr] + [8] ein. Dadurch werden alle bereits erstellten Measures angezeigt.

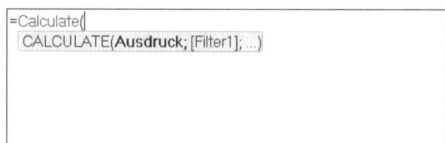

Abbildung 12.42 Hinweis zu den Argumenten von CALCULATE()

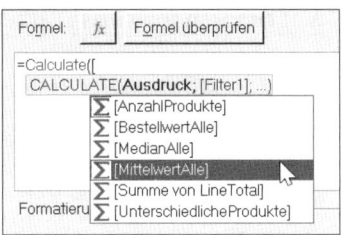

Abbildung 12.43 Hinzufügen der Basisberechnung (Ausdruck) zu CALCULATE()

Wählen Sie [MittelwertAlle] aus (Abbildung 12.43), und geben Sie dann ein Semikolon ein, um das zweite Argument festzulegen. Hierbei handelt es sich um die Filterbedingung. Sie möchten nur die Artikel der Kategorie *Bikes* aus der Tabelle *12_Power PivotCategories* verwenden. Schreiben Sie also:

```
12_PowerPivot_Categories(Name)="Bikes"
```

Setzen Sie danach die schließende Klammer von CALCULATE(). Der gesamte Ausdruck sollte jetzt so aussehen:

```
=CALCULATE([MittelwertAlle];'12_PowerPivot_Categories'[Name]="Bikes")
```

Klicken Sie auf FORMEL PRÜFEN, und weisen Sie dem Measure, sofern Sie keine Fehlermeldung erhalten, das Währungsformat ohne Nachkommastelle zu. Entfernen Sie zudem alle Measures aus der Ergebnistabelle bis auf MittelwertAlle, MittelwertFahrräder und UnterschiedlicheProdukte (Abbildung 12.44).

Zeilenbeschriftungen ▾	MittelwertAlle	MittelwertFahrräder	AnzahlProdukte	UnterschiedlicheProdukte
Australia	708 €	1.942 €	15.058	187
Canada	858 €	2.508 €	19.064	262
Central	1.356 €	2.632 €	5.832	253
France	798 €	2.335 €	9.088	247
Germany	653 €	1.943 €	7.528	219
Northeast	1.189 €	2.321 €	5.836	246
Northwest	954 €	2.676 €	16.865	263
Southeast	1.319 €	2.621 €	5.976	253
Southwest	943 €	2.418 €	25.644	262
United Kingdom	736 €	2.100 €	10.426	254
Gesamtergebnis	**905 €**	**2.364 €**	**121.317**	**266**

Abbildung 12.44 Bedingte Kalkulation mit CALCULATE()

Weitere Möglichkeiten bei der Verwendung von CALCULATE():

▶ Die Funktion kann nicht mit nur einem Filterkriterium verwendet werden, sondern mit mehreren. Die Anzahl der Argumente ist dabei lediglich durch den Arbeitsspeicher des Rechners begrenzt.

▶ Sollen Filterbedingungen mit einem logischen UND verknüpft werden, dient das Semikolon (;) als Separator zwischen den Argumenten. Eine typische Bedingung lautet dann:

Bilde den Mittelwert für alle Artikel, die der Kategorie `Bike` angehören UND deren Farbe `black` ist.

▶ Ein logisches ODER bei der Definition der Bedingungen erreichen Sie durch die Verwendung von *Pipes* (||). Beispiel, um alle Artikel zu berechnen, die entweder schwarz ODER weiß sind: `=CALCULATE([MittelwertAlle];Production_Product[Color]="Black" || Production_Product[Color] = "White")`

▶ Wie Sie bereits sehen konnten, erfordern Textstrings als Filterkriterien Anführungszeichen (`="Bikes"`). Numerische Kriterien benötigen diese nicht. Möchten Sie einen Filter auf die Subkategorie 1 (Mountain Bikes) setzen, sieht die Funktion folgendermaßen aus:

`=CALCULATE([MittelwertAlle];Production_ProductSubcategory[ProductSubcategoryID]=1)`

▶ Verwendet der Benutzer im Filterkriterium von `CALCULATE()` ein Measure, führt dies zu einem Fehler. Beispiel: Sie definieren ein Measure mit dem Namen `[BestellteProdukte]`, mit dem Sie die Anzahl der Produkte je Bestellung berechnen. Nun möchten Sie ein Measure `[GroßeBestellungen]` erstellen, mit dem Sie den Bestellwert aller Bestellungen mit mehr als zehn Produkten berechnen. Mit `CALCULATE([Bestellwert];[BestellteProdukte]>10)` wird dies nicht funktionieren. Stattdessen muss dieses Filterkriterium mit der Funktion `FILTER()` gesetzt werden.

Ich habe diesen Abschnitt eingeleitet, indem ich `CALCULATE()` mit der bedingten Kalkulation `SUMMEWENNS()` in Excel-Arbeitsmappen verglichen habe. Dieser Vergleich ist insofern richtig, als dass beide Funktionen mit einer Vielzahl von Bedingungen operieren. Ein Unterschied besteht freilich in der Tatsache, dass Excel lediglich drei bedingte Kalkulationen mit Mehrfachbedingungen kennt: `SUMMEWENNS()`, `ZÄHLENWENNS()` und `MITTELWERTWENNS()`. Da die bedingte Kalkulation bei `CALCULATE()` in Power Pivot vom Basis-Measure abhängig ist, sind hier auch Funktionen möglich, die in der Excel-Arbeitsmappe `MAXWENNS()` oder `MINWENNS()` genannt werden müssten.

Lassen Sie uns deshalb diesen Abschnitt mit einer weiteren bedingten Kalkulation beenden. Sie haben bereits die Anzahl unterschiedlicher Produkte mit `DISTINCTCOUNT()` für alle Bestellungen mithilfe des Measures `UnterschiedlicheProdukte` berechnet. Nun möchten Sie wissen, wie viele unterschiedliche Produkte der Kategorie *Bikes* bestellt wurden. Dies erreichen Sie mit:

`=CALCULATE([UnterschiedlicheProdukte]; '12_PowerPivot_Categories'[Name]="Bikes")`

Nach dem Grundprinzip der ineinander verschachtelten Measures werden Sie nun die beiden vorherigen verwenden, um in einem dritten den prozentualen Anteil unterschiedlicher Fahrräder an allen unterschiedlichen Produkten zu berechnen:

```
AnteilUnterschiedlicheBikes:
=DIVIDE([UnterschiedlicheBikes];[UnterschiedlicheProdukte];0)
```

Wählen Sie aus KATEGORIE die Option ZAHL und dann unter FORMAT das Prozentformat mit einer Nachkommastelle zur Formatierung des Ergebnisses (Abbildung 12.45).

Sie hätten den Prozentwert auch erhalten, wenn Sie die beiden Measures einfach dividiert hätten. Die DAX-Funktion DIVIDE() bietet Ihnen allerdings den zusätzlichen Vorteil der Fehlerunterdrückung für den Fall, dass die Rechenoperation einen Fehlerwert wie #DIV/0 ergibt. Die Funktion DIVIDE() erwartet einen Numerator und einen Denominator in den ersten beiden Argumenten. Das dritte Argument Alternate Result gibt an, welcher Wert zurückgegeben werden soll, wenn die ursprüngliche Division zu einem Fehlerwert führt. Es entspricht also im weitesten Sinne dem WENNFEHLER() aus der Excel-Funktionsbibliothek.

Zeilenbeschriftungen ▾	MittelwertAlle	MittelwertFahrräder	AnzahlProdukte	UnterschiedlicheProdukte	AnteilUnterschiedlicheBikes
Australia	708 €	1.942 €	15.058	187	47,06 %
Canada	858 €	2.508 €	19.064	262	37,02 %
Central	1.356 €	2.632 €	5.832	253	37,55 %
France	798 €	2.335 €	9.088	247	36,44 %
Germany	653 €	1.943 €	7.528	219	40,18 %
Northeast	1.189 €	2.321 €	5.836	246	39,43 %
Northwest	954 €	2.676 €	16.865	263	36,88 %
Southeast	1.319 €	2.621 €	5.976	253	38,34 %
Southwest	943 €	2.418 €	25.644	262	37,02 %
United Kingdom	736 €	2.100 €	10.426	254	36,22 %
Gesamtergebnis	**905 €**	**2.364 €**	**121.317**	**266**	**36,47 %**

Abbildung 12.45 Power-Pivot-Tabelle mit prozentualem Anteil der Kategorie »Bikes«

Wahrscheinlich werden Sie schnell den Wunsch hegen, die manchmal sperrigen Namen Ihrer Measures in der Power-Pivot-Tabelle durch Bezeichnungen zu ersetzen, die besser lesbar sind. *UnterschiedlicheProdukte* ist beispielsweise als Spaltenüberschrift recht lang und vielleicht auch nicht verständlich genug. Die gute Nachricht ist, dass Sie die Spaltenüberschriften in der Tabelle einfach überschreiben können. So könnte in der Beispieltabelle schnell aus *AnteilFahrräder* die Feldbezeichnung *Räder (eindeutig) %* werden.

In der PIVOTTABLE-FELDLISTE, im WERTE-Bereich und als Spaltenüberschrift wird die neue Bezeichnung verwendet, sobald Sie die alte überschrieben haben. Möchten Sie zu einem späteren Zeitpunkt nachvollziehen, welches Measure sich hinter der Feldbezeichnung verbirgt, gehen Sie folgendermaßen vor:

1. Öffnen Sie das Kontextmenü des Feldes im Wertfeldplatzhalter am rechten Bildschirmrand, oder klicken Sie mit der rechten Maustaste auf das Measure im WERTE-Bereich der Power-Pivot-Tabelle.

2. Wählen Sie die Option WERTFELDEINSTELLUNGEN.

3. Unter QUELLENNAME finden Sie den ursprünglichen Namen des Measures aufgeführt (Abbildung 12.46).

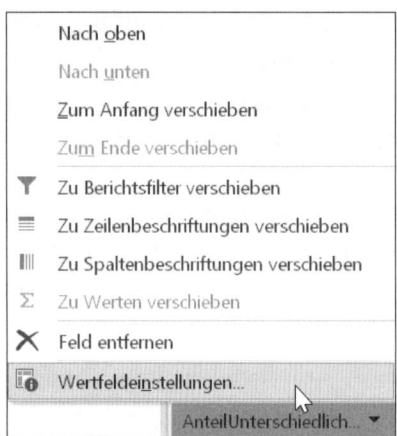

Abbildung 12.46 Anzeige der Wertfeldeinstellungen und des ursprünglichen Namens eines Measures

12.17 Datenschnitte und Zeitachsen

Wenn Sie häufiger Pivottabellen nutzen, werden Sie wahrscheinlich schon mit *Datenschnitten* gearbeitet haben. Auch *Zeitachsen* sind Ihnen dann bereits ein Begriff. Beide Tools dienen auch in Power Pivot dazu, eine Ergebnistabelle zu filtern, und steuern auf diesem Weg den Inhalt Ihrer Auswertung.

In der Beispieldatei *12_PowerPivot_Datenschnitte_00.xlsx* sollen nun diese beiden Steuerungswerkzeuge eingesetzt werden. Die Datei enthält eine Neuerung in Form der Kalendertabelle. Sie wurde als Datei *12_Kalender_2000_2010.xlsx* dem Datenmodell aus dem Ordner *C:\testbed* hinzugefügt. Beim Import von Datentabellen aus Excel-Dateien müssen Sie darauf achten, die Option ERSTE ZEILE ALS SPALTENÜBERSCHRIFTEN VERWENDEN zu aktivieren. Außerdem müssen Sie nach dem obligatorischen Klick auf WEITER das Tabellenobjekt auswählen, das Sie importieren möchten. Im vorliegenden Beispiel ist das das Objekt *Kalender$*. Bei der Datei handelt es sich um eine normale Excel-Arbeitsmappe, die einen Kalender der Jahre 2000 bis 2010 enthält. Die erste Spalte der Kalenderdatei enthält ein laufendes Datum, alle weiteren Spalten die zugehörigen Gruppierungsmerkmale wie Monat, KW, Quartal (Abbildung 12.47).

	A	B	C	D	E	F	G	H
1	Datum	Jahr	Monat_numerisch	Monat_Text	Tag_numerisch	Tag_Text	Quartal_numerisch	Quartal_Text
2	01.01.2000	2000	1	Jan	1	Samstag	1	Q1
3	02.01.2000	2000	1	Jan	2	Sonntag	1	Q1
4	03.01.2000	2000	1	Jan	3	Montag	1	Q1
5	04.01.2000	2000	1	Jan	4	Dienstag	1	Q1
6	05.01.2000	2000	1	Jan	5	Mittwoch	1	Q1
7	06.01.2000	2000	1	Jan	6	Donnerstag	1	Q1

Abbildung 12.47 Zeitliche Analysen werden in Power Pivot mit Kalendertabellen erstellt.

Wurde eine Kalendertabelle ins Datenmodell aufgenommen, muss diese auch als solche kenntlich gemacht werden. Dies ist noch nicht geschehen. Öffnen Sie also das Datenmodell, und wechseln Sie in die Kalendertabelle. Wählen Sie in ENTWURF • KALENDER • ALS DATUMS-TABELLE MARKIEREN die gleichnamige Option. Power Pivot schlägt Ihnen bereits die Spalte *Datum* als Schlüsselspalte vor (Abbildung 12.48). Sie besitzt den Datentyp DATUM, enthält keine Duplikate und besteht aus einer Liste fortlaufender Datumswerte. Dies sind unabdingbare Voraussetzungen, um später datumsbezogene Berechnungen wie Jahresvergleiche, Forecasts etc. realisieren zu können.

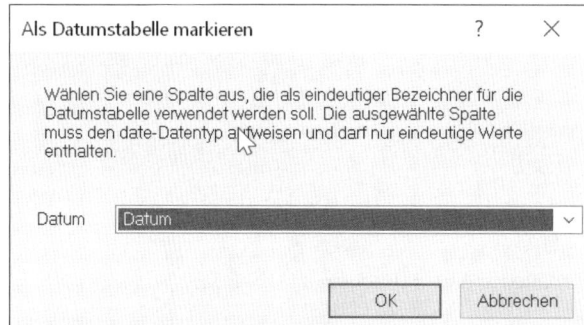

Abbildung 12.48 Festlegen der Schlüsselspalte einer Datumstabelle

Nachdem Sie die Tabelle als Kalender eingebunden haben, müssen Sie noch eine logische Beziehung zwischen der Tabelle *Sales_SalesOrderDetail* und der Tabelle *Kalender* erstellen:

1. Wechseln Sie in die DIAGRAMMSICHT.

2. Klicken Sie in *Sales_SalesOrderDetail* mit der rechten Maustaste auf das Feld `ModifiedDate`, und wählen Sie aus dem Kontextmenü BEZIEHUNG ERSTELLEN.

3. Ordnen Sie im unteren Teil der Dialogbox die Tabelle *Kalender* als Suchtabelle zu.

4. Wenn nicht bereits automatisch geschehen, wählen Sie die Spalte *Datum* als verknüpfte Spalte aus.

5. Klicken Sie abschließend auf OK.

Nachdem das Datenmodell nun einen Kalender enthält, erstellen Sie jetzt eine Zeitachse zur Steuerung Ihrer Auswertung:

1. Dazu verlassen Sie das Power-Pivot-Fenster und bewegen den Cursor in die Power-Pivot-Tabelle.

2. In den PIVOTTABLE-TOOLS finden Sie im Untermenü ANALYSIEREN die Gruppe FILTERN. Hier klicken Sie auf die Schaltfläche ZEITACHSEN EINFÜGEN.

3. Da die Kalenderdatei bislang in der Ergebnistabelle nicht eingesetzt wurde, wird sie in der folgenden Dialogbox im Register AKTIV nicht angezeigt. Wechseln Sie also ins Register ALLE.

4. Wählen Sie dort die Tabelle *Kalender* und das Feld Datum aus (Abbildung 12.49), und klicken Sie auf OK.

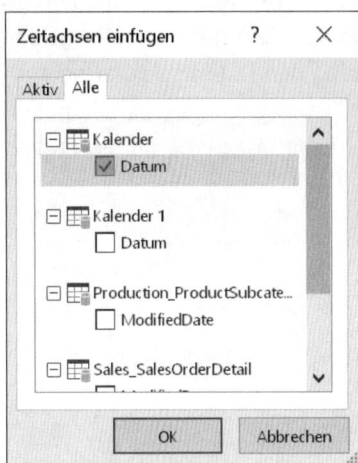

Abbildung 12.49 Auswahl der Datumstabelle für eine Zeitachse

Stellen Sie die auf dem Bildschirm angezeigte Zeitachse von Monate auf Quartale um, was über das Listenfeld möglich ist, und beginnen Sie mit dem Filtern der Daten. In der Tabelle *Sales_SalesOrderDetail* liegen Ihnen Daten aus dem Zeitraum von Juli 2001 bis März 2003 vor. Wenn Sie also die Quartale 3 und 4 des Jahres 2001 auf der Zeitachse markieren, werden Ihnen die entsprechenden Resultate in der Ergebnistabelle angezeigt (Abbildung 12.50).

Zeilenbeschriftungen	Bestellungen	Artikel (eindeutig)	Räder (eindeutig)	Räder (eindeutig) %
Australia	1.309.047 €	23	23	100,0 %
Canada	1.660.189 €	59	30	50,8 %
Central	951.241 €	55	30	54,5 %
France	180.572 €	18	18	100,0 %
Germany	237.785 €	18	18	100,0 %
Northeast	568.546 €	52	30	57,7 %
Northwest	2.104.994 €	54	30	55,6 %
Southeast	1.448.922 €	60	30	50,0 %
Southwest	2.578.924 €	58	30	51,7 %
United Kingdom	291.591 €	19	19	100,0 %
Gesamtergebnis	**11.331.809 €**	**60**	**30**	**50,0 %**

Abbildung 12.50 Auswahl eines Datumsbereichs über eine Zeitachse

Zwischenfazit: Die Einbindung einer Kalendertabelle in das Datenmodell ist das effizienteste Mittel, um datumsbezogene Auswertungen in Power Pivot zu realisieren. Kalendertabellen dienen der Gruppierung von Datumswerten nach Monaten, Quartalen, Jahren etc. und können in *Zeitachsen* verwendet werden. Durch ihre hohe Flexibilität machen Sie *berechnete Spalten* mit Datumsbezug überflüssig. Dies ist der Grund, warum Sie die zu Beginn dieses Kapitels in der Tabelle *Sales_SalesOrderDetail* mit YEAR() und MONTH() angelegten berechneten Spalten nun löschen sollten.

Zum Abschluss erstellen Sie noch einen *Datenschnitt*, mit dem Sie in Ihrer Auswertung wahlweise die Ergebnisse für Bestellungen über Internet und vor Ort in Ihren Shops anzeigen lassen. Das Feld *OnlineOrderFlag* in der Tabelle *Sales_SalesOrderHeader* liefert Ihnen die Möglichkeit dazu. Wechseln Sie also noch einmal in PIVOTTABLE-TOOLS • ANALYSIEREN • FILTER, und wählen Sie dann DATENSCHNITT EINFÜGEN. Wählen Sie dort ONLINEORDERFLAG aus.

Das Feld enthält lediglich die beiden Codes -1 (Internetbestellung) und 0 (keine Internetbestellung). Dies ist nicht besonders schön anzusehen. Doch konzentrieren wir uns zunächst auf die reine Funktionalität des Datenschnitts. Sie werden feststellen, dass bei Auswahl von -1 wesentlich weniger unterschiedliche Produkte angezeigt werden als bei Auswahl von 0. Die Produktpalette wird allem Anschein nach im Internet nur begrenzt wahrgenommen. Oder nicht alle Produkte sind dort verfügbar. Den genauen Grund dafür kennen wir nicht, halten aber fest, dass der Filtervorgang über den Datenschnitt an sich funktioniert (Abbildung 12.51).

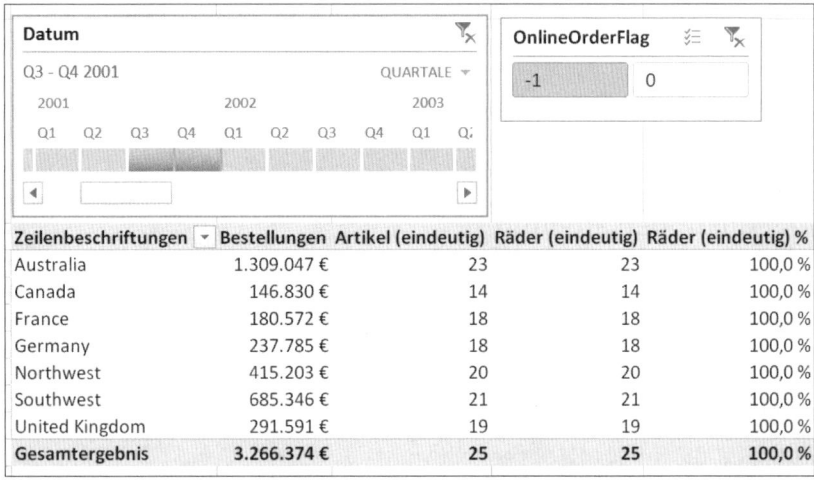

Abbildung 12.51 Datenschnitte dienen dem Filtern von Power-Pivot-Tabellen.

Konfiguration von Datenschnitten
Datenschnitte besitzen drei unterschiedliche Konfigurationsbereiche, die besonders bei der Erstellung von Power-Pivot-Dashboards nützlich sind:

▶ DATENSCHNITTTOOLS

Wenn Sie den Datenschnitt aktiviert, sprich angeklickt haben, erscheint dieses Kontextmenü. Im Untermenü OPTIONEN finden Sie drei Gruppen, mit denen Sie das Erscheinungsbild des Datenschnitts anpassen können. In SCHALTFLÄCHEN legen Sie die Anzahl
der nebeneinander angeordneten Schaltflächen fest. Auch die Höhe und Breite der
Schaltflächen kann hier variiert werden. Zudem weisen Sie dem Datenschnitt hier Formatvorlagen zu.

▶ In der Gruppe DATENSCHNITT des Kontextmenüs lassen sich unter DATENSCHNITTEINSTEL-
LUNGEN unter anderem Name und Kopfzeile, aber auch die interne Bezeichnung des Datenschnitts definieren bzw. nachlesen, die wichtig im Zusammenspiel mit Cube-Funktionen ist. Die BERICHTSVERBINDUNGEN wiederum legen fest, mit welcher Power-Pivot-
Tabelle bzw. welchem Power-Pivot-Diagramm der Datenschnitt verbunden sein soll. Die
hier zu treffenden Einstellungen sind vor allem dann bedeutsam, wenn Sie mehrere Tabellen und Diagramme zu einem Dashboard zusammenfassen.

▶ Klicken Sie einen Datenschnitt mit der rechten Maustaste an, erscheint ebenfalls ein
Kontextmenü. Wählen Sie die Option GRÖSSE UND EIGENSCHAFTEN, öffnet sich an der
rechten Bildschirmseite ein Menü, wie Sie es beispielsweise von der Diagrammbearbei-
tung her kennen. Die Gruppe POSITION UND LAYOUT enthält die Option GRÖSSENANPAS-
SUNG UND VERSCHIEBEN DEAKTIVIEREN, mit der Sie in einem fertigen Bericht das versehentliche Verändern des Datenschnitts durch den Benutzer verhindern. Ein wenig
darunter sollten Sie in EIGENSCHAFTEN die Option VON ZELLPOSITION UND -GRÖSSE UNAB-
HÄNGIG aktivieren. Dies hat zur Folge, dass einmal konfigurierte Datenschnitte nicht
durch Anpassungen der Spaltenbreiten in der Arbeitsmappe wieder aus den Fugen geraten.

12.18   Wie DAX-Funktionen arbeiten

Wenn Sie die Datei *12_PowerPivot_ALL_ALLSELECTED_00.xlsx* öffnen, finden Sie alle Elemente eines Power-Pivot-Datenmodells, die Sie bislang kennengelernt haben:

▶ Tabellen unterschiedlicher Herkunft

▶ logische Beziehungen zwischen den Tabellen

▶ eine berechnete Spalte, die mit RELATED() erstellt wurde

▶ Measures, die aggregieren oder bedingte Kalkulationen mithilfe von CALCULATE() ausführen

▶ eine Zeitachse sowie einen Datenschnitt, die die Analyseinhalte steuern

▶ eine Power-Pivot-Tabelle, in der die Ergebnisse ausgewiesen werden

Nun ist es an der Zeit, sich dem Mechanismus zuzuwenden, der die Arbeitsweise von Power Pivot beherrscht und das Tool außerdem grundlegend von konventionellen Pivottabellen unterscheidet. Dieser Mechanismus ist der *Filterkontext*, der in einem Verfahren aus zwei Arbeitsschritten jeden einzelnen Wert eine Power-Pivot-Tabelle berechnet. Der Filterkontext wird gebildet aus den ausgewählten Elementen der Datenschnitte und Zeitachsen, allen Elementen im Zeilenbereich und allen Elementen im Spaltenbereich der Pivottabelle. Die Vorgehensweise von Power Pivot bedient sich dabei immer zweier Arbeitsschritte:

1. Ermitteln des Filterkontextes aus den soeben genannten Elementen

2. Ausführen einer Berechnung, die durch eine DAX-Funktion definiert ist (z. B. SUM())

Dieses Verfahren führt die DAX-Engine für jeden Ergebniswert exklusiv aus, und zwar so lange, bis die gesamte Power-Pivot-Tabelle berechnet ist. Auf diesem Weg ist es möglich, Ergebnisse für das Feld einer Liste, z. B. LineTotal in *Sales_SalesOrderDetail*, auf Basis des gesetzten Filters einer anderen Liste, z. B. -1 in *Sales_SalesOrderHeader*, zu berechnen. Dieses Verfahren unterscheidet sich fundamental von dem konventioneller Pivottabellen, bei denen Datenschnitte, Zeitachsen, Zeilen- und Spaltenelemente immer aus ein und derselben Basisdatentabelle stammen.

In Abbildung 12.52 erkennen Sie beispielsweise, woraus der Filterkontext der Bestellung von Germany **Ⓐ** und der eindeutigen Anzahl bestellter Räder **Ⓑ** besteht:

▶ Tabellenausschnitt des Zeitraumes vom 01.07.2003 bis 30.09.2003 der Tabelle *Kalender* **❶**

▶ kombinierter Tabellenausschnitt für den Code -1 **❷** und die Region Germany **❸** der Tabelle *Sales_SalesOderHeader*

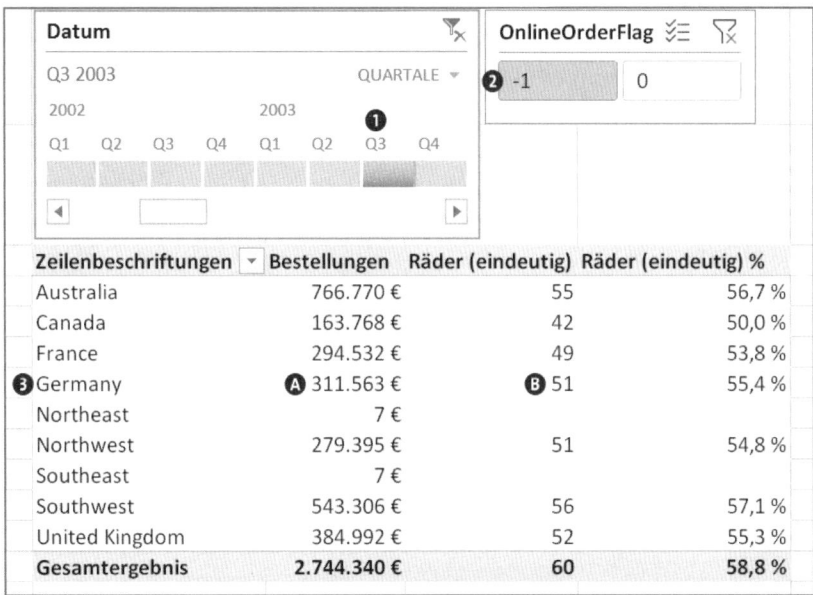

Zeilenbeschriftungen ⌄	Bestellungen	Räder (eindeutig)	Räder (eindeutig) %
Australia	766.770 €	55	56,7 %
Canada	163.768 €	42	50,0 %
France	294.532 €	49	53,8 %
❸Germany	Ⓐ 311.563 €	Ⓑ 51	55,4 %
Northeast	7 €		
Northwest	279.395 €	51	54,8 %
Southeast	7 €		
Southwest	543.306 €	56	57,1 %
United Kingdom	384.992 €	52	55,3 %
Gesamtergebnis	**2.744.340 €**	**60**	**58,8 %**

Abbildung 12.52 Filterkontext für zwei berechnete Werte der Power-Pivot-Tabelle

12.18.1   CALCULATE() in einem Filterkontext

Wichtig für das Verständnis von Power Pivot ist, dass der sichtbare Filterkontext einer Power-Pivot-Tabelle durch Filterkriterien ergänzt werden kann, die sich innerhalb der verwendeten DAX-Funktionen befinden. CALCULATE() ist ein hervorragendes Beispiel für solche anfangs schier unsichtbaren Erweiterungen des Filterkontextes.

In der Beispieldatei lässt sich diese Besonderheit am Ergebnis für das Measure Unterschiedliche Bikes ❽ – in der Power-Pivot-Tabelle mit der Bezeichnung Räder (eindeutig) angezeigt – nachvollziehen. Hier wird dem sichtbaren Filterkontext ein weiterer hinzugefügt, da CALCULATE() einen Filter auf die Spalte *Name* der Tabelle *12_PowerPivot_Categories* anwendet und nur das Ergebnis für *Bikes* berechnet.

Fügen Sie nun der Auswertung einen Datenschnitt hinzu, der das Feld Name aus eben dieser Tabelle, *12_PowerPivot_Categories*, verwendet (Abbildung 12.53), entsteht folgende Situation: Egal, ob Sie *Clothing*, *Bikes* oder *Components* im Datenschnitt auswählen, die Ergebnisse für die unterschiedlichen Artikel der Kategorie *Bikes* bleiben immer gleich.

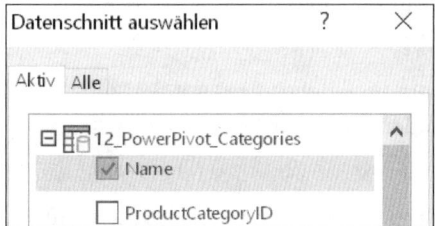

Abbildung 12.53 Hinzufügen eines Datenschnitts zur Auswahl der Produktkategorie

Von der Logik her ist dies vollkommen korrekt, dennoch entstehen bei der Analyse von Daten mittels Power Pivot anfangs immer wieder Konstellationen, die höchst verwirrend erscheinen. Im vorliegenden Beispiel ist es etwa der Anteil der Bikes an den Gesamtartikeln, der bei weit über 100 % liegt (Abbildung 12.54). Er ist der Tatsache geschuldet, dass sich das Ergebnis von *Artikel (eindeutig)* auf die im Datenschnitt ausgewählte Kategorie *Clothing* bezieht und somit gar nicht das Ergebnis der Gesamtartikel liefert, während sich *Räder (eindeutig)* auf die Kategorie *Bikes* bezieht.

Eine wichtige Grundregel für die Definition von Power-Pivot-Tabellen und DAX-Funktionen ist somit: Filter in DAX-Funktionen schalten den Filterkontext der Power-Pivot-Tabellen und ihrer Datenschnitte/Zeitachsen entweder ganz oder teilweise aus. *Measures overrule filter context!*

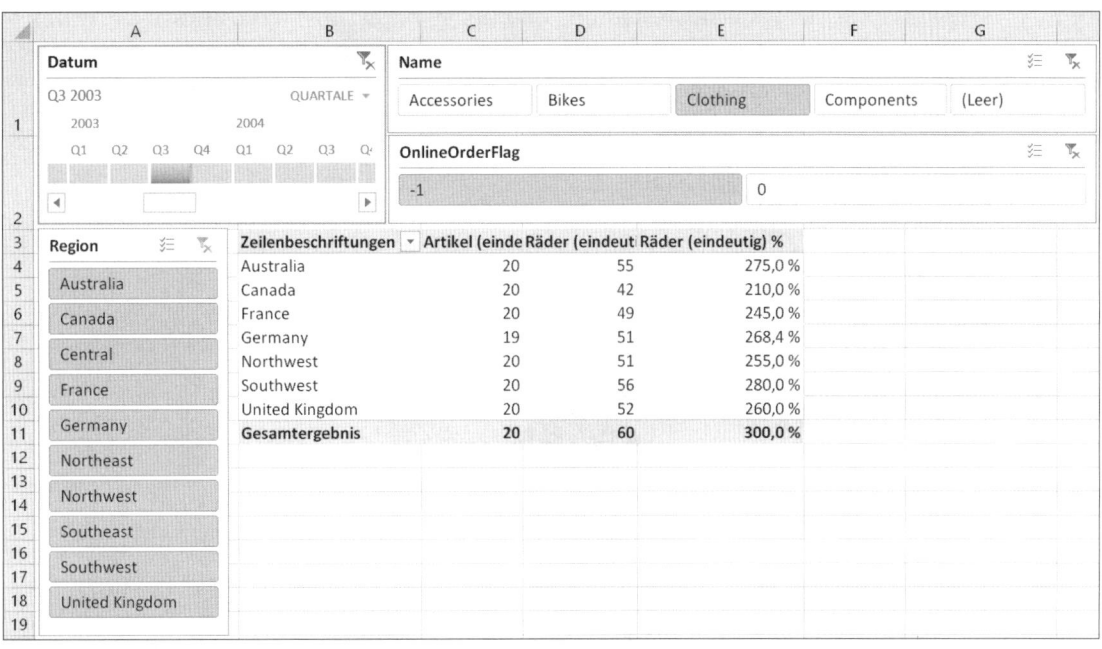

Abbildung 12.54 Der Filter in CALCULATE() dominiert den Filterkontext der Power-Pivot-Tabelle.

12.18.2   Filter fließen immer nur abwärts

Um ein genaues Verständnis von der Funktionsweise des Filterkontextes zu erhalten, muss noch ein weiterer Aspekt in den Fokus gerückt werden, der immer wieder die *Fließrichtung der Filter* genannt wird. In Power Pivot gibt es zwar die Möglichkeit des *Crossfilterings*, komplexe Measures, die hauptsächlich die Fähigkeiten von DAX nutzen, temporäre Tabellen während des Berechnungsvorgangs zu bilden. Doch für den normalsterblichen Power-Pivot-Nutzer gilt: Ein gesetztes Filterkriterium kann nur von der Suchtabelle in die Faktentabelle fließen und nicht umgekehrt.

Zur Veranschaulichung der Fließrichtung von Filterkriterien hatte ich zu Beginn des Kapitels empfohlen, Suchtabellen immer im oberen Bereich der Diagrammsicht des Power-Pivot-Fensters abzulegen und Faktentabellen im unteren. In der vorliegenden Datei ist erkennbar, dass der Kalender die Suchtabelle für *Sales_SalesOrderDetail* ist. Sie werden auch feststellen, dass *Sales_SalesOrderDetail* keine Verbindung zum Kalender besitzt (Abbildung 12.55).

Lassen Sie uns folgenden Fall konstruieren: Sie möchten eine Power-Pivot-Tabelle erstellen, in der Sie in der ersten Spalte den Gesamtbestellwert ausgeben. Dazu ziehen Sie das Feld BestellwertAlle alias *Bestellungen* in den Werte-Bereich. Daneben möchten Sie die Anzahl unterschiedlicher Kunden sehen. Dieses mittels DISTINCTCOUNT() erstellte Measure ist in der Datei *12_PowerPivot_ALL_ALLSELECTED_00.xlsx* bereits unter dem Namen *Unterschiedliche-Kunden* vorhanden. Ziehen Sie es ebenfalls in den Werte-Bereich. Löschen Sie nun die Zeit-

achse, die aus dem Kalender stammt, und erstellen Sie über PivotTable-Optionen •
Analysieren • Filtern • Zeitachse einfügen eine neue. Diese soll allerdings aus dem Feld
ModifiedDate der Tabelle *Sales_SalesOrderDetail* stammen (Abbildung 12.56).

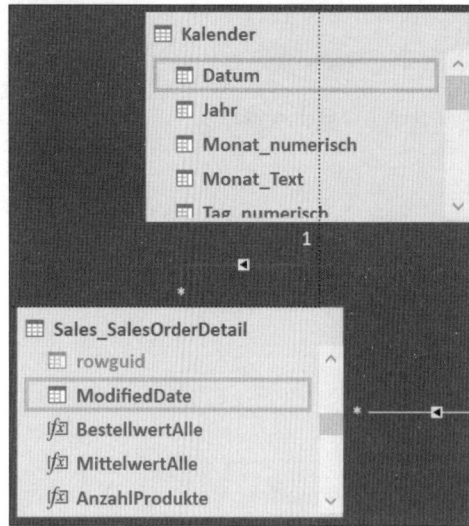

Abbildung 12.55 Such- und Faktentabelle in einer 1:n-Beziehung

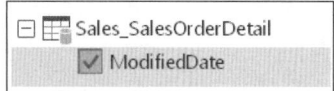

Abbildung 12.56 »ModifiedDate« ist ein Feld der Faktentabelle …

Wenn Sie diese Zeitachse nun einsetzen, werden sich die Ergebnisse für die Bestellwerte entsprechend verändern, während die Anzahl der unterschiedlichen Kunden in den einzelnen
Regionen immer gleich bleibt (Abbildung 12.57).

Zeilenbeschriftungen	Bestellungen	UnterschiedlicheKunden
Australia	3.404 €	3.591
Canada	3.582 €	1.571
Central		8
France	964 €	1.810
Germany	875 €	1.780
Northeast		8
Northwest	3.580 €	3.341
Southeast		12
Southwest	3.328 €	4.450
United Kingdom	1.363 €	1.913
Gesamtergebnis	**17.096 €**	**18.484**

ModifiedDate

Q3 2004   QUARTALE ▾

	2002	2003				2004			
3	Q4	Q1	Q2	Q3	Q4	Q1	Q2	Q3	Q4

Abbildung 12.57 … und deshalb als Filter für die Kundenzahl der Suchtabelle ungeeignet.

Der Grund dafür liegt in der Tatsache, dass *Sales_SalesOrderDetail* die Faktentabelle der Suchtabelle *Sales_SalesOrderHeader* ist. Wird in der Zeitachse ein Quartal ausgewählt, filtert es zwar die Faktentabelle, ist jedoch nicht in der Lage, nach oben in die Suchtabelle zu fließen (Abbildung 12.58).

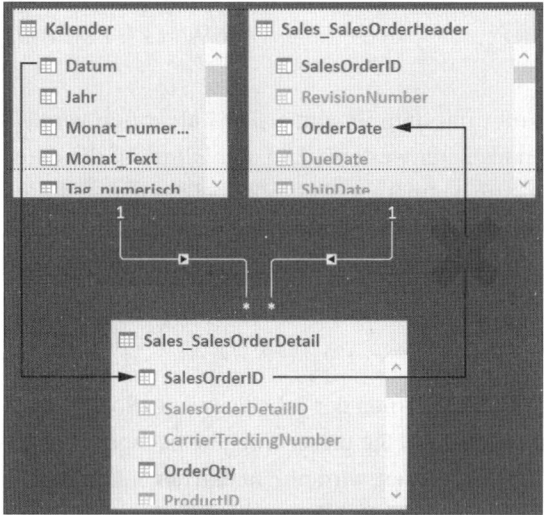

Abbildung 12.58 Filter fließen von oben nach unten, nicht umgekehrt.

12.18.3   Datenschnittfilter aufheben

Nehmen wir die drei Einflussfaktoren auf den Filterkontext – Zeilen- und Spaltenelemente, DAX-Funktionen mit Filtereigenschaften und Datenschnitte/Zeitachsen –, ist es hilfreich, zu wissen, wie man Letztere aushebeln kann. Dies ist immer dann bedeutsam, wenn Sie in komplexeren Darstellungen einerseits die vollen Steuerungsmöglichkeiten nutzen, andererseits spezifische Datenvergleiche durchführen möchten. Abbildung 12.59 zeigt ein solches Beispiel.

Abbildung 12.59 ALL() und ALLSELECTED() beeinflussen diesen Filterkontext.

Die Tabelle, die Sie sehen, wird durch vier Filterkriterien beeinflusst. Aus der Kalendertabelle fließt ein Zeitbereich ein. Die Kategorien aus der Kategorientabelle wirken ebenso auf das Ergebnis wie das Feld `OnlineOrderFlag` aus der Header-Tabelle. Dazu kommt als vierter Filter die Auswahl der Regionen über den Datenschnitt auf der linken Seite. Das Feld `Region` ist zudem im Zeilenbereich der Power-Pivot-Tabelle abgelegt. Nach Anwendung aller Filter ermittelt Power Pivot für das Measure `BestellwertAlle` (Bestellungen) den Wert *2.154.285 € für die Region Australia*.

Nehmen wir an, Sie möchten diesen Wert nun mit dem Ergebnis aller Kategorien vergleichen. Zeit, Regionen und Bestellwege sollen als Filter weiterwirken, der Filter auf die Kategorien hingegen nicht. Dann benötigen Sie eine bedingte Kalkulation, bei der genau dieser Filter aufgehoben wird. `CALCULATE()` übernimmt den Part der bedingten Kalkulation und `ALL()` die Aufgabe, den Kategorienfilter aufzuheben. Das zu erstellende Measure heißt in diesem Fall `AlleKategorien` und hat folgenden Aufbau:

```
=CALCULATE([BestellwertAlle];ALL('12_PowerPivot_Categories'[Name]))
```

Die Funktion `ALL()` erwartet von Ihnen, dass Sie den Namen der Tabelle und der Spalte angeben, die im Filterkontext ignoriert werden sollen. Sind Sie dieser Aufgabe nachgekommen und haben Sie die Definition des Measures abgeschlossen, wird nun neben der ersten Ergebnisspalte die Berechnung für alle Kategorien ausgegeben. Der Datenschnitt mit der Auswahl der Kategorien hat dank `ALL()` keinen Einfluss mehr auf die neue Spalte.

Möchten Sie schließlich den prozentualen Anteil des Gesamtergebnisses an den Ergebnissen der gefilterten Kategorien berechnen, müssen Sie ein weiteres Measure (% an allen Kategorien) ergänzen:

```
=DIVIDE([BestellwertAlle];[AlleKategorien];0)
```

Diese prozentuale Darstellung führt mich zur zweiten Konstellation, in der die Aufhebung eines Filters bedeutsam werden kann. Da der Datenschnitt links (`Region`) identisch mit dem Feld im Zeilenbereich ist, könnten Sie theoretisch die prozentualen Anteile eines Landes am Gesamtergebnis mithilfe der Funktion Werte anzeigen als • % der Gesamtsumme in die Power-Pivot-Tabelle übernehmen.

Diese Herangehensweise ist allerdings nicht empfehlenswert, wenn mit dem prozentualen Ergebnis weitergerechnet werden soll. Denn die gewählte Datenanzeige ist lediglich eine oberflächliche Veränderung, unter der in der Realität immer noch der ursprüngliche absolute Wert schlummert. Mit anderen Worten: Möchten Sie beispielsweise im Zuge eines Forecasts dem Vorjahreswert von 33,69 % noch einmal 2 % zuschlagen, benötigen Sie den *berechneten,* nicht den *angezeigten* Prozentsatz.

`ALLSELECTED()` ermöglicht es Ihnen, zunächst den Gesamtbetrag aller Regionen, die über den Datenschnitt auf der linken Seite ausgewählt wurden, zu berechnen:

```
=CALCULATE([BestellwertAlle];ALLSELECTED(Sales_SalesOrderHeader[Region]))
```

Das Ergebnis dieses Measures allein wird Sie in der Ergebnistabelle nicht begeistern. Gibt es doch – wegen der Aufhebung des Filters aus dem Zeilenbereich – für alle Zeilen den gleichen Wert zurück (Abbildung 12.60).

Region			Zeilenbeschriftungen	Bestellungen	AlleRegionen	% an allen Regionen
			Australia	1.309.047 €	3.886.007 €	33,7 %
Australia			Canada	1.517.551 €	3.886.007 €	39,1 %
Canada			Central	878.837 €	3.886.007 €	22,6 %
Central			France	180.572 €	3.886.007 €	4,6 %
France			**Gesamtergebnis**	**3.886.007 €**	**3.886.007 €**	**100,0 %**

Abbildung 12.60 ALLSELECTED() gibt für alle Zeilen ein identisches Ergebnis zurück.

Aber diese Berechnung ist selbstverständlich wieder nur eine Zwischenstation in der Darstellung des nun berechneten prozentualen Anteils einer Region am Gesamtergebnis aller ausgewählten Regionen. Der zweite Schritt besteht auch in diesem Fall wieder in der Anwendung von DIVIDE():

=DIVIDE([BestellwertAlle];[AlleRegionen];0)

Entfernen Sie nun alle Felder bis auf das Feld Bestellungen und die beiden Prozentberechnungen aus der Ergebnistabelle (Abbildung 12.61).

Zeilenbeschriftungen	Bestellungen	% an allen Kategorien	% an allen Regionen
France	2.782.409 €	81,8 %	36,7 %
Germany	1.856.526 €	85,4 %	24,5 %
United Kingdom	2.949.476 €	85,3 %	38,9 %
Gesamtergebnis	**7.588.411 €**	**84,0 %**	**100,0 %**

Abbildung 12.61 Ergebnistabelle mit berechneten Prozentanteilen

12.19   Bedingte Formatierungen und Diagramme in Power-Pivot-Reports

Power Pivot verfügt über drei Werkzeuge zur Visualisierung von Ergebnissen aus Power-Pivot-Tabellen:

▶ Pivotdiagramme

▶ KPI-Darstellungen

▶ bedingte Formatierungen

Ich möchte mich in diesem Abschnitt auf die Darstellung der Ergebnisse mithilfe von Diagrammen und bedingten Formatierungen beschränken. Das Beispiel können Sie mithilfe der Datei *12_PowerPivot_Report_00.xlsx* leicht nachvollziehen (Abbildung 12.62).

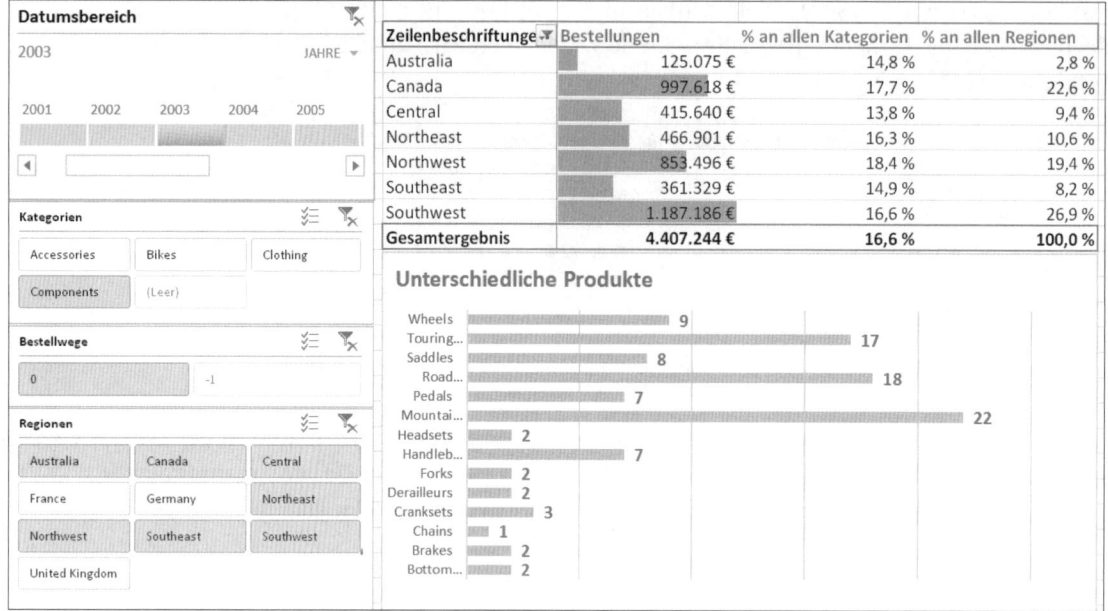

Abbildung 12.62 Einfacher Report mit Tabelle, bedingter Formatierung und Diagramm

Lassen Sie uns mit dem Diagramm beginnen. Im Gegensatz zu konventionellen Pivottabellen verfügt Power Pivot über verschiedene Reportlayouts, die Ihnen im Power-Pivot-Fenster im Menü START • PIVOTTABLE angeboten werden. Wählen Sie hier einfach PIVOTCHART aus, und zeigen Sie, wenn Sie nach dem Speicherort für das Diagramm gefragt werden, mit der Maus auf die Zelle D2 des vorhandenen Tabellenblattes.

Es wird ein Platzhalter für ein Stand-alone-Diagramm erstellt, d. h., es gibt keine Datentabelle, die in einem Tabellenblatt der Arbeitsmappe angelegt wird und das nun zu erstellende Diagramm mit Daten füttert.

Geben Sie dem Diagramm zunächst, wie Sie es bei allen Objekten in einer Arbeitsmappe machen, einen aussagekräftigen Namen. Dazu wählen Sie PIVOTCHART-TOOLS • ANALYSIEREN • PIVOTCHART • DIAGRAMMNAME und schreiben in das Eingabefeld »Produktanzahl«. Die Vergabe von sprechenden Namen für Power-Pivot-Tabellen und -Diagramme wird es Ihnen später leichter machen, Datenschnitte und Zeitachsen mit diesen Elementen des Berichts zu verbinden.

Erstellen Sie nun schrittweise das Diagramm:

1. Ziehen Sie aus der Tabelle *Production_ProductSubcategories* das Feld Name in den Zeilenbereich und aus *Sales_SalesOrderDetail* das Measure UnterschiedlicheProduktzahl in den WERTE-Bereich.

2. Wechseln Sie den Diagrammtyp auf BALKENDIAGRAMM.

3. Klicken Sie mit der rechten Maustaste auf eine der Schaltflächen im Diagramm, und blenden Sie diese mit ALLE FELDSCHALTFLÄCHEN IM DIAGRAMM AUSBLENDEN aus.

4. Schreiben Sie die Überschrift »Unterschiedliche Produkte« in den Diagrammtitel.

5. Entfernen Sie die Legende und die horizontale Achse.

6. Fügen Sie den Datenreihen DATENBESCHRIFTUNGEN hinzu.

Sie werden feststellen, dass keiner der bereits vorhandenen Datenschnitte bisher einen Einfluss auf den Inhalt des Diagramms besitzt. Klicken Sie deshalb mit der rechten Maustaste zunächst auf die Zeitachse links oben im Tabellenblatt. Wählen Sie dort die Option BERICHTSVERBINDUNGEN.

In der nun angezeigten Dialogbox aktivieren Sie das Diagramm *Bestellwert*. Danach wiederholen Sie den Vorgang mit allen auf der linken Seite angezeigten Datenschnitten (Abbildung 12.63). Wenn Sie nach dieser Änderung die Datenschnitte einsetzen, werden Sie sowohl den Inhalt der Tabelle als auch des Diagramms steuern.

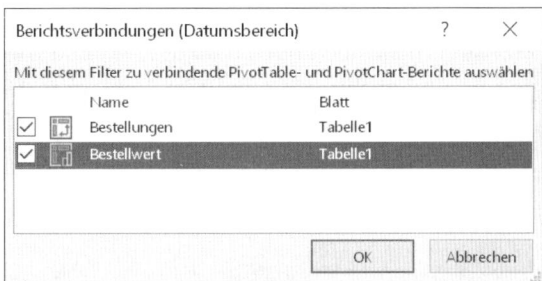

Abbildung 12.63 Zuordnung einer Tabelle oder eines Diagramms zur Zeitachse

Auch die Ergebnisse der Tabelle können nun mit einer *bedingten Formatierung* einprägsamer gestaltet werden. Dazu bieten sich einfache Datenbalken an.

Bewegen Sie den Cursor in die Spalte *Bestellungen*. Wählen Sie START • BEDINGTE FORMATIERUNG • DATENBALKEN • EINFARBIGE FÜLLUNG aus. Übertragen Sie dann die bedingte Formatierung mithilfe der FORMATIERUNGSOPTIONEN auf die restlichen Werte der Power-Pivot-Tabelle (Abbildung 12.64).

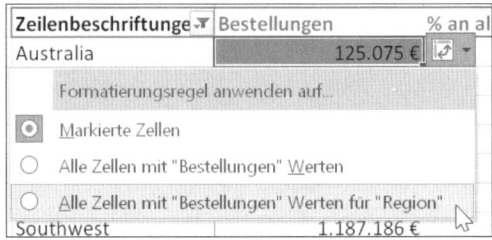

Abbildung 12.64 Übertragung der Datenbalken auf alle Werte des Feldes »Bestellungen«

Von technischer Seite ist Ihr Report nun fertig. Sie sollten ihm allerdings noch ein wenig Aufmerksamkeit im Hinblick auf seine Lesbarkeit geben.

Gestalten Sie Datenschnitte und Zeitachsen mit einem einheitlichen Layout. Dazu wählen Sie eine Formatvorlage über DATENSCHNITT-TOOLS • OPTIONEN • DATENSCHNITT-FORMATVORLAGEN aus. Gegebenenfalls erstellen Sie hier Ihre eigene Vorlage. Dies ist möglich, indem Sie eine Vorlage mit der rechten Maustaste anklicken und dann DUPLIZIEREN auswählen. Nachdem Sie einen Namen für die neue Vorlage vergeben haben, können Sie diese später in der Vorlagenübersicht erneut mit der rechten Maustaste anklicken und über die Option ÄNDERN Ihren eigenen Vorstellungen anpassen. Unter anderem können Sie an dieser Stelle die im Datenschnitt verwendete Schriftgröße definieren.

Stimmen Sie die farbliche Gestaltung der Tabelle, der Datenbalken und des Diagramms aufeinander ab. Dabei können Sie für die Tabelle erneut auf eine Formatvorlage zurückgreifen oder im Bedarfsfall auch eine eigene Vorlage erstellen. Die Datenbalken passen Sie über START • BEDINGTE FORMATIERUNG • REGELN VERWALTEN an. Wählen Sie die bedingte Formatierung aus, und klicken Sie auf REGEL BEARBEITEN. Unter AUSFÜLLEN • FARBE legen Sie die Farbe der Datenbalken fest. Zu guter Letzt ändern Sie auch noch die FÜLLUNG und ABSTANDSBREITE der Datenbalken Ihres Diagramms, indem Sie die Datenbalken mit der rechten Maustaste anklicken und aus dem Kontextmenü DATENREIHEN FORMATIEREN wählen.

Um sowohl die Überschriften als auch die Werte im Diagramm hervorzuheben, weisen Sie diesen abschließend eine sich vom Rest des Reports unterscheidende Farbe zu.

Kapitel 13
Excel als Planungswerkzeug

Strategische und operative Planung ist nicht die primäre Domäne von Excel. Dennoch nutzen viele Anwender das Programm auch dann, wenn es um die Planung von Projekten oder Maßnahmen geht. Projektmanagementsoftware, diverse Visualisierungstools oder Programme mit Formular- oder Workflow-Unterstützung scheinen für solche Aufgaben eigentlich besser geeignet. Doch auch Excel bietet einige Möglichkeiten und Funktionen zur Unterstützung betrieblicher Planungsprozesse. Davon handelt dieses Kapitel.

Auf den folgenden Seiten werden Sie ausführliche Informationen dazu finden, wie Sie Excel unterstützt bei:

► der strategischen Planung, etwa im Rahmen der Wettbewerber-, Portfolio- und Stärken-Schwächen-Analyse

► der operativen Planung

Folgende operative Instrumente werde ich Ihnen ausführlich vorstellen:

► Absatz- und Umsatzplanung

► Liquiditätsplanung

► Personalplanung

► Verfahren zur Erstellung von Prognosen

Dies ist eine umfangreiche Themenliste. Lassen Sie uns also keine Zeit verlieren und sofort in die Thematik einsteigen.

13.1 Wettbewerberanalyse

Um sich im Wettbewerb zu behaupten, müssen Sie Ihre Wettbewerber kennen, besser noch deren Stärken und Schwächen. Damit Sie Ihre Position und die Potenziale Ihres Unternehmens sachlich einordnen können, benötigen Sie ein Bewertungsverfahren, das die Realität am Markt möglichst objektiv abbildet: Sie benötigen eine Wettbewerberanalyse, die die Unternehmen vergleichend gegenüberstellt (Abbildung 13.1).

		Gewichtung	Wettbewerber 1 XY GmbH		Wettbewerber 2 ABC GmbH		Wettbewerber 3 GEF AG		Wettbewerber 4 OPQ GmbH	
	Sortiment	7	+0	0	+0	0	+2	14	+1	7
	Verfügbarkeit	5	+1	5	+1	5	+1	5	+1	5
Produkte	Technischer Stand	9	-1	-9	-1	-9	+1	9	-1	-9
und	Innovationsgrad	3	-1	-3			-1	-3	+1	3
Dienstleistungen	Zuverlässigkeit	9	+1	9			+0	0	+1	9
	Produktqualität	10	+1	10			+1	10	-1	-10
				12				35		5
	Marketing	6	-1	-6			+1	6	+1	6
	Preis-Leistungs-Verhältnis	6	-1	-6	+1	6	+0	0	+0	0
Marketing	Technischer Service	4	+1	4	+0	0	-1	-4	+1	4
	Beschwerdemanagement	7	-1	-7	-1	-7	+1	7	-2	-14
	Zielgruppenorientierung	5	-1	-5	+0	0	-1	-5	+0	0
				-20		5		4		-4
	Kompetenz	8	-1	-8	+0	0	+2	16	-1	-8
	Motivation	7	+1	7	+0	0	+0	0	+1	7
Management und Personal	Fluktuation	5	-1	-5	+1	5	-1	-5	+1	5
	Fortbildungsangebot	4	+0	0	+1	4	+1	4	-2	-8
	Führungsstil	5	+0	0	-1	-5	+0	0	-1	-5
		100		-6		4		15		-9

Hinweis!
Bitte wählen Sie einen Wert zwischen -3 und +3 aus der Liste!

Abbildung 13.1 Wettbewerberanalyse mit Datenüberprüfungen

Das Vorgehen bei solch objektivierenden Analysen von zumindest teilweise subjektiven Bewertungen gleicht sich fast immer:

1. Zunächst legen Sie Ihre Kriterienbereiche und einige Bewertungskriterien fest.

2. Dann formulieren Sie konkrete Fragen in den einzelnen Kriterienbereichen.

3. Anschließend definieren Sie die konkreten Ausprägungen zur Bewertung der Fragestellungen, z. B. sehr gut, gut, durchschnittlich …

4. Für jede Ausprägung bestimmen Sie einen numerischen Wert, z. B. von 1 bis 6.

5. Schließlich gewichten Sie die Kriterienbereiche. Die Summe Ihrer Gewichtungspunkte ergibt dabei immer 100.

6. Nachdem Sie diesen Bewertungsrahmen entworfen haben, beginnen Sie mit der Analyse der Wettbewerber. Sie arbeiten die festgelegten Kriterien ab und wählen die aus Ihrer Sicht zutreffenden Bewertungen.

7. Nach der Beantwortung aller Fragen multiplizieren Sie die Ausprägungswerte mit der Gewichtung, und aus allen Werten bilden Sie die Gesamtsumme für jedes analysierte Konkurrenzunternehmen.

Durch den Vergleich der Gesamtergebnisse aller Wettbewerber (und des eigenen Unternehmens) bilden Sie abschließend eine Rangfolge der verglichenen Unternehmen.

13.1.1   Datenüberprüfungen im Bewertungsformular

Um eine Wettbewerberanalyse in Excel zu erstellen, benötigen Sie als Erstes ein Eingabeformular. Wie immer gilt es, Eingabefehler beim Erfassen der Antworten zu vermeiden. Fehleingaben in dieses Formular verhindern Sie, indem Sie durch die Verwendung von *Daten-*

überprüfungen sicherstellen, dass nur die von Ihnen vorgegebenen Ausprägungswerte verwendet werden können.

Der Übersichtlichkeit halber sollten Sie die Liste der zulässigen Werte in einem separaten Tabellenblatt anlegen und eine Texterläuterung für jeden Wert danebenschreiben. In der Datei *13_Wettbewerberanalyse_01.xlsx* finden Sie eine solche Vorgabeliste im Tabellenblatt *Codierung* (Abbildung 13.2).

	A	B
1	Der Wettbewerber ist ...	
2	3	... wesentlich besser
3	2	... besser
4	1	... ein wenig besser
5	0	... vergleichbar
6	-1	... ein wenig schlechter
7	-2	... schlechter
8	-3	... wesentlich schlechter

Abbildung 13.2 Ausprägungen für die Bewertungskriterien

Sie haben prinzipiell zwei Möglichkeiten, die Werte der Datenausprägung im Eingabeformular zu hinterlegen. Bei der ersten Variante wechseln Sie in das Eingabeformular *Wettbewerberanalyse_I* und markieren dort die Zellen D4 bis D9. Danach rufen Sie die Funktion DATEN • DATENTOOLS • DATENÜBERPRÜFUNG • DATENÜBERPRÜFUNG auf. In der Dialogbox wählen Sie unter ZULASSEN: die Option LISTE. Im Feld QUELLE geben Sie die Ausprägungswerte -3;-2;-1;0;1;2;3 an. Achten Sie darauf, jeden Wert mit einem Semikolon vom nächsten zu trennen.

Diese Vorgehensweise hat den Vorzug, dass sie schnell, quasi ohne Vorbereitung, umgesetzt werden kann. Der Nachteil ist, dass das Verfahren intransparent ist. Um zu sehen, welche Werte verwendet werden, müssen Sie die Werteliste oder gar die Datenüberprüfung selbst öffnen. Und so ist es auch, wenn Sie die Werte verändern möchten.

13.1.2   Bereichsnamen der Codierung

Die zweite Variante bei der Vorgabe von erlaubten Werten in einer Datenüberprüfung besteht darin, die Werte direkt aus der Liste im Tabellenblatt *Codierung* zu übernehmen.

Da sich die Werte der Datenausprägungen in einem anderen Tabellenblatt als dem Eingabeformular (*Wettbewerberanalyse_I*) befinden, müssen Sie allerdings zunächst einen Bereichsnamen definieren. Markieren Sie zu diesem Zweck die Zellen, in denen im Tabellenblatt *Codierung* die Datenausprägungen stehen. Geben Sie dann einen Bereichsnamen in das NAMENFELD links neben der Editierzeile ein.

Anschließend wechseln Sie in das Tabellenblatt *Wettbewerberanalyse_I* und markieren dort die Zellen D4 bis D9. Rufen Sie die Datenüberprüfung auf. Nachdem Sie die Option LISTE im

13

Feld ZULASSEN: ausgewählt haben, positionieren Sie den Cursor im Feld QUELLE. Mit ⎡F3⎤ lassen Sie sich die Liste der verfügbaren Bereichsnamen anzeigen und wählen den zuvor definierten Namen aus.

13.1.3   Kopieren der Datenüberprüfungen

Die Vorgaben aus der Datenüberprüfung müssen neben dem Zellbereich D4 bis D9 in insgesamt elf weiteren Zellbereichen des Eingabeformulars verwendet werden. Dabei ist es von Vorteil, dass alle Zellen des Formulars noch leer und alle Zellbereiche gleich groß sind. Die Datenüberprüfungen können Sie in diesem Fall mit einem normalen Kopiervorgang in die zusätzlichen Eingabebereiche übertragen.

Markieren Sie also die Zellen D4 bis D9, und kopieren Sie ihren Inhalt in die Zwischenablage. Halten Sie die Taste ⎡Strg⎤ fest, und markieren Sie sämtliche Zellbereiche des Eingabeformulars, in denen die Vorgabewerte verwendet werden sollen. Fügen Sie dann den Inhalt der Zwischenablage mit ⎡Strg⎤ + ⎡V⎤ ein.

[+]

Erweiterung von Datenüberprüfungen

Wenn Sie eine einmal definierte Datenüberprüfung auf andere Zellen übertragen möchten und die Zellbereiche unterschiedlich groß sind, gehen Sie am besten folgendermaßen vor:

1. Markieren Sie die Zellen, in denen sich die Datenüberprüfung befindet, und alle Zellbereiche, auf die Sie die Datenüberprüfung erweitern möchten.

2. Wählen Sie DATEN • DATENTOOLS • DATENÜBERPRÜFUNG • DATENÜBERPRÜFUNG.

3. Die Frage, ob die Datenüberprüfung auch auf die zusätzlichen Zellen übertragen werden soll, beantworten Sie mit JA (Abbildung 13.3).

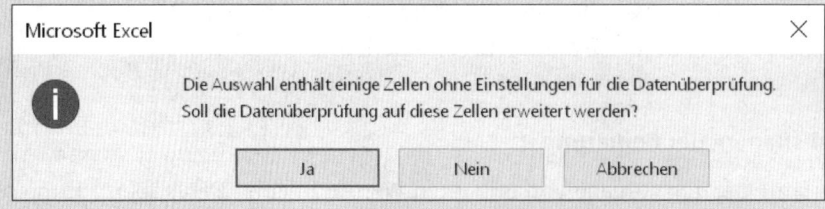

Abbildung 13.3 Erweiterung einer Datenüberprüfung auf weitere Zellbereiche

Excel vereinheitlicht nun für sämtliche markierten Zellen die Vorgaben aus der Datenüberprüfung.

13.1.4   Berechnung der erreichten Punktzahl

Bei der Bewertung der einzelnen Kriterienbereiche und Fragen wird nicht allen Elementen die gleiche Bedeutung zukommen. Legen Sie deshalb in Spalte C die Einzelgewichtung für jedes Kriterium fest. Die Summe aller Gewichtungspunkte muss in Zelle C22 den Wert 100 ergeben.

Den Zellen von C4 bis C21, in denen die Gewichtungen stehen, geben Sie den Bereichsnamen *Gewichtung*. Dies erlaubt es Ihnen später, auf möglichst einfache Art und Weise die Antwortwerte mit den Gewichtungswerten zu multiplizieren (Abbildung 13.4).

Gewichtung
7
5
9
3
9
10
6
6
4
7
5
8
7
5
4
5
100

Abbildung 13.4 Zellbereich der Gewichtungen

Nachdem Sie die Gewichtungen eingegeben und mit dem gewünschten Namen versehen haben, ist es an der Zeit, in Zelle E4 die erste Berechnung der Punkte zu realisieren. Die Formel in Zelle E4 dazu lautet =D4*Gewichtung. Aufgrund des Bereichsnamens *Gewichtung* sind Sie nun in der Lage, diese Formel einfach nach unten zu kopieren, um sämtliche Antworten zu berechnen.

Auch in den Spalten G, I und K wenden Sie die Multiplikation der per Datenüberprüfung gewählten Punktzahl mit den Gewichtungspunkten an. In Zeile 22 berechnen Sie schließlich die Summe der Einzelwerte (z. B. =SUMME(E17:E21) in E22). Auf diesem Weg erhalten Sie das Gesamtergebnis für jedes Unternehmen und können nun eine Rangfolge bilden.

13.1.5   Visualisierung mit Sparklines

Das berechnete Ergebnis könnten wir nun selbstverständlich in dieser Form stehen lassen, da die Anzahl der verglichenen Unternehmen nicht allzu hoch und damit überschaubar ist. Um auch einen visuellen Vergleich der Einzelergebnisse zu ermöglichen, sollten Sie jedoch die *Sparklines* genannten Minidiagramme verwenden. Im Gegensatz zu den bekannten Excel-Diagrammen werden Sparklines direkt in ausgewählten Zellen eines Excel-Tabellenblattes erzeugt.

Sparklines sind typische Bestandteile eines Dashboards. Eine wichtige Grundregel für Dashboards, die unter anderem dazu dienen, hochverdichtete Informationen auf einen Blick zusammenzufassen, lautet: Die Grafiken und Diagramme müssen eindeutige Beschriftungen enthalten. Ansonsten geht der Zeitgewinn, der aus der Komprimierung der Informationen auf einem Datenblatt resultiert, beim allgemeinen Rätseln, welche Inhalte durch einen Datenpunkt oder ein Diagramm dargestellt werden, schnell wieder verloren. (Lesen Sie hierzu auch Kapitel 16, »Reporting mit Diagrammen und Tabellen«.)

Beschriftungen für die Daten von Sparklines erstellen

Um die Aufgabe der Beschriftung zu erledigen, nehmen Sie der Einfachheit halber die Überschriften aus dem Tabellenblatt *Wettbewerberanalyse_I*. Kopieren Sie die Zellen A4 bis C22 in die Zwischenablage. Wechseln Sie dann in ein neues Tabellenblatt – in der Beispiellösung ist es das Tabellenblatt *Wettbewerberanalyse_II* –, und fügen Sie die Beschriftungen transponiert wieder ein.

Seit Excel 2010 geht das direkt über das Kontextmenü. Klicken Sie mit der rechten Maustaste in eine leere Zelle. Aus dem dann angezeigten Kontextmenü wählen Sie unter EINFÜGEOPTIONEN: die vierte Option, TRANSPONIERT, aus (Abbildung 13.5).

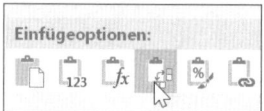

Abbildung 13.5 Transponieren eines Zellbereichs über das Kontextmenü

Die zeilenweise Beschriftung des ersten Tabellenblattes wird nun spaltenweise in das neue Blatt eingefügt. Drehen Sie anschließend die Texte der zweiten Zeile Ihrer Beschriftung (*Sortiment*, *Verfügbarkeit* etc.) mithilfe von FORMAT • ZELLEN um –90 Grad.

Da die Säulen der Sparklines relativ schmal sein werden, sollten Sie auch die Spaltenbreite der Beschriftungsebene entsprechend anpassen. Schließlich werden Sie Beschriftungen erhalten, die in etwa so aussehen wie in Abbildung 13.6.

	A	B	C	D	E	F	G	H	I	J	K	L	M	N	O	P	Q	R	S	T
1				Produkte und Dienstleistungen						Marketing						Management und Personal				
2			Sortiment	Verfügbarkeit	Technischer Stand	Innovationsgrad	Zuverlässigkeit	Produktqualität	Marketing	Preis-Leistungs-Verhältnis	Technischer Service	Beschwerdemanagement	Zielgruppenorientierung	Kompetenz	Motivation	Fluktuation	Fortbildungsangebot	Führungsstil		
3	Gewichtung		7	5	9	3	9	10		6	6	4	7	5	8	7	5	4	5	100

Abbildung 13.6 Beschriftungen der Sparklines im Tabellenblatt

Erstellen der Zielzellen für die Sparklines

Die Sparklines integrieren Sie in einer möglichst übersichtlichen Form in das Tabellenblatt, indem Sie die ausgewählten Zellen nicht allzu klein formatieren. Entweder vergrößern Sie sowohl die Zeilenhöhe als auch die Spaltenbreite, um diese Anforderung zu erfüllen, oder Sie fassen mehrere Zellen zu einer größeren Zelle zusammen. Die erste Option fällt in unserem Beispiel weg, da wir durch die spaltenweise Beschriftung bereits festgelegt haben, dass eine Sparkline über mehrere Spalten gehen soll.

Im Anwendungsbeispiel habe ich die Zellen B4 bis G9 markiert und über START • AUSRICH-TUNG • VERBINDEN UND ZENTRIEREN zu einer großen Zelle verbunden. Ziehen Sie die leere Zelle mithilfe des Ausfüllkästchens um zwei Einheiten nach unten. Auf diesem Weg erhalten Sie sehr schnell drei gleich große Zellen, in denen Sie die Sparklines ablegen können.

Leider bestehen die beiden nächsten Kriterienbereiche aus nur fünf Spalten. Sie müssen zunächst die Zellen I4 bis M9 zu einer Zelle verbinden, um dann durch Kopieren nach rechts und nach unten sechs weitere Zellen für die Aufnahme der Sparklines anzulegen.

Erstellen der Sparklines

Nachdem alle vorbereitenden Schritte ausgeführt wurden, geht es nun daran, die Minidiagramme zu erstellen. Wählen Sie zu diesem Zweck aus dem Menü EINFÜGEN die Gruppe SPARKLINES und dort die Option SPALTE aus. In der nun angezeigten Dialogbox wählen Sie als DATENBEREICH die Zellen E4 bis E9 des Tabellenblattes *Wettbewerberanalyse_I* aus (Abbildung 13.7). Der POSITIONSBEREICH, also die Zelle, in der die Sparklines erscheinen sollen, ist die erste große Zelle, die Sie zuvor durch Verbinden erstellt haben. In der Beispieldatei ist dies die Zelle B4.

Abbildung 13.7 Definition des Datenbereichs und der Position der Sparklines

Wenn ein bereits eingefügtes Sparkline-Objekt im Tabellenblatt ausgewählt ist, zeigt Excel das zugehörige Kontextmenü unter der Bezeichnung SPARKLINETOOLS oberhalb des Menübandes an. Mit diesem Menü formatieren Sie die Sparklines. Wählen Sie dort das Untermenü ENTWURF aus. Mit ANZEIGEN • NEGATIVE PUNKTE erreichen Sie, dass die negativen Werte eine andere Farbe als die positiven Werte erhalten (Abbildung 13.8).

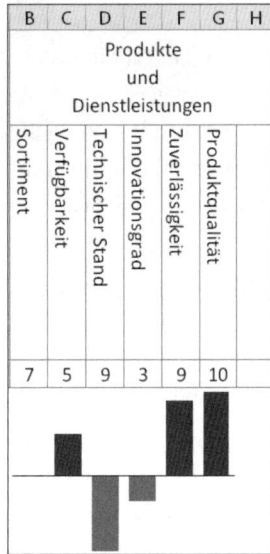

Abbildung 13.8 Die Spaltenbeschriftung und die Säule der Sparkline liegen in einer Spalte.

Wählen Sie dann noch GRUPPIEREN • ACHSE • HORIZONTALE ACHSENOPTIONEN • ACHSE ANZEIGEN aus. Dadurch wird auf den ersten Blick noch klarer, welche Werte im Säulendiagramm negative und welche positive Werte darstellen. Denn die Interpretierbarkeit der grafischen Darstellung auf einen Blick war schließlich unsere Hauptanforderung an Dashboards zu Beginn dieses Abschnitts.

Da Säulen- und Spaltenzahl in unserem Beispiel übereinstimmen, erhalten Sie eine korrekte und leicht lesbare Beschriftung der Sparklines.

Einen Wermutstropfen haben die Sparklines allerdings im vorliegenden Beispiel: Sie lassen sich leider nicht durchgängig kopieren. Dadurch sind Sie nun gezwungen, die einzelnen Arbeitsschritte auch für weitere Kriterienbereiche und Wettbewerber zu wiederholen.

13.2   Potenzialanalyse

Nachdem Sie die Stärken und Schwächen Ihrer Wettbewerber und des eigenen Unternehmens im Formular und auch visuell durch Sparklines dargestellt haben, gilt es, die geeigneten Schlussfolgerungen zu ziehen und weitere Schritte zur Verbesserung einzuleiten. Um die begrenzten verfügbaren Ressourcen dabei am effizientesten einzusetzen, ist es sinnvoll, die Bereiche mit den größten Potenzialen des eigenen Unternehmens zu identifizieren.

In der Arbeitsmappe *13_Potenzialanalyse_01.xlsx* sehen Sie ein Beispiel einer solchen Analyse (Abbildung 13.9).

		Potenzial
		Eigenes Unternehmen
	Sortiment	50%
	Verfügbarkeit	50%
Produkte	Technischer Stand	25%
und	Innovationsgrad	50%
Dienstleistungen	Zuverlässigkeit	50%
	Produktqualität	50%
		46%
	Marketing	50%
	Preis-Leistungs-Verhältnis	50%
	Technischer Service	75%
Marketing	Beschwerdemanagement	25%
	Zielgruppenorientierung	75%
		55%
	Kompetenz	25%
	Motivation	0%
	Fluktuation	25%
Management und Personal	Fortbildungsangebot	50%
	Führungsstil	25%
		25%

Abbildung 13.9 Eingabeformular zur Potenzialanalyse

Die Potenzialanalyse bedient sich zunächst vergleichbarer Mittel wie die Wettbewerberanalyse. Im Tabellenblatt *Potenziale* finden Sie erneut ein Eingabeformular. Die Kriterienbereiche und auch die Einzelfragen entsprechen denen, die wir bereits in der Wettbewerberanalyse benutzt haben. Schließlich möchten Sie genau für das vorliegende Analyse-Setup die konkreten Chancen einer Verbesserung ausloten.

Wie in der zuvor benutzten Datei setzen wir auch in diesem Beispiel eine Datenüberprüfung ein, um die Formulareingaben vorzunehmen und Fehleingaben zu verhindern. Diesmal rufen wir allerdings aus dem Listenfeld der Datenüberprüfung Prozentwerte ab, um die im Unternehmen vorhandenen Potenziale abzuschätzen. Die Vorgabeliste für die Datenüberprüfung finden Sie im Tabellenblatt *Codierung* (Abbildung 13.10).

Im eigenen Unternehmen besteht ...	
0%	... kein Potenzial
25%	... ein geringes Potenzial
50%	... Potenzial
75%	... ein deutliches Potenzial
100%	... ein sehr großes Potenzial

Abbildung 13.10 Vorgabewerte für die Formulareingabe

13.2.1   Grafische Darstellung der Potenziale

In einem Punkt unterscheidet sich die Darstellung der Ergebnisse allerdings von denen der Wettbewerberanalyse: Bei ihr werden keine Sparklines eingesetzt. Für die grafische Darstellung von Befragungsergebnissen oder Scorings lassen sich aber auch sehr gut andere Mittel einsetzen, z. B. Diagramme unmittelbar im Tabellenblatt. In Kapitel 16, »Reporting mit Diagrammen und Tabellen«, werden Sie eine *Heatmap* benutzen, die auf einer bedingten Formatierung beruht. In diesem Beispiel möchte ich Ihnen die Darstellung mittels Textdiagramm vorstellen.

Da es sich lediglich um fünf verschiedene Werte im Ergebnisbereich des Formulars handeln kann, nämlich 0 %, 25 %, 50 %, 75 % bzw. 100 %, habe ich das Ergebnis als einfaches Liniendiagramm aus Textzeichen gebildet.

Was brauchen Sie dazu? Zunächst einmal eine Zelle, die groß genug ist, um das Liniendiagramm aufzunehmen. Die erhalten Sie, indem Sie die Zellen A5 bis D5 verbinden. Da im vorliegenden Beispiel die Beschriftung der Rubriken in der Mitte zwischen zwei Diagrammen angeordnet ist, erscheint es zudem sinnvoll, die Linien des ersten Diagramms rechtsbündig anzuordnen. Mit der Zellformatierung ist dies anstandslos möglich.

Zusätzlich ist eine Funktion von Nutzen, mit der Sie ein ausgewähltes Zeichen – im Beispiel ist es der Punkt • – beliebig oft wiederholen können. Die Lösung für diese Anforderung ist die folgende Funktion:

```
WIEDERHOLEN(ZEICHEN(149);Potenziale!C10*100)
```

Das erste Argument dieser Funktion gibt das zu wiederholende Zeichen an. In Abbildung 13.11 sehen Sie, dass hier ein Punkt als Wiederholungszeichen gewählt wurde. Dieses Zeichen können Sie in Excel mit der Funktion ZEICHEN(149) erzeugen.

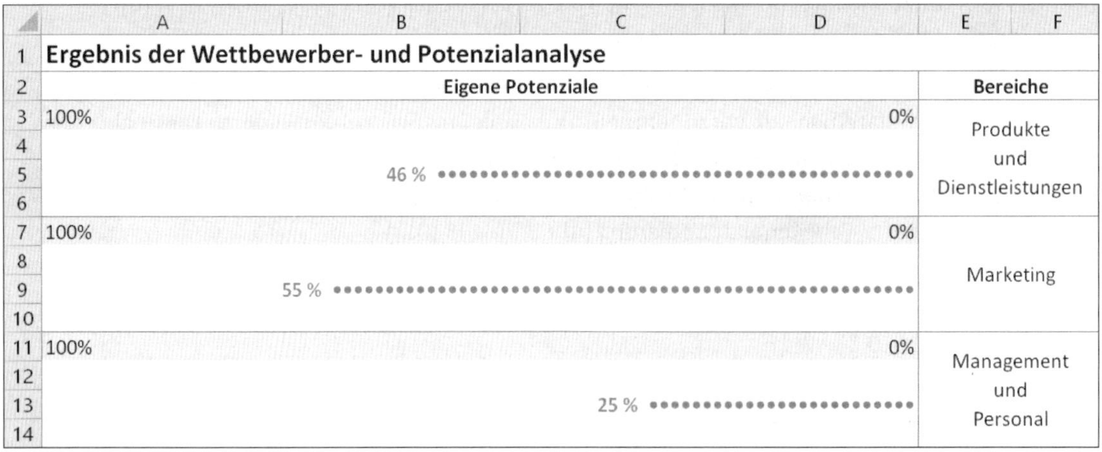

◢	A	B	C	D	E	F
1	**Ergebnis der Wettbewerber- und Potenzialanalyse**					
2		Eigene Potenziale			Bereiche	
3	100%			0%		
4					Produkte	
5		46 % ••••••••••••••••••••••••••••			und	
6					Dienstleistungen	
7	100%			0%		
8						
9		55 % ••••••••••••••••••••••••••••••••			Marketing	
10						
11	100%			0%		
12					Management	
13		25 % •••••••••••••••••			und	
14					Personal	

Abbildung 13.11 Erfüllungsgrade lassen sich auch als Liniendiagramm aus Textzeichen darstellen.

Im zweiten Argument geben Sie an, welchen Multiplikator Sie für die Zeichenwiederholung verwenden möchten. Wenn Sie sich auf Zelle C10 im Tabellenblatt *Potenziale* beziehen, erreichen Sie, dass das ausgewählte Zeichen proportional zu dem in dieser Zelle ausgewählten Antwortwert wiederholt wird. Vorausgesetzt ist natürlich, dass Sie den Zellwert mit 100 multiplizieren, denn da die Potenziale in Prozent angegeben werden, beläuft sich der Wert in dieser Zelle auf 0,25 oder einen anderen Bruchteil von 1.

13.2.2 Anzeige von Linie und Wert in einer Zelle

Wenn Ihnen die Anzeige des einfachen Liniendiagramms aus Textzeichen nicht ausreicht und Sie stattdessen den konkreten Ergebniswert ergänzen möchten, lässt sich die verwendete Funktion einfach erweitern.

Da es sich bei den Wiederholungszeichen um Daten im Textformat handelt, könnten Sie versuchen, diesen Inhalt mit den Daten in Zelle C10 zu verketten. Die Funktion `VERKETTEN(Wert1; Wert2 ...)` erlaubt solche Verkettungen eigentlich. Allerdings wird ein Problem auftreten, wenn Sie den Zellinhalt direkt mit der Funktion `WIEDERHOLEN()` kombinieren möchten: Es würde auch hier lediglich ein Bruchteil von 1 (z. B. 0,25) angezeigt, da die Eingabezelle einen Prozentwert enthält.

Die Funktion `TEXT()` ist jedoch in der Lage, einen Wert in einen Text umzuwandeln und diesem Wert ein vom Benutzer bestimmtes Zahlenformat zuzuweisen. Mit

```
TEXT(Potenziale!C10;"0 %")
```

gelingt es Ihnen, den Wert aus Zelle C10 des Tabellenblattes *Potenziale* zu übernehmen, diesen in einen Prozentwert umzuwandeln und dann an die Funktion `VERKETTEN()` zu übergeben. Die vollständige funktionsbasierte Lösung zur Visualisierung von Werten aus Formulareingaben sieht nun wie folgt aus:

```
=TEXT(Potenziale!C10;"0 %") &" "&WIEDERHOLEN(ZEICHEN(149);Potenziale!C10*100)
```

13.2.3 Kopieren der Liniendiagramme

In diesem Beispiel geht es nicht darum, einen Nachweis zu führen, dass es auch ohne Sparklines gelingen kann, Zahlenreihen direkt im Tabellenblatt zu visualisieren. Im Mittelpunkt steht die Absicht, Zeit zu sparen. Und damit beginnen Sie unmittelbar, nachdem Sie die erste verschachtelte Funktion fertiggestellt haben, denn die ausgearbeitete Funktion lässt sich mühelos kopieren. Im schlimmsten Fall müssen Sie einige Zellbezüge anpassen, um die korrekten Werte zu visualisieren.

13.2.4 Gegenüberstellung von Potenzialen und Handlungsfeldern

Die Wettbewerberanalyse und die Potenzialanalyse ergeben erst dann einen Sinn, wenn ihre Ergebnisse direkt miteinander verbunden werden. Dies geschieht in den Zellen G2 bis H14.

Es ist naheliegend, auch das Diagramm rechts neben der Potenzialanalyse als Liniendiagramm aus Textzeichen zu erstellen (Abbildung 13.12). Auf diese Weise lassen sich beide Diagramme optimal aufeinander abstimmen. Die bestmögliche Abstimmung ist wiederum eine wichtige Voraussetzung, um die wesentlichen Informationen ohne Umschweife aus der grafischen Darstellung ablesen zu können.

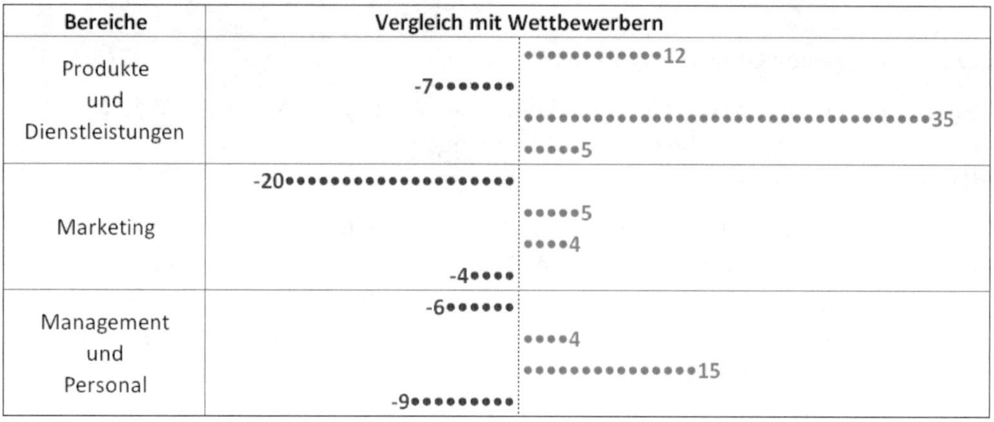

Bereiche	Vergleich mit Wettbewerbern
Produkte und Dienstleistungen	-7●●●●●●●● ●●●●●●●●●●●●●12 ●●●●●●●●●●●●●●●●●●●●●●●●●●●●●●35 ●●●●●●5
Marketing	-20●●●●●●●●●●●●●●●●●●● ●●●●●●5 ●●●●4 -4●●●●
Management und Personal	-6●●●●●●● ●●●●4 ●●●●●●●●●●●●●●●15 -9●●●●●●●●●●

Abbildung 13.12 Stärken und Schwächen der Wettbewerber

Für Ihre Schlussfolgerungen aus den beiden Diagrammen gilt: Höchste Priorität bei der Einleitung von Maßnahmen besteht dort, wo die eigenen Ergebnisse den Wettbewerbern hinterherhinken und zugleich die Änderungspotenziale hoch sind (Abbildung 13.13). Dies lässt sich im Beispieldiagramm auf Anhieb ablesen, da es nur wenige Kriterien gibt. Bei umfangreicheren Analysen würden Sie Ihre Entscheidung nicht nach Augenschein, sondern durch Bildung eines Koeffizienten aus Handlungsbedarf und Erfolgspotenzialen bestimmen. Dies ist in diesem Beispiel nicht notwendig.

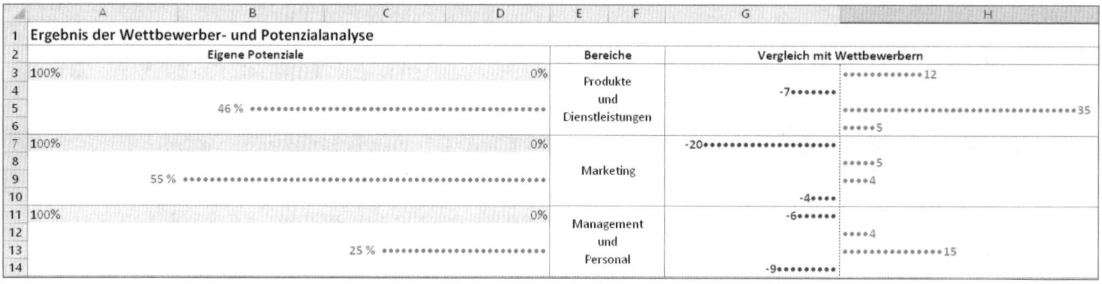

Abbildung 13.13 Gegenüberstellung der eigenen Potenziale mit den Stärken und Schwächen der Wettbewerber

Da die Bewertung der Wettbewerber im Kriterienbereich *Produkte und Dienstleistungen* überwiegend positiv ist und die eigenen Chancen in diesem Bereich immerhin mit 46 % bewertet werden, scheint es beispielsweise ratsam, auf diesem Feld Maßnahmen zur Verbesserung zu initiieren.

13.2.5 Erstellen der Stärken-Schwächen-Diagramme

Das Liniendiagramm zur Visualisierung der Stärken-Schwächen-Bewertung im Tabellenblatt *Wettbewerberanalyse_I* verwendet einige Elemente aus der oben bereits beschriebenen Funktionskette. Doch auch hier ergibt sich eine kleine Schwierigkeit bei der Umsetzung: In Spalte G soll nur dann eine Linie gezeichnet werden, wenn eine negative Bewertung in der Wettbewerberanalyse erzielt wurde. Umgekehrt soll in Spalte H immer nur dann eine Visualisierung erfolgen, wenn positive Werte vorliegen. Die erreichen Sie mit folgender Funktion:

```
=WENN('Wettbewerberanalyse_I'!E10<0;
'Wettbewerberanalyse_I'!E10 & WIEDERHOLEN(ZEICHEN(149);
-'Wettbewerberanalyse_I'!E10);"")
```

Sofern der Wert z. B. in Zelle E10 kleiner null ist, wird der umgekehrte Wert (`-'Wettbewerberanalyse_I'!E10)`) als Multiplikator für das Wiederholungszeichen verwendet. Ist er nicht kleiner null, wird keine Linie gezeichnet (`""`).

In Spalte H, die nur dann eine Darstellung enthalten darf, wenn die Bewertung zu einem positiven Ergebnis kommt, wird eine vergleichbare Funktion eingesetzt:

```
=WENN('Wettbewerberanalyse_I'!E10>0;
WIEDERHOLEN(ZEICHEN(149);'Wettbewerberanalyse_I'!E10)
& 'Wettbewerberanalyse_I'!E10;"")
```

13.3 Portfolioanalyse

Die Portfolioanalyse ist ein weiteres Werkzeug bei der strategischen Planung. Das Portfolio der Boston Consulting Group (BCG) verfügt über vier Quadranten und zwei Größenachsen. Sie dient der Betrachtung und Analyse des Produktlebenszyklus der Produkte eines Unternehmens. Grundlegend ist die Überlegung, dass jedes Produkt charakteristische Phasen in seinem Lebenszyklus durchläuft. Nach seiner Markteinführung erlebt es zumeist eine Wachstumsphase, danach eine Periode der Reife, um schließlich in Sättigung und Degeneration zu enden.

Im Blasendiagramm in Abbildung 13.14 finden Sie die vier Quadranten und zwei Achsen wieder. Auf der x- bzw. y-Achse werden der relative Marktanteil der eigenen Produkte und die Werte für das Marktwachstum abgetragen.

Doch eine Portfolioanalyse in Form eines Blasendiagramms benötigt neben dem vorhandenen x- und y-Wert einen dritten Wert zur Bestimmung der Blasengröße. In der hier vorgestellten Beispieldatei *13_Portfolioanalyse_01.xlsx* sind es die Umsatzdaten der Produkte aus Spalte C der Basisdaten (Abbildung 13.15), die diesen notwendigen dritten Wert zur Verfügung stellen.

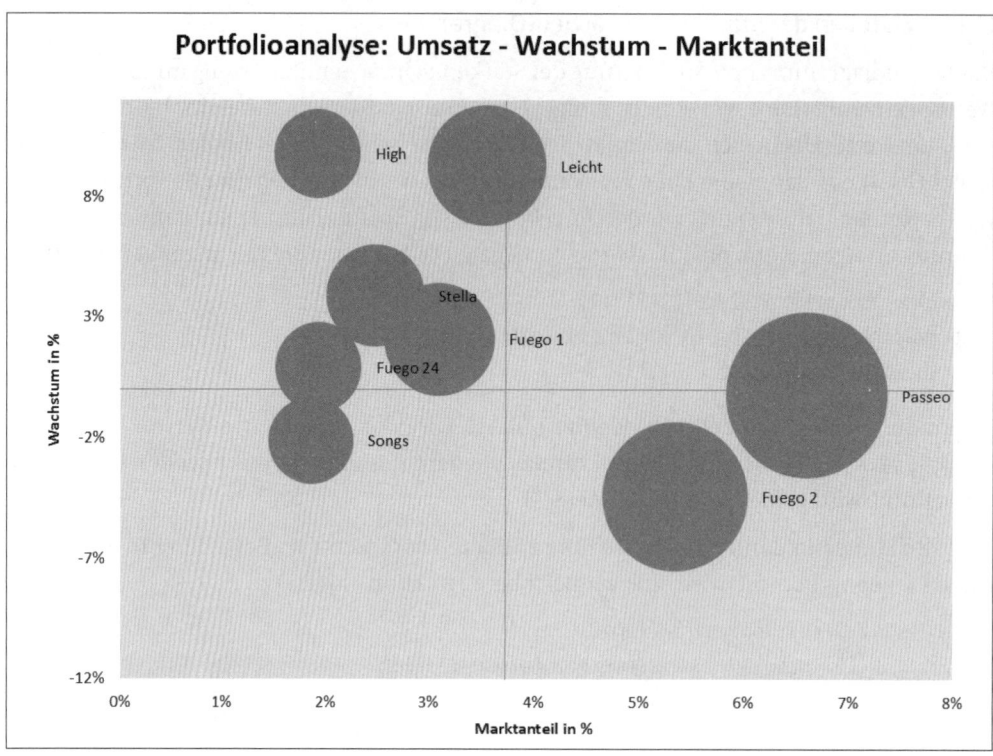

Abbildung 13.14 Produktlebenszyklus im BCG-Portfolio

	A	B	C	D	E
1	Portfolioanalyse				
2	Trademark	Produkt	Umsatz	Wachstum	Martktanteil
3	Prometeus	Fuego 1	1.497.000 €	2,10%	3,09%
4	Prometeus	Fuego 2	2.591.282 €	-4,39%	5,34%
5	Prometeus	Fuego 24	934.575 €	0,93%	1,93%
6	Orion	Stella	1.200.890 €	3,90%	2,48%
7	Orion	High	930.000 €	9,80%	1,92%
8	Cassandra	Songs	900.010 €	-2,10%	1,85%
9	Cassandra	Passeo	3.200.000 €	-0,20%	6,60%
10	Cassandra	Leicht	1.720.000 €	9,30%	3,54%
11					
12	Gesamtmarkt		48.520.000 €		

Abbildung 13.15 Basisdaten für das Blasendiagramm

13.3.1   Erstellen des Blasendiagramms

Sie erstellen das Diagramm aus den vorliegenden Daten, indem Sie den Cursor in einer freien Zelle positionieren. Dann starten Sie die Funktion EINFÜGEN • DIAGRAMME • PUNKT (XY)-
ODER BLASENDIAGRAMM EINFÜGEN. In Excel 2010 wählen Sie aus dem Menü stattdessen

ANDERE DIAGRAMME • BLASE. Sie erhalten ein leeres Diagrammobjekt. Wählen Sie DIA-GRAMMTOOLS • ENTWURF • DATEN • DATEN AUSWÄHLEN, um die zu verwendenden Daten-reihen zu bestimmen.

Dazu klicken Sie auf HINZUFÜGEN und markieren dann die drei Datenreihen in den Spalten C, D und E.

Die Datenreihen ordnen Sie den Diagrammwerten in der Dialogbox DATENREIHEN BEARBEI-TEN zu (Abbildung 13.16), wie es Tabelle 13.1 zeigt.

Bezug im Diagramm	Zellbereich
x-Werte	='Portfolio_I'!$E$3:$E$10
y-Werte	='Portfolio_I'!$D$3:$D$10
z-Werte (Blasengröße)	='Portfolio_I'!$C$3:$C$10

Tabelle 13.1 Diagramm-Datenreihen

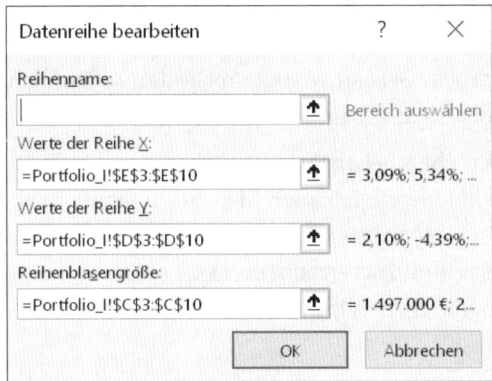

Abbildung 13.16 Festlegung der Datenreihen für das Blasendiagramm

13.3.2   Nachbearbeitung des Blasendiagramms

Beim ersten Blick auf das Diagramm wird klar, dass einige Nachbearbeitungen nötig sind, um die gewünschte Darstellung zu erhalten:

1. Löschen Sie zunächst die Legende, da Sie sie nicht benötigen.
2. Klicken Sie dann mit der rechten Maustaste auf die y-Achse. Wählen Sie die Option ACHSE FORMATIEREN, und stellen Sie in den ACHSENOPTIONEN die beiden Werte für MINIMUM und MAXIMUM auf FEST ein. In der Beispieldatei habe ich die Werte –0,12 und 0,12 ge-wählt. Da es sich bei den Werten der x- und y-Achse um Prozentangaben handelt, beträgt der Höchstwert 12 %, der Minimalwert –12 %.

3. Die Beschriftung der Achse soll nicht in der Mitte, sondern am linken Rand des Diagramms positioniert werden. Wählen Sie aus diesem Grund die Option NIEDRIG unter BESCHRIFTUNGEN • BESCHRIFTUNGSPOSITION (Excel 2010: ACHSENBESCHRIFTUNGEN) aus.

4. Für die x-Achse sind ebenfalls Anpassungen notwendig. Aktivieren Sie die Option ACHSE FORMATIEREN mit der rechten Maustaste. Wählen Sie in den ACHSENOPTIONEN für die Option ACHSENBESCHRIFTUNGEN die Einstellung NIEDRIG, um die Beschriftung an das untere Ende des Diagramms zu bewegen.

5. Außerdem stellen Sie den Wert für ACHSENWERT: in der Gruppe (VERTIKALE) ACHSE SCHNEIDET BEI: auf 0,4; dies entspricht 4 %. Sie erreichen dadurch, dass die y-Achse ungefähr in der Mitte der Werte für die Marktanteile angelegt wird.

13.3.3   Beschriftung der Datenpunkte im Blasendiagramm

Nun werden Sie sicherlich nach einer komfortablen Möglichkeit für die Beschriftung der Blasen im Diagramm suchen. Die gibt es seit Excel 2013: Wenn Sie mit einem Rechtsklick auf einen der Datenpunkte die Option DATENBESCHRIFTUNGEN HINZUFÜGEN aktivieren, beschriftet Excel alle Datenpunkte mit den Werten der y-Achse. Klicken Sie die Beschriftungen noch einmal an, wird im Kontextmenü die Option DATENBESCHRIFTUNGEN FORMATIEREN angezeigt. Hier finden Sie die neue Option WERTE AUS ZELLEN. Markieren Sie den Zellbereich B3 bis B10, und die Produktbezeichnungen werden in das Diagramm übernommen.

In Excel 2010 oder früheren Versionen geht dies nicht. Klicken Sie eine vorhandene Beschriftung im Diagramm mit der rechten Maustaste an, bietet sich auch hier die zunächst recht verheißungsvoll klingende Auswahl DATENBESCHRIFTUNGEN FORMATIEREN an. Doch die weiteren Alternativen – X-WERTE, BLASENGRÖSSE und DATENREIHENNAME – führen nicht zum angestrebten Ziel, die Produktbezeichnungen als Beschriftung im Diagramm zu verwenden.

Die sehr zeitraubende Lösung für die Beschriftung bestünde nun darin, jede einzelne Datenbeschriftung anzuklicken und den zugehörigen Produktnamen per Tastatur in das Diagramm zu schreiben. Da das gleiche Problem auch bei Punktdiagrammen besteht und der vorgeschlagene Lösungsweg letztlich aufgrund des Zeitaufwands völlig inakzeptabel ist – stellen Sie sich vor, Sie müssten ein Punktdiagramm mit 50 Datenpunkten beschriften –, lohnt es sich, nach einem Add-in zu suchen.

Der *XY Chart Labeler* ist ein sowohl im privaten als auch im kommerziellen Bereich lizenzfrei einsetzbares Add-in, das Ihnen die langwierige manuelle Beschriftungsaufgabe abnimmt. Es wurde von Rob Bovey, einem MVP (*Most Valuable Professional*) für Excel, entwickelt. Sie finden das Tool problemlos, indem Sie den Suchbegriff »XY Chart Labeler« in eine Suchmaschine eingeben (Abbildung 13.17).

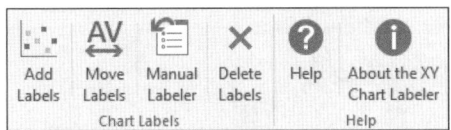

Abbildung 13.17 Mit dem XY Chart Labeler fügen Sie ganz einfach Datenbeschriftungen hinzu.

Nachdem Sie das Add-in installiert haben, finden Sie es im neu entstandenen Menü XY CHART LABELS von Excel. Markieren Sie das zuvor erstellte Blasendiagramm, und rufen Sie den Menüeintrag ADD CHART LABELS des Add-ins auf. Danach werden Sie aufgefordert, den Zellbereich zu markieren, aus dem die Beschriftungen gebildet werden sollen. Ordnen Sie den Zellbereich B3 bis B10 zu, in dem die Produktbezeichnungen stehen.

Nachdem das Add-in seine Aufgabe erfüllt hat und sämtliche Datenpunkte beschriftet wurden, sollten Sie diese Beschriftungen formatieren (Abbildung 13.18). Mit einer Erhöhung der Schriftgröße und Fettdruck sind die Produktbezeichnungen besser lesbar.

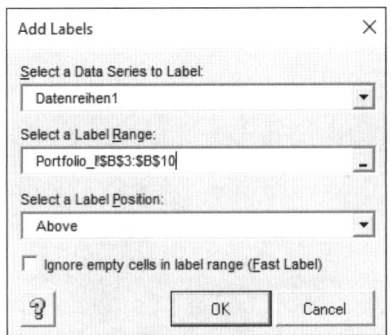

Abbildung 13.18 Bestimmen der Beschriftungen und ihrer Position

13.3.4 Betrachtung weiterer Portfoliodimensionen

Am Ende aller Bemühungen steht ein Portfoliodiagramm, wie es von der Boston Consulting Group beschrieben wurde. Die vier Quadranten bezeichnen – von links unten beginnend und im Uhrzeigersinn gelesen – *poor dogs*, *question marks*, *stars* und *cash cows*, also *arme Hunde*, *Fragezeichen*, *Stars* und *Goldesel*.

Nichts hält Sie indessen davon ab, dieses Grundschema der Portfolioanalyse mit anderen Inhalten zu füllen. Im Tabellenblatt *Portfolio_II* werden andere Werte verwendet: Umsatz, die Monate der Marktpräsenz der Produkte und die erzielten Ergebnisse in diesem Zeitraum (Abbildung 13.19).

Aus diesen drei Datenreihen habe ich ebenfalls ein Blasendiagramm erstellt. Darin habe ich die Monate der Marktpräsenz als y-Werte, die Ergebnisse als x-Werte und die Umsätze als Wert zur Bestimmung der Blasengröße benutzt. Am Ende entsteht aus den Datenreihen das in Abbildung 13.20 gezeigte Portfolio.

◢	A	B	C	D	E
1	Portfolioanalyse				
2	Trademark	Produkt	Umsatz	Monate	Ergebnis
3	Prometeus	Fuego 1	1.497.000 €	34	450.900 €
4	Prometeus	Fuego 2	2.591.282 €	21	823.000 €
5	Prometeus	Fuego 24	934.575 €	8	-329.111 €
6	Orion	Stella	1.200.890 €	23	720.000 €
7	Orion	High	930.000 €	36	-219.000 €
8	Cassandra	Songs	900.010 €	29	-310.000 €
9	Cassandra	Passeo	3.200.000 €	21	1.200.000 €
10	Cassandra	Leicht	1.720.000 €	6	829.000 €
11					
12	Gesamtmarkt		48.520.000 €		

Abbildung 13.19 Weitere Datenreihen einer Portfolioanalyse

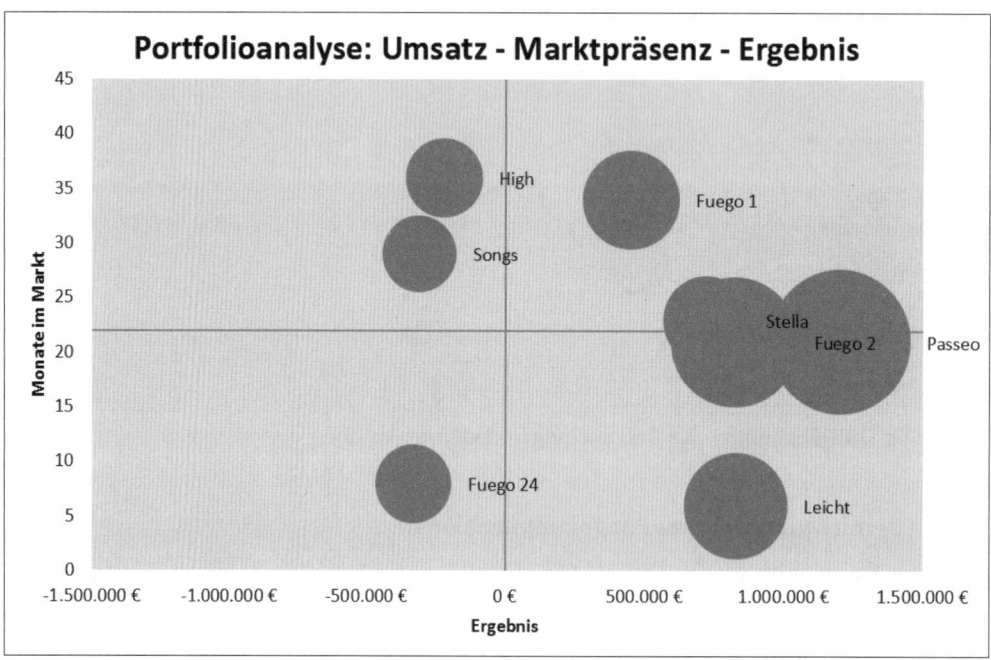

Abbildung 13.20 Portfolio mit den Dimensionen Umsatz, Marktpräsenz und Ergebnis

13.4 Stärken-Schwächen-Analyse

Zur Darstellung der Ergebnisse einer Stärken-Schwächen-Analyse in einem Diagramm verwendet man gewöhnlich ein Liniendiagramm.

Dabei bezeichnet eine Linie die Werte der Stärken, während die Schwächen mithilfe einer zweiten Linie visualisiert werden. Dies klingt simpel und scheint in Excel schnell umsetzbar zu sein. Doch dem ist nicht so. Denn die beiden Linien müssten vertikal verlaufen, und die

Rubrikenachsenbeschriftung sollte eigentlich links davon erscheinen, wie in Abbildung 13.21 zu sehen. Excel kennt aber nur horizontale Liniendiagramme und keine vertikalen.

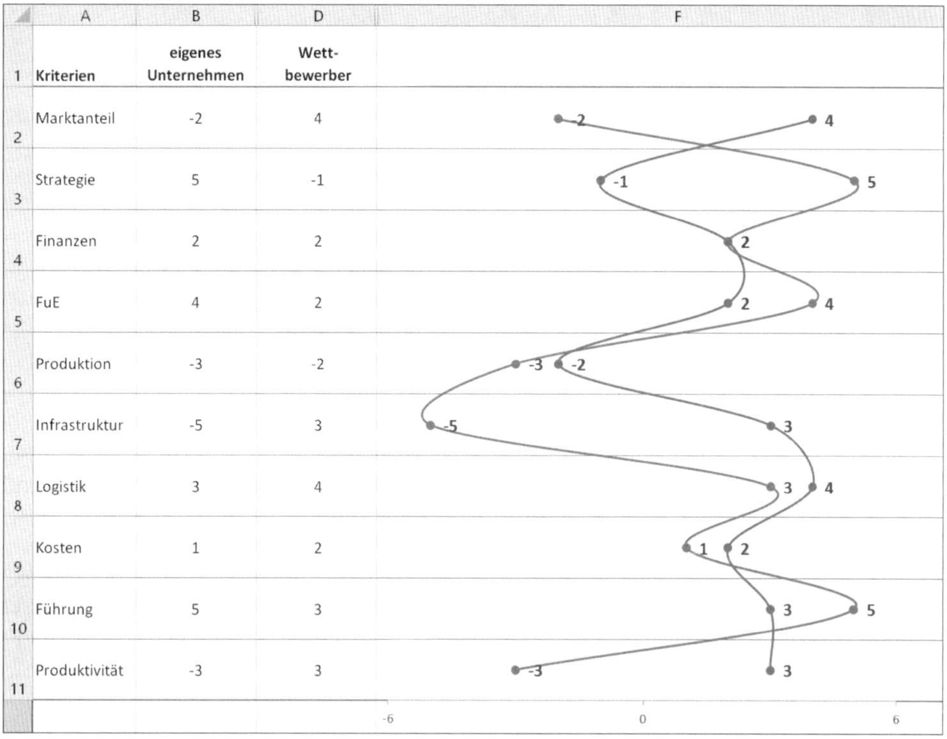

	A	B	D	F
1	Kriterien	eigenes Unternehmen	Wett-bewerber	
2	Marktanteil	-2	4	
3	Strategie	5	-1	
4	Finanzen	2	2	
5	FuE	4	2	
6	Produktion	-3	-2	
7	Infrastruktur	-5	3	
8	Logistik	3	4	
9	Kosten	1	2	
10	Führung	5	3	
11	Produktivität	-3	3	

Abbildung 13.21 Stärken-Schwächen-Analyse im Diagramm

Müssen Sie nun auf die grafische Darstellung der Stärken-Schwächen-Analyse verzichten? Nein. Im folgenden Abschnitt beschreibe ich, wie Sie vertikale Liniendiagramme erstellen können. In der Beispieldatei *13_Stärken_Schwächen_01.xlsx* stelle ich die Lösung vor.

13.4.1 Erstellen der Datenbasis für das Stärken-Schwächen-Diagramm

Ausgangspunkt für die Stärken-Schwächen-Analyse sind die beiden Datenreihen in den Spalten B und C (Abbildung 13.22). Da es kein vertikales Liniendiagramm gibt, aber Punktdiagramme mit interpolierten Linien, könnte man auf die Idee kommen, es damit zu probieren. Um eine Linie in einem Punktdiagramm zu erzeugen, benötigen Sie allerdings jeweils zwei Werte: den y- und den x-Wert. Und damit sind wir bei einem unverzichtbaren Element von benutzerdefinierten Excel-Diagrammen – der Hilfs- oder Scheindatenreihe.

Die zweite Koordinate zur Bestimmung der Position des Datenpunktes auf der y-Achse müssen Sie als Hilfsdatenreihe zunächst erstellen. In den Spalten C und E geben Sie zu diesem Zweck Werte zwischen 1 und 0 mit einem Intervall von 0,1 ein. Diese Werte haben nur den einen Zweck, dass die Punkte der interpolierten Linie einen gleichmäßigen Abstand haben.

	B	C	⬇	E
1	eigenes Unternehmen	Höhe 1	Wett-bewerber	Höhe 2
2	-2	0,95	4	0,95
3	5	0,85	-1	0,85
4	2	0,75	2	0,75
5	4	0,65	2	0,65
6	-3	0,55	-2	0,55
7	-5	0,45	3	0,45
8	3	0,35	4	0,35
9	1	0,25	2	0,25
10	5	0,15	3	0,15
11	-3	0,05	3	0,05

Abbildung 13.22 Datenbasis des Diagramms der Stärken-Schwächen-Analyse

13.4.2   Einfügen der zweiten Datenreihe

Wie bei anderen Diagrammtypen lassen sich auch beim Punktdiagramm weitere Datenreihen hinzufügen. Und genau das ist nun unsere Aufgabe. Denn neben den Stärken und Schwächen des eigenen Unternehmens sollen auch die der Wettbewerber auf einen Blick erkennbar und vor allem vergleichbar sein.

Klicken Sie auf DIAGRAMMTOOLS • ENTWURF • DATEN AUSWÄHLEN • HINZUFÜGEN. In der angezeigten Dialogbox wählen Sie den Zellbereich D2 bis D11 als Bereich der x-Werte und E1 bis E11 für die y-Werte aus. Nach einem Mausklick auf OK sehen Sie die zweite Datenreihe im Punktdiagramm (Abbildung 13.23).

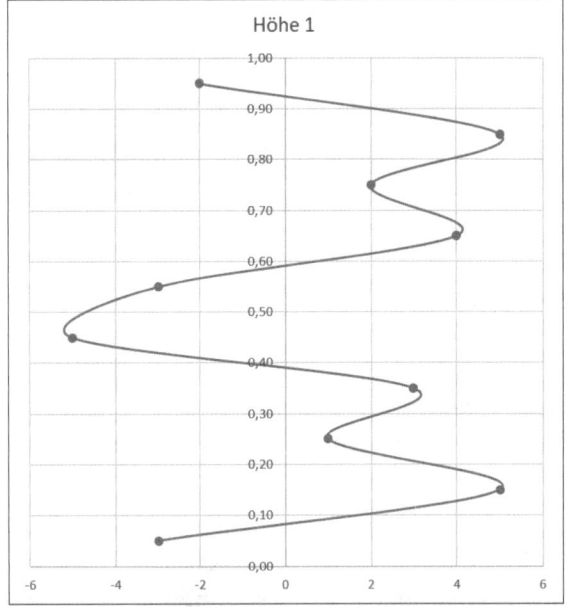

Abbildung 13.23 Das Stärken-Schwächen-Diagramm mit der ersten Datenreihe

13.4.3   Anpassen des Diagramms

Was ist als Nächstes zu tun? Sie müssen noch die Werte als Beschriftung in das Diagramm einfügen, einige Veränderungen an den Achsen vornehmen und die Beschriftung der Kategorien aus Spalte A in das Diagramm bekommen. Beginnen wir mit den Werten.

Wenn Sie die erste blaue Datenreihe mit der rechten Maustaste anklicken, zeigt Ihnen das Kontextmenü die Option Datenbeschriftungen hinzufügen. Sobald Sie diese Funktion ausgewählt haben, erscheinen zwar Werte im Diagramm. Doch es sind die y-Werte, also jene, die wir lediglich zur Positionierung eingesetzt haben. Mit einem erneuten rechten Mausklick gelangen Sie zu der Auswahl Datenbeschriftungen formatieren. In der Dialogbox – ab Excel 2013 rechts vom Diagramm angezeigt – finden Sie die Möglichkeit, statt des y-Wertes den x-Wert zuzuweisen.

Den Vorgang wiederholen Sie dann für die rote Datenreihe. Und schließlich ordnen Sie den Werten beider Datenreihen noch eine andere Schriftgröße und Fettdruck zu, um die Lesbarkeit im Diagramm zu verbessern. Diese beiden Änderungen können Sie über das Haupt- oder das Kontextmenü vornehmen.

Wenden Sie sich nun den Achsen und Gitternetzlinien zu. Die y-Achse können Sie ebenso wie die Gitternetzlinien vollständig löschen. Beides können Sie in einem Arbeitsgang erledigen. Sie rufen das Kontextmenü für die y-Achse auf (Achse formatieren) und wählen unter Achsenoptionen • Hauptintervall den Wert 6. Damit bleibt später nur eine vertikale Gitternetzlinie links, in der Mitte und rechts übrig. Wählen Sie dann noch unter Beschriftungen • Beschriftungsposition die Option Keine. Damit ist das Thema der Linien im Diagramm erledigt (Abbildung 13.24).

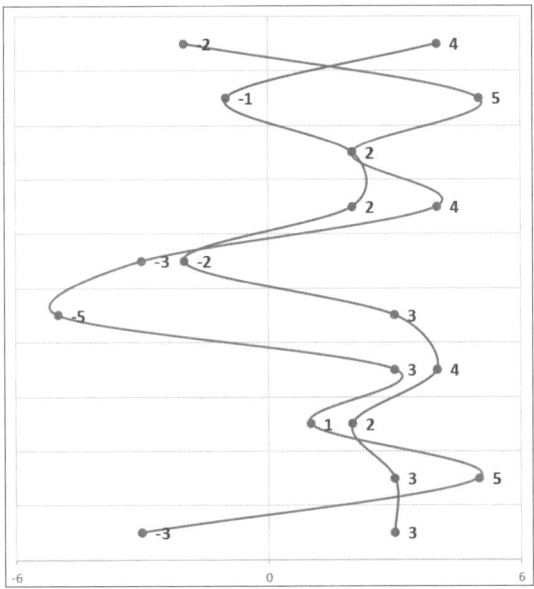

Abbildung 13.24 Beide Datenreihen im überarbeiteten Diagramm

Das Thema der Beschriftung rückt näher. Und bei ihm gibt es keine befriedigende Lösung aus Excel-Sicht. Deshalb bleibt hier nur die Lösung, die Beschriftung im Tabellenblatt zu belassen und das fertige Diagramm so an den Tabellentext anzufügen, dass beides wie eine Einheit aussieht.

Im Tabellenblatt *Punktdiagramm* ist die Beschriftung bereits vorbereitet. Außerdem sind die Spaltenbreiten und Zeilenhöhen schon angepasst. Kopieren Sie das Punktdiagramm in dieses Tabellenblatt.

Mit Sicherheit müssen Sie nun das Diagramm in seiner Größe so anpassen, dass es mit den horizontalen Gitternetzlinien zur Zeilenhöhe der Tabelle und deren Beschriftungen passt. Dann geht es um die genaue Positionierung des Diagramms. Ein Tipp an dieser Stelle: Wenn Sie das Diagramm mit ⌐Strg⌐ und der linken Maustaste auswählen, erscheinen vier Markierungspunkte an den Ecken des Diagramms (Abbildung 13.25). Sobald diese sichtbar sind, können Sie das Diagrammobjekt mit den vier Cursorsteuerungstasten genau positionieren (Abbildung 13.26).

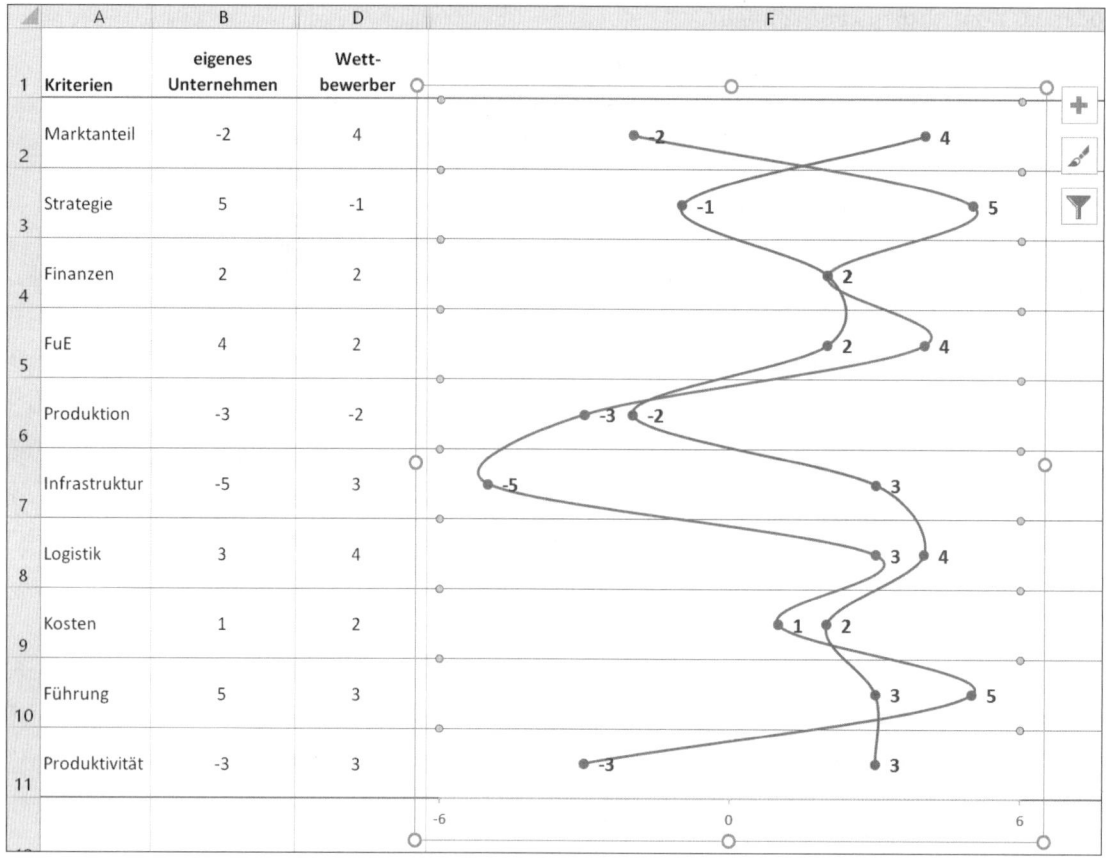

Abbildung 13.25 Nach der Größenanpassung des Diagramms …

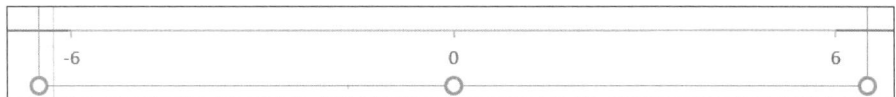

Abbildung 13.26 … und seiner Feinjustierung …

Um den Eindruck, dass Beschriftung und grafische Darstellung eine Einheit darstellen, noch zu erhöhen, sollten Sie nun das gesamte Diagramm transparent formatieren (Abbildung 13.27). Klicken Sie am besten mit der rechten Maustaste in einen leeren Bereich des Diagramms. Sobald Sie DIAGRAMMBEREICH FORMATIEREN im Menü sehen, klicken Sie auf diesen Menüpunkt. Wie auch schon bei den anderen Elementen des Diagramms bietet sich Ihnen hier das Werkzeug, Linien und Füllungen verschwinden zu lassen. Den Rahmen und die Füllung sollten Sie auf KEINE setzen, genau wie die Zeichnungsfläche. Wiederholen Sie die Schritte für Zeichnungsfläche und die vertikale Achse.

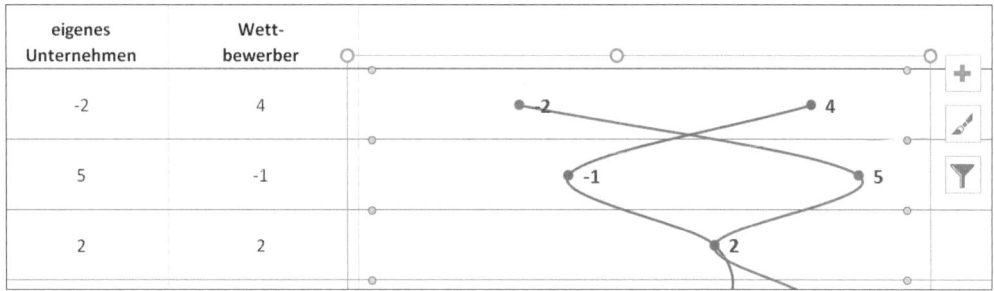

Abbildung 13.27 … erscheinen Beschriftung und Diagramm als eine Einheit.

13.5   Absatzplanung

In Abschnitt 7.3, »Datenmodell für einen Forecast erstellen«, habe ich bereits ausführlich eine Methode beschrieben, aus den laufenden Produktumsätzen eines Unternehmens sowohl einen rollierenden Forecast als auch einen Soll-Ist-Vergleich zu erstellen. Bei diesem Verfahren haben wir Folgendes unternommen:

▸ monatlich aus einer bestimmten Anzahl von Vorgängermonaten Umsätze ausgewertet

▸ mithilfe des gleitenden Mittelwertes eine kurzfristige Prognose erstellt

▸ durch Abgleich von Prognose- und tatsächlich erzielten Umsatzwerten einen Soll-Ist-Vergleich durchgeführt

Das Ergebnis des entwickelten Datenmodells haben wir schließlich in der Datei *07_Forecast_01.xlsx* gespeichert.

Rollierende Forecasts finden in Unternehmen unter anderem deshalb häufig Anwendung, weil es möglich ist, kurzfristig auf aktuelle Datenbestände zurückzugreifen, die nicht selten aus Fremdsystemen wie SAP per Report gewonnen werden. Trotzdem existiert selbstverständlich auch das Interesse, längere Datenreihen in die Planung der Erlöse einfließen zu lassen. Solche mittelfristigen Planungen bilden den Fokus der folgenden Seiten.

13.5.1   Planung auf Basis einer strukturierten Eingabetabelle

In der Datei *13_Umsatzplanung_langfristig_01.xlsx* basiert die Planung der Umsätze für das Jahr 2016 auf den bekannten Jahresergebnissen der Jahre 2008 bis 2015. Es handelt sich um eine strukturierte Tabelle, in der zeilenweise die Artikel und deren ID erfasst wurden (Spalten A und B). In den Spalten rechts davon finden Sie für jedes Jahr jeweils die Stückzahlen sowie die erzielten Umsatzwerte (Abbildung 13.28).

| | 2011 | | 2012 | | 2013 | | 2014 | | 2015 | | 2016 | |
Stück	Umsatz	Stück	Umsatz	Stück	Umsatz	Stück	Umsatz	Stück	Umsatz	Stück	Umsatz
324	113.335,20 €	320	111.936,00 €	356	124.528,80 €	345	120.681,00 €	351	122.779,80 €	320	111.936,00 €
217	62.930,00 €	327	94.830,00 €	312	90.480,00 €	289	83.810,00 €	301	87.290,00 €	275	79.750,00 €
145	79.735,50 €	210	115.479,00 €	214	117.678,60 €	236	129.776,40 €	279	153.422,10 €	230	126.477,00 €
23	15.522,70 €	76	51.292,40 €	143	96.510,70 €	140	94.486,00 €	135	91.111,50 €	120	80.988,00 €
198	103.930,20 €	234	122.826,60 €	275	144.347,50 €	293	153.795,70 €	310	162.719,00 €	310	162.719,00 €
289	180.596,10 €	405	253.084,50 €	410	256.209,00 €	402	251.209,80 €	414	258.708,60 €	350	218.715,00 €
127	92.697,30 €	273	199.262,70 €	263	191.963,70 €	245	178.825,50 €	290	211.671,00 €	290	211.671,00 €
80	27.996,00 €	100	34.995,00 €	90	31.495,50 €	123	43.043,85 €	198	69.290,10 €	175	61.241,25 €
109	46.859,10 €	145	62.335,50 €	178	76.522,20 €	219	94.148,10 €	312	134.128,80 €	300	128.970,00 €
86	17.191,40 €	90	17.991,00 €	104	20.789,60 €	143	28.585,70 €	176	35.182,40 €	160	31.984,00 €
56	12.037,20 €	23	4.943,85 €	0	0,00 €	0	0,00 €	0	0,00 €	0	0,00 €
70	20.996,50 €	24	7.198,80 €	0	0,00 €	0	0,00 €	0	0,00 €	0	0,00 €
95	37.995,25 €	45	17.997,75 €	0	0,00 €	0	0,00 €	0	0,00 €	0	0,00 €
395	114.510,50 €	390	113.061,00 €	436	126.396,40 €	438	126.976,20 €	412	119.438,80 €	390	113.061,00 €
285	94.021,50 €	280	92.372,00 €	312	102.928,80 €	406	133.939,40 €	432	142.516,80 €	410	135.259,00 €
227	147.527,30 €	260	168.974,00 €	278	180.672,20 €	312	202.768,80 €	310	201.469,00 €	300	194.970,00 €
	0,00 €		0,00 €		0,00 €		0,00 €		0,00 €	0	0,00 €
	0,00 €		0,00 €		0,00 €		0,00 €		0,00 €	0	0,00 €
	0,00 €		0,00 €		0,00 €		0,00 €		0,00 €	0	0,00 €
	0,00 €		0,00 €		0,00 €		0,00 €		0,00 €	0	0,00 €

Abbildung 13.28 Umsatzplanung auf Basis mehrjähriger Datenreihen (Auszug)

Ein Tabellenblatt, das eine solche Grundstruktur enthält, überzeugt vor allem durch seine Übersichtlichkeit, auch wenn es, wie wir sehen werden, die direkte Berechnung einer Prognose erschwert.

Die Prognose der Umsätze für das Jahr 2016 kann in dieser Tabelle auf zwei Arten erfolgen:

▶ Geben Sie in Spalte I die Stückzahl der zu erwartenden Verkäufe einfach per Tastatur an, wobei die Werte auf Ihren persönlichen Schätzungen oder etwa der Schätzung einer Expertengruppe basieren.

▶ Berechnen Sie aus den vorliegenden Ergebnissen der Vorjahre einen Trend, und tragen Sie dann das berechnete Resultat in Spalte S ein.

In beiden Fällen berechnen Sie die prognostizierten Verkaufszahlen in Spalte T mit einer Funktion:

`=WENNFEHLER(S4*SVERWEIS($A4;Artikelliste!$A$1:$D$17;4;FALSCH);0)`

Die Funktion multipliziert den prognostizierten Wert in Zelle S4 mit dem zugehörigen Verkaufspreis des Produkts. Zu diesem Zweck wird mit SVERWEIS(Bezug; Matrix; Spaltenindex;

Bereich_Verweis) der korrekte Preis aus dem Tabellenblatt *Artikelliste* übernommen (Abbildung 13.29). Basis der Auswahl ist die in Zelle A4 angegebene ID.

	A	B	C	D
1	**ID**	**Bezeichnung**	**Produktgruppe**	**VK**
2	S01001	Bahia	Stühle	349,80 €
3	S01002	Hawaii	Stühle	290,00 €
4	T01001	Pernambuco	Tische	549,90 €
5	T01002	Amazonas	Tische	674,90 €
6	R01001	Madagaskar	Regale	524,90 €
7	R02001	Morondava	Regale	624,90 €
8	R02003	Dauphine	Regale	729,90 €
9	U10001	Rocky	Tische	349,95 €
10	U10002	Canyon	Tische	429,90 €
11	U10003	Niagara	Stühle	199,90 €
12	K20010	Sal	Stühle	214,95 €
13	K20011	Cabo Verde	Stühle	299,95 €
14	K20012	Minelo	Tische	399,95 €
15	M00001	Siena	Stühle	289,90 €
16	M00002	Firenze	Stühle	329,90 €
17	M00003	Maremma	Regale	649,90 €

Abbildung 13.29 Artikelliste mit Verkaufspreisen

Um den Fehlerwert #NV bei nicht gefundenen IDs zu verhindern, sollten Sie den gesamten Ausdruck in die Funktion WENNFEHLER(Wert; Wert_falls_Fehler) einschließen. Statt des Fehlerwertes wird dann eine Null in den betreffenden Zellen ausgegeben.

13.5.2   Berechnen statt kopieren – Übertragen der Daten in ein neues Blatt zur Trendberechnung

Sollten Sie sich entschließen, die sicherlich vorhandenen Erfahrungswerte durch eine Berechnung weiter zu untermauern oder abzusichern, bietet sich zunächst eine Trendberechnung an. Dabei nehmen Sie die Ergebnisse der vorangegangenen Jahre als Ausgangspunkt und berechnen mithilfe der Funktion =Schätzer(X; Y-Werte; X-Werte) den auf Basis eines linearen Trends geschätzten Verkaufswert für das Jahr 2016.

Das Problem ist zunächst allerdings der Aufbau des Tabellenblattes *Umsatzübersicht*. So schön und notwendig strukturierte Tabellen dieser Art auch sein mögen, sie führen doch häufig zu Einschränkungen bei der Weiterberechnung von Daten.

Die x- und y-Werte, die Sie für die Prognose benötigen, müssen Sie bei Verwendung von SCHÄTZER() als einen zusammenhängenden Zellbereich im Funktionsassistenten auswählen. Dies geht im vorliegenden Fall nicht, da jeweils einer Spalte mit Stückzahlen eine weitere mit Umsatzwerten folgt. Es wird also notwendig sein, nur die Stückzahlangaben in ein neues Tabellenblatt zu übernehmen (Abbildung 13.30). Am besten erledigen Sie das mit einer Berechnung und nicht etwa durch zeitaufwendiges Kopieren der Werte.

▲	A	B	C	D	E	F	G	H	I	J
1		1	3	5	7	9	11	13	15	Trend
2	ID	2008	2009	2010	2011	2012	2013	2014	2015	2016
3	S01001	140	210	289	324	320	356	345	351	418
4	S01002	123	205	200	217	327	312	289	301	360
5	T01001	0	0	90	145	210	214	236	279	338
6	T01002	0	0	0	23	76	143	140	135	179
7	R01001	89	126	156	198	234	275	293	310	359
8	R02001	129	197	216	289	405	410	402	414	507
9	R02003	27	45	98	127	273	263	245	290	358
10	U10001	0	0	45	80	100	90	123	198	195
11	U10002	40	56	78	109	145	178	219	312	306
12	U10003	10	34	56	86	90	104	143	176	187
13	K20010	160	145	90	56	23	0	0	0	0
14	K20011	143	128	93	70	24	0	0	0	0
15	K20012	190	145	120	95	45	0	0	0	0
16	M00001	321	350	402	395	390	436	438	412	456
17	M00002	237	234	240	285	280	312	406	432	434
18	M00003	154	200	234	227	260	278	312	310	344

Abbildung 13.30 Aus der Umsatzübersicht erstellte Datenreihe der Stückzahlen

Zunächst erstellen Sie im Tabellenblatt *Trend* ab Zelle B1 einen Spaltenindex für die Bezeichnung der Spalten, die Sie aus der *Umsatzübersicht* auslesen möchten. Wenn Sie den Datenbereich von C2 (erste Stückzahl 2008) bis T23 (letzter Umsatzwert 2015) verwenden, befindet sich die erste Stückzahl in der ersten Spalte der Matrix. In diesem Fall geben Sie in Zelle B1 den Wert 1 an, um die Stückzahl des Jahres 2008 in das Tabellenblatt *Trend* zu übernehmen. Da die nächste Spalte Umsatzwerte, die übernächste jedoch wieder Stückzahlen enthält, geben Sie in C1 nun =B1+2 ein, um die Umsatzspalte zu überspringen. Danach kopieren Sie diese Formel nach rechts bis zu Zelle I1.

13.5.3   Übernahme der Stückzahlangaben mit INDEX()

In Zelle B3, also dort, wo Sie die Stückzahl des Artikels S01001 aus dem Jahre 2008 benötigen, verwenden Sie nun die Funktion =INDEX(Umsatzübersicht!$C$2:$T$23;ZEILE();B$1).

Im ersten Argument geben Sie den Zellbereich im Tabellenblatt *Umsatzübersicht* an, in dem sich sowohl die Anzahl der verkauften Artikel als auch die damit erzielten Umsätze der vergangenen Jahre befinden. INDEX() benötigt nun die konkrete Angabe einer Zeile und einer Spalte, um den Inhalt der angegebenen Zelle zurückzugeben.

Sie sollten stets versuchen, fixe Werte bei der Definition der Zeilen- und Spaltenzahl innerhalb der Funktion INDEX() zu vermeiden. Nur dann gelingt es Ihnen, die Funktion mühelos zu kopieren. Um dies zu erreichen, sind die beiden Funktionen ZEILE() und SPALTE() sehr hilfreich. Sie liefern die Zeilen- bzw. Spaltenzahl der aktuellen Zelle.

Da Ursprungs- und Ergebnistabelle die gleiche Zeilenanzahl besitzen und auch die Position der Artikel in beiden Tabellen identisch ist, geben Sie die mit INDEX() zu übernehmende Zeile einfach mit ZEILE() an. Damit wird der Wert 1 an INDEX() übergeben.

Um die Spalte anzugeben, die aus der Ursprungstabelle übernommen werden soll, verwenden Sie dann den zuvor erstellten Spaltenindex in Zelle B1. Damit Sie auch hier die Möglichkeit erhalten, die Funktion zu kopieren, sollten Sie die Angabe der Spalte relativ, die der Zeile allerdings absolut setzen (B$1).

Sie können die Funktion INDEX(), nachdem Sie sie in B3 definiert haben, nun nach unten und anschließend nach rechts kopieren. Umgehend erhalten Sie sämtliche Stückzahlen aus der Umsatzübersicht in einem zusammenhängenden Zellbereich, wodurch es nun möglich ist, den Trend zu berechnen. Die Tabelle hat einen weiteren Vorteil: Wenn Sie in Zelle B1 statt der 1 den Wert 2 eingeben, verschiebt sich der Zugriff auf die Originaltabelle um eine Spalte. Dies erlaubt es Ihnen, auch alle Umsatzwerte abzurufen und im Bedarfsfall auch für diese Datenreihen den geschätzten zukünftigen Wert zu berechnen. Dies spricht selbstverständlich ebenfalls für die Verwendung einer berechneten Werteanordnung gegenüber einem zeitraubenden und unflexiblen Kopieren der Werte.

13.5.4   Verwendung der Funktion SCHÄTZER() für die Prognose

In Spalte J des Tabellenblattes *Trend* werden Sie nun den Wert für das Jahr 2016 berechnen. Dazu benutzen Sie die Funktion =Schätzer(). Es gilt, mit ihr einen zukünftigen y-Wert für den vorhandenen x-Wert (2016) zu ermitteln. Dazu ziehen wir die bereits erhobenen x-Werte – die Stückzahlen der letzten Jahre – und die bekannten y-Werte – in diesem Fall die Jahreszahlen – heran (Abbildung 13.31).

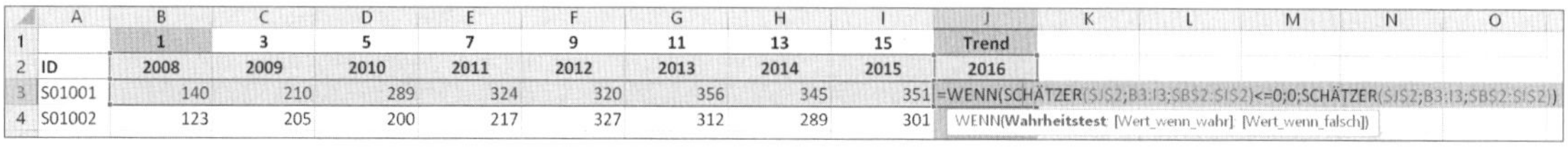

	A	B	C	D	E	F	G	H	I	J	K	L	M	N	O
1		**1**	3	5	7	9	11	13	15	**Trend**					
2	ID	2008	2009	2010	2011	2012	2013	2014	2015	**2016**					
3	S01001	140	210	289	324	320	356	345	351	=WENN(SCHÄTZER($J$2;B3:I3;$B$2:$I$2)<=0;0;SCHÄTZER($J$2;B3:I3;$B$2:$I$2))					
4	S01002	123	205	200	217	327	312	289	301	WENN(**Wahrheitstest**; [Wert_wenn_wahr]; [Wert_wenn_falsch])					

Abbildung 13.31 Berechnung des linearen Trends für das Folgejahr

Da für einige der Artikel keine vollständige Datenreihe der Stückzahlen aus den Vorjahren vorhanden ist (Zeile 13 bis 15), weil die Produktion der Artikel eingestellt wurde, müssen Sie auch die entsprechende Prognose unterdrücken. Dies gelingt Ihnen mithilfe von WENN(). Da die prognostizierten Werte der betroffenen Artikel unter dem Wert 0 lägen, geben Sie als Argument PRÜFUNG der WENN()-Funktion folgenden Ausdruck ein:

```
SCHÄTZER($J$2;B3:I3;$B$2:$I$2)<=0
```

Für die Artikel der Zeilen 13 bis 15 wird somit der Wert 0 ausgegeben. Anschließend kopieren Sie die Funktion nach unten, um alle Werte für 2016 zu erhalten (Abbildung 13.32). Ändern Sie nun den Wert in Zelle B1 von 1 in 2, erhalten Sie auch eine Prognose der Umsatzzahlen für das folgende Jahr.

	1	3	5	7	9	11	13	15	Trend
ID	2008	2009	2010	2011	2012	2013	2014	2015	2016
S01001	140	210	289	324	320	356	345	351	418
S01002	123	205	200	217	327	312	289	301	360
T01001	0	0	90	145	210	214	236	279	338
T01002	0	0	0	23	76	143	140	135	179
R01001	89	126	156	198	234	275	293	310	359
R02001	129	197	216	289	405	410	402	414	507

Abbildung 13.32 Anzeige der Umsatzprognose nach Änderung des Basiswertes in Zelle B1

13.5.5   Verwendung des Szenario-Managers in der Umsatzplanung

Es stellt sich nun die Frage, ob Sie Ihre Jahresplanung einzig und allein auf den eingegebenen oder berechneten Daten begründen wollen. Dagegen sprechen folgende Argumente:

▶ Ihre Annahmen werden sich wahrscheinlich im Laufe der Zeit und durch die Gewinnung zusätzlicher Informationen verändern.

▶ Wenn ein Expertenteam an der Schätzung beteiligt ist, liegen mit Sicherheit nicht nur ein, sondern unterschiedliche Prognosewerte pro Artikel vor.

▶ Eventuell möchten Sie neben der realistischen Annahme auch *Best* oder *Worst Cases* in Ihrer Prognose verwenden.

Trifft auch nur eines dieser Argumente zu, könnten Sie durch die Verwendung der Funktion SZENARIO-MANAGER unterschiedliche Annahmen bequem in ein und demselben Tabellenblatt speichern und mühelos die erstellten Szenarien zum gegebenen Zeitpunkt abrufen.

Der SZENARIO-MANAGER ist Teil der Funktionen der WAS-WÄRE-WENN-ANALYSE, die Sie im Menü DATEN • DATENTOOLS finden (Abbildung 13.33).

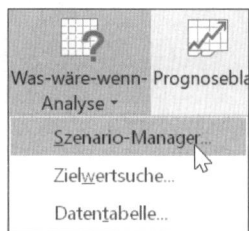

Abbildung 13.33 Starten des »Szenario-Managers«

Klicken Sie nach dem Aufruf der Funktion auf HINZUFÜGEN. In der folgenden Dialogbox SZENARIEN BEARBEITEN geben Sie dem ersten Szenario, das Sie erfassen möchten, einen aussagekräftigen Namen (Abbildung 13.34).

Markieren Sie anschließend noch im Eingabefeld VERÄNDERBARE ZELLEN den Zellbereich S4 bis S23, in dem sich die Prognosedaten befinden.

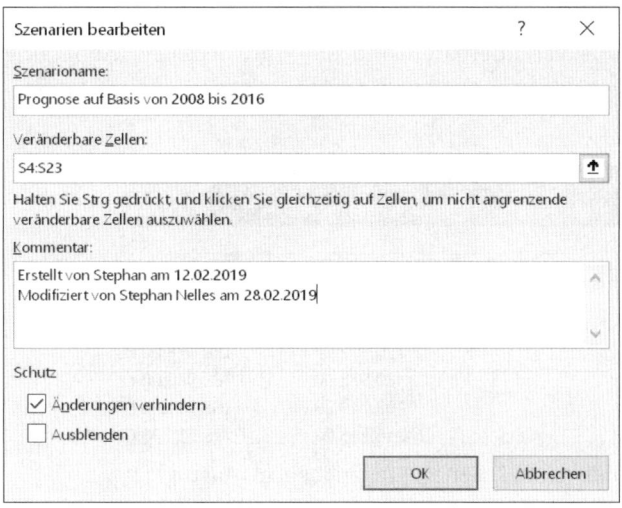

Abbildung 13.34 Erstellen des ersten Szenarios

Es öffnet sich eine Dialogbox, in die Sie die geschätzten Werte für jeden einzelnen Artikel eingeben oder aus dem Tabellenblatt übernehmen können. Nachdem Sie die Werte erfasst und mit OK gespeichert haben, wiederholen Sie den Vorgang z. B. für das Worst-Case-Szenario.

Sobald Sie ein zweites Szenario gespeichert haben, können Sie zwischen den verschiedenen Prognosen wählen. Doppelklicken Sie auf einen Szenarionamen, und Excel zeigt Ihnen die zugehörigen Werte im Tabellenblatt an. Der SZENARIO-MANAGER hilft Ihnen somit dabei, die Anzahl Ihrer Arbeitsmappen bzw. Tabellenblätter zu reduzieren, da Sie mehrere Kalkulationsvarianten in einem Tabellenblatt sauber voneinander trennen können.

Darüber hinaus sind Sie nun in der Lage, die unterschiedlichen Umsatzergebnisse sämtlicher Szenarien in einem neuen Tabellenblatt auszugeben. Starten Sie den SZENARIO-MANAGER erneut, und klicken Sie auf ZUSAMMENFASSUNG. In der nun angezeigten Dialogbox markieren Sie in der Eingabezelle ERGEBNISZELLEN die Umsatzzahlen im Zellbereich T4 bis T23 (Abbildung 13.35). Klicken Sie danach auf OK.

Abbildung 13.35 Erstellen eines Szenarioberichts

Es wird nun ein neues Tabellenblatt mit dem Namen *Szenariobericht* in Ihre Arbeitsmappe eingefügt. Es enthält zeilenweise die veränderbaren und die Ergebniszellen (Abbildung 13.36). In den Spalten finden Sie die konkreten Daten aller Szenarien, die in dieser Arbeitsmappe erstellt wurden.

Szenariobericht			
	Aktuelle Werte:	Prognose auf Basis von 2008 bis 2016	Worst case
Veränderbare Zellen:			
Ergebniszellen:			
$T$4	111.936,00 €	111.936,00 €	97.944,00 €
$T$5	79.750,00 €	79.750,00 €	58.000,00 €
$T$6	126.477,00 €	126.477,00 €	120.978,00 €
$T$7	80.988,00 €	80.988,00 €	80.988,00 €
$T$8	162.719,00 €	162.719,00 €	162.719,00 €
$T$9	218.715,00 €	218.715,00 €	218.715,00 €

Abbildung 13.36 Darstellung der veränderbaren Zellen im Szenariobericht (Auszug)

13.5.6 Planung auf Basis von Transaktionsdaten

Während die Datenreihen im vorangehenden Beispiel in Form einer stark strukturierten Tabelle vorlagen, in der auch Elemente wie gestaltete Überschriften und verbundene Zellen verwendet wurden, baut das in diesem Abschnitt vorgestellte Beispiel auf einer einfachen Liste auf. Solche Listen, wie sie häufig beim Export von Daten aus Fremdprogrammen geliefert werden, bilden zumeist eine gute Basis zum Erstellen von Auswertungen und Planungen.

Die Arbeitsmappe *13_Umsatzplanung_kurzfristig_01.xlsx*, die Sie in den Beispieldateien finden, besteht aus mehreren Tabellenblättern. Diese Blätter enthalten die in Tabelle 13.2 dargestellten Daten.

Tabellenblatt	Inhalt
Umsatzdaten 2016	einfache Liste mit den Umsatzzahlen sämtlicher Artikel für das Jahr 2016 aus einem ERP-System
Pivot	Auswertung der vorhandenen Daten des Jahres 2016 in Form einer einfachen und einer kumulierten Umsatzübersicht als Pivottabelle sowie Darstellung der Umsätze im Diagramm
Pivot + Datenschnitt	alternative Auswertung der Jahresdaten mit Datenschnitttool als Benutzerschnittstelle
Trend	aus den Daten im Tabellenblatt *Umsatzdaten 2016* per Berechnung erstellte Jahresübersicht mit anschließender Trendberechnung für das erste Halbjahr 2017

Tabelle 13.2 Arbeitsmappenstruktur der kurzfristigen Umsatzplanung

Tabellenblatt	Inhalt
Beschriftung	Tabellenblatt mit Daten zur dynamischen Beschriftung der Diagramme

Tabelle 13.2 Arbeitsmappenstruktur der kurzfristigen Umsatzplanung (Forts.)

13.5.7   Sichtung der Datenbasis mittels Pivottabelle

Um eine Prognose zu erstellen, ist es selbstverständlich wichtig, die vorhandene Datenbasis sehr genau zu kennen. Und auch nach der Fertigstellung der Prognose werden Sie bisweilen den Wunsch hegen, auf die Daten des Vorjahres unkompliziert zurückgreifen zu können. Um aus den Daten des Tabellenblattes *Umsatzdaten 2016* eine nach Artikeln gruppierte Übersicht zu erstellen, bietet sich eine Pivottabelle besonders an.

Bewegen Sie den Cursor in die Liste im Tabellenblatt *Umsatzdaten 2016*, und wandeln Sie die Tabelle in eine dynamische Datentabelle um, indem Sie [Strg] + [T] drücken und die angezeigte Dialogbox mit OK bestätigen. Aus dem Menü TABELLENTOOLS • ENTWURF • TOOLS wählen Sie anschließend MIT PIVOT TABLE ZUSAMMENFASSEN. Den Zellbereich des mit der dynamischen Datentabelle angelegten Bereichsnamens *Tabelle1* sollte Excel automatisch erkennen. Übernehmen Sie ihn mit OK.

Ziehen Sie anschließend das Label *Produktcode* in den BERICHTSFILTERBEREICH, das Label *Monat* in den ZEILENBEREICH und das Label *Umsatz* in den WERTE-Bereich. Die Pivottabelle ist damit bereits fertiggestellt (Abbildung 13.37). Sie gibt Ihnen nun die Möglichkeit, durch Auswahl der Produktcodes im Listenfeld BERICHTSFILTER die monatlichen Umsätze im abgelaufenen Jahr zu sichten.

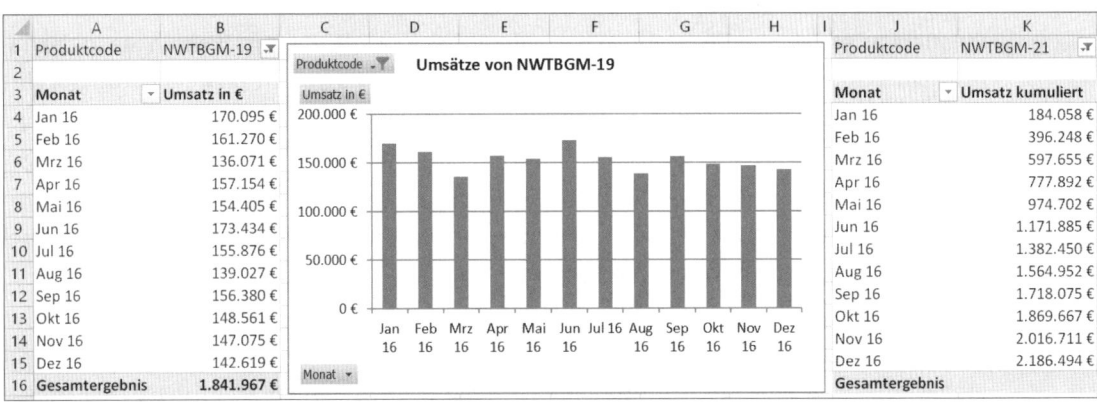

Abbildung 13.37 Ein Datenbestand – drei Darstellungsweisen
(Monatsübersicht, Diagramm, kumulierte Darstellung)

13.5.8   Kumulierte Darstellung der Monatsdaten

Nachdem Sie in der ersten Pivottabelle im WERTE-Bereich das Zahlenformat auf WÄHRUNG umgestellt haben, beginnen Sie mit dem Anlegen der zweiten Pivottabelle, die die kumulierten Werte sämtlicher Artikel enthalten soll:

1. Markieren Sie zu diesem Zweck die erste Pivottabelle.
2. Achten Sie beim Markieren darauf, dass auch der Bereich des Berichtsfilters, also wirklich die gesamte Tabelle, markiert ist.
3. Kopieren Sie die Tabelle mit ⎡Strg⎤ + ⎡C⎤ in die Zwischenablage.
4. Positionieren Sie den Cursor in Zelle J1, und fügen Sie den Inhalt der Zwischenablage mit der Tastenkombination ⎡Strg⎤ + ⎡V⎤ ein.

Um die kumulierte Darstellung der Werte zu erhalten, gehen Sie folgendermaßen vor:

1. Bewegen Sie den Cursor in den Wertebereich der kopierten Tabelle.
2. Rufen Sie mit der rechten Maustaste die Option WERTE ANZEIGEN ALS • ERGEBNIS IN auf.
3. In der nun angezeigten Dialogbox übernehmen Sie die Option MONAT mit OK.

13.5.9   Pivotdiagramm mit dynamischer Beschriftung

Um die Sichtung der vorhandenen Daten zu komplettieren, fehlt Ihnen noch ein Diagramm. Erstellen Sie es, indem Sie den Cursor in der ersten Pivottabelle positionieren und dann über PIVOTTABLE-TOOLS • ANALYSIEREN (Excel 2010: OPTIONEN) • TOOLS die Option PIVOT-CHART aktivieren.

Sie landen im Diagramm-Assistenten; wählen Sie dort SÄULE als Diagrammtyp aus, und fügen Sie dieses Diagramm mit OK in das Tabellenblatt ein. Da das Diagramm auf Basis der Pivottabelle erstellt wurde, ist die Anzeige der Inhalte synchronisiert. Wählen Sie in der Tabelle einen neuen Produktcode aus, wird dieser auch im Diagramm verwendet. Umgekehrt führt die Auswahl eines Produkts im Diagramm umgehend zu einer Änderung der Anzeige in der Tabelle.

Das einzige Manko der Darstellung ist die fehlende Anzeige der Produktbezeichnung im Diagramm (Abbildung 13.38). Deshalb sollten Sie den automatisch von Excel generierten Titel durch einen eigenen, dynamischen ersetzen.

Wie in normalen Diagrammen lässt Excel auch in Pivotdiagrammen keine Formeln und Funktionen zur Dynamisierung von Beschriftungen zu. Sie können allerdings das Programm anweisen, eine Beschriftung aus einer Zelle zu übernehmen. Wenn diese Zelle wiederum eine *berechnete* Beschriftung enthält, gelingt es Ihnen auf diesem Umweg, doch eine dynamische Beschriftung ins Diagramm zu integrieren.

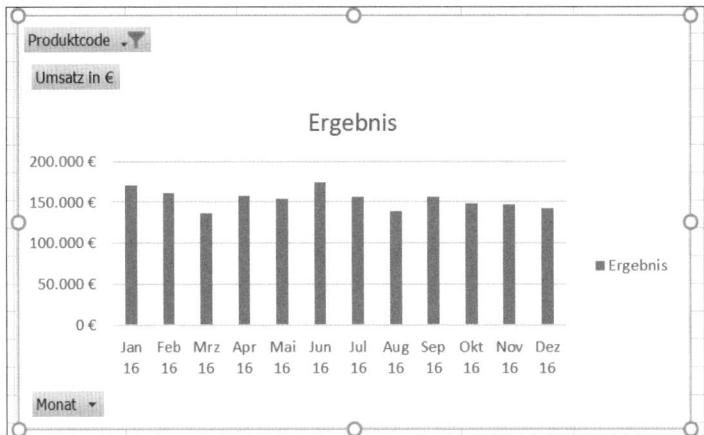

Abbildung 13.38 Der automatisch generierte Titel (Ergebnis) ist wenig aussagekräftig.

Geben Sie zu diesem Zweck in Zelle A1 des Tabellenblattes *Beschriftung* die Formel =„Umsätze von " &Pivot!$B$1 ein. Durch das Verkettungszeichen & kombinieren Sie den Text Umsätze von mit dem in der Pivottabelle ausgewählten Produktcode.

Nachdem Sie die Formel erstellt haben, öffnen Sie erneut das Tabellenblatt *Pivot*. Klicken Sie dort auf den Diagrammtitel, und positionieren Sie den Cursor dann in der Editierzeile. Geben Sie ein Gleichheitszeichen ein, und zeigen Sie danach mit der Maus auf die Zelle A1 im Tabellenblatt *Beschriftung*. Excel wird nun den veränderbaren Zellinhalt als Beschriftung verwenden (Abbildung 13.39).

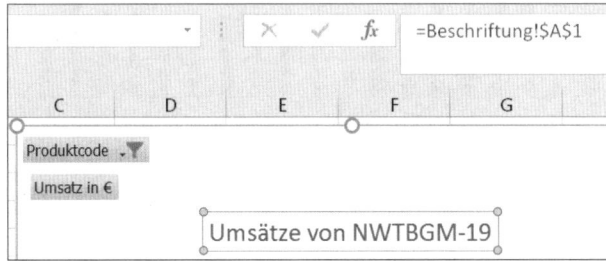

Abbildung 13.39 Verwendung eines Zellbezugs als Diagrammtitel

Die gefundene Lösung zur Sichtung der Daten des vergangenen Jahres hat den Vorzug, dass sie auch mühelos mit früheren Excel-Versionen realisiert werden kann. Störend ist allenfalls, dass für jeden Wechsel des ausgewählten Produkts und auch für die Auswahl des Datumsbereichs die Listenfelder der Pivottabelle geöffnet und die Werte dann angeklickt werden müssen.

Excel 2010 stellte jedoch bereits die DATENSCHNITTTOOLS zur Verfügung, um die Kriterienauswahl einfacher und auch übersichtlicher zu machen.

13.5.10 Sichtung der Vorjahresdaten mit Datenschnitttool

Um die monatlichen Daten im Tabellenblatt *Pivot + Datenschnitt* zu erhalten, erstellen Sie eine Pivottabelle mit der in Tabelle 13.3 dargestellten Grundstruktur.

Label	Anordnung
Produktcode	Zeilenbeschriftung
Monat	ebenfalls Zeilenbeschriftung, aber unterhalb des Labels *Produktcode*
Umsätze	Wertebereich

Tabelle 13.3 Struktur der Pivottabelle

Die Anordnung der Produktcodes im Bereich der Zeilenbeschriftung ermöglicht es Ihnen, auch mehrere Produkte auszuwählen und diese sowohl in der Pivottabelle als auch im Pivotdiagramm gruppiert darzustellen (Abbildung 13.40). Da die Mehrfachauswahl ein wesentlicher Vorteil der DATENSCHNITTTOOLS gegenüber der konventionellen Listenauswahl ist, empfiehlt es sich, diese Möglichkeit gleich beim Erstellen der Pivotberichte zu berücksichtigen.

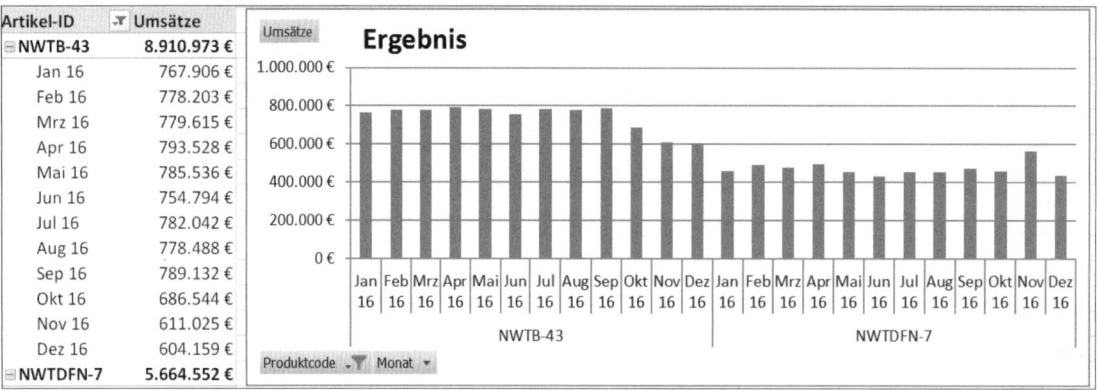

Abbildung 13.40 Einfacher in der Bedienung und übersichtlicher – die »Datenschnitttools« von Excel

Bewegen Sie den Cursor in die soeben erstellte Pivottabelle, und starten Sie die Funktion EIN-FÜGEN • FILTER • DATENSCHNITT. Wählen Sie die Felder PRODUKTCODE und MONAT aus, und bestätigen Sie die Auswahl mit OK.

Die nun eingeblendeten Dialogboxen werden Sie der Übersichtlichkeit halber sicherlich anders anordnen wollen, als dies momentan der Fall ist. Sobald Sie eine Dialogbox anklicken, blendet Excel die DATENSCHNITTTOOLS am oberen Rand des Excel-Fensters ein (Abbildung 13.41).

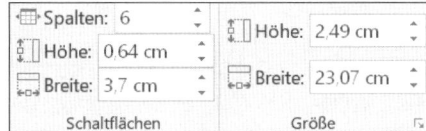

Abbildung 13.41 Definition von Größe und Spaltenanzahl des Datenschnitts

Legen Sie die Spaltenanzahl für beide Tools so fest, dass sie in der Höhe nicht zu viel Platz rauben, denn unterhalb der Benutzerschnittstelle sollen Pivottabelle und -diagramm positioniert werden.

13.5.11   Auswertung per Pivottabelle und Datenschnitt

Die Auswahl der Daten – Produkte und Monate – erfolgt durch einfachen Mausklick auf die Label in der DATENSCHNITT-Dialogbox. Bei der Bedienung werden mehrere Möglichkeiten unterschieden. Tabelle 13.4 gibt einen Überblick.

Aktion	Ergebnis
einfacher Mausklick	Zugehörige Daten des Labels werden angezeigt.
[Strg] + Mausklick	Erlaubt die Mehrfachauswahl von Labels. In Excel 2016 können Sie in der Titelzeile des Datenschnitts über die zweite Schaltfläche von rechts die Mehrfachauswahl aktivieren.
[⇧] + Mausklick	Markiert alle Label vom ersten bis zum zuletzt angeklickten Label.
Klick auf das Filtersymbol	Hebt alle Filterkriterien auf.

Tabelle 13.4 Tastenkombinationen für die Verwendung von Datenschnitten

Um die Ergebnisse von zwei Produkten in Tabelle und Diagramm anzuzeigen, drücken Sie [Strg] und klicken die gewünschten Produktbezeichnungen an. Die Auswahl des Datumsbereichs – z. B. von April bis Dezember – erhalten Sie, indem Sie [⇧] drücken und dann nacheinander die Labels *Apr 16* und *Dez 16* aktivieren (Abbildung 13.42).

Da Sie über den Datenschnitt problemlos sämtliche Filterkriterien aktivieren und deaktivieren können, ist es möglich, die Feldschaltflächen im Diagramm, die eigentlich der Filterung dienen, auszublenden. Klicken Sie zu diesem Zweck mit der rechten Maustaste auf eine Schaltfläche, und wählen Sie die Option ALLE FELDSCHALTFLÄCHEN IM DIAGRAMM AUSSCHALTEN. Sollten Sie die Schaltflächen zu einem späteren Zeitpunkt wider Erwarten doch noch verwenden wollen, aktivieren Sie sie über PIVOTCHART-TOOLS • ANALYSE • FELDSCHALTFLÄCHEN.

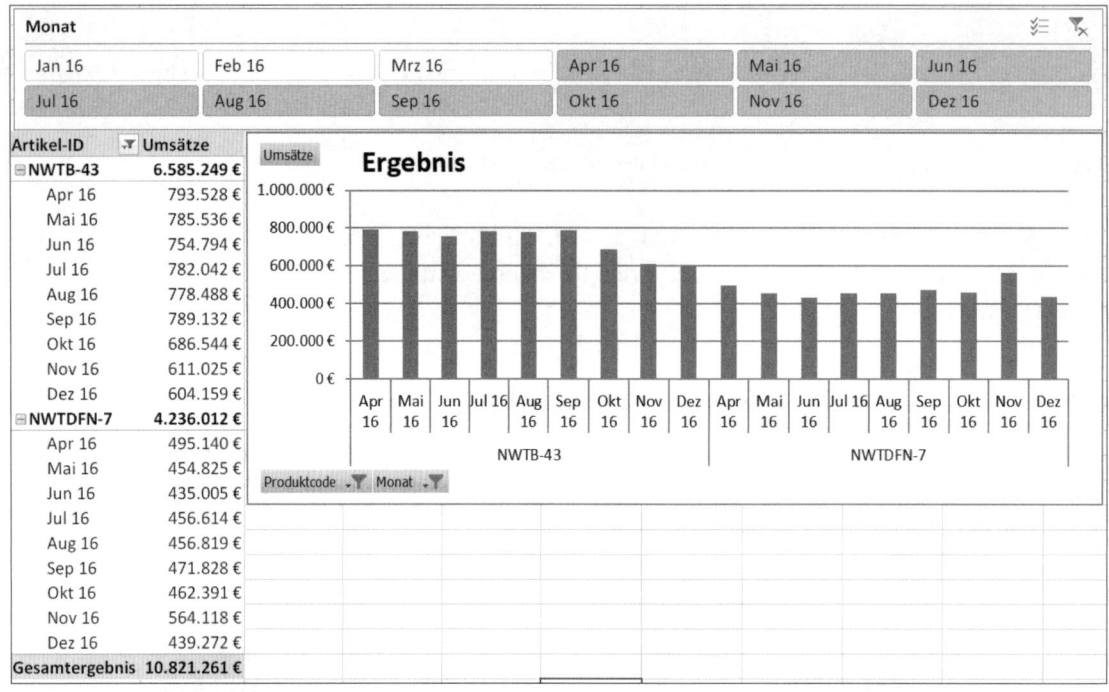

Abbildung 13.42 Mehrfachauswahl und Datenbereichsauswahl mit Datenschnitt

13.5.12   Nutzung der Trendfunktion zum Erstellen einer Umsatzprognose

Der Sichtung vorhandener Daten folgt nun die Prognose der Umsätze für das erste Halbjahr des Folgejahres. Dafür werden Sie die Funktion TREND(Y_Werte; X_Werte; Neue_X_Werte; Konstante) benutzen. Wie schon bei der Funktion SCHÄTZER() müssen Sie auch bei der Trendberechnung die Datenreihen in den einzelnen Argumenten der Funktion aus zusammenhängenden Zellbereichen des Tabellenblattes übernehmen. Da die Daten jedoch nach Produkten geordnet sind und für jedes Produkt zwölf Monatswerte vorliegen, ist diese zusammenhängende Struktur nicht gegeben.

Ihnen bleiben nun zwei Möglichkeiten:

1. Sortieren Sie die Daten manuell, und bilden Sie dann ebenfalls manuell die Bezüge für die Trendberechnung.

2. Ordnen Sie die Daten des Tabellenblattes *Umsatzdaten 2016* mithilfe einer Berechnung um, sodass Sie danach auch bei sich änderndem Datenbestand unverändert und ohne Mehraufwand aus dieser dynamischen Datenbasis den Trend berechnen können.

Welche der beiden Alternativen werde ich Ihnen wohl empfehlen? Klar, die zweite! Denn sie schafft eine größere Flexibilität und vermeidet die sich ständig wiederholenden Sortier- und Markierungsvorgänge.

13.5.13 Umwandlung der exportierten Liste in eine gestaltete Tabelle

Die Umsatzwerte des Tabellenblattes *Umsatzdaten 2016* unterscheiden sich durch zwei Kriterien: Produkt und Monat (Abbildung 13.43).

	A	B	C
1	**Produktcode**	**Monat**	**Umsatz**
2	NWTB-1	Jan 16	314.005,00 €
3	NWTCO-3	Jan 16	163.020,10 €
4	NWTCO-4	Jan 16	333.185,00 €
5	NWTO-5	Jan 16	339.410,66 €
6	NWTJP-6	Jan 16	395.621,25 €
7	NWTDFN-7	Jan 16	461.353,00 €
8	NWTS-8	Jan 16	672.257,00 €

Abbildung 13.43 Excel-Liste der monatlichen Produktumsätze ...

Ziel ist es, im nächsten Schritt diese Daten zu drehen, sodass für jedes Produkt nur noch eine Zeile bestehen bleibt und in den einzelnen Spalten der Zeile die gültigen Monatswerte angezeigt werden.

Der Umsatzverlauf soll dabei durch Verwendung von Sparklines veranschaulicht werden. Zudem soll die Ergebnistabelle Gliederungs- und AutoFilter-Funktionen enthalten, um die Informationsmenge zu reduzieren und somit die Übersichtlichkeit zu verbessern (Abbildung 13.44).

	A	B	C	D	E
1	Umsatzprognose 1. Halbjahr 2017				
2				Q1 2016	
3	**Artikel-ID**	**Entwicklung Jan 2016 bis Juni 2015**	**Jan 16**	**Feb 16**	**Mrz 16**
4	NWTB-1		314.005,00 €	321.341,00 €	328.002,00 €
5	NWTCO-3		163.020,10 €	181.930,00 €	167.017,00 €
6	NWTCO-4		333.185,00 €	353.325,00 €	351.661,00 €

Abbildung 13.44 ... und ihre Umwandlung in eine formatierte Tabelle mit Sparklines mittels Berechnung

Die Auswahl und Anordnung der Umsatzdaten erreichen Sie durch folgende Funktion in Zelle C4:

```
=SUMMEWENNS('Umsatzdaten 2016'!$C$2:$C$217;'Umsatzdaten 2016'!$A$2:$A$217;
Trend!$A4;'Umsatzdaten 2016'!$B$2:$B$217;Trend!C$3)
```

Dabei übernehmen Sie aus Spalte C des Tabellenblattes *Umsatzdaten 2016* die Umsätze. Die in Spalte A erfassten Produktcodes (`Trend!$A4`) vergleichen Sie mit den Produktbezeichnungen in Spalte A der Basisdatentabelle (`'Umsatzdaten 2016'!$A$2:$A$217`); als zweites Kriterium verwenden Sie die Monatsbezeichnungen in Zeile 3 des Tabellenblattes *Trend*. Diese Bezeichnungen werden mit den korrespondierenden Inhalten in *Umsatzdaten 2016* ('Umsatzdaten 2014'!$A$2:$A$217;Trend!$A4;'Umsatzdaten 2016'!$B$2:$B$217) verglichen.

Ist die Funktion einmal erstellt, können Sie sie bedenkenlos nach unten bis in Zeile 21 kopieren. Anschließend ziehen Sie den markierten Formelbereich nach rechts bis zu Spalte N. Damit ist die Neuanordnung der Basisdaten auch schon abgeschlossen.

13.5.14 Anwendung der Trendfunktion

Sind die Daten erst einmal im Tabellenblatt *Trend* angeordnet, ist es ein Kinderspiel, aus ihnen einen linearen Trend zu berechnen. Markieren Sie den Zellbereich von O4 bis T4, und starten Sie den Funktionsassistenten. In der Kategorie STATISTIK finden Sie die Funktion TREND(). Geben Sie die folgenden Argumente an:

{=TREND(C4:N4;$C$3:$N$3;$O$3:$T$3)}

Die Argumente bezeichnen im Anwendungsbeispiel die in Tabelle 13.5 wiedergegebenen Werte.

Argument	Werte
Y_Werte	Bezeichnet die bereits vorhandenen Umsatzdaten.
X_Werte	Bezeichnet die vorhandenen Zeitintervalle (Monats- und Jahresangaben).
Neue_X_Werte	Bezeichnet die zukünftigen Zeitintervalle des Prognosezeitraumes (Monats- und Jahresangaben).
Konstante	Bezeichnet einen Wahrheitswert (WAHR oder FALSCH), mit dem festgelegt wird, ob die Konstante *b* der dem Trend zugrunde liegenden Gleichung $y = mx + b$ den Wert 0 annehmen soll oder nicht. Der Wahrheitswert FALSCH setzt die Konstante auf den Wert 0.

Tabelle 13.5 Argumente der Funktion TREND()

Die Funktion TREND() ist eine Matrixfunktion. Das bedeutet, dass eine korrekte Berechnung nur dann erfolgt, wenn Sie die Eingabe der Argumente mit der Tastenkombination [Strg] + [⇧] + [↵] abschließen. Excel schreibt nun die Werte des Trends in die markierten Zellen. Sie werden feststellen, dass die Funktion – wie für Matrixfunktionen üblich – von geschweiften Klammern eingeschlossen ist.

Sofern Sie die Zellbezüge zur Definition der x-Werte ($C$3:$N$3 und $O$3:$T$3) absolut und die der y-Werte relativ (C4:N4) gesetzt haben, dürfte es Ihnen auch nicht schwerfallen, die berechneten Trends nach unten bis in Zeile 21 zu kopieren. Sie verfügen damit über eine vollständige Prognose sämtlicher Produkte für die kommenden sechs Monate (Abbildung 13.45).

		Prognose			
Jan 17 ⌄	Feb 17 ⌄	Mrz 17 ⌄	Apr 17 ⌄	Mai 17 ⌄	Jun 17 ⌄
363.767,71 €	368.176,45 €	372.158,55 €	376.567,29 €	380.833,82 €	385.242,56 €
92.015,74 €	84.900,89 €	78.474,58 €	71.359,74 €	64.474,41 €	57.359,57 €
311.544,02 €	308.192,97 €	305.166,22 €	301.815,17 €	298.572,22 €	295.221,17 €

Abbildung 13.45 Mit TREND() berechnete Prognose

13.5.15   Visualisierung der Umsatzplanung mit Sparklines

Die eigentliche Aufgabe der kurzfristigen Umsatzplanung wäre damit eigentlich erledigt. Die grafische Darstellung der Ergebnisse trüge allerdings auch in diesem Beispiel wesentlich zur Erleichterung beim Lesen und bei der Interpretation der Daten bei. Besonders die in Excel 2010 erstmalig verfügbaren Sparklines lassen sich nahtlos in die Wertetabelle einfügen. Und die bislang noch leere Spalte B ist der geeignete Ort, an dem Sie diese Diagramme einfügen sollten (Abbildung 13.46).

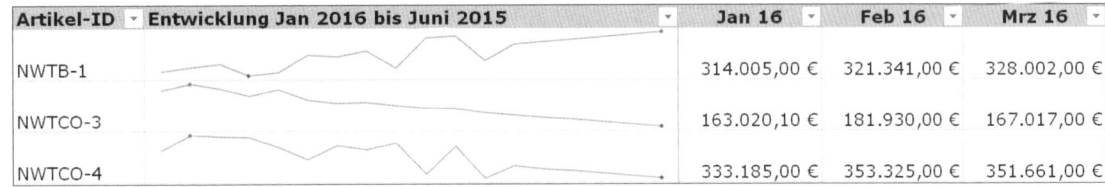

Artikel-ID ⌄	Entwicklung Jan 2016 bis Juni 2015 ⌄	Jan 16 ⌄	Feb 16 ⌄	Mrz 16 ⌄
NWTB-1		314.005,00 €	321.341,00 €	328.002,00 €
NWTCO-3		163.020,10 €	181.930,00 €	167.017,00 €
NWTCO-4		333.185,00 €	353.325,00 €	351.661,00 €

Abbildung 13.46 In die Tabelle eingebettete Sparklines

Die Benutzung dieser neuen Funktion habe ich bereits in Abschnitt 13.1.5, »Visualisierung mit Sparklines«, beschrieben. Aus diesem Grund folgt an dieser Stelle lediglich eine kurze Skizzierung der Vorgehensweise.

Positionieren Sie den Cursor in Zelle B4, und wählen Sie Einfügen • Sparklines • Linie. In der darauf angezeigten Dialogbox markieren Sie unter Datenbereich den Zellbezug C4 bis T4. Die Option Positionsbereich ($B$4) wird von Excel automatisch übernommen und bedarf keiner Änderung Ihrerseits.

Bei einer auf kleinstem Raum erzeugten Linie wird es Ihnen oder auch anderen Betrachtern mit Sicherheit helfen, die Höchst- und Tiefpunkte einer jeden Datenreihe mit einem Blick zu identifizieren. Deshalb sollten Sie noch folgende Formatänderungen durchführen:

1. Wählen Sie Sparklinetools • Entwurf • Formatvorlage • Sparklinefarbe, und weisen Sie der Linie eine hellere Farbe zu, z. B. ein helleres Blau.

13

2. Aktivieren Sie anschließend im gleichen Menü und der gleichen Funktionsgruppe die Option HÖCHSTPUNKT, um dort die Farbe Grün für den höchsten Wert der Datenreihe auszuwählen.

3. Wiederholen Sie den Vorgang für die Option TIEFPUNKT, und verwenden Sie die Farbe Rot zur Kennzeichnung des niedrigsten Wertes der Sparkline.

Da sich sämtliche Datenreihen unmittelbar in den Zellen unterhalb von B4 befinden, erstellen Sie die noch fehlenden Sparklines diesmal einfach durch Kopieren. Ziehen Sie die erste Sparkline in Zelle B4 bis zur Zelle B21 nach unten. Fertig!

[i]

Ausgeblendete und leere Zellen in Sparklines

Wie z. B. auch bei Liniendiagrammen können Sie die Anzeige von leeren Zellen in Sparklines konfigurieren. Leere Zellen resultieren häufig daraus, dass für den Zeitpunkt der Messung keine Daten vorliegen. Standardmäßig ergeben fehlende Werte in der Sparkline eine Lücke. Mit der Option SPARKLINETOOLS • ENTWURF • SPARKLINE • DATENREIHE BEARBEITEN ändern Sie diese Standardeinstellung (Abbildung 13.47).

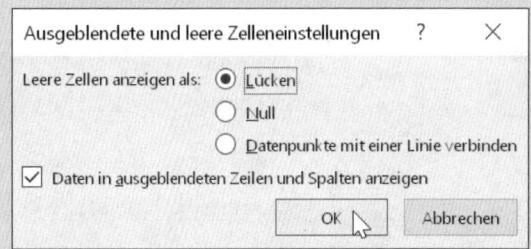

Abbildung 13.47 Auswahl der Darstellungsweise von ausgeblendeten und von Nullwerten

13.5.16   Gliederung von Umsatz- und Prognosewerten

Die schrittweise erstellte Tabelle enthält zwei klar trennbare Datenbereiche: die Umsatzwerte des Jahres 2016 und die Prognosen für das erste Halbjahr 2017. Neben den Sparklines als Visualisierungsinstrument sollten Sie die Gliederungsfunktion von Excel einsetzen, um die Übersichtlichkeit zu verbessern:

1. Markieren Sie dazu zunächst den Zellbereich von C1 bis N1.

2. Wählen Sie dann die Option GRUPPIEREN aus dem Menü DATEN • GLIEDERUNG • GRUPPIEREN.

3. In der auf dem Bildschirm angezeigten Dialogbox wählen Sie die Option SPALTEN und klicken auf OK.

Mit der entstandenen Gruppierung gelingt es Ihnen nun, im Bedarfsfall die Umsatzdaten des Vorjahres auszublenden. Die Prognosen des Folgejahres und die Sparklines bleiben hingegen erhalten (Abbildung 13.48). Voraussetzung für die Anzeige der ausgeblendeten Werte in den Sparklines ist es, dass Sie unter AUSGEBLENDETE UND LEERE ZELLEN die Option DATEN IN AUSGEBLENDETEN UND LEEREN ZELLEN ANZEIGEN aktiviert haben.

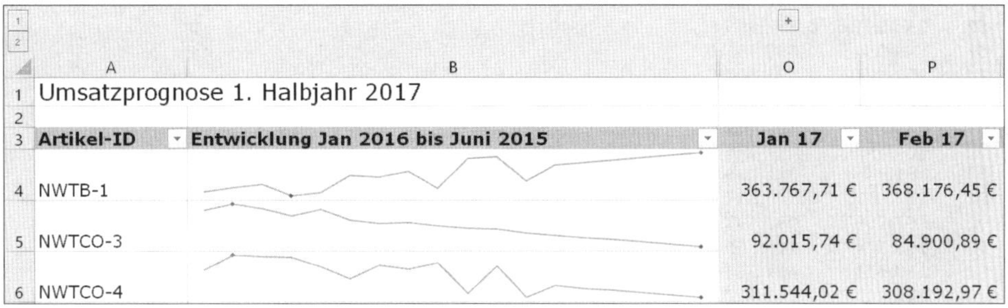

Artikel-ID	Entwicklung Jan 2016 bis Juni 2015	Jan 17	Feb 17
NWTB-1		363.767,71 €	368.176,45 €
NWTCO-3		92.015,74 €	84.900,89 €
NWTCO-4		311.544,02 €	308.192,97 €

Abbildung 13.48 Sparklines mit ausgeblendetem Datenbereich

13.6 Prognosen erstellen

Die im vorangegangenen Abschnitt vorgestellten Funktionen SCHÄTZER() und TREND() sind zwei Hilfsmittel, die Sie bei der Absatzplanung sinnvoll einsetzen können. In der Arbeitsmappe *13_Trend_Prognose_Bereinigung_01.xlsx* stelle ich weitere Werkzeuge beim Erstellen für Prognosen und deren Anwendung vor:

▶ gleitender Mittelwert

▶ exponentielle Glättung

▶ Identifizierung saisonaler Komponenten

▶ Bildung der ersten Differenzen zur Beseitigung saisonaler Komponenten

Doch bevor Sie diese Werkzeuge anwenden, sollten Sie sich stets Gedanken zur Qualität der vorliegenden Daten machen.

13.6.1 Datenqualität beurteilen: Korrelationskoeffizient und Bestimmtheitsmaß

Im ersten Tabellenblatt *Trend* der Arbeitsmappe finden Sie eine Trendberechnung (Abbildung 13.49). Sie wurde unter Verwendung der Funktion {=TREND(D2:D25;C2:C25;C26:C31)} durchgeführt.

Die Berechnung geht von der Annahme aus, dass Sie den Werbeetat für die ersten sechs Monate des Jahres 2017 bereits festgelegt haben. Aus diesen Werten und dem Aufwand für Werbung der Vorjahre sowie den in diesem Zeitraum erzielten Umsätzen werden wir nun die Werte der Umsätze auf Basis eines linearen Trends für das erste Halbjahr 2017 berechnen.

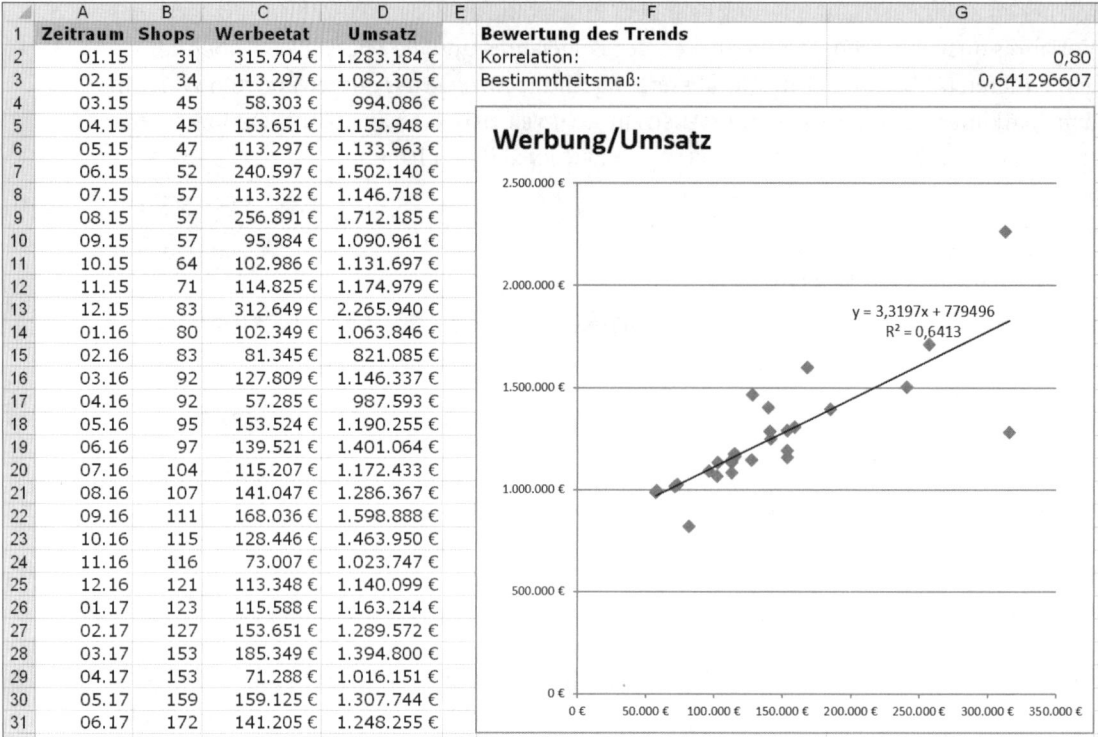

	A	B	C	D	E	F	G
1	Zeitraum	Shops	Werbeetat	Umsatz		Bewertung des Trends	
2	01.15	31	315.704 €	1.283.184 €		Korrelation:	0,80
3	02.15	34	113.297 €	1.082.305 €		Bestimmtheitsmaß:	0,641296607
4	03.15	45	58.303 €	994.086 €			
5	04.15	45	153.651 €	1.155.948 €			
6	05.15	47	113.297 €	1.133.963 €			
7	06.15	52	240.597 €	1.502.140 €			
8	07.15	57	113.322 €	1.146.718 €			
9	08.15	57	256.891 €	1.712.185 €			
10	09.15	57	95.984 €	1.090.961 €			
11	10.15	64	102.986 €	1.131.697 €			
12	11.15	71	114.825 €	1.174.979 €			
13	12.15	83	312.649 €	2.265.940 €			
14	01.16	80	102.349 €	1.063.846 €			
15	02.16	83	81.345 €	821.085 €			
16	03.16	92	127.809 €	1.146.337 €			
17	04.16	92	57.285 €	987.593 €			
18	05.16	95	153.524 €	1.190.255 €			
19	06.16	97	139.521 €	1.401.064 €			
20	07.16	104	115.207 €	1.172.433 €			
21	08.16	107	141.047 €	1.286.367 €			
22	09.16	111	168.036 €	1.598.888 €			
23	10.16	115	128.446 €	1.463.950 €			
24	11.16	116	73.007 €	1.023.747 €			
25	12.16	121	113.348 €	1.140.099 €			
26	01.17	123	115.588 €	1.163.214 €			
27	02.17	127	153.651 €	1.289.572 €			
28	03.17	153	185.349 €	1.394.800 €			
29	04.17	153	71.288 €	1.016.151 €			
30	05.17	159	159.125 €	1.307.744 €			
31	06.17	172	141.205 €	1.248.255 €			

Im Diagramm: **Werbung/Umsatz** mit Trendlinie $y = 3,3197x + 779496$ und $R^2 = 0,6413$

Abbildung 13.49 Trend, Korrelation und Bestimmtheitsmaß

13.6.2   Bestimmtheitsmaß im Diagramm anzeigen

Das Punktdiagramm erstellen Sie danach auf Grundlage der beiden Datenreihen in den Spalten C und D. Mit einem rechten Mausklick in das fertiggestellte Diagramm erhalten Sie die Möglichkeit, eine Trendlinie in das Diagramm einzufügen (TRENDLINIE HINZUFÜGEN). Die angezeigte Dialogbox enthält im unteren Drittel zwei Optionen, die Sie aktivieren sollten: FORMEL IM DIAGRAMM ANZEIGEN und BESTIMMTHEITSMASS IM DIAGRAMM DARSTELLEN (Abbildung 13.50).

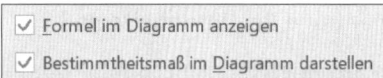

☑ Formel im Diagramm anzeigen
☑ Bestimmtheitsmaß im Diagramm darstellen

Abbildung 13.50 Anzeige des Bestimmtheitsmaßes im Punktdiagramm

Das *Bestimmtheitsmaß* R^2 (Quadrat des Korrelationskoeffizienten) zeigt Ihnen den Grad an, in dem die Streuung (Varianz) der y-Werte durch die vorhandenen x-Werte erklärbar ist. Ein Bestimmtheitsmaß, das nahe bei 1 liegt, wird als positiv für die Datenqualität gewertet. Die

Bestimmung der Datenqualität ist deshalb wichtig, weil Sie in der Beispielrechnung wahrscheinlich geneigt sein werden, einen bestimmten Erlös abhängig vom getätigten Werbeaufwand zu prognostizieren. »Mehr Werbung – mehr Umsatz, weniger Werbung – weniger Umsatz« wird wahrscheinlich das griffige Motto lauten.

Wäre der Zusammenhang zwischen Werbemitteln auf der einen und Umsätzen auf der anderen Seite allerdings schwächer ausgeprägt, könnten Sie mit Ihrer gesamten Prognose erheblich danebenliegen. Aus diesem Grund kann Ihnen das Bestimmtheitsmaß helfen, festeren Boden unter die Füße zu bekommen.

13.6.3   Bestimmtheitsmaß berechnen

Das Bestimmtheitsmaß können Sie nicht nur im Diagramm anzeigen, sondern auch mithilfe einer Funktion direkt im Tabellenblatt berechnen. Die Funktion im vorliegenden Beispiel lautet: `=BESTIMMTHEITSMASS(C2:C31;D2:D31)`. Es ist nicht verwunderlich, dass Sie durch Anwendung der Funktion das gleiche Ergebnis wie im Diagramm erhalten (0,6413). Rein technisch betrachtet funktioniert die Berechnung also tadellos.

Trotzdem sollten Sie Ihre eigenen Festlegungen und Annahmen immer wieder genauestens überprüfen, denn auf den ersten Blick mag es so erscheinen, als ob ein enger Zusammenhang zwischen Werbeetat und Umsätzen gegeben ist. Bei näherer Betrachtung stellen Sie jedoch beispielsweise fest, dass der größte Teil Ihres Werbebudgets im Umfeld von Großveranstaltungen eingesetzt wurde. Dies könnte bedeuten, dass die Abhängigkeit der Umsätze von der Präsenz bei Großveranstaltungen die zutreffendere Schlussfolgerung wäre als die recht allgemein gefasste Annahme, dass zwischen Werbeetat und Umsatz ein enger Zusammenhang besteht.

13.6.4   Berechnung des Korrelationskoeffizienten

Das Bestimmtheitsmaß R^2 ist das Quadrat des *Korrelationskoeffizienten*. Dieser wiederum liefert Ihnen Informationen darüber, wie stark die Beziehung zwischen den x- und y-Werten ist, aus denen Sie zuvor einen linearen Trend abgeleitet haben. Der Wert wird in Zelle G2 mit der Funktion `=KORREL(C2:C31; D2:D31)` berechnet.

Für den Korrelationskoeffizienten sind Werte von +1 bis –1 möglich. Ein Wert von 0 spricht dafür, dass überhaupt kein linearer Zusammenhang zwischen den beiden gewählten Datenreihen besteht. Werte von +1 bzw. –1 sprächen für einen vollständigen linearen Zusammenhang zwischen Werbebudget und Umsätzen, um es mit Bezug auf die Beispieldatei zu sagen. Wenn Sie zu dem Ergebnis gekommen sind, dass sowohl Korrelationskoeffizient als auch Bestimmtheitsmaß für die Qualität der vorhandenen Daten sprechen, kann Ihnen noch eine weitere Hürde beim Erstellen einer Prognose im Weg stehen: ein Trend.

13.6.5   Trendbereinigung

Damit Sie eine verlässliche Prognose mithilfe des *gleitenden Mittelwertes* oder der *exponentiellen Glättung* erstellen können, dürfen die Ausgangsdaten keinen Trend enthalten. Ist dies doch der Fall, muss der Trend zunächst entfernt und bereinigt werden. Die Trendbereinigung erfolgt durch die Berechnung der ersten Differenzen. Die Vorgehensweise beim Erstellen einer *integrierten Prognose*, wie sie in Tabellenblatt *Erste Differenzen* dargestellt wird, ist folgendermaßen:

- ▶ Bildung der ersten Differenz aus dem Wert der Vorgängerperiode und der aktuellen Periode (in Zelle C3 die Formel =B3-B2)

- ▶ Prognose auf Basis der exponentiellen Glättung in Zelle D5 mit der Formel =$G$2*C5+(1-$G$2)*D4

- ▶ Erstellen der integrierten Prognose durch Addition der Umsätze aus der Vorgängerperiode mit dem Ergebnis der exponentiellen Glättung, basierend auf den Werten der ersten Differenzen der aktuellen Periode (in Zelle E5 mit der Formel =B4+D5)

Zeitraum	Umsatz	Erste Differenzen	Prognose (Erste Differenzen)	Integrierte Prognose	Durchschnitt	Glättungsfaktor	Autokorrelation (aktuelle Werte)	Autokorrelation (Erste Differenzen)
01.15	916.910 €	#NV				0,3	0,967702711	0,296462869
02.15	918.920 €	2.010 €	#NV					
03.15	923.900 €	4.980 €	2.010 €	920.930 €	58.794 €			
04.15	938.900 €	15.000 €	5.907 €	929.807 €	58.794 €			
05.15	943.800 €	4.900 €	5.605 €	944.505 €	58.794 €			
06.15	789.200 €	-154.600 €	-42.457 €	901.343 €	58.794 €			
07.15	723.400 €	-65.800 €	-49.460 €	739.740 €	58.794 €			
08.15	699.012 €	-24.388 €	-41.938 €	681.462 €	58.794 €			
09.15	980.234 €	281.222 €	55.010 €	754.022 €	58.794 €			
10.15	1.078.900 €	98.666 €	68.107 €	1.048.341 €	58.794 €			
11.15	1.231.990 €	153.090 €	93.602 €	1.172.502 €	58.794 €			
12.15	1.567.822 €	335.832 €	166.271 €	1.398.261 €	58.794 €			
01.16	1.789.100 €	221.278 €	182.773 €	1.750.595 €	58.794 €			
02.16	1.890.222 €	101.122 €	158.278 €	1.947.378 €	58.794 €			
03.16	2.010.000 €	119.778 €	146.728 €	2.036.950 €	58.794 €			
04.16	2.109.000 €	99.000 €	132.409 €	2.142.409 €	58.794 €			
05.16	2.190.333 €	81.333 €	117.087 €	2.226.087 €	58.794 €			
06.16	2.028.290 €	-162.043 €	33.348 €	2.223.681 €	58.794 €			
07.16	1.902.999 €	-125.291 €	-14.244 €	2.014.046 €	58.794 €			
08.16	1.834.000 €	-68.999 €	-30.670 €	1.872.329 €	58.794 €			
09.16	2.279.010 €	445.010 €	112.034 €	1.946.034 €	58.794 €			
10.16	2.336.000 €	56.990 €	95.521 €	2.374.531 €	58.794 €			
11.16	2.324.900 €	-11.100 €	63.534 €	2.399.534 €	58.794 €			
12.16	2.290.000 €	-34.900 €	34.004 €	2.358.904 €	58.794 €			
		59.700 €						

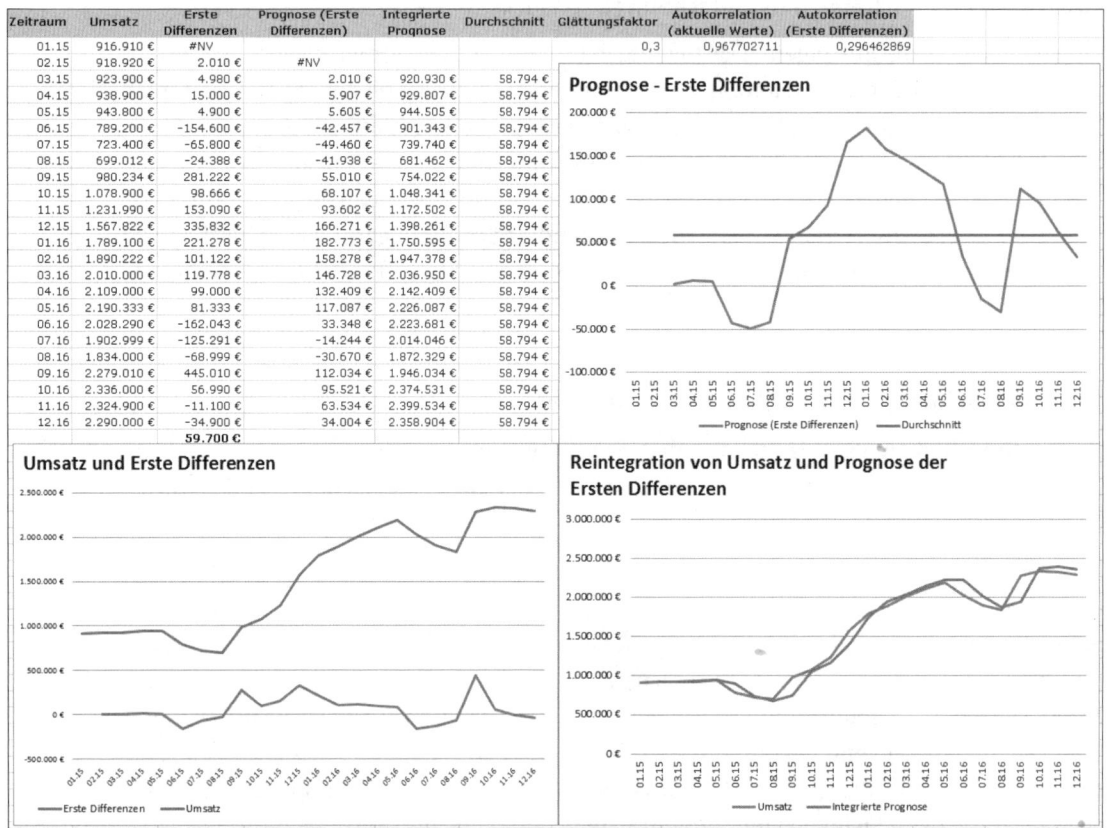

Abbildung 13.51 Integrierte Prognose auf Basis der ersten Differenzen

Wie Sie im Diagramm *Umsatz und Erste Differenzen* sehen (Abbildung 13.51), weisen die Umsätze einen deutlich steigenden Trend auf. In der zweiten Datenreihe des Diagramms (*Erste Differenzen*) ist dieser Trend entfernt worden. Allerdings sind durch die Trendbereinigung die Werte wesentlich niedriger als die gemessenen Umsätze.

Dies gilt auch für die Prognose auf Basis der ersten Differenzen im gleichnamigen Diagramm. Um dies zu ändern, werden die Umsätze der Vorgängerperiode und die Prognose der aktuellen Periode zu einer integrierten Periode zusammengesetzt. Dies ist im Diagramm *Reintegration von Umsatz und Prognose der Ersten Differenzen* bereits geschehen und sichtbar. Das Resultat bildet eine Prognose, die um einen ursprünglich existierenden Trend bereinigt wurde.

13.6.6   Gleitender Mittelwert

Um eine verlässliche Prognose bezogen auf trendbereinigte Daten zu erstellen, kann der gleitende Mittelwert aus einer vorgegebenen Anzahl von Vorgängerperioden berechnet werden. Der Sinn der Berechnung besteht darin, Ausreißerwerte, die die Prognose erschweren könnten, zu planieren. Die Glättung hängt dabei stark von der Anzahl der berücksichtigten Vorgängerperioden ab.

Dies spricht auf den ersten Blick dafür, eher mehr als weniger Vormonate in die Glättung einzubeziehen. Auf der anderen Seite wächst aber mit der Länge der Glättungsperiode auch die Zeitspanne bis zum Beginn der Prognose. Sollen z. B. sechs Vorgängermonate zur Berechnung des gleitenden Mittelwertes verwendet werden, müssen diese Daten erst einmal erhoben werden. Erst nach einem halben Jahr ist somit überhaupt eine erste Prognose möglich.

Dieses Für und Wider bei der Bestimmung des Zeitraumes für die Mittelwertberechnung führt letztlich dazu, dass Sie mit Sicherheit die Wahl zwischen unterschiedlichen Intervallen haben möchten. Und genau dies ermöglicht Ihnen die Beispielrechnung im Tabellenblatt *Gleitender Mittelwert* (Abbildung 13.52).

In Zelle E2 steht der Intervallwert, mit dem der gleitende Mittelwert berechnet werden soll. In C2 finden Sie eine Formel, die eine flexible Verwendung des Mittelwertzeitraumes ermöglicht:

```
=WENN(ZEILE()>$E$2+1;MITTELWERT(BEREICH.VERSCHIEBEN(INDIREKT("$B"&
StartZeile);0;0;$E$2;1));NV())
```

Die wichtigste Aufgabe der Funktion besteht darin, abhängig von dem Wert aus Zelle E2 in der richtigen Zelle mit der Berechnung des Mittelwertes zu beginnen und in den darüberliegenden Zellen den Fehlerwert #NV auszugeben. Dieser Fehlerwert ist wichtig, da er bei der Bildung von Datenpunkten in Liniendiagrammen – anders als Nullwerte – ignoriert wird.

Um die Berechnung des Mittelwertes zu veranlassen, muss die Zeilennummer der aktuellen Zeile größer als das vorgegebene Intervall in Zelle E2 plus 1 sein. Mit anderen Worten: Bei fünf zu berechnenden Monatsergebnissen darf die Berechnung erst in der sechsten Zeile starten (ZEILE()>$E$2+1).

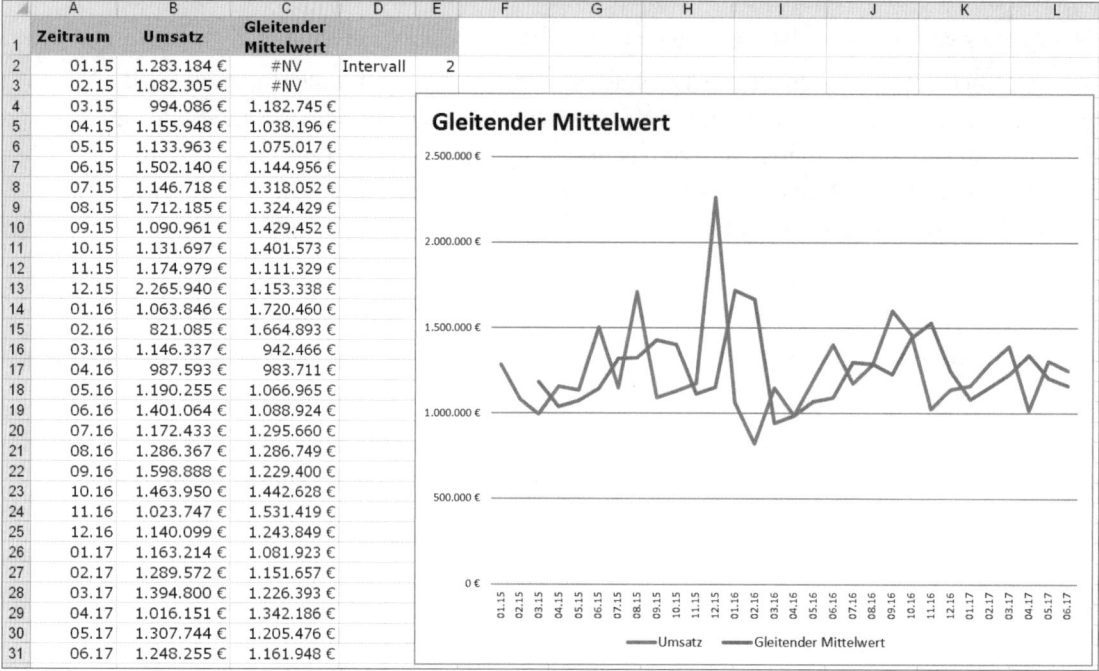

	A	B	C	D	E
1	Zeitraum	Umsatz	Gleitender Mittelwert		
2	01.15	1.283.184 €	#NV	Intervall	2
3	02.15	1.082.305 €	#NV		
4	03.15	994.086 €	1.182.745 €		
5	04.15	1.155.948 €	1.038.196 €		
6	05.15	1.133.963 €	1.075.017 €		
7	06.15	1.502.140 €	1.144.956 €		
8	07.15	1.146.718 €	1.318.052 €		
9	08.15	1.712.185 €	1.324.429 €		
10	09.15	1.090.961 €	1.429.452 €		
11	10.15	1.131.697 €	1.401.573 €		
12	11.15	1.174.979 €	1.111.329 €		
13	12.15	2.265.940 €	1.153.338 €		
14	01.16	1.063.846 €	1.720.460 €		
15	02.16	821.085 €	1.664.893 €		
16	03.16	1.146.337 €	942.466 €		
17	04.16	987.593 €	983.711 €		
18	05.16	1.190.255 €	1.066.965 €		
19	06.16	1.401.064 €	1.088.924 €		
20	07.16	1.172.433 €	1.295.660 €		
21	08.16	1.286.367 €	1.286.749 €		
22	09.16	1.598.888 €	1.229.400 €		
23	10.16	1.463.950 €	1.442.628 €		
24	11.16	1.023.747 €	1.531.419 €		
25	12.16	1.140.099 €	1.243.849 €		
26	01.17	1.163.214 €	1.081.923 €		
27	02.17	1.289.572 €	1.151.657 €		
28	03.17	1.394.800 €	1.226.393 €		
29	04.17	1.016.151 €	1.342.186 €		
30	05.17	1.307.744 €	1.205.476 €		
31	06.17	1.248.255 €	1.161.948 €		

Abbildung 13.52 Gleitender Mittelwert mit flexibler Bestimmung des Intervalls

Die Startzelle des Bereichs Ihres Mittelwertes wird immer in Spalte B liegen; der zweite Teil der Zelladresse, die Zeilennummer, ergibt sich aus der aktuellen Zeilennummer abzüglich der Vorgabe aus Zelle E2. In der Beispielanwendung wird diese Berechnung mit dem Bereichsnamen *StartZeile* belegt. Um wie viele Zeilen nach unten der Mittelwertbereich ausgedehnt werden soll, ergibt sich aus dem Wert in $E$2. Die Breite des Bereichs der Berechnung ist immer eine Spalte (1).

Alle diese Informationen machen es einfach, mit der Funktion BEREICH.VERSCHIEBEN() einen dynamischen Bereich zu erstellen, mit dem sie den Mittelwert flexibel kalkulieren:

```
MITTELWERT(BEREICH.VERSCHIEBEN(INDIREKT("$B"&StartZeile);0;0;$E$2;1))
```

Schließlich müssen Sie nur noch die Funktion NV() als Sonst-Anweisung der WENN()-Funktion eingeben. Wird die benötigte Zeilenzahl unterschritten, schreibt Excel ein #NV in die betreffende Zelle.

Diese flexible Verwendung des Datenbereichs bei der Kalkulation des gleitenden Mittelwertes gibt Ihnen die Gelegenheit, die Glättungsergebnisse bei unterschiedlichen Eingabewerten zu vergleichen, um sich für den am besten geeigneten Wert zu entscheiden.

13.6.7 Exponentielle Glättung

Den Einfluss, den die Anzahl der Monate auf das Glättungsergebnis bei der Verwendung des gleitenden Mittelwertes hat, übt bei der exponentiellen Glättung der Glättungsfaktor aus. Auch bei dieser Methode zur kurzfristigen Prognose muss eine ausreichend lange Datenreihe vorhanden sein, die kein lineares Muster aufweist. Die Berechnung erfolgt mit

$yt = ?\, {}^* yt + (1 - ?)\, {}^* yt - 1$

Der erhobene Wert der aktuellen Periode yt wird mit einem Glättungsfaktor ? multipliziert, der Wert der letzten Prognose yt − 1 mit 1 − ?. Der Glättungsfaktor ? muss jeweils zwischen 0 und 1 liegen.

Die Methode legt zugrunde, dass die Werte der Vergangenheit einen Einfluss auf den gegenwärtigen Wert ausüben. Allerdings wird angenommen, dass sich dieser Einfluss abschwächt, je weiter die Werte in der Vergangenheit liegen. Eine Verschiebung der Gewichtung erfolgt durch die Höhe von ?. Je näher dieser am Wert 1 liegt, desto stärker berücksichtigt die Berechnung die Gegenwartswerte. Umgekehrt geht ein Sinken des Glättungsfaktors mit der stärkeren Betonung der Vergangenheitswerte einher. Ein Glättungsfaktor zwischen 0,2 und 0,3 wird gewöhnlich empfohlen.

Da sich in Zelle E2 der Glättungsfaktor befindet, lautet die Formel zur exponentiellen Glättung in Zelle C3 =$E$2*B3+(1-$E$2)*C2. Abbildung 13.53 zeigt den Vergleich der ursprünglichen Datenreihe mit der geglätteten Datenreihe aus Spalte C.

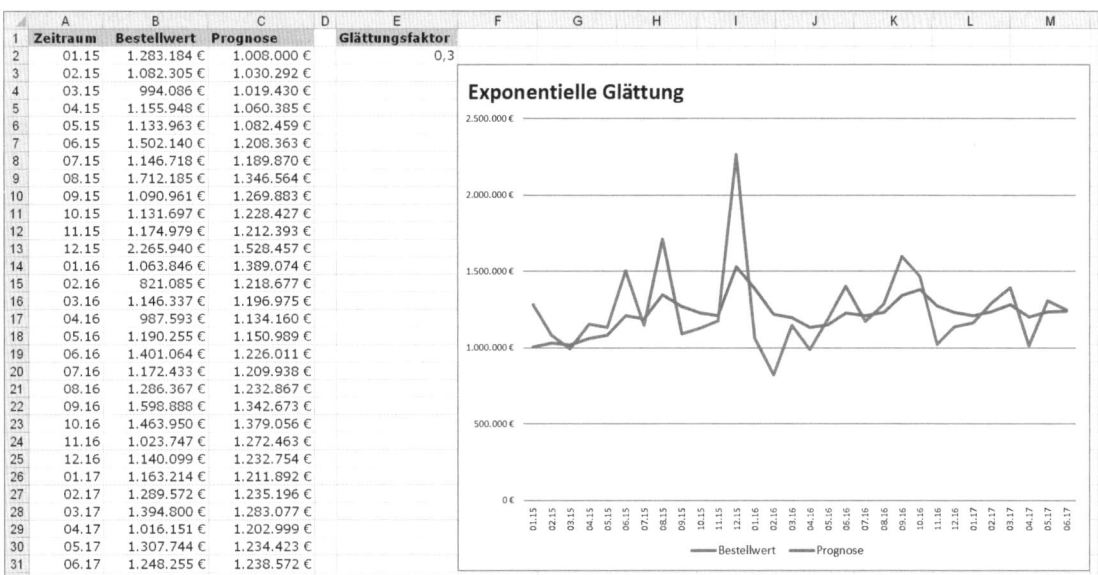

Abbildung 13.53 Exponentielle Glättung zur Erstellung einer kurzfristigen Prognose

[i]   **Verwendung von Add-ins bei der Erstellung von Prognosen**

Excel verfügt über ein Add-in, das eine Auswahl zahlreicher Analysefunktionen bereitstellt. Um dieses Add-in zu aktivieren, klicken Sie in den neueren Versionen auf DATEI • OPTIONEN • ADD-INS, wählen dann EXCEL-ADD-INS aus dem Listenfeld aus und klicken anschließend auf die Schaltfläche GEHE ZU. Dann aktivieren Sie die ANALYSEFUNKTIONEN und klicken auf OK.

Diese nun in Excel verfügbare Funktionssammlung rufen Sie über DATEN • ANALYSE • DATEN-ANALYSE auf. Die Dialogbox enthält zahlreiche Funktionen wie auch den gleitenden Mittelwert, exponentielles Glätten, Histogramm etc.

Viele der bereits beschriebenen Funktionen könnten Sie auch mithilfe der Analysefunktionen durchführen. Allerdings ist es nicht möglich, diese Funktionen mit Formeln in Excel-Tabellen zu kombinieren. Die berechneten Ergebnisse werden ebenso als fester Wert in die ausgewählten Ergebniszellen geschrieben. Neuberechnungen ziehen so unweigerlich stets eine Neueingabe der zu berechnenden Werte nach sich. Dadurch büßen die Analysefunktionen deutlich an Flexibilität ein.

13.7   Personalplanung

Die Vorausschau auf mögliche Entwicklungen in den kommenden Monaten stellt nicht nur eine Notwendigkeit dar, wenn es um Umsatzzahlen oder Kostenentwicklungen geht. Auch im Personalwesen ist eine vorausschauende Planung von Kapazitäten, direkten Personalkosten und Zuschlägen von großer Bedeutung.

Die Datei *13_Personalplanung_01.xlsx* enthält eine Anwendung, die einen Forecast inklusive Soll-Ist-Vergleich auf die Personalkosten eines Unternehmens erstellt (Abbildung 13.54).

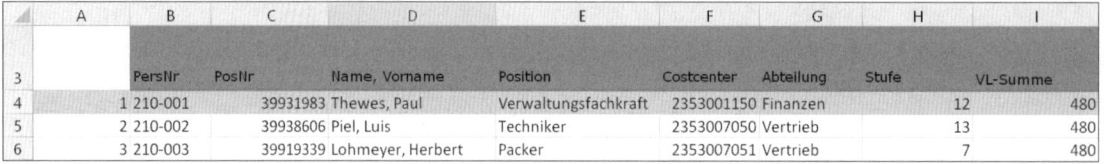

	A	B	C	D	E	F	G	H	I
3		PersNr	PosNr	Name, Vorname	Position	Costcenter	Abteilung	Stufe	VL-Summe
4		1 210-001		39931983 Thewes, Paul	Verwaltungsfachkraft	2353001150 Finanzen		12	480
5		2 210-002		39938606 Piel, Luis	Techniker	2353007050 Vertrieb		13	480
6		3 210-003		39919339 Lohmeyer, Herbert	Packer	2353007051 Vertrieb		7	480

Abbildung 13.54 Darstellung der Personalstruktur als Basis des Forecasts

Die einzelnen Schritte, die bei der Durchführung des Forecasts ausgeführt werden, prägen auch die Struktur dieser Arbeitsmappe. Tabelle 13.6 zeigt, welche Tabellenblätter und Funktionen im Einzelnen zu ihr gehören.

Tabellenblatt	Funktion
Download	Das Blatt enthält die Rohdaten, die aus einem DB-System übernommen werden.
Personalstruktur	Hier erfolgt die Festlegung, ob die Personalkosten für den betreffenden Mitarbeiter im jeweiligen Monat aktiviert werden oder nicht. Die Steuerung erfolgt über die Wahrheitswerte WAHR und FALSCH.
Gehalt	In dieser Tabelle wird das Grundgehalt eingegeben bzw. berechnet. Gehaltsänderungen werden in dieser Tabelle berücksichtigt. Drei Gehaltsänderungen pro Jahr sind durch prozentuale Angaben möglich.
VL, Telefon, Kfz	Auf Basis der per Dropdown im Tabellenblatt *Personalstruktur* ausgewählten WAHR- oder FALSCH-Werte werden in diesen Tabellenblättern die zugehörigen Zuschläge berechnet.
Pensionen	In diesem Tabellenblatt werden die Pensionen mithilfe einer Referenztabelle auf Grundlage des Jahresgehalts berechnet.
Zwischenergebnis	Diese Tabelle bildet eine Zwischensumme aus Grundgehalt und vermögenswirksamen Leistungen.
RV, ALV, KV, PV	Hier werden sämtliche Sozialabgaben auf Grundlage der Summe aus monatlichem Gehalt und vermögenswirksamen Leistungen kalkuliert.
SV, Sozialabgaben	Diese Tabellenblätter liefern Kontroll- bzw. Zwischensummen der berechneten Sozialabgaben.
Gesamtkosten	Die Ergebnisse in diesem Blatt setzen sich aus Grundgehalt, vermögenswirksamen Leistungen und Pensionen zusammen.
Datenbasis – Pivot	Diese Tabelle führt die benötigten Daten aus den Kostentabellen und der Strukturtabelle zusammen. Sie dient als Grundlagen für die Pivottabelle zur Kostenauswertung und -vorschau.
Pivot – Kosten	Diese Pivottabelle ermöglicht eine Kostenauswertung und -vorschau, wahlweise nach Abteilungen, Berufsgruppen, Costcenter oder Gehaltsstufe.
Soll-Ist (Gesamt)	Der Soll-Ist-Vergleich in diesem Tabellenblatt zeigt die Personalaufwendungen für alle Mitarbeiter des Unternehmens an.
Soll-Ist (Einzel)	Mithilfe eines Listenfeldes wird in diesem Tabellenblatt ein Mitarbeiter ausgewählt. Für diesen Mitarbeiter werden die Daten des Soll-Ist-Vergleichs berechnet und dargestellt.

Tabelle 13.6 Arbeitsmappenstruktur des Forecasts

13

Bereits diese Übersicht über die vorhandenen Tabellenblätter zeigt, dass es sich bei einem Forecast um ein komplexes Zusammenwirken unterschiedlicher Datenbereiche handelt. In einer solchen Ausgangslage ist es wichtig, gründliche Überlegungen bei der Strukturierung der Arbeitsmappe anzustellen. Die hier benutzte Arbeitsmappe ist ein typisches Beispiel dafür, welche Überlegungen und Maßnahmen vor allem im Hinblick auf die Vereinheitlichung von Tabellenstrukturen, Bereichsnamen und Funktionen angestellt werden sollten. Einheitliche Strukturen vereinfachen nicht nur den Aufbau eines solchen Datenmodells, sie helfen auch später maßgeblich, sich in der Anwendung zurechtzufinden und sie intuitiv zu bedienen.

13.7.1   Eingabe der Personalstrukturdaten

Die Personaldaten im Tabellenblatt *Download* werden monatlich aus einer Datenbank übernommen. Sie liegen dort in Form einer einfachen Excel-Liste vor. Diese Daten müssen zunächst um wichtige Strukturinformationen ergänzt werden. Angaben wie Personalnummer, Name, Costcenter oder Position werden zu diesem Zweck durch einfache Verweise auf die Downloadtabelle in das Tabellenblatt *Personalstruktur* übernommen.

Dabei werden die Personalnummern mit einem einfachen Verweis über `=WENN(IST-LEER(Download!F2);"";Download!F2)` zeilenweise eingelesen. Für die Positionsnummer sieht die verwendete Funktion ähnlich aus:

```
=WENN(ISTLEER(Download!G2);"";Download!G2)
```

Um den Mitarbeiternamen in die Strukturdatei zu schreiben, verweist die Anwendung auf die Mitarbeiternummer:

```
=WENN(ISTLEER(B4);"";SVERWEIS(B4;Z.PersonalLookup_dBer;2;FALSCH))
```

Auch die Positionsnummer und das Costcenter bedienen sich der Funktion `SVERWEIS()`, lediglich der Spaltenindex ist hier geändert.

Für die folgenden beiden Spalten existiert eine Eingabebeschränkung. Dabei wird in Spalte G eine Liste aus Abteilungen angezeigt, die aus dem Bereich *Z.Abteilungen_dBer* generiert wird. Der Bereichsname bezieht sich auf die Bezeichnungen in Spalte F des Tabellenblattes *Listen*, in dem sich wichtige allgemeine Vorgaben für verschiedene Tabellen der Arbeitsmappe befinden. Der Bereichsname ist dynamisch, es werden also hinzugefügte Abteilungsbezeichnungen unverzüglich im Listenfeld zur Auswahl angeboten.

Neben der Eingabe der Jobstufe und des Betrags der vermögenswirksamen Leistungen beginnt ab Spalte J ein wesentlicher Bereich zur Erfassung der Strukturinformationen. Alle Spalten der Tabelle, mit Ausnahme der monatlichen VL-Werte, enthalten eine über eine Datenüberprüfung festgelegte Liste, die die Zuordnung der Wahrheitswerte `WAHR` oder `FALSCH` erlaubt (Abbildung 13.55).

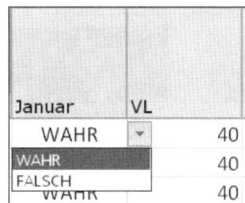

Abbildung 13.55 Strukturinformationen werden
überwiegend per Dropdown erfasst.

Die Einzelheiten eines jeden Monats können mithilfe der Gliederungsebenen ein- und ausgeblendet werden (Abbildung 13.56). Markieren Sie, um solche Gliederungen zu erstellen, die Spalten, die Sie zusammenfassen möchten, und rufen Sie dann die Funktion DATEN · GLIEDERUNG · GRUPPIEREN · GRUPPIEREN auf.

Costcenter	Abteilung	Stufe	VL-Summe	Januar	Februar
2353001150	Finanzen	12	480	WAHR	WAHR
2353007050	Vertrieb	13	480	WAHR	WAHR
2353007051	Vertrieb	7	480	WAHR	WAHR

Abbildung 13.56 Einblenden der monatlichen Einzelheiten

Die Funktion der Listenfelder ist einfach zu erklären: Mit der Auswahl WAHR in der Monatsspalte (z. B. Spalte J für Januar) wird die Berechnung des Monatsgehalts im Tabellenblatt *Gehalt* veranlasst, während ein FALSCH zum Wert 0 führt. In gleicher Weise wirken die Einstellungen in den Spalten L, M und N: Sie bewirken die Berechnung der Zuschläge für Kfz und Telefon in den zugehörigen Tabellenblättern. Spalte N, versehen mit der Überschrift *leer*, ist ein Reservefeld, das keine Kalkulationen in der Arbeitsmappe auslöst.

13.7.2 Berechnung und Anpassung der Grundgehälter

Nachdem Sie im Tabellenblatt *Personalstruktur* festgelegt haben, ob und in welchem Monat ein Gehaltsbetrag auf der Kostenseite anfällt und welche Zuschläge in die Kalkulation einzubeziehen sind, werden im Tabellenblatt *Gehalt* die Gehälter berechnet. Dazu wird in Spalte G das Gehalt des Mitarbeiters erfasst. In den Spalten H bis M kann dieser Ausgangsbetrag maximal dreimal für das laufende Jahr angepasst werden. Anpassungen werden prozentual und mit der Angabe des Monats, in dem die Anpassung erfolgen soll, definiert (Abbildung 13.57).

	1	2	3		1	2	3	4	5	6	7		1	2
PersNr	PosNr	Name, Vorname		Basisgehalt/-lohn	Wechsel 1	Wechsel in Monat	Wechsel 2	Wechsel in Monat	Wechsel 3	Wechsel in Monat			Jan	Feb
												Total	11.550,00 €	12.150,00 €
210-001	39931983	Thewes, Paul		4.000,00 €	15%	2							4.000,00 €	4.600,00 €
210-002	39938606	Piel, Luis		4.800,00 €	-15,00%	3							4.800,00 €	4.800,00 €
210-003	39919339	Lohmeyer, Herbert		2.750,00 €									2.750,00 €	2.750,00 €

Abbildung 13.57 Eingabe und Anpassung des Grundgehalts

Um den Ausgangswert in Spalte G je nach Eingabe in den Spalten H bis M zu berechnen, wird folgende Funktion verwendet:

```
=WENN(Personalstruktur!J4=WAHR;RUNDEN(Gehalt!$G5 + $G5
* (WENN(O$2>=$I5;$H5;0) + WENN(O$2>=$K5;$J5;0)
+ WENN(O$2>=$M5;$L5;0)); Z.Rundungsfaktor_vZ);0)
```

Diese Anweisung prüft zunächst, ob in der Strukturtabelle die Gehaltsberechnung aktiviert wurde (Personalstruktur!J4=WAHR). Anschließend werden zu dem eingegebenen Gehalt (Gehalt!$G5) die drei möglichen Anpassungen hinzugerechnet, z. B.:

```
+ $G5 * (WENN(O$2>=$I5;$H5;0))
```

Sollte ein Anpassungswert vorliegen und sein festgelegter Startmonat kleiner oder gleich dem aktuellen Monat der Spalte sein (O$2>=$I5), wird er mit dem eingegebenen Gehalt multipliziert. Andernfalls erfolgt keine Änderung am Basiswert (0).

Der gesamte Ausdruck und damit die Summe von Ausgangswert und sämtlichen Anpassungswerten werden gerundet. Die Anzahl der Stellen, auf die gerundet werden soll, wird mit dem Bereichsnamen *Z.Rundungsfaktor_vZ* bestimmt. Der Name verweist auf eine Zelle (Q2) im Tabellenblatt *Listen*, das alle Basisdaten der Anwendung enthält.

13.7.3   Berechnung der vermögenswirksamen Leistungen

Die beiden folgenden Tabellenblätter der Beispieldatei *13_Personalplanung_01.xlsx* – *VL* und *Telefon* – veranschaulichen die Funktionsweise der Arbeitsmappe und zeigen, welche Bedeutung ein einheitlicher und systematischer Aufbau aller Tabellenblätter haben kann.

Der Jahresbetrag an vermögenswirksamen Leistungen wurde in der Strukturdatei eingegeben und mithilfe einer Berechnung auf die einzelnen Monate verteilt.

Nun können wir im Tabellenblatt *VL* auf diese monatlichen Beträge zugreifen:

```
=WENN(Gehalt!O5<>0;Personalstruktur!$K4;0)
```

Die Daten des Tabellenblattes beginnen mit der Überschrift *PersNr* in Zelle C3. In der zweiten Zeile befindet sich zudem eine fortlaufende Nummerierung der einzelnen Tabellenbereiche (Abbildung 13.58).

1	2	3	1	2	3
PersNr ▾	PosNr ▾	Name, Vorname ▾	Jan ▾	Feb ▾	Mrz ▾
		Total	120,00 €	120,00 €	120,00 €
210-001	39931983	Thewes, Paul	40,00 €	40,00 €	40,00 €

Abbildung 13.58 Die Berechnung der vermögenswirksamen Leistungen basiert auf Werten aus den Strukturdaten.

Nachdem Sie sich in diesem Tabellenblatt für C3 als Startzelle entschieden haben, sollten Sie diese Vorgabe auch in allen anderen Tabellenblättern beibehalten. Daraus entstehen unter anderem unterschiedliche Vorteile:

▸ Sie können mehrere Tabellenblätter markieren und Zell-, Zeichen- und Zahlenformate in einem Arbeitsgang zuweisen.

▸ Formeln und Funktionen lassen sich teilweise kopieren und mit geringen Änderungen auch in anderen Tabellenblättern verwenden.

▸ Die Verweise zwischen den Tabellenblättern, z. B. in den Blättern, die Zwischensummen enthalten, sind einfacher zu handhaben.

Die Nummerierungen oberhalb der Überschriftenzeile sind beim Aufbau komplexerer Arbeitsmappen ebenfalls sehr hilfreich:

▸ Sie erleichtern die Orientierung.

▸ In Funktionen wie SVERWEIS() oder INDEX()liefern sie einen ablesbaren Spaltenindex.

13.7.4   Zuordnung der Telefonpauschale

Der gleichartige Aufbau innerhalb der Arbeitsmappe ist im nächsten Tabellenblatt *Telefon* unschwer erkennbar (Abbildung 13.59). Allerdings unterscheidet sich die Form, wie in diesem Blatt die Werte gebildet werden, von der im Tabellenblatt *VL*.

1	2	3	1
PersNr ▾	PosNr ▾	Name, Vorname ▾	Jan ▾
		Total	260,00 €
210-001	39931983	Thewes, Paul	130,00 €
210-002	39938606	Piel, Luis	130,00 €

Abbildung 13.59 Alle Tabellenblätter, so auch »Telefon«, haben einen identischen Aufbau.

Die Berechnung ist abhängig von zwei Faktoren:

▶ Es muss ein Gehaltsbetrag im Tabellenblatt *Gehalt* vorhanden sein.

▶ In Spalte L der Strukturtabelle, in der festgelegt wird, ob ein Telefonzuschlag gezahlt wird oder nicht, muss ein WAHR eingegeben worden sein.

Die Höhe des Zuschlags schließlich hängt von der erreichten Gehaltsstufe des Mitarbeiters ab. Die konkreten Beträge der Telefonpauschale werden dem Zellbereich S3 bis T13 des Tabellenblattes *Listen* entnommen (Abbildung 13.60).

Telefonerstattung	
Stufe	**Erstattung**
3	0,00 €
4	80,00 €
5	105,00 €
6	105,00 €
7	130,00 €
8	130,00 €
9	130,00 €
10	130,00 €
11	130,00 €
12	130,00 €
13	130,00 €

Abbildung 13.60 Gehaltsabhängige Telefonkostenerstattung

Diese im Vergleich zum vorherigen Tabellenblatt komplexeren Vorgaben führen zwangsläufig zu einer komplizierteren Funktionskette in Zelle F5:

```
=WENN(UND(Gehalt!O5<>0;Personalstruktur!$L4);
BEREICH.VERSCHIEBEN(Listen!$T$2;VERGLEICH(Personalstruktur!$H4;
Listen!$S$3:$S$13);;;);0)
```

Die korrekte Pauschale wird in diesem Fall durch die beiden Funktionen BEREICH.VERSCHIEBEN() und VERGLEICH() gefunden. Der dynamische Bereich beginnt in der Zelle Listen!$T$2. Die Zeile, die die richtige Pauschale enthält, ermitteln Sie, indem Sie VERGLEICH() nach einer Übereinstimmung der Gehaltsstufe aus der Strukturtabelle und der Referenztabelle im Tabellenblatt *Listen* suchen lassen.

13.7.5   Berechnung der Kfz-Zuschläge und Pensionen

Die Berechnung der Kfz-Zuschläge ist ebenfalls an Bedingungen gebunden. Die erste ist eine eingetragene Gehaltsstufe im Tabellenblatt *Personalstruktur*. Eine weitere Bedingung ist der Eintrag WAHR in Spalte M dieses Tabellenblattes.

Sie können in diesem Beispiel die Funktion SVERWEIS() in Kombination mit WENN() verwenden, um beide Bedingungen abzuarbeiten. Über die Gehaltsstufe lässt sich aus der Liste der Kfz-Zuschläge im Tabellenblatt *Listen* die Höhe des Zuschlags bestimmen. Existiert keine Gehaltsstufe, produziert die Funktion einen Fehlerwert. Dieser wird durch ISTFEHLER() jedoch abgefangen.

Eine zweites WENN() prüft, ob in den Strukturdaten WAHR für die Zahlung des Zuschlags gesetzt ist. Ist dies der Fall, wird der entsprechende Betrag zugewiesen:

```
=WENN(ISTFEHLER(SVERWEIS(Personalstruktur!$H4;
Z.KfzZuzahlung_dBer;2;WAHR));0;WENN(Personalstruktur!$M4=WAHR;
SVERWEIS(Personalstruktur!$H4;Z.KfzZuzahlung_dBer;2;WAHR);0))
```

Die Pensionszahlungen berechnen Sie im Tabellenblatt *Pensionen* (Abbildung 13.61). Die Berechnung ähnelt vom Aufbau her der Funktion, die Sie bereits zur Kalkulation der Kfz-Zuschläge verwendet haben.

1	2	3	1
PersNr	PosNr	Name, Vorname	Jan
		Total	288,75 €
210-001	39931983	Thewes, Paul	100,00 €
210-002	39938606	Piel, Luis	120,00 €

Abbildung 13.61 Berechnung der Pensionszahlungen auf Basis des Jahresgehalts

Ein Unterschied besteht jedoch darin, dass in der Referenztabelle im Zellbereich BA2 bis BB3 im Tabellenblatt *Listen* das Jahresgehalt als Berechnungsgrundlage verwendet wird (Abbildung 13.62). Ermittelt wird ein Prozentsatz, der mit dem Jahresgehalt multipliziert wird. Das Ergebnis der Multiplikation wird in Zelle F5 geschrieben. Anschließend werden Sie die Formel wie gewohnt nach unten und nach rechts kopieren, um die Berechnung auf alle Mitarbeiter und alle Monate auszudehnen.

Pensionen	
0,00 €	2,50%
54.000 €	8,00%

Abbildung 13.62 Referenztabelle zur Berechnung der Pensionszahlungen

Die vollständige Funktion zur Berechnung der Pensionszahlungen lautet:

```
=WENN(ISTFEHLER(SVERWEIS(Gehalt!$AA5;Z.Pensionen_dber;2;WAHR));
0;SVERWEIS(Gehalt!$AA5;Z.Pensionen_dber;2;WAHR)*Gehalt!O5)
```

13.7.6   Berechnung der Sozialabgaben

Lassen Sie uns das Tabellenblatt *Zwischensumme* nur kurz streifen – darin wird lediglich die Summe aus Gehalt und vermögenswirksamen Leistungen gebildet – und uns direkt der Berechnung der Sozialabgaben zuwenden, zunächst der Beiträge für die Rentenversicherung. Diese finden Sie im Tabellenblatt *RV*.

Auch diese Aufgabe lösen Sie am besten mithilfe einer Referenztabelle. Diese Tabelle sollte aus den Monaten, dem prozentualen Arbeitgeberanteil und der Bemessungsobergrenze bestehen (Abbildung 13.63).

Rentenversicherung		
Jan	9,95%	4.650 €
Feb	9,95%	4.650 €
Mrz	9,95%	4.650 €
Apr	9,95%	4.650 €
Mai	9,95%	4.650 €
Jun	9,95%	4.650 €
Jul	9,95%	4.650 €
Aug	9,95%	4.650 €
Sep	9,95%	4.650 €
Okt	9,95%	4.650 €
Nov	9,95%	4.650 €
Dez	9,95%	4.650 €

Abbildung 13.63 Referenztabelle für Rentenversicherungsbeiträge des Jahre 2016

Bei der Festlegung der anzuwendenden Funktion steht nun die Frage im Mittelpunkt, wie Sie es schaffen, die Funktion so flexibel zu gestalten, dass sie mühelos nach unten und nach rechts kopiert werden kann. Eine Möglichkeit ist die Verwendung von `INDIREKT()` und `ZEILE()`.

```
=WENN(Zwischenergebnis!F5<INDIREKT("Listen!$X"&SPALTE()-4);
Zwischenergebnis!F5*INDIREKT("Listen!$W"&SPALTE()-4);
INDIREKT("Listen!$W"&SPALTE()-4)*INDIREKT("Listen!$X"&SPALTE()-4))
```

Im ersten Teil der Funktion prüfen Sie, ob die Summe aus Gehalt und vermögenswirksamen Leistungen im konkreten Monat unter oder über der Bemessungsobergrenze des Monats liegt. Ist dies der Fall, multiplizieren Sie das Zwischenergebnis mit dem korrekten Prozentsatz des Monats:

```
Zwischenergebnis!F5*INDIREKT("Listen!$w"&SPALTE()-4)
```

Andernfalls multiplizieren Sie die Bemessungsobergrenze mit dem Prozentsatz des Rentenversicherungsbeitrags.

Da die Spalte, die die benötigten Prozentwerte enthält, konstant bleibt, wird diese fest vorgegeben ((`"Listen!$W"`). Verbunden wird sie mit einer flexiblen Zeilenzahl, die sich aus

SPALTE()-4) ergibt. So kopieren Sie die Funktion nach rechts und greifen mit der dadurch bedingten Erhöhung der Spaltennummer auf die nächste Zeile, also den nächsten Monat, der Referenztabelle zu.

13.7.7 Berechnung der weiteren Sozialabgaben

Die sonstigen Kalkulationen der Sozialabgaben in den Tabellenblättern *ALV*, *KV*, *PV* und *SV* folgen im Wesentlichen dem Berechnungsmuster der Rentenversicherungskalkulation. Allen Berechnungen liegen Referenztabellen im Tabellenblatt *Listen* zugrunde. Diese Vorgehensweise birgt den Vorteil, dass Sie im laufenden Jahr angepasste Bemessungsgrenzen problemlos erfassen können und die Berechnung ab dem Stichtag korrekt durchgeführt wird, ohne dass die Ergebnisse der vorangegangenen Monate verändert werden.

Der gleichartige Aufbau der Tabellenblätter ermöglicht es Ihnen erneut, die Funktion aus dem Tabellenblatt *RV* zu kopieren und in eines der anderen Tabellenblätter einzufügen. Anpassen müssen Sie in diesem Fall lediglich die Spaltenbezeichnung, die Sie z. B. im Abschnitt `INDIREKT("Listen!$W"&SPALTE()-4)` verwenden (z. B. in `"Listen!$AB"`).

13.7.8 Darstellung von Zwischenergebnissen

Bei den beiden Tabellenblättern *SV* und *Gesamtkosten* handelt es sich um reine Zusammenfassungen vorangegangener Berechnungen. So werden im ersten Tabellenblatt die Sozialabgaben auf Grundlage der Tabellenblätter *RV*, *ALV*, *KV* und *PV* summiert. Hierbei sollten Sie die Funktion `SUMME(RV:PV!F5)` benutzen, um mit einem Zellbezug durch alle Blätter hindurch die Summe zu bilden (Abbildung 13.64).

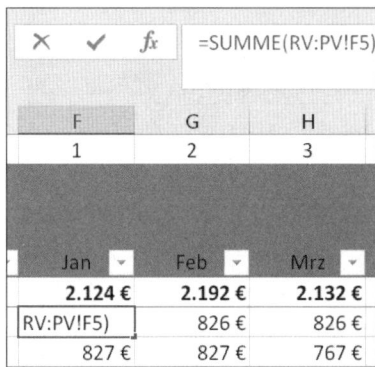

Abbildung 13.64 Mit SUMME(RV:PV!F5) wird ein Zellbezug durch alle Blätter erzeugt.

Einmal eingegeben, können Sie die Funktion bedenkenlos nach unten und nach rechts kopieren, da sämtliche in die Berechnung einbezogenen Tabellenblätter den gleichen Aufbau besitzen.

Mit dem Tabellenblatt *Gesamtkosten* verhält es sich da nicht anders. Der Unterschied besteht lediglich darin, dass Sie hier nur die Werte von zwei Tabellen addieren: `=Zwischenergebnis!F5+Pensionen!F5`.

13.7.9 Vorbereitung möglicher Auswertungen des Personalkosten-Forecasts

Für die Eingabe der Daten und die Übersichtlichkeit der Kostendetails ist es sehr nützlich, die Berechnungen auf eine Reihe von unterschiedlichen Tabellenblättern zu verteilen. Bei der Auswertung stellt eine detaillierte Arbeitsmappenstruktur nicht unbedingt einen Vorteil dar. Und so werden Sie freilich nach einer Möglichkeit suchen, die verteilten Werte wieder in einem Tabellenblatt zusammenzuführen.

Sicherlich werden Sie auch schnell mit den Auswertungsmöglichkeiten einer Pivottabelle liebäugeln, deren Ergebnisse Sie in Abbildung 13.65 sehen.

	A	B	C	D	E	F	G
1	Costcenter	(Alle)					
2	Abteilung	(Alle)					
3							
4		Werte					
5	Zeilenbeschriftungen	Gehalt €	Telefon €	KfZ €	VL €	SV €	Sozialabgaben €
6	Buchhalter	0,00 €	0,00 €	0,00 €	0,00 €	0,00 €	0,00 €
7	Controller	0,00 €	0,00 €	0,00 €	0,00 €	0,00 €	0,00 €
8	Dispatcherin	0,00 €	0,00 €	0,00 €	0,00 €	0,00 €	0,00 €
9	Fahrer	0,00 €	0,00 €	0,00 €	0,00 €	0,00 €	0,00 €
10	Lagerist	0,00 €	0,00 €	0,00 €	0,00 €	0,00 €	0,00 €
11	Lageristin	0,00 €	0,00 €	0,00 €	0,00 €	0,00 €	0,00 €
12	Monteur	0,00 €	0,00 €	0,00 €	0,00 €	0,00 €	0,00 €
13	Packer	11.000,00 €	0,00 €	0,00 €	160,00 €	2.156,67 €	2.156,67 €
14	Packerin	0,00 €	0,00 €	0,00 €	0,00 €	0,00 €	0,00 €
15	Techniker	21.840,00 €	650,00 €	5.736,00 €	200,00 €	3.953,72 €	3.953,72 €
16	Verwaltungsfachkraft	22.400,00 €	650,00 €	4.780,00 €	200,00 €	4.060,41 €	4.060,41 €
17	**Gesamtergebnis**	**55.240,00 €**	**1.300,00 €**	**10.516,00 €**	**560,00 €**	**10.170,81 €**	**10.170,81 €**

Abbildung 13.65 Zusammenfassung der Kosten mittels Pivottabelle

Doch um eine solche Pivottabelle zu erstellen, benötigen Sie eine zusammenhängende Datenbasis. Das bedeutet, dass wir in einem ersten Arbeitsschritt die Ergebnisse der verschiedenen Tabellen zusammenführen müssen (Abbildung 13.66).

Das Tabellenblatt *Datenbasis – Pivot* enthält zwei klar abgrenzbare Datenbereiche:

1. In den Spalten B bis I werden die Personalbasisdaten aus der Strukturtabelle angezeigt.

2. Die Spalten J bis O greifen hingegen auf die berechneten Ergebnisse der zuvor beschriebenen Tabellenblätter zurück.

	PersNr	PosNr	Name, Vorname	Position	Costcenter	Abteilung	Stufe	VL-Summe	Gehalt	VL	SV AG-Anteil
1	210-001	39931983	Thewes, Paul	Verwaltungsfachkraft	2353001150	Finanzen	12	480	4.000,00 €	40,00 €	757,60 €
2	210-002	39938606	Piel, Luis	Techniker	2353007050	Vertrieb	13	480	4.800,00 €	40,00 €	826,84 €
3	210-003	39919339	Lohmeyer, Herbert	Packer	2353007051	Vertrieb	7	480	2.750,00 €	40,00 €	539,17 €

Abbildung 13.66 Zusammenführung von Struktur- und Kostentabellen

Da der erste Datenbereich in seiner Reihenfolge sowohl zeilen- als auch spaltenweise genau den Daten des Tabellenblattes *Personalstruktur* entspricht, habe ich mich entschlossen, den Zellbereich in der Zieltabelle zu markieren, dann auf den Bereich in der Strukturtabelle zu verweisen und die Eingabe mit (Strg) + (⇧) + (↵) abzuschließen. Das Ergebnis ist die Funktion {=Personalstruktur!B4:I253} in allen Zellen der Zieltabelle.

Im zweiten Bereich der Tabelle, der die Ergebnisse aus verschiedenen Einzeltabellen zusammenführen muss, gilt die Hauptüberlegung wiederum der Tatsache, dass die verwendete Funktion möglichst flexibel einsetzbar sein sollte, denn schließlich möchten Sie mit ihr auf unterschiedliche Tabellen zugreifen. Außerdem benötigen Sie Daten aus verschiedenen Monaten, wobei die Monate in den berechneten Tabellen nebeneinander in Spalten stehen, im Tabellenblatt *Datenbasis – Pivot* alle Monate allerdings untereinander angeordnet sein sollten.

Die Lösung, die eine hohe Flexibilität garantiert, ist erneut eine Funktion unter Verwendung von INDEX(). Im Fall der Gehaltsdaten lautet der Ausdruck, den Sie in Spalte J verwenden können:

=INDEX(Gehalt!$O$5:$AA$254;ZEILE()-3;1)

Sie greifen damit auf den gesamten Wertebereich der Tabelle zu (O5 bis AA254). Aus diesem Bereich lesen Sie in Zeile 4 die erste Zeile (ZEILE()-3) und die erste Spalte (1) aus. Die Funktion kopieren Sie bis zu Zeile 253 nach unten. In der folgenden Zeile benötigen wir, wenn wir die Anzahl von 250 Mitarbeitern voraussetzen, die Werte für den Monat Februar. Diese erhalten Sie mit der folgenden Funktion:

=INDEX(Gehalt!$O$5:$AA$254;ZEILE()-253;2)

Mit dem Wert 2 greifen Sie auf die zweite Spalte, also den Monat Februar, zu. Da der Zeilenbezug an den Anfang zurückgesetzt werden soll, müssen die 250 verwendeten Zeilen abgezogen werden (ZEILE()-253). Auf diese Weise können Sie die Gehälter aller Mitarbeiter und sämtlicher Monate ansteuern. Auch für alle anderen Informationen, die Sie aus den weiteren Tabellenblättern benötigen, lässt sich dieses Funktionsmodell einsetzen. Tabelle 13.7 gibt einen Überblick.

Wert	Funktion
VL	`=INDEX(VL!$F$5:$R$254;ZEILE()-3;1)`
SV-AG-Anteil	`=INDEX(SV!$F$5:$R$254;ZEILE()-3;1)`
Telefon	`=INDEX(Telefon!$F$5:$R$254;ZEILE()-3;1)`
Kfz	`=INDEX(Kfz!$F$5:$R$254;ZEILE()-3;1)`
Sozialabgaben	`=INDEX(Sozialabgaben!$F$5:$R$254;ZEILE()-3;1)`

Tabelle 13.7 Funktionen zur Berechnung weiterer Personalkosten im Forecast

13.7.10   Erstellen der Pivottabelle

Nachdem Sie die Datenbasis geschaffen haben, sollte es kein allzu großer Aufwand mehr sein, daraus eine Pivottabelle zu erstellen. In der Beispielanwendung habe ich für den gesamten Datenbereich, der zur Erstellung der Auswertung benötigt wird, den Bereichsnamen *A.Datenbasis_Pivot_dBer* verwendet (Abbildung 13.67).

Dieser Bereich ist dynamisch, was Ihnen die Möglichkeit gibt, die gesamte Auswertung gegebenenfalls durch weitere Daten in hinzugefügten Spalten zu erweitern. Die konkrete Anordnung der Feldnamen können Sie Abbildung 13.68 entnehmen.

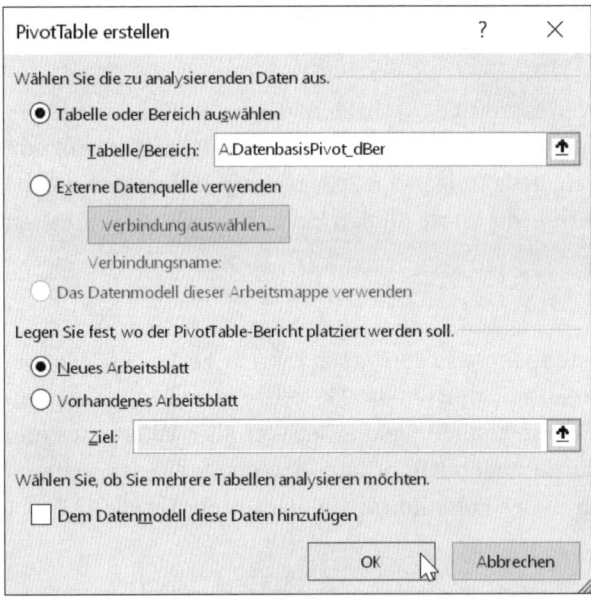

Abbildung 13.67 Erstellen der Pivottabelle auf Grundlage eines Bereichsnamens

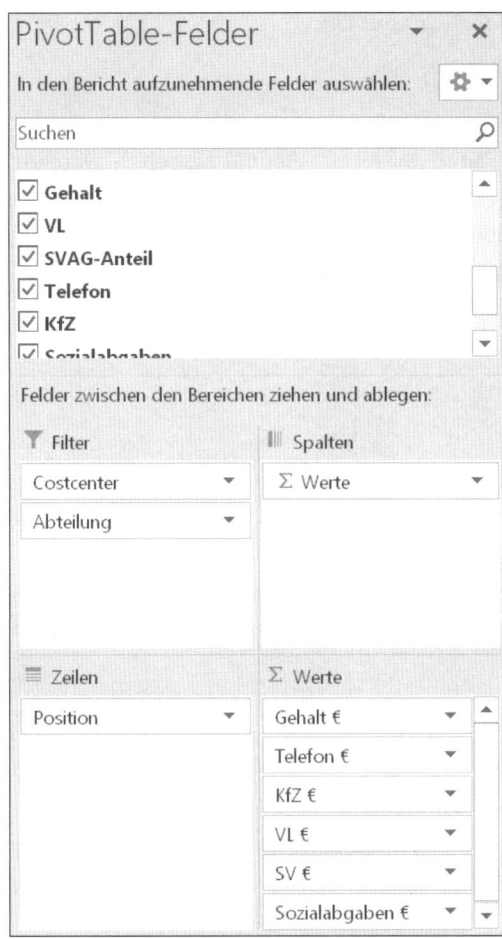

Abbildung 13.68 Feldanordnung in der Kostenauswertung

13.7.11   Soll-Ist-Vergleiche der Personalkosten

Der Soll-Ist-Vergleich aller Personalkosten bedient sich in erster Linie der Berechnung bedingter Summen (Abbildung 13.69).

PersNr	PosNr	Name, Vorname	Jan	Jan	Jan
		Total	Soll	Ist	Diff.
210-001	39931983	Thewes, Paul	4.140,00 €	4.000,00 €	140,00 €
210-002	39938606	Piel, Luis	4.960,00 €	4.800,00 €	160,00 €
210-003	39919339	Lohmeyer, Herbert	2.858,75 €	2.670,00 €	188,75 €

Abbildung 13.69 Soll-Ist-Vergleich auf Monats- und Jahresbasis

Die verwendete Funktion im Tabellenblatt *Soll-Ist – Gesamt* lautet:

```
=WENN(D5="";0;SUMMEWENNS(Gesamtkosten!$F$5:$F$254;
Gesamtkosten!$C$5:$C$254;C5))
```

Da Sie auf Basis der Personal-ID direkt auf die Daten des Monats Januar zugreifen, wäre die Verwendung von SUMMEWENNS() nicht zwingend notwendig gewesen. Bei nur einer Bedingung hätte auch SUMMEWENN() zum Erfolg geführt. Doch abermals steht hier die Vereinheitlichung der Funktionen bei der Entscheidung Pate. Da die Ist-Werte aus der einfachen Liste des Tabellenblattes *Download* übernommen werden, sind hier zwei Bedingungen vonnöten (Personal-ID und Monat). Das realisieren Sie am einfachsten mit:

```
=SUMMEWENNS(D.DownloadGehalt_dBer;D.DownloadMonat_dBer;
INDEX(Z.Monatsanfang_Ber;1;1);D.DownloadPersNr_dBer;$C5)
```

Wenn Sie sowohl für die Soll- als auch für die Ist-Werte SUMMEWENNS() einsetzen, hat das für Sie den Vorteil, dass die Reihenfolge der Argumente bei beiden Kalkulationen identisch ist. SUMMEWENNS() verwendet die Angabe des Summenbereichs als erstes Argument, SUMMEWENN() hingegen als drittes. Bei Überarbeitungen oder Erweiterungen tragen solche Vereinheitlichungen nicht selten deutlich zur Fehlervermeidung bei und reduzieren den Zeitaufwand erheblich.

13.7.12   Soll-Ist-Vergleich für einen Mitarbeiter erstellen

Der letzte Schritt bei der Durchführung des Forecasts sollte der Soll-Ist-Vergleich auf Mitarbeiterebene sein. Das hierzu benötigte Handwerkszeug kennen Sie bereits, nicht wahr? Es besteht aus:

- einer einfachen Datenüberprüfung
- einem dynamischen Bereichsnamen
- einem SVERWEIS()
- der Funktion SUMMEWENNS()

In Abbildung 13.70 sehen Sie das Tabellenblatt *Soll-Ist (Einzel)*, in dem eine Auswahlmöglichkeit über den Mitarbeiternamen eingerichtet wurde (DATEN • DATENTOOLS • DATENÜBERPRÜFUNG).

Über die getätigte Auswahl wird in Zelle D4 die Mitarbeiter-ID in das Tabellenblatt geschrieben:

```
SVERWEIS($C$4;Z.MitarbeiterNameLookup_dBer;6;FALSCH)
```

Um eventuell auftretende Fehlerwerte zu verhindern, ist es angeraten, diese mit der Funktion ISTFEHLER() auszuschalten. Alle nachgeordneten Berechnungen wie Monats-Soll und -Ist hängen vom Wert in Zelle D4 ab.

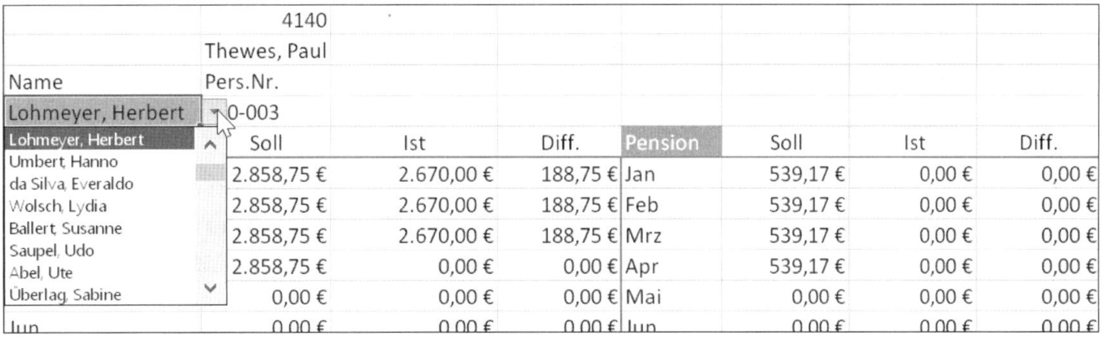

4140						
Thewes, Paul						
Name	Pers.Nr.					
Lohmeyer, Herbert	0-003					
Lohmeyer, Herbert	Soll	Ist	Diff.	**Pension**	Soll	Ist	Diff.
Umbert, Hanno							
da Silva, Everaldo	2.858,75 €	2.670,00 €	188,75 €	Jan	539,17 €	0,00 €	0,00 €
Wolsch, Lydia	2.858,75 €	2.670,00 €	188,75 €	Feb	539,17 €	0,00 €	0,00 €
Ballert, Susanne	2.858,75 €	2.670,00 €	188,75 €	Mrz	539,17 €	0,00 €	0,00 €
Saupel, Udo	2.858,75 €	0,00 €	0,00 €	Apr	539,17 €	0,00 €	0,00 €
Abel, Ute	0,00 €	0,00 €	0,00 €	Mai	0,00 €	0,00 €	0,00 €
Überlag, Sabine							
Jun	0,00 €	0,00 €	0,00 €	Jun	0,00 €	0,00 €	0,00 €

Abbildung 13.70 Soll-Ist-Vergleich der Gehaltskosten pro Mitarbeiter

13.7.13   Berechnung der Soll-Werte auf Grundlage der Gesamtkostentabelle

Sie finden in diesem Tabellenblatt eine ähnliche Vereinheitlichung bei der Berechnung der bedingten Summe wie im Tabellenblatt *Soll-Ist (Gesamt)*. Obwohl ein SUMMEWENN() zur Berechnung der Soll-Werte ausgereicht hätte, habe ich stattdessen folgende Funktion benutzt:

```
=WENN($D$4="";0;
SUMMEWENNS(BEREICH.VERSCHIEBEN(
INDIREKT("Gesamtkosten!Z5S"&ZEILE();FALSCH);;;250;1);
Gesamtkosten!$C$5:$C$254;$D$4))
```

Die besondere Problematik liegt erneut darin, die Funktion so flexibel wie möglich zu gestalten, um sie mühelos nach unten zu kopieren. Dies ist deshalb nicht ganz einfach, da in der Tabelle *Gesamtkosten* eine Spalte genau einem Monat entspricht. Der zu summierende Bereich müsste also von F5 bis F254 im Monat Januar auf beispielsweise G5 bis G254 im Monat Februar verlagert werden. Mit einem einfachen Kopiervorgang und relativen Bezügen lässt sich dies nicht erreichen.

Die Lösung liegt in der Funktion BEREICH.VERSCHIEBEN() und erneut INDIREKT(). In der ersten Funktion wird im ersten Argument ein Startpunkt benötigt; das vierte Argument fordert die Angabe der Tabellenhöhe (250 Zeilen) und der Tabellenbreite (eine Spalte). Aufgabe von IN-DIREKT() ist es nun, genau den Startpunkt im ersten Argument flexibel zu berechnen:

```
INDIREKT("Gesamtkosten!Z5S"&ZEILE();FALSCH)
```

Der Startpunkt wird in der fünften Zeile des Tabellenblattes *Gesamtkosten* gesetzt. Die Spalte ergibt sich aus der Zeilennummer im Tabellenblatt *Soll-Ist (Einzel)*. Ermöglicht wird diese *wandernde* Spalte zur Summenbildung, indem INDIREKT() die Z1S1-Schreibweise durch Verwendung des Arguments FALSCH einsetzt. Dadurch können Sie die jeweilige Zeilennummer ohne Umwege in der Ansteuerung der ersten, zweiten, dritten Spalte umsetzen.

Wie es ohne die Verknüpfung der Funktion funktionieren könnte, zeigt Ihnen der Inhalt der Zellen H6 und H7. Darin habe ich einen einfachen Bezug auf die zu berechnende Spalte gesetzt:

```
SUMMEWENNS(Sozialabgaben!$F$5:$F$254;Sozialabgaben!$C$5:$C$254;$D$4)
```

Dies geht selbstverständlich einfacher und schneller. Allerdings müssen Sie bei Verwendung dieser Funktion daran denken, in jeder kopierten Zeile die Zellbezüge der zu summierenden Spalte anzupassen – etwa von !$F$5 bis $F$254 für Januar auf !$G$5 bis $G$254 für Februar.

13.7.14   Berechnung der Ist-Werte auf Basis der Downloaddaten

Die Ergebnisse, die Sie zur Darstellung der Ist-Werte benötigen, stammen aus dem Tabellenblatt *Download*. Darin liegen die Werte in Form einer Excel-Liste vor. Es sollte also relativ einfach sein, die gewünschten Summen zu bilden:

```
=SUMMEWENNS(D.DownloadGehalt_dBer;D.DownloadMonat_dBer;
Listen!BD2;D.DownloadPersNr_dBer;$D$4)
```

Das erste Kriterium (Listen!BD2) verdient besondere Beachtung: Die Monatsangaben der heruntergeladenen Personaldaten im Tabellenblatt *Download* sind mit Datumswerten vom Typ *Jan 16* gekennzeichnet. Jeden Monat erhalten Sie somit neue Werte, die mit dem ersten Tag des Monats gekennzeichnet werden, denn die Angabe *Jan 16* in einer Zelle ist nichts anderes als eine Formatierung des Datums 01.01.2016. Betrachten wir den Wert noch genauer, gelangen wir schnell zu der Erkenntnis, dass es sich in Wirklichkeit um den numerischen Wert 40.179 handelt.

Da Sie in der ersten Auswertungszeile den Monat Januar, in der zweiten den Februar usw. benötigen, verbieten sich feste Bezüge für dieses Kriterium von vornherein. Lassen Sie den Bezug also schlichtweg relativ – BD2 –, und so erhalten Sie durch Kopieren nach unten automatisch einen Verweis auf das nächste Datum, sprich den nächsten Monatsbeginn, was Sie im Tabellenblatt *Listen* sehen (Abbildung 13.71).

Monatsanfang
01.01.2016
01.02.2016
01.03.2016
01.04.2016
01.05.2016
01.06.2016
01.07.2016
01.08.2016
01.09.2016
01.10.2016
01.11.2016
01.12.2016

Abbildung 13.71 Der Zugriff auf wechselnde Datumsbereiche der Stammdaten erfolgt über eine einfache Datumsliste.

13.7.15   Fazit – Personalplanung

Das Beispiel zeigt, dass Sie auch komplexe und umfangreiche Anwendungen mit einer Handvoll Funktionen direkt auf der Excel-Oberfläche umsetzen können. Neben einer klaren Definition von Referenztabellen (Tabellenblatt *Listen*) ist vielfach der gleiche Aufbau aller Blätter (Datenbereiche, Überschriften etc.) ein Schlüssel zur erfolgreichen Umsetzung.

Einige wenige Funktionen wie `BEREICH.VERSCHIEBEN()`, `INDIREKT()` oder `INDEX()` reichen zumeist aus, um die Dynamik in die Arbeitsmappe zu bringen, die für eine flexible Auswertung der Daten notwendig ist. VBA-Makros können Ihnen in einer solchen Anwendung helfen, sind aber keine zwingende Voraussetzung bei der Datenanalyse.

13.8   Liquiditätsplanung

Auch das nun folgende Beispiel eines Liquiditätsplans bezieht seine Besonderheit weniger aus den in der Arbeitsmappe verwendeten Formeln und Funktionen, als vielmehr aus einem überzeugenden Aufbau der Tabelle und einer effizienten Verwendung der Gliederungsfunktion.

13

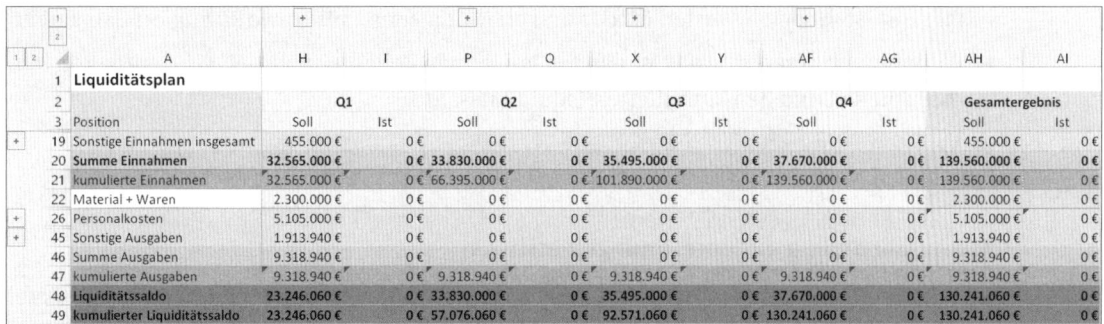

Abbildung 13.72 Anzeige der Quartalsergebnisse und des Jahresergebnisses im Liquiditätsplan …

	A	H	I	P	Q	X	Y	AF	AG	AH	AI
1	Liquiditätsplan										
2		Q1		Q2		Q3		Q4		Gesamtergebnis	
3	Position	Soll	Ist	Soll	Ist	Soll	Ist	Soll	Ist	Soll	Ist
4	Erlöse aus Produkt 1	880.000 €	0 €	1.120.000 €	0 €	1.175.000 €	0 €	1.200.000 €	0 €	4.375.000 €	0 €
5	Erlöse aus Produkt 2	560.000 €	0 €	500.000 €	0 €	480.000 €	0 €	410.000 €	0 €	1.950.000 €	0 €
6	Erlöse aus Produkt 3	1.410.000 €	0 €	1.520.000 €	0 €	1.650.000 €	0 €	1.680.000 €	0 €	6.260.000 €	0 €
7	Erlöse aus Produkt 4	570.000 €	0 €	750.000 €	0 €	1.080.000 €	0 €	1.360.000 €	0 €	3.760.000 €	0 €
8	Erlöse aus Produkt 5	6.400.000 €	0 €	7.430.000 €	0 €	8.700.000 €	0 €	8.900.000 €	0 €	31.430.000 €	0 €
9	Erlöse aus Produkt 6	9.250.000 €	0 €	8.200.000 €	0 €	8.200.000 €	0 €	8.750.000 €	0 €	34.400.000 €	0 €
10	Erlöse aus Produkt 7	1.120.000 €	0 €	1.260.000 €	0 €	1.520.000 €	0 €	1.380.000 €	0 €	5.280.000 €	0 €
11	Erlöse aus Produkt 8	4.400.000 €	0 €	5.350.000 €	0 €	4.950.000 €	0 €	6.250.000 €	0 €	20.950.000 €	0 €
12	Erlöse aus Produkt 9	5.980.000 €	0 €	6.370.000 €	0 €	6.450.000 €	0 €	6.450.000 €	0 €	25.250.000 €	0 €
13	Erlöse aus Produkt 10	1.540.000 €	0 €	1.330.000 €	0 €	1.290.000 €	0 €	1.290.000 €	0 €	5.450.000 €	0 €
14	Erlöse aus Produkten insgesamt	32.110.000 €	0 €	33.830.000 €	0 €	35.495.000 €	0 €	37.670.000 €	0 €	139.105.000 €	0 €

Abbildung 13.73 … oder Anzeige der Einzelheiten

621

Sie ermöglicht es, mühelos zwischen der Ergebniszusammenfassung (Abbildung 13.72) und den Einzelheiten (Abbildung 13.73) zu wechseln. Ziel ist es, die Tabelle in Excel so übersichtlich wie möglich zu gestalten – und gleichzeitig den Aufwand für die Gestaltung zu minimieren.

Welche Daten werden im Liquiditätsplan dargestellt?

▶ Auf der ersten Ebene werden sämtliche Erlöse aus dem Verkauf von Produkten und Dienstleistungen erfasst.

▶ Weitere Erlöse wie USt-Erstattungen, Zinserlöse und außerordentliche Einnahmen schließen sich an diesen Datenbereich an.

▶ Die Erlössummen werden monatlich, quartalsweise und für das ganze Jahr gebildet. Dabei wird zwischen der Ist- und Soll-Betrachtung unterschieden.

▶ Eine weitere kumulierte Darstellung sämtlicher Erlöse rundet die Übersicht ab.

▶ Die Daten der Kostenseite werden von den Material- und den Personalkosten angeführt.

▶ Daran schließt sich ein Bereich mit allen weiteren relevanten Kostengruppen an (Mieten, Zinszahlungen, Vorsteuer, Kredittilgung etc.).

▶ Auch die Kosten werden monats-, quartals- und jahresweise summiert. Sie werden ebenfalls mit Ist- und Soll-Werten erfasst und als Monatsergebnis sowie kumuliert dargestellt.

▶ Besondere Aufmerksamkeit ist den beiden letzten Zeilen zu widmen – sie enthalten den monatlichen und den kumulierten Liquiditätssaldo.

Sie finden die Beispieldatei unter dem Dateinamen *13_Liquiditätsplan_00.xlsx*.

13.8.1   Gliederung aus Berechnungen erstellen

Um die Definition der Formeln und Funktionen zu veranschaulichen, enthält diese Datei keine Berechnungen. Es sollte Sie jedoch vor keine ernsthaften Probleme stellen, die Funktionen nachträglich zu ergänzen. In B14 finden Sie beispielsweise eine einfache Summenberechnung mit =SUMME(B4:B13). Diese Funktion können Sie selbstverständlich gleich um fünf weitere Zellen nach rechts kopieren, um alle Werte des ersten Quartals für die Erlöse aller Produkte zu berechnen.

Auch die Zellen B19 (=SUMME(B15:B18)), B26 (=SUMME(B23:B25)) und B45 (=SUMME(B27:B44)) enthalten Summen der über diesen Zellen stehenden Einzelwerte, die Sie nach dem Erstellen in die angrenzenden Zellen rechts kopieren sollten. An sich ist es keine allzu bemerkenswerte Aktion, Summenformeln in dieser Form in eine Arbeitsmappe einzugeben. Allerdings sollten Sie immer im Hinterkopf behalten, dass diese Formeln auch als Grundlage einer automatischen Gliederung dienen können (Abbildung 13.74).

Wenn Sie im momentanen Zustand der Arbeitsmappe die Funktion DATEN • GLIEDERUNG • GRUPPIEREN • AUTOGLIEDERUNG starten, werden die vier Summenfunktionen zu Eckpunkten einer automatischen Gliederung. Führen Sie auf der Grundlage der Summen weitere Additionen durch – indem Sie etwa in Zelle B20 alle Einnahmen addieren (=B14+B19) und in B46 alle Ausgaben (=B45+B26+B22) –, werden diese Kalkulationen zu einer zweiten Gliederungsebene bei der Aktivierung der Funktion AUTOGLIEDERUNG.

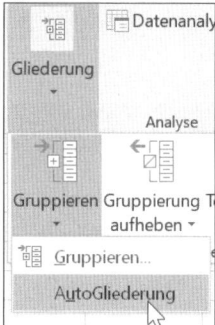

Abbildung 13.74 Automatische Gliederung auf Grundlage von Zwischensummen

Wie verhält sich Excel nun, wenn Sie Additionen durchführen, die sich nicht auf die bereits vorhandenen Funktionen beziehen? Sie können dies bei der Eingabe der Formeln für die Saldenberechnung und die kumulierten Ergebnisse ausprobieren.

Da der Januarwert Ihr erstes Monatsergebnis enthält, lautet die Formel zur Berechnung des kumulierten Ergebnisses schlicht und einfach =B20. Im Februar (Zelle D21) wird die Formel =B21+D20 angewandt. In den folgenden Monaten werden Sie danach auf ähnliche Weise die Kumulation berechnen. Auf der Ausgabenseite sieht es nicht wesentlich anders aus: In B47 berechnen Sie die kumulierten Ausgaben (=B46), in B48 den Liquiditätssaldo (=B20-B46) und in B49 den kumulierten Liquiditätssaldo (=B48).

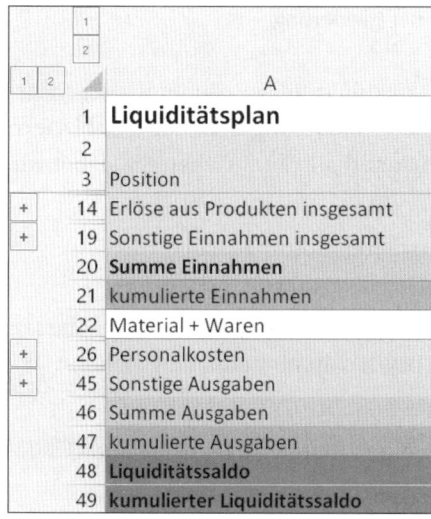

Abbildung 13.75 Ergebnis nach Aktivierung der AutoGliederung

Sobald Sie die automatische Gliederung aktivieren, werden Sie feststellen, dass diese Formeln keinen Einfluss auf die Gliederung besitzen, da sie nicht auf den bereits verwendeten Summen aufbauen (Abbildung 13.75).

13.8.2   Summen für Spalten und AutoGliederung

Es bliebe jetzt noch die Frage zu klären, ob und wie Sie Excel in puncto Gliederung unterstützt, wenn Sie nicht zeilen-, sondern spaltenweise addieren. Mit der Ermittlung der Quartalsergebnisse lässt sich dies sehr schnell prüfen.

Geben Sie in Zelle H4 die Formel ein, um die Summe der Soll-Werte des ersten Quartals zu berechnen (=B4+D4+F4). Ergänzen Sie danach noch die Summe der Ist-Werte in Zelle I4 (=C4+E4+G4).

Wenn Sie die Funktion zur automatischen Gliederung starten, werden Sie unter Umständen gefragt, ob Sie die bestehende Gliederung ändern möchten (Abbildung 13.76). Nachdem Sie auf OK geklickt haben, wird Excel eine weitere Gliederung für die Quartalsergebnisse erstellen. Mit den Navigationselementen, also den Plus- und Minuszeichen sowie den nummerierten Schaltflächen für die einzelnen Gliederungsebenen, schalten Sie nun mühelos zwischen den Gruppen-, Quartals- und Detailwerten hin und her.

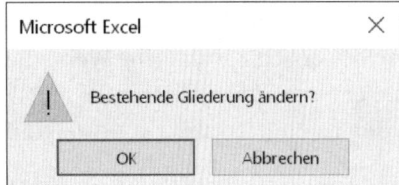

Abbildung 13.76 Änderungsanfrage beim Neuerstellen einer Gliederung

Fazit: Aus den mit gängigen Formeln und Funktionen kalkulierten Zwischenergebnissen lassen sich mit der AUTOGLIEDERUNG zumeist brauchbare Gliederungen in Tabellenblättern erstellen. Trotzdem können Sie jederzeit Tabellen manuell gliedern. Gehen Sie dabei wie folgt vor:

1. Entfernen Sie gegebenenfalls sämtliche bereits erstellten automatischen Gliederungen (DATEN • GLIEDERUNG • GRUPPIERUNG AUFHEBEN • GLIEDERUNG ENTFERNEN).

2. Markieren Sie die Zeilen bzw. Spalten, die Sie in einer Gliederungsstufe zusammenfassen möchten, indem Sie mit der Maus über die Zeilen- bzw. Spaltenbeschriftung ziehen.

3. Rufen Sie die Funktion DATEN • GLIEDERUNG • GRUPPIEREN • GRUPPIEREN auf.

4. Wiederholen Sie den Vorgang gegebenenfalls für weitere markierte Bereiche und Gliederungsstufen.

13.8.3 Fenster fixieren

Umfangreiche Tabellen, die komplexe Zusammenhänge abbilden, überschreiten häufig die Bildschirmgröße. Dies ist vor allem dann ein Ärgernis und erschwert das Verständnis, wenn Spalten- und Zeilenbeschriftungen am oberen bzw. linken Rand durch das Scrollen des Bildausschnitts aus dem Blickfeld verschwinden.

Verhindern Sie dies, indem Sie die benötigten oberen Zeilen und die Spalten am linken Rand der Tabelle fixieren. Gehen Sie dafür wie folgt vor:

Positionieren Sie den Cursor im Schnittpunkt der Beschriftungen, die Sie fixieren möchten (in der Beispieldatei in Zelle B4), und wählen Sie dann ANSICHT • FENSTER • FENSTER FIXIEREN • FENSTER FIXIEREN (Abbildung 13.77).

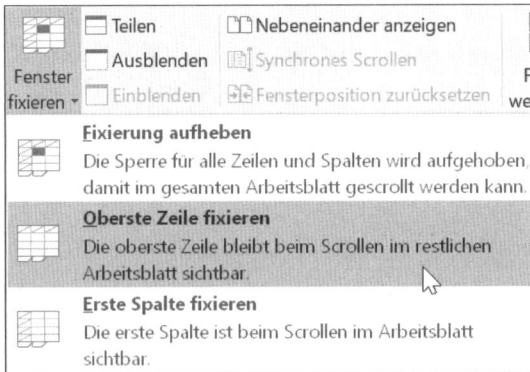

Abbildung 13.77 Fixieren von Beschriftungszeilen und -spalten

> **Einrichtung von Wiederholungszeilen für den Ausdruck**
>
> Auch bei Drucken von großen Tabellen können Beschriftungen auf den Folgeseiten verloren gehen. Um dies zu verhindern, sollten Sie Wiederholungszeilen und -spalten für die Folgeseiten einrichten. Dies erreichen Sie auf folgendem Weg (Abbildung 13.78):
>
> 1. Wählen Sie SEITENLAYOUT • SEITE EINRICHTEN.
> 2. Klicken Sie dann in die Eingabezelle WIEDERHOLUNGSZEILEN OBEN.
> 3. Markieren Sie mit der Maus die Zeilen, die auf den Folgeseiten wiederholt werden sollen.
> 4. Wiederholen Sie den Vorgang für die Wiederholungsspalten, und bestätigen Sie die Eingabe mit OK.

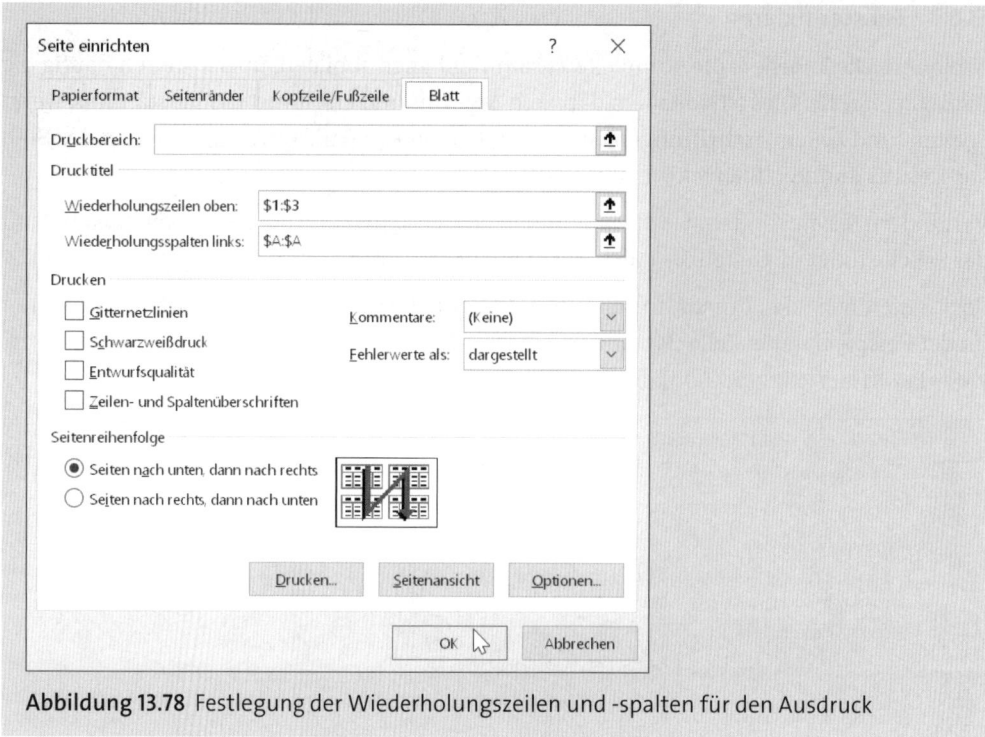

Abbildung 13.78 Festlegung der Wiederholungszeilen und -spalten für den Ausdruck

13.8.4   Strukturierung von Tabellen mit Designfarben

Ein weiteres Werkzeug, das Ihnen Excel zur Verfügung stellt, um den Überblick auch bei umfangreichen Tabellenblättern zu bewahren, sind die DESIGNFARBEN.

Nicht allein die Menge an Farben (es sind rund 16 Millionen, die Ihnen zur Verfügung stehen) bildet eine Basis für die farbliche Gestaltung Ihrer Tabellenblätter. Vielmehr ist es die Logik der Designfarben, durch die sie sinnvoll eingesetzt werden können, um wichtige Informationen hervorzuheben, und die die Zusammengehörigkeit von Informationen auf einen Blick erkennbar macht.

Die Daten in der Beispieldatei enthalten ausgewählte Hintergrundfarben, um beispielsweise die Einnahmen- und Ausgabensummen, die kumulierten Ergebnisse und die Quartals- sowie die Jahresergebnisse zu kennzeichnen. Alle betroffenen Zellen sind mit einer Abstufung von Blautönen formatiert. Diesen Blautönen liegen wiederum die Designfarben mit der Bezeichnung LARISSA zugrunde.

Die Designfarben können Sie über SEITENLAYOUT • DESIGNS • FARBEN ändern (Abbildung 13.79). Wählen Sie beispielsweise die Designfarben GRÜNGELB, werden alle farblichen Markierungen des Liquiditätsplans in Braun- und Grautönen angezeigt.

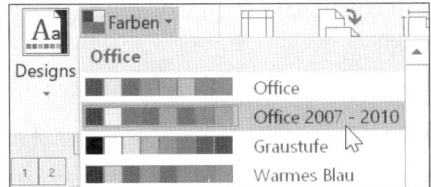

Abbildung 13.79 Auswahl der Designfarben

13.8.5   Erstellen eigener Designfarben

Excel bietet in den aktuellen Versionen einen Zugriff auf alle Farben des RGB-Farbraumes. Dies bedeutet auch, dass Sie den vorhandenen Farbdesigns eigene hinzufügen können.

Öffnen Sie dazu die Liste FARBEN im Menü SEITENLAYOUT • DESIGNS, und wählen Sie die Option FARBEN ANPASSEN (Abbildung 13.80; Excel 2010: NEUE DESIGNFARBEN HINZUFÜGEN). Es öffnet sich eine Dialogbox, in der Sie Text- und Hintergrundfarben, Farbakzente und Farben für Hyperlinks definieren können. Unter NAME legen Sie eine Bezeichnung für das Design fest und klicken dann auf SPEICHERN.

Abbildung 13.80 Erstellen neuer Designfarben

Verwendung von Designfarben in anderen Office-Programmen

Das Konzept der Designfarben gilt nicht nur für Excel. Auch in PowerPoint und Word werden Farben nach dem gleichen Muster verwaltet. Designfarben, die Sie in Excel erstellt haben, stehen somit auch in anderen Programmen zur Verfügung.

Übernehmen Sie z. B. ein Diagramm, das in Excel erstellt und farblich gestaltet wurde, in eine PowerPoint-Präsentation, sollten Sie darauf achten, dass auch in PowerPoint das Farbdesign aktiviert ist, das Sie in Excel verwendet haben. Andernfalls ändern sich beim Einfügen in PowerPoint die Farben des Excel-Diagramms.

Von den Änderungen des Farbdesigns sind im Diagramm immer die Datenreihen betroffen, bei denen Sie die Farbauswahl auf AUTOMATISCH belassen haben. Haben Sie einer Datenreihe hingegen eine individuell ausgewählte Farbe zugewiesen, haben Änderungen bei der Auswahl der Designfarben keine Auswirkungen mehr auf die Farbe dieser Datenreihe.

13.8.6   Zuweisen von RGB-Werten nach CI-Vorgaben

Bei der Auswahl von Farben, die Sie einem Farbdesign zuordnen möchten, stoßen Sie zunächst auf die Dialogbox DESIGNFARBEN. Klicken Sie hier auf WEITERE FARBEN, und wählen

Sie dann das Register BENUTZERDEFINIERT aus. Nun ermöglicht das Listenfeld FARBMODELL die Auswahl der Optionen RGB oder HSL (Abbildung 13.81).

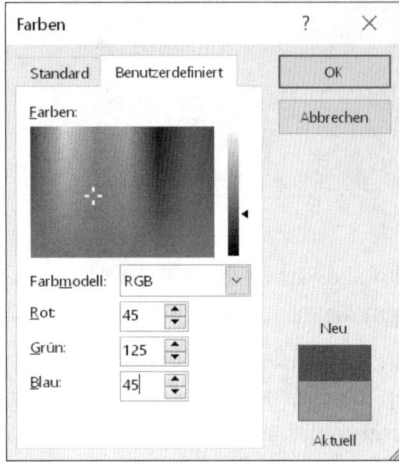

Abbildung 13.81 Verwendung von RGB-Werten bei der Farbauswahl

Bei der Auswahl des RGB-Modells werden nun die Auswahlfelder für die drei Grundfarben ROT, GRÜN und BLAU angezeigt. Wählen Sie die Werte – z. B. entsprechend den CI-Vorgaben Ihres Unternehmens – aus, und klicken Sie auf OK, um die Einstellungen zu speichern.

13.9   Marktanalyse und Absatzplanung

Den Abschluss dieses Kapitels bildet ein Beispiel, bei dem zwei Datenbestände miteinander in Beziehung gesetzt werden sollen, und zwar:

▶ die Erhebungsdaten einer detaillierten Marktanalyse, die gegebenenfalls von einem Marktforschungsinstitut bereitgestellt werden

▶ die Ihnen vorliegenden Vertriebsdaten

Aus beiden Datenbeständen soll das konkrete Potenzial einzelner Produkte in verschiedenen Märkten und/oder Vertriebskanälen ermittelt werden. In der Beispieldatei *13_Absatzplanung_00.xlsx* finden Sie im Tabellenblatt *Potenziale* die komprimierten Ergebnisse einer Marktanalyse.

13.9.1   Daten der Marktanalyse

In der Tabelle aus Abbildung 13.82 erkennen Sie, dass insgesamt zwölf Produkte vertrieben werden. Der Vertrieb benutzt insgesamt vier verschiedene Vertriebskanäle (Channel 1 bis Channel 4). Nach den Ergebnissen der Marktanalyse ergeben sich für jedes Produkt in jedem Kanal unterschiedliche Absatzpotenziale. Ich habe das Beispiel bewusst abstrakt gehalten.

Stellen Sie sich vor, dass der Wert 12,3 für Produkt 2 in Vertriebskanal 1 etwa für eine Stückzahl oder eine Mengenangabe wie Tonnen, Kilogramm etc. steht.

	A	B	C	D	E
1	**Produkt**	**Channel 1**	**Channel 2**	**Channel 3**	**Channel 4**
2	Produkt 1	12,0	13,5	9,0	12,0
3	Produkt 2	12,3	13,0	15,0	13,0
4	Produkt 3	7,0	12,0	12,0	8,7
5	Produkt 4	15,0	15,6	12,0	14,2
6	Produkt 5	12,0	12,8	13,0	13,5
7	Produkt 6	18,0	11,0	19,0	16,5
8	Produkt 7	10,0	12,0	10,0	11,0
9	Produkt 8	9,5	7,0	7,8	9,0
10	Produkt 9	12,7	9,0	11,0	9,8
11	Produkt 10	11,0	10,0	10,0	12,0
12	Produkt 11	10,0	8,9	17,0	13,0
13	Produkt 12	12,0	12,3	11,0	15,0

Abbildung 13.82 Potenzialmatrix einer Marktanalyse

Da die Daten der Markanalyse in Form einer Excel-Liste vorliegen, besteht kein weiterer Bedarf, sie anzupassen; Sie können sie ohne Modifikationen in die Planung einbeziehen und auswerten.

13.9.2 Struktur der Vertriebsdaten

Auch die Daten im Tabellenblatt *Berechnung 1* der Beispieldatei *13_Absatzplanung_01.xlsx*, die die aktuellen Vertriebsdaten Ihres Unternehmens darstellen, enthalten eine sehr einfache Struktur.

Nehmen wir an, dass die Daten im Tabellenblatt *Download* aus einem Datenbanksystem in Excel übernommen wurden. Auch diese Daten besitzen die Struktur einer Excel-Liste. In dieser Liste enthalten sind nicht nur die Informationen zu Produkt und Vertriebskanal, sondern auch Angaben dazu, in welchem Geschäft der Artikel angeboten wird oder nicht (Abbildung 13.83). Zu jeder ID eines Geschäfts finden Sie in den Vertriebsdaten eine 1 oder eine 0. Der Wert 1 bedeutet, dass der Artikel im betreffenden Geschäft geführt wird. Eine 0 steht dafür, dass er nicht geführt wird.

	A	B	C	D
1	**Geschäft**	**Channel**	**Produkt 1**	**Produkt 2**
2	111132	Channel 3	0,0	15,0
3	112052	Channel 2	13,5	0,0
4	111035	Channel 4	12,0	0,0
5	111314	Channel 2	13,5	13,0
6	110516	Channel 1	0,0	12,3
7	111771	Channel 2	13,5	13,0
8	111455	Channel 1	0,0	0,0
9	111698	Channel 3	9,0	15,0

Abbildung 13.83 Vertriebsdaten aus einer Unternehmensanalyse

Letzteres bedeutet, dass für dieses spezifische Produkt im spezifischen Vertriebskanal ein Absatzpotenzial besteht. Ihren Außendienstmitarbeitern müsste es nur gelingen, den oder die Geschäftsinhaber davon zu überzeugen, das betreffende Produkt den Kunden auch anzubieten.

Doch bevor Sie Ihren Außendienst mit dieser Aufgabe betrauen, möchten Sie sicherlich wissen, wie hoch das Absatzpotenzial denn insgesamt in diesem Segment wäre. Und genau an dieser Stelle kommen einige Excel-Berechnungen ins Spiel, die ich Ihnen auf den folgenden Seiten vorstellen möchte.

13.9.3 Bestimmung der Artikel und Vertriebskanäle mit Absatzpotenzial

Im Tabellenblatt *Berechnung 1* geht es zu Beginn der Berechnung darum, die Downloadliste in eine Matrix zu verwandeln, der Sie entnehmen können, für welche Produkte überhaupt ein Potenzial besteht. Diese Potenziale sollen nach Vertriebskanälen und Geschäften gegliedert sein. Um das zu verwirklichen, brauchen Sie eine einfache Tabelle nach dem Muster der in Abbildung 13.84 gezeigten Tabelle.

	A	B	C	D
1	Geschäft	Produkt	Status	Channel
2	110516	Produkt 1	0	Channel 1
3	110516	Produkt 2	1	Channel 1
4	110516	Produkt 3	1	Channel 1
5	110516	Produkt 4	1	Channel 1
6	110516	Produkt 5	0	Channel 1
7	110516	Produkt 6	0	Channel 1

Abbildung 13.84 Aufbau der Tabelle zur Absatzanalyse

Bei der Erstellung dieser Matrix werden einige Funktionen und Berechnungen sehr hilfreich für Sie sein:

▶ Erstellen Sie zunächst eine Liste der Geschäfte ohne Duplikate. Kopieren Sie dazu die ID der Geschäfte aus dem Tabellenblatt *Download* in ein neues Tabellenblatt, und wenden Sie die Funktion DATEN • DATENTOOLS • DUPLIKATE ENTFERNEN an. Fügen Sie danach die duplikatfreie Liste der Geschäftsnummern in das Tabellenblatt *Berechnung 1* ein.

▶ Ermitteln Sie mit einer Funktion den einem bestimmten Geschäft zugeordneten Vertriebskanal. Dies erreichen Sie am schnellsten mit der Funktion `=SVERWEIS(A2;Download!$A$1:$D$277;4;FALSCH)`.

▶ Übernehmen Sie die Produktbezeichnungen in Zeile 1 des Tabellenblattes *Berechnung 1* aus Spalte A des Tabellenblattes *Potenziale*. Dazu sollten Sie die Funktion `{=MTRANS(Potenziale!A2:A13)}` einsetzen. Um die Funktion zu verwenden, müssen Sie die Zellen C1 bis N1 zunächst markieren, dann die Funktion eingeben und diese dann mit ⌈Strg⌉ + ⌈⇧⌉ + ⌈↵⌉ abschließen, da es sich um eine Matrixfunktion handelt.

Die Berechnung der Beschriftungen auf dem vorgeschlagenen Weg hat gegenüber dem Kopieren dieser Informationen zwei wesentliche Vorteile: Sie vermeiden Tippfehler bei diesen wichtigen Informationen, und Sie sind nicht dazu gezwungen, die Beschriftungen zu aktualisieren, wenn sich in naher Zukunft Produktbezeichnungen ändern.

13.9.4   Berechnung der Potenziale

Die folgende Berechnung der tatsächlichen Potenziale im Markt hängt von insgesamt drei Bedingungen ab:

▶ dem Produkt

▶ dem Vertriebskanal

▶ dem Geschäft

Die bedingte Kalkulation habe ich schon mehrfach in diesem Buch beschrieben. Und auch in diesem Beispiel werden Sie erneut auf die Funktion SUMMEWENNS() stoßen, um die Aufgaben zu bewältigen. Die Funktionen SUMMEWENNS(), ZÄHLENWENNS() und MITTELWERTWENNS() sind einfach eine zu große Bereicherung seit Excel 2007, als dass man sie nicht immer wieder nahezu feiern könnte! Nichts gegen den Teilsummen-Assistenten und SUMMENPRODUKT(), doch die übersichtliche Funktionseingabe und Definition von Bedingungen über den Funktionsassistenten von Excel erscheint mir einfach die zeitgemäßere Arbeitsweise.

In Zelle C2 geben Sie mithilfe des Funktionsassistenten die folgende bedingte Kalkulation ein (Abbildung 13.85):

```
=SUMMEWENNS(Download!$C$2:$C$277;Download!$A$2:$A$277;$A2;
Download!$D$2:$D$277;$B2;Download!$B$2:$B$277;C$1)
```

Beachten Sie bei der Eingabe vor allem die Verwendung von absoluten und relativen Bezügen. Sowohl den Bereich der zu summierenden Werte als auch die Kriterienbereiche sollten Sie absolut setzen. Außerdem müssen Sie darauf achten, dass diese Bereiche alle eine identische Größe besitzen. Bei den in Zeilen vorliegenden Kriterien (*Geschäft* und *Channel*) setzen Sie die Spaltenangabe absolut und den Zeilenbezug relativ ($A2 und $B2). Beim Bezug auf die Produktbezeichnung ist es genau umgekehrt – hier müssen Sie die Spaltenangabe relativ und den Zeilenbezug absolut definieren (C$1).

	A	B	C	D	E
1	**Geschäft**	**Channel**	**Produkt 1**	**Produkt 2**	**Produkt 3**
2	111132	Channel 3			
3	112052	Channel 2			
4	111035	Channel 4			
5	111314	Channel 2			

Abbildung 13.85 Kriterium für eine bedingte Summe (Geschäft, Channel und Produktnummer)

Sofern Sie diese Vorgaben beachten, lässt sich die Funktion nach unten und anschließend nach rechts kopieren. Als Ergebnis erhalten Sie eine Matrix, der Sie entnehmen können, für welche Produkte und Kanäle überhaupt Absatzpotenziale bestehen (Abbildung 13.86).

	A	B	C	D	E	F	G	H	I	J
1	Geschäft	Channel	Produkt 1	Produkt 2	Produkt 3	Produkt 4	Produkt 5	Produkt 6	Produkt 7	Produkt 8
2	111132	Channel 3	=SUMMEWENNS(Download!$C$2:$C$277;Download!$A$2:$A$277;$A2;Download!$D$2:$D$277;$B2;Download!$B$2:$B$277;C$1)							
3	112052	Channel 2	*INDEX(Potenziale;VERGLEICH(C$1;Produkte;0);VERGLEICH($B2;Channel;0))							
4	111035	Channel 4	SUMMEWENNS(Summe_Bereich; Kriterien_Bereich1; Kriterien1; [Kriterien_Bereich2; Kriterien2]; [Kriterien_Bereich3; Kriterien3]; [Kriterien_Bereich4; Kriterien4] ...))							9,0
5	111314	Channel 2	13,5	13,0	12,0	0,0	0,0	0,0	0,0	7,0

Abbildung 13.86 Potenzialmatrix (Auszug)

13.9.5   Berechnung der Potenzialhöhe

Nachdem Sie die Produkte und Vertriebskanäle identifiziert haben, für die Potenziale bestehen, wird es Sie selbstverständlich interessieren, wie hoch die Potenziale denn sein könnten. Um dies in Erfahrung zu bringen, gibt es zwei mögliche Ansätze: Entweder erstellen Sie ein weiteres Tabellenblatt, das vom Aufbau her völlig identisch mit dem Tabellenblatt *Berechnung 1* ist, und kalkulieren durch Bezug auf dieses Tabellenblatt und das Tabellenblatt *Potenziale* die konkreten Werte, oder Sie erweitern die soeben eingegebene Funktion und multiplizieren den Potenzialfaktor 1 und das prognostizierte Potenzial im gleichen Tabellenblatt.

Sind Sie bereit für die Verkettung von zwei Berechnungsschritten in einer Zelle und Funktion? Ich denke, schon! Also lassen Sie es uns versuchen.

Um das passende prognostizierte Potenzial im Tabellenblatt *Potenziale* zu finden, brauchen Sie die richtige Produktbezeichnung aus C$1 und die korrekte Bezeichnung des Vertriebskanals aus Zelle $B2. Diese beiden Bezeichnungen befinden sich in einer Zelle des Bereichs A2 bis A13 (Bereichsname *Produkte*) und B1 bis E1 (Bereichsname *Channel*) im Tabellenblatt *Potenziale*. Erstellen Sie zunächst die beiden Bereichsnamen.

Die Funktion VERGLEICH(C$1;Produkte;0) durchsucht den Bereich Produkte anhand des Kriteriums in C$1 (z. B. Produkt 1) und gibt, sofern eine eindeutige Übereinstimmung festgestellt wurde (0), die Nummer der Zeile zurück, in der die Produktbezeichnung gefunden wurde. Das Gleiche realisiert VERGLEICH($B2;Channel;0), indem die Funktion die betreffende Spaltenzahl zur Verfügung stellt. Beide Informationen – Zeilen- und Spaltenzahl – können von INDEX() genutzt werden, um das prognostizierte Potenzial in der Matrix der Marktanalysedaten zu bestimmen. Die gesamte Funktion lautet also:

```
INDEX(Potenziale;VERGLEICH(C$1;Produkte;0);VERGLEICH($B2;Channel;0)
```

Den auf diesem Weg gefundenen Wert müssen Sie nun mit dem Potenzialfaktor multiplizieren. In Zelle C2 entsteht also folgende Berechnung:

```
=SUMMEWENNS(Download!$C$2:$C$277;Download!$A$2:$A$277;$A2;Download!$D$2:$D$277;$B2;
Download!$B$2:$B$277;C$1)*INDEX(Potenziale;VERGLEICH(C$1;Produkte;0);VERGLEICH($B2;
Channel;0))
```

⁂	A	B	C	D
1	⊕Geschäft	Channel	Produkt 1	Produkt 2
2	111132	Channel 3	0,0	15,0
3	112052	Channel 2	13,5	0,0
4	111035	Channel 4	12,0	0,0
5	111314	Channel 2	13,5	13,0

Abbildung 13.87 Höhe der Potenziale (Auszug)

Die Liste liefert nun eine Übersicht über die mengenmäßigen Potenziale Ihrer Produkte im Markt (Abbildung 13.87). Nun können Sie entscheiden, bei welchen Produkten und Vertriebskanälen es sich für Ihre Außendienstmitarbeiter besonders lohnt, auf die Geschäftsinhaber einzuwirken, denn Sie erkennen auf einen Blick, wie hoch die Potenziale sind.

13.9.6 Darstellung der Potenziale im Diagramm

Die Potenziale auf einen Blick erkennen? Nun ja, da bedarf es schon eines geübten Auges. Vielleicht entschließen Sie sich doch, alle Werte in einem Diagramm darzustellen.

In der Beispielanwendung sind drei Diagramme zur Zusammenfassung der Ergebnisse entstanden (Abbildung 13.88).

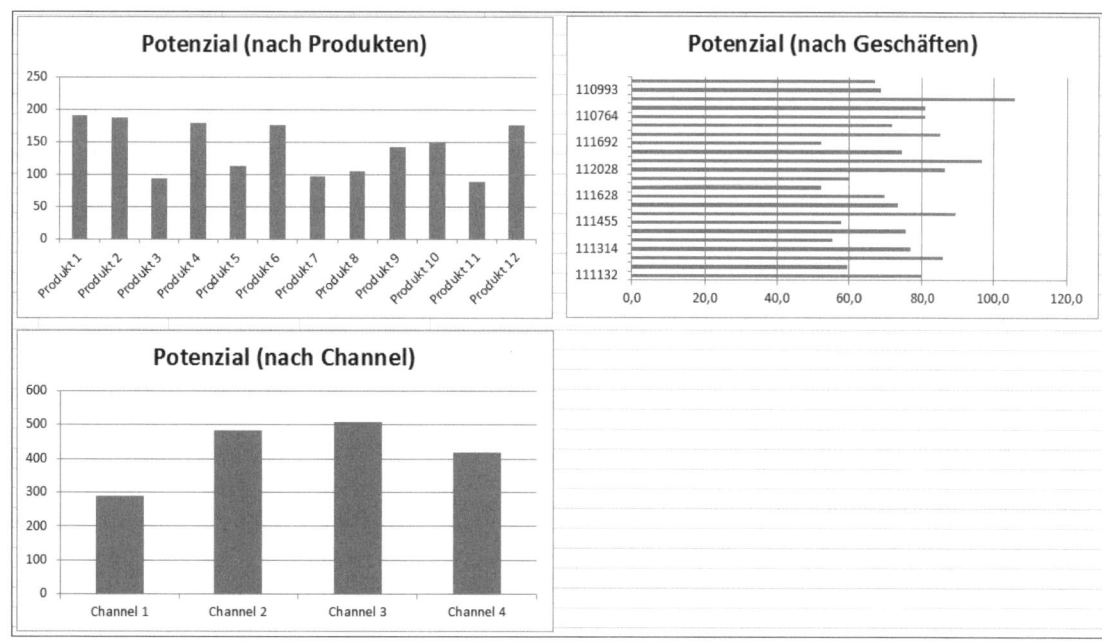

Abbildung 13.88 Darstellung der Potenziale nach Produkt, Geschäft und Channel

Das erste Diagramm basiert auf den Summenwerten in Zeile 25 und den Rubrikenachsenbeschriftungen in Zeile 1. Es zeigt die Potenziale auf Produktbasis. Auch das zweite Diagramm in der Mitte wird direkt aus den Daten der soeben berechneten Matrix generiert. Seine Werte stammen aus Spalte O und die Beschriftungen aus Spalte A. Ihm entnehmen Sie die Potenziale nach Geschäften.

Lediglich für das dritte Diagramm ist eine Zwischenrechnung notwendig. Sie müssen zunächst die Summen pro Vertriebskanal berechnen, um basierend auf diesen Daten ein weiteres Säulendiagramm anzulegen. Diese Zwischenrechnung befindet sich im Zellbereich A1 bis B4 des Tabellenblattes *Zwischenrechnung*.

Wir verwenden hier erneut eine bedingte Kalkulation, diesmal jedoch nur mit einer Bedingung:

```
=SUMMEWENN('Berechnung 1'!$B$2:$B$24;A1;'Berechnung 1'!$O$2:$O$24)
```

Kapitel 14
Operatives Controlling mit Excel

Der Einsatz von Excel auf operativer Ebene bildet mit Themen wie der Berechnung von Investitionsalternativen und Deckungsbeiträgen, den Methoden der Kostenkalkulation oder dem Scoring quasi das Kerngeschäft des Programms. »Welcome home!«, möchte man beinahe rufen. Die Liste der Themen dieses Kapitels ist demnach lang, so wie die Liste der einsetzbaren Kalkulationsfunktionen, die ich Ihnen auf den folgenden Seiten näher bringen werde.

Lassen Sie uns also gleich ohne lange Vorrede einen Überblick über die nachfolgend dargestellten Fallbeispiele verschaffen:

▶ Methoden zur Kalkulation von Kosten und Erlösen, wie etwa Divisions- und Zuschlagskalkulation, Äquivalenzziffernrechnung, Betriebsabrechnungsbogen und Prozesskostenrechnung

▶ Funktionen zum Erstellen von Break-even-Analysen und sowohl ein- als auch mehrstufiger Deckungsbeitragsrechnung

▶ Tools für den Bereich Finanzierung, z. B. Darlehensberechnungen, die Anwendung finanzmathematischer Funktionen oder die Kalkulation des *Customer Lifetime Values* (CLV)

▶ Beispiele für den Einsatz von Excel im Personalcontrolling, z. B. im Rahmen von Personalstrukturanalysen, Arbeitszeitanalysen oder Reisekostenabrechnungen

▶ Lösungen für weitere Controllingbereiche, z. B. die Erstellung von Kundenscorings im Vertriebscontrolling, Verfahren der Investitionsrechnung oder Lieferantenbewertung

Mit all diesen Themen sind in Excel zahlreiche Funktionen und Methoden verbunden, die – wie immer – nicht ausschließlich für diese Zwecke anwendbar sind. Vielmehr lässt sich das vorgestellte Instrumentarium auch wieder bei anderen Problemstellungen einsetzen. Ich bin zuversichtlich, dass Sie aus den gegebenen Anwendungsbeispielen sicherlich auch wieder Ihre eigenen kreativen Lösungen entwickeln werden, an die ich beim Schreiben dieser Zeilen nicht im Ansatz gedacht habe.

14.1   Betriebsabrechnungsbogen

Der Betriebsabrechnungsbogen berücksichtigt als Teil der Vollkostenrechnung die Anteile von direkten und indirekten Kosten bei der Herstellung von Waren und Dienstleistungen.

Während die direkten Kosten eindeutig anhand von Rechnungen oder anderen Belegen zugerechnet werden können, ist bei den indirekten Kosten ein Verrechnungsschlüssel nötig. Ziel ist es, sämtliche Vor- und Hilfskosten aufzulösen und den Kostenstellen zuzuordnen (Abbildung 14.1).

Mehrstufiger Betriebsabrechnungsbogen (Vollkostenrechnung)

Monat: März 2014

Kostenstellen / Kostenarten	Gesamt	Erfassung- bzw. Verteilungsgrundlage	Allgemeine Hilfskostenstellen		Vorkostenstellen		Hauptkostenstellen			
			Controlling	IT	Entwicklung	QS	Einkauf	Fertigung 1	Fertigung 2	Verwaltung
Hilfsstoffe	369.200,00 €	Materialentnahmescheine	0,00 €	0,00 €	12.500,00 €	4.200,00 €	0,00 €	32.500,00 €	320.000,00 €	0,00 €
Betriebsstoffe	159.800,00 €	Materialentnahmescheine	0,00 €	0,00 €	1.900,00 €	2.100,00 €	0,00 €	15.000,00 €	140.800,00 €	0,00 €
Energieverbrauch	72.300,00 €	Messungen kWh	348,86 €	740,69 €	4.107,47 €	734,57 €	3.538,18 €	20.874,03 €	38.014,00 €	1.603,81 €
Löhne/Gehälter	807.300,00 €	Lohnbuchhaltung	72.900,00 €	124.000,00 €	187.000,00 €	32.000,00 €	89.000,00 €	30.200,00 €	89.400,00 €	62.800,00 €
Sozialabgaben	194.971,00 €	Lohnbuchhaltung	16.767,00 €	28.520,00 €	43.010,00 €	7.360,00 €	20.470,00 €	6.946,00 €	20.562,00 €	20.470,00 €
Mieten, Leasing	47.500,00 €	Eingangsrechnungen	0,00 €	5.600,00 €	5.600,00 €	4.200,00 €	5.900,00 €	6.700,00 €	3.200,00 €	4.300,00 €
Büromaterial	13.348,00 €	Materialentnahmescheine	1.900,00 €	1.000,00 €	3.200,00 €	230,00 €	3.256,00 €	800,00 €	912,00 €	6.280,00 €
Marketing, PR	92.300,00 €	Eingangsrechnungen	0,00 €	0,00 €	0,00 €	0,00 €	0,00 €	0,00 €	0,00 €	0,00 €
Steuern	89.740,00 €	Buchhaltungsdaten	0,00 €	0,00 €	0,00 €	0,00 €	0,00 €	0,00 €	0,00 €	0,00 €
kalkulatorische Abschreibungen	66.995,21 €	Wiederbeschaffungswerte	0,00 €	0,00 €	0,00 €	0,00 €	0,00 €	37.672,99 €	29.322,22 €	0,00 €
Kalkulatorische Zinsen	11.386,99 €	Betriebsnotwendiges Kapital	0,00 €	0,00 €	0,00 €	0,00 €	0,00 €	0,00 €	0,00 €	11.386,99 €
Kalkulatorische Risiken	21.615,10 €	ermittelte Risiken	0,00 €	0,00 €	0,00 €	0,00 €	0,00 €	0,00 €	0,00 €	21.615,10 €
Kalkulatorische Miete	69.800,00 €	Fläche in m²	1.285,16 €	2.008,06 €	7.095,13 €	1.164,67 €	2.891,60 €	12.182,20 €	36.144,99 €	3.212,89 €
Summe	**2.016.256,30 €**		**93.201,01 €**	**161.868,75 €**	**264.412,60 €**	**51.989,24 €**	**125.055,78 €**	**162.875,23 €**	**678.355,22 €**	**131.668,79 €**
Umlage aus Controlling	93.201,01 €			6.524,07 €	3.728,04 €	3.728,04 €	9.320,10 €	16.776,18 €	22.368,24 €	9.320,10 €
Kostenstellenkosten				168.392,82 €	268.140,64 €	55.717,28 €	134.375,88 €	179.651,41 €	700.723,46 €	140.988,89 €
Umlage aus IT	168.392,82 €				16.839,28 €	6.735,71 €	26.942,85 €	38.730,35 €	35.362,49 €	23.574,99 €
Kostenstellenkosten					284.979,92 €	62.453,00 €	161.318,73 €	218.381,76 €	736.085,95 €	164.563,88 €
Umlage aus Entwicklung	284.979,92 €					0,00 €	0,00 €	85.493,98 €	199.485,95 €	0,00 €
Kostenstellenkosten						62.453,00 €	161.318,73 €	303.875,73 €	935.571,90 €	164.563,88 €
Umlage aus QS	62.453,00 €						0,00 €	12.490,60 €	49.962,40 €	0,00 €
Kostenstellenkosten							**161.318,73 €**	**316.366,33 €**	**985.534,30 €**	**164.563,88 €**
Zuschlagsgrundlage							1.500.000,00 €	150.000,00 €	1.150.000,00 €	4.013.219,36 €
Gemeinkostenzuschlagssatz							10,75%	210,91%	85,70%	4,10%

Abbildung 14.1 Aufbau des Betriebsabrechnungsbogens

Die Vorgehensweise ist wie folgt:

▸ Sammeln aller relevanten Daten für die Erfassung der direkten Kosten

▸ Zusammenstellen aller Informationen bezüglich der Gemeinkosten

▸ Zuordnung der Gemeinkosten zu den Kostenstellen (Primärkostenumlage)

▸ Berechnung und Verteilung von kalkulatorischen Abschreibungen, Zinsen und Risiken

▸ Umlage der Kosten aus Vor- und Hilfskostenstellen

▸ Kalkulation und Zuweisen der Zuschläge für Verwaltungs- und Vertriebsgemeinkosten etc.

Ein Beispiel eines *Betriebsabrechnungsbogens (BAB)* finden Sie unter dem Dateinamen *14_BAB_00.xlsx*.

14.1.1 Arbeitsmappenstruktur des Betriebsabrechnungsbogens

Mit der Fülle an Informationen und der Notwendigkeit verschiedener Zwischenkalkulationen ist der Betriebsabrechnungsbogen (BAB) natürlich dazu prädestiniert, in einer logisch durchdachten Arbeitsmappenstruktur umgesetzt zu werden. Abbildung 14.1 zeigt das Resultat der Kostenverteilung. Doch um dieses Ergebnis zu erarbeiten, sind die in Tabelle 14.1 gezeigten Tabellenblätter sinnvoll.

Tabellenblatt	Inhalt
Energie (konsolidiert)	In diesem Tabellenblatt werden die Energieaufwendungen aus drei Unternehmensstandorten per Konsolidierung zusammengeführt.
Miete (konsolidiert)	Auch hier sehen Sie das Ergebnis einer Konsolidierung, diesmal der Mietflächen.
Schlüssel (Gemeinkosten)	Das Blatt dient der Verteilung der Primärkosten auf alle Vor-, Hilfs- und Hauptkostenstellen. Im Anwendungsbeispiel sind außer den Energie- und Mietkosten keine weiteren Primärkosten umzulegen.
Schlüssel (Nebenkostenstellen)	In dieser Tabelle werden die Sekundärkosten, also die Kosten der Hilfs- und Vorkostenstellen, anhand eines prozentualen Schlüssels auf alle Kostenstellen des Unternehmens verteilt.
Kalk. Abschreibungen	Die Abschreibungen für in Produktions- und sonstigen Prozessen eingesetzte Maschinen werden hier berechnet. Die monatlichen Abschreibungswerte fließen in den BAB ein.
Kalk. Zinsen	In diesem Tabellenblatt wurden die kalkulatorischen Zinsen und Risiken berechnet. Um die kalkulatorischen Zinsen zu ermitteln, muss zunächst das betriebsnotwendige Kapital in diesem Tabellenblatt kalkuliert werden. In die Darstellung der kalkulatorischen Risiken fließen hingegen Erfahrungs- und Vergleichswerte der Vorjahre ein.
Zuschlagsätze	Die Zuschlagsätze in diesem Tabellenblatt umfassen Materialgemeinkosten, Fertigungsgemeinkosten, Verwaltungsgemeinkosten und Vertriebsgemeinkosten. Die Ergebnisse fließen unter anderem als Herstellkosten des Umsatzes in den BAB ein.
Selbstkosten	Dieses Tabellenblatt ist eigentlich nicht mehr Teil des BAB. Es enthält eine ergänzende Betrachtung der Kosten aus der Perspektive eines einzelnen Auftrags.

Tabelle 14.1 Arbeitsmappenstruktur des BAB

Um sich einen Überblick über die verschiedenen Bausteine der Gesamtlösung zu verschaffen und die zahlreichen Verknüpfungen zwischen den Tabellenblättern besser zu durchschauen, ist es sicherlich empfehlenswert, wenn Sie sich die Tabellenblätter und ihre Inhalte zunächst in aller Ruhe ansehen, bevor wir in die Einzelheiten der Berechnungen einsteigen.

14.1.2   Konsolidierung von Standorten oder Monaten

Die ersten Tabellenblätter dieser Arbeitsmappe enthalten die Daten zum Energieverbrauch der einzelnen Standorte (*Energie S1, Energie S2, Energie S3*). Sie dienen in erster Linie der Veranschaulichung der Konsolidierung von Daten in Excel.

Diese lässt sich relativ einfach umsetzen, wenn die zu konsolidierenden Grunddaten den gleichen Aufbau besitzen. Dies ist bei den drei verwendeten Tabellen im Beispiel der Fall (Abbildung 14.2).

Energieaufwendungen	
Kostenstelle	**Verbrauch**
Controlling	2.400 kWh
IT	4.200 kWh
Entwicklung	21.000 kWh
QS	4.200 kWh
Einkauf	19.500 kWh
Fertigung 1	100.000 kWh
Fertigung 2	198.000 kWh
Verwaltung	8.900 kWh
Vertrieb	12.300 kWh
Summe	**370.500 kWh**

Abbildung 14.2 Aufbau der drei Tabellen zum Energieverbrauch

In allen Tabellen befinden sich die Zeilenbeschriftungen in der Spalte unmittelbar links neben den Werten. Die Überschriften über der Beschriftungs- und der Wertespalte sind ebenfalls identisch. Dies sind zwei wichtige Voraussetzungen, die Ihnen alle Optionen bei der Konsolidierung lassen.

Die Daten konsolidieren Sie, indem Sie ein leeres Tabellenblatt wählen – in diesem Fall das Blatt *Energie (konsolidiert)* –, den Cursor in Zelle A1 bewegen und die Funktion DATEN • DATENTOOLS • KONSOLIDIEREN aufrufen. Nachdem Sie die zu berechnende Funktion für die Konsolidierung (im Beispiel Summe) festgelegt haben, klicken Sie auf die Markierungsschaltfläche im Eingabefeld VERWEIS und markieren den Datenbereich A2 bis B11 im Tabellenblatt *Energie S1*. Nachdem Sie den Datenbereich ausgewählt haben, klicken Sie auf HINZUFÜGEN. Wiederholen Sie den Vorgang schließlich auch für die Festlegung der Konsolidierungsbereiche in den Tabellenblättern *Energie S2* und *Energie S3* (Abbildung 14.3).

Die beiden Optionen im Bereich BESCHRIFTUNG AUS: legen fest, auf Basis welcher Informationen die Konsolidierung vorgenommen werden soll. Die Option OBERSTE ZEILE bewirkt dabei, dass Datenreihen, die unterschiedliche Beschriftungen enthalten (z. B. Q1, Q2), in der konsolidierten Darstellung nebeneinander ausgegeben werden. Da in der Beispielanwendung alle Spaltenüberschriften identisch sind, werden die Ergebnisse hingegen in einer Spalte zusammengeführt. Das Häkchen neben der Option LINKER SPALTE hat zur Folge, dass die Werte auf Grundlage der Beschriftungen der linken Spalte summiert werden.

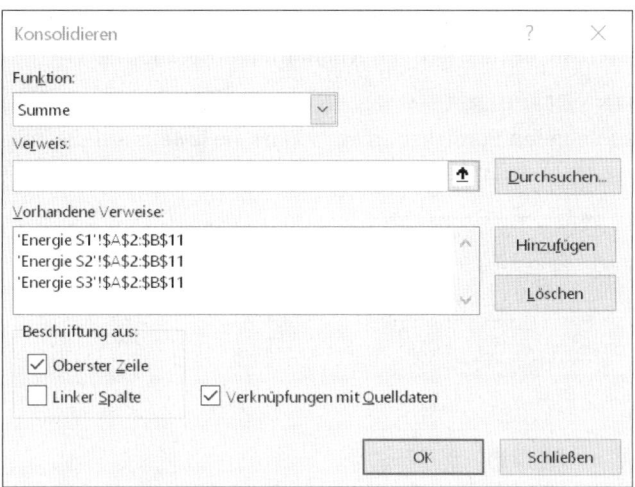

Abbildung 14.3 Konsolidierung der Datenbereiche für Energieaufwendungen

Dies bedeutet konkret, dass die Beschriftungen und Werte nicht in sämtlichen Tabellen in der gleichen Reihenfolge verwendet werden und auch nicht alle vorhanden sein müssen. Aber alle Beschriftungen müssen korrekt sein! Achten Sie also immer besonders auf die richtige Schreibweise.

Da auch die Option VERKNÜPFUNGEN MIT QUELLDATEN angeklickt wurde, fügt Excel bei der Ausführung der Konsolidierung eine automatische Gliederung ein, die Sie benutzen können, um sich die Einzelheiten der verschiedenen Monate anzeigen zu lassen (Abbildung 14.4).

	A	B	C
1			Verbrauch
2		11_Bab_01	2.400 kWh
3		11_Bab_01	1.900 kWh
4		11_Bab_01	1.399 kWh
5	Controlling		5.699 kWh
6		11_Bab_01	4.200 kWh
7		11_Bab_01	3.950 kWh
8		11_Bab_01	3.950 kWh
9	IT		12.100 kWh
10		11_Bab_01	21.000 kWh
11		11_Bab_01	22.100 kWh
12		11_Bab_01	24.000 kWh
13	Entwicklung		67.100 kWh

Abbildung 14.4 Ergebnis der Konsolidierung

14.1.3 Anpassung der Bereichsnamen

Durch die zahlreichen Verknüpfungen zwischen den Tabellenblättern des Betriebsabrechnungsbogens ist es ratsam, auch in dieser Arbeitsmappe wieder Bereichsnamen zu nutzen.

Diese sind in der Beispielanwendung auch schon eingerichtet. Allerdings müssen Sie nach der Konsolidierung der Energiekosten die Bezüge der Bereichsnamen noch anpassen.

Wechseln Sie zur Funktion FORMELN • DEFINIERTE NAMEN • NAMENS-MANAGER, und aktualisieren Sie die Zellbezüge für die folgenden Bereichsnamen, sodass sie jeweils auf die Teilsummen der Abteilungen verweisen (Tabelle 14.2).

Bereichsname	Bezug
Energie_ctrl	='Energie (konsolidiert)'!$C$5
Energie_ek	='Energie (konsolidiert)'!$C$21
Energie_fer1	='Energie (konsolidiert)'!$C$25
Energie_fer2	='Energie (konsolidiert)'!$C$29
Energie_fue	='Energie (konsolidiert)'!$C$13
Energie_gesamt	='Energie (konsolidiert)'!$C$39
Energie_it	='Energie (konsolidiert)'!$C$9
Energie_qs	='Energie (konsolidiert)'!$C$17
Energie_vt	='Energie (konsolidiert)'!$C$37
Energie_vw	='Energie (konsolidiert)'!$C$33

Tabelle 14.2 Bereichsnamen im BAB

Die Ergebniszellen der Konsolidierung sind über die hier angegebenen Bereichsnamen mit den Zellen in Zeile 6 des Tabellenblattes *Schlüssel Gemeinkosten* verbunden (Abbildung 14.5). Dort finden Sie außerdem in Zeile 11 die ebenfalls konsolidierten Werte der Mietflächen.

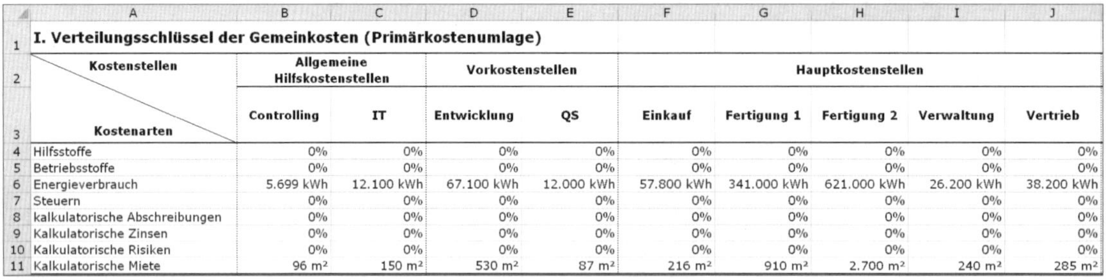

Abbildung 14.5 Primärkostenumlage auf Basis der konsolidierten Daten

In Zelle K6 wurde die Summe sämtlicher Energieaufwendungen gebildet und der Zelle der Bereichsname *energieverbrauch* zugewiesen. Analog enthält K11 unter dem Bereichsnamen *gesamtfläche* die Summe aller angemieteten Flächen des Unternehmens.

14.1.4   Umlage der Primärkosten im BAB

Im Tabellenblatt *BAB* sind es die blau gekennzeichneten Zellen, in denen die Ergebnisse der Zwischenrechnungen zu den Primärkosten, den kalkulatorischen Abschreibungen, Zinsen und Risiken übernommen werden (Abbildung 14.6). Um die Verbrauchswerte in Kosten umzuwandeln, werden die Gesamtkosten des Energieverbrauchs – der Jahresabrechnung entnommen – in Zelle B7 des Tabellenblattes *BAB* eingegeben. Diese Zelle hat den Namen *energieaufwendungen*. Die Umlage der Kosten erfolgt danach über die Formel in Zelle D7:

```
=energieaufwendungen/energieverbrauch*'Schlüssel Gemeinkosten'!B6
```

Da die Tabellenblätter *BAB* und *Schlüssel Gemeinkosten* gleich aufgebaut sind, lässt sich die Formel mühelos nach rechts kopieren, um auch für die anderen Kostenstellen die Ergebnisse auszuweisen.

Bei der Umlage der Mietkosten gehen Sie in ähnlicher Weise vor. Die Mietsumme wird in der Zelle klk_Miete (Zelle B17) erfasst. Die zu kopierende Formel in Zeile 17 lautet:

```
=klk_miete/gesamtflaeche*'Schlüssel Gemeinkosten'!B11
```

Kostenstellen / Kostenarten	Gesamt	Erfassung- bzw. Verteilungsgrundlage	Allgemeine Hilfskostenstellen		Vorkostenstellen		Hauptkostenstellen			
			Controlling	IT	Entwicklung	QS	Einkauf	Fertigung 1	Fertigung 2	Verwaltung
Hilfsstoffe	369.200,00 €	Materialentnahmescheine	0,00 €	0,00 €	12.500,00 €	4.200,00 €	0,00 €	32.500,00 €	320.000,00 €	0,00 €
Betriebsstoffe	159.800,00 €	Materialentnahmescheine	0,00 €	0,00 €	1.900,00 €	2.100,00 €	0,00 €	15.000,00 €	140.800,00 €	0,00 €
Energieverbrauch	72.300,00 €	Messungen kWh	348,86 €	740,69 €	4.107,47 €	734,57 €	3.538,18 €	20.874,03 €	38.014,00 €	1.603,81 €
Löhne/Gehälter	807.300,00 €	Lohnbuchhaltung	72.900,00 €	124.000,00 €	187.000,00 €	32.000,00 €	89.000,00 €	30.200,00 €	89.400,00 €	62.800,00 €
Sozialabgaben	194.971,00 €	Lohnbuchhaltung	16.767,00 €	28.520,00 €	43.010,00 €	7.360,00 €	20.470,00 €	6.946,00 €	20.562,00 €	20.470,00 €
Mieten, Leasing	47.500,00 €	Eingangsrechnungen	0,00 €	5.600,00 €	5.600,00 €	4.200,00 €	5.900,00 €	6.700,00 €	3.200,00 €	4.300,00 €
Büromaterial	13.348,00 €	Materialentnahmescheine	1.900,00 €	1.000,00 €	3.200,00 €	230,00 €	3.256,00 €	800,00 €	912,00 €	6.280,00 €
Marketing, PR	92.300,00 €	Eingangsrechnungen	0,00 €	0,00 €	0,00 €	0,00 €	0,00 €	0,00 €	0,00 €	0,00 €
Steuern	89.740,00 €	Buchhaltungsdaten	0,00 €	0,00 €	0,00 €	0,00 €	0,00 €	0,00 €	0,00 €	0,00 €
kalkulatorische Abschreibungen	66.995,21 €	Wiederbeschaffungswerte	0,00 €	0,00 €	0,00 €	0,00 €	0,00 €	37.672,99 €	29.322,22 €	0,00 €
kalkulatorische Zinsen	11.386,99 €	Betriebsnotwendiges Kapital	0,00 €	0,00 €	0,00 €	0,00 €	0,00 €	0,00 €	0,00 €	11.386,99 €
kalkulatorische Risiken	21.615,10 €	ermittelte Risiken	0,00 €	0,00 €	0,00 €	0,00 €	0,00 €	0,00 €	21.615,10 €	0,00 €
kalkulatorische Miete	69.800,00 €	Fläche in m²	1.285,16 €	2.008,06 €	7.095,13 €	1.164,67 €	2.891,60 €	12.182,20 €	36.144,99 €	3.212,89 €
Summe	**2.016.256,30 €**		**93.201,01 €**	**161.868,75 €**	**264.412,60 €**	**51.989,24 €**	**125.055,78 €**	**162.875,23 €**	**678.355,22 €**	**131.668,79 €**

Abbildung 14.6 Berechnung der Kosten auf Basis der Primärkostenumlage

14.1.5   Verteilungsschlüssel der Sekundärkostenumlage

Das Tabellenblatt *Schlüssel Nebenkostenstellen* der Beispieldatei *14_BAB_01.xlsx* weist erneut eine mit den bereits bearbeiteten Tabellenblättern vergleichbare Tabellenstruktur auf. Hilfs- und Vorkostenstellen – im Beispiel *Controlling*, *IT*, *Entwicklung* und *QS* – erbringen Leistungen, die auch für andere Kostenstellen erbracht werden. Im Fall von *Entwicklung* und *QS* kommen die Leistungen ausschließlich der Fertigung zugute; *Controlling* und *IT* hingegen sind als interne Dienstleister aller Vor- und Hauptkostenstellen aktiv (Abbildung 14.7).

	A	B	C	D	E	F	G	H	I	J	K
1	II. Verteilungsschlüssel der Allgemeinen Hilfskostenstellen/Vorkostenstellen auf Hauptkostenstellen (Sekundärkostenumlage)										
2		Allgemeine Hilfskostenstellen		Vorkostenstellen		Hauptkostenstellen					
3	Allgemeine Hilfskostenstelle bzw. Vorkostenstelle	Controlling	IT	Entwicklung	QS	Einkauf	Fertigung 1	Fertigung 2	Verwaltung	Vertrieb	Summe
4	Controlling	0%	7%	4%	4%	10%	18%	24%	10%	23%	100%
5	IT	0%	0%	10%	4%	16%	23%	21%	14%	12%	100%
6	Entwicklung	0%	0%	0%	0%	0%	30%	70%	0%	0%	100%
7	QS	0%	0%	0%	0%	0%	20%	80%	0%	0%	100%

Abbildung 14.7 Sekundärkostenumlage

Sofern die Werte aus Analysen der Vorjahre bekannt sind, werden die Zuarbeiten dieser vier Kostenstellen prozentual den anderen Kostenstellen zugeordnet. Andernfalls müssten Sie die Werte schätzen.

Diese Tabelle ist also eine reine Eingabetabelle, wenn wir einmal von der Summenbildung in Spalte K absehen. Die festgelegten Werte werden im Tabellenblatt *BAB* weiterverarbeitet (Abbildung 14.8).

Summe	2.022.586,30 €		93.201,01 €	161.868,75 €	264.412,60 €	51.989,24 €
Umlage aus Controlling	93.201,01 €		=umlage_controlling*'Schlüssel Nebenkostenstellen'!C4			

Abbildung 14.8 Berechnung der Umlage auf Grundlage der Verteilungsschlüssel

In Zelle D18 werden die Kosten der allgemeinen Hilfskostenstelle Controlling summiert. Der Wert von 93.201,01 € muss nun anhand des Verteilungsschlüssels den Kostenstellen zugerechnet werden, für die das Controlling seine interne Dienstleistungen erbringt. In Zelle E19, die die IT-Kosten auflistet, lautet die Formel demnach:

```
=umlage_controlling*'Schlüssel Nebenkostenstellen'!C4
```

Ziehen Sie diese Formel nach rechts, um auch die Kosten für alle weiteren Kostenstellen auszuweisen. Es ist wohl nicht zu viel verraten, wenn ich Ihnen sage, dass Sie mit den anderen drei Kostenstellen genauso verfahren sollten. Tabelle 14.3 zeigt, wie die Formeln in den entsprechenden Zellen lauten.

Zelle	Formel
F21	=umlage_it*'Schlüssel Nebenkostenstellen'!D5
G23	=umlage_entwicklung*'Schlüssel Nebenkostenstellen'!E6
H25	=umlage_qs*'Schlüssel Nebenkostenstellen'!F7

Tabelle 14.3 Formeln zur Berechnung der Kostenumlage

Alle Formeln beziehen sich auf die benannten Zellen in Spalte B, die die Kostensummen der Vor- und Hilfskostenstellen enthalten.

14.1.6   Berechnung der kalkulatorischen Abschreibungen

Zwar haben wir bereits die Kostensummen der einzelnen Kostenstellen im vorigen Abschnitt gebildet und sie mithilfe des Verteilungsschlüssels zugeordnet. Doch waren diese Zwischensummen streng genommen noch unvollständig, da die Werte für kalkulatorische Abschreibungen, Zinsen und Risiken, die in die Ergebnisse einfließen, noch nicht bekannt waren.

Es ist allerdings kein Problem, diese Werte nachträglich zu ermitteln. Die Tabellenblätter, die Sie dazu verwenden sollten, sind in der Arbeitsmappe bereits vorhanden. Lassen Sie uns mit dem Blatt *Kalk. Abschreibungen* beginnen (Abbildung 14.9).

	A	B	C	D	E	F	G	H	I	J	K
1	III. Kalkulatorische Abschreibungen										
2											
3	Fertigung 1	aktuelles Jahr:	2016								
4	Anlage	Beschaffungswert	Beschaffungsjahr	Nutzungsdauer	Restlaufzeit bis	Restlaufzeit in Jahren	Preisindex	aktueller Wiederbeschaffungs- wert	kalk. Abschreibungen	kalk. Restwert Jahresende	kalk. Restwert Jahresanfang
5	Kunststoffpresse	1.250.000 €	2010	8	2017	1	107,5%	1.343.750 €	167.969 €	167.969 €	335.938 €
6	Lackieranlage	1.850.000 €	2010	7	2016	0	107,5%	1.988.750 €	284.107 €	0 €	0 €
7					0	0		0 €	0 €	0 €	0 €
8					0	0		0 €	0 €	0 €	0 €
9					0	0		0 €	0 €	0 €	0 €
10					0	0		0 €	0 €	0 €	0 €
11					0	0		0 €	0 €	0 €	0 €
12	Summe	3.100.000 €						3.332.500 €	452.076 €	167.969 €	335.938 €
13	Monatswert der Abschreibung	37.673 €									
14	Durchschnittlicher Restwert	251.953 €									

Abbildung 14.9 Kalkulationsschema zur Berechnung der Abschreibungen

Da die eingesetzten Maschinen mit jedem Tag an Wert verlieren, müssen Sie den monatlichen Wert der Abschreibungen in den Betriebsabrechnungsbogen übernehmen. Die Berechnung lässt sich an den Anlagen der Fertigung 1 nachvollziehen.

Beschaffungswert, Beschaffungszeitraum sowie die Nutzungsdauer geben Sie in die Zellen B5, C5 und D5 ein. In C3 befindet sich außerdem die aktuelle Jahreszahl. Diese vier Angaben reichen Ihnen aus, um das letzte Abschreibungsjahr in Zelle E5 (=WENN(C5<>"";C5+D5-1;0)) und die Anzahl der verbleibenden Abschreibungsjahre in Zelle F5 (=WENN(UND(E5- $C$3>0;E5<>"");E5-$C$3;0)) zu ermitteln.

Mithilfe des in Zelle G5 erfassten Preisindex berechnen Sie in der benachbarten Zelle den Wiederbeschaffungswert des jeweiligen Wirtschaftsgutes. Damit sind Sie an der Stelle angelangt, an der Sie den jährlichen Abschreibungswert berechnen. In Zelle I5 lautet die Funktion:

```
=WENN(E5<$C$3;0;WENNFEHLER(LIA(H5;;D5);0))
```

Dies bedeutet, dass die lineare Abschreibungsmethode nur dann angewandt wird, wenn die Jahreszahl der letzten Abschreibung nach der aktuellen Jahreszahl liegt. Um Fehlerwerte zu vermeiden, die unweigerlich aufträten, wenn der Abschreibungszeitraum des Wirtschaftsgutes bereits abgelaufen wäre, verwenden Sie die Funktion WENNFEHLER(). Die eigentliche Funktion zur Berechnung der linearen Abschreibung verfügt über die Argumente =LIA(Anschaffungswert; Restwert; Nutzungsdauer).

Die Summe aller Abschreibungen für das aktuelle Jahr – in Zelle I12 gebildet – teilen Sie durch die Anzahl der Monate. Dies geschieht in Zelle B13. Da dieser Monatswert in das Tabellenblatt *BAB* weitergegeben werden muss, hat er den Bereichsnamen *afa_kalk1* erhalten. Sie stoßen im Tabellenblatt *BAB* in Zelle I14 erneut auf diesen Wert.

In der angrenzenden Zelle J14 wird ein Bezug zu afa_kalk2 hergestellt. Diese Zelle enthält den Wert der monatlichen Abschreibungen für Fertigung 2, die nach dem gleichen Verfahren ermittelt werden, wie Sie es für Fertigung 1 angewandt haben.

14.1.7 Einbeziehung der kalkulatorischen Zinsen

Noch immer weist der Datenbereich in den Zeilen 15 und 16 des Tabellenblattes *BAB* Lücken auf, denn dort werden die monatlichen kalkulatorischen Zinsen und kalkulatorischen Risiken erwartet. Beide Zwischenrechnungen für diese Werte sind bereits im Blatt *Kalk. Zinsen* vorbereitet (Abbildung 14.10).

IV. Kalkulatorische Zinsen									
Zinssatz:			7,50%						
	Controlling	IT	Entwicklung	QS	Einkauf	Fertigung 1	Fertigung 2	Verwaltung	Vertrieb	Summe
	Bitte geben Sie hier alle Werte zur Ermittlung des betriebsnotwendigen Kapitals ein oder übernehmen Sie die Werte aus Tabellenblatt Kalk. Abschreibungen.									
Anlagevermögen I										0,00 €
+ Anlagevermögen II						251.953,13 €	1.583.400,00 €			1.835.353,13 €
+ Umlaufvermögen/Bestände Warenlager				248.000,00 €						248.000,00 €
- Kundenanzahlungen								38.500,00 €		38.500,00 €
- Sonstige kurzfristige Verbindlichkeiten								72.345,00 €		72.345,00 €
- Rückstellungen								51.590,00 €		51.590,00 €
- Verbindlichkeiten Lieferungen u. Leistungen				99.000,00 €						99.000,00 €
								Betriebsnotwendiges Kapital		1.821.918,13 €
								Kalk. Zinsen/jährlich		136.643,86 €
								Kalk. Zinsen/monatlich		11.386,99 €

Abbildung 14.10 Betriebsnotwendiges Kapital und kalkulatorische Zinsen

Die erste Berechnung geht von der nicht von der Hand zu weisenden Überlegung aus, dass Kapital eingesetzt werden muss, um ein Unternehmen zu betreiben. Dieses Kapital wird sozusagen anderen Investitionen entzogen. In der Beispielanwendung sind es das Anlagevermögen, dessen durchschnittlicher Restwert zu Buche schlägt, aber auch kurzfristige Verbindlichkeiten und Rückstellungen, die wiederum pro Kostenstelle ermittelt und geltend gemacht werden müssen.

Stellen uns diese Kalkulationen vor Probleme? Nein! Sie übernehmen die Werte für das Anlagevermögen in den Zellen G6 und H6 mithilfe der Bereichsnamen *abschreibung1* und *abschreibung2*, da für beide Fertigungsstätten Anlagevermögen vorhanden ist. Alle weiteren Werte basieren auf direkten Eingaben in die Tabelle.

Die Gesamtsumme müssen Sie nun nur noch mit dem kalkulatorischen Zinssatz multiplizieren, der sich in Zelle B2 befindet. Der Bereichsname für diese Zelle lautet *zinssatz*, die Formel in Zelle K13 =K12*zinssatz; sie berechnet die kalkulatorischen Zinsen auf Grundlage des ermittelten betriebsnotwendigen Kapitals.

Wenn Sie die Spur dieser Berechnung verfolgen, stellen Sie fest, dass die Ergebniszelle ebenfalls einen Bereichsnamen hat (*klk_zinsen*). Diese Zelle wird im Tabellenblatt *BAB* in Zelle K15 abgerufen, da die kalkulatorischen Zinsen der Kostenstelle *Verwaltung* zugeordnet werden.

14.1.8 Berechnung der kalkulatorischen Risiken

Somit fehlt nur noch ein Steinchen im Puzzle der Vollkostenrechnung: die kalkulatorischen Risiken. Da jede Unternehmung auch von Fehlschlägen bedroht ist und manche dieser Bedrohungen tatsächlich eintreten, ist es sinnvoll, den Geldwert dieser Risiken in den Betriebsabrechnungsbogen einzubeziehen. Im unteren Teil des Tabellenblattes *Kalk. Zinsen* ist bereits ein Schema zur Berechnung der kalkulatorischen Risiken entworfen (Abbildung 14.11).

V. Sonstige Kalkulatorische Kosten

Wagnisse (prozentual)		Wagnisse (Ø Vorjahre)		
- Anlagen	0,5%	- Vertrieb		32.500,00 €
- Beständewagnis	1,0%	- Garantie		12.000,00 €
		- FuE-Wagnis		5.000,00 €
		- Kalk. Unternehmerlohn		70.000,00 €

Wagnisse	Controlling	IT	Entwicklung	QS	Einkauf	Fertigung 1	Fertigung 2	Verwaltung	Vertrieb	Summe
			Bitte geben Sie hier alle Werte noch fehlenden Werte zur Ermittlung der Wagnisse ein und multiplizieren Sie diese mit den Wagnissätzen.							
Anlagenwagnis	0,00 €	0,00 €	0,00 €	0,00 €	0,00 €	1.259,77 €	7.917,00 €	0,00 €	0,00 €	9.176,77 €
Beständewagnis	0,00 €	0,00 €	0,00 €	0,00 €	2.480,00 €	0,00 €	0,00 €	0,00 €	0,00 €	2.480,00 €
Garantie (Ø monatlich)									1.000,00 €	1.000,00 €
Vertriebswagnis (Ø monatlich)									2.708,33 €	2.708,33 €
FuE-Wagnis (Ø monatlich)			416,67 €							416,67 €
Kalk. Unternehmerlohn (Ø monatlich)								5.833,33 €		5.833,33 €
								Summe		21.615,10 €

Abbildung 14.11 Kalkulationsschema zur Berechnung der kalkulatorischen Risiken

Die Vorgaben für die Kalkulation lassen sich in zwei Abschnitte teilen: In den Zellen C19 und C20 werden Risiken prozentual erfasst. Den Zahlen können präzise Werte aus den Vorjahren oder auch Schätzungen zugrunde liegen. Der erste Prozentsatz (mit dem Bereichsnamen *wag_anlagen*) bezieht sich auf die Risiken bezüglich des Anlagevermögens, das in den Zellen G6 und H6 erscheint. Um das Anlagenwagnis zu erhalten, multiplizieren Sie einfach den Prozentsatz mit diesen Werten (=(G5+G6)*wag_anlagen bzw. =(H5+H6)*wag_anlagen).

Auch der Prozentsatz für die Beständewagnisse wird über einen Bereichsnamen angesprochen (*wag_bestaende*). Er wird mit dem vorliegenden Ergebnis des Umlaufvermögens bzw. der Warenlagerbestände multipliziert (=F7*wag_bestaende).

Im zweiten Abschnitt – Sie finden ihn im Zellbereich F19 bis F22 – werden weitere Risiken in den Bereichen *Vertrieb*, *FuE* etc. auf Grundlage der im Vorjahr registrierten Ausfälle eingegeben. Da es sich um Jahresergebnisse handelt, stellt sich die Weiterverarbeitung einfach dar: Die Werte müssen lediglich durch die Monatsanzahl geteilt werden.

Schließlich erhalten Sie die geldwerte Summe sämtlicher Risiken in Zelle K32 (Bereichsname *klk_wagnisse*). Dieser Gesamtwert wird über den Bereichsnamen im Tabellenblatt *BAB* Zelle K16, also den Verwaltungskosten, zugeordnet.

Mit diesem letzten Schritt haben Sie alle Gemeinkosten auf die bestehenden Kostenstellen verteilt. Dem Tabellenblatt *BAB* entnehmen Sie nun die berechneten Ergebnisse (Abbildung 14.12).

Mehrstufiger Betriebsabrechnungsbogen (Vollkostenrechnung)

Monat:

Kostenstellen / Kostenarten	Hauptkostenstellen				
	Einkauf	Fertigung 1	Fertigung 2	Verwaltung	Vertrieb
Kostenstellenkosten	161.318,73 €	316.366,33 €	985.534,30 €	164.563,88 €	305.063,06 €
Zuschlagsgrundlage	1.500.000,00 €	150.000,00 €	1.150.000,00 €	4.013.219,36 €	4.013.219,36 €
Gemeinkostenzuschlagssatz	**10,75%**	**210,91%**	**85,70%**	**4,10%**	**7,60%**

Abbildung 14.12 Kalkulierte Zuschlagsätze im Betriebsabrechnungsbogen

14.2   Divisionskalkulation

Die Divisionskalkulation ist ein relativ einfach durchzuführendes Verfahren der Kostenrechnung. Sämtliche Kosten einer Periode werden dabei in Relation zu einer bestimmten produzierten Menge an Gütern gesetzt. Dabei spielt es keine Rolle, ob es sich um Gemein- oder Einzelkosten handelt. Dieses Verfahren lässt sich demnach auch nur dann korrekt anwenden, wenn das Unternehmen nur ein einziges Produkt herstellt – oder aber eine Reihe von Produkten, die sich nur minimal unterscheiden.

Die Datei *14_Divisionskalkulation_00.xlsx* enthält eine Beispielrechnung. Die Arbeitsmappe enthält:

► eine Vorkalkulation

► eine Nachkalkulation

Die konkreten Berechnungen der Divisionskalkulation sind die Berechnung von (Abbildung 14.13):

► Herstellkosten

► Selbstkosten

► Barverkaufspreis

► Zielverkaufspreis

► Listenverkaufspreis

Divisionskalkulation					
Gewinnaufschlag	12,50%		Gewinnaufschlag	5,50%	
Skonto	3%		Skonto	2%	
Kundenrabatt	10,00%		Kundenrabatt	7,15%	
	Vorkalkulation		**Nachkalkulation**		**Δ**
	Stückzahl	3.000	Stückzahl	2.700	-300
	Kosten	Kosten/Einheit	Kosten	Kosten/Einheit	
Fertigungsmaterial	348.000 €	116,00 €	348.000 €	128,89 €	12,89 €
+ Hilfs- und Betriebsstoffe	34.800 €	11,60 €	34.800 €	12,89 €	1,29 €
+ Personalkosten	139.200 €	46,40 €	139.200 €	51,56 €	5,16 €
+ Abschreibungen	52.200 €	17,40 €	52.200 €	19,33 €	1,93 €
+ sonstige Kosten	17.400 €	5,80 €	17.400 €	6,44 €	0,64 €
	0,00 €	0 €	0,00 €	0,00 €	0,00 €
	0,00 €	0 €	0,00 €	0,00 €	0,00 €
	0,00 €	0 €	0,00 €	0,00 €	0,00 €
	0,00 €	0 €	0,00 €	0,00 €	0,00 €
	0,00 €	0 €	0,00 €	0,00 €	0,00 €
	0,00 €	0 €	0,00 €	0,00 €	0,00 €
	0,00 €	0 €	0,00 €	0,00 €	0,00 €
	0,00 €	0 €	0,00 €	0,00 €	0,00 €
	0,00 €	0 €	0,00 €	0,00 €	0,00 €
	0,00 €	0 €	0,00 €	0,00 €	0,00 €
	0,00 €	0 €	0,00 €	0,00 €	0,00 €
	0,00 €	0 €	0,00 €	0,00 €	0,00 €
= Herstellkosten	**591.600 €**	**197,20 €**	**591.600 €**	**219,11 €**	**21,91 €**
+ Verwaltungsgemeinkosten	42.700 €	14,23 €	42.700 €	15,81 €	1,58 €
+ Vertriebsgemeinkosten	46.040 €	15,35 €	46.040 €	17,05 €	1,71 €
= Selbstkosten	**680.340 €**	**226,78 €**	**680.340 €**	**251,98 €**	**25,20 €**
+ Gewinnaufschlag	85.043 €	28,35 €	37.419 €	13,86 €	-14,49 €
= Barverkaufspreis	**765.383 €**	**255,13 €**	**717.759 €**	**265,84 €**	**10,71 €**
+ Skonto	22.961 €	7,65 €	14.355 €	5,32 €	-2,34 €
= Zielverkaufspreis	**788.344 €**	**262,78 €**	**732.114 €**	**271,15 €**	**8,37 €**
+ Kundenrabatt	87.594 €	29,20 €	56.377 €	20,88 €	-8,32 €
= Listenverkaufspreis	**875.938 €**	**291,98 €**	**788.491 €**	**292,03 €**	**0,05 €**

Abbildung 14.13 Divisionskalkulation mit Vor- und Nachkalkulation

14.2.1 Durchführung der Vorkalkulation

Die ersten beiden Schritte der Divisionskalkulation befassen sich mit der Ermittlung der Herstell- und der Selbstkosten. Die Einzelkosten dazu tragen Sie in die Zellen B11 bis B28 ein. Jeden Wert dividieren Sie durch die produzierte Stückzahl, die in Zelle C9 eingegeben wird (Bereichsname *StückzahlVorkalkulation*). Die Funktion dazu lautet:

```
=WENNFEHLER(B11/StückzahlVorkalkulation;0)
```

Da nicht alle Zellen mit Einzelkosten gefüllt sind, ist die Fehlerunterdrückung mit WENNFEH-LER() angeraten.

Die Selbstkosten erhalten Sie, indem Sie lediglich in den Zellen B30 und B31 die Verwaltungs- und Vertriebsgemeinkosten eintragen und zu den Herstellkosten addieren.

Das eigentliche Ziel der Divisionskalkulation, die Ermittlung des Listenverkaufspreises, erreichen Sie, indem Sie den Selbstkosten Gewinnaufschlag, Skonti und Kundenrabatt hinzufügen. Alle drei Größen basieren auf Vorgaben, die im oberen Teil der Musterlösung (Zellbereich B3 bis B5) eingegeben werden (Abbildung 14.14).

Gewinnaufschlag	12,50%
Skonto	3%
Kundenrabatt	10,00%

Abbildung 14.14 Vorgaben für Gewinnaufschlag, Skonto und Kundenrabatt

In den Zellen B33, B35 und B37 werden diese Zuschläge jeweils berechnet.

14.2.2 Durchführung der Nachkalkulation

Auf der rechten Seite der Tabelle – in den Spalten D bis F – führen Sie die Nachkalkulation durch. Sie bedient sich der gleichen Methoden und Berechnungen wie die Vorkalkulation auf der linken Seite. Spalte F weist in diesem Zusammenhang die durch Änderungen bei der Produktstückzahl entstandenen Differenzen zwischen Vor- und Nachkalkulation aus. Verwenden Sie hier ein Zahlenformat, bei dem Ihnen die negativen Werte besonders deutlich in Rot angezeigt werden.

Bei verringerter Produktstückzahl können die Vorgaben für Gewinnaufschlag, Skonto und Kundenrabatt variiert werden, um den Listenverkaufspreis anzupassen.

14.2.3 Zellschutz für die Kalkulationsbereiche

Aufgrund der einfachen Struktur und der überschaubaren Zahl an Eingabezellen eignet sich das Anwendungsbeispiel besonders dazu, durch Sperrung der Zellen, in denen Kalkulationen durchgeführt werden, ein Formular zu entwerfen.

1. Markieren Sie die Zellen, in denen Eingaben erlaubt sein sollen, mit Strg und der linken Maustaste. Die betreffenden Zellen sind in der Tabelle hellblau formatiert.

2. Rufen Sie als Nächstes die Funktion der Zellformatierung mit der Tastenkombination $\boxed{\text{Strg}}$ + $\boxed{1}$ auf.

3. Wechseln Sie in der Dialogbox in das Register SCHUTZ, und entfernen Sie das Häkchen vor der Option GESPERRT (Abbildung 14.15). Bestätigen Sie die Auswahl mit OK.

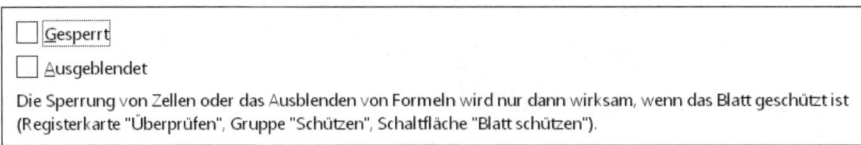

Abbildung 14.15 Aufheben der Zellsperrung

Nachdem Sie die Sperrung aufgehoben haben, müssen Sie noch den Blattschutz aktivieren. Dies erreichen Sie über START · ZELLEN · FORMAT · BLATT SCHÜTZEN oder ÜBERPRÜFEN · ÄNDERUNGEN · BLATT SCHÜTZEN. Legen Sie gegebenenfalls ein Kennwort für den Blattschutz fest.

Nach der Aktivierung des Blattschutzes können Sie nur noch in den nicht gesperrten hellblauen Zellen Daten ändern. Benutzen Sie die $\boxed{\leftrightarrows}$-Taste, um den Cursor von einer Eingabezelle zur nächsten zu bewegen.

Bedenken Sie auch, dass der Blattschutz und die Vergabe des Kennwortes lediglich dazu gedacht sind, Daten vor dem versehentlichen Überschreiben zu schützen. Keinesfalls ist die Methode dazu geeignet, sensible Daten z. B. durch Ausblenden von Spalten oder Tabellenblättern sicher vor fremdem Zugriff zu schützen. Sollten Sie diese Absicht hegen, sollten Sie in jedem Fall zur Verschlüsselung Ihres Dokuments zu einer Verschlüsselungssoftware greifen.

Das Kennwort, mit dem Sie den Blattschutz in dieser Beispieldatei aufheben können, lautet `rheinwerk`.

14.3   Zuschlagskalkulation

Mit der Zuschlagskalkulation wird ein weiteres Verfahren der Kostenrechnung zur Verfügung gestellt. Bei der Zuschlagskalkulation werden im Gegensatz zur soeben beschriebenen Divisionskalkulation

▶ die Gemeinkosten berücksichtigt und

▶ den Einzelkosten zugeschlagen.

Die dabei verwendeten Zuschlagsätze entnehmen Sie im Normalfall dem Betriebsabrechnungsbogen (Abbildung 14.16).

Das Beispiel, das ich in diesem Abschnitt verwende, finden Sie in der Datei *14_Zuschlagskalkulation_00.xlsx*.

Differenzierte Zuschlagskalkulation

Materialgemeinkosten	7,39%	Vertriebsgemeinkosten	8,76%	
Fertigungsgemeinkosten I	853,80%	Gewinnaufschlag	12,50%	
Fertigungsgemeinkosten II	305,31%	Skonto	3,00%	
Verwaltungsgemeinkosten	4,95%	Kundenrabatt	33,00%	

	Vorkalkulation		Nachkalkulation	
	Zuschlag	Betrag	Betrag	Zuschlag
Materialkosten		116,00 €	113,68 €	
+ Materialgemeinkosten	7,39%	8,57 €	11,37 €	10,00%
= **Materialkosten**		**124,57 €**	**125,05 €**	
Fertigungseinzelkosten I		1,50 €	1,56 €	
+ Fertigungsgemeinkosten I	853,80%	12,81 €	12,48 €	800,00%
= **Fertigungskosten I**		**14,31 €**	**14,04 €**	
Fertigungseinzelkosten II		12,60 €	13,10 €	
+ Fertigungsgemeinkosten II	305,31%	38,47 €	41,92 €	320,00%
= **Fertigungskosten II**		**51,07 €**	**55,02 €**	
= **Herstellkosten**		**189,95 €**	**194,11 €**	
+ Verwaltungsgemeinkosten	4,95%	9,40 €	11,65 €	6,00%
+ Vertriebsgemeinkosten	8,76%	16,64 €	19,41 €	10,00%
= **Selbstkosten**		**215,99 €**	**225,17 €**	
+ Gewinnaufschlag	12,50%	27,00 €	17,82 €	7,92%
= **Barverkaufspreis**		**242,99 €**	**242,99 €**	
+ Skonto	3,00%	7,29 €		
= **Zielverkaufspreis**		**250,28 €**		
+ Kundenrabatte	33,00%	123,27 €		
= **Listenverkaufspreis**		**373,55 €**		

Abbildung 14.16 Aufbau einer differenzierten Zuschlagskalkulation

14.3.1 Durchführung der Vorkalkulation

Wie Sie in Abbildung 14.16 sehen, treten zu den aus der Divisionskalkulation bekannten Vorgaben (Gewinnaufschlag, Skonto und Kundenrabatt) weitere Einflussgrößen, die bei der Kalkulation des Listenverkaufspreises, der auch hier im Mittelpunkt steht, eine Rolle spielen. Im oberen Tabellenbereich müssen Sie demnach auch die folgenden Zuschlagssätze festlegen:

► die Materialkosten

► die Fertigungskosten

► die Verwaltungskosten

► die Vertriebsgemeinkosten

Prinzipiell wäre es natürlich möglich, direkt mit den Werten zu rechnen, die im oberen Tabellenabschnitt eingegeben wurden. Aus Gründen der Übersichtlichkeit habe ich das Kalkulationsschema allerdings so angelegt, dass die Zuschlagssätze in der Gesamttabelle noch einmal ausgewiesen werden (Zellen B11, B14, B17, B20, B21, B23, B25 und B27). Auf diese Weise ist es einfacher, den Zuschlagsatz und den zugehörigen Betrag in Euro zu überblicken.

Da alle Eingabefelder im oberen Bereich der Beispieldatei mit Bereichsnamen versehen sind (Abbildung 14.17), erfolgt das Einfügen der Zuschlagssätze in das Formular auf Grundlage dieser Namen. Für die Berechnung der Zwischenergebnisse verwenden Sie dann durchweg einfache Formeln, z. B. in Zelle C11 die Formel =C10*B11, um den Betrag der Materialgemeinkosten zu berechnen.

Name	Wert	Bezieht sich auf	Bereich	Kommentar
Gewinnaufschlag	12,50%	=Zuschlagskalkulation...	Arbeitsma...	
GKFertigung1	853,80%	=Zuschlagskalkulation...	Arbeitsma...	
GKFertigung2	305,31%	=Zuschlagskalkulation...	Arbeitsma...	
GKMaterial	7,39%	=Zuschlagskalkulation...	Arbeitsma...	
GKVertrieb	8,76%	=Zuschlagskalkulation...	Arbeitsma...	
GKVerwaltung	4,95%	=Zuschlagskalkulation...	Arbeitsma...	
Kundenrabatt	33,00%	=Zuschlagskalkulation...	Arbeitsma...	
Skonto	3,00%	=Zuschlagskalkulation...	Arbeitsma...	

Abbildung 14.17 Bereichsnamen der Eingabefelder

14.3.2   Durchführung der Nachkalkulation

Im Rahmen der Nachkalkulation können Sie anschließend die Werte der Vorkalkulation im Bedarfsfall anpassen. Dies beginnt mit der etwaigen Änderung der Materialkosten und erstreckt sich über sämtliche Zuschlagwerte der Tabelle.

Die erfassten Änderungen wirken sich unmittelbar auf das Ergebnis der Selbstkosten aus (Abbildung 14.18). Die letzte Einflussgröße auf den Barverkaufspreis ist schließlich der Gewinnaufschlag. Dieser wird von Excel automatisch berechnet, ist also kein Eingabefeld.

Nachkalkulation	
Betrag	**Zuschlag**
113,68 €	
11,37 €	10,00%
125,05 €	
1,56 €	
12,48 €	800,00%
14,04 €	
13,10 €	
41,92 €	320,00%
55,02 €	
194,11 €	
11,65 €	6,00%
19,41 €	10,00%
225,17 €	
17,82 €	7,92%
242,99 €	

Abbildung 14.18 Nachkalkulation mit Anpassung der Zuschläge

Gehen Sie wie folgt vor:

1. Zunächst übernehmen Sie den zu erzielenden Barverkaufspreis aus der Vorkalkulation (=C24).

2. Dann bilden Sie in Zelle D23 aus der Differenz zwischen Selbstkosten und Barverkaufspreis den verbleibenden Gewinnaufschlag (=D24-D22).

3. Schließlich berechnen Sie den prozentualen Anteil des Gewinnaufschlags an den Selbstkosten in Zelle E23 (=D23/D22).

Auch dieses Eingabe- und Berechnungsschema eignet sich als Formular in Excel. Heben Sie,
wie bei der Divisionskalkulation beschrieben, den Zellschutz der Eingabezellen auf, und aktivieren Sie dann den Blattschutz, um das Tabellenblatt vor versehentlichem Überschreiben
der Formeln und Funktionen zu schützen.

14.4   Äquivalenzziffernrechnung

Ein drittes Standardverfahren bei der Kalkulation von Kosten ist die Äquivalenzziffernrechnung. Bei diesem Verfahren wird davon ausgegangen, dass ein Kostenfaktor, der bei der Herstellung sämtlicher Produkte einen starken Einfluss besitzt, als Referenzwert für die Kostenkalkulation dienen kann. Aus der Kenntnis der Kosten des einen Produkts lassen sich somit
die Kosten der anderen Produkte kalkulieren.

Um das Verfahren sinnvoll einzusetzen, müssen allerdings die beiden folgenden Bedingungen erfüllt sein:

▶ In Ihrem Unternehmen muss es eine Sortenherstellung geben, bei der sich die einzelnen
  Produkte lediglich in geringfügigen Einzelheiten unterscheiden.

▶ Der als Referenzwert ausgewählte Kostenfaktor – in Abbildung 14.19 ist es der Materialverbrauch in der Spalte Verbrauch (cm3) – muss die einzige veränderliche Einflussgröße auf
  die Kosten sein.

Äquivalenzziffernrechnung

Artikel-ID	Breite (cm)	Länge (cm)	Stärke (cm)	Verbrauch (cm3)	Äquivalenz-ziffer
1001	80	190	4,5	68.400	1
1002	80	240	4,5	86.400	1,263157895
1003	100	240	3,8	91.200	1,333333333
1004	100	300	3,8	114.000	1,666666667
1005	40	120	4,5	21.600	0,315789474
1006	80	80	4,5	28.800	0,421052632

| Herstellkosten je Verrechnungseinheit | | | 0,63 € | | |

Artikel-ID	Menge	Einheiten	Herstell-kosten	Herstellkosten (Stück)	
1001	400	400	252,00 €	0,63 €	
1002	320	405	255,15 €	0,80 €	
1003	200	267	168,21 €	0,84 €	
1004	280	467	294,21 €	1,05 €	
1005	500	158	99,54 €	0,20 €	
1006	420	177	111,51 €	0,27 €	

Abbildung 14.19 Kostenkalkulation mit Äquivalenzziffern

In der Datei *14_Äquivalenzziffernrechnung_00.xlsx* könnte es sich beispielsweise um die Produkte einer Tischlerei handeln, für die eine Kostenkalkulation realisiert werden soll. Hergestellt werden z. B. Holzplatten aller Art, die für Regale, Tische etc. verwendet werden. Unterstellt wird ferner, dass der Materialverbrauch der variable Einflussfaktor auf die Kosten ist. Im Umkehrschluss bedeutet dies auch, dass bei der Anwendung der Äquivalenzziffernrechnung weder die Gemeinkosten des Unternehmens noch andere direkte Kosten – z. B. die Herstellkosten selbst – in die Kalkulation einbezogen werden.

14.4.1   Bildung der Äquivalenzziffern

Nachdem Sie die bestimmende Einflussgröße, den Materialverbrauch, identifiziert haben, legen Sie anhand eines Musterprodukts den Referenzwert für die Kostenkalkulation fest. In der Beispieldatei ist der Materialverbrauch für das Produkt mit der Artikel-ID *1001* Ihr Referenzwert. Dieser Verbrauchswert erhält nun die Äquivalenzziffer *1* (Abbildung 14.20).

Verbrauch (cm3)	Äquivalenz-ziffer
68.400	1
86.400	1,263157895
91.200	1,333333333
114.000	1,666666667
21.600	0,315789474
28.800	0,421052632

Abbildung 14.20 Bildung der Äquivalenzziffern

Auf Basis dieses Wertes und der Verbrauchsangaben der weiteren Produkte in Spalte E können Sie jetzt die Äquivalenzziffern aller anderen Produkte berechnen. Da der Referenzverbrauch in Zelle C4 den Bereichsnamen *Referenzwert* trägt, führen Sie die Kalkulation zur Berechnung der nächsten Äquivalenzziffer mit der Formel =E5/Referenzwert durch. Die Formel kopieren Sie sodann nach unten, um alle weiteren Äquivalenzziffern zu ermitteln.

14.4.2   Verwendung der Äquivalenzziffern in der Kostenkalkulation

Im nächsten Schritt möchten Sie nun sicherlich die Herstellkosten pro Stück berechnen. Dafür benötigen Sie zunächst die Herstellkosten für eine Verrechnungseinheit. Diese Verrechnungseinheit (VE) basiert wiederum auf dem Produkt, aus dem Sie den Referenzwert abgeleitet haben. In Zelle D11 wurden die Herstellkosten je VE mit *0,63 €* beziffert (Abbildung 14.21). Der Wert der VE ergibt sich aus der Division der Herstellkosten des Produkts dividiert durch dessen produzierte Menge.

In der Tabelle berechnen Sie nun in der mit *Einheiten* überschriebenen Spalte, wie viele VEs sich aus einer spezifischen Menge der weiteren Produkte ergeben. Dazu multiplizieren Sie die Mengenangaben mit dem Referenzwert des Artikels (=B14*F4). Dies bedeutet im Fall des

Produkts 1002, dass die produzierte Menge von 320 Exemplaren dem Verbrauch von 405 Verrechnungseinheiten entspricht.

Herstellkosten je Verrechnungseinheit			0,63 €	
Artikel-ID	**Menge**	**Einheiten**	**Herstell-kosten**	**Herstellkosten (Stück)**
1001	400	400	252,00 €	0,63 €
1002	320	405	255,15 €	0,80 €
1003	200	267	168,21 €	0,84 €
1004	280	467	294,21 €	1,05 €
1005	500	158	99,54 €	0,20 €
1006	420	177	111,51 €	0,27 €

Abbildung 14.21 Kostenkalkulation auf Basis von Verrechnungseinheiten

Da Sie den Wert einer Verrechnungseinheit kennen, multiplizieren Sie anschließend den Ergebniswert der Spalte *Einheiten* mit den Herstellkosten je VE (z. B. in D14 mit der Formel =C14*HerstellkostenVE). Wenn Sie die Gesamtherstellkosten durch die produzierte Menge teilen, erhalten Sie in Spalte E nun problemlos die Herstellkosten je Stück. Die beiden letzten Berechnungen kopieren Sie nach unten, um auch alle weiteren Ergebnisse zu erhalten.

14.5   Prozesskostenrechnung

Alle in diesem Kapitel bislang beschriebenen Methoden der Kostenrechnung ziehen kritische Äußerungen auf sich, wenn es um die Fragen der Flexibilität und Genauigkeit geht. Bei Methoden, die nicht zwischen Einzel- und Gemeinkosten unterscheiden, fällt diese Kritik natürlich besonders leicht. Doch auch die Verfahren, die mit Zuschlägen auf Gemeinkostenbasis operieren, müssen sich kritische Fragen gefallen lassen:

▶ Wie präzise werden interne Leistungen verrechnet?

▶ Wie genau ist letztlich die Berechnung der Zuschläge?

▶ Welche Zuschläge liegen den Kalkulationen zugrunde?

Am schwersten wiegt allerdings der Vorwurf, dass die Leistungserbringung moderner Unternehmen von zwei Rahmenbedingungen gekennzeichnet ist, die in den traditionellen Verfahren der Kostenrechnung überhaupt keine Rolle spielen:

▶ Im Rahmen zunehmender Kundenorientierung werden Produkte und Dienstleistungen und mit ihnen auch die Prozesse zur Herstellung von Produkten und Dienstleistungen immer flexibler gestaltet.

▶ In einem immer stärker auf Know-how aufbauenden Unternehmensumfeld beeinflussen zunehmend – in Umfang und Intensität – ständig wechselnde Kostenfaktoren, die aus Informationsmanagement, Beratung, Training und IT-Management resultieren, die Herstellkosten.

14

Die starren, weil pauschalen Zuschläge führen bei dieser Betrachtungsweise zu teilweise erheblichen Verzerrungen der gesamten Kostenkalkulation. Es liegt daher nahe, über Methoden nachzudenken, die ihren Schwerpunkt stärker auf die Analyse der konkreten Prozesse legen.

Bei der Prozesskostenrechnung (*Activity-based Costing*) ist genau dies der Fall. Das Verfahren bestimmt zunächst sämtliche Arbeitsprozesse, die zum Erstellen eines Produkts oder einer Dienstleistung nötig sind. Dadurch können die tatsächlichen Kostenverursacher und schließlich die Kostentreiber bestimmt werden.

14.5.1 Arbeitsschritte zur Durchführung der Prozesskostenrechnung

Der Ablauf sei hier kurz skizziert:

▶ Identifizierung der Haupt- und Teilprozesse, die an der Leistungserbringung beteiligt sind

▶ Ordnen der Aktivitäten anhand der Prozesszugehörigkeit und somit nach einem zeitlichen bzw. sachlich-logischen Zusammenhang – im Gegensatz zur Zuordnung zu einer Kostenstelle, wie es bei den gängigen Verfahren geschieht

▶ Identifizierung der Kostentreiber (*Cost Driver*) als Größen, die unmittelbar als Kostenverursacher wirken

▶ nachhaltige Beeinflussung leistungsmengeninduzierter (*lmi*) Kosten durch Kostentreiber

▶ Bestimmung der Prozessmengen und der leistungsmengeninduzierten sowie der leistungsmengenneutralen (*lmn*) Kosten

▶ Berechnung des Prozesskostensatzes der leistungsinduzierten Kosten

Die Datei *14_Prozesskostenrechnung_00.xlsx* enthält ein Beispiel für die Prozesskostenrechnung.

14.5.2 Tabellenaufbau bei Anwendung der Prozesskostenrechnung

Die in Abbildung 14.22 dargestellte Tabelle enthält die Prozessübersicht eines Unternehmens nach der Durchführung einer Prozessanalyse. Neben der Identifizierung der Prozesse wurden auch bereits die Gesamtmengen der Prozesse ermittelt. Die Prozessliste umfasst, abgesehen von der reinen Fertigung der Produkte, auch Prozesse wie die Bestellung der Produkte, die Auftragsbearbeitung und gelegentlich anfallende Tätigkeiten, wie z. B. die Bearbeitung von Reklamationen.

Im oberen Abschnitt (Zeile 3 bis 7) zeigt Ihnen die Tabelle zudem die Anzahl der Inanspruchnahmen dieser Prozesse bei der Produktion von vier Produkten (*Modell 1* bis *Modell 4*). Sie erkennen also, dass beim Produkt *Modell 1* 13.000 Bestellvorgänge durchgeführt wurden, ihm 1.200 Eingangsprüfungen zuzurechnen sind und insgesamt 50 Reklamationen die Aufmerksamkeit und das Handeln der Mitarbeiter erforderten.

Prozess	Prozessmenge				
	Menge	Modell 1	Modell 2	Modell 3	Modell 4
Bestellung	42.000	13.000	14.500	4.500	1.200
Eingangsprüfung	8.000	1.200	1.350	800	250
Fertigung	3.800	1.100	1.200	450	300
Auftragsbearbeitung	12.500	4.500	5.100	230	190
Kundenreklamationen	190	50	35	12	4

Prozess	Cost Driver	Prozesskosten				
		Menge	gesamt	lmi	lmn	Prozesskostensatz
Bestellung	Anzahl Bestellungen	42.000	438.400 €	423.900 €	14.500 €	10,09 €
Eingangsprüfung	Anzahl Prüfungen	8.000	83.400 €	79.200 €	4.200 €	9,90 €
Fertigung	Losgröße	3.800	767.900 €	739.000 €	28.900 €	194,47 €
Auftragsbearbeitung	Anzahl Aufträge	12.500	402.980 €	392.000 €	10.980 €	31,36 €
Kundenreklamationen	Anzahl Reklamationen	190	7.900 €	7.800 €	100 €	41,05 €

Abbildung 14.22 Aufbau einer Tabelle zur Prozesskostenrechnung

Der untere Tabellenabschnitt betrachtet die Prozesse schließlich aus der Sicht der durch sie entstandenen Kosten. In Spalte B wird für jeden Prozess ein Kostentreiber benannt. Dieser muss sorgfältig bestimmt werden, denn nicht immer ist die reine Zahl der Wiederholungen für den Anstieg oder die Senkung der Kosten verantwortlich.

In der Beispieltabelle sehen Sie dies deutlich an den drei ersten Kostentreibern. Die Anzahl der Bestellungen und der damit durchgeführten Bestellvorgänge ist ebenso kostenrelevant wie die konkrete Zahl der durchgeführten Eingangsprüfungen. Bei der Fertigung bildet nicht die Anzahl der Produktionsvorgänge den Kostentreiber. Vielmehr tritt hier die Losgröße der Aufträge als *Cost Driver* in Erscheinung. Dies liegt daran, dass Arbeitsvorbereitungen, das Rüsten der Maschinen etc. bei kleineren Serien gleich viel Zeit in Anspruch nehmen und damit Kosten verursachen wie bei großen Serien. Kleine Aufträge treiben somit die Kosten nach oben. Und die Erhöhung des Anteils großer Serien trüge wesentlich zur Kostensenkung bei.

In den beiden Spalten *lmi* und *lmn* finden Sie die leistungsmengeninduzierten bzw. leistungsmengenneutralen Kosten der einzelnen Prozesse. Beide Werte sind das Ergebnis einer eingehenden Prozessanalyse. Leistungsmengeninduziert sind solche Kosten, die unmittelbar von der Anzahl der Prozessdurchführungen beeinflusst werden. Leistungsmengenneutrale Kosten stehen in keinem Zusammenhang mit der Häufigkeit der Prozessdurchführung.

14.5.3 Berechnung des Prozesskostensatzes und der Selbstkosten

Ein wichtiger Schritt für die weiteren Berechnungen der Prozesskostenrechnung ist, den Prozesskostensatz eines jeden Prozesses in Erfahrung zu bringen. Dies geschieht in der Beispieldatei in Spalte G. In Zelle G11 bilden Sie den Prozesskostensatz, indem Sie die leistungsmengeninduzierten Kosten durch die Prozessmenge teilen (=E11/C11).

$$Prozesskostensatz = \frac{lmi\text{-}Kosten}{Prozessmenge}$$

Kopieren Sie diese Formel nach unten, um alle Prozesskostensätze zu erhalten.

Damit haben Sie nun das Werkzeug in der Hand, um die Selbstkosten für jedes einzelne Modell der Produktpalette zu ermitteln (Abbildung 14.23). Dazu brauchen Sie selbstverständlich die Material- und Lohnkosten (Einzelkosten).

Prozess	Cost Driver	Menge	Prozesskosten			Prozesskostensatz
			gesamt	lmi	lmn	
Bestellung	Anzahl Bestellungen	42.000	438.400 €	423.900 €	14.500 €	=E11/C11

Abbildung 14.23 Bildung des Prozesskostensatzes

In der Beispielanwendung habe ich für jedes Modell ein eigenes Tabellenblatt angelegt und die benötigten Daten dort eingegeben (Abbildung 14.24).

Modell 1	
Kostenart	
Einzelkosten — Materialkosten	2.743.000,00 €
Lohnkosten	1.937.000,00 €
Summe	**4.680.000,00 €**
Prozesskosten — Bestellung	131.207,14 €
Eingangsprüfung	11.880,00 €
Fertigung	213.921,05 €
Auftragsbearbeitung	141.120,00 €
Kundenreklamationen	2.052,63 €
Summe	**500.180,83 €**
Selbstkosten	**5.180.180,83 €**

Abbildung 14.24 Selbstkostenanteil auf Prozesskostenbasis

Die Zellen C3 und C4 sind Eingabezellen für Material- und Lohnkosten. Die Prozesskosten darunter berechnen Sie durch Multiplikation der Prozesskostensätze mit den Prozessmengen aus dem Tabellenblatt *Menge + Kosten* (z. B. ='Menge + Kosten'!D3*'Menge + Kosten'!G11, um für Modell 1 die *lmi*-Kosten des Bestellprozesses zu berechnen).

Dem Aufbau des Tabellenblattes *Menge + Kosten* gemäß können Sie diese Formel nach unten kopieren, um für alle Prozesse die leistungsbezogenen Kosten zu erhalten. Da sich auch die Tabellennamen nur geringfügig unterscheiden – *Modell 1*, *Modell 2* etc. –, müssen Sie die Formel auch nur geringfügig anpassen, nachdem Sie diese mit INHALTE EINFÜGEN • FORMELN in die anderen Tabellenblätter eingefügt haben.

14.5.4 Zuordnung der leistungsmengenneutralen Kosten

Bei der Zuordnung der leistungsmengenneutralen Kosten gilt es festzuhalten, dass sich die Experten uneinig darüber sind, wie die Zuordnung dieser Kosten korrekt zu erfolgen hat.

Vorgeschlagen wird einerseits das Modell, einen Umschlagsatz zu bilden. Dieser soll aus der Division der *lmi*-Kosten durch die *lmn*-Kosten, multipliziert mit dem Faktor 100, resultieren. Alternativ wird die Sammlung aller *lmn*-Kosten und deren Verteilung nach der Ermittlung der leistungsbezogenen Kosten über einen Verteilungsschlüssel diskutiert. Kritiker bemängeln, dass beide Verfahren zu einer Verfälschung der originär leistungsmengenorientierten Methodik führen.

Deshalb wird ein dritter Weg favorisiert, nämlich lediglich die *lmi*-Kosten zur Berechnung der Selbstkosten heranzuziehen und die leistungsmengenneutralen Kosten über die mehrstufige Deckungsbeitragsrechnung zu analysieren und zu verteilen. Wie Sie dies in Excel umsetzen, erfahren Sie auf den nächsten Seiten dieses Kapitels.

14.6   Deckungsbeitragsrechnung

Bei der Deckungsbeitragsrechnung müssen einige Daten bereits vorliegen, um die folgenden Berechnungen durchzuführen. Bekannt sein müssen:

▶ die Erlöse aus einem Produkt

▶ die variablen Kosten

▶ die Fixkosten

Liegen diese Basisdaten vor, werden Sie in Excel ohne großen Aufwand ein Kalkulationsschema entwickeln, mit dem Sie den Deckungsbeitrag berechnen (Abbildung 14.25). Die Beispieldatei, in der ein solches Schema bereits umgesetzt wurde, finden Sie unter dem Dateinamen *14_Deckungsbeitrag_00.xlsx*.

Deckungsbeitrag	
I. Variable Stückkosten (= k_v)	
Fertigungsmaterial	260,00 €
Fertigungslöhne	120,00 €
Variable Gemeinkosten	40,00 €
Summe	**420,00 €**
II. Fixe Kosten (= K_f)	
Fixe Fertigungskosten	12.600,00 €
Vertriebskosten	18.000,00 €
Kalk. Abschreibungen	14.400,00 €
Kalk. Zinsen	2.400,00 €
Summe	**47.400,00 €**
III. Verkaufspreis (= p)	
Preis/Stk.	475,00 €
Stückdeckungsbetrag	**55,00 €**
IV. Gewinnschwelle	
Break-Even-Point (Menge)	**862**
Break-Even-Point (Umsatz)	**409.450,00 €**

Abbildung 14.25 Berechnung des Deckungsbeitrags

Die beiden ersten Summen – variable und Fixkosten – ergeben sich aus der Addition der über diesen Zwischenergebnissen aufgeführten Einzelkosten. Den Stückdeckungsbetrag in Zelle B18 erhalten Sie durch die Subtraktion der variablen Stückkosten (B7) vom Stückpreis (B17) mit der Formel =B17-B7. Das ist alles.

Sie wissen nun, dass bei den gegebenen Daten insgesamt 55,00 € zur Deckung der Fixkosten und zur Erzielung von Gewinnen zur Verfügung stehen. Der Rest wird für die Deckung der variablen Stückkosten aufgewendet.

Break-even-Point für Menge und Umsatz

Sicherlich wird Sie dann als Nächstes interessieren, ab welcher Verkaufsmenge und somit ab welchem Umsatz für das analysierte Produkt die Gewinnzone erreicht wird. Die Formel zur Berechnung des Break-even-Points für die Menge lautet:

$$BEP\text{-}Menge = \frac{Fixkosten}{St\ddot{u}ckpreis - Produktionskosten}$$

Da Ihnen der Stückdeckungsbetrag bereits bekannt ist (B18), können Sie diese Formel zu =B14/B18 verkürzen. Vergessen Sie jedoch nicht, dass sich Bruchteile von Produkten nur selten verkaufen lassen, und packen Sie die Kalkulation der Break-even-Menge in die Funktion RUNDEN(Zahl; Anzahl_Stellen). Dadurch erhalten Sie in Zelle B21 die Formel =RUNDEN(B14/B18;0) und schließlich immer einen Ergebniswert ohne Nachkommastellen, wie etwa den Wert 862 in der Beispielrechnung.

Nun müssen Sie dieses Ergebnis nur noch mit dem Stückdeckungsbetrag multiplizieren, um auch noch den Break-even-Point für den Umsatz zu erhalten (Abbildung 14.26).

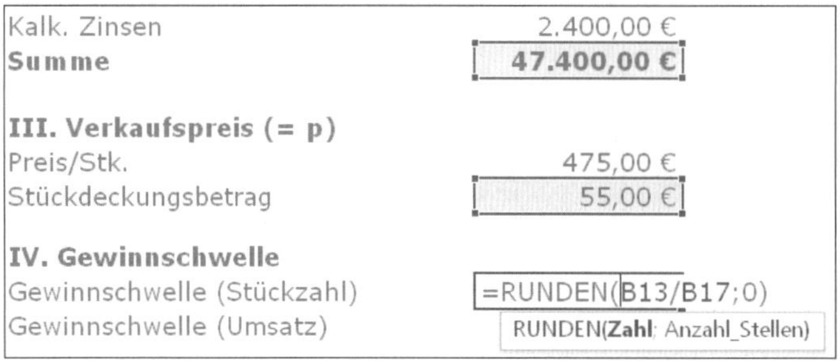

Abbildung 14.26 Berechnung des Break-even-Points der Absatzmenge

14.7 Dynamische Break-even-Analyse

Die Verläufe von Kosten und Erlösen abhängig von der Absatzmenge lassen sich anschaulich im Diagramm darstellen. Da der Einfluss der Absatzmenge von zentraler Bedeutung für beide Geraden ist, bietet sich ein dynamisches Diagramm zur Darstellung der Werte an (Abbildung 14.27).

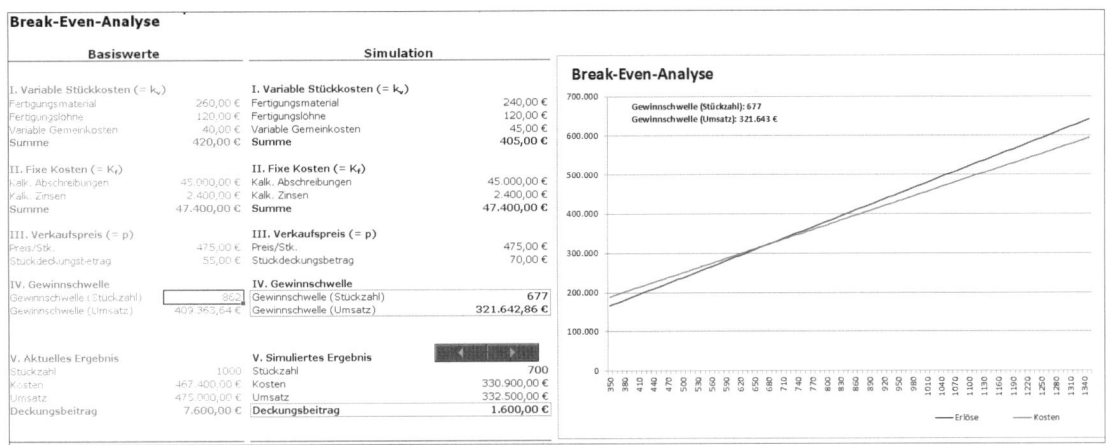

Abbildung 14.27 Kosten und Erlöse in einem dynamischen Diagramm

In der Datei *14_Break_Even_Analyse_00.xlsx* sind die Grundlagen für eine Berechnung der Kosten- und Erlösverläufe bereits gebildet.

In den Spalten D und E verwenden Sie den Tabellenaufbau, den wir bereits zur Berechnung des Deckungsbeitrags im vorangegangenen Abschnitt eingesetzt haben. Auch die Berechnung der Gewinnschwellen für Stückzahl und Umsatz in den Zellen E20 und E21 folgt dem oben bereits beschriebenen Muster.

Was ist neu in dieser Datei? Es ist die Kalkulation der Gesamtkosten und -erlöse in den Zellen E25 und E26. Beide Resultate entstehen auf der Grundlage der in das Tabellenblatt eingegebenen Stückzahl (Zelle E24).

Geben Sie einen Wert – z. B. 700 – in Zelle E24 ein, und berechnen Sie die Kosten in E25 mit der Formel =(E24*E8)+E13. Die Umsätze in E26 erhalten Sie durch Eingabe der Formel =E16*E24 (Abbildung 14.28).

V. Simuliertes Ergebnis	◄ ►
Stückzahl	700
Kosten	330.900,00 €
Umsatz	332.500,00 €
Deckungsbeitrag	**1.600,00 €**

Abbildung 14.28 Kosten- und Umsatzberechnung auf Basis der Stückzahl

Die beiden Ergebniswerte sind zweifelsfrei korrekt, doch zur Bildung eines Liniendiagramms reichen sie selbstverständlich nicht aus. Sie benötigen zwei vollständige Datenreihen, die sich aus den beiden Basisberechnungen ableiten lassen.

14.7.1   Erstellen der Datenreihen für das Diagramm

Es ist wie so oft in Excel: Zur Erstellung eines aussagekräftigen Diagramms benötigen Sie so etwas wie eine Datenreihe aus Hilfsdaten. Weil das so ist, empfehle ich Ihnen, diese Datenreihen in einem separaten Tabellenblatt – quasi unsichtbar – anzulegen. In der Beispieldatei habe ich zu diesem Zweck bereits das Tabellenblatt *BEP-Daten* eingerichtet. Darin werden alle wesentlichen Daten zur Erzeugung des Liniendiagramms erzeugt (Abbildung 14.29).

	A	B	C	D	E
1	Intervall	Stückzahl	Erlöse	Kosten	Deckungsbeitrag
2	0	350	166250	189150	-22900
3	10	360	171000	193200	-22200
4	20	370	175750	197250	-21500
5	30	380	180500	201300	-20800
28	260	610	289750	294450	-4700
29	270	620	294500	298500	-4000
30	280	630	299250	302550	-3300
31	290	640	304000	306600	-2600
32	300	650	308750	310650	-1900
33	310	660	313500	314700	-1200
34	320	670	318250	318750	-500
35	330	680	323000	322800	200
36	340	690	327750	326850	900
37	350	700	332500	330900	1600

Abbildung 14.29 Datenbasis des dynamischen Liniendiagramms

Da nur zwei Ausgangswerte vorliegen, aus denen alle weiteren Zahlen für die Linien des Diagramms abgeleitet werden müssen, werden Sie die Datenreihe über einige Formeln erzeugen. Neben den eigentlichen Zahlen müssen Sie zudem festlegen, in welchen Intervallen die Diagrammdaten vorliegen sollen. Die Wertintervalle definieren Sie in Spalte A.

In Zelle B2 legen Sie hingegen fest, mit welcher Stückzahl die Kalkulation der Erlöse und Kosten beginnen soll. Sie werden dort mit Sicherheit einen Wert verwenden wollen, der unterhalb des Break-even-Points der Stückzahl liegt. Läge der Startwert der Datenreihe darüber, würde der Abschnitt des Linienverlaufs vor dem Erreichen der Gewinnschwelle in Ihrem Diagramm fehlen.

Nach diesen Vorüberlegungen können Sie mit der Eingabe der Basiswerte beginnen. Denken Sie auch jetzt wieder daran, die Anwendung flexibel zu halten. Erfassen Sie alle Start- und Basiswerte in einem speziellen Tabellenbereich, um auch später noch die Möglichkeit zu haben, die Diagrammgrundlagen mühelos anzupassen. In der Beispieldatei befinden sich sämtliche Vorgabewerte für die Diagrammdatenreihen in den Zellen I2 bis I4 (Abbildung 14.30).

Diagramm - Vorgabewerte	
Startwert	0
Intervall	10
Minderung Stückzahl	350

Abbildung 14.30 Vorgabewerte für die Datenreihen des Liniendiagramms

Den Startwert für die Intervallberechnung übernehmen Sie dann mit `=I2` in Zelle A2. Die weiteren Werte des Intervalls berechnen Sie in den Zellen darunter mit der Formel `=A2+$I$3`. Der Startwert in A2 wird also um den vorgegebenen Intervallwert aus Zelle I3 erhöht.

In Zelle B2 verwenden Sie dann den als Stückzahl festgelegten Wert des Tabellenblattes *Break-Even-Analyse* und subtrahieren davon den Minderungswert in Zelle I4: `='Break-Even-Analyse'!E24-$I$4`. Alle weiteren Werte dieser Datenreihe in Spalte B werden dann mit der Formel `=$B$2+A3` in Zelle B3 gewonnen, die Sie ebenfalls nach unten kopieren.

14.7.2 Berechnung der Umsatz- und Kostenwerte

Alle diese Aktionen sind lediglich Vorbereitungen, um schließlich zu den tatsächlichen Erlös- und Kostenwerten zu gelangen. Beide Datenreihen sollen in den Spalten C und D ausgegeben werden. Die Erlöse erhalten Sie mit `=B2*'Break-Even-Analyse'!$E$16`, also dem Startwert der Größenachse des Liniendiagramms multipliziert mit dem Stückpreis des Artikels. Lässt sich diese Formel nach unten kopieren? Ja, das funktioniert! Ihre Erlösdatenreihe ist damit auch schon fertiggestellt.

In der angrenzenden Spalte D dient Ihnen die Formel `='Break-Even-Analyse'!$E$13+B2*'Break-Even-Analyse'!$E$8` dazu, auch die Kalkulation der Kosten durchzuführen. Die Funktion verwendet die Fixkostensumme aus Zelle E13 des Tabellenblattes *Break-Even-Analyse* und addiert dazu das Produkt aus den variablen Stückkosten (`'Break-Even-Analyse'!$E$8`) und der Stückzahl der Größenachse (B2). Auch diese Formel schicken Sie mit einem Doppelklick auf das Ausfüllkästchen nach unten und erhalten somit für sämtliche Umsatzmengen die zu erwartenden Kosten.

14.7.3 Erstellen des Liniendiagramms

Das Diagramm, das Sie aus den beiden Datenreihen erstellen, enthält zunächst keinerlei Besonderheiten. Klicken Sie auf EINFÜGEN • DIAGRAMME • LINIE und dann auf DATEN AUSWÄHLEN.

Die Zellbezüge für Datenreihen und Achsenbeschriftung zeigt Tabelle 14.4.

Diagrammelement	Zellbezug
Beschriftung erste Datenreihe	`='BEP-Daten'!$D$1`
Daten erste Datenreihe	`='BEP-Daten'!$D$2:$D$102`
Beschriftung zweite Datenreihe	`='BEP-Daten'!$C$1`
Daten zweite Datenreihe	`='BEP-Daten'!$C$2:$C$102`
Achsenbeschriftung	`='BEP-Daten'!$B$2:$B$102`

Tabelle 14.4 Zellbezüge des Diagramms

Nachdem Sie das Diagramm erstellt haben, können Sie bereits die Werte aller Datenreihen und damit natürlich auch die Linien des Diagramms über die Änderung eines einzigen Wertes in der Arbeitsmappe verändern. Und das ist Zelle E24 im Tabellenblatt *Break-Even-Analyse*. Ändern Sie den dortigen Wert, werden die Umsatz- und Erlösdatenreihen automatisch aktualisiert. Und von den beiden Datenreihen hängt die Diagrammdarstellung ab, die ebenfalls automatisch aktualisiert wird.

Der einzige Punkt, der an der Tabellenkonstruktion noch verbesserungsfähig wäre, ist die Dateneingabe der Stückzahl in E24. Momentan wird der Wert dort per Tastatur eingegeben – und Tastatureingaben sind immer eine latente Fehlerquelle. Deshalb sollten Sie abschließend eine sichere Steuerung für die Auswahl dieses zentralen Wertes erstellen.

14.7.4 Einfügen des Drehfeldes

Excel stellt für die Gestaltung von Eingabeformularen und die Steuerung von Zellinhalten im Tabellenblatt sogenannte *Formularsteuerelemente* und *ActiveX-Steuerelemente* zur Verfügung. Zu den wesentlichen Unterschieden beider Steuerelementtypen werden wir im Folgenden noch kommen. Doch zunächst wird es Sie am meisten interessieren, wo Sie solche Steuerelemente im Menü von Excel überhaupt finden, um mit Ihnen arbeiten zu können.

Die Antwort lautet: Diese Elemente lassen sich im Menü ENTWICKLERTOOLS • STEUERELEMENTE abrufen. Dieses Menü wird Ihnen allerdings nicht standardmäßig im Excel-Menüband angezeigt.

Sollte dieses Menü bei Ihnen also nicht sichtbar sein, aktivieren Sie es in Excel über DATEI • OPTIONEN • MENÜBAND ANPASSEN und setzen dann auf der rechten Seite der Menüliste ein Häkchen vor den Eintrag ENTWICKLERTOOLS.

Der neue Menüeintrag enthält eine ganze Reihe von Gruppen, z. B. die zur Erstellung und Bearbeitung von Makros. Doch uns interessiert erst einmal nur die Verwendung von Steuerelementen, die Sie ebenfalls in einer eigenen Gruppe finden.

Nachdem Sie über STEUERELEMENTE • EINFÜGEN aus der Gruppe der ActiveX-Steuerelemente ein DREHFELD ausgewählt haben (Abbildung 14.31), zeichnen Sie dieses an geeigneter Stelle in das Tabellenblatt *Break-Even-Analyse*. Klicken Sie danach auf ENTWURFSMODUS und EIGENSCHAFTEN, sofern diese beiden Funktionen nicht bereits aktiviert sind. Beide Schaltflächen finden Sie in der Funktionsgruppe STEUERELEMENTE.

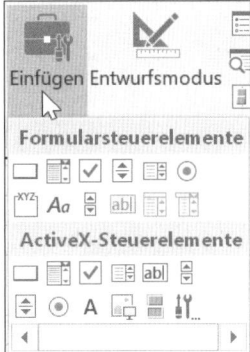

Abbildung 14.31 Einfügen eines Drehfeldes für die Steuerung der Stückzahl

Sobald Sie nun auf das gezeichnete Drehfeld klicken, zeigt Ihnen Excel die Dialogbox zur Definition der EIGENSCHAFTEN dieses Objekts an.

Wesentlich für die Definition des Steuerelements bezüglich der aktuellen Aufgabe sind die vier Eigenschaften, die Tabelle 14.5 wiedergibt.

Eigenschaft	Wert
LINKEDCELL (verknüpfte Zelle)	E24
MAX (Maximalwert)	1500
MIN (Minimalwert)	500
SMALLCHANGE (Intervall)	10

Tabelle 14.5 Wichtige Eigenschaften des ActiveX-Steuerelements

Die erste Eigenschaft – LINKEDCELL – legt fest, welche Zelle durch Betätigen des Drehfeldes verändert werden soll. Die Auswahl E24 besagt, dass mit einem Klick auf das Drehfeld der Wert in dieser Zelle verändert wird. Mit den beiden Eigenschaften MIN und MAX legen Sie den genauen Wertebereich fest, der in Zelle E24 erlaubt sein soll. Und schließlich definieren Sie mit der Eigenschaft SMALLCHANGE, dass ein Klick auf das Steuerelement den Ausgangswert um 10 erhöht oder verringert (Abbildung 14.32).

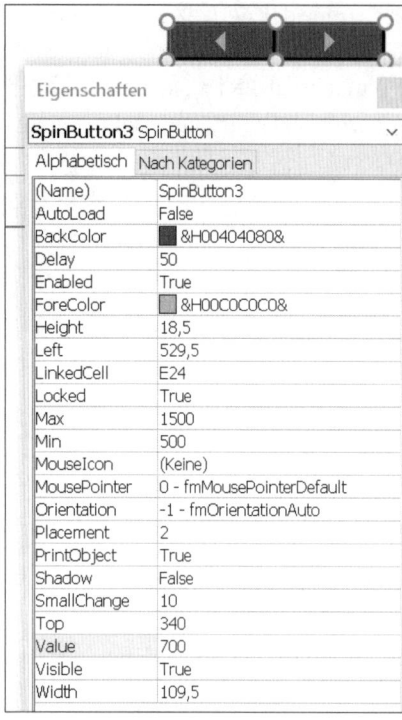

Abbildung 14.32 Eigenschaften des ActiveX-Steuerelements

Selbstverständlich können Sie auch andere Eigenschaften wie die Größe oder die Farbe des Steuerelements in dieser Dialogbox vorgeben. Nachdem Sie alle Einstellungen vorgenommen haben, schalten Sie mit einem erneuten Mausklick auf ENTWURFSMODUS die Bearbeitungsfunktion wieder ab und schließen die Dialogbox.

Der Entwurf dieses dynamischen Diagramms ist nun abgeschlossen. Die Steuerung des Wertes in Zelle E24 und damit auch die Berechnung der Datenreihen und die Diagrammdarstellung erfolgt nun über das Drehfeld im Tabellenblatt. Durch dieses Steuerelement ist ausgeschlossen, dass versehentlich fehlerhafte Eingaben in diese zentrale Zelle der Arbeitsmappe vorgenommen und dadurch Fehlberechnungen durchgeführt werden.

[i] **Formularsteuerelemente vs. ActiveX-Steuerelemente**

Formularsteuerelemente sind, wie Sie am Namen ablesen, dazu gedacht, in Formularen – sogenannten *User Forms* – eingesetzt zu werden. Dies erkennen Sie deutlich an ihrem Aussehen und vor allem an ihrer Formatierbarkeit. Formularsteuerelemente sind mausgrau. Punkt! Änderungen der Farbe sind nicht möglich. Ähnliche Einschränkungen gelten auch für die Auswahl der Schriftart und -größe bei Schaltflächen oder anderen Steuerelementen. Möchten Sie beispielsweise dynamische Tabellen oder Diagramme erstellen, die bei Präsentationen benutzt werden sollen, schränkt dies Ihre Gestaltungsmöglichkeiten sicherlich erheblich ein. Eine Gestaltung der Steuerelemente in Ihren Firmenfarben ist ausgeschlossen.

Doch Formularsteuerelemente, die Sie auch einfach auf dem Tabellenblatt positionieren können, sind auf der anderen Seite auch aufgrund dieser Einschränkungen simpel zu konfigurieren. Mit einem rechten Mausklick gelangen Sie im Kontextmenü zur Option STEUERELEMENT FORMATIEREN. Im Register STEUERUNG finden Sie alle verfügbaren Optionen zur Steuerung von Zellinhalten. Darüber hinaus können Sie einem Formularsteuerelement mit der rechten Maustaste ein MAKRO ZUWEISEN, das Sie zuvor aufgezeichnet oder im VBA-EDITOR geschrieben haben. Klicken Sie später auf die Schaltfläche, wird das Makro ausgeführt.

ActiveX-Steuerelemente, die zweite Gruppe der Steuerelemente, können Sie ebenfalls direkt auf der Oberfläche des Tabellenblattes einsetzen. Die Eigenschaften dieser Elemente sind umfangreicher. Es wird Ihnen eher gelingen, ActiveX-Steuerelemente in einer Präsentation den CI-Vorgaben Ihres Unternehmens anzupassen, als dies mit Formularsteuerelementen möglich wäre. Alle Gestaltungs- und Steuerungsfunktionen werden mithilfe des ENTWURFSMODUS und der Dialogbox EIGENSCHAFTEN angezeigt und festgelegt.

Mit einem Doppelklick auf ein ActiveX-Steuerelement gelangen Sie in den VBA-Editor und können dort ein Makro schreiben oder den Quelltext eines bereits vorhandenen VBA-Makros einfügen. Das Makro wird dann zukünftig beim Bedienen des Steuerelements ausgeführt.

Wenn Sie Dateien mit ActiveX-Steuerelementen anderen Benutzern zur Verfügung stellen, kann es geschehen, dass diese Elemente aufgrund der Sicherheitseinstellungen des Benutzers nicht sofort funktionieren. In den Excel-Optionen muss der Benutzer in diesem Fall die Elemente über TRUST-(SICHERHEITS-)CENTER • EINSTELLUNGEN FÜR DAS TRUST-(SICHERHEITS-)CENTER • ACTIVEX-EINSTELLUNGEN zunächst aktivieren. Wird dies vergessen, wundert sich der Benutzer unter Umständen, dass beim Mausklick auf eine Schaltfläche nicht das passiert, was er eigentlich erwartet.

14.7.5 Generieren einer dynamischen Beschriftung im Diagramm

Kehren wir noch einmal zum Zwischenstand unserer Arbeitsmappe zurück. Darin stehen Ihnen nun zwei Ebenen bei der Simulation des Deckungsbeitrags und der Gewinnschwellenanalyse zur Verfügung:

▸ Erstens können Sie im Tabellenblatt selbst durch Eingabe der variablen und fixen Kosten mühelos den Stückdeckungsbetrag flexibel berechnen.

▸ Zweitens gelingt es Ihnen mithilfe des Drehfeldes spielend, Kosten- und Erlösverlauf zu visualisieren.

Wenn es Ihnen nun noch gelänge, die Gewinnschwellenwerte – Umsatz und Stückzahl – im Diagramm anzuzeigen, wäre die visuelle Darstellung der Simulation vollständig und somit quasi präsentationsreif.

Das Problem, mit dem wir es zu tun haben, wenn die Ergebniswerte im Diagramm angezeigt werden sollen, ist das folgende: Excel ist nicht in der Lage, innerhalb eines Diagramms, z. B. in einer Beschriftung oder einem Titel, Formeln und Funktionen, wie wir sie aus dem Funktionsassistenten kennen, zu verwenden. Es fällt also von vornherein die Möglichkeit weg, im Diagramm die Gewinnschwellen zu berechnen.

Was jedoch in einem Diagramm möglich ist, ist der Verweis auf eine Zelle innerhalb der Arbeitsmappe (Abbildung 14.33). Und in dieser Zelle kann selbstverständlich eine Formel oder Funktion stehen, die dann, um im Beispiel zu bleiben, die Gewinnschwelle berechnet. Auf diesem Weg ist es also schließlich doch möglich, eine dynamische Beschriftung von Diagrammelementen zu realisieren (Abbildung 14.34).

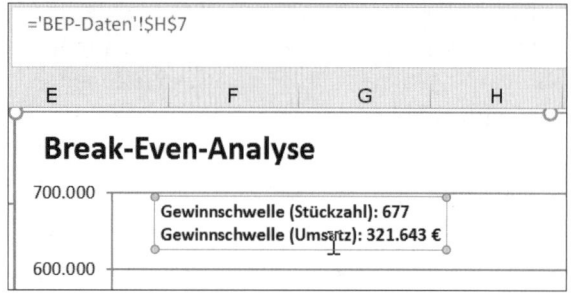

Abbildung 14.33 Verwendung einer dynamischen Beschriftung im Diagramm über einen Zellbezug

Diagramm - Beschriftung
Gewinnschwelle (Stückzahl): 677Gewinnschwelle (Umsatz): 321.643 €

Abbildung 14.34 Diagrammbeschriftung auf Grundlage von Formeln und Funktionen

Die beiden Werte, Gewinnschwelle für Stückzahl und Umsatz, sind in unserem Beispiel auch schon in der Arbeitsmappe berechnet worden und im Tabellenblatt *Break-Even-Analyse* verfügbar. Allerdings müssen die Werte im Tabellenblatt *BEP-Daten* in Zelle H7 noch in die Form gebracht werden, die im Diagramm nutzbar ist.

Die Funktion, mit der die Werte formatiert werden, ist auf den ersten Blick verwirrend und bedarf einiger Erläuterungen:

```
='Break-Even-Analyse'!$D$20&": " &'Break-Even-Analyse'!$E$20 & ZEICHEN(10)
&'Break-Even-Analyse'!$D$21&": "&TEXT('Break-Even-Analyse'!$E$21;"0.### €")
```

Vier Abschnitte müssen hier voneinander unterschieden werden:

1. Die beiden Beschriftungen – Gewinnschwelle (Stückzahl) und Gewinnschwelle (Umsatz) – liegen in der Originaltabelle bereits vor und müssen dort ausgelesen werden. Zudem werden sie mit einem Doppelpunkt verknüpft (z. B. 'Break-Even-Analyse'!$D$20&": ").

2. Dann werden die Ergebniswerte (z. B. 'Break-Even-Analyse'!$E$20) angefügt.

3. Danach muss ein Zeilenumbruch erzeugt werden, um beide Werte im Diagramm untereinander anzuordnen (& `ZEICHEN(10)`); den Zeilenumbruch erstellen Sie mit `ZEICHEN(10)`.

4. Der zweite Wert in der Beschriftung, also der Umsatz, soll mit Währungsformat erscheinen, deshalb muss die ursprüngliche Textverkettung mit `"&TEXT('Break-Even-Analyse'!$E$21;"0.###€")` formatiert werden.

Im Tabellenblatt ist die Beschriftung nun fertiggestellt. Nun muss sie noch in das Diagramm eingefügt werden.

14.7.6 Einfügen der dynamischen Beschriftung in das Liniendiagramm

Da das bestehende Diagramm bereits einen Titel besitzt (Break-Even-Analyse), entfällt dieses Diagrammelement als Container für die dynamische Beschriftung. Doch es gibt zum Glück Alternativen. Entweder fügen Sie einen Achsentitel ein (z. B. +(Diagrammelemente) • Achsentitel • Primär Horizontal oder in Excel 2010 Diagrammtools • Layout • Beschriftungen • Achsentitel • Titel der horizontalen Primärachse • Titel untere Achse), oder Sie zeichnen einfach ein Rechteck über Einfügen • Illustrationen • Formen • Rechtecke in das Diagramm.

Nachdem Sie eine der beiden Möglichkeiten umgesetzt haben, wählen Sie das erstellte Objekt aus. Klicken Sie dann in die Editierzeile oberhalb des Tabellenbereichs, und geben Sie dort ein Gleichheitszeichen ein. Anschließend zeigen Sie mit der Maus auf Zelle H7 im Tabellenblatt *BEP-Daten*, also auf die Zelle, in der sich die dynamische Beschriftung befindet. Bestätigen Sie den in der Editierzeile angezeigten Zellbezug mit ⏎ (Abbildung 14.35).

```
='BEP-Daten'!$H$7
```

Abbildung 14.35 Zellbezug zur Beschriftung eines Diagrammelements

Anschließend positionieren und formatieren Sie das Beschriftungselement nach Ihren Vorstellungen im Diagramm. Die variable Beschriftung ist damit fertiggestellt. Wenn Sie nun die variablen oder fixen Kosten in der Tabelle ändern, werden Ihnen automatisch die aktuellen Gewinnschwellenwerte im Diagramm angezeigt.

14.8 Mehrstufige Deckungsbeitragsrechnung

Die im vorigen Abschnitt dargestellte Deckungsbeitragsrechnung bezieht sich nur auf die Berechnung für ein Produkt. Sollen die Fixkosten des Unternehmens hingegen auf mehrere Produkte verteilt werden, müssen Sie die mehrstufige Deckungsbeitragsrechnung anwenden. Auch bei diesem Verfahren gilt der Grundsatz, dass die variablen Kosten zunächst bestimmt und einem Produkt zugerechnet werden müssen. Mehr als bei der einfachen Deckungsbeitragsrechnung müssen Sie hier darauf achten, welche Kosten einem spezifischen

Produkt zuzuordnen sind. Bei der Zuordnung gilt das Verursacherprinzip bzw. das Prinzip der Nähe der Kosten zu einem bestimmten Produkt.

Danach kalkulieren Sie stufenweise die Deckungsbeiträge. Wie Sie in Abbildung 14.36 (*14_Deckungsbeitrag_mehrstufig_00.xlsx*) erkennen, werden zunächst die Deckungsbeiträge sämtlicher Produkte durch Abzug der variablen Kosten je Produkt einzeln berechnet. In Zelle B4 finden Sie beispielsweise als Resultat für Produkt P1 den Deckungsbeitrag I dieses Produkts.

Deckungsbeitragsrechnung (mehrstufig)						
Produktgruppen	**Produktgruppe I**		**Produktgruppe II**		**Produktgruppe III**		
Produkte	**P I**	**P II**	**Q I**	**Q II**	**R I**	**R II**	**R III**
Gesamtdeckungsbeitrag I Produkt (DB I)	17.600,00 €	12.800,00 €	-5.600,00 €	28.900,00 €	34.500,00 €	-12.500,00 €	29.100,00 €
- Fixkosten Produkt (KF$_{Pro}$)	4.100,00 €	4.200,00 €	3.200,00 €	6.400,00 €	10.000,00 €	7.200,00 €	5.900,00 €
Gesamtdeckungsbeitrag II Produkt (DB II)	**13.500,00 €**	**8.600,00 €**	**-8.800,00 €**	**22.500,00 €**	**24.500,00 €**	**-19.700,00 €**	**23.200,00 €**
Gesamtdeckungsbeitrag Produktgruppe (DB$_{Gr}$ I)	22.100,00 €		13.700,00 €		28.000,00 €		
- Fixkosten Gruppe (KF$_{Gr}$)	11.200,00 €		19.610,00 €		20.200,00 €		
Gesamtdeckungsbeitrag III Produktgruppe (DB$_{Gr}$ II)	**10.900,00 €**		**-5.910,00 €**		**7.800,00 €**		
Gesamtdeckungsbeitrag Produktgruppen I bis III			**12.790,00 €**				

Abbildung 14.36 Mehrstufige Deckungsbeitragsrechnung

Anschließend werden die dem Produkt zuzuordnenden Fixkosten geltend gemacht (B5). Deren Abzug ergibt den Deckungsbeitrag II des Produkts, der Ihnen in Zelle B6 angezeigt wird.

Im nächsten Schritt werden die produktspezifischen Deckungsbeiträge aller Produkte, die zu einer Produktgruppe gehören, addiert. Dies ist für die beiden Produkte P1 und P2 z. B. in Zelle B7 geschehen (=SUMME(B6:C6)).

Nach Abzug der Fixkosten, die Sie diesen beiden Produkten und damit der Produktgruppe eindeutig zurechnen können, steht nun in Zelle B9 auch der Deckungsbeitrag III der ersten Produktgruppe fest. Mit den weiteren Produktgruppen verfahren Sie in gleicher Weise.

In einem letzten Arbeitsschritt führen Sie nun die Deckungsbeiträge der einzelnen Produktgruppen zusammen. Die Summe der produktgruppenspezifischen Deckungsbeiträge ergibt schließlich den Gesamtdeckungsbeitrag.

14.9   Planen von Kosten und Erlösen mithilfe von Szenarien

Sicherlich werden Sie im Laufe der Zeit und infolge der Änderung von Kostenstrukturen und/oder anderen geschäftlichen Rahmenbedingungen die eine oder andere Kosten- oder Erlöskalkulation abändern müssen. Eventuell erachten Sie es auch bereits beim Erstellen eines Kalkulationsmodells, wie ich es im letzten Abschnitt beschrieben habe, als äußerst sinnvoll, dieses mit unterschiedlichen Werten alternativ zu berechnen. Wenn dem so ist, sind mit Excel erstellte Kalkulationsszenarien ein sehr nützliches Werkzeug, von dem Sie Gebrauch machen sollten.

Szenarien leisten in Excel Folgendes:

▸ Sie speichern und verwalten unterschiedliche Kalkulationsalternativen in einem Tabellenblatt.

▸ Sie stellen alle alternativen Berechnungen jederzeit auf Knopfdruck zur Verfügung.

▸ Sie helfen Ihnen dadurch, die Anzahl der von Ihnen benutzten Kalkulationsdateien, in denen Sie alternative Berechnungen durchgeführt haben, zu verringern und überschaubar zu halten.

▸ Sie unterstützen Sie auf diesem Weg beim ökonomischen Umgang mit begrenztem Speicherplatz.

▸ Sie bieten Ihnen eine sehr bequeme Methode, automatisch alle Änderungen in Ihrem Kalkulationsmodell zu dokumentieren.

Das klingt sehr praktisch und – glauben Sie mir – ist es auch. Sehen wir uns diese Funktion von Excel genauer an.

14.9.1   Erstellen eines Szenarios aus einer Gewinnschwellenanalyse

Wir müssen nicht weit zurückgehen, um eine Anwendung zu finden, aus der sich sinnvoll ein Szenario entwickeln lässt: Die einstufige Deckungsbeitragsrechnung ist ein solches Beispiel. Die Datei *14_Szenario_Deckungsbeitrag_00.xlsx* enthält diesmal sämtliche Bausteine, um das Funktionsprinzip der Szenarien darzustellen. Um die Arbeit bei der Berechnung zu vereinfachen, habe ich sämtlichen relevanten Zellen in dieser Datei Bereichsnamen zugeordnet. Tabelle 14.6 zeigt, wie sie lauten.

Bereichsname	Zellbezug
Fertigungsmaterial	E5
Fertigungslöhne	E6
variable_Gemeinkosten	E7
variable_Stückkosten	E8
Abschreibungen_kalkulatorisch	E11
Zinsen_kalkulatorisch	E12
Fixkosten	E13
Stückpreis	E16

Tabelle 14.6 Bereichsnamen in der Gewinnschwellenanalyse

Bereichsname	Zellbezug
Stückdeckungsbetrag	E17
Gewinnschwelle_Stückzahl	E20
Gewinnschwelle_Umsatz	E21

Tabelle 14.6 Bereichsnamen in der Gewinnschwellenanalyse (Forts.)

Um keine Missverständnisse aufkommen zu lassen: Szenarien sind auch ohne einen einzigen Bereichsnamen möglich. Doch wie Sie später sehen werden, erleichtern Bereichsnamen die Lesbarkeit von Szenarioberichten erheblich.

14.9.2 Erfassen des ersten Szenarios

Lassen Sie uns der Einfachheit halber annehmen, Sie hätten den Deckungsbeitrag in dieser Datei auf Basis der Daten des vierten Quartals 2014 erstellt. Nun möchten Sie die Kalkulation und die wesentlichen Werte unter dem Szenarionamen Q4_2014 für zukünftige Vergleiche bewahren.

Rufen Sie die Funktion DATEN • DATENTOOLS • WAS-WÄRE-WENN-BERECHNUNGEN • SZENA-RIO-MANAGER auf. Klicken Sie danach auf HINZUFÜGEN. Es öffnet sich die Dialogbox zur Festlegung des Szenarionamens und der veränderlichen Zellen (Abbildung 14.37).

Abbildung 14.37 Festlegung des Szenarionamens und der veränderbaren Zellen

Der Szenarioname muss lediglich eine Anforderung erfüllen: Er muss so aussagekräftig sein, dass er Ihnen auch zukünftig sofort klarmacht, worum es in dem Szenario mit dieser Bezeichnung eigentlich geht. Die veränderlichen Zellen des Kalkulationsmodells sind:

▶ Fertigungsmaterial, Fertigungslöhne, variable Gemeinkosten

▶ kalkulatorische Abschreibungen und Zinsen

Schreiben Sie in das Eingabefeld SZENARIONAME: die gewünschte Bezeichnung »Q4_2014« für dieses Szenario. Wählen Sie danach im Eingabefeld VERÄNDERBARE ZELLEN: mit $\boxed{\text{Strg}}$ und linker Maustaste die Zellbereiche E5 bis E7 und E11 bis E12 als Eingabezellen aus. Nach einem Mausklick auf OK erscheint die Dialogbox zur Eingabe der SZENARIOWERTE (Abbildung 14.38).

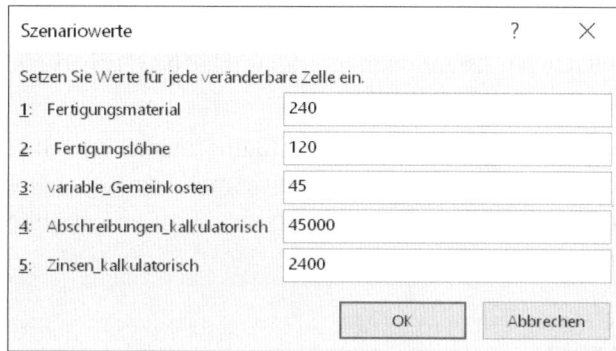

Abbildung 14.38 Eingabe der Szenariowerte

Sie werden unschwer erkennen, dass sämtliche Werte für dieses Szenario bereits in der Dialogbox angezeigt werden, da Excel sie aus dem Tabellenblatt übernommen hat. So bleibt nichts mehr zu tun, als die Werte mit OK zu bestätigen. Danach landen Sie erneut in der ersten Dialogbox.

Fügen Sie mit einem Klick auf HINZUFÜGEN der Reihe nach zwei weitere Szenarien ein. Welche das sind, wird in Tabelle 14.7 dargestellt.

Feldbezeichnung	Wert (Szenario: Materialkosten)	Wert (Szenario: Lohnkosten)
Fertigungsmaterial	280	240
Fertigungslöhne	120	126
variable_Gemeinkosten	52,5	47

Tabelle 14.7 Basiswerte für zwei Szenarien

671

Feldbezeichnung	Wert (Szenario: Materialkosten)	Wert (Szenario: Lohnkosten)
Abschreibungen_kalkulatorisch	45000	45000
Zinsen_kalkulatorisch	2400	2400

Tabelle 14.7 Basiswerte für zwei Szenarien (Forts.)

14.9.3   Abrufen der Szenarien

Alle Informationen zu Szenarien werden automatisch mit der Arbeitsmappe gespeichert, in der sie erstellt wurden. Sie können die Szenarien jederzeit abrufen oder auch ändern. Um sich das durchgerechnete Szenario in Ihrer Arbeitsmappe anzusehen, starten Sie den SZENARIO-MANAGER erneut, klicken doppelt auf den Szenarionamen oder wählen den Namen aus, um dann die Option ANZEIGEN zu aktivieren.

Möchten Sie die Werte eines Szenarios oder auch nur seine Bezeichnung ändern, erreichen Sie dies mit einem Klick auf BEARBEITEN. Und auch das Entfernen nicht mehr benötigter Szenarien ist selbstverständlich möglich. Klicken Sie dazu auf LÖSCHEN, und das ausgewählte Szenario ist unwiederbringlich verschwunden.

14.9.4   Erstellen eines Szenarioberichts

Nachdem Sie ausprobiert haben, wie Sie Szenarien erstellen und wie Sie ihre Ergebnisse anzeigen, ist es an der Zeit, sich die Berichtsfunktion dieses Features anzusehen. Szenarioberichte bieten eine einfach zu handhabende Möglichkeit, sämtliche Daten der verschiedenen Szenarien in einem Tabellenblatt übersichtlich zusammenzufassen. Teile eines solchen Berichts sind:

▶ die Zellen, die Sie als veränderbare Zellen des Szenarios definiert haben

▶ weitere frei bestimmbare Zellen, in den meisten Fällen von den veränderbaren Zellen abhängige Ergebniszellen

Um einen Szenariobericht zu erstellen, starten Sie erneut die Funktion DATEN • DATEN-TOOLS • WAS-WÄRE-WENN-ANALYSE • SZENARIO-MANAGER. Klicken Sie in der Dialogbox auf die Schaltfläche ZUSAMMENFASSUNG. Es öffnet sich die Dialogbox, die in Abbildung 14.39 gezeigt wird. Im Eingabefeld ERGEBNISZELLEN: legen Sie fest, welche Zellen bzw. Werte im Szenariobericht dokumentiert werden sollen.

In der Beispieldatei sollen dies die Ergebniszellen E17, E18, E20 und E21 sein und somit die Zellen, in denen Stückpreis, Stückdeckungsbetrag, Gewinnschwelle (Stückzahl) und Gewinnschwelle (Umsatz) als Resultat der Berechnungen mit den veränderbaren Zellen angezeigt werden.

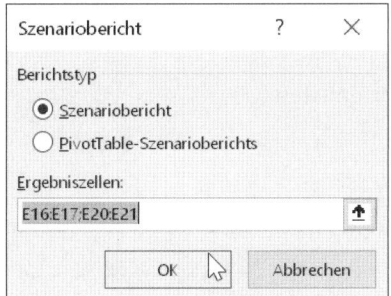

Abbildung 14.39 Festlegung der Zellen für den Szenariobericht

Durch einen Mausklick auf OK wird der Szenariobericht erstellt und als neues Tabellenblatt unter der Bezeichnung SZENARIOBERICHT in der Arbeitsmappe abgelegt (Abbildung 14.40). Darin werden in der oberen Ebene die veränderbaren und in der unteren Ebene die Ergebniszellen dargestellt. Jede Spalte enthält ein Szenario.

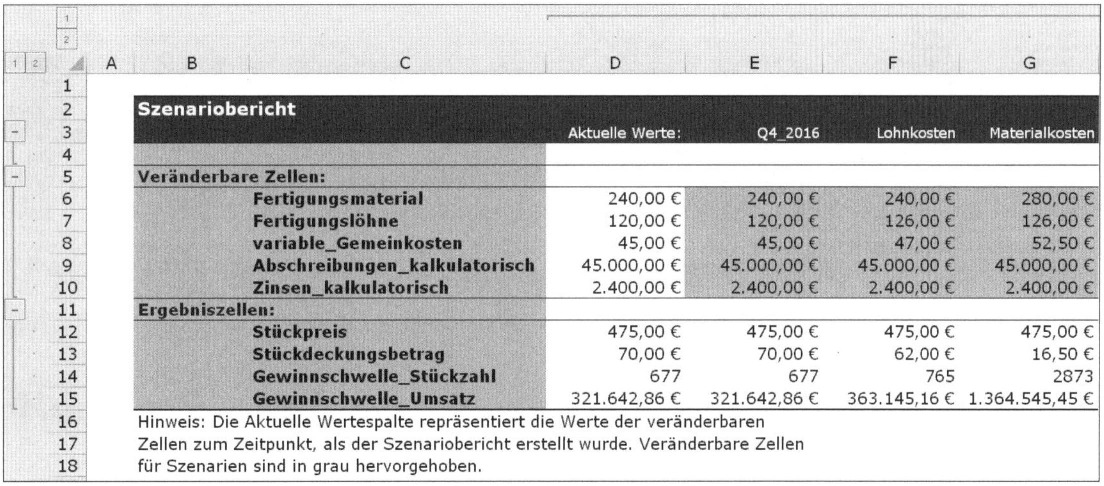

		Aktuelle Werte:	Q4_2016	Lohnkosten	Materialkosten
Szenariobericht					
Veränderbare Zellen:					
	Fertigungsmaterial	240,00 €	240,00 €	240,00 €	280,00 €
	Fertigungslöhne	120,00 €	120,00 €	126,00 €	126,00 €
	variable_Gemeinkosten	45,00 €	45,00 €	47,00 €	52,50 €
	Abschreibungen_kalkulatorisch	45.000,00 €	45.000,00 €	45.000,00 €	45.000,00 €
	Zinsen_kalkulatorisch	2.400,00 €	2.400,00 €	2.400,00 €	2.400,00 €
Ergebniszellen:					
	Stückpreis	475,00 €	475,00 €	475,00 €	475,00 €
	Stückdeckungsbetrag	70,00 €	70,00 €	62,00 €	16,50 €
	Gewinnschwelle_Stückzahl	677	677	765	2873
	Gewinnschwelle_Umsatz	321.642,86 €	321.642,86 €	363.145,16 €	1.364.545,45 €

Hinweis: Die Aktuelle Wertespalte repräsentiert die Werte der veränderbaren Zellen zum Zeitpunkt, als der Szenariobericht erstellt wurde. Veränderbare Zellen für Szenarien sind in grau hervorgehoben.

Abbildung 14.40 Zusammenfassung aller Daten in einem Szenariobericht

Da für alle dokumentierten Zellen des Berichts zuvor Bereichsnamen vergeben worden sind, werden die Zellen in Spalte C mit diesen Namen benannt. Für die Lesbarkeit des Berichts ist dies eine wesentliche Vereinfachung gegenüber den sonst verwendeten abstrakten Zellbezügen im Bericht.

14.10   Produktkalkulation mit Deckungsbeitragsrechnung

Die Beispielanwendung zur Produktkalkulation ist unter dem Dateinamen *14_Produktkalkulation_00.xlsx* gespeichert. Diese Datei enthält ein umfassendes Beispiel zur Kalkulation von

Kosten und Erlösen bei der Herstellung von Produkten. Folgende Arbeitsschritte deckt die Arbeitsmappe ab:

▶ Verwaltung von Artikel-, Material-, Lohn- und Kostenartenlisten

▶ Berechnung des Deckungsbeitrags I

▶ Erfassung bzw. Ermittlung der kundenbezogenen Prozesskosten

▶ Berechnung der quartalsbezogenen Prozesskosten und des Deckungsbeitrags II je Kunde und gesamt

▶ Kostenkalkulation je Produkt unter Berücksichtigung von Fertigungs-, Material- und Prozesskosten

Die einzelnen Tabellenblätter dienen der Erfassung wesentlicher Daten zu Einzel- und Gemeinkosten. Diese werden schließlich im Rahmen der vollständigen Kalkulation eines frei wählbaren Produkts im Tabellenblatt *Produktkalkulation* (Abbildung 14.41) zusammengeführt.

Produktkalkulation										
Artikel-ID	S01001									
Produktgruppe	Stühle									
Artikelbezeichnung	Bahia									
Stückliste	**Prozesstyp**	**Material**		**Fertigung**		**Prozesskosten I**		**Kosten**		
		Anzahl	€	Anzahl	€	Anzahl	€	Material	Fertigung	Prozesse
Eigene Teile										
Stuhlbein Typ 1	Holzarbeiten	4	2,90 €	0,50	21,00 €	0,10	56,00 €	11,60 €	10,50 €	5,60 €
Schalensitz	Holzarbeiten	1	9,80 €	0,75	21,00 €	0,20	56,00 €	9,80 €	15,75 €	11,20 €
Armlehne	Metallarbeiten	2	4,20 €	1,00	21,00 €	0,10	60,00 €	8,40 €	21,00 €	6,00 €
Rückenlehne	Holzarbeiten	1	11,00 €	0,50	21,00 €	0,10	56,00 €	11,00 €	10,50 €	5,60 €
Sitzfläche Typ 1	Holzarbeiten	1	9,50 €	0,75	21,00 €	0,20	56,00 €	9,50 €	15,75 €	11,20 €
			0,00 €		0,00 €		0,00 €	0,00 €	0,00 €	0,00 €
			0,00 €		0,00 €		0,00 €	0,00 €	0,00 €	0,00 €
			0,00 €		0,00 €		0,00 €	0,00 €	0,00 €	0,00 €
			0,00 €		0,00 €		0,00 €	0,00 €	0,00 €	0,00 €
			0,00 €		0,00 €		0,00 €	0,00 €	0,00 €	0,00 €
			0,00 €		0,00 €		0,00 €	0,00 €	0,00 €	0,00 €
Fremdbezug										
Schraube		16	0,03 €					0,48 €	0,00 €	0,00 €
Holzdübel		24	0,07 €					1,68 €	0,00 €	0,00 €
Seitenstabilisator		2	2,80 €					5,60 €	0,00 €	0,00 €
			0,00 €					0,00 €	0,00 €	0,00 €
			0,00 €					0,00 €	0,00 €	0,00 €
			0,00 €					0,00 €	0,00 €	0,00 €
			0,00 €					0,00 €	0,00 €	0,00 €
			0,00 €					0,00 €	0,00 €	0,00 €
Summe Stückliste								58,06 €	73,50 €	39,60 €
Fertigung										
Montage				0,50	17,50 €	0,10	48,00 €		8,75 €	4,80 €
					0,00 €		0,00 €		0,00 €	0,00 €
					0,00 €		0,00 €		0,00 €	0,00 €
					0,00 €		0,00 €		0,00 €	0,00 €
Summe Fertigung									8,75 €	4,80 €
Summe Herstellung										184,71 €

Abbildung 14.41 Produktkalkulation unter Verwendung von Einzel- und Gemeinkosten

14.10.1 Berechnungsgrundlage von Deckungsbeitrag I und II

Zu den ersten Schritten in dieser Beispielanwendung gehört die Kalkulation des Deckungsbeitrags I. Dieser ergibt sich aus:

Deckungsbeitrag I = Bruttoerlöse – Rabatte bzw. Skonti – direkte Produktionskosten

Nachdem der Deckungsbeitrag I vorliegt, werden die Prozesskosten, die sich einem Kunden unmittelbar zurechnen lassen, in die Kalkulation des Deckungsbeitrags II einbezogen:

Deckungsbeitrag II = Deckungsbeitrag I – kundenbezogene Prozesskosten

Um die Prozesskostenarten und die konkreten Prozesskosten selbst zu erfassen, benötigen Sie separate Tabellenblätter. Es ist also sinnvoll, einen Blick auf die Struktur der Arbeitsmappe zu werfen.

14.10.2   Arbeitsmappenstruktur der Beispielanwendung

Insgesamt werden Sie in der Arbeitsmappe *14_Produktkalkulation_00.xlsx* vier Tabellenblätter verwenden, die wichtige Basisdaten enthalten. Tabelle 14.8 gibt einen Überblick darüber.

Tabellenblatt	Daten
Materialliste	Dieses Blatt enthält eine einfache Liste mit Material-ID, Materialbezeichnung und Materialkosten.
Fertigungslöhne	Auch hierbei handelt es sich um eine einfache Liste, bestehend aus Lohn-ID, Lohngruppe, Bezeichnung und Stundenlohn.
Prozesskosten	Die Liste enthält neben der Prozess-ID und der Bezeichnung den Prozesskostensatz und die Kostenstelle, der die Prozesskosten zugeordnet sind.
Artikelliste	Sie setzt sich zusammen aus Artikel-ID, Bezeichnung, Produktgruppe, Produktionskosten und Herstellungspreis.

Tabelle 14.8 Tabellenblätter mit Basisdaten

Da Sie zur Berechnung des Deckungsbeitrags II eine Übersicht über sämtliche Prozesskosten benötigen, die einem Kunden zugeordnet werden können, ist eine detaillierte Analyse der einzelnen Prozesse Voraussetzung für das weitere Vorgehen. Prozesse wie Auftragsbearbeitung, Auslieferung oder Akquisition müssen identifiziert und ihre Kosten benannt werden.

Anschließend beginnen Sie damit, die Prozesse und natürlich die mit ihnen verbundenen Kosten bestimmten Kundenaufträgen zuzuweisen. Diese Zuweisung müssen Sie in Ihrer Arbeitsmappe wiederum dokumentieren (Tabellenblatt *Prozesskosten*), um mit den dann vorhandenen Werten den Deckungsbeitrag II zu berechnen.

Die Tabellenblätter, die Sie zur Kalkulation der Deckungsbeiträge einsetzen werden, zeigt Tabelle 14.9.

14

Tabellenblatt	Berechnung
DB I	Aus den Angaben zu Menge und Produkt wird der Bruttoerlös berechnet und durch Abzug von Skonto und Produktionskosten der DB I ermittelt.
kundenbezogene Prozesskosten	Nach Eingabe der kundenbezogenen Prozesse mit Datumsangabe werden die Prozesskosten berechnet und einer Kostenstelle zugewiesen.
DB II	Basierend auf den Angaben aus dem Tabellenblatt *DB I* werden die Auftragsdaten quartalsweise ausgelesen und diesen – ebenfalls quartalsweise – die kundenbezogenen Prozesskosten zugeordnet. Das Ergebnis ist der DB II (kundenbezogen, quartalsweise und für das Gesamtunternehmen).
Produktkalkulation	Dieses Tabellenblatt erlaubt unter Verwendung von Listenfeldern den Zugriff auf sämtliche Kostenfaktoren bei der Herstellung eines Produkts. Das Ergebnis ist die Summe der Herstellkosten. Weicht sie von den angegebenen Herstellkosten im Tabellenblatt *Artikelliste* ab, müssen diese durch den in der Produktkalkulation ermittelten Wert aktualisiert werden.

Tabelle 14.9 Arbeitsmappenstruktur zur Berechnung des Deckungsbeitrags

14.10.3   Berechnung von Deckungsbeitrag I

Der Deckungsbeitrag I wird im Tabellenblatt *DB I* berechnet. Ausgangspunkt ist die Eingabe einer Artikel-ID in Spalte C. Zur Durchführung der Kalkulation müssen Sie verschiedene Informationen aus den Artikelstammdaten übernehmen. Diese Stammdaten befinden sich im Tabellenblatt *Artikelliste* (Abbildung 14.42).

⁄	A	B	C	D	E
1	**ID**	**Bezeichnung**	**Produktgruppe**	**Produktionskosten**	**VK**
2	S01001	Bahia	Stühle	184,71 €	349,80 €
3	S01002	Hawaii	Stühle	124,36 €	290,00 €
4	T01001	Pernambuco	Tische	286,26 €	549,90 €
5	T01002	Amazonas	Tische	312,92 €	674,90 €
6	R01001	Madagaskar	Regale	251,83 €	524,90 €

Abbildung 14.42 Artikelliste

Auf der Grundlage der Artikel-ID werden sowohl der Verkaufspreis des Produkts als auch dessen Produktionskosten aus den Artikelstammdaten übernommen. Die beiden Funktionen lauten =SVERWEIS(C2;Artikelliste;5;FALSCH)*E2 (Verkaufspreis multipliziert mit der Menge) und =SVERWEIS(C2;Artikelliste;4; FALSCH)*E2 (Produktionskosten multipliziert mit der Menge). Durch Abzug der Rabatte von den Bruttoerlösen erhalten Sie den Nettoerlös. Ziehen Sie von diesem wiederum die Produktionskosten ab, gelangen Sie zum Deckungsbeitrag I. Beide Funktionen verwenden für das Argument `Matrix` von `SVERWEIS()` den Bereichsnamen *Artikelliste*, um auf die fünfspaltige Tabelle im Tabellenblatt *Artikelliste* zuzugreifen.

Das Ergebnis der Dateneingabe und der dadurch automatisch ausgelösten Berechnungen ist eine Übersicht sämtlicher Bestellungen und erzielter Umsätze, gewährter Rabatte, aufgewendeter Produktionskosten und erzielter Deckungsbeiträge I (Abbildung 14.43).

	A	B	C	D	E	F	G	H	I	J	K
1	Auftrag-ID	Kunden-ID	Artikel-ID	Bestelldatum	Menge	Umsatz (brutto)	Rabatt in %	Rabatt in €	Umsatz (netto)	Produktionskosten	DB I
2	AB12034	72139	S01001	13.09.2016	7	2.448,60 €	2%	48,97 €	2.399,63 €	1.292,97 €	1.106,66 €
3	AB12034	72139	S01002	13.09.2016	12	3.480,00 €	2%	69,60 €	3.410,40 €	1.492,32 €	1.918,08 €
4	AB12034	72139	T01001	13.09.2016	3	1.649,70 €	2%	32,99 €	1.616,71 €	858,78 €	757,93 €
5	AB12035	51299	T01002	15.10.2016	5	3.374,50 €	3%	101,24 €	3.273,27 €	1.564,60 €	1.708,67 €
6	AB12035	51299	R01001	15.10.2016	15	7.873,50 €	3%	236,21 €	7.637,30 €	3.777,45 €	3.859,85 €
7	AB12036	51299	S01001	15.10.2016	15	5.247,00 €	3%	157,41 €	5.089,59 €	2.770,65 €	2.318,94 €

Abbildung 14.43 Berechnung des Deckungsbeitrags I

14.10.4   Erfassung und Berechnung der kundenbezogenen Prozesskosten

Wie bereits erwähnt, bedarf es einer eingehenden Prozess- und Kostenanalyse, um die weiteren Schritte der Kostenkalkulation durchzuführen. Die Prozesskostenliste im Tabellenblatt *Prozesskosten* baut auf einer solchen eingehenden Analyse der Kostenstrukturen und Prozesse im Unternehmen auf. Deren Ergebnisse werden als weiteres Stammdatenblatt in der Arbeitsmappe geführt (Abbildung 14.44).

	A	B	C	D	E
1	Kunden-ID	Prozess	Datum	Kosten	KST
2	72139	Kundenkontakt	03.09.2016	78,00 €	1111
3	72139	Angebotserstellung	07.09.2016	124,00 €	1211
4	72139	Auftragsbearbeitung	10.09.2016	90,00 €	1211
5	72139	Auslieferung	16.09.2016	75,00 €	1300
6	72139	Fakturierung	16.09.2016	25,00 €	1211
7	72139	Buchung	17.09.2016	25,00 €	1211

Abbildung 14.44 Prozesskostenliste (Stammdaten)

Nachdem die allgemeinen Prozesskostenstrukturen im Unternehmen ermittelt wurden, weisen Sie im Tabellenblatt *kundenbezogene Prozesskosten* die Prozesskostenarten den einzelnen Kundenaufträgen zu.

Da die Arbeitsmappe keine Stammdatenliste Ihrer Kunden enthält, sind Sie gezwungen, die Kunden-ID im Tabellenblatt *kundenbezogene Prozesskosten* per Tastatur einzugeben. Den Geschäftsprozess hingegen wählen Sie in Spalte B über ein Listenfeld aus, das Sie über DATEN • DATENTOOLS • DATENÜBERPRÜFUNG einrichten können (Abbildung 14.45).

Nach der Eingabe des Datums, das die wesentliche Grundlage für die quartalsweise Auswertung der Deckungsbeiträge bildet, ordnet Excel den Kunden die entsprechenden Prozesskosten zu. Verantwortlich für die Zuordnung ist die Funktion `=INDEX(Prozesskosten;VER-GLEICH(B2;Prozess;0);3)`.

	A	B	C	D	E
1	Kunden-ID	Prozess	Datum	Kosten	KST
2	72139	Kundenkontakt	03.09.2016	78,00 €	1111
3	72139	Kundenkontakt	07.09.2016	124,00 €	1211
4	72139	Angebotserstellung	10.09.2016	90,00 €	1211
5	72139	Auftragsbearbeitung	16.09.2016	75,00 €	1300
6	72139	Auslieferung	16.09.2016	25,00 €	1211
7	72139	Fakturierung	17.09.2016	25,00 €	1211
8	51299	Buchung Reklamation	09.09.2016	78,00 €	1111
9	51299	Service	Angebotserstellung	14.09.2016	124,00 €	1211

Abbildung 14.45 Auswahl des Geschäftsprozesses

Die Funktion INDEX() spricht eine Matrix an, in diesem Fall den Zellbereich, der mit dem Bereichsnamen *Prozesskosten* bezeichnet wurde und sich im Tabellenblatt *Prozesskosten* befindet. Die Matrix umfasst sämtliche Spalten der Tabelle in diesem Tabellenblatt (Abbildung 14.46).

Die erste Spalte der Prozesskostenmatrix enthält die Prozess-ID. Das Auswahlfeld im Tabellenblatt *kundenbezogene Prozesskosten* verwendet hingegen die Prozessbezeichnung. Dies ist für Sie als Benutzer natürlich viel einfacher und angenehmer, als sich sämtliche Prozess-IDs merken zu müssen.

Aus dieser Konstellation entsteht ein Konflikt, der relativ häufig in Excel anzutreffen ist: Da die erste Spalte die ID enthält und bei der Funktion SVERWEIS() nur die erste Spalte für die Datenzuordnung verwendet wird, läuft die Auswahl der Prozessbezeichnung sozusagen ins Leere.

Die Funktion SVERWEIS() ist hier also nicht möglich. Die Umgehung des Problems in solchen Fällen ist zumeist die Funktion INDEX() in Kombination mit VERGLEICH(). Die letztere der beiden Funktionen findet einen gesuchten Begriff oder Wert in einer beliebigen Spalte oder Zeile (hier z. B. im Bereich *Prozess*) und gibt die Spalten- bzw. Zeilennummer der Fundstelle zurück.

Die Zeilen- oder Spaltennummer wird dann wiederum von INDEX() genutzt, um in einer anderen Matrix einen bestimmten Eintrag zu lokalisieren.

	A	B	C	D	E
1	Kunden-ID	Prozess	Datum	Kosten	KST
2	72139	Kundenkontakt	03.09.2016	78,00 €	1111
3	72139	Angebotserstellung	07.09.2016	124,00 €	1211
4	72139	Auftragsbearbeitung	10.09.2016	90,00 €	1211
5	72139	Auslieferung	16.09.2016	75,00 €	1300
6	72139	Fakturierung	16.09.2016	25,00 €	1211
7	72139	Buchung	17.09.2016	25,00 €	1211
8	51299	Kundenkontakt	09.09.2016	78,00 €	1111
9	51299	Angebotserstellung	14.09.2016	124,00 €	1211

Abbildung 14.46 Darstellung der kundenbezogenen Prozesskosten

Sie werden vielleicht einwenden, dass wir zur Auswahl der Prozesskosten auch die folgende Funktion hätten einsetzen können:

```
=SVERWEIS(B2;Prozesskosten!$B$2:$D$100;2;FALSCH)
```

Diese Lösung liefe allerdings zwangsläufig auf die Verwendung eines zweiten Zellbereichs in ein und demselben Tabellenblatt hinaus (`Prozesskosten!$B$2: $D$100` und `Prozesskosten!$A$2:$D$100`). In komplexen Anwendungen ist es immer geboten, die Anzahl der Bereiche und Bereichsnamen möglichst überschaubar zu halten und stattdessen nach Möglichkeiten zu suchen, die bestehenden Bereiche optimal zu nutzen. In diesem Zusammenhang ist der zusätzliche Aufwand bei der Entwicklung einer Funktion durchaus gerechtfertigt.

Die Funktion `INDEX()` können Sie sogleich ein zweites Mal einsetzen, denn auch die Zuweisung der Kostenstelle folgt dem soeben beschriebenen Beispiel und verwendet diese Funktion:

```
=INDEX(Prozesskosten;VERGLEICH(B2;Prozess;0);4)
```

14.10.5 Berechnung des Deckungsbeitrags II und quartalsweise Auswertung

Nachdem Sie den Arbeitsschritt der Zuordnung von Prozesskosten zu den einzelnen Aufträgen abgeschlossen haben, liegen sämtliche Daten vor, um die quartals- und kundenbezogene Auswertung der Kosten und Erlöse zu realisieren. Im Tabellenblatt *DB II* müssen Sie nun den umfassendsten Kalkulationsaufwand betreiben, erhalten aber im Gegenzug auch eine präzise Übersicht über Erlöse, Prozesskosten und Deckungsbeiträge.

Ginge es Ihnen nur um die isolierte Analyse der Erlöse oder Prozesskosten, wäre eine Pivottabelle ein geeignetes Mittel, auf das Sie zurückgreifen sollten und könnten. Suchen Sie hingegen die Verbindung zwischen Erlösen, Prozesskosten und Deckungsbeiträgen, stoßen Sie aufgrund der Datenstrukturen auf ernsthafte Hindernisse bei der Erstellung einer Pivottabelle, denn alle Daten befinden sich in separaten Tabellenblättern. Ziehen wir auch noch die Einschränkungen bei der Gestaltung und Weiterverarbeitung von Pivottabellen in Betracht, liegt es nahe, einen anderen Weg zur Darstellung der Auswertung beschreiten.

Wenn Sie auf eine Pivottabelle verzichten, heißt dies noch lange nicht, dass Sie auf eine optimale Übersicht bei der Darstellung der Ergebnisse verzichten müssen. Im Tabellenblatt *DB II* werden folgende Bausteine eingesetzt, um eine gut strukturierte quartalsweise Auswertung zu realisieren (Abbildung 14.49):

▸ die bedingte Kalkulation von Umsätzen, Prozesskosten und Deckungsbeiträgen mit der Funktion `SUMMEWENNS()`

▸ die Gliederungsfunktion, um Einzelheiten zu den Quartalen nach Bedarf ein- und auszublenden

▸ eine Fensterfixierung, um auch bei großen Datenmengen und dem notwendigen Scrollen durch die Tabelle die Beschriftung von Zeilen und Spalten im Auge zu behalten

	A	B	C	D	E	F	G	H	I	J	K
1	**Produktkalkulation**										
2	Artikel-ID	S01001									
3	Produktgruppe	Stühle									
4	Artikelbezeichnung	Bahia									
5	**Stückliste**	**Prozesstyp**	**Material**		**Fertigung**		**Prozesskosten I**		**Kosten**		
6			Anzahl	€	Anzahl	€	Anzahl	€	Material	Fertigung	Prozesse
7	**Eigene Teile**										
8	Stuhlbein Typ 1	Holzarbeiten	4	2,90 €	0,50	21,00 €	0,10	56,00 €	11,60 €	10,50 €	5,60 €
9	Schalensitz	Holzarbeiten	1	9,80 €	0,75	21,00 €	0,20	56,00 €	9,80 €	15,75 €	11,20 €
10	Armlehne	Metallarbeiten	2	4,20 €	1,00	21,00 €	0,10	60,00 €	8,40 €	21,00 €	6,00 €
11	Rückenlehne	Holzarbeiten	1	11,00 €	0,50	21,00 €	0,10	56,00 €	11,00 €	10,50 €	5,60 €
12	Sitzfläche Typ 1	Holzarbeiten	1	9,50 €	0,75	21,00 €	0,20	56,00 €	9,50 €	15,75 €	11,20 €
13				0,00 €		0,00 €		0,00 €	0,00 €	0,00 €	0,00 €
14				0,00 €		0,00 €		0,00 €	0,00 €	0,00 €	0,00 €
15				0,00 €		0,00 €		0,00 €	0,00 €	0,00 €	0,00 €
16				0,00 €		0,00 €		0,00 €	0,00 €	0,00 €	0,00 €
17				0,00 €		0,00 €		0,00 €	0,00 €	0,00 €	0,00 €
18				0,00 €		0,00 €		0,00 €	0,00 €	0,00 €	0,00 €
19	**Fremdbezug**										
20	Schraube		16	0,03 €					0,48 €	0,00 €	0,00 €
21	Holzdübel		24	0,07 €					1,68 €	0,00 €	0,00 €
22	Seitenstabilisator		2	2,80 €					5,60 €	0,00 €	0,00 €
23				0,00 €					0,00 €	0,00 €	0,00 €
24				0,00 €					0,00 €	0,00 €	0,00 €
25				0,00 €					0,00 €	0,00 €	0,00 €
26				0,00 €					0,00 €	0,00 €	0,00 €
27				0,00 €					0,00 €	0,00 €	0,00 €
28	**Summe Stückliste**								**58,06 €**	**73,50 €**	**39,60 €**
29	**Fertigung**										
30	Montage				0,50	17,50 €	0,10	48,00 €		8,75 €	4,80 €
31						0,00 €		0,00 €		0,00 €	0,00 €
32						0,00 €		0,00 €		0,00 €	0,00 €
33						0,00 €		0,00 €		0,00 €	0,00 €
34	**Summe Fertigung**									**8,75 €**	**4,80 €**
35	**Summe Herstellung**										**184,71 €**

Abbildung 14.47 Quartalsweise Auswertung von Umsatz, Prozesskosten und Deckungsbeiträgen

Es wäre übertrieben, zu behaupten, dass der in diesem Tabellenblatt zu betreibende Aufwand nicht gerechtfertigt wäre. Also los!

14.10.6   Bedingte Kalkulation auf Basis von Datum und Kunden-ID

Die erste Voraussetzung, die bei der Auswertung der Daten erfüllt sein sollte, ist die Zuordnung der Ergebnisse zu vier Datumsbereichen. Dazu müssen Sie die Eckdaten der Quartale als Auswertungskriterien festlegen. Es spricht nichts dagegen, die Eckdaten direkt im Tabellenblatt *DB II* zu hinterlegen.

In der Musterlösung ist dies im Zellbereich B3 bis E4 bereits geschehen (Abbildung 14.48). Die Datumsangaben werden Ihnen helfen, die Erlöse und Kosten nach Quartalen zu analysieren. Es ist unerheblich, ob Sie die Datumswerte in der Form =">=01.01.2016", wie es beispielsweise bei DB-Funktionen üblich ist, oder >=01.01.2016 eingeben. Beide Schreibweisen werden von der Funktion SUMMEWENNS() verstanden und korrekt verarbeitet.

Auswertungszeiträume			
Q1	**Q2**	**Q3**	**Q4**
>01.01.2016	>01.03.2016	>01.07.2016	>01.10.2016
<28.02.2016	<30.06.2016	<30.09.2016	<31.12.2016

Abbildung 14.48 Anfangs- und Endwerte der vier Quartale

▲	A	B	C	D	E	F	G	H
1			**Auswertungszeiträume**					
2		**Q1**	**Q2**	**Q3**	**Q4**			
3		>01.01.2016	>01.03.2016	>01.07.2016	>01.10.2016			
4		<28.02.2016	<30.06.2016	<30.09.2016	<31.12.2016			
5								
6			**Ergebnisse Q1**				**Ergebnisse Q2**	
7	**Kunden-ID**	**Umsatz**	**DB I**	**Prozesskosten**	**DB II**	**Umsatz**	**DB I**	**Prozesskosten**
8	72139	=SUMMEWENNS('DB I'!$I$2:$I$100;'DB I'!$B$2:$B$100;$A8;'DB I'!$D$2:$D$100;$B$3;'DB I'!$D$2:$D$100;$B$4)						
9	51299	SUMMEWENNS(Summe_Bereich; Kriterien_Bereich1; Kriterien1; [Kriterien_Bereich2; Kriterien2]; [Kriterien_Bereich3; Kriterien3]; [Kriterien_Bereich4; Kriterien4] ...)						
10	32907	0,00 €	0,00 €	0,00 €	0,00 €	0,00 €	0,00 €	0,00 €

Abbildung 14.49 Eine Funktion und drei Bedingungen ersetzen hier eine Pivottabelle: SUMME-WENNS(), Quartalsbeginn, -ende und Kunden-ID.

Als dritte Bedingung – neben dem Quartalsbeginn und dem Quartalsende – verwenden Sie die Kundennummer.

Den konkreten Wert beziehen Sie jeweils aus Spalte A der Tabelle (Abbildung 14.49). Die vollständige Funktion zum Berechnen der Umsätze lautet also:

```
=SUMMEWENNS('DB I'!$I$2:$I$100;'DB I'!$B$2:$B$100;$A8;'DB I'
!$D$2:$D$100;$B$3;'DB I'!$D$2:$D$100;$B$4)
```

Da die Bezüge auf $B$3 und $B$4 (Datumswerte für den Quartalsbeginn und das Quartalsende) absolut und auf $A8 – die Kundennummer – relativ in Bezug auf die Zeile gesetzt wurden, lässt sich die Funktion ohne Schwierigkeiten und Anpassungen nach unten kopieren.

Die nächste Funktion zur Berechnung von DB I unterscheidet sich nicht in der Struktur, sondern lediglich in den Bezügen auf die Spalte, in der sich die Daten der Zwischenberechnungen befinden. Ist dies bei den Umsätzen die Spalte I, müssen Sie für DB I die Werte aus Spalte K holen.

Auch die Funktion zur Berechnung der Prozesskosten weist eine ähnliche Struktur auf. Hier werden allerdings die Datumswerte aus Spalte C und die zu summierenden Kosten aus Spalte D bezogen.

Die Funktionen für die Berechnung aller Ergebnisse des ersten Quartals werden in Tabelle 14.10 dargestellt.

Ergebnis	Funktion
DB I	=SUMMEWENNS('DB I'!$K$2:$K$100;'DB I'!$B$2:$B$100;$A8;'DB I'!$D$2:$D$100;$B$3;'DB I'!$D$2:$D$100;$B$4)
Prozesskosten	=SUMMEWENNS('kundenbezogene Prozesskosten'!$D$2:$D$100;'kundenbezogene Prozesskosten'!$A$2:$A$100;$A8;'kundenbezogene Prozesskosten'!$C$2:$C$100;$B$3;'kundenbezogene Prozesskosten'!$C$2:$C$100;$B$4)

Tabelle 14.10 Funktionen zur Berechnung der Prozesskosten

14

681

Abschließend errechnen Sie aus den Prozesskosten und dem Deckungsbeitrag I den Ergebniswert für den Deckungsbeitrag II. Eine einfache Subtraktion, beispielsweise in Zelle E8 nachvollziehbar, reicht dazu aus (=C8-D8).

14.10.7   Übertragung der Funktionen auf die weiteren Quartale

Betrachten wir den nächsten Arbeitsschritt, scheint es im ersten Moment, als läge nun eine Mammutaufgabe vor Ihnen, um die Funktionen auch für die weiteren drei Quartale einzurichten. Doch diese Befürchtung ist schnell relativiert: Da sämtliche Zellbezüge auf die externen Tabellenblätter absolute Bezüge sind und die Verweise auf die Datums- und Kunden-ID-Zellen eine funktionierende Kombination aus relativen und absoluten Bezügen enthalten, sind alle Funktionen kopierbar. Die Kopien bedürfen nur noch einiger kleinerer Anpassungen, um ihre Aufgaben korrekt zu erfüllen:

1. Markieren Sie den Zellbereich B8 bis E8, und kopieren Sie ihn in die Zwischenablage.

2. Bewegen Sie den Cursor in Zelle F8, und drücken Sie die rechte Maustaste.

3. Wählen Sie aus dem Kontextmenü die Option FORMELN (F), um die Formeln an der Cursorposition einzufügen (Abbildung 14.50).

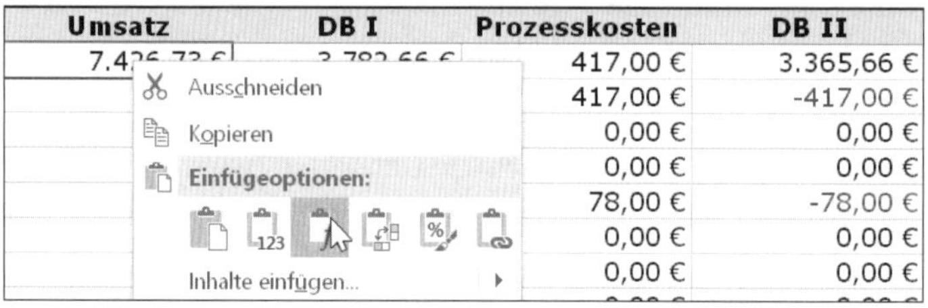

Abbildung 14.50 Übertragen der Berechnungen des ersten in das zweite Quartal

In den drei Kalkulationsfunktionen der Spalten F, G und H müssen Sie lediglich die Zellbezüge anpassen, die auf das Anfangs- und Enddatum des Quartals verweisen, denn Sie möchten nicht noch einmal die Ergebnisse für das erste Quartal, sondern diejenigen für die Folgequartale sehen.

Statt der Zelle $B$3 setzen Sie den Bezug $C$3 (Quartalsbeginn) und statt $B$4 den Bezug $C$4 (Quartalsende) ein. Nachdem Sie die Anpassungen vorgenommen haben, kopieren Sie die Funktionen nach unten.

Auch bei den Funktionen zur Berechnung der Ergebnisse der Quartale 3 und 4 führen Sie die beschriebenen Änderungen durch, um schließlich alle Ergebnisse für das gesamte Jahr zu erhalten.

14.10.8   Gliederung der Daten und Fixierung des Fensters

Die letzten Schritte, die in diesem Tabellenblatt auszuführen sind, dienen der Übersichtlichkeit bei der Betrachtung der Daten. Schalten Sie zunächst die Gliederungsfunktion ein.

Markieren Sie die Spalten B, C und D, und starten Sie die Funktion DATEN • GLIEDERUNG • GRUPPIEREN • GRUPPIEREN.

Wiederholen Sie diese Schritte, um auch die Spalten *Umsatz, DB I* und *Prozesskosten* für die anderen Quartale auszublenden.

Positionieren Sie dann den Cursor in Zelle B8, und fixieren Sie das Fenster an dieser Zellposition über ANSICHT • FENSTER FIXIEREN (Excel 2010: EINFRIEREN). Dadurch behalten Sie auch dann die Zeilen- und Spaltenbeschriftungen stets im Blick, wenn Sie zu den Datenbereichen am Ende oder am rechten Rand der Tabelle scrollen.

14.10.9   Durchführung der Produktkalkulation

In der Beispielanwendung bleibt nun mit dem Tabellenblatt *Produktkalkulation* noch eine Tabelle übrig, die einer Erklärung bedarf. Ihre Zielsetzung ist die Kalkulation der Summe sämtlicher Herstellkosten für ein ausgewähltes Produkt. Diese setzen sich aus den direkt zuzuordnenden Material- und Fertigungskosten und den Prozesskosten zusammen, die man dem Produkt zuordnen kann.

Um die Herstellkosten für ein Produkt zu berechnen, benötigen Sie:

▶ dessen Produktbezeichnung

▶ die Teile, aus denen das Produkt hergestellt wird

▶ die Prozesse, die zur Herstellung nötig sind

14.10.10   Datenüberprüfungen zur Artikel- und Prozessauswahl

All diese Informationen stellt Ihnen das Tabellenblatt *Produktkalkulation* der Beispieldatei über Listenfelder, also mithilfe der bereits beschriebenen Datenüberprüfung, zur Verfügung (Abbildung 14.51).

Produktkalkulation		Material		Fertigung	
Artikel-ID	S01001				
Produktgruppe	Stühle				
Artikelbezeichnung	Bahia				
Stückliste	**Prozesstyp**	Anzahl	€	Anzahl	€
Eigene Teile					
Stuhlbein Typ 1	Holzarbeiten	4	2,90 €	0,50	21,00 €
Schalensitz	Holzarbeiten	1	9,80 €	0,75	21,00 €
Armlehne	Metallarbeiten	2	4,20 €	1,00	21,00 €
Rückenlehne	Holzarbeiten	1	11,00 €	0,50	21,00 €
Sitzfläche Typ 1	Holzarbeiten	1	9,50 €	0,75	21,00 €

Abbildung 14.51 Artikel-ID, Stückliste und Prozesstyp werden über Datenüberprüfungen zugewiesen.

Da sich die Daten sämtlicher Listen in anderen Tabellenblättern befinden, kommen Sie nicht darum herum, Bereichsnamen zu verwenden, um die Datenbereiche anzusprechen. Die drei Bereichsnamen, auf die Sie sich stützen können, lauten *ArtikelID*, *Materialbezeichnung* und *Prozess* – Sie erinnern sich vielleicht an letzteren Namen, der in Abschnitt 14.10.4, »Erfassung und Berechnung der kundenbezogenen Prozesskosten«, ein Abwägen zum Pro und Contra von INDEX()/SVERWEIS() nach sich gezogen hatte. Zu diesen Bezeichnungen kommt im Tabellenblatt *Produktkalkulation* der Bereichsname *Fertigungstätigkeit* hinzu, der im unteren Abschnitt der Tabelle verwendet wird, um die Fertigungs- und Prozesskosten den jeweiligen Tätigkeiten zuzuweisen.

Alle Aufgaben der Bereichsnamen sind klar umrissen:

▶ Mit dem Namen *Materialbezeichnung* greifen Sie im oberen Teil der Spalte A auf die Materialien zur Herstellung Ihrer Produkte zu.

▶ Der Bereichsname *Prozess* unterstützt Sie bei der Auswahl der Prozesstypen in Spalte B.

▶ Im unteren Teil der Spalte A wird der Bereichsname *Fertigung* eingesetzt, um auf die verschiedenen Fertigungstätigkeiten zuzugreifen.

▶ Der Name *Artikel-ID* wird in der Datenüberprüfung in Zelle B2 genutzt, um einen Artikel aus der Artikelliste auszuwählen.

Von der Auswahl der Artikel-ID, mit der Sie die Kalkulation des Produkts beginnen, hängen die Inhalte weiterer Zellen ab. Die Zellen B3 (Produktgruppe) und B4 (Artikelbezeichnung) werden über SVERWEIS() zugewiesen.

14.10.11   Formeln und Funktionen zur Berechnung der Herstellkosten

Neben den Listenfeldern weist das Tabellenblatt diverse Eingabezellen in den Spalten C, E und G auf. Darin sollen Sie den konkreten Arbeitsaufwand für die einzelnen Tätigkeiten bzw. die Mengenangaben erfassen.

Es verbleiben letztendlich im Tabellenblatt *Produktkalkulation* in den Spalten D, F und H die wesentlichen Funktionen, um Schritt für Schritt die Herstellkosten zu kalkulieren. Diese Funktionen zeigt Tabelle 14.11.

Spalte	Funktion
D – *Material €*	=WENNFEHLER(INDEX(Materialliste; VERGLEICH(A8;Materialbezeichnung;0);3);0)
H – *Prozesskosten €*	=WENNFEHLER(INDEX(Prozesskosten; VERGLEICH(B8;Prozess;0);3);0)

Tabelle 14.11 Funktionen zur Berechnung der Herstellkosten

Spalte	Funktion
F – *Fertigung* € (ab Zeile 30)	`=WENNFEHLER(INDEX(Fertigungslöhne;` `VERGLEICH(A30;Fertigungstätigkeiten;0);4);0)`

Tabelle 14.11 Funktionen zur Berechnung der Herstellkosten (Forts.)

Diese Funktionen weisen, wie Sie unschwer erkennen können, einige Gemeinsamkeiten auf. Alle verwenden `INDEX()`, um die konkreten Werte aus unterschiedlichen Matrizen zu übernehmen. In alle Funktionen wird zudem mit der Funktion `VERGLEICH()` aus der Spalte A oder B ein Suchkriterium übernommen. Gesucht wird entweder nach einer Materialbezeichnung, nach einem Prozesstyp oder einer Fertigungstätigkeit.

Allen Funktionen ist ebenfalls gemein, dass sie einen Fehlerwert produzieren würden, sollten die Zellen, aus denen das Suchkriterium gebildet wird, leer sein. Daher muss in allen drei Fällen die Funktion `WENNFEHLER()` vorgeschaltet werden. Damit erreichen Sie, dass im Fall eines fehlenden Kriteriums der Wert 0 anstelle eines Fehlerwertes ausgegeben wird.

Von allen Funktionen weist lediglich jene zur Berechnung der Fertigungskosten ein abweichendes Schema auf. Sie lautet:

```
=WENN(ISTLEER(E8);0;(INDEX(Fertigungslöhne;
VERGLEICH($E$5;Fertigungstätigkeiten;0);4)))
```

Worin besteht der Unterschied? Und welchen Grund hat die Abweichung? Die Funktion in dieser Spalte hat keine wechselnden Kriterien bei der Berechnung der Daten. In dieser Spalte bilden immer die Fertigungslöhne die Berechnungsgrundlage. Die Überschrift der Spalte lautet *Fertigung*. Es ist also legitim, die Überschrift in Zelle E5 (*Fertigung*) auch als Suchkriterium in der Funktion zu benutzen. Wird dies so umgesetzt, würde unweigerlich auch dann ein Eurobetrag – in diesem Fall 21,00 € – angezeigt, wenn keine Arbeitsleistung erbracht und eingetragen wurde. Um diese irritierende Anzeige zu verhindern, wird der Berechnung ein `WENN()` vorgeschaltet. Diese Funktion prüft, ob in Zelle E8 eine Stundenangabe steht (`IST-LEER(E8)`) oder nicht. Werden keine Stunden angegeben, wird der Stundensatz auf den Wert 0 gesetzt.

14.10.12   Abschluss und Schutz der Berechnungen

Sämtliche weiteren Formeln in diesem Tabellenblatt beziehen sich schließlich auf die Addition der schrittweise berechneten Zwischenergebnisse. Sie finden die Einzelergebnisse in den Spalten I, J und K, die Zwischensummen in den Zeilen 28 und 34 sowie die Endsumme der Herstellkosten in Zeile 35. Alle diese Zellen enthalten einfache Multiplikationen oder Additionen.

Abschließend sollten Sie sich wieder der Frage widmen, wie Sie die Ergebnisse und auch die Rechenwege schützen können. Es ist meines Erachtens auch bei dieser Datei ratsam, zumindest die Tabellenblätter *Produktkalkulation* und *DB II* vor versehentlichem Überschreiben der Formeln und Funktionen zu schützen. Heben Sie also am besten die Sperrung der Eingabezellen auf, und aktivieren Sie den Blattschutz für diese beiden Tabellenblätter. In der Musteranwendung habe ich für den Blattschutz das Kennwort `rheinwerk` verwendet.

14.11   Eigenfertigung oder Fremdbezug (make or buy)

In der Datei *14_Make_or_buy_00.xlsx* gilt es, sich einer anderen Fragestellung zuzuwenden. Sie dreht sich um die beiden Handlungsvarianten, denen sich ein produzierendes Unternehmen häufig gegenübergestellt sieht. Ist es ökonomisch ratsam, ein Bauteil oder ein Vorprodukt selbst herzustellen oder es von einem anderen Unternehmen zu beziehen?

Beide Kalkulationen beruhen naturgemäß auf unterschiedlichen Datengrundlagen. Während beim Fremdbezug Faktoren wie eingeräumte Rabatte, Skonti, aber auch die Kosten des Beschaffungsvorgangs oder der Eingangsprüfung zu Buche schlagen, sind die Kosten bei der Eigenfertigung von Material- und Fertigungskosten sowie den Löhnen und Gemeinkosten geprägt (Abbildung 14.52).

Eigenfertigung vs. Fremdbezug (Make or buy)						
Fremdbezug				**Eigenfertigung**		
	%	Betrag			%	Betrag
Listenpreis		87,90 €		Fertigungsmaterial		56,00 €
eingeräumter Rabatt	9,00%	7,91 €		Materialgemeinkosten	17,30%	9,69 €
Zieleinkaufspreis		79,99 €		Materialkosten		65,69 €
Skonto	2,00%	1,60 €		Fertigungslöhne		2,50 €
Bareinkaufspreis		78,39 €		Fertigungsgemeinkosten	125,00%	3,13 €
kalkulierte Bezugskosten	4,20%	3,29 €		Fertigungskosten		5,63 €
Bezugspreis		**81,68 €**		**Herstellkosten**		**71,32 €**
Stückzahl		25.000		Stückzahl		25.000
				Fixkosten Eigenfertigung		85.000,00 €
Kosten Fremdbezug		**2.042.000,00 €**		**Kosten Eigenfertigung**		**1.868.000,00 €**

Abbildung 14.52 Kostenvergleich für Fremdbezug und Eigenfertigung

14.11.1   Aufbau des Kalkulationsmodells

Auch wenn die Entscheidung zwischen Eigenherstellung und Fremdbezug niemals nur auf Basis der Kostenstruktur gefällt wird, kann Excel einen Beitrag zur Entscheidungsfindung leisten.

Das in diesem Kapitel vorgestellte Modell verwendet keine speziellen Formeln und Funktionen. Die Berechnungsschritte sind schnell dargestellt:

▶ Ausgehend vom Listenpreis ermitteln Sie unter Berücksichtigung etwaiger Rabatte zunächst den Zieleinkaufspreis bei Fremdbezug.

▶ Dieser führt durch Abzug des Skontos zum Bareinkaufspreis.

▶ Die kalkulierten Bezugskosten – ebenfalls prozentual angegeben – beruhen auf den Ihnen bekannten Gemeinkostenanteilen für die Beschaffung von Produkten. Addieren Sie sie zum Bareinkaufspreis, erhalten Sie den Bezugspreis des Wirtschaftsgutes.

▶ Anschließend multiplizieren Sie den Bezugspreis mit der beabsichtigten Menge der Beschaffung, um die Kosten für den Fremdbezug auszuweisen.

Auf der anderen Seite des Modells – Spalten E bis G – ermitteln Sie nun vergleichsweise die Kosten der Eigenproduktion:

▶ Aus den Kosten für Fertigungsmaterial und dem prozentualen Anteil der Materialgemeinkosten bilden Sie die Materialkosten.

▶ Die Fertigungskosten wiederum, als zweiter Posten der benötigten Herstellkosten, gewinnen Sie aus den Fertigungslöhnen, die für die Herstellung eines Artikels aufgewendet werden, und dem prozentual hinzuzurechnenden Fertigungsgemeinkostenanteil.

▶ Die Ergebnisse der Berechnungen werden wie beim Fremdbezug auf zwei Nachkommastellen gerundet. Die Zuschlagsätze selbst entnehmen Sie z. B. dem Betriebsabrechnungsbogen.

▶ Schließlich multiplizieren Sie auch die Herstellkosten mit der voraussichtlich benötigten Menge und rechnen die Fixkosten der Eigenanfertigung dem Produkt zu.

Da für beide Seiten der Berechnung die gleiche Stückzahl gelten muss, sollten Sie die beiden Zellen C12 und G12 über eine Zellverknüpfung verbinden. Dies kann ein einfacher Verweis von G12 auf D12 sein (=D12) oder, wie in der Beispieldatei, über einen Bereichsnamen (*stückzahl*) erfolgen.

14.11.2   Bestimmung der kritischen Menge

Die Stückzahl, ab der die Eigenfertigung rentabel ist, berechnen Sie mit der Formel:

$$Kritische\ Menge = \frac{Fixkosten}{Bezugspreis - Herstellerkosten}$$

In der Beispieldatei habe ich den drei relevanten Zellen Bereichsnamen gegeben. Demnach können Sie mit der Formel

```
=fixkosten/(bezugspreis-herstellkosten)
```

in jeder gewünschten Zelle der Arbeitsmappe das Ergebnis berechnen.

14.11.3   Darstellung der Kostenverläufe im Diagramm

Sollten Sie auch noch die Darstellung der beiden Kostenverläufe mit einem Liniendiagramm ins Auge fassen, müssen Sie sich der gleichen Arbeitsschritte bedienen, die wir bereits bei der Visualisierung des Break-even-Points benutzt haben.

14

Im Tabellenblatt *Diagrammdaten* produzieren Sie zwei Datenreihen, die die Kosten für den Fremdbezug und die Eigenfertigung abbilden (Abbildung 14.53). Die Formel, die Sie in B2 nutzen, lautet =bezugspreis*A2. In der Nachbarzelle C2 ist es hingegen =herstellkosten*A3+fixkosten.

	A	B	C
1	Menge	Fremdbezug	Eigenfertigung
2	1.000	81.680 €	156.320 €
3	1.400	114.352 €	184.848 €
4	1.800	147.024 €	213.376 €
5	2.200	179.696 €	241.904 €
6	2.600	212.368 €	270.432 €
7	3.000	245.040 €	298.960 €
8	3.400	277.712 €	327.488 €
9	3.800	310.384 €	356.016 €
10	4.200	343.056 €	384.544 €

Abbildung 14.53 Diagrammdaten für den Kostenvergleich

Die Berechnungsintervalle, die Stückzahl und der Startwert der Kalkulation werden dem Zellbereich G4 bis G6 in diesem Tabellenblatt entnommen (Abbildung 14.54).

Diagrammvorgaben	
Startwert:	25.000
Versatz:	24.000
Intervall:	400

Abbildung 14.54 Diagrammvorgaben und -beschriftung

Die Anzeige der kritischen Menge im Diagramm folgt ebenfalls ähnlichen Regeln wie bei der Break-even-Analyse. In einer Zelle der Arbeitsmappe – im Beispiel ist es Zelle F9 des Tabellenblattes *Diagrammdaten* – wird eine Verkettung von Textelementen und der berechneten kritischen Menge in Kombination mit einer Formatierung erzeugt. Das Ergebnis ist die folgende Funktion:

```
=VERKETTEN("Eigenfertigung günstiger ab: ";TEXT(fixkosten/(bezugspreis-herstellkosten);
"000.0");" Stück")
```

Sie verketten hier also den erklärenden Text mit dem Funktionsergebnis. Um eine bessere Lesbarkeit des Ergebnisses zu erhalten, verwenden Sie die Funktion TEXT(). Mit ihr erzwingen Sie ein Zahlenformat mit Tausenderpunkt.

Die Übernahme des ausformulierten und formatierten Ergebnisses in das Diagramm erreichen Sie auch in diesem Fall wieder, indem Sie ein Rechteck in das Diagramm zeichnen, dieses Rechteck anklicken und dann den Cursor in der Editierzeile positionieren (Abbildung 14.55). Zeigen Sie dann auf Zelle F9, wird das berechnete und formatierte Ergebnis aus dem Tabellenblatt in das Diagramm übernommen.

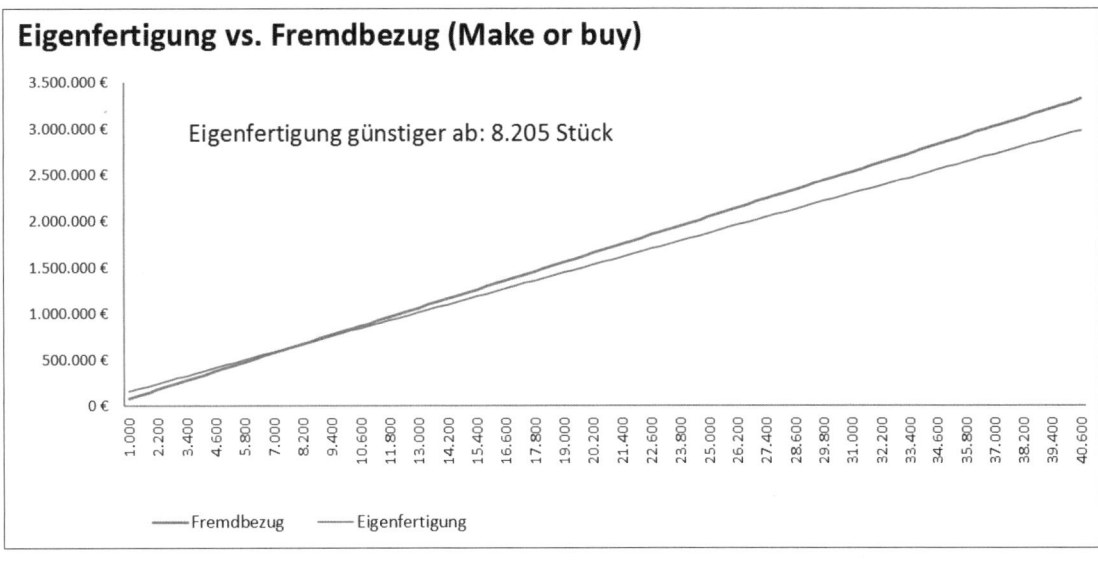

Abbildung 14.55 Kostenvergleich als Liniendiagramm

14.11.4   Schlussbemerkung

Wie bereits weiter oben erwähnt, wird die Entscheidung zwischen Fremdbezug und Eigenfertigung nie einzig und allein auf den Kostenaspekten beruhen. Die hier vorgestellte Berechnungsmethode betrachtet allerdings ausschließlich diesen Aspekt. Selbstverständlich haben aber auch zahlreiche weitere Faktoren, die nicht zwangsläufig quantifizierbar sein müssen, einen starken Einfluss auf eine entsprechende Entscheidung. Solche Faktoren betreffen häufig die Abhängigkeit von Lieferanten, den Verlust von Kompetenzen und anderes mehr.

Solche Faktoren müssen ebenfalls gründlich in Erwägung gezogen werden, da eine Entscheidung für einen Fremdbezug von Gütern weitreichende Veränderungen im Unternehmen nach sich zieht, die wiederum kurzfristig nicht mehr revidiert werden können.

Bei der Bewertung einer solchen Mischung aus monetären und nicht monetären Kriterien ist nicht allein Sachverstand hilfreich. Methoden wie eine erweiterte Nutzwertanalyse sind ebenfalls empfehlenswert, da mit ihr quantifizierbare und nicht quantifizierbare Kriterien gleichermaßen berücksichtigt und bewertet werden können.

14.12   Zinsen, Tilgung, Annuitäten für Darlehen berechnen

Der folgende Abschnitt dieses Kapitels ist einer Reihe spezialisierter Funktionen gewidmet. Im Funktionsassistenten weist Excel eine Liste von etwas mehr als 50 finanzmathematischen Funktionen aus, die bei der Kalkulation von Darlehen, Abschreibungen, Aktienkursen etc. einsetzbar sind. Der Großteil der Funktionen ist, was die Funktionsargumente angeht, beinahe selbsterklärend. Für einige der Funktionen gilt jedoch, dass ein bestimmter Tabellenaufbau bei ihrer Anwendung sehr hilfreich ist.

Auf den nächsten Seiten werden Sie einige der finanzmathematischen Funktionen und ihren Einsatz im Bereich Finanzen und Investitionen kennenlernen.

14.12.1 Raten mit festen Annuitäten

Öffnen Sie als erstes Beispiel die Datei *14_Annuitäten_Jahr_00.xlsx*. Darin soll die konstante Zahlung einer Annuität berechnet werden. Alle wesentlichen Daten dazu befinden sich in den Zellen C3 bis C6 (Tabelle 14.12).

Zelle	Inhalt
C3	der Kreditbetrag, für den die Annuitäten berechnet werden sollen
C4	Der Endwert des Betrags. Wenn der Kredit voll zurückgezahlt werden muss oder soll, ist der Endwert 0.
C5	der vereinbarte Zinssatz pro Jahr
C6	die Laufzeit des Kredits, angegeben in Jahren

Tabelle 14.12 Inhalte der Zellen

Mit den vorliegenden Daten berechnen Sie in der angrenzenden Zelle C7 nun die regelmäßig zu leistende Zahlung. Dazu verwenden Sie die Funktion RMZ(Zinssatz; Zinszeitraum; Barwert; zukünftiger Wert; F), ein Akronym für regelmäßige Zahlung (Abbildung 14.56).

Kredit mit gleichbleibender Annuität	
Kreditbetrag	80.000,00 €
Endwert	- €
Zinssatz	3,9%
Laufzeit (in Jahren)	6
Annuität	15.186,51 €

Abbildung 14.56 Berechnung von Annuitäten

Wenn Sie die Zellbezüge in die Funktion einsetzen, erhalten Sie in Zelle C7 die Funktion =-RMZ(C5;C6;C3;C4). Den Zinssatz finden Sie in Zelle C5, den Zinszeitraum in C6. Das Argument *Barwert* bezeichnet den Wert Ihres Kredits im Jahr der Auszahlung (C3), und den zukünftigen Wert können Sie Zelle C4 entnehmen. Das Argument F gibt in dieser Funktion schließlich an, ob die Rückzahlungen am Beginn oder am Ende einer Periode durchgeführt werden. Lassen Sie dieses Argument leer oder setzen Sie den Wert 0 ein, handelt es sich um eine Rückzahlung am Ende der Periode. Der Wert 1 signalisiert, dass am Anfang der Periode zurückgezahlt werden muss.

Wenn Sie vermeiden möchten, dass ein negativer Wert angezeigt wird – und dies kann sinnvoll sein, wenn Sie mit dem Ergebnis weiterrechnen möchten –, stellen Sie der Funktion einfach ein Minuszeichen voran.

14.12.2   Aufteilung in Zinsen und Tilgung

Die nun bekannte jährliche Annuität teilen Sie in den Zins- und Tilgungsanteil auf. Dabei sollten Sie in den Zeilen unterhalb des Ergebnisses (C7) die Funktion ZINSZ(Zinssatz; Zinszeitraum; Zeitraum; Barwert; zukünftiger Wert) verwenden. Sie setzt die gleichen Argumente in die Berechnung ein wie RMZ() – fügt jedoch ein Argument hinzu.

Das Argument Zeitraum gibt an, für welche Periode – im Anwendungsbeispiel für welches Jahr – Sie die Zinszahlung berechnen möchten.

Erstellen Sie am besten eine Liste der Jahre (Zellen A10 bis A15), um in C10 eine Funktion zu definieren, die Sie bequem nach unten kopieren können. Diese besitzt folgenden Aufbau:

`=-ZINSZ($C$5;A10;$C$6;$C$3;$C$4)`

Wenn Sie alle Zellbezüge bis auf die Jahresangabe in Zelle A10 absolut setzen, lässt sich der Ausdruck einfach nach unten kopieren. Angezeigt werden Ihnen die zu zahlenden Zinsanteile pro Jahr (Abbildung 14.57).

Jahr	Anfangswert	Zinsen	Tilgung	Annuität	Endwert
1	80.000,00 €	**3.080,00 €**	12.106,51 €	15.186,51 €	67.893,49 €
2	67.893,49 €	**2.613,90 €**	12.572,61 €	15.186,51 €	55.320,88 €
3	55.320,88 €	**2.129,85 €**	13.056,66 €	15.186,51 €	42.264,22 €
4	42.264,22 €	**1.627,17 €**	13.559,34 €	15.186,51 €	28.704,88 €
5	28.704,88 €	**1.105,14 €**	14.081,37 €	15.186,51 €	14.623,51 €
6	14.623,51 €	**563,00 €**	14.623,51 €	15.186,51 €	- €
		11.119,07 €			

Abbildung 14.57 Verteilung der Annuitäten auf Zinsen und Tilgung

Da Ihnen die Annuität aus der ersten Berechnung bereits bekannt ist, lässt sich in Spalte D nun mühelos auch die Tilgungsrate bestimmen. Entweder verwenden Sie =E10-$E$7 und kopieren diese Formel nach unten, oder Sie erstellen in Spalte E eine Liste der jährlich zu leistenden Zahlungen und subtrahieren von diesem Betrag den Zinsanteil (=E10-C10). Letzteres habe ich in der Beispieldatei gemacht.

Egal, wie Sie sich entscheiden, in jedem Fall können Sie abschließend in den Spalten A und F die Werte des Kredits am Anfang und Ende des Jahres darstellen (Abbildung 14.57) und die Gesamtberechnung damit abschließen.

14.12.3   Monatsraten und Zinsen

In der Datei *14_Annuitäten_Monat_00.xlsx* werden prinzipiell die gleichen Rechenwege beschritten. Allerdings erfolgt die Verzinsung hier nicht auf Jahres-, sondern auf Monatsbasis.

Dies wirkt sich auf die Argumente der Funktion RMZ() aus. In Zelle C4 ist Ihr Zinssatz nicht mehr 3,8 %, sondern =3,8 %/12. Er wird durch die Anzahl der Monate geteilt. Dies funktioniert selbstverständlich nur dann, wenn Sie auch die Laufzeit entsprechend anpassen. Sie beläuft sich auf 6 mal 12, also 72 Monate (in Zelle C5; Abbildung 14.58).

Kredit mit gleichbleibender Annuität	
Kreditbetrag	80.000,00 €
Endwert	- €
Zinssatz	0,32%
Laufzeit (in Monaten)	72
Annuität	1.244,34 €

Abbildung 14.58 Berechnung von Annuitäten bei monatlicher Verzinsung

Die prinzipielle Weiterverarbeitung des Resultats, also der Annuität, läuft dann wieder so wie bei der vorherigen Datei. Sie berechnen die Zinszahlung, und aus der Differenz zwischen Annuität und Zinsen leiten Sie die Tilgungsbeträge ab. Anfangs- und Endwerte erhalten Sie in den Spalten A und F.

14.12.4   Tilgung berechnen

In den beiden letzten Beispielen haben wir die Vorgehensweise gewählt, auf Basis von Annuität und Zinszahlung die monatlichen bzw. jährlichen Tilgungsanteile zu berechnen. Die Folge ist eine kleine Tabelle, der Sie die Zahlungsanforderungen entnehmen können. Im Grundsatz können Sie die Tilgung jedoch auch direkt mit der entsprechenden Funktion berechnen (Abbildung 14.59).

Kreditberechnung mit gleichbleibender Annuität		
Kreditbetrag		80.000,00 €
Endwert		- €
Zinssatz		3,9%
Laufzeit (in Jahren)		6
Annuität		=-RMZ(D4;D5;D2;D3)
		RMZ(Zins; **Zzr**; Bw; [Zw]; [F])

Abbildung 14.59 Berechnung der Tilgung über KAPZ()

Mit der Funktion KAPZ(Zinssatz; Zeitraum; Zinszeitraum; Barwert; zukünftiger Wert; F) setzen Sie diese Absicht in die Tat um; sie berechnet den Wert einer zukünftigen Kapitalzahlung.

In der Arbeitsmappe *14_Tilgung_00.xlsx* ist erkennbar, dass sich die Argumente der Funktion nicht von denen unterscheiden, die bereits bei der Berechnung der Zinszahlung (ZINSZ()) verwendet wurden. Wählen Sie auch hier wieder einen Aufbau des Tabellenblattes, bei dem die Angabe der Zeiträume (z. B. Jahre) in einer Spalte untereinander stehen. Sofern alle Zellbezüge – bis auf den Zellbezug des Arguments Zeitraum – absolut gesetzt sind, erstellt

Excel durch Kopieren der Funktion nach unten alle Tilgungsbeträge automatisch (=-KAPZ($D$4;A9;$D$5; $D$2;$D$3)).

Die Funktion KAPZ() ist vor allem dann interessant, wenn Sie Zwischenrechnungen vermeiden oder gezielt den Tilgungsbetrag für eine bestimmte Periode ermitteln wollen.

14.12.5   Zukünftigen Wert berechnen

Eben diese Vorteile ergeben sich auch bei Verwendung der Funktion ZW(Zinssatz; Zinszeitraum; Annuität; Barwert; F). Sie finden diese Funktion in Spalte D der ausgewählten Tabelle. Mit ihr lösen Sie die Gleichung in Richtung des zukünftigen Wertes der Zahlungen auf, ohne in der Tabelle zuvor in Zwischenschritten Zins und Tilgung zu berechnen (Abbildung 14.60):

=-ZW($D$4;A9;-$D$6;$D$2)

Jahr	Zinsen	Tilgung	Endwert
1	3.120,00 €	12.091,31 €	67.908,69 €
2	2.648,44 €	12.562,87 €	55.345,83 €
3	2.158,49 €	13.052,82 €	42.293,01 €
4	1.649,43 €	13.561,88 €	28.731,13 €
5	1.120,51 €	14.090,79 €	14.640,33 €
6	570,97 €	14.640,33 €	0,00 €

Abbildung 14.60 Verwendung von ZINSZ(), KAPZ() und ZW()

Sie sehen an diesen Beispielen, dass es je nach Aufgabenstellung, Interessenschwerpunkt und zur Verfügung stehendem Platz durchaus unterschiedliche Lösungswege bei der Berechnung von Darlehen geben kann.

14.12.6   Effektiv- und Nominalzins berechnen

Bei den beiden Funktionen EFFEKTIV() und NOMINAL() erübrigt sich fast jegliche Erläuterung ihrer Aufgaben. Öffnen Sie die Datei *14_Effektiv_Nominal_OO.xlsx*, und Sie erhalten ein einfaches Beispiel für die Umrechnung des Effektiv- in den Nominalzins und umgekehrt (Abbildung 14.61).

Nominal- zu Effektivzins		Effektiv- zu Nominalzins	
Nominalzins	3,80%	Effektivzins	3,86%
Perioden	6	Perioden	6
Effektivzins	3,86%	Nominalzins	3,80%

Abbildung 14.61 Umrechnung von Nominal- in Effektivzins und umgekehrt

Für die Kalkulation des Effektivzinssatzes müssen der Nominalzinssatz und die Anzahl der Perioden bekannt sein. Die Funktion und ihre Argumente lauten: =EFFEKTIV(B2;B3).

Umgekehrt werden bei der Berechnung des Nominalzinses der Effektivzinssatz und die Periodenanzahl als Argumente der Funktion verwendet. Praktisch umgesetzt, ergibt dies den Ausdruck =NOMINAL(E2;E3). Viel mehr gibt es zu beiden Funktionen nicht zu sagen.

14.12.7   Barwert auf Basis regelmäßiger zukünftiger Zahlungen

Sie möchten den zukünftigen Wert einer Reihe zukünftiger Zahlungen, z. B. einer Lebensversicherung, berechnen? Mit der Funktion BW(Zinssatz; Zahlungszeitraum; RMZ; zukünftiger Wert; F) ist dies kein Problem.

In der Arbeitsmappe *14_Barwert_00.xlsx* habe ich das Feld für eine solche Kalkulation schon erstellt. Vorhanden sind die folgenden, Abbildung 14.62 zu entnehmenden Informationen:

▶ ein monatlich einzuzahlender Betrag

▶ ein vereinbarter Zinssatz

▶ die Laufzeit

▶ die Anzahl der Einzahlungen pro Periode

▶ der heutige Wert der Zahlungen

▶ die Festlegung der Zinszahlung (Periodenbeginn oder -ende)

Verweisen Sie, nachdem Sie die Funktion BW() über den Funktionsassistenten ausgewählt haben, wie gewohnt auf die betreffenden Zellen.

Bei der in diesem Beispiel angenommenen laufenden Verzinsung müssen Sie erneut beachten, dass der Jahreszinssatz durch zwölf Monate geteilt und andererseits die Anzahl der Jahre, in denen die Einzahlungen erfolgen, mit zwölf Monaten multipliziert wird.

Daraus resultiert die Funktion =BW(B3/B5;B4*B5;B2;B6;B7) und somit der heutige Wert aller zukünftigen Zahlungen.

Barwertberechnung (Lebensversicherung)	
Monatliche Einzahlung:	-500 €
zugesicherter Zinssatz:	6,50%
Laufzeit (Jahre):	20
Einzahlungen:	12
Endwert:	0
Fälligkeit:	0
Barwert	**67.062,50 €**

Abbildung 14.62 Berechnung des Barwertes mit der Funktion BW()

14.13   Abschreibungen

Neben den bisher dargestellten Funktionen der Zinseszinsrechnung werden Sie in der Kategorie der finanzmathematischen Funktionen auch dann fündig, wenn es um die Berechnung von Abschreibungen auf Anlagegüter geht. In der Datei *14_Abschreibung_00.xlsx* werden zwei dieser Funktionen eingesetzt. Sie dienen der Kalkulation von linearen bzw. arithmetisch-degressiven Abschreibungen.

Lassen Sie uns mit den linearen Abschreibungen beginnen. Da der Abschreibungsbetrag über den gesamten Zeitraum konstant bleibt, benötigen Sie nicht mehr als eine leere Zelle, um die Funktion korrekt anzuwenden und das Ergebnis auszugeben. Wählen Sie also eine leere Zelle. Dort rufen Sie aus dem Funktionsassistenten die Funktion `LIA(Anschaffungswert;` `Restwert; Nutzungsdauer)` auf und ordnen die entsprechenden Zellbezüge der Beispieldatei zu `=LIA(B15;B16; B17)`.

Aus der Berechnung ergibt sich in Zelle B18, dass die jährlichen Abschreibungen auf das ausgewählte Wirtschaftsgut insgesamt 6.714,29 € betragen (Abbildung 14.63).

Lineare Abschreibung	
Anschaffungskosten	50.000,00 €
Restwert	3.000,00 €
Lebensdauer	7
Abschreibung	6.714,29 €

Abbildung 14.63 Lineare Abschreibung mit LIA()

14.13.1 Arithmetisch-degressive Abschreibung

Um die arithmetisch-degressive Abschreibungsrate zu berechnen, benötigen Sie neben einer Vorgabe für die Abschreibungsdauer auch die Angabe der Perioden, zu denen Sie die Werte ermitteln möchten. Da für jede Periode eine Abschreibungsrate unterschiedlicher Höhe anfällt, müssen Sie genau spezifizieren, für welchen Zeitraum Sie die Abschreibungen kalkulieren wollen.

In der Beispieldatei liegen alle Angaben bereits in den Zellen A6 bis A12 vor.

Geben Sie also in Zelle B6 folgende Funktion ein:

`=DIA($B$2;$B$3;$B$4;A6)`

Die vier Argumente, die Sie hier verwenden, zeigt Tabelle 14.13.

Argument	Zelle
Anschaffungswert	$B$2
Restwert	$B$3
Nutzungsdauer	$B$4
Zeitraum	A6

Tabelle 14.13 Verwendete Argumente

Nach der Eingabe können Sie die Funktion wie gewohnt nach unten kopieren, um sämtliche Abschreibungswerte der einzelnen Jahre zu erhalten (Abbildung 14.64).

Arithmetisch-degressive Abschreibung	
Anschaffungskosten	50.000,00 €
Restwert	3.000,00 €
Lebensdauer	7
1	11.750,00 €
2	10.071,43 €
3	8.392,86 €
4	6.714,29 €
5	5.035,71 €
6	3.357,14 €
7	1.678,57 €

Abbildung 14.64 Arithmetisch-degressive Abschreibung berechnet mit DIA()

14.13.2   Weitere Abschreibungsmethoden und -funktionen

Neben den beiden hier vorgestellten Abschreibungsfunktionen sind weitere in Excel verfügbar. In der folgenden Liste erhalten Sie einen Überblick über die weiteren Funktionen:

▶ =LIA(Anschaffungswert;Restwert;Nutzungsdauer)
Diese Funktion berechnet die lineare Abschreibung einer Investition über eine Anzahl von Perioden. Besteht am Ende der Nutzungsdauer noch ein Restwert, kann dieser Wert angegeben werden.

▶ =DIA(Anschaffungswert;Restwert;Nutzungsdauer;Zeitraum)
Bei der arithmetisch-degressiven Methode wird der Abschreibungswert für eine bestimmte Periode berechnet. Die zu berechnende Periode wird mit dem Argument Zeitraum bestimmt.

▶ =GDA2(Anschaffungswert;Restwert;Nutzungsdauer;Periode;Monate)
Mit dieser Funktion wird die geometrisch-degressive Abschreibung angewendet und der Abschreibungswert für eine bestimmte Periode berechnet.

Mit dem Argument Periode wird auch hier der Zeitabschnitt bestimmt, für den der Abschreibungswert kalkuliert werden soll.

Die Anzahl der Abschreibungsmonate im ersten Abschreibungsjahr können Sie mit dem Argument Monate definieren. Geben Sie dieses Argument nicht an, werden zwölf Monate angenommen.

▶ =GDA(Anschaffungswert;Restwert;Nutzungsdauer;Periode;Faktor)
Die degressive Doppelratenabschreibung entspricht einer beschleunigten Abschreibung. Der höchste Abschreibungswert wird in der ersten Periode erzielt; in den folgenden Perioden nimmt der Wert kontinuierlich ab. Bei der Berechnung legt Excel die Formel *((Anschaffungswert – Nutzungsdauer) – Gesamtabschreibung aus früheren Perioden) * (Faktor / Nutzungsdauer)* zugrunde.

▶ =VDB(Anschaffungswert;Restwert;Nutzungsdauer;Anfang;Ende;Faktor;Nicht_wechseln)
Hiermit wird die degressive Doppelratenabschreibung für eine bestimmte Periode oder Teilperiode berechnet.

Mit den beiden Argumenten Anfang bzw. Ende wird der konkrete Zeitraum bestimmt, für den die Berechnung erfolgen soll. Das Argument Faktor verwendet standardmäßig den Wert *2* – für Doppelratenabschreibung. Das Argument kann allerdings variiert werden.

Mit dem Argument Nicht_wechseln wird die automatische Wahl zwischen linearer und geometrischer Abschreibung gesteuert. Excel geht automatisch zur linearen Abschreibung über, wenn deren Abschreibungsergebnis höher als das der geometrischen Abschreibung wäre und Sie das Argument leer lassen oder mit FALSCH angeben.

14.14   Methoden der Investitionsrechnung

Wenn Sie die Abschreibungen für eine Investition berechnet haben, kommt dies dem Blick auf die eine Seite der Medaille gleich. Sie wissen nun, wie hoch der Wertverlust einer bestimmten Sachanlage im Laufe ihrer Gesamtnutzungsdauer oder aber in einer bestimmten Nutzungsperiode ist. Was Sie hingegen noch nicht kennen, ist die andere Seite der Medaille, nämlich welche Rückflüsse aufgrund der neuen Ressource möglich sind und wie sich diese auf die Gesamtrentabilität der Investition auswirken.

Um dies in Erfahrung zu bringen, werden Sie andere Methoden und natürlich Excel-Funktionen anwenden. In der Datei *14_Investitionsrechnung_00.xlsx* stelle ich einige Beispiele für Methoden der Investitionsrechnung vor. Im Wesentlichen geht es bei deren Anwendung immer um die Kernfragen:

▶ Erzielt die Investition in eine Sach- oder eine Geldanlage eine höhere Rentabilität?

▶ Welche der unter Umständen vorhandenen Investitionsalternativen einer Sachanlage ist lukrativer?

▶ Wie hoch sind die Rückflüsse, die zu bestimmten Zeitpunkten zu erwarten sind, bzw. zu welcher Kapitalverzinsung führen diese Rückflüsse?

Eine Methodengruppe bilden bei der Beleuchtung dieser Fragestellungen die statischen Einperiodenmodelle. Dazu gehören:

▶ Kostenvergleich   ▶ Rentabilitätsvergleich

▶ Gewinnvergleich   ▶ Amortisationsrechnung

Charakteristikum dieser Methoden ist die Betrachtung einer einzigen Periode aus der Lebensphase der getätigten Sachanlage, also der Blick auf ein Geschäfts- bzw. Nutzungsjahr. Die Ergebnisse dieses Zeitabschnitts werden als modellhaft für die Gesamtlebensdauer des Investitionsgutes angenommen und sodann verallgemeinert.

Dieser Betrachtungshorizont wird erst dann erweitert, wenn Sie eines der dynamischen Verfahren der Investitionsrechnung anwenden. Dazu gehören:

- Kapitalwertmethode
- Annuitätenmethode
- Methode des internen Zinsfußes

Lassen Sie uns im folgenden Abschnitt die verschiedenen Methoden anhand der Beispieldatei genauer betrachten.

14.14.1 Kostenvergleichsmethode

Um einen Kostenvergleich durchzuführen, werden die Kostenfaktoren sämtlicher Investitionsalternativen für das erste Jahr im Tabellenblatt *B. Kostenvergleich* zusammengetragen (Abbildung 14.65). Dabei müssen Sie sowohl die leistungsabhängigen Kosten wie Personal-, Material- oder Energiekosten berücksichtigen als auch die leistungsunabhängigen Kosten (Abschreibungen, Zinsen etc.) in die Berechnung einbeziehen. Drittes Element der Kalkulation sind die Daten zur Nutzung und Auslastung der zu beschaffenden Anlagen.

Statische Investitionsrechnung: Kostenvergleich

	Investition I	Investition II
Zinssatz Fremdkapital	4,2%	
I. Anschaffungskosten		
Investitionsvolumen	1.750.000 €	2.250.000 €
II. Nutzung und Auslastung		
Nutzungsdauer (in Jahren)	10	10
Restwert (geschätzt)	100.000 €	120.000 €
Auslastung (in Leistungseinheiten - LE)	11.500	14.500
III. Leistungsunabhängige Kosten (Jahr)		
Kalkulatorische Abschreibungen	165.000 €	213.000 €
Kalkulatorische Zinsen	36.750 €	47.250 €
sonstige leistungsunabhängige Kosten	3.500 €	1.000 €
Summe leistungsunabhängige Kosten	205.250 €	261.250 €
IV. Leistungsabhängige Kosten (Jahr)		
Personalkosten	23.000 €	25.000 €
Fertigungsmaterial	3.200 €	4.500 €
Energiekosten	1.200 €	1.000 €
sonstige leistungsabhängige Kosten	2.100 €	2.000 €
Summe leistungsabhängige Kosten	29.500 €	32.500 €
V. Jahresgesamtkosten	**234.750 €**	**293.750 €**
Leistungsunabhängige Kosten je LE	17,85 €	18,02 €
Leistungsabhängige Kosten je LE	2,57 €	2,24 €
VI. Gesamtkosten je LE	**20,41 €**	**20,26 €**

Abbildung 14.65 Kostenvergleich von zwei möglichen Investitionen

Nach der Erfassung des Zinssatzes für die Fremdkapitalbeschaffung (B3), der Investitionssumme (B6), der Nutzungsdauer und des zu erwartenden Restwertes berechnen Sie in Zelle B12 den Abschreibungswert auf Basis einer linearen Abschreibung (=LIA(B6; B9;B8)). Die gleichmäßige Abschreibungsrate ist im Fall des Kostenvergleichs zwingend erforderlich, da Sie schließlich dieses spezifische Jahr als stellvertretend für alle Folgejahre annehmen möchten.

Der von Ihnen festgelegte Fremdkapitalzinssatz kommt anschließend in Zelle B13, bei der Ermittlung der kalkulatorischen Zinsen, zur Anwendung: =B6/2*B3. Bei linearer Abschreibung werden Sie den Investitionsbetrag als Kalkulationsgrundlage der Zinsen einfach halbieren und diesen Betrag mit dem Zinssatz in B3 multiplizieren, um die kalkulatorischen Zinsen zu erhalten.

14.14.2 Eingabe der Kosten in das Kalkulationsformular

Alle weiteren Berechnungen beruhen nun auf der einfachen Addition der kalkulierten bzw. per Tastatur erfassten Werte. Wie Sie wahrscheinlich bereits bemerkt haben, sind lediglich die grau gekennzeichneten Zellen des Tabellenblattes für die Werteeingabe verwendbar. Alle weiteren Zellen sind hingegen gesperrt. Benutzen Sie wie immer das Kennwort rheinwerk, um im Bedarfsfall über DATEI • ZELLEN • FORMAT • BLATTSCHUTZ AUFHEBEN die Sperrung zu entfernen.

In den Zellen B24 bis B26 liefert die Tabelle die Ergebnisse zu den leistungsunabhängigen, den leistungsabhängigen und den Gesamtkosten je Leistungseinheit (Abbildung 14.66). Dabei wird die in Zelle B10 eingegebene Auslastung der Ressource im Betrachtungsjahr als Kalkulationsgrundlage verwendet.

Leistungsunabhängige Kosten je LE	17,85 €	18,02 €
Leistungsabhängige Kosten je LE	2,57 €	2,24 €
VI. Gesamtkosten je LE	**20,41 €**	**20,26 €**

Abbildung 14.66 Ergebnis des Kostenvergleichs auf Basis der Kosten je Leistungseinheit

Da der Kostenvergleich immer auf den Ergebnissen mehrerer Investitionsalternativen aufbaut, sollten Sie in Spalte C die Werte für eine zweite Ressource erfassen. Alle Berechnungen für diese Investitionsalternative werden analog zum ersten Beispiel durchgeführt.

Im Anwendungsbeispiel erkennen Sie schließlich, dass die Kosten je Leistungseinheit bei Alternative II niedriger sind.

Bewertung der Kostenvergleichsmethode

Die Methode berücksichtigt – wie bei einem statischen Verfahren nicht anders zu erwarten – keinerlei dynamische Aspekte. Diese sind allerdings etwa bei der Entwicklung der Material-, Personal- oder Energiekosten durchaus zu erwarten. Auch die Rentabilität der Investition und die Cashflows spielen bei dieser Betrachtung keine Rolle.

14.14.3   Gewinnvergleich

Bei der Gewinnvergleichsrechnung (Abbildung 14.67) legen Sie zunächst im Tabellenblatt *C. Gewinnvergleich* anhand des Eingabeschemas die Investitions-, Nutzungs-, Kosten- und Auslastungswerte des Status quo, also der Situation vor der Investitionstätigkeit, fest. Als Ergebnis erhalten Sie die zu erwartenden Erlöse sowie den Gewinn für den Fall, dass keine Investition vorgenommen wird (Zellen B23 und B24).

Statische Investitionsrechnung: Gewinnvergleich			
	Kosten (vor Investition)	Kosten (nach Investition I)	Kosten (nach Investition II)
I. Anschaffungskosten			
Anschaffungswert	1.900.000 €	1.750.000 €	2.250.000 €
II. Nutzung und Auslastung			
Nutzungsdauer (in Jahren)	10	10	10
Restwert	63.500 €	100.000 €	120.000 €
Auslastung (in Leistungseinheiten - LE)	9.800	11.500	14.500
III. Kapitalkosten (Jahr)			
Kalkulatorische Abschreibungen	183.650 €	165.000 €	213.000 €
Kalkulatorische Zinsen	39.900 €	36.750 €	47.250 €
Summe Kapitalkosten	223.550 €	201.750 €	260.250 €
IV. Betriebskosten (Jahr)			
Personalkosten	175.000 €	220.000 €	195.000 €
Fertigungsmaterial	84.000 €	92.000 €	90.000 €
Energiekosten	27.000 €	21.000 €	20.000 €
Instandhaltungskosten	23.500 €	19.000 €	20.000 €
sonstige Betriebskosten	36.000 €	32.000 €	34.000 €
Gesamtbetriebskosten	345.500 €	384.000 €	359.000 €
Gesamtkosten	569.050 €	585.750 €	619.250 €
V. Erlöse + Gewinn			
Erwartete Erlöse	**920.000 €**	**1.043.000 €**	**1.100.000 €**
Gewinn	350.950 €	457.250 €	480.750 €
VI. Gewinnzuwachs		**106.300 €**	**129.800 €**

Abbildung 14.67 Gewinnvergleich zweier Investitionsalternativen

Diese Gewinnannahme vergleichen Sie nachfolgend mit den Ergebnissen, die sich aus den gleichen Berechnungen für eine oder mehrere Investitionen ergeben. Dazu erfassen Sie alle Werte in den Spalten C und D. Neben dem Anschaffungswert enthält das Grundschema zur Ermittlung des Gewinnvergleichs auch die folgenden Daten:

▶ Nutzung und Auslastung der Ressourcen (Nutzungsdauer, Restwert und Auslastung)

▶ die Kapitalkosten (lineare Abschreibungen, kalkulatorische Zinsen auf Basis des Zinssatzes für die Kapitalbeschaffung und der Abschreibungen)

▶ die Betriebskosten (Personal-, Material-, Energiekosten etc.)

Da es sich als sinnvoll erweist, Kosten- und Gewinnvergleich miteinander zu kombinieren, habe ich im hier verwendeten Anwendungsbeispiel die Abschreibungen und kalkulatorischen Zinsen der beiden Investitionsalternativen aus dem Tabellenblatt *B. Kostenvergleich* übernommen. Verwendet werden in den Zellen C11 und C12 die beiden Bereichsnamen *B.berAbschreibungenKalkulatorisch1* und *B.berZinsenKalkulatorisch1*. Auch in den Zellen D11 und D12 stellen die betreffenden Bereichsnamen den Bezug zu den Werten des Kostenvergleichs her.

Den Fremdkapitalzinssatz können wir ebenfalls aus dem vorherigen Tabellenblatt übernehmen. Dies können Sie sich beispielsweise in Zelle B12 bei der Berechnung der kalkulatorischen Zinsen (`=B5/2*B.berZinssatzFremdkapital`) zunutze machen.

Die wichtigste Information der Gewinnvergleichsmethode gibt Ihnen Excel in den Zellen C25 und D25. Hier wird der Gewinnzuwachs im ersten Jahr nach der Beschaffung der neuen Ressourcen ausgegeben (Abbildung 14.68). Auch in diesem Fall schneidet die Investition II besser ab, da bei ihr der anzunehmende Gewinn nach der Investition um 129.000 € steigen würde – gegenüber einem Gewinnzuwachs bei Investition I um 106.300 €.

V. Erlöse + Gewinn			
Erwartete Erlöse	**920.000 €**	**1.043.000 €**	**1.100.000 €**
Gewinn	350.950 €	457.250 €	480.750 €
VI. Gewinnzuwachs		**106.300 €**	**129.800 €**

Abbildung 14.68 Ergebnis des Gewinnvergleichs zweier Investitionsalternativen

Bewertung der Gewinnvergleichsmethode

Die Methode betrachtet neben Kosten- auch und besonders die Gewinnveränderung im Zuge von Investitionen. Damit ist sie besonders bei solchen Investitionen geeignet, die sich stärker auf die Gewinnerzielung auswirken – also bei Neu- oder Erweiterungsinvestitionen. Neben den üblichen Problemen der korrekten Zuordnung von Kosten ist ein Schwachpunkt der Methode, dass auch mit ihr keinerlei Aussage hinsichtlich der Rentabilität der Investition getroffen werden kann.

14.14.4   Rentabilitätsvergleich

Möchten Sie in die Erweiterung Ihrer Produktionsanlagen investieren und wissen, welche der möglichen Alternativen die höchste Rentabilität erzielt, ist die Kenntnis der Höhe des investierten Kapitals und des soeben berechneten Gewinnzuwachses notwendig.

Im Tabellenblatt *D. Rentabilitätsvergleich* werden beide Werte in den Zellen B4 (*B.berAbschreibungenKalkulatorisch1*) und B5 (*C.berGewinnzuwachs1*) wiederum über Bereichsnamen aus den vorherigen Kalkulationen übernommen.

Sie erhalten durch die einfache Division der beiden Werte – z. B. `=B5/B4` in Zelle B6 – die Nettorendite für die jeweilige Investition. Diese läge in der Beispielberechnung für die Investition I deutlich höher (Abbildung 14.69).

Statische Investitionsrechnung: Rentabilitätsvergleich

	Investition I	Investition II
eingesetztes Kapital	201.750,00 €	260.250,00 €
Gewinnzuwachs (Jahr)	106.300,00 €	129.800,00 €
Rentabilität (Nettorendite)	**52,69%**	**49,88%**

Abbildung 14.69 Rentabilitätsvergleich auf Basis von Investitionssumme und Gewinnzuwachs

[i]   Bewertung der Methode des Rentabilitätsvergleichs

Zwar liefert die Kalkulation einen einfachen Vergleich der Rendite aus unterschiedlichen Investitionen, sie vernachlässigt aber wichtige Fragestellungen und Voraussetzungen, wie z. B. die der unterschiedlichen Lebensdauer von Investitionsalternativen. Liegen unterschiedliche Nutzungsdauern für die Investitionen vor, die verglichen werden sollen, muss davon ausgegangen werden, dass auch nach Ablauf der Nutzung des einen Investitionsgutes eine Folgeinvestition eine vergleichbare Investition liefert. Ansonsten geriete die gesamte Berechnung in Schieflage.

14.14.5   Amortisationsrechnung

Im Tabellenblatt *E. Amortisation* werden Sie vergeblich versuchen, Werte in das Kalkulationsschema einzugeben, denn sämtliche Werte ergeben sich bereits aus den Berechnungen der vorherigen Tabellenblätter. Im Vordergrund steht die Fragestellung, wie viele Jahre benötigt werden, um das Kapital, das für die Investition aufgewendet wurde, wieder zu erwirtschaften.

Bei Erweiterungsinvestitionen wird das investierte Kapital, also der Anschaffungswert abzüglich des Restwertes, durch die jährlichen Rückflüsse – das sind die durchschnittlichen Gewinne zuzüglich der Abschreibungen – dividiert. In Zelle B11 erhalten Sie somit die Formel `=(B5-B6)/B10`.

Die in Abbildung 14.70 gezeigte Tabelle stellt die Methode der Durchschnittsrechnung vor. Bei ihr wird, wie in den vorangegangenen Beispielen, davon ausgegangen, dass sich die Ergebnisse des betrachteten Jahres auf alle anderen Perioden übertragen lassen.

Statische Investitionsrechnung: Amortisationsrechnung

	Investition I	Investition II
I. Durchschnittsrechnung		
Anschaffungswert	1.750.000,00 €	2.250.000,00 €
Restwert	100.000,00 €	120.000,00 €
Nutzungsdauer (Jahre)	10	10
Abschreibungen (Jahr)	165.000,00 €	213.000,00 €
Gewinn ⌀	457.250,00 €	480.750,00 €
Mittelrückfluss	622.250,00 €	693.750,00 €
Amortisationszeit	**2,7**	**3,1**

Abbildung 14.70 Berechnung des Amortisationszeitraumes

Eine detailliertere Betrachtung der Zahlungsflüsse ist durch die Kumulations- oder Total-rechnung möglich. Bei dieser Methode werden Rückflüsse und Abschreibungen jeweils pro Jahr summiert und schließlich für den gesamten Nutzungszeitraum kumuliert. Dadurch kann augenscheinlich bestimmt werden, wann die für die Investition aufgebrachten Mittel wieder erwirtschaftet werden.

Allerdings werden die Zahlungsflüsse bei dieser Methode nicht ab- oder aufgezinst, wodurch die Kalkulation insgesamt an Aussagekraft verliert.

Bewertung der Amortisationsmethode

Bei der Durchschnittsrechnung werden zwar Ein- und Auszahlungen berücksichtigt, aller-dings werden diese Zahlungsflüsse der ersten Periode verallgemeinert und (gedanklich) auf alle Perioden übertragen. Bei der Kumulations- oder Totalrechnung wird andererseits nicht davon ausgegangen, dass unterschiedliche Zinssätze für Investition und Reinvestition mög-lich und wahrscheinlich sind. Für die Zahlungsflüsse erfolgt auch keine Ab- bzw. Aufzinsung. Dies trägt, wie bei den anderen bereits vorgestellten Verfahren, zu Ungenauigkeiten bei.

[i]

14

14.14.6   Kapitalwertmethode

Mit den dynamischen Methoden der Investitionsrechnung gelingt es Ihnen, das Augenmerk stärker auf die realen Zahlungsflüsse und deren zukünftigen Wert zu lenken. Konkret bedeu-tet dies, dass einer Auszahlung im Jahr 0 alle Einzahlungen im Laufe der Abschreibungsdau-er des Wirtschaftsgutes zunächst gegenübergestellt werden. Dies sehen Sie in Spalte C des Tabellenblattes *F. Kapitalwert*.

Während die (negative) Einzahlung im Jahr 0 dem Barwertfaktor 1 entspricht (Abbildung 14.71), nimmt der Wert dieses Faktors in den Folgejahren naturgemäß ab, da zukünftige Ein-zahlungen einer aktuellen Auszahlung gegenübergestellt werden. Den konkreten Barwert-faktor können Sie in Zelle D6 mit der Formel `=NBW(B.berZinssatzFremdkapital;D5)` berech-nen. Zum Diskontieren wird der Zinssatz zur Beschaffung von Fremdkapital herangezogen.

Nachdem Sie die Funktion nach unten kopiert haben, dienen Ihnen die Barwertfaktoren als Multiplikatoren für die in Spalte C prognostizierten Rückflüsse (z. B. `=C6*D6` im ersten Jahr).

Selbstverständlich können Sie den Barwertfaktor und auch in einer Formel berechnen und mit den Zahlungsflüssen der Einzahlungsspalte multiplizieren (`=NBW(B.berZinssatzFremd-kapital;D5)*C6`). Die hier dargestellte Vorgehensweise habe ich lediglich gewählt, um die Kal-kulationsschritte im Tabellenblatt übersichtlicher darzustellen.

So wie Sie die Einzahlungen in Spalte C addiert haben, müssen Sie anschließend auch ihre Barwerte summieren. Durch Abzug der ursprünglichen Investitionssumme erhalten Sie dann den Kapitalwert der Investition – hier in den beiden Zellen E17 und E24 dargestellt.

Dynamische Investitionsrechnung: Kapitalwert

Jahre	Berechnung des Kapitalwerts (Investition I) Auszahlung	Einzahlung	Barwertfaktor	Barwert
0	1.750.000,00 €	-1.750.000,00 €	1	
1		320.000,00 €	0,9597	307.101,73 €
2		370.000,00 €	0,9210	340.773,87 €
3		390.000,00 €	0,8839	344.716,01 €
4		440.000,00 €	0,8483	373.234,52 €
5		450.000,00 €	0,8141	366.331,21 €
6		450.000,00 €	0,7813	351.565,46 €
7		370.000,00 €	0,7498	277.413,56 €
8		320.000,00 €	0,7195	230.254,55 €
9		320.000,00 €	0,6905	220.973,66 €
10		280.000,00 €	0,6627	185.558,50 €
		3.710.000,00		2.997.923,06 €
			Kapitalwert	1.247.923,06 €

Jahre	Berechnung des Kapitalwerts (Investition II) Auszahlung	Einzahlung	Barwertfaktor	Barwert
0	2.250.000,00 €	-2.250.000,00 €	1	
1		460.000,00 €	0,9597	441.458,73 €
2		460.000,00 €	0,9210	423.664,81 €
3		480.000,00 €	0,8839	424.265,85 €
4		490.000,00 €	0,8483	415.647,53 €
5		520.000,00 €	0,8141	423.316,06 €
6		520.000,00 €	0,7813	406.253,42 €
7		450.000,00 €	0,7498	337.394,87 €
8		420.000,00 €	0,7195	302.209,10 €
9		400.000,00 €	0,6905	276.217,07 €
10		370.000,00 €	0,6627	245.202,30 €
				3.695.629,76 €
			Kapitalwert	1.445.629,76 €

Abbildung 14.71 Anwendung der Kapitalwertmethode auf zwei Investitionsalternativen

Bei beiden Investitionsalternativen wird im Hinblick auf den Barwert des eingesetzten Kapitals ein deutlicher Überschuss erzielt. Dieser fällt jedoch bei der Investition II deutlich höher aus, wodurch sie der Investition I gegenüber zu bevorzugen wäre.

[i] **Bewertung der Kapitalwertmethode**

Die Schwachpunkte der Methode liegen in der Subjektivität der Schätzungen sämtlicher Zahlungsrückflüsse über den gesamten Investitionszeitraum und in der Tatsache, dass für Investition und Reinvestition der gleiche Zinssatz zugrunde gelegt wird. In der Realität ist es jedoch höchst unwahrscheinlich, dass beide Zinssätze identisch sind und bleiben.

14.14.7   Methode des internen Zinsfußes

Bei der Kalkulation des internen Zinsfußes steht ebenfalls die Summe der aus der Investition zu erwartenden Zahlungsrückflüsse im Blickfeld. Folgende Fragen werden gestellt und beantwortet:

▶ Ab welchem Zeitpunkt sind überhaupt finanztechnisch positive Rückflüsse zu erwarten?

▶ Wie hoch sind diese Rückflüsse prozentual, bezogen auf das eingesetzte Kapital?

▶ Liegt die erzielte Rendite über den Zinssätzen auf dem Kapitalmarkt?

Wenn Letzteres nicht der Fall ist, wäre es ökonomisch sinnvoller, die Investitionssumme auf dem Geldmarkt anzulegen.

Bei der Methode des internen Zinsfußes werden grundsätzlich zwei Ansätze unterschieden. Der erste geht davon aus, dass die Zinssätze für Investition und Reinvestition identisch sind. In der Arbeitsmappe *14_Interner_Zinsfuss_00.xlsx* stelle ich ein Beispiel für diesen Ansatz dar.

Die Vorgehensweise bei der zweiten und alternativen Annahme, dass sich Investitions- und Reinvestitionszinssatz unterscheiden, werde ich weiter unten in diesem Kapitel beschreiben.

Im Tabellenblatt *IKV* der Arbeitsmappe *14Interner_Zinsfuss_00.xlsx* wird die Investitionssumme in Zelle B3 mit einem Wert von 180.000 € angegeben (Abbildung 14.72). Zur Berechnung des internen Zinsfußes benötigen Sie außer diesem Betrag die Zahlungsflüsse aus mindestens zwei Folgeperioden. Da auch diese Angaben vorhanden sind, können Sie in Zelle C5 die Funktion =IKV($B$3:B5) verwenden.

Interner Zinsfuß		
Zeitraum	Einzahlungen (Überschüsse)	Interner Zinsfuß
Jahr 0	-180.000 €	
Jahr 1	42.000 €	
Jahr 2	48.000 €	-35,39%
Jahr 3	58.000 €	-8,75%
Jahr 4	60.000 €	5,67%
Jahr 5	36.000 €	11,02%

Abbildung 14.72 Berechnung des internen Zinsfußes mit der Funktion IKV()

Die Funktion IKV(Werte; Schätzwert) liefert den internen Kapitalverzinsungssatz einer Investition. Für das Argument Werte erfassen Sie die Auszahlung und die erwarteten Einzahlungen. Das Argument Schätzwert dient bei dieser auf Iteration basierenden Funktion der Verkürzung des Kalkulationsvorgangs; es wird in der Praxis allerdings selten benötigt. Als Ergebnis der Berechnung erhalten Sie in der Beispieldatei einen Wert von etwa −35 % hinsichtlich der Verzinsung des eingesetzten Kapitals nach zwei Jahren.

Da der Zellbezug, der auf die Einzahlung bzw. Investitionssumme verweist, absolut gesetzt wurde, können Sie die Funktion nach unten kopieren, um auch für die weiteren Jahre die Verzinsung des Ausgangskapitals zu berechnen. Bei der vorgegebenen Investitionssumme ergäben die angegebenen Rückflüsse eine Verzinsung des Kapitals in Höhe von 11,02 % nach fünf Nutzungsjahren.

14

14.14.8 Interner Zinsfuß mit der Zielwertsuche finden

Die Funktion IKV() setzt einen einheitlichen Zinssatz für Ein- und Auszahlungen voraus. Methodisch wird bei der Kalkulation des internen Zinsfußes eine Interpolation angewendet. Der Kapitalwert der Investition wird innerhalb der Gleichung auf null gesetzt. Die Gleichung n-ten Grades wird alsdann nach dem internen Zinsfuß aufgelöst.

Dies bedeutet, dass Sie den internen Zinsfuß auch mithilfe von NBW() und der Zielwertsuche berechnen können. In der Arbeitsmappe *14_Interner_Zinsfuss_Zielwertsuche_00.xlsx* ist der Weg für eine solche Lösung bereitet.

Verwenden Sie die Funktion =NBW(B3;B4;B5;B6;B7;B8;B9) in Zelle B10, um den Kapitalwert der Investition zu ermitteln. Zelle B3 lassen Sie zunächst leer. Dann starten Sie die ZIELWERTSUCHE über DATEN • DATENTOOLS • WAS-WÄRE-WENN-ANALYSE • ZIELWERTSUCHE.

Die Zielzelle ist im Beispielfall Zelle B10, die den Nettobarwert enthalten soll. Diesen Wert setzen Sie bei der Zielwertsuche auf null. Die veränderbare Zelle befindet sich in der Beispieldatei in B3, also in der Zelle, die den Abzinsungsfaktor enthält. Sobald Sie auf OK geklickt haben, beginnt Excel mit der Interpolation und liefert nach wenigen Sekunden das Ergebnis (Abbildung 14.73). Im Beispiel liegt der Zinssatz bei 11,02 %.

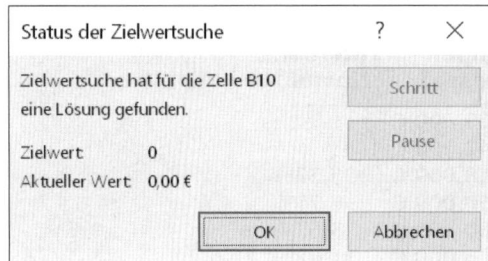

Abbildung 14.73 Zielwertsuche zur Berechnung des internen Zinsfußes

14.14.9 Modifizierter interner Zinsfuß

Gehen Sie – im Gegensatz zur Annahme im soeben beschriebenen Beispiel – davon aus, dass die Zinssätze für die Finanzierung der Investition und die Reinvestition des erwirtschafteten Kapitals nicht identisch sind, benötigen Sie eine andere Funktion zur Kalkulation des Zinsfußes.

Mithilfe der Funktion =QIKV (Werte;Investition;Reinvestiton) berechnen Sie den modifizierten oder qualifizierten internen Kapitalverzinsungssatz. Die Argumente der Funktion deuten bereits an, dass sie unterschiedliche Zinssätze für Investition und Reinvestition berücksichtigt.

Das in Abbildung 14.74 dargestellte Kalkulationsbeispiel ist erneut der Beispieldatei zur Veranschaulichung der Methoden der Investitionsrechnung entnommen. Sie finden es im Tabellenblatt *G. Interner Zinssatz* der Arbeitsmappe *14_Investitionsrechnung_00.xlsx*.

Welche Eckwerte benötigen Sie, um den Zinsfuß hier zu berechnen? Zunächst einmal müssen die beiden Zinssätze für die Finanzierung Ihres Investitionsgegenstands (Zelle C4) und für die Reinvestition (Zell C5) des Kapitals bekannt sein. Darüber hinaus benötigen Sie die Investitionssumme (B6) und eine Reihe voraussichtlicher Rückzahlungen, also die Erlöse, die Sie nach der Anschaffung z. B. einer Maschine aus der Produktion erwarten.

In Zelle C10, also dem dritten Jahr der Nutzung Ihrer Investition, setzen Sie folgende Funktion ein:

```
=QIKV($B$6:B10;$C4$;$C$5)
```

Die Funktion kopieren Sie wie gewohnt nach unten, um für alle Jahre den gewünschten Zinssatz zu erhalten. Liegt der qualifizierte interne Verzinsungssatz über dem Zinssatz des Kapitalmarktes, ist die Investition wirtschaftlich sinnvoll. In der Beispieldatei trifft dies wohl zu. Die Rendite für die Investitionsalternative I ist jedoch höher (10,28 %).

	Zinsatz für Finanzierung:	4,20%
	Zinssatz Reinvestition:	4,80%
Investitionssumme:	-1.750.000,00 €	
Rückzahlung im Jahr	**Rückzahlung**	**Interner Zinssatz**
1	320.000,00 €	
2	370.000,00 €	
3	390.000,00 €	-13,59%
4	440.000,00 €	-1,86%
5	450.000,00 €	4,22%
6	450.000,00 €	7,53%
7	370.000,00 €	9,03%
8	320.000,00 €	9,73%
9	320.000,00 €	10,14%
10	280.000,00 €	10,28%
Interner Zinsatz		
	Zinsatz für Finanzierung:	4,20%
	Zinssatz Reinvestition:	4,80%
Investitionssumme:	-2.250.000,00 €	
Rückzahlung im Jahr	**Rückzahlung**	**Interner Zinssatz**
1	460.000,00 €	
2	460.000,00 €	
3	480.000,00 €	-13,28%
4	490.000,00 €	-2,57%
5	520.000,00 €	3,29%
6	520.000,00 €	6,55%
7	450.000,00 €	8,17%
8	420.000,00 €	9,07%
9	400.000,00 €	9,57%
10	370.000,00 €	9,82%

Abbildung 14.74 Berechnung des qualifizierten internen Verzinsungssatzes

14.14.10   Annuitätenmethode

Bei der Annuitätenmethode bilden der Kapitalwert und der Wiedergewinnungsfaktor den Schlüssel zur Berechnung der Annuitäten einer Investition. Der Schwerpunkt liegt bei dieser

Berechnung also nicht auf der Kalkulation eines Gesamtbarwertes. Vielmehr wird perioden-weise die Frage nach der Tilgung der durch die Investition verursachten Auszahlungssumme gestellt und auch beantwortet.

Im Tabellenblatt *H. Annuitäten* steht in Zelle B4 die Investitionssumme, gefolgt vom Fremd-kapitalzinssatz und der Nutzungsdauer in den Zellen B5 und B6. Aus diesen Angaben berech-nen Sie den *Wiedergewinnungsfaktor*:

`=((1+B5)^B6*B5)/((1+B5)^B6-1)`

oder

$$Wiedergewinnungsfaktor = \frac{(1 + Fremdkapitalzins)^{Nutzungsdauer\,*\,Fremdkapitalzins}}{(1 + Fremdkapitalzins)^{Nutzungsdauer}-1}$$

In der Beispieltabelle habe ich statt der Zellbezüge erneut Bereichsnamen zur Berechnung verwendet (Abbildung 14.75).

Dynamische Investitionsrechnung: Annuitäten

I. Basisdaten (Investition I)		Jahr	Gebundenes Kapital	Rückzahlung	Annuität	Zins	Tilgung	Ergebnis
Investitionsvolumen:	1.750.000,00 €	1	1.750.000,00 €	320.000,00 €	155.393,28 €	73.500,00 €	91.106,72 €	0,00 €
Zinssatz:	4,2%	2	1.658.893,28 €	370.000,00 €	155.393,28 €	69.673,52 €	144.933,20 €	0,00 €
Nutzungsdauer:	10	3	1.513.960,08 €	390.000,00 €	155.393,28 €	63.586,32 €	171.020,40 €	0,00 €
Wiedergewinnungsfaktor:	0,12452	4	1.342.939,68 €	440.000,00 €	155.393,28 €	56.403,47 €	228.203,25 €	0,00 €
Kapitalwert:	1.247.923,06 €	5	1.114.736,43 €	450.000,00 €	155.393,28 €	46.818,93 €	247.787,79 €	0,00 €
		6	866.948,64 €	450.000,00 €	155.393,28 €	36.411,84 €	258.194,88 €	0,00 €
		7	608.753,76 €	370.000,00 €	155.393,28 €	25.567,66 €	189.039,06 €	0,00 €
		8	419.714,70 €	320.000,00 €	155.393,28 €	17.628,02 €	146.978,70 €	0,00 €
		9	272.735,99 €	320.000,00 €	155.393,28 €	11.454,91 €	153.151,81 €	0,00 €
		10	119.584,18 €	280.000,00 €	155.393,28 €	5.022,54 €	119.584,18 €	0,00 €

I. Basisdaten (Investition II)		Jahr	Gebundenes Kapital	Rückzahlung	Annuität	Zins	Tilgung	Ergebnis
Investitionsvolumen:	2.250.000,00 €	1	2.250.000,00 €	460.000,00 €	180.012,02 €	94.500,00 €	185.487,98 €	0,00 €
Zinssatz:	4,2%	2	2.064.512,02 €	460.000,00 €	180.012,02 €	86.709,50 €	193.278,48 €	0,00 €
Nutzungsdauer:	10	3	1.871.233,54 €	480.000,00 €	180.012,02 €	78.591,81 €	221.396,17 €	0,00 €
Wiedergewinnungsfaktor:	0,12452	4	1.649.837,37 €	490.000,00 €	180.012,02 €	69.293,17 €	240.694,81 €	0,00 €
Kapitalwert:	1.445.629,76 €	5	1.409.142,56 €	520.000,00 €	180.012,02 €	59.183,99 €	280.803,99 €	0,00 €
		6	1.128.338,57 €	520.000,00 €	180.012,02 €	47.390,22 €	292.597,76 €	0,00 €
		7	835.740,80 €	450.000,00 €	180.012,02 €	35.101,11 €	234.886,87 €	0,00 €
		8	600.853,94 €	420.000,00 €	180.012,02 €	25.235,87 €	214.752,12 €	0,00 €
		9	386.101,82 €	400.000,00 €	180.012,02 €	16.216,28 €	203.771,70 €	0,00 €
		10	182.330,12 €	370.000,00 €	180.012,02 €	7.657,86 €	182.330,12 €	0,00 €

Abbildung 14.75 Berechnung der Annuitäten für zwei potenzielle Investitionen

Den Kapitalwert für Investition I habe ich nicht berechnet, sondern aus dem Tabellenblatt *F. Kapitalwert* übernommen.

14.14.11   Berechnung der Annuitäten

Auch die angenommenen Rückflüsse wurden in diesem Tabellenblatt bereits erfasst. In Spal-te F des Tabellenblattes *H. Annuitäten* können Sie demnach auf die Angaben zurückgreifen. Die Annuitäten in Spalte G ergeben sich aus der Multiplikation des Wiedergewinnungsfaktors mit dem Kapitalwert der Investition. Dies entspricht der Formel =$B$8*$B$7 in Zelle G4. Diese Formel wird auch in den Zellen G5 bis G13 verwendet. Insgesamt wird für die Investition in das Wirtschaftsgut I eine Annuität von ca. 155.400 € bei den erwarteten Zahlungsflüssen ermittelt.

Bei einer Investition in das Wirtschaftsgut II wäre diese mit etwa 180.000 € deutlich höher. Dies bedeutet, dass deutlich höhere Entnahmen durch die zweite Investition möglich sind und diese rechnerisch die günstigere Alternative darstellt.

Doch damit sind die Berechnungen noch nicht abgeschlossen. Ausgehend von der Investitionssumme in Zelle E4 können wir nun in Zelle H4 den Zinsaufwand für die betreffende Periode berechnen. Dabei kommt die Formel =E4*B.berZinssatzFremdkapital zur Anwendung. E4 entspricht dem Wert des gebundenen Kapitals. Er wird mit dem Fremdkapitalzinssatz multipliziert, den wir wiederum aus den vorherigen Tabellenblättern übernehmen können.

Auf Grundlage der nun bekannten Werte ist es möglich, den Tilgungsanteil der ersten Periode in Zelle I4 zu berechnen: =F4-G4-H4. Die geleistete Tilgung im aktuellen Jahr vermindert wiederum den Anteil des durch die Investition gebundenen Kapitals im folgenden Jahr. In Zelle E5 wird dem mit der Formel =E4-I4 Rechnung getragen. Alle weiteren Perioden werden nach dem gleichen Muster berechnet.

14.14.12 Zusammenführung aller Berechnungsergebnisse

Bei einer komplexen Berechnung, die sich wie im Fall der Investitionsrechnungsmethoden gleich über mehrere Tabellenblätter erstreckt, werden Sie sicherlich schnell den Wunsch entwickeln, die wesentlichen Resultate aus den einzelnen Tabellenblättern in einer Übersicht zusammenzufassen. Das Tabellenblatt *A. Investitionsalternativen* enthält eine solche Zusammenfassung (Abbildung 14.76).

Übersicht Investitionsalternativen		
	Investition I	**Investition II**
Investitionssumme	1.750.000,00 €	2.250.000,00 €
Statische Betrachtung		
Gesamtkosten (Jahr)	234.750,00 €	293.750,00 €
Stückkosten	20,41 €	20,26 €
Gewinnvergleich	106.300,00 €	129.800,00 €
Rentabilitätsvergleich	52,69%	49,88%
Amortisationszeit (Jahre)	2,7	3,1
Dynamische Betrachtung		
Kapitalwert	1.247.923,06 €	1.445.629,76 €
Interner Zinssatz	10,28%	9,82%
Annuität	155.393,28 €	180.012,02 €

Abbildung 14.76 Zusammenfassung der Kalkulationsergebnisse

Da ich sämtliche relevanten Ergebniszellen mit Bereichsnamen versehen habe, sollte es Ihnen ohne weitere Umstände gelingen, auf die benötigten Werte zuzugreifen. Durch den

Schutz der diversen Tabellenblätter können Sie auch zukünftig alle Eckdaten für Investitionsvorhaben in der Arbeitsmappe erfassen und die Ergebnisse automatisch berechnen lassen. Eine Erweiterung des Kalkulationsschemas von zwei auf weitere Investitionsalternativen ist dabei gegebenenfalls nötig.

14.14.13   Investitionsentscheidungen mit Szenarien unterstützen

Auch mit dem SZENARIO-MANAGER, den ich bereits beschrieben habe, sind Sie in der Lage, die Kalkulationen für unterschiedliche Investitionsalternativen getrennt voneinander zu speichern und dennoch die Ergebnisse in einem übersichtlichen Bericht zu dokumentieren. In der Arbeitsmappe *14_Investitionen_SZENARIO_00.xlsx* habe ich bereits die Werte für ein Investitionsszenario gespeichert.

			Aktuelle Werte:	Investition 1	Investition 2
Szenariobericht					
Veränderbare Zellen:					
	B.berAnschaffungswert		3.400.000,00 €	2.900.000,00 €	3.400.000,00 €
	B.berNutzungsdauer		10	10	10
	B.berRestwert		80.000,00 €	100.000,00 €	80.000,00 €
	B.berAuslastungLE		6.500	7.800	6.500
	B.sonstigeLUKosten		1.500,00 €	1.000,00 €	1.500,00 €
	B.Personalkosten		21.300,00 €	19.500,00 €	21.300,00 €
	B.Fertigungsmaterial		4.500,00 €	5.000,00 €	4.500,00 €
	B.Energiekosten		1.000,00 €	1.300,00 €	1.000,00 €
	B.sonstigeLAKosten		920,00 €	1.200,00 €	920,00 €
Ergebniszellen:					
	B.berZinssatzFremdkapital		4,00%	4,00%	4,00%
	B.berAnschaffungswert		3.400.000,00 €	2.900.000,00 €	3.400.000,00 €
	B.berRestwert		80.000,00 €	100.000,00 €	80.000,00 €
	B.berAuslastungLE		6.500	7.800	6.500
	B.sonstigeLUKosten		1.500,00 €	1.000,00 €	1.500,00 €
	B.Personalkosten		21.300,00 €	19.500,00 €	21.300,00 €
	B.Fertigungsmaterial		4.500,00 €	5.000,00 €	4.500,00 €
	B.Energiekosten		1.000,00 €	1.300,00 €	1.000,00 €
	B.sonstigeLAKosten		920,00 €	1.200,00 €	920,00 €
	B.berJahresgesamtkosten		429.220,00 €	366.000,00 €	429.220,00 €
	B.berStückkosten		66,03 €	46,92 €	66,03 €

Hinweis: Die Aktuelle Wertespalte repräsentiert die Werte der veränderbaren Zellen zum Zeitpunkt, als der Szenariobericht erstellt wurde. Veränderbare Zellen für Szenarien sind in grau hervorgehoben.

Abbildung 14.77 Vergleich zweier Investitionsalternativen mithilfe eines Szenarioberichts

Die Arbeitsmappe enthält bereits ein Szenario für eine Investition. Nachdem Sie ein weiteres Szenario erstellt haben, finden Sie die unterschiedlichen Basiswerte für beide Wirtschaftsgüter im *Szenariobericht* im Abschnitt der veränderbaren Zellen wieder (Abbildung 14.77). Deren Einfluss auf die Ergebniszellen wird in der gleichnamigen Rubrik des Berichts festgehalten.

14.14.14   Regeln bei der Erstellung der Szenarien

Um die Lesbarkeit und Verständlichkeit des Szenarioberichts zu erhöhen, sei an die folgenden Regeln bei seiner Benutzung erinnert:

▶ Legen Sie für alle relevanten Basiswerte wie Investitionssumme, Nutzungsdauer, Restwert etc. Bereichsnamen fest.

▶ Definieren Sie auch für die wichtigsten Ergebniszellen aussagekräftige Bereichsnamen.

▶ Starten Sie dann die Funktion Daten • Datentools • Was-wäre-wenn-Analyse • Szenario-Manager. Geben Sie dort aussagekräftige Bezeichnungen für die von Ihnen anzulegenden Investitionsszenarien ein.

▶ Erstellen Sie, sobald Sie sämtliche Investitionsalternativen erfasst haben, einen *Zusammenfassungsbericht*. Darin wird jede einzelne Investitionsalternative in einer separaten Spalte des Berichtsblattes aufgelistet. Die Bereichsnamen der veränderbaren sowie der Ergebniszellen werden im Bericht verwendet. Dadurch erhalten Sie eine gut verständliche Übersicht, in der sämtliche Unterschiede der einzelnen Szenarien dargestellt werden.

14.15   Customer Lifetime Value

Nicht nur Produktionsanlagen oder andere Ressourcen stellen Unternehmenswerte dar. Ein wichtiger Faktor für die Bestimmung des Wertes eines Unternehmens sind dessen Kunden und die von ihnen getätigten Umsätze. Doch wie hoch ist der Wert, den ein Kunde über die gesamte Periode besitzt, die er einem Unternehmen treu ist, auf Heller und Pfennig?

Der *Customer Lifetime Value* (CLV) ist eine Kennzahl, die alle Umsätze und Kosten eines Kunden über die gesamte Lebensdauer der Geschäftsbeziehung zusammenfasst. Aus den vergangenen, gegenwärtigen und zukünftigen Zahlungsflüssen wird der CLV oder Kundenwert ermittelt, der mit dem spezifischen Deckungsbeitrag aller auf den Kunden bezogenen Aktivitäten gleichzusetzen ist. Da auch zukünftige Umsätze und Kosten in die Berechnung einbezogen werden, müssen diese diskontiert werden, um ihre Aussagekraft zu erhalten. Die Kennzahl drückt aus, wie viel der Kunde aktuell »wert ist«, mehr aber noch, wie viel er in der näheren Zukunft noch wert sein wird.

Die Arbeitsmappe *14_CustomerLifetimeValue_00.xlsx* enthält eine beispielhafte und umfassende Anwendung des Verfahrens in Excel (Abbildung 14.78).

Kunden-ID	<	>	72139		Muster AG					
	Bindungsindex:	gering		12.05.13						
	Referenzindex:	hoch		12.05.13						
	2010	**2011**	**2012**	**2013**	**2014**	**2015**	**2016**	**2017**	**2018**	**2019**
autonomer Umsatz	38.794 €	23.290 €	14.752 €	55.825 €	43.993 €	45.396 €	46.553 €	47.419 €	48.026 €	48.400 €
Cross-Selling-Umsatz	14.733 €	6.139 €	11.284 €	0 €	0 €	0 €	0 €	0 €	0 €	0 €
Up-Selling-Umsatz	14.434 €	11.498 €	13.997 €	0 €	0 €	0 €	0 €	0 €	0 €	0 €
Weiterempfehlung	0 €	0 €	0 €	8.967 €	0 €	4.222 €	4.770 €	5.240 €	5.639 €	5.974 €
Wartung	3.472 €	6.644 €	0 €	0 €	441 €	0 €	0 €	0 €	0 €	0 €
Reparatur	0 €	0 €	853 €	0 €	1.071 €	967 €	1.101 €	1.215 €	1.313 €	1.395 €
Sonstiges	0 €	1.092 €	0 €	0 €	3.278 €	2.366 €	2.713 €	3.011 €	3.264 €	3.478 €
Summe aller Einzahlungen	**71.433 €**	**48.663 €**	**40.886 €**	**64.792 €**	**48.783 €**	**52.952 €**	**55.137 €**	**56.886 €**	**58.243 €**	**59.247 €**
Herstellkosten	0 €	16.705 €	10.738 €	19.350 €	46.158 €	16.880 €	20.968 €	20.639 €	20.382 €	20.159 €
Boni, Rabatte	0 €	9.504 €	2.416 €	4.912 €	22.365 €	2.269 €	3.010 €	2.295 €	2.005 €	1.753 €
Kundenkontakt	0 €	0 €	0 €	474 €	584 €					
Mailing, Werbung etc.	0 €	0 €	320 €	0 €	320 €					
Außendienst	0 €	532 €	0 €	0 €	0 €					
Angebotserstellung	0 €	0 €	0 €	0 €	387 €					
Auftragsbearbeitung	0 €	469 €	0 €	566 €	566 €					
Fakturierung	0 €	0 €	47 €	707 €	0 €					
Buchung	0 €	226 €	0 €	0 €	116 €					
Lieferung	0 €	0 €	510 €	0 €	437 €					
Wartung	0 €	0 €	0 €	0 €	0 €					
Reparaturen	0 €	0 €	0 €	0 €	0 €					
Umtausch	0 €	0 €	0 €	0 €	0 €					
Einräumung von Sonderkonditionen	0 €	0 €	0 €	0 €	0 €					
Rücknahme etc.	0 €	0 €	290 €	210 €	0 €					
Summe aller Auszahlungen	**0 €**	**27.436 €**	**14.321 €**	**26.219 €**	**70.933 €**	**19.149 €**	**23.978 €**	**22.934 €**	**22.387 €**	**21.912 €**
Saldo Ein-/Auszahlungen	**71.433 €**	**21.227 €**	**26.565 €**	**38.573 €**	**-22.150 €**	**33.802 €**	**31.159 €**	**33.952 €**	**35.856 €**	**37.335 €**

Abbildung 14.78 Customer-Lifetime-Value-Berechnung mit flexibler Erfassung zukünftiger Aufwendungen

14.15.1 Übersicht über die Funktionen der Beispielanwendung

Lassen Sie uns zunächst die Gesamtstruktur der Anwendung begutachten. Im Tabellenblatt *CLV – Übersicht* erhalten Sie einen Gesamtüberblick über den aktuellen CLV eines ausgewählten Kunden. Die Kundenauswahl erfolgt dabei über ein Steuerelement in der ersten Zeile des Tabellenblattes. Hier wird eine sogenannte *Steuerleiste* eingesetzt. Verschieben Sie den Regler nach links oder rechts, wird aus der Kundenliste jeweils ein anderer Kunde ausgewählt (Abbildung 14.79).

<	>	72139		Muster AG
Bindungsindex:	gering		12.05.13	
Referenzindex:	hoch		12.05.13	

Abbildung 14.79 Anzeige von Kundeninformation, Bindungsrate und Referenzwert

▶ Durch Betätigen der Steuerung wählen Sie die Kundennummer aus; Excel zeigt Ihnen anschließend auch den Kundennamen an.

▶ Neben den bereits erfolgten Zahlungsflüssen der Jahre 2010 bis 2014 erhalten Sie durch die Kundenauswahl auch die Anzeige des *Bindungsindex* und des *Referenzindex* des Kunden in den Zellen D2 und D3. Weitere Informationen zu diesen beiden Komponenten finden Sie weiter unten in diesem Kapitel.

▸ Für die angezeigten Werte des Bindungs- und des Referenzindex wird Ihnen zusätzlich in den Zellen G2 und G3 das Datum der zuletzt durchgeführten Kundenbewertung geliefert, sodass Sie unmittelbar erkennen können, ob diese Werte noch aktuell sind.

▸ Für den Zeitraum der Jahre 2014 bis 2019 finden Sie in den Spalten G bis K eine Prognose der erwarteten Umsätze, die auf Basis einer Trendberechnung erstellt und anschließend diskontiert wurden.

▸ Ebenfalls in diesen Spalten, jedoch weiter unten, existiert ein Eingabebereich für die von Ihnen erwarteten Kosten. Hier geben Sie Kosten ein, die Sie mit dem Kunden in den kommenden Jahren in Verbindung bringen (Abbildung 14.80).

2015	2016	2017	2018	2019
45.396 €	46.553 €	47.419 €	48.026 €	48.400 €
0 €	0 €	0 €	0 €	0 €
0 €	0 €	0 €	0 €	0 €
4.222 €	4.770 €	5.240 €	5.639 €	5.974 €
0 €	0 €	0 €	0 €	0 €
967 €	1.101 €	1.215 €	1.313 €	1.395 €
2.366 €	2.713 €	3.011 €	3.264 €	3.478 €
52.952 €	55.137 €	56.886 €	58.243 €	59.247 €
16.880 €	20.968 €	20.639 €	20.382 €	20.159 €
2.269 €	3.010 €	2.295 €	2.005 €	1.753 €

Abbildung 14.80 Prognostizierte Umsätze und Kosten

14.15.2   Bestandteile des Customer Lifetime Values

Beim Customer Lifetime Value werden drei Bestandteile zur Bildung der Kennzahl herangezogen. Diese sind:

▸ Bindungsrate

▸ Umsätze

▸ Kosten

14.15.3   Die Bindungsrate

Der CLV bezieht sich unter anderem auf die Realisierung zukünftiger Umsätze durch den Kunden. Alle Bemühungen bei der Berechnung dieser Prognose sind nur dann sinnvoll, wenn der Kunde auch tatsächlich bis zum Ende des Prognosezeitraumes dem Unternehmen die Treue hält. Die *Bindungsrate* gibt die Wahrscheinlichkeit an, mit der der Kunde diese Vorbedingung erfüllt.

Es wird davon ausgegangen, dass die Bindungsrate von verschiedenen Faktoren abhängt und durch diese entsprechend beeinflusst werden kann, z. B.:

▶ Höhe der Kundenzufriedenheit

▶ Höhe der Wechselbarrieren

▶ Fehlen von Konkurrenzangeboten

▶ Fehlen von Wechselneigungen

14.15.4   Der Kundenumsatz

Die Komponente Umsatz des CLV gliedert sich wiederum in die folgenden vier Teilkomponenten:

▶ autonomer Umsatz

▶ Up-Selling-Umsatz

▶ Cross-Selling-Umsatz

▶ Referenzwert

Der *autonome Umsatz* wird vom Unternehmen nicht durch gezielte Marketingmaßnahmen initiiert. Er entsteht als Resultat allgemeiner Marketingaktivitäten oder der generellen Bekanntheit eines Unternehmens bzw. einer Marke.

Der *Up-Selling-Umsatz* entsteht durch Mehrverkauf solcher Produkte, die der Kunde bereits früher erworben hat – etwa durch die Erhöhung der Kauffrequenz. Aber auch der Kauf von Produkten aus einem höheren Preissegment (Abnahme der Preissensibilität) oder weiterer Produkte aus der gleichen Produktgruppe können dieser Umsatzkomponente zugeordnet werden.

Werden Produkte aus Produktgruppen, aus denen der Kunde bislang nicht kaufte, erworben, handelt es sich um *Cross-Selling-Umsätze*.

Der *Referenzwert* berücksichtigt jene Deckungsbeiträge, die sich dadurch ergeben, dass der zufriedene Kunde das Unternehmen und seine Produkte weiterempfiehlt und dadurch weitere Umsätze von anderen Kunden generiert werden.

Der Referenzwert des Kunden kann aus unterschiedlichen Faktoren abgeleitet werden. Dazu gehören:

▶ Kaufhäufigkeit

▶ Kaufvolumen

▶ Meinungsführerschaft

▶ Kundenzufriedenheit

▶ soziales Netz des Kunden

14.15.5   Die Kosten

Die Kostenbetrachtung bei der Bestimmung des CLV orientiert sich an klassischen Kostenfaktoren. Sie unterscheidet

- Akquisitionskosten
- laufende Marketingkosten
- Produktkosten
- Wiedergewinnungskosten

Unter den *Akquisitionskosten* werden sämtliche Kosten summiert, die aufgewendet werden, um einen neuen Kunden zu gewinnen. Die Ermittlung der Kosten muss die jeweiligen Akquisitionsverfahren (Fernsehwerbung, Direktmailing etc.) berücksichtigen.

Die *laufenden Marketingkosten* enthalten die Kosten sämtlicher Maßnahmen zur Kundenbindung und Verbesserung der Profitabilität (Cross-Selling, Up-Selling).

Unter den *Produktkosten* werden Kosten z. B. für die Verpackung, den Versand oder die Lieferung der vom Kunden erworbenen Produkte zusammengefasst.

Um das Abwandern eines Kunden zu verhindern, müssen Aufwendungen erbracht werden, die unter der Überschrift der *Wiedergewinnungskosten* verbucht werden. Auch Bemühungen, einen Kunden nach seiner Abwanderung zurückzugewinnen, fallen in diese Kategorie.

14.15.6   Erfassung und Zuordnung der Umsätze

Grundlage für sämtliche relevanten Kalkulationen in der Beispielanwendung ist die korrekte Erfassung und Zuordnung der Kosten und Umsätze zu den oben genannten Komponenten.

Für die Umsatzerfassung in einer Tabelle, wie z. B. in Abbildung 14.81, gilt deshalb, dass folgende Merkmale vorhanden sein und berücksichtigt werden müssen:

- Die Zuordnung der Umsätze zu einem Kunden über seine Kunden-ID muss möglich sein.
- Die Umsätze müssen einem Analysezeitraum zuzuordnen sein (z. B. einem Jahr).
- Die Höhe des Deckungsbeitrags I muss bekannt sein.
- Der Deckungsbeitrag muss eindeutig einer vordefinierten Umsatzart zugeordnet sein.

	A	B	C	D	E	F
1	**Kunden-ID**	**Jahr**	**Umsatz (brutto)**	**Umsatz (netto)**	**DB I**	**Umsatzart**
2	72139	2010	21.448,60 €	21.019,62 €	10.720,01 €	autonomer Umsatz
3	72139	2010	39.480,00 €	37.900,80 €	20.087,42 €	autonomer Umsatz
4	72139	2010	31.649,70 €	30.067,22 €	14.732,94 €	Cross-Selling-Umsatz
5	72139	2010	30.374,50 €	30.070,76 €	14.433,96 €	Up-Selling-Umsatz
6	72139	2010	7.873,50 €	7.086,15 €	3.472,21 €	Wartung
7	72139	2010	15.247,00 €	14.789,59 €	7.986,38 €	autonomer Umsatz
8	72145	2010	35.499,00 €	33.724,05 €	17.536,51 €	autonomer Umsatz
9	72145	2010	22.699,60 €	20.883,63 €	10.650,65 €	Up-Selling-Umsatz

Abbildung 14.81 Strukturierung der kundenbezogenen Umsatzdaten

Im Tabellenblatt *CLV – Umsätze* sind die generierten Umsätze mehrerer Jahre in der beschriebenen Weise erfasst worden und können somit für eine Bestimmung des CLV eingesetzt werden. Die Werte liegen zudem in Form einer einfachen Liste vor, könnten also mithin auch aus einer Fremdanwendung stammen und in dieses Tabellenblatt importiert worden sein.

14.15.7 Prognose der diskontierten Umsätze eines Kunden

Das Tabellenblatt *CLV – Umsatztrend I* enthält eine der zentralen Berechnungen dieser Beispielanwendung (Abbildung 14.82). Darin wird auf der Grundlage der in der Vergangenheit durch den Kunden generierten Umsätze eine Prognose der zukünftigen Umsätze erstellt und diese auf ihren heutigen Wert diskontiert.

	A	B	C	D	E	F	G
1	**Kunden-ID**	**Zinssatz**	**Abzinsungsfaktor**	**Jahr 1**	**Jahr 2**	**Jahr 3**	**Jahr 4**
2	72139	6,20%		0,941619586	0,886647444	0,834884599	0,78614369
3							
4	**Jahr**	**autonomer Umsatz**	**Cross-Selling-Umsatz**	**Up-Selling-Umsatz**	**Weiterempfehlung**	**Wartung**	**Reparatur**
5	2010	38.794,00 €	14.733,00 €	14.434,00 €	0,00 €	3.472,00 €	0,00 €
6	2011	23.290,00 €	6.139,00 €	11.498,00 €	0,00 €	6.644,00 €	0,00 €
7	2012	14.752,00 €	11.284,00 €	13.997,00 €	0,00 €	0,00 €	853,00 €
8	2013	55.825,00 €	0,00 €	0,00 €	8.967,00 €	0,00 €	0,00 €
9	2014	43.993,00 €	0,00 €	0,00 €	0,00 €	441,00 €	1.071,00 €
10	2015	48.210,70 €	-4.250,30 €	-4.124,00 €	4.483,50 €	-1.700,40 €	1.027,40 €
11	2016	52.504,00 €	-7.810,80 €	-8.160,60 €	5.380,20 €	-2.971,00 €	1.241,60 €
12	2017	56.797,30 €	-11.371,30 €	-12.197,20 €	6.276,90 €	-4.241,60 €	1.455,80 €
13	2018	61.090,60 €	-14.931,80 €	-16.233,80 €	7.173,60 €	-5.512,20 €	1.670,00 €
14	2019	65.383,90 €	-18.492,30 €	-20.270,40 €	8.070,30 €	-6.782,80 €	1.884,20 €

Abbildung 14.82 Kundenbezogene diskontierte Umsatzprognose

Dazu müssen Sie vier Schritte ausführen:

▶ Den im Tabellenblatt *CLV – Übersicht* gewählte Kunde müssen Sie automatisch auch in diesem Tabellenblatt über die Kundennummer aktivieren.

▶ Mithilfe einer bedingten Kalkulation – SUMMEWENNS() – ermitteln Sie die bereits erzielten Umsätze für den Kunden und die Umsatzart.

▶ Auf Basis der zurückliegenden Umsätze erstellen Sie eine Prognose mithilfe der Funktion TREND().

▶ Sie berechnen den Abzinsungsfaktor für die im Anwendungsbeispiel angenommenen fünf Jahre des Analyse- und Prognosezeitraumes.

14.15.8 Auswahl des Kunden

Wie bereits erwähnt, erfolgt die Auswahl des Kunden über ein Steuerelement im Tabellenblatt *CLV – Übersicht*. Dabei wird die Kundennummer in Zelle E1 dieses Tabellenblattes geschrieben. Die ausgewählte Kundennummer benötigen Sie nun im Tabellenblatt *CLV – Umsatztrend I*, das als Zwischenberechnung für die Gesamtdarstellung der kundenbezogenen Daten dient. Sie erhalten die ausgewählte Kundennummer, indem Sie in Zelle A2 mit ='CLV – Übersicht'!E1 auf die entsprechende Zelle verweisen.

14.15.9   Berechnung der vorhandenen Deckungsbeiträge des Kunden

Die Berechnung der Umsätze gründet auf drei Bedingungen:

▶ Angabe des Jahres

▶ Angabe der Kunden-ID

▶ Angabe der Kostenart

Die Funktion zur Umsatzberechnung in Zelle B5 muss nacheinander auf die erste Bedingung, das Jahr in Zelle A5, die zweite Bedingung, die Kunden-ID in Zelle A2, und schließlich die dritte Bedingung, die Kostenart in Zelle B4, verweisen. Alle Zellbereiche, die durchsucht werden sollen, befinden sich im Tabellenblatt *CLV – Umsätze* (Abbildung 14.83).

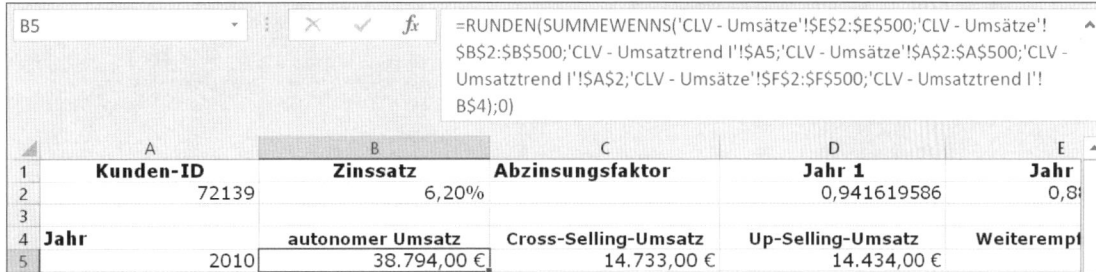

Abbildung 14.83 Bedingte Kalkulation der Kundenumsätze

Daraus ergibt sich die folgende bedingte Summe:

```
=RUNDEN(SUMMEWENNS('CLV - Umsätze'!$E$2:$E$500;
'CLV - Umsätze'!$B$2:$B$500;'CLV - Umsatztrend I'!$A5;
'CLV - Umsätze'!$A$2:$A$500;'CLV - Umsatztrend I'!$A$2;
'CLV - Umsätze'!$F$2:$F$500;'CLV - Umsatztrend I'!B$4);0)
```

Nachdem Sie die Funktion erstellt haben, können Sie sie bis in Zelle B9 nach unten kopieren, da sich dort die letzte Datenreihe mit berechneten Ist-Werten befindet. Unterhalb dieser Zeile beginnt der Zellbereich, in dem Prognosedaten für die kommenden Jahre angezeigt werden.

Nachdem Sie die Funktion kopiert haben, sollten Sie den Zellbereich von B5 bis B9 auch in die angrenzenden Spalten C bis H kopieren, um die Kalkulation für die weiteren Kostenarten ebenfalls durchzuführen. Mit diesem Kopiervorgang ist die Zusammenführung der Werte der bereits erzielten Deckungsbeiträge abgeschlossen.

14.15.10   Prognose der zu erwartenden Kundenumsätze

Es wurde bereits an anderer Stelle über die Verfahren zum Erstellen von Prognosen – linearer Trend, gleitender Mittelwert oder exponentielle Glättung – diskutiert. In dieser Beispielanwendung haben wir die Funktion TREND() eingesetzt, um auf Basis der vorhandenen Umsatzdaten einen linearen Trend zu bilden (Abbildung 14.84). Selbstverständlich sollten Sie stets bedenken, dass die Länge der Datenreihe starken Einfluss auf die Güte der Prognose-ergebnisse hat.

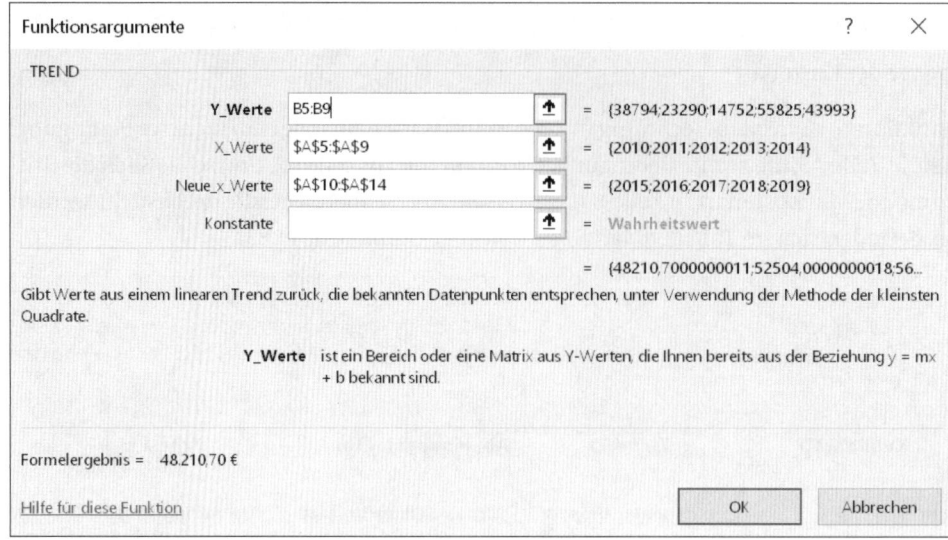

Abbildung 14.84 Argumente der Trendberechnung

Die Ergebnisse aus fünf Vorgängerjahren stellen zwar keine ausreichend lange Datenreihe dar. Da es sich hier lediglich um eine Beispielanwendung handelt, sei es aus Gründen der Übersichtlichkeit dennoch erlaubt, eine solch kurze Datenreihe zu nutzen.

Markieren Sie zunächst den Zellbereich B10 bis B14 im Tabellenblatt *CLV – Umsatztrend I*. Starten Sie dann die Funktion TREND() über den Funktionsassistenten. Die Argumente für diese Trendberechnung zeigt Tabelle 14.14.

Argument	Zellbezug
Y_Werte	B5:B9
X_Werte	$A$5:$A$9
Neue_X_Werte	$A$10:$A$14

Tabelle 14.14 Argumente der Funktion TREND()

Schließen Sie die Eingabe der Argumente im Funktionsassistenten mit der Tastenkombina-tion ⌈Strg⌉ + ⌈⇧⌉ + ⌈↵⌉ ab, da es sich um eine Matrixfunktion handelt.

Wie schon bei der Umsatzberechnung sollten Sie den Ergebnisbereich – diesmal die Zellen B10 bis B14 – in die nebenstehenden Spalten C bis H kopieren. Sobald dies geschehen ist, stehen Ihnen alle benötigten Ist- und Prognosewerte eines frei zu bestimmenden Kunden für die weiteren Berechnungen in der Arbeitsmappe *14_CustomerLifetimeValue_00.xlsx* zur Verfügung.

14.15.11   Berechnung des Abzinsungsfaktors

Da die prognostizierten Kundenumsätze erst in einem Jahr oder noch wesentlich später erzielt werden, müssen Sie diese noch diskontieren. In Zeile 1 des Tabellenblattes *CLV – Umsatztrend I* der Beispieldatei haben Sie genug Platz, um den Abzinsungsfaktor zu berechnen (Abbildung 14.85).

autonomer Umsatz	Cross-Selling-Umsatz	Up-Selling-Umsatz	Weiterempfehlung	Wartung	Reparatur	Sonstiges
38.794,00 €	14.733,00 €	14.434,00 €	0,00 €	3.472,00 €	0,00 €	0,00 €

Abbildung 14.85 Berechnung des Abzinsungsfaktors

Geben Sie zuerst den aktuellen Fremdkapitalzinssatz in Zelle B2 ein. Die Formel zur Berechnung lautet:

$$\frac{1}{(1 + Zinssatz)^{Periode}}$$

In Zelle D2 könnten Sie demnach mit `= 1/(1+$B$2)^1` den Abzinsungsfaktor für das erste Jahr berechnen. Dies hätte allerdings den Nachteil, dass Sie die Formel nicht ohne Weiteres durch Kopieren dazu bringen könnten, auch für die Folgejahre die korrekte Kalkulation auszuführen.

Schreiben Sie stattdessen `=1/(1+$B$2)^(SPALTE()-3)` in die Zelle. Durch den Ausdruck (`SPAL-TE()-3`) bezieht Excel den Exponenten der Gleichung flexibel aus der Spaltennummer. Dies erlaubt es Ihnen, die Formel in die benachbarten fünf Zellen der ersten Zeile zu kopieren.

Und damit ist auch der dritte Baustein für die Berechnung des CLV bereits fertig!

14.15.12   Diskontierung der prognostizierten Umsätze

Die zur Trendberechnung benutzte Funktion `TREND()` ist, wie Sie eben gesehen haben, eine Matrixfunktion. Dies hat zur Folge, dass es nicht möglich ist, direkt an die Formel eine Multiplikation mit dem Abzinsungsfaktor anzuhängen. Die Diskontierung müssen Sie demnach im Tabellenblatt *CLV – Übersicht* durchführen. Wechseln Sie in dieses Tabellenblatt.

In Zelle G6 übernehmen Sie den prognostizierten Umsatz aus der Kategorie *Autonomer Umsatz* und multiplizieren ihn mit dem Abzinsungsfaktor, um den diskontierten Wert zu erhalten. Beide Werte entnehmen Sie dem Tabellenblatt *CLV – Umsatztrend I*.

```
=INDEX('CLV - Umsatztrend I'!$B$10:$H$14;SPALTE()-6;ZEILE()-5)*
'CLV - Umsatztrend I'!D$2
```

Auch in diesem Fall helfen Ihnen die beiden Funktionen ZEILE() und SPALTE(), um in Hinblick auf das notwendige Kopieren der Funktion flexibel zu bleiben. Aus dem Originaldatenbereich der Prognosewerte – 'CLV – Umsatztrend I'!$B$10:$H$14 – sprechen Sie jeweils eine Spaltennummer an, die Sie dynamisch mit der Funktion SPALTE() ermitteln. Mit der Zeilennummer des auszulesenden Wertes verhält es sich ähnlich. Hier liefert Ihnen die Funktion ZEILE() den Wert abhängig von der Zelle, in der sich die Funktion befindet (Abbildung 14.86). Den gefundenen Wert multiplizieren Sie schließlich mit dem Abzinsungsfaktor (*'CLV – Umsatztrend I'!D$2)).

	G	H	I	J	K
=WENN(INDEX('CLV - Umsatztrend I'!$B$10:$H$14;SPALTE()-6;ZEILE()-5)<0; 0;INDEX('CLV - Umsatztrend I'!$B$10:$H$14;SPALTE()-6;ZEILE()-5)*'CLV - Umsatztrend I'!D$2)					
14	**2015**	**2016**	**2017**	**2018**	**2019**
993 €	45.396 €	46.553 €	47.419 €	48.026 €	48.400 €

Abbildung 14.86 Übernahme der Prognosen und Diskontierung

Da bei Kunden, die rückläufige Umsätze aufweisen, die Entstehung negativer Umsatzprognosen aufgrund der Trendberechnung möglich ist (was einer Rückzahlung an den Kunden entspräche), müssen Sie sich in der Funktion auch dieser Möglichkeit annehmen und sie ausschließen. Mit WENN() können Sie den Fall negativer Werte bei der Umsatzprognose eliminieren. Die gesamte Funktion besitzt schließlich den folgenden Aufbau:

```
=WENN(INDEX('CLV - Umsatztrend I'!$B$10:$H$14;SPALTE()-6;
ZEILE()-5)<0;0;INDEX('CLV - Umsatztrend I'!$B$10:$H$14;SPALTE()-6;
ZEILE()-5)*'CLV - Umsatztrend I'!D$2)
```

14.15.13   Bestimmung der prozessbezogenen Kosten

Den kundenbezogenen Kosten müssen Sie die bereits entstandenen Prozesskosten der Vergangenheit zugrunde legen (Abbildung 14.87).

	A	B	C	D
1	**Kunden-ID**	**Jahr**	**Prozess**	**Kosten**
2	72139	2014	Kundenkontakt	584,00 €
3	72139	2011	Außendienst	532,00 €
4	72139	2012	Mailing, Werbung etc.	320,00 €
5	72139	2013	Kundenkontakt	389,00 €
6	72139	2014	Mailing, Werbung etc.	320,00 €
7	72139	2014	Fertigung	15.191,62 €
8	72139	2011	Fertigung	9.884,56 €
9	72139	2012	Fertigung	8.375,42 €

Abbildung 14.87 Kosten aus kundenbezogenen Prozessen

Sie benötigen dazu im Einzelnen:

▸ die Zuordnung der Kosten zu einem Kunden, z. B. über die Kundennummer

▸ die Zuordnung zum Auswertungszeitraum

▸ die Zuordnung der Kosten zu einem konkreten Arbeitsprozess

Im Tabellenblatt *CLV – Kosten* steht Ihnen eine Tabelle zur Verfügung, die diese Voraussetzung mitbringt. Die hier aufgelisteten Daten sollten Sie in das Tabellenblatt *CLV – Übersicht* übernehmen, um sie dort den Umsatzdaten des Kunden gegenüberzustellen.

14.15.14   Berechnung der entstandenen Kosten pro Kunde

Im Tabellenblatt *CLV – Übersicht* ist es wie schon bei der Summenbildung der Umsätze eine bedingte Summe, die Ihnen die benötigten Ergebnisse liefert:

```
=RUNDEN(SUMMEWENNS('CLV - Kosten'!$D$2:$D$500;
'CLV - Kosten'!$C$2:$C$500;'CLV - Übersicht'!$A14;
'CLV - Kosten'!$B$2:$B$500;'CLV - Übersicht'!B$5;
'CLV - Kosten'!$A$2:$A$500;'CLV - Übersicht'!$E$1);0)
```

In Zelle B14 bedient sich die Funktion erneut dreier Bedingungen, die aus der Jahreszahl, der Kundennummer und der Kostenart gebildet werden. Wie immer sind die Bezüge auf die Zellen, die Bedingungen enthalten, hinsichtlich der relativen und absoluten Adressierung so definiert, dass Sie die Funktion problemlos in die benachbarten Bereiche kopieren können (Abbildung 14.88).

Abschließend fehlen Ihnen nun noch die Summen der Kosten und der Umsätze sämtlicher vorangegangener Jahre sowie die Salden der erfolgten Ein- und Auszahlungen für diesen Kunden. Diese Werte müssen wir in einem weiteren Arbeitsschritt berechnen.

Herstellkosten	0 €	16.705 €	10.738 €	19.350 €	46.158 €
Boni, Rabatte	0 €	9.504 €	2.416 €	4.912 €	22.365 €
Kundenkontakt	0 €	0 €	0 €	474 €	584 €
Mailing, Werbung etc.	0 €	0 €	320 €	0 €	320 €
Außendienst	0 €	532 €	0 €	0 €	0 €
Angebotserstellung	0 €	0 €	0 €	0 €	387 €
Auftragsbearbeitung	0 €	469 €	0 €	566 €	566 €
Fakturierung	0 €	0 €	47 €	707 €	0 €
Buchung	0 €	226 €	0 €	0 €	116 €
Lieferung	0 €	0 €	510 €	0 €	437 €
Wartung	0 €	0 €	0 €	0 €	0 €
Reparaturen	0 €	0 €	0 €	0 €	0 €
Umtausch	0 €	0 €	0 €	0 €	0 €
Einräumung von Sonderkonditionen	0 €	0 €	0 €	0 €	0 €
Rücknahme etc.	0 €	0 €	290 €	210 €	0 €
Summe aller Auszahlungen	**0 €**	**27.436 €**	**14.321 €**	**26.219 €**	**70.933 €**

Abbildung 14.88 Kundenbezogene Kostendarstellung

14.15.15 Prognose der Kosten – Herstellkosten, Boni und Rabatte

Die Herstellkosten, Boni und Rabatte stehen in engem Zusammenhang mit den erzielten Umsätzen pro Kunde. Deshalb werden Sie diese Daten nicht aus freier Hand eingeben, sondern ebenfalls aus einer Kalkulation auf Basis der bekannten Umsätze ermitteln.

Berechnen Sie den durchschnittlichen Kostensatz für die Herstellung sowie für Rabatte mithilfe der Daten aus den Vorjahren, und multiplizieren Sie anschließend das Resultat mit den von Ihnen erwarteten Umsätzen für das Jahr, dessen Kosten Sie prognostizieren möchten. Die Funktion dazu lautet:

```
=WENNFEHLER(SUMME(B14:F14)/SUMME(B$13:F$13)*G13*'CLV - Umsatztrend I'
!D$2;0)
```

Diese Berechnung wenden Sie in allen Zellen von G14 bis K15 an.

14.15.16 Erfassung sämtlicher anderer Kostenarten

Alle weiteren Kosten unterliegen den von Ihnen beabsichtigten kundenbezogenen Aktivitäten (Kundenkontakte, Außendienstbesuche etc.) oder Ihren individuellen Schätzungen (Aufwand für Angebotserstellung, Einräumen von Sonderkonditionen usw.). Aus diesem Grund ist es ratsam, diese Werte individuell für jeden einzelnen Kunden zu erfassen und nicht starr mit einer Funktion zu berechnen (Abbildung 14.89).

16.880 €	20.968 €	20.639 €	20.382 €	20.159 €
2.269 €	3.010 €	2.295 €	2.005 €	1.753 €

Abbildung 14.89 Eingabebereich für die Erfassung der kundenbezogenen Kosten

Der graue Zellbereich im Tabellenblatt *CLV – Übersicht* ist für eine solche Dateneingabe reserviert. Entfernen Sie gegebenenfalls den Zellschutz dieser Zellen über START • FORMAT • ZELLEN FORMATIEREN • SCHUTZ, und aktivieren Sie danach den Blattschutz, um das Überschreiben von Zellen, die Formeln und Funktionen enthalten, zu verhindern. Das Ergebnis wird sein, dass nur noch im grauen Zellbereich Kosten erfasst werden können.

14.15.17 Bestimmungsgrößen des Referenzwertes

Doch nun gelangen wir zu den Komponenten des CLV, die auf den ersten Blick weniger eindeutig erscheinen als Kosten und Erlöse.

Der Referenzwert ist eine Nettogröße, die in die Berechnung der zu erwartenden Umsätze einfließt. Dieser Wert beantwortet die Frage, wie viel die Kontakte und Empfehlungen wert sind, die von einem Kunden ausgehen.

Der Referenzwert wird mithilfe der Kenntnis verschiedener anderer Informationen und Daten gebildet. Er gründet zu einem Teil auf dem *Referenzvolumen*. Dieses wiederum verwertet folgende Daten:

- durchschnittliches Kaufvolumen
- durchschnittliche Referenzrate

Das durchschnittliche Kaufvolumen ist ein branchenbezogener Wert, der durch die zu erwartende Einflussstärke von Referenzen auf Produktkäufe von Kunden in der betreffenden Branche gewichtet wird. Die durchschnittliche Referenzrate wiederum bezieht sich auf das tatsächlich zu erwartende Empfehlungsverhalten des konkreten Kunden, den Sie ins Auge gefasst haben.

Neben dem Referenzvolumen bestimmt das *Referenzpotenzial* den Referenzwert des Kunden. Das Referenzpotenzial wird maßgeblich beeinflusst durch:

- die Kundenzufriedenheit
- die Meinungsführerschaft des Kunden
- das soziale Netz des Kunden

Die Kundenzufriedenheit könnte zweifellos durch eine Kundenbefragung ermittelt werden. Um den Grad der Meinungsführerschaft des Kunden zu bestimmen, müsste mit einem festgelegten Bewertungsverfahren ein entsprechender Gewichtungsfaktor gebildet werden. Und schließlich kann auch das soziale Netz des Kunden, die Anzahl der Kontakte zu potenziellen Käufern und die Häufigkeit von Gesprächen über die betreffenden Produkte durch Marktuntersuchungen, quantifiziert werden.

Der Referenzwert des Kunden ließe sich, wenn sämtliche Daten vorliegen, durch einfache Multiplikation der einzelnen Faktoren wie folgt bilden:

*Referenzwert = Kaufvolumen * Referenzrate * Kundenzufriedenheit *
Meinungsführerschaft * soziales Netz*

14.15.18   Der Referenzindex in der Beispieldatei

Auch wenn Ihnen nicht alle der für die Bildung des Referenzwertes benötigten Daten vorliegen, ist es zweifelsfrei wichtig, festzuhalten, ob ein bestimmter Kunde durch Weiterempfehlungen eher zu zusätzlichen Umsätzen beiträgt oder nicht und in welchem Maße er dies tun wird. Die Ermittlung des Referenzwertes basiert auf komplexen Berechnungen, die ich in dieser Beispieldatei aus Gründen der Übersichtlichkeit nicht anwende. Um den Unterschied zwischen der komplexen und der in diesem Beispiel vereinfachten Anwendung zu verdeutlichen, habe ich den im Tabellenblatt *CLV – Übersicht* benutzten Wert *Referenzindex* genannt.

In Abbildung 14.90 sehen Sie, dass im Tabellenblatt *Referenzindex* die fünf beschriebenen Kriterien in einer einfachen Bewertungsmatrix verwendet werden. Nachdem Sie in Spalte B die einzelnen Kriterien gewichtet haben, wird der geschätzte Wert in Spalte C aus einer Skala von 1 bis 10 über eine Datenüberprüfung ausgewählt. In Spalte D berechnen Sie durch einfache Multiplikation von Gewichtung und Schätzwert die Punktzahl je Kriterium. Alle Resultate werden schließlich in Zelle D11 zum Gesamtergebnis addiert.

	A	B	C	D
1	Referenzindex des Kunden			
2		Kunde erreicht 300 von 1.000 Punkten		
3		Referenzindex:		gering
4				
5	Kriterien	Gewichtung	Schätzung	Punktzahl
6	Kaufhäufigkeit	20	2	40
7	Kaufvolumen	15	6	90
8	soziales Netz	20	3	20
9	Meinungsführerschaft	20	4 5	100
10	Kundenzufriedenheit	25	6	50
11		100	7	300
12			8	
13			9 10	

Abbildung 14.90 Ermittlung des Referenzindex

14.15.19   Dokumentation der Bewertungsergebnisse

Damit das Bewertungsergebnis nicht verloren geht und es bei der Auswahl eines Kunden im Tabellenblatt *CLV – Übersicht* dort angezeigt wird, tragen Sie die Resultate nach jeder Bewertung in das Tabellenblatt *CLV – Referenzindex* ein (Abbildung 14.91).

	A	B	C	D
1	**Kunden-ID**	**Kunde**	**Bindungsindex**	**letzte Bewertung**
2	72139	Muster AG	gering	12.05.2013
3	72145	Beispiel & Co KG	hoch	01.03.2013
4	72325	Test GmbH	hoch	16.08.2013
5	51299	Übung AG	hoch	12.09.2013

Abbildung 14.91 Dokumentation der Bewertungsergebnisse

In der Spalte C wird ein Erläuterungstext für den Index verwendet (*hoch, durchschnittlich* etc.). Die Anzeige des Textes, der dem Indexwert zugeordnet ist, erreichen Sie in Zelle D3 des Tabellenblattes *Referenzindex* durch folgende Funktion:

```
=VERWEIS(Bindungsindex!D10;'Kategorien + Listen'!I3:I5;
'Kategorien + Listen'!J3:J5)
```

Aufbauend auf dem Gesamtergebnis in Zelle D10 wird aus der Referenztabelle im Tabellenblatt *Kategorien + Listen* die zutreffende Bezeichnung ausgewählt und in Zelle D3 geschrieben (Abbildung 14.92).

Referenzindex		
Nr.	Punktzahl	Rate
1	0	sehr gering
2	300	gering
3	600	durchschnittlich
4	800	hoch

Abbildung 14.92 Übernahme der Bezeichnung aus der Referenztabelle

Auch im Tabellenblatt *CLV – Übersicht* muss der aktuelle Referenzindex nach Auswahl des Kunden angezeigt werden. Dies wird durch die Funktion =WENNFEHLER(SVERWEIS(E1;'CLV – Referenzindex'!$A$2:$D$100;3;FALSCH);"") in Zelle D3 veranlasst. Die Fehlerunterdrückung ist hier notwendig, um die Anzeige eines Fehlerwertes zu verhindern, wenn für den Kunden noch keine Bewertung durchgeführt wurde.

Ansonsten sorgt hier ein SVERWEIS() auf Grundlage der ausgewählten Kundennummer für eine Auswahl der Referenzindexbeschreibung. Dies bedeutet auch, dass Ihre Referenzwerttabelle immer nach dem Datum der Bewertung absteigend sortiert sein muss, um eine korrekte Anzeige zu gewährleisten.

14.15.20   Der Bindungsindex in der Beispieldatei

Rechnerisch gewinnen Sie den Bindungsindex auf dem Weg, den Sie auch schon für den Referenzindex beschritten haben: Sie nutzen erneut eine einfache gewichtete Matrix (Tabellenblatt *Bindungsindex*) und nehmen eine Schätzung mithilfe einer von 1 bis 10 reichenden Skala vor (Abbildung 14.93).

Bindungsindex des Kunden				
	Kunde erreicht 715 von 1.000 Punkten			
	Bindungsindex:		**hoch**	
Kriterien	**Gewichtung**	**Schätzung**		**Punktzahl**
Höhe der Kundenzufriedenheit	35	8	▾	280
Höhe der Wechselbarrieren	15	5		75
fehlende Konkurrenzangebote	30	8		240
fehlende Wechselneigung	20	6		120
	100			**715**

Abbildung 14.93 Bestimmung des Bindungsindex des Kunden

Auch die Verfahren der Dokumentation und Weiterverarbeitung der Resultate gleichen denen des Referenzindex. Das aktuelle Ergebnis tragen Sie in das Tabellenblatt *CLV – Bindungsindex* ein und sortieren die Liste nach dem Datum der Bewertung. Der dokumentierte Wert wird im Tabellenblatt *CLV – Übersicht* schließlich in Zelle D2 mit der Funktion =WENNFEHLER(SVERWEIS(E1;'CLV – Bindungsindex'!$A$2:$D$100;3;FALSCH);"") abgerufen.

14.16 Kundenscoring

Auch beim nächsten Beispiel steht wieder der Kunde im Mittelpunkt der Betrachtung. Das Kundenscoring ist eine Gegenüberstellung der Bewertungen verschiedener Kunden. Bei dem Verfahren werden gewichtete Kriterien verwendet. In der Arbeitsmappe *14_Kundensco-ring_00.xlsx*, die Sie in den Beispieldateien finden, werden insgesamt acht Kriterien eingesetzt (Abbildung 14.94).

Kundenscoring			Kunde 1	Kunde 2	Kunde 3	Kunde 4	Kunde 5	Kunde 6	Kunde 7	Kunde 8
Nr.	**Kriterium**	**Gewichtung**				**Punkte**				
1	Bedarf des Kunden (Volumen)	20	2	4	3	3	3	5	1	3
2	Wachstumspotenzial	15	3	3	3	4	4	5	4	2
3	Preisdurchsetzbarkeit	10	3	5	5	5	4	2	2	2
4	Kundentreue	10	3	1	4	4	5	2	2	4
5	Bonität	15	2	2	4	4	4	5	2	2
6	Auftragskontinuität	8	3	4	3	5	4	3	3	3
7	Meinungsführerschaft	12	4	3	4	3	5	3	4	2
8	Strategische Bedeutung	10	5	5	3	3	3	5	2	3
	Summe	**100**	**25**	**27**	**29**	**31**	**32**	**30**	**20**	**21**

Abbildung 14.94 Tabellarische Darstellung der Scoringresultate

Neben dem Kriterienkatalog in Spalte B befindet sich in Spalte C die jeweilige Gewichtung der Kriterien. Die Zuordnung der Bewertung in den Spalten D bis K wird, wie bereits in anderen Beispielen, über eine Datenüberprüfung realisiert. Daraus wählen Sie einen zutreffenden Wert aus der Werteskala aus.

Ergebnisdarstellung mit einer Heatmap

Die eigentliche Herausforderung des Scorings besteht in der übersichtlichen Darstellung der Resultate, denn wie gewohnt werden die Gewichtungspunkte mit den Bewertungspunkten multipliziert. Dadurch erhalten Sie eine Tabelle, in der alle Bewertungen numerisch dargestellt werden. Eine solche Zahlenwüste zeichnet sich gewöhnlich nicht gerade durch Übersichtlichkeit und einfache Lesbarkeit aus. Das ist beim Kundenscoring nicht anders.

Seit Excel 2007 kostet es Sie allerdings nur wenige Minuten, aus der Zahlenwüste eine leichter verdauliche und verständliche grafische Auswertung zu machen. Mit der Option BEDINGTE FORMATIERUNG entwerfen Sie in kürzester Zeit eine *Heatmap*.

Die Heatmap in Abbildung 14.95 folgt der typischen Ampelformatierung. Positive Ergebniswerte – in diesem Fall die hohen Punktzahlen, die ein Kunde bei der Bewertung erreicht hat – werden mit grünem Zellhintergrund gekennzeichnet. Niedrige Bewertungen benötigen genauere Beachtung und werden rot formatiert. Ergebnisse im mittleren Bereich erhalten eine gelbe Formatierung.

Scoring (Einzelergebnissse) mit Heat map							
Kunde 1	Kunde 2	Kunde 3	Kunde 4	Kunde 5	Kunde 6	Kunde 7	Kunde 8
Bewertung (gewichtet)							
40	80	60	60	60	100	20	60
45	45	45	60	60	75	60	30
30	50	50	50	40	20	20	20
30	10	40	40	50	20	20	40
30	30	60	60	60	75	30	30
24	32	24	40	32	24	24	24
48	36	48	36	60	36	48	24
50	50	30	30	30	50	20	30
297	333	357	376	392	400	242	258

Abbildung 14.95 Scoringresultate als Heatmap

Gehen Sie folgendermaßen vor, um die Heatmap zu erstellen:

1. Berechnen Sie zunächst die Punktzahl für jedes Kriterium und jeden Kunden.

2. Markieren Sie den Zellbereich M4 bis M11, also alle Bewertungen für Kunden 1.

3. Rufen Sie die Funktion Start • Formatvorlagen • Bedingte Formatierung • Farbskalen • Grün-Gelb-Rot-Farbskala auf.

4. Wählen Sie erneut Bedingte Formatierung • Regeln verwalten • Regel bearbeiten.

5. Stellen Sie als Grenzwert für die Farbe Rot 25 % des Höchstwertes ein, für Gelb 75 % und für Grün 100 % (Abbildung 14.96).

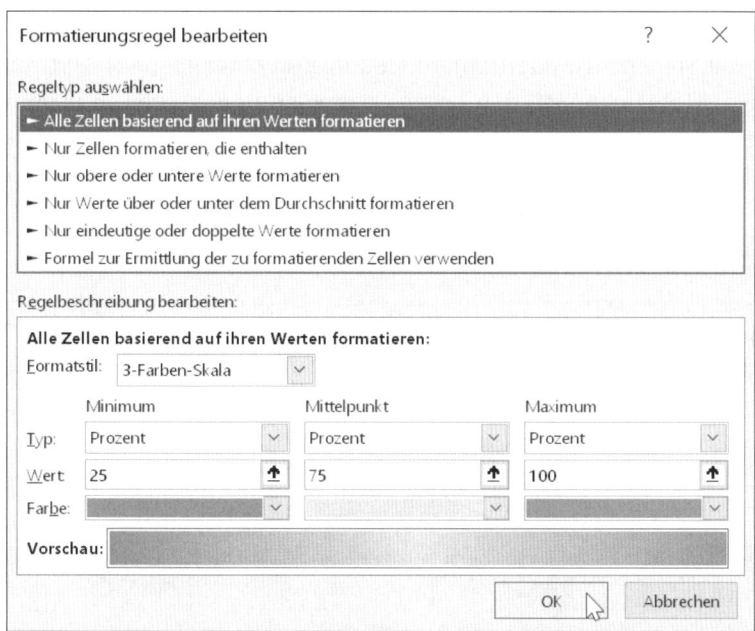

Abbildung 14.96 Einstellung der Farbübergänge der Heatmap

Nun müssen Sie die Farbeinstellungen auch auf die anderen Kunden in den angrenzenden Spalten übertragen. Markieren Sie gegebenenfalls nochmals den Zellbereich von M4 bis M11.

Klicken Sie dann doppelt auf die Schaltfläche FORMAT ÜBERTRAGEN im Menü START • ZWI-SCHENABLAGE. Markieren Sie nun spaltenweise die Ergebnisbereiche der anderen Kunden, und kopieren Sie auf diesem Weg die Einstellungen der Option BEDINGTE FORMATIERUNG in die restlichen Bereiche der Tabelle.

14.17   Personalstrukturanalyse

Nach dieser schnell umgesetzten Lösung ist das nun folgende Beispiel wieder etwas umfangreicher. Die folgende Analyse der Personalstruktur eines Unternehmens basiert auf einer einfachen Personalliste. Im hier behandelten Fall ist einmal mehr unwesentlich, ob diese Liste in Excel selbst erfasst oder aber aus einem anderen System übernommen wurde. Die Daten befinden sich im Tabellenblatt *A. Personaldaten* der Arbeitsmappe *14_Personalstruktur_00.xlsx*.

Pers. Nr.	Name	Vorname	m/w	Geb.datum	Wohnort	PLZ	Straße	Schwerb.	Eintritt	Beschäftigt als	Arbeitszeit (Std.)	Ang.	Lohn	Azubi
210-001	Thewes	Paul	m	28.10.1949	München	80218	Hauptstr. 34	j	15.05.1974	Verwaltungsfachkraft	167	1	0	0
210-002	Piel	Luis	m	09.06.1955	München	80637	Viehof 21	n	20.04.1984	Techniker	167	1	0	0
210-003	Lohmeyer	Herbert	m	22.10.1948	Augsburg	86167	Innstr. 92	n	21.11.1987	Packer	167	0	1	0
210-004	Umbert	Hanno	m	30.09.1953	München	80737	Passauer Str. 1	n	26.02.1978	Verwaltungsfachkraft	83	1	0	1

Abbildung 14.97 Aufbau der Personaldatenliste

Dort sind Stammdaten wie Personal-ID, Name, Geburtsdatum, Eintrittsdatum ins Unternehmen, aber auch Tätigkeit, Steuerklasse oder Tarifgruppe aufgelistet (Abbildung 14.97). Grundsätzlich bieten sich alle Excel-Funktionen, die über eine Gruppierung der Daten verfügen, für die Auswertung einer solchen Tabelle an. Ihre prinzipiellen Überlegungen, welche der möglichen Funktionen Sie einsetzen möchten, sollten immer in Betracht ziehen, ob Sie die Ausgabe der Ergebnisse an der Stelle der Originaltabelle wünschen oder an einer anderen Stelle, z. B. in einem anderen Tabellenblatt.

[i]

Anzeige der Ergebnisse am Speicherort der Originaldaten

Teilergebnisse erstellen Sie aus der Originalliste, nachdem Sie die Daten sortiert haben. Die Darstellung der Teilergebnisse können Sie bequem deaktivieren, um die ursprüngliche Liste erneut anzuzeigen.

Mit dem AutoFilter generieren Sie einen Auszug der Daten am Speicherort Ihrer ursprünglichen Tabelle. Wenn Sie den AutoFilter mit der Funktion `TEILERGEBNIS()` kombinieren, sind Sie in der Lage, nicht nur die Details, sondern auch zusammengefasste Ergebnisse wie Summe oder Anzahl zu bilden.

Möchten Sie die Originalliste unverändert erhalten – wofür die daraus resultierenden Aussichten auf ein verbessertes Datenmanagement durchaus sprechen –, steht eine weitere Gruppe von Funktionen zu Ihrer Verfügung.

[i]

Anzeige der Ergebnisse in einem anderen Tabellenblatt

Mit einer Pivottabelle ist es möglich, die Daten nach vielfältigen Merkmalen zu gruppieren und das Ergebnis in einem anderen Tabellenblatt auszugeben. Der Vorteil dieser Tabellen liegt in der flexiblen Anpassung der Auswertungskriterien. Diese erleichtert die Durchführung von Ad-hoc-Analysen. Die Einschränkungen bei der Formatierung von Pivottabellen und der Weiterverarbeitung der Daten schlagen auf der Negativseite zu Buche.

Der erweiterte Filter erlaubt es, einen Auszug aus der Originalliste in ein anderes Tabellenblatt zu kopieren. Dabei verwenden Sie einen Kriterienbereich, in den Sie die Filterkriterien schreiben. Wie bei einer Datenbankabfrage – z. B. mit Microsoft Query – lassen sich die Kriterien mit einem Instrumentarium aus mathematischen und logischen Operatoren vielfältig kombinieren. Dieses Verfahren ist für Sie vor allem dann nützlich, wenn ein sehr umfangreicher Originaldatenbestand vor der Weiterverarbeitung reduziert werden soll.

Die beiden soeben beschriebenen Alternativen weisen eine Gemeinsamkeit auf. Sie erstellen auf der Grundlage einer Originalliste eine Detailliste – wahlweise an gleicher oder anderer Stelle. Doch wie sieht es aus, wenn Sie keine Detailliste, sondern ein zusammengefasstes Ergebnis in Form eines einzigen Wertes benötigen? Auch hier stehen zwei Varianten zur Verfügung.

14

[i]

Zusammenfassung von Listenwerten zu einem Ergebniswert

Datenbankfunktionen finden Sie im Funktionsassistenten in der Kategorie DATENBANK. Mit diesen Funktionen fassen Sie die Einzelwerte einer einfachen Liste zu einem Wert zusammen, z. B. zu einer Summe, einem Mittelwert oder der Anzahl. Die Grundlage der Kalkulation ist wie beim erweiterten Filter ein zuvor festgelegter Kriterienbereich. Durch dieses Prinzip sind zahlreiche Analyseschwerpunkte bei der Auswertung der Daten möglich. Das Ergebnis kann in jedem beliebigen Tabellenblatt der Arbeitsmappe ausgegeben werden. Allerdings müssen Sie – im Vergleich zu anderen Funktionen – stets einen Kriterienbereich anlegen, was nicht selten als störend bei der Darstellung der Ergebnisse empfunden wird.

Die bedingten Kalkulationen mit Funktionen wie SUMMEWENNS() , ZÄHLENWENNS() und Ähnliches bilden eine weitere Grundlage, um Daten aus umfangreichen Listen zu verdichten. Auch bei ihrer Anwendung werden Kriterien eingesetzt. Der Unterschied zu den Datenbankfunktionen besteht allerdings darin, dass sich die Kriterien direkt auf den Wertebereich beziehen und nicht auf ein Datenbankfeld bzw. eine Spaltenüberschrift. Dadurch fällt das Anlegen eines Kriterienbereichs weg.

14.17.1   Auswertung der Altersstruktur

Bei der Auswertung der Personaldaten haben Sie also die Qual der Wahl. Um die Altersstruktur auszuwerten, wäre eine Pivottabelle (Abbildung 14.98) sicherlich das schnellste Mittel.

Lassen Sie uns zunächst dieser Verlockung nachgeben. Die Pivottabelle im Tabellenblatt *A. Altersstruktur* erstellen Sie folgendermaßen:

1. Ziehen Sie die Geburtsdaten in den Zeilenbereich.

2. Klicken Sie mit der rechten Maustaste in die Datumswerte, und wählen Sie GRUPPIEREN aus.

3. Entfernen Sie die Gruppierung nach Monaten, und aktivieren Sie stattdessen die Gruppierung nach Jahren.

4. Ziehen Sie das Feld *Pers.Nr.* in den WERTE-Bereich.

	A	B
1	**Geburtsjahr** ▾	**Mitarbeiterzahl**
2	1945	1
3	1948	1
4	1949	3
5	1950	1
6	1951	4
7	1952	1
8	1953	2
9	1954	1
10	1955	4
11	1956	3
12	1957	3
13	1958	2

Abbildung 14.98 Altersstruktur auf Grundlage einer gruppierten Pivottabelle

Möchten Sie die Ergebnisse nun weiter verdichten, wäre dies nicht so ohne Weiteres möglich, da sich das Gruppierungsmerkmal JAHRE in Pivottabellen beispielsweise nicht zu Dekaden zusammenfassen lässt. Dies ist ein Argument, das eindeutig gegen dieses Werkzeug spricht.

Mit der Funktion HÄUFIGKEIT() hingegen ist es Ihnen möglich, die Ergebnisse nach Dekaden zu gruppieren (Abbildung 14.99). Sie müssen dazu Klassen bilden, wie es in Spalte D mit der Eingabe der Stichtage bereits geschehen ist.

`{=HÄUFIGKEIT('A. Personaldaten'!J2:J5`

D	E
Stichtag	**Mitarbeiterzahl**
31.12.1939	0
31.12.1949	0
31.12.1959	0
31.12.1969	2
31.12.1979	19
31.12.1989	10
31.12.1999	12
31.12.2009	7
Gesamt	**50**

Abbildung 14.99 Zusammenfassung zu Altersgruppen mit HÄUFIGKEIT()

Die Funktion im Zellbereich E2 bis E9 zur Berechnung der Altersstruktur nach Dekaden lautet:

```
{=HÄUFIGKEIT('A. Personaldaten'!E2:E51;D2:D9)}
```

Bedenken Sie, dass es sich um eine Matrixfunktion handelt, die Sie mit der Tastenkombination `Strg` + `⇧` + `↵` abschließen müssen.

14.17.2 Auswertung nach Alter und Geschlecht

Durch Hinzufügen eines weiteren Auswertungsmerkmals werden Sie feststellen, dass Sie abermals umdenken müssen. Eine Pivottabelle ist schnell um das Kriterium Geschlecht erweitert. Ziehen Sie das Feld in den Zeilenbeschriftungsbereich, oberhalb des Feldes Jahr. Schon zeigt Ihnen die Pivottabelle die Eintrittsjahre Ihrer Mitarbeiter nach Geschlechtern geteilt an (Abbildung 14.100). Die Gruppierung nach Dekaden funktioniert aber natürlich immer noch nicht bei diesem Werkzeug.

D	E
Stichtag	**Mitarbeiterzahl**
31.12.1939	0
31.12.1949	5
31.12.1959	22
31.12.1969	11
31.12.1979	8
31.12.1989	4
31.12.1999	0
31.12.2009	0
Gesamt	**50**

Abbildung 14.100 Altersstruktur nach Geschlechtern mit ZÄHLENWENNS()

Da auch die Funktion HÄUFIGKEIT() keine Lösung für die Verwendung zweier Bedingungen bietet, müssen Sie hier eine bedingte Kalkulation mit ZÄHLENWENNS() benutzen. Wichtig ist beim Entwurf der Funktion wieder, die Bezüge so zu gestalten, dass Sie das Ergebnis ohne manuelle Nachbearbeitung in den anderen Zeilen verwenden, also kopieren können.

Für die erste Dekade gestalten Sie die Funktion in Zelle K2 folgendermaßen:

```
=ZÄHLENWENNS('A. Personaldaten'!$E$1:$E$51;"<"&$D2;
'A. Personaldaten'!$D$1:$D$51;K$1)
```

Sie beziehen das Kriterium *Eintritt in das Unternehmen vor dem 31.12.1939* aus einer Verkettung des Kleiner-als-Zeichens mit der Beschriftung in Zelle D2 ("<"&$D2). Das zweite Kriterium ("w") holen Sie sich aus der Spaltenüberschrift der Tabelle. Wenn Sie dann noch die zu durchsuchenden Datenbereiche in der Personaltabelle absolut setzen, erhalten Sie eine kopierbare Funktion. Kopieren Sie die Funktion in die Nachbarzelle L1.

Die Ergebnisse für die weiteren Dekaden benötigen eine zusätzliche Bedingung. Hier sollen die Mitarbeiter zusammengefasst werden, die nach einem bestimmten Datum ins Unternehmen gekommen sind, beispielsweise nach dem 31.12.1939 (D2); aber sie müssen auch vor einem bestimmten Datum eingestellt worden sein, etwa vor dem 31.12.1949 (D3).

Dies bedeutet, dass in Zelle K3 eine modifizierte Funktion eingesetzt werden muss:

```
=ZÄHLENWENNS('A. Personaldaten'!$E$1:$E$51;">"&$D2;'A. Personaldaten'
!$E$1:$E$51;"<"&$D3;'A. Personaldaten'!$D$1:$D$51;K$1)
```

Diese Funktion können Sie nun nach unten bis in Zelle K9 und dann nach rechts bis in Zelle L9 kopieren. Die Analyse der Altersstruktur ist damit fertiggestellt. Nun fehlt nur noch die Darstellung der Daten in einem Diagramm.

14.17.3   Altersstruktur im Diagramm darstellen

Für die Darstellung der Altersstruktur nach Geschlechtern eignet sich ein Tornadodiagramm besonders gut. In Excel erstellen Sie ein solches Diagramm als Abwandlung eines Balkendiagramms. Allerdings benötigen Sie für diese Darstellung eine Datenreihe mit positiven Werten und eine zweite mit negativen (Abbildung 14.101).

Im Tabellenblatt *B. Altersstruktur* erreichen Sie dies, indem Sie entweder neben den berechneten Ergebnissen in Spalte M die Resultate mit –1 multiplizieren oder indem Sie vor ZÄHLEN-WENNS() ein Minuszeichen setzen.

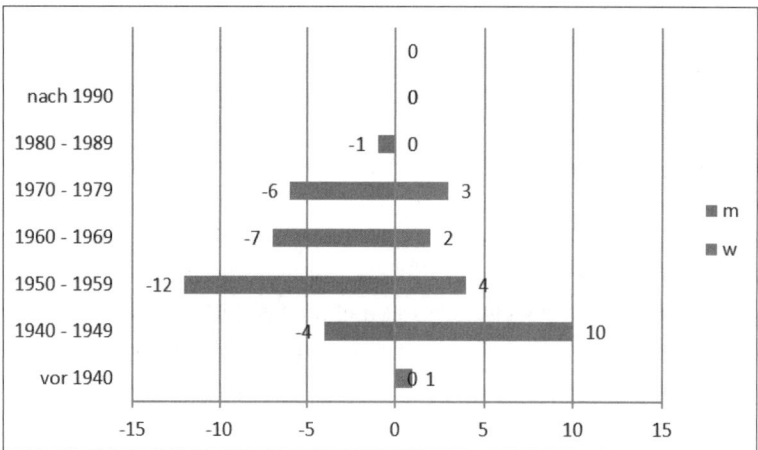

Abbildung 14.101 Altersstruktur, dargestellt im Diagramm

Das Diagramm erstellen Sie anschließend mit diesen Arbeitsschritten:

1. Wählen Sie EINFÜGEN • DIAGRAMME • 2D-BALKEN • GRUPPIERTE BALKEN.

2. Rufen Sie DIAGRAMMTOOLS • ENTWURF • DATEN • DATEN AUSWÄHLEN auf.

3. Klicken Sie auf HINZUFÜGEN, und wählen Sie Zelle K1 als Beschriftung der Datenreihe und die Zellen von K2 bis K9 als Wertebereich aus.

4. Wiederholen Sie die Schritte für die zweite Datenreihe in Spalte L.

5. Fügen Sie den Zellbereich J2 bis J9 als Beschriftung der Rubrikenachse hinzu.

Um das normale Balkendiagramm in ein Tornadodiagramm zu verwandeln, gehen Sie wie folgt vor:

1. Formatieren Sie die Rubrikenachse so, dass für die Haupt- und Teilstriche der Achse die Option KEINE und für ACHSENBESCHRIFTUNGEN die Option NIEDRIG aktiviert ist.

2. Setzen Sie die Überlappung bei den REIHENOPTIONEN auf REIHENACHSENÜBERLAPPUNG (Excel 2010: ÜBERLAPPEND (100 %)).

3. Aktivieren Sie für beide Datenreihen die Option DATENBESCHRIFTUNGEN HINZUFÜGEN (Excel 2010: DATENBESCHRIFTUNGEN ANZEIGEN).

4. Wählen Sie für die Größenachse eine BENUTZERDEFINIERTE FORMATIERUNG, bei der sowohl die positiven als auch die negativen Werte ohne Minuszeichen angezeigt werden (#.###;#.###).

14.17.4 Auswertung der Betriebszugehörigkeit

Die Betriebszugehörigkeit der Mitarbeiter analysieren Sie, indem Sie die gleichen Werkzeuge wie bei der Auswertung der Altersstruktur benutzen. Ein Großteil der verwendeten Funktionen lässt sich vom Tabellenblatt *B. Altersstruktur* in das Tabellenblatt *B. Zugehörigkeit* als Formel kopieren (START • ZWISCHENABLAGE • EINFÜGEN • FORMELN).

Auch das Diagramm, das die Altersstruktur zeigt, sollten Sie kopieren. Halten Sie die Taste Strg fest, und ziehen Sie dann das vorhandene Diagramm mit der Maustaste nach rechts. Nachdem Sie auf diesem Weg eine Kopie erstellt haben, passen Sie die Wertebereiche und den Bereich für die Rubrikenachsenbeschriftung über DIAGRAMMTOOLS • ENTWURF • DATEN AUSWÄHLEN entsprechend an.

14.18 Arbeitszeitanalyse

Die Datei *14_Arbeitszeitauswertung_Konsolidierung_00.xlsx* enthält drei Tabellenblätter, in denen sich Arbeitszeitdaten verschiedener Mitarbeiter befinden. Erinnern Sie sich? In Kapitel 4, »Daten importieren und bereinigen«, gab es eine ähnliche Datei, deren Daten wir mithilfe der Konsolidierungsfunktion einer Pivottabelle ausgewertet haben. Die Konsolidierung schränkte zwar einige der typischen Pivotfunktionen ein, aber insgesamt konnten wir konstatieren, dass die Konsolidierung mittels Pivottabelle funktionierte.

Wie funktioniert die Konsolidierung von Daten nun, wenn wir nicht auf das Mittel der Pivottabellen zurückgreifen? Lassen Sie uns das einfach anhand der Arbeitszeitdaten testen.

Excel bezieht aus den Zeilenbeschriftungen und/oder Spaltenüberschriften die notwendige Information, welche Werte aus den unterschiedlichen Tabellenblättern konsolidiert werden sollen. Die Daten im Tabellenblatt *Mai* bieten somit eine Basis, um nach den Inhalten der Spalten A (*PersNr – Name*) oder B (*Pers. Nr.*) zu konsolidieren, da die Inhalte beider Spalten eindeutig sind (Abbildung 14.102).

	A	B	C	D	E	F	G
1	PersNr - Name	Pers. Nr.	Name	Vorname	Arbeitsstunden	Beschäftigt als	Arbeitszeit (Std.)
2	210-001 - Thewes, Paul	210-001	Thewes	Paul	169	Verwaltungsfachkraft	167
3	210-002 - Piel, Luis	210-002	Piel	Luis	167	Techniker	167
4	210-003 - Lohmeyer, Herbert	210-003	Lohmeyer	Herbert	167	Packer	167
5	210-004 - Umbert, Hanno	210-004	Umbert	Hanno	87	Verwaltungsfachkraft	83
6	210-005 - da Silva, Everaldo	210-005	da Silva	Everaldo	176	Lagerist	167
7	210-006 - Wolsch, Lydia	210-006	Wolsch	Lydia	183	Packerin	167
8	210-007 - Ballert, Susanne	210-007	Ballert	Susanne	172	Verwaltungsfachkraft	167
9	210-008 - Saupel, Udo	210-008	Saupel	Udo	176	Buchhalter	167

Abbildung 14.102 Ausgangsdaten der Konsolidierung

Da in den Tabellen sowohl die Soll- als auch die Ist-Arbeitszeit erfasst wurde, dient die Konsolidierung in diesem Beispiel der Durchführung eines Soll-Ist-Vergleichs des gesamten zweiten Quartals.

14.18.1   Festlegung der Konsolidierungsbereiche

Konsolidierungsdefinitionen sind immer auf das konkrete Tabellenblatt bezogen, in dem sie erstellt wurden. Fügen Sie also ein neues Tabellenblatt in die Arbeitsmappe ein. Starten Sie dann die Konsolidierung der Daten, indem Sie die Funktion DATEN • DATENTOOLS • KONSOLIDIEREN aufrufen.

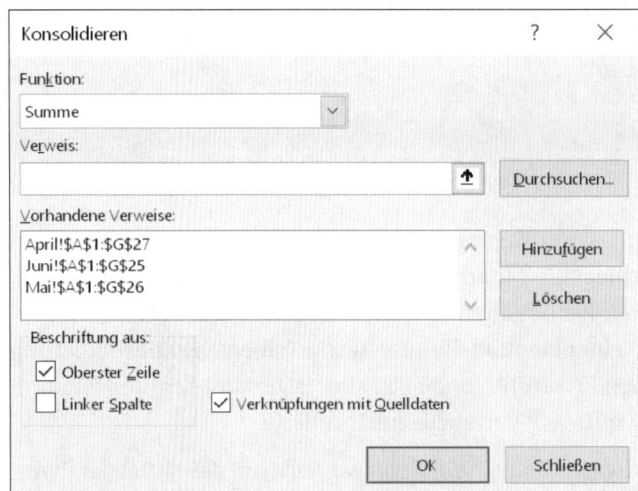

Abbildung 14.103 Definition der Konsolidierungsbereiche

Wenn Sie auf Basis der ersten Spalte konsolidieren möchten, lauten die Verweise für die drei Monatstabellen (Abbildung 14.103):

▶ April!A!:$G$27

▶ Mai!A!:$G$26

▶ Juni!A!:$G$25

Konsolidierungsoptionen

▶ BESCHRIFTUNG AUS: LINKER SPALTE
Ist diese Option aktiviert, ist es möglich, Daten auch dann korrekt zusammenzuführen, wenn die Bezeichnungen in der ersten Spalte (z. B. Mitarbeiternamen) nicht in der gleichen Reihenfolge in allen Tabellen eingegeben wurden.

▶ BESCHRIFTUNG AUS: OBERSTER ZEILE
Verfügen die zu konsolidierenden Tabellen über unterschiedliche Spaltenüberschriften (z. B. die Namen von Abteilungen oder Monaten), werden die Werte auf Grundlage dieser Begriffe konsolidiert. Aktivieren Sie die Option, obwohl alle Spalten identisch sind, bringt Sie Ihnen nur den minimalen Vorteil, dass Sie die Spaltenüberschriften der Tabellen nicht erneut per Tastatur in die konsolidierte Ergebnistabelle schreiben müssen.

▶ VERKNÜPFUNGEN MIT QUELLDATEN
Die Option fügt Zellbezüge auf die Originaltabellen in die Ergebnistabelle ein. Ändern sich die Quelldaten, werden auf diesem Weg auch die konsolidierten Ergebnisse auf den neuesten Stand gebracht. Excel fügt außerdem eine Gliederung in die Ergebnistabelle ein, mit der die Einzelheiten der Quelltabellen ein- bzw. ausgeblendet werden können. Der in der zweiten Spalte gezeigte Name der Ursprungsdatei ist hilfreich, wenn die Originaldaten aus unterschiedlichen Arbeitsmappen stammen. Er kann aber auch jederzeit gelöscht werden, ohne dass dies Einfluss auf die Berechnungen hätte.

Da zwischen der ersten Spalte, die die notwendigen Beschriftungen enthält, und den beiden Arbeitszeitspalten in den Originaltabellen weitere nicht relevante Spalten liegen, erhalten Sie auch in der konsolidierten Tabelle eine Reihe überflüssiger Spalten (Abbildung 14.104).

	Pers. Nr.	Name	Vorname	Arbeitsstunden	Beschäftigt als	Arbeitszeit (Std.)
210-001 - Thewes, Paul				508		501
210-002 - Piel, Luis				506		501
210-003 - Lohmeyer, Herbert				492		501
210-004 - Umbert, Hanno				255		249
210-005 - da Silva, Everaldo				510		501

Abbildung 14.104 Die konsolidierte Tabelle enthält nicht benötigte Spalten.

Zögern Sie nicht, diese Spalten einfach zu löschen. Die Zellbezüge der Arbeitszeitspalten, auf die es ankommt, bleiben dabei erhalten (Abbildung 14.105).

		A	B	C	D
	1	Mitarbeiter		Arbeitsstunden	Arbeitszeit (Std.)
+	5	210-001 - Thewes, Paul		508	501
+	9	210-002 - Piel, Luis		506	501
+	13	210-003 - Lohmeyer, Herbert		492	501
+	17	210-004 - Umbert, Hanno		255	249
+	21	210-005 - da Silva, Everaldo		510	501
+	25	210-006 - Wolsch, Lydia		517	501
+	29	210-007 - Ballert, Susanne		515	501

Abbildung 14.105 Konsolidierung nach dem Entfernen überflüssiger Spalten

14.18.2 Erstellen des Soll-Ist-Vergleichs

Für den Soll-Ist-Vergleich fügen Sie in den Spalten D und E die betreffenden Formeln ein und kopieren diese nach unten (Abbildung 14.106). In Zelle E5 ist es die Formel =C5-D5 und in F5 die Formel =1-D5/C5.

		A	B	C	D	E	F
	1	Mitarbeiter		Arbeitsstunden	Arbeitszeit (Std.)		
+	5	210-001 - Thewes, Paul		508	501	7	1,4%
+	9	210-002 - Piel, Luis		506	501	5	1,0%
+	13	210-003 - Lohmeyer, Herbert		492	501	-9	-1,8%
+	17	210-004 - Umbert, Hanno		255	249	6	2,4%
+	21	210-005 - da Silva, Everaldo		510	501	9	1,8%
+	25	210-006 - Wolsch, Lydia		517	501	16	3,1%
+	29	210-007 - Ballert, Susanne		515	501	14	2,7%

Abbildung 14.106 Soll-Ist-Vergleich der Arbeitsstunden

Durch die Verknüpfung der Daten werden Veränderungen in den drei Monatsübersichten direkt an die konsolidierte Tabelle weitergegeben. Solange die Anzahl der Mitarbeiter in den drei Datentabellen unverändert bleibt, ist die Aktualisierung und Weiterberechnung in den Spalten D und E unproblematisch.

Schwierigkeiten können dann auftreten, wenn sich die Anzahl der Zeilen verändert, also neue Mitarbeiter aufgenommen oder vorhandene aus der Liste entfernt werden – was bei einer rückblickenden Auswertung eigentlich aber nicht zu erwarten ist.

Dennoch, wenn sich Veränderungen in der Datensatzanzahl ergeben, ist es bisweilen ratsam, die Konsolidierungstabelle neu zu erstellen. Entfernen Sie in einem solchen Fall die verknüpften Daten der Konsolidierung und die Gliederung der Tabelle. Da die Konsolidierungsdefinition mit dem Tabellenblatt verbunden ist, können Sie die Konsolidierung dann mühelos neu erstellen, ohne sämtliche Bereiche nochmals auswählen zu müssen.

14.19   Reisekostenabrechnung

Die hier vorgestellte Datei zur Reisekostenabrechnung – zu finden unter dem Dateinamen *14_Reisekosten_00.xlsx* – enthält ein einfaches Beispiel für ein Excel-Formular. Es enthält folgende Bestandteile:

▸ gesperrte Zellen und Eingabezellen

▸ hinterlegte Formeln, die Berechnungen mit den eingegebenen Werten durchführen

▸ eine auf ein DIN-A4-Blatt ausgelegte Formatierung sowie einen definierten Druckbereich

▸ einen Blattschutz mit Kennwort, der es verhindert, gesperrte Zellen auszuwählen und dort fehlerhafte oder überflüssige Eingaben vorzunehmen (Abbildung 14.107)

Abbildung 14.107 Formulare werden mit Zell-, Blatt- und Arbeitsmappenschutz für Änderungen gesperrt.

▸ einen Arbeitsmappenschutz, mit dem die Struktur und die Fensterdarstellung der Datei gesperrt werden können

14.19.1 Sperren von Zellen und Schutz des Tabellenblattes

Sie schalten einzelne Zellen für die Eingabe von Daten frei, indem Sie sie zunächst ausschalten. Drücken Sie dann $\boxed{\text{Strg}}$ + $\boxed{1}$, um die Funktion Zellen formatieren zu aktivieren. Anschließend deaktivieren Sie die Option Gesperrt im Register Schutz.

Wenn Sie jetzt den Blattschutz über Start • Zellen • Format • Blatt schützen aktivieren, ist die Eingabe von Daten nur noch in den nicht gesperrten Zellen möglich. Je nach Konfiguration können Sie auch verhindern, dass der Benutzer gesperrte Zellen auswählt (Abbildung 14.108).

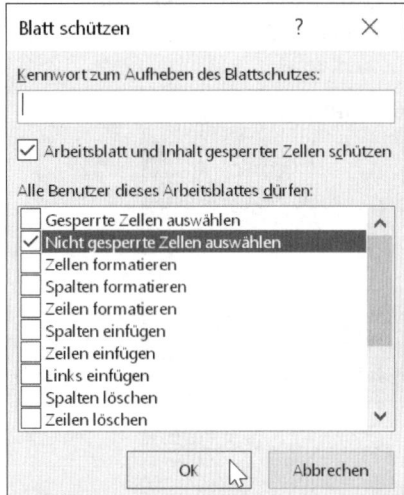

Abbildung 14.108 Der Blattschutz ist vielfältig konfigurierbar.

Beachten Sie, dass der Kennwortschutz lediglich eine Hürde sein soll, um das versehentliche Überschreiben zu verhindern, nicht aber zum Verstecken sensibler Daten taugt.

Nachdem Sie den Blattschutz aktiviert haben, können Sie sich mit der Maus oder mit $\boxed{\leftrightarrows}$ zwischen den Eingabezellen bewegen und Daten erfassen.

14.19.2 Druckbereich festlegen und überflüssige Spalten/Zeilen ausblenden

Wenn Sie ein Formular erstellen, mit dem Kolleginnen oder Kollegen arbeiten sollen, werden Sie versuchen, alle überflüssigen Informationen, die eventuell Fehler verursachen, zu entfernen. Die nicht benötigten Spalten rechts von Spalte D gehören dazu.

1. Klicken Sie die Spaltenüberschrift E an, und drücken Sie dann $\boxed{\text{Strg}}$ + $\boxed{\rightarrow}$, um sämtliche Spalten bis zum Ende des Tabellenblattes zu markieren.

2. Klicken Sie danach mit der rechten Maustaste auf die markierten Spaltenüberschriften, und wählen Sie Ausblenden aus dem Kontextmenü aus.

3. Wiederholen Sie dies, um auch alle Zeilen von Zeile 26 an abwärts auszublenden.

Wenn Sie die überflüssigen Spalten und Zeilen nicht ausblenden möchten, sollten Sie zumindest einen Druckbereich definieren, um zu verhindern, dass überflüssige Informationen ausgedruckt werden.

Markieren Sie das Formular, und legen Sie mit SEITENLAYOUT • SEITE EINRICHTEN • DRUCK-BEREICH • DRUCKBEREICH FESTLEGEN einen Druckbereich fest.

Prüfen Sie vor dem Speichern des Formulars, ob die Seitenumbrüche der Datei stimmen oder ob sämtliche Informationen auf eine Seite passen. Dabei hilft Ihnen die Funktion SEITENLAYOUT • SEITE EINRICHTEN • UMBRÜCHE • SEITENUMBRUCH EINFÜGEN.

14.19.3   Dateifenster konfigurieren und schützen

Auch die Spaltenbezeichnungen und Zeilennummern gehören zu den Elementen eines Formulars, die der Benutzer beim Eintragen von Daten eigentlich nicht mehr benötigt. Blenden Sie auch diese Informationen aus:

Klicken Sie auf ANSICHT, und deaktivieren Sie in der Gruppe ANZEIGEN die Optionen ÜBERSCHRIFTEN und gleich auch noch GITTERNETZLINIEN und BEARBEITUNGSLEISTE (Abbildung 14.109).

Abbildung 14.109 Ansichtsoptionen der ausgewählten Arbeitsmappe

Um diese Einstellungen zu schützen, sollten Sie nun noch den Arbeitsmappenschutz aktivieren:

1. Wechseln Sie in das Menü ÜBERPRÜFEN.
2. Wählen Sie ARBEITSMAPPE SCHÜTZEN in der Gruppe ÄNDERUNGEN aus.
3. Aktivieren Sie in der Dialogbox die Optionen STRUKTUR UND FENSTER.
4. Geben Sie ein Kennwort ein, und bestätigen Sie die Einstellungen mit OK (Abbildung 14.110).

Die Option STRUKTUR verhindert, dass Benutzer Tabellenblätter in die Arbeitsmappe einfügen oder aus ihr entfernen bzw. Blätter ein- oder ausblenden. Wenn Sie die Option FENSTER aktivieren, wird ausgeschlossen, dass Benutzer die von Ihnen deaktivierte Anzeige von Gitternetzlinien, Überschriften oder der Bearbeitungsleiste in dieser Datei wieder aktivieren. Zudem wird der Fensterausschnitt, der dem Benutzer nach Öffnen der Datei angeboten wird, festgelegt.

14

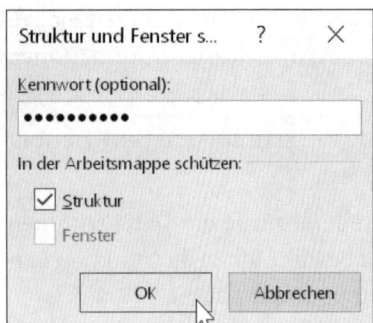

Abbildung 14.110 Aktivierung des Schutzes für Arbeitsmappenstruktur und Dateifenster

14.20   Lieferantenbewertung

Die Lieferantenbewertung ist ein wesentlicher Bestandteil für das Management der Beziehungen des Unternehmens mit seinen Lieferanten. Der Leitgedanke, dass Produkt- und Dienstleistungsqualität nur optimierbar sind, wenn auch fremdbezogene Produkte und Dienstleistungen höchste Anforderungen erfüllen, veranlasst eine eingehende Prüfung und Auswahl der Lieferanten von Vorleistungen. Darüber hinaus ist es im Sinne einer Standardisierung von Arbeitsprozessen, der Prozesstransparenz für alle Mitarbeiter und auch der Zeitersparnis sinnvoll, eindeutig festzulegen, welche Lieferanten das Vertrauen des Unternehmens genießen oder – aus anderer Perspektive betrachtet – eher nicht in Betracht gezogen werden sollen.

Regelmäßige Lieferantenbewertungen, die auch im Rahmen von Qualitätsmanagementsystemen gefordert und dokumentiert werden, verwenden folgende Arbeitsschritte:

- Festlegung von Bewertungskriterien für sämtliche Lieferanten
- Vereinbarung eines Bewertungssystems für die Kriterien
  (z. B. Punktesystem, Kennzahlen)
- Durchführung regelmäßiger Bewertungen der Lieferungen
- turnusmäßige Auswertung der Lieferantenbewertungen
- Managemententscheidung, welche Lieferanten welchen Status erhalten bzw. ob und welche Lieferanten gesperrt werden

Die Ergebnisse von z. B. jährlichen Bewertungen dienen zumeist als Grundlage für die Zieldiskussion bei anstehenden Gesprächen mit Lieferanten.

14.20.1   Aufbau der Beispielanwendung

Die Datei *14_Lieferantenbewertung_00.xlsm* besteht aus insgesamt vier Komponenten:

▶ einem Formular zur Erfassung der Bewertungen für bezogene Lieferungen

▶ einem VBA-Makro, durch das die im Formular erfassten Daten in eine Liste, sprich eine einfache Datenbank, geschrieben werden

▶ eine Tabelle, die automatisch eine Zwischenberechnung aller in der Liste gespeicherten Daten durchführt

▶ einer formatierten Zusammenfassung sämtlicher Auswertungsergebnisse

Das Eingabeformular ist in Abbildung 14.111 dargestellt. Es enthält verschiedene Listen- und Eingabefelder sowie eine Schaltfläche zur Ausführung des Makros.

Abbildung 14.111 Die Lieferantenbewertung erfolgt über ein Eingabeformular.

In Abbildung 14.112 sehen Sie das Ergebnis der automatisierten Auswertung sämtlicher Daten. Es enthält einige allgemeine Daten wie den Auswertungszeitraum und die Anzahl der ausgewerteten Lieferungen und Lieferanten. Hauptbestandteil der Auswertung ist allerdings die Darstellung der Bewertungsergebnisse anhand einer Notenskala in Form von fünf Balkendiagrammen. Jedes Balkendiagramm stellt in diesem für alle Eingaben gesperrten Tabellenblatt ein Bewertungskriterium dar.

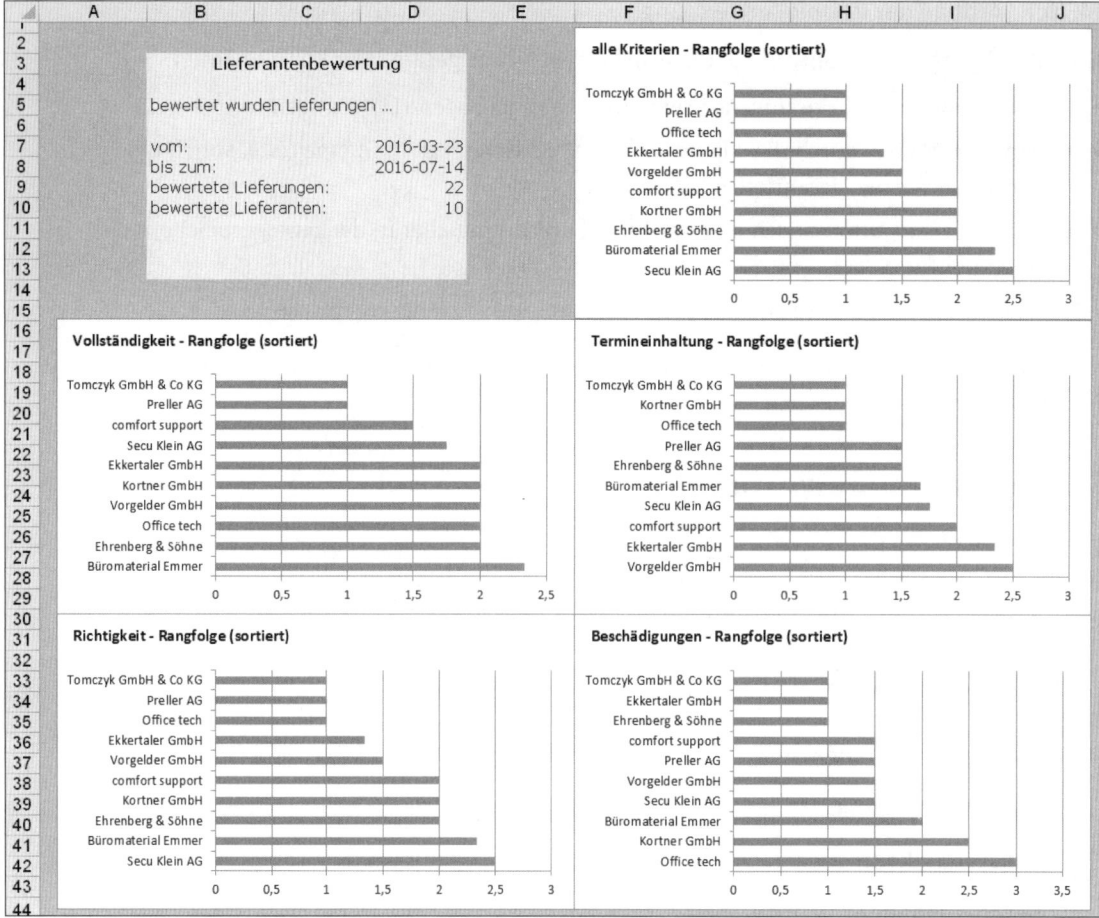

Abbildung 14.112 Automatische Ausgabe der Bewertungsergebnisse

14.20.2 Elemente des Eingabeformulars

Das Tabellenblatt *Dateneingabe* enthält ein einfaches Eingabeformular, das aus insgesamt vier Komponenten besteht:

▶ zwei ActiveX-Steuerelemente vom Typ Kombinationsfeld

▶ zwei Zellen des Tabellenblattes für die Eingabe von Datumswerten

▶ vier Formularsteuerelemente vom Typ Kombinationsfeld

▶ ein Formularsteuerelement vom Typ Schaltfläche

Um die ActiveX-Steuerelemente in das Tabellenblatt zu zeichnen, benötigen Sie das Menü Entwicklertools. Aktivieren Sie es gegebenenfalls zuerst in den Excel-Optionen. Danach finden Sie die Steuerelemente unter Entwicklertools · Einfügen · ActiveX-Steuerelemente.

14.20.3 Erstellen der ActiveX-Kombinationsfelder

Nachdem Sie die beiden Steuerelemente gezeichnet haben, aktivieren Sie die Option EIGEN-SCHAFTEN im Menü. Dadurch wird die gleichnamige Dialogbox zur Konfiguration und Formatierung der Steuerelemente auf dem Bildschirm angezeigt.

Mithilfe der beiden ActiveX-Steuerelemente werden im Formular der Name des Lieferanten und der des Mitarbeiters, der die Lieferung bewertet, eingetragen. Beide Steuerelemente verwenden zur Auswahl der Namen vordefinierte Listen. Die Namen der Lieferanten werden aus dem Tabellenblatt *Lieferanten* übernommen. Der für diese Liste verwendete Bereichsname lautet ebenfalls *lieferanten*. Auch den Mitarbeiternamen liegt eine Liste zugrunde. Sie bezieht sich auf einen Zellbereich im Tabellenblatt *Listen* und ist mit dem Bereichsnamen *mitarbeiter* versehen.

Um mit dem ActiveX-Kombinationsfeld auf die Bereichsnamen zuzugreifen, bewegen Sie den Cursor in der Dialogbox EIGENSCHAFTEN in das Feld LISTFILLRANGE und tragen dort den Bereichsnamen ein, z. B. *lieferanten*.

Der ausgewählte Wert soll in eine Zelle geschrieben werden, von der aus er dann weiterverarbeitet wird. Der Lieferantenname soll in Zelle B2 des Tabellenblattes *Zusammenfassung* eingefügt werden. Diese Zelle besitzt ebenfalls einen Bereichsnamen (*feld1*). Tragen Sie diesen in das Feld LINKEDCELL der Dialogbox EIGENSCHAFTEN ein. Die verknüpfte Zelle für das zweite Kombinationsfeld, mit dem Sie den Mitarbeiternamen auswählen, lautet *feld2*. Auch dieses befindet sich im Tabellenblatt *Zusammenfassung*.

14.20.4 Definition der Formular-Eingabefelder

In den Zellen B6 und B7 werden die Daten für Bestellung und Lieferung eingetragen. Es wäre selbstverständlich möglich gewesen, auch diese beiden Eingaben in ActiveX-Steuerelemente zu schreiben, doch in diesem Fall habe ich darauf verzichtet.

Stattdessen habe ich einen anderen Weg eingeschlagen: Beide Zellen habe ich ebenfalls mit einem Bereichsnamen versehen – *bestelldatum* für Zelle B6 und *lieferdatum* für Zelle B7. Um die hier eingetragenen Datumsangaben in das Tabellenblatt *Zusammenfassung* zu übernehmen, verweisen Sie in den Zellen B4 und B5 dieses Zieltabellenblattes auf die Bereichsnamen (=bestelldatum bzw. =lieferdatum). Wie bereits die Zellen zur Zwischenspeicherung der Lieferanten- und Mitarbeiternamen habe ich auch diese beiden Zellen mit Bereichsnamen gekennzeichnet, und zwar *feld3* und *feld4*.

14.20.5 Erstellen der Formularsteuerelemente

Zum Abschluss der Formularerstellung fehlen Ihnen noch vier Kombinationsfelder, mit deren Hilfe die Bewertung der Lieferungen erstellt wird. Allen vier Formularsteuerelementen sind ebenfalls Listen zur Auswahl der einzutragenden Werte zugewiesen. Auch diese Listen sind mit Bereichsnamen versehen; ihre Werte werden dem Tabellenblatt *Listen* (Abbildung 14.113) entnommen.

	A	B	C
1	**Mitarbeiter**		**Bewertungskriterium Vollständigkeit**
2	Petra Beispiel		Lieferung vollständig
3	Franz Muster		einige bestellte Artikel fehlten
4	Hannelore Test		wichtige bestellte Artikel fehlten
5	Ute Übung		bis zur Hälfte der bestellten Artikel fehlten
6	Hans Probe		mehr als die Hälfte der Artikel fehlten

Abbildung 14.113 Referenztabellen der Kombinationsfelder

Bewertet werden die in Tabelle 14.15 dargestellten Kriterien, aus denen sich auch die Bereichsnamen ableiten lassen.

Kriterium	Bereichsname
Es wird hier anhand der Bestellung verglichen und bewertet, ob die Lieferung vollständig ist. Mithilfe der Listenwerte legen Sie z. B. fest, ob wichtige Artikel fehlten oder wie hoch der Anteil nicht gelieferter Artikel war (Abbildung 14.113).	*vollständigkeit*
Mit diesem Feld erfassen Sie, ob die Lieferung termingerecht erfolgte oder ob und welcher Grad der Verspätung vorlag.	*termintreue*
Diese Bewertung bezieht sich auf die Unversehrtheit der Verpackungen und gelieferten Artikel.	*beschädigung*
Die Liste stellt Ihnen Optionen zur Verfügung, mit denen Sie kennzeichnen können, ob die korrekten Artikel geliefert wurden.	*richtigkeit*

Tabelle 14.15 Bewertungskriterien und Bereichsnamen im Formular

Auch die mit den vier Formularsteuerelementen ausgewählten Inhalte werden in Zellen im Tabellenblatt *Zusammenfassung* geschrieben (Abbildung 14.114). Nachdem Sie ein Kombinationsfeld gezeichnet haben, wählen Sie entweder EIGENSCHAFTEN im Menü ENTWICKLERTOOLS • STEUERELEMENTE aus, oder Sie klicken mit der rechten Maustaste auf das Kombinationsfeld und wählen die Option STEUERELEMENT FORMATIEREN aus dem Kontextmenü.

	A	B
1	**Formulardaten**	
2	Lieferantenname:	Office tech
3	Bearbeiter:	Franz Muster
4	Bestellung vom:	1900-01-00
5	Lieferung am:	1900-01-00
6	Richtigkeit:	
7	Termintreue:	
8	Vollständigkeit:	
9	Beschädigungen:	

Abbildung 14.114 Temporärer Speicherort der Formulareingaben

Im Register STEUERUNG nehmen Sie die entscheidenden Einstellungen vor. Im Eingabefeld EINGABEBEREICH rufen Sie mit F3 die Namensliste auf und weisen jeweils einen der vier Bereichsnamen zu. In ZELLVERKNÜPFUNG verwenden Sie die Bereichsnamen des Tabellenblattes *Zusammenfassung* (*feld5* bis *feld8*). Auch diese Bereichsnamen erhalten Sie durch Verwendung von F3.

Nachdem Sie alle Kombinations- und Eingabefelder konfiguriert haben, sollten Sie überprüfen, ob die Eingabe der Daten funktioniert und ob die ausgewählten Inhalte auch tatsächlich in die Zellen des Tabellenblattes *Zusammenfassung* geschrieben wurden.

14.20.6 Struktur des Makros zum Erstellen der Excel-Liste

Die Zusammenfassung der Daten im gleichnamigen Tabellenblatt hilft Ihnen zwar dabei, die Formulareingaben noch einmal zu überprüfen, für eine turnusmäßige Auswertung der Daten sämtlicher Lieferanten ist diese Darstellungsform allerdings ungeeignet. Deshalb müssen Sie die Zusammenfassung nun in eine Form bringen, mit der eine automatische Auswertung der Daten möglich ist. Die beste Datenstruktur für eine flexible Auswahl der Auswertungswerkzeuge bietet – wie immer – eine einfache Excel-Liste, bestehend aus Spaltenüberschriften und einer ununterbrochenen zeilenweisen Darstellung der Daten.

Was muss nun ganz konkret geschehen, um die Daten aus der Zusammenfassung in eine solche Liste zu schreiben, ohne dass Sie alle Zellinhalte manuell kopieren müssen? Ich nehme an, dass Sie weder Lust noch Zeit für eine solche manuelle Bearbeitung haben.

Ein VBA-Makro muss geschrieben werden! Ja, geschrieben, denn mit einer Makroaufzeichnung ist es in diesem speziellen Fall nicht getan. Warum nicht? Das erkennen Sie relativ leicht an den Arbeitsschritten, die automatisiert werden müssen:

- Zuerst muss eine leere Zelle im Tabellenblatt gefunden werden, um mit dem Einfügen der neuen Bewertungsdaten zu beginnen.

- Bei der ersten Benutzung der Lieferantenbewertung wird Excel diese leere Zelle auch gleich in der ersten Zeile unter der Überschrift finden, da die Auswertungstabelle zu diesem Zeitpunkt noch leer ist.

- Spätestens nach dem ersten Eintragen von Ergebnissen wird die Suche nach einer Leerzeile in der ersten Zeile jedoch nicht mehr erfolgreich sein und auf die nächste Zeile ausgedehnt werden müssen.

- Die Suche wird sich mit jeder neuen Bewertung von Lieferungen verändern, da die Leerzelle immer um eine Zeile weiter nach unten wandern wird.

- Um die Suche zu beschleunigen, sollte Excel zudem nur die erste und nicht alle Spalten der Tabelle durchsuchen.

Damit Sie diese Aufgabenstellung abarbeiten können, benötigen Sie zwei Elemente im Makro, die sich nicht per Makroaufzeichnung einbringen lassen:

▶ die Definition einer *Variablen* für den zu durchsuchenden Zellbereich in der ersten Spalte

▶ eine *Schleife*, um Excel anzuweisen, die Suche für eine bestimmte Anzahl von Zeilen fortzusetzen, bis eine Leerzelle gefunden wird

14.20.7   Aufrufen des VBA-Editors

Eine systematische Beschreibung der Struktur von *Visual Basic for Applications (VBA)* und des Editors zum Schreiben und Bearbeiten von Makros erhalten Sie in Kapitel 17, »Automatisierung mit Makros – VBA für Controller«. Dennoch sollten Sie sich bereits an dieser Stelle mit einigen Besonderheiten von VBA-Makros vertraut machen, um Ihre Kenntnisse der typischen Werkzeuge für die Erstellung einer Anwendung wie der Lieferantenbewertung abzurunden.

Um in den Makro-Editor zu gelangen, reicht es aus, ein ActiveX-Steuerelement vom Typ Befehlsschaltfläche in das Tabellenblatt *Dateneingabe* zu zeichnen und danach doppelt auf die Schaltfläche zu klicken. Im Editor wird auf der linken Seite im VBA-Projektfenster die aktuell geöffnete Arbeitsmappe mit dem Dateinamen *14_Lieferantenbewertung_00.xlsx* aufgelistet (Abbildung 14.115).

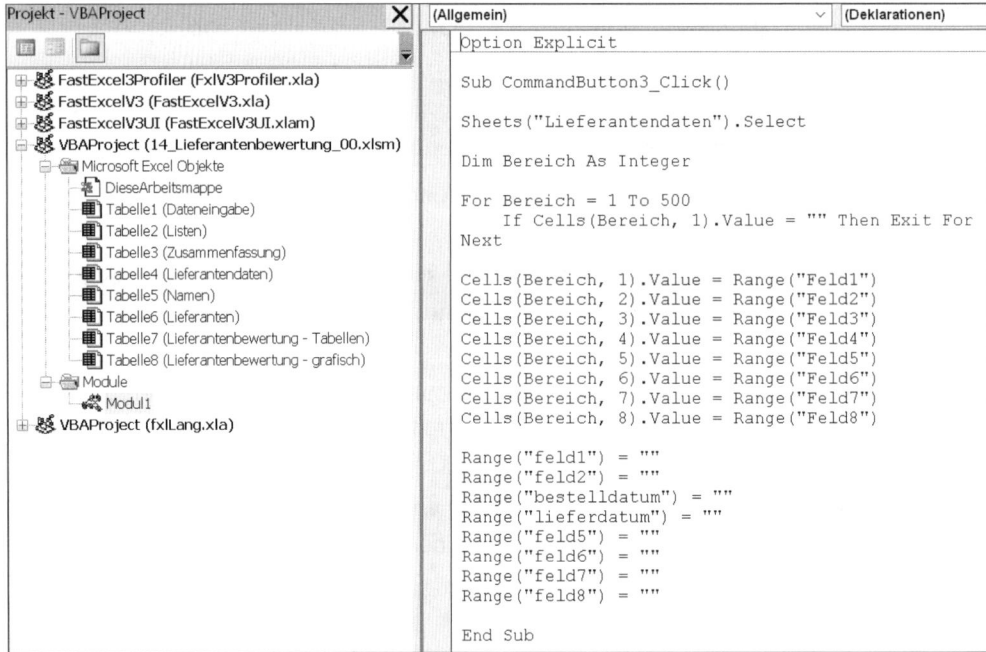

Abbildung 14.115 Anzeige des Makrocodes im Makro-Editor

Die Arbeitsmappe besitzt zwei untergeordnete Ebenen im Projektfenster: die MICROSOFT EXCEL OBJEKTE und die MODULE. Unterhalb der Ebene MODULE wird das Objekt mit der Bezeichnung MODUL1 angezeigt. Auf der rechten Seite des Editors befindet sich das zum Objekt MODUL1 gehörende Codefenster. Wenn Sie ein VBA-Makro »schreiben« oder ein bereits vorhandenes anpassen möchten, geschieht dies immer in einem Codefenster.

14.20.8   Inhalt des VBA-Makros zum Erstellen der Excel-Liste

Im Codefenster der Beispieldatei wird folgendes VBA-Makro verwendet:

```
Sub CommandButton1_Click()
  Sheets("Lieferantendaten").Select
  Dim Bereich As Integer
  For Bereich = 1 To 500
    If Cells(Bereich, 1).Value = "" Then Exit For
  Next
  Cells(Bereich, 1).Value = Range("Feld1")
  Cells(Bereich, 2).Value = Range("Feld2")
  Cells(Bereich, 3).Value = Range("Feld3")
  Cells(Bereich, 4).Value = Range("Feld4")
  Cells(Bereich, 5).Value = Range("Feld5")
  Cells(Bereich, 6).Value = Range("Feld6")
  Cells(Bereich, 7).Value = Range("Feld7")
  Cells(Bereich, 8).Value = Range("Feld8")
  Range("feld1") = ""
  Range("feld2") = ""
  Range("bestelldatum") = ""
  Range("lieferdatum") = ""
  Range("feld5") = ""
  Range("feld6") = ""
  Range("feld7") = ""
  Range("feld8") = ""
End Sub
```

Listing 14.1 VBA-Code zum Erstellen einer Excel-Liste

Begrenzt wird der eigentlich auszuführende Programmcode durch eine Anweisung Sub CommandButton1_Click(), die den Beginn des Makrotextes kennzeichnet, und eine weitere Programmzeile End Sub, mit der der Code beendet wird. CommandButton1_Click() steht hierbei für ein Makro, das durch den Klick auf die Schaltfläche mit der Nummer 1 gestartet wird.

Die erste Anweisung – Sheets("Lieferantendaten").Select – dient lediglich der Auswahl des Tabellenblattes *Lieferantendaten*, an dessen Tabelle die Daten aus dem Tabellenblatt *Zusam-*

menfassung angehängt werden sollen. Diese Anweisung hätte auch bei der Aufzeichnung eines Makros kaum ein anderes Aussehen erhalten. Anders sieht es jedoch mit dem Inhalt der zweiten Zeile aus.

14.20.9   Deklarieren einer Variablen

`Dim Bereich As Integer` dient der Definition oder – wie es fachlicher richtiger heißt – dem Deklarieren einer Variablen. Durch die Verwendung des Schlüsselwortes `Dim` wird eine Variablenbezeichnung, in diesem Fall `Bereich`, festgelegt. Diese Variable ist im konkreten Beispiel ein Platzhalter für die Zeilennummer, in der nach einer leeren Zelle gesucht werden soll. Zwar wissen wir nicht, wie hoch die maximale Zeilennummer sein wird, bis zu der Excel die Suche nach einer leeren Zelle fortsetzen soll. Doch klar ist, dass die Zeilennummer immer ein ganzzahliger Wert sein wird. Deshalb wird der Datentyp der Variablen `Bereich` auch genauso definiert: `As Integer`.

14.20.10   Programmieren einer Schleife zur Suche der nächsten Leerzeile

Ein weiteres Element, das Sie nicht mit einer Makroaufzeichnung erstellen können, ist eine Schleife. Für die Erfassung der Bewertungsdaten ist eine Schleife jedoch unabdingbar. Warum?

Nachdem Excel in der ersten Zeile des zu durchsuchenden Bereichs keine Leerzelle gefunden hat, wird es die Suche in der nächsten Zeile fortsetzen müssen. Ist die Suche dort ebenfalls nicht erfolgreich, muss es in der dritten Zeile weitergehen. Dieses Suchverhalten muss so lange fortgesetzt werden, bis schließlich eine leere Zelle gefunden ist.

Die Schleife wird im VBA-Makro mit der Anweisung `For ... Next` angelegt. Dabei wird die Syntax

```
For zähler = start To ende
    anweisung Exit For
Next
```

verwendet.

Die beiden Zahlen, die für `start` und `ende` angegeben werden, legen fest, welches der kleinste bzw. größte Wert ist, den `zähler` annehmen darf. Konkret bedeutet dies, dass ein bestimmter Zeilenbereich in dieser Schleife festgelegt wird, der mit der ersten Zeile beginnt und mit Zeile 500 endet.

In diesem Zeilenbereich wird sukzessive eine `anweisung` ausgeführt. Eine solche Anweisung kann völlig unterschiedliche Aufgaben wahrnehmen. Sie könnten Excel z. B. anweisen, die Zellen im angegebenen Bereich mit blauer Hintergrundfarbe zu formatieren, die Zellinhalte zu löschen oder in die Zellen eine bestimmte Formel zu schreiben.

In jedem Fall wird nach Ausführen der Anweisung das Argument Next abgearbeitet. Der Zähler wird um einen Wert hochgezählt und die Schleife erneut durchlaufen. Dies wird so lange wiederholt, bis der Zähler den unter ende angegebenen Wert erreicht.

14.20.11   Überprüfung einer Bedingung

Im hier benutzten Makro besteht die anweisung in der Prüfung einer *Bedingung*. Diese Bedingung bildet den Mittelpunkt der Schleife, und sie wird mithilfe von If ... Then ... Else durchgeführt. Der Ausdruck stellt eine typische Wenn-dann-sonst-Anweisung dar. Sie prüft, ob eine ausgewählte Zelle einen vorgegebenen Wert enthält. Ist dies der Fall, soll Excel eine bestimmte Aktion ausführen.

Zellen sind durch ihre Zelladressen definiert. Im Tabellenblatt werden zumeist Adressen verwendet, bei denen die Spalte mit einem Buchstaben und die Zeilen mit einer Zahl angegeben werden (z. B. A1). In VBA hingegen wird sowohl die Spalten- als auch die Zeilenposition mit einer Zahl festgelegt. Cells(1, 1) entspricht somit der Adresse einer Zelle in der ersten Spalte und Zeile, also der Zelladresse A1. In der Schleife machen Sie sich diese Form der Adressierung nun zunutze, denn die Zeilennummer der zu prüfenden Zelle beziehen Sie aus dem veränderlichen Wert, der im zähler gespeichert ist. Damit ist sichergestellt, dass nacheinander alle Zellen innerhalb der ersten 500 Zeilen in Spalte A überprüft werden.

Stellt sich nur noch die Frage, worauf die Prüfung eigentlich abzielt. Die Antwort lautet, dass die Prüfung ermittelt, ob die ausgewählte Zelle leer ist (.Value = ""). Trifft diese Bedingung zu, wird durch Then eine vordefinierte Aktion ausgeführt. Diese Aktion sieht vor, nach dem Finden einer leeren Zelle die Ausführung der Schleife zu beenden (Exit For) und dann die Schritte auszuführen, die unmittelbar nach Next festgelegt wurden.

Der vollständige Code der Schleife sieht also folgendermaßen aus:

```
For Bereich = 1 To 500
    If Cells(Bereich, 1).Value = "" Then Exit For
Next
```

14.20.12   Anhängen der Daten an die Excel-Liste

Hat Excel eine leere Zelle in Spalte A des Tabellenblattes *Lieferantendaten* gefunden, kann es dort mit dem Einfügen der Daten aus der aktuellen Lieferantenbewertung beginnen (Abbildung 14.116). Die Lokalisierung der Zelle ist bekannt (Cells(Bereich, 1)), die Bestimmung eines Zellinhalts auch (Value =). Nun müssen wir noch den konkreten Inhalt bestimmen.

In Spalte A sollen die Lieferantennamen aufgelistet werden, die sich im Tabellenblatt *Zusammenfassung* befinden und die mit dem Bereichsnamen *Feld1* versehen wurde. Um diese Zelle auszuwählen, verwenden Sie das Objekt vom Typ Range, das eine Zelle oder einen Zellbereich mittels Zelladresse oder Bereichsnamen anspricht.

	A	B	C	D	E	F
1	**Lieferantendaten 2016**					
2	Lieferantenname	Bearbeiter	Bestelldatum	Lieferdatum	Richtigkeit	Termineinhaltung
3	Kortner GmbH	Hannelore Test	2016-04-13	2016-03-24	3	1
4	Büromaterial Emmer	Ute Übung	2016-03-23	2016-03-24	3	1
5	Office tech	Petra Beispiel	2016-03-21	2016-03-24	1	1
6	Secu Klein AG	Hannelore Test	2016-04-12	2016-04-13	3	2
7	Ehrenberg & Söhne	Petra Beispiel	2016-04-15	2016-04-15	3	2
8	Secu Klein AG	Franz Muster	2016-05-02	2016-05-03	2	1
9	Büromaterial Emmer	Franz Muster	2016-05-03	2016-05-03	2	1
10	Secu Klein AG	Ute Übung	2016-05-04	2016-05-06	1	3
11	Ekkertaler GmbH	Ute Übung	2016-05-06	2016-05-16	1	4
12	comfort support	Hannelore Test	2016-05-05	2016-05-09	3	2

Abbildung 14.116 Datenbank der durchgeführten Lieferantenbewertungen

Die Anweisung lautet `Cells(Bereich, 1).Value = Range("Feld1")` und wird für alle weiteren Felder der Zusammenfassung wiederholt.

```
Cells(Bereich, 1).Value = Range("Feld1")
Cells(Bereich, 2).Value = Range("Feld2")
Cells(Bereich, 3).Value = Range("Feld3")
Cells(Bereich, 4).Value = Range("Feld4")
Cells(Bereich, 5).Value = Range("Feld5")
Cells(Bereich, 6).Value = Range("Feld6")
Cells(Bereich, 7).Value = Range("Feld7")
Cells(Bereich, 8).Value = Range("Feld8")
```

14.20.13   Leeren der Zellen im Tabellenblatt »Zusammenfassung«

Um zu verhindern, dass irrtümlich Daten in die Excel-Liste geschrieben werden, ist es ratsam, den Zellbereich, in dem sich die Zusammenfassung befindet, unmittelbar nach dem Anhängen der Daten an die Excel-Liste wieder zu leeren.

Dies ist der letzte Schritt bei der Ausführung des VBA-Makros, und er lautet: `Range("feld1") = ""`. Auch hier wird eine Zelle über ihren Bereichsnamen angesprochen, diesmal, um den Zellwert zu leeren (`= ""`). Die Anweisung muss für alle Zellen des Tabellenblattes *Zusammenfassung* wiederholt werden.

14.20.14   Lieferantenbewertung – Zwischenrechnung

Nachdem die per Formular erfassten Daten der Bewertung in die Liste im Tabellenblatt *Lieferantendaten* geschrieben wurden, steht der turnusmäßigen Auswertung nichts mehr im Weg. Die notwendige Zwischenrechnung führen Sie im Tabellenblatt *Lieferantenbewertung – Tabellen* aus. Bei ihr geht es um die Bildung der Rangfolge der einzelnen Lieferanten im Hinblick auf die jeweiligen Bewertungskriterien (Abbildung 14.117).

	A	B	C	D	E	F	G
1	**Richtigkeit**				**Richtigkeit – Rangfolge (sortiert)**		
2	**Rang**	**Lieferant**	**Wertung**		**Rang**	**Lieferant**	**Wertung**
3	3,0003	Ehrenberg & Söhne	2		8,0012	Tomczyk GmbH & Co KG	1
4	8,0004	Office tech	1		8,0009	Preller AG	1
5	1,0005	Secu Klein AG	2,5		8,0004	Office tech	1
6	6,0006	Vorgelder GmbH	1,5		7,0011	Ekkertaler GmbH	1,33333
7	3,0007	Kortner GmbH	2		6,0006	Vorgelder GmbH	1,5
8	2,0008	Büromaterial Emmer	2,33333		3,001	comfort support	2
9	8,0009	Preller AG	1		3,0007	Kortner GmbH	2
10	3,001	comfort support	2		3,0003	Ehrenberg & Söhne	2
11	7,0011	Ekkertaler GmbH	1,33333		2,0008	Büromaterial Emmer	2,33333
12	8,0012	Tomczyk GmbH & Co KG	1		1,0005	Secu Klein AG	2,5

Abbildung 14.117 Zwischenergebnisse der automatischen Lieferantenbewertung

Der Lieferantenname wird in Zelle B3 mit einem einfachen Verweis auf die Lieferantenliste ausgewählt (=Lieferanten!C2). Durch Kopieren des Zellbezugs nach unten erhalten Sie die Liste der vorhandenen Daten – in der Beispieldatei ist die Anzahl der Lieferanten aus Gründen der Übersichtlichkeit auf maximal 10 begrenzt.

14.20.15   Durchschnittliche Bewertung der Lieferanten

Zunächst müssen Sie nun in Zelle C3 die durchschnittliche Bewertung des ausgewählten Lieferanten für das Kriterium *Richtigkeit der Lieferung* ermitteln. Dazu nutzen Sie MITTELWERTWENN(Bereich; Kriterien; Mittelwertbereich). Der Bereich, den Sie nach einem Lieferantennamen durchsuchen lassen, ist bei diesem und allen anderen Kriterien die Spalte A des Tabellenblattes *Lieferantendaten* (Lieferantendaten!$A$3:$A$500). Das Suchkriterium ist der nebenstehende Lieferantenname – hier 'Lieferantenbewertung – Tabellen'!B3. Der Mittelwertbereich variiert je nach zu berechnendem Bewertungskriterium. Für das Kriterium *Richtigkeit der Lieferung* befinden sich die Informationen in Spalte E.

Da die Berechnung des Mittelwertes immer zum Fehlerwert #DIV/0! führt, wenn für den ausgewählten Lieferanten noch keine Bewertung vorliegt, sollten Sie zur Fehlerunterdrückung noch WENNFEHLER() einsetzen. Als Ergebnis erhalten Sie die folgende Funktion:

```
=WENNFEHLER(MITTELWERTWENN(Lieferantendaten!$A$3:$A$500;'
Lieferantenbewertung – Tabellen'!B3;Lieferantendaten!$E$3:$E$500);0)
```

Die Funktion kopieren Sie nach unten und erhalten somit die durchschnittliche Bewertung für diesen Lieferanten.

14.20.16   Bildung der Rangfolge

Liegen die Durchschnittswerte erst einmal vor, bilden Sie die Rangfolge der Bewertungen. Dies ist in Zelle A3 mit der Funktion RANG(Zahl; Bezug; Reihenfolge) umsetzbar. Am sichersten gehen Sie mit =RANG(C3;$C$3:$C$12)+ZEILE()/10000.

Prinzipiell wäre es möglich, dass zwei Lieferanten den gleichen Durchschnittswert erreichen. Dadurch entstünden Probleme bei der späteren Sortierung der Bewertungen. Mit +ZEILE()/10000 stellen Sie sicher, dass aus der aktuellen Zeilennummer eine Nachkommastelle generiert (/10000) und zum errechneten Rang addiert wird. Sie erreichen dadurch, dass sich auch bei Gleichheit der Berechnungsergebnisse alle Durchschnittsergebnisse minimal unterscheiden. Eine automatische Sortierung wird deshalb problemlos möglich sein.

14.20.17   Automatische Sortierung der Daten

Der Sortiervorgang wird in Form einer automatischen Berechnung durchgeführt. Dazu benötigen Sie die beiden Funktionen KGRÖSSTE(Matrix; k) und SVERWEIS(Suchkriterium; Matrix; Spaltenindex; Bereich_Verweis). In Zelle E3 verwenden Sie =KGRÖSSTE($A$3:$A$12;ZEILE()-2). Die Funktion ermittelt im Zellbereich A3 bis A12 einen Wert, dessen Rangfolge Sie mit dem Argument k bestimmen. Wenn Sie das Argument k mit dem Ausdruck Zeile()-2 in der dritten Zeile der Tabelle bestimmen lassen, erhalten Sie folglich den ersten Rang aus den Bewertungsergebnissen. Diese Funktion kopieren Sie wie gewohnt nach unten und schaffen so die Voraussetzung für eine sortierte Ergebnisliste.

In den Zellen F3 und G3 reicht Ihnen nun die zweimalige Verwendung von SVERWEIS(), um auch die Lieferantennamen und die durchschnittlichen Bewertungen zuzuordnen. Die beiden Funktionen

=SVERWEIS(E3;$A$3:$C$12;2;FALSCH)

und

=SVERWEIS(E3;$A$3:$C$12;3;FALSCH)

befinden sich in diesen Zellen.

Dieses hier in den Spalten A bis C und E bis G anzutreffende Schema der Berechnung sämtlicher Durchschnitte und anschließenden Sortierung der Resultate lässt sich auf alle weiteren Bewertungskriterien übertragen. Danach ist es an der Zeit, die Ergebnistabellen in eine präsentable Form zu bringen.

14.20.18   Grafische Darstellung der Lieferantenbewertung

Im Tabellenblatt *Lieferantenbewertung – grafisch* sind zwei unterschiedliche Informationen ablesbar:

▶ Im oberen linken Tabellenabschnitt, der ein helles Rechteck enthält, finden Sie die allgemeinen Daten der Lieferantenbewertung wie Auswertungszeitraum und Anzahl der berücksichtigten Einzelbewertungen.

▶ Alle weiteren Resultate betreffen die Durchschnittswerte der bewerteten Kriterien. Diese Daten werden in Form von Balkendiagrammen dargestellt.

Das Start- bzw. Enddatum des Auswertungszeitraums lässt sich einfach mit den Funktionen `=MIN(Lieferantendaten!$D$3:$D$500)` bzw. `=MAX(Lieferantendaten !$D$3:$D$500)` bestimmen. Auch die Anzahl der bewerteten Lieferungen erhalten Sie mit einer einfachen Funktion:

`=ANZAHL2(Lieferantendaten!$A$3:$A$500)`

Ein wenig aufwendiger wird es, wenn Sie die Anzahl der unterschiedlichen Lieferanten in der Auswertung darstellen möchten. Hier bedarf es der verschachtelten Matrixfunktion:

`{=SUMME(1/ZÄHLENWENN(lieferanten;lieferanten))}`

Die Arbeitsweise dieser Funktionskombination lässt sich so beschreiben:

▶ Durch `ZÄHLENWENN(lieferanten_bewertet;lieferanten_bewertet)` wird jeder Lieferanten-name im Tabellenblatt *Lieferantendaten* einmal als Suchkriterium verwendet, um das Vorkommen dieses Namens im gleichen Bereich zu zählen.

▶ Das Ergebnis des Zählvorgangs wird als Zähler eines Bruchs verwendet (1/). Wird ein Liefe-rantenname zweimal gefunden, ergibt das zweimal einem Halben. Drei Fundstellen füh-ren zu dreimal einem Drittel.

▶ Für jeden Lieferantennamen, der in der Liste vorkommt, ist das Gesamtergebnis somit 1, wenn die Zwischenergebnisse mit der Funktion `SUMME()` zusammengezogen werden.

Das Gesamtresultat ist schließlich die Anzahl unterschiedlicher Lieferantennamen in der Liste.

Die restliche Darstellung in diesem Tabellenblatt erfolgt über fünf Balkendiagramme, die auf den automatischen Berechnungen und Sortierungen des Tabellenblattes *Lieferantenbewer-tung – Tabellen* beruhen. Es empfiehlt sich, hier ein Beispieldiagramm zu erstellen und dieses als Diagrammvorlage zu speichern. Diese Vorlage können Sie dann den restlichen vier Dia-grammen zuweisen, um die Zeit für die Formatierung zu minimieren.

Kapitel 15

Unternehmenssteuerung und Kennzahlen

Kennzahlen stellen eine wichtige Orientierungs- und Entscheidungsgrundlage im Controlling dar, lassen sich mit ihrer Hilfe doch komplexe Zusammenhänge auf den Punkt bringen. In diesem Kapitel finden Sie Kalkulationsbeispiele für wichtige Kennzahlen. Ergänzt werden diese Fallbeispiele durch einen Kennzahlnavigator, in dem wichtige Berechnungen kompakt zusammenfasst sind.

Grundsätzlich werden Kennzahlen, die aus der Verdichtung – z. B. Addition oder Kumulation – von Werten gebildet werden, von solchen unterschieden, die aus Indexwerten oder durch Bildung von Relationen zwischen unterschiedlichen Werten abgeleitet werden. Mit seinen zahlreichen Funktionen und Möglichkeiten bietet Excel eine entscheidende Grundlage, um Kennzahlen zu berechnen und immer wieder auf den aktuellen Stand zu bringen. Die Bedeutung von Excel in diesem Bereich liegt unter anderem daran, dass ERP-Systeme, die zwar ebenfalls Kennzahlen generieren und ausgeben, lediglich mit einem erhöhten Aufwand angepasst werden können. Daher ist es mit ihnen kaum möglich, flexibel und situationsbezogen zu agieren.

Excel bietet diese Flexibilität hingegen pur! Es sind häufig allerdings nicht hochspezialisierte Funktionen aus dem Funktionsassistenten, die bei der Kennzahlenbildung eingesetzt werden, sondern einfache Berechnungen auf Basis der Grundrechenarten. Liegen folglich die Basisdaten aus einem anderen System erst einmal in Form einer Excel-Tabelle vor, ist es zumeist nur noch ein kleiner Schritt zur Bildung eines Kennzahlensystems.

Die Hauptleistung des Benutzers liegt demnach auch weniger darin, komplexe Funktionsketten anzuwenden, als vielmehr in den folgenden Aufgaben:

▶ den Aufbau von Tabellen und Formularen so gut zu durchdenken, dass ohne allzu großen Aufwand Aktualisierungen und gegebenenfalls Erweiterungen der Berechnung möglich sind

▶ alle arbeitsorganisatorischen Mittel in Excel zu nutzen, um die vorhandenen Daten gut zu strukturieren, die benötigten Zwischenrechnungen logisch aufzubauen und zu dokumentieren

▶ die Resultate auf der anderen Seite anschaulich darzustellen

Dies gilt auch für eine zweite Gruppe von Werkzeugen zur Unternehmenssteuerung. Neben den reinen Kennzahlensystemen sind es Werkzeuge, die im Rahmen der Prozess-, Kunden- und Mitarbeiterorientierung Einzug in die Unternehmen gehalten haben: komplexe Managementsysteme, wie beispielsweise im Qualitätsmanagement, Methoden wie Balanced Scorecard oder auch Einzelmaßnahmen wie die Zielkostenrechnung. Excel leistet auch im Zusammenhang mit diesen Steuerungswerkzeugen einen wichtigen Beitrag bei der Umsetzung.

Wie so oft kommt es auch bei der Anwendung von Steuerungstools und Kennzahlen einmal mehr darauf an, ausreichend Zeit in die Entwicklung einer Lösung zu investieren, um bei ihrer zukünftigen Anwendung im weiteren Verlauf wieder wertvolle Zeit zu sparen. Eine Binsenwahrheit, gewiss, doch sie trifft auch auf so gut wie alle Beispiele zu, die ich in diesem Kapitel vorstellen werde. Und dies sind:

- der Aufbau eines Datenmodells zur Ermittlung von *Zielkosten* (*Target Costing*) mit Excel
- der Einsatz des Programms auf dem Gebiet der *wertorientierten Unternehmensführung* (z. B. bei der Berechnung von *Shareholder-Value*, *Economic Value Added*, *Marktwertzuwachs*)
- die Kalkulation von Kennzahlen zur Ermittlung des Finanzstatus (*Cashflow*, *ROI*, also Return on Investment, diverse Bilanzkennzahlen und *GuV*, die Gewinn-und-Verlust-Rechnung)
- die Nutzung von Excel in anderen strategisch ausgerichteten Bereichen (Mitarbeiterbefragungen, *EFQM*-Cockpit)

15.1   Zielkostenmanagement (Target Costing)

Das erste Beispiel in diesem Kapitel beschäftigt sich mit der Methode der Zielkostenberechnung. Diese dient der Bestimmung des Angebotspreises und der Selbstkosten für ein Produkt oder eine Dienstleistung. Doch während sich traditionelle Verfahren der Kostenkalkulation, wie etwa die im letzten Kapitel dargestellten Verfahren Divisions-, Zuschlags- und Äquivalenzziffernkalkulation, hauptsächlich an den Kosten beispielsweise für Material und Herstellung orientieren, stellt die Zielkostenrechnung die Frage nach den benötigten Produkteigenschaften und in diesem Zusammenhang vor allem nach den vorhandenen Kundenpräferenzen.

Die Vorteile der Zielkostenberechnung gegenüber den traditionellen Verfahren sind in diesem Zusammenhang offensichtlich:

- Sie ist sehr stark an den Kundenbedürfnissen ausgerichtet, also kundenorientierter als die anderen Verfahren.

▸ Sie fasst Produkt oder Dienstleistung nicht als unveränderliche Leistungseinheit auf, sondern als flexibel aus seinen Komponenten immer wieder neu zu konfigurierendes Gut.

▸ Sie berechnet den Marktpreis infolge einer konkreten Kundennachfrage dementsprechend immer wieder neu.

Diese spezielle Betrachtungs- und Arbeitsweise erfordert natürlich auch neue, modifizierte Kalkulationsmuster. In der Arbeitsmappe *15_Zielkosten_00.xlsx* finden Sie ein Beispiel für das *Target Costing*, also die *Zielkostenberechnung*, in Excel.

15.1.1   Ausgangslage der Zielkostenberechnung

Um die Berechnungsgrundlage für die Ermittlung der Zielkosten zu schaffen, ist es notwendig, den Geschäftsprozess von der Kundenanfrage bis zur Fertigstellung des Produkts bzw. der Dienstleistung zu betrachten. Dabei lassen sich folgende Schritte identifizieren:

▸ Eingang einer Kundenanfrage und Festlegung des Zielpreises für das Produkt oder die Dienstleistung, z. B. auf der Grundlage eines detaillierten Angebots

▸ Bestimmung der Zielerlöse auf Basis der vom Zielpreis gewährten Skonti, Rabatte und der Umsatzsteuer

▸ Ermittlung der zulässigen Zielkosten aus Zielerlösen, kalkulatorischem Gewinn und den einzelnen Kostenarten

▸ Analyse der Kostenstruktur

▸ Bildung eines Zielkostenindex, der sich mithilfe der Kostenanteile und der Kundenwünsche erstellen lässt

▸ Bestimmung der Potenziale zur Kostensenkung und ihre Realisierung

Die einzelnen Phasen der Zielkostenberechnung sind:

▸ Zielkostenfindung

▸ Zielkostenspaltung

▸ Zielkostenerrechnung

In der *Zielkostenfindungsphase* (Abbildung 15.1) steht die Frage im Mittelpunkt, welcher Zielverkaufspreis auf dem Markt realisierbar ist. Aus dem Zielverkaufspreis können unter Abzug der Erlöse die Zielkosten bestimmt werden.

Die *Zielkostenspaltung* (Abbildung 15.2) bildet den Mittelpunkt der Zielkostenrechnung. In dieser Phase werden die zuvor bestimmten Zielkosten auf die einzelnen Komponenten des Produkts heruntergebrochen. Außerdem werden Kostenanteile und Kundenpräferenzen abgeglichen.

Rahmenbedingungen		Gehe zu
Anzahl der Fahrräder:	120	Kostenstruktur
Stückpreis (brutto):	450,00 €	Korrekturwerte
Montagedauer je Fahrrad (Minuten):	100	Einsparpotenzial
Stundensatz:	17,50 €	
Zielkostenbestimmung		
Zielpreis (laut Angebot)	54.000,00 €	
Skonti, Rabatte etc.	3%	1.620,00 €	
Umsatzsteuer	19%	10.260,00 €	
Erlös (netto)	**42.120,00 €**	
Gewinn (kalkulatorisch)	11,20%	4.717,44	
Fixkosten (kalkulatorisch)	7,20%	3.032,64	
Personalkosten (Ziel)	3.500,00	
Materialkosten (Ziel)	**30.869,92**	
Materialkosten (Stück)	**257,25**	

Abbildung 15.1 Bestimmung von Zielpreis und Zielkosten

Kostenstruktur				
Anzahl der analysierten Artikel		2.300,00 €		
Komponente	**Kosten (2300 Räder)**	**Kosten pro Rad**	**in %**	
Lenker und Sattel	114.477,00 €	49,77 €	18,64%	
Rahmen	116.200,00 €	50,52 €	18,92%	
Fahrradtaschen	27.600,00 €	12,00 €	4,49%	
Räder und Pedale	88.055,00 €	38,28 €	14,33%	
Werkzeug	30.475,00 €	13,25 €	4,96%	
Schaltung und Bremsen	130.385,00 €	56,69 €	21,22%	
Speziallackierung	101.155,00 €	43,98 €	16,47%	
Sicherungssystem	5.960,00 €	2,59 €	0,97%	
Summe	**614.307,00 €**	**267,09 €**	**100,00%**	
Ziellücke pro Fahrrad:	**9,84 €**			

Korrektur der Kostenstruktur				
Komponente	**Kostenanteil**	**relative Bedeutung**	**Zielkostenindex**	**Rang**
Lenker und Sattel	18,6%	6,0%	0,32	4
Rahmen	18,9%	8,0%	0,42	5
Fahrradtaschen	4,5%	6,6%	1,47	8
Räder und Pedale	14,3%	15,0%	1,05	7
Werkzeug	5,0%	0,8%	0,15	3
Schaltung und Bremsen	21,2%	1,4%	0,06	1
Speziallackierung	16,5%	1,3%	0,08	2
Sicherungssystem	1,0%	0,5%	0,46	6
Summen	**100,00%**			

Kundenpräferenzen				
Komfort	60%	**Komfortkomponenten**	**Funktionsanteil**	**relative Bedeutung**
Sicherheit	15%	Lenker und Sattel	10%	6,00%
Design	25%	Fahrradtaschen	11%	6,60%
		Räder und Pedale	25%	15,00%
		Sicherheitskomponenten	**Funktionsanteil**	**relative Bedeutung**
		Werkzeug	5%	0,75%
		Schaltung und Bremsen	9%	1,35%
		Sicherungssystem	3%	0,45%
		Designkomponenten	**Funktionsanteil**	**relative Bedeutung**
		Rahmen	32%	8,00%
		Speziallackierung	5%	1,25%

Abbildung 15.2 Zielkostenspaltung und Kundenpräferenzen

In der letzten Phase, der *Zielkostenerreichung*, geht es um die Korrektur der Kostenstrukturen, um die ermittelten Zielkosten auch tatsächlich zu realisieren (Abbildung 15.3). Hierbei muss einerseits gegebenenfalls die Änderung der Produktionsprozesse umgesetzt, auf der anderen Seite allerdings die Erfüllung der Kundenerwartungen sichergestellt werden.

		Einsparpotenzial	
Rang	**Komponente**	**Potenzial pro Rad**	**Potenzial gesamt**
1	Schaltung und Bremsen	56,69 €	6.802,70 €
2	Speziallackierung	43,98 €	5.277,65 €
3	Werkzeug	13,25 €	1.590,00 €
Einsparpotenzial gesamt		**113,92 €**	**13.670,35 €**

Abbildung 15.3 Mögliche Einsparpotenziale am Ende der Zielkostenberechnung

15.1.2 Bestimmung der Zielkosten

Lassen Sie uns im Tabellenblatt *Zielkosten* beginnen. Darin werden Ihnen die Rahmenbedingungen der Kalkulation vorgestellt. Im Beispiel handelt es sich um die Herstellung von Fahrrädern. Für deren Produktion im Rahmen eines Kundenauftrags sind Ihnen die Stückzahl, der marktübliche Preis, die Montagedauer und der Stundensatz für die Montage bekannt (Abbildung 15.4).

In Zelle D8 berechnen Sie aus Stückzahl und Stückpreis den Zielpreis Ihres Angebots (=D2*D3). Die Erlöse ergeben sich in Zelle D11, indem Sie Skonti und Umsatzsteuer zum Abzug bringen (=D8-D9-D10). Ziehen Sie auch den kalkulatorischen Gewinn, die kalkulatorischen Fixkosten und die zu erwartenden Personalkosten ab, verbleiben die maximal zulässigen Zielkosten für das Material in Zelle D15 (=D11-D12-D13-D14).

Rahmenbedingungen		
Anzahl der Fahrräder:		120
Stückpreis (brutto):		450,00 €
Montagedauer je Fahrrad (Minuten):		100
Stundensatz:		17,50 €
Zielkostenbestimmung		
Zielpreis (laut Angebot)		54.000,00 €
Skonti, Rabatte etc.	3%	1.620,00 €
Umsatzsteuer	19%	10.260,00 €
Erlös (netto)		**42.120,00 €**
Gewinn (kalkulatorisch)	11,20%	4.717,44
Fixkosten (kalkulatorisch)	7,20%	3.032,64
Personalkosten (Ziel)		3.500,00
Materialkosten (Ziel)		**30.869,92**
Materialkosten (Stück)		**257,25**

Abbildung 15.4 Berechnung der stückbezogenen Materialkosten

Die hinterlegten Formeln zur Berechnung des kalkulatorischen Gewinns, der kalkulatorischen Fixkosten und der Materialkosten sind in Tabelle 15.1 wiedergegeben.

Wert	Formel
kalkulatorischer Gewinn in D12	=D11*C12, also Rabattsatz multipliziert mit dem Netto-erlös
kalkulatorische Fixkosten in D13	=D11*C13, also Umsatzsteuersatz multipliziert mit dem Nettoerlös
Personalkosten in D14	=D2*D4/60*D5, also Stückzahl multipliziert mit der Montagedauer in Stunden und multipliziert mit dem vereinbarten Stundensatz

Tabelle 15.1 Formeln zur Zielkostenberechnung

Da die Stückzahl laut Angebot bekannt ist, berechnen Sie schließlich in Zelle D16 die Materialzielkosten pro Stück. Im Beispiel liegen diese bei 257,25 €.

15.1.3   Analyse der Kostenstruktur und Identifizierung der Kostenlücke

In der zweiten Phase der Zielkostenberechnung benötigen Sie die Daten zur Kostenstruktur Ihres Unternehmens aus vorangegangenen Perioden oder von Vorgängeraufträgen, denn auf der Grundlage der Komponenten Ihres Produkts müssen Sie nun die stückbezogenen Kostenanteile berechnen. Für die Beispieldatei bedeutet dies: Im Tabellenblatt *Kostenstruktur* enthält Zelle D2 die Anzahl der Produkte, auf denen Ihre Kostenangaben beruhen. Im Anwendungsbeispiel wurden die Kosten für die Produktion von insgesamt 2.300 gleichartigen Produkten aus den Vorgängerperioden oder -aufträgen berücksichtigt (Abbildung 15.5).

Kostenstruktur			
Anzahl der analysierten Artikel		2.300,00 €	
Komponente	**Kosten (2300 Räder)**	**Kosten pro Rad**	**in %**
Lenker und Sattel	114.477,00 €	49,77 €	18,64%
Rahmen	116.200,00 €	50,52 €	18,92%
Fahrradtaschen	27.600,00 €	12,00 €	4,49%
Räder und Pedale	88.055,00 €	38,28 €	14,33%
Werkzeug	30.475,00 €	13,25 €	4,96%
Schaltung und Bremsen	130.385,00 €	56,69 €	21,22%
Speziallackierung	101.155,00 €	43,98 €	16,47%
Sicherungssystem	5.960,00 €	2,59 €	0,97%
Summe	**614.307,00 €**	**267,09 €**	**100,00%**

Abbildung 15.5 Analyse der Kostenstruktur

Die Zellen C4 bis C11 sind der Dateneingabe vorbehalten. Darin erfassen Sie die bekannten Kosten der einzelnen Komponenten, aus denen sich Ihr Produkt zusammensetzt. In den Spalten D und E kalkulieren Sie unter Verwendung dieser Werte die Kosten pro Artikel – absolut und prozentual. Ab Zelle D4 wird dazu die Formel =C4/$D$2 verwendet; die prozentuale Darstellung erhalten Sie ab Zelle E21 mit der Formel =D4/$D$2.

15.1.4 Bestimmung der Ziellücke

Von besonderem Interesse sollten nun die Inhalte der beiden Zellen D12 und B13 sein. In der ersten Zelle werden die Gesamtkosten pro produzierten Rad auf Basis der bisherigen Kostenstruktur angegeben. Sie belaufen sich auf insgesamt 267,09 €. Zelle B13 zeigt die für die Zielkostenrechnung wesentliche Größe der Zielkostenlücke. Diese wird aus der Differenz der Materialzielkosten aus Zelle D16 des Tabellenblattes *Zielkosten* und den Gesamtkosten in Zelle D12 gebildet:

Zielkostenlücke = Materialzielkosten pro Stück – Stückkosten

Die Zielkostenlücke liegt im verwendeten Beispiel bei 9,84 € pro Rad.

15.1.5 Schema für die Anpassung der Kostenstruktur

Nach gängigen Vorstellungen – und auch bei der Anwendung eher traditioneller Kalkulationsverfahren wie Zuschlags- oder Divisionskalkulation – könnte das Fazit nun schlichtweg lauten, Ihre Materialkosten seien zu hoch und der Auftrag sei demnach nicht realisierbar. Bei Anwendung des Verfahrens der Zielkostenberechnung beginnt hingegen genau an dieser Stelle die eigentliche Kalkulation und Entscheidungsfindung.

Aus der vorangegangenen Kalkulation sind Ihnen die Kostenanteile für die Produktion eines Rades bekannt. Sie finden diese Werte in Zelle D4 bis D11. Um die Kosten zu reduzieren und den Auftrag dennoch durchzuführen, müssen Sie auf eine oder auch mehrere Komponenten des Rades verzichten oder diese durch weniger kostenintensive Komponenten ersetzen. Anders ausgedrückt: Ihr Kunde muss auf die Komponenten verzichten! Die alles entscheidende Frage der Zielkostenrechnung lautet nun: Auf welche Komponenten und/oder Qualitätsausprägungen ist Ihr Kunde bereit zu verzichten?

15.1.6 Ermittlung der Kundenpräferenzen

Da Sie dies nur schwer erraten können, kommt es in dieser Phase der Kostenermittlung darauf an, mit dem Kunden zu sprechen und seine konkreten Wünsche und Erwartungen genauestens in Erfahrung zu bringen.

Die auf diesem Weg ermittelten Kundenpräferenzen werden dann als Grundlage für die weitere Kostenkalkulation in Ihre Überlegungen einfließen. Im Tabellenblatt *Kostenstruktur* finden Sie im Zellbereich von C14 bis C16 die fiktiven Ergebnisse einer Kundenbefragung, aus denen sich eine Gewichtung der drei Produkteigenschaften Komfort, Sicherheit und Design ergibt (Abbildung 15.6).

Kundenpräferenzen					
Komfort	60%	**Komfortkomponenten**	**Funktionsanteil**		**relative Bedeutung**
Sicherheit	15%	Lenker und Sattel		10%	6,00%
Design	25%	Fahrradtaschen		11%	6,60%
		Räder und Pedale		25%	15,00%
		Sicherheitskomponenten	**Funktionsanteil**		**relative Bedeutung**
		Werkzeug		5%	0,75%
		Schaltung und Bremsen		9%	1,35%
		Sicherungssystem		3%	0,45%
		Designkomponenten	**Funktionsanteil**		**relative Bedeutung**
		Rahmen		32%	8,00%
		Speziallackierung		5%	1,25%

Abbildung 15.6 Feststellung der Kundenpräferenzen

In den Zellen E15 bis E24 ist hingegen prozentual der Anteil angegeben, der die jeweilige Komponente zur Erfüllung der Funktion des gesamten Produkts leistet. In Spalte F ergibt sich aus beiden Werten die *relative Bedeutung* der jeweiligen Komponente. Diese ergibt sich aus

*relative Bedeutung = Kundenpräferenz * Funktionsanteil*

oder =E5*C14 in Zelle F15.

15.1.7   Bildung des Zielkostenindex

Nachdem neben der Kostenverteilung nun auch die relative Bedeutung der Komponenten vorliegt, können Sie den Zielkostenindex berechnen. Diesem liegt eine einfache Division zugrunde:

$$Zielkosten = \frac{relative\ Bedeutung}{Kostenanteil\ der\ Komponente}$$

In der Beispieldatei enthält der Zellbereich E3 bis E11 den berechneten Zielkostenindex (z. B. =D3/C3 in Zelle E3).

Der Idealwert des Zielkostenindex liegt bei 1. Er spricht für ein ausgewogenes Verhältnis zwischen Kostenaufwand und Kundenerwartung. Indexresultate unterhalb von 1 drücken aus, dass die Kosten der Komponente relativ zur Kundenerwartung zu hoch sind. Liegt der Index über 1, kann dies als ein Wertsteigerungsbedarf bei dieser Komponente interpretiert werden.

15.1.8   Umsetzung der Kostenstrukturanpassung in Excel

Um die Zielkostenrechnung flexibel auch für andere Kundenanfragen zu verwenden, sollten Sie wieder darauf achten, dass möglichst viele Inhalte des Tabellenblattes nicht per Tastatureingabe oder mittels Kopieren eingefügt werden, sondern auf Formeln und Funktionen beruhen und somit automatisch aktualisiert werden, wenn sich die Basiswerte ändern. Abbildung 15.7 zeigt, dass alle Zellen des Tabellenbereichs, der die Korrektur der Kostenstruktur betrifft, berechnet werden.

Korrektur der Kostenstruktur				
Komponente	Kostenanteil	relative Bedeutung	Zielkostenindex	Rang
=Kostenstruktur!B4	=SVERWEIS(B17;Kostenstruktur!$B$3:$E$11;4;FALSCH)	=SVERWEIS(B17;$D$28:$F$38;3;FALSCH)	=D17/C17	=RANG(E17;$E$17:$E$24;1)
=Kostenstruktur!B5	=SVERWEIS(B18;Kostenstruktur!$B$3:$E$11;4;FALSCH)	=SVERWEIS(B18;$D$28:$F$38;3;FALSCH)	=D18/C18	=RANG(E18;$E$17:$E$24;1)
=Kostenstruktur!B6	=SVERWEIS(B19;Kostenstruktur!$B$3:$E$11;4;FALSCH)	=SVERWEIS(B19;$D$28:$F$38;3;FALSCH)	=D19/C19	=RANG(E19;$E$17:$E$24;1)
=Kostenstruktur!B7	=SVERWEIS(B20;Kostenstruktur!$B$3:$E$11;4;FALSCH)	=SVERWEIS(B20;$D$28:$F$38;3;FALSCH)	=D20/C20	=RANG(E20;$E$17:$E$24;1)
=Kostenstruktur!B8	=SVERWEIS(B21;Kostenstruktur!$B$3:$E$11;4;FALSCH)	=SVERWEIS(B21;$D$28:$F$38;3;FALSCH)	=D21/C21	=RANG(E21;$E$17:$E$24;1)
=Kostenstruktur!B9	=SVERWEIS(B22;Kostenstruktur!$B$3:$E$11;4;FALSCH)	=SVERWEIS(B22;$D$28:$F$38;3;FALSCH)	=D22/C22	=RANG(E22;$E$17:$E$24;1)
=Kostenstruktur!B10	=SVERWEIS(B23;Kostenstruktur!$B$3:$E$11;4;FALSCH)	=SVERWEIS(B23;$D$28:$F$38;3;FALSCH)	=D23/C23	=RANG(E23;$E$17:$E$24;1)
=Kostenstruktur!B11	=SVERWEIS(B24;Kostenstruktur!$B$3:$E$11;4;FALSCH)	=SVERWEIS(B24;$D$28:$F$38;3;FALSCH)	=D24/C24	=RANG(E24;$E$17:$E$24;1)

Abbildung 15.7 Formelsicht auf den Tabellenbereich der Kostenstrukturkorrektur

Über die Formeln und ihre jeweilige Funktionsweise informiert Tabelle 15.2.

Zellbereich	Funktion
Komponentenliste in B3 bis B10	Verweis durch einfachen Zellbezug auf die Komponentenliste im Tabellenblatt *Kostenstruktur* und den dortigen Zellbereich B4 bis B11 (z. B. =Kostenstruktur!B4)
Kostenanteile in C3 bis C10	Übernahme der Werte aus der Kostenstrukturliste in den Zellen E20 bis E28, z. B. durch die Funktion =SVERWEIS(B3;Kostenstruktur!$B$3:$E$11;4;FALSCH)
relative Bedeutung in D3 bis D10	Übernahme der Daten aus dem unteren Teil des Tabellenblattes mithilfe der Funktion =SVERWEIS(B3;$D$14:$F$24;3;FALSCH)
Zielindex in E3 bis E10	Division der relativen Bedeutung durch den Kostenanteil der Komponente (=D3/C3)
Rangfolge in F3 bis E10	Berechnung des Ranges des jeweiligen Indexwertes im Bereich aller Indexwerte mit der Funktion =RANG(E3;$E$3:$E$10;1)

Tabelle 15.2 Die verwendeten Formeln

15.1.9   Berechnung der Einsparpotenziale

Auch für den letzten Abschnitt der Zielkostenrechnung gilt es, möglichst auf bereits berechnete Ergebnisse zurückzugreifen. In der Beispielanwendung wird vorausgesetzt, dass die drei Komponenten, die die Rangliste des Zielindex anführen, auf ihr Einsparpotenzial hin untersucht werden sollen (Abbildung 15.8).

Einsparpotenzial			
Rang	Komponente	Potenzial pro Rad	Potenzial gesamt
1	Schaltung und Bremsen	56,69 €	6.802,70 €
2	Speziallackierung	43,98 €	5.277,65 €
3	Werkzeug	13,25 €	1.590,00 €
Einsparpotenzial gesamt		**113,92 €**	**13.670,35 €**

Abbildung 15.8 Betrachtung der Einsparpotenziale auf Basis der Rangfolge des Zielindex

Die Aufgabe, die Komponenten und ihre Kostenanteile in eine Übersicht im Tabellenblatt *Einsparpotenzial* zu bringen, lässt sich hier nicht mit der Funktion SVERWEIS() umsetzen, da die Rangfolge in der Originaltabelle diesmal ganz rechts steht. SVERWEIS() sucht jedoch immer nur in der äußerst linken Spalte nach einer Übereinstimmung mit dem Suchkriterium.

Versuchen Sie es hingegen in Zelle C3 mit

`=INDEX(Kostenkorrektur!$B$3:$B$10;VERGLEICH(B3;Kostenkorrektur!$F$3:$F$10;0))`,

erhalten Sie die Komponentenbezeichnungen aus Spalte B zu den Rangwerten, die sich am anderen Ende der Tabelle in Spalte F im Tabellenblatt *Kostenkorrektur* der Beispieldatei befinden.

Um die Potenziale pro Rad in Spalte D zuzuordnen, reicht dann wieder ein `=SVERWEIS(C3;Kostenstruktur!$B$3:$E$11;3;FALSCH)`. Das Gesamtpotenzial der Einsparungen für alle Räder basiert schließlich nur noch auf der einfachen Multiplikation der betreffenden Zellen. Zu guter Letzt ist es Ihre Aufgabe, auf Grundlage der berechneten Daten zu entscheiden, welche Komponenten durch preisgünstigere ersetzt oder komplett gestrichen werden müssen, um den Auftrag zu realisieren.

15.1.10   Tabellenaufbau und Navigation durch die Tabellenabschnitte

Noch einige Sätze zur Tabellenstruktur. Im Anwendungsbeispiel habe ich alle Schritte des Verfahrens auf verschiedene Tabellenblätter verteilt. Die Tabellen in diesen Blättern sind aus Gründen der Übersichtlichkeit möglichst klein gehalten. In der Realität werden die Komponentenlisten mit Sicherheit wesentlich länger sein. Dadurch entsteht schnell der Wunsch, ohne allzu großen Aufwand zwischen den Datenbereichen und verschiedenen Tabellenblättern hin und her zu wechseln. Durch definierte Bereichsnamen ließe sich diese Anforderung sicherlich schnell umsetzen.

In der hier verwendeten Beispieldatei habe ich die bereits in früheren Kapiteln beschriebenen Bereichsnamen allerdings um ein weiteres Werkzeug ergänzt: *Hyperlinks*, mit denen man – wie auf einer Internetseite – durch einen Mausklick einen anderen Bereich ansteuern kann (Abbildung 15.9).

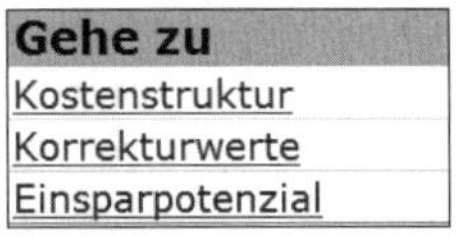

Gehe zu
Kostenstruktur
Korrekturwerte
Einsparpotenzial

Abbildung 15.9 Hyperlinks erleichtern die Navigation.

In den Zellen F2 bis F4 des Tabellenblattes *Zielkosten* sind die Überschriften der verschiedenen Tabellenbereiche dieser Kalkulation (Abbildung 15.9) bereits eingerichtet. Sie können sie zu Hyperlinks machen:

1. Markieren Sie die Zielzelle, zu der ein Hyperlink führen soll
   (z. B. Zelle B1 im Tabellenblatt *Kostenstruktur*).

2. Definieren Sie über das NAMENFELD links oben einen Bereichsnamen
   (z. B. »Kostenstruktur«).

3. Definieren Sie einen Hyperlink, indem Sie die Bezeichnung in Zelle F2 des Tabellenblattes *Zielkosten* auswählen und die Funktion EINFÜGEN • LINK • AKTUELLES DOKUMENT aufrufen.

4. In der Dialogbox HYPERLINK BEARBEITEN definieren Sie dann den gerade vergebenen Bereichsnamen, z. B. *Kostenstruktur*, als Ziel des Links (Abbildung 15.10).

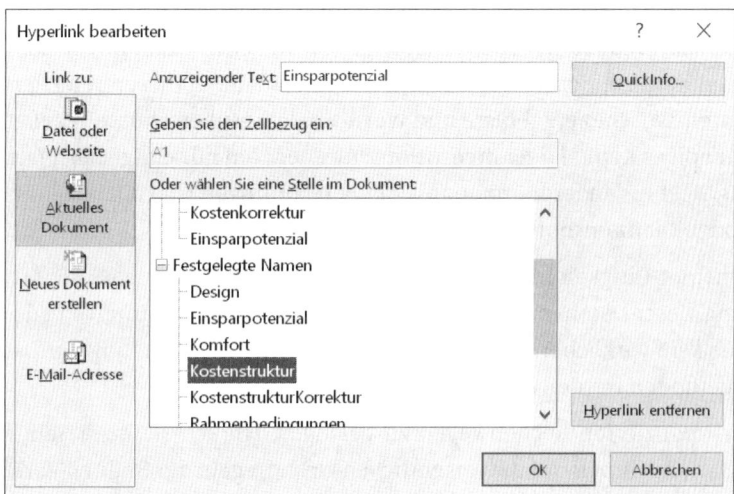

Abbildung 15.10 Verbinden eines Hyperlinks mit einem Bereichsnamen

Diesen Vorgang sollten Sie auch für das Erstellen eines Rücksprungs zum Menü und für die weiteren Tabellenabschnitte wiederholen. Dazu schreiben Sie einfach einen Hinweis wie »Zurück« in eine ausgewählte Zelle und richten einen Hyperlink ein, der zum Bereich Tabellenanfang, der Zelle A1 im Tabellenblatt *Zielkosten*, führt.

15.2 Cashflow

Der *Cashflow* ist eine Kennzahl, die besonders für mögliche Investoren eines Unternehmens, Aktieninhaber und auch potenzielle Kreditgeber in ihrer Aussagekraft interessant ist. Sie gibt an, welche liquiden Mittel durch das Unternehmen in einer Betrachtungsperiode erwirtschaftet wurden, und ist somit ein Indikator für das Potenzial der *Innenfinanzierung* des Unternehmens. Positive Cashflows lassen erwarten, dass ein Unternehmen in der Lage ist, Kredite zu tilgen oder Dividenden zu zahlen. Gebildet wird diese *Liquiditätskennzahl* aus dem Saldo der regelmäßigen Einnahmen und betrieblichen Ausgaben.

15.2.1 Beispieldateien und Datenmodelle

Die Berechnung des Cashflows bildet an dieser Stelle den Auftakt zu einer ganzen Reihe von finanztechnischen Kalkulationen, die bis zum Shareholder-Value und Marktwertzuwachs, also direkt bis zu Fragen der wertorientierten Unternehmensführung, reichen. All diesen Berechnungen und in der Folge auch den verwendeten Beispieldateien ist eigen, dass sie zur Durchführung der Kalkulationen ihrerseits auf die verdichteten Ergebnisse umfangreicher Unternehmensdaten aufbauen.

Aus Gründen der Anschaulichkeit habe ich die Beispieldateien in diesem Abschnitt zumeist auf ein einziges Tabellenblatt reduziert, in dem ich die grundsätzlichen Rechenwege zur Bildung der thematisierten Kennzahl beschreibe. Klar ist aber, dass die in diesen reduzierten Beispieldateien benutzten Zwischenergebnisse und Werte wie Jahresüberschüsse, Fehlbeträge, nicht betriebsnotwendiges Kapital oder Investitionssummen, um nur einige Beispiele zu nennen, wiederum das Ergebnis anderer umfangreicher Berechnungen sind oder aber anderen Quellen wie GuV oder Bilanz entnommen werden müssen.

Ich habe im Rahmen meiner Tätigkeit immer wieder die Erfahrung gemacht, dass Reporting und Weiterverarbeitung dieser Daten in den Unternehmen durch so starke Unterschiede gekennzeichnet sind, dass kein wirklicher gemeinsamer Nenner für die Darstellung der Daten in einer Beispieldatei gefunden werden kann.

Um aber zu solcherart reduzierten Rechenwegen zu gelangen, wie ich sie in diesem Abschnitt vorstelle, muss ich nochmals auf die wesentlichen Grundregeln der Bildung von Datenmodellen in Excel verweisen, die ich bereits in den vorangegangenen Kapiteln an Beispielen veranschaulicht habe:

▶ Trennen Sie immer die Basisdaten eindeutig von allen Berechnungen, indem Sie diese Daten in separaten Tabellenblättern speichern.

▶ Nutzen Sie weitere Tabellenblätter, um auch notwendige Zwischenrechnungen klar voneinander zu trennen.

▶ Legen Sie ein »Master«-Tabellenblatt an, in dem Referenztabellen, wichtige Faktoren und Operanden wie Zinssätze etc. verwaltet werden.

▶ Verwenden Sie eine Systematik für die Namensgebung der Tabellenblätter.

▶ Noch wichtiger: Verwenden Sie systematisch Bereichsnamen für Zellen, die wichtige Faktoren oder Operanden enthalten (z. B. Zinssätze), und auch für Datenbereiche, die Sie in Zwischen- und Abschlussberechnungen verwenden.

▶ Dokumentieren Sie Ihre Bereichsnamen und Rechenwege, auch wenn es zunächst wie zusätzliche und vielleicht sogar überflüssige Arbeit erscheint.

Mit diesen Regeln im Hinterkopf sollten wir uns den weiteren Beispielrechnungen der folgenden Abschnitte stellen.

15.2.2   Direkte Ermittlung des Cashflows

Der *Cashflow* betrachtet alle zahlungswirksamen Erträge und Aufwendungen einer Periode. Bei der *direkten Ermittlung* des Cashflows werden diese Erträge (Umsatzerlöse, Zinserträge etc.) addiert und sämtliche betriebsnotwendigen Aufwendungen – wie etwa Personal- und Materialkosten, Steuern, Kredittilgung – davon abgezogen.

Der Saldo aus den Zahlungsflüssen der laufenden Geschäftstätigkeit ergibt den *operativen Cashflow* (Abbildung 15.11), der Aufschluss über die *Eigenfinanzierungskraft* des Unternehmens gibt. An ihm ist schnell erkennbar, ob das Unternehmen über die erzielten Umsätze in der Lage ist, alle Ausgaben zu decken, die mit dem operativen Geschäft verbunden sind. In der Beispieldatei *15_Cash_flow_direkter_01.xlsx* wird diese Kennzahl in Zeile 10 angegeben. Sie wird als einfache Summe aus den darüberstehenden Einzelwerten gebildet.

Werden Auszahlungen aus Investitionen und Zinsen sowie Einzahlungen aus dem Verkauf von Vermögensgegenständen sowie Zinserlöse ebenfalls in der Kalkulation berücksichtigt, erhalten Sie den *Cashflow aus Investitionstätigkeit*. Diese Kennzahl in Zeile 15 gibt wiederum darüber Auskunft, ob und inwieweit das Unternehmen in der Lage ist, aus eigener Kraft Investitionen zu tätigen.

Und schließlich ist Zeile 20 der *Cashflow der Finanzierung* zu entnehmen. Bei ihm handelt es sich um das Ergebnis des Cashflows aus Investitionstätigkeit zuzüglich der Einzahlungen aus Eigenkapital- und Fremdkapitalzuführung und der Auszahlungen aus Kredittilgungen und Dividenden. Die Fähigkeit zur Tilgung von Krediten kann mithilfe dieser Kennzahl bestimmt werden.

A	Januar	Februar	März	April	Mai	Juni	Juli	August	September	Oktober	November	Dezember	Gesamt
1 Cash flow - Direkte Ermittlung													
3 Bruttoumsatz	90.000 €	92.500 €	95.000 €	91.200 €	93.900 €	95.000 €	91.000 €	85.500 €	82.000 €	89.200 €	91.000 €	92.350 €	1.088.650 €
4 - Skonti und Rabatte	-1.800 €	-1.850 €	-1.900 €	-1.824 €	-1.878 €	-1.900 €	-1.820 €	-1.710 €	-1.640 €	-1.784 €	-1.820 €	-1.847 €	-21.773 €
5 - Ausgaben für Materialien	-42.000 €	-42.500 €	-44.000 €	-49.000 €	-42.000 €	-49.800 €	-43.000 €	-40.000 €	-38.000 €	-39.000 €	-45.000 €	-42.900 €	-517.200 €
6 - Ausgaben für Personal	-28.000 €	-28.000 €	-28.000 €	-28.000 €	-28.000 €	-28.000 €	-28.000 €	-28.000 €	-28.000 €	-32.000 €	-32.000 €	-32.000 €	-348.000 €
7 - Sonstige Ausgaben	-2.900 €	-2.900 €	-2.900 €	-2.900 €	-2.900 €	-4.100 €	-3.200 €	-2.900 €	-2.900 €	-2.900 €	-2.900 €	-2.900 €	-36.300 €
8 - Zinsen	-1.200 €	-1.840 €	-900 €	-980 €	-450 €	-340 €	-320 €	-900 €	-510 €	-600 €	-900 €	-1.200 €	-10.140 €
9 - Steuern	0 €	-15.000 €	0 €	0 €	-15.000 €	0 €	0 €	-15.000 €	0 €	-23.000 €	-15.000 €	0 €	-83.000 €
10 Cash flow (operativ)	14.100 €	410 €	17.300 €	8.496 €	3.672 €	10.860 €	14.660 €	-3.010 €	10.950 €	-10.084 €	-6.620 €	11.503 €	72.237 €
11 + Verkauf von Vermögenswerten	0 €	0 €	0 €	0 €	8.000 €	0 €	0 €	0 €	0 €	0 €	0 €	0 €	8.000 €
12 + Zinserlöse und Dividenden	0 €	0 €	12.000 €	0 €	0 €	0 €	0 €	0 €	0 €	0 €	0 €	0 €	12.000 €
13 - Auszahlungen aus Kauf von Vermögenswerten	0 €	0 €	0 €	0 €	0 €	0 €	-4.000 €	0 €	0 €	0 €	0 €	0 €	-4.000 €
14 - Auszahlungen aus Zinsen	-350 €	0 €	0 €	-500 €	-500 €	-230 €	0 €	0 €	0 €	0 €	-340 €	-120 €	-2.040 €
15 Cash flow (Investitionen)	-350 €	0 €	12.000 €	-500 €	7.500 €	-230 €	-4.000 €	0 €	0 €	0 €	-340 €	-120 €	13.960 €
16 - gezahlte Dividende	0 €	0 €	-15.000 €	0 €	0 €	0 €	0 €	0 €	0 €	0 €	0 €	0 €	-15.000 €
17 - Tilgung bestehender Bankverbindlichkeiten	-1.100 €	-1.100 €	-1.100 €	-1.100 €	-1.100 €	-1.100 €	-1.100 €	-1.100 €	-1.100 €	-1.100 €	-1.100 €	-1.100 €	-13.200 €
18 - Aufnahme neuer Bankverbindlichkeiten	0 €	0 €	0 €	0 €	0 €	0 €	0 €	0 €	10.000 €	0 €	0 €	0 €	10.000 €
19 - Tilgung neuer Bankverbindlichkeiten	0 €	0 €	0 €	0 €	0 €	0 €	0 €	0 €	0 €	0 €	-380 €	-380 €	1.140 €
20 Cash flow (Finanzierung)	-1.100 €	-1.100 €	-16.100 €	-1.100 €	-1.100 €	-1.100 €	-1.100 €	-1.100 €	8.900 €	-1.480 €	-1.480 €	-1.480 €	-19.340 €
21 Cash flow (gesamt)	12.650 €	-690 €	13.200 €	6.896 €	10.072 €	9.530 €	9.560 €	-4.110 €	19.850 €	-11.564 €	-8.440 €	9.903 €	66.857 €

Abbildung 15.11 Direkte Ermittlung des Cashflows

Alle Kennzahlen im Tabellenblatt *Cashflows* der Beispieldatei habe ich monatlich berechnet. Große Erklärungen zum Rechenweg oder zu den verwendeten Funktionen sind mit Sicherheit nicht notwendig. Es handelt sich schließlich um einfache Summen. In Spalte N habe ich abschließend die Gesamtsumme für das gesamte Jahr aus den Monatsergebnissen gebildet.

Bei der in diesem Beispiel angewandten Methode der direkten Berechnung des Cashflows müssen Sie die Werte einer nach dem *Gesamtkostenverfahren* erstellten GuV entnehmen.

15.2.3   Indirekte Ermittlung des Cashflows

Bei der *indirekten Ermittlung* des Cashflows wird das in der Bilanz ausgewiesene Betriebsergebnis zur Berechnung verwendet. Es wird die Summe aller nicht zahlungswirksamen Aufwendungen addiert (Abschreibungen, Erhöhung von Rückstellungen etc.), und sämtliche nicht zahlungswirksamen Erträge (Zunahme von Lieferungen und Vorräten, Abnahme von Verbindlichkeiten etc.) werden abgezogen.

In der Arbeitsmappe *15_Cash_flow_indirekter_01.xlsx* wird diese Vorgehensweise veranschaulicht.

In der Praxis ist die indirekte Methode häufiger anzutreffen. Auch bei ihr können Sie sich in Excel einfacher Formeln und Funktionen zum Addieren und Subtrahieren der einzelnen Werte bedienen.

	A	B
1	**Cash flow - Indirekte Ermittlung**	
2	Bilanzgewinn/-verlust	54.200 €
3	- Gewinnvortrag des Vorjahres	-12.000 €
4	+ Verlustvortrag des Vorjahres	0 €
5	**= Gewinn**	**42.200 €**
6	+ zugewiesene Rückstellungen	0 €
7	- aufgelöste Rückstellungen	-12.000 €
8	**= Jahresüberschuss/Jahresfehlbetrag**	**30.200 €**
9	+ Abschreibungen	24.500 €
10	- Zuschreibungen	-21.000 €
11	+ Zuführung langfristiger Rückstellungen	0
12	- Auflösung langfristiger Rückstellungen	-5000
13	+ Abnahme von Vorräten	10.000 €
14	- Zunahme von Vorräten	0 €
15	+ Abnahme von Lieferforderungen	8.000 €
16	- Zunahme von Lieferforderungen	0 €
17	+ Zunahme von Lieferverbindlichkeiten	12.500 €
18	- Abnahme von Lieferverbindlichkeiten	0 €
19	**= Cash flow I (aus laufender Geschäftstätigkeit)**	**59.200 €**
20		
21	+ Einzahlungen aus Abgängen von Sachanlagen und immateriellen Vermögenswerten	19.000 €
22	- Investitionen in Sachanlagen und immaterielle Vermögenswerte	-2.500 €
23	+ Einzahlungen aus Abgängen von Finanzanlagen	9.400 €
24	- Investitionen in Finanzanlagen	-3.900 €
25	**Cash flow II (aus Investition)**	**22.000 €**
26		
27	+ Kapitalerhöhungen und Einlagen der Gesellschafter	45.000 €
28	- gezahlte Dividende	-25.000 €
29	- Zinszahlungen	-14.000 €
30	**= Cash flow III (aus Finanzierung)**	**6.000 €**

Abbildung 15.12 Indirekte Ermittlung des Cashflows

Die Ermittlung des operativen Cashflows in Zelle B19 baut auf den Ergebnissen für den Gewinn in Zelle B5 und dem Jahresüberschuss bzw. Jahresfehlbetrag in Zelle B8 auf (Abbildung 15.12).

Der Cashflow aus Investitionstätigkeit und der aus Finanzierung – beide sind in den Zellen B25 und B30 angegeben – resultiert jeweils aus der Addition und Subtraktion der darüberstehenden Werte.

Die Kernaussagen der drei Kennzahlen entsprechen denen, die ich bereits im vorigen Abschnitt über die direkte Ermittlungsmethode gemacht habe.

15.3   Free Cashflow

Der *Free Cashflow* wird gebildet aus dem operativen Cashflow abzüglich des Cashflows aus Investitionstätigkeit. Somit werden zwei Größen in die Kalkulation einbezogen, die aus den vorangegangenen Berechnungen bereits bekannt sind. In der Arbeitsmappe *15_Free_Cash_flow_01.xlsx* werden mit den bereits beschriebenen Summenbildungen in den Zellen B19 der operative Cashflow und in B25 der Cashflow aus Investitionstätigkeit kalkuliert. In Zelle B27 erhalten Sie schließlich durch Addition (=B19+B25) den Free Cashflow (Abbildung 15.13).

	A	B
1	**Free Cash flow**	
2	Bilanzgewinn/-verlust	54.200 €
3	- Gewinnvortrag des Vorjahres	-12.000 €
4	+ Verlustvortrag des Vorjahres	0 €
5	**= Gewinn**	**42.200 €**
6	+ zugewiesene Rückstellungen	0 €
7	- aufgelöste Rückstellungen	-12.000 €
8	**= Jahresüberschuss/Jahresfehlbetrag**	**30.200 €**
9	+ Abschreibungen	24.500 €
10	- Zuschreibungen	-21.000 €
11	+ Zuführung langfristiger Rückstellungen	0
12	- Auflösung langfristiger Rückstellungen	-5000
13	+ Abnahme von Vorräten	10.000 €
14	- Zunahme von Vorräten	0 €
15	+ Abnahme von Lieferforderungen	8.000 €
16	- Zunahme von Lieferforderungen	0 €
17	+ Zunahme von Lieferverbindlichkeiten	12.500 €
18	- Abnahme von Lieferverbindlichkeiten	0 €
19	**= Cash flow I (aus laufender Geschäftstätigkeit)**	**59.200 €**
20		
21	+ Einzahlungen aus Abgängen von Sachanlagen und immateriellen Vermögenswerten	19.000 €
22	- Investitionen in Sachanlagen und immaterielle Vermögenswerte	-2.500 €
23	+ Einzahlungen aus Abgängen von Finanzanlagen	9.400 €
24	- Investitionen in Finanzanlagen	-3.900 €
25	**Cash flow II (aus Investition)**	**22.000 €**
26		
27	**= Free Cash flow**	**81.200 €**

Abbildung 15.13 Berechnung des Free Cashflows

Nun wissen Sie, welche Finanzmittel das Unternehmen zur Verfügung hat, um Dividenden an seine Aktionäre zu zahlen oder Ausschüttungen an seine Gesellschafter zu veranlassen.

Natürlich könnte der Free Cashflow auch anderweitig eingesetzt werden, z. B. zur Tilgung von Krediten. Und dies macht ihn zu einer wichtigen Kennzahl, um die Rückzahlungsfähigkeit des Unternehmens abzubilden.

15.4   Discounted Cashflow

Der Free Cashflow ist folglich eine Kennzahl, mit der sich feststellen lässt, ob ein Unternehmen in der Lage ist, seinen Aktionären eine Rendite zu zahlen. Auch lässt sich an ihm in gewissem Maße die ungefähre Höhe der Rendite erkennen.

Für Außenstehende, seien es Aktionäre oder Kreditinstitute, hat die Kennzahl den Vorteil, dass sie im Gegensatz zum in der Bilanz ausgewiesenen Unternehmensergebnis weniger manipulierbar ist. Allerdings bezieht sie sich lediglich auf eine Periode, nämlich auf das abgelaufene Jahr. Ein Aktionär, aber auch ein Kreditinstitut hätte jedoch sicherlich gerne eine verlässliche Auskunft über den zukünftigen Wert des Unternehmens, von dem er Aktien erwerben oder – im Fall der Bank – dem sie Geld leihen möchte.

Eine Möglichkeit, dieses Erkenntnisinteresse zu befriedigen, besteht darin, den Free Cashflow für die folgenden Perioden zu berechnen. Soll das Ergebnis als Kennzahl im genannten Sinne eingesetzt werden, müssen Sie die zu erwartenden Zahlungsflüsse allerdings noch diskontieren. Arbeitsmappe *15_Discounted_Cash_flow_01.xlsx* veranschaulicht die Vorgehensweise und das Ergebnis der *Discounted Free Cashflows (DCF)*.

Ausgangspunkt für die Kalkulation der Kennzahl ist das Geschäftsergebnis laut GuV oder *EBIT (Earnings Before Interest and Taxes)*. Von diesem Betrag werden die zu erwartenden Steuern abgezogen, um das Geschäftsergebnis nach Steuern oder *NOPAT (Net Operating Profit After Taxes)* auszuweisen. Dies ist in Zeile 9 der Beispieldatei bereits geschehen (Abbildung 15.14).

Discounted Cash flow (DCF)					
kalkulatorische Zinsen:	8,5%				
Investiertes Vermögen:	4.000 T€				
jährliche Abschreibung (linear):	800 T€				
			Jahre		
	1	2	3	4	5
NOPAT	100 T€	800 T€	800 T€	800 T€	800 T€
Abschreibungen	800 T€	800 T€	800 T€	800 T€	800 T€
Free Cash flow	900 T€	1.600 T€	1.600 T€	1.600 T€	1.600 T€
Barwert FCF	829 T€	1.359 T€	1.253 T€	1.155 T€	1.064 T€
DCF gesamt			**5.660 T€**		

Abbildung 15.14 Berechnung des Discounted Cashflows

Setzen Sie nun voraus, dass sich in Zeile 11 die entsprechenden Werte für den Free Cashflow ergeben und die Entwicklung des Unternehmenswertes für den Zeitraum von fünf Jahren betrachtet werden soll, müssen Sie die Ergebnisse auf Basis des kalkulatorischen Zinssatzes diskontieren. In Zelle B3 befindet sich der dafür zu verwendende kalkulatorische Zinssatz.

Mit der Formel `=B11*1/(1+$B$3)^B8` diskontieren Sie in Zelle B12 das Ergebnis des ersten Jahres. Die Formel kopieren Sie dann in die vier angrenzenden Zellen nach rechts. Anschließend erhalten Sie in Zelle B13 die Summe aller diskontierten Cashflows.

15.5   Gewichtete durchschnittliche Gesamtkapitalkosten nach Steuern

Aus der soeben durchgeführten Beispielrechnung resultiert jedoch eine weitere Frage: Welcher Kapitalkostensatz muss zum Ansatz gebracht werden, um den zukünftigen Unternehmenswert korrekt zu berechnen? Bei den im vorangegangenen Beispiel eingesetzten kalkulatorischen Zinsen muss es sich um die *gewichteten durchschnittlichen Gesamtkapitalkosten* nach Steuern, auch bezeichnet als *Weighted Average Cost of Capital* (*WACC*), handeln.

In diesem Faktor drücken sich die folgenden Erkenntnisse aus:

▶ Aus den Free Cashflows müssen gleichermaßen sowohl Fremd- als auch Eigenkapitalansprüche befriedigt werden (Zinsen und Ausschüttungen).

▶ Die Zinssätze für die Fremdkapital- und Eigenkapitalbeschaffung weisen unterschiedliche Werte auf.

▶ Der Anteil von Fremd- und Eigenkapital muss nicht notwendigerweise gleich groß sein.

▶ Faktoren wie der Unternehmenssteuersatz, das Gesamtkapitalmarktrisiko sowie der Risikofaktor des Unternehmens (*Beta-Faktor*) müssen berücksichtigt werden.

Um den gewichteten durchschnittlichen Kapitalkostensatz zu ermitteln, gehen Sie wie folgt vor (Abbildung 15.15):

1. In Zelle B11 multiplizieren Sie den Fremdkapitalzinssatz vor Steuern mit dem Steuersatz des Unternehmens (`=B10*B3`), um den prozentualen Wert der Fremdkapitalkosten zu erhalten.

2. Geben Sie in Zelle B12 den Kapitalmarktzins für eine langfristige Geldanlage ein.

3. Führen Sie eine unternehmensbezogene *Risikoadjustierung* durch, indem Sie den Risikofaktor des Gesamtkapitalmarktes mit dem Beta-Faktor des Unternehmens in Zelle B13 (`=B4*B5`) multiplizieren.

4. Durch Multiplikation (`=B12+B13`) der beiden zuvor eingegebenen oder berechneten Risikokomponenten erhalten Sie in Zelle B14 den prozentualen Wert der Eigenkapitalkosten.

5. Danach multiplizieren Sie in Zelle B16 die Fremdkapitalkosten mit dem Fremdkapitalanteil (`=B14*B6`) und in B17 die Eigenkapitalkosten mit dem Eigenkapitalanteil (`=B14*B7`).

6. Die Gesamtkapitalkosten (Abbildung 15.15) erhalten Sie in Zelle B18 durch Addition der beiden Resultate.

Gewichtete Gesamtkapitalkosten nach Steuern	
Weighted average cost of capital (WACC)	
Steuersatz	50,00%
Risikofaktor Gesamtkapitalmarkt	5,00%
Risikofaktor des Unternehmens (beta-Faktor)	1,4
Fremdkapitalanteil	43,00%
Eigenkapitalanteil	57,00%
Berechnung der Kapitalkosten	
Fremdkapitalzins vor Steuern	8,50%
Fremdkapitalkosten (Fremdkapitalzins * Steuersatz)	**4,25%**
risikofreie Geldanlage	6,00%
Risikoadjustierung (Risiko Gesamtmarkt * beta-Faktor)	7,00%
Eigenkapitalkosten	**13,00%**
Gewichtung nach Anteil am Gesamtkapital:	
Fremdkapitalkosten (gewichtet)	1,83%
Eigenkapitalkosten (gewichtet)	7,41%
Gesamtkapitalkosten	**9,24%**

Abbildung 15.15 Berechnung der gewichteten Gesamtkapitalkosten

15.6 Shareholder-Value

Die diskontierten freien Cashflows (*DCF*) und die durchschnittlichen gewichteten Kapital-kosten (WACC) spielen die zentrale Rolle bei der Bestimmung des *Marktwertes des Eigen-kapitals* eines Unternehmens. Dieser wird vereinfachend mit dem Unternehmenswert schlechthin gleichgesetzt. Viel bekannter und mehr beachtet ist diese Kennzahl allerdings unter der Bezeichnung *Shareholder-Value (SHV)*.

Sie drückt aus, wie viel das Unternehmen und damit letztlich die Anteile, die seine Aktionäre von ihm halten, tatsächlich wert sind. Grundlage der Bestimmung des Wertes sind die dis-kontierten Einzahlungsüberschüsse, also die Free Cashflows des Unternehmens. Die Berech-nung des Shareholder-Values folgt dem in Tabelle 15.3 dargestellten Schema.

Berechnung des Shareholder-Values	
=	operative Free Cashflows (FCF) für den Planungszeitraum
	Diskontierung der operativen FCF (mit WACC)
	Summe aller diskontierten Free Cashflows
=	Bildung des *Residualwertes* auf Basis von normalisiertem FCF, angenommener Wachs-tumsrate und WACC
	Diskontierung des Residualwertes
	Addition von diskontierten FCF und diskontiertem Residualwert
+	Addition des Marktwertes des nicht betriebsnotwendigen Kapitals

Tabelle 15.3 Shareholder-Value-Berechnung

Berechnung des Shareholder-Values	
–	Subtraktion des Marktwertes des Fremdkapitals
=	*Shareholder-Value (SHV)*

Tabelle 15.3 Shareholder-Value-Berechnung (Forts.)

Insgesamt sind es also vier Größen, die für die Berechnung des Shareholder-Values herangezogen werden: die Free Cashflows, die WACC, der Marktwert des nicht betriebsnotwendigen Kapitals und der Marktwert des Fremdkapitals.

15.6.1   Free Cashflows und Residualwert

Ein Investor, der sein Geld in Aktien eines Unternehmens anlegen möchte, hat ein berechtigtes Interesse an einer langfristigen Aussage zum Wert des Unternehmens. Der Shareholder-Value als der Marktwert des Eigenkapitals wird deshalb aus den Free Cashflows der gesamten zukünftigen Lebensdauer des Unternehmens gebildet (Abbildung 15.16).

Shareholder value (SHV)					
			Jahre		
	1	**2**	**3**	**4**	**5**
Umsatz	214,0	222,6	231,5	240,7	250,3
Aufwendungen	-81,0	-84,2	-87,6	-91,1	-94,8
Abschreibungen	-32,0	-33,3	-34,6	-36,0	-37,4
EBIT	**101,0**	**105,0**	**109,2**	**113,6**	**118,2**
Steuern (25%)	-25,3	-26,3	-27,3	-28,4	-29,5
NOPLAT	**75,8**	**78,8**	**81,9**	**85,2**	**88,6**
Abschreibungen	32,0	33,3	34,6	36,0	37,4
Investitionen	-39,0	-41,0	-44,0	-46,0	-50,0
FCF	**68,8**	**71,1**	**72,5**	**75,2**	**76,1**
Barwert FCF	**62,5**	**58,7**	**54,5**	**51,4**	**47,2**
Summe Barwert FCF					**274,3**
Berechnung des Residualwerts					**NFCF**
FCF in Jahr 5:					76,1
WACC:					10%
Wachstumsrate (g_i):					2%
Residualwert					**969,7**
diskontierter Residualwert					**547,4**
Marktwert des nicht betriebsnotwendigen Vermögens (+)					**250,0**
Marktwert des Fremdkapitals (–)					**374,0**
Shareholder Value					**697,7**

Abbildung 15.16 Berechnung des Shareholder-Values (SHV)

In der Praxis der SHV-Kalkulation werden allerdings zwei Phasen der Betrachtung unterschieden:

▸ Für einen kürzeren Planungshorizont – etwa fünf bis zehn Jahre – liegen solide Planungsdaten, etwa zu Investitionen, Abschreibungen, Rückflüssen etc., vor. Hier verhält sich die

Berechnung des Shareholder-Values wie ein Verfahren der Investitionsrechnung, in dem die Zahlungsflüsse erfasst und diskontiert werden.

▶ Es ist allerdings davon auszugehen, dass das Unternehmen auch über diesen Planungshorizont hinaus Cashflows generiert. Um diese Annahme zu berücksichtigen, wird zunächst der normalisierte Free Cashflow gebildet und auf seiner Basis ein *Residualwert* berechnet, der schließlich ebenfalls diskontiert wird. Der Residualwert hat den Charakter einer »ewigen Rente«, da angenommen wird, dass er quasi unendlich in gleicher Höhe oder mit konstanter Steigerungsrate anfällt.

Um den Residualwert zu berechnen, wird die sogenannte *Fortführungswert-Formel* verwendet. Sie besitzt folgenden Aufbau:

$$Residualwert = \frac{FCF \,^* (1 + g_i)}{(WACC - g_i)}$$

Der Faktor g_i in dieser Formel entspricht der angenommenen Wachstumsrate des Unternehmens in den Jahren nach der Planungsphase.

[i]

Voraussetzungen und Risiken der Residualwertberechnung

Der Berechnung des Residualwertes kommt bei der Bildung des Shareholder-Values eine zentrale Rolle zu. Anteile des Residualwertes am Unternehmenswert von etwa 50 % in der Planungsperiode sind ebenso wenig eine Seltenheit wie seine Steigerung auf 90 % und mehr für den Shareholder-Value. Ungenauigkeiten bei der Bestimmung des in die Fortführungswertformel einzusetzenden FCF haben demnach ebenso weitreichende Folgen wie fehlerhafte Annahmen bezüglich der Wachstumsrate.

Um mögliche Verzerrungen bei der Kalkulation zu minimieren, wird deshalb der normalisierte Free Cashflow (NFCF) verwendet. Ihn erhalten Sie durch Bereinigung der zurückliegenden Free Cashflows um sämtliche außergewöhnlichen geschäftlichen Einwirkungen auf die Zahlungsflüsse.

Darüber hinaus muss der *eingeschwungene langfristige Zustand* des Unternehmens bei der Kalkulation des Shareholder-Values mittels Fortführungswertformel angenommen werden. Wäre dies nicht der Fall, würde z. B. ein abrupter Wechsel von starkem Wachstum in der Planungsphase zu geringerem Wachstum in der Phase danach nicht im Residualwert berücksichtigt. Das sich ändernde Verhältnis zwischen Investitionen und Abschreibungen wäre ebenso fehlerhaft wie der Shareholder-Value selbst.

Um die bekannten Probleme bei Wachstumsveränderungen zwischen Planungsperiode und restlicher Lebensdauer des Unternehmens zu verringern, werden neben der Fortführungswertformel andere Methoden angewendet und diskutiert, z. B. die 2-Phasen-Wertfaktoren-Formel.

15.6.2   Barwerte der Free Cashflows berechnen

In der Beispieldatei *15_Shareholder_value_01.xlsx* wird im Zellbereich B4 bis F6 eine Reihe von Zahlungen angenommen, die sich über insgesamt fünf Jahre erstreckt. Dieser Zeitraum ist die im Modell angenommene Planungsperiode. In den Zellen B7 bis F7 resultiert aus den Zahlungsflüssen der *EBIT* (*Earnings before Interest and Taxes* = Jahresüberschuss vor Steuern und Zinsen).

Nach Abzug der gezahlten Steuern – bei einem vorausgesetzten Steuersatz von 25 % – liefert die Tabelle in den Zellen B9 bis F9 den *NOPLAT* (*Net Operating Profit less Adjusted Taxes* = Geschäftsergebnis abzüglich angepasster Steuern). Durch Berücksichtigung von Abschreibungen und Investitionen erhalten Sie schließlich in den Zellen B12 bis F12 die Free Cashflows, die in der nächsten Zeile mit dem gewichteten durchschnittlichen Kapitalkostensatz (WACC) diskontiert werden (z. B. `=B12*1/(1+Basiswerte!$B$2)^B3` in Zelle B13).

Zum Abschluss des ersten Rechenschrittes bilden Sie die Summe der diskontierten Free Cashflows (DCF) in Zelle F14 (Abbildung 15.17). Bis zu diesem Punkt unterscheiden sich die Kalkulationsverfahren nicht von denen der Investitionsrechnung. Allerdings berechnen Sie hier nicht den Barwert einer einzelnen Ressource, sondern den des gesamten Unternehmens.

Shareholder value (SHV)					
			Jahre		
	1	**2**	**3**	**4**	**5**
Umsatz	214,0	222,6	231,5	240,7	250,3
Aufwendungen	-81,0	-84,2	-87,6	-91,1	-94,8
Abschreibungen	-32,0	-33,3	-34,6	-36,0	-37,4
EBIT	**101,0**	**105,0**	**109,2**	**113,6**	**118,2**
Steuern (25%)	-25,3	-26,3	-27,3	-28,4	-29,5
NOPLAT	**75,8**	**78,8**	**81,9**	**85,2**	**88,6**
Abschreibungen	32,0	33,3	34,6	36,0	37,4
Investitionen	-39,0	-41,0	-44,0	-46,0	-50,0
FCF	**68,8**	**71,1**	**72,5**	**75,2**	**76,1**
Barwert FCF	**62,5**	**58,7**	**54,5**	**51,4**	**47,2**
Summe Barwert FCF					**274,3**

Abbildung 15.17 Barwertberechnung der Free Cashflows

15.6.3   Berechnung des Residualwertes

Im Tabellenbereich der Zellen A16 bis F21 berechnen Sie nun den Residualwert, also den Wert des Unternehmens, der über die fünf angenommenen Planungsjahre hinaus angesetzt werden kann. In der Beispieldatei werden zwei Annahmen vorausgesetzt, die ich bereits weiter oben erläutert habe:

1. Das Unternehmen befindet sich im langfristigen eingeschwungenen Zustand.

2. Beim Free Cashflow im Jahr 5 der Planungsperiode (Zelle F12) handelt es sich bereits um den normalisierten Free Cashflow (NFCF).

Die Berechnung folgt dann anhand der hier beschriebenen Vorgehensweise (Abbildung 15.18):

1. Sie können als Ausgangswert der Fortführungswertformel den Free Cashflow aus Zelle F12 direkt in Zelle F17 übernehmen (=F12).

2. Den gewichteten durchschnittlichen Kapitalkostensatz (WACC) geben Sie in Zelle F18 ein. Die Berechnungsgrundlagen dieses Faktors habe ich bereits in diesem Kapitel beschrieben.

3. In Zelle F19 geben Sie abschließend die erwartete Wachstumsrate für die Zeit nach der hier fünfjährigen Wachstumsphase ein.

4. Um den Residualwert in Zelle F20 zu berechnen, verwenden Sie in dieser Zelle die Formel =F17*(1+F19)/(F18-F19). Dies entspricht der Umsetzung der Fortführungswertformel mit Excel-Mitteln in diesem Tabellenblatt.

5. In Zelle F21 diskontieren Sie den Residualwert auf das Jahr 6 des Berechnungszeitraumes, wie Sie es bereits zuvor mit den Free Cashflows gemacht haben (=F20*1/(1+Basis-werte!$B$2)^(F3+1)).

Berechnung des Residualwerts	NFCF
FCF in Jahr 5:	76,1
WACC:	10%
Wachstumsrate (g_i):	2%
Residualwert	969,7
diskontierter Residualwert	547,4

Abbildung 15.18 Berechnung des Residualwertes

15.6.4   Abschließende Bildung des Shareholder-Values

Die letzten Rechenoperationen zur Bildung des Shareholder-Values sind nun kein großes Geheimnis mehr. Wenn Ihnen der Marktwert des nicht betriebsnotwendigen Vermögens und der Marktwert des Fremdkapitals bekannt sind, geben Sie diese beiden Werte in die Zellen F23 und F25 ein (Abbildung 15.19).

Summe Barwert FCF	274,3
Berechnung des Residualwerts	**NFCF**
FCF in Jahr 5:	76,1
WACC:	10%
Wachstumsrate (g_i):	2%
Residualwert	**969,7**
diskontierter Residualwert	547,4
Marktwert des nicht betriebsnotwendigen Vermögens (+)	**250,0**
Marktwert des Fremdkapitals (-)	**374,0**
Shareholder Value	697,7

Abbildung 15.19 Berechnung des Shareholder-Values

In Zelle F26 erhalten Sie nun durch Addition des Barwertes der Free Cashflows, des diskontierten Residualwertes und des Marktwertes des nicht betriebsnotwendigen Vermögens bei Subtraktion des Marktwertes des Fremdkapitals den Shareholder-Value oder Marktwert des Eigenkapitals (=F14+F21+F23-F25).

15.7   Economic Value Added – EVA®

Der *Geschäftswertbeitrag* oder *Economic Value Added* (EVA®) betrachtet das Geschäftsergebnis einer Periode nach Abzug der Kapitalkosten. Durch ihn soll bestimmt werden, ob in der vergangenen Periode ein ökonomischer Wert im Unternehmen geschaffen wurde oder nicht und wie hoch dieser Wert ist. Dies prädestiniert den EVA® als Anreiz- und Bewertungssystem z. B. von Managementleistungen.

Der angesetzte Maßstab muss in einem solchen Verwendungszusammenhang natürlich eine möglichst hohe Objektivität besitzen und auch die Vergleichbarkeit von Unternehmen bzw. Unternehmensteilen erlauben. Das EVA®-Verfahren wurde von der Unternehmensberatung *Stern Stewart & Co.* etabliert. Sie hält auch heute noch die Markenrechte an dem Namenskürzel.

Die Formel zur Berechnung des Economic Value Added lautet:

$$EVA = NOPAT_t - k * iVt{-}1$$

Ausgangspunkt ist das Geschäftsergebnis nach Steuern, NOPAT, von dem die Kapitalkosten abgezogen werden. Die Kapitalkosten werden durch Multiplikation des Faktors k – des gewichteten durchschnittlichen Kapitalkostensatzes (WACC) – mit dem investierten Kapital der Vorgängerperiode (iV_{t-1}),ermittelt.

15.7.1   Aufbau der Beispieldatei

Die Arbeitsmappe *15_Economic_Value_Added_01.xlsx* enthält eine Beispielrechnung für die EVA®-Methode. Darin werden die drei vorbereitenden Kalkulationen und die Berechnung der Kennzahl selbst dargestellt (Abbildung 15.20).

15.7.2   Berechnung NOPAT

Das berechnete Geschäftsergebnis nach Steuern (NOPAT) erhalten Sie in Zelle C12 durch die einfache Subtraktion der pauschalierten Steuern vom Geschäftsergebnis vor Steuern: =C10-C11. Auch sämtliche weiteren vorangegangenen Berechnungen (Jahresüberschuss vor Steuern und EBIT) nutzen einfache Additionen bzw. Subtraktionen.

Economic Value Added (EVA®)		
Berechnung von NOPAT		
Jahresüberschuss		1.700.000 €
+ Steuern		408.000 €
= Jahresüberschuss vor Steuern		**2.108.000 €**
+ Zinsaufwand		92.500 €
= Gewinn vor Zinsen und Steuern (EBIT)		**2.200.000 €**
+/- Anpassungen (inkl. Steueranpassungen)		-42.600 €
= Net Operating Profit Before Taxes (NOPBT)		**2.157.900 €**
- Steuern (pauschal)		400.000 €
= Geschäftsergebnis nach Steuern (NOPAT)		**1.757.900 €**
Berechnung des investierten Vermögens		
Umlaufvermögen		485.000 €
- kurzfristige Verbindlichkeiten		-38.400 €
= Working Capital		**446.600 €**
+ Anlagevermögen		1.480.000 €
= Nettovermögen		**1.926.600 €**
+/- Anpassungen (inkl. Steueranpassungen)		-162.000 €
= Investiertes Vermögen (NOP - Net Operating Assets)		**1.764.600 €**
Berechnung der Gesamtkapitalkosten (WACC)		
Kostensatz Eigenkapital		10,80%
Kostensatz Fremdkapital		4,00%
Eigenkapitalkostensatz gewichtet	80%	8,64%
Fremdkapitalkostensatz gewichtet	20%	0,80%
Gesamtkapitalkostensatz		**9,44%**
Economic Value Added (EVA®)		**1.591.322 €**

Abbildung 15.20 Ermittlung des Economic Value Added (EVA®)

15.7.3   Berechnung der Net Operating Assets

Das *Working Capital* erhalten Sie durch die Subtraktion der kurzfristigen Verbindlichkeiten vom gesamten Umlaufvermögen des Unternehmens. Addieren Sie in Zelle B19 noch den Wert des Anlagevermögens, erhalten Sie das *Nettovermögen*. Es ist dann nur noch ein Schritt bis zur abschließenden Berechnung des investierten Vermögens (NOP). Um es zu erhalten, addieren bzw. subtrahieren Sie in Zelle C21 die weiteren vorgenommenen Anpassungen (Abbildung 15.21).

Berechnung des investierten Vermögens		
Umlaufvermögen		485.000 €
- kurzfristige Verbindlichkeiten		-38.400 €
= Working Capital		**446.600 €**
+ Anlagevermögen		1.480.000 €
= Nettovermögen		**1.926.600 €**
+/- Anpassungen (inkl. Steueranpassungen)		-162.000 €
= Investiertes Vermögen (NOP - Net Operating Assets)		**1.764.600 €**

Abbildung 15.21 Berechnung des investierten Vermögens (NOP)

15.7.4   Berechnung der Gesamtkapitalkosten und des EVA®

Die Berechnung der Gesamtkapitalkosten (WACC) habe ich bereits weiter oben beschrieben. Sie finden sie in der Beispieldatei im Zellbereich A23 bis C28. Die beiden Zellen C24 und C25 enthalten die Kostensätze für Fremd- und Eigenkapital. Zwei weitere Eingabezellen finden Sie in B26 und B27. Hier erfassen Sie die prozentuale Verteilung zwischen Fremd- und Eigenkapital. Nach der Eingabe der betreffenden Werte wird in Zelle C28 der *Gesamtkapitalkostensatz* ausgegeben.

Danach steht die abschließende Berechnung des EVA® an. Verwenden Sie zu diesem Zweck in Zelle C30 die einfache Formel =C12-(C28*C21). Sie bezieht sich auf die drei Einzelergebnisse NOPAT (in C12), NOP (in C21) und WACC (in C28).

15.7.5   Allgemeine Informationen zum EVA®

Der Economic Value Added ist eine Kennzahl, die sich auf eine Periode bezieht. Dem Management oder auch den Aktionären bietet sie dadurch die Möglichkeit, diese zurückliegende Periode mit einem anderen gleichartigen Zeitabschnitt zu vergleichen und festzustellen, ob und in welcher Höhe das Unternehmen einen ökonomischen Wert geschaffen hat.

Die Aussagekraft der Kennzahl in puncto Zukunftsorientierung wird aufgrund der vergangenheitsausgerichteten Perspektive angezweifelt. Zudem basiert der EVA® unmittelbar auf Bilanzergebnissen, dem NOPAT, und unterliegt damit auch der Möglichkeit der Manipulierbarkeit. Ein weiteres Einfallstor für die »kreative Steuerung« des EVA® sind die sogenannten *Conversions* (Umformungen).

Da die Grundlage der EVA®-Ermittlung, die Rechnungslegung, bedingt durch zahlreiche Spielräume die ursprünglich angestrebte Vergleichbarkeit von Unternehmen untergrub, wurden mit den Conversions Wege geschaffen, solche Unterschiede zu planieren. Diese Ausgleichsmöglichkeiten führen aber auch zwangsläufig zu weiteren Möglichkeiten der Manipulation.

15.8   Market Value Added – MVA

EVA® ist eine *Performancekennzahl*, die lediglich auf eine Periode bezogen ist. Für den Abschreibungszeitraum einer Investition oder ein klar abgrenzbares Projekt können Sie allerdings auch den EVA® zukünftiger Periode ermitteln. Für die Perioden t bis $t + n$ müssen die berechneten Ergebnisse dann aber mit dem Gesamtkapitalkostensatz des Unternehmens diskontiert werden. Addieren Sie alle diskontierten EVA® des Betrachtungszeitraumes, erhalten Sie den *Market Value Added* (MVA) oder den *Marktwertzuwachs*. Dieser wird als der *Marktwert des Kapitals* eines Unternehmens verstanden.

$$MVA = \sum_t \frac{EVA_t}{(1 + k)^t}$$

15.8.1   Aufbau der Beispieldatei

In der Beispieldatei *15_Marktwertzuwachs_01.xlsx* gehen Sie von einem investierten Vermögen in Höhe von 4 Mio. € in Zelle B4 aus. Diese Investitionssumme wird in den folgenden fünf Jahren abgeschrieben. Der Zeitraum, für den Sie die Kapitalkosten in Zeile 11 berechnen (=B10*-$B$3), indem Sie das investierte Vermögen mit dem Gesamtkapitalkostensatz in Zelle B3 diskontieren, beträgt ebenfalls fünf Jahre.

Marktwertzuwachs (MVA) und Unternehmenswert (UW)					
kalkulatorische Zinsen:	8,5%				
Investiertes Vermögen:	4.000 T€				
jährliche Abschreibung (linear):	800 T€				
			Jahre		
	1	2	3	4	5
NOPAT	100 T€	620 T€	690 T€	723 T€	798 T€
Investiertes Vermögen	4.000 T€	3.200 T€	2.400 T€	1.600 T€	800 T€
- Kapitalkosten (auf iV)	-340 T€	-272 T€	-204 T€	-136 T€	-68 T€
= EVA	-240 T€	348 T€	486 T€	587 T€	730 T€
Marktwertzuwachs	-221 T€	296 T€	380 T€	424 T€	485 T€
Marktwertzuwachs gesamt			**1.364 T€**		
Unternehmenswert			**5.364 T€**		

Abbildung 15.22 Berechnung des Market Value Added

Berechnen Sie nun in Zeile 12 den Economic Value Added als Summe von NOPAT und investiertem Vermögen (=B9+B11) und diskontieren Sie in Zeile 13 dieses Ergebnis (=B12*1/(1+$B$3)^B8)), erhalten Sie den Market Value Added auf einer Jahresbasis (Abbildung 15.22). Die Summe der Jahresergebnisse bilden Sie in der darunterliegenden Zeile und erhalten in der Beispieldatei ein Ergebnis von 1,364 Mio. €.

15.8.2   Unternehmenswert berechnen

Aus den vorliegenden Werten lässt sich außerdem der *Unternehmenswert* berechnen. Im Beispiel erreichen Sie dies, indem Sie zum MVA das investierte Vermögen aus Zelle B4 addieren. Der Marktwert des Kapitals beläuft sich dann auf insgesamt 5,364 Mio. € (Abbildung 15.23).

Marktwertzuwachs (MVA) und Unternehmenswert (UW)					
kalkulatorische Zinsen:	8,5%				
Investiertes Vermögen:	4.000 T€				
jährliche Abschreibung (linear):	800 T€				
			Jahre		
	1	2	3	4	5
NOPAT	100 T€	620 T€	690 T€	723 T€	798 T€
Investiertes Vermögen	4.000 T€	3.200 T€	2.400 T€	1.600 T€	800 T€
- Kapitalkosten (auf iV)	-340 T€	-272 T€	-204 T€	-136 T€	-68 T€
= EVA	-240 T€	348 T€	486 T€	587 T€	730 T€
Marktwertzuwachs	-221 T€	296 T€	380 T€	424 T€	485 T€
Marktwertzuwachs gesamt			**1.364 T€**		
Unternehmenswert			=B4+B14		

Abbildung 15.23 Berechnung des Unternehmenswertes (Kapitalwert des Unternehmens)

15.9 Bilanzkennzahlen

Neben den bereits vorgestellten Kennzahlen bildet der Jahresabschluss selbstverständlich einen Fundus an Daten zur Bewertung der Leistungsfähigkeit eines Unternehmens. Die Problematik liegt auch wieder in der Tatsache, dass lediglich die Resultate eines zurückliegenden Jahres betrachtet werden und zahlreiche Spielräume durch Abschreibungen, Rückstellungen etc. gegeben sind.

Ziel ist deshalb bei der Kennzahlenbildung immer, die Zahlen der Bilanz zum einen in einen zeitlichen Zusammenhang zu stellen und zum anderen wiederum in Relation zu anderen Werten zu betrachten. So entstehen aus den absoluten Bilanzergebnissen eigene Kennzahlensysteme, die im folgenden Abschnitt vorgestellt werden.

15.9.1 Gliederungsschema der Bilanz nach HGB

Das Handelsgesetzbuch (HGB) gibt in § 266 vor, wie eine Bilanz gegliedert sein muss. Grundsätzlich wird bei dieser Vorgabe zwischen großen, mittelgroßen und kleinen Kapitalgesellschaften unterschieden. Für große und mittelgroße Kapitalgesellschaften gilt die in Abbildung 15.24 dargestellte Mindestgliederung auf der Aktiv- und der Passivseite.

Abbildung 15.24 Bilanzgliederung nach § 266 HGB

Kleine Kapitalgesellschaften haben die Möglichkeit, eine verkürzte Bilanz zu erstellen. Die dritte Gliederungsstufe, also die arabisch nummerierten Gliederungspunkte, sind für Kapitalgesellschaften dieser Größe nicht verpflichtend. Die Größenklassen werden in § 267 HGB definiert.

15.9.2   Internationalisierung der Rechnungslegung

In der Verordnung (EG) 1606/2002 der EU wurden im Juli 2002 Regularien für die Anwendung internationaler Rechnungslegungsstandards beschlossen und vorgeschrieben. Konkret heißt es in der Verordnung:

> »Um zu einer Verbesserung der Funktionsweise des Binnenmarktes beizutragen, müssen kapitalmarktorientierte Unternehmen dazu verpflichtet werden, bei der Aufstellung ihrer konsolidierten Abschlüsse ein einheitliches Regelwerk internationaler Rechnungslegungsstandards von hoher Qualität anzuwenden. Überdies ist es von großer Bedeutung, dass an den Finanzmärkten teilnehmende Unternehmen der Gemeinschaft Rechnungslegungsstandards anwenden, die international anerkannt sind und wirkliche Weltstandards darstellen. Dazu bedarf es einer zunehmenden Konvergenz der derzeitig international angewandten Rechnungslegungsstandards, mit dem Ziel, letztlich zu einem einheitlichen Regelwerk weltweiter Rechnungslegungsstandards zu gelangen.«

Einerseits geht es bei diesem Vorstoß um die verbesserte Vergleichbarkeit von Jahresabschlüssen in einem globalisierten Markt, denn nationale Regelungen bei der Rechnungslegung machten es bis dahin nahezu unmöglich, die Abschlüsse von Unternehmen sinnvoll miteinander zu vergleichen.

Andererseits zielen die Regelungen auf eine Optimierung des Informationsgehalts ab. Die einzelnen Positionen der Bilanz sollen realitätsnah erfasst werden. Letztlich soll allen Kapitalgebern ein realistisches Bild hinsichtlich der Liquidität, des Investitionspotenzials und der Profitabilität des Unternehmens gegeben werden. Damit ist die Internationalisierung der Rechnungslegungsstandards auch ein Resultat der Globalisierung der Kapitalmärkte.

15.9.3   Vorgaben zur Bilanzerstellung nach IAS/IFRS

Grundlage für die internationale Vergleichbarkeit von Abschlüssen sind die *International Financial Reporting Standards* (IFRS) sowie die *International Accounting Standards* (IAS). Beide Regelwerke werden vom *International Accounting Standards Board (IASB),* einem international besetzten Expertengremium, herausgegeben.

Unternehmen, die dem Recht eines EU-Landes unterliegen und deren Wertpapiere an einem der Wertpapiermärkte innerhalb der EU zugelassen sind, verpflichten sich, ihre konsolidierten Jahresabschlüsse, beginnend mit dem Jahr 2005, nach IFRS zu erstellen. In der Bundesrepublik Deutschland müssen auch Unternehmen, deren Aktien sich in der Zulassungsphase befinden, Abschlüsse nach ISA/IFRS erstellen (Abbildung 15.25).

Quelle	International GAAP Holding Limited			
IAS 1.8(b) IAS 1.46(b),(c)	**Konzern-Gewinn- und -Verlustrechnung zum 31. Dezember 2007**			**[Alternative 1]**
IAS 1.104				
IAS 1.46(d),(e)		**Anhang**	31.12.2007 in T€	31.12.2006 in T€
	Fortgeführte Geschäftsbereiche			
IAS 1.81(a)	Umsatzerlöse	5	140.918	151.840
IAS 1.88	Herstellungskosten der zur Erzielung der Umsatzerlöse erbrachten Leistungen		-87.899	-91.840
IAS 1.83	Bruttogewinn		53.019	60.000
IAS 1.83	Erträge aus Finanzinvestitionen	7	3.608	2.351
IAS 1.83	Sonstiges betriebliches Ergebnis	8	934	1.005
IAS 1.81(c)	Erträge aus assoziierten Unternehmen	20	1.186	1.589
IAS 1.88	Vertriebsaufwendungen		-5.087	-4.600
IAS 1.88	Marketingaufwendungen		-3.293	-2.247
IAS 1.88	Mietaufwendungen		-2.128	-2.201
IAS 1.88	Verwaltungsaufwendungen		-11.001	-15.124
IAS 1.81(b)	Finanzierungskosten	9	-5.034	-6.023
IAS 1.88	Sonstige Aufwendungen		-2.656	-2.612
IAS 1.83	Gewinn vor Steuern		29.548	32.138
IAS 1.81(d)	Ertragsteueraufwand	10	-11.306	-11.801
IAS 1.83	Gewinn nach Steuern aus fortgeführten Geschäftsbereichen		18.242	20.337
	Aufgegebene Geschäftsbereiche			
IAS 1.81(e)	Gewinn aus aufgegebenen Geschäftsbereichen	11	8.310	9.995
IAS 1.81(f)	**Jahresüberschuss**	13	26.552	30.332
	Davon entfallen auf:			
IAS 1.82(b)	Gesellschafter des Mutterunternehmens		22.552	27.569
IAS 1.82(a)	Minderheitsgesellschafter		4.000	2.763
			26.552	30.332
	Ergebnis je Aktie	14		
	Aus fortgeführten und aufgegebenen Geschäftsbereichen:			
IAS 33.66	Unverwässert (Cent je Aktie)		129,4	136,9
IAS 33.66	Verwässert (Cent je Aktie)		121,8	130,5
	Aus fortgeführten Geschäftsbereichen:			
IAS 33.66	Unverwässert (Cent je Aktie)		81,7	87,3
IAS 33.66	Verwässert (Cent je Aktie)		76,9	83,2
Anmerkung:	*Das oben dargestellte Format gliedert die Aufwendungen nach ihrer Funktion (Umsatzkostenverfahren).*			

Abbildung 15.25 Auszug aus einem konsolidierten Abschluss nach IAS/IFRS (Quelle: Deloitte, IAS PLUS.de, Musterkonzernabschluss 2007)

Die Standards nach IAS/IFRS bilden ein umfangreiches Framework, das ich in seinen Details und Handlungsperspektiven an dieser Stelle nicht darstellen kann. Das Framework umfasst in seiner Druckversion gleich mehrere tausend Seiten. Generell kann man aber feststellen, dass ein Abschluss nach IAS/IFRS weniger auf die Gliederungstiefe abzielt, als es bei den HGB-Vorgaben der Fall ist. An deren Stelle tritt stattdessen die Definition von zahlreichen Pflichtangaben, die in einen Jahresabschluss gehören.

Das Fundament bilden zudem weitere wesentliche Grundannahmen des gesamten Frameworks, von denen ich an dieser Stelle nur zwei Beispiele erwähne:

1. Periodenabgrenzung: Zurechnung eines Geschäftsvorfalls zu der Periode auf Basis seiner tatsächlichen wirtschaftlichen Zugehörigkeit und nicht auf Basis der realisierten Zahlungen

2. Wirtschaftliche Betrachtungsweise: Bewertung von Aktivitäten nach ihrem realen wirtschaftlichen Gehalt und nicht nach formaljuristischen Kriterien

Um den großen Fundus an Kennzahlen, die sich aus der Bilanz ableiten lassen, zu bündeln, habe ich eine Datei erstellt. Diese soll auf den folgenden Seiten Grundlage der Betrachtungen sein.

15.9.4   Kennzahlennavigator

Die Beispieldatei *15_Kennzahlen_01.xlsx* enthält einen Kennzahlennavigator, in dem wichtige Kennzahlen unterschiedlichen Kategorien zugeordnet wurden. Das Dokument besitzt eine Startseite, von der aus Sie per Mausklick zu den jeweiligen Einzelinformationen gelangen (Abbildung 15.26).

Abbildung 15.26 Die Startseite des Kennzahlennavigators

Wenn Sie auf der Startseite eine Bilanzkennzahl wie *Liquidität I* auswählen, wechseln Sie folglich zum Tabellenblatt *Vermögen + Liquidität*. Dieses enthält im oberen Abschnitt einige typische Basisdaten der Bilanz, unter anderem zu Anlage- und Umlaufvermögen sowie Eigen- und Fremdkapital (Abbildung 15.27).

	A	B
1	**Vermögen + Liquidität**	
2		
3	**I. Aktiva**	
4	Anlagevermögen:	1.203.000,00 €
5	Umlaufvermögen:	2.297.000,00 €
6	Forderungen:	620.000,00 €
7	flüssige Mittel:	415.000,00 €
8	Gesamtvermögen:	3.500.000,00 €
9	**II. Passiva**	
10	Eigenkapital:	810.000,00 €
11	Fremdkapital:	2.690.000,00 €
12	langfristige Verbindlichkeiten:	1.200.000,00 €
13	kurzfristige Verbindlichkeiten:	1.490.000,00 €
14	Gesamtkapital:	3.500.000,00 €
15		
16	**Kennzahlen (Berechnung)**	
17	**Anteil des Anlagevermögens**	zurück
18	= Anlagevermögen * 100 / Gesamtvermögen	
19	Anlagevermögen:	1.203.000,00 €
20	Gesamtvermögen:	3.500.000,00 €
21	Anteil des Anlagevermögens:	34,37%
22	**Anteil des Umlaufvermögens**	zurück
23	= Umlaufvermögen * 100 / Gesamtvermögen	
24	Umlaufvermögen:	2.297.000,00 €
25	Gesamtvermögen:	3.500.000,00 €
26	Anteil des Umlaufvermögens:	65,63%
27	**Debitorenlaufzeit**	zurück
28	= durchschnittliche Forderungen LuL / Umsatzerlöse * 360	
29	Forderungen LuL (Durchschnitt):	1.090.000,00 €
30	Umsatzerlöse:	10.300.000,00 €
31	Debitorenlaufzeit:	38,10
32	**Kreditorenlaufzeit**	zurück

Abbildung 15.27 Bilanzkennzahlen im Kennzahlennavigator (Auswahl)

Im unteren Abschnitt der Tabelle wird aus den oberen Basisdaten in einem Beispiel die ausgewählte Kennzahl gebildet. Die zugrunde liegende Formel finden Sie jeweils direkt unterhalb der Kennzahlbezeichnung (z. B. in Zelle A18 die Formel zur Berechnung der *Eigenkapitalquote*). Die korrespondierende Excel-Formel können Sie wie gewohnt der Ergebniszelle oder der Editierzeile entnehmen. Im hier beschriebenen Beispiel lautet diese in Zelle B21 schlicht =B19/B20, wobei darauf zu achten ist, dass die Ergebniszelle eine Prozentformatierung enthalten muss.

Über den neben der Kennzahlenbezeichnung angezeigten Hyperlink *Zurück* gelangen Sie wieder auf die Startseite des Kennzahlennavigators.

15.9.5   Übersicht und Interpretation von Vermögens- und Liquiditätskennzahlen

Tabelle 15.4 fasst in komprimierter Form den Aufbau und die Interpretation der im ersten Abschnitt des Navigators verwendeten Kennzahlen zusammen.

Kennzahl	Anteil des Anlagevermögens (Anlageintensität)
Formel	*Anlagevermögen * 100 / Gesamtvermögen*
Interpretation	Ist ein großer Anteil des Gesamtvermögens im Anlagevermögen gebunden, wird dies als starke Einschränkung der Flexibilität des Unternehmens interpretiert. Aufgrund hoher Betriebs-, Wartungs- und anderer Strukturkosten, die unabhängig von der Auftragslage anfallen, ist das Unternehmen in seiner Anpassung an Marktveränderungen eingeschränkt. Beachten Sie: Vielfach wird auf die mögliche Verzerrung der Kennzahl, z. B. durch Leasing u. Ä., hingewiesen, da bei dieser Finanzierungsform die Ressourcen nicht dem Anlagevermögen zugerechnet werden.
Kennzahl	**Anteil des Umlaufvermögens (Umlaufintensität)**
Formel	*Umlaufvermögen * 100 / Gesamtvermögen*
Interpretation	Eine hohe Umlauf- oder Arbeitsintensität spricht für eine starke Flexibilität eines Unternehmens. Verfügbare Ressourcen werden optimal genutzt, sie sind nicht langfristig gebunden. Die Strukturkosten sind relativ niedrig und belasten die Stückkosten in geringem Maß.
Kennzahl	**Debitorenlaufzeit**
Formel	*durchschnittliche Forderungen LuL / Umsatzerlöse * 360*
Interpretation	Die Kennzahl lässt Aussagen über das Zahlungsverhalten der Debitoren zu. Sie stellt den Zeitraum dar, der zwischen Rechnungsstellung und Zahlung der Forderung durch den Kunden liegt. Grundsätzlich ist ein Zielwert, der unterhalb der Kreditorenlaufzeit liegt, als positives Ergebnis zu bewerten. Um die Kennzahl zu bilden, wird die durchschnittliche Höhe der Forderungen des Unternehmens in Beziehung zu den Umsatzerlösen des Jahres gesetzt. Aus dem Jahresvergleich lässt sich erkennen, ob das Zahlungsverhalten der Kunden Veränderungen unterliegt. Die Interpretationen können von Änderungen bei der Gewährung von Rabatten oder Skonti über Maßnahmen im Mahnwesen usw. reichen.

Tabelle 15.4 Vermögens- und Liquiditätskennzahlen

Kennzahl	Kreditorenlaufzeit
Formel	*durchschnittliche Verbindlichkeiten aus LuL / Materialaufwand + RHB-Bestandsveränderung * 360*
Interpretation	Wie bei der Debitorenlaufzeit sind auch bei dieser Kennzahl die durchschnittlichen Verbindlichkeiten der Ausgangspunkt. Allerdings werden Sie in Beziehung zum Materialaufwand und zu den Bestandsveränderungen aus Roh-, Hilfs- und Betriebsstoffen gesetzt. Das Ergebnis ist die durchschnittliche Anzahl der Tage zwischen dem Eingang einer Rechnung und ihrer Bezahlung. Es gilt als günstig, wenn die Kreditorenlaufzeit oberhalb der Debitorenlaufzeit liegt.
Kennzahl	**Anlagendeckung I**
Formel	*Eigenkapital * 100 / Anlagevermögen*
Interpretation	Diese Kennzahl gibt an, wie hoch der Anteil des Eigenkapitals am Anlagevermögen ist. Die goldene Bilanzregel formuliert als Forderung eine Übereinstimmung der Fristen zwischen Vermögen und Kapital. Langfristiges Vermögen sollte durch langfristiges Kapital und kurzfristiges Vermögen durch kurzfristiges Kapital finanziert werden. Eine hohe Deckung des Anlagevermögens wird angestrebt. Eine hundertprozentige Deckung wird allerdings selten erreicht, da zumeist Fremdkapital zur Finanzierung eingesetzt werden muss.
Kennzahl	**Anlagendeckung II**
Formel	*(Eigenkapital + langfristiges Fremdkapital) * 100 / Anlagevermögen*
Interpretation	Im Gegensatz zur Anlagendeckung I wird bei dieser Kennzahl das langfristige Fremdkapital dem Eigenkapital hinzugefügt. Liegt die Kennzahl über 100 %, ist das Anlagevermögen vollständig durch Eigenkapital und langfristiges Fremdkapital gedeckt. Je weiter die 100%-Marke überschritten wird, desto stärker ist auch das Umlaufvermögen durch langfristiges Kapital gedeckt.
Kennzahl	**Liquidität I (Barliquidität / Cash Ratio)**
Formel	*flüssige Mittel * 100 / kurzfristiges Fremdkapital*

Tabelle 15.4 Vermögens- und Liquiditätskennzahlen (Forts.)

15

Kennzahl	Liquidität I (Barliquidität / Cash Ratio)
Interpretation	Hier wird das Verhältnis von flüssigen Mitteln zu kurzfristigem Fremdkapital abgebildet. Für kurzfristige Verbindlichkeiten wird eine Laufzeit von einem Jahr oder weniger angenommen. Grundsätzlich dient die Kennzahl der Bewertung der Zahlungsfähigkeit eines Unternehmens. Bei einer Barliquidität von 100% könnten alle kurzfristigen Verbindlichkeiten aus liquiden Mitteln befriedigt werden. Da keine zukünftigen Zahlungsflüsse berücksichtigt werden und somit die Liquiditätsentwicklung unklar bleibt und weil durch die Wahl des Stichtages die Ergebnisse maßgeblich beeinflusst werden können, ist die Aussagekraft der Kennzahl allerdings eingeschränkt.
Kennzahl	**Liquidität II (Einzugsliquidität / Quick Ratio)**
Formel	*(flüssige Mittel + kurzfristige Forderungen) * 100 / kurzfristiges Fremdkapital*
Interpretation	Den bereits bei der Barliquidität verwendeten liquiden Mitteln werden hier die kurzfristigen Forderungen hinzugefügt. Die Summe wird erneut in Relation zum kurzfristigen Fremdkapital gesetzt. Die Kennzahl zielt auf die Bewertung der Zahlungsfähigkeit des Unternehmens ab, ist aber ebenfalls stichtagbezogen. Ablesbar ist, ob und zu welchem Grad das Unternehmen in der Lage ist, aus liquiden Mitteln und kurzfristigen Forderungen die kurzfristigen Verbindlichkeiten zu decken. Der Zielwert der Kennzahl sollte über 100 % liegen.
Kennzahl	**Liquidität III (Current Ratio)**
Formel	*(flüssige Mittel + Forderungen + Vorräte) * 100 / kurzfristiges Fremdkapital*
Interpretation	Im Gegensatz zur Einzugsliquidität werden bei dieser Kennzahl neben liquiden Mitteln und kurzfristigen Forderungen auch die Vorräte berücksichtigt. Die Summe der drei Werte wird in Bezug zum kurzfristigen Fremdkapital betrachtet. Liegt der Wert unter 100 %, wäre ein Teil des Anlagevermögens zur Deckung der kurzfristigen Verbindlichkeiten notwendig, was einen Verstoß gegen die goldene Bilanzregel darstellte. Der Zielwert der Kennzahl sollte bei etwa 150 % liegen.
Kennzahl	**Working Capital**
Formel	*Umlaufvermögen – kurzfristige Verbindlichkeiten*

Tabelle 15.4 Vermögens- und Liquiditätskennzahlen (Forts.)

Kennzahl	Working Capital
Interpretation	Die kurzfristigen Verbindlichkeiten werden vom Umlaufvermögen abgezogen, um festzustellen, ob und in welcher Höhe das Umlaufvermögen aus langfristigen Mitteln gedeckt ist. Dies ist dann der Fall, wenn die Kennzahl einen positiven Wert liefert. Dies deutet auf eine ungünstige Nutzung der langfristigen Finanzierungsmittel hin. Im Gegenteil ist ein negativer Ergebniswert so zu interpretieren, dass das Umlaufvermögen nicht ausreicht, um alle kurzfristigen Verbindlichkeiten zu decken. Dies bedeutet Einschränkungen in der Liquidität des Unternehmens. Auch diese Kennzahl liefert keine verlässlichen Aussagen zur zukünftigen Entwicklung, da keine zukünftigen Zahlungsflüsse in die Kalkulation einbezogen werden.
Kennzahl	**Net Working Capital (Nettoumlaufvermögen)**
Formel	*Umlaufvermögen – liquide Mittel – kurzfristiges Fremdkapital*
Interpretation	Die Formel liefert den Teil des Umlaufvermögens, der nicht zur Deckung kurzfristiger Verbindlichkeiten verwendet wird. Das Nettoumlaufvermögen steht zur Generierung von Umsätzen zur Verfügung, ohne dass es Finanzierungskosten verursacht. Es ist eine Kennzahl zur Beurteilung der Finanzkraft des Unternehmens. Der angestrebte Zielwert sollte in jedem Fall größer als null sein.
Kennzahl	**Working Capital Ratio**
Formel	*Umlaufvermögen * 100 / kurzfristige Verbindlichkeiten*
Interpretation	Die Kennzahl liefert den prozentualen Wert der kurzfristigen Verbindlichkeiten, die durch das Umlaufvermögen gedeckt werden. Ein Zielwert über 100 % gilt als positiv, da er auf die langfristige Finanzierung des Umlaufvermögens hindeutet. Vorübergehende Nachfrageschwankungen können vom Unternehmen folglich leichter überstanden werden.

Tabelle 15.4 Vermögens- und Liquiditätskennzahlen (Forts.)

15.10 GuV-Gliederung

Die Gliederung der *Gewinn-und-Verlust-Rechnung* (GuV) wird in § 275 HGB verbindlich vorgeschrieben. Die GuV kann nach dem *Gesamtkostenverfahren* (*GKV*) oder dem *Umsatzkostenverfahren* (*UKV*) erstellt werden. Auch nach den internationalen Standards *IAS (International Accounting Standards)* sind beide Verfahren möglich, allerdings wird dort das UKV bevorzugt. *US-GAAP (United States Generally Accepted Principles)* schreibt hingegen die Verwendung des UKV vor.

15.10.1   Gesamtkosten- und Umsatzkostenverfahren nach HGB

Das Gesamtkostenverfahren betrachtet die Umsatzerlöse einer Periode. Auch die in der gleichen Periode entstandenen Kosten werden zum Stichtag ermittelt. Dabei wird nicht weiter unterschieden, ob die entstandenen Kosten tatsächlich durch die Herstellung der verkauften Produkte oder rein buchungstechnisch entstanden sind.

Um zu einem aussagekräftigen Ergebnis zu gelangen, müssen deshalb die Bestandsveränderungen – als Minderungen (Aufwand) oder Erhöhungen (Ertrag) – dem Jahresergebnis hinzugefügt werden. Das GKV gruppiert die Kosten nach Kostenarten (Abbildung 15.28).

```
1. Umsatzerlöse
2. Erhöhung oder Verminderung des Bestands zu fertigen und
   unfertigen Erzeugnissen
3. andere aktivierte Eigenleistungen
4. sonstige betriebliche Erträge
5. Materialaufwand
   a) Aufwendungen für Roh-, Hilfs- und Betriebsstoffe und für
      bezogene Waren
   b) Aufwendungen für bezogene Leistungen
6. Personalaufwand:
   a) Löhne und Gehälter
   b) soziale Abgaben und Aufwendungen für Altersversorgung und
      für Unterstützung,
         davon für Altersversorgung
7. Abschreibungen:
   a) auf immaterielle Vermögensgegenstände des Anlagevermögens
      und Sachanlagen sowie auf aktivierte Aufwendungen für die
      Ingangsetzung und Erweiterung des Geschäftsbetriebs
   b) auf Vermögensgegenstände des Umlaufvermögens, soweit
      diese die in der Kapitalgesellschaft üblichen Abschreibungen
      überschreiten
8. sonstige betriebliche Aufwendungen
9. Erträge aus Beteiligungen,
         davon aus verbundenen Unternehmen
10. Erträge aus anderen Wertpapieren und Ausleihungen des
    Finanzanlagevermögens,
         davon aus verbundenen Unternehmen
11. sonstige Zinsen und ähnliche Erträge,
         davon aus verbundenen Unternehmen
12. Abschreibungen auf Finanzanlagen und auf Wertpapiere des
    Umlaufvermögens
13. Zinsen und ähnliche Aufwendungen,
         davon an verbundene Unternehmen
14. Ergebnis der gewöhnlichen Geschäftstätigkeit
15. außerordentliche Erträge
16. außerordentliche Aufwendungen
17. außerordentliches Ergebnis
18. Steuern vom Einkommen und vom Ertrag
19. sonstige Steuern
20. Jahresüberschuß/Jahresfehlbetrag.
```

Abbildung 15.28 GuV (Gesamtkostenverfahren) nach § 275 Abs. 2 und 3 HGB

Das Umsatzkostenverfahren basiert hingegen auf einer kostenstellenmäßigen Erfassung und Zuordnung der Kosten. Dadurch ist eine präzise Verbindung zwischen GuV-Daten und betrieblichen Funktionen wie Vertrieb, Produktion etc. möglich, genau wie eine produktbezogene Ermittlung des Betriebsergebnisses. Aus diesem zusätzlichen Informationsgehalt resultiert die Bevorzugung des UKV seitens der Standards IAS/IFRS und US-GAAP.

Das UKV unterscheidet sich vom GKV zudem durch die klare Abgrenzung von Erlösen und Kosten in Bezug auf die jeweilige Periode. Betrachtet werden zunächst die Umsatzerlöse einer Periode. Zu diesen Erlösen werden die entsprechenden Kosten ermittelt. Kosten, die den vorangegangenen Perioden (z. B. durch Beschaffung von Vorprodukten) oder folgenden Perioden (etwa Lieferkosten) zuzurechnen sind, werden im Gegensatz zum GKV nicht berücksichtigt. Für die Adressaten der GuV, z. B. auch die Anteilseigner des Unternehmens, liefert das UKV somit in mehrfacher Hinsicht einen präziseren Einblick in die Leistungsergebnisse (Abbildung 15.29).

1. Umsatzerlöse
2. Herstellungskosten der zur Erzielung der Umsatzerlöse erbrachten Leistungen
3. Bruttoergebnis vom Umsatz
4. Vertriebskosten
5. allgemeine Verwaltungskosten
6. sonstige betriebliche Erträge
7. sonstige betriebliche Aufwendungen
8. Erträge aus Beteiligungen,
    davon aus verbundenen Unternehmen
9. Erträge aus anderen Wertpapieren und Ausleihungen des Finanzanlagevermögens,
    davon aus verbundenen Unternehmen
10. sonstige Zinsen und ähnliche Erträge,
    davon aus verbundenen Unternehmen
11. Abschreibungen auf Finanzanlagen und auf Wertpapiere des Umlaufvermögens
12. Zinsen und ähnliche Aufwendungen,
    davon an verbundene Unternehmen
13. Ergebnis der gewöhnlichen Geschäfstätigkeit
14. außerordentliche Erträge
15. außerordentliche Aufwendungen
16. außerordentliches Ergebnis
17. Steuern vom Einkommen und vom Ertrag
18. sonstige Steuern
19. Jahresüberschuß / Jahresfehlbetrag.

Abbildung 15.29 GuV (Umsatzkostenverfahren) nach § 275 Abs. 2 und 3 HGB

Ähnlich wie schon bei der Bilanz sehen die Vorgaben nach IAS/IFRS auch bei der GuV nur wenige formale Gliederungskriterien vor (Abbildung 15.30). Eine besondere Bedeutung kommt hingegen auch hier den Anlagen der GuV zu. Aus ihnen müssen alle wesentlichen, nicht nur die regelmäßigen, Aufwendungen und Erträge klar ersichtlich sein.

15

EXEMPLUM AG

Konsolidierte Gewinn- und Verlustrechnung (*Consolidated Statement of Comprehensive Income*)

	Berichtsjahr	Vorjahr
Laufende Geschäftstätigkeit (*Continuing operations*):		
Verkauf von Gütern (*Sale of goods*)	199.355	156.690
Verkauf von Leistungen (*Sale or services*)	16.225	15.366
Mieterträge (*Rental income*)	1.569	2.155
	217.149	174.211
Umsatzkosten (*Cost of sale*)	162.558	129.336
Bruttogewinn (*Gross profit*)	54.591	44.875
Sonstige Erträge (*Other income*)	2.011	1.998
Vertriebsaufwendungen (*Selling and distribution cost*)	16.998	15.885
Verwaltungsaufwendungen (*Administrative expenses*)	21.020	12.668
Sonstige Aufwendungen (*Other expenses*)	1.149	2.155
Vorsteuergewinn aus laufender Geschäftstätigkeit (*Profit from continuing operations*)	17.435	16.165
Zinsaufwendungen (*Finance cost*)	1.718	1.612
Zinserträge (*Finance income*)	785	724
Erträge aus Beteiligungen (*Share of profit of associate*)	85	80
Gewinn vor Steuern (*Pre-tax profit*)	16.587	15.357
Ertragssteuern (*Income taxes*)	3.775	3.370
Jahresergebnis aus laufender Geschäftstätigkeit	12.812	11.987
(*Profit after taxes from continuing operations*)		
Aufgegebene Geschäftstätigkeit (*Discontinued operations*):		
Verlust aus Aufgabe von Geschäftsbereichen (*Loss from discontinued operations*)	30	222
Gesamtergebnis (Total profit)	**12.782**	**11.765**

Abbildung 15.30 IAS/IFRS-GuV-Beispiel (Quelle: Zingel, International Financial Reporting Standards, 2009)

15.10.2 Kennzahlen zu Rentabilität und Kapitalstruktur

Neben den bereits oben dargestellten Kennzahlen zur Analyse des Vermögens und der Liquidität dienen weitere Kennzahlen der Bewertung der Rentabilität sowie der Kapitalstruktur. Tabelle 15.5 stellt wichtige Kennzahlen vor und interpretiert sie kurz.

Kennzahl	Eigenkapitalrentabilität
Formel	*Gewinn * 100 / Eigenkapital*
Interpretation	Diese Kennzahl weist die Verzinsung des eingesetzten Eigenkapitals aus, indem sie den erwirtschafteten Gewinn in Relation zum Eigenkapital setzt. Auch bei dieser Kennzahl ist eine Betrachtung über mehrere Perioden notwendig, um zu einer fundierten Aussage zu gelangen.

Tabelle 15.5 Kennzahlen zur Rentabilität und Kapitalstruktur

Kennzahl	Eigenkapitalrentabilität
Interpretation (Forts.)	Da die Kennzahl von anderen Faktoren wie Verschuldungsgrad, Fremdkapitalzinsen und Gesamtkapitalrentabilität abhängt, sollten diese ebenfalls betrachtet werden. Der Zielwert der Kennzahl ist stark branchenabhängig. Angestrebt werden sollte allerdings immer ein Wert, der über dem Marktzins für langfristige Anlagen plus einem Risikozuschlag liegt.
Kennzahl	**Gesamtkapitalrentabilität**
Formel	*(Gewinn + Zinsaufwendungen) * 100 / (Eigenkapital + Fremdkapital)*
Interpretation	Dem Eigenkapital wird das im Unternehmen eingesetzte Fremdkapital hinzugefügt, um diese Kennzahl zu bilden. Dem Gewinn muss andererseits auch noch der Zinsaufwand für die Beschaffung von Fremdkapital hinzugefügt werden, da dieser Betrag das Geschäftsergebnis schmälert. Das Resultat der Berechnung ist eine Kennzahl, die Aufschluss über die Verzinsung des gesamten im Unternehmen wirksamen Kapitals gibt. Der Zielwert sollte deutlich über dem marktüblichen Zinssatz für langfristige Geldanlagen liegen.
Kennzahl	**Umsatzrentabilität**
Formel	*ordentliches Betriebsergebnis * 100 / Umsatz*
Interpretation	Die Kennzahl ist einfach aus Gewinn und Umsatz zu bilden. Sie zeigt, wie hoch der Gewinnanteil, also die Marge, des Unternehmens an einem fiktiven Umsatz von X Euro ist. Um eine verlässliche Aussage hinsichtlich der Produktivität des Unternehmens zu ermöglichen, muss vom ordentlichen Ergebnis ausgegangen werden. Dieses ergibt sich aus dem Gewinn abzüglich der Zinsaufwendungen, den außerordentlichen Erträgen und den Ertragssteuern.
Kennzahl	**Eigenkapitalquote**
Formel	*Eigenkapital * 100 / Gesamtkapital*
Interpretation	Hier wird das Eigenkapital in Relation zum Gesamtkapital des Unternehmens gesetzt. Ein größerer Eigenkapitalanteil kann als Unabhängigkeit des Unternehmens von Gläubigern interpretiert werden. Die Zuführung von Fremdkapital wird durch eine günstige Eigenkapitalquote erleichtert (erhöhte Kreditwürdigkeit). Eigenkapitalquoten zwischen 30 und 40 % gelten als angemessen, wobei allerdings Branchenunterschiede zu berücksichtigen sind.

Tabelle 15.5 Kennzahlen zur Rentabilität und Kapitalstruktur (Forts.)

Kennzahl	Fremdkapitalquote
Formel	*Fremdkapital * 100 / Gesamtkapital*
Interpretation	Als Umkehrung der Eigenkapitalquote wird mit dieser Kennzahl die Abhängigkeit des Unternehmens von Gläubigern dargestellt. Die Neuaufnahme von Fremdkapital wird bei einer hohen Quote erschwert, das Risiko der Kündigung von bestehenden Krediten steigt. Zielwerte dieser Kennzahl sollten unter 60 bis 70 % liegen. Auch hier sind Branchenspezifika zu beachten.
Kennzahl	Investitionsquote
Formel	*Investitionen * 100 / Anlagevermögen*
Interpretation	Die Kennzahl weist den Anteil der Investitionen am Anlagevermögen aus und wird gerne als Richtwert für das Unternehmenswachstum verwendet. Um die Aussagekraft der Kennzahl zu verbessern, muss sie allerdings über mehrere Perioden gebildet und müssen ihre Ergebnisse verglichen werden, um relative Veränderungen festzustellen. Unterschiedliche Finanzierungsformen (Kauf, Miete, Leasing etc.) können zu einer Ergebnisverzerrung führen. Aussagen über die Sinnhaftigkeit und Wirksamkeit der Investitionen sind zudem mit dieser Kennzahl nicht möglich.
Kennzahl	Verschuldungsgrad
Formel	*Fremdkapital * 100 / Eigenkapital*
Interpretation	Der Verschuldungsgrad weist aus, wie stark die Abhängigkeit des Unternehmens von Gläubigern ist. Ein Verschuldungsgrad von weniger als 200 % gilt als erstrebenswert. Ein hoher Fremdkapitalanteil kann allerdings dann sinnvoll sein, wenn die Gesamtkapitalrentabilität des Unternehmens über dem Fremdkapitalzinssatz liegt. Durch die Aufnahme von Fremdkapital würde sich in einem solchen Fall die Eigenkapitalrentabilität erhöhen (Leverage-Effekt).

Tabelle 15.5 Kennzahlen zur Rentabilität und Kapitalstruktur (Forts.)

15.11   Beispieldatei GuV – Bilanz – Kapitalfluss

Bei einigen der bereits beschriebenen Kennzahlen haben Sie sicherlich den Hinweis gelesen, dass sie Momentaufnahmen gleichkommen und erst an Aussagekraft gewinnen, wenn sie zumindest über einen mehrjährigen Zeitraum beobachtet werden. Was liegt also näher, als wesentliche Daten aus Bilanz und GuV jahresweise zu erfassen und in einer Excel-Arbeitsmappe zusammenzuführen? Dies würde die Übersichtlichkeit verbessern, Entwicklungen veranschaulichen und die Aussagekraft erhöhen.

GuV	2012	2013	2014	2015	2016
Umsatzerlöse	(8.210,00)	8.423,00	8.900,00	9.210,00	9.320,00
Erhöhungen (+)/Verminderungen (-) Bestand (FE + UE)		40,00	90,00	40,00	70,00
andere aktivierte Eigenleistungen		0,00	0,00	0,00	0,00
Gesamtleistung		8.463,00	8.990,00	9.250,00	9.390,00
Materialaufwand		-4.219,00	-5.100,00	-4.890,00	-5.010,00
Rohertrag		4.244,00	3.890,00	4.360,00	4.380,00
Personalaufwand		-2.490,00	-2.602,00	-2.580,00	-2.930,00
Sonstige betriebliche Aufwendungen		-730,00	-810,00	-820,00	-892,00
Sonstige betriebliche Erträge		260,00	230,00	310,00	290,00
Operatives Ergebnis vor Abschreibungen (EBITDA)		1.284,00	708,00	1.270,00	848,00
Abschreibungen		-340,00	-420,00	-500,00	-430,00
Operatives Ergebnis (EBIT)		944,00	288,00	770,00	418,00
Zinsen u.ä. Aufwendungen		-120,00	-140,00	-140,00	-150,00
außerordentliche Aufwendungen / Erträge		230,00	0,00	-120,00	0,00
Gewinn vor Steuern		1.054,00	148,00	510,00	268,00
Bemessungsgrundlage der Gewerbesteuer		1.114,00	218,00	580,00	343,00
Gewerbesteuer	20,000%	-222,80	-43,60	-116,00	-68,60
Gewinn nach Gewerbesteuer		831,20	104,40	394,00	199,40
Körperschaftsteuer	26,375%	-219,23	-27,54	-103,92	-52,59
Jahresüberschuss/Jahresfehlbetrag		611,97	76,86	290,08	146,81

Abbildung 15.31 Kurzfassung der GuV

In der Arbeitsmappe *15_GuV_Bilanz_Cash_flow_01.xlsx* habe ich ein Beispiel einer solchen Zusammenführung der Jahresabschlüsse aus fünf Jahren umgesetzt (Abbildung 15.31).

15.11.1   Mehrjährige GuV-Analyse

Im Tabellenblatt *GuV* können Sie ein Eingabeschema für die Erfassung der GuV-Daten aus insgesamt fünf Jahren nutzen. Die gesamte Arbeitsmappe ist als Formular aufgebaut. Verwenden Sie also die hellbraunen Zellen für die Eingabe von Werten. In den weißen Zellen werden einzelne Berechnungen durchgeführt. Alle grünen Zellbereiche enthalten wichtige Zwischenergebnisse.

Im Tabellenblatt *GuV* wird als erstes der Zwischenergebnisse nach der Eingabe der Umsatzerlöse, anderer aktivierter Eigenleistungen und des Materialaufwands der *Rohertrag* berechnet (Zeile 7). Das operative Ergebnis vor Abschreibungen (*EBITDA*) erhalten Sie in Zeile 11, nachdem Sie in den dafür vorgesehenen Eingabefeldern die Personalkosten sowie die sonstigen betrieblichen Kosten und Aufwendungen eingetragen haben.

Den danach benötigten Wert der *Abschreibungen* übernehmen Sie automatisch aus dem Tabellenblatt *Bilanz* mit der Formel `=Bilanz!F6` in Zelle F12. Sie müssen hier also keine Eingaben per Tastatur vornehmen, um schließlich in Zeile 13 an das operative Ergebnis (EBIT) zu gelangen.

Dies sieht freilich bei der Ermittlung des Geschäftsergebnisses vor Steuern schon wieder anders aus. In den Zeilen 14 und 15 erwartet die Beispieldatei Eingabewerte für Zins- und andere Aufwendungen bzw. für außerordentliche Aufwendungen und Erträge. Liegt Ihnen das vorsteuerliche Ergebnis erst einmal vor, können Sie durch die Eingabe der Gewerbe- und Körperschaftssteuersätze in den Zellen E18 und E20 mühelos die jeweiligen Steuern berechnen und gelangen automatisch zur Darstellung des *Jahresüberschusses* bzw. *Fehlbetrags* in den Zellen F21 bis I21.

15.11.2   Erfassung und Berechnung der Bilanzdaten im Fünfjahresvergleich

Das Grundschema dieser Arbeitsmappe wird auch im Tabellenblatt *Bilanz* beibehalten (Abbildung 15.32). Hellbraun bedeutet Eingabefeld, die Farbe Weiß steht für Berechnung oder Übernahme aus anderen Tabellenblättern, und Grün kennzeichnet die Kalkulation wichtiger Zwischen- oder Endergebnisse.

Im oberen Teil des Tabellenblattes geht es um die Erfassung der Werte für die Aktiva der Bilanz. Mit Ausnahme der Buchwerte zum jeweiligen Jahresbeginn des Betrachtungszeitraumes werden Sie hier auf keinerlei Berechnungen stoßen. Investitionen und Abschreibungen sowie sämtliche Positionen des Umlaufvermögens müssen per Tastatur eingegeben werden. Die Aktiva berechnet Excel in Zeile 13.

Bilanz			2012	2013	2014	2015	2016
Aktiva							
Immaterielle Vermögensgegenstände und Sachanlagen							
	Buchwert (Jahresbeginn)			2.670,00	2.680,00	2.980,00	3.000,00
		Investitionen (+)		350,00	720,00	520,00	320,00
		Abschreibungen (-)		-340,00	-420,00	-500,00	-430,00
	Buchwert (Jahresende)			2.680,00	2.980,00	3.000,00	2.890,00
Umlaufvermögen							
	Roh-, Hilfs- und Betriebsstoffe (RHB)		(0,00)	0,00	0,00	0,00	0,00
	Fertige und unfertige Erzeugnisse (FE/UE)		(580,00)	620,00	710,00	750,00	820,00
	Forderungen aus Lieferungen und Leistungen (LuL)		(330,00)	350,00	340,00	420,00	450,00
Summe Aktiva				3.650,00	4.030,00	4.170,00	4.160,00
Passiva							
Eigenkapital							
	Stand (Jahresbeginn)			2400,00	2307,00	2482,00	2654,00
		Jahresüberschuss		611,97	76,86	290,08	146,81
		Ausschüttungen		-704,97	98,14	-118,08	-43,81
	Stand (Jahresende)			2307,00	2482,00	2654,00	2757,00
Verbindlichkeiten							
	Bankverbindlichkeiten						
		Stand (Jahresbeginn)		1100,00	1258,00	1456,00	1422,00
		Aufnahme (+) / Tilgung (-)		158,00	198,00	-34,00	-100,00
		Stand (Jahresende)		1258,00	1456,00	1422,00	1322,00
	Verbindlichkeiten LuL		(80,00)	85,00	92,00	94,00	81,00
Summe Passiva				3.650,00	4.030,00	4.170,00	4.160,00

Abbildung 15.32 Bilanzdaten (mehrjährige Betrachtung)

Im unteren Teil der Tabelle ändert sich das Bild wieder, denn hier benötigen Sie lediglich in Zelle F16 die Eingabe des *Eigenkapitals* zum Jahresbeginn, um Excel zu veranlassen, sämtliche weiteren Positionen des Eigenkapitals zu berechnen. Die *Eigenkapitalentwicklung* der einzelnen Jahre entnehmen Sie schließlich den Zellen in Zeile 19.

Auf der Passiva-Seite fehlen Ihnen nunmehr die Verbindlichkeiten, um die Bilanzdaten zu vervollständigen. Beginnen Sie in Zelle F22 mit der Eingabe der *Bankverbindlichkeiten* zum Jahresbeginn. In den darunterliegenden Zeilen befinden sich weitere Eingabezellen, in denen die Aufnahme weiterer Fremdmittel bzw. deren Tilgung möglich ist. Die Stände der Verbindlichkeiten zum Jahresende sehen Sie in den Zellen F24 bis I24.

Wenn Sie in den Zellen unterhalb dieser Ergebnisse auch noch die Verbindlichkeiten aus Lieferungen und Leistungen eintragen, wird die Kalkulation in diesem Tabellenblatt mit dem Ergebnis für die Passiva in Zeile 26 abgeschlossen.

15.11.3   Berechnung des Cashflows aus GuV- und Bilanzdaten

Das folgende Tabellenblatt, *Cashflow*, verdient nun die Bezeichnung *Berechnung* wie kein anderes, denn für Sie gibt es in dieser Tabelle nichts mehr zu tun. Sämtliche eingegebenen und berechneten Werte aus GuV und Bilanz werden in diesem Tabellenblatt weiterverwendet und zu einer Zahlungsflussberechnung zusammengefügt (Abbildung 15.33).

Die Zwischenergebnisse in diesem Tabellenblatt sind folgende:

▶ **Operativer Cashflow (vor Steuern)**
Das Ergebnis befindet sich in den Zellen F4 bis I4 und berücksichtigt die Summe von EBIT und Abschreibungen.

▶ **Operativer Cashflow (nach Steuern)**
Durch Anrechnung der Gewerbe- und Körperschaftssteuern gelangen Sie in Zeile 7 zum operativen Cashflow nach Steuern.

▶ **Operativer Cashflow (nach Änderung Netto-Umlaufvermögen)**
In der Tabelle wird dann der operative Cashflow (nach Steuern) zum Ausgangspunkt für weitere Positionen des Umlaufvermögens. Hinzugefügt bzw. subtrahiert werden Roh-, Hilfs- und Betriebsstoffe, fertige Erzeugnisse sowie Forderungen aus Lieferungen und Leistungen. Das Ergebnis wird in den Zellen F13 bis I13 ausgegeben.

▶ **Free Cashflow**
Über zwei Zwischenberechnungen führt die Tabelle anschließend zum Free Cashflow. In Zeile 16 wird zunächst das Investitionsvolumen dem vorherigen Ergebnis hinzugefügt. Dieser Wert wird aus der Bilanz übernommen. Das Ergebnis ist der ordentliche Cashflow. In einem zweiten Kalkulationsschritt müssen nun noch die außerordentlichen Ergebnisse berücksichtigt werden. Sie werden in Zeile 18 aus der GuV übernommen. In Zeile 19 werden schließlich die Free Cashflows ausgegeben.

15

▶ **Saldo Kreditfinanzierung und -definanzierung vor Steuerkorrektur**
In den Zeilen 21 und 22 werden die Zinsaufwendungen aus der GuV und die Kreditaufnahmen bzw. Tilgungen aus der Bilanz übernommen. Sie geben in der darunterliegenden Zeile den Saldo der Kreditfinanzierung und -definanzierung aus, ohne die noch ausstehenden Steuerkorrekturen zu berücksichtigen.

▶ **Saldo Beteiligungsfinanzierung und Ausschüttung (Flow to Equity)**
Den Flow to Equity berechnet die Beispielanwendung zu guter Letzt aus den Ergebnissen des Free Cashflows und den Finanzierungssalden in Zeile 23.

Cash flow			2013	2014	2015	2016
Operatives Ergebnis (EBIT)			944,00	288,00	770,00	418,00
		Abschreibungen (+)	340,00	420,00	500,00	430,00
=		**Operativer Cash flow (vor Steuern)**	**1284,00**	**708,00**	**1270,00**	**848,00**
		Gewerbesteuer (-)	-222,80	-43,60	-116,00	-68,60
		Körperschaftsteuer (-)	-219,23	-27,54	-103,92	-52,59
=		**Operativer Cash flow (nach Steuern)**	**841,97**	**636,86**	**1050,08**	**726,81**
Kapitalbindung im Netto-Umlaufvermögen						
		Ab-/Zunahme RHB (+/-)	0,00	0,00	0,00	0,00
		Ab-/Zunahme FE (+/-)	-40,00	-90,00	-40,00	-70,00
		Ab-/Zunahme Forderungen LuL (+/-)	-20,00	10,00	-80,00	-30,00
		Ab-/Zunahme Verbindlichkeiten LuL (+/-)	5,00	7,00	2,00	-13,00
=		**Operativer Cash Flow (nach Änderung Netto-Umlaufvermögens)**	**786,97**	**563,86**	**932,08**	**613,81**
Kapitalbindung durch Investition in Sachanlagevermögen						
=		Investitionen abzügl. Abgänge	-350,00	-720,00	-520,00	-320,00
=		**Ordentlicher Freier Cash Flow**	**436,97**	**-156,14**	**412,08**	**293,81**
Beiträge durch außerordentliches Ergebnis						
		Außerordentliches Ergebnis (+)	230,00	0,00	-120,00	0,00
=		**Free Cash flow**	**666,97**	**-156,14**	**292,08**	**293,81**
Kreditfinanzierung und -definanzierung						
		Zinsaufwendungen	-120,00	-140,00	-140,00	-150,00
		Aufnahme/Tilgung Bankkredite (+/-)	158,00	198,00	-34,00	-100,00
=		**Saldo Kreditfinanzierung und -definanzierung vor Steuerkorrektur**	**38,00**	**58,00**	**-174,00**	**-250,00**
Beteiligungsfinanzierung und Ausschüttung						
=		**Saldo Beteiligungsfinanzierung und Ausschüttung (Flow to Equity)**	**-704,97**	**98,14**	**-118,08**	**-43,81**

Abbildung 15.33 Kapitalflussrechnung auf Basis von GuV- und Bilanzdaten

15.12   Return on Investment und DuPont-Schema

Der Klassiker unter den Kennzahlensystemen ist das *DuPont-Schema*, das bereits vor mehr als 90 Jahren vom gleichnamigen Konzern entwickelt wurde. Es hebt auf die *Gesamtkapitalrendite* des Unternehmens ab, stellt also die Frage nach der Ertragsrate des gesamten im Unternehmen eingesetzten Kapitals. Das zentrale Ergebnis, auf das die Eingabe sämtlicher Werte im DuPont-Schema zuläuft, ist der *Return on Investment (ROI)*. Dies erkennen Sie in der Beispieldatei *15_ROI_01.xlsx* auch auf den ersten Blick (Abbildung 15.34).

Auch in dieser Datei sind sämtliche Formeln und Funktionen zur Berechnung der Zwischen- und des Gesamtergebnisses durch eine Sperrung der Zellen geschützt. Es verbleiben Ihnen die Zellen mit weißem Hintergrund zur Eingabe der Ihnen vorliegenden Werte.

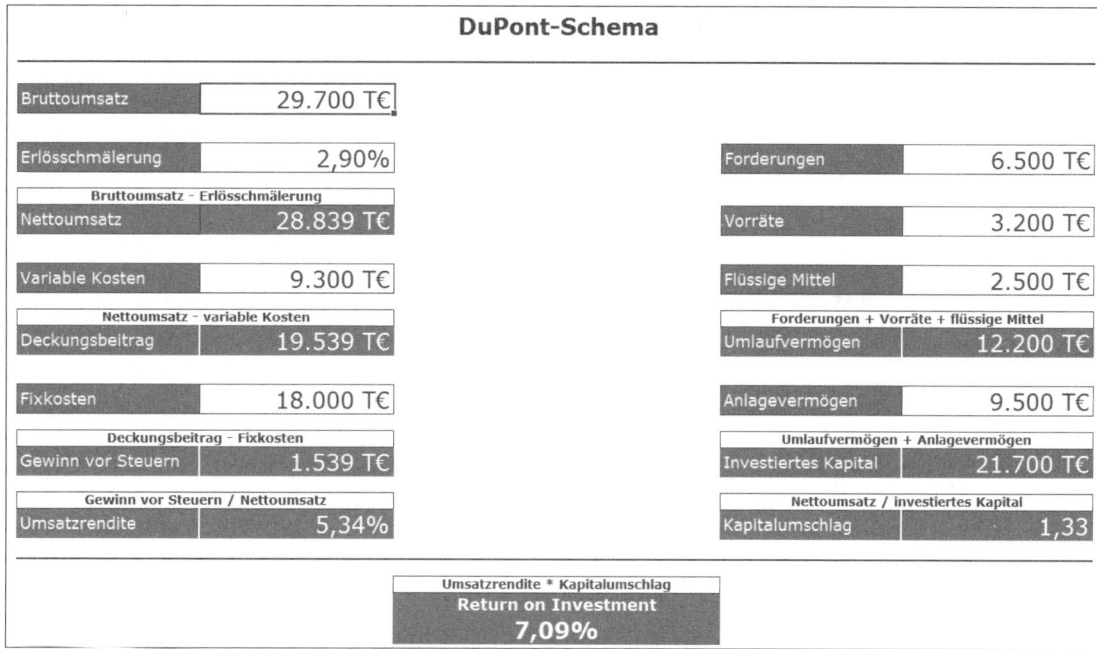

Abbildung 15.34 ROI-Berechnung mithilfe des DuPont-Schemas

15.12.1 Einzelschritte bei der ROI-Berechnung

Um den Nettoumsatz in Zelle C10 zu erhalten, geben Sie den prozentualen Satz der *Erlösschmälerungen* in Zelle C7 ein. Danach erhalten Sie das Ergebnis über die Formel `=C5-(C5*C7)`. Es folgen einige weitere Subtraktionen. Zunächst ziehen Sie vom *Nettoumsatz* die variablen Kosten ab, die Sie in das Eingabefeld C12 eingeben. Sie erhalten auf diesem Weg den *Deckungsbeitrag I*.

Durch die Subtraktion der *Fixkosten*, die Sie in Zelle C17 eintragen, wird in Zelle C20 als Resultat der *Gewinn vor Steuern* ausgegeben. Der Quotient aus dem erzielten Gewinn vor Steuern und dem Nettoumsatz ist die *Umsatzrendite*. Damit sind die Berechnungen auf der linken Seite des Schemas abgeschlossen.

Erfassen Sie danach die *Forderungen*, *Vorräte* und *flüssigen Mittel* des Unternehmens. Aus diesen Werten wird in Zelle G15 das *Umlaufvermögen* durch eine einfache Addition gebildet. Wenn Sie in G17 nun auch noch den Wert des *Anlagevermögens* eingeben, werden alle weiteren Werte des DuPont-Schemas automatisch in diesem Formular berechnet. Die Berechnungen zeigt Tabelle 15.6.

Berechnungselement	Beschreibung
investiertes Kapital	Dieser Wert wird in Zelle G20 durch die einfache Addition von Umlauf- und Anlagevermögen gebildet.
Kapitalumschlag	Hier wird das investierte Kapital zum Nettoumsatz in Beziehung gesetzt, das sich auf der linken Seite des Schemas in Zelle C10 befindet.
Return on Investment	Durch Multiplikation von Umsatzrendite und Kapitalumschlag ergibt sich der Return on Investment in Zelle D28.

Tabelle 15.6 Berechnungselemente des DuPont-Schemas

15.12.2   Interpretation der Ergebnisse des DuPont-Schemas

Die *Gesamtrentabilität* ergibt sich in diesem Schema aus dem Quotienten von *Umsatzrendite* und *Kapitalumschlag*. Auf der einen Seite sind es Erlösschmälerungen, Fix- und variable Kosten, über die die Umsatzrendite beeinflusst wird.

Der Kapitalumschlag wird indessen durch Nettoumsätze und investiertes Kapital gesteuert. Die Treiber des investierten Kapitals können Sie im Schema leicht nach oben verfolgen. Es sind das Anlagevermögen auf der einen und die Einzelpositionen des Umlaufvermögens – Forderungen, Vorräte und flüssige Mittel – auf der anderen Seite.

Der Vorteil dieses Schemas liegt darin, dass sich auf einfache Weise Treibergrößen identifizieren lassen. Es ist naheliegend, die übersichtliche Struktur der Beispieldatei zur Eingabe unterschiedlicher Werte in die Eingabezellen und damit zum Erstellen von Szenarien zu nutzen.

In der Beispieldatei habe ich bereits über DATEN • PROGNOSE • WAS-WÄRE-WENN-ANALYSE • SZENARIO-MANAGER die Beispieldaten für drei Szenarien erfasst. Starten Sie die Funktion, um mit einem Doppelklick auf eines der Szenarien die Werte in das DuPont-Schema einzusetzen. Mit einem Klick auf HINZUFÜGEN können Sie zudem eigene Szenarien erstellen oder über BEARBEITEN die vorhandenen Szenariowerte ändern (Abbildung 15.35).

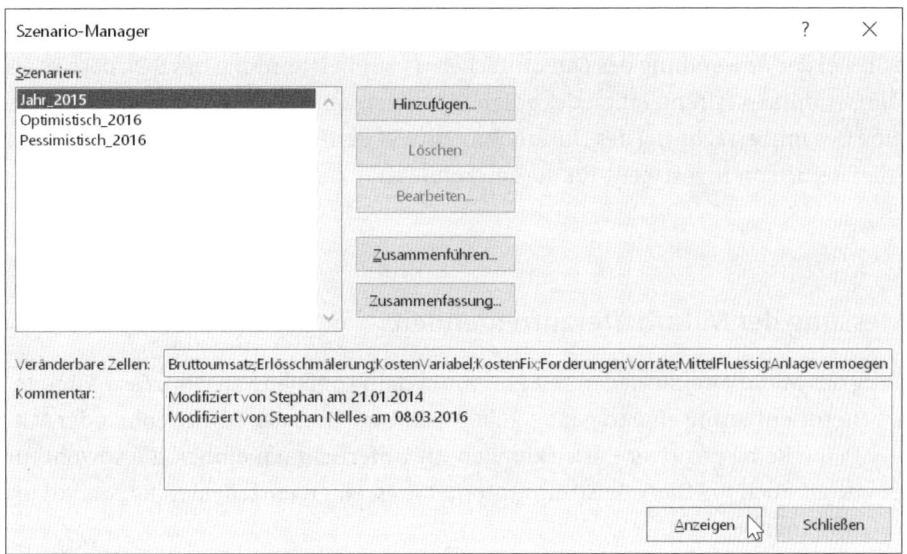

Abbildung 15.35 Verwendung von Szenarien im DuPont-Schema

Abbildung 15.36 veranschaulicht noch einmal die Vorteile von Szenarien in Excel, denn Sie erhalten einen Überblick über sämtliche relevanten Daten der unterschiedlichen von Ihnen erstellten Kalkulationsvarianten auf einen Blick.

			Aktuelle Werte:	Jahr_2015	Optimistisch_2016	Pessimistisch_2016
Szenariobericht						
Veränderbare Zellen:						
	Bruttoumsatz		29.700 T€	29.700 T€	35.000 T€	28.500 T€
	Erlösschmälerung		2,90 %	2,90 %	2,50 %	3,20 %
	KostenVariabel		9.300 T€	9.300 T€	13.500 T€	9.000 T€
	KostenFix		18.000 T€	18.000 T€	17.500 T€	17.500 T€
	Forderungen		6.500 T€	6.500 T€	9.000 T€	9.000 T€
	Vorräte		3.200 T€	3.200 T€	2.100 T€	1.700 T€
	MittelFluessig		2.500 T€	2.500 T€	8.000 T€	3.900 T€
	Anlagevermoegen		9.500 T€	9.500 T€	10.500 T€	10.500 T€
Ergebniszellen:						
	RoI		7,09 %	7,09 %	10,56 %	4,33 %
	$E$28					

Hinweis: Die Aktuelle Wertespalte repräsentiert die Werte der veränderbaren Zellen zum Zeitpunkt, als der Szenariobericht erstellt wurde. Veränderbare Zellen für Szenarien sind in grau hervorgehoben.

Abbildung 15.36 Szenariobericht auf Basis des DuPont-Schemas

15.12.3 Fazit

Beachten Sie bei der Anwendung des DuPont-Schemas zur Bestimmung des ROI, dass es als Resultat die Gesamtkapitalrentabilität des gesamten Unternehmens liefert. Dabei handelt es sich um eine Gesamtbetrachtung des Unternehmens. Mit dem Schema ist es hingegen nicht möglich, den Return on Investment für ausgewählte Produkte oder bestimmte Projekte zu berechnen.

15.13 Messung der Mitarbeiterzufriedenheit

Der Messung der Mitarbeiterzufriedenheit kommt in dem Dreiklang aus Prozess-, Kunden- und Mitarbeiterorientierung eine tragende Rolle zu. Mit wachsender Zufriedenheit der Mitarbeiter geht eine Reihe positiver Entwicklungen im Unternehmen einher, die sowohl für produzierende als auch für Dienstleistungsunternehmen einen entscheidenden Marktvorteil darstellen können.

Unterschiedliche Faktoren tragen bekanntermaßen zur Erhöhung der Mitarbeiterzufriedenheit bei. Zu diesen Faktoren gehören unter anderem:

▶ Einbeziehung der Mitarbeiter in betriebliche Entscheidungsprozesse

▶ transparente Arbeitsorganisationsstrukturen, Gewährleistung der Arbeitssicherheit und klar definierte Informationsflüsse

▶ Führungs- und Motivationsfähigkeit durch Vorgesetzte

▶ angemessene Entlohnung, freiwillige Sozialleistungen und darüber hinausreichende soziale Angebote seitens des Unternehmens

▶ Weiterbildungs- und Aufstiegsmöglichkeiten

▶ positives Betriebsklima, gute Arbeitsbedingungen und positives Unternehmensimage

Es liegt im Interesse eines Unternehmens, in regelmäßigen Abständen die Einstellung bzw. Bewertung seiner eigenen Mitarbeiter im Hinblick auf diese und weitere Faktoren zu ermitteln. Dazu stehen unterschiedliche Methoden zur Verfügung, etwa die indirekte Betrachtung durch Auswertung von Daten, z. B. zur Mitarbeiterfluktuation, zum Krankenstand oder zur Entwicklung von Arbeitsunfällen.

Oder aber das Unternehmen stellt die direkte Kommunikation mit seinen Beschäftigten in den Vordergrund. In diesem Fall kommen in erster Linie Methoden wie das betriebliche Vorschlagswesen oder die Mitarbeiterbefragung in Betracht, um an verwertbare Informationen zu gelangen.

Die Umsetzung Letzterer mithilfe von Excel werde ich Ihnen im folgenden Abschnitt beschreiben.

15.13.1 Ablauf von Befragungen zur Mitarbeiterzufriedenheit

Die Durchführung von Mitarbeiterbefragungen lassen sich mit einem einfachen Phasenmodell beschreiben:

▶ Zielfindungs- und Planungsphase: In dieser Phase werden die eigentlichen Ziele der Befragung festgelegt und alle Ressourcen des Projekts – Projektmitarbeiter, zeitlicher Rahmen, materielle Ressourcen – definiert und geplant.

▶ Entwurfsphase: Nachdem die grundsätzlichen Strukturen festgelegt wurden, werden in dieser Phase die Instrumente für die Befragung verfeinert. Dazu gehören die Präzisierung der Befragungsziele, die Festlegung des Befragungsmodus (Interview, Fragebogen, Voll-/ Teilbefragung etc.), der Entwurf eines Fragebogens und die Gewichtung der einzelnen Themenbereiche der Befragung.

▶ Umsetzungsphase: Entsprechend der vorherigen Festlegungen wird nun die Befragung realisiert. Zu dieser Phase gehören in erster Linie die Verteilung der Fragebögen (Mail, Intranet, Mitarbeiterversammlung etc.) und die Organisation des Rücklaufs.

▶ Auswertungsphase: Auf der Grundlage der zuvor definierten Verfahren und Gewichtungen werden nun Fragebogenrückläufer ausgewertet. In dieser Phase sind unterschiedliche Fragestellungen zu berücksichtigen. Dazu gehören unter anderem folgende Fragen: Welche statistischen Auswertungen sollen durchgeführt werden? Für welche Funktionen, Abteilungen usw. sollen in Ergänzung zur Gesamtauswertung eigene Auswertungen erstellt werden? Wem werden die Auswertungsergebnisse in welcher Form zur Verfügung gestellt?

▶ Ergebnispräsentation und Schlussfolgerungen: Die Ergebnisse der Befragung sollen nicht nur den Mitarbeitern in geeigneter Form zugeleitet werden. Ziel der Auswertung muss es auch immer sein, aus den Resultaten der Befragung die richtigen Schlussfolgerungen im Hinblick auf Verbesserungsmaßnahmen im Unternehmen zu ziehen. Ist dies nicht der Fall, werden solche Befragungen von Mitarbeitern sehr schnell als ineffizient und reine Alibi-Veranstaltungen abgelehnt.

15.13.2 Aufbau eines Fragebogens

Der in der Datei *15_Mitarbeiterbefragung_01.xlsm* enthaltene Fragebogen setzt sich aus insgesamt sechs Themenbereichen zusammen. Diese sind:

▶ eigene Tätigkeiten und Arbeitsplatz

▶ Betriebsklima

▶ Führungsverhalten

▶ Weiterbildung und Karriere

▶ Bezahlungen und Sozialleistungen

▶ Informationsmanagement

Zu jedem Themenbereich sind diverse Fragen formuliert worden. Die Beantwortung der Fragen durch die Mitarbeiter soll in den Spalten B bis E erfolgen.

Der gesamte Entwurf ist von der Idee geprägt, die Befragung durch diese Excel-Arbeitsmappe mit einfachsten Mitteln zu realisieren. Zu diesem Zweck werden im Tabellenblatt *Fragebogen* jeweils vier Antwortalternativen – von »stimme voll zu« bis »stimme überhaupt nicht zu« – angeboten. Um den Aufwand zu minimieren, sollen in diesem Formular keine Auswahlmöglichkeiten über ein Listenfeld der Datenüberprüfung angeboten werden. Stattdessen sollen die Mitarbeiter einfach mithilfe der Eintragung des Buchstabens X die aus ihrer Sicht zutreffende Antwort geben (Abbildung 15.37).

	A	B	C	D	E
1	Mitarbeiterbefragung				
2	Liebe Mitarbeiter! Unsere turnusmäßige Mitarbeiterbefragung steht wieder an. Auch diesmal haben wir unseren Fragebogen an die aktuellen Belange angepasst. Wir wünschen uns erneut eine so große Teilnahme wie bei den vergangenen Befragungen. Zahlreiche Anregungen haben wir erhalten und umsetzen können. Auf diesem Wege möchten wir mit Ihnen weitergehen. Kreuzen Sie einfach durch Eingabe von X die aus Ihrer Sicht zutreffende Antwort an. Den ausgefüllten Fragebogen senden Sie bitte an info@invalid.net. Vielen Dank für Ihre Mitarbeit!				
3		stimme voll zu	stimme teilweise zu	stimme eher nicht zu	stimme überhaupt nicht zu
4	Themenbereich 1: Eigene Tätigkeit und Arbeitsplatz				
5	Meine Tätigkeit ist sehr abwechslungsreich.		X		
6	Ich habe Spaß bei der Ausführung meiner Arbeit.	X			
7	Mir stehen alle benötigten Arbeitsmittel zur Verfügung.	X			
8	In neue Aufgabenfelder werde ich angemessen eingearbeitet.		X		
9	Das Unternehmen bietet mir ein modernes Arbeitsumfeld.		X		
10					
11	Themenbereich 2: Betriebsklima				
12	Das generelle Klima im Unternehmen ist sehr positiv.		X		
13	Ich werde von Kolleginnen und Kollegen respektiert.		X		
14	Ich kann mich jederzeit mit Fachfragen an Kollegen wenden.	X			
15	Unsere Teamarbeit funktioniert sehr gut.	X			
16					
17					
18	Themenbereich 3: Führungsverhalten				
19	Unternehmensziele und -politik werden vom Management klar beschrieben.			X	
20	Das Management füllt seine Vorbildfunktion überzeugend aus.		X		
21	Konflikte werden stets sachlich diskutiert und gelöst.	X			

Abbildung 15.37 Struktur des Mitarbeiterfragebogens

15.13.3 Vermeidung der Mehrfachbeantwortung einer Frage

Um dieses einfache Konzept umzusetzen, müssen Sie zwei Vorbedingungen sicherstellen:

1. Nur der Buchstabe X darf bei der Eingabe in den betreffenden Zellbereich der Spalten B bis E erlaubt sein.

2. Die Mehrfachbeantwortung einer Frage muss verhindert werden.

Diese Anforderungen können Sie mit einer Datenüberprüfung realisieren, die auf einer berechneten Funktion basiert. Bewegen Sie den Cursor in Zelle B5, und starten Sie die Funktion DATEN • DATENTOOLS • DATENÜBERPRÜFUNG. Wählen Sie dann im Eingabefeld ZULASSEN die Option BENUTZERDEFINIERT.

In dieses Feld schreiben Sie die folgende Funktion:

```
=UND(B5="X";ZÄHLENWENN($B5:$E5;B5)=1)
```

Mit der logischen Funktion UND(Bedingung1; Bedingung2; ...) können Sie bis zu 255 Bedingungen vorgeben. Nur wenn alle Bedingungen von Excel nach der Prüfung mit dem Wahrheitswert WAHR beantwortet werden, wird auch der gesamte Ausdruck mit WAHR bewertet.

Glücklicherweise, so möchte man sagen, haben wir es nicht mit 255, sondern lediglich mit zwei Bedingungen zu tun. Die erste Bedingung legt fest, dass in Zelle B5 ausschließlich der Buchstabe X verwendet werden darf. In der zweiten Bedingung schreiben Sie vor, dass der erlaubte Buchstabe X im Zellbereich B5 bis E5, also im Antwortbereich der ersten Frage, nur ein einziges Mal vorkommen darf. Dies erreichen Sie durch die Verwendung von ZÄHLEN-WENN($B5:$E5;B5)=1, einem Ausdruck, den Sie immer dann in der Datenüberprüfung verwenden sollten, wenn Sie die Eingabe von Duplikaten vermeiden möchten (Abbildung 15.38).

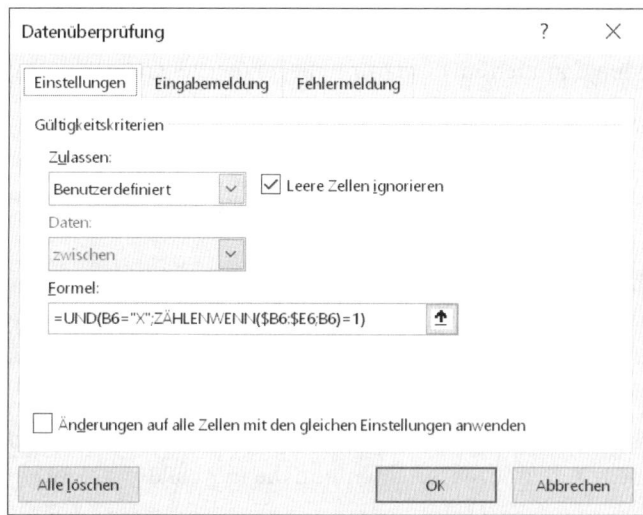

Abbildung 15.38 Datenüberprüfung zur Vermeidung der Mehrfachbeantwortung einer Frage

15.13.4   Definition einer Fehlermeldung

Versäumen Sie es nicht, den Benutzer Ihres Fragebogens mit den notwendigen Informationen zu versorgen, für den Fall, dass er nicht erlaubte Eintragungen im Antwortbereich vornimmt. Wechseln Sie zu diesem Zweck in das Register FEHLERMELDUNG, und schreiben Sie in das Feld FEHLERMELDUNG einen Text wie »Bitte nur X zum Markieren der Antwort eingeben. Es darf nur eine Antwort pro Frage angekreuzt werden.«

Da Sie den potenziellen Benutzer des Fragebogens bereits im Tabellenbereich oberhalb der Fragen darüber informiert haben, wie der Fragebogen ausgefüllt wird, können Sie auf eine Eingabemeldung im gleichnamigen Register verzichten. Diese würde lediglich störend wirken, da sie von Excel in jeder einzelnen Zelle des Antwortbereichs angezeigt würde.

15.13.5   Übertragung der Datenüberprüfung auf die weiteren Fragen

Die Verwendung von relativen und absoluten Zelladressen ist bei der Definition der Datenüberprüfung erneut von besonderer Bedeutung, denn nur mit der richtigen Mischung gelingt es Ihnen, die in Zelle B5 definierte Bedingung mit minimalem Aufwand in die übrigen Antwortzellen zu übertragen.

Zu beachten ist:

▶ Der Zellbezug auf Zelle B5, also auf die aktuelle Zelle, für die Sie den Buchstaben X als Eingabe erlauben, muss relativ sein; die Bedingung soll schließlich auch für alle anderen Eingabezellen gelten.

▶ Der auf eine mögliche Mehrfacheingabe zu prüfende Zellbereich $B5:$E5 in der Funktion ZÄHLENWENN() muss einen absoluten Spaltenbezug, jedoch einen relativen Zeilenbezug besitzen; damit können Sie die Bedingung auch auf die darunterliegenden Zeilen übertragen.

Wenn Sie die Funktion in dieser Form in Zelle B5 in die Datenüberprüfung übernommen haben, kopieren Sie sie in die weiteren Zellen. Rufen Sie wie gewohnt über das Kontextmenü oder ⌈Strg⌋ + ⌈C⌋ die Funktion KOPIEREN auf. Markieren Sie dann die Zielzellen, und übertragen Sie den Zellinhalt mit ⌈↵⌋.

Nachdem Sie die Eingabe von nicht zulässigen Werten und die Mehrfachbeantwortung einer Frage durch den das Formular ausfüllenden Mitarbeiter ausgeschlossen haben, sollten Sie das Tabellenblatt für alle weiteren Veränderungen sperren. Dazu müssen Sie den Blattschutz aktivieren, was Sie über das Menü START • ZELLEN • FORMAT • BLATT SCHÜTZEN erreichen.

Mitarbeiter, die einen nicht erlaubten Wert in eine der Zellen des Antwortbereichs eintragen oder eine Frage mehrfach mit einem X ankreuzen, erhalten nun die in Abbildung 15.39 gezeigte Fehlermeldung.

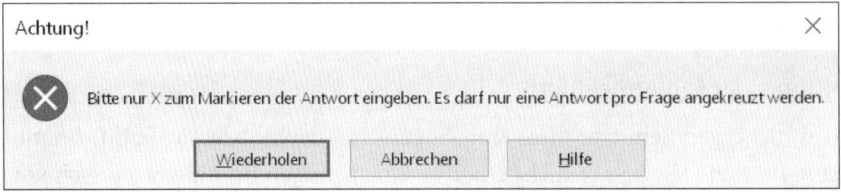

Abbildung 15.39 Fehlermeldung bei der mehrfachen Beantwortung einer Frage

15.13.6   Festlegung und Automatisierung des Auswertungsablaufs

Wenn Sie die Fragebögen möglichst effizient auswerten möchten, werden Sie wahrscheinlich einige VBA-Makros dazu benötigen. Insgesamt könnte Ihr Auswertungsschema folgende Formen annehmen:

▶ Bitten Sie die Benutzer, den ausgefüllten Fragebogen unter einem eindeutigen Namen zu speichern.

- ▶ Dann veranlassen Sie die Mitarbeiter, Ihnen die Fragebögen per E-Mail zu senden.

- ▶ Alle Fragebögen, die Sie erhalten, speichern Sie unter dem eindeutigen Namen in einem Ordner.

- ▶ Wenn die Befragung abgeschlossen ist, laden Sie die Ergebnisse aller Fragebögen, die Sie erhalten haben, in eine Excel-Arbeitsmappe und führen die Auswertung durch.

15.13.7 Speichern des ausgefüllten Fragebogens unter einem eindeutigen Dateinamen

Der erste Schritt besteht also darin, die Benutzer dazu zu bewegen, den ausgefüllten Fragebogen unter einem Dateinamen zu speichern, der sich eindeutig von den Namen sämtlicher anderer Antwortdateien unterscheidet. Da es im Sinne der Anonymisierung der Antworten nicht wünschenswert ist, den Namen des Mitarbeiters, ein Namenskürzel oder seine E-Mail-Adresse als Teil des Dateinamens zu verwenden, müssen Sie hier auf eine andere Lösung zurückgreifen.

Erstellen Sie ein VBA-Makro, das die geöffnete und vom Mitarbeiter ausgefüllte Antwortdatei unter einer Kombination von Tabellennamen, Datum und Uhrzeit speichert. Drücken Sie zu diesem Zweck die Tastenkombination (Alt) + (F11). Mit ihr gelangen Sie in den VBA-Editor von Excel. Klicken Sie dann auf EINFÜGEN • MODUL, um ein neues Makromodul anzulegen.

In das leere Codefenster auf der rechten Seite schreiben Sie den hier abgebildeten Makrotext:

```
Sub FragebogenSpeichern()

    ActiveWorkbook.SaveAs ActiveSheet.Name & "_" & Format(Now,
    "ddmmyyyy_hhmmss") & ".xls"

    MsgBox "Vielen Dank für Ihre Teilnahme an unserer
    Mitarbeiterbefragung!" & vbNewLine & "Bitte senden Sie die
    Datei per E-Mail an info@invalid.net."

End Sub
```

Dieses Makro besteht aus zwei Teilen: dem Speichern der Arbeitsmappe (`ActiveWorkbook.SaveAs`) unter dem Namen des aktuellen Tabellenblattes (`ActiveSheet.Name`), kombiniert mit der aktuellen Angabe des Datums (`Now`) im Format `"ddmmyyyy_hhmmss"`. Durch letztere Vorgabe werden das achtstellige Tagesdatum und die aktuelle Uhrzeit, bestehend aus Stunden-, Minuten- und Sekundenangabe, in den Dateinamen übernommen.

Im zweiten Teil des Makros geben Sie eine kurze Information in einer Dialogbox (MsgBox) auf dem Bildschirm aus, in der Sie sich beim Mitarbeiter für die Teilnahme an der Befragung bedanken und ihn daran erinnern, die ausgefüllte Antwortdatei an die von Ihnen ausgesuchte E-Mail-Adresse zu senden. Mit & vbNewLine & gelingt es Ihnen, die beiden Informationen in der Dialogbox mit einer Leerzeile voneinander zu trennen (Abbildung 15.40).

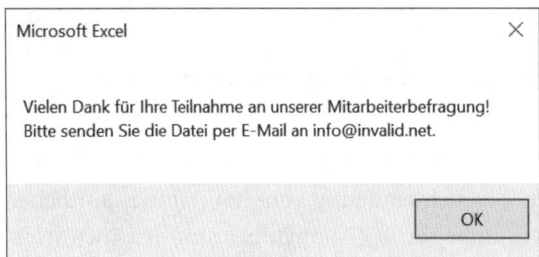

Abbildung 15.40 Dialogbox nach makrogesteuertem Speichern der Antwortdatei

15.13.8   Zuordnung einer Schaltfläche zum VBA-Makro

Unterhalb der Frageliste Ihres Fragebogens verfügen Sie über genügend Platz, um eine Schaltfläche zu zeichnen, mit der der Mitarbeiter das Makro zum Speichern des Fragebogens ausführen kann.

Wechseln Sie in das Menü ENTWICKLERTOOLS. Falls dieses nicht angezeigt wird, aktivieren Sie diesen Menübereich über DATEI • OPTIONEN • MENÜBAND ANPASSEN • ENTWICKLERTOOLS.

Aus dem Menü ENTWICKLERTOOLS heraus fügen Sie nun über STEUERELEMENTE • EINFÜGEN • FORMULARSTEUERELEMENTE eine SCHALTFLÄCHE in das Tabellenblatt ein. Ordnen Sie der Schaltfläche abschließend das Makro FragebogenSpeichern zu. Sichern Sie die Arbeitsmappe über das Menü unter dem bereits bekannten Dateinamen. Testen Sie dann, ob der Speichervorgang über Schaltfläche und Makro funktioniert. Schauen Sie in dem Ordner nach, der die ursprüngliche Fragebogen-Arbeitsmappe enthält, ob dort eine Antwortdatei mit Datums- und Zeitangabe erstellt wurde.

15.13.9   Aufbau der Auswertungstabelle der Fragebogendatei

Wie bereits beschrieben, müssen die Antworten auf einzelne Fragen des Fragebogens nach einem zuvor festgelegten Punktesystem bewertet werden. Für die jeweiligen Fragen oder Kriterienbereiche sollten Sie zudem bereits deren Gewichtung bestimmt haben, um letztendlich die Gesamtpunktzahl für jeden Fragebogen, der Ihnen zugesendet wird, zu bestimmen (Abbildung 15.41).

	A	B	C	D	E	F	G	H
1								
2		stimme voll zu	stimme teilweise zu	stimme eher nicht zu	stimme überhaupt nicht zu	Punkte	Gewichtung	Ergebnis
3	Themenbereich 1: Eigene Tätigkeit und Arbeitsplatz							
4	Meine Tätigkeit ist sehr abwechslungsreich.	0	3	0	0			3
5	Ich habe Spaß bei der Ausführung meiner Arbeit.	4	0	0	0			4
6	Mir stehen alle benötigten Arbeitsmittel zur Verfügung.	4	0	0	0			4
7	In neue Aufgabenfelder werde ich angemessen eingearbeitet.	0	3	0	0			3
8	Das Unternehmen bietet mir ein modernes Arbeitsumfeld.	0	3	0	0			3
9						17	20	340

Abbildung 15.41 Auswertung der Antworten und Bildung der gewichteten Ergebnisse

Der erste Schritt der Auswertung besteht schlichtweg darin, dem angekreuzten Feld aus dem Tabellenblatt *Fragebogen* im Tabellenblatt *Punkte* den korrekten Zahlenwert zuzuordnen. Den vier Antwortmöglichkeiten weisen Sie zu diesem Zweck die in Tabelle 15.7 dargestellten numerischen Werte zu.

Antwort	Wert
»stimme voll zu«	4
»stimme teilweise zu«	3
»stimme eher nicht zu«	2
»stimme überhaupt nicht zu«	1

Tabelle 15.7 Codierung der Antworten der Befragung

Diese Werte werden in Zelle B4 des Tabellenblattes *Punkte* mit der Funktion `=WENN(Fragebogen!B5="x";6-SPALTE();0)` übernommen. Sofern der Antwortende in der korrespondierenden Zelle des Tabellenblattes *Fragebogen* ein X eingegeben hat, trägt Excel den Wert `6-Spalte()` ein. Da sich die Funktion in der zweiten Spalte befindet, ist es der Wert 4, der in Zelle B4 ausgegeben wird. Durch die Verwendung von `Spalte()` erhalten Sie wieder einmal die Möglichkeit, die gesamte Funktion in die angrenzenden Zellen zu kopieren, ohne nachträgliche Anpassungen vornehmen zu müssen.

In Spalte H bilden Sie die Summe aller Einzelwerte (`=SUMME(B4:E4)`). Prinzipiell wäre es natürlich auch möglich, für jede einzelne Frage eine Gewichtung zu definieren und diese mit dem Ergebniswert zu multiplizieren. Ich habe in dieser Beispieldatei darauf verzichtet. Stattdessen werden nur die Kriterienbereiche insgesamt gewichtet. In Zelle H9 werden die Gesamtpunkte des Kriterienbereichs mit der Gewichtung multipliziert, um das Gesamtergebnis dieses Fragenkomplexes zu erhalten. Die Ergebnisse sämtlicher Kriterienbereiche werden schließlich in Zelle H44 mit der Formel `=H9+H16+H23+H30+H37+H43` addiert.

15.13.10   Verbergen des Tabellenblattes zur Auswertung der Antworten

Es ist nun zu überlegen, in welcher Form Sie das Tabellenblatt *Punkte* schützen möchten. Zwei Möglichkeiten bieten sich an: Sie können das Blatt für versehentliche Eingaben durch den Benutzer sperren, wie wir dies bereits mehrfach mit anderen Tabellenblättern gemacht haben. In diesem Fall würden Sie einfach den bestehenden aktiven Zellschutz aller Zellen des Tabellenblattes erhalten und dann über START • ZELLEN • FORMAT • BLATT SCHÜTZEN den Blattschutz aktivieren. Das Ergebnis wäre in diesem Fall, dass der Antwortende das Gesamtergebnis seiner Antworten anschauen, allerdings die Formeln und Funktionen nicht ändern kann.

Möchten Sie dem Benutzer diese Option nicht einräumen, blenden Sie das Tabellenblatt zusätzlich aus. Klicken Sie dafür mit der rechten Maustaste auf das Register PUNKTE, und wählen Sie dann aus dem Kontextmenü die Option AUSBLENDEN.

Später können Sie das Tabellenblatt zu Auswertungszwecken wieder einblenden, indem Sie START • FORMAT • ZELLEN • SICHERHEIT • AUSBLENDEN & EINBLENDEN • BLATT EINBLENDEN wählen. Bedenken Sie aber, dass auch jeder andere Benutzer dieser Arbeitsmappe diesen Weg gehen kann, um das ausgeblendete Tabellenblatt wieder sichtbar zu machen. Um dies zu verhindern, müssten Sie gegebenenfalls mithilfe der Funktion ÜBERPRÜFEN • ÄNDERUNGEN • ARBEITSMAPPE SCHÜTZEN die Struktur der gesamten Arbeitsmappe schützen, in dem Bewusstsein freilich, dass auch dieser Schutz ausgehebelt werden kann. Da sich jedoch keine sensiblen Daten in dem verborgenen Tabellenblatt befinden, sollte ein Schutz, den Sie mit diesen einfachen Mitteln umsetzen, ausreichend sein.

15.13.11   Automatisierte Auswertung der Fragebögen

Der größte Arbeitsaufwand bei der Auswertung der Befragung ist nun sicherlich in den Arbeitsschritten zu finden, mit denen Sie die einzelnen Antwortdateien öffnen und den Zellbereich, in dem sich die berechneten Bewertungsergebnisse befinden, in eine andere Arbeitsmappe kopieren müssen. Dabei müssen Sie zudem darauf achten, dass die Daten jeweils an die bereits erfassten Antworten angehängt werden. Mit der dann entstandenen einfachen Liste sollte es schließlich ein Leichtes sein, die statistischen Auswertungen der Befragung zu realisieren.

Die Arbeitsmappe *15_Mitarbeiterbefragung_Auswertung_01.xlsm* enthält bereits ein solches Makro zum Zusammenführen aller Einzelantworten.

15.13.12   Aufbau der Beispieldatei

Im Tabellenblatt *Befragung_Rohdaten* werden die Ergebnisse sämtlicher Antwortdateien, die Ihnen von Mitarbeitern zugeschickt werden, gesammelt. In Spalte A enthält dieses Tabellenblatt die gleichen Beschriftungen, wie sie auch im Fragebogen verwendet wurden. Ab Spalte B werden die Daten aus den Antwortdateien spaltenweise angefügt. In der ersten Zeile des Tabellenblattes befindet sich eine Schaltfläche, mit der Sie das Makro zum Datenimport starten (Abbildung 15.42).

In einem weiteren Tabellenblatt mit der Bezeichnung *Auswertung* werden die importierten Rohdaten verdichtet. An dieser Stelle sind unterschiedliche statistische Verfahren möglich. Die in der Beispieldatei durchgeführten Berechnungen beschränken sich auf einfache Mittelwertberechnungen sowie Häufigkeitsverteilungen. Entscheidend bei diesen Kalkulationen ist die Verwendung von Bereichsnamen. Da die Datenmenge im Zuge des Rücklaufs der Antwortdateien sukzessive steigen wird, ist es empfehlenswert, dynamische Bereichsnamen zu verwenden (Abbildung 15.43).

	A	B	C	D
1	**Rohdaten**	Antwortdateien importieren		
2	Themenbereich 1: Eigene Tätigkeit und Arbeitsplatz			
3	Meine Tätigkeit ist sehr abwechslungsreich.	3	3	1
4	Ich habe Spaß bei der Ausführung meiner Arbeit.	2	2	2
5	Mir stehen alle benötigten Arbeitsmittel zur Verfügung.	4	4	3
6	In neue Aufgabenfelder werde ich angemessen eingearbeitet.	1	1	4
7	Das Unternehmen bietet mir ein modernes Arbeitsumfeld.	3	3	4
8	**Summe**	260	260	280
9	Themenbereich 2: Betriebsklima			
10	Das generelle Klima im Unternehmen ist sehr positiv.	1	4	4
11	Ich werde von Kolleginnen und Kollegen respektiert.	1	4	2
12	Ich kann mich jederzeit mit Fachfragen an Kollegen wenden.	4	4	2
13	Unsere Teamarbeit funktioniert sehr gut.	4	4	2
14				
15	**Summe**	150	240	150

Abbildung 15.42 Rohdaten der Befragung und Schaltfläche des Makros zum Datenimport

	A	B	C	D	E	F	G	H
1	**Auswertung**	**Ist**	**Max**	**Ist in %**		**Klasse**	**Themenbereich 1**	
2	Themenbereich 1: Eigene Tätigkeit und Arbeitsplatz	266,7	400	66,7%		100	0	
3	Themenbereich 2: Betriebsklima	180,0	240	75,0%		200	0	
4	Themenbereich 3: Führungsverhalten	190,0	240	79,2%		300	3	
5	Themenbereich 4: Weiterbildung und Karriere	240,0	320	75,0%		400	0	
6	Themenbereich 5: Bezahlung und Sozialleistungen	200,0	320	62,5%				
7	Themenbereich 6: Information	100,0	160	62,5%		**Klasse**	**Themenbereich 2**	**Themenbereich 3**
8	**Gesamtergebnis**	**1.176,7**	**1680**	**70,0%**		60	0	0
9						120	0	0
10						180	2	2
11						240	1	1

Abbildung 15.43 Automatische Berechnung der Ergebnisse im Tabellenblatt »Auswertung«

Diese verwendeten Bereichsnamen sind wiederum im Tabellenblatt *Namen* dokumentiert. Das Tabellenblatt *Gewichtung* enthält eine Liste, in der alle wesentlichen Informationen zu den definierten sechs Kriterienbereichen erfasst wurden. Dies sind neben der Bezeichnung des Kriterienbereichs seine Gewichtung und die maximal zu erreichende Punktzahl in diesem Bereich.

15.13.13   Kurzbeschreibung des VBA-Makros zum Datenimport

In Kapitel 17, »Automatisierung mit Makros – VBA für Controller«, finden Sie eine systematische Einführung in die Thematik der Aufzeichnung, Bearbeitung und Programmierung von Makros in Excel. Ich möchte dem nicht vorgreifen und deshalb lediglich in groben Zügen die Struktur und Funktion des Makros beschreiben, das Sie verwenden sollten, um die Antwortdaten zu importieren.

Lassen Sie uns zunächst überlegen, welches die konkreten Arbeitsschritte sind, die Ihnen dieses kleine Programm abnehmen soll:

▶ Es muss der Reihe nach alle Arbeitsmappen öffnen, die sich in dem Ordner Ihrer Festplatte befinden, den Sie zum Speichern der Antwortdateien bestimmt haben.

▶ Danach muss ermittelt werden, an welcher Stelle der zentralen Auswertungsdatei sich freie Zellen befinden, in die später neue Daten geschrieben werden können.

▶ Sobald diese Information vorliegt, soll aus der aktuell geöffneten Antwortdatei der Zellbereich kopiert werden, in dem sich die Antwortergebnisse befinden.

▶ Diese Daten müssen abschließend aus der Zwischenablage in den Zellbereich eingefügt werden, der im zweiten Schritt als nächste freie Spalte bestimmt worden ist.

▶ Zu guter Letzt soll die Antwortdatei geschlossen und der Kopiervorgang mit dem Öffnen der nächsten Antwortdatei fortgesetzt werden.

15.13.14   Quelltext des VBA-Makros zum Datenimport

Das VBA-Makro geht davon aus, dass alle Antwortdateien in einem Ordner *C:\testbed* gespeichert wurden, und besteht aus insgesamt fünf Abschnitten. Der Quelltext des Makros ist nachfolgend vollständig wiedergegeben. Die fünf wesentlichen Teile sind jeweils mit einem kurzen Kommentar überschrieben.

```
Sub AntwortenEinlesen()
'Teil 1: Definition der Umgebung
Dim FragebogenDatei As String
Dim Auswertung As Workbook
Dim Antworten As Workbook
Dim Spaltenzahl As Integer
Set Auswertung = ActiveWorkbook
Application.ScreenUpdating = False
'Teil 2: Öffnen der Antwortdateien
FragebogenDatei = Dir("C:\Testbed\" & "*.xlsm")
  Do While FragebogenDatei <> ""
    If ThisWorkbook.Name <> FragebogenDatei Then
      Workbooks.Open Filename:="C:\Testbed\" & FragebogenDatei
```

```
'Teil 3: Ermitteln der nächsten freien Spalte
    Set Antworten = Workbooks(FragebogenDatei)
    Auswertung.Activate
    Range("Startzelle").Select
    Spaltenzahl = ActiveSheet.Cells(3, Columns.Count).End _
    (xlToLeft).Column
'Teil 4: Kopieren und Einfügen der Antwortdaten
    Workbooks(FragebogenDatei).Worksheets("Punkte").Range("Ergebnisse"). _
     Copy
    Auswertung.Worksheets(1).Range(Cells(2, Spaltenzahl + 1), _
    Cells(43, Spaltenzahl + 1)).Select
    Selection.PasteSpecial Paste:=xlPasteValues
'Teil 5: Schließen der Antwortdatei/Wiederholen der Prozedur
    Workbooks(FragebogenDatei).Close False
    End If
    FragebogenDatei = Dir
  Loop
Application.ScreenUpdating = True
Worksheets("Auswertung").Select
End Sub
```

Listing 15.1 VBA-Makro zum Datenimport

15.13.15 Makro – Teil 1: Definition der Arbeitsumgebung

Im ersten Teil des Makros legen Sie fest, welche Variablen verwendet werden. Variablen deklarieren Sie mit dem Schlüsselwort Dim. Danach verwenden Sie eine aussagekräftige Bezeichnung für Ihre Variable und legen deren Datentyp fest.

Warum ist das notwendig? Die Antwort lässt sich am Ausdruck Dim FragebogenDatei As String erklären.

Sie möchten Excel dazu bringen, jene Dateien zu öffnen, in denen sich die Antworten der Mitarbeiter befinden, die an der Befragung teilgenommen haben und Ihnen die Ergebnisse per E-Mail geschickt haben. Die Struktur der Dateien ist identisch, allerdings besitzt jede Datei einen individuellen Dateinamen, unterschieden durch Datum und Uhrzeit.

Wenn Sie diese Tatsache bei der Deklaration der Variablen berücksichtigen, werden Sie wahrscheinlich einen Namen vergeben, der beschreibt, was jede der zu öffnenden Dateien tatsächlich ist: eine FragebogenDatei. Alle Dateien unterscheiden sich beim Vorgang des Öffnens durch ihren Dateinamen, also durch eine Kette von Zeichen. Deshalb weisen Sie der Variablen den Typ As String zu. Diese konkrete Zeichenkette einer jeden Datei kann später der Anweisung zum Öffnen der Dateien übermittelt werden.

Bei der zweiten Variablen – `Dim Auswertung As Workbook` – verfolgen Sie am besten die gleiche Logik. Die Variable benötigen Sie, um auf die Arbeitsmappe zuzugreifen, in der die Auswertung erfolgt. Der Variablenname `Auswertung` ist in diesem Fall naheliegend. Da diese Datei bereits geöffnet sein muss, um das Makro zu starten, steht bei ihrer Deklaration nicht die Zeichenkette ihres Dateinamens im Vordergrund. Wichtig ist allerdings, dass es sich um ein Objekt vom Typ Arbeitsmappe handelt. Dadurch wird es später möglich sein, diese Arbeitsmappe zu aktivieren und darin ein Tabellenblatt sowie einen Zellbereich auszuwählen. Der Variablentyp ist konsequenterweise definiert als `As Workbook`.

Mit der Anweisung `Set Auswertung = ActiveWorkbook` legen Sie fest, dass die Variable `Auswertung` mit dem Objekt `Datei`, in der Sie momentan arbeiten und die Schaltfläche zum Starten den VBA-Makros angeklickt haben, gefüllt wird.

15.13.16   Makro – Teil 2: Öffnen der Antwortdateien durch eine Schleife

Im ersten Schritt dieses zweiten Makroteils verknüpfen Sie den Zugriff auf ein ausgewähltes Laufwerk sowie einen Ordner mit einem definierten Dateityp. Dabei ist Folgendes zu überlegen: Die Fragebogendateien, die Sie an Ihre Mitarbeiter geschickt haben, enthalten ein Makro zum Speichern der Arbeitsmappen. Dateien, die Makros enthalten, werden seit Excel 2007 unter dem Dateityp *.xlsm* gespeichert. Um die Ihnen per E-Mail zurückgesendeten Antwortdateien zu öffnen, müssen Sie demnach den variablen Dateinamen mit dem Ausdruck `& "*.xlsm"` verketten.

Laufwerk und Ordner, in denen nach den Antwortdateien gesucht werden soll, werden im Quellcode fest vorgegeben. Selbstverständlich könnten Sie auch diese Angaben zum Speicherort als Variablen definieren, um die Auswahl flexibler zu gestalten. In Kapitel 17, »Automatisierung mit Makros – VBA für Controller«, beschreibe ich Beispiele, die eine Auswahl des Speicherortes durch den Benutzer erlauben.

Der eigentliche Vorgang des Öffnens der Antwortdateien soll natürlich nicht nur einmal, sondern so oft durchgeführt werden, bis alle Arbeitsmappen mit der Endung *.xlsm* abgearbeitet wurden. Diese Anforderung lässt sich durch eine Schleife mit `Do ... Loop` erfüllen. Alle Anweisungen, die zwischen diesen beiden Ausdrücken stehen, werden so lange durchgeführt, wie die zu prüfende Bedingung erfüllt wird. Die hier verwendete Bedingung ist das Vorhandensein eines Dateinamens im definierten Ordner (`While FragebogenDatei <> ""`).

Einer korrekten Ausführung steht allerdings die Tatsache im Weg, dass auch die Auswertungsdatei, aus der das Makro aufgerufen wird, eine Datei vom Typ *.xlsm* ist. Dies würde zu einer Nachfrage von Excel führen, ob diese Datei noch einmal geöffnet werden soll. Deshalb müssen Sie die Ausführung der Befehle in der Schleife von einer weiteren Bedingung abhängig machen. Die Bedingung lautet, dass die zu öffnende *.xlsm*-Datei nicht identisch sein darf mit der Datei, aus der das VBA-Makro gestartet wird (`If ThisWorkbook.Name <> Fragebogen-Datei Then`).

Damit gibt es zwei Bedingungsebenen. Auf der ersten Ebene wird geprüft, ob die Loop-Schleife überhaupt ausgeführt werden soll (Sind geeignete Dateien im Ordner?). Die zweite Ebene wendet sich dann anschließend der Prüfung zu, welche Anweisungen in der Schleife auszuführen sind (Ist die infrage kommende Datei wirklich noch nicht geöffnet?).

15.13.17   Makro – Teil 3: Ermitteln der nächsten freien Spalte

Nachdem eine Antwortdatei geöffnet wurde, könnte der Kopiervorgang eigentlich starten. Doch es gibt noch eine weitere kleine Hürde zu überwinden. Die Befragungsergebnisse sollen spaltenweise in das Tabellenblatt *Befragung_Rohdaten* geschrieben werden, und zwar immer in die nächste leere Spalte.

Für Ihr Makro bedeutet dies, dass vor jedem Einfügevorgang gezählt werden muss, welche Spaltennummer die nächste freie Spalte in der Auswertungsdatei besitzt. Dieser Wert soll dann an die Variable `Spaltenzahl` übergeben werden: `Spaltenzahl = ActiveSheet.Cells(3, Columns.Count).End(xlToLeft).Column`. Excel ermittelt in diesem Beispiel die Anzahl der mit Daten gefüllten Spalten in der dritten Zeile des Tabellenblattes (`Cells(3, Columns.Count)`). Der Zählvorgang wird vom Zeilenende zum Zeilenanfang, also von rechts nach links, durchgeführt (`End(xlToLeft)`).

15.13.18   Makro – Teil 4: Kopieren und Einfügen der Antwortdaten

Nun sind tatsächlich alle Informationen gegeben, um mit dem Kopieren der Ergebnisdaten aus der einen Arbeitsmappe in die Zielarbeitsmappe zu beginnen. Dazu wird der Bereich *Ergebnisse* der jeweiligen Antwortdatei in die Zwischenablage kopiert. Mit anderen Worten, es wird auf einen Bereichsnamen zugegriffen.

Die Kopie der Daten wird nun in die erste leere Spalte des Tabellenblattes *Befragung_Rohdaten* eingefügt. Dieser Zellbereich wird zunächst aktiviert:

```
Auswertung.Worksheets(1).Range(Cells(2, Spaltenzahl + 1), _
Cells(43, Spaltenzahl + 1)).Select.
```

Anschließend werden nur die Werte, nicht aber Formeln oder Formatierungen in die Auswertungstabelle eingefügt (`Selection.PasteSpecial Paste:=xlPasteValues`).

15.13.19   Makro – Teil 5: Schließen der Antwortdatei/Wiederholen der Prozedur

Nach dem Einfügen der Daten aus der ersten Antwortdatei, die im definierten Ordner gefunden wurde, muss diese Datei ohne Rückfrage wieder geschlossen werden (`Workbooks(FragebogenDatei).Close False`). Die Schleife wird nun erneut ausgeführt, und alle Anweisungen werden in gleicher Weise abgearbeitet, bis keine weiteren *.xlsm*-Dateien mehr gefunden werden.

Sobald dies der Fall ist, wird das Tabellenblatt *Auswertung* der Analysearbeitsmappe aufgerufen, um das Ergebnis der automatischen Berechnung sämtlicher importierten Daten anzuzeigen.

15.13.20   Namensdefinition für die Auswertung der importierten Daten

Die Anzahl der von Ihnen zu importierenden Daten kann selbstverständlich stark variieren. Es kann auch sein, dass Sie nicht alle Dateien in einem Arbeitsgang importieren, sondern – je nach Rücklauf – mehrmals das VBA-Makro in Ihrer Auswertungsdatei ausführen.

Unter diesen Umständen sind Sie kaum in der Lage, die genaue Anzahl der Dateien vorherzusagen, deren Ergebnisse Sie berechnen möchten. Sie wissen auf der anderen Seite aber sehr genau, dass die Daten, die Sie analysieren möchten, im Tabellenblatt *Befragung_Rohdaten* gespeichert sind. Und dort belegen Sie einen Bereich zwischen den Zeilen 3 und 43. Selbst die Zeilen, in denen die Zwischenergebnisse der Kriterienbereiche stehen, sind Ihnen bekannt.

Diese Informationen stellen eine gute Grundlage für die Bildung dynamischer Bereiche dar. Mithilfe der dynamischen Bereiche sind Sie dann in der Lage, alle importierten Daten, unabhängig von der Anzahl importierter Antwortdateien, zu berechnen. Mit der Funktion BEREICH.VERSCHIEBEN() lassen sich solche anpassbaren Zellbereiche problemlos erstellen, wie Sie bereits in einigen anderen Fällen gesehen haben. In der Beispieldatei habe ich diese dynamischen Bereiche bereits erstellt. Tabelle 15.8 gibt einen Überblick.

Bereich	Zellbezug
Bereich1	=BEREICH.VERSCHIEBEN(Befragung_Rohdaten!$B$8;;;1; ANZAHL(Befragung_Rohdaten!$8:$8))
Bereich2	=BEREICH.VERSCHIEBEN(Befragung_Rohdaten!$B$15;;;1; ANZAHL(Befragung_Rohdaten!$15:$15))
Bereich3	=BEREICH.VERSCHIEBEN(Befragung_Rohdaten!$B$22;;;1; ANZAHL(Befragung_Rohdaten!$22:$22))
Bereich4	=BEREICH.VERSCHIEBEN(Befragung_Rohdaten!$B$29;;;1; ANZAHL(Befragung_Rohdaten!$29:$29))
Bereich5	=BEREICH.VERSCHIEBEN(Befragung_Rohdaten!$B$36;;;1; ANZAHL(Befragung_Rohdaten!$36:$36))
Bereich6	=BEREICH.VERSCHIEBEN(Befragung_Rohdaten!$B$42;;;1; ANZAHL(Befragung_Rohdaten!$42:$42))
Gesamt	=BEREICH.VERSCHIEBEN(Befragung_Rohdaten!$B$43;;;1; ANZAHL(Befragung_Rohdaten!$43:$43))

Tabelle 15.8 Dynamische Bereiche

15.13.21   Auswertung der Fragebögen

Im Tabellenblatt *Auswertung* werden die relativen und absoluten Punktzahlen für die einzelnen Kriterienbereiche nun automatisch berechnet. Darüber hinaus werden die Häufigkeiten der gegebenen Antworten ausgewertet.

Um die Punktzahl zu berechnen, ermitteln Sie zunächst in Spalte B die Durchschnittswerte, die in den verschiedenen Kriterienbereichen erreicht wurden (=MITTELWERT(Bereich1)). Bei der Kalkulation greifen Sie auf die zuvor erstellten dynamischen Bereiche zu, um sicherzustellen, dass auch nach dem Hinzufügen neuer Antwortdateien korrekt gerechnet wird.

	A	B	C	D
1	**Auswertung**	**Ist**	**Max**	**Ist in %**
2	Themenbereich 1: Eigene Tätigkeit und Arbeitsplatz	266,7	400	66,7%
3	Themenbereich 2: Betriebsklima	180,0	240	75,0%
4	Themenbereich 3: Führungsverhalten	190,0	240	79,2%
5	Themenbereich 4: Weiterbildung und Karriere	240,0	320	75,0%
6	Themenbereich 5: Bezahlung und Sozialleistungen	200,0	320	62,5%
7	Themenbereich 6: Information	100,0	160	62,5%
8	**Gesamtergebnis**	**1.176,7**	**1680**	**70,0%**

Abbildung 15.44 Ermittlung der absoluten und prozentualen Punktzahl

Die möglichen Maximalwerte in den Kriterienbereichen erhalten Sie aus der Liste im Tabellenblatt *Gewichtung*. Sie können die dort hinterlegten Werte mit der Funktion =SVERWEIS(A2;Gewichtung!$A$1:$C$7;3;FALSCH) in Spalte C und auf Basis der Bezeichnung der Kriterienbereiche übernehmen (Abbildung 15.44). Damit sind Sie nun in der Lage, in Spalte D des Tabellenblattes *Auswertung* auch die prozentualen Anteile auszugeben (=B2/C2).

Bei der Berechnung der relativen Häufigkeit (Abbildung 15.45) müssen Sie zunächst die Klassen bestimmen, in denen die Zählung der Häufigkeitsverteilung erfolgen soll. Hier ist zu bedenken, dass die Kriterienbereiche eine unterschiedliche Gewichtung besitzen und diese Gewichtung in der Punktzahl auch zum Ausdruck kommt. Außerdem werden im Kriterienbereich 1 fünf, in allen anderen Bereichen nur vier Fragen gestellt. Auch dies wirkt sich auf die maximale Punktzahl der Bereiche aus.

Klasse	Themenbereich 1	
100	0	
200	0	
300	3	
400	0	
Klasse	**Themenbereich 2**	**Themenbereich 3**
60	0	0
120	0	0
180	2	2
240	1	1

Abbildung 15.45 Häufigkeitsverteilung der verschiedenen Antworten

In den Zellen C2 bis C7 des Tabellenblattes *Auswertung* sind die maximalen Punktzahlen bereits dargestellt worden (Abbildung 15.44). Aus diesen Werten sollten Sie vier Klassen bilden, da es zu jeder Frage vier Antwortmöglichkeiten gab. Da die Funktion HÄUFIGKEIT() eine Matrixfunktion ist,

1. markieren Sie die vier Zellen neben den festgelegten Klassen im Zellbereich F2 bis F5,

2. rufen dann die Option FUNKTIONSASSISTENT auf und wählen die Funktion HÄUFIGKEIT() aus,

3. geben anschließend den Zellbereich C2 bis C7 als Bereich der Klassen und den Bereichsnamen *Bereich1* als Datenbereich aus und

4. schließen letztlich die Eingabe der Funktion mit ⎡Strg⎤ + ⎡⇧⎤ + ⎡↵⎤ ab.

Wiederholen Sie die Vorgehensweise für die anderen Kriterienbereiche. Da Sie vier unterschiedliche Maximalwerte in den Bereichen haben, müssen Sie auch die Häufigkeit viermal mit unterschiedlichen Klassen berechnen. Zu guter Letzt erkennen Sie an der Zugehörigkeit der Antworten zu einer der vier Klassen, wie viele Mitarbeiter jeweils mit den Optionen »stimme voll zu«, »stimme teilweise zu«, »stimme eher nicht zu« oder »stimme überhaupt nicht zu« geantwortet haben.

15.14   Selbstbewertung nach EFQM

Ich möchte dieses Kapitel über Kennzahlen und Unternehmenssteuerung mit einem Beispiel aus dem Qualitätsmanagement abschließen. Die *European Foundation for Quality Management* (EFQM) hat das gleichnamige Excellence-Modell etabliert. Das EFQM-Modell basiert auf der regelmäßigen Selbst- und Fremdbewertung des Unternehmens anhand eines klar definierten Kriterienkatalogs.

Im Rahmen der Selbstbewertung werden anhand des Kriterienkatalogs sowohl der Erfüllungsgrad für festgelegte Qualitätsanforderungen als auch der konkrete Handlungsbedarf zu deren Erreichung mithilfe einer Werteskala von 0 bis 100 gemessen. Die gleiche Aufgabe übernehmen externe EFQM-Assessoren, wenn eine Fremdbewertung des Unternehmens durchgeführt wird.

Fachgespräche des EFQM-Assessorenteams mit den Verantwortlichen des Unternehmens führen schließlich zur Festlegung von Qualitätszielen für die nächste Periode. Um diese Ziele zu erreichen, muss dann ein Maßnahmenplan entwickelt werden. Nach Ablauf der Periode wird das Qualitätsniveau erneut bewertet. Das EFQM-Modell folgt damit den vier Phasen des *Deming-Zyklus* aus Planung (*Plan*), Umsetzung (*Do*), Erfolgskontrolle (*Check*) und Gegensteuerung (*Act*).

Wie bei allen QM- und/oder Steuerungssystemen kommt auch bei der Anwendung des EFQM-Modells neben der Analyse der Tatbestände besonders der Kommunikation bereits erzielter Ergebnisse und vereinbarter Ziele eine wesentliche Rolle zu. Das Modell fordert seine Anwender explizit dazu auf, Kennzahlen zu bilden und mit diesen den Fortschritt im Rahmen dieses *Total Quality Managements* kontinuierlich zu messen.

Dieses Zusammenspiel zwischen der auf Befragung, aber auch auf Datenanalyse beruhenden Ist-Analyse, der Aufbereitung der Ergebnisse z. B. in Form eines *EFQM-Cockpits* und der Verteilung der Ergebnisse möglichst in einem Format, das für viele Mitarbeiter im Unternehmen zugänglich ist, kann den Excel-Anwender wieder auf den Plan rufen.

Die Arbeitsmappe *15_EFQM_Cockpit_01.xlsx* zeigt Ihnen modellhaft, wie Sie ein solches Cockpit in Excel realisieren können (Abbildung 15.46).

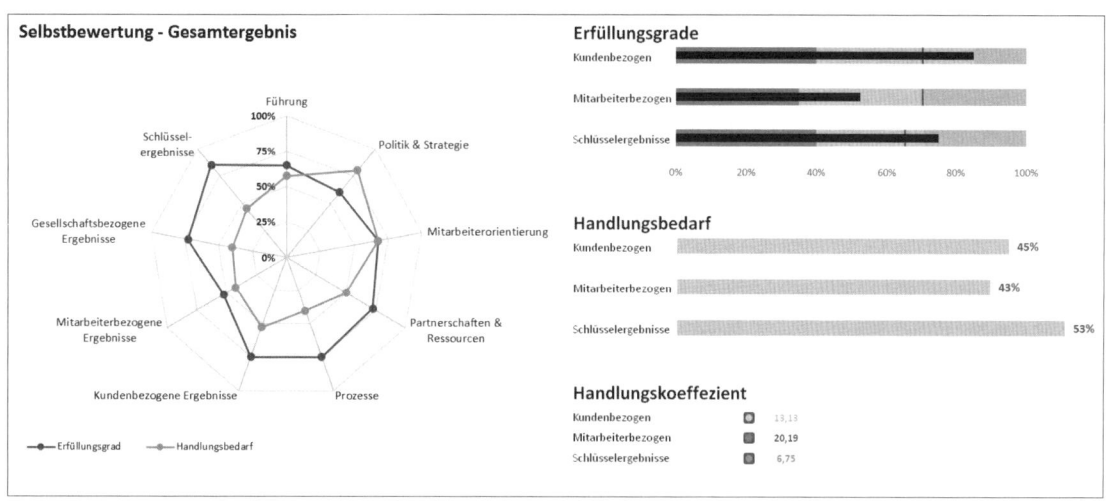

Abbildung 15.46 EFQM-Cockpit

15.14.1 Übersicht über die neun Kriterien des EFQM-Modells

Im Tabellenblatt *Übersicht* sind die neun Kriterienbereiche des EFQM-Modells dargestellt. Diese sind in zwei Gruppen unterteilt. *Befähiger* versetzen das Unternehmen in die Lage, seine angestrebten Qualitätsziele zu erreichen. *Ergebnisse* bilden den unmittelbaren Nutzen, den die Organisation aus ihren Bemühungen um eine Steigerung der Qualität zieht, ab (Abbildung 15.47).

Alle Kriterien sind entsprechend den Vorgaben der EFQM gewichtet. Die Summe der Gewichtungspunkte aufseiten der Befähiger und der Ergebnisse beträgt jeweils 50 %. Dies lässt die Schlussfolgerung zu, dass bei der Bemühung um die Optimierung der Qualität den Maßnahmen die gleiche Bedeutung zukommt wie den bereits erreichten Resultaten.

Abbildung 15.47 EFQM-Kriterienbereiche

15.14.2 Erstellen der Kriterienübersicht als Schaubild

Das im Tabellenblatt *Übersicht* enthaltene Schaubild können Sie leicht mit den in Excel verfügbaren AutoFormen erstellen:

1. Wählen Sie dazu im Menü EINFÜGEN • ILLUSTRATIONEN • FORMEN • RECHTECKE die Option ABGERUNDETES RECHTECK.
2. Zeichnen Sie mit der Maus ein Rechteck auf das Tabellenblatt.
3. Legen Sie dann über ZEICHENTOOLS • FORMAT die weiteren Formatierungseigenschaften wie Farbe, Linienart und Linienfarbe fest.
4. Passen Sie im Bedarfsfall auch die Größe des Objekts mithilfe der Eckanfasser an der Form an.

15.14.3 Kopieren und Anpassen der AutoForm-Vorlage

Die auf diesem Weg erstellte AutoForm sollten Sie als Vorlage für alle weiteren Rechtecke dieses Schaubilds nutzen. Gehen Sie dazu wie folgt vor:

1. Halten Sie die Taste ⌞Strg⌟ gedrückt.
2. Ziehen Sie mit der linken Maustaste an der AutoForm, um sie zu kopieren, oder halten Sie die Tasten ⌞Strg⌟ + ⌞⇧⌟ fest, und ziehen Sie mit der linken Maustaste an dem Rechteck, um das Kopieren und gleichzeitige Ausrichten des Objekts zu ermöglichen.
3. Wiederholen Sie den Vorgang, bis Sie alle zwölf Rechtecke des Schaubildes erstellt haben.

Wenn Sie die einzelnen Rechtecke nicht gleich beim Kopieren auf dem Tabellenblatt ausgerichtet haben, müssen Sie dies nun nachholen. Dazu stehen verschiedene Möglichkeiten zur Verfügung:

▶ Bewegen Sie die Rechtecke mit der Tastenkombination ⌷Strg⌷ + Pfeiltasten in kleinen Intervallen nach oben, unten, links oder rechts.

▶ Markieren Sie mehrere Rechtecke mit ⌷Strg⌷ und linker Maustaste, und wenden Sie dann auf die markierten Objekte eine Ausrichtungsfunktion über ZEICHENTOOLS • ANORDNEN • AUSRICHTEN an.

15.14.4 Beschriftung der AutoFormen

Um die Texte in die AutoForm zu übernehmen, reicht es aus, ein Rechteck auszuwählen und dann einfach den gewünschten Text per Tastatur einzugeben. Allerdings stellt sich auch hier wieder die Frage, ob Sie eine Beschriftung, die Sie nicht nur in diesem Schaubild, sondern auch in der Frageliste, im Cockpit und eventuell in anderen Tabellen verwenden werden, wirklich mehrfach per Tastatur eingeben und zukünftig auch manuell überarbeiten müssen.

Die Antwort ist selbstverständlich ein klares Nein! Zeitsparender ist es, die mehrfach verwendbaren Beschriftungen in einem Tabellenblatt der Arbeitsmappe zu hinterlegen und darauf immer dann zu verweisen, wenn ihre Inhalte in unterschiedlichen Tabellenblättern benötigt werden.

Im Tabellenblatt *EFQM-Kriterien* habe ich eine solche Referenzliste bereits vorbereitet. Sie enthält neben den Beschriftungen die Zuordnung des Kriteriums zu einer Kategorie, die Gewichtung und die maximal erreichbare Punktzahl aufgrund der Fragenanzahl im Fragebogen der Selbst- bzw. Fremdbewertung (Abbildung 15.48).

	A	B	C	D	E
1	Nr.	EFQM-Kriterien	Kategorie	Gewichtung	Punkte
2	1	Führung	Befähiger	10%	100
3	2	Politik & Strategie	Befähiger	10%	100
4	3	Mitarbeiterorientierung	Befähiger	10%	100
5	4	Partnerschaften & Ressourcen	Befähiger	10%	100
6	5	Prozesse	Befähiger	10%	100
7	6	Kundenbezogene Ergebnisse	Ergebnisse	15%	150
8	7	Mitarbeiterbezogene Ergebnisse	Ergebnisse	10%	100
9	8	Gesellschaftsbezogene Ergebnisse	Ergebnisse	10%	100
10	9	Schlüssel- ergebnisse	Ergebnisse	15%	150

Abbildung 15.48 Referenzliste der EFQM-Kriterien

Das Verfahren zur Beschriftung von AutoFormen gleicht dem, das Sie bei der Verwendung dynamischer Beschriftungen in Diagrammen angewendet haben. Um die Beschriftung der EFQM-Kriterien in die AutoFormen des Schaubildes zu übernehmen, reicht es aus, eine AutoForm auszuwählen. Danach positionieren Sie den Cursor in der Editierzeile von Excel und zeigen auf die Zelle, deren Inhalt Sie als Beschriftung der AutoForm verwenden möchten. Die Zellen, die die Beschriftungen enthalten, befinden sich – wie bereits erwähnt – im Tabellenblatt *EFQM-Kriterien* (Abbildung 15.49). Verweisen Sie also auf diese Zellen, um das Schaubild zu beschriften.

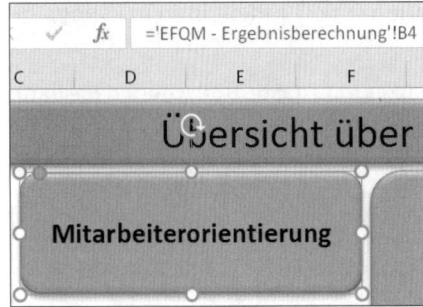

Abbildung 15.49 Dynamische Beschriftung von AutoFormen

15.14.5 Formular zur Bestimmung von Erfüllungsgrad und Handlungsbedarf

Aus den neun Kriterien der EFQM, die im vorangegangenen Abschnitt in einem Schaubild dargestellt wurden, lässt sich in der Folge ein umfangreicher Fragebogen ableiten. Dieser bildet die Grundlage für die Selbst- und Fremdbewertung des Unternehmens. Im Tabellenblatt *Fragebogen – Selbstbewertung* habe ich bereits für jedes Kriterium eine gewisse Anzahl an möglichen Fragen festgelegt (Abbildung 15.50). Diese Frageliste ist selbstverständlich nicht verbindlich. Sie muss firmenspezifisch entwickelt werden, um den Belangen des Unternehmens wirklich gerecht zu werden.

	A	B	C	E
1				
2	1	**1. Führung (Befähiger)**		
3		Führungskräfte fördern und entwickeln die für den Erfolg notwendigen Zukunftsvorstellungen, Werte und Systeme und setzen diese durch ihr Handeln und ihre Verhaltensweisen um. In Phasen der Veränderung geben Führungskräfte Orientierung durch Konstanz und klare Zielsetzungen. Die Führungskräfte begeistern die Mitarbeiter durch ihr Handeln und stellen sicher, dass ihnen diese folgen.	Erfüllungsgrad heute	Handlungsbedarf heute
4	F01	Der Zweck unserer Organisation und die Ziele unseres Handelns sind festgelegt.	Groß	Groß
5	F02	Unsere Vorgesetzten sind sich Ihrer Rolle als Vorbilder bewusst und unternehmen alles, um die Wirkung ihres eigenen Verhaltens zu hinterfragen und zu verbessern.	Nicht erfüllt/Kein	Vollständig erfüllt/Seh groß
6	F03	Es wurden Führungs- und Verhaltensgrundsätze festgelegt und es ist klar erkennbar, dass die Vorgesetzten diese vorleben.	Nicht erfüllt/Kein	Durchschnittlich
7	F04	Es ist klar erkennbar, nach welchen Wichtigkeiten die Vorgesetzten handeln und entscheiden.	Groß	Durchschnittlich

Abbildung 15.50 Fragenkatalog zur Selbst- und Fremdbewertung (Auszug)

Der Fragenkatalog wirft aber durchaus eine Frage von allgemeiner Tragweite auf: Sollen die möglichen Antworten eine Auswahl numerischer Werte anbieten oder vorgegebene Texte? Es liegt auf der Hand, dass die Vorgabe numerischer Antworten wie 25 %, 75 % oder 100 % Excel-gerechter wären. Doch für den Mitarbeiter, der diesen Fragebogen vor sich hat, sind mit Sicherheit Antwortmöglichkeiten wie »Nicht erfüllt« oder »Durchschnittlich« leichter zu verstehen.

Die Lösung in der konkreten Situation besteht, wie schon bei der Befragung zur Kundenzufriedenheit, darin, dem Benutzer eine Datenüberprüfung mit vorgegebenen Textantworten zur Verfügung zu stellen. Diese Textantworten müssen dann in einen numerischen Wert umgewandelt werden, mit dem Excel weiterarbeiten kann. Die Datenüberprüfung sieht in diesem Formular insgesamt fünf Optionen vor, aus denen der Antwortende wählen soll (Abbildung 15.51).

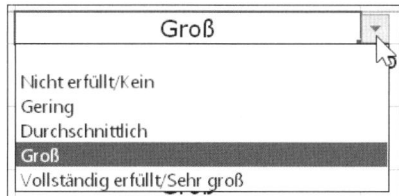

Abbildung 15.51 Antwortoptionen mit Textantworten

Die Textantworten werden in den Nachbarspalten D und F der Datenüberprüfung in numerische Werte umgewandelt. Dazu wird beispielsweise in Zelle D4 die folgende Funktion eingesetzt:

```
=SVERWEIS(C4;EGradeMatrix_Ber;2;FALSCH)
```

Es ist also der gute alte SVWERWEIS(), der aus einer Referenztabelle die korrespondierenden Werte für eine vom Benutzer ausgewählte Bezeichnung in das Tabellenblatt holt. Dazu greift die Funktion auf eine weitere Referenztabelle – diesmal im Tabellenblatt *Erfüllungsgrade* – zu. Die dort erstellte Liste wird über den Bereichsnamen *EGradeMatrix_dBer* angesprochen, und der Inhalt der zweiten Spalte, also der numerische Antwortwert, wird dort ebenfalls ausgewählt (Abbildung 15.52).

	A	B
1	**Bezeichnung**	**in Prozent**
2		#NV
3	Nicht erfüllt/Kein	0%
4	Gering	25%
5	Durchschnittlich	50%
6	Groß	75%
7	Vollständig erfüllt/Sehr groß	100%

Abbildung 15.52 Referenztabelle der Antwortoptionen

Für jeden Kriterienbereich muss schließlich noch ein Gesamtergebnis berechnet werden. Dies geschieht jeweils in der Zelle unmittelbar unter den Einzelbewertungen. Für den ersten Kriterienbereich befinden sich die Ergebnisse beispielsweise in den Zellen D14 und F14. Sie wurden über den einfachen Durchschnitt der numerischen Ergebnisse sämtlicher Einzelantworten gebildet (z. B. durch =MITTELWERT(D4:D13) in Zelle D14).

Da die numerische Umsetzung der Antworten für den Antwortenden nicht von Belang ist, spricht nichts dagegen, die beiden Spalten D und F auszublenden. In der Beispieldatei habe ich dies auch so gemacht.

15.14.6   Berechnung der Ergebnisse der Selbst- und Fremdbewertung

Wie Sie es schon bei unterschiedlichen Beispielanwendungen in diesem Buch kennengelernt haben, folgt auch die Umsetzung der EFQM-Bewertung in Excel den typischen Regeln einer

Datenmodellierung. Es existieren nicht nur Tabellenblätter zur Visualisierung von Strukturen oder Resultaten (*Übersicht* und *EFQM-Cockpit*) und zur Erfassung von Daten (*Fragebogen – Selbstbewertung*) sowie deren Codierung (*EFQM-Kriterien*). Auch einige Zwischenberechnungen sind notwendig und damit in eigenen Tabellenblättern unterzubringen.

Im Tabellenblatt *EFQM – Ergebnisberechnung* werden die Ergebnisse jedes einzelnen Kriterienbereiches – Erfüllungsgrade und Handlungsbedarf – zusammengeführt (Abbildung 15.53).

	A	B	C	D	E
1	Nr.	Kriterium	Erfüllungsgrad	Handlungsbedarf	Handlungskoeffizient
2	1	Führung	65%	58%	20,125
3	2	Politik & Strategie	60%	80%	32,000
4	3	Mitarbeiterorientierung	68%	68%	21,938
5	4	Partnerschaften & Ressourcen	73%	50%	13,750
6	5	Prozesse	75%	40%	10,000
7	6	Kundenbezogene Ergebnisse	75%	53%	13,125
8	7	Mitarbeiterbezogene Ergebnisse	53%	43%	20,188
9	8	Gesellschaftsbezogene Ergebnisse	73%	40%	11,000
10	9	Schlüssel-ergebnisse	85%	45%	6,750

Abbildung 15.53 Berechnung des Handlungskoeffizienten

Dies könnten Sie über einfache Zellbezüge bewerkstelligen. In der Beispieldatei habe ich stattdessen allerdings Bereichsnamen verwendet. So wird in Zelle C2 der Bezug auf den Erfüllungsgrad für den Kriterienbereich 1 mit der Funktion `=WENNFEHLER(K1EGrad_vZ;0)` und in Zelle D2 auf den Handlungsbedarf mit `=WENNFEHLER(K1HBedarf_vZ;0)` hergestellt. Die Bereichsnamen folgen hier also der Logik,

▶ über die ersten beiden Zeichen den Kriterienbereich zu benennen,

▶ dann zu bezeichnen, ob es sich um den Verweis auf den Erfüllungsgrad oder den Handlungsbedarf handelt, und schließlich

▶ zu verdeutlichen, dass es sich um eine einzelne verknüpfte Zelle handelt, auf die verwiesen wird.

Auch die Verwendung einer spezifischen Logik bei der Definition von Bereichsnamen ist ein typisches Element für die Entwicklung eines Datenmodells.

Der Verweis auf die jetzt verfügbaren definierten Bereichsnamen muss in diesem Tabellenblatt mithilfe der Funktion `WENNFEHLER()` erfolgen, um mögliche Fehler bei der Weiterberechnung der Daten von vornherein auszuschalten. Diese könnten daraus resultieren, dass ein Befragter im Fragenkatalog eine Antwort ausgelassen hat. Auf Basis der in der Referenzliste hinterlegten Vorgaben führt dies zum Fehlerwert `#NV`. Mit diesem Fehlerwert könnte allerdings nicht weitergerechnet werden. `WENNFEHLER()` wandelt in einem solchen Fall die Fehlerwerte beispielsweise in den Wert 0 um, mit dem eine Weiterberechnung möglich ist.

Sie erinnern sich an die Überlegung, Beschriftungen über eine Referenztabelle in verschiedenen Bereichen der Arbeitsmappe zu verwenden, um den Aufwand für die Eingabe und vor allem die Pflege von Daten zu reduzieren? Gut, dann können Sie – nach der Verwendung der

Beschriftungen im Schaubild – die Kriterienbezeichnungen nun bereits zum zweiten Mal einsetzen.

In Zelle B2 greifen Sie mit `=INDEX(EFQMKriterienMatrix_Ber;A2;2)` auf die Beschriftungen in der Referenztabelle zu. Alternativ könnten Sie an dieser Stelle auch die Funktion `SVERWEIS()` einsetzen.

15.14.7 Bestimmung des Handlungskoeffizienten

Möchten Sie den Fragebogen als Werkzeug einsetzen, das nicht den Status quo bezeichnet, sondern Ihnen auch bereits einen Fingerzeig auf mögliche Handlungsfelder liefert, müssen Sie die beiden Werte aus Erfüllungsgrad und Handlungsbedarf miteinander kombinieren.

Dazu berechnen Sie in Spalte E den *Handlungskoeffizienten*. Die Formel dazu ist denkbar einfach: `=(1-C2)*D2*100`. Die drei nun zur Verfügung stehenden Werte bilden eine Grundlage für die Darstellung im Cockpit.

15.14.8 Bestandteile und Aufbau des EFQM-Cockpits

Management-Cockpits dienen der Darstellung stark verdichteter Informationen. Sie sollen die Möglichkeit geben, komplexe Zusammenhänge oder Entwicklungen in wenigen Augenblicken zu erfassen. Dazu müssen sie

▶ umfangreiche Datenmengen auf wenige Werte, z. B. Kennzahlen, reduzieren,

▶ über die Darstellung des reinen Zahlenmaterials hinaus die wichtigsten Ergebnisse visualisieren,

▶ die dargestellten grafischen Darstellungen in eindeutiger, d. h. nicht missverständlicher Weise, beschriften und

▶ überflüssige Informationen oder Elemente nach Möglichkeit weglassen.

Das Cockpit in der Arbeitsmappe *15_EFQM_Cockpit_01.xlsx* der Beispieldateien benutzt zur Visualisierung der Ergebnisse vier unterschiedliche Diagrammtypen: Neben einem Netzdiagramm und drei Balkendiagrammen, die zum standardmäßigen Funktionsumfang von Excel gehören, kommen Thermometer- und Tachometerdiagramme zum Einsatz. Diese beiden Diagrammtypen werden im Tabellenkalkulationsprogramm zwar originär nicht angeboten, Sie können sie aber aus Säulen- und Kreisdiagrammen erzeugen.

15.14.9 Vergleich von Erfüllungsgrad und Handlungsbedarf im Netzdiagramm

Die einzelnen Bestandteile des Cockpits lernen Sie mithilfe des Netzdiagramms kennen. Es gehört nicht nur zum Standardrepertoire des Diagrammmoduls in Excel. Im hier vorgestellten Beispiel hat es auch noch den Vorzug, auf einen Datenbereich zuzugreifen, der bereits in der Arbeitsmappe abschließend berechnet wurde.

15

Dabei handelt es sich um Teile der Ergebnistabelle im Tabellenblatt *EFQM-Ergebnisberech-nung*, dessen Inhalt ich bereits erläutert habe (Abbildung 15.54). Das Diagramm verwendet die Werte der beiden Spalten C und D als Datenreihen sowie die Inhalte der Spalte B als Rubrikenachsenbeschriftung. Das Netzdiagramm ist bei der vorliegenden Datenbasis besonders gut geeignet, weil

▶ es sich um mehrere Datenreihen handelt,

▶ diese Datenreihen Werte auf einer Skala zwischen 0 und 100 % enthalten und

▶ es insgesamt neun Größenachsen geben muss, um alle Daten korrekt anzuordnen.

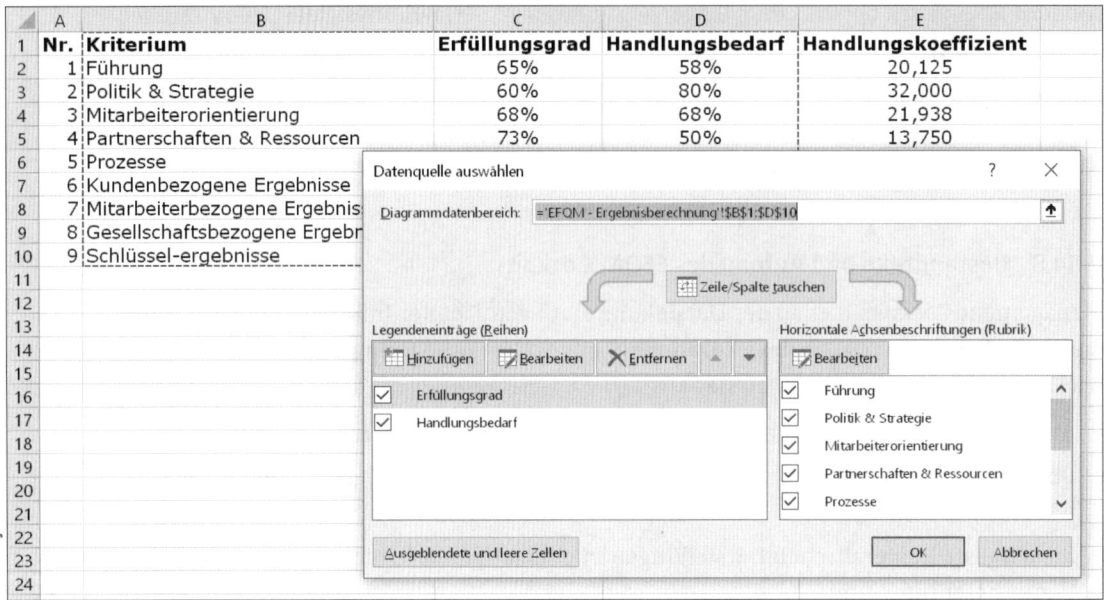

Abbildung 15.54 Datenbasis des Netzdiagramms sind die Ergebnisse für Erfüllungsgrad und Handlungsbedarf.

Alle diese Anforderungen erfüllt ein Netzdiagramm optimal. Sie finden es wie gewohnt unter EINFÜGEN • DIAGRAMME • KURS-, OBERFLÄCHEN- ODER NETZDIAGRAMM EINFÜGEN • NETZ. Nachdem Sie die Datenreihen ausgewählt haben, können Sie übrigens – dies sei nicht vergessen – Ihre Beschriftung aus der Referenztabelle *EFQM-Kriterien* zum insgesamt dritten Mal einsetzen und das Diagramm mit weiteren Formatierungen aus dem Menübereich DIAGRAMMTOOLS • FORMAT in die gewünschte Form bringen.

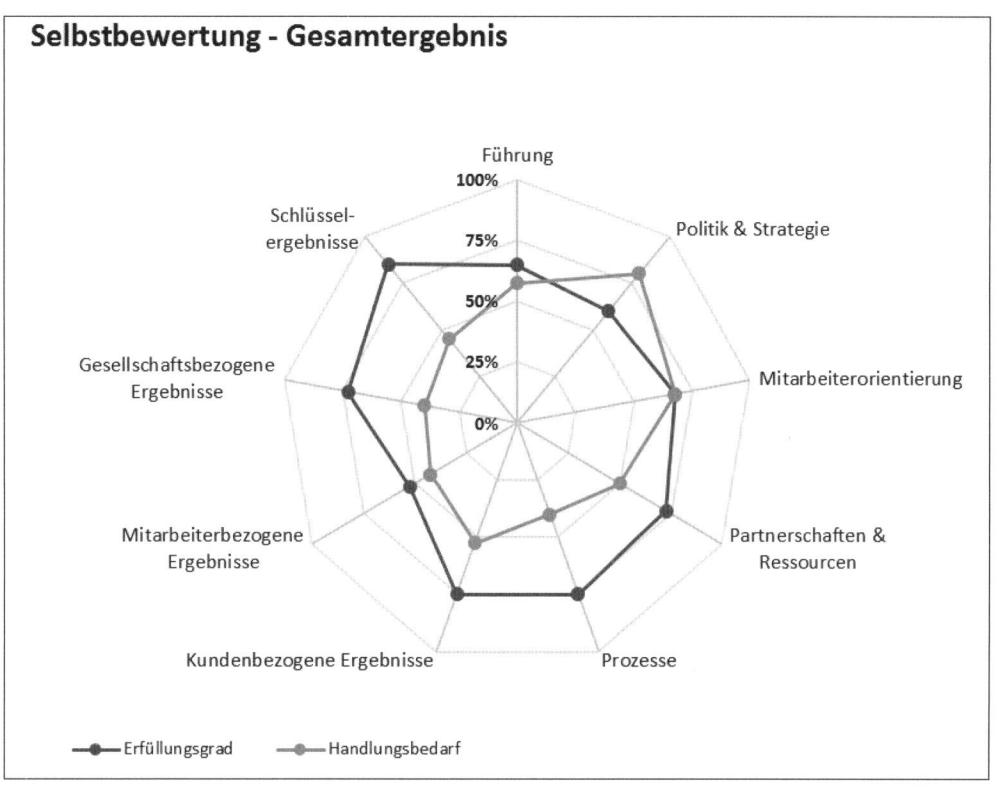

Abbildung 15.55 Darstellung von Erfüllungsgrad und Handlungsbedarf im Netzdiagramm

15.14.10 Interpretationen der Datendarstellung im Netzdiagramm

In dem fertiggestellten Diagramm stechen jetzt einige auffällige Bereiche besonders hervor:

▶ Achsen, bei denen der Wert für den Handlungsbedarf deutlich über dem des Erfüllungsgrades liegt. Dies ist beispielsweise bei der Datenreihe Politik & Strategie der Fall (Abbildung 15.55). Hier ist – wie der Handlungskoeffizient später bestätigen wird – eine besondere Notwendigkeit gegeben, zu handeln.

▶ Achsen, die das umgekehrte Verhältnis besitzen (hoher Erfüllungsgrad, niedriger Handlungsbedarf). Dies ist im Diagramm bei der Achse Prozesse der Fall. Die Darstellung gibt zu der Annahme Anlass, dass dieser Bereich nicht zu den Handlungsprioritäten zu rechnen ist.

Gestaltungsmittel in Management-Cockpits

Wenn Sie sich noch einmal die Funktionen von und Leitgedanken zu Management-Cockpits in Erinnerung rufen, lassen sich sehr schnell einige generelle Regeln für deren Gestaltung ableiten. Leitenden Charakter haben dabei folgende Fragen:

[i]

Wie sollen Zahlen in Cockpits dargestellt werden? Antwort: Zahlen müssen – wenn sie denn überhaupt eingesetzt werden – gut lesbar sein. Eine gewisse Größe ist demnach unabdingbar. Außerdem müssen Zahlen der Datenreihe im Diagramm zweifelsfrei zuzuordnen sein. Cockpits können jedoch auch ganz ohne Zahlen auskommen, wenn es um die Veranschaulichung von bestimmten Entwicklungen im Sinne von Trends geht. Ein typisches Beispiel solcher rein grafischen Informationen sind die Sparklines von Excel.

Welche Beschriftungen müssen unbedingt verwendet werden, auf welche kann man verzichten? Antwort: Bei der überwiegend grafischen Darstellung von Sachverhalten, z. B. durch die Verwendung mehrerer Diagramme, kommt den Beschriftungen eine wesentliche Aufgabe bei der Strukturierung der Informationen zu. In einem Cockpit wird Text folglich in erster Linie in Form von Überschriften benutzt, nicht um Detailinformationen etwa in der Art von Diagrammlegenden oder Kommentaren zu liefern.

Welche Diagrammelemente sind verzichtbar? Antwort: Weglassen sollten Sie sämtliche eher gestalterischen Elemente wie Umrahmungen und Unterstreichungen oder Elemente, die aufgrund der starken Verkleinerung der Diagramme kaum mehr erkennbar und schon gar nicht eindeutig zuzuordnen sind (z. B. Teilstriche auf Achsen, Gitternetzlinien). Insgesamt gilt es, nur die Elemente zu verwenden, die auch tatsächlich einen Informationsgehalt liefern. Schmückendes Beiwerk wie Schattierungen und dekorative Schriftschnitte sind da fehl am Platz.

Wie sollte man Farben einsetzen? Antwort: Bei der Verwendung von Farben müssen Sie deren Signalcharakter berücksichtigen. Als typisch kann hier die Ampelformatierung betrachtet werden. Mit den signalhaften Farben Rot, Gelb und Grün können Sie eine zusätzliche Information auf den ersten Blick vermitteln. Farbverläufe von Grün nach Rot oder umgekehrt können ebenfalls einen zusätzlichen Informationsgehalt transportieren.

15.14.11   Diagramme des Cockpits

Neben dem Netzdiagramm enthält das Cockpit drei weitere Diagrammtypen. Mithilfe von *Bullet Graphs* werden die Erfüllungsgrade für ausgewählte Elemente der EFQM-Bewertung dargestellt. Da es für diese Elemente vereinbarte Zielwerte gibt, eignet sich dieser Diagrammtyp in besonderem Maße. In einem Bullet Graph zeigt ein schwarzer Balken den Ist-Wert an, während die Soll-Vorgabe mit einem roten Strich veranschaulicht wird.

Der Handlungsbedarf für die im Cockpit ausgewählten EFQM-Elemente wird mit Balkendiagrammen dargestellt. Für sie gibt es keine Soll-Vorgaben, sodass Bullet Graphs keine sinnvolle Lösung sind. Um einen Vergleich der Handlungsbedarfe zu ermöglichen, sind Balken in diesem Fall völlig ausreichend.

Der Handlungskoeffizient wiederum soll auf den ersten Blick verdeutlichen, an welcher Stelle ein kritischer Zustand unmittelbares Handeln erfordert und wo der Bedarf gegebenenfalls weniger dringend ist. Für die Aufgabe bietet sich eine Ampelformatierung an.

Alle Werte für die Diagramme befinden sich im Tabellenblatt *Diagrammdaten* (Abbildung 15.56).

	A	B	C	D	E	F	G
1	**Erfüllungsgrad**	Ergebnis	Schwach	OK	Optimal (links)	Zielwert	Optimal (rechts)
2	Kundenbezogene Ergebnisse	75%	40%	25%	5%	0,50%	29,50%
3	Mitarbeiterbezogene Ergebnisse	53%	35%	35%	0%	0,50%	29,50%
4	Schlüsselergebnisse	85%	40%	30%	15%	0,50%	14,50%
5							
6	**Handlungsbedarf**						
7	Kundenbezogene Ergebnisse	53%					
8	Mitarbeiterbezogene Ergebnisse	43%					
9	Schlüsselergebnisse	45%					
10							
11	**Handlungskoeffizient**						
12	Kundenbezogene Ergebnisse	13,13					
13	Mitarbeiterbezogene Ergebnisse	20,19					
14	Schlüsselergebnisse	6,75					

Abbildung 15.56 Zwischenberechnungen für die Diagramme des Cockpits

15.14.12   Performancedarstellung mit Bullet Graphs

Die Bullet Graphs, die es als Diagrammtyp in Excel nicht gibt, müssen aus einem modifizierten Stapelbalkendiagramm erstellt werden. Dazu müssen die Daten in der Tabelle eine ganz bestimmte Anordnung besitzen. Der Ist-Wert – im ersten Fall 75 % für kundenbezogene Ergebnisse – steht am Anfang der Wertereihe. Da die Bullet Graphs drei Performancebereiche für Schwach, OK und Optimal als Ampeldarstellung in den Farben Rot, Gelb und Grün besitzen sollen, müssen auch diese in die Tabelle geschrieben werden. Der Bereich zur Kennzeichnung einer schwachen Performance soll von 0 bis 40 % reichen. In Zelle C2 steht deshalb 20 %. Der später gelb formatierte Bereich für OK soll von 40 % bis 65 % reichen. In Zelle D2 wird dies durch den Wert 25 % erreicht. Da die Soll-Vorgabe bei 70 % liegt, befinden sich 5 % des grünen Performancebereichs (Optimal) links neben dem roten Strich, der die Soll-Vorgabe im Bullet Graph kennzeichnet. Dieser rote Strich wird mit 0,5 % recht dünn definiert. Somit verbleiben 29,5 % rechts von der Soll-Vorgabe, um den Optimal-Bereich bis zum Wert 100 % zu füllen (Abbildung 15.57).

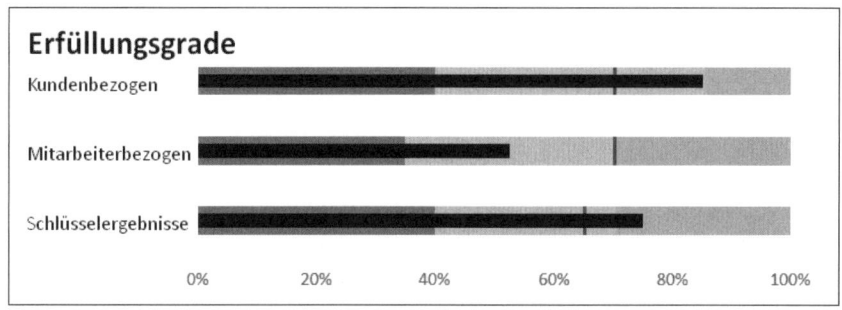

Abbildung 15.57 Bullet Graphs werden aus einem Stapelbalkendiagramm entwickelt.

Um das Diagramm zu erstellen, markieren Sie den Zellbereich von B1 bis G4. Wählen Sie dann EINFÜGEN • SÄULEN- ODER BALKENDIAGRAMM EINFÜGEN • GESTAPELTE BALKEN aus.

Bevor Sie sich über das seltsame Erscheinungsbild des Diagramms wundern, rufen Sie direkt Diagrammtools • Entwurf • Daten • Zeilen/Spalten wechseln auf. Klicken Sie den blauen Balken (Ergebnis) mit der rechten Maustaste an, und wählen Sie aus dem Kontextmenü die Option Datenreihen formatieren. Im Menü auf der rechten Seite ordnen Sie diesen Balken der Sekundärachse zu. Danach ändern Sie die Abstandsbreite auf 450 %.

Nun müssen Sie noch einige Anpassungen vornehmen:

1. Ändern Sie für beide horizontale Achsen den Maximalwert der Skalierung auf 1, also 100 %.

2. Blenden Sie die sekundäre vertikale Achse ein. Wählen Sie die Achse aus, und aktivieren Sie die Option Kategorien in umgekehrter Reihenfolge.

3. Verfahren Sie genauso mit der primären vertikalen Achse.

4. Ändern Sie die Farbe des Performancebereichs OK auf Gelb und die Farbe für alle Teilbalken des Performancebereichs Optimal auf Grün.

5. Der schmale Teilbalken des Zielwertes sollte rot, der Balken des Ergebniswertes auf der Sekundärachse sollte schwarz sein.

6. Entfernen Sie danach den Diagrammtitel, Gitternetzlinien, vertikale Achsen und die Legende, und kopieren Sie das fertige Diagramm ins Cockpit.

15.14.13   Balkendiagramm zur Darstellung des Handlungsbedarfs

Um den festgestellten Handlungsbedarf zu visualisieren, reicht ein konventionelles Balkendiagramm aus. Sie markieren dazu den Wertebereich A7 bis B9 und erstellen das Diagramm über das Menü Einfügen • Diagramme.

Auch dieses Diagramm sollte so wenig dekorative Elemente wie möglich enthalten. Nachdem Sie das Standarddiagramm erstellt haben, entfernen Sie auch hier Elemente wie Legenden, Titel, Achsen und Gitternetzlinien. Fügen Sie jedoch eine Werteanzeige hinzu, damit der Betrachter auf den ersten Blick erkennen kann, wie hoch der aus den Befragungsergebnissen resultierende Handlungsbedarf tatsächlich ist (Abbildung 15.58).

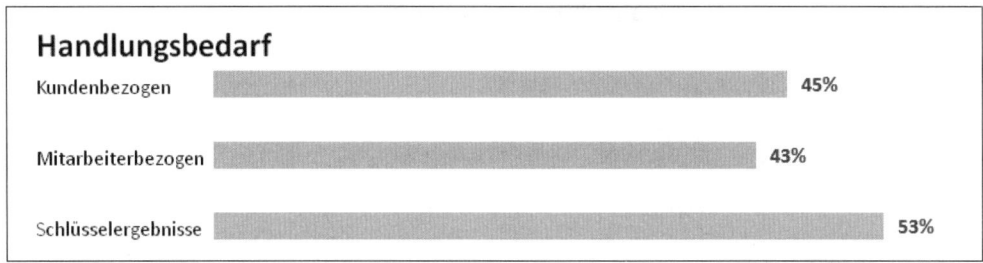

Abbildung 15.58 Optimal geeignet, um Werte zu vergleichen – das Balkendiagramm

Bei den Bullet Graphs und dem Balkendiagramm ist es zudem sinnvoll, der Diagrammfläche keine Füllfarbe und keine Umrahmung zu geben. Dadurch können Sie die beiden Diagramme später ganz präzise mit den in der Tabelle stehenden Beschriftungen der EFQM-Elemente kombinieren.

15.14.14   Ampeldarstellung für die Handlungskoeffizienten

Die letzte Information im Cockpit bezieht sich auf die berechneten Handlungskoeffizienten, die die Kombination aus Erfüllungsgrad und Handlungsbedarf darstellen. Nehmen wir an, Sie möchten Werte, die über 15 liegen, als dringenden und solche unter 10 als geringen Handlungsbedarf kennzeichnen. Dann bliebe der Wertebereich dazwischen als mittlerer Bedarf übrig, und eine klassische Ampeldarstellung wäre komplett.

Fügen Sie in die Zellen K20, K21 und K22 die berechneten Werte aus dem Tabellenblatt *Diagrammdaten* (Zellen B12 bis B14) ein. Fügen Sie dann für diesen markierten Bereich über START • FORMATVORLAGEN • BEDINGTE FORMATIERUNG • SYMBOLSÄTZE • FORMEN • 3 AMPELN (MIT RAND) ein. Rufen Sie die Funktion erneut auf, und wählen Sie aus dem Menü REGELN VERWALTEN die eben erstellte Regel aus. Stellen Sie die Regel von PROZENT auf ZAHL um, und geben Sie die beiden Grenzwerte 15 und 10 ein. Ändern Sie außerdem die Anordnung der drei Ampelsymbole (Abbildung 15.59).

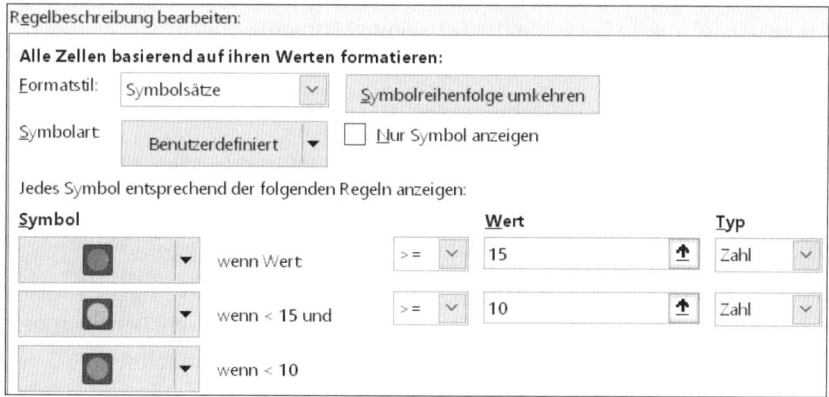

Abbildung 15.59 Anpassung der Ampeldarstellung für die Handlungskoeffizienten

Da auch die Zahlen selbst eine Ampelformatierung erhalten sollen, rufen Sie die Funktion BEDINGTE FORMATIERUNG noch ein drittes Mal auf. Diesmal erstellen Sie die Formatierung über NEUE REGEL • FORMEL ZUR ERMITTLUNG DER ZU FORMATIERENDEN ZELLEN VERWENDEN. Geben Sie in das Feld die Formel =$K20<10 ein, und legen Sie über die Schaltfläche FORMATIEREN fest, dass in dem Fall, in dem die Bedingung wahr ist, der betreffende Wert grün und fett formatiert wird (Abbildung 15.60).

Regelbeschreibung bearbeiten:

Werte formatieren, für die diese Formel wahr ist:

=$K20<10

Vorschau: AaBbCcYyZz   Formatieren...

Abbildung 15.60 Bedingte Formatierung auf Basis einer Berechnung

Danach erstellen Sie eine weitere Regel, in der die Formel =$K20>=15 verwendet wird. Diese Bedingung soll zu einer roten und fett gedruckten Anzeige der betreffenden Werte führen. Wenn Sie nun den Zellbereich K20 bis K22 im Tabellenblatt gelb und mit Fettdruck formatieren, sind die Ampeldarstellung und damit Ihr EFQM-Cockpit vollständig (Abbildung 15.61).

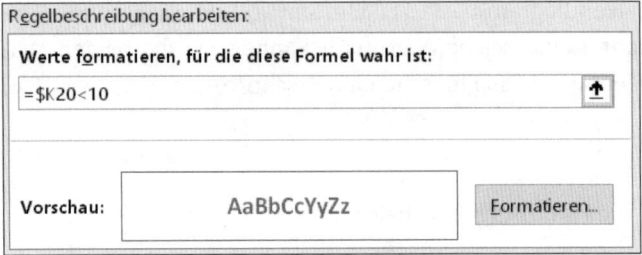

Abbildung 15.61 Ampeldarstellung im Cockpit mithilfe bedingter Formatierungen

15.14.15 Schützen der Cockpit- und Fragebogeninhalte

Aktivieren Sie zum Abschluss der Arbeit den Blattschutz, um zu verhindern, dass die Diagramme im Tabellenblatt *EFQM-Cockpit* versehentlich geändert werden (START • FORMAT • BLATT SCHÜTZEN).

Auch das Tabellenblatt *Fragebogen – Selbstbewertung* bedarf noch einer Nachbearbeitung. Blenden Sie zunächst die beiden Spalten D und F, die die Berechnungen der Bewertungen enthalten, aus. Aktivieren Sie danach auch für dieses Tabellenblatt den Blattschutz.

Das Tabellenblatt, in dem sich der Fragebogen befindet, sollten Sie nun noch als separate Datei speichern. Diese werden Sie dann an die Mitarbeiterinnen und Mitarbeiter versenden oder das Dokument im Intranet zur Verfügung stellen.

Bei den ausgefüllten Fragebögen, die Sie zurückerhalten, gehen Sie am besten so vor, wie in Abschnitt 15.13, »Messung der Mitarbeiterzufriedenheit«, beschrieben. Speichern Sie die Dateien in einem Ordner unter einem eindeutigen Dateinamen. Modifizieren Sie das bereits vorhandene Makro in der Form, dass damit die Ergebnisse der EFQM-Selbstbewertung in die Arbeitsmappe *15_EFQM_Cockpit_01.xlsx* übernommen werden können.

15.14.16   Weitere Kennzahlen im EFQM-Cockpit

Um einen Ausblick auf weitere Möglichkeiten des EFQM-Cockpits im Besonderen und von Management-Cockpits im Allgemeinen zu erhalten, lohnt noch einmal ein Blick zurück an den Anfang dieses Abschnitts. Dort habe ich die neun Kriterienbereiche des EFQM-Modells kurz vorgestellt. Diese enthalten vor allem auf der Ergebnisseite zahlreiche Anknüpfungspunkte für die Verwendung weiterer Kennzahlen.

Solche Kennzahlen könnten beispielsweise im Kriterienbereich *Mitarbeiterbezogene Ergebnisse* die Mitarbeiterfluktuation, der Krankenstand oder die Personalintensität sein. Bei den *Gesellschaftsbezogenen Ergebnissen* kämen beispielsweise Kennzahlen zum Energieverbrauch infrage. Bei den *Schlüsselergebnissen* bietet sich selbstverständlich eine ganze Palette von Rentabilitäts- oder Liquiditätskennzahlen an.

Die Darstellung von Ergebnissen geht also unter Umständen weit über die Zusammenfassung von Fragebogenauswertungen hinaus. In Kapitel 16, »Reporting mit Diagrammen und Tabellen«, werde ich diese Idee weiterverfolgen und am Beispiel eines umfangreichen Management-Cockpits praktisch darstellen.

15

Kapitel 16
Reporting mit Diagrammen und Tabellen

Excel hat in den vergangenen Jahren Konkurrenz aus dem eigenen Hause be-
kommen. Power BI Desktop beherrscht Interaktivität und Hierarchien bei der
Visualisierung von Daten. Außerdem glänzt die lokale Entwicklungsumge-
bung für den Power BI Service mit neuen Visualisierungstypen, die sogar per
Download erweiterbar sind. In Excel 2019 sind lediglich das Trichterdiagramm
sowie einige Optionen zur Darstellung geografischer Daten hinzugekommen.
Wie Sie mit den verfügbaren Mitteln dennoch prägnante Diagramme und
Dashboards erstellen, erfahren Sie in diesem Kapitel.

Bevor wir uns Schritt für Schritt und Beispiel für Beispiel mit den Visualisierungstools von Excel beschäftigen, müssen einige grundsätzliche Vorüberlegungen angestellt werden. Haben Sie schon einmal darüber nachgedacht, dass sich die Big 5 des Berichtswesens – Statusbericht, Soll-Ist-Vergleich, Year-over-Year-Vergleich, Development-/Year-to-Date-Darstellung und Datenverteilung/-korrelation – mit nur sechs Datenrelationen darstellen lassen? Abweichung, Rangfolge, zeitliche Entwicklung, Anteile an einer Gesamtheit, Verteilung und Korrelation. Und dass für die Darstellung dieser sechs Datenrelationen lediglich vier Diagrammtypen benötigt werden: Balken- und Säulendiagramm, Linien- und Punktdiagramm? Mit vier Diagrammtypen lassen sich somit nach guter alter Pareto-Regel 80 % aller Geschäftsdaten visualisieren. Die restlichen 20 % sind den Sonderfällen vorbehalten, die zugegebenermaßen manchmal das Salz in der Reporting-Suppe bilden. Regel Nummer 1 bei der Datenvisualisierung: Weniger ist mehr!

16.1 Grundlagen

Unter diesen Vorzeichen ist es wirklich paradox, dass Excel seit jeher ein viel zu großes Angebot an Diagrammen und vor allem Gestaltungsmöglichkeiten dafür besitzt, das sich in der täglichen Praxis jedoch häufig als unzureichend erweist. Es gibt zwei Gründe dafür, dass beide Teile des vorangegangenen Satzes zutreffen.

16.1.1   Zu viel und doch zu wenig?

Auf der einen Seite protzt das Programm überflüssigerweise mit zahlreichen Varianten gängiger Diagrammtypen. Da gibt es beispielsweise, um das wohl absurdeste Beispiel zu nennen, ein dreidimensionales Liniendiagramm! Linie? 3D? Schließt sich das nicht prinzipiell aus? Die Antwort überlasse ich Ihnen.

Eventuell ist es Ihnen auf der anderen Seite aber auch schon aufgefallen, dass bestimmte Diagrammtypen in Excel lange fehlten oder immer noch nicht vorhanden sind, die bei der Visualisierung betriebswirtschaftlicher Daten eigentlich gang und gäbe sind. Small Multiples, ein Diagramm zur Darstellung der Datenverteilung, Gantt-Diagramme und Co.? Fehlanzeige! Ganz abgesehen von den heutzutage stark nachgefragten *Bullet Graphs* zur Darstellung von Performancekennzahlen. Die Defizite bei den Diagrammtypen überraschen in besonderem Maße, da gerade das Diagrammmodul von Excel in den letzten Versionen grundlegend überarbeitet worden ist. Doch diese Überarbeitung bezog sich sehr stark auf die Benutzeroberfläche sowie die Modernisierung der Optik der Diagramme, nicht aber auf die Auswahl der Diagrammtypen.

Im Nachhinein kann als einzige plausible Erklärung für diese Entwicklung die neue App Power BI Desktop und die Fokussierung von Microsoft auf den Power BI Service dienen. Denn in diesen Anwendungen fehlen alle 3D- und sonstigen Schnörkel. Stattdessen wird in den neuen Tools Wert auf eine Erweiterung des Spektrums verfügbarer Visualisierungen gelegt. Damit lassen sich dann auch die fehlenden 20 % der zu visualisierenden Spezialfälle – siehe oben – mühelos umsetzen.

In Excel finden Sie also – wenig tröstlich – jede Menge 3D-Effekte und Schattierungen, ergänzt durch frei wählbare Oberflächenstrukturen von Plastik bis Drahtmodell. In Excel 2019 lassen sich gar vollständige 3D-Modelle, megabyteschwer, in Arbeitsmappen einbinden. Die Angebotsfülle mag oberflächlich betrachtet in die Gefahr münden, dass Sie sich schlichtweg in den schier unüberschaubaren Möglichkeiten des Programms verirren und unnötig Zeit bei der Erstellung von Diagrammen verschenken. Viel substanzieller ist jedoch das Risiko, dass Sie sich am Ende für einen Diagrammuntertypen wie Gestapelte horizontale Pyramide (100 %) entscheiden, um Ihre Daten zu visualisieren und niemand versteht, was Sie eigentlich mit Ihrer Darstellung mitteilen möchten. Schlimmer noch: Sie werden eventuell missverstanden, und Ihre ganze Argumentation geht nach hinten los.

16.1.2   Mut zur Lücke! Aber was kann man weglassen?

Aufgrund solcher potenziellen gestalterischen Fehlgriffe mag es vielleicht gar nicht überraschend erscheinen, wenn ich Ihnen zu Beginn dieses Kapitels einen Überblick darüber geben möchte, worum es auf den folgenden Seiten nicht geht:

▶ 3D-Effekte und Schattierungen: Solche Objekteigenschaften transportieren keinen Informationsgehalt für den Rezipienten von Diagrammen und sind deshalb schmückendes, aber völlig nutzloses Beiwerk.

▶ Oberflächenstrukturen, Abschrägungen und Beleuchtungseffekte: Das Säulendiagramm als Drahtmodell im Art-Deco-Stil mit einem Beleuchtungseffekt Sonnenuntergang ist keine scherzhafte Erfindung. In Excel gibt es das tatsächlich. Mein Rat: Lassen Sie die Finger von diesen und von anderen Effekten, denn auch sie tragen nicht zum besseren Verständnis Ihrer Daten bei.

▶ Unterdiagrammtypen: Gestapelte Zylinder, Gruppierte horizontale Pyramiden oder Gestapelte 3D-Flächen – das klingt nicht nur seltsam. Glauben Sie mir, diese Diagrammvarianten sehen auch äußerst befremdlich aus und rauben dem Betrachter wichtige Kapazitäten bei der Interpretation der Gesamtfigur, die Ihr Diagramm automatisch bildet. Diese Kapazitäten sollten Sie stattdessen auf die Interpretation der Daten lenken, indem Sie beim Erstellen von Diagrammen um solche Exoten einen weiten Bogen machen.

16.1.3   Was Sie stattdessen wissen und nutzen sollten

Was bleibt denn dann noch übrig, wenn man diese ganzen großartigen Effekte einfach ignoriert? Zunächst mal eine Menge Zeit für Sie, in der Sie sich mit wichtigeren Dingen beschäftigen können, weil Sie mit einer überschaubaren Anzahl von Diagrammtypen und ohne allzu viel Schnickschnack zu ausdrucksstarken Diagrammen kommen!

Doch dass dies nicht alles ist, sehen Sie unschwer an der Liste der Themen, um die es in diesem Kapitel außerdem geht:

▶ die Auswahl des richtigen Diagrammtyps für die Ihnen vorliegenden Daten

▶ die Beachtung von Formatierungsregeln und die Erstellung von individuellen Diagrammvorlagen

▶ die Entwicklung von speziellen Diagrammtypen, die es in Excel eigentlich gar nicht gibt

▶ die Übernahme von Diagrammen und Tabellen in die Office-Programme PowerPoint und Word

16.2   Das Standarddiagramm in Excel

Excel verfügt unter all den verschiedenen Diagrammtypen über ein Standarddiagramm. Wenn Sie in der Beispieldatei *16_Wertevergleich_Balkendiagramm_Säulendiagramm_01.xlsx* (Abbildung 16.1) den Zellbereich A2 bis G3 markieren und F11 drücken, wird dieses automatisch verwendet.

Vergleich von Werten						
	Januar	**Februar**	**März**	**April**	**Mai**	**Juni**
Nord	3.487	2.339	2.726	2.390	2.970	3.328
Süd	1.881	2.219	1.715	2.276	1.616	2.376
Ost	2.771	2.371	2.639	2.675	2.509	2.446
West	3.323	3.008	3.397	3.463	3.255	3.313
Südwest	2.003	2.207	2.140	3.390	2.623	2.676

Abbildung 16.1 Daten in Form einer einfachen Liste als Basis für ein Diagramm

Das Standarddiagramm ist das Säulendiagramm. Da bei der Auswahl der Zellen im Tabellen-blatt sowohl die Spaltenüberschriften als auch die Zeilenbeschriftung markiert wurden, wer-den diese Informationen auch gleich mit in das Diagramm übernommen. Die Spaltenüber-schriften werden als *Rubrikenachsenbeschriftung* verwendet, die Zeilenbeschriftung als *Diagrammtitel* und Legende (Abbildung 16.2).

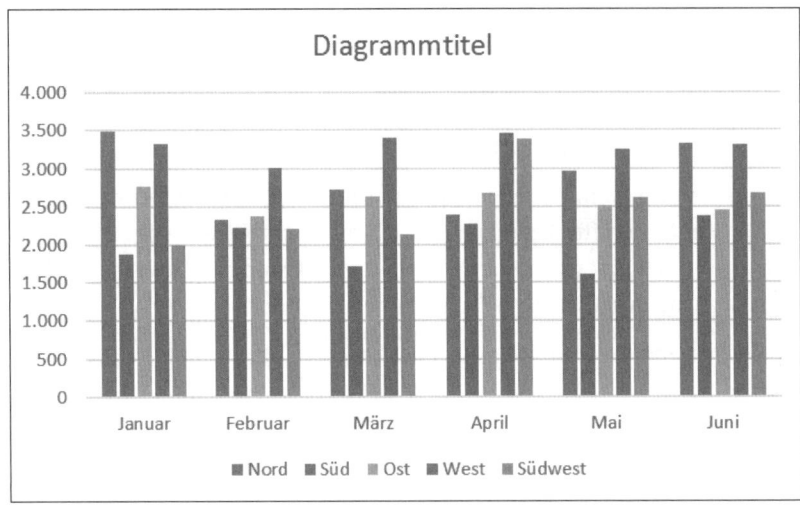

Abbildung 16.2 Standarddiagramm in Excel

Des Weiteren wird durch die Höhe der Werte im Datenbereich eine automatische Skalierung auf der Größenachse von Excel vorgegeben. Und auch die farbliche Gestaltung der Säulen Ihrer Datenreihe folgt den Standardvorgaben. Die Farbvorgaben werden durch die im Seiten-layout ausgewählten *Designfarben* bestimmt.

Sichtbar ist zudem, dass je nach Achsenskalierung auch die *Gitternetzlinien* auf der soge-nannten *Zeichnungsfläche* gebildet werden. Letztere dehnt sich als Rechteck fast über den ge-samten *Diagrammbereich* aus. Der Diagrammbereich belegt auf der anderen Seite, nachdem Sie (F11) betätigt haben, den gesamten Fensterbereich eines eigenen Diagrammblattes.

Selbstverständlich lässt sich diese Grundanordnung der Diagrammelemente nachträglich verändern oder durch weitere Elemente, wie beispielsweise Beschriftungen, ergänzen. Doch dazu später mehr.

16.2.1 Diagrammerstellung über das Menüband

Seit Excel 2010 ist nicht nur das Menüband als eigentliche Benutzerschnittstelle des Programms eingeführt worden, auch die Logik bei der Erstellung von Diagrammen hat sich in den neuen Programmversionen grundlegend verändert. Dies wird deutlich, wenn Sie ein Diagramm erstellen, nachdem Sie zuvor den Zellbereich A2 bis G3 markiert haben. Nachdem Sie EINFÜGEN • DIAGRAMME • SÄULEN- ODER BALKENDIAGRAMM EINFÜGEN (Excel 2013: SÄULENDIAGRAMM EINFÜGEN) • 2D-SÄULE • GRUPPIERTE SÄULEN aktiviert haben, erhalten Sie ebenfalls das Standarddiagramm in seinen Standardfarben. Solange dieses Objekt ausgewählt ist, wird im Menüband das Kontextmenü DIAGRAMMTOOLS mit den beiden Untermenüs ENTWURF und FORMAT angezeigt. Über dieses Kontextmenü können Sie die meisten Funktionen zur Definition und Gestaltung des Diagramms abrufen.

Seit Excel 2013 ist ein neues Element zur Bedienung hinzugekommen (Abbildung 16.3): Wenn ein Diagramm ausgewählt ist, werden an seiner rechten oberen Seite drei Schaltflächen angezeigt. Diese sind bezeichnet mit DIAGRAMMELEMENTE, DIAGRAMMVORLAGEN und DIAGRAMMFILTER.

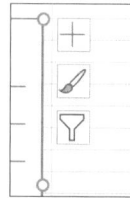

Abbildung 16.3 Die Menüelemente für Diagramme seit Excel 2013

Von der Bedienungslogik her sind die neuen Menüs nicht immer gut gelungen, denn es gibt jetzt viele Funktionen doppelt in den Diagrammtools und dem neuen *Seitenmenü*. Die einfache Logik, dass man sich in den alten Menüs von links nach rechts und damit von den umfassenden zu den spezielleren Änderungen bewegen konnte, ist völlig verloren gegangen.

Die drei neuen Schaltflächen bieten insgesamt die Funktionen aus Tabelle 16.1 an.

Schaltfläche	Funktion
DIAGRAMMELEMENTE	Hinzufügen von Elementen wie Diagrammtitel, Datenbeschriftungen etc. Der Menüpunkt erscheint auch im Menü ENTWURF. Rufen Sie WEITERE OPTIONEN aus der angezeigten Liste auf, erscheint rechts neben dem Diagramm das zugehörige Menü. Die Funktion entspricht dem rechten Mausklick in ein Diagrammelement, der ebenfalls das jeweilige Kontextmenü aufruft. Diese Schaltfläche ersetzt das Menü DIAGRAMMTOOLS • LAYOUT, das es seit Excel 2013 nicht mehr gibt.

Tabelle 16.1 Funktion der Diagrammschaltflächen

Schaltfläche	Funktion
DIAGRAMMVORLAGEN	Anzeige der Diagrammvorlagen. Es werden die Vorlagen angeboten, die auch im Menü ENTWURF zur Verfügung gestellt werden. Ein zweites Register bietet eine Farbauswahl an. Auch diese wird im Menü ENTWURF gezeigt.
DIAGRAMMFILTER	Zeigt eine Liste der Datenreihen und Datenpunkte an und erlaubt es, einzelne Datenreihen oder -punkte ein- oder auszublenden. Um dies zu erreichen, mussten Sie bislang den Menüpunkt DATEN AUSWÄHLEN aktivieren.

Tabelle 16.1 Funktion der Diagrammschaltflächen (Forts.)

Im Menü ENTWURF, das zwar erhalten blieb, aber stark modifiziert wurde, befinden sich die Gestaltungsfunktionen auf der linken Seite. Diagrammtyp und Datenauswahl, von denen man annehmen sollte, dass sie noch vor der Gestaltung benötigt werden, sind hingegen nach rechts gerückt. Mit einer Ausnahme: DIAGRAMMELEMENT HINZUFÜGEN ist gleich die erste Option auf der linken Seite (Abbildung 16.4).

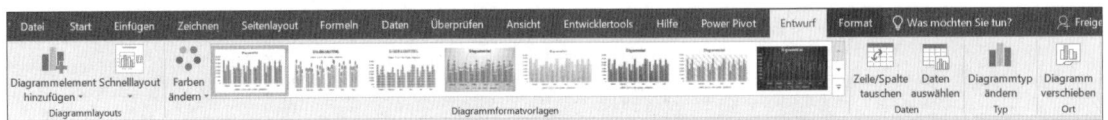

Abbildung 16.4 Das Menü »Entwurf«

Wer gehofft hat, dass Microsoft die Menüs und Untermenüs für die Bearbeitung von Diagrammen in Excel 2019 aufgeräumt und übersichtlicher gestaltet hat, sieht sich enttäuscht. Immer noch fordert die Tatsache, dass Excel nun auch auf Tablets verwendet werden kann, und also fortan nicht nur mit der Maus, sondern auch mit Stylus und Fingerspitze bedient werden soll, einen hohen Tribut vom Benutzer. Die meisten Detailmenüs, die auf der rechten Seite erscheinen, wenn Sie eine Formatierungsfunktion aufrufen, bieten zwei kaum als Register zu erkennende Untermenüs an.

Um das Menüwirrwarr auf die Spitze zu treiben, werden die Untermenüs noch einmal – diesmal mit Symbolen – in verschiedene Gruppen unterteilt. Ein Farbeimer deutet an, dass es über ihn zur Farbgestaltung geht (Abbildung 16.5). Ein Rechteck mit vier Pfeilen signalisiert, dass hierüber die Größe eines Elements veränderbar ist. Haben Sie sich für eine Gruppe entschieden, befinden sich darunter wieder Sektionen wie RAHMEN UND FÜLLUNG. Diese sind nicht als Symbol, sondern wieder als Text gekennzeichnet. Platz zu sparen war bei der Entwicklung der Menüstruktur wichtiger als ein intuitiv verständlicher Aufbau.

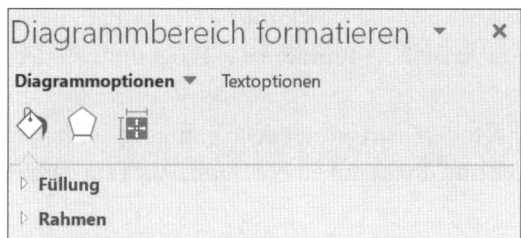

Abbildung 16.5 Eines der zahlreichen Formatierungsmenüs in Excel 2016

[i]

Diagrammvorlagen seit Excel 2013

Eine weitere Änderung im Diagrammmodul seit Excel 2013 betrifft das Speichern von Diagrammvorlagen. Diese wichtige Funktion ist aus allen Menüs verbannt worden. Klicken Sie jedoch mit der rechten Maustaste in ein Diagramm, sehen Sie die Option Als Vorlage speichern, die Sie zur gewohnten Dialogbox führt.

16.2.2   Bestimmen der Datenreihen und Beschriftungen

Doch kehren wir zurück zu unserem Standarddiagramm, dem wir nun eine zweite Datenreihe hinzufügen wollen. Dazu klicken Sie auf die Schaltfläche Daten auswählen im Menü Diagrammtools • Entwurf • Daten.

Anschließend erscheint eine Dialogbox, die Ihnen, nachdem Sie auf Hinzufügen geklickt haben, die Möglichkeit bietet, im Eingabefeld Wertebereich die gewünschten Zellbereiche (B4 bis G4) im Tabellenblatt zu markieren. Von der Optik her wirkt dieses erste Diagramm insgesamt »leichter« als seine Vorgänger. Es gibt keine Teilstriche auf den Achsen mehr, die Gitternetzlinien sind nicht mehr tiefschwarz, sie treten mit einem hellen Grau in den Hintergrund. Auch alle anderen Beschriftungen sind grau, was die Datenreihen und -punkte in den Vordergrund treten lässt. Dies ist eine Kernforderung der Experten für die Gestaltung quantitativer Daten. Die Umsetzung ist gut gelungen.

16.2.3   Zwei Vorgehensweisen – ein Ziel: Änderung von Elementeigenschaften

Halten wir also fest: Beim Erstellen des Diagramms gibt es zwei Alternativen mit (F11) und Einfügen • Diagramme). Bei der Bearbeitung von Diagrammelementen und somit bei der gesamten Formatierung des Diagramms hängt es ebenfalls von Ihren persönlichen Vorlieben ab, welchen von zwei Wegen Sie einschlagen. Die beiden Optionen sind:

▸ Klicken Sie mit der rechten Maustaste auf ein beliebiges Element des Diagramms – etwa auf eine Achse, auf Gitternetzlinien oder eine Datenreihe –, bietet Ihnen Excel im Kontextmenü die Option zur Formatierung des gewählten Elements an (etwa Achse formatieren oder Datenreihen formatieren, Abbildung 16.6). Sie gelangen in Excel 2010 durch die Auswahl dieser Option in eine Dialogbox, in der Sie sämtliche Eigenschaften des gewählten Elements verändern können. Seit Excel 2013 führt Sie das Programm zu den Menüs am rechten Rand des Excel-Fensters.

Wichtig: Seit Excel 2010 wurde die Möglichkeit der Bearbeitung noch einmal modifiziert. Die Dialogboxen zur Bearbeitung können Sie nun direkt mit einem Doppelklick auf das jeweilige Element starten.

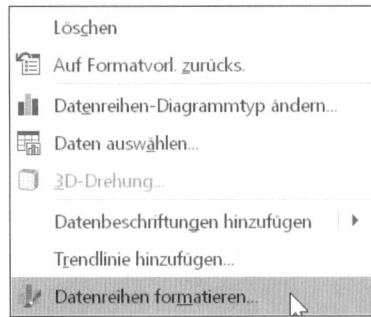

Abbildung 16.6 Aufruf der Formatierung eines Elements über das Kontextmenü

▶ Die gleichen Bearbeitungsfunktionen erhalten Sie aber auch, wenn Sie im Untermenü FORMAT in der Gruppe AKTUELLE AUSWAHL, die sich ganz links befindet, ein Element aus der Liste auswählen und anschließend auf AUSWAHL FORMATIEREN klicken (Abbildung 16.7).

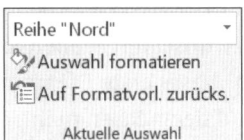

Abbildung 16.7 Aufruf der Formatierungsoptionen über das Menüband

Beide Bearbeitungsvarianten haben in bestimmten Situationen ihre Vorteile. Während der rechte Mausklick bzw. der Doppelklick in vielen Fällen schneller zum (Formatierungs-)Ziel führt und häufig das Suchen von Optionen im Menü minimiert, ist die Auswahl über das Menü vor allem dann nützlich, wenn Sie ein winziges oder unsichtbares Diagrammelement verändern möchten und es Ihnen partout nicht gelingen will, das Element mit der Maustaste zu aktivieren.

16.3   Wichtige Gestaltungsregeln

Nachdem wir bislang das technische »Wie« der Gestaltung von Diagrammen betrachtet haben, ist es nun an der Zeit, den Blickwinkel zu ändern. Die neue Perspektive wird sich mit den Fragen nach dem »Womit« beschäftigen. Mit welchen Mitteln gelingt es Ihnen, die Aufmerksamkeit der Betrachter auf die wesentlichen Bestandteile Ihres Diagramms zu lenken, um genau die Informationen zu transportieren, die Ihnen wichtig sind?

Dabei ist es sehr hilfreich, auf eine Sammlung von Wahrnehmungsregeln zurückzugreifen. Bereits in der ersten Hälfte des 20. Jahrhunderts erkundete die *Berliner Schule der Gestaltpsychologie* unter Zuhilfenahme von zahlreichen Experimenten die Gesetzmäßigkeiten der menschlichen Wahrnehmung. In der Beispieldatei *16_Wahrnehmungsgesetze_01.xlsx* sind einige der Gesetze im Rahmen von Diagrammen veranschaulicht. Bis zum heutigen Tag gelten unter anderem die folgenden sieben Wahrnehmungsgesetze als unstrittig:

▶ **Gesetz der Prägnanz**: Eine Gestalt wird vor allem dann wahrgenommen, wenn sie sich in einem Merkmal von allen anderen unterscheidet, d. h. prägnant oder wahrnehmungsaktiv ist (Abbildung 16.8). Wahrnehmung ist ein aktiver Prozess, komplexe Strukturen werden auf einfache Strukturen reduziert. Dieses elementare Gesetz muss dazu führen, die Anzahl der Gestaltungsmerkmale in einer Darstellung zu reduzieren und für die wichtigsten Bestandteile eines Diagramms eindeutige Unterscheidungsmerkmale wie Farben, Formen oder Beschriftungen zu wählen.

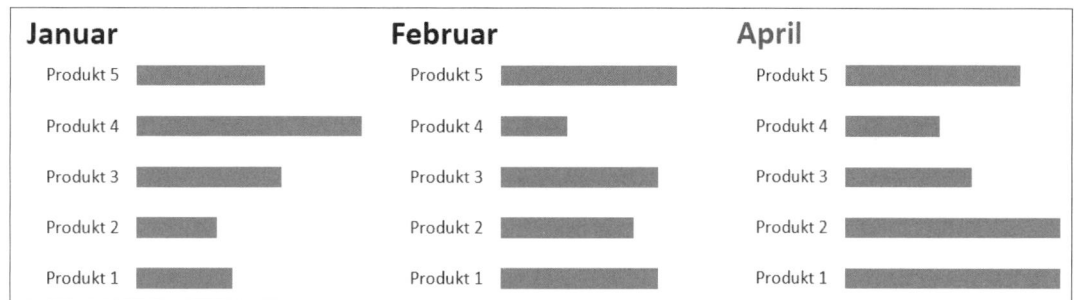

Abbildung 16.8 Prägnant ist die Unterscheidung eines Objekts durch ein Merkmal: Das Diagramm für April fällt allein durch die unterschiedliche Überschrift auf.

▶ **Gesetz der Nähe**: Elemente, die nah beieinander angesiedelt sind, werden als zusammengehörig wahrgenommen. Dies bedeutet, dass Sie unbedingt auf Abstände und Ausrichtungen von Elementen in Diagrammen und Präsentationen achten müssen (Abbildung 16.9). Verwenden Sie drei Diagramme in einem Schaubild, könnte bereits der unwesentlich größere Abstand zwischen Diagramm 2 und 3 suggerieren, dass in ihm Daten dargestellt werden, die nichts mit Diagramm 1 und 2 zu tun haben.

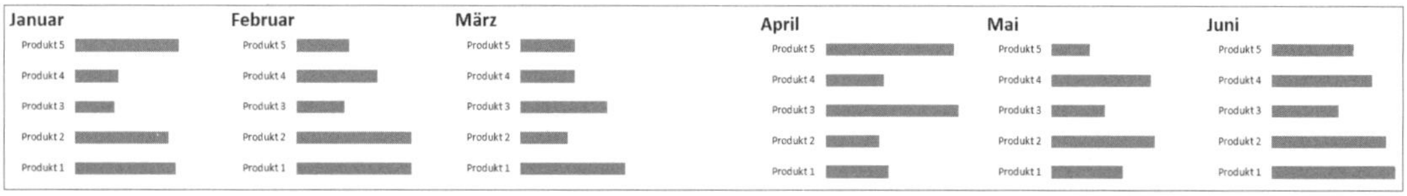

Abbildung 16.9 Schon durch die Abstände wird klar, dass hier die Ergebnisse zweier Quartale dargestellt werden.

▶ **Gesetz der Ähnlichkeit**: Auch die Ähnlichkeit von Elementen führt im Wahrnehmungsprozess dazu, dass solche Elemente als zusammengehörig betrachtet werden. Umgekehrt hat dieses Gesetz zur Folge, dass Sie für nicht zusammengehörige Elemente unbedingt Unterscheidungsmerkmale verwenden müssen. Als solche Merkmale können Farben, Formen, aber auch Hintergründe dienen (Abbildung 16.10).

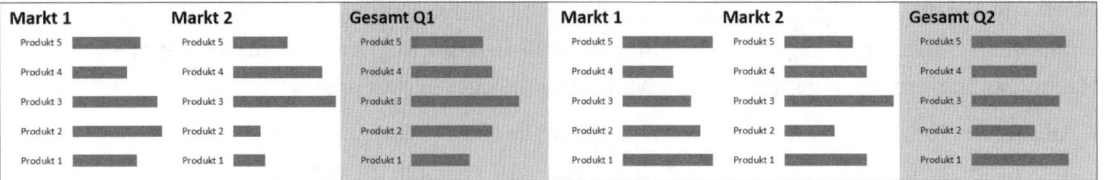

Abbildung 16.10 Die Zusammengehörigkeit der Einzel- und die Abgrenzung der Quartalsergebnisse erfolgt über eine ähnliche Farbgebung.

▶ **Gesetz der Kontinuität**: Die Wahrnehmung unterliegt einem gewissen Fortsetzungszwang. Wahrnehmungsreize werden als zusammengehörig empfunden, wenn sie als Fortsetzung vorangehender Reize empfunden werden. Handelt es sich hingegen bei den dargestellten Objekten um keine sachliche Fortsetzung, müssen Sie dies – unter Umständen mit einer Beschriftung – besonders kenntlich machen (Abbildung 16.11).

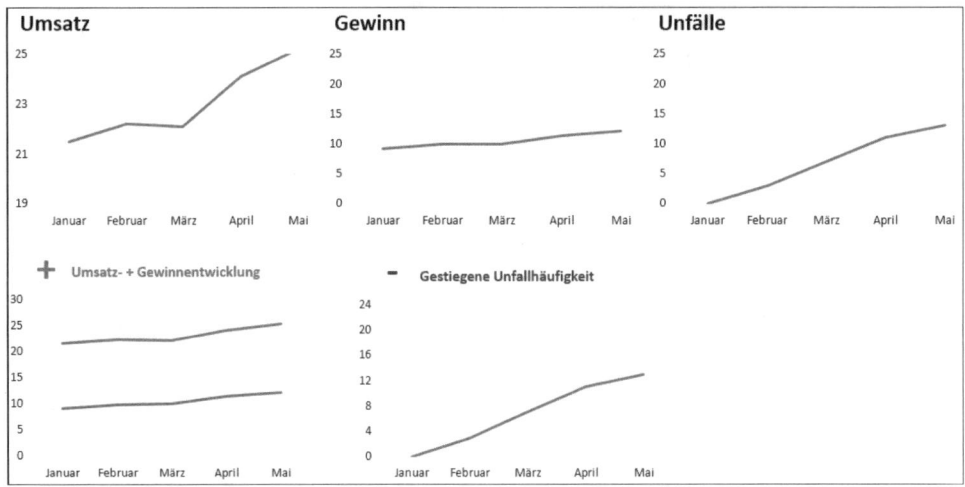

Abbildung 16.11 Dass sich die drei Trends in der Bewertung unterscheiden, kommt in der unteren Darstellung besser zum Ausdruck.

▶ **Gesetz der Geschlossenheit**: Geschlossene Linien wie Umrahmungen werden als Einheit wahrgenommen. Auf Verbindungen von Linien, die z. B. an einer Stelle offen sind, trifft dies weniger zu. Dieses Gesetz sollten Sie eher bei PowerPoint-Präsentationen berücksichtigen als in Excel-Diagrammen, bei denen eher selten mit gezeichneten Linien operiert wird. Für PowerPoint gilt aber: Geschlossene Linien suggerieren Flächen, und Flächen werden intuitiv als aussagekräftige Formen verstanden. Das kann erwünscht, aber auch unerwünscht sein und muss deshalb bedacht werden.

▶ **Gesetz der fortgesetzt durchgehenden Linie**: Dieses Gesetz besagt, dass bei sich kreuzenden Linien die Wahrnehmung prinzipiell einen harmonischen Verlauf der Linienführung bevorzugt als einen abrupten Richtungswechsel oder Knick. Bei der Verwendung von Liniendiagrammen sollte diese Gesetzmäßigkeit besondere Beachtung finden. Der tatsächliche Verlauf sich kreuzender Linien muss besonders betont oder gekennzeichnet werden. Dies erreichen Sie durch Eigenschaften wie Linienstärke, -art oder -farbe oder indem Sie Datenreihen in verschiedenen Diagrammen darstellen (Abbildung 16.12).

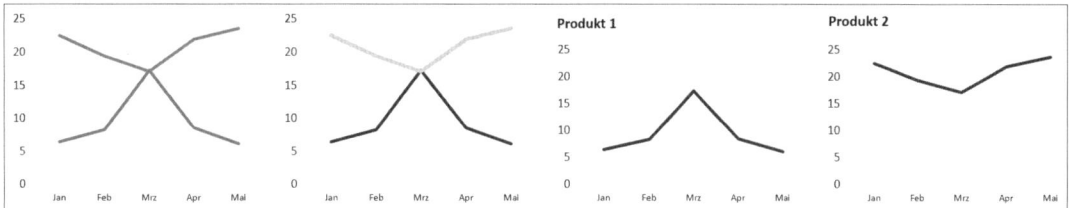

Abbildung 16.12 Starke Farbkontraste betonen den Linienverlauf besser; separate Diagramme lassen keine Missverständnisse aufkommen.

▶ **Gesetz der gemeinsamen Region**: Sind Objekte auf einem gemeinsamen Hintergrund abgebildet, werden sie ebenfalls als zusammengehörig verstanden. Diese Wahrnehmungsregel ist besonders wichtig, weil sie einen relativ einfachen Lösungsansatz zur Vermeidung von Darstellungsfehlern bietet. Die Zusammengehörigkeit von Informationen können Sie ganz einfach dadurch betonen, dass Sie diese auf dem gleichen farblichen Hintergrund anordnen. Zu trennende Informationen positionieren Sie entsprechend auf farblich unterschiedlichen Hintergrundflächen (Abbildung 16.13).

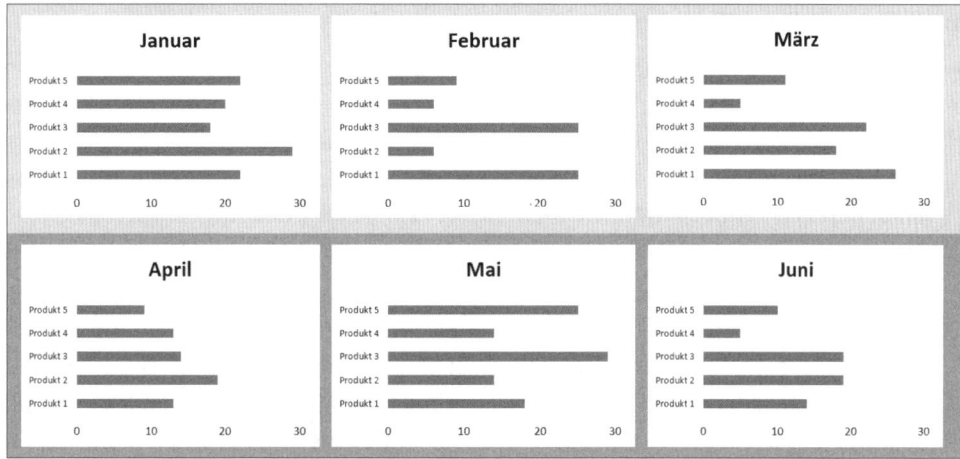

Abbildung 16.13 Die Quartalszugehörigkeit wird allein durch die gemeinsame Hintergrundfarbe deutlich.

Das Fazit, das sich aus den hier kurz skizzierten Grundregeln der Wahrnehmung von Objekten ziehen lässt, lautet schlicht: Weniger ist mehr! Lassen Sie schmückendes Beiwerk weg, da es die Botschaft, die durch eine grafische Darstellung Ihrer Daten zum Betrachter transportiert werden soll, verwässert oder sogar unbeabsichtigt verfälscht. Wählen Sie gestalterische Mittel bewusst und nur dann aus, wenn Sie eine konkrete Funktion erfüllen.

16.4   Umgang mit Farben

Was für die allgemeine Gestaltung von Diagrammen gilt, lässt sich in abgewandelter Form auch für die Verwendung von Farben in Diagrammen sagen. Deren Einsatz sollte sich der Funktionalität unterordnen und beschränkt sich im Wesentlichen auf zwei wichtige Aufgaben:

▶ Farben sollen durch die Verwendung von Kontrasten Unterschiede, Widersprüche etc. betonen.

▶ Durch Farbharmonien sollen sie die Zusammengehörigkeit von Elementen oder Übereinstimmungen hervorheben.

Diese beiden Aufgaben sollten möglichst erfüllt werden, ohne dass Sie als unangenehm empfundene Farbkombinationen einsetzen.

Einen Leitfaden für die Verwendung von Farbkontrasten und -harmonien gibt neben den gängigen Farbdreiecken und Vierecken, die zur Bestimmung z. B. der Komplementärfarben nützlich sind, das Farbviereck von Johannes Itten. Ab 1919 als künstlerischer Leiter am Bauhaus in Weimar tätig, führte Itten dort unter anderem die Theorie der sieben Farbkontraste zur Reife. Neben der Verwendung von typischen Komplementärfarben verweist die Theorie auf weitere Möglichkeiten, Farben zu kontrastieren.

Wichtig und in Excel-Diagrammen gut anwendbar sind folgende Kontrastvarianten:

▶ **Warm-Kalt-Kontrast**: Ittens Farbkreis unterscheidet kalte Farbtöne (linke Seite in Abbildung 16.14 und *16_Farbharmonien_Farbkontraste_01.xlsx*) und warme Farbtöne. Farben, die sich auf einer Seite befinden, harmonieren miteinander. Dadurch sind Sie in der Lage, eine Reihe als harmonisch wahrgenommener Farben für Ihre Diagramme auszuwählen, mit denen sich dennoch hinreichend Kontraste zur Unterscheidung setzen lassen.

▶ **Hell-Dunkel-Kontrast**: Die Urform dieses Kontrastes ist das Aufeinandertreffen der Farben Schwarz und Weiß. Doch auch jenseits davon lassen sich Farben, die zu dem sehr hellen Spektrum gehören (Gelb, Grau, Hellgrün), mit solchen kombinieren, die eher dem dunklen Spektrum zuzuordnen sind (Dunkelgrau, Dunkelblau, Violett). Das Resultat solcher Kontraste ist eine sehr plastische Darstellung der Abbildungen. Aufgrund der Blauverschiebung werden helle Farben stärker als Abbildungsvordergrund und dunkle Farbtöne als Hintergrund verstanden.

▶ **Qualitätskontrast**: Bei dieser Form des Kontrasts werden gesättigte und nicht gesättigte Farben eingesetzt. Eine gesättigte Farbe können Sie z. B. durch Beimischen von Weiß oder Schwarz in eine nicht gesättigte oder trübe Farbe verwandeln. Diesen Kontrast können Sie durch Aufhellen einer Farbe auch in Excel einfach umsetzen. Wählen Sie dazu eine Farbe, beispielsweise Grün, und rufen Sie die Funktion WEITERE FARBEN • BENUTZERDEFINIERT auf. Mit dem Schieberegler rechts neben den Farben hellen Sie die ausgewählte Grundfarbe auf oder dunkeln sie ab. Als Ergebnis erhalten Sie wiederum eine Farbzusammenstellung, die einerseits als harmonisch wahrgenommen wird, durch die Aufhellung aber auch die Möglichkeit zur Kontrastbildung bietet.

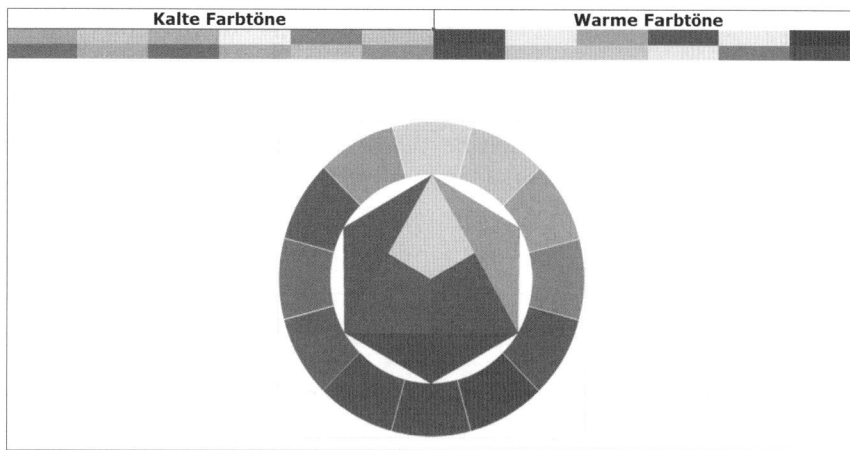

Abbildung 16.14 Aus dem Farbmodell von Johannes Itten lassen sich jede Menge Farbkontraste und -harmonien ableiten.

In Farbe zu sehen z. B. hier: *https://de.wikipedia.org/wiki/Farbtypenlehre*

16.5 Auswahl des richtigen Diagrammtyps

Das theoretische Gebäude der Diagrammgestaltung muss nun natürlich in eine praktische Umsetzung münden. Dabei stellt sich naturgemäß die Frage, welcher Diagrammtyp zu welchem Datenbestand bzw. zu welcher Präsentationsabsicht passt. In den meisten Fällen werden sechs typische Intentionen bei der Datenpräsentation genannt:

▶ Vergleich von Werten und Darstellung von Rangfolgen

▶ Darstellung der Entwicklung von Werten in Zeitreihen

▶ Darstellung der Werteanteile an einem Gesamtergebnis

▶ Darstellung von Abweichungen

▶ Darstellung der Korrelation von Werten

▶ Darstellung der Verteilung von Werten

16.5.1   Vergleich von Werten und Darstellung von Rangfolgen – Balkendiagramm und Säulendiagramm

Die Diagrammtypen, die sich am besten zum Vergleich von Werten eignen, sind das Balken- und das Säulendiagramm. Die Balken oder Säulen werden in gleicher Breite auf eine Rubrikenachse gezeichnet, besitzen also gleich viel Gewicht. Sie unterscheiden sich eindeutig durch ihre Länge oder Höhe, die mit dem Wert korrespondiert, den der Datenpunkt darstellt.

Der Abstand auf dieser Achse ist gleichmäßig. Er entspricht aber nicht zwangsläufig einem gleichmäßigen zeitlichen Intervall. Trotzdem können Sie das Säulendiagramm auch zum Vergleich von Daten heranziehen, die eine zeitliche Dimension besitzen.

Das im oberen Teil dieses Kapitels mit F11 erstellte Säulendiagramm ist in Abbildung 16.15 leicht abgewandelt als Balkendiagramm dargestellt. Im Tabellenblatt *Modifizierung* der Arbeitsmappe *16_Wertevergleich_Balkendiagramm_Säulendiagramm_01.xlsx* finden Sie dieses Beispiel. Gegenüber dem Säulendiagramm habe ich hier lediglich die Legende gelöscht und den Diagrammtitel geändert. Diese Änderung nehmen Sie vor, indem Sie den existierenden Titel anklicken und den gewünschten Text per Tastatur eingeben. Den erläuternden Text schreiben Sie über EINFÜGEN • TEXT • TEXTFELD in das Diagramm.

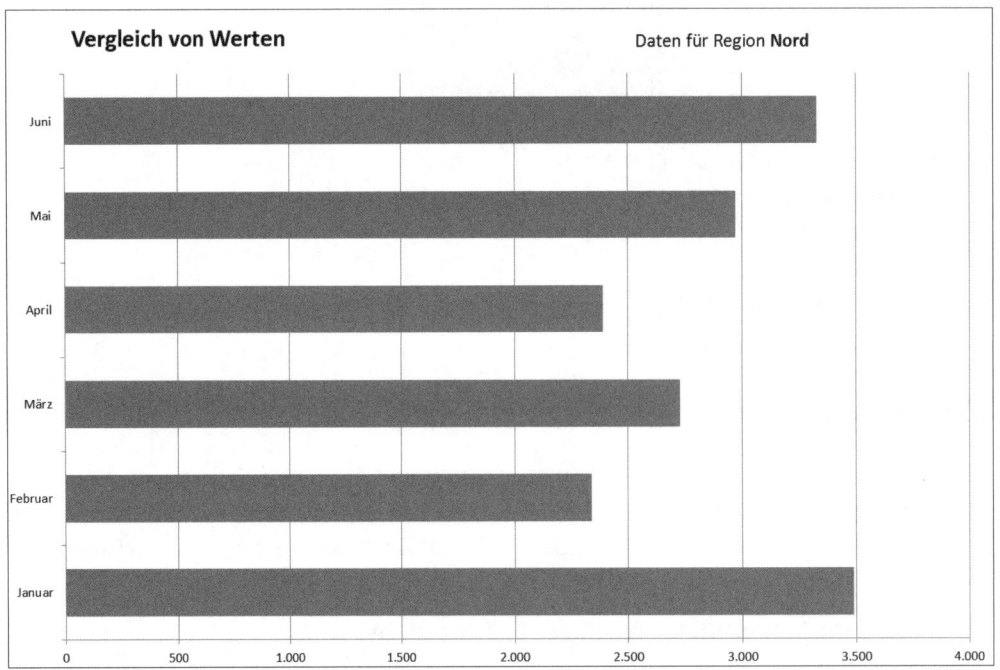

Abbildung 16.15 Modifiziertes Balkendiagramm

Wie alle Diagrammtypen besitzt auch dieser einige spezifische Einstellungen. Dies sind die Abstände zwischen den einzelnen Säulen und die Stärke der Überlappung der Säulen, wenn mehr als eine Datenreihe im Diagramm angezeigt wird. Beide Einstellungen erreichen Sie mit einem Klick der rechten Maustaste auf eine Säule und der Auswahl DATENREIHEN FORMATIEREN • DATENREIHENOPTIONEN.

16.5.2   Vergleich mehrerer Datenreihen und des Gesamtergebnisses – Stapelsäulen

Die einflussreichsten Spezialisten im Bereich der Datenvisualisierung und Gestaltung von Dashboards, Edward Tufte und Stephen Few, empfehlen, Diagramme nicht mit Datenreihen zu überfrachten. Stattdessen sollten mehrere Einzeldiagramme erstellt und nebeneinander positioniert werden, um die Lesbarkeit und die Vergleichsmöglichkeit zu verbessern. Unter diesem Gesichtspunkt ist ein Stapelbalkendiagramm immer nur die zweitbeste Lösung. In diesem Diagrammuntertyp zeigt die Länge jedes einzelnen Balkens das Gesamtergebnis sämtlicher Einzelwerte einer Datenreihe an.

Der Vergleich der einzelnen Werte innerhalb einer Reihe ist jedoch wegen der Verschiebung der unterschiedlich breiten Datenpunkte nicht immer ganz so einfach.

Um dieses Manko zu beseitigen, können Sie die Reihenwerte in den Balken anzeigen lassen (rechter Mausklick und Auswahl von DATENBESCHRIFTUNGEN HINZUFÜGEN). Hilfreich ist es bisweilen auch, über DIAGRAMMTOOLS • ENTWURF • DIAGRAMMELEMENT HINZUFÜGEN • LINIEN die VERBINDUNGSLINIEN zwischen den einzelnen Datenpunkten einer Datenreihe einzublenden (Abbildung 16.16).

16

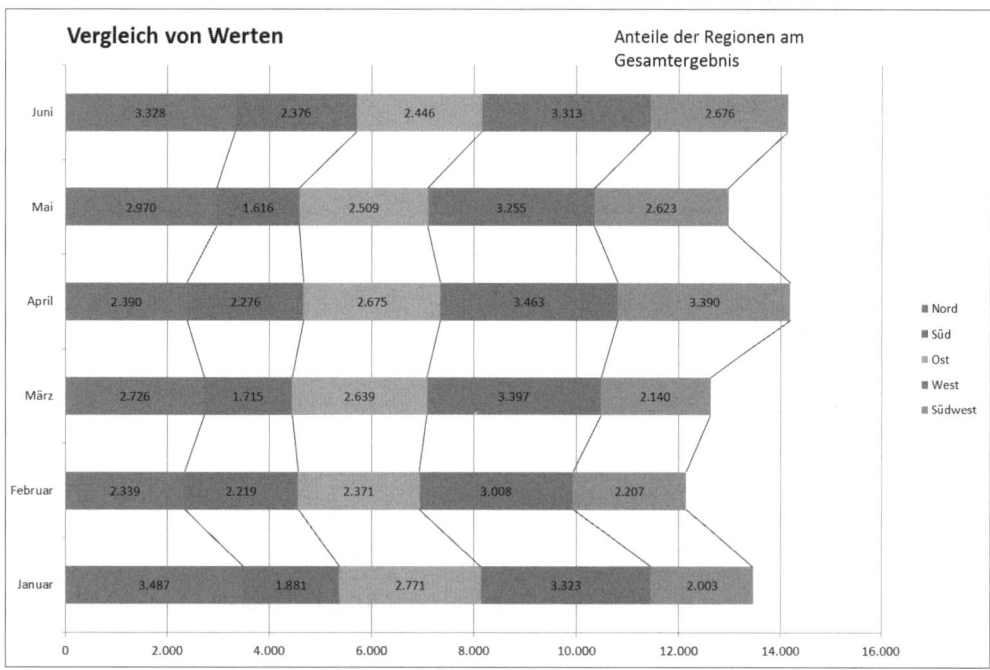

Abbildung 16.16 Stapelbalken mit Verbindungslinien

Wenn Sie diesen Menübereich aufrufen, erkennen Sie schnell, dass in Excel viele Menüoptionen zweifarbig sind. Im vorliegenden Beispiel, in dem es um relativ dünne Linien geht, verschafft dies eine deutlich bessere Übersicht.

Um den Empfehlungen Tuftes und Fews nachzukommen – eine Datenreihe je Diagramm –, müssten Sie das vorliegende Diagramm allerdings in mehrere Einzeldiagramme zerlegen. Dies könnte dann so aussehen wie in Abbildung 16.17.

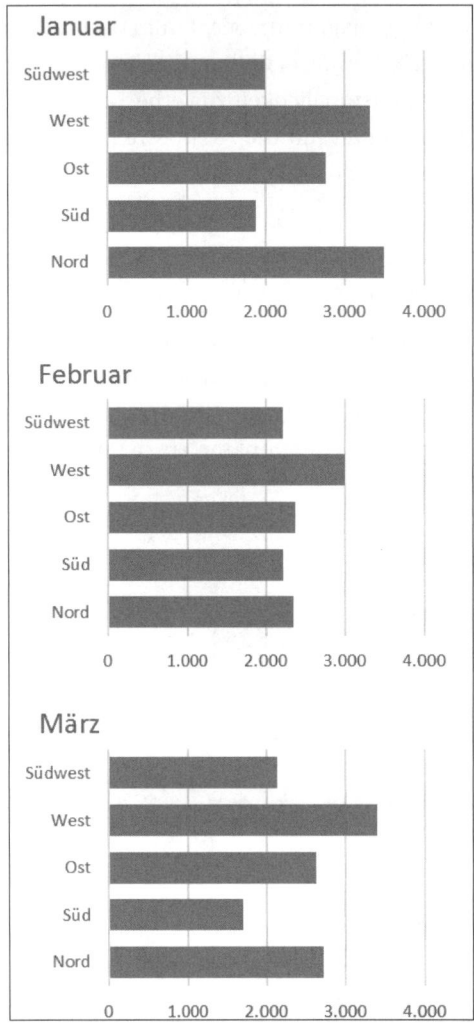

Abbildung 16.17 Mehrere Balkendiagramme sind einfacher zu lesen als ein Stapelbalkendiagramm.

Wenn Sie berücksichtigen, dass Diagramme häufig nur überflogen werden, bietet die zweite Lösung mit Sicherheit die klarere und verständlichere Darstellung. Das Argument, es wäre ein höherer Zeitaufwand, gleich mehrere Diagramme aus einem Datenbestand zu erstellen, muss nicht zutreffen. Meine Empfehlung dazu:

1. Erstellen Sie zunächst ein Balkendiagramm, und gestalten Sie es komplett durch.

2. Kopieren Sie das Diagramm dann mit einem rechten Mausklick auf die Diagrammfläche und Klick auf KOPIEREN.

3. Fügen Sie das Diagramm danach ebenfalls mit der rechten Maustaste in das Tabellenblatt ein.

4. Klicken Sie in die Datenreihen des neuen Diagramms.

5. Die nun markierten Zellbereiche im Tabellenblatt ziehen Sie mit der Maus zum nächsten Zellbereich (z. B. von Januar zu Februar, Abbildung 16.18).

	A	B
1		
2		**Januar**
3	Nord	3.487
4	Süd	1.881
5	Ost	2.771
6	West	3.323
7	Südwest	2.003

Abbildung 16.18 Nach dem Kopieren weisen Sie dem neuen Diagramm mit der Maus einen neuen Wertebereich zu.

Der Fachbegriff für diese Minidiagramme, wie Sie sie gerade erstellt haben, lautet *Small Multiples*. Achten Sie bei der Verwendung dieser Datenvisualisierung immer darauf, dass alle Diagramme über eine einheitliche Skalierung der Größenachsen verfügen. Ansonsten laufen Sie Gefahr, dass die Relationen zwischen den dargestellten Ergebnisse der einzelnen Datenreihen verzerrt werden.

16.5.3   Wertevergleich bei mehr als einer Größenachse – Netzdiagramm

Auch das Netzdiagramm gibt immer wieder zu Stirnrunzeln Anlass. Das liegt einerseits daran, dass es eher selten eingesetzt wird. Andererseits unterscheidet sich seine Darstellungsweise von allen anderen Diagrammen. Das Netzdiagramm hat aber etwas, was keines der anderen Diagramme besitzt: mehrere Größenachsen mit der gleichen Skalierung. Dafür fehlt ihm auch etwas: eine Rubrikenachse.

Diese Besonderheit beschert dem Diagramm nicht nur das Aussehen eines Spinnennetzes, sondern Ihnen auch die Möglichkeit, die Werte mehrerer Datenreihen auf den Achsen abzutragen. Verbinden Sie die Ergebniswerte auf den Achsen, erhalten Sie entweder eine geschlossene Linienstruktur oder – wenn Sie den Zwischenraum mit einer Farbe füllen – eine Fläche.

Netzdiagramme eignen sich besonders, wenn es darum geht, Erfüllungsgrade darzustellen, denen eine Bewertungsskala zugrunde liegt. Dazu müssen die Rubriken allerdings gleich skaliert sein. Der höchste Wert der Größenachse stellt in einem solchen Fall die vollständige

16

Erfüllung der Anforderungen dar. Je näher die Linien an den Maximalwert heranreichen, desto besser erfüllen die Ergebnisse die definierten Anforderungen.

Werden zwei Datenreihen im Netzdiagramm dargestellt, z. B. die Bewertungen der Angebote zweier Lieferanten, eine Selbst- und eine Fremdbewertung oder zwei Produktbewertungen, können die Stärken und Schwächen zumeist auf einen Blick identifiziert und verglichen werden (Abbildung 16.19).

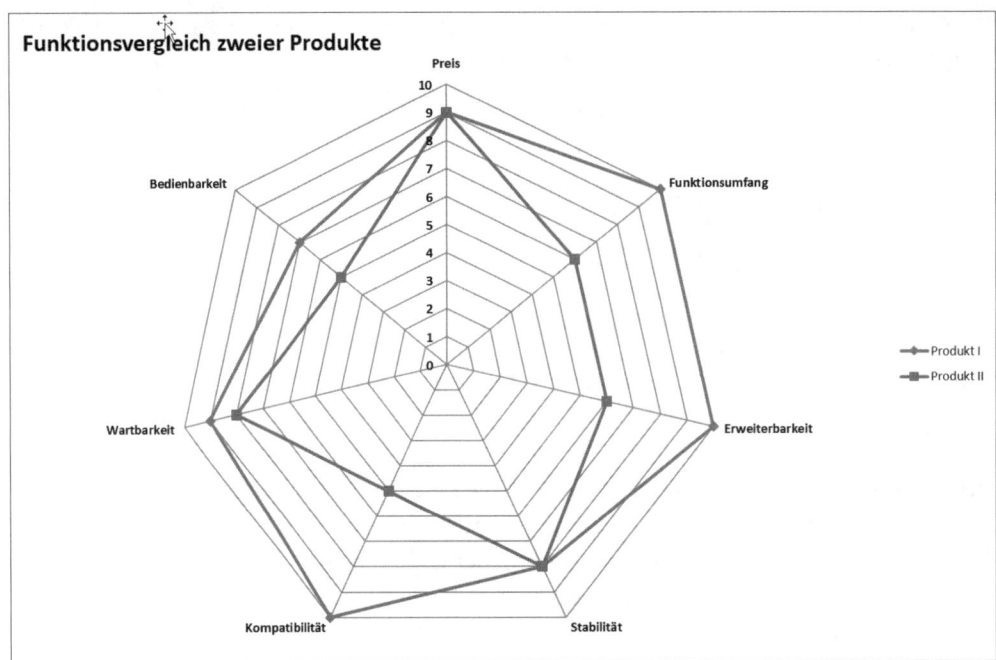

Abbildung 16.19 Wertevergleich von zwei Datenreihen anhand mehrerer Kriterien

Aber auch hier gilt: Hegen Sie nur den geringsten Zweifel, dass die Zielgruppe Ihre Auswertung in dieser Darstellung verstanden hat, sollten Sie stattdessen mehrere Balkendiagramme einsetzen.

16.5.4   Entwicklung von Werten in Zeitreihen – Liniendiagramm

Linien sind dadurch definiert, dass sie keine Masse im eigentlichen Sinn besitzen, sie haben keine flächenmäßige Ausdehnung. Sie sind mehr oder weniger dünn und verfügen über einen Anfangs- und einen Endpunkt. Bei einem Liniendiagramm, wie ich es in *16_Werteentwicklung_Liniendiagramm_01.xlsx* zeige, bildet die *horizontale Kategorienachse* eine zeitliche Dimension ab. Es wird erwartet, dass auf ihr regelmäßige Intervalle wie Wochen, Monate oder Jahre angegeben werden, an denen die Werte gemessen wurden, die im Diagramm angezeigt werden (Abbildung 16.20).

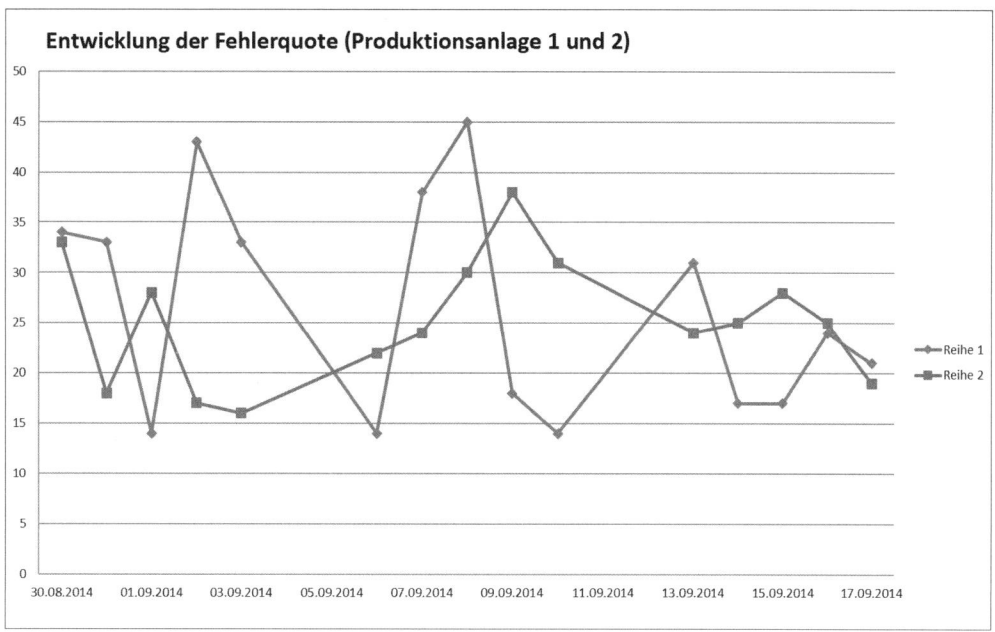

Abbildung 16.20 Liniendiagramm

Ein Liniendiagramm ist deshalb dafür prädestiniert, die Entwicklung von einer oder mehreren Datenreihen über einen zeitlichen Verlauf zu visualisieren. Excel passt standardmäßig die Kategorienachse an den in der Tabelle verwendeten Datentyp an. Besteht die Kategorienliste im Tabellenblatt aus Datumswerten, wird die Achse unweigerlich als Datumsreihe formatiert.

Auf eine Besonderheit des Liniendiagramms stoßen Sie, wenn es um den Umgang mit im Tabellenblatt fehlenden Werten oder ausgeblendeten Zellen geht: Die Standardeinstellung sieht vor, dass solche Datenpunkte im Diagramm nicht gezeichnet werden. Allerdings können Sie diese Vorgabe unter ENTWURF · DATEN AUSWÄHLEN · AUSGEBLENDETE UND LEERE ZELLENEINSTELLUNGEN ändern (Abbildung 16.21).

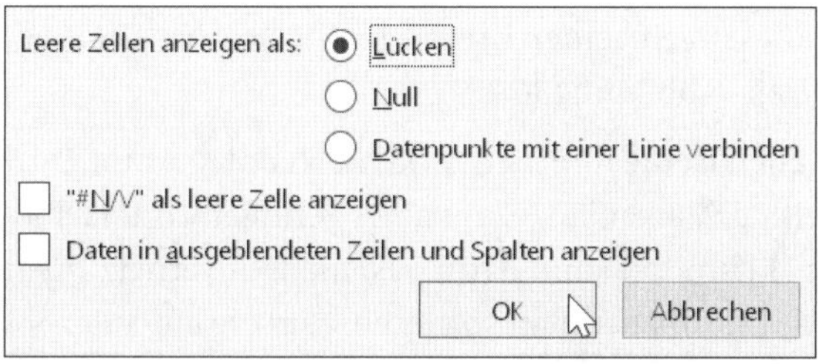

Abbildung 16.21 Anzeigeoptionen für leere und ausgeblendete Zellen

16.5.5   Darstellung der Anteile an einem Gesamtergebnis – Balken- oder Säulendiagramm

Die erste Reaktion auf die Frage, welcher Diagrammtyp am besten Anteile an einem Gesamtergebnis darstellt, fällt meist anders aus. Kreis-, Torten- oder Kuchendiagramme behaupten dieses Terrain bereits seit Langem. Da jedoch immer mehr Daten auf immer weniger Platz präsentiert werden müssen, treten die Nachteile dieses Diagrammtyps auch immer stärker zutage. Sie nehmen in Dashboards relativ viel Platz in Anspruch, und wenn Sie sie notwendigerweise verkleinern, sind geringere Unterschiede der Kreissegmente nicht mehr gut unterscheidbar.

Werfen wir zunächst aber dennoch einen Blick auf die traditionelle Lösung. Beim Kreisdiagramm handelt es sich um einen gleichmäßigen Kreis, der an Vollständigkeit, an 100 % gemahnt. Diese Gesamtheit setzt sich aus den Kreissegmenten unterschiedlicher Größe zusammen. Die Größe eines jeden Kreissegments entspricht dem Anteil, den der Wert des Datenpunktes am Gesamtergebnis hat. Ein Diagramm dieses Typs ist in der Arbeitsmappe *16_Werteanteil_Kreisdiagramm_01.xlsx* abgebildet.

Ein Vorteil des Kreisdiagramms ist, dass es die absoluten Werte Ihrer Datenpunkte automatisch in prozentuale Anteile umrechnet. Dazu müssen Sie lediglich die Option DATENBESCHRIFTUNGEN HINZUFÜGEN (Excel 2013: DATENBESCHRIFTUNGEN ANZEIGEN) aus dem Kontextmenü aufrufen und anschließend die Werte erneut rechts anklicken, um DATENBESCHRIFTUNGEN FORMATIEREN und dort die Option PROZENTSATZ zu aktivieren.

Welche spezifischen Einstellungen sind für diesen Diagrammtyp vorhanden? In den REIHENOPTIONEN bestimmen Sie den WINKEL DES ERSTEN KREISSEGMENTS. Da ein Kreisdiagramm wie eine Uhr gelesen wird, sollten Sie Ihr wichtigstes Kreissegment *auf 12 Uhr* stellen. Darüber hinaus können Sie bei Kreisdiagrammen die KREISEXPLOSION definieren. Der Begriff beschreibt die Anordnung der Kreissegmente zueinander, die entweder fest zusammengefügt oder aber voneinander losgelöst sein können.

Möchten Sie nicht alle Segmente voneinander lösen, sondern nur ein Segment aus dem Kreis ziehen, um es besonders hervorzuheben, gelingt Ihnen dies auch direkt mit der Maus. Klicken Sie zweimal hintereinander den Datenpunkt an, den Sie verschieben möchten. Sobald die Markierungspunkte nur noch an diesem einzelnen Kreissegment sichtbar sind, ziehen Sie das Segment vorsichtig aus dem Kreis (Abbildung 16.22).

Auch bei der Visualisierung von Werteanteilen ist die Alternative das Balkendiagramm. Dessen Vorteil ist die bessere Vergleichbarkeit der Balkenlänge, auch bei geringen Unterschieden der einzelnen Werte. Ein zusätzliches Hilfsmittel kann darin bestehen, Gitternetzlinien einzublenden. Und wenn Sie die Datenreihe im Tabellenblatt sortieren, wird die auf- oder absteigende Sortierung mit ins Diagramm übernommen. Dabei leistet sich Excel allerdings eine Besonderheit: Ist die Tabelle aufsteigend sortiert, erscheinen die Daten im Diagramm in absteigender Reihenfolge, und umgekehrt. Im Zweifelsfall beheben Sie dieses Manko, indem Sie über ACHSE FORMATIEREN • ACHSENOPTIONEN die Option KATEGORIEN IN UMGEKEHR-

TER REIHENFOLGE aktivieren. Alles in allem ist das Balkendiagramm in Sachen Übersichtlichkeit bei der Darstellung von Anteilen nicht zu übertreffen (Abbildung 16.23).

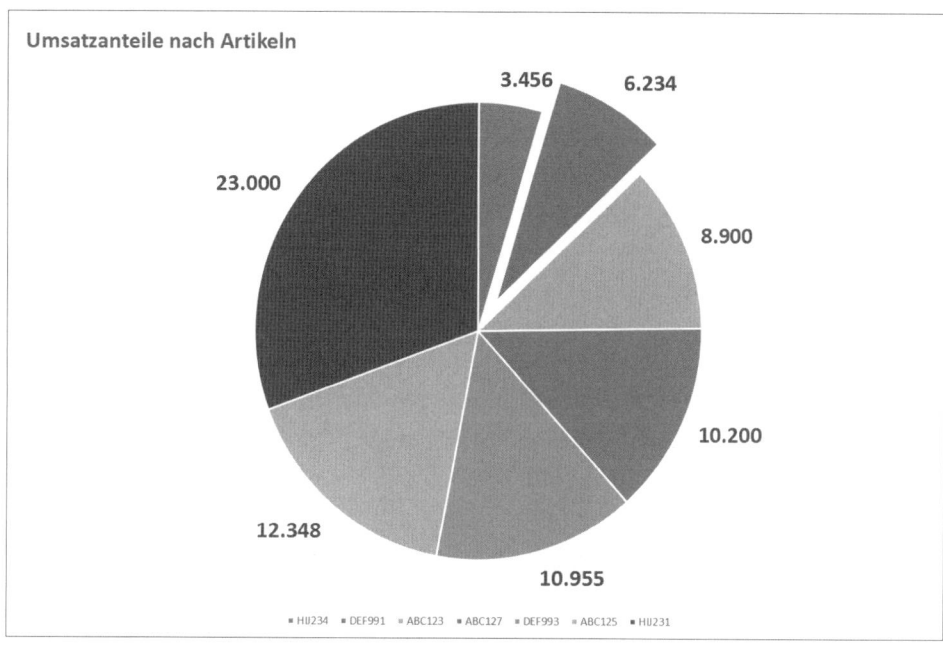

Abbildung 16.22 Kreisdiagramm mit Prozentanzeige

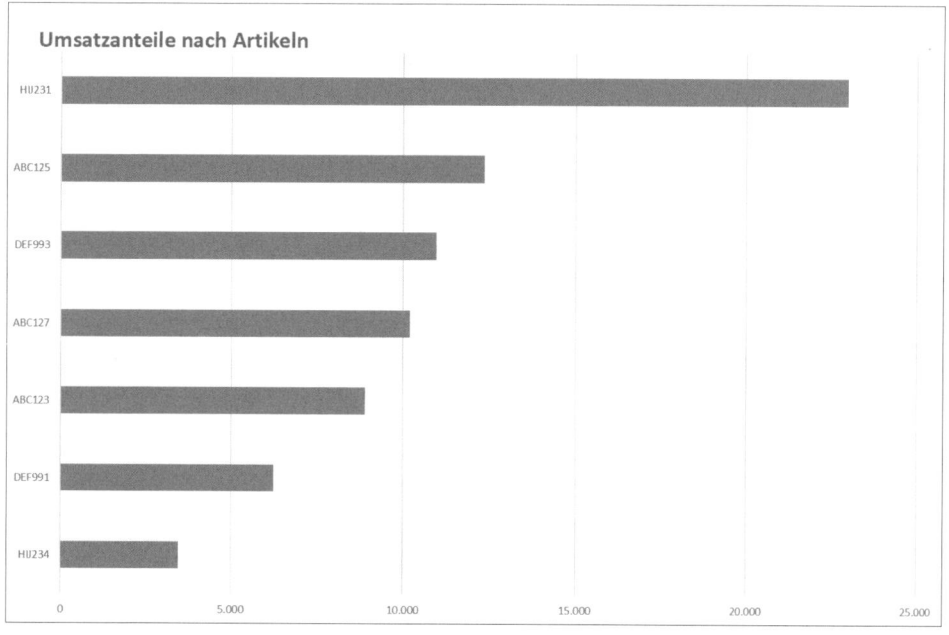

Abbildung 16.23 Darstellung der Anteile in einem sortierten Balkendiagramm

16.5.6   Darstellung von Abweichungen – Säulendiagramm oder Liniendiagramm

Was lässt sich in dem Diagramm aus der Beispieldatei der Arbeitsmappe *16_Werteabwei-chung_Säulendiagramm_01.xlsx* ohne Zögern ablesen? Richtig! Die Abweichung der Werte von einem Vergleichswert (Abbildung 16.24). In der Beispieldatei ist dies der Wert 0.

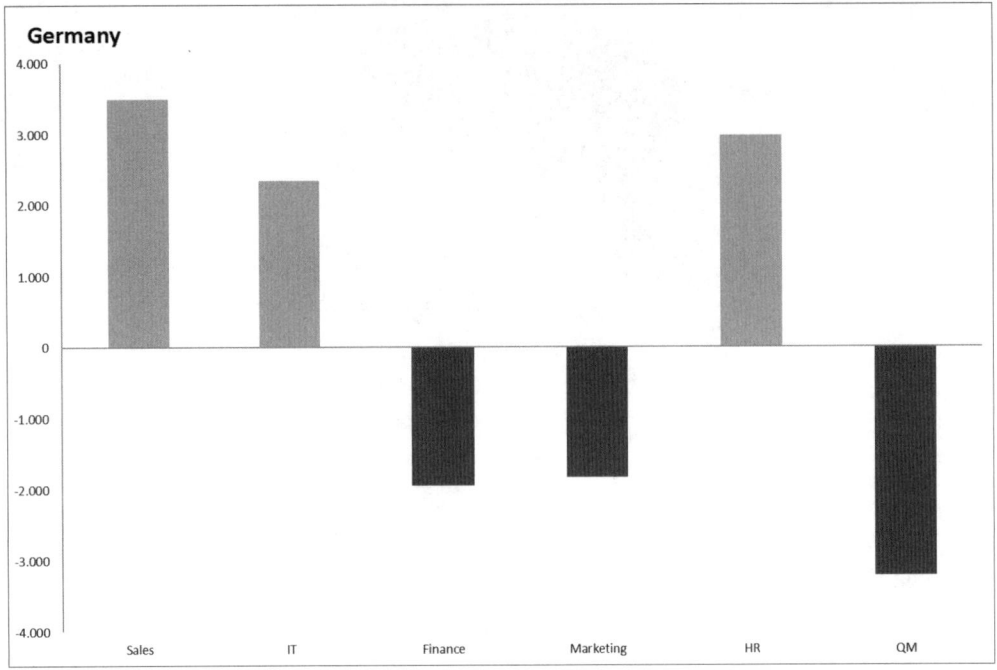

Abbildung 16.24 Darstellung der Abweichung mit einem Säulendiagramm

Auch hier sollten Sie sich zunächst mit der allgemeinen Erscheinung auseinandersetzen. Die Höhe der Säulen korrespondiert mit den Werten der dahinterliegenden Tabelle. Alle Säulen besitzen die gleiche Breite und identische Abstände. Entscheidend ist es, eine Referenzlinie zu verwenden, auf die sich die Abweichung bezieht. Im Beispiel ist dies die Rubrikenachse, die bei null schneidet.

Soll die positive Abweichung farblich deutlich von der negativen unterschieden werden, lässt sich dies über eine Formatierungsfunktion umsetzen. Über DATENREIHEN FORMATIE-REN • FÜLLUNG gelangen Sie zu der Option INVERTIEREN, FALLS NEGATIV. Dass Säulendia-gramm betont dabei die Unterschiede der einzelnen Werte.

Ziel der Darstellung kann aber auch eine Veränderung der Werte über einen Zeitraum sein. In diesem Fall eignet sich ein Liniendiagramm am besten, um den Wertevergleich zu veran-schaulichen. Das Liniendiagramm betont nicht die Einzelwerte, sondern das generelle Mus-ter der Veränderung über den gewählten Zeitraum.

16.5.7   Darstellung der Korrelation zwischen Werten – Punktdiagramm

Dieses Standarddiagramm besitzt als einziges zwei Größen- und keine Rubrikenachse. Ein Beispiel für die Verwendung ist in der Arbeitsmappe *16_Wertekorrelation_Punkt_und_Blasendiagramm_01.xlsx* enthalten (Abbildung 16.25).

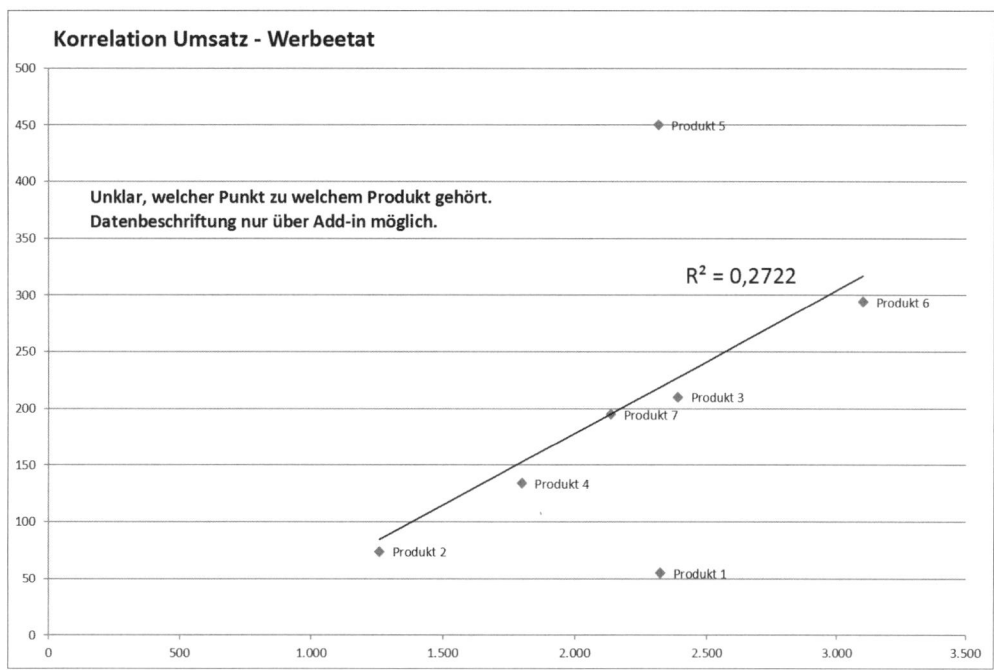

Abbildung 16.25 Darstellung der Korrelation zweier Werte im Punktdiagramm

Anders als beim Liniendiagramm stellt dieser Diagrammtyp keine zeitliche Abfolge dar. Da keine Beziehung zu den Vorgänger- oder Nachfolgewerten veranschaulicht werden soll, existieren auch keine verbindenden Linien. Jeder Punkt wird im gleichen Koordinatensystem, das von den Werten der x- und y-Achse begrenzt wird, genau lokalisiert.

Die beiden Werte, die im Beispieldiagramm zur Visualisierung der Korrelation herangezogen werden, sind der Umsatz (x-Achse) und die Höhe des Werbeetats (y-Achse) in den Spalten B und C des Tabellenblattes *Daten*.

Da eine Rubrikenachse im Punkt- oder XY-Diagramm fehlt, liegt der Wunsch nahe, die Datenpunkte direkt im Diagramm zu beschriften. Hier gibt es eine neue Funktion seit Excel 2013, die enorm zeitsparend wirkt: Nachdem Sie über die Option DATENBESCHRIFTUNGEN HINZUFÜGEN die Punkte zunächst mit den y-Werten beschriftet haben, können Sie diese Beschriftung formatieren. Unter BESCHRIFTUNGSOPTIONEN gibt es über das Feld WERT AUS ZELLEN die Möglichkeit, eine Beschriftung zuzuweisen. In den früheren Excel-Versionen konnte nur ein Add-in weiterhelfen: der *XY Chart Labeler*. Laden Sie das Tool aus dem Internet, sofern Sie nicht mit Excel 2013 oder einer späteren Version arbeiten – es ist kostenfrei –, und installieren Sie es auf Ihrem Computer. Nach der Installation wird der *XY Chart Labeler* unter ADD-INS • MENÜBEFEHLE • XY CHART LABELS angezeigt.

Mithilfe des Tools gelingt es Ihnen, die Zellen A3 bis A9 des Tabellenblattes *Daten* als Beschriftungen zu markieren (Abbildung 16.26). Excel übernimmt nach einem Klick auf OK diese Bezeichnungen in das Diagramm. Dies ist natürlich viel effizienter als die Alternative, alle Punkte einzeln per Tastatur zu beschriften und dann zu hoffen, dass sich die Produktbezeichnungen hoffentlich niemals ändern werden.

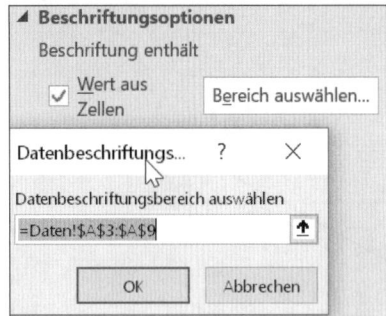

Abbildung 16.26 Die Beschriftung der Punkte können Sie aus einem Zellbereich übernehmen.

16.5.8   Trendlinie und Bestimmtheitsmaß im Punktdiagramm

Eventuell lag der Mangel an Anzeigeoptionen bei der Beschriftung der Datenpunkte in Vorgängerversionen auch einfach daran, dass Microsoft die Funktion des Punktdiagramms anders interpretiert. Nicht die Betrachtung des einzelnen Datenpunktes stünde dabei im Vordergrund, sondern die Analyse der gesamten Stichprobe.

Die Fragen, die das Punktdiagramm bei dieser generalisierenden Betrachtungsweise beantworten müsste, lauteten:

► Welchem Trend folgen die Daten der Stichprobe?

► Inwieweit lassen sich die x-Werte durch die y-Werte erklären?

Aus der Anzeige der einzelnen Punkte lassen sich nur sehr ungenaue Antworten ableiten. Abhilfe schaffen das Einfügen einer linearen Trendlinie in das Diagramm und die Anzeige des Bestimmtheitsmaßes (Abbildung 16.27).

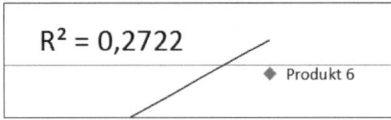

Abbildung 16.27 Anzeige des Bestimmtheitsmaßes im Diagramm

Die beiden zusätzlichen Informationen fügen Sie über die Option TRENDLINIE HINZUFÜGEN in das fertige Diagramm ein. Sie erhalten diese Option wie gewohnt im Kontextmenü, wenn Sie mit der rechten Maustaste auf einen Datenpunkt klicken. In der danach angezeigten Dialogbox ist die Option LINEAR bereits aktiviert. Setzen Sie auch noch das Häkchen vor BESTIMMTHEITSMASS IM DIAGRAMM darstellen (Abbildung 16.28).

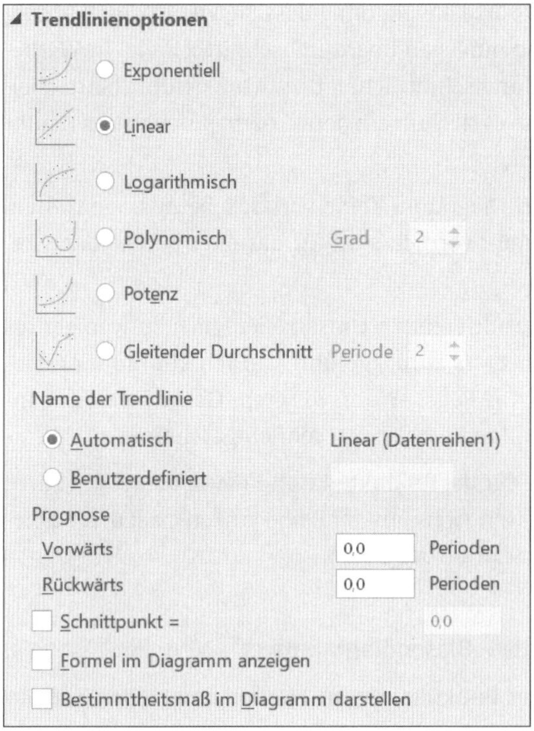

Abbildung 16.28 Einfügen von Trendlinie und Bestimmtheitsmaß

Bestimmtheitsmaß

Mit dem Bestimmtheitsmaß oder *Quadrat des Korrelationskoeffizienten* wird bestimmt, zu welchem Anteil die Varianz der abhängigen Variablen (z. B. Umsatz) durch den Einfluss der unabhängigen Variablen (z. B. Werbeetat) erklärbar ist.

Die lineare Trendlinie hat Excel nach der *Methode der kleinsten Quadrate* erstellt. Ein Teil der Werte im Diagramm befindet sich unterhalb, der andere oberhalb der Linie. Interessant ist nun vor allem der Abstand der Punkte zur Trendlinie. Die Linie stellt die höchstmögliche Korrelation der beiden Werte für Umsatz und Werbeetat dar. Gäbe es eine hundertprozentige Entsprechung beider Werte, lägen alle Punkte genau auf der Geraden.

In der Realität beeinflussen allerdings noch mehr Faktoren das Kaufverhalten Ihrer Kunden und damit die Umsätze der Produkte. Je weiter ein Punkt von der Trendlinie entfernt ist, desto schwächer ist die Korrelation zwischen Werbemitteln und erzielten Umsätzen.

Bei Produkt 1 und Produkt 5 ist der Zusammenhang äußerst schwach. Dies könnte beispielsweise darin begründet liegen, dass Produkt 1 ein echter Selbstläufer ist und aufgrund seiner Bekanntheit und Beliebtheit auch hohe Umsätze erzielt, ohne dass Sie viel in die Werbung investieren müssen. In Produkt 5 haben Sie hingegen überdurchschnittlich viel in Werbemittel gesteckt, ohne dass es auch zu überdurchschnittlichen Umsätzen geführt hätte. Vielleicht ist der stärkere Einflussfaktor hier, dass es sich um ein neues, beim potenziellen Käufer noch teilweise unbekanntes Produkt handelt.

Wir können auf Basis der reinen Zahlen im Diagramm keine verlässliche Aussage treffen. Klar ist aber, dass die beiden Ausreißer verantwortlich sind für das eher bescheidene Bestimmtheitsmaß von nur 0,2722.

Für die Beispieldaten hieße das, dass die resultierenden Umsätze lediglich zu weniger als einem Drittel auf die Anpassung des Werbeetats zurückgeführt werden könnten. Andere Einflüsse lägen hingegen bei mehr als 70 %. Die Regel »Wenn wir mehr Geld in Werbung investieren, steigen auch unsere Umsätze!« trifft somit also nur sehr eingeschränkt zu.

Verantwortlich dafür sind die beiden Werte für die Produkte 1 und 5 sowie die relativ kurze Datenreihe. Wenn bei nur sieben Datenpunkten zwei »aus der Reihe tanzen«, hat dies selbstverständlich gravierende Folgen für die Korrelation der Daten.

16.5.9   Aufnahme einer dritten Koordinate – Blasendiagramm

Das Blasendiagramm ist eine Unterform des Punktdiagramms. Neben den beiden auf den x- und y-Achsen abgetragenen Werten können Sie allerdings eine weitere Koordinate darstellen. Dazu werden die Punkte in Flächen umgewandelt. Der dritte Koordinatenwert wird im Diagramm folglich durch die Größe der Fläche des Datenpunktes veranschaulicht, und damit wird aus dem Punkt- ein Blasendiagramm (Abbildung 16.29).

Wie bereits bei der Transformation vom Kreis- zum Ringdiagramm führt auch diese Modifikation zu einem Verlust an Lesbarkeit. Dies hat in erster Linie damit zu tun, dass sich die Blasen aufgrund ihrer häufig anzutreffenden Nähe fast immer teilweise überlagern. Eine spezifische Einstellung für diesen Diagrammtyp kann diesem Manko jedoch recht einfach entgegenwirken.

Klicken Sie mit der rechten Maustaste auf eine der Blasen, und wählen Sie die Option Datenreihen formatieren. In den Reihenoptionen können Sie nun die Blasen verkleinern. Geben Sie dazu beispielsweise in das Feld Blasengrösse anpassen an den Wert »75« ein (Abbildung 16.30). Dies verbessert die Sichtbarkeit der einzelnen Blasen.

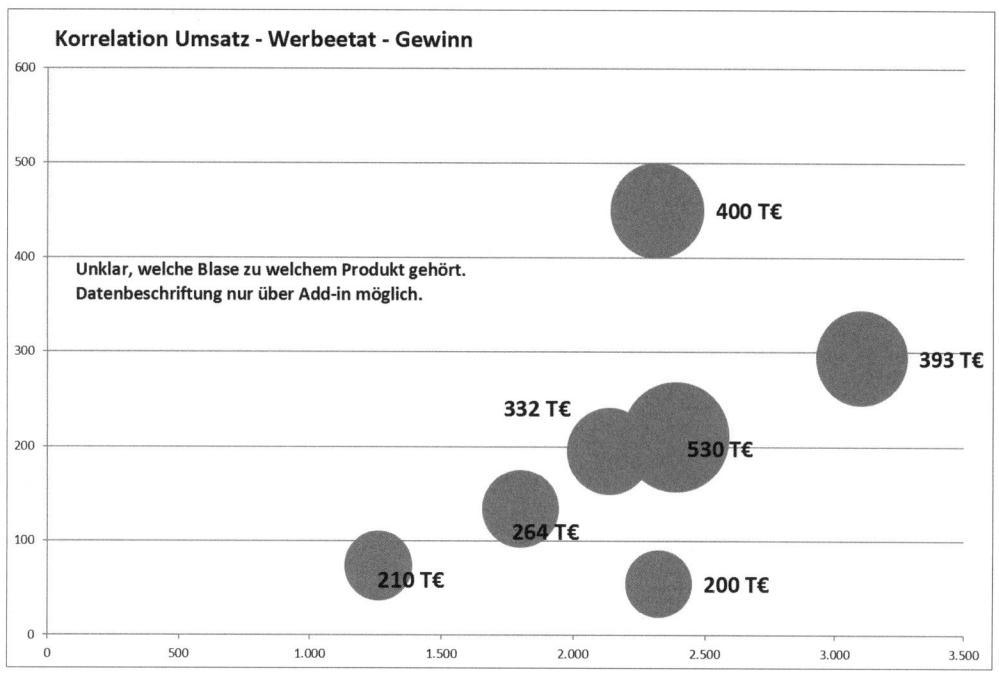

Abbildung 16.29 Die Blasengröße gibt den dritten Wert im Blasendiagramm wieder.

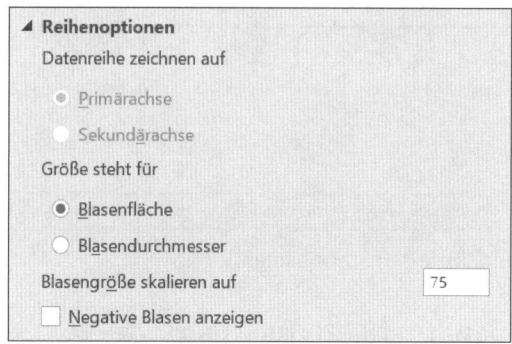

Abbildung 16.30 Die relative Verkleinerung der Blasengröße
verbessert die Lesbarkeit des Diagramms.

Wie bereits gezeigt, eignet sich dieser Diagrammtyp besonders gut zur Darstellung von *Portfolioanalysen*.

16.5.10 Darstellung von Datenverteilungen

Die Verteilung von Daten in einem Diagramm zu zeigen ist sicherlich keine selten anzutreffende Aufgabe. Dennoch gibt es in Excel dafür kein Standarddiagramm. Da die Modifikationen allerdings nicht zu umfangreich sind, möchte ich auch diesen schon zu den benutzerdefinierten Diagrammen gehörenden Typ an dieser Stelle kurz vorstellen.

Die Grundlage des Diagramms ist ein Stapelsäulendiagramm, das Sie über EINFÜGEN • DIAGRAMME • SÄULENDIAGRAMM EINFÜGEN • 2D-SÄULEN • STAPELSÄULEN erstellen. Nehmen Sie dazu den Wertebereich B2 bis B4 der Datei *16_Verteilung_Säulendiagramm_00.xlsx*, erhalten Sie zwei gestapelte Werte in einer Säule. Da Sie der untere Wert nur insofern interessiert, als er den Start des Verteilungsbereichs darstellt, blenden Sie ihn aus dem Diagramm einfach aus (Abbildung 16.31 und Abbildung 16.32).

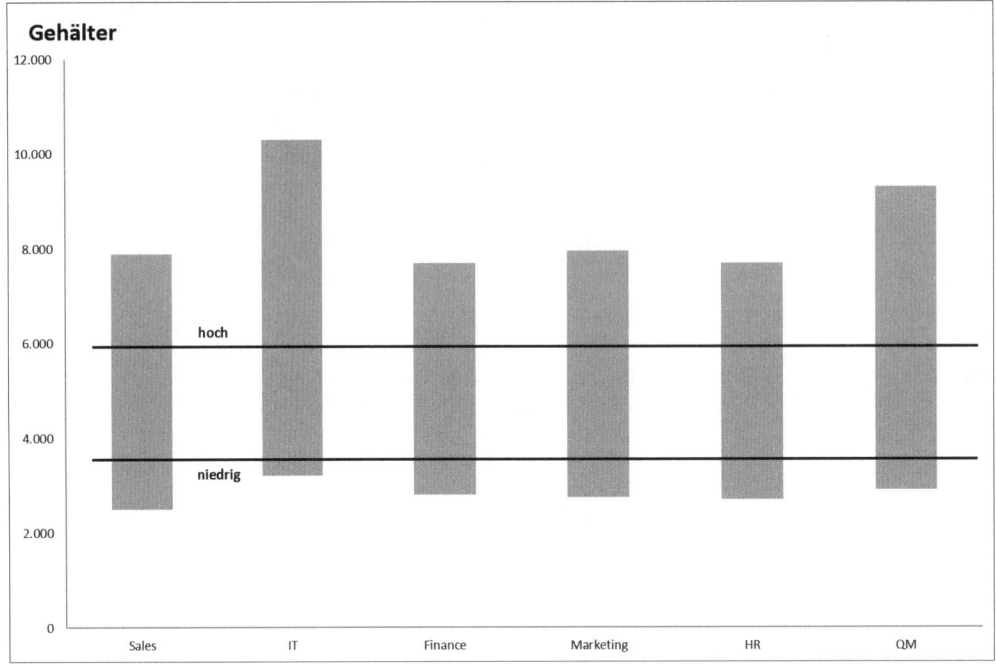

Abbildung 16.31 Gehaltsverteilung mithilfe von modifizierten Stapelsäulen

Dazu rufen Sie die Funktion DATENREIHEN FORMATIEREN • FÜLLUNG UND LINIE • DATENREIHENOPTIONEN • KEINE FÜLLUNG auf. Da zur Darstellung einer Verteilung häufig noch Bezugsgrößen benötigt werden, wäre es schön, horizontale Vergleichslinien in das Diagramm einzubinden. Diese ließen sich über weitere Hilfsdatenreihen auch erzeugen. Ich begnüge mich in diesem Beispiel mit gezeichneten Linien aus dem Menü EINFÜGEN • ILLUSTRATIONEN • FORMEN • LINIE. Auch die Beschriftung – im Beispiel hoch und niedrig – können Sie über EINFÜGEN • TEXT • TEXTFELD ergänzen.

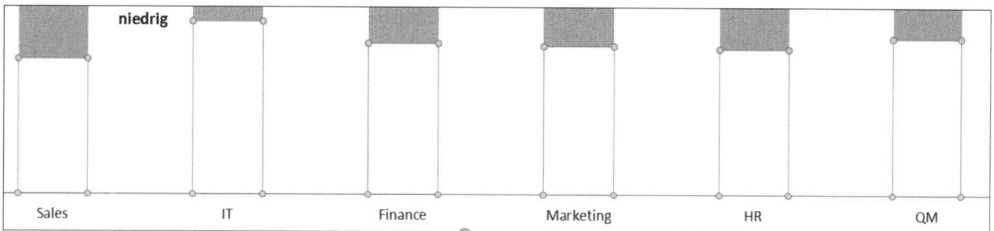

Abbildung 16.32 Das Geheimnis des Verteilungsdiagramms ist eine Datenreihe ohne Füllfarbe.

16.5.11 Darstellung des Verlaufs von Aktienkursen oder Rohstoffpreisen – Kursdiagramm

Excel verfügt über insgesamt vier Kursdiagramme, die allerdings alle nach dem gleichen Grundmuster funktionieren.

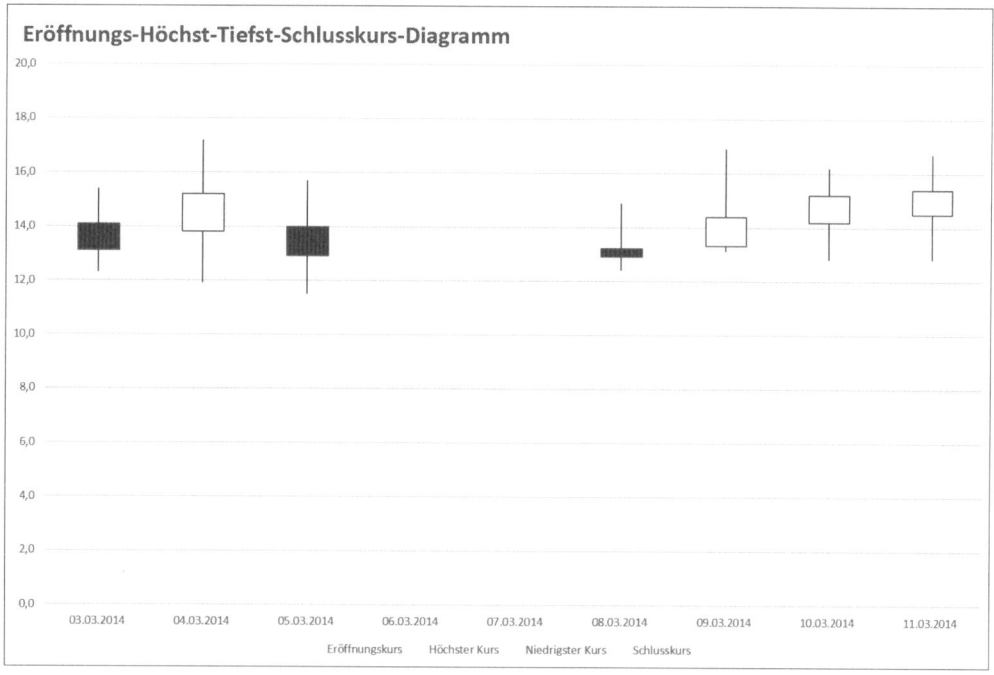

Abbildung 16.33 Kursdiagramme zeigen die Spannweiten von Tageskursen an.

In der Beispieldatei *16_Kursdiagramm_01.xlsx*, der dieses Diagramm entnommen wurde, habe ich ein Diagramm vom Typ *Eröffnungs-Höchst-Tiefst-Schlusskurs* erstellt.

Dieses Wortmonstrum beschreibt genau, was Sie nach seiner Anwendung auch erhalten. Im Diagramm werden zwei Spannweiten angezeigt (Abbildung 16.33). Mit einer Linie werden der Minimal- und Maximalwert des *Intradaykurses* gekennzeichnet. Ein Rechteck bildet hingegen die Werte des Eröffnungs- bzw. Schlusskurses ab.

Negative Abweichungen – sprich ein Schlusskurs, der unter dem Eröffnungskurs liegt – werden dabei mit einem schwarzen Rechteck gekennzeichnet. War die Abweichung hingegen positiv, erhält das Rechteck eine weiße Hintergrundfarbe.

Entscheidend für das Erstellen der Kursdiagramme ist einmal mehr die korrekte Anordnung der Daten im Tabellenblatt. Diese ist allerdings denkbar einfach: In der ersten Spalte geben Sie die Datumswerte ein. Die Spalten rechts davon müssen dann in der vorgeschriebenen Reihenfolge den Eröffnungskurs, den höchsten Tageskurs, den niedrigsten Tageskurs und den Schlusskurs enthalten (Abbildung 16.34).

Kursdiagramm				
Datum	Eröffnungskurs	Höchster Kurs	Niedrigster Kurs	Schlusskurs
03.03.2014	14,1	15,4	12,3	13,1
04.03.2014	13,8	17,2	11,9	15,2
05.03.2014	14,0	15,7	11,5	12,9
08.03.2014	13,2	14,9	12,4	12,9
09.03.2014	13,3	16,9	13,1	14,4
10.03.2014	14,2	16,2	12,8	15,2
11.03.2014	14,5	16,7	12,8	15,4

Abbildung 16.34 Datenbasis des Kursdiagramms

Um das Diagramm zu erstellen, markieren Sie die Daten inklusive der Spaltenüberschriften und rufen EINFÜGEN • DIAGRAMME • KURS-, OBERFLÄCHEN- ODER NETZDIAGRAMM EINFÜGEN • ERÖFFNUNGS-HÖCHST-TIEFST-SCHLUSSKURS auf.

Neben diesem Kursdiagramm existieren drei weitere Diagramme dieser Art. Sie unterscheiden sich vom hier erläuterten Diagramm dadurch, dass die Eröffnungskurse unberücksichtigt bleiben bzw. dass das Handelsvolumen in die Darstellungen einbezogen werden kann. In beiden Fällen müssen Sie den korrekten Aufbau der Basistabelle mit Datumsangaben in der äußersten linken Spalte und die Angabe sämtlicher weiterer Daten in der richtigen Reihenfolge unbedingt einhalten.

16.5.12   Verbunddiagramme

Im Menü wird Ihnen eventuell auch bereits ein neuer Diagrammtyp aufgefallen sein, das *Verbunddiagramm*. Häufig besteht der Wusch, zwei Diagrammtypen in einem Diagramm zu zeigen. Dies ist vor allem dann interessant, wenn eine Datenreihe sogenannte *Ausreißer* aufweist, also Werte, die deutlich unter oder über den sonstigen Werten liegen. Das übliche Verfahren in den früheren Versionen von Excel war es, diese Ausreißer auf die Sekundärachse zu legen und Ihnen dann einen abweichenden Diagrammtyp zuzuweisen. Verbreitet ist etwa die Kombination aus Säulen- und Liniendiagramm.

Verbunddiagramm						
	Januar	**Februar**	**März**	**April**	**Mai**	**Juni**
Nord	3.487	2.339	2.726	2.390	2.970	3.328
Süd	1.881	2.219	1.715	2.276	1.616	2.376
Ost	3.350	2.371	2.639	2.430	2.870	3.100
West	3.323	3.008	3.397	3.463	3.255	3.313
Südwest	24.300	24.390	24.900	25.200	25.100	25.800

Abbildung 16.35 Die Daten mit den Ausreißerwerten lassen sich am besten in einem Verbunddiagramm darstellen.

Anhand der Datei *16_Verbunddiagramm_Säule_Linie_01.xlsx* können Sie die Funktionsweise des neuen Diagrammtyps testen. Markieren Sie den Wertebereich A6 bis G7 (Abbildung 16.35). Sie gelangen über die Funktion EINFÜGEN • DIAGRAMME • VERBUNDDIAGRAMM zum Verbunddiagramm. Wählen Sie am besten gleich die Option GRUPPIERTE SÄULEN/LINIEN AUF DER SEKUNDÄRACHSE (Abbildung 16.36).

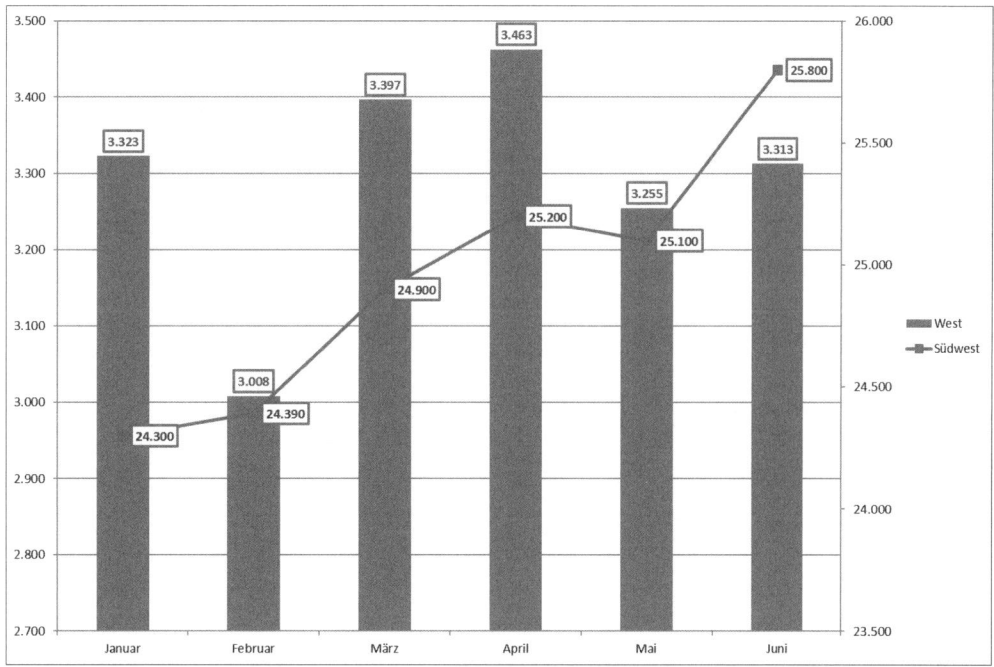

Abbildung 16.36 Das fertige Verbunddiagramm

16.6 Die neuen Diagrammtypen in Excel 2016 und 2019

Wie bereits am Anfang dieses Kapitels erwähnt, verfügen Excel 2016 und 2019 über einige neue Funktionen, wenn es um die visuelle Aufbereitung von Daten geht. Es gibt nicht nur die Möglichkeiten, Infografiken zu erstellen und 3D-Karten zu verwenden. Auch neue Diagrammtypen sind vorhanden. Einige sind dabei, Wasserfall und Trichter (*Funnel*), nach denen ich oft in den vergangenen Jahren gefragt wurde. Immer gab es nur die Antwort, dass man die gewünschten Diagrammtypen nur über Add-ins oder über – teilweise aufwendige – *Workarounds* realisieren konnte. Mit Excel 2016 und 2019 hat dies nun ein Ende. Während viele Funktionen der neuen Diagrammtypen in Excel 2016 jedoch unfertig wirkten – einige Optionen wurden zwar im Menü angeboten, ließen sich aber nicht verändern – hat sich dies mit Excel 2019 grundlegend geändert. Die neuen Diagrammtypen sind nun voll funktionsfähig.

16.6.1   Wasserfalldiagramm

Dies ist wahrscheinlich der Diagrammtyp, der am häufigsten herbeigesehnt wurde. Um das Auf und Ab von Zahlungsflüssen, von Ein- und Auszahlungen grafisch darzustellen, ist das Wasserfalldiagramm der Standard. Der Aufbau der Tabelle in Excel könnte einfacher nicht sein. Sie benötigen eine Spalte mit Beschriftungen und eine weitere, in der sich die darzustellenden Werte befinden (Abbildung 16.37).

	A	B
1	Beschreibung	Value
2	Umsatz Training	523
3	Umsatz Lernmedien	59
4	Umsatz e-learning	17
5	andere Umsätze	9
6	**Gesamtumsatz**	**608**
7	Akquisition	148
8	Materialkosten	-86
9	Personalkosten	-216
10	Veräußerungen	-32
11	andere operative Kosten	-90
12	**OPEX**	**332**
13	Einnahmen aus Investitonen	23
14	andere Finanzerträge	49
15	**Ergebnis vor Steuern**	**404**
16	Steuern	-89
17	**Gesamtergebnis**	**315**

Abbildung 16.37 Datenbasis für ein Wasserfalldiagramm

Markieren Sie in der Datei *16_Wasserfall_01.xlsx* den Wertebereich A2 bis B17, und rufen Sie dann aus dem Menü Einfügen • Diagramme • Wasserfall- oder Kursdiagramm einfügen auf. Dort wählen Sie die Option Wasserfall aus.

Im Anschluss gibt es nur noch eine Kleinigkeit anzupassen. Alle Datenpunkte werden im Diagramm gleichwertig behandelt. Die Werte *Gesamtumsatz, OPEX, Ergebnis vor Steuern* und *Gesamtergebnis* sind jedoch Summen der Einzelwerte darüber. Diese zusätzliche Information bringen Sie in das Diagramm ein, indem Sie zweimal mit der linken Maustaste auf den jeweiligen Datenpunkt im Diagramm klicken. Sobald die einzelne Säule aktiv und der Rest des Diagramms ausgegraut ist, drücken Sie die rechte Maustaste und wählen aus dem Kontextmenü die Option ALS SUMME FESTLEGEN (Abbildung 16.38).

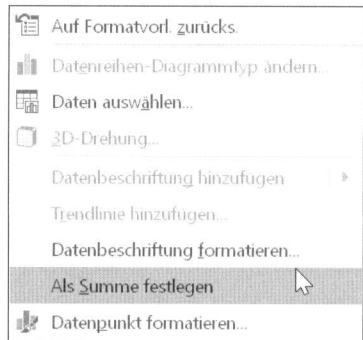

Abbildung 16.38 Definition der Summenwerte im Wasserfalldiagramm

Es ist sehr praktisch, dass der Bearbeitungsmodus nach der Anpassung des ersten Datenpunktes aktiv bleibt. Auf diese Weise können Sie mit wenigen Klicks alle Summen festlegen. Das fertige Wasserfalldiagramm sieht dann aus, wie in Abbildung 16.39 dargestellt.

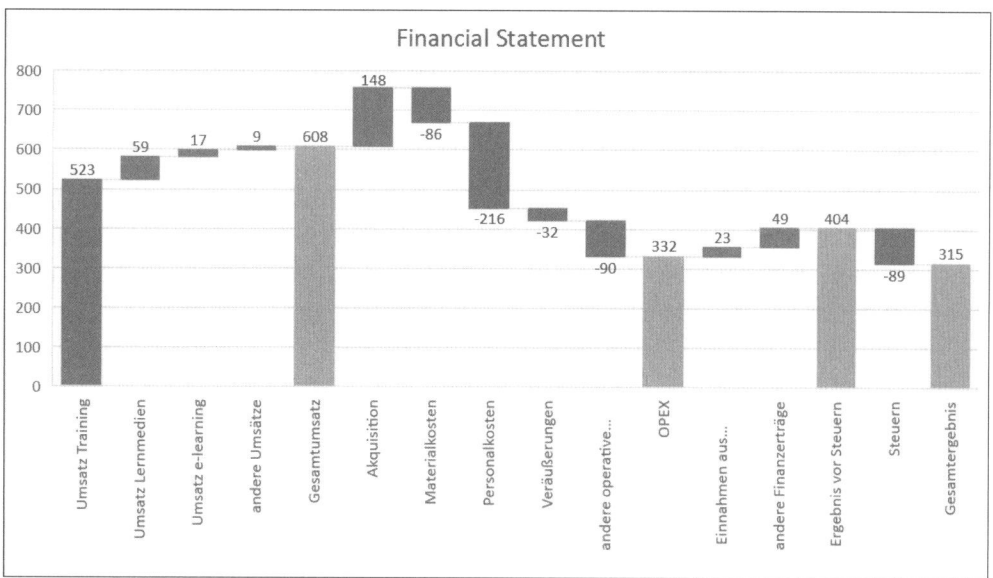

Abbildung 16.39 Wasserfalldiagramm mit Zwischensummen

Auch die zweite Herausforderung meistert der neue Diagrammtyp ohne Probleme: Das Absinken der Zahlungsflüsse in den Wertebereich unter null. Wenn Sie eine Position wie beispielsweise die Personalkosten drastisch erhöhen, werden Sie feststellen, dass die Säulen unter der x-Achse versinken, aber bei weiteren Mittelzuflüssen auch wieder korrekt diese

Linie nach oben überschreiten. Bei vielen selbst gebastelten Lösungen in früheren Excel-Versionen war dieser Wechsel zwischen negativem und positivem Wertebereich eine schier unüberwindbare Hürde und führte zu fehlerhaften Anzeigen. Seit Excel 2016 funktioniert das Diagramm hingegen fehlerfrei. Ein echter Zugewinn!

Überraschend ist lediglich, dass sich die Texte in der Legende nicht ändern lassen, und auch der Diagrammtitel lässt sich nicht verschieben. Auch ein Zellbezug im Diagrammtitel, um eine dynamische Beschriftung zu erzeugen, ist nicht möglich.

16.6.2   Trichter- oder Funneldiagramm

Auch bei diesem Diagramm handelt es sich um die Abwandlung eines Standarddiagramms. Während der Wasserfall eine Sonderform des Säulendiagramms ist, steht beim Trichterdiagramm das Balkendiagramm Pate. Der *Funnel* ist eine häufig verwendete Darstellungsform in der Vertriebsanalyse. Mit ihm kann dargestellt werden, wie z. B. aus einer zahlenmäßig großen Menge an Webkontakten eine Teilmenge in einen bestimmten Bereich der Internetseite wechselt, dort ein noch kleinerer Anteil ein Angebot anfordert und zuletzt ein Bruchteil davon ein Produkt kauft oder eine Dienstleistung in Anspruch nimmt.

Die Tabelle für einen Trichter ist einfach aufgebaut. Wenn Sie den Wertebereich A2 bis B7 in der Arbeitsmappe *16_Trichter_oder_Funneldiagramm_01.xlsx* markieren, können Sie mit dem Erstellen des Diagramms starten (Abbildung 16.40). Sie finden den neuen Diagrammtyp über den Menüaufruf EINFÜGEN • DIAGRAMME • WASSERFALL- ODER KURSDIAGRAMM EINFÜGEN • TRICHTER AUSWÄHLEN. Auch hier ist sonst nichts weiter zu tun. Der Funnel ist fertig, weist aber bei genauer Betrachtung ähnliche Ungereimtheiten auf wie das Wasserfalldiagramm. Sein Titel ist nicht anders positionierbar, und die Werteanzeige kann auch in Excel 2019 noch nicht korrekt konfiguriert werden. Dies ist umso überraschender und ärgerlicher, als die Werte der letzten beiden Datenpunkte völlig verschwinden, da in den kurzen Balken nicht genug Platz für sie vorhanden ist.

Sales Funnel	
Aktivität	Anzahl
Seitenaufrufe	1.234.934
Produktkonfiguration	425.690
Angebotsanforderung	54.812
Beratungstermin	12.374
Vertragsabschluss	3.291

Abbildung 16.40 Datenbasis für das Trichterdiagramm ist eine einfache Liste.

Dass die Werte wichtige Informationen enthalten als absolute oder prozentuale Angaben, zeigen gerade die beiden letzten Datenpunkte im Beispieldiagramm (Abbildung 16.41). Hier sind die Balken so dünn, dass kaum ein Unterschied zu erkennen ist. Gesamtnote: 4 –. Und so ist zu empfehlen, den Funnel immer in Kombination mit den Werten aus dem Tabellenblatt zu kombinieren – z. B. diese links neben dem Diagramm anzuzeigen –, um eine aussagekräftige Darstellung zu erhalten.

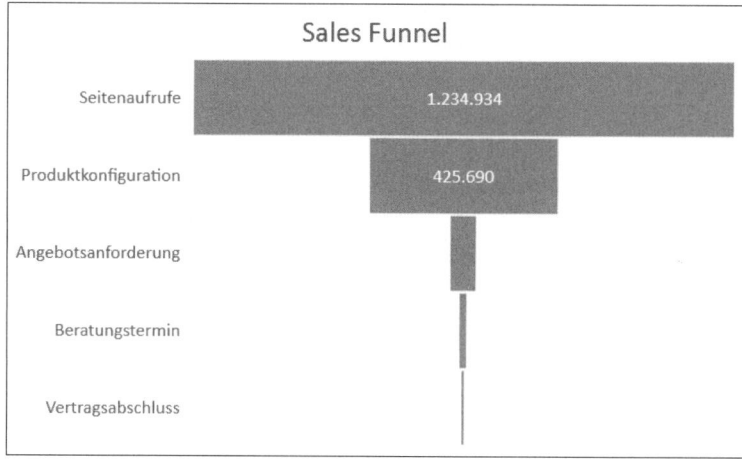

Abbildung 16.41 Sales Funnel in Excel 2016

16.6.3   Histogramm

Das Histogramm war ebenfalls ein neuer Diagrammtyp in Excel 2016 – und auch wieder nicht. Denn wenn Sie über DATEI • OPTIONEN • ADD-INS • EXCEL-ADD-INS • LOS die ANALYSE-FUNKTIONEN aktivierten, stand Ihnen bereits ein Histogramm zur Verfügung (Abbildung 16.42). Nun kann es über DATEN • ANALYSE • DATENANALYSE abgerufen werden.

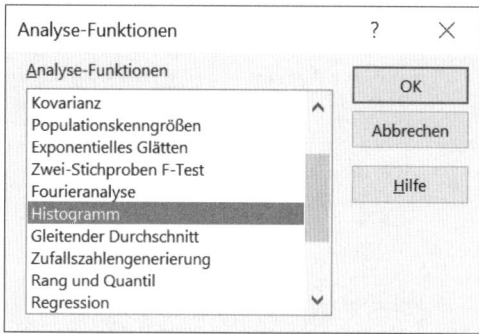

Abbildung 16.42 Histogramm als Teil des Add-ins »Datenanalyse«

Nachdem Sie die Funktion an dieser Stelle gestartet haben, werden Sie in einer Dialogbox nach den Merkmalen der Auswertung gefragt (Abbildung 16.43). Da es sich beim Histogramm um die Darstellung einer Häufigkeitsverteilung handelt, müssen Sie unter anderem auch die Größenklassen (Klassenbereiche) angeben, in denen Sie Ihre Daten gruppieren möchten.

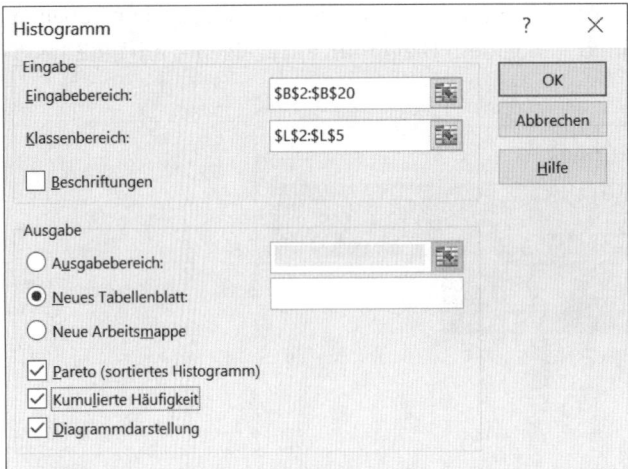

Abbildung 16.43 Optionen für ein mit dem Add-in »Analyse-Funktionen« erstelltes Histogramm

Die Diagrammdarstellung können Sie schließlich noch um eine Pareto-Darstellung erweitern. Wählen Sie diese Option, wird Excel die Klassenbereiche vom niedrigsten zum höchsten Bereich im Diagramm von rechts nach links sortieren. Zu guter Letzt erweitert ein Häkchen vor KUMULIERTE HÄUFIGKEIT das Diagramm zu einem Verbunddiagramm, da die kumulierten Ergebnisse aus den Klassenbereichen als Linie angezeigt werden (Abbildung 16.44).

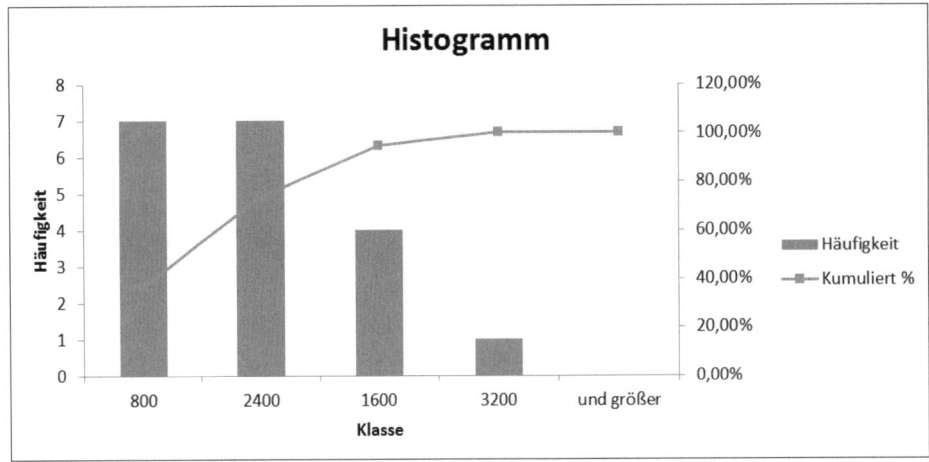

Abbildung 16.44 Histogramm mit Sortierung und kumulierter Häufigkeit

Wenn Sie in der Datei *16_Histogramm_01.xlsx* den Zellbereich A1 bis B20 markieren und dann EINFÜGEN • DIAGRAMME • STATISTIKDIAGRAMM EINFÜGEN auswählen, müssen Sie sich zwischen einem HISTOGRAMM und einem PARETO-DIAGRAMM (Verbunddiagramm mit kumulierter Häufigkeit) entscheiden. Eine Auswahl der Größenklassen zur Darstellung der Häufigkeitsverteilung gibt es zunächst nicht. Klicken Sie jedoch auf die horizontale Rubrikenachse, und wählen Sie aus dem angezeigten Menü ACHSE FORMATIEREN, zeigt sich auf der rechten Seite das Diagrammmenü. Hier wählen Sie ACHSENOPTIONEN (Abbildung 16.45).

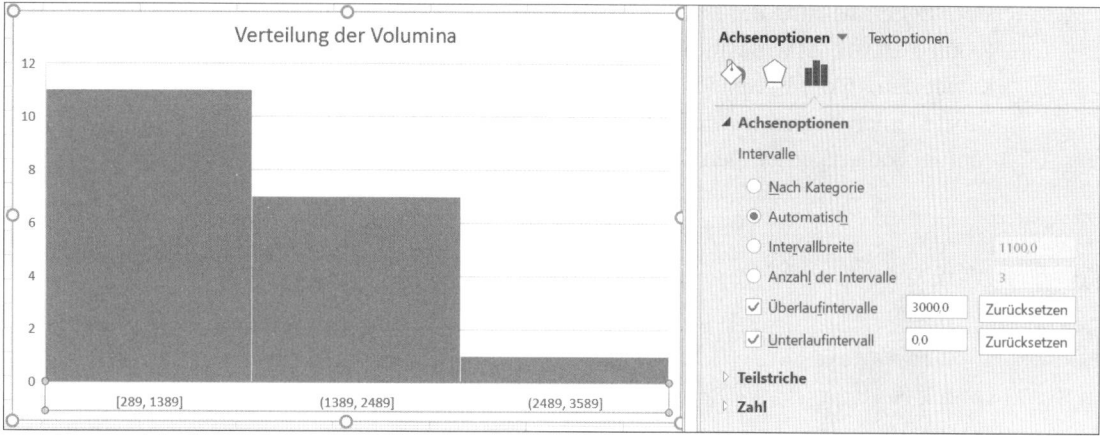

Abbildung 16.45 Histogramm und Achsenoptionen im Diagrammmodul

Grundsätzlich bieten sich hier vier Varianten an, um die Klassenbereiche, die sich hier *Container* nennen, zu definieren:

▶ NACH KATEGORIE: Für jeden Kunden wird ein Container gebildet. Mit anderen Worten, Sie erhalten ein einfaches Säulendiagramm.

▶ AUTOMATISCH: Bei dieser Standardeinstellung legt Excel die Größenklassen selbstständig fest. Der jeweils niedrigste und höchste Wert einer Klasse wird auf der Rubrikenachse unterhalb des Containers angezeigt.

▶ CONTAINERBREITE (INVERVALLBEREITE in Excel 2019): Hier wird ein Wertebereich für die Bildung der Größenklassen definiert. Die erste Größenklasse beginnt immer mit dem niedrigsten gemessenen Wert der Datenreihe. Der niedrigste Wert in der Beispieltabelle ist 289. Wird eine Containerbreite von 1000 festgelegt, reicht der erste Container von 289 bis 1289, der zweite von 1289 bis 2289 usw.

▶ ANZAHL DER CONTAINER (INTERVALLE in Excel 2019): Sie legen bei dieser Option fest, wie viele Container (Größenklassen) Sie bilden möchten. Den Rest übernimmt wieder Excel. Auch hier beginnt die erste Größenklasse und damit auch die Beschriftung auf der Rubrikenachse mit dem niedrigsten Wert der Datenreihe.

Zwei Dinge sind beim Histogramm im Diagramm-Assistenten bemerkenswert, wenn man es mit dem gleichen Tool aus DATENANALYSE vergleicht. Erstens können die Größenklassen nicht aus einem Zellbereich im Tabellenblatt übernommen werden, wie es in der Dialogbox des Add-ins möglich ist. Zweitens bestimmt immer der niedrigste Wert in der Datenreihe den Startpunkt der ersten Größenklasse. Eine Möglichkeit, die erste Größenklasse bei 0 zu beginnen, wie es sowohl bei der Kalkulationsfunktion HÄUFIGKEIT() als auch beim Histogramm aus den Datenanalysetools machbar ist, gibt es nicht. Möchte man mit gleichbleibenden Größenklassen über einen längeren Zeitraum veränderliche Daten auswerten, ist dies mit den Standardeinstellungen im neuen Diagramm nicht möglich.

Doch sehen wir uns die zweite Option in der Gruppe der STATISTIKDIAGRAMME an, das PARETO-DIAGRAMM. Bei ihm werden die Container standardmäßig nach den vorgegebenen Kategorien, in der Beispieldatei also nach Kunden, gebildet (Abbildung 16.46). Das nun ergänzte Liniendiagramm wird auf die Sekundärachse gelegt. Diese ist, wie zu erwarten, prozentual skaliert. Sie kennen diese Darstellung wahrscheinlich von einer ABC-Analyse.

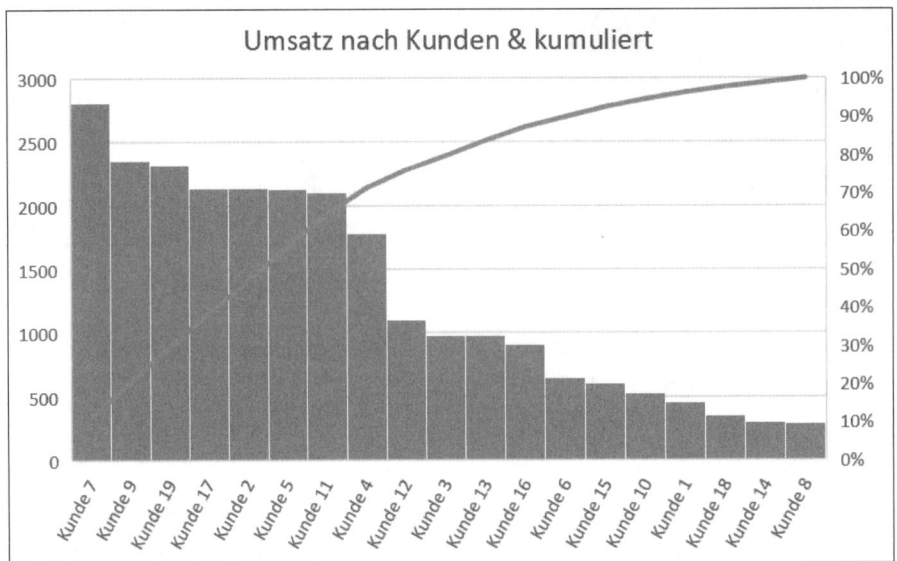

Abbildung 16.46 Pareto-Diagramm des Diagramm-Assistenten

Doch auch dieser Diagrammtyp weist einige Besonderheiten auf. Während man bei den Säulen über die Option DIAGRAMMELEMENTE · DATENBESCHRIFTUNGEN die Anzeige der dem Diagramm zugrunde liegenden Werte hinzufügen kann, gibt es diese Möglichkeit für das *Pareto-Linie* genannte Element nicht. Gerade bei der Linie wäre die Anzeige allerdings sinnvoll. Im Sinne der Klassifizierung nach A-, B- und C-Bestellungen ist es bedeutsam zu erkennen, bei welcher Kategorie (Kunde) der Wert 80 % – für A-Kunden – erreicht wird. Auch die 95 %-Marke, bei der der C-Bereich beginnt, wäre sehr sinnvoll.

Sollte man vielleicht doch eher das Histogramm aus den Datenanalysetools verwenden, bis diese Ungereimtheiten ausgeräumt sind?

16.6.4   Sunburst-Diagramm

Ein Sunburst-Diagramm stellt die hierarchische Zugehörigkeit erzielter Ergebnisse zu einer Kategorie oder Gruppe dar. Im Diagramm wird nur eine einzige Datenreihe visualisiert. In der Beispieldatei *16_Sunburst_01.xlsx* sind dies die Teilnehmerzahlen unterschiedlicher Seminarveranstaltungen. Sie befinden sich in Spalte D.

Beim Blick auf das Beispiel in Abbildung 16.47 wird relativ schnell klar, dass der Diagrammtyp eher in die Kategorie *Eyecatcher* denn in die Kategorien *Klarheit* oder *Eindeutigkeit* fällt. Welcher Monat und welcher Ort brachten die höchste Teilnehmerzahl? Mai, Juni oder November in München? Oder war es doch Juni in Berlin? Im Diagramm werden Sie die Antwort nicht finden. Es variiert eher die typischen Schwierigkeiten der Unterscheidbarkeit von Größen, die aus Kreisdiagrammen bereits bekannt sind. Ein Balkendiagramm wäre die bessere Form der Darstellung. Allerdings ist der Aufwand dafür etwas größer.

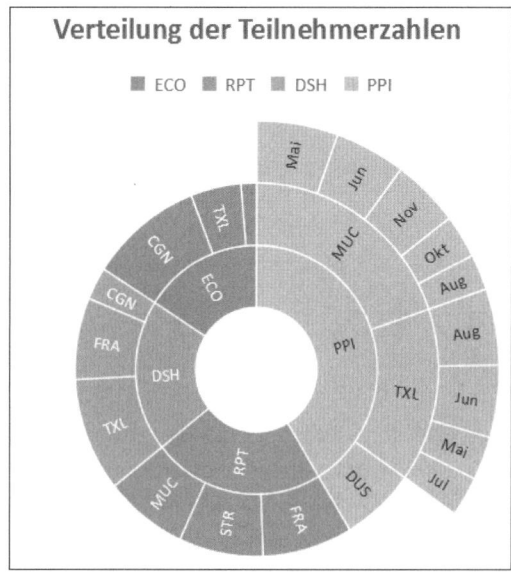

Abbildung 16.47 Das Sunburst-Diagramm zeigt, auf welche Veranstaltungsorte und Monate sich die Teilnehmer von vier Seminaren verteilen.

Die Datenbasis des Diagramms verfügt neben der Wertespalte über drei weitere Spalten, in denen sich die Informationen für die Rubrikenachse befinden. Es sind in den Spalten A bis C die Hierarchien SEMINAR, ORT und MONAT.

Auffällig ist, dass die erste Hierarchieebene – im Beispiel die Seminarbezeichnung – durchgehend gefüllt sein kann, wie es im Zellbereich A2 bis A4 mit dem Seminar ECO der Fall ist. Es ist aber auch möglich, lediglich die erste Zelle mit einem neuen Seminartitel zu füllen und die darunterstehenden Zellen leer zu lassen (A8 bis A10, Abbildung 16.48). In beiden Fällen lässt sich das Diagramm mühelos erstellen.

Auch bei diesem neuen Diagrammtyp lassen sich die Diagrammelemente kaum anpassen. Dies ist vor allem bei der Beschriftung der Datenpunkte äußerst hinderlich. Einen Seminarort wie München oder Düsseldorf werden Sie als Beschriftung deshalb nicht in das Diagramm übernehmen können. Sie werden sich an Abkürzungen gewöhnen müssen. In der Beispieldatei sind sowohl die Seminartitel als auch die Orte und die Monatsbezeichnungen abgekürzt.

1	Seminar	Ort	Monat	Teilnehmer
2	ECO	MUC		60
3	ECO	CGN		430
4	ECO	TXL		190
5	RPT	MUC		315
6	RPT	FRA		340
7	RPT	STR		320
8	DSH	CGN		120
9		FRA		300
10		TXL		420
11	PPI	DUS		280
12		TXL	Mai	120
13		TXL	Jun	200
14		TXL	Jul	110
15		TXL	Aug	210
16		MUC	Mai	230
17			Jun	200
18			Aug	100
19			Okt	120
20			Nov	190

Abbildung 16.48 Datenbasis für das Sunburst-Diagramm

Sind die Beschriftungen festgelegt und die Daten erfasst, erstellen Sie das Diagramm über EINFÜGEN • DIAGRAMME • HIERARCHIEDIAGRAMM EINFÜGEN • SUNBURST. Das auf diesem Weg entstandene Diagramm enthält sortierte Datenpunkte. Wenn Sie es im Uhrzeigersinn lesen, finden Sie zunächst die Veranstaltung, die insgesamt die größte Teilnehmzahl hatte – PPI mit 1.760 Teilnehmern. Mit 840 Seminarteilnehmern liegt München vor Berlin (640) und wird somit in der zweiten Hierarchieebene nach oben sortiert. Der Mai ist dann in der letzten Ebene der bestbesuchte Monat, gefolgt vom Juni usw.

In der Beispieldatei liegen die Basisdaten in Form einer dynamischen Datentabelle vor. Hängen Sie nun weitere Datenzeilen an diese Tabelle für ein PPI-Seminar an einem weiteren Standort an, werden diese neuen Daten auch korrekt in das Diagramm übernommen. Wird hingegen eine weitere ECO-Veranstaltung ergänzt, die es schließlich weiter oben in der Liste bereits gibt, richtet das Sunburst-Diagramm diesen Veranstaltungstyp fälschlicherweise ein zweites Mal ein. Die oberste Hierarchieebene muss also immer zusammenhängend sortiert in den Basisdaten vorliegen.

Fazit: Das Diagramm sieht reizvoll aus, spart auch durch seine automatische Sortierung Zeit bei der Erstellung. Es ist allerdings nicht geeignet, um zweifelsfrei die Größenunterschiede zwischen den Datenpunkten zu visualisieren. Dazu kommen einige Unzulänglichkeiten bei der Anpassung einzelner Elemente.

16.6.5   Treemap-Diagramm

Noch einmal geht es um hierarchische Darstellungen. Denn auch *Treemaps* sollen eine Datenreihe, die mehreren Hierarchieebenen zugeordnet werden kann, übersichtlich darstellen. In der Datei *16_Treemap_01.xlsx* finden Sie in Spalte D die Bestellmengen für verschiedene Produkte. Jedes Produkt ist einer Produktkategorie zugeordnet. Zudem liegen im Beispiel die Daten aus drei Regionen vor.

Markieren Sie den Zellbereich A1 bis D24, und rufen Sie die Funktion EINFÜGEN • DIAGRAMME • HIERARCHIEDIAGRAMM EINFÜGEN • TREEMAP auf. Die Treemap teilt zunächst die Diagrammfläche in drei Bereiche, die die Regionen kennzeichnen. Die dabei belegte Fläche entspricht der Gesamtbestellmenge einer Region. Dies wiederum entspricht der Grundidee der Treemaps. Dargestellt werden – wie schon beim Sunburst-Diagramm – die Anteile an einer Gesamtheit. Jeder Stamm, aufgrund der rechteckigen Form wäre es besser, von Kacheln zu sprechen, belegt eine Fläche, die mit dem Anteil korrespondiert, den der Wert am Gesamtergebnis hat. Die Regionen werden dabei von links nach rechts entsprechend ihren Größenanteilen angeordnet (Abbildung 16.49). Wie beim Sunburst-Diagramm haben wir auch beim Treemap-Diagramm eine automatische Sortierung.

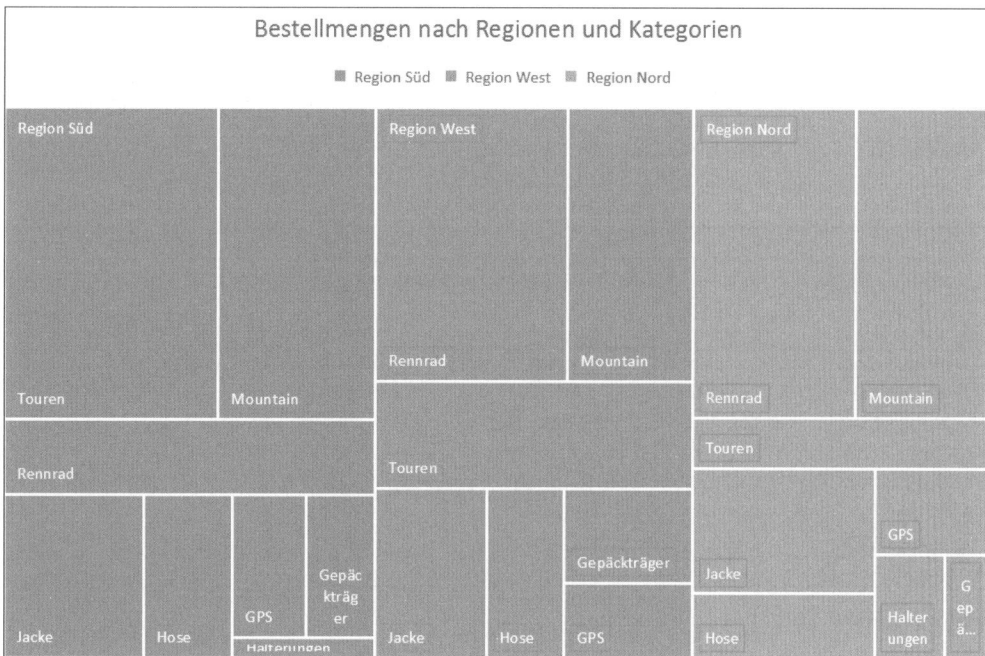

Abbildung 16.49 Darstellung von Bestellmengen in einem Treemap-Diagramm

Die Missverständnisse, könnte man meinen, beginnen bei diesem Diagrammtyp allerdings schon beim Namen. Was an einer Treemap erinnert Sie an einen Baum? Von der Optik her sicherlich nichts. Der Begriff *Baum* ist auf dem Umweg der sogenannten *Baumstruktur*, wie man sie von Dateiordnern auch auf heutigen Computern kennt, in die Bezeichnung geraten. Denn entstanden ist die Idee einer Visualisierung hierarchisch strukturierter Daten im Bereich der Computerwissenschaften in den frühen 1990er Jahren. Eine Intention war die Visualisierung der Bereiche auf Datenspeichern, die übermäßig viel Platz belegen. Man kann sich vorstellen, dass auf einer Festplatte unter Umständen Hunderte Ordner und Unterordner vorhanden sind und die Darstellung ihrer Größe als Zahl für den Betrachter schwer verdaubar war.

Für einen groben Überblick, welche Dateien oder Dateitypen in einem solchen Datenwust die eigentlichen Platzfresser auf einem Datenträger sind, mag die Treemap auch geeignet sein. Aber ihr Einsatz im Controlling? Ich würde es mir in jedem Fall sehr gut überlegen, ob ich die aktuellsten Daten im anstehenden Meeting oder Report unbedingt mit einer Treemap visualisieren würde. Erstens besteht im Meeting und im Report ein berechtigtes Interesse daran, Hunderte von Einzelelementen übersichtlich zu einer Gruppe zusammenzufassen, sodass zwangsläufig nicht mit einer unüberschaubaren Menge an Einzeldaten zu rechnen ist. Ist dies jedoch der Fall, lassen sich die verbliebenen Datenpunkte als Anteile am Gesamtergebnis auch mit einem Balkendiagramm hervorragend und präzise darstellen. Zweitens zählt in Meeting und Report die Präzision. Sie wollen auch kleinere Unterschiede sichtbar machen und nicht mit Fragen konfrontiert werden, die Sie mithilfe der Treemap nicht beantworten können? Welche Region hat den höchsten Bestellwert bei GPS-Geräten? Süd, West oder Nord? Auch dies spricht eher für die Verwendung eines Balkendiagramms.

Verwenden Sie hingegen eine Treemap, wird letztlich nur ein Blick in die Basisdaten dieses Diagramms eine Antwort auf die aufgeworfenen Fragen liefern (Abbildung 16.50).

	A	B	C	D
1	**Region**	**Kategorie**	**Produkt**	**Volumen**
2	Region Süd	Kleidung	Jacke	2300
3	Region Süd	Kleidung	Hose	1450
4	Region Süd	Zubehör	Gepäckträger	980
5	Region Süd	Zubehör	GPS	1050
6	Region Süd	Zubehör	Halterungen	290
7	Region Süd	Fahrrad	Mountain	4890
8	Region Süd	Fahrrad	Rennrad	2800
9	Region Süd	Fahrrad	Touren	6700
10	Region West	Kleidung	Jacke	1900
11	Region West	Kleidung	Hose	1300

Abbildung 16.50 Datenbasis der Treemap

Fazit: Wie schon beim Sunburst-Diagramm wirkt die Darstellung einer Treemap ansprechend, und der Nutzer kann sich vor allem an der automatischen Sortierung der Daten erfreuen. Die genaue Unterscheidbarkeit einzelner Datenpunkte lässt allerdings erheblich zu wünschen übrig. Da sich wichtige Elemente wie Beschriftungen dadurch nicht anpassen lassen, kommen zu Problemen des Diagrammtyps weitere Unzulänglichkeiten hinzu. Mit den

Beschriftungen fehlen nicht selten wichtige Informationen oder sind schlecht lesbar. Dies schränkt diesen Diagrammtyp bis zur völligen Unbrauchbarkeit im Controlling ein.

16.6.6 Kastendiagramm

Kastendiagramme sind auch unter dem Namen *Boxplots* oder *Box-Whisker-Diagramme* bekannt. Sie dienen der Visualisierung der Verteilung von Daten. Die Definition der einzelnen Bestandteile des Diagramms ist nicht einheitlich. Jedoch lassen sich prinzipiell fünf Informationen in einer Kastengrafik ablesen:

- der Mittelwert und der Median
- das untere und obere Quartil
- der Bereich der außerhalb der Box liegenden Werte

In der Beispieldatei *16_Kastengrafik_01.xlsx* werden im Zellbereich A1 bis C21 zwei relativ kleine Datenreihen für das Diagramm benutzt. Wenn Sie dennoch auf Basis dieser Daten und über Einfügen • Diagramme • Statistikdiagramm einfügen • Kastengrafik das Diagramm erstellen, erhalten Sie zwei Boxen, die wesentliche Lageparameter und Informationen zur Streuung der Daten visualisieren (Abbildung 16.51).

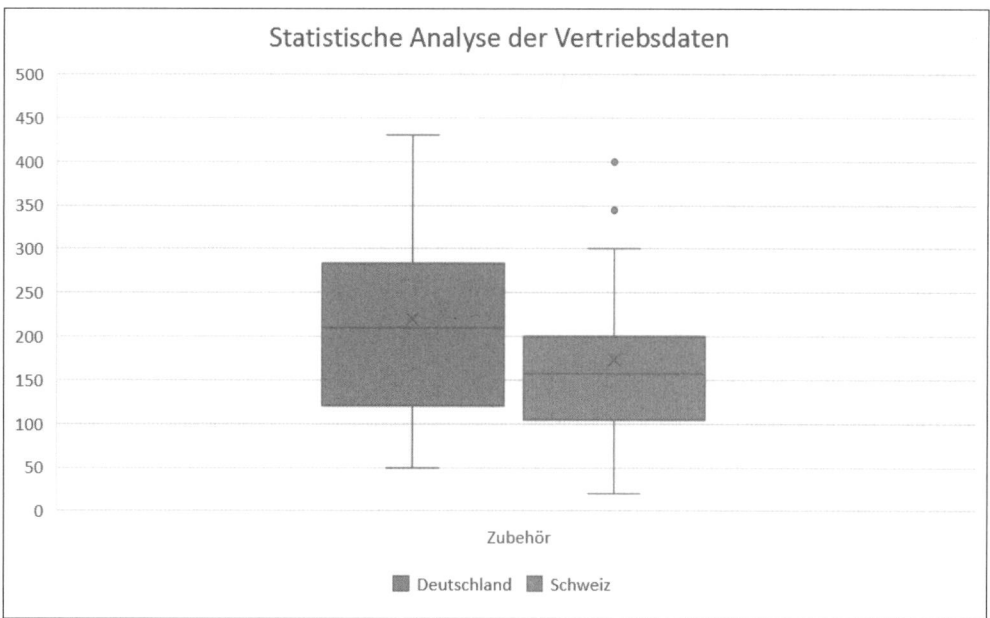

Abbildung 16.51 Kastendiagramm zur Darstellung der Datenverteilung

Vergleicht man die Darstellung des Zubehörs für Deutschland im Diagramm mit den Werten im Zellbereich B2 bis B21 der Tabelle, erkennt man zunächst, dass im Kastendiagramm der Mittelwert mit einem Kreuz dargestellt wird (219,7). Der höchste Wert ist am oberen Whisker, der Antenne oberhalb der Box, ablesbar (430). Der niedrigste Wert ist am unteren Whisker (50) erkennbar.

50 % der Werte liegen zudem im Bereich zwischen 120 und 283,75, denn genau über diesen Bereich erstreckt sich die Box. Die Werte, die die einzelnen Elemente visualisieren, werden en detail angezeigt, wenn Sie die Box mit der linken Maustaste anklicken und dann mit dem Mauszeiger über die jeweiligen Teile wie Kreuz, Boxrahmen etc. fahren (Abbildung 16.52).

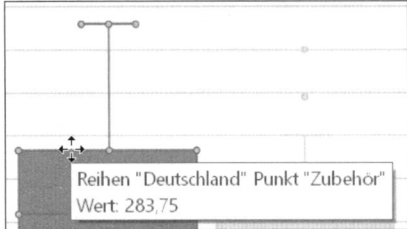

Abbildung 16.52 Anzeige der Werte der Kastengrafik mit dem Mauszeiger

Die Daten für die Schweiz zeigen zudem noch zwei Ausreißer (400 und 345) an. Diese können – wie auch einige andere Markierungen – über das Menü DATENREIHE FORMATIEREN aus- oder eingeblendet werden (Abbildung 16.53).

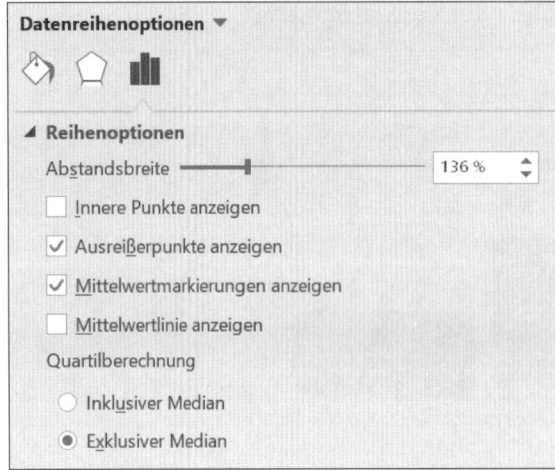

Abbildung 16.53 Konfiguration der Datenreihen in der Kastengrafik

Fazit: Die Kastengrafik ist sicherlich kein Diagrammtyp, der sinnvollerweise in einen Report Eingang findet. Dazu sind die einzelnen Kenngrößen, die grafischen Elemente, aus denen sich die Darstellung zusammensetzt, zu wenig bekannt. In der ersten Phase der Datenanalyse, wenn die Bewertung der Datenqualität im Vordergrund steht, sind die unkomplizierte Erstellung des Diagramms und die verdichtete wie übersichtliche Darstellung wichtiger statistischer Kenngrößen allerdings sehr hilfreich.

16.7 Allgemeine Formatierungsregeln

Bereits zu Beginn dieses Kapitels habe ich ausführlich über die Gestaltung von Diagrammen aus Sicht der Wahrnehmung gesprochen. Dies führte unter anderem zum Ausschluss von einer Reihe an Formatierungsoptionen wie Schattierungen, 3D-Effekten oder der Gestaltung von Oberflächenstrukturen. An dieser Stelle werfen wir nun einen Blick auf die Formatierung von Elementen eines Diagramms unter technischen Gesichtspunkten.

Excel verfügt seit der Version 2007 über die stattliche Anzahl von 16 Millionen Farben. Prinzipiell könnten Sie durchaus aus dieser riesigen Palette Ihre Auswahl treffen, wenn Sie Datenreihen, Gitternetzlinien, Beschriftungen oder andere Elemente gestalten möchten.

16.7.1 Verwendung und Funktionsweise der Designfarben

In der Praxis verwenden alle Diagrammelemente jedoch standardmäßig die Einstellung Automatisch bei der Zuordnung von Farben. Diese Einstellung sorgt dafür, dass die Datenreihen im Diagramm – seien es nun Balken, Linien oder Kreissegmente – der Reihe nach mit den Farben gestaltet werden, die Sie als Designfarben für die Arbeitsmappe ausgewählt haben.

Die Designfarben wählen Sie über Seitenlayout • Designs • Farben aus. Ändern Sie die Designfarben beispielsweise, nachdem Sie ein Diagramm erstellt haben, von der Standardpalette in Blau oder Blaugrün, ändern sich umgehend alle Farbzuordnungen in Ihren Tabellen und Diagrammen, sofern diese die Farbeinstellung Automatisch verwenden. Manuell zugewiesene Farben, die Sie beispielsweise über die Optionen Einfarbige Füllung oder Einfarbige Linien ausgesucht haben, bleiben hingegen unverändert.

Die Designfarben verfügen über sechs Akzente. Diese Akzente bestimmen die Farben der ersten sechs Datenreihen in allen Diagrammen. Enthält das Diagramm mehr als sechs Datenreihen, beginnt Excel bei der siebenten Datenreihe mit Variationen der ersten sechs Farben. Für Datenreihe 7 wird also erneut die Farbe von Akzent 1, beispielsweise Blau, ausgewählt. Dieses Blau wird dann in einer leichten Aufhellung für Datenreihe 7 verwendet. Bei Datenreihe 13 wird dieses Verfahren wiederholt.

16.7.2 Erstellen eigener Designfarben

Der Grund dafür, die Voreinstellung Automatisch bei Excel-Diagrammen abzuschalten, ist häufig, dass im Unternehmen spezifische Grundfarben für die Darstellung von bestimmten Produkten eingesetzt werden oder dass im Rahmen des Corporate Designs eine konkrete Vorgabe von Farben existiert, die bei Veröffentlichungen oder Präsentationen zu verwenden sind.

Grundsätzlich sollten Sie jedoch versuchen, auch firmenspezifische Farbpaletten nicht über eine zeitaufwendige Formatierung von einzelnen Elementen (Einfarbige Füllung oder

16

Einfarbige Linie) umzusetzen. Erstellen Sie stattdessen ein eigenes *Farbdesign* mit den in Ihrem Unternehmen eingesetzten Farben.

Ein solches Design legen Sie folgendermaßen an:

1. Klicken Sie Seitenlayout • Designs • Farben • Farben anpassen an.

2. Geben Sie dem Design unter Name einen aussagekräftigen Namen.

3. Ordnen Sie aus der Farbpalette oder über Weitere Farben • Benutzerdefiniert • Farbmodell durch die Eingabe der RGB- oder HSL-Werte die genauen Farbwerte Ihrer Designfarben zu.

16.8   Elemente und Gestaltungsregeln für Dashboards

Stephen Few, den ich bereits am Anfang dieses Kapitels erwähnt habe, hat die besonderen Merkmale von Dashboards folgendermaßen beschrieben:

▶ Es handelt sich um eine grafische Darstellung von Zahlenmaterial,

▶ die aufgabenbezogen

▶ und hochverdichtet auf einem Computerbildschirm ist,

▶ einem schnellen Überblick dient

▶ und spezielle grafische Darstellungsmittel (Dashboardtools) nutzt.

Charakteristisch für Dashboards sind demnach der Mangel an Platz und die Strategie, alle Elemente, die missverständlich, verwirrend oder überflüssig sind, zu vermeiden. *Edward Tufte*, der Pionier der Visualisierung quantitativer Daten, prägte bereits in den 1970er Jahren den Begriff des *chart junks*. Darunter verstand er sämtliche dekorativen Elemente einer grafischen Darstellung, die keine relevanten Informationen transportieren. Zwei weitere Begriffe, *data ink* und *non-data ink*, verband er mit der Forderung, dass der Anteil der in einem Diagramm eingesetzten Druckertinte, also die Linien und Flächen, die der Visualisierung der Zahlen dienen, möglichst hoch sein müsste. *Non-data ink* sollte hingegen verschwindend gering sein.

Eine Kostprobe bei der Umsetzung seiner Forderung lieferte Tufte später. Er entwickelte die Sparklines, die seit Version 2010 auch in Excel zu finden sind. Doch es gehören noch weitere spezielle grafische Elemente zu den Standardbausteinen eines Dashboards. Insgesamt sind es (Abbildung 16.54):

▶ Sparklines

▶ Symbole wie Ampeldarstellungen und Warnsignale

▶ *Bullet Graphs*

▶ äußerst reduziert gestaltete serielle Balken- bzw. Säulendiagramme (*Small Multiples*)

▶ Text

Unternehmen	Letzte 12 Monate	Tendenz	Passagiere in 1.000	Veränderung Vorjahr	aktueller Marktanteil
AU Airways		seit März fallend	124,4		14,5%
Fly & Smile		Höchstwert Dezember	268,1		31,2%
Air Lisboa		stark im Herbst	166,1		19,3%
Jet2Day		schwankend	165,7		19,3%
European		seit Februar fallend	135,9		15,8%

Abbildung 16.54 Ausschnitt aus einem Dashboard

Neben den Sparklines sind auch Symbole, die einen Status kennzeichnen, in Excel bereits seit der Version 2007 zu finden. Es sind jene Symbolsätze, die im Menü der BEDINGTEN FORMATIERUNG verfügbar sind. Vielfach werden sie benutzt, um in langen Datenreihen per Ampelformatierung besonders auffällige Werte hervorzuheben (Abbildung 16.55). Diese Symbole eignen sich aber auch hervorragend, um in einem Dashboard einzelne Werte zu kennzeichnen. Unter Umständen kann der Wert sogar völlig ausgeblendet werden, sodass lediglich das Signal zurückbleibt.

Zielwert Anteil 20 %		Region	Δ Vorjahr		kritische Kundenzahl
◗	14%	Ost		-1,3%	✖
○	4%	Nordost		4,5%	✖
●	23%	Süd		-4,2%	
◗	12%	Südwest		1,7%	
●	24%	West		2,8%	
◕	6%	Nord		6,3%	✖
◕	16%	Nordwest		5,7%	

Abbildung 16.55 Mini-Dashboard auf Basis von bedingten Formatierungen

Ein weiteres Element in Dashboards, die von Stephen Few entwickelten *Bullet Graphs*, gibt es in Excel noch nicht. Doch es gibt dennoch Wege, diese in Excel zu erstellen. Der erste besteht – wie sollte es anders sein – aus einem typischen Excel-Workaround. Sie können ein Balkendiagramm so modifizieren, dass es einem Bullet Graph sehr nahekommt.

Der Sinn dieses Diagramms liegt darin, einen Ist-Wert (schwarzer Balken) mit einem Zielwert (schwarze oder rote Linie) zu vergleichen. Die Zielerreichung kann so auf minimalem Raum veranschaulicht werden. Farbliche Abstufungen im Hintergrund stehen für Performancebereiche wie schlecht, gut oder optimal (Abbildung 16.56).

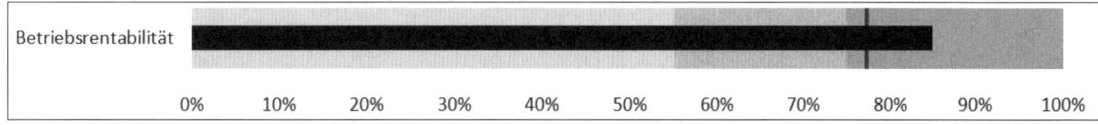

Abbildung 16.56 Bullet Graph auf Basis eines Balkendiagramms

Sollte Ihnen die Zeit fehlen, aus einem Balkendiagramm dieses nützliche Dashboardtool zu erstellen, gibt es noch eine gute Nachricht: Die zweite Methode der Erstellung von Bullet Graphs liefert das Add-in *Sparklines for Excel*, das Fabrice Rimlinger programmiert hat und als freies Tool im Internet zum Download anbietet: *http://sparklines-excel.blogspot.de*. Es umfasst zahlreiche Minidiagramme und ist kompatibel mit allen Versionen seit Excel 2003.

Noch eine Anmerkung zum Schluss: Bullet Graphs ersetzen auch die sehr beliebten Tachometerdiagramme, die ebenfalls einen erreichten Wert zumeist vor einer Ampelformatierung darstellen. Tachometerdiagramme sind unter Dashboard-Spezialisten weniger beliebt, da sie im Vergleich zu anderen Darstellungsformen zu viel Platz beanspruchen.

Bliebe noch das Dashboard-Element Text. Generell wurden grafische Tools wie Sparklines erfunden, um typische Zahlenwüsten bei der Präsentation von Ergebnissen zu vermeiden. Dennoch ist ein ergänzender, erklärender Text immer dann zu empfehlen, wenn er mögliche Unklarheiten beseitigt. So kann etwa die Angabe *34,352 Mio. €* neben einer Sparkline, die selbst ja nur das Muster eines Umsatzverlaufs anzeigt, eine wichtige Größenordnung vermitteln. Die Angabe *Jan – Okt 2016* verdeutlicht unmissverständlich, dass die letzten beiden Monate des Jahres noch nicht in den Bullet Graph einbezogen wurden. Außerdem sind Texte selbstverständlich als Überschrift geeignet (Abbildung 16.57).

Abbildung 16.57 Minimal- und Maximalwert als Textinformation in einer Sparkline

16.9   Infografiken seit Excel 2016

Eine immer größere Bedeutung bei der Erweiterung von Anwendungsprogrammen um zusätzliche Funktionen haben Add-ins. Diese Entwicklung geht auch an Excel nicht spurlos vorbei. Bereits in Version 2013 gab es die Möglichkeit, Erweiterungen in das Programm zu integrieren. Das Angebot im Microsoft Store war anfangs jedoch relativ gering. Mittlerweile gibt es einige Add-ins, die besonders im Bereich der Visualisierung von Daten häufig nachgefragte Funktionen anbieten.

In Excel 2019 finden Sie bei Verwendung einer Office 365-Version im Menü Einfügen die Gruppe Add-Ins und in dieser das Tool *PeopleGraph*. Es ist sozusagen ein Appetizer für weitere Ergänzungen, die Sie dem Kalkulationsprogramm hinzufügen können.

Wenn Sie die Funktion erstmalig aufrufen, müssen Sie bestätigen, dass Sie der Anwendung aus dem Hause Microsoft vertrauen, denn wie viele andere neue Excel- oder BI-Tools stellt PeopleGraph eine externe Datenverbindung bei der Erstellung der Infografik her. Das werden Sie auch merken, wenn Sie später die betreffende Datei öffnen und Excel einen kurzen Moment für die Aktualisierung der Grafik benötigt.

Wenn Sie in der Datei *16_Infografik_01.xlsx* den Wertebereich A2 bis B5 markieren und dann die Funktion PeopleGraph aus Einfügen • Add-ins starten, wird die Grafik erstellt (Abbildung 16.58). Sie müssen die Überschrift allerdings noch gestalten. Klicken Sie rechts oben auf die Schaltfläche Daten, um eine geeignete Überschrift einzugeben.

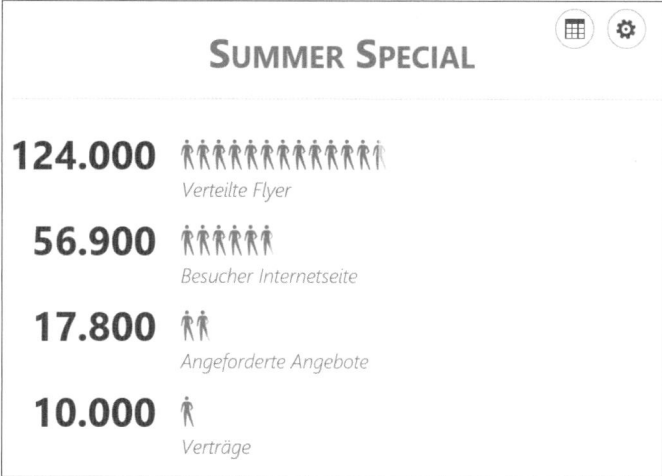

Abbildung 16.58 Infografiken sind als typische Eyecatcher aus Printmedien und TV bekannt.

Die ebenfalls rechts oben verfügbaren Einstellungen bemühen Sie, um das allgemeine Design, aber auch die angezeigten Icons zu verändern (Abbildung 16.59). Um alle Add-ins zu verwalten, leitet Sie die Option Meine Add-Ins zur Anmeldung an Ihrem Microsoft Office-Konto. Die Onlineplattform soll Ihnen helfen zu erkennen, welche Add-ins als Voll- oder Testversion eingesetzt werden und wann Versionen ablaufen.

Abbildung 16.59 Über die Einstellungen können Icons und Design der Infografik angepasst werden.

16.10   Power View

Power View war bereits Bestandteil von Excel 2013 und als solches im Menü Einfügen • Berichte zu finden. Seit Excel 2016 ist die Funktion nicht mehr im Menü vorhanden. Der primäre Grund dafür ist die Tatsache, dass Funktionen zum Erstellen von dynamisch steuerbaren Dashboards von Microsoft nun im Rahmen von Office 365 unter der Bezeichnung *Power BI Desktop* vermarktet werden (Abbildung 16.60).

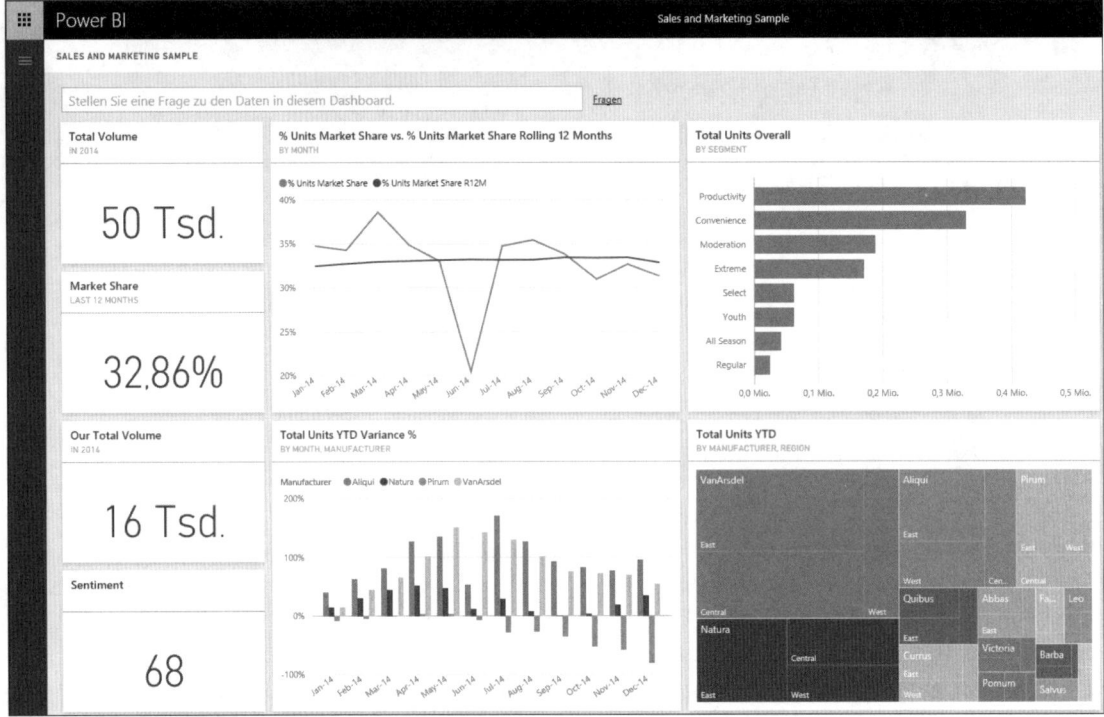

Abbildung 16.60 Dashboard im Power BI Desktop

Möchten Sie Power View in Excel nutzen, müssen Sie Ihr Menüband anpassen. Dies erledigen Sie über Datei • Optionen • Menüband anpassen • Alle Befehle. Übernehmen Sie dann PowerView in eines der bestehenden Menüs. Nun benötigen Sie eine Arbeitsmappe mit einer oder besser mehreren dynamischen Datentabellen. In der Datei *16_PowerView_00.xlsx* finden Sie einige dieser Tabellen (Abbildung 16.61).

	A	B	C	D	E	F	G	H	I	J	K
1	**Country** ▾	**EURO SALES** ▾	**UNITS** ▾		**Month** ▾↓	**% EVO** ▾		**Country** ▾	**City** ▾	**2014** ▾	**FC 2015** ▾
2	BELGIUM	97.126.572 €	14.500.588		Januar 2013	1,2%		UK	London	123	135
3	FRANCE	295.123.890 €	45.659.295		Februar 2013	-2,7%		UK	Birmingham	89	85
4	ITALY	34.711.505 €	5.482.694		März 2013	3,4%		UK	Manchester	96	94
5	POLAND	11.664.672 €	4.059.804		April 2013	2,2%		UK	Bristol	23	40
6	ROMANIA	16.111.635 €	6.318.152		Mai 2013	-3,8%		France	Paris	143	145
7	SPAIN	95.856.358 €	17.274.468		Juni 2013	4,7%		France	Lyon	100	103
8	TURKEY	12.053.658 €	2.638.191		Juli 2013	12,1%		France	Marseile	98	87
9					August 2013	-2,8%		France	Bordeaux	67	67
10					September 2013	1,2%		Germany	Berlin	127	145
11								Germany	Hamburg	105	110
12								Germany	Munich	100	98
13								Germany	Frankfurt	86	89

Abbildung 16.61 Aus Datentabellen wird …

Bewegen Sie den Cursor in die erste der drei Tabellen, und wählen Sie dann POWERVIEW aus dem Menü, in das Sie die Funktion eingefügt haben. Excel erstellt nun ein neues Berichtsblatt für Sie, in dem die Daten der Tabelle dargestellt werden. Noch ist es nur eine Datentabelle, deren Daten Sie übernommen haben, und noch ist es lediglich eine tabellarische Ansicht. Doch dies lässt sich ändern (Abbildung 16.62).

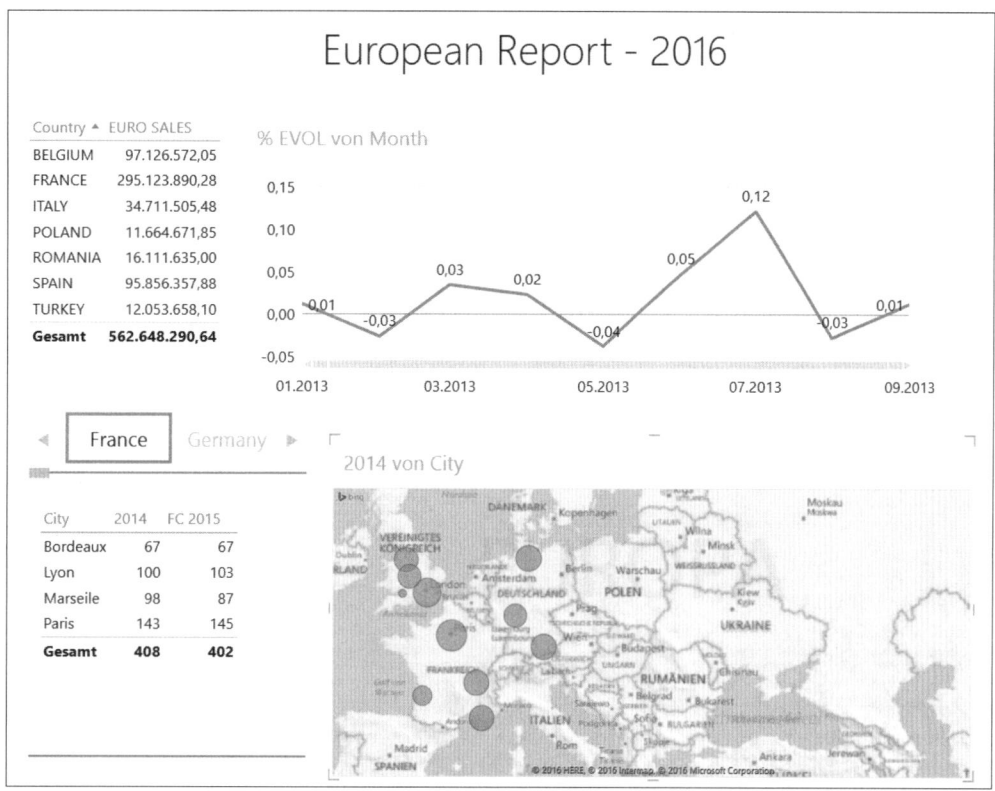

Abbildung 16.62 ... ein dynamisches Dashboard.

Drei Darstellungsformen stehen Ihnen grundsätzlich in Power View zur Verfügung:

▸ Tabelle

▸ Diagramme

▸ Karten

Wie Sie rohe Tabellendaten in den *Onepager* bekommen, haben Sie im ersten Schritt gesehen. Jetzt ist es an der Zeit, die Besonderheiten der Bedienung in Power Query kennenzulernen. Am rechten Bildschirmrand werden Ihnen zwei Tools angeboten. Im Bereich POWER-VIEW-FELDER können Sie die Wertefelder, die im Bericht angezeigt werden sollen, wie in einer PivotTable-Feldliste aktivieren und deaktivieren. Lassen Sie auf diesem Weg die *UNITS* verschwinden.

Der zweite Bereich rechts neben dem Bericht ist mit FILTER überschrieben und bietet Ihnen die Gelegenheit, den Datenbestand zu reduzieren. Wenn Sie die beiden Listenfelder im Register TABELLE öffnen, kann die Datentabelle nach Ländern oder nach einem vorgegebenen Wertebereich gefiltert werden.

Gehen Sie zurück zum Tabellenblatt *Data*, und fügen Sie auch die zweite Tabelle dem bestehenden Power-View-Bericht hinzu. Dieser Datenbestand, der die monatliche Entwicklung zeigt, eignet sich besonders für ein Liniendiagramm. Klicken Sie deshalb in ENTWURF • ANDERES DIAGRAMM • LINIE, um die Tabelle in ein Diagramm umzuwandeln. Ziehen Sie das Diagramm etwas größer. Im Menü LAYOUT können Sie einige Einstellungen ändern, z. B. die Werte für die einzelnen Monate anzeigen und den Diagrammtitel entfernen.

Power View verfügt über eine Steuerungsfunktion, mit der Sie gruppierte Daten auswählen können. Dies können Sie anhand der dritten Tabelle ausprobieren. Übernehmen Sie die Daten in den Power-View-Bericht. Zunächst unterscheidet sich die Tabelle im Aufbau nicht von der ersten. Doch ziehen Sie COUNTRY im Bereich POWERVIEW-FELDER in das Feld KACHELN NACH, wird die Tabelle nach Feldern gruppiert (Abbildung 16.63).

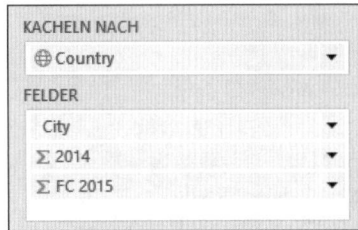

Abbildung 16.63 Erstellen einer Steuerungsebene in Power View

Anschließend benutzen Sie die Leiste oberhalb der Tabelle, um ein Land auszuwählen. Power View wird Ihnen dann für das gewählte Land alle Einzelheiten in der darunterliegenden Tabelle anzeigen.

Als letzte Darstellungsform können Sie nun eine Karte wählen. Übertragen Sie die Daten der dritten Tabelle ein weiteres Mal in den Bericht. Über ENTWURF • VISUALISIERUNG WECHSELN wird die Option KARTE angeboten. Power View ordnet nun die Orte der Karte zu. Dass es dabei immer wieder mal hakt, erkennen Sie an der Tatsache, dass Berlin im vorliegenden Beispiel in den USA liegt. Daran ändert auch die Tatsache nichts, dass GERMANY als Land angezeigt wird, wenn Sie mit der Maus auf den Datenpunkt zeigen.

16.11   3D-Karten

Diese Funktion überschreitet die Grenzen der Diagrammdarstellung hin zur Aufzeichnung von interaktiven Maps, die dann, als Video aufgezeichnet, im Unternehmen verteilt werden. Sie starten die Funktion über EINFÜGEN • TOUREN • 3D-KARTEN • 3D-KARTE EINFÜGEN. Im Kartenfenster wählen Sie dann die Darstellungsweise (den Diagrammtyp) und die Gliederung der Inhalte (z. B. COUNTRY oder CITY) aus. Im Feld HÖHE werden schließlich die Wertefelder abgelegt, die Sie darstellen möchten.

In der Beispieldatei *16_3DKarte_01.xlsx* wurde der Diagrammtyp WÄRMEBILD gewählt. Anschließend wurde CITY als Zuordnungsmerkmal für die Karte übernommen und das Feld Kunden als WERT-Feld definiert. Um Bewegung in diese noch statische Darstellung zu bekommen, muss eine zeitliche Dimension ergänzt werden. Die erreichen Sie, indem Sie das Feld Datum im Listenfeld ZEIT auswählen (Abbildung 16.64).

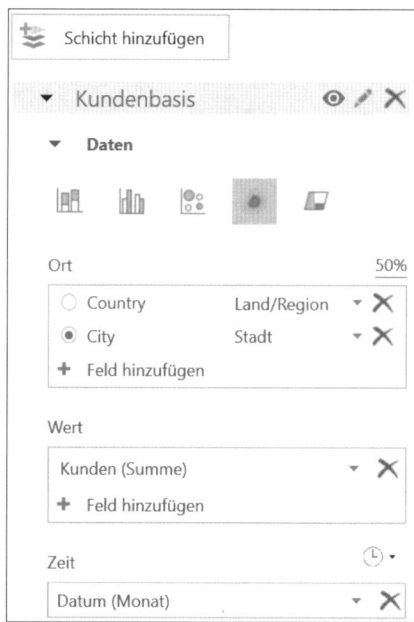

Abbildung 16.64 Definition der Inhalte einer 3D-Karte

Dann kann die Tour beginnen! Denn nun haben Sie eine WIEDERGABELEISTE im unteren Bereich der Karte, über die Sie die Zeitreise beginnen (Abbildung 16.65). Benutzen Sie das Listenfeld ZEIT auch, um das gewünschte zeitliche Intervall einzustellen.

Über START • TOUR • VIDEO ERSTELLEN sind Sie in der Lage, die dynamische Darstellung als MP4-Video aufzuzeichnen. Um das Video später in Excel abzuspielen, wählen Sie EINFÜGEN • TOUREN • 3D-KARTE • 3D-KARTEN ÖFFNEN und starten die gewünschte Szene.

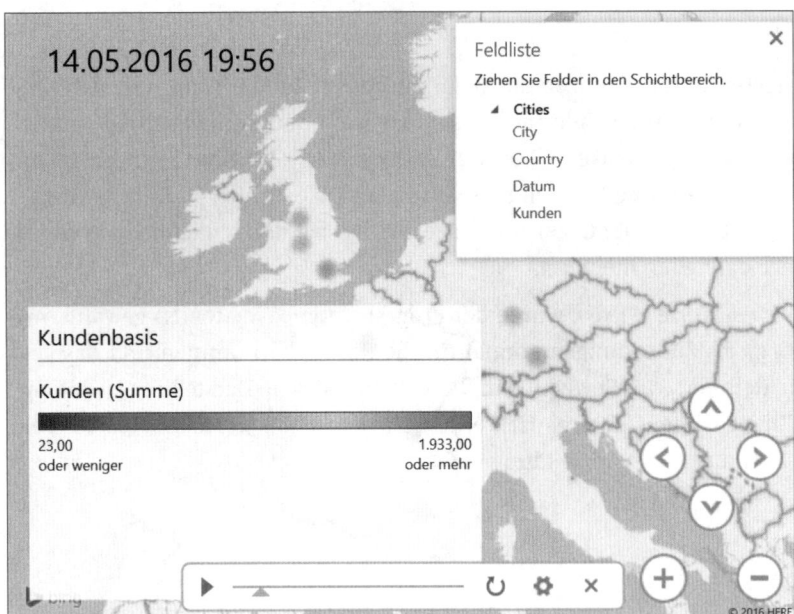

Abbildung 16.65 Über eine Wiedergabeleiste kann die Entwicklung der Kundenzahlen als Film gestartet werden.

16.12   Kombinationen aus Tabellen und Diagramm erstellen

Die Option, in einem Diagramm zusätzlich eine Datentabelle anzuzeigen, sollten Sie eigentlich nur dann in Betracht ziehen, wenn es sich um eine kleine, gut überschaubare Tabelle handelt. Umfangreiche Tabellen sind im Diagramm aufgrund der Zeichengröße nämlich schlecht lesbar, und letztlich ziehen sie, zumindest in Präsentationen, die Aufmerksamkeit des Betrachters von der grafischen Darstellung weg.

In der Arbeitsmappe *16_Wertevergleich_Datentabelle_01.xlsx* der Beispieldateien habe ich eine Datentabelle im Diagramm verwendet (Abbildung 16.66). Das Einfügen ist sehr einfach: Nachdem Sie das Diagramm wie gewohnt erstellt haben, wählen Sie DIAGRAMMTOOLS • ENTWURF • DIAGRAMMLAYOUTS • DIAGRAMMELEMENT HINZUFÜGEN • DATENTABELLE und dann eine der beiden Optionen.

Die Datentabelle wird dann unterhalb des Diagramms angezeigt. Da die Tabelle quasi eine Erweiterung der horizontalen Achse ist, können Sie sie von dort auch nicht verschieben. Wenn Sie auf die Tabelle doppelklicken, können Sie die Einstellungen für den Rahmen der Datentabelle ändern. Weitere spezifische Konfigurationsmöglichkeiten existieren nicht.

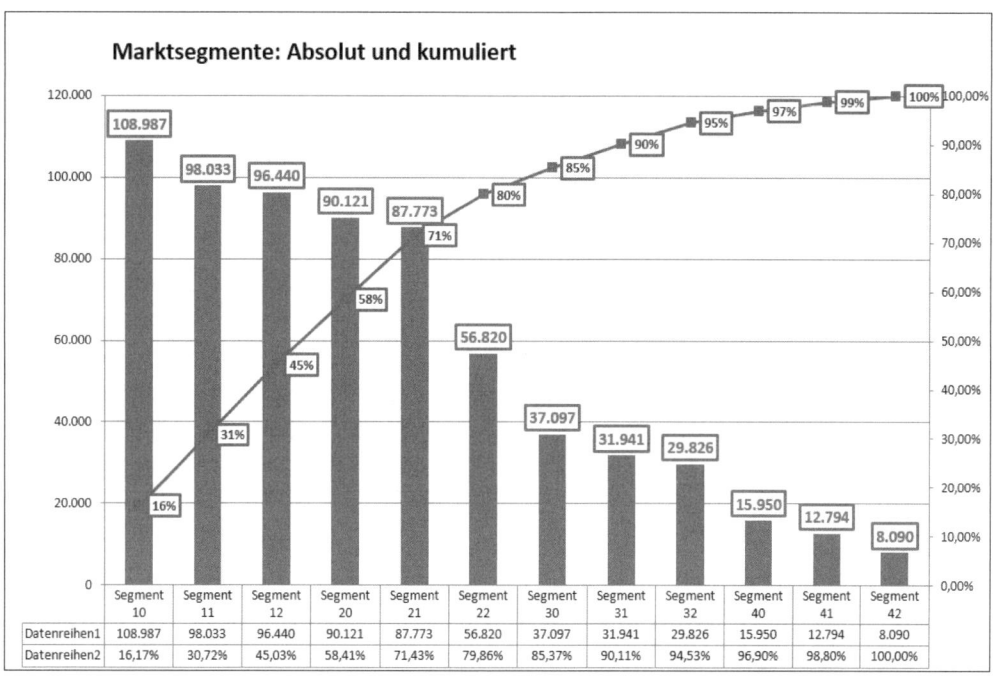

Abbildung 16.66 Diagramm mit Datentabelle

Datentabelle mit Kamera erstellen

Die Datentabelle, die Sie über das Menü DIAGRAMMTOOLS einfügen, ist nicht nur hinsichtlich der Gestaltung und Positionierung stark eingeschränkt. Sie bezieht sich auch immer auf die Datenbasis, aus der das Diagramm erstellt wurde. Möchten Sie hingegen eine Vergleichstabelle aus anderen Vergleichswerten in das Diagramm einbringen, ist dies mit dieser Funktion unmöglich.

Mit der KAMERA gelingt es Ihnen jedoch problemlos, andere Datenbestände in Tabellenform in das Diagramm zu bringen.

Auch dieses Beispiel ist in der Arbeitsmappe enthalten, die wir bereits beim Einfügen der Datentabelle verwendet haben. Um die Tabelle der Marktsegmente zu »fotografieren«, müssen Sie die Kamera zunächst in den Menübereich holen. Seit Excel 2013 machen Sie das über START • OPTIONEN • MENÜBAND ANPASSEN. Wählen Sie dann ALLE BEFEHLE, und suchen Sie den Befehl KAMERA. Übernehmen Sie den Befehl durch Klicken auf die Schaltfläche HINZU-FÜGEN in ein Menü Ihrer Wahl.

In Excel 2007 klicken Sie auf die Office-Schaltfläche und wählen dann die EXCEL-OPTIONEN. Hier finden Sie die KAMERA unter ANPASSEN • ALLE BEFEHLE. Mit HINZUFÜGEN übernehmen Sie den Befehl in die SYMBOLLEISTE FÜR DEN SCHNELLZUGRIFF.

Nachdem die Funktion nun in Excel verfügbar ist, gehen Sie am besten so vor:

1. Markieren Sie den Zellbereich E1 bis G6.

2. Klicken Sie auf die Schaltfläche KAMERA.

3. Wechseln Sie in das Diagramm, und zeichnen Sie das Kamerabild in die Diagrammfläche.

Nun können Sie das Bild im Diagramm an beliebiger Stelle positionieren oder in der Größe verändern (Abbildung 16.67). Es ist dynamisch mit der Datenquelle verbunden. Wenn Sie die Daten in der ursprünglichen Tabelle ändern, werden diese Änderungen direkt in das Kamerabild übernommen.

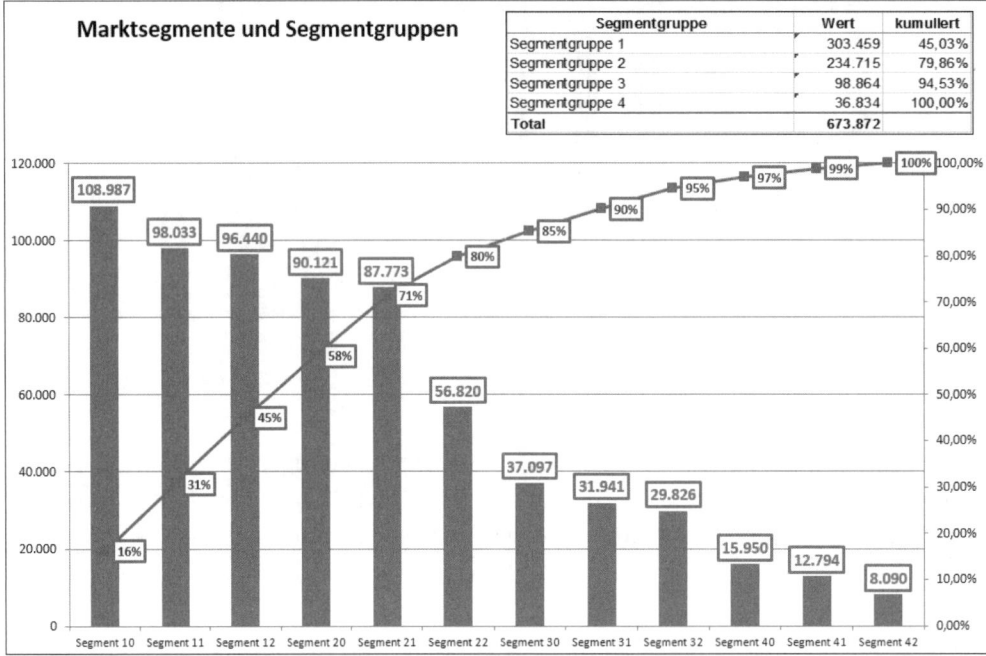

Abbildung 16.67 Die Vergleichstabelle wurde mit der Kamera erstellt.

16.13   Dynamische Diagramme

Die dynamische Anpassung, die bei der Verwendung der Kamera zu beobachten ist, trifft selbstverständlich auch auf die Diagramme selbst zu. Werden Werte in der Datenbasis des Diagramms verändert, wirkt sich dies unmittelbar auf die grafischen Ergebnisse aus. Anders ist es, wenn Sie an eine bestehende Datenreihe neue Werte anfügen. Genau wie bei Berechnungen in Tabellen erkennt Excel dann nicht, dass die Datenbasis des Diagramms erweitert werden muss.

In Kapitel 7, »Dynamische Reports erstellen«, habe ich bereits beschrieben, wie Sie einen Zellbereich in eine dynamisch erweiterbare Tabelle umwandeln. Dazu positionieren Sie den Cursor im Zellbereich und drücken die Tastenkombination $\boxed{\text{Strg}}$ + $\boxed{\text{T}}$. Nachdem der Wertebereich in eine Tabelle konvertiert wurde, können Sie jederzeit zusätzliche Werte in die Zeile unterhalb der Tabelle oder auch in die Spalte rechts des Tabellenbereichs schreiben. Solche Ergänzungen erkennt Excel in Formeln und Funktionen und passt sämtliche Berechnungen an den neuen Datenbestand an.

Auch ein Diagramm, das Sie auf Basis der Datentabelle erstellen, weist diese dynamischen Eigenschaften auf. Ein Beispiel für diese Funktionsweise finden Sie in der Arbeitsmappe *16_spezielle_Diagramme_dynamisch_01.xlsx* (Abbildung 16.68).

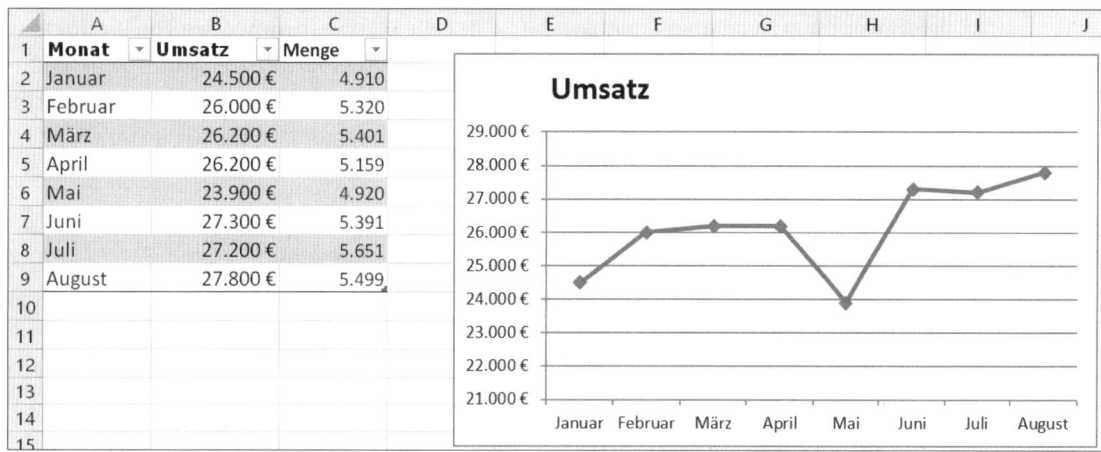

Abbildung 16.68 Erweiterung von Berechnungen und Diagrammen durch eine dynamische Tabelle

Dynamische Tabellen und Bereichsnamen

Wenn Sie den NAMENS-MANAGER im Menü FORMELN öffnen, werden Sie feststellen, dass dort der Bereichsname *Tabelle1* angelegt wurde. Den Zellbezug dieses Bereichsnamens können Sie – im Gegensatz zu den Namen, die Sie manuell erstellt haben – nicht verändern. Aber Excel passt den Bezug selbstständig an, wenn Sie Daten an den Datenbereich anhängen.

Der Bereichsname hat eine weitere Besonderheit: Er wird in Eingabefeldern von Funktionen nicht angezeigt, wenn Sie $\boxed{\text{F3}}$ drücken. Möchten Sie einen dynamischen Bereich, den Sie mit $\boxed{\text{Strg}}$ + $\boxed{\text{T}}$ erstellt haben, in einem Diagramm oder beispielsweise als Grundlage für eine Pivottabelle verwenden, müssen Sie den Namen folglich immer per Tastatur eingeben.

Verwendung von individuellen Bereichsnamen in Diagrammen

Die Tastenkombination $\boxed{\text{Strg}}$ + $\boxed{\text{T}}$ ist allerdings nicht die einzige Möglichkeit zur Bildung dynamischer Bereiche in Arbeitsmappen. Mit der Funktion BEREICH.VERSCHIEBEN() lässt sich diese Aufgabe auch bewerkstelligen. Häufig ist diese Funktion flexibler einzusetzen, auch wenn sie in der Erstellung etwas aufwendiger ist.

Ein typisches Beispiel für die Verwendung dieser Funktion bei der Erstellung von dynamischen Diagrammen gebe ich im Tabellenblatt *Daten II* der Arbeitsmappe *16_spezielle_Diagramme_dynamisch_01.xlsx*. Das Beispiel haben wir in abgewandelter Form bereits in Kapitel 8, »Wichtige Kalkulationsfunktionen für Controller«, eingesetzt.

Darin geht es nicht um die Erweiterung des Datenbereichs, sondern um die Auswahl der Datenreihe, die im Diagramm angezeigt werden soll. In der Tabelle befinden sich Produktdaten, wobei in Spalte A die Produktbezeichnungen stehen und in den Spalten C bis F die Umsatzdaten.

Ziel der Anwendung ist es, über ein Auswahlfeld in Zelle I3 zu bestimmen, welche Produktdaten im Diagramm angezeigt werden (Abbildung 16.69). Darüber hinaus soll in Zelle J3 die Summe der Einzelumsätze für dieses Produkt berechnet werden. Beide Aufgaben sind nicht mit einer per Tastenkombination generierten Datentabelle und dem daraus resultierenden Bereichsnamen realisierbar.

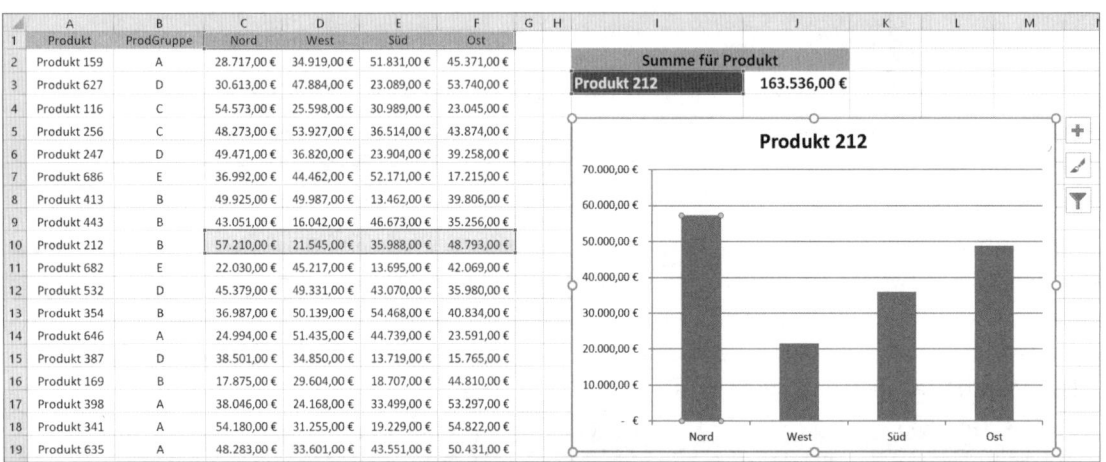

Abbildung 16.69 Dynamisches Diagramm mit BEREICH.VERSCHIEBEN()

Berechnung des dynamischen Bereichs für die Summenbildung

Die Funktion BEREICH.VERSCHIEBEN() erwartet als erstes Argument die Adresse der Startzelle des dynamischen Datenbereichs. Als viertes und fünftes Argument müssen Sie die Höhe und die Breite des Bereichs benennen. Wenn wir davon ausgehen, dass im Beispiel immer die Ergebnisse aller Regionen für genau ein Produkt im Diagramm gezeigt werden sollen, ergibt sich für die Höhe der Wert 1 (eine Zeile) und für die Breite der Wert 4 (vier Spalten).

Variabel muss hingegen die Adresse der Zelle sein, in der der Bereich beginnt. Er wird aus dem vom Benutzer in Zelle I3 ausgewählten Produktnamen abgeleitet. Die Zeile, in der sich das gewählte Produkt befindet, können Sie mit `VERGLEICH('Daten II'!$I$3;'Daten II'!$A$1:$A$21;0)` ermitteln. Dabei wird der Datenbereich, der die Produktbezeichnungen enthält, durchsucht. Als Ergebnis liefert die Funktion den Zellbezug (A21) der Fundstelle.

Der zweite Teil der Zelladresse besteht aus der Spaltenbezeichnung C, da sich dort der erste Umsatzwert befindet. Die Verknüpfung der fest vorgegebenen Spaltenbezeichnung mit der berechneten Zeilenzahl erreichen Sie mit der Funktion `INDIREKT()`. Der Aufbau muss im vorliegenden Beispiel folgendermaßen aussehen:

```
INDIREKT("$C$"&VERGLEICH($I$3;$A$1:$A$21;0))
```

Die Angabe der Spalte und der beiden Dollarzeichen muss unbedingt in Anführungsstrichen stehen. Dann wird dieser Text mithilfe des Verknüpfungszeichens & mit der Zeilennummer verbunden.

In Zelle J3 entsteht so eine Funktionsverbindung zur Berechnung der Umsatzsumme des ausgewählten Produkts:

```
=SUMME(BEREICH.VERSCHIEBEN(INDIREKT("$C$"&VERGLEICH($I$3;$A$1:$A$21;
0));;;;4))
```

Wenn Sie in Zelle I3 eine Datenüberprüfung erstellen, die auf den Zellbereich A2 bis A21 zugreift, können Sie auswählen, für welches Produkt das Gesamtergebnis in J3 angezeigt wird.

Berechnung des dynamischen Bereichs für das Diagramm

Für Diagramme gelten in Excel allerdings nicht die gleichen Bedingungen wie für Tabellen. Wir haben bereits an anderer Stelle festgestellt, dass beispielsweise keine Formeln und Funktionen bei der Erstellung von dynamischen Diagrammtiteln zulässig sind. Auch bei der Bestimmung dynamischer Datenbereiche sind manche Funktionen nicht zulässig. Die Verwendung von `INDIREKT()` funktioniert z. B. nicht. Die Eingabe von anderen Funktionen ist nur möglich, wenn Sie sie über Bereichsnamen in das Diagramm einbinden. Dies führt dazu, dass Sie die Funktionsverknüpfung zur dynamischen Berechnung der Gesamtumsätze nicht modifikationslos in Ihr Diagramm übernehmen können.

Zunächst müssen Sie die Startzelle auf andere Weise bestimmen. Dabei hilft Ihnen die Funktion `INDEX()`, die wir schon mehrfach beim Generieren von veränderlichen Bereichen eingesetzt haben. Die Funktion versetzt Excel in die Lage, in einem vorgegebenen Bereich eine spezifische Zelle über die Angaben der Spalte und der Zeile zu lokalisieren. Sowohl Spalte als auch Zeile werden durch die Angabe numerischer Werte identifiziert.

Der vorgegebene Bereich, den Sie durchsuchen lassen sollten, ist die gesamte Datentabelle von A1 bis F21. Die auszuwählende Zeile resultiert aus `VERGLEICH('Daten II'!$I$3;'Daten II'!$A$1:$A$21;0)`. Dadurch erhalten Sie die Zeilennummer des gesuchten Produkts. Bei der Bestimmung der Spalte brauchen Sie weniger Aufhebens zu machen. Denn es wird immer in Spalte C, die den Wert 3 hat, begonnen.

Für die Höhe und Breite des dynamischen Bereichs bleiben die im vorangegangenen Beispiel bereits verwendeten Werte 1 und 4 unverändert, sodass sich diese Funktion zur Bestimmung des dynamischen Bereichs hier wie folgt dargestellt:

```
=BEREICH.VERSCHIEBEN(INDEX('Daten II'!$A$1:$F$21;
VERGLEICH('Daten II'!$I$3;'Daten II'!$A$1:$A$21;0);3) ;;;1;4)
```

Es ist sinnvoll, sich die vollständige Funktionsverkettung in eine Zelle des Tabellenblattes zu schreiben. Erschrecken Sie nicht, wenn Ihnen Excel nach der Eingabe den Fehlerwert #WERT! anzeigt. Dies bedeutet nicht, dass Ihre Funktion einen Fehler enthält. Es deutet aber an, dass der gesamte Ausdruck noch weiterverarbeitet werden muss. Dies machen Sie, indem Sie ihn als Zellbezug für einen Bereichsnamen verwenden.

1. Kopieren Sie die gesamte Funktion in die Zwischenablage.
2. Starten Sie dann mit FORMELN • DEFINIERTE NAMEN • NAMENS-MANAGER die Erstellung eines Bereichsnamens.
3. Geben Sie eine Bezeichnung für den Bereichsnamen ein.
4. Wählen Sie das Eingabefeld BEZIEHT SICH AUF: aus, und fügen Sie mit ⌈Strg⌋ + ⌈V⌋ die zuvor kopierte Funktion ein.
5. Schließen Sie die Eingabe mit OK ab.

Einfügen des Bereichsnamens in das Diagramm

Erstellen Sie zunächst ein Säulendiagramm aus einer Zeile der Datentabelle (z. B. C2 bis F2 für Produkt 159). Weisen Sie dem Diagramm als Achsenbeschriftung die Monatsbezeichnungen aus Zeile 1 zu. Diagramme werden in Excel mit einer Funktion erstellt. Dies können Sie einfach beobachten, wenn Sie auf die Säulen des Diagramms klicken. In der Editierzeile von Excel sehen Sie dann folgende Funktion:

```
=DATENREIHE(;'Daten II'!$C$1:$F$1;'Daten II'!$C$2:$F$2; 1)
```

Das erste Argument – im Beispiel ist es allerdings leer – kennzeichnet den Diagrammtitel. Danach folgen die Achsenbeschriftung und die Auswahl der Datenreihe, die im Diagramm dargestellt werden soll. Wenn Ihr Diagramm dynamisch aktualisierbar sein soll, müssen Sie diesen dritten Teil der Funktion nun durch den zuvor erstellten dynamischen Bereichsnamen ersetzen.

1. Markieren Sie den Funktionstext $C$2:$F$2, und geben Sie genau an dieser Stelle den von Ihnen festgelegten Namen ein.
2. Bewegen Sie den Cursor an den Anfang der Funktion vor das erste Semikolon, und zeigen Sie mit der Maus auf Zelle I3, in der sich die Produktauswahl befindet, um den ausgewählten Namen als Diagrammtitel zu verwenden.

Die Funktion sollte danach wie folgt aussehen:

```
=DATENREIHE('Daten II'!$I$3;'Daten II'!$C$1:$F$1;
'16_spezielle_Diagramme_dynamisch_01.xlsx'!Produktauswahl; 1)
```

Nachdem Sie die Veränderungen vorgenommen haben, können Sie durch die Auswahl eines anderen Produkts in Zelle I3 überprüfen, ob sich die Anzeige der Produktdaten im Diagramm auch tatsächlich so ändert, wie Sie sich das wünschen (Abbildung 16.70).

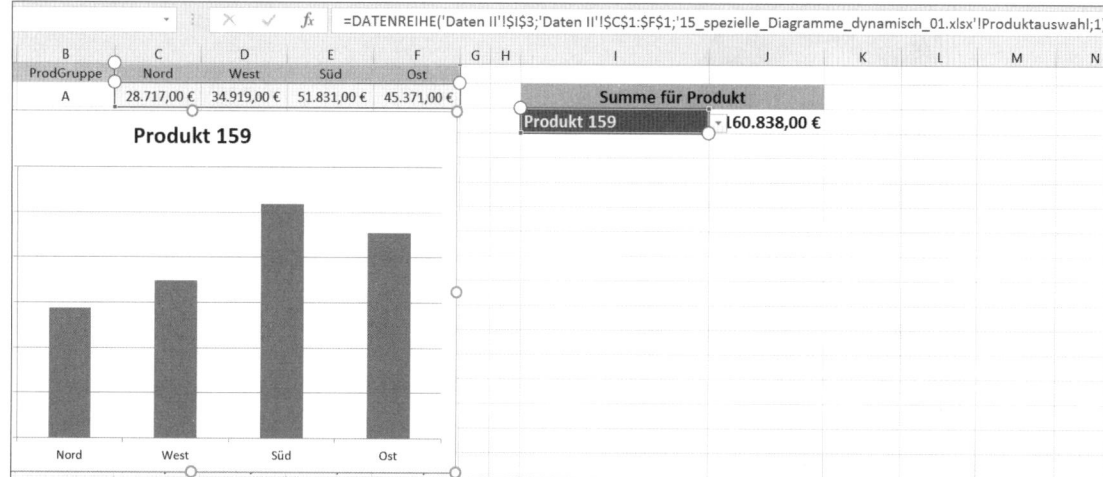

Abbildung 16.70 Anzeige der Funktion DATENREIHE() beim Anklicken der Säulen des Diagramms

16.14 Spezielle Diagrammtypen

Es ist immer wieder frappierend, welche Diagrammtypen Excel nicht anbieten kann. Und manchmal ist es noch überraschender, auf welchen Wegen so mancher Tüftler es dann doch schafft, Darstellungen, die eigentlich »unmöglich« sind, in Excel zu realisieren. Jeder muss für sich abwägen, ob sich der manchmal nicht unerhebliche Aufwand wirklich lohnt. Trotzdem werde ich auf den folgenden Seiten einige der verschlungenen Wege zur Realisierung bestimmter Diagrammtypen beschreiben.

16.14.1 Tachometerdiagramm mit Ampeldarstellung und Werteskala

Wie bereits weiter oben erwähnt, dienen Tachodiagramme und Bullet Graphs einer ähnlichen Zielsetzung: der Visualisierung von Einzelwerten. Beide benutzen häufig zusätzlich eine Farbskala zur Kennzeichnung von Bewertungen (z. B. *nicht OK – OK – Optimal*). Eine gute Faustregel ist: Je geringer der zur Verfügung stehende Platz und je größer die Informationsdichte sind, desto eher sollten Bullet Graphs zum Einsatz kommen. Steht genügend Platz zur Verfügung und soll die Darstellung des Zahlenmaterials ein »optisches Highlight«

enthalten, können Sie auch schon einmal ein Tachometerdiagramm verwenden. Ein solches Diagramm erstellen Sie aus einem Kreisdiagramm, indem Sie bestimmte Elemente ausblenden und die Diagrammelemente in einer bestimmten Art und Weise formatieren. Möchten Sie die Beschriftung dieses Diagrammtyps optimieren, bietet sich die Kombination des Kreisdiagramms mit einem Ringdiagramm an (Abbildung 16.71).

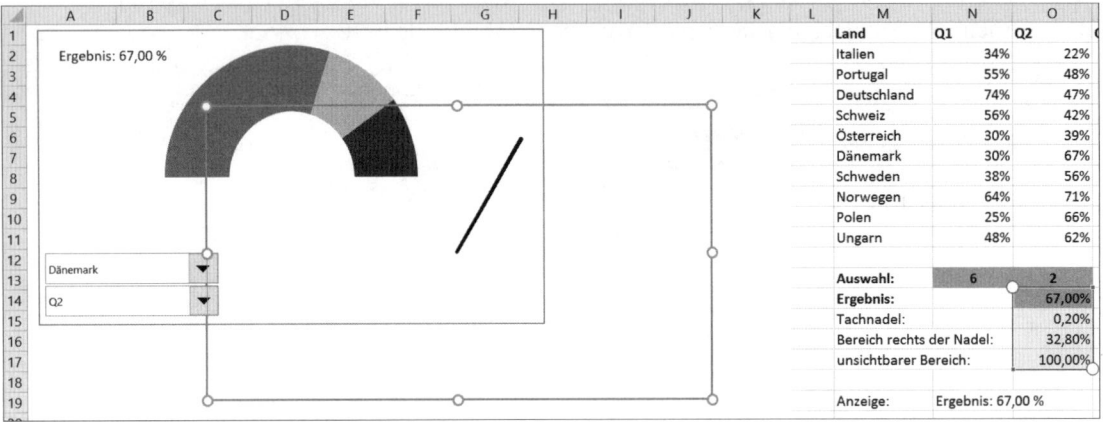

Abbildung 16.71 Tachometerdiagramm als Kombination aus Kreis- und Ringdiagramm

Das Kreisdiagramm stellt in dieser Kombination die Tachonadel zur Verfügung, während die Ampelformatierung von einem Ringdiagramm beigesteuert wird. Das Ergebnis sieht schließlich so aus, wie in Abbildung 16.72 dargestellt.

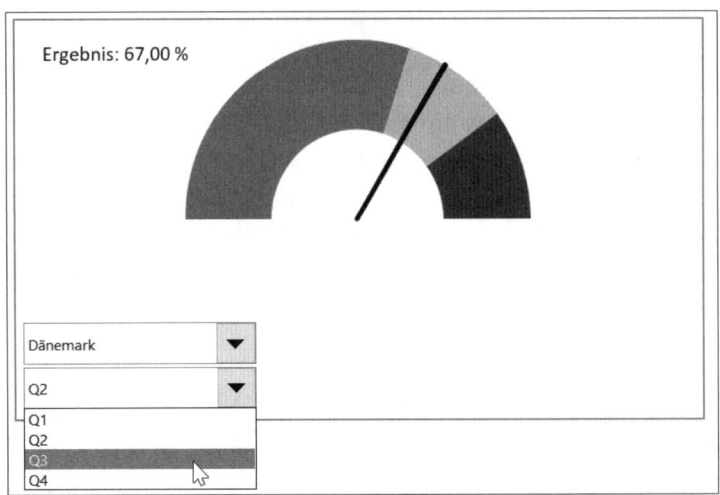

Abbildung 16.72 Nach dem Zusammenfügen der Diagramme

Erstellen der Datenbereiche für die Diagramme

Die Beispieldatei *16_spezielle_Diagramme_Tachometer_01.xlsx* zeigt die Bestandteile eines Tachometerdiagramms. Um ein solches Diagramm anzulegen, müssen Sie zunächst eine Tabelle erstellen, in der Sie die Wertevorgaben für die drei Diagramme erfassen, aus denen sich das Tachometerdiagramm zusammensetzt.

Dabei werden Sie verwenden:

▸ **Ringdiagramm für die Ampelformatierung**
Dieses Diagramm stellt den Hintergrund dar. Die Ampel enthält drei farbige Bereiche. Ein vierter Datenbereich ist der ausgeblendete untere halbe Ring des Diagramms. Die vier Werte, die das Diagramm definieren, finden Sie im Zellbereich T14 bis T17 des Tabellenblattes *Tacho*.

▸ **Kreisdiagramm**
Dieses Diagramm enthält vier Kreissegmente: die Tachonadel, je ein Segment links und rechts von der Nadel sowie einen ausgeblendeten Halbkreis unter der Tachonadel (Abbildung 16.73). Die vier Werte für das Kreisdiagramm befinden sich in den Zellen O14 bis O17.

Ergebnis:		**67,00%**		grün	60
Tachnadel:		0,20%		gelb	20
Bereich rechts der Nadel:		32,80%		rot	20
unsichtbarer Bereich:		100,00%		unsichtbar	100
Anzeige:	Ergebnis: 67,00 %				

Abbildung 16.73 Wertevorgabe für die Erstellung der Einzeldiagramme

Erstellen des ersten Ringdiagramms (Ampelformatierung)

Nachdem Sie die Wertebereiche erstellt haben, legen Sie das Ringdiagramm an, das als Hintergrund mit Ampelformatierung dienen soll:

1. Markieren Sie die Daten im Zellbereich T14 bis T17.

2. Rufen Sie die Funktion EINFÜGEN • DIAGRAMME • KREIS- ODER RINGDIAGRAMM EINFÜGEN • RING auf.

3. Drehen Sie das Ringdiagramm um 270 Grad, damit der auszublendende Halbkreis nach unten verschoben wird (DATENREIHENOPTIONEN • WINKEL DES ERSTEN SEGMENTS).

4. Ändern Sie in den REIHENOPTIONEN die INNENRINGGRÖSSE auf 50 %.

5. Weisen Sie nun den oberen drei Segmenten von links nach rechts die Farben Rot, Gelb und Grün zu (DATENREIHEN FORMATIEREN • FÜLLUNG UND LINIE • FÜLLUNG • EINFARBIGE FÜLLUNG).

6. Entfernen Sie beim unteren Segment sowohl die Füllung als auch den Rahmen (DATENREIHEN FORMATIEREN • FÜLLUNG UND LINIE • RAHMEN • RAHMENFARBE).

Erstellen des Kreisdiagramms (Tachonadel)

Da die Anzeige im Tachometer über zwei Kombinationsfelder gesteuert werden soll, ist der Wert für die Tachonadel Ergebnis einer Berechnung:

`=INDEX($N$2:$Q$11;LandAusgewählt_vZ;QuartalAusgewählt_vZ)`

Die beiden Kombinationsfelder schreiben jeweils einen Wert in die benannten Zellen `Land-Ausgewählt` und `QuartalAusgewählt`. Beide Werte dienen wiederum der Funktion `INDEX()`, um in der Matrix N2 bis Q11 einen Wert anzusteuern, der dann mit dem Tacho visualisiert wird.

Der eigentlich darzustellende Wert befindet sich in Zelle O14, alle anderen Werte dienen erneut der Erstellung der Kreissegmente.

Die Breite der Tachonadel – im Beispiel 0,2 % – geben Sie ebenso fest vor wie die Größe des unteren Kreissegments (100 %), das Sie später ausblenden werden (Abbildung 16.74). Das Segment rechts von der Tachonadel wird auf Basis einer Berechnung bestimmt, wie ich es in Kapitel 15, »Unternehmenssteuerung und Kennzahlen«, bereits kurz beschrieben habe. Bei dieser Berechnung werden vom oberen Halbkreis (100 %) die Werte des linken Kreissegments und der Tachonadel abgezogen (`=1-O14-O15`).

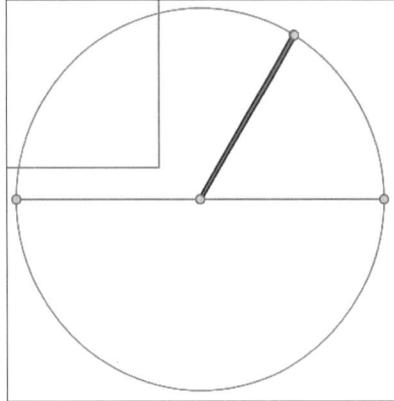

Abbildung 16.74 Nahezu alle Elemente bis auf die Tachonadel werden ausgeblendet.

Beginnen Sie damit, dass Sie mit `Strg` und linker Maustaste eine Kopie des ersten Ringdiagramms erstellen. Damit stellen Sie sicher, dass auch dieses Diagramm die gleiche Größe besitzt und sich später problemlos mit dem Ringdiagramm kombinieren lässt. Wandeln Sie das Diagramm danach in ein Kreisdiagramm um:

Wählen Sie das Diagramm aus, und klicken Sie auf DIAGRAMMTOOLS • ENTWURF • TYP • DIAGRAMMTYP ÄNDERN • KREIS.

Nun weisen Sie dem Kreisdiagramm den Zellbereich von O14 bis O17 als Datenbasis zu. Danach müssen Sie lediglich die Farbfüllung für die beiden Kreissegmente links und rechts von der Tachonadel entfernen.

Gestalten Sie die Tachonadel neu:

1. Klicken Sie das dünne Kreissegment an.

2. Wählen Sie DATENPUNKT FORMATIEREN aus dem Kontextmenü.

3. Wählen Sie unter FÜLLUNG UND LINIE • DATENREIHENOPTIONEN • FÜLLUNG eine EINFAR-BIGE FÜLLUNG, und weisen Sie dann eine dunkle Farbe zu, damit die Nadel besser sichtbar ist.

4. Erhöhen Sie gegebenenfalls unter RAHMENART und der Option BREITE die Punktezahl für den Rahmen dieses Kreissegments, um die Anzeige der Nadel weiter zu verbessern.

5. Deaktivieren Sie auch hier die FÜLLFARBE für den DIAGRAMMBEREICH, damit das untere Ringdiagramm sichtbar ist, wenn Sie später beide Diagramme übereinanderlegen.

Zwar lässt sich der Ergebniswert später an der Position der Nadel und der hinterlegten Werteskala recht genau ablesen, dennoch sollten Sie auch für das Kreisdiagramm die Werteanzeige aktivieren. Klicken Sie also die Tachonadel mit der rechten Maustaste an, und wählen Sie dann die Option DATENBESCHRIFTUNG HINZUFÜGEN. Ziehen Sie den Wert an eine geeignete Position, und deaktivieren Sie die Option FÜHRUNGSLINIEN ANZEIGEN.

Zusammenfügen der beiden Diagramme

Die fertigen Diagramme müssen Sie nun übereinanderlegen, um den gewünschten optischen Effekt zu erzielen. Prinzipiell müssen Sie die Objekte dazu lediglich mit der Maus an die richtige Stelle ziehen.

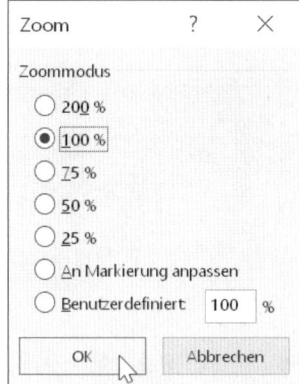

Abbildung 16.75 Anpassung des Zoomfaktors

Die Feinjustierung der Diagrammobjekte können Sie mit den Pfeiltasten vornehmen:

1. Erhöhen Sie gegebenenfalls den Zoomfaktor für das Tabellenblatt über ANSICHT • ZOOM • ZOOM. Geben Sie unter BENUTZERDEFINIERT einen individuellen Faktor ein, z. B. 300 % (Abbildung 16.75).

2. Klicken Sie auf das Ringdiagramm.

3. Klicken Sie mit gedrückter Taste $\boxed{\text{Strg}}$ ein zweites Mal auf den Rahmen dieses Diagramms.

4. Sobald die Markierungspunkte an den Ecken angezeigt werden, verschieben Sie das Diagramm mit $\boxed{\text{Strg}}$ und den vier Pfeiltasten an die gewünschte Position (Abbildung 16.76).

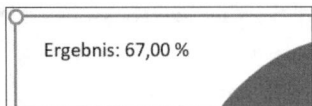

Abbildung 16.76 Durch die Erhöhung des Zoomfaktors und mit den Pfeiltasten lässt sich die Diagrammposition gut justieren.

16.14.2   Thermometerdiagramm

Auch die Vorgehensweise zum Erstellen eines Thermometerdiagramms habe ich bereits in Kapitel 15, »Unternehmenssteuerung und Kennzahlen«, beschrieben. Deshalb sei an dieser Stelle das Verfahren nur in aller Kürze skizziert.

Das hier gezeigte Beispiel ist in der Datei *16_spezielle_Diagramme_Thermometer_01.xlsx* abgebildet. Im Tabellenblatt *Thermometerdiagramm* befinden sich in den Zellen B2 und B3 die Daten für dieses Diagramm.

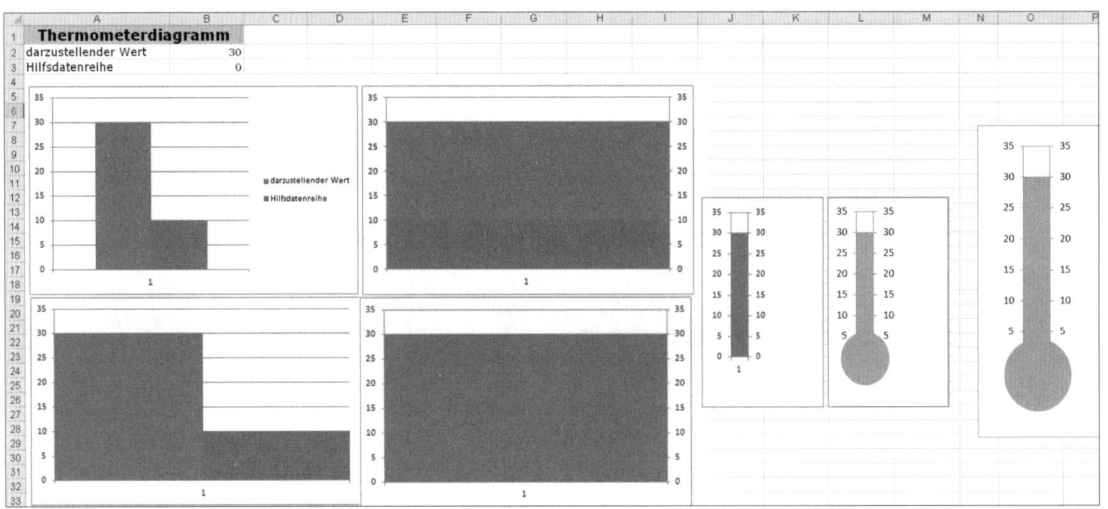

Abbildung 16.77 Arbeitsschritte zum Erstellen eines Thermometerdiagramms

Führen Sie folgende Arbeitsschritte aus:

1. Erstellen Sie ein Säulendiagramm (Einfügen • Diagramme • Säulen- oder Balkendiagramm einfügen) aus den Werten der Zellen B2 und B3 (Abbildung 16.77).

2. Löschen Sie die Legende.

3. Setzen Sie den Wert für die ABSTANDSBREITE auf 0.

4. Legen Sie den Wert der Hilfsdatenreihe auf die SEKUNDÄRACHSE.

5. Stimmen Sie die Skalierungen der primären und sekundären Größenachsen aufeinander ab.

6. Setzen Sie den Wert der Hilfsdatenreihe in Zelle B3 auf 0.

7. Ziehen Sie die ZEICHNUNGSFLÄCHE des Diagramms mithilfe der Maus schmaler.

8. Zeichnen Sie einen Kreis, und positionieren Sie ihn am unteren Ende der Säule.

9. Gruppieren Sie den Kreis und das Säulendiagramm.

16.14.3   Wasserfalldiagramm

Das Wasserfalldiagramm ist – wie bereits weiter oben beschrieben – seit Excel 2016 als Diagrammtyp verfügbar. Benutzer früherer Versionen müssen sich noch eines *Workarounds*, einer Abwandlung des Stapelsäulendiagramms, bedienen. Auch dieses modifizierte Diagramm zeigt – von links nach rechts gelesen – einen Startwert, gefolgt von einer Reihe an Ein- bzw. Auszahlungen, um schließlich zur Anzeige des erreichten Endwertes zu gelangen.

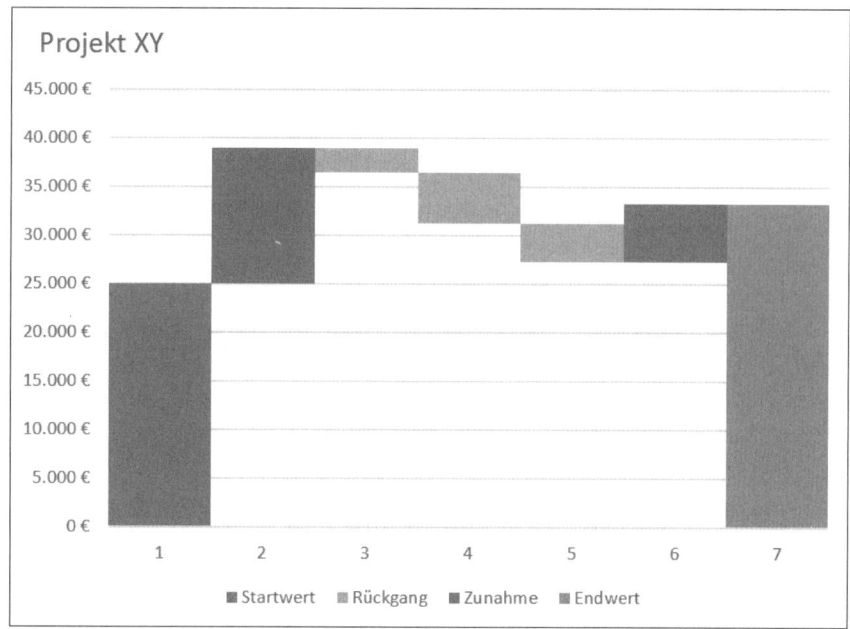

Abbildung 16.78 Wasserfalldiagramm für Excel 2013 und frühere Versionen als Abwandlung eines Säulendiagramms

Anordnung der Datenreihen

Entscheidend für das Gelingen des Wasserfalldiagramms ist die richtige Anordnung der Datenreihen. Im Diagramm sind sichtbar (Abbildung 16.78):

- Start- und Endwert

- Einzahlungen und Auszahlungen

Neben diesen im Diagramm sichtbaren Datenreihen müssen Sie jedoch im Tabellenblatt eine weitere Datenreihe anlegen. Da eine Ein- oder Auszahlung stets an das zuvor erreichte Niveau anknüpft, dient diese Datenreihe lediglich dazu, aus den vorangegangenen Werten das aktuelle Niveau zu berechnen. In der Arbeitsmappe *16_spezielle_Diagramme_Wasserfall_01.xlsx* findet die Berechnung dieser Hilfsdatenreihe in Zelle C5 statt: =C4+E4-D5. Auf das Niveau des Startwertes (C4) wird zunächst der letzte Zuwachs (+E4) übertragen. Anschließend wird der Wert für den aktuellen Rückgang abgezogen (-D5). Die einmal definierte Formel wird daraufhin nach unten kopiert (Abbildung 16.79).

	Startwert	Ausblenden	Rückgang	Zunahme	Endwert
Startwert	25.000 €				
Phase 1		25.000 €		14.000 €	
Phase 2		36.500 €	2.500 €		
Phase 3		31.300 €	5.200 €		
Phase 4		27.300 €	4.000 €		
Phase 5		27.300 €		6.000 €	
Endwert					33.300 €

Abbildung 16.79 Datentabelle mit Hilfsdatenreihe (»Ausblenden«)

Die beiden Spalten RÜCKGANG und ZUNAHME in der Beispieldatei sind reine Eingabespalten, in denen die jeweiligen Werte erfasst werden. Dies gilt auch für den STARTWERT. Der ENDWERT in Zelle F9 ist wiederum das Resultat einer einfachen Berechnung (=C8+E8+B8-E9).

Definition des Wasserfalldiagramms

Um das Diagramm aus den vorgegebenen Werten zu erstellen, markieren Sie den Zellbereich von B2 bis F9. Anschließend wählen Sie EINFÜGEN • DIAGRAMME • SÄULENDIAGRAMM EINFÜGEN • 2D-SÄULEN • GESTAPELTE SÄULEN. Die weiteren Anpassungen bei diesem Diagrammtyp sehen folgendermaßen aus:

1. Deaktivieren Sie für die Hilfsdatenreihe (AUSBLENDEN) sowohl die FÜLLFARBE als auch die RAHMENFARBE.

2. Klicken Sie die Legende an und dann in der Legende nochmals die Datenreihe AUSBLENDEN, und entfernen Sie diese Datenreihe mit ⟨Entf⟩.

3. Verringern Sie die Abstandsbreite der Säulen im Menü DATENREIHEN FORMATIEREN auf 0.

16.14.4 Tornadodiagramm

Das Tornadodiagramm ist eine Abwandlung des Balkendiagramms. Es wird häufig bei der Darstellung der Ergebnisse von Sensitivitäts- oder demografischen Marktanalysen eingesetzt. Das in Abbildung 16.80 gezeigte Anwendungsbeispiel bezieht sich auf die Arbeitsmappe *16_spezielle_Diagramme_Tornado_01.xlsx*. In dem Diagramm werden Einkommensklassen ausgewertet. Die Ergebnisse beziehen sich auf zwei Märkte. Dadurch ist es notwendig, zwei separate Balken zu verwenden, deren Werte nicht notwendigerweise addiert werden sollen.

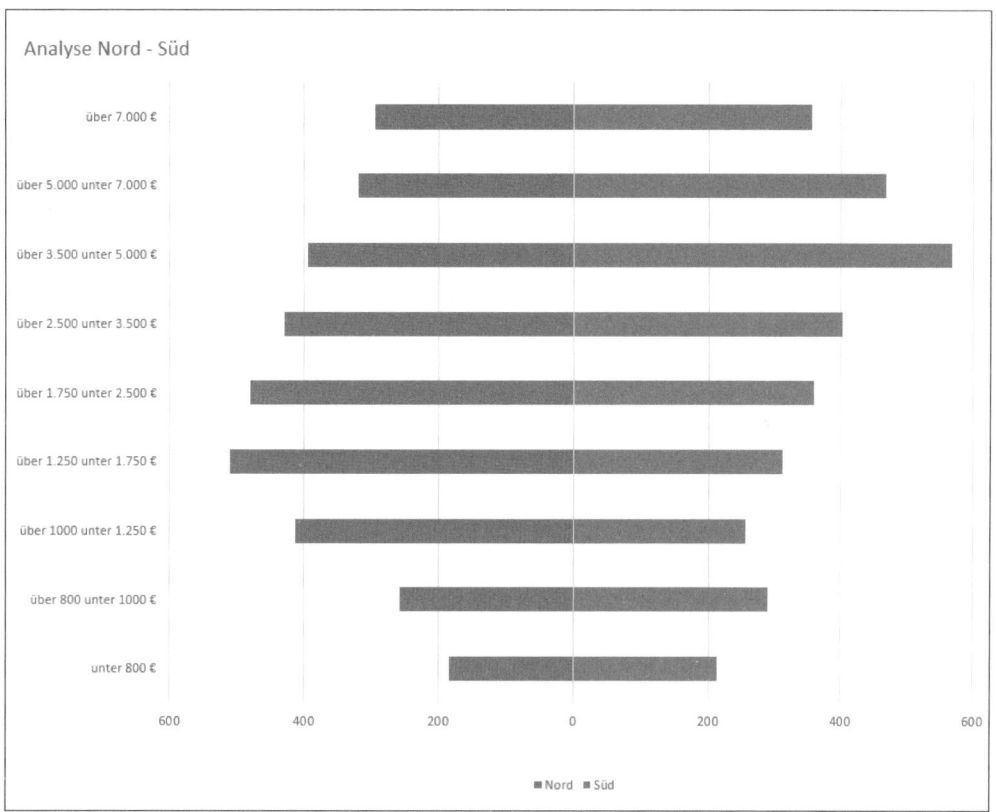

Abbildung 16.80 Tornadodiagramm

Die eigentliche Problematik besteht zunächst darin, dass die Säulen zwar links und rechts einer zentrierten Größenachse gezeichnet werden sollen, die dargestellten Werte auf beiden Seiten allerdings positiv sein müssen. Die Lösung besteht darin, eine der beiden verwendeten Datenreihen mit einem negativen Vorzeichen zu versehen und dieses Minuszeichen im Diagramm durch die Anpassung der Zeichenformatierung der horizontalen Achse zu verbergen.

In der Beispieldatei enthält der Zellbereich A2 bis C11 sämtliche Werte und Beschriftungsinformationen. Die Daten für die Region *Nord* in Spalte C enthalten die notwendigen Minuszeichen (Abbildung 16.81). Im Beispiel ist das Vorzeichen manuell erfasst worden. Bei umfangreicheren Datenreihen empfiehlt es sich selbstverständlich, die negativen Werte durch eine Multiplikation der Originalwerte mit –1 zu erzeugen.

	A	B	C
1	**Tornadodiagramm**		
2	Einkommensgruppe	Süd	Nord
3	unter 800 €	214	-184
4	über 800 unter 1000 €	290	-257
5	über 1000 unter 1.250 €	256	-413
6	über 1.250 unter 1.750 €	311	-509
7	über 1.750 unter 2.500 €	358	-480
8	über 2.500 unter 3.500 €	402	-430
9	über 3.500 unter 5.000 €	567	-395
10	über 5.000 unter 7.000 €	467	-320
11	über 7.000 €	356	-294

Abbildung 16.81 Datenreihen zur Erstellung des Tornadodiagramms

Definition des Tornadodiagramms

Durch das Markieren des Zellbereichs von A2 bis C11 schaffen Sie die Voraussetzung, um das Tornadodiagramm zu definieren. Dazu fügen Sie über EINFÜGEN • DIAGRAMME • BALKEN-DIAGRAMM EINFÜGEN • 2D-BALKEN • GRUPPIERTE BALKEN zunächst ein Balkendiagramm in das Tabellenblatt ein. Dieses bildet die Grundlage für die anschließenden Überarbeitungen:

1. Starten Sie die Funktion DATENREIHEN FORMATIEREN, und setzen Sie den Wert für die REIHENACHSENÜBERLAPPUNG der Balken im Menübereich REIHENOPTIONEN auf 100 %. Die Balken sind danach auf den beiden Seiten der Größenachse genau gegenüber angeordnet.

2. Öffnen Sie die Dialogbox zur Formatierung der Größenachse (ACHSE FORMATIEREN). Ändern Sie die Anordnung der Achsenbeschriftung innerhalb von ACHSENOPTIONEN • BESCHRIFTUNGEN von ACHSENNAH auf NIEDRIG. Dadurch werden die Einkommensklassen als Beschriftung an den linken Rand des Diagramms bewegt.

3. Im gleichen Menübereich setzen Sie die Option HAUPTSTRICHTYP gegebenenfalls auf KEINE.

4. Öffnen Sie abschließend die Dialogbox ACHSE FORMATIEREN, dieses Mal allerdings für die horizontale Größenachse. Im Menübereich ACHSENOPTIONEN • ACHSENOPTIONEN • ZAHL aktivieren Sie die Kategorie BENUTZERDEFINIERT. Geben Sie unter FORMATCODE die Vorgabe 0;0 ein, und klicken Sie dann auf HINZUFÜGEN. Die Einstellung bewirkt, dass sowohl positive als auch negative Werte ohne Vorzeichen angezeigt werden. Das Minuszeichen der zweiten Datenreihe im Tabellenblatt bleibt auf diese Weise im Diagramm unsichtbar.

5. Setzen Sie abschließend den MINIMALWERT auf –800 und den MAXIMALWERT auf 800.

6. Nachdem Sie das Tornadodiagramm fertiggestellt haben, ist es durchaus ratsam, daraus eine Diagrammvorlage für die erneute Nutzung zu erstellen. Dazu klicken Sie mit der rechten Maustaste auf das Diagramm und wählen aus dem Kontextmenü DIAGRAMM-TOOLS • ENTWURF • ALS VORLAGE SPEICHERN.

16.14.5 Gantt-Diagramm

Auch das Gantt-Diagramm beruht auf der Abwandlung eines Balkendiagramms. Es verwendet allerdings frei schwebende Balken, während die Balken im Standarddiagramm an der y-Achse fest verankert sind (Abbildung 16.82).

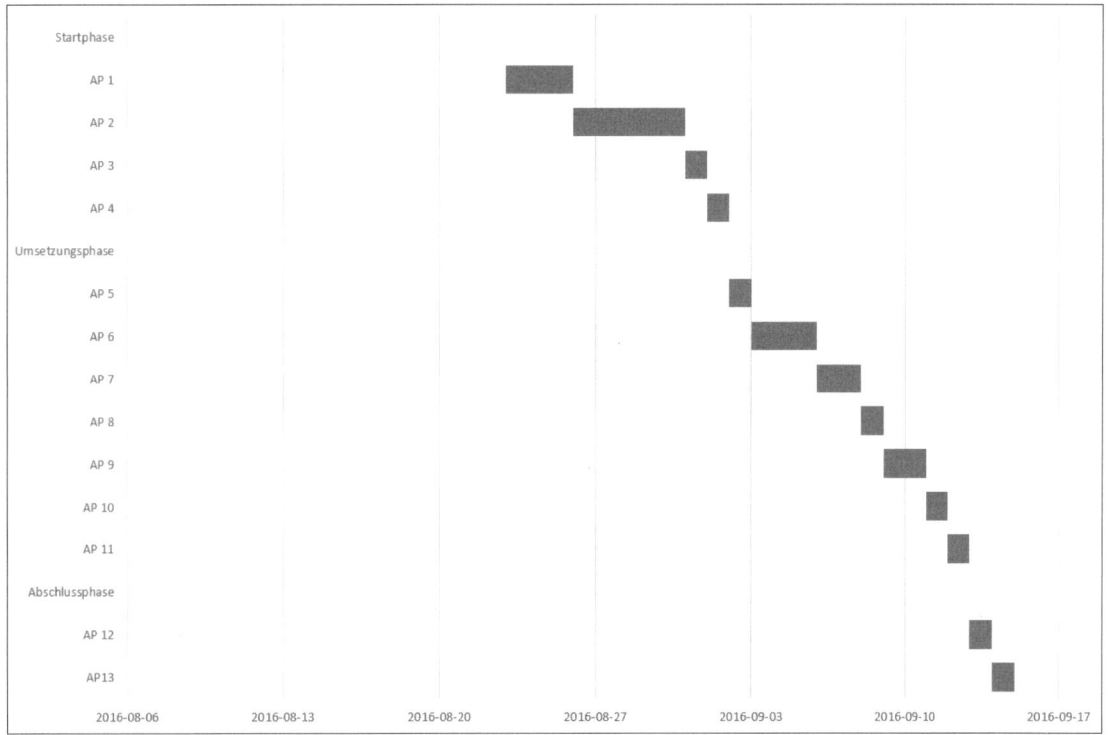

Abbildung 16.82 Gantt-Diagramme veranschaulichen Dauer und Abfolge von Arbeitspaketen in einem Projekt.

Gantt-Diagramme werden häufig eingesetzt, um die Abfolge und die Dauer von Arbeitspaketen in Projekten zu veranschaulichen. Der Effekt der frei schwebenden Balken wird dadurch erzeugt, dass die Datumswerte für den Start der einzelnen Arbeitspakete als Datenreihe in das Diagramm übernommen werden. Auf diese unterschiedlich langen Balken wird dann die Dauer der Vorgänge »gestapelt«. Danach wird die Datumsdatenreihe ausgeblendet, und der Effekt der frei schwebenden, aber aneinander anknüpfenden Vorgangsbalken entsteht.

Anordnung der Datenreihen im Tabellenblatt

Der Aufbau der Tabelle besteht neben der Beschriftung in Spalte A aus zwei Eingabebereichen und einer berechneten Spalte. In Spalte B erfassen Sie das Startdatum für jeden einzelnen Vorgang, in Spalte C tragen Sie die jeweilige Dauer des Arbeitspakets ein (Abbildung 16.83). Die Berechnung in Spalte D wird mit der Formel =B4+C4 durchgeführt. Der Endtermin dient lediglich der Übersichtlichkeit in der Tabelle. Er wird für die Erstellung des Diagramms nicht zwingend benötigt.

	A	B	C	D
1	**Gantt-Diagramm**			
2	**Bezeichnung**	**Anfang**	**Dauer**	**Ende**
3	**Startphase**			
4	AP 1	2016-08-23	3,00	2016-08-26
5	AP 2	2016-08-26	5,00	2016-08-31
6	AP 3	2016-08-31	1,00	2016-09-01
7	AP 4	2016-09-01	1,00	2016-09-02
8	**Umsetzungsphase**			
9	AP 5	2016-09-02	1,00	2016-09-03
10	AP 6	2016-09-03	3,00	2016-09-06
11	AP 7	2016-09-06	2,00	2016-09-08
12	AP 8	2016-09-08	1,00	2016-09-09
13	AP 9	2016-09-09	2,00	2016-09-11
14	AP 10	2016-09-11	1,00	2016-09-12
15	AP 11	2016-09-12	1,00	2016-09-13
16	**Abschlussphase**			
17	AP 12	2016-09-13	1,00	2016-09-14
18	AP13	2016-09-14	1,00	2016-09-15

Abbildung 16.83 Basisdaten des Gantt-Diagramms

Erstellen des Gantt-Diagramms

Beginnen Sie damit, dass Sie den Datenbereich B2 bis B18 markieren und dann EINFÜGEN • DIAGRAMME • BALKENDIAGRAMM EINFÜGEN • 2D-BALKEN • GESTAPELTE BALKEN wählen. Sie erhalten dadurch ein Stapelbalkendiagramm mit nur einer einzigen Datenreihe.

Rufen Sie danach die Funktion DIAGRAMMTOOLS • ENTWURF • DATEN • DATEN AUSWÄHLEN auf. Klicken Sie auf HINZUFÜGEN, und weisen Sie im Eingabefeld REIHENWERTE den Datenbereich C4 bis C18, also die Dauer der Arbeitspakete, zu. Die Werte dieser Datenreihe werden nun im Diagramm rechts auf die Datumswerte »gestapelt«.

Ergänzen Sie den Bereich von A4 bis A18 als Beschriftung der Rubrikenachse.

Drehen Sie die Anordnung der Datenreihen, indem Sie unter ACHSE FORMATIEREN • ACHSENOPTIONEN die Option KATEGORIEN IN UMGEKEHRTER REIHENFOLGE aktivieren und unter HORIZONTALE ACHSE SCHNEIDET die Option BEI GRÖSSTER RUBRIK einschalten.

Nun können Sie die Dialogbox DATENREIHEN FORMATIEREN für die erste der beiden Datenreihen aufrufen. Die FÜLLUNG setzen Sie für diese Datenreihe auf KEINE FÜLLUNG. Und auch die RAHMENFARBE setzen Sie auf KEINE LINIE.

Abschließend wenden Sie sich den Intervallen auf der horizontalen Achse zu. Aktivieren Sie die Funktion Achse formatieren, und wählen Sie ein der Projektdauer angemessenes Hauptintervall. Dazu aktivieren Sie das Optionsfeld Fest. In der Beispieldatei verwende ich den Intervallwert 7.

16.15   Spezielle Formatierungen im Diagramm

Das Diagrammmodul in Excel wurde bereits in den Versionen 2007 und 2010 vollständig überarbeitet. Neben der Entwicklung einer völlig neuen Benutzeroberfläche und Bedienungslogik wurde ein besonderer Wert auf zahlreiche neue Formatierungsmöglichkeiten gelegt. Das Spektrum reicht hier von der Auswahl aus mehreren Millionen Farben für Füllungen und Umrahmungen über zahlreiche 3D-Effekte bis hin zu Oberflächenstrukturen.

Man mag zu diesen Errungenschaften stehen, wie man will. Klar ist, dass es einige in der Praxis häufig gewünschte Formatierungsfunktionen standardmäßig in Excel immer noch nicht gibt. Dazu gehören bedingte Formatierungen von Datenreihen und auch die werteabhängige Kennzeichnung von Datenpunkten. Um solche dynamischen Formatierungen in Diagramme einzubinden, bedarf es einmal mehr einiger spezieller Kniffe, die ich in den beiden folgenden Beispielen beschreiben werde.

16.15.1   Werteabhängige Formatierung:
Kennzeichnung von Maximal- und Minimalwert

Sie kennen diese Situation: Eine oder mehrere Datenreihen enthalten Werte, die in einem verhältnismäßig schmalen Datenbereich liegen. Das Auf und Ab des Verlaufs ist zwar erkennbar, doch welches ist der Höchst- und welches der Tiefstwert in der Datenreihe? Um den Betrachtern Ihres Diagramms den Überblick zu erleichtern, beschließen Sie, die beiden Werte zu kennzeichnen.

Kein Problem! Einen Pfeil oder ein anderes Symbol haben Sie zur Kennzeichnung schnell hinzugefügt. Doch was, wenn sich Ihre Datenbasis ändert? Sie werden die Minimal- und Maximalwerte erneut kennzeichnen müssen. Möchten Sie diese zukünftige Mehrarbeit verhindern oder enthält Ihr Diagramm Steuerelemente, mit denen Sie den Diagramminhalt flexibel bestimmen können, müssen Sie einmal mehr Scheindatenreihen einsetzen, um Höchst- und Tiefstwerte zu markieren. Diese zusätzlichen Datenreihen werden so eingesetzt, dass sie die Reihe der Originaldaten überlagern.

Kombiniert mit einem von Ihnen zu bestimmenden Symbol werden dann die Tiefst- und Höchstwerte im Diagramm dynamisch gekennzeichnet (Abbildung 16.84).

16

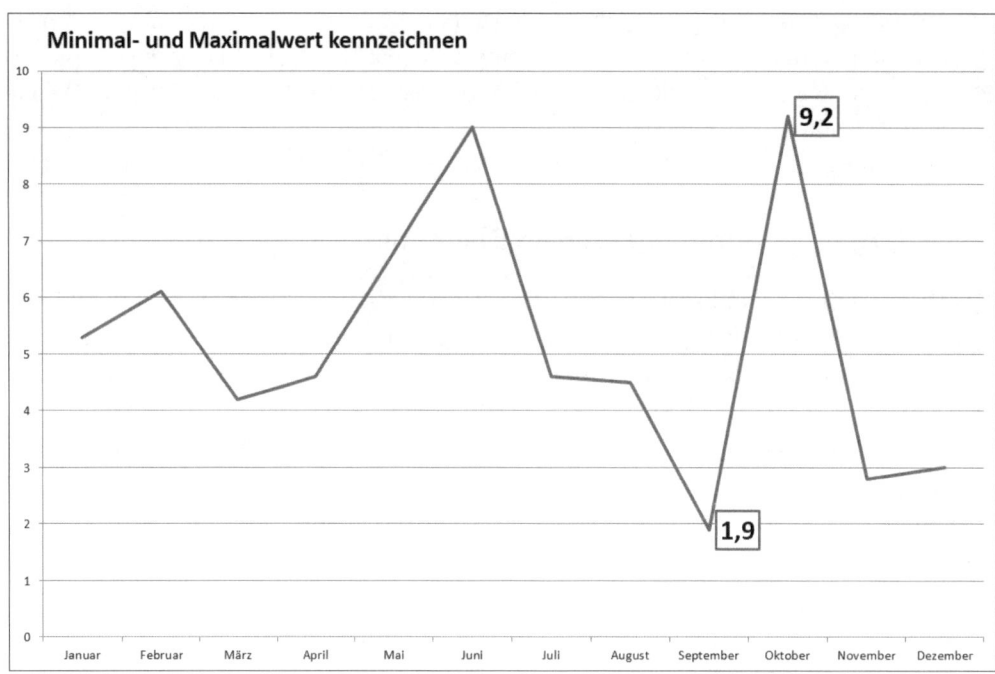

Abbildung 16.84 Automatische Kennzeichnung des Minimal- und Maximalwertes

Aufbau der Datentabelle

In der Arbeitsmappe *16_spezielle_Formatierung_Min_Max_01.xlsx* besteht die Datenbasis ursprünglich nur aus einer Datenreihe in Spalte B des Tabellenblattes *Daten*. Der erste Schritt zur Erstellung einer dynamischen Kennzeichnung des Minimal- und Maximalwertes besteht darin, diese beiden Werte in zwei zusätzlichen Datenreihen zu isolieren. Dies ist mit den Funktionen MIN() und MAX() sehr einfach.

Die Funktion =WENN(B3=MAX($B$3:$B$14);B3;#NV) setzen Sie in Zelle C3 ein. Damit erreichen Sie, dass ein Wert nur dann angezeigt wird, wenn er der Höchstwert im Datenbereich B3 bis B14 ist. Sollte dies hingegen nicht zutreffen, wird stattdessen ein #NV ausgegeben. Der Fehlerwert #NV muss an dieser Stelle statt O oder einer Leerstelle verwendet werden, da diese Werte in Liniendiagrammen gezeichnet werden, während Zellen, die #NV enthalten, beim Zeichnen des Diagramms ignoriert werden. Sie erreichen auf diese Weise also, dass aus der gesamten Datenreihe lediglich ein Datenpunkt erhalten bleibt und somit die im Liniendiagramm gezeichnete Linie nur einen einzigen Punkt enthält.

Mit der zweiten Hilfsdatenreihe in Spalte D gehen Sie analog vor. Hier setzen Sie die abgewandelte Funktion =WENN(B3=MIN($B$3:$B$14);B3;#NV) ein. Das Resultat der Zwischenrechnungen sind zwei Datenreihen, in denen die Anzeige der #NV-Werte lediglich von jeweils einem Tiefst- und Höchstwert unterbrochen wird (Abbildung 16.85). Ist dies auch tatsächlich die perfekte Grundlage für eine dynamische Kennzeichnung? Sie sollten durch die Eingabe eines geänderten Minimal- und/oder Maximalwertes testen, ob sich die Werteanzeige in den Spalten C und D auch wirklich automatisch ändert. Wenn dem so ist, können Sie zum nächsten Arbeitsschritt übergehen.

⊿	A	B	C	D
1	**Minimal-/Maximalwert kennzeichnen**			
2	**Kunde**	**Werte**	**Max**	**Min**
3	Januar	5,3	#NV	#NV
4	Februar	6,1	#NV	#NV
5	März	4,2	#NV	#NV
6	April	4,6	#NV	#NV
7	Mai	6,8	#NV	#NV
8	Juni	9	#NV	#NV
9	Juli	4,6	#NV	#NV
10	August	4,5	#NV	#NV
11	September	1,9	#NV	1,9
12	Oktober	9,2	9,2	#NV
13	November	2,8	#NV	#NV
14	Dezember	3	#NV	#NV

Abbildung 16.85 Für die Kennzeichnung werden zwei Hilfsdatenreihen gebildet.

Festlegung eines Symbols für die Kennzeichnung der Datenpunkte

Für die Gestaltung der Markierung des Minimal- und Maximalwertes existieren diverse Alternativen, beispielsweise:

- Anzeige einer Datenpunktmarkierung, z. B. eines Punktes oder Quadrats, in den Hilfsdatenreihen, während Sie bei der Hauptdatenreihe auf alle Markierungen verzichten

- Anzeige einer Datenbeschriftung für beide Hilfsdatenreihen und Verzicht auf solche Beschriftungen in der Hauptdatenreihe

- Auswahl zweier grafischer Symbole, die als AutoForm gezeichnet und anschließend den Hilfsdatenreihen hinzugefügt werden

Für welche Alternative Sie sich entscheiden, ist letztlich wohl Geschmacksache. Die Verwendung einer AutoForm stellt allerdings einen geringfügig höheren Arbeitsaufwand dar als die beiden ersten Verfahren zur Kennzeichnung.

Praktische Umsetzung der Kennzeichnungsalternativen

Die Umsetzung aller Formen der Kennzeichnung beginnt zunächst damit, ein Liniendiagramm aus den drei Datenreihen im Tabellenblatt *Daten* zu erstellen. Markieren Sie dazu den Zellbereich von A2 bis D14, und führen Sie die Funktion EINFÜGEN • DIAGRAMME • LINIENDIAGRAMM EINFÜGEN • 2D-LINIE • GESTAPELTE LINIE aus. Sie erhalten ein Liniendiagramm ohne Datenpunkte. Von den drei Datenreihen sind allerdings die beiden Hilfsdatenreihen, die jeweils nur einen Datenpunkt aufweisen, nicht sichtbar.

Verwendung einer Datenpunktmarkierung zur Kennzeichnung

Wenn Sie die Tiefst- und Höchstwerte lediglich durch eine Markierung des Datenpunktes erreichen möchten, gehen Sie folgendermaßen vor (Abbildung 16.86):

1. Markieren Sie das Liniendiagramm.

2. Wählen Sie Diagrammtools • Format • Aktuelle Auswahl • Reihen "Min" • Auswahl formatieren aus.

3. Wechseln Sie in das Register Füllung und Linie • Markierung • Markierungsoptionen, und schalten Sie dort die Option Integriert ein.

4. Wählen Sie unter Typ eine Grundform für die Markierung aus, und stellen Sie ihre Grösse
   nach Ihren Vorstellungen ein.

5. Legen Sie die Farbe für Füllung und Rahmen fest.

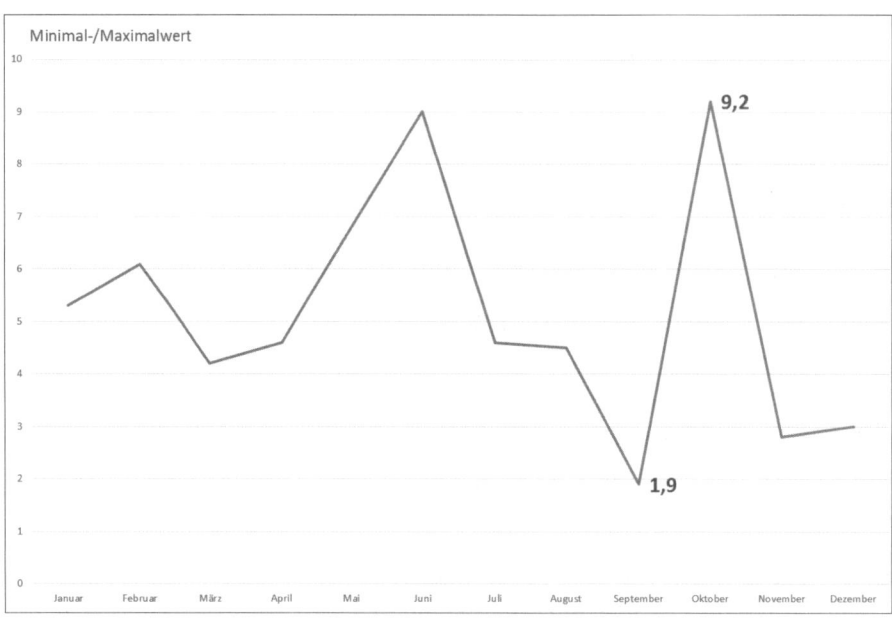

Abbildung 16.86 Dynamische Datenpunktmarkierung – hier mit Werteanzeige

Wiederholen Sie die einzelnen Schritte, um auch für die Datenreihe Max eine Datenpunktmarkierung zu aktivieren. Ändern Sie, nachdem Sie beide dynamische Markierungen definiert haben, nochmals Ihre Datenbasis, um zu überprüfen, ob die Aktualisierung im Diagramm auch funktioniert.

Verwendung der Datenbeschriftung als Markierung

Eine zusätzliche Information können Sie dem Betrachter im Zuge der dynamischen Kennzeichnung des Höchst- und Tiefstwertes liefern, wenn Sie statt der Datenpunktmarkierung –
oder auch ergänzend dazu – die Anzeige der Datenbeschriftung aktivieren.

Wählen Sie dazu die Datenreihe MIN aus, und klicken Sie dann mit der rechten Maustaste auf den markierten Datenpunkt. Aus dem Kontextmenü führen Sie die Option DATENBE-SCHRIFTUNGEN HINZUFÜGEN aus. Damit erhalten Sie die einfache Anzeige des Wertes, der dem Datenpunkt im Diagramm entspricht. Wiederholen Sie die einzelnen Arbeitsschritte auch für die Datenreihe MAX.

Die Formatierung der Datenbeschriftung können Sie unter anderem in dieser Weise verbessern:

1. Markieren Sie die DATENBESCHRIFTUNG.

2. Wählen Sie DIAGRAMMTOOLS • FORMAT • FORMENARTEN, und ordnen Sie eine Vorlage für die Umrahmung des Wertes zu.

3. Ändern Sie über START • SCHRIFTART die Schriftgröße der Beschriftung, und schalten Sie den Fettdruck ein, oder führen Sie die Änderungen mithilfe der Minisymbolleiste im Kontextmenü aus.

Verwendung von AutoFormen als Markierung

Im Gegensatz zu den beiden zuvor beschriebenen Verfahren erfordert die Markierung mithilfe einer AutoForm einen gewissen Grad an Vorbereitung. Die AutoForm muss zunächst gezeichnet und formatiert werden; erst danach können Sie sie in das Diagramm einfügen.

Im Tabellenblatt *Daten* der Beispieldatei *16_spezielle_Formatierung_Min_Max_01.xlsx* befinden sich bereits zwei gezeichnete AutoFormen, die Sie für die Kennzeichnung des Minimal- und Maximalwertes einsetzen können (Abbildung 16.87). Die beiden Formen wurden über EINFÜGEN • ILLUSTRATIONEN • FORMEN • BLOCKPFEILE gezeichnet.

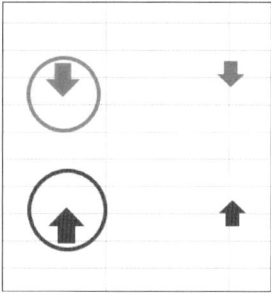

Abbildung 16.87 Gezeichnete AutoFormen als Mittel zur Datenkennzeichnung

Verwenden Sie eine AutoForm zur Kennzeichnung, überlagert sie Teile der Datenreihe. Um dies zu verhindern, schaffen Sie zwischen dem Datenpunkt und der AutoForm einen Abstand. Dies gelingt Ihnen, indem Sie eine zweite AutoForm als Separator benutzen, etwa eine Linie oder einen Kreis.

16

Nachdem Sie den Separator gezeichnet haben, blenden Sie seine Füllfarbe und seinen Rahmen aus. Anschließend gruppieren Sie den Separator und das eigentliche Kennzeichnungsobjekt. Dann fügen Sie die gruppierte Form der Datenreihe zu:

1. Markieren Sie die gruppierte AutoForm.

2. Kopieren Sie die AutoForm mit ⌊Strg⌋ + ⌊C⌋ in die Zwischenablage.

3. Markieren Sie dann die Datenreihe im Diagramm.

4. Fügen Sie die AutoForm mit ⌊Strg⌋ + ⌊V⌋ in das Diagramm ein.

Wiederholen Sie den Vorgang für die zweite Datenreihe, und prüfen Sie anschließend durch Änderung der Werte in der Originaldatenreihe, ob die Darstellung im Diagramm aktualisiert wird.

16.15.2   Bedingte Formatierung von Datenpunkten

Die bedingte Formatierung eines Datenpunktes, wie ich sie auf den vorangegangenen Seiten beschrieben habe, empfiehlt sich bei der Verwendung von Liniendiagrammen. Handelt es sich jedoch um Säulen- oder Balkendiagramme, wünscht man sich bei der Kennzeichnung zumeist nicht nur eine auffällige Beschriftung, sondern gleich die farblich eindeutige Hervorhebung der betreffenden Säulen oder Balken (Abbildung 16.88).

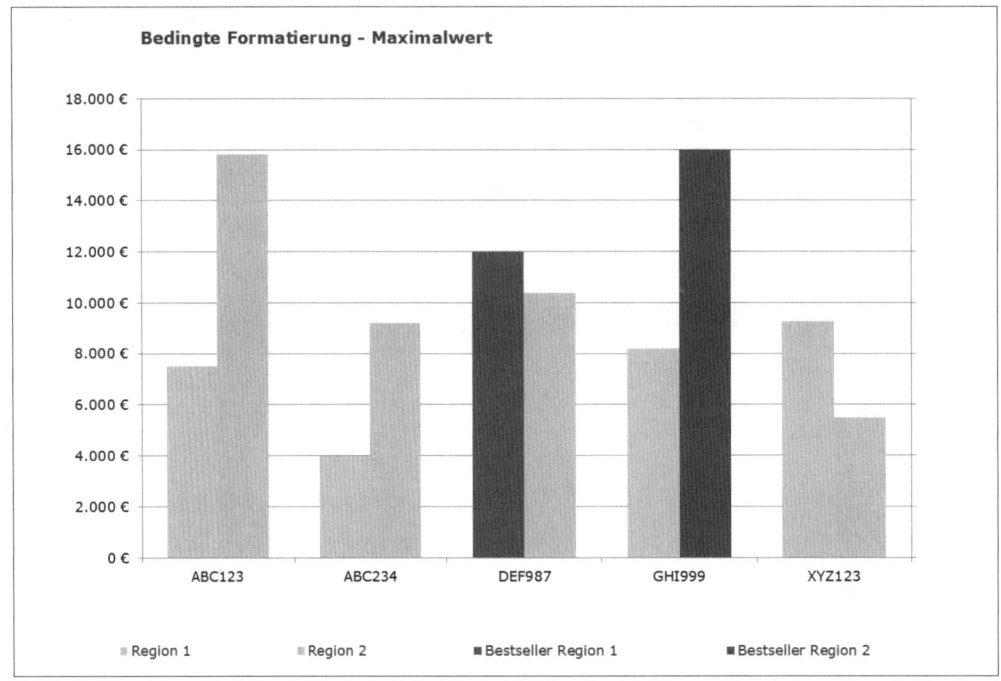

Abbildung 16.88 Bedingte Formatierung im Säulendiagramm

Ist die Zielrichtung auch eine geringfügig andere, bleibt die Herangehensweise an die Problematik der bedingten Formatierung im Diagramm doch identisch. Sie müssen auch in diesem Fall zusätzliche Datenreihen schaffen, um die werteabhängige Formatierung der Datenpunkte zu realisieren.

Ein Unterschied besteht schließlich in der Übertragung der Informationen aus den Hilfsdatenreihen in das Diagramm. Geschieht dies bei Liniendiagrammen durch die automatische Überlagerung mehrerer Datenreihen, müssen Sie bei Säulen- oder Balkendiagrammen diese Überlagerung ausdrücklich definieren, indem Sie die Datenreihe der Sekundärachse des Diagramms zuordnen.

Aufbau der Datentabelle

Die Datei *16_spezielle_Formatierung_bedingte_01.xlsx* zeigt eine einfache Datentabelle, in der sich die beiden Originaldatenreihen in den Spalten B und C befinden. Diese beiden Spalten deuten indirekt auch an, worum es bei der Diagrammkonfiguration gehen wird: Sie verfügen über eine bedingte Formatierung, bei der die höchsten Werte der Datenreihen jeweils mit Fettdruck und der Schriftfarbe Rot hervorgehoben werden (Abbildung 16.89).

	A	B	C	D	E
1	**Bedingte Formatierung - Maximalwert**				
2	**Artikel**	**Region 1**	**Region 2**	**Bestseller Region 1**	**Bestseller Region 2**
3	ABC123	7.500 €	15.800 €	0 €	0 €
4	ABC234	4.000 €	9.200 €	0 €	0 €
5	DEF987	**12.000 €**	10.400 €	12.000 €	0 €
6	GHI999	8.200 €	**16.000 €**	0 €	16.000 €
7	XYZ123	9.250 €	5.500 €	0 €	0 €

Abbildung 16.89 Basisdatentabelle mit bedingter Formatierung

Im Tabellenbereich erhalten Sie eine solche flexible Gestaltung der Werte, indem Sie

1. den Zellbereich B3 bis B7 markieren,

2. die Funktion START • BEDINGTE FORMATIERUNG • NEUE REGEL starten,

3. dann unter REGELTYP AUSWÄHLEN die Option NUR OBERE ODER UNTERE WERTE FORMATIEREN aktivieren und

4. schließlich für die Option REGELBESCHREIBUNG BEARBEITEN den Wert »1« eingeben bzw. über die Schaltfläche FORMATIEREN die gewünschte Zeichengestaltung für den höchsten Wert definieren (Abbildung 16.90) und

5. anschließend die Schritte wiederholen, um auch die Formatierung des Maximalwertes im Zellbereich C3 bis C7 in gleicher Weise zu realisieren.

Prüfen Sie schließlich durch die Eingabe neuer Werte in gewohnter Weise, ob die dynamische Formatierung der Zellen so funktioniert, wie Sie sich das vorgestellt haben.

Die BEDINGTE FORMATIERUNG von Tabellenabschnitten funktioniert so gut und bietet seit Excel 2007 so viele Gestaltungsvarianten, dass es doppelt ärgerlich ist, dass es keine ver-

16

gleichbare Funktion für die Formatierung von Datenreihen in Diagrammen gibt. Um auch im Diagramm eine bedingte Formatierung anzuwenden, müssen Sie zunächst in den Spalten D und E der Beispieldatei zusätzliche Datenreihen erzeugen.

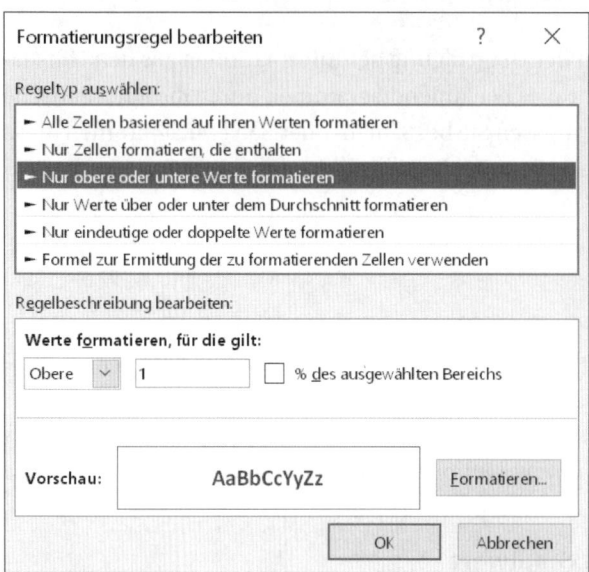

Abbildung 16.90 Bedingte Formatierung des Maximalwertes in einer Tabelle

In Zelle D3 setzen Sie zu diesem Zweck die Funktion =WENN(B3=KGRÖSSTE($B$3: $B$7;1);B3;) ein. Sie unterscheidet sich in zwei Punkten von der Funktion, die wir bei der Bildung von Hilfsdatenreihen für die dynamische Kennzeichnung von Maximal- und Minimalwerten in Liniendiagrammen eingesetzt haben: Zum einen wird in ihr der höchste Wert der Datenreihe nicht mit der Funktion MAX(), sondern mit KGRÖSSTE() ermittelt. Zum anderen wird für den Fall, dass die geprüfte Zelle nicht den Höchstwert enthält, kein #NV generiert, sondern lediglich eine Leerzelle ausgegeben.

Beide Abwandlungen sind in der Praxis unterschiedlich zu bewerten. Die Funktion KGRÖSS-TE() ermöglicht es, nicht nur den höchsten Wert zu kennzeichnen. Mit dem Argument k könnten Sie auch den zweit- oder drittgrößten Wert etc. auslesen und in die bedingte Formatierung einbeziehen. Durch den Einsatz dieser Funktion deutet sich an, dass bedingte Formatierungen nicht auf einen Datenpunkt beschränkt werden müssen. Typische Top-3- oder Top-5-Darstellungen sind ebenso umsetzbar.

Der Verzicht auf #NV und die Verwendung einer Leerzelle in der Datenreihe, die im Diagramm verwendet wird, ist diagrammspezifisch, während das #NV bei Liniendiagrammen obligatorisch ist. Nullwerte oder Leerzellen werden bei Säulen- oder Balkendiagrammen nicht gezeichnet. Aus diesem Grund spricht nichts dagegen, diese Werte als alternatives Argument in der WENN()-Anweisung zu verwenden. #NV ist bei diesen Diagrammtypen schlichtweg nicht notwendig.

Wie Sie aus Abbildung 16.101 ersehen, führt die Anwendung der Funktion dazu, dass in den beiden Datenreihen jeweils nur der Höchstwert angezeigt wird.

Erstellung des Säulendiagramms

Mit den vier Datenreihen erstellen Sie nun das gewünschte Säulendiagramm. Dazu markieren Sie den Datenbereich A2 bis E7 und drücken [F11]. Dies führt zwischenzeitlich zu dem in Abbildung 16.91 gezeigten Ergebnis.

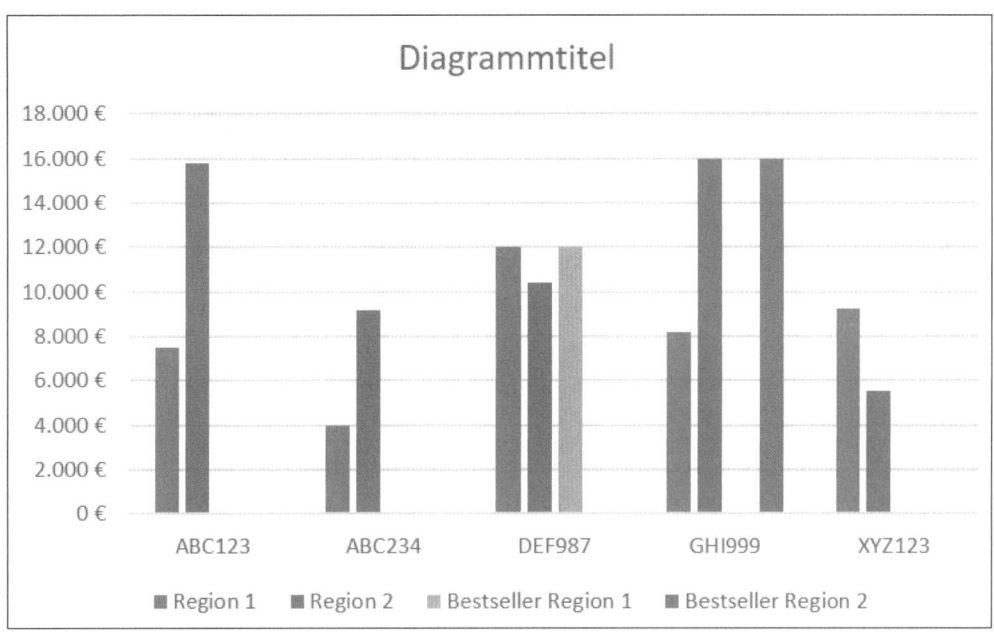

Abbildung 16.91 Säulendiagramm mit Original- und Hilfsdatenreihen

Im Diagramm werden alle vier Datenreihen nebeneinander angezeigt. Sie werden alle auf der Primärachse auf der linken Seite gezeichnet. Diese Einstellung müssen Sie nun noch ändern.

Definition der bedingten Formatierung

Legen Sie die beiden Hilfsdatenreihen also auf die Sekundärachse. Dafür reicht ein Rechtsklick auf den einzig sichtbaren Datenpunkt. Über die Option DATENREIHEN FORMATIEREN gelangen Sie einmal mehr zu den DATENREIHENOPTIONEN. Dort aktivieren Sie die Option SEKUNDÄRACHSE im Bereich DATENREIHE ZEICHNEN AUF.

Nachdem Sie diese Änderung für beide Hilfsdatenreihen durchgeführt haben, ist die bedingte Formatierung der Datenpunkte, die die Höchstwerte darstellen, prinzipiell schon abgeschlossen, denn beide Datenpunkte unterscheiden sich hinsichtlich der Farben eindeutig von den Hauptdatenreihen. Um den Zusammenhang zwischen der Hauptdatenreihe und

16

ihrem Höchstwert jedoch noch prägnanter darzustellen, sollten Sie noch einige Veränderungen an der Formatierung vornehmen:

▶ Markieren Sie nacheinander die beiden Hauptdatenreihen, und hellen Sie die Farbe der Säulen etwas auf, indem Sie ein helleres Rot und Blau auswählen.

▶ Markieren Sie anschließend der Reihe nach die beiden Hilfsdatenreihen, und weisen Sie den beiden Höchstwerten jeweils ein kräftiges Rot bzw. Blau zu.

16.16   Diagramme in Tabellenblättern

Der Vorteil von Diagrammen liegt in der Verdichtung und Visualisierung von umfangreichen Datenmengen. Wie die Nutzung unterschiedlicher Diagrammtypen auf den vorangegangenen Seiten gezeigt hat, werden auf diesem Weg Entwicklungen, Verteilungen oder Relationen einfacher erkennbar, als wenn kaum überschaubare Zahlenwüsten vorliegen würden. Trotzdem erfordern unterschiedliche Situationen auch individuelle Lösungen.

Wie die aktuelle Diskussion um die Verwendung von Dashboards – also jener Management-Cockpits, die aus einer Kombination von Zahlen und grafischen Darstellungen resultieren – zeigt, sind die Anforderungen an die visuelle Aufbereitung von Daten Veränderungen oder Moden unterworfen.

Gerade im Controlling wird es häufig als unzureichend empfunden, einen Kurvenverlauf zu betrachten, ohne die konkreten Daten genau zu kennen. Da der Darstellung vollständiger Datenreihen im Diagramm allerdings enge Grenzen gesetzt sind, liegt es nahe, nach weiteren Möglichkeiten einer Kombination aus Tabellen und Diagrammen zu suchen.

Excel bietet Ihnen in dieser Hinsicht drei Optionen an:

▶ Mit bedingten Formatierungen – speziell durch die Verwendung von *Heatmaps* – erweitern Sie Datentabellen auf einfache Weise um eine grafische Aufbereitung der Daten.

▶ Mit Text- oder grafischen Zeichen und Textfunktionen wie `WIEDERHOLEN()` und `VERKETTEN()` ist es möglich, im Tabellenblatt dynamische Grafiken anzulegen.

▶ Mit den seit Excel 2010 verfügbaren Sparklines lassen sich auch längere Datenreihen in hochverdichteten Minidiagrammen zusammenfassen.

Lassen Sie uns auf den folgenden Seiten einen Blick darauf werfen, wie Sie diese Möglichkeiten nutzen können und wozu sie konkret in der Lage sind.

16.16.1   Erstellen einer Heatmap

Eine auffällige Erweiterung wurde Excel bereits mit der Version 2007 bei den bedingten Formatierungen zuteil: Die Funktion wurde an exponierter Stelle, nämlich im Menü Start, positioniert. Doch das war nicht die einzige Auffälligkeit. Excel verfügt nun über eine große

Anzahl von Regeln, die Sie auf ausgewählte Bereiche im Tabellenblatt anwenden können. Darüber hinaus können Sie auf eine unbekannte Fülle von farblichen Kennzeichnungen und Symbolzeichensätzen zugreifen.

Zur besseren Verwaltung von bedingten Formatierungen haben die Entwickler dem Programm ein eigenes Tool zur Verwaltung von Regeln spendiert. In der Verwaltung ist erkennbar, auf welchen Zellbereich im Tabellenblatt sich eine Regel bezieht. Und die alte Beschränkung auf maximal drei bedingte Formatierungen pro Zellbereich lässt Excel 2007 auch weit hinter sich.

Seit Excel 2010 ist es nun sogar möglich, sich bei der Definition von Bedingungen mithilfe von Formeln und Funktionen auf Zellen außerhalb des aktuellen Tabellenblattes zu beziehen.

Dies alles lädt geradezu dazu ein, Tabellenwerte und Zellhintergründe auch farblich oder mit Symbolen besonders zu gestalten. In der Arbeitsmappe *16_spezielle_Tabellendiagramme_HeatMap_01.xlsx* werden zwei von den Daten her gleichartige Tabellen mithilfe der Option BEDINGTE FORMATIERUNG in eine *Heatmap* verwandelt (Abbildung 16.92).

◢	A	B	C	D	E	F	G	H	I	J	K
1		P1	P2	P3	P4			P1	P2	P3	P4
2	Nord	12	14	16	15		Nord	12	14	16	15
3	Süd	10	10	9	12		Süd	10	10	13	17
4	West	5	6	6	8		West	5	6	6	8
5	Ost	2	8	12	10		Ost	2	8	9	10

Abbildung 16.92 Gleiche Daten – unterschiedliche Darstellung

Drei Vorgehensweisen, an denen Sie auch das Prinzip der Option BEDINGTE FORMATIERUNG erkennen, müssen unterschieden werden:

1. die Verwendung von vorgegebenen Regeln und fertigen Markierungsoptionen wie Farbskalen
2. das Erstellen eigener Regeln auf Basis von Formeln und Funktionen
3. die Unterscheidung zwischen dem zu formatierenden Bereich und dem Anwendungsbereich der Regel

Eine Regel für einen zusammenhängenden Zellbereich

Die Tabelle im Zellbereich A1 bis E5 habe ich nach diesem Grundsatz formatiert. Ich habe zu diesem Zweck alle Werte markiert und dann die Funktion START • FORMATVORLAGEN • BEDINGTE FORMATIERUNG aufgerufen. Anschließend habe ich über die Option FARBSKALEN eine GRÜN-GELB-ROT-FARBSKALA ausgewählt. Excel weist dadurch dem niedrigsten Wert

16

die Farbe Rot und dem höchsten Wert die Farbe Grün zu. Die Farbe Gelb wird auf Basis eines zu bestimmenden Quantils definiert; der Standardwert hierfür ist 50.

Da der gesamte Zellbereich mit der bedingten Formatierung gestaltet wurde und der gleiche Zellbereich die Werte enthält, auf deren Grundlage Excel die Formatierung erstellt, ist der Wert 2 mit rotem Hintergrund formatiert. Der Wert 12 in Zelle B2 ist durch ein helles Grün, der Wert 8 in Zelle E4 durch ein helles Orange gekennzeichnet.

Eine Regel für unterschiedliche Zellbereiche

Anders verhält es sich bei dem zweiten Beispiel im Zellbereich G1 bis K5. Für jede Zeile der Tabelle habe ich eine eigene Regel definiert. Begonnen habe ich dazu im Bereich H2 bis K2 und auch hier die GRÜN-GELB-ROT-FARBSKALA verwendet, diese jedoch anschließend auf den Zellbereich H3 bis K3 übertragen.

Dazu benutzen Sie die Funktion FORMAT ÜBERTRAGEN im Menü START • ZWISCHENABLAGE. Nachdem Sie das bedingte Format zunächst auf die Daten in der dritten und schließlich auch in die der vierten und fünften Zeile übertragen haben, besitzt die Tabelle insgesamt vier voneinander getrennt verwaltete bedingte Formatierungen. Dies erkennen Sie auch sehr gut, wenn Sie den gesamten Zellbereich nochmals markieren und dann START • FORMATVORLAGEN • BEDINGTE FORMATIERUNG • REGELN VERWALTEN aufrufen (Abbildung 16.93).

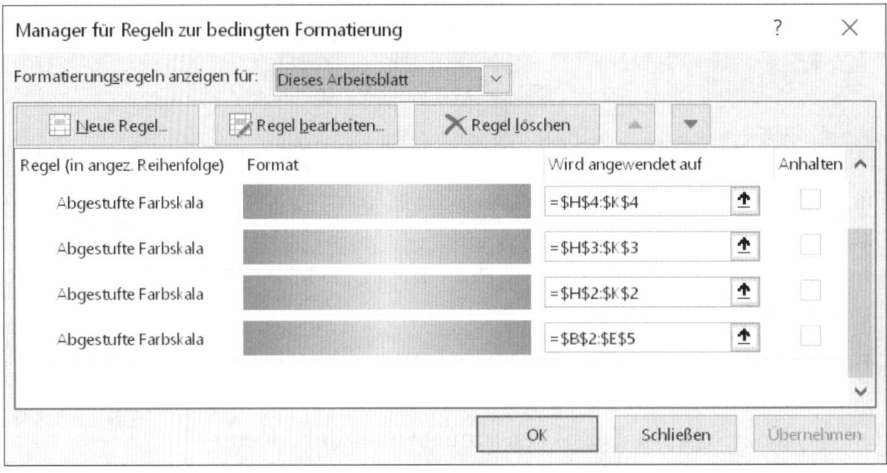

Abbildung 16.93 Regelverwaltung für bedingte Formatierungen

Das Ergebnis der Formatierungen stellt sich folglich auch ganz anders als im ersten Beispiel dar. Der Wert 2 in Zelle H5 ist zwar immer noch mit rotem Hintergrund unterlegt, doch der Wert 12 in Zelle H2 ebenfalls in K4 ist der Wert 8 hingegen mit einem knackigen Grün unterlegt.

918

[i]

Ampelformatierung mit einem Symbolzeichensatz

Wenn Sie die gleiche Idee – eine Ampelformatierung – mit einem Symbolzeichensatz umsetzen möchten, z. B. mit den grünen, gelben und roten Punkten, verhält sich Excel bei der Regeldefinition hingegen anders. Statt der Höchst- und Tiefstwerte sowie eines Quantils wird eine Regel angewendet, die mit Prozentwerten arbeitet (Abbildung 16.94). Das Symbol für den obersten Datenbereich, der grüne Punkt, wird auf alle Werte der Tabelle angewendet, die 67 % des Höchstwertes des gesamten Wertebereichs ausmachen. Gelb wird als Formatierung für Werte gesetzt, die zwischen 33 % und 67 % liegen. Werte unterhalb der 33 % versieht Excel mit einem roten Punkt.

Die prozentuale Definition der Regeln können Sie allerdings jederzeit auf absolute Werte umstellen. Damit können Sie genau festlegen, ab welchem Wert ein Farbwechsel bei der bedingten Formatierung erfolgen soll.

Mit dem Häkchen vor Nur Symbol anzeigen erreichen Sie, dass die Werte, die in der Zelle stehen, ausgeblendet werden.

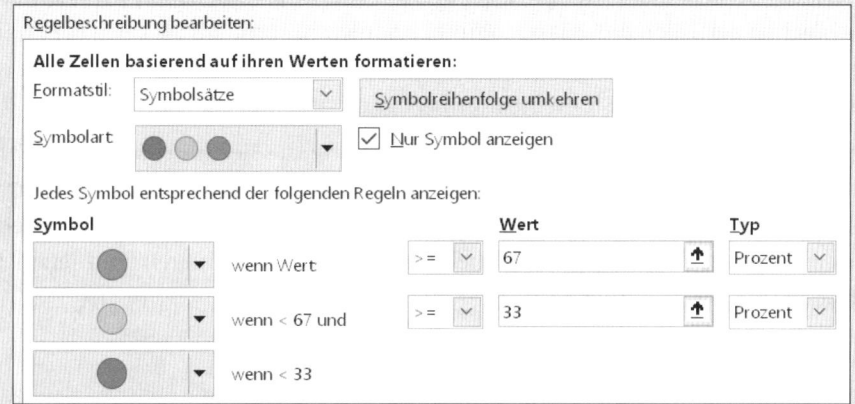

Abbildung 16.94 Prozentuale Regeldefinition bei der Verwendung von Symbolzeichensätzen

16

Verwendung von Formeln zur bedingten Formatierung

Das dritte Beispiel für die *Heatmap* als bedingte Formatierung befindet sich im Tabellenblatt *Heatmap II*. Im Gegensatz zu den bisherigen Tabellen habe ich die farbliche Gestaltung auf Basis von drei Formeln bzw. Funktionen erstellt. Um dies zu erreichen, rufen Sie die Funktion START • FORMATVORLAGEN • BEDINGTE FORMATIERUNG auf, wählen dann aber die Option NEUE REGEL und schließlich FORMEL ZUR ERMITTLUNG DER ZU FORMATIERENDEN ZELLEN ERSTELLEN.

Für den Zellbereich B2 bis E2 wird für die rote Hintergrundformatierung die Formel =B2<=$J2 verwendet. In Zelle J2 habe ich zuvor den Wert 5 als Obergrenze für die rote Formatierung in der Region Nord eingegeben (Abbildung 16.95). Ebenfalls in B2 bis E2 erreichen Sie über die

Formel =B2>=$I2 die grüne Hintergrundgestaltung. Schließlich bestimmen Sie auch die mittlere Farbe, das Gelb, in diesem Bereich mit der logischen Funktion UND():

=UND(B2<$I2;B2>$J2)

◢	A	B	C	D	E	F	G	H	I	J
1		P1	P2	P3	P4				grüner Bereich:	roter Bereich:
2	Nord	4	5	16	15			Nord	15	5
3	Süd	10	10	12	9			Süd	9	7
4	West	5	3	6	10			West	9	4
5	Ost	2	8	12	10			Ost	9	4

Abbildung 16.95 Bedingte Formatierung auf Basis von Formeln und Funktionen

Beachten Sie besonders die Verwendung von absoluten und relativen Bezügen in diesen Berechnungen. Sie stellen die wesentliche Grundlage dar, um die bedingten Formate anschließend auch in die Zeilen drei, vier und fünf zu kopieren, nachdem Sie sie in der zweiten Zeile definiert haben. Der Kopiervorgang lässt sich ohne Schwierigkeiten mit FORMAT ÜBERTRAGEN durchführen, wenn Sie die richtige Bezugsart gewählt haben.

Ein weiterer wichtiger Ratschlag: Schreiben Sie die Grenzwerte, die Sie bei der bedingten Formatierung einsetzen möchten, in Zellen des Tabellenblattes, und verweisen Sie mit Ihren Formeln und Funktionen auf diese Zellen (Abbildung 16.96). Fixe Werte innerhalb der Regeln bedingter Formatierungen sind unübersichtlich, umständlich zu editieren und letztlich auch fehlerträchtig.

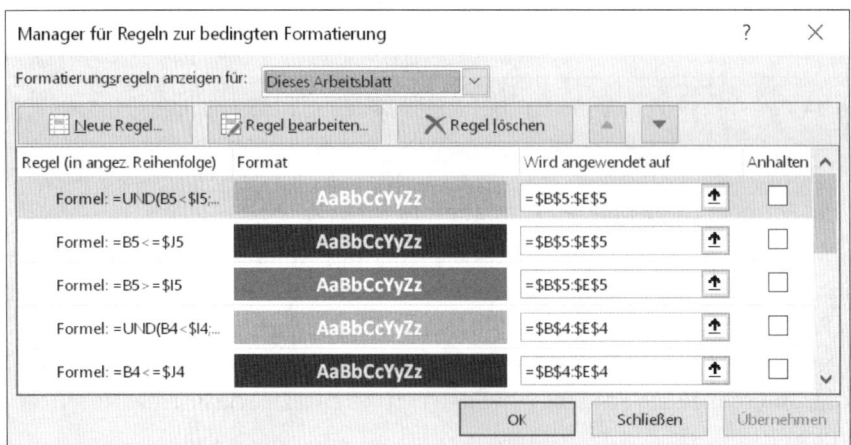

Abbildung 16.96 Regelverwaltung für bedingte Formatierung

16.16.2 Textfunktionen und grafische Tabellendarstellung

In den Fällen, in denen Ihnen die Präsentation des reinen Zahlenmaterials wichtiger erscheint als seine Verwendung in einem Diagramm, werden Sie sich die Frage stellen, wie Sie Tabellen dynamisch mit Werten füllen und bestimmte Tabellenteile – z. B. Überschriften – dynamisch gestalten können. In der Datei *16_spezielle_Tabellendiagramme_Wiederholen_01.xlsx* gebe ich Ihnen eine Antwort auf diese Fragen (Abbildung 16.97).

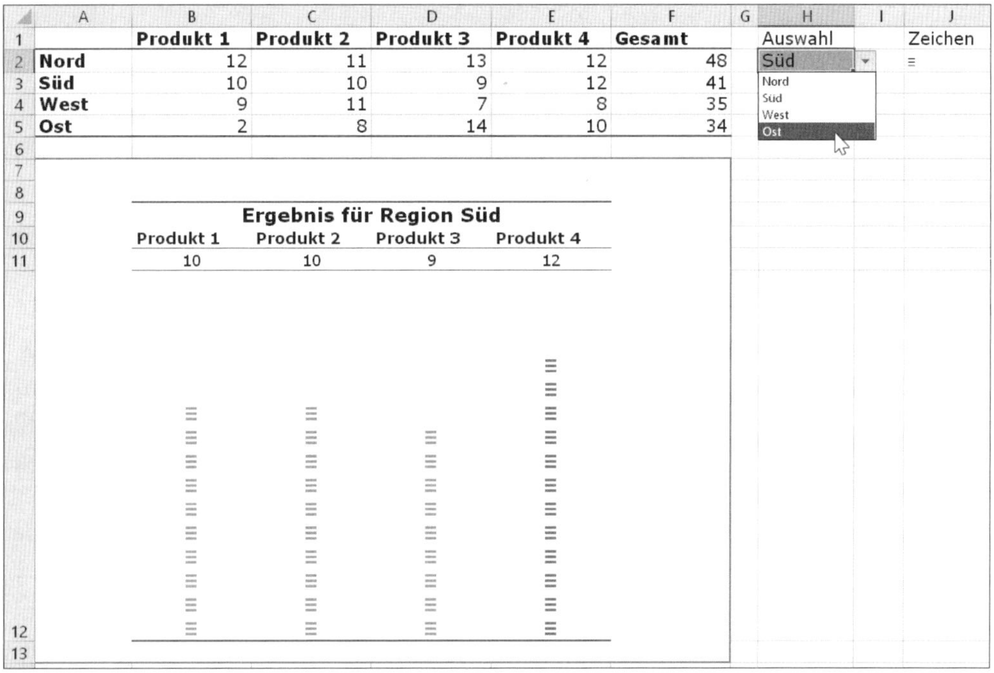

	A	B	C	D	E	F	G	H	I	J
1		Produkt 1	Produkt 2	Produkt 3	Produkt 4	Gesamt		Auswahl		Zeichen
2	Nord	12	11	13	12	48		Süd		=
3	Süd	10	10	9	12	41				
4	West	9	11	7	8	35				
5	Ost	2	8	14	10	34				

Abbildung 16.97 Sieht aus wie ein Diagramm. Ist aber eigentlich eine Tabelle!

Im Zellbereich A1 bis F5 enthält die Tabelle einige Originaldaten. Aus diesem Datenbestand kann mittels einer Auswahl in H2 ein Auszug erstellt werden. In diesem Fall handelt es sich um die Anzeige einer Zeile der Tabelle in den Zellen B11 bis E11. In der neunten Zeile wird je nach Auswahl durch den Benutzer dynamische eine Überschrift erstellt. In der in ihrer Höhe stark vergrößerten Zeile 12 werden die ausgewählten Werte mithilfe eines Textsymbols grafisch dargestellt. Welche Arbeitsschritte und Funktionen müssen Sie bei einer solchen Darstellung anwenden? Im folgenden Abschnitt werden wir uns dies genauer ansehen.

Datenauswahl in der Tabelle

Die Auswahl von Elementen aus einer Liste und die dadurch gesteuerte Auswahl von Tabelleninhalten habe ich bereits in unterschiedlichen Zusammenhängen beschrieben. Mit der Datenüberprüfung – im Menü DATEN • DATENTOOLS zu finden – stellt Excel eine bequem zu handhabende und schnell umzusetzende Funktion zur Verfügung, mit der Sie aus großen Datenmengen gezielt Auszüge bilden.

Ein im Zusammenhang mit der Datenüberprüfung häufig eingesetztes Werkzeug ist die Funktion INDEX(). Zwar liefert die Auswahl einer Textbezeichnung über eine Datenüberprüfung, wie sie in Zelle H2 der Beispieldatei erfolgt, einen Text. Die anzusteuernde Zelle wird innerhalb der definierten Matrix bei der Verwendung von INDEX() auch mit zwei numerischen Werten für die Bestimmung der Spalte und Zeile bestimmt. Aber die unterschiedlichen Welten lassen sich – wie Sie bereits gesehen haben – mit der Funktion VERGLEICH() mühelos verbinden.

In Zelle B11 funktioniert das Zusammenspiel durch die Verwendung von =INDEX($A$1:$F$5; VERGLEICH($H$2;$A$1:$A$5;0);2) optimal, und Sie können diese Funktion bedenkenlos in die Zellen C11 bis E11 kopieren. Die Kombination aus Datenüberprüfung, VERGLEICH() und INDEX(), so viel steht fest, stellt eine wesentliche Grundlage bei der Generierung dynamischer Tabellen dar.

Dynamische Beschriftung des Tabellenauszugs

Wenn Tabelleninhalte dynamisch generiert werden, stellt sich, ähnlich wie bei der Nutzung dynamischer Diagramme, die Frage nach der besonderen Herausforderung der ebenfalls dynamischen Beschriftung dieser Tabellen. Prinzipiell können Sie dieser Aufgabe mit zwei Lösungsansätzen begegnen: Entweder benutzen Sie die Textfunktion VERKETTEN(), um Zellinhalte und per Tastatur eingegebene Textelemente in einer Überschriftenzeile miteinander zu kombinieren, oder Sie setzen einfach das Verknüpfungszeichen & ein, um Text und Zellinhalte zu verknüpfen.

In Zelle B9 der Beispieldatei ist es die zweite Variante, mit der wir das Ziel – Erstellen einer dynamischen Überschrift – erreichen: ="Ergebnis für Region " &H2. Die Alternative hätte folgendermaßen aussehen können:

```
=VERKETTEN("Ergebnis für Region ";H2)
```

Darstellung von Werten mithilfe von Textfunktionen

Nach der Pflicht – dynamischer Tabellenauszug mit angepasster Beschriftung – haben Sie vielleicht noch Appetit auf die Kür, nämlich die grafische Darstellung der ausgewählten Werte im Tabellenblatt. In diesem Fall ist es neben VERKETTEN() eine weitere Textfunktion, die Ihnen einen Lösungsansatz liefert: WIEDERHOLEN(). Mit dieser Funktion wiederholen Sie ein beliebiges Textzeichen um eine definierte Anzahl.

Bevor Sie die Funktion anwenden, wählen Sie in Zelle J2 ein Zeichen aus, aus dem sich die Säulen des Textdiagramms aufbauen sollen. Wählen Sie dazu EINFÜGEN • SYMBOLE • SYMBOL. Über das Listenfeld SCHRIFTART können Sie einen Zeichensatz auswählen und dann mit EINFÜGEN das zuvor markierte Zeichen in Zelle J2 übernehmen (Abbildung 16.98).

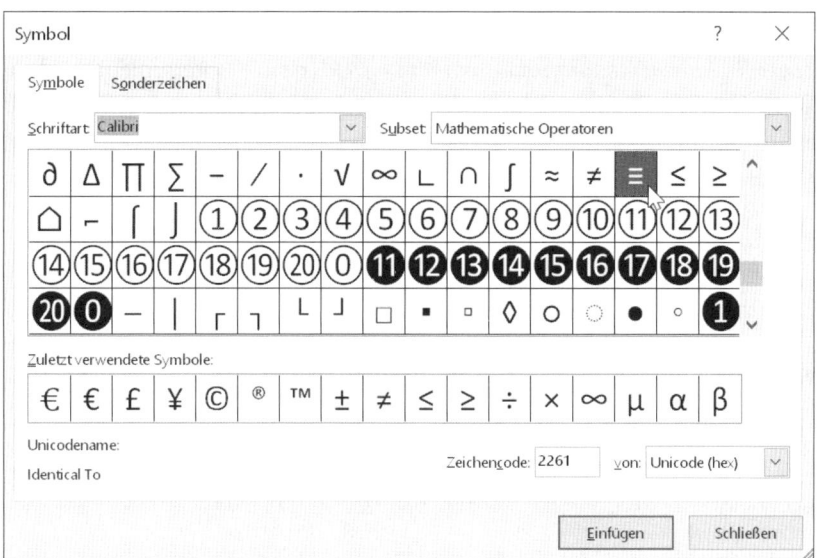

Abbildung 16.98 Auswahl eines Sonderzeichens für das Textdiagramm

Anschließend erstellen Sie die erste Säule in Zelle B12 des Tabellenblattes *Textdiagramm* mit dem Ausdruck =WIEDERHOLEN($J$2;B11), und schon erhalten Sie eine Abfolge von Punkten. Die Anzahl der Wiederholungen wird durch den Inhalt von Zelle B11 bestimmt. Da diese Zelle durch die Auswahl per Datenüberprüfung gebildet wird, ist die Punktezahl des Textdiagramms ebenfalls veränderlich. Mithilfe der Auswahl ZELLEN FORMATIEREN • AUSRICHTUNG • AUSRICHTUNG • TEXT sollten Sie die horizontale Anordnung der Punkte allerdings in eine vertikale ändern. Danach kopieren Sie die Funktion in die angrenzenden Zellen, um auch die anderen Datenpunkte grafisch darzustellen.

Mit einer bedingten Formatierung machen Sie den Textgrafikbereich übersichtlicher. In der Beispieldatei gelten für die Zellen B12 bis E12 die Vorgaben =B$11>=12 (grün) und =B$11<=5 (rot). Die gelben Datenreihen erhalten Sie, indem Sie den Zellen einfach diese Schriftfarbe zuweisen. Trifft keine der Bedingungen aus der bedingten Formatierung zu, wählt Excel automatisch diese dritte Farbe.

Nutzen von Tabellendiagrammen

Diagramme, die mithilfe der Textfunktion WIEDERHOLEN() erstellt werden, sind immer dann nützlich, wenn Sie eine grafische Darstellung benötigen, jedoch kein ausreichender Platz für ein Diagramm mit allen seinen Elementen wie Diagrammbereich und Achsen zur Verfügung steht. Diese raumsparende Form der Darstellung von einzelnen Datenreihen ist eine Ergänzung zu den seit Excel 2010 verfügbaren Sparklines.

Doch in Excel 2007 bilden die DIAGRAMME AUS TEXTZEICHEN eine unersetzbare Alternative zu den Sparklines.

16.16.3   Nutzung von Sparklines

In der Datei *16_spezielle_Tabellendiagramme_Sparklines_01.xlsx* sind unterschiedliche Formen und Konfigurationen dieser neuen Kleindiagramme zusammengefasst. Im Tabellenblatt *Sparklines I* werden in drei unterschiedlichen Tabellen die drei verschiedenen Sparkline-Typen wiedergegeben (Abbildung 16.99).

		2016	2017	2018	2019	2020	2021	2022	2023	2024	2025
Nord		40	44	22	33	22	50	49	33	23	49
Süd		21	32	42	21	31	34	23	36	45	27
West		22	36	48	38	22	39	36	41	38	50
Ost		36	49	31	21	31	34	46	32	22	22
		Produkt 1	Produkt 2	Produkt 3	Produkt 4	Produkt 5	Produkt 6	Produkt 7	Produkt 8	Produkt 9	Produkt 10
Nord		24	49	42	23	31	34	27	23	32	31
Süd		21	41	38	32	36	35	41	46	26	49
West		50	23	48	28	50	27	34	43	49	43
Ost		40	24	38	31	47	43	31	39	27	42
		Produkt 1	Produkt 2	Produkt 3	Produkt 4	Produkt 5	Produkt 6	Produkt 7	Produkt 8	Produkt 9	Produkt 10
Nord		-6	-10	20	0	3	3	18	15	-8	3
Süd		19	0	7	1	-10	2	7	-10	10	5
West		6	-1	-2	2	-4	1	10	7	15	9
Ost		-2	-9	-10	6	-8	-5	8	1	12	-1

Abbildung 16.99 Excel verwendet drei Sparkline-Typen.

Die drei Typen von Sparklines in Excel zeigt Tabelle 16.2.

Typ	Inhalt
LINIE	Erstellt ein Liniendiagramm der ausgewählten Daten in einer Zelle. Neben der Linien- oder besser Sparkline-Farbe können Sie über SPARKLINETOOLS • ENTWURF • ANZEIGEN einzelne Datenpunktmarkierungen z. B. für den Höchst- und Tiefpunkt bestimmen.
SPALTE	Erzeugt ein Säulendiagramm auf Basis der ausgewählten Werte. Auch bei diesem Sparkline-Typ können Sie farbliche Formatvorlagen nutzen und den Höchst- und Tiefpunkt kennzeichnen. Über die OPTIONEN FÜR DEN MINDESTWERT DER VERTIKALEN • ACHSE können Sie den Schnittpunkt von y- und x-Achse bestimmen. Die Option befindet sich unter GRUPPIEREN • ACHSE.
	Sie können zudem in der Menügruppe FORMATVORLAGE festlegen, ob die Sparkline eine allgemeine oder eine DATUMSACHSE verwenden soll. Bei der Verwendung von Datumsachsen werden Wochenendtage als Lücke in die Sparkline gezeichnet.

Tabelle 16.2 Typen von Sparklines

Typ	Inhalt
GEWINN/VERLUST	Positive Werte werden in einem Säulendiagramm über einer horizontalen Achse und negative Werte unter dieser Achse gezeichnet. Die horizontale Achse selbst kann ein- oder ausgeblendet werden (GRUPPIEREN • ACHSE • ACHSE ANZEIGEN). Auch bei diesem Sparkline-Typ sind die Markierung von Höchst- und Tiefpunkten und die Definition von Datumsachsen möglich.

Tabelle 16.2 Typen von Sparklines (Forts.)

Erstellen einer einzelnen Sparkline

Sparklines werden immer nur in einer Zelle ausgegeben. Möchten Sie die Darstellung der Kleinstdiagramme etwas vergrößern, müssen Sie entweder die Zelle durch Veränderung der Höhe und Breite anpassen oder aber durch Verbinden von mehreren Zellen – das erreichen Sie über ZELLEN FORMATIEREN • AUSRICHTUNG • TEXTSTEUERUNG • ZELLEN VERBINDEN – eine größere Zellen schaffen. Da die Anpassung von Höhe und Breite zwangsläufig Auswirkungen auf die gesamte Zeile bzw. Spalte hat, ist das Verbinden von Zellen häufig die sinnvollere Wahl, da es keinerlei Veränderungen für den Rest der Tabelle nach sich zieht.

Nachdem Sie die Voraussetzungen hinsichtlich der Zellgröße geschaffen haben, beginnen Sie, die ersten Sparklines zu erstellen. Positionieren Sie den Cursor in Zelle B2 der Beispieldatei *16_spezielle_Tabellendiagramme_Sparklines_00.xlsx*, und starten Sie die Funktion EINFÜGEN • SPARKLINES • TYP • LINIE. In der sich öffnenden Dialogbox markieren Sie nun C2 bis L2 als DATENBEREICH (Abbildung 16.100). Nach einem Klick auf OK wird die Sparkline in die ausgewählte Zelle geschrieben.

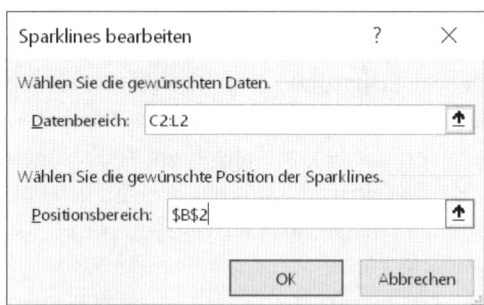

Abbildung 16.100 Festlegung des Datenbereichs für Sparklines

Kopieren von Sparklines

Sie werden wahrscheinlich schnell die Idee entwickeln, auch in den Zellen B3 bis B5 die Werte aus den jeweiligen Zeilen als Sparkline zu visualisieren. Zwei Techniken werden Ihnen zum Kopieren sicherlich einfallen:

▶ das Kopieren der bereits erstellten Sparkline mithilfe der Funktion Kopieren (`Strg` + `C`) und das Einfügen im Zielbereich (`Strg` + `V`)

▶ das Ziehen am Ausfüllkästchen der fertigen Sparkline in Zelle B2

Normalerweise führen die beiden Bedienungsalternativen zu keinen nennenswerten Unterschieden im Zielbereich. Bei Sparklines ist das anders. Wählen Sie den Weg des Kopierens und Einfügens in den Zielbereich, erhalten Sie zwei Sparkline-Bereiche: den einen in Zelle B2 und den anderen in den Zellen B3 bis B5. Beide Bereiche lassen sich separat formatieren. Dies merken Sie dann, wenn Sie beispielsweise der ersten Sparkline eine andere Farbe über SPARKLINETOOLS • ENTWURF • FORMATVORLAGE zuweisen oder Markierungspunkte setzen (im gleichen Menü über DATENPUNKTFARBE • HÖCHSTPUNKT). Die Änderungen in der ersten Sparkline in B2 werden ausgeführt, während die drei nachträglich kopierten Sparklines unverändert bleiben.

Durch Ziehen der bereits erstellten Sparkline in die darunterliegenden Zellen erzielen Sie den gegenteiligen Effekt – alle Sparklines werden als eine zusammengehörige Einheit interpretiert. Änderungen in einer Sparkline wirken sich standardmäßig auf alle Sparklines in diesem Bereich aus.

Die Gruppierung von Sparklines können Sie auch nachträglich ein- oder ausschalten. Markieren Sie dazu die betreffenden Sparklines, und wählen Sie im Menü SPARKLINETOOLS • GRUPPIEREN die Option GRUPPIEREN oder aber GRUPPIERUNG AUFHEBEN aus.

Erstellen mehrerer Sparklines in einem Arbeitsgang

Da es sich bei den Sparklines um ein Visualisierungstool handelt, bei dem immer nur die Werte einer Datenreihe dargestellt werden, liegt es nahe, Sparklines in der Praxis auch gleich in einem Arbeitsgang für mehrere Reihen oder Spalten zu generieren. Auch dies ist problemlos möglich.

Markieren Sie z. B. die Zellen B8 bis B11, und starten Sie EINFÜGEN • SPARKLINES, dieses Mal, um den Datenbereich C8 bis L11 zuzuordnen. Sie werden feststellen, dass Excel nun den POSITIONSBEREICH, in dem die Sparklines ausgegeben werden, mit absoluten Zellbezügen definiert, für den DATENBEREICH jedoch relative Bezüge einsetzt. Dadurch ist sichergestellt, dass jede der vier Sparklines sich auf die Zeile bezieht, in der sie auch ausgegeben wird.

Gestaltungsoptionen für Sparklines

Wenn Sie den letzten Datenblock in den Zeilen 14 bis 17 als Ausgangspunkt nehmen, ist es bei der Menge an positiven und negativen Werten kein Fehler, den dritten und letzten Sparkline-Typ GEWINN/VERLUST einzusetzen. Spätestens bei diesem Beispiel wird auch der Ruf nach weiteren Gestaltungsmöglichkeiten lauter. Positive Säulen sollten eine Farbe, negative Säulen eine andere Farbe besitzen. Die Farben möchten Sie wahrscheinlich aber selbst wählen, z. B. die Farbe Rot für negative und ein Grün für positive Werte.

Formatierungen dieser Art steuern Sie bei allen Sparkline-Typen über den Menüpunkt Spark-linetools • Entwurf • Formatvorlage. Je nach Typ stehen über die Farbauswahl für die Darstellung der Datenreihen und -punkte aber noch weitere Gestaltungsoptionen als nur Farben zur Verfügung. Tabelle 16.3 gibt einen Überblick.

Sparkline-Typ	Gestaltungsoptionen
Linie	Hiermit können Sie z. B. Start- und Endpunkt, Höchst- und Tiefpunkt, negative Punkte und alle Datenpunkte der Sparkline markieren, ein- oder ausblenden und farblich gestalten.
Spalte	Grundsätzlich können Sie hier die gleichen Optionen wie bei dem Typ Linie wählen, mit Ausnahme der Markierung von allen Datenpunkten.
Gewinn/Verlust	Hiermit haben Sie die gleichen Gestaltungsmöglichkeiten wie bei Spalte.

Tabelle 16.3 Weitere Gestaltungsoptionen

Umgang mit ausgeblendeten und leeren Zeilen

Ähnlich wie z. B. bei Liniendiagrammen können Sie bei Sparklines entscheiden, wie Excel mit den Werten in ausgeblendeten Spalten oder Zeilen und leeren Zellen verfahren soll. Die Standardeinstellung sieht vor, dass ausgeblendete und leere Zellen in der Sparkline nicht angezeigt werden. Excel lässt eine Lücke bei den betreffenden Datenpunkten.

Ändern Sie dieses Verhalten im Bedarfsfall über Sparklinetools • Entwurf • Sparkline • Daten bearbeiten • Ausgeblendete und leere Zellen. In der Dialogbox besteht dann die Möglichkeit, für leere Zellen statt der Lücke den Wert 0 in die Sparkline zu zeichnen. Beim Sparkline-Typ Linie können Sie darüber hinaus festlegen, dass die Lücken mit einer Linie verbunden werden.

Wenn Sie die Option Daten in ausgeblendeten Zeilen und Spalten anzeigen aktivieren, werden auch solche Werte in der Sparkline dargestellt, die sich in ausgeblendeten Tabellenbereichen befinden (Abbildung 16.101).

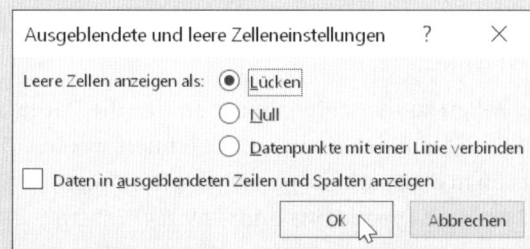

Abbildung 16.101 Steuerung der Anzeige von leeren und ausgeblendeten Zellen

[i]

16

Verwendung von Achsen in Sparklines

Über die farbliche Gestaltung der Datenreihen hinaus bietet die Anzeige der horizontalen Achse eine weitere Verbesserungsmöglichkeit bezüglich der Lesbarkeit einer Sparkline. Achsen sind bei den Typen LINIE und SPALTE immer dann sinnvoll, wenn neben positiven Werten auch negative Werte vorliegen. Da das Vorhandensein von negativen Werten bei der Verwendung von GEWINN/VERLUST anzunehmen ist, sollten Sie diesen Sparkline-Typ auch immer in Verbindung mit einer Achse einsetzen.

Wählen Sie die betreffende Sparkline oder die Sparkline-Gruppe aus, und aktivieren Sie die horizontale Achse mit der Funktion SPARKLINETOOLS • ENTWURF • GRUPPIEREN • ACHSE • ACHSE ANZEIGEN (Abbildung 16.102).

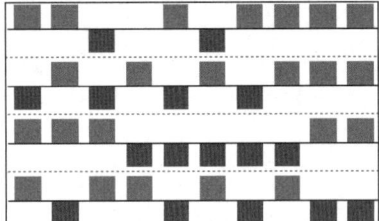

Abbildung 16.102 Achsen sorgen für einen besseren Überblick, wenn Datenreihen auch negative Werte enthalten.

Verwendung von Datumsachsen

Da es beim Erstellen einer Sparkline keine Auswahl von Daten zum Zeichnen einer Rubrikenachse gibt, kann in dieser Funktion auch nicht automatisch erkannt werden, ob die zu visualisierenden Daten eine allgemeine oder eine Zeitachse besitzen. Um in einer Datumsreihe die Tage des Wochenendes, an denen eventuell keine Daten gemessen wurden, sichtbar zu machen, müssen Sie den Achsentyp gegebenenfalls nachträglich in den Typ DATUM ändern.

Im Tabellenblatt *Sparklines II* sind die gleichen Daten wie im vorherigen Tabellenblatt zu sehen. Allerdings wird für alle Datenreihen eine Rubrikenachse mit Datumswerten verwendet. Die Datumswerte für die Wochenenden fehlen in diesen Reihen. Starten Sie die Funktion SPARKLINETOOLS • ENTWURF • GRUPPIEREN • ACHSE, um sämtliche Optionen zur Konfiguration der Achsen einzusehen. Im Menübereich HORIZONTALE ACHSENOPTIONEN legen Sie dann fest, dass es sich um eine Datumsachse handelt.

Anschließend werden Sie aufgefordert, die Zellen zu markieren, in denen sich die Datumswerte für die horizontale Achse befinden. Wie Sie in Abbildung 16.103 erkennen, werden die Samstage und Sonntage umgehend als Lücken in die Sparkline gezeichnet. Die Option wirkt sich allerdings nur auf die Darstellung der Sparkline-Typen LINIE und GEWINN/VERLUST aus.

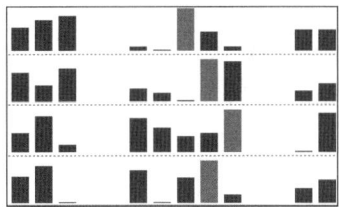

Abbildung 16.103 Samstag und Sonntag werden in dieser Sparkline als Lücke angezeigt.

Mindestwerte für eine Sparkline definieren

Aufgrund der geringen Größe sind Sparklines dazu prädestiniert, grobe Trends zu veranschaulichen. Feinheiten und Redundanzen sollten Sie eher vernachlässigen. Um Sockelwerte, die für alle Werte einer Datenreihe gleich sind, auszublenden und den oberen oder unteren Datenbereich, in denen Unterschiede deutlich werden, klarer hervortreten zu lassen, können Sie deshalb Mindestwerte und Höchstwerte für die vertikale Achse einer jeden Sparkline definieren.

Im Tabellenblatt *Sparkline III* habe ich diese Funktion angewendet. Für die Sparklines habe ich jeweils einen Mindestwert von 35 vorgegeben (Abbildung 16.104). Sämtliche Werte, die unterhalb dieser Vorgabe liegen, werden automatisch ausgeblendet. Dadurch wird die Sparkline noch einmal übersichtlicher. Um Mindest- und/oder Höchstwerte festzulegen, rufen Sie nach Auswahl der Sparkline das Menü SPARKLINETOOLS • ENTWURF • GRUPPIEREN • ACHSE auf. Hier wählen Sie unter OPTIONEN FÜR DEN MINDESTWERT/HÖCHSTWERT DER VERTIKALEN ACHSE die Option BENUTZERDEFINIERTER WERT.

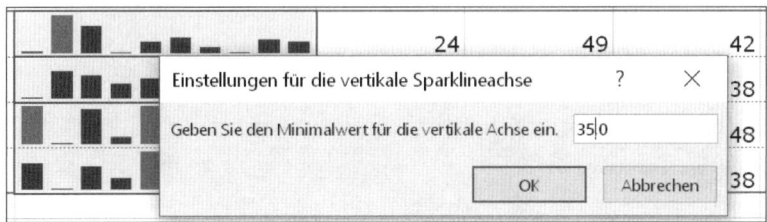

Abbildung 16.104 Nach der Festlegung eines Mindestwertes in der oberen Sparkline wird die Informationsmenge reduziert und übersichtlicher.

16.17   Dashboards erstellen

Über die allgemeine Definition, die grundsätzlichen Gestaltungsregeln und die verwendeten grafischen Tools von Dashboards habe ich bereits in Abschnitt 16.8, »Elemente und Gestaltungsregeln für Dashboards«, geschrieben. In diesem Abschnitt möchte ich einige praktische Umsetzungsbeispiele vorstellen. Das erste dieser Beispiele zeigt eine Lösung, die vollständig auf bedingten Formatierungen beruht. Die Datenbasis besteht aus einer einfachen Tabelle (Abbildung 16.105).

	A	B ↓	C	D
1	**Region**	**Anteil in Region**	**Kunden**	**Abweichung Vorjahr**
2	Ost	14%	124	-1,30%
3	Nordost	4%	50	4,50%
4	Süd	23%	167	-4,20%
5	Südwest	12%	145	1,70%
6	West	24%	180	2,80%
7	Nord	6%	65	6,30%
8	Nordwest	16%	128	5,70%
9				
10				
11	Kritischer Wert Kundenanzahl:			125

Abbildung 16.105 Ausgangsdaten des Dashboards

Um diese Zahlenwüste in der Arbeitsmappe *16_Dashboard_BedingteFormatierung_00.xlsx* übersichtlicher zu gestalten, gehen Sie folgendermaßen vor:

1. Fügen Sie in Zelle H2 einen Bezug auf B2 ein (=B2), und kopieren Sie ihn nach unten.

2. Markieren Sie sodann den Zellbereich H2 bis H8, und rufen Sie die Funktion BEDINGTE FORMATIERUNG auf.

3. Wählen Sie SYMBOLSÄTZE • 5 VIERTEL.

4. Öffnen Sie die BEDINGTE FORMATIERUNG erneut, und wählen Sie nun REGEL VERWALTEN • REGEL BEARBEITEN (Abbildung 16.106).

5. Ändern Sie den TYP von PROZENT in ZAHL, und geben Sie unter WERT »0,2« ein.

6. Wiederholen Sie diese Anpassung für die weiteren Symbole mit den Werten »0,15, »0,1« und »0,05«.

7. Speichern Sie die Eingabe.

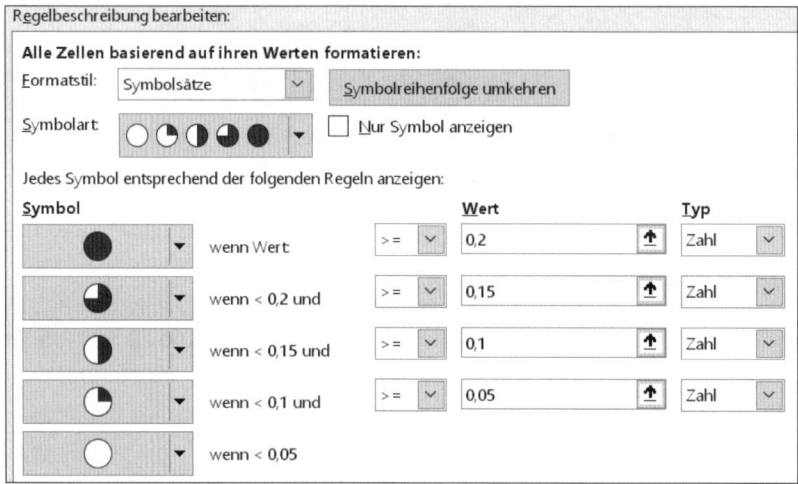

Abbildung 16.106 Angepasste Regelbeschreibung des Symbolsatzes

Nachdem Sie in Zelle I2 einen Bezug auf A2 gesetzt und nach unten kopiert haben, bewegen Sie den Cursor in Zelle K2. Hier setzen Sie einen Bezug auf die Abweichungswerte in Spalte D.

Um eine Abweichung zu visualisieren, ist ein Säulen- oder Balkendiagramm am besten geeignet. Balkendiagramme sind ebenfalls ein Bestandteil der bedingten Formatierung, und so sollte es kein Problem sein, auch diese Daten grafisch im Dashboard zu zeigen:

1. Markieren Sie den Zellbereich K2 bis K8, in dem sich nun eine Kopie der Daten aus Spalte D befindet.

2. Wählen Sie aus der bedingten Formatierung DATENBALKEN.

3. Öffnen Sie die BEDINGTE FORMATIERUNG ein weiteres Mal, und wählen Sie wieder REGEL VERWALTEN • REGEL BEARBEITEN (Abbildung 16.107).

4. Aktivieren Sie die Option NUR BALKEN ANZEIGEN, um zu vermeiden, dass Balken und Werte sich überlagern.

5. Wählen Sie Grau als Farbe für den Balken und keinen Rahmen.

6. Unter NEGATIVER WERT UND ACHSE wählen Sie Rot als Farbe für negative Werte und ativieren die Option ZELLMITTELPUNKT, um die Achse zu zentrieren.

7. Übernehmen Sie schließlich die Werte aus Spalte D in Spalte L, um eine Beschriftung der Datenbalken zu erhalten.

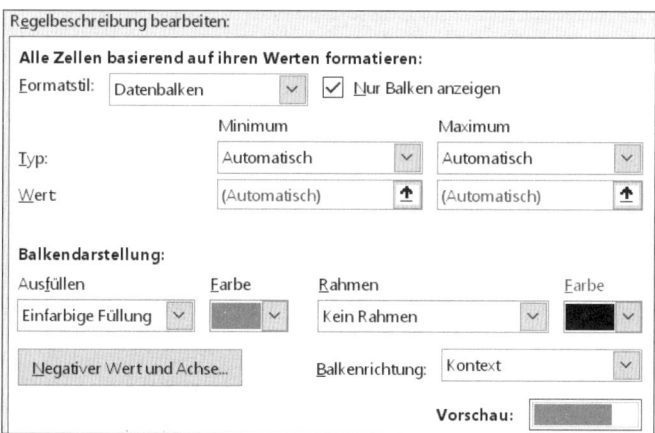

Abbildung 16.107 Anpassung der Datenbalken des Dashboards

Zum Abschluss benötigen Sie noch die Warnsignale für die kritische Kundenzahl. Die Werte dazu holen Sie sich erneut über einen Verweis von M2 auf C2 und kopieren die Formel nach unten.

Nun gehen Sie so vor:

1. Markieren Sie den Zellbereich von M2 bis M8, und rufen Sie die BEDINGTE FORMATIE-RUNG auf.

2. Wählen Sie nun SYMBOLSÄTZE • INDIKATOREN • 3 SYMBOLE (MIT KREIS).

3. Auch diesmal müssen Sie erneut eine Nachbearbeitung über REGEL VERWALTEN durchführen.

4. Das Warnsymbol soll nur angezeigt werden, wenn die kritische Kundenzahl von 125 unterschritten wird. Somit wählen Sie für die ersten beiden Indikatoren KEIN ZELLENSYMBOL aus. Dennoch müssen Sie Werte definieren. Geben Sie dazu die Werte *250* bzw. *größer gleich 125* an (Abbildung 16.108).

5. Aktivieren Sie die Option NUR SYMBOL ANZEIGEN.

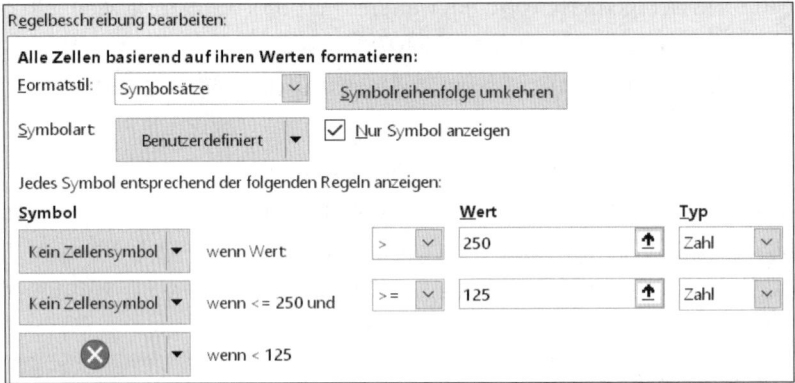

Abbildung 16.108 Anpassung der Indikatoren

Das Dashboard sollte, nachdem Sie die einzelnen Schritte ausgeführt haben, so aussehen wie in Abbildung 16.55.

16.17.1   Verwendung von Sparklines in Dashboards

Das zweite Beispiel verwendet weitgehend ähnliche Arbeitsschritte, ergänzt allerdings um Sparklines (Abbildung 16.109).

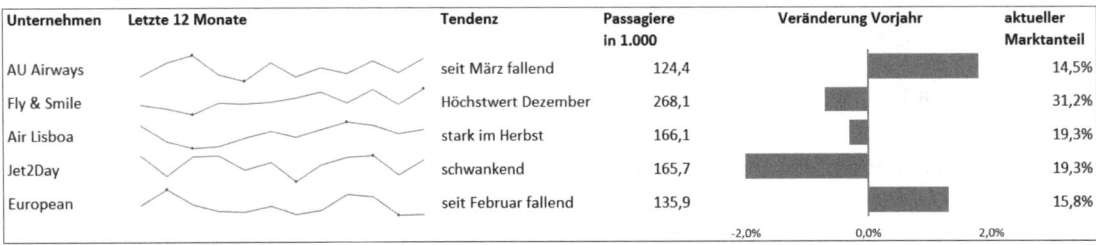

Abbildung 16.109 Dashboard mit dynamischen Sparklines

Wie Sie Sparklines erstellen, haben Sie auf den vorigen Seiten gesehen. Allerdings stellt in diesem Anwendungsbeispiel die Anordnung der Basisdaten eine Hürde dar. Die einzelnen

Monate befinden sich in einer Spalte untereinander (Abbildung 16.110). Dies lässt es zunächst nicht zu, die Sparklines nach unten zu kopieren, nachdem Sie die erste erstellt haben.

	AU Airways	Fly & Smile
Umsatz in Mio. €		
Januar	15.290	20.583
Februar	23.299	18.258
März	27.745	15.109
April	16.056	21.440
Mai	12.162	21.018
Juni	23.137	21.857
Juli	14.933	24.281
August	20.289	27.416
September	16.517	21.503
Oktober	24.003	28.850
November	17.372	20.706
Dezember	25.597	29.458
Passagiere in 1.000		
12 Monate	124,4	268,1
Anteil %	14,5%	31,2%
Abweichung	1,80%	-0,70%

Abbildung 16.110 Auszug aus dem Datenbereich für die Sparklines

Um zu vermeiden, dass Sie jede Sparkline einzeln erstellen müssen, haben Sie nun zwei Möglichkeiten: Entweder Sie ändern die Datenstruktur der Basisdaten, was bei monatlicher Aktualisierung sehr zeitraubend ist, oder Sie erstellen einen dynamischen Datenbereich als Zellbezug für die Sparklines.

Da mir die zweite Variante auf lange Sicht effizienter erscheint, möchte ich Ihnen zu ihr raten. Erstellen Sie einen dynamischen Bereich mithilfe von BEREICH.VERSCHIEBEN():

▸ Der Startpunkt des dynamischen Bereichs muss Zelle I12 sein.

▸ Von dort aus soll immer um eine Zeile verschoben der Bereich mit dem Monat Januar beginnen (1).

▸ Aus welcher Spalte, also von welcher Firma, die Daten übernommen werden sollen, hängt von der Zeile ab, in der sich die Sparkline befindet. Diese Flexibilität erhalten Sie mit ZEILE()-1. In der zweiten Zeile werden die Daten der ersten Firma angesteuert, in der dritten Zeile sind es die der zweiten Firma usw.

▸ Die Anzahl der Zeilen, die in der Sparkline dargestellt werden müssen, beträgt immer 12, da es sich um zwölf Monate handelt.

▸ Auch die Breite des Bereichs steht mit 1 fest, da es sich immer nur um eine Umsatzspalte handelt.

Sie werden also folgende Funktion benötigen:

```
=BEREICH.VERSCHIEBEN(Sheet1!$I$12;1;ZEILE()-1;12;1)
```

Geben Sie die Funktion in den NAMENS-MANAGER, den Sie mit $\boxed{\text{Strg}}$ + $\boxed{\text{F3}}$ aufrufen, ein, und nennen Sie den Bereich »Unternehmen« (Abbildung 16.111).

Name bearbeiten	?	×
Name:	Unternehmen	
Bereich:	Arbeitsmappe ⌄	
Kommentar:		
Bezieht sich auf:	=BEREICH.VERSCHIEBEN(Sheet1!$I$12;1;ZEILE()-1;12;1) ⬆	
	OK	Abbrechen

Abbildung 16.111 Definition des dynamischen Bereichsnamens

Nun können Sie sich an die Erstellung der ersten Sparkline machen. Sie soll in Zelle B2 entstehen. Fügen Sie sie dort wie gewohnt über EINFÜGEN • SPARKLINES • LINIE ein. Drücken Sie in der Dialogbox $\boxed{\text{F3}}$, und wählen Sie dann den angezeigten dynamischen Bereichsnamen *Unternehmen* aus. Nachdem Sie die Eingabe bestätigt haben, kopieren Sie die Sparkline nach unten in die Zellen B3 bis B6.

16.17.2   Darstellung geografischer Daten in Dashboards

Bereits mit Excel 2016 für Office 365 implementierte Microsoft einen neuen Diagrammtyp, das FLÄCHENKARTOGRAMM. Im Menü EINFÜGEN • DIAGRAMME • KARTEN kann es ebenso ausgewählt werden wie im Diagramm-Assistenten. Wenn Sie in der Beispieldatei *16_Dashboard_RegionaleDarstellung_00.xlsx* den Wertebereich U1 bis V17 im Tabellenblatt *Basisdaten* markieren und dann diesen Diagrammtypen auswählen, erhalten Sie eine Darstellung der Bundesrepublik Deutschland und ihrer Bundesländer (Abbildung 16.112).

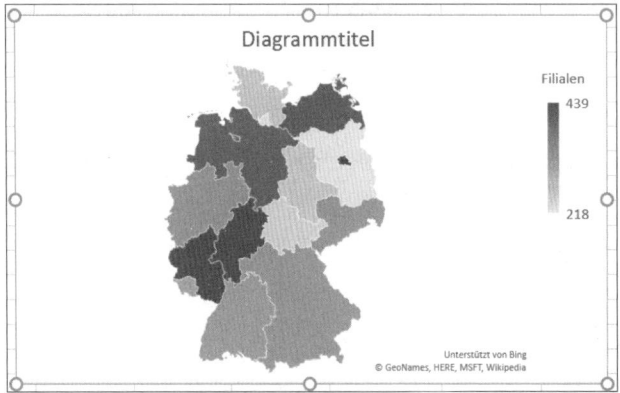

Abbildung 16.112 Flächenkartogramm mit Daten auf Basis der Bundesländer

Die Visualisierung besteht aus der eigentlichen Karte, einem Diagrammtitel, der Legende und einer Quellenangabe, denn das Kartenmaterial wird aus dem Kartendienst Bing abgerufen. Wenn das in das Tabellenblatt eingefügte Flächenkartogramm aktiviert ist, wird das Kontextmenü DIAGRAMMTOOLS · ENTWURF zur Bearbeitung der Elemente angezeigt. Selbstverständlich können Titel, Legende und Karte auch mit der rechten Maustaste angeklickt werden, um das Kontextmenü für deren Bearbeitung aufzurufen.

Wie schon bei den anderen neuen Diagrammtypen sind die Gestaltungsoptionen auch beim FLÄCHENKARTOGRAMM recht eng gesetzt. Titel und Legende können nicht verschoben werden. Die Quellenangabe lässt sich nicht abschalten. Möchte man sie in einem Bericht verschwinden lassen, muss man versuchen, eine weiße Fläche über den Text zu legen.

Die Beispieldatei *16_Dashboard_RegionaleDarstellung_01.xlsx* zeigt im Diagrammblatt *Dashboard*, wie man das relativ neue Tool dennoch in hochkomprimierte Berichte einbeziehen kann (Abbildung 16.113). Einziges Manko der Darstellung ist die kaum nutzbare Anzeige der Datenbeschriftungen. Sie kann zwar über einen rechten Mausklick auf das Diagramm und die Auswahl der Option DATENBESCHRIFTUNG aus dem Kontextmenü einfach ergänzt werden. Allerdings müssen die Karte und die in ihr gezeigten Elemente (z. B. europäische Länder) schon sehr groß sein, um die jeweiligen Zahlen auch lesbar zu integrieren. Ist das Element zu klein, werden die Zahlen einfach abgeschnitten. Denn auch beim Flächenkartogramm werden zwar Menüoptionen für das Editieren der Datenbeschriftung angeboten, doch die Optionen darin lassen sich aktuell nicht verändern. Die Formatierungsmöglichkeiten sind also eher gering.

16

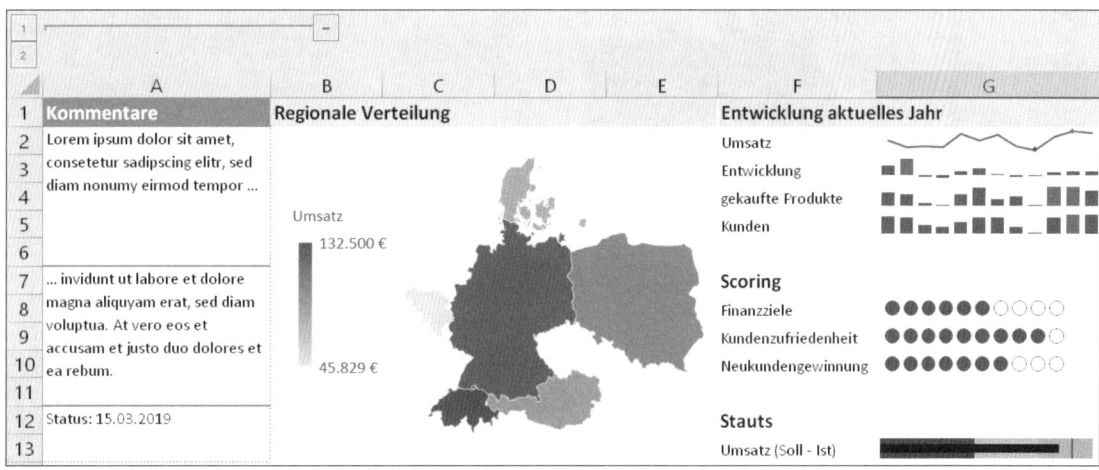

Abbildung 16.113 Einbindung eines Flächenkartogramms in ein Dashboard

Verwenden Sie hingegen die Legende zur Erläuterung der dargestellten Zahlen, wie in der Abbildung gezeigt, dann verliert das Flächenkartogramm an Präzision. Denn es wird lediglich eine Farbskala auf Basis des Minimal- und Maximalwertes angezeigt. Eine Zuordnung der Werte zu den einzelnen Ländern ist nicht möglich. Damit eignet sich die Darstellung letztlich nur, um einen relativen Vergleich zwischen den einzelnen Elementen auf einen Blick zu ermöglichen. Erst wenn Sie mit der Maus auf ein Element, also Land, zeigen, werden Einzelheiten wie die Bezeichnung und der konkrete Wert angezeigt (Abbildung 16.114).

Abbildung 16.114 Detailanzeige beim Zeigen auf ein Element des Flächenkartogramms

Eine weitere Tücke des Flächenkartogramms liegt in der Verwendung von regionalen Bezeichnungen, die Excel bzw. der Kartendienst Bing nicht versteht und zuordnen kann. Wenn Sie im Tabellenblatt *Basisdaten* in Zelle A7 *Italien* statt *Belgien* eingeben, sinkt die Rate der Erkennung bei den geografischen Begriffen unvermittelt auf 83 % (Abbildung 16.115). Denn die Bezeichnung *Italien* kann scheinbar von Bing keinem geografischen Kartenelement zugeordnet werden.

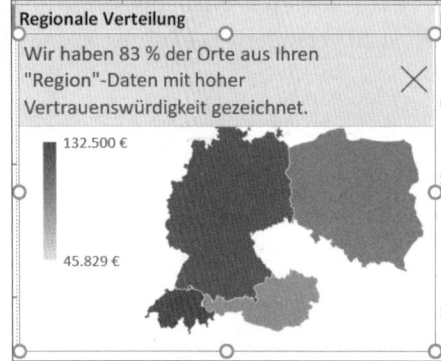

Abbildung 16.115 Italien unbekannt – im Flächenkartogramm sinkt die Erkennungsrate.

Interessanterweise funktioniert die Zuordnung wieder, wenn Sie statt *Italien* die englische Bezeichnung *Italy* verwenden.

16.17.3   Verwendung von Ringdiagrammen in Dashboards

Ringdiagramme haben in den letzten Jahren bekanntlich eine ungeheure Popularität gewonnen. Egal, ob man nun die Websites von Firmen betrachtet, Fachzeitschriften liest oder sich die Tagesschau ansieht – ein Ringdiagramm taucht mit ziemlicher Gewissheit auf. Dies ist vor allem deshalb einer Erklärung wert, weil von Expertenseite das gute alte Kreisdiagramm zunehmend ins Abseits argumentiert wurde. Wichtigste Begründung dafür: Datenvergleiche zwischen einzelnen Elementen sind in einem Balkendiagramm viel besser lesbar als im Kreisdiagramm. Aber genau an diesem Argument setzt die Renaissance der runden Diagramme nun an. Denn die Ringdiagramme, die heute immer wieder verwendet werden, stellen zumeist nur einen einzigen Wert und keinen Wertevergleich dar (Abbildung 16.116). Und diese Aufgabe erfüllt der Diagrammtyp auch sehr gut, veranschaulicht es doch prägnant den Anteil eines Einzelwertes an einer Gesamtheit. Das ursprüngliche Hauptproblem der Kreis- und Ringdiagramme – die Vergleichbarkeit kleinerer Kreis- oder Ringsegmente bei lediglich geringen Unterschieden des verwendeten Zahlenmaterials – entfällt somit.

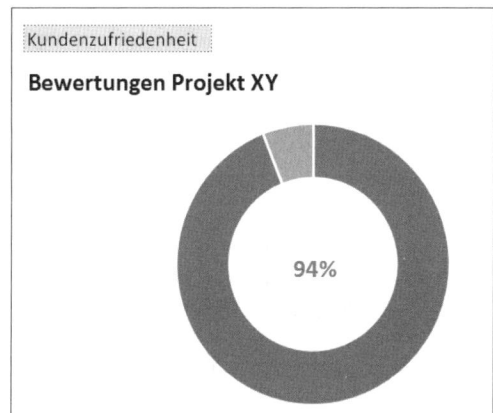

Abbildung 16.116 Darstellung eines Erfüllungsgrades im Ringdiagramm

In der Beispieldatei *16_Dashboard_Ringdiagramm_01.xlsx* enthält das Tabellenblatt *Ring_dynamisch* die Standardform dieses Diagrammtyps. Erstellt wird er durch die Auswahl eines Zellbereichs – beispielsweise H4 bis J4. Danach wählen Sie DIAGRAMME · KREIS- ODER RINGDIAGRAMM EINFÜGEN · RING.

Die Diagramm-spezifischen Einstellungen des Ringdiagramms werden wie immer über die DATENREIHENOPTIONEN konfiguriert. Diese erreichen Sie, indem Sie mit der rechten Maustaste auf den Ring klicken und dann die Option DATENREIHEN FORMATIEREN aktivieren. Hier können Sie die INNENRINGGRÖSSE beispielsweise auf 60 % setzen. Danach sollten Sie die DATENBESCHRIFTUNGEN einschalten. Da Sie lediglich den erreichten Wert im Diagramm anzeigen möchten, kann die Werteanzeige für den kleineren Restwert bis 100 % einfach gelöscht werden. Dazu müssen Sie diesen Wert zweimal anklicken, bevor Sie ⌴Entf⌴ betätigen.

Um eine dynamische Darstellung der Daten im Tabellenblatt *Ring_dynamisch* zu ermöglichen, reicht es aus, mithilfe von INDEX() die über das Listenfeld in Zelle B2 ausgewählten Werte in den Zellen I9 und J9 zu berechnen:

=INDEX($I$4:$I$7;VERGLEICH($B$2;$H$4:$H$7;0)) in Zelle I9

und =INDEX($J$4:$J$7;VERGLEICH($B$2;$H$4:$H$7;0)) in Zelle J9.

Das Ringdiagramm kann allerdings nicht nur durch eine dynamische Auswahl optisch aufgewertet werden. Sollen etwa zwei klar abgrenzbare Aufgabenbereiche oder Arbeitspakete dargestellt werden, erweist sich das in Abbildung 16.117 dargestellte Ringdiagramm als interessante Abwandlung des Standardtyps.

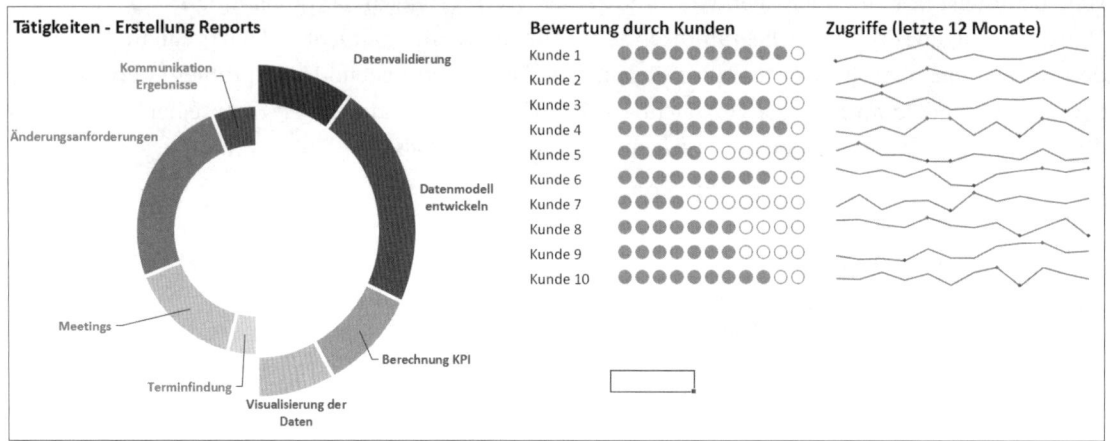

Abbildung 16.117 Zwei Halbringe in einem Dashboard

Entscheidend bei dieser Variante ist zunächst der Aufbau der Datentabelle, auf die sich das Diagramm bezieht. Im Tabellenblatt *Daten_Dashboard* erkennen Sie, dass es sich um zwei Datenreihen handelt, die beide einen Gesamtwert von 100 % ergeben. Aus diesem Grund enthält jede Datenreihe den Wert 50 %, um den jeweiligen Ring aufzufüllen. Beide Datenreihen ergeben somit zusammengenommen wiederum 100 %. Da die beiden Datenreihen in der Tabelle zeilenweise versetzt erfasst wurden, werden die beiden (Halb-)Ringe schließlich im Diagramm direkt gegenüber als Halbkreise angeordnet. Mit anderen Worten: Auch diese Darstellung bedient sich wieder des alten Tricks einer Scheindatenreihe oder eines Scheindatenpunktes (Abbildung 16.118).

	A	B	C
1	**Tätigkeiten - Erstellung Reports** ▾	**Aufwand1** ▾	**Aufwand2** ▾
2	Datenvalidierung	10%	
3	Datenmodell entwickeln	22%	
4	Berechnung KPI	10%	
5	Visualisierung der Daten	8%	50%
6	Terminfindung	50%	4%
7	Meetings		15%
8	Änderungsanforderungen		25%
9	Kommunikation Ergebnisse		6%

Abbildung 16.118 Aufbau der Datentabelle des doppelten Ringdiagramms

Insgesamt muss natürlich wieder nach genauer Betrachtung der Datenbasis entschieden werden, ob das aus zwei halben Ringen bestehende Diagramm geeignet ist, um die Verteilung der Daten prägnant darzustellen. Im vorliegenden Beispiel ist dies der Fall, weil auch ohne detaillierte Datenbeschriftung klar wird, dass *Änderungsanforderungen* und *Daten-modell entwickeln* die Tätigkeiten in den jeweiligen Arbeitspaketen sind, welche den höchsten Aufwand verursachen.

16.18   Übernahme in PowerPoint

Tabellen und Diagramme, die mit Excel erstellt wurden, bilden nicht selten wichtige Bestandteile von PowerPoint-Präsentationen. Die Übernahme von Excel-Ergebnissen in PowerPoint ist an sich nicht sonderlich kompliziert. Allerdings geben einige Einstellungen in PowerPoint bisweilen Anlass zu Verwirrung. Auf den folgenden Seiten möchte ich einige grundsätzliche Verfahren, Konfigurationsmöglichkeiten und mögliche Fehlerquellen bei der Datenübernahme beschreiben.

Die Themen in diesem Abschnitt sind:

▶ Kopieren und dynamisches Verknüpfen von Tabellen und Diagrammen in PowerPoint

▶ Einfügen von Tabellen und Diagrammen als Objekte

▶ Abstimmen der Designfarben zwischen Excel und PowerPoint

16.18.1   Erstellen von Tabellen und Diagrammen in PowerPoint

In der Regel werden Sie eine bereits vorhandene Tabelle oder ein Diagramm aus Excel in PowerPoint einfügen möchten. In diesem Fall bedienen Sie sich ganz einfach der beiden Funktionen KOPIEREN und EINFÜGEN. Wenn Sie Ihre Tabelle oder Ihr Diagramm in Excel markiert haben, reicht es, $\boxed{\text{Strg}}$ + $\boxed{\text{C}}$ zu drücken, um das Objekt in die Zwischenablage zu kopieren. Nachdem Sie zu PowerPoint gewechselt sind, fügen Sie den Inhalt der Zwischenablage am schnellsten mit $\boxed{\text{Strg}}$ + $\boxed{\text{V}}$ auf der aktuellen Folie ein, die am besten keine Platzhalter enthalten sollte. Auch über das Menü START • ZWISCHENABLAGE • EINFÜGEN können Sie das Excel-Objekt in PowerPoint einfügen (Abbildung 16.119).

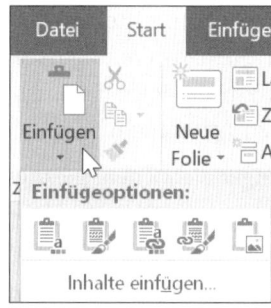

Abbildung 16.119 Einfügen einer Tabelle über das Menü in PowerPoint

Zwischen der Quellanwendung Excel und der Zielanwendung PowerPoint besteht nach dem Einfügen keine Verbindung. Ändern Sie also die Daten in Excel, hat dies keinerlei Auswirkungen auf die Daten in PowerPoint.

16.18.2   Verwenden einer Tabelle oder eines Diagramms als Verknüpfung

Fügen Sie die zuvor in die Zwischenablage kopierten Tabellen oder Diagramme stattdessen über die Funktion START • ZWISCHENABLAGE • INHALTE EINFÜGEN in PowerPoint ein, bieten sich Ihnen andere Möglichkeiten. In der gleichnamigen Dialogbox wird dann auch eine Option angezeigt, die Excel-Elemente als Verknüpfung einzufügen (Abbildung 16.120).

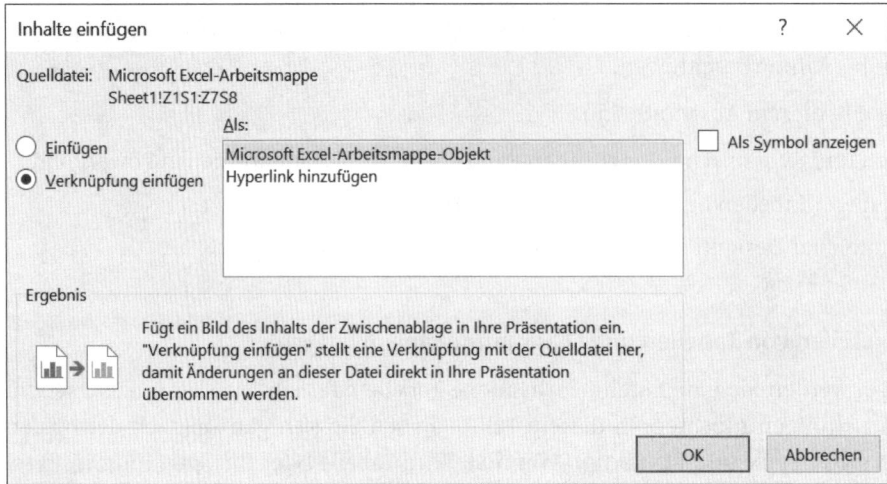

Abbildung 16.120 Einfügen einer Verknüpfung

Zwar ist das Erscheinungsbild von Tabellen und Diagrammen nach dem Einfügen der Verknüpfung nicht anders als bei statisch eingefügten Elementen, allerdings besteht nach der Auswahl dieser Option eine dauerhafte Verbindung zwischen Quell- und Zielanwendung. Ein Doppelklick auf Ihre Tabelle oder Ihr Diagramm in PowerPoint führt unmittelbar zum Öffnen der zugehörigen Arbeitsmappe in Excel. Änderungen in der Quellanwendung Excel werden automatisch an die PowerPoint-Datei weitergegeben – sofern die Verknüpfungseigenschaften eine automatische Aktualisierung vorsehen; doch dazu später mehr.

Wenn Sie die Präsentation per E-Mail versenden, kann der Empfänger sie öffnen, gelangt aber mit einem Doppelklick auf eine mit Excel verknüpfte Tabelle oder ein verknüpftes Diagramm nicht zu Ihrer Originaldatei, da diese nicht mit versendet und auch nicht im Hintergrund der PowerPoint-Datei gespeichert wurde.

Für die auf die Datei bezogenen Aktionen Löschen, Umbenennen und Verschieben der Quelldatei gelten die in Tabelle 16.4 dargestellten Regeln.

Dateiaktion	Auswirkung auf die Verknüpfung
Löschen	Löschen Sie die Arbeitsmappe, mit der Ihre PowerPoint-Datei verknüpft ist, z. B. über den Windows-Explorer, geht die Verknüpfung naturgemäß verloren.
Umbenennen	Wird die Arbeitsmappe im Windows-Explorer umbenannt, kann PowerPoint beim Öffnen der Präsentation die Verknüpfung nicht mehr herstellen. Sie können die Verknüpfung aber über DATEI • INFORMATIONEN • VERKNÜPFUNGEN MIT DATEIEN BEARBEITEN • QUELLE ÄNDERN erneuern. Die Option befindet sich rechts unten im Bildschirm INFORMATIONEN.
	Wird die Arbeitsmappe in Excel unter einem neuen Dateinamen gespeichert, wird also mit Excel eine neue Version erstellt, bleibt die Verknüpfung in PowerPoint zur vorherigen Version der Excel-Datei bestehen. Auch in diesem Fall können Sie die Datenquelle nachträglich in PowerPoint anpassen.
Verschieben	Wenn Sie die Excel-Arbeitsmappe im Windows-Explorer in einen anderen Ordner verschieben, geht die Verknüpfung von PowerPoint zu Excel verloren.
	Speichern Sie die Arbeitsmappe aus Excel heraus in einem neuen Ordner, verliert PowerPoint ebenfalls die Verknüpfung zu dieser neuen Datei, behält jedoch die Verknüpfung zur alten Version im ursprünglichen Ordner bei.
	Auch in diesen beiden Fällen ist eine Wiederherstellung der Verknüpfung möglich.

Tabelle 16.4 Regeln für Löschen, Umbenennen und Verschieben

Bearbeitung von Verknüpfungen in PowerPoint

Die Eigenschaften einer Verknüpfung zeigt Ihnen die Funktion VERKNÜPFUNGEN MIT DATEIEN BEARBEITEN im Dateimenü unter INFORMATIONEN an. An dieser Stelle können Sie beispielsweise Verknüpfungen lösen oder von der automatischen auf die manuelle Aktualisierung umstellen (Abbildung 16.121).

16

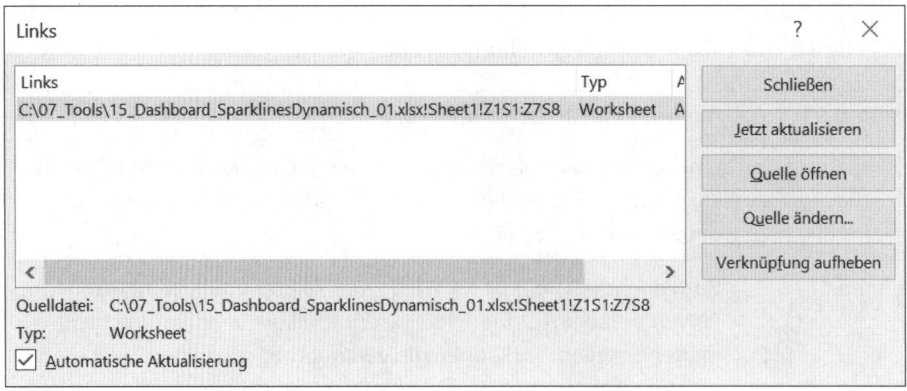

Abbildung 16.121 Dialogbox »Links«

Die einzelnen Optionen in dieser Dialogbox zeigt Tabelle 16.5.

Option	Funktionsweise
AUTOMATISCH	Diese Option führt dazu, dass Änderungen in Excel direkt an Power-Point weitergegeben werden. Beim Öffnen der PowerPoint-Datei werden die verknüpften Inhalte nach einer Rückfrage des Programms aktualisiert.
MANUELL	Es erfolgt keine Rückfrage und keine Aktualisierung beim Öffnen der PowerPoint-Datei. Änderungen in Excel werden erst dann in Power-Point übernommen, wenn über die Option VERKNÜPFUNGEN MIT DATEIEN BEARBEITEN eine manuelle Aktualisierung veranlasst wird.
JETZT AKTUALISIEREN	Diese Option veranlasst die manuelle Aktualisierung in PowerPoint, wenn die automatische Aktualisierung deaktiviert wurde.
VERKNÜPFUNG AUFHEBEN	Durch diese Option wird die dynamische Verknüpfung zwischen Excel und PowerPoint endgültig aufgehoben. Tabellen und Diagramme bleiben jedoch als Bild in der Präsentation erhalten.
QUELLE ÄNDERN	Sie können diese Option einsetzen, um nach dem Verschieben oder Umbenennen der Quelldatei die Verknüpfung zur Arbeitsmappe wiederherzustellen.
QUELLE ÖFFNEN	Mit dieser Option bewirken Sie ein Öffnen der Quelldatei. Sie ist mit einem Doppelklick auf das verknüpfte Element in der Folie vergleichbar.

Tabelle 16.5 Optionen in der Dialogbox »Links«

16.18.3   Einbetten eines Excel-Objekts in PowerPoint

Von allen Alternativen hat das Einbetten eines Objekts die weitreichendsten Konsequenzen für die Verknüpfung von Excel und PowerPoint:

▶ Änderungen an den Quelldaten können sowohl in Excel als auch in PowerPoint erfolgen, da ein Doppelklick in PowerPoint auf eine Tabelle oder ein Diagramm das mit der PowerPoint-Datei verbundene Excel-Dateiobjekt in PowerPoint öffnet.

▶ E-Mail-Empfänger Ihrer PowerPoint-Präsentation erhalten automatisch, aber unsichtbar und vielleicht auch ungewollt das Excel-Dateiobjekt zugeschickt; sie können ebenfalls mit einem Doppelklick die Excel-Datei öffnen und deren kompletten Inhalt sehen, ändern und in einer Datei speichern.

Ein Objekt fügen Sie in PowerPoint über den Menüpunkt EINFÜGEN • TEXT • OBJEKT und die Option AUS DATEI ERSTELLEN ein. Anschließend klicken Sie auf die Schaltfläche DURCHSUCHEN, um die Excel-Datei auszuwählen, die Sie als Objekt einfügen möchten.

16.18.4   Verwendung von Designfarben in PowerPoint

Seit der Einführung von Office 2007 setzt Microsoft sogenannte *Designfarben* ein, um die Dokumente in den unterschiedlichen Office-Anwendungen farblich zu gestalten. Ich habe bereits in Abschnitt 16.7.2, »Erstellen eigener Designfarben«, beschrieben, wie Sie die vorhandenen Designfarben anwenden und eigene erstellen. Wie ist nun die Funktions- und Wirkungsweise der Designfarben, wenn Sie Tabellen oder Diagramme von Excel in PowerPoint statisch oder dynamisch einfügen?

Hier ist die Antwort:

▶ Wenn Sie z. B. ein Diagramm in PowerPoint als Verknüpfung einfügen, wird in PowerPoint das Schema der Designfarben aus Excel angewendet. Ändern Sie die Auswahl der Designfarben in Excel, hat dies nach der Aktualisierung der Verknüpfung auch Auswirkungen auf die Farbdarstellung in PowerPoint.

▶ Fügen Sie hingegen ein Diagramm statisch, also mit BEARBEITEN • EINFÜGEN oder [Strg] + [C], in die Präsentation ein, wird das aktuell in PowerPoint aktivierte Farbprofil auf das Diagramm übertragen. Dies führt unter Umständen zu einer Neugestaltung des Diagramms.

▶ Da Designfarben, die Sie in einem Programm, beispielsweise in Excel, erstellt haben, automatisch auch in den anderen Office-Anwendungen zur Verfügung stehen, sollten Sie darauf achten, dass Sie im Fall eines Datenaustauschs zwischen den beiden Programmen auch identische Designfarben verwenden.

Schritt 1: Elemente und Eigenschaften des Folienmasters

PowerPoint verwendet eine spezifische Hierarchie bei der Gestaltung von Präsentationen. Die mittlere Ebene bildet der Folienmaster. Seinen Entwurf initiieren Sie über ANSICHT • PRÄSENTATIONSANSICHTEN • FOLIENMASTER. Ein Folienmaster wird durch die folgenden Elemente und Eigenschaften definiert, die die unterste Hierarchieebene bilden:

▶ Folienlayouts wie NUR TITEL, VERGLEICH und BILD MIT ÜBERSCHRIFT

▶ Positionierung der Platzhalter

▶ HINTERGRUNDFORMATE (z. B. Farbverläufe oder Hintergrundbilder)

▶ Designeigenschaften, wie beispielsweise FARBDESIGNS, SCHRIFTARTEN und EFFEKTE

▶ auf Masterfolien positionierte AutoFormen oder weitere Objekte, wie z. B. Logos

Seit dem Erscheinen von Office 2007 können Sie in PowerPoint mehrere Folienmaster in einer PowerPoint-Datei nutzen. Dies ist vor allem dann praktisch, wenn Sie beispielsweise für unterschiedliche Folientypen verschiedenartige Layouts verwenden möchten (z. B. Textfolien in CI-Farben, Diagrammfolien hingegen mit weißem Hintergrund). Den Zugriff auf die verschiedenen Layouts haben Sie in PowerPoint am schnellsten mit einem Mausklick in einen leeren Folienbereich und über die Auswahl der Option LAYOUT aus dem Kontextmenü.

Schritt 2: Entscheidungshilfen für die farbliche Gestaltung von Präsentationen

Den Folienmaster definieren Sie hinreichend, indem Sie eine begründete Farbauswahl treffen. Dies kann auf den ersten Blick einfach sein, wenn Sie in Ihrem Unternehmen über ein CI-Handbuch verfügen. Ein Blick in diese Dokumentation wird Ihnen sicherlich eine Reihe von Farben an die Hand geben, die auch in Präsentationen verwendbar sind.

Werden zu den genannten Farben auch noch die betreffenden RGB-Werte angegeben, sind Sie nur noch einen Schritt von einer nach allen CI-Regeln des Unternehmens gestalteten PowerPoint-Präsentation entfernt, denn mit der Funktion FOLIENMASTER • DESIGN BEARBEITEN • FARBEN • FARBEN ANPASSEN gelangen Sie in den Programmbereich, der Ihnen alle Möglichkeiten der Farbanpassung bietet.

Öffnen Sie die Farbpalette einer Designfarbe, und klicken Sie auf WEITERE FARBEN • BENUTZERDEFINIERT, können Sie die Werte für die Farben Rot, Grün und Blau definieren. Einer Bestimmung der Farbskala nach präzisen CI-Vorgaben steht nichts mehr im Weg (Abbildung 16.122). Alternativ ist die Bestimmung der verwendbaren Farben nach dem HSL-Schema in PowerPoint möglich.

Wie schon weiter oben beschrieben, reichen die definierten CI-Vorgaben mit hoher Wahrscheinlichkeit nicht aus, um den Erfordernissen einer effizienten Informationsdarstellung zu genügen. Um die Aufmerksamkeit gezielt auf die wichtigsten Tatbestände zu lenken, müssen wahrnehmungsaktive Gestaltungsmerkmale her. In Bezug auf die Farben heißt dies, dass Sie Farben gezielt einsetzen müssen, um Kontraste zu betonen und Harmonien hervorzuheben.

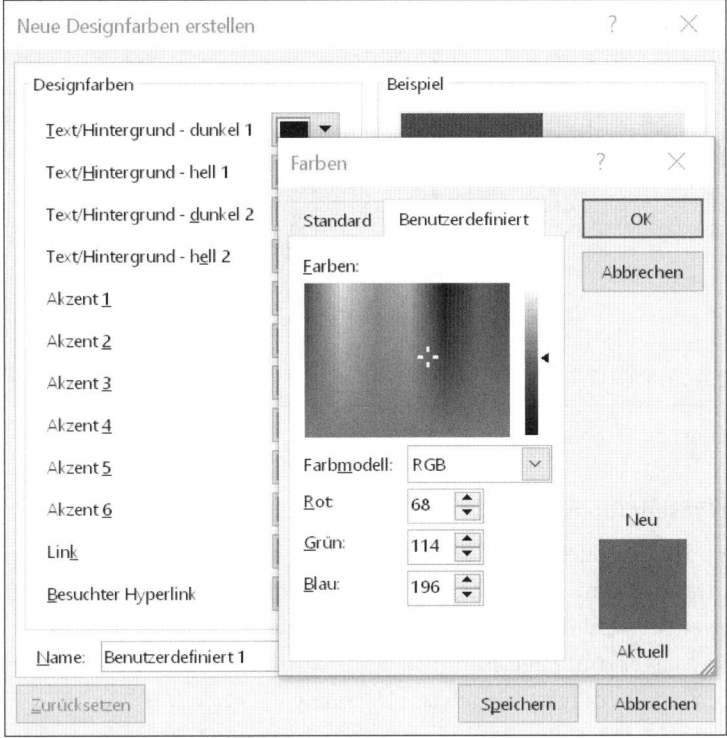

Abbildung 16.122 Definition der Farbskala einer Präsentation

Eine große Hilfe bei der Bestimmung von Farbharmonien und -kontrasten liefern Farbräder, -dreiecke und -vierecke. Auf der Internetseite *http://colorbrewer2.org* finden Sie ein interaktives Farbrad. Um mit diesem Hilfsmittel die Farben Ihrer Präsentation zu bestimmen, gehen Sie folgendermaßen vor (Abbildung 16.123):

1. Bestimmen Sie zunächst die Grundfarbe Ihrer Präsentation
   (beispielsweise auf der Grundlage einer Produktfarbe oder Anmutung).

2. Wählen Sie diese Farbe im Farbrad aus.

3. Rufen Sie die Komplementärfarben sowie das Farbdreieck und -viereck des Farbrades auf.

4. Notieren Sie die RGB- oder HSL-Werte der angezeigten Farben.

5. Erstellen Sie auf Basis dieser Farbwerte ein FARBDESIGN.

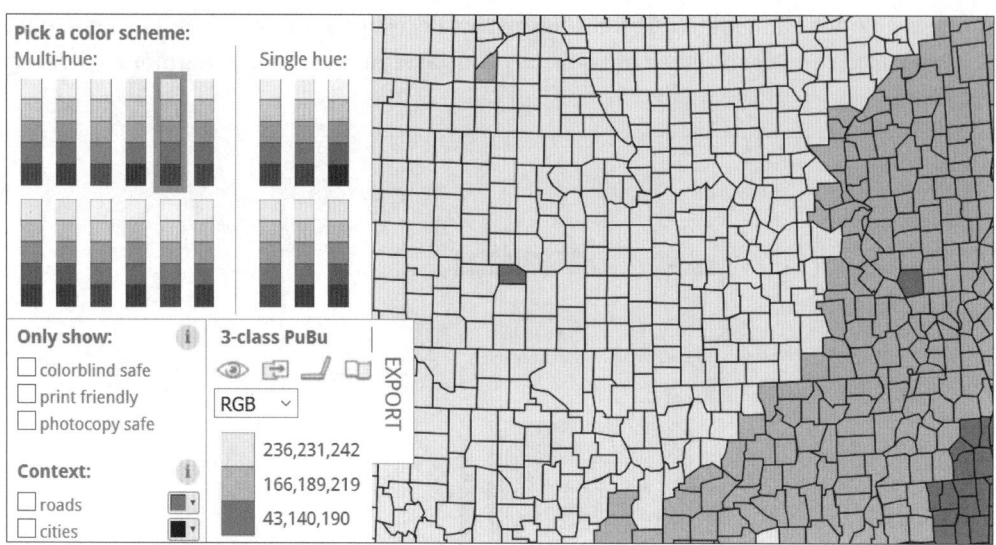

Abbildung 16.123 Bestimmung von Farbharmonien mit Colorbrewer

Schritt 3: Speichern eines Präsentationsdesigns

Die diversen Vorgaben, die Sie im Folienmaster getroffen haben, sind immer gebunden an die momentan geöffnete Datei. Damit ein einmal entworfener Folienmaster auch in einer anderen Präsentation verwendet werden kann, speichern viele Anwender die leere Präsentation, in der der gewünschte Master zum Zuge kommt. Dies funktioniert sogar – meistens zumindest! Das Verfahren besitzt allerdings auch gewisse Nachteile:

▶ Die Dateivorlage kann versehentlich überschrieben oder gelöscht werden.

▶ Sollen mehrere Vorlagetypen verwendet werden, zieht das auch die Pflege und Verwaltung mehrerer PowerPoint-Dateien nach sich.

Die eigentliche Logik von PowerPoint sieht hingegen vor, mithilfe der Option FOLIENMASTER aus einzelnen hinzugefügten Standardfolien, wie beispielsweise der Titel- und/oder Übersichtsfolie sowie der formatierten Fußzeile, ein DESIGN zu erstellen.

Ein Design erstellen Sie in PowerPoint auf folgendem Weg:

▶ Die Datei mit Ihrem neu erstellten Folienmaster ist geöffnet.

▶ Wählen Sie ENTWURF • DESIGN • AKTUELLES DESIGN SPEICHERN aus.

Im Resultat erhalten Sie sämtliche Vorlagen für Ihre Präsentationen automatisch beim Starten von PowerPoint. Das separate Speichern von Vorlagen fällt somit weg – und das Suchen nach einer geeigneten Vorlage für Ihre neue Präsentation, verbunden mit dem Löschen nicht mehr benötigter Inhalte der vorherigen Präsentation, ebenfalls.

[i]

Von der Gliederung über das Design zur Präsentation

Mit der Optimierung bei der Erarbeitung einer neuen Präsentation sollten Sie allerdings noch einen Schritt früher beginnen: Erstellen Sie die Grobstruktur für Ihre Präsentation in Word, und halten Sie sich an den folgenden Arbeitsprozess:

1. Schreiben Sie die Folienüberschriften und einige wenige Stichwörter – keinesfalls ganze Sätze – in Ihr Word-Dokument.

2. Formatieren Sie die Folienüberschriften mit der FORMATVORLAGE ÜBERSCHRIFT 1 und die Stichwörter darunter mit ÜBERSCHRIFT 2.

3. Speichern Sie die Word-Datei ab.

4. Importieren Sie die Gliederung aus Word in PowerPoint, indem Sie die Funktion ÖFFNEN ausführen und den Dateityp ALLE GLIEDERUNGEN wählen.

5. Weisen Sie der reinen Textpräsentation das passende DESIGN zu.

6. Fügen Sie dann der Textpräsentation aussagekräftige Bilder und Diagramme hinzu.

16.19 Übernahme in Word

Möchten Sie Tabellen oder Diagramme aus Excel in einen Bericht einfügen, den Sie mit Word erstellen, stehen Ihnen die gleichen Möglichkeiten wie in PowerPoint zur Verfügung:

16

1. Fügen Sie ein Element aus Excel über BEARBEITEN • EINFÜGEN oder `Strg` + `V` ein, besteht keine Verbindung zwischen Excel und Word.

2. Durch die Auswahl von BEARBEITEN • INHALTE EINFÜGEN wird hingegen eine dynamische Verknüpfung zwischen Quell- und Zielanwendung via *DDE* (*Dynamic Data Exchange*) erstellt, deren Eigenschaften Sie im Dateimenü mit VORBEREITEN • VERKNÜPFUNGEN MIT DATEIEN BEARBEITEN editieren können.

3. Mit EINFÜGEN • TEXT • OBJEKT • AUS DATEI ERSTELLEN betten Sie ein Excel-Objekt mittels *OLE* (*Object Linking and Embedding*) ein, mit der Konsequenz, dass die gesamte Excel-Arbeitsmappe mit einem Doppelklick auf Ihre Tabelle oder Ihr Diagramm in Excel verfügbar ist.

Kapitel 17
Automatisierung mit Makros – VBA für Controller

Bei stets wiederkehrenden Aufgaben wie dem Datenimport, der Bereinigung von Daten und dem Erstellen von Reports sparen Sie mit Makroroutinen eine Menge Zeit. In diesem Kapitel erfahren Sie, wie Sie eigene Makros erstellen.

Drei wichtige Grundlagen sind es, die Ihnen helfen, Zeit zu sparen sowie aussagekräftige und kalkulatorisch korrekte Reports zu erstellen:

▶ eine systematische Arbeitsweise, bei der Sie unter Verwendung von Hilfsmitteln wie Bereichsnamen und konsequenter Nutzung der Arbeitsmappenstruktur in Excel für sich wiederholende Aufgaben und wiederverwendbare Datenmodelle entwickeln

▶ dynamische Datentabellen und eine Reihe von Kalkulationsfunktionen, die eine Grundlage für die dynamische Anpassung von Bereichen und Berechnungen bilden

▶ Programmroutinen und Makros, mit denen Sie immer wiederkehrende Tätigkeiten, wie z. B. das Importieren, Filtern oder Bereinigen von Daten, automatisieren können

Makros, besonders, wenn Sie den Zusatz VBA tragen, wird häufig der Charakter eines Allheilmittels beigemessen, wenn es um die Automatisierung von Aufgaben geht. Dabei gibt es zahlreiche zeitraubende Handgriffe in Excel, die gänzlich ohne Makroaufzeichnung oder -programmierung vereinfacht und beschleunigt werden können.

Vergleicht man das Werkzeug Makroprogrammierung mit den beiden genannten, hat es objektiv betrachtet sogar zunächst einmal einige Nachteile:

▶ Den Excel-Makros liegt die Programmiersprache *VBA (Visual Basic for Applications)* zugrunde; um wirkungsvolle Routinen zu schreiben, benötigen Sie folglich fundierte Kenntnisse dieser Programmiersprache.

▶ Der Controller ist in den meisten Fällen kein Programmierer – zumindest ist mir im Laufe der Jahre niemand begegnet, der auf dem Feld der Programmierung auch nur annähernd so fundierte Kenntnisse besaß wie in seinem eigentlichen Arbeitsgebiet, dem Controlling.

▶ Bedingt durch die hohe zeitliche Belastung des Controllers ist auch kaum auszumachen, woher die Zeit für das Erlernen einer Programmiersprache, das Schreiben, Testen und Pflegen eigener Anwendungen oder die Überarbeitung von »VBA-Hinterlassenschaften«

17

anderer Mitarbeiter – meist noch viel aufwendiger als Neuprogrammierungen – überhaupt kommen soll.

Wenn diese Gedanken auch nicht sonderlich einladend klingen, sollen sie dennoch kein Plädoyer dafür sein, das Thema Makros vollständig ad acta zu legen. Mir geht es vielmehr darum, den Rahmen zurechtzurücken, vor dem dieses Kapitel gelesen und die Auseinandersetzung von Fachkräften mit dem verheißungsvollen »M-Wort« überhaupt stattfinden sollte. Denn es gibt drei Gründe, die es äußerst lohnenswert erscheinen lassen, sich mit VBA-Makros auseinanderzusetzen:

▶ Schon mit recht einfachen Routinen lassen sich bisweilen erstaunliche Effekte in Sachen Zeitersparnis und Entlastung von Routinetätigkeiten erzielen.

▶ In Büchern, Fachzeitschriften und natürlich im Internet finden Sie bei gezielter Suche einen reichen Fundus funktionierender Makrolösungen, die häufig nach einigen Anpassungen auch für Ihre eigenen Arbeitsaufgaben einsetzbar sind.

▶ Um überhaupt abzuschätzen, welche Tätigkeiten mit der Unterstützung von Makros automatisierbar sind und wie hoch der Aufwand für eine Entwicklung ist, sollten Sie die Grundstrukturen dieses Tools kennen.

Das folgende Kapitel möchte Sie demnach unter diesen drei Gesichtspunkten mit Makros vertraut machen. Dazu werde ich Ihnen diese Themen vorstellen:

▶ Aufzeichnen, Analysieren und Überarbeiten einfacher Makros

▶ Orientierung und Arbeiten im VB-Editor von Excel

▶ Kennenlernen des Objektmodells und Nutzung des Modells zum Adressieren von Objekten und Verändern ihrer Eigenschaften

▶ Arbeiten mit Variablen

▶ Programmierung von Schleifen

▶ Erstellen einfacher Dialoge

▶ Erstellen von benutzerdefinierten Funktionen

17.1   Wie alles anfängt: die Aufzeichnung eines Makros

Die Arbeitsmappe *17_Makro_Aufzeichnung_01.xlsx* enthält eine einfache Liste, die wir bereits an anderer Stelle als Beispiel für den Import und die Bereinigung von Daten bearbeitet haben. Die Liste liefert ein schönes Beispiel für Rohdaten, die aus einem anderen System übernommen sein könnten und die nun in geeigneter Weise verarbeitet werden müssen. Lassen Sie uns der Einfachheit halber annehmen, dass die Liste sehr umfangreich ist und es deshalb geraten erscheint, die Daten zu filtern.

Wie Sie in Abbildung 17.1 erkennen, befindet sich neben den eigentlichen Basisdaten bereits ein Kriterien- und ein Ergebnisbereich.

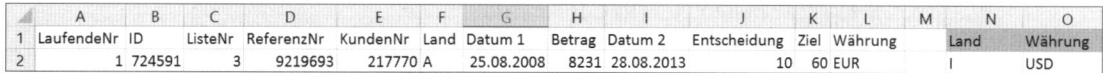

	A	B	C	D	E	F	G	H	I	J	K	L	M	N	O
1	LaufendeNr	ID	ListeNr	ReferenzNr	KundenNr	Land	Datum 1	Betrag	Datum 2	Entscheidung	Ziel	Währung		Land	Währung
2	1	724591	3	9219693	217770	A	25.08.2008	8231	28.08.2013	10	60	EUR		I	USD

Abbildung 17.1 Liste mit Kriterien- und Ergebnisbereich

Die Benutzung des erweiterten Filters ist, wie Sie bereits mehrfach beobachtet haben, sehr nützlich, um aus großen Datenmengen gezielt Teildatenbestände zu erstellen, die dann anderweitig verarbeitet werden. Sie ist aber auch relativ aufwendig in der Bedienung. Die Idee, den Filtervorgang als Makro aufzuzeichnen, um die Funktion zukünftig schneller starten zu können, ist demnach naheliegend. Um die Makroaufzeichnung überhaupt zu ermöglichen, aktivieren Sie die ENTWICKLERTOOLS über DATEI • OPTIONEN • MENÜBAND ANPASSEN auf der rechten Seite der Dialogbox. In Excel 2007 finden Sie die Funktion über die Office-Schaltfläche unter EXCEL-OPTIONEN • HÄUFIG VERWENDET • ENTWICKLERREGISTERKARTE IN DER MULTIFUNKTIONSLEISTE ANZEIGEN.

Dann realisieren Sie Ihr Vorhaben, indem Sie in der Statuszeile links auf die Schaltfläche zur Aufzeichnung von Makros klicken (Abbildung 17.2).

Abbildung 17.2 Schaltfläche zur Makroaufzeichnung in der Statuszeile

17

In die anschließend angezeigte Dialogbox tragen Sie einen Namen für das aufzuzeichnende Makro ein. Achten Sie darauf, dass im Listenfeld MAKRO SPEICHERN IN: die Option DIESE ARBEITSMAPPE ausgewählt ist. Geben Sie eine kurze BESCHREIBUNG in der Art von »Filtert nach Land und Währung« ein (Abbildung 17.3).

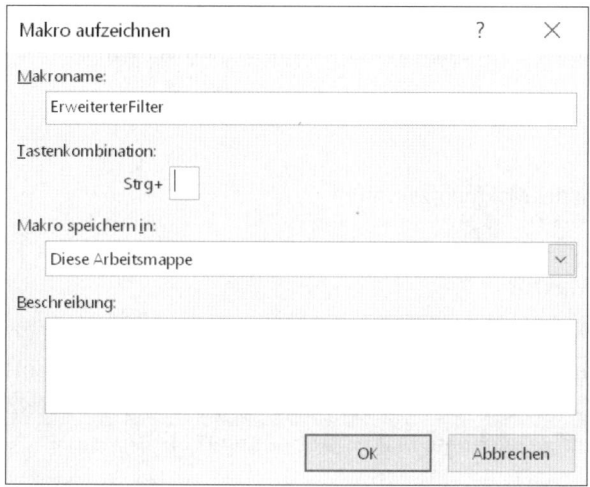

Abbildung 17.3 Dialogbox »Makro aufzeichnen«

Sobald Sie diese Angaben gemacht haben, klicken Sie auf OK. Nun beginnt die eigentliche Aufzeichnung des Makros. Führen Sie Schritt für Schritt den Filtervorgang aus:

1. Klicken Sie in eine beliebige Zelle der Basisdatenliste.

2. Drücken Sie die Tastenkombination [Strg] + [⇧] + [+], um den aktiven Tabellenbereich zu markieren.

3. Starten Sie die Funktion DATEN • SORTIEREN UND FILTERN • ERWEITERT.

4. Aktivieren Sie die Option AN EINE ANDERE STELLE KOPIEREN.

5. Übernehmen Sie den im Eingabefeld LISTENBEREICH vorgeschlagenen Zellbereich A1 bis L70 unverändert (Abbildung 17.4).

6. Markieren Sie die Zellbereiche N1 bis O2 als KRITERIENBEREICH und Q1 bis W1 im Eingabefeld als KOPIEREN NACH.

7. Klicken Sie dann auf OK, um den Filtervorgang zu starten.

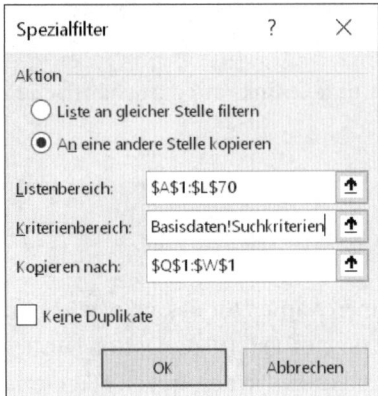

Abbildung 17.4 Status der Dialogbox »Spezialfilter« beim Klicken auf »OK«

Beenden Sie die Makroaufzeichnung mit einem Klick auf die Stopp-Schaltfläche in der Statuszeile links unten (Abbildung 17.5).

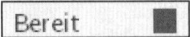

Abbildung 17.5 Schaltfläche zum Beenden der Makroaufzeichnung

17.1.1 Testen des aufgezeichneten Makros

Sicherlich wird Sie interessieren, ob die Aufzeichnung des Makros funktioniert hat und ob Sie es nun für weitere Filtervorgänge nutzen können. Um dies zu testen, schreiben Sie einfach neue Filterkriterien, ein anderes Land oder eine andere Währung in den Zellbereich N2 bis O2. Danach starten Sie das soeben aufgezeichnete Makro (Abbildung 17.6):

1. Drücken Sie die Tastenkombination $\boxed{\text{Alt}}$ + $\boxed{\text{F8}}$.

2. Achten Sie darauf, dass im Listenfeld MAKROS IN: die Option DIESE ARBEITSMAPPE ausgewählt ist.

3. Doppelklicken Sie auf das angezeigte Makro mit der Bezeichnung ERWEITERTERFILTER.

Wenn alles bei der Aufzeichnung des Makros korrekt verlaufen ist, sollte nun das Ergebnis des Filtervorgangs für die von Ihnen festgelegten Kriterien im Ergebnisbereich angezeigt werden.

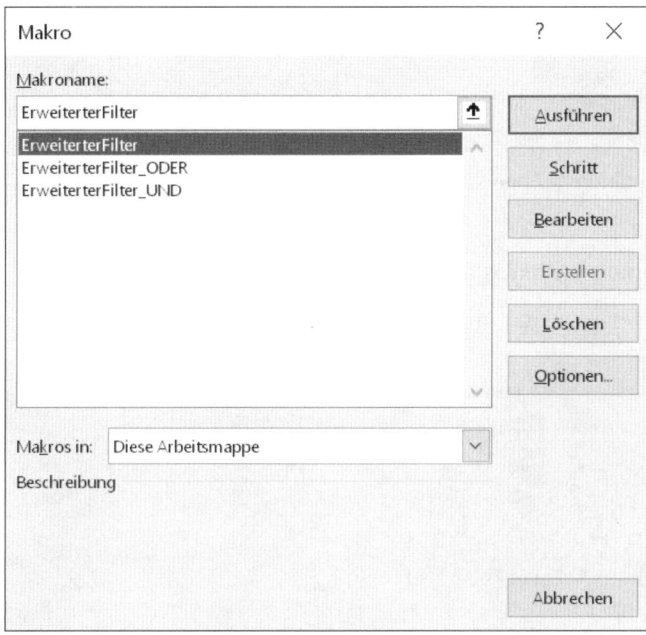

Abbildung 17.6 Starten des Makros

17.1.2   Ein Blick hinter die Kulissen: Ihr Makro im Makro-Editor

Um sich einen ersten Überblick zu verschaffen, was bei der Makroaufzeichnung eigentlich geschehen ist, sollten Sie als Nächstes in den Makro-Editor wechseln. Dazu betätigen Sie die Tastenkombination $\boxed{\text{Alt}}$ + $\boxed{\text{F11}}$. Es öffnet sich ein neues Fenster, der *Visual Basic Editor*. Dort werden zunächst zwei Fensterausschnitte angezeigt. Auf der linken Seite sehen Sie den *Projekt-Explorer*, auf der rechten Seite das *Codefenster* (Abbildung 17.7).

Der Projekt-Explorer enthält die zurzeit geöffneten Excel-Objekte; eines dieser Objekte ist auch die von Ihnen geöffnete Arbeitsmappe *17_Makro_Aufzeichnung_01.xlsm*. Dieses Arbeitsmappenobjekt besteht aus weiteren Unterobjekten, die mit *Microsoft Excel Objekte* und *Module* bezeichnet sind. Wenn Sie auf das Pluszeichen vor dem Objekt *Module* klicken, wird ein weiteres Untermodul, diesmal mit der Bezeichnung *Modul1*, angezeigt. Klicken Sie wiederum auf dieses Objekt doppelt, sind Sie am Ziel.

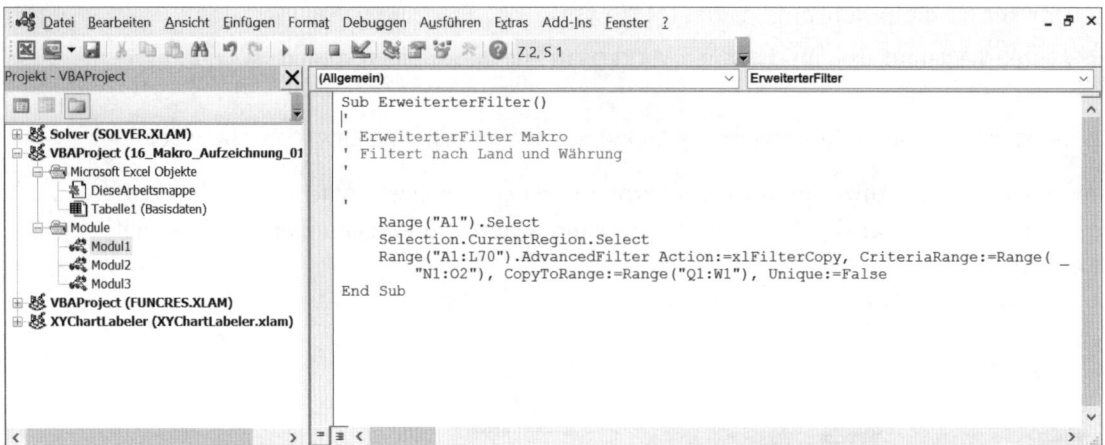

Abbildung 17.7 Makro-Editor mit Codefenster und aufgezeichnetem Makro

17.1.3   Struktur des aufgezeichneten Makros

Auf der rechten Seite wird im Codefenster der Programmtext Ihres aufgezeichneten Makros angezeigt:

```vba
Sub ErweiterterFilter()
' ErweiterterFilter-Makro
' Filtert nach Land und Währung
    Range("A1").Select
    Selection.CurrentRegion.Select
    Range("A1:L70").AdvancedFilter Action:=xlFilterCopy, _
    CriteriaRange:=Range( _"N1:O2"), _
    CopyToRange:=Range("Q1:W1"), Unique:=False
End Sub
```

Wie alle Makros weist auch dieses eine ganz bestimmte Grundstruktur auf:

▶ Das Makro beginnt mit dem Schlüsselwort `Sub`, gefolgt von dem Makronamen, den Sie zuvor festgelegt haben. Der Name wird mit einer öffnenden und einer schließenden Klammer abgeschlossen (in diesem Fall `Sub ErweiterterFilter()`).

▶ Das Schlüsselwort `End Sub` beendet das Makro bzw. den Quelltext.

▶ Die grün formatierten und mit Hochkommata versehenen Zeilen sind *Kommentare*; sie enthalten z. B. die Beschreibung, die Sie vor der Aufzeichnung in die Dialogbox MAKRO AUFZEICHNEN eingegeben haben. Immer wenn Sie vor eine Zeile ein solches Hochkomma setzen, wird die Zeile nicht als Makroanweisung interpretiert, sondern als Kommentar.

▶ Alle restlichen, schwarz formatierten Textzeilen stellen den eigentlichen *Quelltext* – also die Anweisungen – dar, die beim Aufruf des Makros ausgeführt werden sollen.

17.1.4   Quelltext des aufgezeichneten Makros – Objekt, Methode, Eigenschaft

Erinnern Sie sich an die Abfolge der Schritte, die Sie ausgeführt haben, um den Filtervorgang zu starten? Würde man diese im Zeitraffer darstellen, käme dabei diese Abfolge heraus: Klick in die Basisdatenliste – aktiven Bereich markieren – Filterfunktion starten – Dialogbox ausfüllen – Eingabe bestätigen.

Einige dieser Arbeitsschritte erkennen Sie im Quelltext wieder (Tabelle 17.1).

Quelltext	Aktivität in der Arbeitsmappe
`Range("A1").Select`	Klick in die Basisdatenliste
`Selection.CurrentRegion.Select`	Markierung des aktiven Bereichs

`Range("A1:L70").AdvancedFilter Action:=`
`xlFilterCopy,`
`CriteriaRange:=Range("N1:O2"),`
`CopyToRange:=Range("Q1:W1"),`
`Unique:=False`
	Filtervorgang mit den gewählten Einstellungen ausführen

Tabelle 17.1 Arbeitsschritte im Quellcode

An den drei Abschnitten erkennen Sie bereits eine wichtige Eigenschaft von VBA: Es werden keine einzelnen Arbeitsschritte – etwa im Stil von *Mausklick in Zelle A1* ⇧ + + DATEN • SORTIEREN UND FILTERN • ERWEITERTER FILTER etc. – aufgezeichnet. Statt der von anderen Programmiersprachen bekannten Prozeduren benennt VBA als *objektorientierte Programmiersprache* immer ein *Objekt* und weist ihm dann eine *Methode* und/oder bestimmte *Eigenschaften* zu. Die Aufforderung »Filtere schnell mal diese Basisdaten!« lautet in VBA »Basisdaten, filtern, schnell«. Objekt, Methode, Eigenschaft.

Was bedeutet das für unser Makro?

▶ Bezogen auf den vorliegenden Quelltext haben wir es mit einem Objekt vom Typ `Range`, dem Listenbereich, zu tun.

▶ Auf dieses Objekt wird die Methode `AdvancedFilter`, die Arbeitsblattfunktion des erweiterten Filters, angewendet.

▶ Dabei kommen verschiedene Eigenschaften zum Tragen, z. B. das Kopieren an eine andere Stelle (`Action:=xlFilterCopy`) oder die Nichtberücksichtigung von Duplikaten (`Unique:= False`).

17.1.5   Weitere Informationen und Hilfen im Makro-Editor nutzen

Wie bei jeder neuen Sprache, die man erlernt, ist auch der Erfolg beim Erlernen von VBA davon abhängig, dass man regelmäßig übt und gute Informationsquellen nutzt. Mit diesen

17

Informationsquellen sind hier aber keine Kurse oder Bücher gemeint. Einige wichtige Quellen bietet Ihnen der VB-Editor nämlich frei Haus.

Bei der Betrachtung eines aufgezeichneten Makros im VB-Editor stellt sich sehr häufig die Frage, welches Objekt Sie eigentlich vor sich haben und welche Methoden oder Eigenschaften im Quelltext aufgezeichnet wurden. Antworten auf diese Fragen erhalten Sie, indem Sie

▶ den Cursor in eine der betreffenden Stellen im Quelltext bewegen und dann

▶ die Funktionstaste F1 drücken.

Je nach Excel-Version wird Ihnen die Hilfe online oder innerhalb von Excel angezeigt. Die in Abbildung 17.8 gezeigte Information erhalten Sie, wenn Sie den Cursor in den Codeabschnitt CurrentRegion stellen und F1 betätigen. Die Hilfe erklärt Ihnen nicht nur die Bestandteile der CurrentRegion-Eigenschaft, sondern liefert im unteren Abschnitt des Fensters auch ein Anwendungsbeispiel. Die kontextbezogene Hilfe ist häufig sehr informativ. Deshalb sollten Sie gerade am Anfang der Auseinandersetzung mit VBA so viel Gebrauch von ihr machen wie möglich.

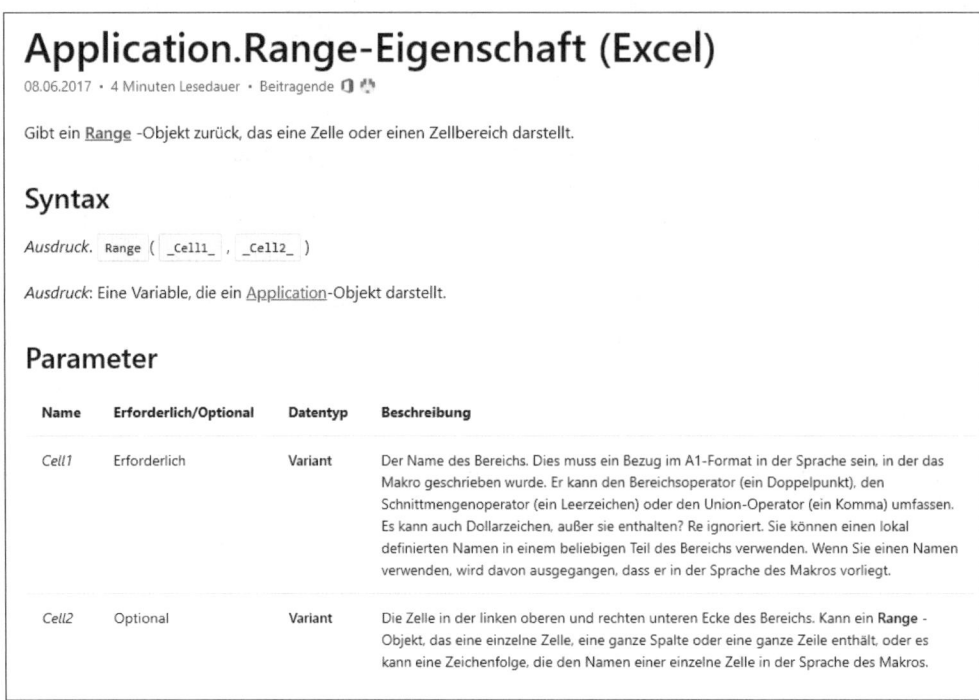

Abbildung 17.8 Anzeige der kontextabhängigen Hilfe im Codefenster

Doch die Hilfe ist nicht die einzige Informationsquelle. Wenn Sie eine kurz gefasste Information zu einem Abschnitt des Quelltextes benötigen, helfen Ihnen wahrscheinlich die *Quick-Infos* weiter, die Sie mit der Tastenkombination Strg + I aktivieren. Mit Ihnen gelingt es recht gut, die Syntax von Anweisungen zu verstehen (Abbildung 17.9).

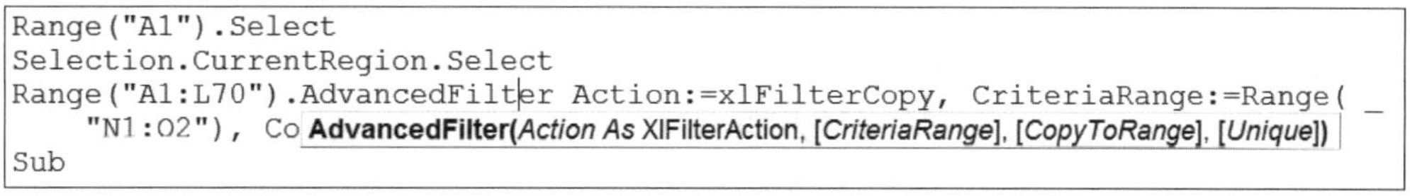

```
Range("A1").Select
Selection.CurrentRegion.Select
Range("A1:L70").AdvancedFilter Action:=xlFilterCopy, CriteriaRange:=Range( _
    "N1:O2"), Co  AdvancedFilter(Action As XlFilterAction, [CriteriaRange], [CopyToRange], [Unique])
Sub
```

Abbildung 17.9 QuickInfos zeigen Informationen zur Syntax.

Eine weitere hilfreiche Tastenkombination ist ⌷Strg⌷ + ⌷J⌷. Sie führt zur Anzeige von Eigenschaften und Methoden in Form einer alphabetisch sortierten Liste. Wenn Sie Quelltext direkt über die Tastatur eingeben, erscheint diese sortierte Liste immer dann, wenn Sie den Punkt nach der Bezeichnung des Objekts eingeben (z. B. Range("a1").). Diese Unterstützung ist unter anderem sinnvoll, um einfache Schreibfehler beim Erstellen von Anweisungen im Editor zu verhindern (Abbildung 17.10).

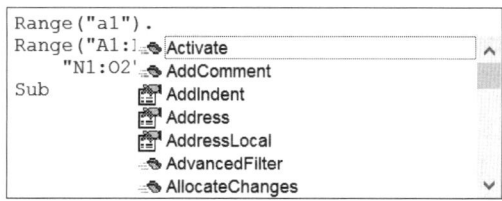

Abbildung 17.10 Anzeige von Methoden und Eigenschaften

Die letztgenannte Informationsquelle an dieser Stelle ist das *Direktfenster*. Es zeigt Ihnen Informationen zu den Werten von Variablen, aber auch zu den Inhalten von ausgewählten Zellen etc. an. Mit ⌷Strg⌷ + ⌷G⌷ aktivieren Sie es. Um Informationen zu Objekten oder Variablen zu erhalten, geben Sie »Print« und danach das Objekt oder die Variable ein, zu der Sie Informationen abrufen möchten.

Mit Print Range("A1").Value wird Ihnen beispielsweise der Inhalt (Value) der Zelle A1 angezeigt (Abbildung 17.11). Doch später mehr zu dieser Möglichkeit.

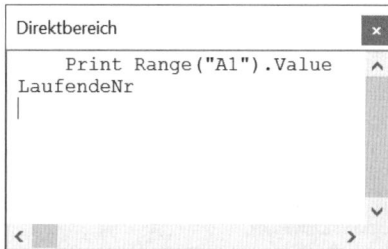

Abbildung 17.11 Abfrage eines Zellinhalts im Direktfenster

17.1.6 Makro im Editor überarbeiten

Wenn Sie das vorhandene Makro zum Filtern von großen Datenmengen nutzen möchten, werden Sie sicherlich auch schnell den Wunsch haben, nicht mit einer Zeile im Kriterienbereich zu arbeiten, sondern mit zwei oder mehr Zeilen. Denn erst dann sind Sie in der Lage, Ihre Filterbedingungen auch mit einem logischen ODER zu verknüpfen. Was muss geändert werden, wenn Sie diese zusätzliche Möglichkeit im Makro schaffen möchten?

Wechseln Sie mit [Alt] + [F11] zurück in das Tabellenblatt der Excel-Arbeitsmappe. Dort wird aktuell der Zellbereich N1 bis O2 für die Erfassung von Kriterien benutzt. Möchten Sie zukünftig die Währung und beispielsweise zwei Länder als Filterkriterien verwenden, müssen Sie den Bereich auf die Zellen N1 bis O3 ausweiten. Nehmen Sie diese Änderung im Makro-Editor vor, indem Sie aus dem ersten ein zweites Makro erstellen:

1. Wechseln Sie mit [Alt] + [F11] in den VB-Editor.
2. Drücken Sie im Codefenster die Tastenkombination [Strg] + [A], um den gesamten Quelltext zu markieren.
3. Kopieren Sie den markierten Text mit [Strg] + [C] in die Zwischenablage.
4. Bewegen Sie den Cursor hinter den bestehenden Quelltext.
5. Fügen Sie den kopierten Text mit [Strg] + [V] aus der Zwischenablage an der Cursorposition ein.
6. Sie müssen nun zwei Änderungen am kopierten Makro vornehmen.
7. Ändern Sie den Namen des zweiten Makros, z. B. in *Sub ErweiterterFilter_ODER()*, da Makronamen immer eindeutig sein müssen (Abbildung 17.12).
8. Passen Sie den Zellbereich in `CriteriaRange:=Range("N1:O2")` auf `("N1:O3")` an, um den Kriterienbereich um eine Zeile zu erweitern.

```
Sub ErweiterterFilter_UND()
'
' ErweiterterFilter Makro
' Filtert die Basisdaten nach Land und Währung

    Range("A1").Select
    Selection.CurrentRegion.Select
    Range("A1:L70").AdvancedFilter Action:=xlFilterCopy, CriteriaRange:=Range( _
        "N1:O2"), CopyToRange:=Range("Q1:W1"), Unique:=False
End Sub
Sub ErweiterterFilter_ODER()
'
' ErweiterterFilter Makro
' Filtert die Basisdaten nach Land und Währung

    Range("A1").Select
    Selection.CurrentRegion.Select
    Range("A1:L70").AdvancedFilter Action:=xlFilterCopy, CriteriaRange:=Range( _
        "N1:O3"), CopyToRange:=Range("Q1:W1"), Unique:=False
End Sub
```

Abbildung 17.12 Duplizieren eines Makros im VB-Editor

17.1.7 Testen des überarbeiteten Makros

Klar, dass Sie auch diese kleine Veränderung testen sollten. Mit einem Sprung zurück in die Arbeitsmappe – Alt + F11 – können Sie nun geänderte Bedingungen in den neu definierten Kriterienbereich schreiben. Versuchen Sie es mit DE und SUI in den Zellen N2 und N3 sowie der Währung *EUR* in Zelle O2. Drücken Sie Alt + F8, und doppelklicken Sie auf das neu erstellte Makro mit dem Namen *ErweiterterFilter_ODER()* (Abbildung 17.13).

Excel führt nun den erweiterten Filter mit zwei Bedingungen aus und zeigt die gefundenen Datensätze für Deutschland, die Schweiz und Euro im Ergebnisbereich des Tabellenblattes an.

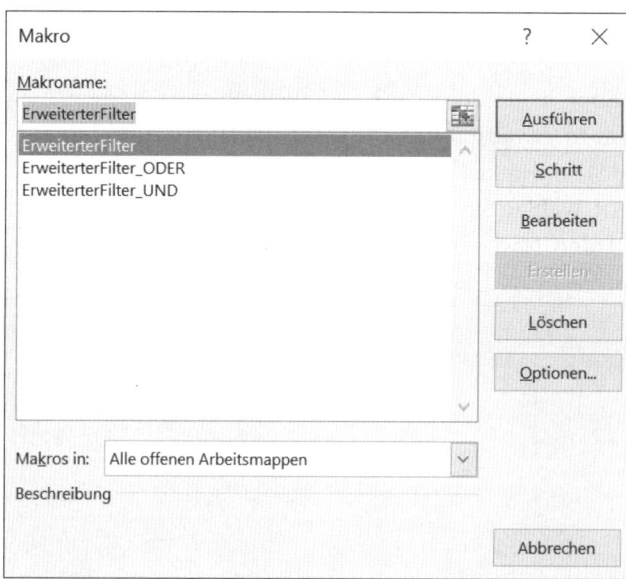

Abbildung 17.13 Anzeige und Auswahl des im Editor erstellten Makros

17.2 Makros über Schaltflächen aufrufen

Wenn Ihre beiden Makros funktionieren, sollten Sie sich gleich der nächsten Vereinfachung zuwenden. Bislang haben Sie die Makros über eine Tastenkombination aufgerufen und sie anschließend aus einer Liste ausgewählt. Wie wäre es, wenn die beiden Filtervorgänge mit einem einzigen Mausklick ausführbar wären?

Wie die bereits zuvor eingesetzten Steuerelemente erstellen Sie auch Schaltflächen über das Menü ENTWICKLERTOOLS • STEUERELEMENTE • EINFÜGEN • FORMULARSTEUERELEMENTE (Abbildung 17.14).

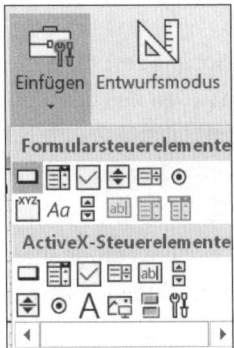

Abbildung 17.14 Auswahl des Steuerelements Schaltfläche

Zeichnen Sie eine Schaltfläche in einen leeren Bereich Ihres Tabellenblattes, in dem auch nach dem Filtervorgang keine Daten zu erwarten sind. Die beiden Spalten N und O bieten sich beispielsweise dafür an. Sobald Sie die linke Maustaste beim Zeichnen loslassen, öffnet sich die Dialogbox MAKRO ZUWEISEN. Wählen Sie mit einem Doppelklick das Makro aus, das Sie mit der Schaltfläche starten möchten. Nachdem Sie auf OK geklickt haben, wiederholen Sie den Vorgang für die zweite Schaltfläche und das zweite Makro (Abbildung 17.15).

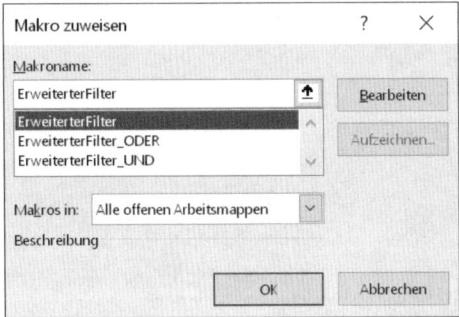

Abbildung 17.15 Zuweisen eines Makros zu einer Schaltfläche

Passen Sie die Beschriftung der beiden Schaltflächen an. Mit einem Rechtsklick auf eine der Schaltflächen gelangen Sie zur Option TEXT BEARBEITEN. Geben Sie »Filter UND« als Beschriftung für die erste und »Filter ODER« für die zweite Schaltfläche ein (Abbildung 17.16).

Abbildung 17.16 Schaltflächen zum Starten der Makros auf dem Tabellenblatt

Die Größe sollten Sie gegebenenfalls auch über das Kontextmenü und die Option STEUER-ELEMENT FORMATIEREN • GRÖSSE ANPASSEN ändern.

Sie positionieren die Schaltflächen präzise, indem Sie sie mit der rechten Maustaste anklicken und sie mit ⌷Strg⌷ + Pfeiltasten an die gewünschte Stelle bewegen.

Testen Sie dann die Funktionsweise der Schaltflächen, indem Sie Ihre Daten nach unterschiedlichen Kriterien filtern.

17.2.1 Alternativen zum Aufruf von Makros über Schaltflächen

Der Aufruf von Makros ist in Excel auf folgenden Wegen möglich:

▶ über die Tastenkombination ⌷Alt⌷ + ⌷F8⌷

▶ über ANSICHT • MAKROS • MAKROS

▶ über ein Steuerelement vom Typ Schaltfläche

▶ über eine Tastenkombination aus ⌷Strg⌷ und einen Buchstaben, sofern eine solche bei der Aufzeichnung zugewiesen wurde

▶ über die Symbolleiste für den Schnellzugriff

▶ über ein Symbol in einer individuell erstellten Gruppe des Menübandes

[i]

17

Makros speichern in der persönlichen Makroarbeitsmappe

Die beiden letzten Optionen sind nur dann sinnvoll, wenn Sie ein Makro erstellt haben, das nicht an eine bestimmte Arbeitsmappe gebunden, sondern in mehreren oder gar sämtlichen Arbeitsmappen eingesetzt werden soll. Solche Makros, deren allgemeine Verfügbarkeit Sie sicherstellen möchten, speichern Sie unter PERSÖNLICHE MAKROARBEITSMAPPE. Die Auswahl dafür treffen Sie in der Dialogbox MAKRO AUFZEICHNEN, in der Sie auch den Makronamen bestimmen.

Im Makro-Editor finden Sie die PERSÖNLICHE MAKROARBEITSMAPPE unter der Bezeichnung *PERSONAL.XLSB*. Die Bearbeitung von Makros in dieser Arbeitsmappe unterscheidet sich nicht von denen in anderen Arbeitsmappen. Auch können Sie Makros zwischen den einzelnen Arbeitsmappen kopieren und verschieben.

17.2.2 Zugriff über die Symbolleiste für den Schnellzugriff

Um ein Makro über die Schnellzugriffsymbolleiste zugänglich zu machen, gehen Sie wie folgt vor:

1. Klicken Sie auf das Listensymbol rechts neben der SCHNELLZUGRIFFSYMBOLLEISTE, und wählen Sie die Option WEITERE BEFEHLE aus.

2. Im Listenfeld BEFEHLE AUSWÄHLEN klicken Sie auf MAKROS (Abbildung 17.17).

3. Wählen Sie in der Liste Ihr Makro aus (z. B. *ErweiterterFilter_ODER*), und fügen Sie es mit einem Mausklick auf die Schaltfläche HINZUFÜGEN in die Symbolleiste ein.

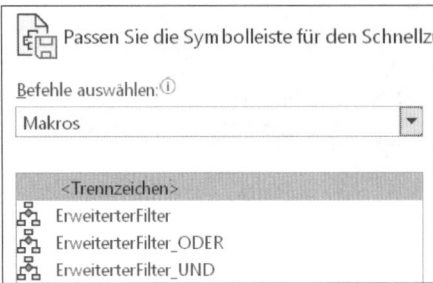

Abbildung 17.17 Zuordnen eines Makros zur Schnellzugriffsymbolleiste

Versäumen Sie es nicht, über die Schaltfläche ÄNDERN dem Makro ein passendes Symbol und einen aussagekräftigen Namen zuzuweisen (Abbildung 17.18).

Abbildung 17.18 Anzeige der Schaltfläche zum Aufrufen
des Makros in der Schnellzugriffsymbolleiste

17.2.3   Zugriff über eine Funktionsgruppe im Menüband

Seit Excel 2010 ist es auch möglich, das Menüband selbst anzupassen. Dies ist besonders dann sinnvoll, wenn Sie mehrere Makros oder Funktionen, die aufgabenbezogen zusammengehören, an einer Stelle des Menübandes konzentrieren möchten. Gehen Sie für diese Anpassung so vor:

1. Rufen Sie START • OPTIONEN • MENÜBAND ANPASSEN auf.

2. Wählen Sie die HAUPTREGISTERKARTE auf der rechten Seite aus, in der Sie das Makro ablegen möchten, oder erstellen Sie eine NEUE REGISTERKARTE.

3. Wählen Sie die GRUPPE aus, in der das Makro angezeigt werden soll, oder klicken Sie auf NEUE GRUPPE, um eine neue Gruppe in der Registerkarte anzulegen.

4. Öffnen Sie auf der linken Seite der Dialogbox im Listenfeld BEFEHLE AUSWÄHLEN die Option MAKROS.

5. Fügen Sie das betreffende Makro mit HINZUFÜGEN in die Gruppe ein.

6. Mit der Schaltfläche Umbenennen erhalten Sie die Gelegenheit, ein geeignetes Symbol und eine andere Beschriftung zuzuweisen (Abbildung 17.19).

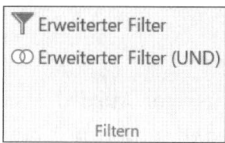

Abbildung 17.19 Anzeige der Makros in einer benutzer-definierten Gruppe des Menübandes

Vor dem Makronamen werden bisweilen weitere Optionen verwendet, die Auswirkungen auf die Verfügbarkeit des Codes für andere Prozeduren haben. Die Bedeutung dieser Optionen veranschaulicht Tabelle 17.2.

Option	Bedeutung
Public	Das Makro ist für alle anderen Makros in sämtlichen Modulen verfügbar.
Private	Das Makro kann nur von anderen Makros im gleichen Modul aufgerufen werden.

Tabelle 17.2 Die Optionen »Public« und »Private«

17.3   Quellcode im Editor bereinigen

Beim Aufzeichnen von Makros ist der erzeugte VBA-Code alles andere als einfach oder effizient. Davon können Sie sich selbst überzeugen, wenn Sie ein einfaches Makro zur Formatierung aufzeichnen. Wenn Sie mehrere Veränderungen für ein und denselben Zellbereich vornehmen, könnte der Quelltext am Ende etwa so aussehen:

```
Sub ÜberschriftFormatieren()
    ' ÜberschriftFormatieren Makro
    Range("A1:B1").Select
    Selection.Font.Italic = True
    Selection.Font.Bold = True
    Selection.Font.Size = 14
    Selection.Font.Name = "Verdana"
End Sub
```

Für jede einzelne Formatierung wird hier der Ausdruck `Selection.Font` eingesetzt. Die Folge: VBA muss diese vier Ausdrücke auch einzeln ausführen. Im vorliegenden Beispiel scheint dies kein allzu großes Problem zu sein. Doch stellen Sie sich vor, der Ausdruck wäre Teil einer

Schleife, die 4.000-mal wiederholt wird – dann würden diese 4.000 Ausdrücke unnötig auf die Geschwindigkeit Ihrer Anwendung drücken.

17.3.1   Zusammenfassung mit »With … End With«

Mit einem `With … End With` vermeiden Sie die Wiederholung überflüssiger Ausdrücke wie `Selection.Font`. Alle Anweisungen, die zwischen `With` und `End With` stehen und mit einem Punkt beginnen, werden dem Objekt nach `With` zugeordnet. Das Makro hat dann folgenden Aufbau:

```
Sub ÜberschriftFormatierenEditiert()
' ÜberschriftFormatieren Makro (verkürzte Fassung)
    Range("A1:B1").Select
    With Selection.Font
        .Italic = True
        .Bold = True
        .Size = 14
        .Name = "Verdana"
    End With
End Sub
```

In der Arbeitsmappe *17_VBA_QuelltextVerkürzen_01.xlsm* finden Sie dieses Beispielmakro.

17.3.2   Entfernen von Standardwerten

Weitere überflüssige Anweisungen entstehen beim Aufzeichnen von Makros dadurch, dass VBA auch die Standardwerte der Objekte, die Sie bearbeiten, in den Quelltext mit aufnimmt, obwohl Sie diese Werte gar nicht verändert haben. Das Resultat sind häufig ellenlange Quelltexte, in denen sich nur einige wenige Zeilen befinden, die wirklich Änderungen an den ausgewählten Objekten vornehmen. In der Beispieldatei finden Sie auch für diese Arbeitsweise ein Beispiel.

Das Makro hat aufgezeichnet, wie die beiden Zellen A1 und B1 mit einer geänderten Hintergrundfarbe und mit Fettdruck formatiert wurden. Anschließend wurde für den Zellbereich A1 bis B9 die Schriftart *Verdana* ausgewählt und ein einfacher Außen- und Innenrahmen erstellt. Da der Quelltext über fast zwei Seiten gehen würde, möchte ich das Ergebnis der Aufzeichnung nur auszugsweise wiedergeben:

```
Sub ZellenFormatieren()
    Range("A1:B1").Select
    With Selection.Interior
        .Pattern = xlSolid
        .PatternColorIndex = xlAutomatic
        .ThemeColor = xlThemeColorLight2
```

```
            .TintAndShade = 0.599993896298105
            .PatternTintAndShade = 0
        End With
        Selection.Font.Bold = True
        Range("A1:B9").Select
        Range("B9").Activate
        With Selection.Font
            .Name = "Verdana"
            .Size = 11
            .Strikethrough = False
            .Superscript = False
            .Subscript = False
            .OutlineFont = False
            .Shadow = False
            .Underline = xlUnderlineStyleNone
            .ColorIndex = xlAutomatic
            .TintAndShade = 0
            .ThemeFont = xlThemeFontNone
        End With
        Selection.Borders(xlDiagonalDown).LineStyle = xlNone
        Selection.Borders(xlDiagonalUp).LineStyle = xlNone
        With Selection.Borders(xlEdgeLeft)
            .LineStyle = xlContinuous
            .ColorIndex = 0
            .TintAndShade = 0
            .Weight = xlThin
        End With
        With Selection.Borders(xlEdgeTop)
            .LineStyle = xlContinuous
            .ColorIndex = 0
            .TintAndShade = 0
            .Weight = xlThin
        End With
...
End Sub
```

Listing 17.1 Langer Quelltext nach Änderung

Eine Verkürzung des Quelltextes erreichen Sie, indem Sie die Standardwerte aus den Anweisungen entfernen. Dies können Sie beispielsweise gleich mit dem Ausdruck .Pattern =
xlSolid beginnen, wenn Sie eine deckende Füllfarbe verwenden möchten. Sollten Sie sich anfangs nicht sicher sein, welche Anweisungen benötigt werden und welche nicht, prüfen Sie,
wie Excel auf die Deaktivierung der Anweisungen reagiert, indem Sie die betreffende Zeile

auskommentieren. Mit einem Hochkomma (') am Anfang der Zeile wandeln Sie die Anweisung in einen Kommentar um. Danach testen Sie das Makro. Wenn es auch ohne die deaktivierte Zeile funktioniert, können Sie sie löschen.

Noch leichter geht das Kommentieren, wenn Sie über das Menü ANSICHT • SYMBOLLEISTEN die Symbolleiste BEARBEITEN aktivieren. Sie stellt Ihnen eine Schaltfläche BLOCK AUSKOMMENTIEREN zur Verfügung, mit dem Sie eine oder auch mehrere Zeilen des Quelltextes auskommentieren. Mit der Schaltfläche rechts davon heben Sie den Status wieder auf und verwandeln den Kommentar wieder in einen Quelltext (Abbildung 17.20).

Abbildung 17.20 Auskommentieren über die Symbolleiste Bearbeiten

Doch zurück zum Quelltext des Makros *ZellenFormatieren()*. Den größten Teil nehmen die Anweisungen zur Bestimmung der Linienart, -farbe und -stärke ein, die auf die vier äußeren und die beiden inneren Rahmenlinien angewendet werden müssen. Allein diese Anweisungen produzieren 24 Zeilen in VBA – zuzüglich der zwölf With- und End With-Zeilen. Ersetzen Sie diese überflüssige Textmenge einfach durch die folgende Zeile:

```
Range("A1:B9").Borders.LineStyle = 1
```

Der Quelltext des Makros sieht in der überarbeiteten Fassung so aus:

```
Sub ZellenFormatierenEditiert()
    Range("A1:B1").Select
    With Selection.Interior
        .PatternColorIndex = xlAutomatic
        .ThemeColor = xlThemeColorLight2
        .TintAndShade = 0.599993896298105
    End With
    Selection.Font.Bold = True
    Range("A1:B9").Select
    With Selection.Font
        .Name = "Verdana"
        .Size = 11
    End With
    Range("A1:B9").Borders.LineStyle = 1
End Sub
```

Listing 17.2 Überarbeiteter Quelltext

17.3.3   Kopieren und Verschieben auf direktem Weg

Standardoperationen wie das Kopieren oder Verschieben von Zellinhalten kommen in VBA-Makros oft vor, wenn es um die Bearbeitung oder Aufbereitung von Basisdaten geht. Auch hier lohnt es sich deshalb, nach möglichen Verbesserungen Ausschau zu halten.

Wenn Sie ein Makro aufzeichnen, das den Zellbereich A1 bis B9 in die Zwischenablage kopiert und im Anschluss daran in den Zellbereich E1 bis F9 wieder einfügt, entsteht folgender Quelltext im VB-Editor:

```
Sub ZellenKopieren()
    Range("A1:B9").Select
    Selection.Copy
    Range("E1").Select
    ActiveSheet.Paste
End Sub
```

Auch hier werden wieder unnötigerweise zwei Select-Anweisungen verwendet und weitere Zeilen für den Kopier- und Einfügevorgang produziert. Verkürzen Sie auch solche Mehrzeiler zu einer einzigen Zeile. Das Makro könnte dann folgendermaßen aufgebaut sein:

```
Sub ZellenKopierenEditiert()
    Range("A1:B9").Copy Destination:=Range("E1:F9")
End Sub
```

Mit Destination:=Range("E1:E9") sparen Sie sich die komplette Paste-Anweisung, und ohne diese können Sie wiederum auf Selection verzichten. Der VB-Editor stößt Sie geradezu auf diese Verbesserungsmöglichkeit. Denn wenn Sie .Copy eingegeben haben, wird die zugehörige QuickInfo umgehend angezeigt (Abbildung 17.21).

```
Range ("A1:B9").Copy
              Copy([Destination])
```

Abbildung 17.21 QuickInfo für das Kopieren von Bereichen

17.4   Bereiche adressieren

Da VBA eine objektorientierte Programmiersprache ist, sollten Sie sich gut mit den wichtigsten Objekten auskennen, die in einer Excel-Arbeitsmappe vorkommen. Eine einfache Übersicht verschaffen Sie sich durch den OBJEKTKATALOG im VB-Editor. Drücken Sie einfach [F2], und er erscheint auf dem Bildschirm (Abbildung 17.22).

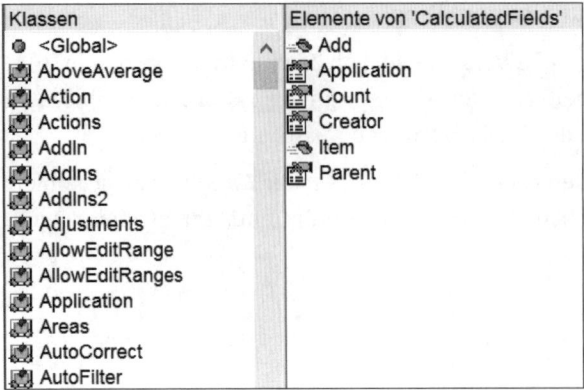

Klassen	Elemente von 'CalculatedFields'
● <Global>	◆ Add
AboveAverage	Application
Action	Count
Actions	Creator
AddIn	◆ Item
AddIns	Parent
AddIns2	
Adjustments	
AllowEditRange	
AllowEditRanges	
Application	
Areas	
AutoCorrect	
AutoFilter	

Abbildung 17.22 Objektkatalog, im VB-Editor aufrufbar mit Taste F2

Zu Beginn mag Ihnen dieses umfangreiche Nachschlagewerk wie ein Buch mit sieben Siegeln vorkommen, doch es wird Ihnen im Laufe der Zeit eine große Hilfe bei Ihrer Arbeit sein. Zum jetzigen Zeitpunkt können Sie mit diesem Katalog eine einfache, aber wichtige Erkenntnis gewinnen: Die Objekte in VBA stehen in einem hierarchischen Verhältnis zueinander.

Klicken Sie auf der linken Seite des Katalogs doppelt auf die Klasse Application, erscheinen auf der rechten Seite die Elemente von Application. Ein Element davon ist Workbooks. Würden Sie Workbooks wiederum auf der linken Seite auswählen, sähen Sie rechts die Elemente dazu. Das Ganze geht auf die gleiche Weise so weiter.

Die Anordnung wichtiger Objekte für die Adressierung von Zellen in VBA folgt der Hierarchie Application – Workbooks – Worksheets – Range – Cells. Auf oberster Ebene steht also die Anwendung Excel, dann folgt die ausgewählte Arbeitsmappe, darin ein spezifisches Tabellenblatt und in diesem wiederum ein Zellbereich, der wiederum Zellen enthält.

Da die Auswahl von Zellen eine wesentliche Grundlage für zahlreiche nachfolgende Operationen darstellt, sollten wir uns einige Verfahren ansehen, mit denen Sie Zellen ansteuern können. Die folgenden Quelltextbeispiele sind in der Datei *17_VBA_BereicheMarkieren_01.xlsm* zusammengefasst.

17.4.1   Markieren von Zellen über »Range« und »Cells«

Die einfachste, weil am stärksten an die Arbeit im Tabellenblatt erinnernde Art, einen Zellbereich in VBA zu markieren, ist die Nutzung des Range-Objekts. Es wird durch einen Zellbereich gekennzeichnet. In der Beispieldatei wäre die Auswahl der Zellen A1 bis G24 geeignet, die gesamte Tabelle im Tabellenblatt *Aktiver Bereich* zu markieren. Welche Methode möchten Sie auf diesen Bereich anwenden? Nachdem Sie den Punkt hinter der schließenden Klammer eingegeben haben, bietet Ihnen der Editor eine ganze Liste von Möglichkeiten an. Wählen Sie .Select, denn damit wird ein Objekt ausgewählt.

Das Makro, ein einfacher Einzeiler, markiert Ihre Tabelle in der Beispieldatei und sieht so aus:

```
Sub ZellbereichMarkieren()
    ' Markieren eines Zellbereichs im aktiven Tabellenblatt mit Range
    Range("A1:G24").Select
End Sub
```

In VBA existiert eine zweite Methode der Adressierung von Zellbereichen. Dazu setzen Sie nicht das Range-, sondern das Cells-Objekt ein. Es erinnert an die *Z1S1-Methode* im Tabellenblatt, bei der Zelladressen aus der Angabe der Zeilen- und Spaltennummer gebildet werden. Das Makro zum Markieren der Zelle E5 im aktiven Tabellenblatt hat dann folgendes Aussehen:

```
Sub ZelleMarkierenCells()
    ' Markieren der Zelle in der 1. Zeile und 5. Spalte mit Cells, ebenfalls
    ' im aktiven Tabellenblatt
    Cells(1, 5).Select
End Sub
```

Wozu benötigt VBA zwei unterschiedliche Formen der Adressierung von Zellbereichen, werden Sie sich vielleicht fragen. Zwei Antworten sind hier möglich: Mit Range markieren Sie Zellbereiche, mit Cells bestimmen Sie eine Zelle in einem Tabellenblatt. Und: Die rein numerische Adressierung durch Cells, also der Verzicht auf die Angabe von Spaltenbuchstaben, ist besonders bei der Programmierung von Schleifen sehr nützlich. Sie erlaubt es Ihnen, z. B. eine Anweisung zuerst in der ersten, dann in der zweiten und dritten Spalte auszuführen, ohne sich dabei um die Spaltenbuchstaben kümmern zu müssen.

17

17.4.2   Auswählen von Zellen in anderen Tabellenblättern

Bislang befanden sich alle Zellen, die ausgewählt wurden, in einem Tabellenblatt. Daher war die ausschließliche Angabe von Range ("A1:G24") zum Markieren auch ausreichend. Soll hingegen eine Zelle oder ein Bereich in einem anderen Tabellenblatt angesteuert werden, muss die Anweisung erweitert werden, und zwar um die Angabe des Tabellenblattobjekts, in dem sich die Zellen befinden.

Den Zellbereich A1 bis G5 im Tabellenblatt *Tabelle2* wählen Sie folglich mit

```
Worksheets("Tabelle2").Select
Range("A1:G5").Select
```

aus. Eine einzelne Zelle könnten Sie mit

```
Worksheets("Tabelle2").Select
Cells(1 ,1).Select
```

ansteuern.

17.4.3   Den aktiven Bereich markieren

Bereits bei einigen Berechnungen im Tabellenblatt hatten wir festgestellt, dass die statische Vorgabe von Zellbereichen nicht immer ideal ist, da durch die kontinuierliche Aktualisierung von Basisdaten solche Bereiche ebenfalls ständigen Veränderungen unterworfen sind. Deshalb müssen Sie nach Methoden und Wegen suchen, mit denen Sie mehr Dynamik in die Zelladressierung bekommen.

Dabei stoßen wir auf einen alten Bekannten: den aktiven Bereich. Im Tabellenblatt wird dieser Bereich immer dann aktiviert, wenn Sie mit dem Cursor in einer Liste stehen und die Tastenkombination [Strg] + [⇧] + [+] betätigen. Dem entspricht haargenau die Anweisung ActiveCell.CurrentRegion.Select in VBA. Sie markiert den aktiven Bereich (CurrentRegion) um die aktive Zelle (ActiveCell).

```
Sub AktivenBereichMarkieren()
    Worksheets("Aktiver Bereich").Activate
    Range("C5").Activate
    ActiveCell.CurrentRegion.Select
End Sub
```

17.4.4   »ActiveCell« und »Offset« zum Markieren nutzen

Aus diesem Quelltextschnipsel lässt sich auch sogleich eine weitere Variante der Zellmarkierung ableiten. Es ist eine Kombination aus ActiveCell und Offset, also der aktiv ausgewählten Zelle und der Verschiebung der Markierung um eine bestimmte Anzahl von Zeilen und/oder Spalten. Mit dem unten dargestellten Makro markieren Sie einen Zellbereich, der ausgehend von der aktuell ausgewählten Zelle um zwei Zeilen und sechs Spalten ausgedehnt wird:

```
Sub ZelleMarkierenOffsetActiveCell()
    ActiveCell.Offset(2, 6).Select
End Sub
```

Stünde der Cursor beim Starten des Makros in Zelle A1, würde der Bereich von A1 bis G3 markiert. Von C6 aus gestartet, würden Sie mit diesem Makro den Zellbereiches von C6 bis I8 markieren. Wenn man sich vorstellt, dass die beiden numerischen Parameter für die Angabe des Zeilen- und Spaltenversatzes auch durch Variablen ersetzt werden können, steht Ihnen mit Offset ein mächtiges Werkzeug zur Auswahl von Zellbereichen in VBA zur Verfügung.

17.4.5   Verwendung von Bereichsnamen

Auch ganz ohne VBA ist es möglich, dynamische Bereiche zu erstellen, die beispielsweise bei der Auswahl sich kontinuierlich ändernder Datenmengen nützlich sind. Egal, ob es sich um die Datenbasis einer Pivottabelle oder eines Diagramms handelt, dynamische Bereichsnamen – erstellt mit der Funktion BEREICH.VERSCHIEBEN() und dem NAMENS-MANAGER oder über eine dynamische Datentabelle ([Strg] + [T]) – bilden die Grundlage solcher Dynamisierungen, wie Sie bereits mehrfach gesehen haben. Ohne in VBA lange nach einer Entsprechung zu suchen, können Sie einfach auf die Kombination dieser beiden Möglichkeiten im Tabellenblatt und in der Programmiersprache setzen.

Denn selbstverständlich sind auch die vorhandenen Bereichsnamen Ihrer Arbeitsmappe bei der Adressierung von Zellbereichen in VBA erlaubt. Existiert dort der Bereichsname *DatenMai*, können Sie ihn mit `Range("DatenMai").Select` ansprechen. Handelt es sich bei `DatenMai` um einen dynamischen Bereichsnamen, der mit `BEREICH.VERSCHIEBEN()` erstellt wurde, ist auch der Zugriff mit VBA auf einen veränderlichen Zellbereich gesichert.

```
Sub ZellbereichMarkierenBereichsnamen()
    Worksheets(1).Activate
    Range("DatenMai").Select
End Sub
```

Eine Datentabelle, die, wie Sie bereits gesehen haben, immer einen Bereichsnamen, wie etwa *Tabelle1*, von Excel erhält, sprechen Sie folgendermaßen an:

Wenn die Datentabelle inklusive der Überschriften markiert werden soll:

```
Range "Tabelle1[#All]").Select
```

Wenn nur die Daten unterhalb der Überschriften ausgewählt werden sollen:

```
Range("Tabelle1").Select
```

17.5   Arbeiten mit Variablen

Gehen wir noch einen Schritt weiter bei unserer Anforderung, dass unsere Makros auch nach der Aktualisierung von Daten korrekt funktionieren sollen. Wenn Aktualisierung bedeutet, dass an eine bestehende Tabelle Daten angehängt werden – manuell, durch Kopieren oder Importieren – und dass diese in der Größe veränderlichen Tabellen dann markiert, kopiert, berechnet werden sollen, kommt dem Suchen nach der letzten beschriebenen Zeile oder Spalte eines Tabellenblattes natürlich eine besondere Bedeutung zu.

```
Sub LetzteZeileSumme()
    Selection.End(xlDown).Select
    Range("A25").Select
    ActiveCell.FormulaR1C1 = "Summe"
End Sub
```

Mit dem oben gezeigten Makro ist dies genau einmal, nämlich im Moment der Aufzeichnung, gelungen. Vielleicht haben Sie selbst bereits einmal ein ähnliches Makro aufgezeichnet und dann später, nachdem Ihre Tabelle erweitert wurde, festgestellt, dass ohne weitere

Rückfragen Zellinhalte überschrieben wurden. Die Summe wurde wieder in Zeile 25 geschrieben, obwohl die Tabelle mittlerweile 50 Zeilen enthielt.

17.5.1   Deklaration von Variablen

Die Verwendung von Variablen steigert die Flexibilität Ihrer Makros erheblich. Je komplexer die Anwendungen werden, desto eher unterlaufen Ihnen aber auch kleinere Tippfehler im Quelltext. Um auf fehlerhafte Schreibweisen oder fehlende Deklarationen von Variablen hingewiesen zu werden, sollten Sie zunächst Folgendes machen: Schreiben Sie in die erste Zeile des VBA-Moduls – noch oberhalb des ersten Makronamens – den Ausdruck Option Explicit. So stellen Sie sicher, dass Variablennamen vor der Ausführung des Quelltextes geprüft und etwaige Unvollständigkeiten angezeigt werden.

Dann können Sie damit beginnen, den Quelltext zu schreiben. Die Nummer der Zeile oder Spalte, in der sich freier Platz für neue Daten befindet, ist also veränderlich, und deshalb muss auch die Zelladresse selbst, an der etwas eingefügt, berechnet oder angehängt werden soll, veränderlich sein. Dies erreichen Sie nur durch die Verwendung einer *Variablen*.

Solche Variablen können nicht aufgezeichnet werden. An der Nutzung des VB-Editors führt in einem solchen Fall einfach kein Weg vorbei.

```
Sub LetzteZeileFinden()
    Dim lngLetzteZeile As Long
    lngLetzteZeile = Cells(Rows.Count, 1).End(xlUp).Row
    Range("A" & lngLetzteZeile + 1).Select
    ActiveCell.Value = "Summe"
End Sub
```

Wie im Makro Sub LetzteZeileFinden() abzulesen ist, wird eine Variable mit dem Namen lngLetzteZeile benutzt, um auf die veränderliche erste leere Zelle der Spalte A zuzugreifen. Das Schlüsselwort für die Deklaration einer Variablen lautet Dim. Die Deklaration erfolgt immer am Anfang des Quelltextes, und sie muss ergänzt werden um die Definition des *Datentyps*. Wichtige Datentypen in VBA zeigt Tabelle 17.3.

Datentyp	Beschreibung
Boolean	logischer Wert (True/False)
Byte	Wert im Bereich von 0 bis +255
Double	Fließkommawert im Bereich von +/−4,9E-324 bis 1,8E308
Integer	Ganzzahl im Wertebereich von −32.768 bis +32.768
Long	Ganzzahl im Wertebereich von −2 Mrd. bis +2 Mrd.

Tabelle 17.3 Wichtige Datentypen in VBA

Datentyp	Beschreibung
Objekttyp	Objekte wie Range und Workbook
Single	Fließkommawert im Bereich von +/−1,4E−45 bis 3,4E38
String	Zeichenkette
Variant	universeller Wert

Tabelle 17.3 Wichtige Datentypen in VBA (Forts.)

Da Variablen Speicherplatz reservieren, empfiehlt es sich, einen dem Objekt oder Inhalt angepassten Datentyp bei der Deklaration auszuwählen. Für die Suche in den etwas mehr als 16.000 Spalten einer Excel-Tabelle reicht eine Variable vom Typ Integer; sie belegt 16 Bit. Bei mehr als einer Million Zeilen, über die eine Arbeitsmappe mittlerweile verfügt, ist es hingegen ratsam, bei der Suche nach einer Leerzeile den Datentyp Long zu benutzen, um auch bei großen Tabellen korrekte Ergebnisse zu erhalten. Variablen dieses Datentyps belegen allerdings schon die doppelte Speichermenge, nämlich 32 Bit. Insgesamt tritt allerdings bei den Speichermengen, die heute bei Computern zur Verfügung stehen, der Speicherbedarf von Variablen zunehmend in den Hintergrund.

Wenn Quelltexte umfangreicher und Variablen häufiger werden, wird es auch vordringlicher, unterschiedliche Ebenen zu nutzen, um die Bausteine, aus denen sich ein Makro zusammensetzt, eindeutig zu kennzeichnen. Dazu gehört auch, dass Sie bereits am Namen der Variablen erkennen sollten, welchem Datentyp sie entspricht. Als Kennzeichnung dieser Art können Sie Kürzel für die Variablenart wie lng, str oder int benutzen. Sie sind nicht verpflichtend, aber äußerst hilfreich.

17.5.2   Verwendung einer Variablen zur Suche nach der ersten leeren Zeile

Doch zurück zum Herzstück dieses Makros. Es wird von den beiden Zeilen

```
lngLetzteZeile = Cells(Rows.Count, 1).End(xlUp).Row
Range("A" & lngLetzteZeile + 1).Select
```

gebildet.

Im ersten Teil füllen Sie die Variable lngLetzteZeile mit einem Wert. Den Wert erhalten Sie dadurch, dass Sie die Zeilen in der ersten Spalte Ihres Tabellenblattes zählen (Rows.Count, 1). Die Ermittlung der letzten beschriebenen Zeile erfolgt dabei vom Ende der Tabelle bis zu deren Anfang (End(xlUp)), um sicherzustellen, dass versehentlich entstandene Leerzellen im aktiven Bereich nicht zu einem fehlerhaften Resultat führen.

Sobald bekannt ist, in welcher Zeile der Spalte A sich die letzte beschriebene Zelle befindet, kann diese Information für andere Aktionen genutzt werden. In der Beispieldatei wird die

Variable lngLetzteZeile mit dem Wert 24 gefüllt. Dieser Wert muss nun mit dem Spalten-buchstaben verkettet werden, um aus beiden Teilen eine Zelladresse zu bilden. Diese Verkettung erreichen Sie mit Range("A" & lngLetzteZeile + 1). Mit +1 stellen Sie sicher, dass nicht die letzte beschriebene, sondern die erste leere Zelle des Tabellenblattes in Spalte A markiert wird. An der nun erreichten Zellposition kann eine beliebige Aktion ausgeführt werden. Im Beispiel wird der Text Summe in die Zeile geschrieben (ActiveCell.Value = "Summe").

17.5.3   Eine weitere Variable zum Suchen nach der ersten leeren Spalte

Wie ich bereits kurz beschrieben habe, unterscheiden sich die beiden Variablen, die bei der Suche nach leeren Zellen in Zeilen und Spalten eingesetzt werden, hinsichtlich des Daten-typs. Während die Zeilensuche eine Variable vom Typ Long benötigt, kann aufgrund der geringeren Spaltenzahl beim Durchsuchen der Spalten eine Variable vom Typ Integer benutzt werden.

Ein weiterer Unterschied ergibt sich aus der Tatsache, dass nicht der Spaltenbuchstabe er-mittelt wird, sondern ein numerischer Wert, die Spaltennummer. Bei Verwendung des Cells-Objekts werden sowohl die Zeilen als auch die Spalten numerisch angegeben. Probie-ren Sie es aus:

```
Sub LetzteSpalteFinden()
    Dim intLetzteSpalte As Integer
    intLetzteSpalte = Cells(1, Columns.Count).End(xlToLeft).Column
    Cells(1, intLetzteSpalte + 1).Select
    ActiveCell.Value = "Summe"
End Sub
```

Der Ausdruck zum Markieren lautet Cells(1, intLetzteSpalte + 1).Select. Auch hier erhal-ten Sie den Wert der letzten beschriebenen Zelle in der ersten Zeile Ihres Tabellenblattes, indem Sie mit dem Zählen von rechts nach links beginnen (End(xlToLeft)).

17.5.4   Verwenden der »SpecialCells«-Methode

Zellen können Sie auf Basis ganz anderer Inhalte auswählen als nur anhand des Inhalts *leer*. Dies ist immer dann sehr praktisch, wenn Sie beispielsweise Bereiche auf der Grundlage von gleichartigen Formatierungen, von Formeln oder – umgekehrt – Konstanten bestimmen möchten, um dann weitere Aktionen mit den gefundenen Zelladressen durchzuführen.

Der Aufbau der Methode ist einfach: [Ausdruck].SpecialCells(Typ, Wert). [Ausdruck] muss ein Range-Objekt sein. Im Beispielcode ist das der gesamte Bereich der Spalten A bis G (Range("A:G")). Den geeigneten Zelltyp wählen Sie aus, indem Sie sich des Katalogs für *XlCell-Type-Konstanten* bedienen. Dieser enthält die in Tabelle 17.4 dargestellten Zelltypen.

XlCellType-Konstante	Auswahl von ...
xlCellTypeAllFormatConditions	... Zellen mit beliebigem Format
xlCellTypeAllValidation	... Zellen mit einem beliebigen Gültigkeitskriterium
xlCellTypeBlanks	... leeren Zellen
xlCellTypeComments	... Zellen, die Kommentare enthalten
xlCellTypeConstants	... Zellen, die feste Werte, aber keine Texte bzw. Formeln und Funktionen enthalten
xlCellTypeFormulas	... Zellen, in denen Formeln und Funktionen verwendet werden
xlCellTypeLastCell	... der letzten Zelle im Tabellenblatt (umfasst auch leere Zellen, deren Format zuvor einmal geändert wurde)
xlCellTypeSameFormatConditions	... Zellen mit gleichartigem Format
xlCellTypeSameValidation	... Zellen mit gleichem Gültigkeitskriterium
xlCellTypeVisible	... sichtbaren Zellen

Tabelle 17.4 »XlCellType«-Konstanten

17

In der Beispieldatei sollen alle Zellen, in denen keine Formeln oder Funktionen stehen, in einen anderen Bereich der Tabelle kopiert werden. Das Markieren der gewünschten Zellen gelingt Ihnen in diesem Zusammenhang mit xlCellTypeConstants. Der Wert 1 steht in diesem Fall für die Konstante xlNumbers.

Die Angabe eines Wertes bei der Anwendung der SpecialCells-Methode ist optional. Tabelle 17.5 zeigt, welche Werte verfügbar sind.

»XlSpecialCellsValue«-Konstante	Wert
xlErrors	16
xlLogical	4
xlNumbers	1
xlTextValues	2

Tabelle 17.5 Werte der »SpecialCells«-Methode

Der Code, mit dem Sie die Zellen des Tabellenblattes, die Konstanten enthalten, markieren, lautet also schließlich:

```
Sub ZellbereichMarkierenSpecialCells()
    Range("A:G").SpecialCells(xlCellTypeConstants, 1).Copy Range("J2")
End Sub
```

17.6   Umgang mit Programmfehlern

Vielleicht sind Sie bis zum jetzigen Zeitpunkt bei der Arbeit im VB-Editor von Fehlern und Fehlermeldungen verschont geblieben, und alle Makros haben auf Anhieb funktioniert. In der Praxis ist ein solch reibungsloses Entwickeln von Programmen allerdings kaum zu erwarten. Zu viele Einflussfaktoren führen immer wieder zu kleineren oder größeren Problemen. Fehlermeldungen über Laufzeitfehler (Abbildung 17.23) gehören ebenso zum Alltag in VBA wie die Faszination, dass manche aufwendige Arbeitsschritte mit dem Mausklick auf eine Makroschaltfläche quasi pulverisiert werden.

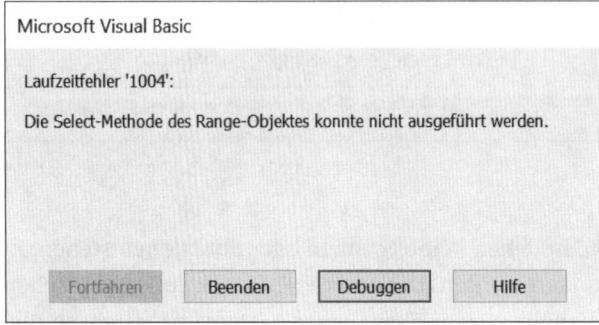

Abbildung 17.23 Meldung eines Laufzeitfehlers

17.6.1   Debugging-Modus

Sollte Ihnen die Fehlermeldung aus Abbildung 17.23 also in naher Zukunft einmal begegnen, scheuen Sie sich nicht, auf die Schaltfläche Debuggen zu klicken. Excel bricht dann die Ausführung des Makros ab und wechselt in den Makro-Editor. Mehr noch: Im Editor springt Excel auch sogleich in die Zelle, in der der Laufzeitfehler verursacht wurde. Die kritische Programmzeile wird gelb markiert (Abbildung 17.24).

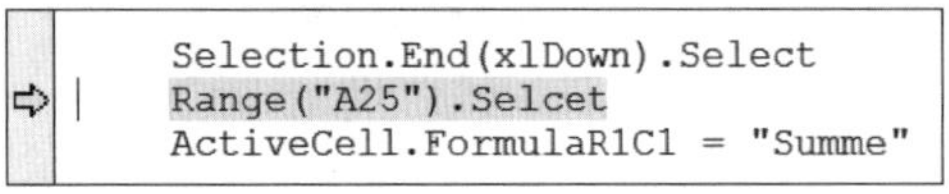

```
      Selection.End(xlDown).Select
⇨ |   Range("A25").Selcet
      ActiveCell.FormulaR1C1 = "Summe"
```

Abbildung 17.24 Anzeige fehlerhaften Quelltextes im Debugging-Modus des VB-Editors

Der Debugging-Modus gibt Ihnen Gelegenheit, in aller Ruhe nach möglichen Fehlern zu suchen. Im Beispiel werden Sie sehr schnell den Buchstabendreher bei der Select-Methode bemerken und ihn per Tastatur korrigieren. Mit einem Klick auf die Schaltfläche ZURÜCK-SETZEN der Symbolleiste VOREINSTELLUNG brechen Sie das Makro gar vollständig ab, um eventuell umfangreichere Korrekturen vorzunehmen (Abbildung 17.25).

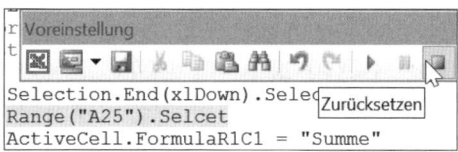

Abbildung 17.25 Zurücksetzen der Makroausführung

Haben Sie die benötigten Änderungen am Quelltext vorgenommen, können Sie die Ausführung des Makros im Editor mit einem Klick auf SUB/USERFORM AUSFÜHREN oder durch Drücken von [F5] erneut starten.

Drei weitere Funktionen werden Ihnen bei der Analyse von Fehlern helfen, wenn Ihre VBA-Makros umfangreicher und komplexer werden:

▸ Haltepunkte

▸ die Einzelschrittausführung des Makros

▸ das Direktfenster

17.6.2   Nutzung von Haltepunkten

HALTEPUNKTE setzen Sie mit einem einfachen Mausklick auf den Rahmen des Codefensters. Die braunrote Markierung kennzeichnet einen Endpunkt für die Ausführung des Quelltextes. Wenn Sie das Makro neu starten, wird es bis zum nächsten HALTEPUNKT ausgeführt.

Wenn Sie wie in Abbildung 17.26 zwei Haltepunkte setzen, wird lediglich der Quelltext zwischen den Haltepunkten ausgeführt. Dies ist bei längeren Makros von Nutzen, da Sie nicht den gesamten Quelltext bei der Fehleranalyse und -korrektur durchlaufen müssen.

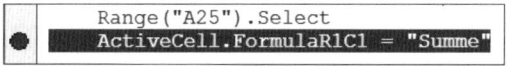

Abbildung 17.26 Setzen von Haltepunkten

Die Haltepunkte entfernen Sie nach erfolgter Überarbeitung, indem Sie auf den Haltepunkt am linken Rand des Codefensters klicken oder indem Sie [F9] drücken, wenn der Cursor in der Zeile des Haltepunktes steht.

17.6.3   Testen des Makros im Einzelschrittmodus

Um den Einzelschrittmodus optimal zu nutzen, sollten Sie die Fenster der Excel-Arbeitsmappe und des VB-Editors neben- oder untereinander anordnen.

Dann positionieren Sie den Cursor am Anfang des Makros, das Sie testen möchten. Durch Drücken von F8 wird der Quelltext schrittweise ausgeführt. Im Fenster der Arbeitsmappe können Sie sukzessive verfolgen, wie die einzelnen Anweisungen ausgeführt werden (Abbildung 17.27). Dies gibt Ihnen die Gelegenheit, genauer zu verfolgen, an welcher Stelle Ihr Makro »aussteigt«. Klicken Sie auf ZURÜCKSETZEN, um den Einzelschrittmodus wieder zu beenden.

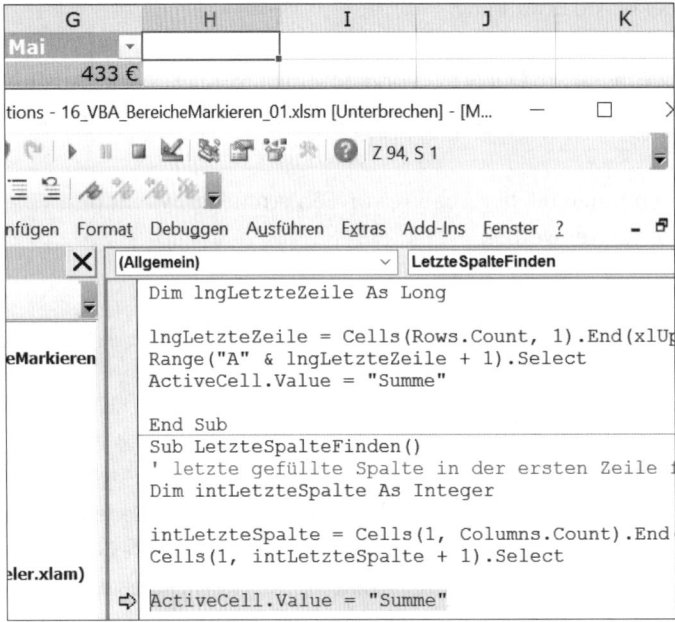

Abbildung 17.27 Im Einzelschrittmodus können Sie den Ablauf des Makros genau mitverfolgen.

17.6.4   Nutzung des Direktfensters

Das Direktfenster ist ein Editor im Editor. In das Fenster, das mit Strg + G unterhalb des Codefensters angezeigt wird, kopieren Sie die Zeilen des Quelltextes, die Sie testen möchten. An den Anfang der zu testenden Zeile schreiben Sie entweder den Befehl print, oder Sie geben ein Fragezeichen ein.

In diesem Fenster wird immer nur die eine Zeile ausgeführt, und zwar die, die Sie mit ↵ abgeschlossen haben. Wie Sie in Abbildung 17.28 sehen, können Sie in ihm beispielsweise

▶ die Werte von Zellen abfragen (Range("G24").Value),

▶ die aktuellen Eigenschaften von Zellen ausgeben (Range("F1").Interior.ColorIndex) oder andere nützliche Überprüfungen vornehmen.

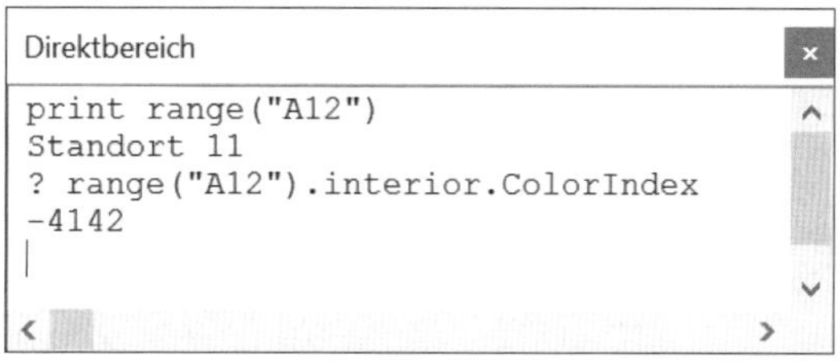

Abbildung 17.28 Ausführen von Anweisungen im Direktfenster

17.7 Kopieren, Verschieben und Filtern von Daten

Damit Sie auch große Datenmengen auswerten und aufbereiten können, kommen einige Basisfunktionen von Excel mit schöner Regelmäßigkeit zum Einsatz:

▸ Um Daten auf den neuesten Stand zu bringen, müssen häufig importierte Listen an bereits bestehende Tabellen angehängt werden.

▸ Umgekehrt müssen vollständige Datenbestände vielfach so reduziert werden, dass weitere Berechnungen und Reports überhaupt möglich sind.

▸ Aus einem monatlichen Report möchte man häufig nicht die Gesamtübersicht verwenden, sondern Einzelübersichten erstellen und präsentieren.

Das Filtern, Kopieren und Verschieben von Daten gehört folglich zu den zentralen Stützen beim kontinuierlichen Reporting. Es kostet aber auch viel Zeit und ist durch die Anzahl der Markiervorgänge, die es nach sich zieht, entsprechend fehleranfällig. Klar, dass diese Funktionen ganz oben auf der Liste stehen, wenn es darum geht, Arbeitsschritte durch Makros zu automatisieren.

17.7.1 Aufzeichnung eines Kopiervorgangs

Welcher Quelltext entsteht eigentlich, wenn Sie einen einfachen Kopiervorgang als Makro aufzeichnen? Die sicherste Antwort erhalten Sie, wenn Sie es mit einigen Daten in einer beliebigen Arbeitsmappe ausprobieren.

```
Sub Kopieren()
    Range("B1:B4").Select
    Selection.Copy
    Sheets("Tabelle2").Select
    Range("C1").Select
    Selection.PasteSpecial Paste:=xlPasteValues, Operation:=xlNone,
        SkipBlanks:=False, Transpose:=False
End Sub
```

Das obige Makro hat aufgezeichnet,

▶ wie der Zellbereich B1 bis B4 markiert,

▶ dieser ausgewählte Bereich kopiert,

▶ anschließend das Tabellenblatt *Tabelle2* ausgewählt,

▶ dort der Cursor in Zelle C1 positioniert

▶ und dann an der ausgewählten Stelle die Methode PasteSpecial ausgeführt, also der Inhalt der Zwischenablage eingefügt wurde.

Die Parameter der Methode PasteSpecial zeigt Tabelle 17.6.

Parameter	Beschreibung
Paste	Dieser Parameter entspricht ebenso wie die folgenden den Optionen der Funktion BEARBEITEN • INHALTE EINFÜGEN in der Arbeitsmappe. Sie können entscheiden, ob Sie alle Informationen der betreffenden Zelle (XlPasteAll), lediglich die Werte (XlPasteValues) oder beispielsweise die Formeln (XlPasteFormulas) an der Zielstelle einfügen möchten.
Operation	Mit diesem Parameter verbinden Sie die aus der Zwischenablage einzufügenden Werte und die Werte der Zielzellen mit einer Rechenoperation. XlPasteSpecialOperationAdd führt z. B. zur Addition der Werte, XlPasteSpecialOperationSubtract führt zur Subtraktion. Bei Verwendung von XlPasteSpecialOperationNone erfolgt keine Berechnung.
SkipBlanks	Leere Zellen im kopierten Quellbereich werden beim Einfügen übersprungen, wenn dieser Parameter auf True gesetzt ist.
Transpose	Der in die Zwischenablage kopierte Zellbereich wird an der Zielstelle transponiert eingefügt. Auch hier muss der Wert True gesetzt sein, um die Daten zu transponieren.

Tabelle 17.6 Parameter der »Range.PasteSpecial«-Methode

17.7.2   Daten per Makro an bestehende Datenbestände anhängen

Das soeben aufgezeichnete Makro weist einen ähnlichen Mangel auf wie eines, das wir bereits weiter oben erprobt haben und bei dem die erste leere Zelle in einer Spalte gefunden werden sollte: Es besitzt keine Flexibilität. Lägen zukünftig neue Daten in der ersten Tabelle vor, würde das bestehende Makro einen Zellbereich von der gleichen Größe wie bei der Aufzeichnung an die gleiche Zielstelle kopieren und somit die Daten des letzten Kopiervorgangs ohne Rückfrage überschreiben.

Die Problemzonen unseres Makros sind folglich die Markierung des Quelldatenbereichs und die Auswahl der Zelle, an der das Einfügen der Daten aus der Zwischenablage beginnen soll.

Diese beiden Abschnitte müssen flexibilisiert werden. Wie das funktioniert, haben Sie bereits gesehen: Sie benötigen Variablen.

Die Anweisung, mit der Sie die Nummer der letzten beschriebenen Zelle in Spalte A ermittelt haben, lautete:

```
Cells(Rows.Count, 1).End(xlUp).Row
```

Mit ein paar Modifikationen wird uns diese Anweisung helfen, den Kopiervorgang flexibler zu gestalten.

17.7.3 Deklaration der Variablen

Die Beispieldatei *17_VBA_BereichKopieren_01.xlsm* enthält zwei kleine Tabellen, von denen Sie eine im Tabellenblatt *Quelle* der Einfachheit halber als einen neuen, eventuell importierten Datenbestand verstehen sollten. Dieser Datenbestand muss in Spalte C des Tabellenblattes *Ziel* kopiert werden, in dem sich bereits die Ergebnisse des Vormonats befinden.

Zu diesem Zweck deklarieren wir zunächst eine Variable für die Bestimmung der Tabellengröße der Quelldaten:

```
Dim lngLetzteZeile As Long
```

Um die immer wieder recht langen Bezeichnungen der Tabellenblätter, z. B. *Worksheets("Tabelle1")*, zu verkürzen, sollten Sie auch gleich noch für jedes Tabellenblatt, das während des Kopiervorgangs einbezogen wird, einen Variablennamen festlegen. Die Deklarationen könnten etwa lauten:

```
Dim wksTB1 As Worksheet
```
und
```
Dim wksTB2 As Worksheet
```

17.7.4 Mit den Variablen auf Objekte verweisen

Da sich die beiden letzten Variablen beim ersten Kopiervorgang auf zwei ganz genau definierte Tabellen beziehen werden und der Vorteil ihrer Nutzung momentan lediglich in der Verkürzung des Namens besteht, spricht nichts dagegen, jede der beiden Variablen einem Worksheet-Objekt zuzuweisen:

```
Set wksTB1 = ThisWorkbook.Worksheets("Quelle")
```

und

```
Set wksTB2 = ThisWorkbook.Worksheets("Ziel")
```

Mit anderen Worten: Dim stellt lediglich fest, dass es beim Ablauf einmal ein Objekt vom Typ Worksheet geben könnte; Set macht hingegen klar, dass es dieses Objekt auch tatsächlich in der Arbeitsmappe gibt und von nun an mit der Variablen auf dieses Worksheet-Objekt verwiesen wird.

17

17.7.5   Variablen mit einem berechneten Wert füllen

Der letzte vorbereitende Schritt zur Durchführung des flexiblen Kopiervorgangs ist die Bestimmung des Wertes der Variablen lngLetzteZeile. Da die Zeilenzahl der Quelltabelle ermittelt werden soll und diese nach Verwendung der Set-Anweisung mit wksTB1 gleichgesetzt werden kann, berechnen Sie den Wert für die letzte Zeile mit:

```
lngLetzteZeile = wksTB1.Cells(Rows.Count, 1).End(xlUp).Row
```

Nun steht nur noch der letzte Schritt, das Ausführen des Kopiervorgangs, aus.

17.7.6   Verkürzung der Anweisung zum Kopieren

Unsere erste Aufzeichnung des Kopierens in einer Arbeitsmappe hatte bereits folgenden Quelltext produziert:

```
Range("B1:B4").Select
Selection.Copy
Sheets("Ziel").Select
Range("C1").Select
Selection.PasteSpecial Paste:=xlPasteValues, Operation:=xlNone, _
SkipBlanks:=False, Transpose:=False.
```

Wie so oft erweist sich der Makrorekorder auch in diesem Fall als äußerst verschwenderisch, denn er zeichnet fünf Anweisungen auf, von denen allein drei mit Select der Auswahl von Zellbereichen gewidmet sind. Das PasteSpecial enthält außerdem vier Parameter (Paste, Operation, SkipBlanks und Transpose), die in unserem Beispiel völlig nutzlos sind.

Dabei lässt sich die Kopieranweisung auch in einer Zeile zusammenfassen:

```
Worksheets("Tabelle1").Range("B1:B4").Copy Destination:= _
   Worksheets("Tabelle1").Range("C1:C4")
```

In dieser Anweisung wird das Worksheet-Objekt und in ihm ein Zellbereich angesprochen und mit der Methode Copy bearbeitet. Ein Parameter dieser Methode ist Destination, also der Zellbereich, in den der Inhalt der Zwischenablage eingefügt werden soll. Die Copy-Methode reduziert die Anweisung zum Kopieren also auf eine einzige Zeile. Deshalb sollten wir sie in unserem Beispiel auch einsetzen.

17.7.7   Verwendung des Variablenwertes als Zellbezug des Kopiervorgangs

Nun bleibt nur noch die Anpassung des gesamten Vorgangs an einen Quelldatenbereich von variabler Größe. Der Wert der berechneten Variablen muss statt der festen Zellbezüge in die Copy-Anweisung eingebunden werden.

Dies sieht unter Einbeziehung der Variablen der beiden Tabellenblätter folgendermaßen aus:

```
wksTB1.Range("B1:B" & lngLetzteZeile).Copy Destination:= _
    wksTB2.Range("C1:C" & lngLetzteZeile)
```

Mit der Verkettung des Spaltenbuchstabens B und der ermittelten Zeilenanzahl bestimmen Sie sowohl den zu kopierenden Bereich in der Quell- als auch den Einfügebereich in der Zieltabelle.

Das gesamte Makro hat damit den hier dargestellten Aufbau:

```
Sub BereichKopieren()
  Dim wksTB1 As Worksheet
  Dim wksTB2 As Worksheet
  Dim lngLetzteZeile As Long
  Set wksTB1 = ThisWorkbook.Worksheets("Quelle")
  Set wksTB2 = ThisWorkbook.Worksheets("Ziel")
  lngLetzteZeile = TB1.Cells(Rows.Count, 1).End(xlUp).Row
  wksTB1.Range("B1:B" & lngLetzteZeile).Copy Destination:= _
    wksTB2.Range("C1:C" & lngLetzteZeile)
End Sub
```

17.7.8   Verwendung von dynamischen Bereichen statt Variablen

Die Bestimmung der Größe eines Zellbereichs hat uns bereits in verschiedenen Kapiteln dieses Buchs immer wieder beschäftigt. Wenn Sie sich die Möglichkeiten der Kombination von BEREICH.VERSCHIEBEN() und Bereichsnamen noch einmal genauer ansehen, werden Sie feststellen, dass wir die eben behandelte Problematik auch mit einem dynamischen Bereichsnamen hätten bearbeiten können (Abbildung 17.29).

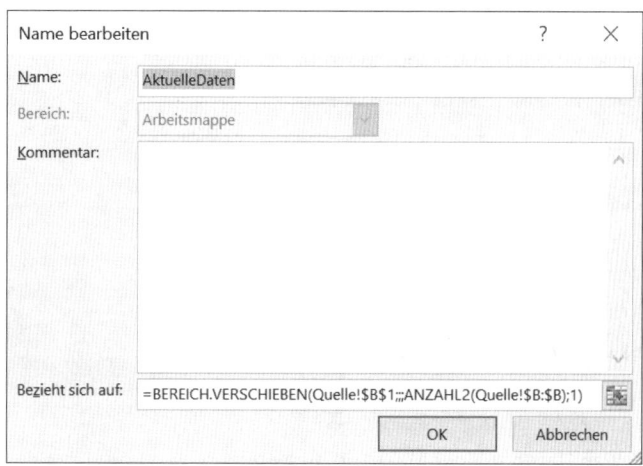

Abbildung 17.29 Erstellen eines dynamischen Bereichsnamens

Über FORMELN • DEFINIERTE BEREICHE • NAMENS-MANAGER • NEU wurde in der Arbeitsmappe *17_VBA_BereichKopieren_Bereichsnamen_01.xlsm* ein Name mit dem folgenden Bezug erstellt:

```
=BEREICH.VERSCHIEBEN(Quelle!$B$1;;;ANZAHL2(Quelle!$B:$B);1)
```

Der Bereichsname lautet *AktuelleDaten*. Da er sich durch das Importieren von Daten automatisch vergrößert und verkleinert, könnten Sie auf die Deklaration und Verwendung einer Variablen verzichten, vorausgesetzt, es gelänge Ihnen, den dynamischen Bereichsnamen in Ihrem Quelltext zu verwenden. Dass Namen zur Adressierung von Zellbereichen in VBA zulässig sind, haben Sie bereits weiter oben gesehen. Sie werden wie andere Zellbezüge auch im Range-Objekt verwendet, z. B. in dieser Form:

```
wksTB1.Range("AktuelleDaten")
```

Der Quelltext zum Kopieren von Daten unter Verwendung eines dynamischen Bereichsnamens sieht im Resultat so aus:

```
Sub BereichKopierenBereichsname()
  Dim wksTB1 As Worksheet
  Dim wksTB2 As Worksheet
  Set wksTB1 = ThisWorkbook.Worksheets("Quelle")
  Set wksTB2 = ThisWorkbook.Worksheets("Ziel")
  wksTB1.Range("AktuelleDaten").Copy Destination:=wksTB2.Range("C1")
End Sub
```

17.7.9 Daten an eine Tabelle anhängen

Was muss im Quelltext eines Makros stehen, wenn Sie die aktuellen Daten aus einem Tabellenblatt an eine bereits vorhandene Tabelle anhängen möchten? Diesen häufig anzutreffenden Fall sollten wir unter die Lupe nehmen. Die Arbeitsmappe *17_VBA_BereichAnhängen_01.xlsm* enthält bereits eine Antwort auf die Frage in Form eines Makros (Abbildung 17.30).

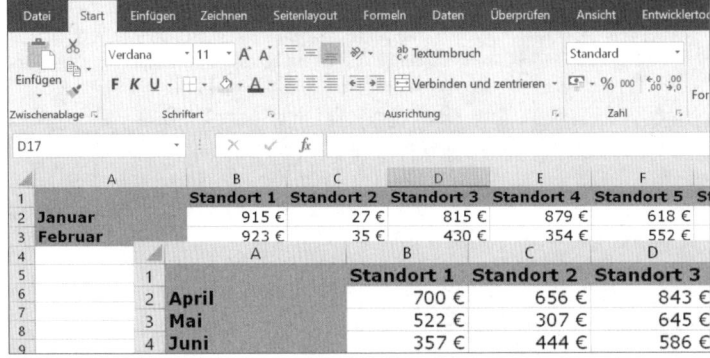

Abbildung 17.30 Die Tabelle der aktuellen Daten soll per Makro an die bereits vorhandenen Daten angehängt werden.

Wesentliche Bausteine sind Ihnen aus den bisherigen Makros bereits bekannt:

▶ die Deklaration einer Variablen für die aktuelle Zeilenanzahl in der Quelltabelle

▶ weitere Variablendeklarationen für die Tabellenblätter, in denen sich die Quell- und die Zieltabelle befinden

▶ die Zuweisung der `Worksheet`-Objekte – also der Namen der Tabellenblätter – zu den Variablen mit der Anweisung `Set`

▶ die Berechnung des Wertes der Variablen für die Zeilenanzahl mit `Rows.Count`

17.7.10 Ermittlung der Größe von Quell- und Zieldatenbereich

Dieses Grundgerüst muss lediglich um einen Bestandteil erweitert werden, nämlich die Ermittlung der letzten Zeile der Tabelle im Tabellenblatt *Ziel*, denn unterhalb der letzten beschriebenen Zeile sollen nun die variablen neuen Daten eingefügt werden.

Konkret bedeutet dies, dass eine zweite Variable mit `Dim lngZeilenzahlZiel As Long` deklariert werden muss. Zur besseren Unterscheidung sollten Sie die Bezeichnung der ersten Variablen für die Zeilenanzahl in der Quelltabelle in `lngZeilenzahlZiel` ändern. Die Ermittlung der Zeilenanzahl in der Zieltabelle erfolgt dann nach dem bekannten Muster:

```
lngZeilenzahlZiel = wksTB2.Cells(Rows.Count, 1).End(xlUp).Row
```

17.7.11 Ausschneiden der aktuellen Daten – Anhängen an die vorhandenen Daten

Auch das eigentliche Anhängen neuer Daten müssen wir gegenüber dem bereits bekannten Kopiervorgang geringfügig anpassen:

▶ Die aktuellen Daten sollen nicht kopiert, sondern ausgeschnitten werden, um den ursprünglichen Datenbereich gleich wieder für den nächsten Importvorgang freizubekommen.

▶ Die Anweisung zum Einfügen der Daten (`Destination`) muss flexibel bestimmt werden, da die Zieltabelle im Laufe der Monate oder Quartale an Umfang zunehmen wird.

Die erste Anpassung erreichen Sie durch eine minimale Änderung des Quelltextes im Vergleich zum Kopieren-Makro. Aus der Anweisung `wksTB1.Range("A2:K" & lngZeilenzahlQuelle).Copy` machen Sie einfach ein `wksTB1.Range("A2:K" & lngZeilenzahlQuelle).Cut`. Schon wird aus dem Kopieren ein Ausschneiden.

Die Veränderungen bei der Definition des Zielbereichs erscheinen auf den ersten Blick etwas umfassender:

```
Destination:=wksTB2.Range("A" & lngZeilenzahlZiel + 1 & ":K" & _
  lngZeilenzahlZiel + lngZeilenzahlQuelle)
```

Im Range-Objekt wird die Startzelle für den Einfügebereich aus dem Spaltenbuchstaben A und der Zeilenanzahl der Zieltabelle plus einer zusätzlichen Zeile gebildet, um in die erste freie Zeile der Zieltabelle zu gelangen ("A" & lngZeilenzahlZiel + 1). Der Einfügebereich endet in Spalte K. Die letzte Zeile in dieser Spalte resultiert aus der Zeilenanzahl in der Zieltabelle zuzüglich einer Zeile und der Zeilenanzahl der Quelltabelle:

```
& ":K" & lngZeilenzahlZiel + 1 + lngZeilenzahlQuelle)
```

Die gesamte Anweisung ist somit länger als die bei dem Makro zum Kopieren angewendete Anweisung, allerdings benutzt sie die gleiche Logik wie das erste Makro (Abbildung 17.31).

	A	B	C	D
1		**Standort 1**	**Standort 2**	**Standort 3**
2	**Januar**	915 €	27 €	815 €
3	**Februar**	923 €	35 €	430 €
4	**März**	515 €	490 €	230 €
5	**April**	700 €	656 €	843 €
6	**Mai**	522 €	307 €	645 €
7	**Juni**	357 €	444 €	586 €

Abbildung 17.31 Ergebnistabelle nach dem Anhängen der neuen Daten

Das Makro zum Anhängen von Daten flexiblen Umfangs an eine bereits bestehende andere Tabelle, die ebenfalls von der Größe her variabel sein kann, enthält die folgenden Anweisungen:

```
Sub BereichAnhängen()
  Dim wksTB1 As Worksheet
  Dim wksTB2 As Worksheet
  Dim lngZeilenzahlQuelle As Long
  Dim lngZeilenzahlZiel As Long
  Set wksTB1 = ThisWorkbook.Worksheets("Quelle")
  Set wksTB2 = ThisWorkbook.Worksheets("Ziel")
  lngZeilenzahlQuelle = wksTB1.Cells(Rows.Count, 1).End(xlUp).Row
  lngZeilenzahlZiel = wksTB2.Cells(Rows.Count, 1).End(xlUp).Row
  wksTB1.Range("A2:K" & lngZeilenzahlQuelle).Cut Destination:= _
    wksTB2.Range("A" & lngZeilenzahlZiel + 1 & ":K" & _
    lngZeilenzahlZiel + 1 + lngZeilenzahlQuelle)
End Sub
```

17.7.12   Anwendung des erweiterten Filters in einem Makro

Der erweiterte Filter ist in Excel ein leistungsfähiges Werkzeug, um aus Rohdaten Teildatenbestände zu filtern, mit denen Sie anschließend zahlreiche weitere Rechenoperationen ausführen können. Leider ist der Filter auch ein wenig umständlich in der Handhabung. Doch eben dieser Konflikt aus immensem Nutzen, der aus der fast unbegrenzten Kombinierbarkeit von Filterkriterien und der bisweilen nervtötenden Auswahl von Zellbereichen erwächst, hatte uns bereits zu Beginn dieses Kapitels veranlasst, den erweiterten Filtervorgang mit einem Makro zu automatisieren.

Freilich war unser Vorgehen zu diesem Zeitpunkt recht brachial. Wir haben einfach feste Zellbezüge benutzt, um Listen-, Kriterien- und Ergebnisbereiche zu bestimmen – in der Hoffnung, dass sich das Ausgangsmaterial unseres Filtervorgangs nicht wesentlich verändert. Jetzt, etwa 35 Seiten später, sollten wir versuchen, mehr Dynamik in die Nutzung und Automatisierung dieses wichtigen Werkzeugs zu bringen. Dazu steht uns die Datei *17_VBA_Filter-Erweitert_01.xlsm* zur Verfügung. Der Listenbereich des Filtervorgangs ist in den Spalten A bis E des Tabellenblattes *Tabelle1* angeordnet. Die Ergebnisse sollen gleich neben der Ursprungsliste ausgegeben werden (Abbildung 17.32). Um die Daten zu filtern, wird der Kriterienbereich im Tabellenblatt *Tabelle2* benutzt (Abbildung 17.33).

	A	B	C	D	E	F	G	H	I
1	Lfd.Nr.	Bezeichnung	Text	Werte 1	Werte 2		Bezeichnung	Text	Werte 1
2	1	ABC	AAA	1.822 €	1.062 €	Filtern	ABC	AAA	394 €
3	2	ABD	BBB	1.391 €	411 €		XYZ	BBB	776 €
4	3	CDE	BBB	1.907 €	1.920 €		XYZ	AAA	1.138 €
5	4	ABC	AAA	394 €	1.881 €				
6	5	CDF	BBB	1.182 €	1.809 €				
7	6	XYZ	BBB	1.138 €	1.523 €				
8	7	ABC	CCC	286 €	655 €				
9	8	XYZ	AAA	776 €	774 €				
10	9	CDE	BBB	177 €	1.470 €				
11	10	CDF	CCC	372 €	1.701 €				

Abbildung 17.32 Daten werden aus der Liste in den Ergebnisbereich gefiltert.

	A	B	C	D	E
1	Kriterien	Bezeichnung	Text	Werte 1	Werte 2
2	1	ABC			>1200
3	2	XYZ			

Abbildung 17.33 Zweizeiliger Kriterienbereich in Tabelle2

17.7.13   Deklaration der Variablen für das erweiterte Filtern

Die drei Bereiche des erweiterten Filtervorgangs werden jeweils als Variable in diesem Beispielmakro deklariert:

```
Dim rngListenbereich As Range
Dim rngErgebnisbereich As Range
Dim rngKriterienbereich As Range
```

Dafür sprechen unterschiedliche Gründe:

▶ Die Veränderbarkeit des Listenbereichs steht eigentlich außer Frage. Es ist zu erwarten, dass sich die Basisdaten im Laufe der Zeit ändern. Deshalb ist eine variable Bereichsangabe in diesem Zusammenhang unbedingt erforderlich.

987

▶ Der Ergebnisbereich sollte vor jedem Filtervorgang neu erstellt werden, da sich Spaltenüberschriften des Listenbereichs verändern können. Da Listen-, Kriterien- und Ergebnisbereich allerdings auf absolut identischen Überschriften aufbauen müssen, ist eine automatische Neuerstellung der Überschriften aus dem Listenbereich zu empfehlen.

▶ Auch der Kriterienbereich wäre unbrauchbar, wenn seine Spaltenüberschriften nicht hundertprozentig mit denen des Listen- und Ergebnisbereichs identisch wären. Zudem sind auch hier Änderungen bezüglich der Größe des Bereichs denkbar, da die Verwendung von logischen ODER-Verknüpfungen nur möglich ist, wenn die entsprechenden Kriterien in eine neue Zeile des Kriterienbereichs geschrieben werden.

Den Abschluss der Variablendeklaration bilden die beiden folgenden Variablen:

```
Dim lngLetzteZeile As Long
Dim intNächsteSpalte As Integer
```

Sie dienen der Bestimmung der Zeilen- und Spaltenanzahl der Basisdaten im Listenbereich.

17.7.14 Bestimmung der Tabellengröße des Listenbereichs

Mit den beiden letzten Variablen beginnt auch der Filtervorgang. Ihre Werte werden mit den bereits bekannten Anweisungen ermittelt:

```
lngLetzteZeile = Cells(Rows.Count, 1).End(xlUp).Row
intNächsteSpalte = Cells(1, Columns.Count).End (xlToLeft).Column + 2
```

Gezählt werden die Inhalte der ersten Spalte bzw. der ersten Zeile. Sie müssen also beim Laden der Basisdaten darauf achten, dass diese Tabellenbereiche gefüllt sind. Die Verwendung von .Column + 2 ist der Tatsache geschuldet, dass zwischen dem Listenbereich und dem Ergebnisbereich ein Abstand von einer Spalte hergestellt werden soll.

17.7.15 Erstellen des Kriterienbereichs und Zuweisen des Bereichs zu einer Variablen

Der folgende Abschnitt des Quelltextes ist für die Erstellung der Überschriften im Kriterienbereich verantwortlich:

```
Range("B1").Copy Destination:=Worksheets("Tabelle2").Cells(1, 2)
Range("C1").Copy Destination:=Worksheets("Tabelle2").Cells(1, 3)
Range("D1").Copy Destination:=Worksheets("Tabelle2").Cells(1, 4)
Range("E1").Copy Destination:=Worksheets("Tabelle2").Cells(1, 5)

Set rngKriterienbereich = Range("Kriterien")
```

Es handelt sich um einen einfachen Kopiervorgang der Zellen B1 bis E1 im Tabellenblatt *Tabelle1*. Jede Zelle wird einzeln in das Tabellenblatt *Tabelle2* übertragen. Anschließend wird der Set-Befehl benutzt, um der Variablen rngKriterienbereich den dynamischen Bereich Kriterien zuzuweisen.

17.7.16 Flexible Erweiterung des Kriterienbereichs

Um die vielfältigen Kombinationsmöglichkeiten im Kriterienbereich ausschöpfen zu können, sollte dieser ebenfalls dynamisch erweiterbar sein. In der Beispieldatei wird der Variablen mit Set der Bereichsname *Kriterien* zugewiesen. Die Größe des Bereichs wird in diesem Beispiel nicht mit einer Variablen im Quelltext, sondern folgendermaßen ermittelt:

```
=BEREICH.VERSCHIEBEN(Tabelle2!$B$1;;;ANZAHL2(Tabelle2!$B:$B);
ANZAHL2(Tabelle2!$1:$1))
```

Damit die korrekte Berechnung der Größe des Bereichs gewährleistet ist, werden die Zeilen, die in den Filtervorgang einbezogen werden sollen, in der Spalte fortlaufend nummeriert (Abbildung 17.34).

Abbildung 17.34 Nummerierung der Bedingungen im Kriterienbereich

17.7.17 Erstellen des weiteren Bereichs und Variablenzuweisungen

Nicht viel anders als bei der Erstellung des Kriterienbereichs verfahren Sie, um den Ergebnisbereich zu generieren. Er besteht lediglich aus den Überschriften der Spalten, deren Ergebnis Sie ausgeben möchten. Auch diese hier benötigten Spaltenüberschriften sollten Sie über die tatsächlich im Listenbereich verwendeten Überschriften erstellen, um Probleme, die bereits bei einfachen Buchstabendrehern oder irrtümlich verwendeten Leerzeichen entstehen könnten, zu vermeiden.

Die Anweisungen zum Kopieren der Titel lauten:

```
Range("B1").Copy Destination:=Cells(1, intNächsteSpalte)
Range("C1").Copy Destination:=Cells(1, intNächsteSpalte + 1)
Range("D1").Copy Destination:=Cells(1, intNächsteSpalte + 2)
```

Sobald die Überschriftenbereiche zwischen Listen- und Ergebnisbereich abgeglichen wurden, weisen Sie den Variablen rngErgebnisbereich und rngListenbereich die konkreten Zellbereiche im Tabellenblatt zu. In beiden Fällen verwenden Sie die Resize-Methode, bei der ausgehend von einer ausgewählten Zellposition ein Zellbereich durch variable Größenänderungen bestimmt wird.

Der Ergebnisbereich beginnt in der ersten Zeile in der Spalte, die mit intNächsteSpalte berechnet wurde. Diese Variable setzt sich aus der Spaltenanzahl des Listenbereichs plus zwei

Spalten zusammen. In der Beispieldatei wäre das die Spalte G. Der Ergebnisbereich soll insgesamt drei Spalten enthalten (intNächsteSpalte + 2):

```
Set rngErgebnisbereich = Cells(1, intNächsteSpalte).Resize(1, _
    intNächsteSpalte + 2)
```

Die Ausdehnungen des Listenbereichs werden auf vergleichbare Art und Weise bestimmt:

```
Set rngListenbereich = Range("A1").Resize (lngLetzteZeile, _
    intNächsteSpalte - 1)
```

17.7.18   Durchführung des erweiterten Filtervorgangs

Nach all den Vorbereitungen ist es nun an der Zeit, den eigentlichen Filtervorgang zu starten. Den Quelltext, den Sie dazu benötigen, haben Sie bereits am Anfang dieses Kapitels kennengelernt. Wir müssen ihn in einem Punkt anpassen. Während wir in unserem ersten Makro feste Zellbezüge für die Adressierung der Bereiche genutzt haben, kommen nun unsere variablen Bezüge zum Zug.

Die Anweisung sieht dann so aus:

```
rngListenbereich.AdvancedFilter Action:=xlFilterCopy, CriteriaRange:= _
    rngKriterienbereich, CopyToRange:=rngErgebnisbereich, Unique:=False
```

17.7.19   Testen des Makros

Wie Ihnen wahrscheinlich bereits aufgefallen ist, werden bei der Bestimmung der meisten Bereiche im Quelltext keine Angaben zum Tabellenblatt gemacht, auf das sich die Zellbereiche beziehen. Fehlerhafte Zugriffe können Sie vermeiden, indem Sie sicherstellen, dass das Makro nur aus dem Tabellenblatt *Tabelle1* gestartet wird. Dies erreichen Sie, indem Sie in diesem Tabellenblatt eine Schaltfläche zeichnen und ihr das Makro *FilterErweitert* zuordnen (Abbildung 17.35). Andernfalls sollten Sie die Range-Angaben durch das Worksheet-Objekt unmissverständlicher benennen.

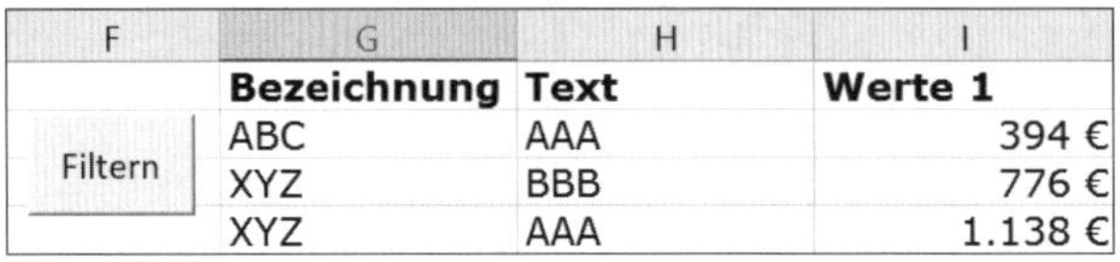

F	G	H	I
	Bezeichnung	**Text**	**Werte 1**
	ABC	AAA	394 €
Filtern	XYZ	BBB	776 €
	XYZ	AAA	1.138 €

Abbildung 17.35 Der Makrostart über eine Schaltfläche verhindert Probleme bei der Zuordnung der Bereiche.

Stellen Sie außerdem sicher, dass vor dem erneuten Filtern mit dieser Routine der alte Ergebnisbereich gelöscht wird. Ansonsten wird Excel einen weiteren Ergebnisbereich rechts neben dem vorhandenen erstellen.

17.7.20   Fazit zum Thema Kopieren, Verschieben und Filtern

Zwei wichtige Werkzeuge haben den vorangehenden Abschnitt geprägt: der Einsatz von Variablen in VBA-Makros und die Bestimmung der aktuellen Tabellengröße mithilfe der Funktion `Cells(Rows.Count, 1).End(xlUp).Row`. Mit der Kombination der beiden Werkzeuge gelingt es Ihnen, die Größe nahezu jeder Tabelle in Ihren Arbeitsmappen präzise zu bestimmen.

Dies eröffnet wiederum alle Möglichkeiten, große importierte Tabellen in kleinere, nach vielfältigen Kriterien filterbare Datenbestände zu teilen. Was Ihnen in der Quellanwendung unter Umständen nicht gelingt, weil die Funktionalität dazu fehlt, nämlich die Präzisierung einer Abfrage auf den Gesamtdatenbestand, das lässt sich mit diesen beiden VBA-Funktionen mühelos realisieren.

Die `AdvancedFilter`-Methode enthält vier Parameter – Listen-, Kriterien- und Ergebnisbereich plus die Angabe, ob Duplikate gefiltert werden sollen oder nicht. Das ist eine überschaubare Komplexität, wenn man vergleicht, was man mit diesem Mittel konkret erreichen kann. Die Anwendung wird nicht von ungefähr manchmal mit dem Zusatz *Datawarehouse light* bezeichnet.

Die `Copy`-Anweisung stellt in VBA ebenfalls ein einfaches Mittel dar, Daten mit einer einzeiligen Anweisung entweder in ein neues Tabellenblatt zu kopieren oder diese auch an bereits bestehende Datenbestände anzuhängen. Damit deckt auch diese Funktion typische Erfordernisse ab, die sich aus der regelmäßigen Aktualisierung von Bewegungsdaten ergeben.

Alles in allem bilden diese vier Tools – Variablen, `Rows.Count`, `AdvancedFilter`- und `Copy`-Methode – den Schlüssel zu zahlreichen Auswertungsformen für große Datenbestände. Die Auseinandersetzung mit ihnen lohnt sich also in ganz besonderem Maße.

17.8   Zugriff auf Dateien über VBA-Makros

Nachdem es uns gelungen ist, Daten aus einfachen Listen in Excel mit der Hilfe von Makros weiterzuverarbeiten, können wir uns nun mit der Frage beschäftigen, ob wir das Einlesen der Daten selbst auch noch vereinfachen können.

Zwei Fälle müssen wir dabei unterscheiden:

▸ das Öffnen einer Datei in einem neuen Excel-Fenster
▸ das Einfügen von Daten in die bereits geöffnete Arbeitsmappe

Ersteres könnte dann notwendig sein, wenn Sie aus Excel auf das Dateisystem zugreifen möchten, um eine Datei zu öffnen, deren Daten wiederum in der geöffneten Arbeitsmappe verwendet werden sollen. Die Weiterverarbeitung wäre folglich nur ein Zwischenschritt in einem VBA-Makro, das unter Umständen noch wesentlich komplexere Aufgaben erfüllt.

Die zweite Variante kommt hauptsächlich dann zum Einsatz, wenn Sie auf Textdateien, häufig Dateien im CSV-Format (*CSV: Comma-Separated Values*), zugreifen, um diese in die geöffnete Arbeitsmappe einzufügen. Dieses Verfahren könnte als der Ausgangspunkt für die Aktualisierung der Datenmodelle verstanden werden, die uns bereits mehrfach in diesem Buch begegnet sind.

Die Überlegung hierbei war,

► über eine systematische Strukturierung Ihrer Arbeitsmappe,

► mithilfe der systematischen Anwendung von Bereichsnamen und dynamischen Bereichen,

► unter Zuhilfenahme von Steuerelementen

► und selbstverständlich Formeln, Funktionen und Diagrammen

alle Berechnungs- und Gestaltungsfunktionen so weit im Voraus zu planen, dass Sie am Ende nur noch die aktuellen Basisdaten importieren müssen, um Ihren Report auf aktuellstem Stand präsentieren zu können.

Wir haben jetzt also den Kreis geschlossen und stehen an dem Punkt, an dem wir die Basisdaten – aus einem Fremdsystem exportiert – in das Datenmodell hochladen.

17.8.1   Auswählen einer Datei über den Datei-Öffnen-Dialog

In der Arbeitsmappe *17_VBA_Dateizugriff_01.xlsm* befinden sich drei Schaltflächen. Jeder ist ein Makro zugeordnet. Jedes Makro steht für eine andere Form des Zugriffs auf das Dateisystem aus Excel heraus (Abbildung 17.36).

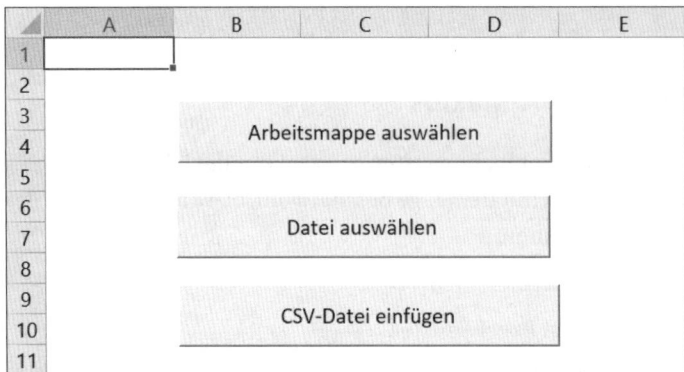

Abbildung 17.36 Drei Makros – drei unterschiedliche Wege, auf externe Dateien zuzugreifen

Das erste Makro soll Sie dabei unterstützen, eine Excel-Arbeitsmappe aus dem Dateisystem von Windows auszuwählen und zu öffnen. Um eine Datei zu öffnen, benötigen Sie normalerweise die Dialogbox ÖFFNEN, zu der Sie über DATEI • ÖFFNEN gelangen. In VBA ist das Pendant zu dieser Funktion die Methode `Application.GetOpenFilename`.

Wenn Sie im VB-Editor mit $\boxed{\text{F1}}$ die Hilfe aufrufen, nachdem Sie diesen Ausdruck zuvor markiert haben, erhalten Sie eine Reihe wichtiger Informationen zu dieser Methode:

▶ Der Rückgabewert – also ein Wert, der beim Klicken auf OK im ÖFFNEN-Dialog erzeugt wird – besitzt den Typ Variant.

▶ Es stehen insgesamt fünf Parameter für diese Methode zur Verfügung, die aber alle optional sind.

▶ Es gibt sogar – wie häufig in der VBA-Hilfe – ein Beispielskript für die Anwendung der Methode.

Das Beispielskript sollten Sie markieren und in ein Modul der momentan geöffneten Arbeitsmappe kopieren. Versehen Sie das Skript mit einem Namen, z. B. SubDateiÖffnenTest(), und achten Sie darauf, dass es mit einem EndSub abgeschlossen wird.

```
fileToOpen = Application _
    .GetOpenFilename("Text Files (*.txt), *.txt")
If fileToOpen <> False Then
    MsgBox "Open " & fileToOpen
End If
```

17.8.2 Öffnen einer Datei aus Excel heraus

Wenn Sie das Makro starten, wird, wie es zu erwarten war, die Dialogbox ÖFFNEN angezeigt. In der Dateiliste sehen Sie sämtliche Textdateien, die sich im ausgewählten Ordner befinden. Auch dies ist wenig überraschend, denn die für GetOpenFilename verwendeten Parameter sahen als Dateifilter *.txt vor.

Wählen Sie eine Textdatei im Ordner aus, werden Sie von einer Messagebox (MsgBox) informiert, welche Datei selektiert wurde. Messagebox ist ein neues Objekt bei unserer Auseinandersetzung mit VBA. Wir werden etwas später, wenn es um die Gestaltung von Dialogen geht, darauf zurückkommen. Doch zurück zum Öffnen der Datei. Nach einem Klick auf OK sollte der Vorgang des Öffnens der Datei fortgesetzt werden.

Doch es geschieht nichts! Woran das liegt, erschließt sich beim erneuten Blick auf den Quelltext. Der endet mit dem Anzeigen der Messagebox (Abbildung 17.37); ein Befehl zum Öffnen der ausgewählten Datei fehlt hingegen. Und der Hilfetext weist sogar darauf hin, dass zwar der ÖFFNEN-Dialog aufgerufen, aber keine Datei mit dieser Methode geöffnet wird.

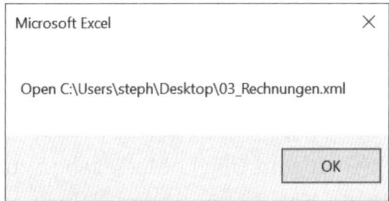

Abbildung 17.37 Anzeige der gewählten Datei in einer Messagebox

Die Methode zum Öffnen einer Datei lautet `Workbooks.Open`.

Auch diese Methode verfügt über eine Reihe von Parametern, doch nur einer ist für uns an dieser Stelle von Bedeutung: `filename`. Mit ihm geben Sie an, welche Datei geöffnet werden soll. Da die Informationsbox den Wert der Variable `fileToOpen` anzeigt und dies dem Dateinamen der ausgewählten Datei entspricht, sollten Sie `Workbooks.Open fileToOpen` in das VBA-Makro eingeben und die Eingabe testen. Sie werden erleben, dass die gewünschte Datei nun auch geöffnet wird. Tabelle 17.7 erläutert die beiden Methoden noch einmal im Überblick.

Methode	Beschreibung
`Application.GetOpenFilename`	Diese Methode zeigt den ÖFFNEN-Dialog in Excel an und darin die Dateien mit dem im Parameter `FileFilter` zuvor eingestellten Dateitypen (z. B. *.xlsx*, *.csv*, *.txt*).
`Workbooks.Open`	Mit dieser Methode wird der eigentliche Vorgang des Öffnens einer Datei durchgeführt. Den Dateinamen geben Sie mit dem Parameter `filename` an.

Tabelle 17.7 Methoden zum Öffnen einer Datei aus einer Arbeitsmappe heraus

17.8.3 Anpassung des Codevorschlags aus der VBA-Hilfe

Nachdem wir das Grundgerüst für ein Makro zum Öffnen von Dateien in Excel gebildet haben, sollten wir die Vorlage auf jeden Fall nach unseren eigenen Vorstellungen anpassen. Dazu gehört natürlich zunächst die Deklaration einer Variablen. Da der Rückgabewert von `Application.GetOpenFilename` vom Typ `Variant` ist, besteht kein Zweifel darüber, von welchem Typ unsere Variable sein sollte: `Dim varArbeitsmappe As Variant`.

Diese Variable kann anschließend sowohl mit dem ÖFFNEN-Dialog als auch mit der Messagebox und schließlich mit der Methode zum Öffnen der Datei verbunden werden: `Workbooks.Open varArbeitsmappe`.

```
Sub ArbeitsmappeÖffnen()
    Dim varArbeitsmappe As Variant
    varArbeitsmappe = Application.GetOpenFilename("Excel-
    Arbeitsmappe (*.xls), *.xls")
        If varArbeitsmappe = False Then Exit Sub
        Workbooks.Open varArbeitsmappe
End Sub
```

17.8.4 Die »If«-Anweisung beim Öffnen der Datei

Durch die Übernahme des Quelltextvorschlags sind wir neben dem Objekt Messagebox zu einem weiteren Fundstück gekommen: Nach der Anweisung zum Anzeigen der Dialogbox

Öffnen enthält der Code den Befehl If varArbeitsmappe = False Then Exit Sub. Es ist relativ eindeutig, dass hiermit das Verlassen der Routine (Exit Sub) gemeint ist, falls die Variable für die ausgewählte Datei den Wert False produziert.

Doch unter welchen Bedingungen ist ein False überhaupt möglich? Die Antwort ist simpel: Sollte kein Wert zum Füllen der Variablen varArbeitsmappe vom ÖFFNEN-Dialog zurückgegeben werden, weil Sie einfach auf ABBRECHEN klicken, wäre der Rückgabewert False, und die gesamte Prozedur würde in einer Fehlermeldung enden.

Testen Sie dies am besten, indem Sie die Zeile If varArbeitsmappe = False Then Exit Sub auskommentieren, dann erneut das Makro starten und den ÖFFNEN-Dialog mit einem Mausklick auf ABBRECHEN ohne Auswahl einer Datei beenden. Die Fehlermeldung aus Abbildung 17.38 wird auf dem Bildschirm erscheinen.

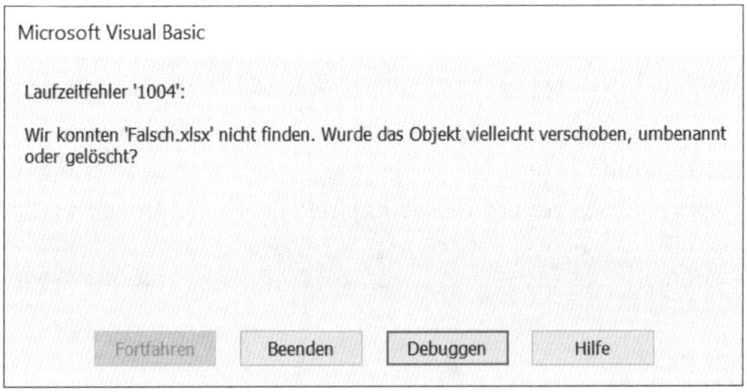

Abbildung 17.38 Möglicher Laufzeitfehler beim Verzicht auf »If...Then Exit Sub«

17.8.5   Öffnen von beliebigen Dateitypen aus einer Arbeitsmappe heraus

Möchten Sie das soeben erfolgreich angewendete Prinzip des Öffnens einer Arbeitsmappe auf andere Dateitypen übertragen, müssen Sie eigentlich nur einen Parameter von Application.GetOpenFilename anpassen: Ändern Sie den FileFilter von *.xlsx in *.*. Dennoch enthält der Quelltext zum Öffnen von Dateien eines beliebigen Dateityps einige weitere Änderungen.

```
Sub DateiÖffnen()
    Dim varDatei As Variant
    varDatei = Application.GetOpenFilename("Datei (*.*), *.*")
        If varDatei <> False Then
            MsgBox "Open " & varDatei
        Workbooks.Open varDatei, Local:=True
        End If
End Sub
```

Statt der Anweisung If ... Then Exit Sub wird in diesem Beispiel If ... Then ... End If eingesetzt. Die Verhältnisse werden hier quasi umgekehrt – denn nur wenn der Wert der Variablen varDatei nicht False ergibt, soll eine Messagebox mit dem Dateinamen angezeigt und die Datei geöffnet werden. Wäre der Rückgabewert tatsächlich False, würde nichts passieren, da keine andere Anweisung in Form von Else definiert wurde.

[i]

Prüfung von Bedingungen mit »If ... Then ... Else ... End If«

Die If-Anweisung stellt eine einfache Form dar, in einem Programmablauf eine Bedingung zu prüfen. Die Prüfung führt entweder zu dem Wahrheitswert WAHR oder zu dem Wert FALSCH – in VBA True oder False. Prüfen können Sie beispielsweise den Inhalt einer Zelle (If Range("A12").Value = "Summe" Then) oder auch den Wert einer Variablen (If varDatei <> False Then).

Nachdem das Resultat der Prüfung vorliegt, werden die Anweisungen ausgeführt, die auf Then folgen. Die If-Anweisung kann nach diesen Befehlszeilen mit End If beendet werden.

Alternativ ist es möglich, eine Anweisung zu definieren für den Fall, dass die Bedingung nicht erfüllt wird, der Antwortwert also False ist. Diese Sonst-Anweisung wird mit Else eingeleitet.

Ein weiteres Werkzeug zur Flusssteuerung in Prozeduren ist die Case-Select-Anweisung. Beide Anweisungen werde ich im weiteren Verlauf dieses Kapitels noch ausführlich vorstellen.

17.8.6   Angabe der Lokalisierungswerte

Die Routine, die wir nun erstellt haben, besitzt eine gewisse Offenheit in Bezug auf die zu öffnenden Dateitypen. Zwar werden Sie wohl kaum auf die Idee kommen, über dieses Makro ein JPEG zu öffnen. Doch die Auswahl zwischen XLSX-, CSV- oder TXT-Dateien und einigen anderen Dateitypen besteht für Sie schon. Wenn Sie bereits mit Text- und CSV-Dateien gearbeitet haben, werden Sie eventuell auch schon die Erfahrung gemacht haben, dass die unterschiedlichen Lokalisierungen einer Datei Probleme bereiten können.

Während die US-amerikanischen Standards in CSV-Dateien mit dem Komma die Spalten voneinander trennen, ist es in Europa das Semikolon, das als Separator eingesetzt wird. Die typischen Unterschiede bei der Behandlung von Dezimal- und Tausendertrennzeichen sind ebenfalls bekannt. Auch sie sind ein Resultat der Lokalisierungseinstellungen in Windows.

Excel-Arbeitsmappen und VBA sprechen in der Regel unterschiedliche Sprachen, da Excel die Sprach- und Regionaleinstellungen der Windows-Systemsteuerung spricht, VBA hingegen standardmäßig die US-amerikanischen Einstellungen verwendet. Mit Local:=True erzwingen Sie die Nutzung der Regionaleinstellungen der Systemsteuerung. Sollten Sie beim Import von CSV-Dateien Probleme aufgrund der Vertauschung von Semikolon und Komma haben, müssen Sie diesen Parameter unbedingt setzen.

17.8.7   Einfügen einer CSV-Datei in eine geöffnete Arbeitsmappe

Die bislang ausgewählten Dateien wurden jeweils in einer neuen Arbeitsmappe geöffnet, in der sie dann manuell oder auch mit einem Makro weiter bearbeitet werden konnten. Der dritte und letzte Teil dieses Abschnitts zum Thema Zugriff auf Dateien beschäftigt sich mit einer anderen häufig aufgeworfenen Frage: Wie schafft man es, eine CSV-Datei in das Tabellenblatt einer bereits geöffneten Arbeitsmappe einzufügen? Um das VBA-Makro zum Einfügen zu testen, müssen Sie sicherstellen, dass Sie eine CSV-Datei in einem Ordner gespeichert haben. Im Zweifelsfall benutzen Sie für dieses Beispiel die Datei *04_Transaction_Data_00.csv*. Nachdem Sie das Makro durch einen Mausklick auf die Schaltfläche CSV-DATEI EIN-FÜGEN gestartet haben, öffnet sich die bekannte Dialogbox, aus der Sie die einzufügende Datei auswählen. Die gewählten Daten werden dann in das bereits in der Arbeitsmappe vorhandene Tabellenblatt *CSV* beginnend mit Zelle A1 eingefügt (Abbildung 17.39).

	A	B	C	D	E	F	G	H
1	I-Code	Project	Location	B-Code	B-Name	Account	Dat	PO
2	11225	LIVE	F	ABCDE001.2:	Online Medi:	Internationa	12.10.2015	185125
3	11225	LIVE	F	ABCDE001.2:	Online Medi:	Internationa	12.10.2015	185107
4	11225	LIVE	F	ABCDE001.2:	Online Medi:	Internationa	12.10.2015	185267
5	11225	LIVE	F	ABCDE001.2:	Online Medi:	Internationa	18.10.2015	185208
6	11225	LIVE	F	ABCDE001.2:	Online Medi:	Internationa	18.10.2015	185332

Abbildung 17.39 Auszug aus der per Makro eingefügten CSV-Datei

17.8.8   Quelltext des Makros zum Einfügen von CSV-Dateien

Der Quelltext des Makros enthält wieder einige bekannte, aber auch andere neue Bestandteile. Die bekannten Elemente sind:

▶ Deklarationen der Variablen für die CSV-Datei und das Tabellenblatt, in das die CSV-Daten eingefügt werden sollen

▶ Erstellen einer Objektvariablen mit dem Befehl `Set`

▶ Flusskontrolle mit `If ... End If`

▶ Verwendung von `Application.GetOpenFilename` zum Aufrufen der Dialogbox ÖFFNEN in Excel, diesmal mit dem `FileFilter *.csv`

▶ Öffnen der ausgewählten Datei mit `Workbooks.Open varCSVDatei, Local:=True`

```
Sub CSVDateiEinfügen()
  Dim varCSVDatei As Variant
  Dim wsTB As Worksheet
  Set wsTB = ActiveWorkbook.Sheets("CSV")
  varCSVDatei = Application.GetOpenFilename("Textdateien,*.csv")
    If varCSVDatei <> False Then
      Application.ScreenUpdating = False
      Workbooks.Open varCSVDatei, Local:=True
```

```
        ActiveSheet.UsedRange.Copy wsTB.Cells(1)
        ActiveWorkbook.Close
        Application.ScreenUpdating = True
    End If
  wsTB.Select
End Sub
```

Listing 17.3 Quelltext zum Einfügen von CSV-Dateien

Neue Bestandteile des Quelltextes sind:

▶ Die beiden Anweisungen `Application.ScreenUpdating = False` und `Application. ScreenUpdating = True`; der Wahrheitswert `False` bewirkt, dass die Bildschirmaktualisierung vorübergehend ausgeschaltet wird.

▶ Die Kopieranweisung `ActiveSheet.UsedRange.Copy wsTB.Cells(1)`; hierdurch erreichen Sie, dass der benutzte Zellbereich des in der geöffneten CSV-Datei vorhandenen Tabellenblattes in die Zwischenablage kopiert und in der Arbeitsmappe, aus der Sie das Makro gestartet haben, in das Tabellenblatt *CSV* in Zelle A1 eingefügt wird (`wsTB.Cells(1)`).

▶ Der Befehl `ActiveWorkbook.Close`; er schließt die geöffnete CSV-Datei wieder.

Da erst am Ende der Arbeitsschritte die Bildschirmaktualisierung mit `Application.ScreenUpdating = True` wieder eingeschaltet wird, sehen Sie zwar das Resultat des Prozesses auf dem Bildschirm, nicht aber dessen einzelne Schritte.

[i]

Eigenschaften von Objektvariablen

Sowohl in diesem als auch bereits in einigen vorangegangenen Beispielen haben wir den Befehl `Set` eingesetzt, um ein Objekt einer Variablen zuzuordnen. Wie Sie gesehen haben, ist VBA eine objektorientierte Programmiersprache. Objekte bilden die Basis von VBA. Und es gibt eine Fülle unterschiedlicher Objekte, z. B. in einer Arbeitsmappe. Manche Objekttypen haben Sie bereits kennengelernt: `Application`, `Workbook`, `Worksheet`, `Range`, `Cell`, um nur einige zu nennen.

Allen Objekten – egal, ob Sie in einer Excel-Arbeitsmappe oder in VBA mit ihnen zu tun haben – besitzen eine Gemeinsamkeit: Sie verfügen über Eigenschaften. Während eine normale Variable, wie beispielsweise der Zeilenindex in `lngZeilenzahlQuelle = wksTB1.Cells (Rows.Count, 1).End(xlUp).Row`, nur einen Wert speichert, kann in der Objektvariablen `Arbeitsmappe` eine Menge unterschiedlicher Eigenschaften dieses Objekts gespeichert sein.

Objektvariablen vererben ihre Eigenschaften an andere von ihnen abhängige Objekte weiter (z. B. `Range` an `Cell`). Dies ist ein Grund für den großen Nutzen von Objektvariablen. Der zweite große Vorteil dieses Variablentyps liegt in der Vereinfachung des Quelltextes begründet. `Set wksTB1 = ThisWorkbook.Worksheets("Quelle")` ermöglicht es Ihnen z. B., die lange Bezeichnung des Tabellenblattes *Quelle* auf den kurzen Ausdruck `wksTB1` zu verkürzen.

17.9   Fallbeispiel: CSV-Import und Datenaktualisierung für einen Forecast

Erinnern Sie sich an den Forecast, der Gegenstand eines Datenmodells in Kapitel 7, »Dynamische Reports erstellen«, war? Mit dieser Datei möchte ich an dieser Stelle ein Fallbeispiel für das Zusammenwirken von VBA-Makros, klarem Arbeitsmappenkonzept, dynamischen Bereichen und Steuerelementen geben. Denn *17_VBA_Fallbeispiel_Datenimport_01.xlsm* enthält alle typischen Bestandteile (Abbildung 17.40).

Zur Erinnerung:

▶ Der Report wurde über verschiedene Schaltflächen im Tabellenblatt *Forecast* gesteuert. Dort standen ein Gesamt- sowie ein Produkt-Soll-Ist-Vergleich zur Verfügung und eine in Bezug auf den zeitlichen Horizont flexibel einstellbare Prognose.

▶ Die Werte für diesen Bericht entstammen dem Tabellenblatt *Forecast-Auswahl*.

▶ Um dieses Tabellenblatt mit den aktuellen Informationen zu füttern, wurden insgesamt fünf Tabellenblätter benötigt: *B_Ist*, *B_Soll*, *B_Ist_kumuliert*, *B_Soll_kumuliert* und *B_Prognose*.

▶ Diese fünf Tabellenblätter waren in ihrem Aufbau völlig identisch; sie bedienten sich einer bedingten Kalkulation mit SUMMEWENNS(), und alle Zellbezüge verwiesen auf dynamische Bereiche.

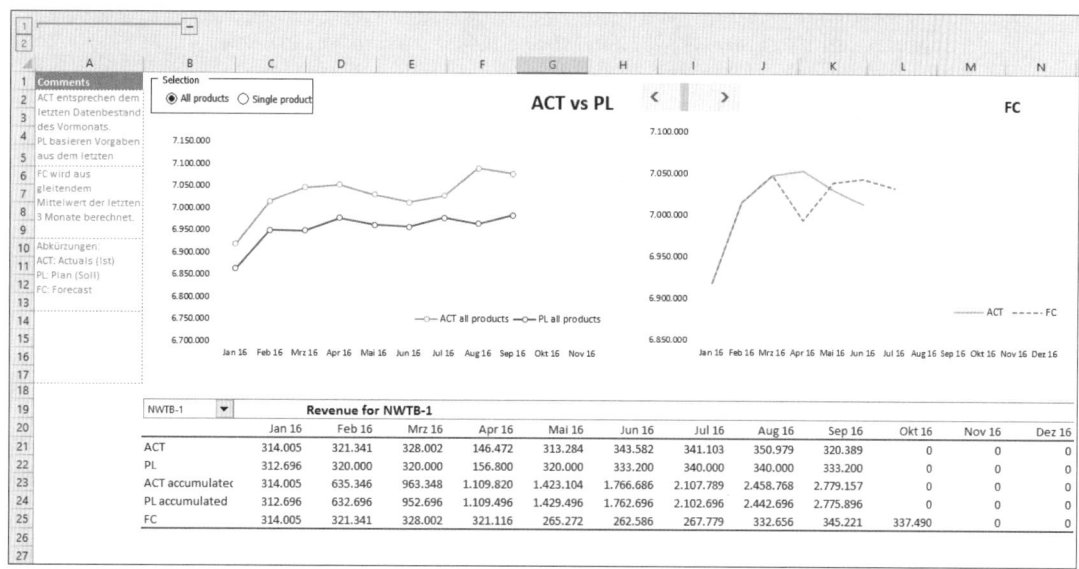

Abbildung 17.40 Dynamischer Soll-Ist-Vergleich und Forecast

17.9.1   Importieren und Anhängen der aktuellen Daten

Aus diesem Aufbau resultiert die Konsequenz, dass ein Anhängen der neuesten Daten aus einem Fremdsystem zur sofortigen Neuberechnung aller Formeln und Funktionen führt und der Report im Tabellenblatt *Forecast* ohne weitere Umstände und mithilfe der vorhandenen Steuerelemente benutzergesteuert betrachtet werden kann. Die aktuellen Daten sollen nun nicht manuell, sondern über ein VBA-Makro angehängt werden. Ein Mausklick, und der aktuelle Report ist fertig!

Um dies zu erreichen, benötigen Sie ein VBA-Makro, wie ich es zuletzt beschrieben habe und welches Sie in einigen wenigen Anweisungen anpassen:

```vba
Sub DatenAnhängen()
  Dim varCSVDatei As Variant
  Dim wksTB1 As Worksheet
  Dim wksTB2 As Worksheet
  Dim lngZeilenzahlQuelle As Long
  Dim lngZeilenzahlZiel As Long
    Set wksTB1 = ActiveWorkbook.Sheets("A_Datenimport")
    Set wksTB2 = ActiveWorkbook.Sheets("A_Basisdaten")
    varCSVDatei = Application.GetOpenFilename("Textdateien,*.csv")
      If varCSVDatei <> False Then
        Application.ScreenUpdating = False
        Workbooks.Open varCSVDatei, Local:=True
        ActiveSheet.UsedRange.Copy wksTB1.Cells(1)
        ActiveWorkbook.Close
    lngZeilenzahlQuelle = wksTB1.Cells(Rows.Count, 1).End(xlUp).Row
    lngZeilenzahlZiel = wksTB2.Cells(Rows.Count, 1).End(xlUp).Row
    wksTB1.Range("A1:F" & lngZeilenzahlQuelle).Cut _
    Destination:=wksTB2.Range("A" & lngZeilenzahlZiel + 1 & _
    ":F" & lngZeilenzahlZiel + 1 + lngZeilenzahlQuelle)
        Application.ScreenUpdating = True
    End If
    wksTB2.Select
End Sub
```

Listing 17.4 Code zum Importieren und Anhängen der aktuellen Daten

Zur Ausführung des Imports benötigen Sie ein Tabellenblatt, in das die CSV-Daten geladen werden. In der Beispieldatei ist dies das Tabellenblatt *A. Datenimport*. Die importierten Daten sollen dann bereits an die Daten der Vormonate im Tabellenblatt *A. Basisdaten* angehängt werden. Beide Tabellenblätter werden mit Set den zuvor deklarierten Variablen wksTB1 und wksTB2 zugewiesen.

Wenn das Makro gestartet wird, öffnet sich der Dialog zur Dateiauswahl. Wählen Sie dort die Datei *17_VBA_Upload_O1.csv* aus, in der sich die Daten des vierten Quartals befinden.

Die importierten Daten werden alsdann mit der Anweisung ActiveSheet.UsedRange. Copy wksTB1.Cells(1) in das Tabellenblatt *A. Datenimport* kopiert.

Erst wenn beide Tabellenblätter für Import und Basisdaten in der Arbeitsmappe verfügbar sind, wird die Zeilenanzahl beider Tabellen mit `lngZeilenzahlQuelle = wksTB1.Cells (Rows.Count, 1).End(xlUp).Row` und `lngZeilenzahlZiel = wksTB2.Cells(Rows.Count, 1).End (xlUp).Row` ermittelt.

Der Kopiervorgang ist dann nur noch Formsache:

```
wksTB1.Range("A1:F" & lngZeilenzahlQuelle).Cut _ Destination:=wksTB2.Range("A" & _
   lngZeilenzahlZiel + 1 & ":F" & _ lngZeilenzahlZiel + 1 + lngZeilenzahlQuelle)
```

17.9.2   Betrachten des aktuellen Reports

Nach dem Starten des Makros und der Dateiauswahl ist Ihr Anteil am Datenimport bereits erledigt. Je nach Datenmenge wird es ein wenig schneller oder langsamer gehen, bis alle aktuellen Daten an die bereits vorhandenen Ergebnisse der drei Vorgängerquartale angehängt worden sind. In jedem Fall enthält das Tabellenblatt *A. Basisdaten* ohne weiteren Aufwand alle Jahresergebnisse (Abbildung 17.41).

161	NWTB-43	30.09.2016	789.132	763.881	7.009.244	6.929.488
162	NWTCA-48	30.09.2016	229.780	222.750	1.973.865	1.989.430
163	NWTDFN-51	30.09.2016	831.389	823.200	7.444.244	7.383.080
164	NWTB-1	31.10.2016	304.270	312.696	3.243.356	3.259.096
165	NWTCO-3	31.10.2016	165.465	153.935	1.668.048	1.581.385
166	NWTCO-4	31.10.2016	320.857	340.000	3.382.730	3.409.450
167	NWTO-5	31.10.2016	324.476	323.448	3.377.128	3.274.092
168	NWTJP-6	31.10.2016	391.665	407.954	4.338.451	4.406.754

Abbildung 17.41 Aktualisierter Datenbestand nach makrogesteuertem Datenimport (Auszug)

Bedenken Sie jedoch, dass dieses Makro nicht den Inhalt der Datei prüft, deren Daten angefügt werden sollen. Für diese Überprüfung und die Dateiauswahl sind Sie allein verantwortlich.

Wechseln Sie in das Tabellenblatt *Forecast*, und überzeugen Sie sich davon, dass nun alle Daten bis zum Jahresende in dem dynamischen Report zur Verfügung stehen.

17.10   Flusskontrolle mit »If … Then … Else«

Die Aufgabe der Flusssteuerung innerhalb von VBA-Makros ist es, nach der Prüfung von definierten Bedingungen alternative Anweisungen auszuführen. Solche Verzweigungen bei der Berechnung können Sie in einer Excel-Arbeitsmappe mit Funktionen wie WENN() oder WAHL() realisieren, und zwar nach dem Muster: Wenn in Zelle B2 Umsatzsteuersatz 1 angegeben ist, multipliziere den Inhalt von A2 mit 19 %; andernfalls multipliziere ihn mit 7 %. Alternative Formatierungen sind in einer Arbeitsmappe ebenfalls möglich. Dazu wird eine BEDINGTE FORMATIERUNG eingesetzt.

17

Doch diese beiden Arbeitsblattfunktionen können durch eine Makroaufzeichnung nicht flexibel genutzt werden. Mit If ... Then und If ... Then ... Else lässt sich diese Lücke jedoch in VBA schließen. In der Arbeitsmappe *17_VBA_Flusskontrolle_IF_THEN_ELSE_01.xlsm* habe ich für beide Anweisungen typische Beispiele erstellt.

17.10.1   Fettdruck und Farbe für Summenzeilen mit »If … Then … End If«

Im Tabellenblatt *Summen markieren* sehen Sie eine unformatierte Tabelle (Abbildung 17.42). Stellen Sie sich vor, dass Sie eine solche Liste regelmäßig als Download aus einem anderen System erhalten. Dann wird es Sie sicher sehr bald stören, dass es in einer derartigen Zahlenwüste nicht besonders einfach ist, die wesentlichen Informationen zu lokalisieren.

Auf der anderen Seite enthalten solche Downloads jedoch meistens Beschriftungen, die eine automatisierte Formatierung der wesentlichen Daten erlauben würden. In unserer Beispieltabelle sind die Zeilen, die die Zwischensummen und das Gesamtergebnis enthalten, jeweils mit dem Begriff Summe gekennzeichnet. Diesen Begriff sollten Sie mit einer If ... Then-Anweisung zum Ausgangspunkt einer Formatierung machen.

	A	B	C	D	E	F
1	Region	VG	Monat	netto	UST	brutto
2	Nord	238	Mai	14.445,00 €	2.744,55 €	17.189,55 €
3	Nord	234	Mai	10.270,00 €	1.951,30 €	12.221,30 €
4	Nord	236	Mai	11.130,00 €	2.114,70 €	13.244,70 €
5	Nord	238	Mai	3.196,00 €	607,24 €	3.803,24 €
6	Nord	236	Mai	9.348,00 €	1.776,12 €	11.124,12 €
7	Nord	235	Mai	8.687,00 €	1.650,53 €	10.337,53 €
8	Nord	235	Mai	15.771,00 €	2.996,49 €	18.767,49 €
9	Summe Nord			72.847,00 €	13.840,93 €	86.687,93 €
10	Ost	522	Mai	12.106,00 €	2.300,14 €	14.406,14 €
11	Ost	510	Mai	4.895,00 €	930,05 €	5.825,05 €
12	Ost	521	Mai	19.316,00 €	3.670,04 €	22.986,04 €
13	Ost	513	Mai	13.823,00 €	2.626,37 €	16.449,37 €
14	Ost	519	Mai	2.938,00 €	558,22 €	3.496,22 €
15	Ost	513	Mai	9.159,00 €	1.740,21 €	10.899,21 €
16	Ost	520	Mai	7.996,00 €	1.519,24 €	9.515,24 €
17	Summe Ost			70.233,00 €	13.344,27 €	83.577,27 €
18	Süd	923	Mai	12.998,00 €	2.469,62 €	15.467,62 €
19	Süd	917	Mai	18.847,00 €	3.580,93 €	22.427,93 €
20	Süd	923	Mai	4.356,00 €	827,64 €	5.183,64 €
21	Süd	919	Mai	4.908,00 €	932,52 €	5.840,52 €
22	Süd	912	Mai	8.692,00 €	1.651,48 €	10.343,48 €
23	Süd	916	Mai	12.513,00 €	2.377,47 €	14.890,47 €
24	Süd	922	Mai	9.831,00 €	1.867,89 €	11.698,89 €
25	Summe Süd			72.145,00 €	13.707,55 €	85.852,55 €
26	Summe (gesamt)			215.225,00 €	40.892,75 €	256.117,75 €

Abbildung 17.42 Unformatierte Downloaddatei

Der Quelltext des Makros, mit dem die Summenzeilen fett und farbig formatiert werden, sieht folgendermaßen aus:

```
Sub SummeFett()
Dim rngCell As Range
    For Each rngCell In Range("A1").CurrentRegion.Resize(, 1)
```

```
        If Left(Cell.Value, 5) = "Summe" Then
            rngCell.Resize(1, 6).Font.Bold = True
            rngCell.Resize(1, 6).Font.ColorIndex = 2
            rngCell.Resize(1, 6).Interior.ColorIndex = 23
        End If
    Next rngCell
End Sub
```

Listing 17.5 Code zur Formatierung der Summenzeilen

Das Kernstück des Makros reicht vom `If` bis zum `End If`. Die Bedingung, die in der ersten Zeile dieser Anweisung geprüft wird, lautet `Left(rngCell.Value, 5) = "Summe"`. Es handelt sich hier um die Entsprechung der Excel-Funktion `LINKS()`.

▶ Geprüft werden die ersten fünf Zeichen der Objektvariablen `Cell`.

▶ Wenn die ersten fünf Zeichen von links der Zeichenkette `Summe` entsprechen, werden in den ersten sechs Spalten dieser Zeile die folgenden drei Formatierungen – `Font.Bold = True`, `Font.ColorIndex = 2` und `Interior.ColorIndex = 23` – ausgeführt.

▶ Enthalten die Zellen eine andere Zeichenkombination, passiert nichts, da keine `Else`-Anweisung definiert wurde.

Nach Ausführung des Makros ist die Datenliste deutlich übersichtlicher (Abbildung 17.43). Statt mühevoller Formatierungen ist dazu nur noch ein Mausklick erforderlich.

	A	B	C	D	E	F
1	**Region**	**VG**	**Monat**	**netto**	**UST**	**brutto**
2	Nord	238	Mai	14.445,00 €	2.744,55 €	17.189,55 €
3	Nord	234	Mai	10.270,00 €	1.951,30 €	12.221,30 €
4	Nord	236	Mai	11.130,00 €	2.114,70 €	13.244,70 €
5	Nord	238	Mai	3.196,00 €	607,24 €	3.803,24 €
6	Nord	236	Mai	9.348,00 €	1.776,12 €	11.124,12 €
7	Nord	235	Mai	8.687,00 €	1.650,53 €	10.337,53 €
8	Nord	235	Mai	15.771,00 €	2.996,49 €	18.767,49 €
9	**Summe Nord**			**72.847,00 €**	**13.840,93 €**	**86.687,93 €**
10	Ost	522	Mai	12.106,00 €	2.300,14 €	14.406,14 €
11	Ost	510	Mai	4.895,00 €	930,05 €	5.825,05 €
12	Ost	521	Mai	19.316,00 €	3.670,04 €	22.986,04 €
13	Ost	513	Mai	13.823,00 €	2.626,37 €	16.449,37 €
14	Ost	519	Mai	2.938,00 €	558,22 €	3.496,22 €
15	Ost	513	Mai	9.159,00 €	1.740,21 €	10.899,21 €
16	Ost	520	Mai	7.996,00 €	1.519,24 €	9.515,24 €
17	**Summe Ost**			**70.233,00 €**	**13.344,27 €**	**83.577,27 €**
18	Süd	923	Mai	12.998,00 €	2.469,62 €	15.467,62 €
19	Süd	917	Mai	18.847,00 €	3.580,93 €	22.427,93 €
20	Süd	923	Mai	4.356,00 €	827,64 €	5.183,64 €
21	Süd	919	Mai	4.908,00 €	932,52 €	5.840,52 €
22	Süd	912	Mai	8.692,00 €	1.651,48 €	10.343,48 €
23	Süd	916	Mai	12.513,00 €	2.377,47 €	14.890,47 €
24	Süd	922	Mai	9.831,00 €	1.867,89 €	11.698,89 €
25	**Summe Süd**			**72.145,00 €**	**13.707,55 €**	**85.852,55 €**
26	**Summe (gesamt)**			**215.225,00 €**	**40.892,75 €**	**256.117,75 €**

Abbildung 17.43 Darstellung der Downloaddatei nach Ausführung des VBA-Makros mit If … Then-Anweisung

17.10.2   Adressierung der Zellbereiche in diesem Makro

Der Quelltext dieses Makros verdient aus zwei weiteren Gründen Aufmerksamkeit: Einerseits enthält er eine erste Schleife, die mit `For Each ... Next` realisiert wird. Schleifen sind in VBA so elementar, dass ihnen der gesamte nächste Abschnitt dieses Kapitels gewidmet ist. Deshalb möchte ich an dieser Stelle nicht weiter auf dieses Werkzeug eingehen.

Die Festlegung sowohl der zu durchsuchenden als auch der zu formatierenden Zellen greift andererseits auf eine spezielle Form der Adressierung zurück, die ich bereits am Beginn dieses Kapitels vorgestellt habe.

Zunächst wird der Cursor in Zelle A1 positioniert und die `CurrentRegion`, der aktive Bereich, angesteuert.

Doch dieser Bereich – im Beispiel eigentlich aus sechs Spalten und 26 Zeilen bestehend – wird mit der `Resize`-Eigenschaft auf die erste Spalte reduziert (`Resize(, 1)`), indem die Zeilenzahl weggelassen und die Spaltenzahl mit 1 angegeben wird. So bleibt die korrekte Zeilenzahl des aktiven Bereichs erhalten. Es muss in diesem Bereich jedoch lediglich eine Spalte durchsucht werden.

Analog zur Verkleinerung des Zellbereichs wird der zu formatierende Bereich mit `Resize` dann wieder erweitert (`rngCell.Resize(1, 6).Font.Bold = True`). Nachdem der Bereich wieder auf sechs Spalten ausgedehnt wurde, schauen wir uns nun die Zeichenformatierung an.

17.10.3   »Else«-Anweisung im »If ... Then«

Die Formatierung selbst wird in diesem Beispiel nur dann ausgeführt, wenn die Bedingung – der Begriff *Summe* in Spalte A – erfüllt ist, da keine alternative Anweisung definiert wurde. Sollten Sie sich dazu entschließen, die restlichen Zellen, auf die die erste Bedingung nicht zutrifft, ebenfalls auf eine bestimmte Art und Weise zu gestalten, müssten Sie in den `If ... Then ... End If`-Block noch ein `Else` einfügen.

Dies ist im zweiten Makro dieser Arbeitsmappe, das sich auf die Liste im Tabellenblatt *Summe + Details markieren* bezieht, geschehen:

▸ Die Zeilen, in denen nur das Wort »Summe« vorkommt, werden fett und mit der Hintergrundfarbe Blau formatiert.

▸ In allen anderen Zeilen wird eine graue Hintergrundfarbe verwendet; Auslöser dafür ist die `Else`-Anweisung.

▸ Der gesamte Block wird mit `End If` beendet.

```
Sub SummeDetailsFarben()
Dim lngLetzteZeile As Long
ThisWorkbook.Worksheets("Summe + Details markieren").Select
    lngLetzteZeile = Cells(Rows.Count, 1).End(xlUp).Row
```

```
    For i = 2 To lngLetzteZeile
        If Cells(i, 1).Value = "Summe" Then
            Cells(i, 1).Resize(1, 6).Interior.ColorIndex = 23
            Cells(i, 1).Resize(1, 6).Font.Bold = True
        Else
            Cells(i, 1).Resize(1, 6).Interior.ColorIndex = 15
        End If
    Next i
End Sub
```

Im Vergleich zum vorherigen Makro wird an dieser Stelle keine Objektvariable genutzt. Stattdessen zählt Cells(Rows.Count, 1).End(xlUp).Row die Anzahl der Zeilen in der Tabelle. Darauf aufbauend wird – wie im vorherigen Beispiel – eine Schleife ausgeführt. Diesmal handelt es sich um eine Schleife vom Typ For … Next, die ich ebenfalls noch beschreiben werde. Wie oft die Schleife ausgeführt werden soll, ergibt sich aus der mit der Variablen lngLetzteZeile bestimmten Zeilenanzahl.

17.10.4 »Select Case« als Lösung für Mehrfachbedingungen

Bemüht man den Vergleich zwischen der Excel-Funktion WENN() und dem VBA-Ausdruck If … Then, stößt man in beiden Fällen auf ein ähnliches Problem: Wenn Sie eine umfangreichere Liste an Bedingungen haben, wird das Verschachteln der Bedingungen schnell unhandlich oder zumindest unübersichtlich.

Einen Ausweg weist in VBA eine Select-Case-Anweisung. Sie beginnt mit Select Case und gibt an, welches Element geprüft werden soll. Danach wird jede Handlungsalternative mit dem Schlüsselwort Case eingeleitet. Mit End Select wird der gesamte Ausdruck abgeschlossen. Wie schon bei If … Then … End If können Sie auch bei Select Case optional eine Case-Else-Anweisung definieren. Diese wird ausgeführt, wenn keine der unter Case angegebenen Bedingungen auf die geprüften Elemente zutrifft.

17.10.5 »Select Case« am Beispiel einer bedingten Formatierung

Solange es in Excel 2003 noch eine Begrenzung auf maximal drei Bedingungen bei bedingten Formatierungen gab, stellte ein VBA-Makro wie das in der Datei *17_VBA_Flusskontrolle_SELECT_CASE_01.xlsm* die einzige Möglichkeit dar, dieses bestehende Limit zu brechen. Seit Excel 2007 sind die Möglichkeiten bei bedingten Formaten sprunghaft gestiegen. Dennoch verliert das Beispiel nicht an Wert, da mit ihm Formatierungsaufgaben direkt in einem makrogesteuerten Importvorgang integriert werden können.

Wenn Sie sich den Programmcode genau ansehen, stellen Sie fest, dass sein Kern in den folgenden Zeilen liegt:

```
Select Case Cells(i, 1).Value
Case "Süd"
Cells(i, 1).Resize(1, 2).Font.ColorIndex = 5
```

▶ Es wird der Wert einer jeden Zelle in der ersten Spalte überprüft (Cells(i, 1).Value).

▶ Danach folgt die Auflistung der einzelnen Bedingungen, beginnend mit dem Fall, dass in der Zelle der Begriff Süd steht (Case "Süd").

▶ Die Zeile danach gibt an, was im Fall eines True getan werden soll. In unserem Fall erfolgt eine Formatierung; es könnte aber ebenso gut eine Berechnung durchgeführt oder andere Bearbeitungsfunktionen wie Kopieren, Verschieben usw. initiiert werden – Select Case ist selbstverständlich nicht auf bedingte Formatierungen limitiert.

```
Sub RegionKennzeichnen()
Dim lngLetzteZeile
Dim i as Integer
    Worksheets("Textmarkierung").Select
    lngLetzteZeile = Cells(Rows.Count, 1).End(xlUp).Row
    For i = 2 To lngLetzteZeile
        Select Case Cells(i, 1).Value
            Case "Süd"
                Cells(i, 1).Resize(1, 2).Font.ColorIndex = 5
            Case "Nord"
                Cells(i, 1).Resize(1, 2).Font.ColorIndex = 3
            Case "Ost"
                Cells(i, 1).Resize(1, 2).Font.ColorIndex = 43
        End Select
    Next i
End Sub
```

Listing 17.6 Beispiel für »Select Case«

17.10.6   Verwendung von »Case Else«

Auch das zweite Makrobeispiel in dieser Datei veranschaulicht die Möglichkeiten von Select Case anhand einer bedingten Formatierung. Allerdings verwendet dieser Quelltext auch noch die Case-Else-Anweisung.

```
Sub BedingteFormatierung()
Dim rngAuswahl As Range
  For Each rngAuswahl In Selection.Cells
    Select Case rngAuswahl.Value
      Case Is >= 350: rngAuswahl.Font.ColorIndex = 10
      Case Is = 0: rngAuswahl.Font.ColorIndex = 16
```

```
      Case Is <= -350: rngAuswahl.Font.ColorIndex = 3
      Case Else
        With rngAuswahl.Font
          .ColorIndex = 32
          .Italic = True
        End With
    End Select
  Next rngAuswahl
End Sub
```

Listing 17.7 Beispiel für »Case Else«

Im Gegensatz zum ersten Makro wird der zu untersuchende Zellbereich durch eine zuvor vorgenommene Zellauswahl des Benutzers festgelegt (In Selection.Cells). Markieren Sie also die Zellen, in denen sich die Zahlen befinden, die Sie formatieren möchten. Jede ausgewählte Zelle wird nach dem Starten des Makros auf ihren Zellinhalt hin überprüft. Drei Bedingungen sind im Makro definiert:

▸ Ist der Zellwert gleich 350 oder höher, wird die Schriftfarbe Grün verwendet.

▸ Entspricht der Wert genau 0, führt dies zu einer grauen Schriftfarbe.

▸ Eine Zahl, die kleiner oder gleich −350 ist, wird mit der Farbe Rot formatiert.

So wie die Bedingungen definiert sind, bleibt der Datenbereich, der zwischen 349 und − 349 liegt und ungleich null ist, bei der Formatierung unberücksichtigt. Dies ändert sich jedoch durch die Anweisung

```
Case Else
With rngAuswahl.Font
  .ColorIndex = 32
  .Italic = True
```

Allen Werten dieses Wertebereichs wird nun die Schriftfarbe Blau zugewiesen.

17.11   Programmierung von Schleifen in VBA

Um in das nächste Thema einzusteigen, lohnt sich zunächst einmal ein kurzer Blick zurück. Die beiden letzten Makros enthielten bereits Schleifen. Im ersten kam eine For...Next-Schleife zum Einsatz, das zweite erledigte seine vorgezeichneten Aufgaben mit einer For Each ...Next-Schleife. Beide Arten, eine Anweisung mehrfach ausführen zu lassen, sind elementar in VBA. Neben diesen Schleifentypen werde ich im folgenden Abschnitt auch Do ... While und Do Until ... Loop beschreiben.

Doch lassen Sie uns zuerst den Schleifentyp genauer betrachten, den wir bereits in den vorherigen Makros verwendet haben. Beginnen wir also mit For ... Next.

17.11.1   Erstellen einer »For ... Next«-Schleife

Diese Schleife ist ideal, wenn die Wiederholung der einzelnen Schritte einer Prozedur durch einen numerischen Zähler gesteuert wird. In der Arbeitsmappe *17_VBA_Schleifen_FOR_NEXT_EXIT_01.xlsm* soll ein Zellbereich in Spalte A analysiert werden. Gefunden werden muss die erste Leerzeile. In diese Leerzeile soll dann der nächste Standort, der in eine Dialogbox eingetragen wird, geschrieben werden (Abbildung 17.44).

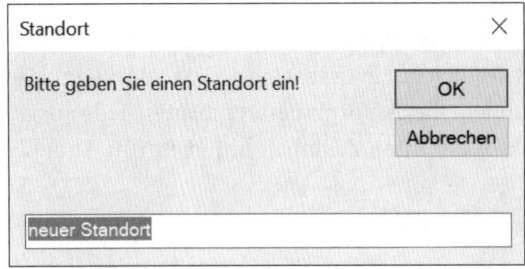

Abbildung 17.44 Eingabe eines neuen Wertes – die leere Zelle wird mit »For ... Next« ermittelt.

Das Verfahren dafür ist relativ einfach: Die erste Zelle wird auf einen möglichen Inhalt hin geprüft. Enthält sie einen Inhalt – ist sie also nicht leer –, wird die Suche in der zweiten Zelle wiederholt. Ist auch diese nicht leer, beginnt die Prüfung der dritten Zelle. Der Prüfvorgang wird so lange wiederholt, bis die Bedingung »Zelle ist leer« endlich erfüllt wird und der Inhalt der Dialogbox in die Tabelle geschrieben werden kann. Die Schleife basiert auf drei Anweisungen For ... Next ... Exit For.

Jeder Fehlversuch führt dazu, dass der Zähler um den Wert 1 hochgezählt wird. Dies bedeutet, dass Sie entweder eine feste Anzahl von Wiederholungen festlegen können oder aber mit Rows.Count die letzte Zeile der Tabelle ermitteln können und die Schleife damit anweisen, die Suche so lange zu wiederholen, bis eine leere Zelle gefunden wird.

17.11.2   Definition des Zählers

Im Makro dieser Beispieldatei habe ich die letzte Variante umgesetzt. Der Wert der Variablen lngLetzteZeile wird wie gewohnt mit .Cells(Rows.Count, 1).End(xlUp).Row ermittelt. Der Zähler i der For ... Next-Schleife übernimmt diesen variablen Wert: For i = 2 To lngLetzteZeile.

Damit ist definiert, dass die Schleife mit der Suche in Zeile 2 beginnt, da in Zeile 1 die Spaltenüberschrift steht, und bis zur letzten Zeile fortgesetzt wird.

[i]

Intervalle und Zählrichtung im Zähler der Schleife

Der Wert des Zählers der Schleife wird standardmäßig nach der Ausführung der For-Anweisung um einen Wert erhöht. Allerdings können Sie das Intervall mit Step auch mühelos ändern.

For i = 2 To lngLetzteZeile Step 5 würde die Anweisung nur in jeder fünften Zeile durchführen. Auch die Umkehrung der Zählung ist möglich. Dazu würden Sie die Anweisung For i = lngLetzteZeile To 2 Step –1 verwenden.

17.11.3 Verlassen der Schleife und Ausführen einer Anweisung

Um die Eingabe des in der Dialogbox erfassten Standortes in die Tabelle zu übernehmen, muss die Ausführung der Schleife beendet werden. Dafür ist die Anweisung Exit For verantwortlich. Sobald die If-Anweisung zum Prüfen der Zellinhalte (If Cells(i, 1).Value = "" Then) den Wert True liefert, wird Exit For aktiviert und die Ausführung von Next i, dem erneuten Suchen, unterbunden. Stattdessen wird die auf Next i folgende Anweisung Cells(i, 1).Value = strEingabe ausgeführt.

Noch deutlicher würde die Funktionsweise, wenn der Zähler der Schleife einen festen Vorgabewert besäße. Stellen Sie sich vor, die Suche nach einer Leerzeile sollte auf die ersten 500 Zeilen des Tabellenblattes beschränkt werden. Die erste leere Zelle würde aber bereits in Zeile 25 gefunden. Exit For würde dem Programm dann die unnötige Suche in weiteren 475 Zellen ersparen – und Ihnen die überflüssige Wartezeit.

Der Quelltext des Makros hat insgesamt folgenden Inhalt:

```
Sub LeereZeileFinden01()
Dim strEingabe As String
Dim lngLetzteZeile As Long
Sheets("Liste").Activate
lngLetzteZeile = Sheets("Liste").Cells(Rows.Count, 1).End(xlUp).Row
    strEingabe = InputBox("Bitte geben Sie einen Standort ein!", _
    "Standort", "neuer Standort")
    For i = 2 To lngLetzteZeile
        If Cells(i, 1).Value = "" Then Exit For
    Next i
        Cells(i, 1).Value = strEingabe
End Sub
```

Listing 17.8 Beispiel für eine Schleife

17.11.4 Verwendung anderer Variablenbezeichnungen im Zähler

Die Bezeichnung i für den Zähler der Schleife ist weitverbreitet. Zwingend vorgeschrieben ist sie indessen nicht. Das zweite Makro in dieser Arbeitsmappe verfügt über den gleichen Aufbau, aber angepasste Variablenbezeichnungen. Der Zähler wurde mit lngBereich benannt.

Daraus ergibt sich For lngBereich = 2 To lngLetzteZeile bei der Definition der Schleife und If Cells(lngBereich, 1).Value = "" Then Exit For als zu prüfende Bedingung.

17.11.5 Exkurs: Leere Zeilen ohne Schleifen finden und löschen

Die Suche nach Leerzeilen hat in der täglichen Praxis eine zusätzliche Bedeutung: Daten, die aus Fremdsystemen übernommen werden, enthalten nicht selten Leerzeilen, die vor der Weiterverarbeitung entfernt werden müssen (Abbildung 17.45). Dies ist mit einem VBA-Makro auch ohne Schleifen möglich.

	A	B	C	D	E	F	G	H	I	J
1	I-Code	Project	Location	B-Code	B-Name	Account	Dat	PO	Text	Value
2	11225	LIVE	F	ABCDE001.2	Online Medi	Internationa	12.10.2015	185125	LIVE - Online	143,45
3	11225	LIVE	F	ABCDE001.2	Online Medi	Internationa	12.10.2015	185107	LIVE - Online	1.996,41
4	11225	LIVE	F	ABCDE001.2	Online Medi	Internationa	12.10.2015	185267	LIVE - Online	76,12
33	11225	OPAX	D	KLMNOP003.	Event Spons	Events	25.10.2015	199312	OPAX - Event	-259,42
34	11225	OPAX	D	KLMNOP003.	Event Spons	Events	25.10.2015	199295	OPAX - Event	-8.658,42
35	11225	OPAX	D	KLMNOP003.	Event Spons	Events	25.10.2015	199333	OPAX - Event	-257,96
36	Subtotal October									-7.212,28
37										
38	*****									
39	11225	OPAX	F	CDEFGHC011	Mobile	Communicat	09.11.2015	193260	OPAX - Mobi	32.255,78
40	11225	OPAX	F	CDEFGHC011	Mobile	Communicat	09.11.2015	193119	OPAX - Mobi	6.063,60

Abbildung 17.45 Basisdatentabelle mit überflüssigen Leerzeichen

Das Makro habe ich bereits in Kapitel 4, »Daten importieren und bereinigen«, vorgestellt. Deshalb sei es an dieser Stelle nur in aller Kürze und aus Gründen der Vollständigkeit erwähnt.

Ausgangspunkt sind auch hier das Zählen der vorhandenen Zeilen und die Zuordnung des Resultats zu einer Variablen (lngLetzteZeile). Das Löschen der Zellen bedient sich der SpecialCells-Methode. Entsprechen die Zellen in Spalte A der XlCellType-Konstanten xlCellTypeBlanks, wird die Methode EntireRow.Delete ausgeführt und die vollständige Zeile gelöscht.

```
Sub LeerzeilenLoeschen()
Dim lngLetzteZeile As Long
    lngLetzteZeile = Cells(Rows.Count, 1).End(xlUp).Row
    Range("A1:A" & lngLetzteZeile).SpecialCells(xlCellTypeBlanks). _
    EntireRow.Delete
End Sub
```

17.11.6 Praxisbeispiel: Kostenstellendaten auf verschiedene Tabellenblätter verteilen

For ... Next-Schleifen besitzen in der VBA-Makroprogrammierung einen solch hohen Stellenwert, dass Sie sich eingehender mit dem Thema befassen sollten. *17_VBA_Schleifen_FOR_NEXT_01.xlsm* enthält ein Fallbeispiel für die Anwendung einer solchen Schleife.

Im Tabellenblatt *Datenbank* der Beispieldatei stehen die Werte für die einzelnen Kostenstellen (Abbildung 17.46). Diese sollen nach Kostenstelle getrennt und dann jeweils in ein neues Tabellenblatt eingefügt werden. Mit dem erweiterten Filter ließe sich diese Aufgabenstellung bequem lösen. Allerdings müsste der in der Bedienung recht aufwendige Filter in der Beispieldatei gleich siebenmal ausgeführt werden, da sich im Listenbereich sieben Kostenstellen befinden.

	A	B	C
1	**Kostenstelle**	**Kosten**	**Abteilung**
2	853	88,00 €	VW
3	362	95,00 €	FI
4	726	86,00 €	FI
5	120	87,00 €	IT
6	954	32,00 €	VW
7	853	29,00 €	MA
8	362	22,00 €	MA
9	726	92,00 €	GL
10	120	22,00 €	FI

Abbildung 17.46 Kostenstellendaten der Ausgangstabelle

Klar, dass die Nutzung eines VBA-Makros mit einer For...Next-Schleife diesen Arbeitsaufwand deutlich reduzieren würde.

17.11.7 Voraussetzungen in dieser Beispieldatei

In der Beispieldatei habe ich die folgenden Vorbereitungen getroffen:

▶ Im Tabellenblatt *Kostenstellen* existiert bereits eine Liste der Kostenstellen ohne Duplikate; eine solche Liste können Sie mit der Funktion DATEN • DUPLIKATE ENTFERNEN, nachdem Sie alle Kostenstellen in das Tabellenblatt kopiert haben.

▶ Die drei Bereiche, die für den erweiterten Filter benötigt werden, habe ich in der Arbeitsmappe mit Bereichsnamen bezeichnet.

Die Bereichsnamen im Tabellenblatt zeigt Tabelle 17.8.

Bereichsname	Zellbereich
DBgesamt	Dies ist der Listenbereich. Er wird mit =BEREICH.VERSCHIEBEN (Datenbank!$A$1;;;ANZAHL2(Datenbank!$A:$A);3) dynamisch bestimmt, sodass auch bei Datenergänzungen die Verwendung aller Zeilen sichergestellt ist.

Tabelle 17.8 Bereichsnamen im Tabellenblatt

Bereichsname	Zellbereich
KSTErgebnisbereich	Markiert die Überschriftenzeile des Ergebnisbereichs, unter den die gefilterten Daten geschrieben werden (=KSTErgebnis! $A$1:$C$1).
KSTErgebnis	Das sind die Daten einer Kostenstelle, die entsprechend den Filterbedingungen gefunden wurden. Da das Ergebnis variieren kann, wird auch dieser Bereich mit =BEREICH.VERSCHIEBEN(KSTErgebnis!$A$1;;;ANZAHL2(KSTErgebnis!$A:$A);3) berechnet.

Tabelle 17.8 Bereichsnamen im Tabellenblatt (Forts.)

17.11.8   Deklaration der Variablen

Am Beginn des Quelltextes werden insgesamt vier Variablen deklariert. Die ersten drei – wksTB1, wksTB2 und wksTB3 – beziehen sich auf die drei Tabellenblätter der Arbeitsmappe. Die Variablen dienen dazu, die Adressierung beispielsweise innerhalb der Parameter des Filtervorgangs zu verkürzen. Die vierte Variable (lngAnzahlKST) speichert die Anzahl vorhandener eindeutiger Kostenstellen.

17.11.9   Zuweisung der Objekte zu den Variablen

Mit der Set-Anweisung werden anschließend den ersten drei Variablen die Tabellenblattobjekte zugewiesen. Dadurch ist das Tabellenblatt *Datenbank* nicht mehr ausschließlich über die lange Bezeichnung Worksheets("Datenbank"), sondern auch unter der Kurzform wlsTB1 adressierbar. Mit den anderen Tabellenblättern wird analog verfahren.

17.11.10   Festlegung des Zählerwertes und Beginn der Schleife

Die Anzahl der auszuführenden Wiederholung wird mit dem bereits mehrfach benutzten Befehl lngAnzahlKST = wksTB2.Cells(Rows.Count, 1).End(xlUp). Row – 1 bestimmt. Da die Liste der eindeutigen Kostenstellen im gleichnamigen Tabellenblatt eine Überschrift besitzt, muss der berechnete Wert um –1 reduziert werden. In der Beispieldatei nimmt die Variable also den Wert 7 an.

Dieses Resultat wird an den Zähler der For-Schleife übergeben. Die Anweisung lautet: For i = 1 To lngAnzahlKST. Beginnend mit dem Wert 1 wird die gesamte folgende Prozedur bis zum Ausdruck Next i also siebenmal ausgeführt.

17.11.11 Bestimmung der einzelnen Kostenstellen als Filterkriterium

Die erste Ausführung des erweiterten Filters wird nun die erste Kostenstelle aus dem Zellbereich A2 des Tabellenblattes *Kostenstellen* als Filterkriterium nutzen. Dazu kopiert sie diese Kostenstellenbezeichnung in Zelle D2 des Tabellenblattes, also unter die Überschrift Kostenstelle und damit in den Kriterienbereich des erweiterten Filters (Abbildung 17.47).

▶ Erreicht wird dies durch den Code ActiveSheet.Cells(1 + i, 1).Copy Destination:= Range("D2"). Er kopiert aus dem aktiven Tabellenblatt die Zelle der zweiten Spalte (1 + i, also 1 plus erster Durchlauf = 2) und der ersten Spalte (A2) in Zelle D2.

▶ Danach wird die AdvancedFilter-Methode benutzt, um die Daten für die ausgewählte erste Kostenstellenbezeichnung aus der Liste in den Ergebnisbereich zu kopieren:

```
wksTB1.Range("DBGesamt").AdvancedFilter Action:= xlFilterCopy,
CriteriaRange:=wksTB2.Range("D1:D2"),
Copy ToRange:=wksTB3 .Range("KSTErgebnisbereich"), Unique:=False
```

▶ Das Ergebnis des ersten Durchlaufs der Schleife wird abschließend in ein neues Tabellenblatt eingefügt. Dazu sind drei Schritte erforderlich. Erstens: Mit dem Ausdruck wksTB3. Range("KSTErgebnis").Copy wird das Filterergebnis in die Zwischenablage kopiert. Zweitens: Ein neues Tabellenblatt wird mit Sheets.Add After:= Sheets(Sheets.Count) in die Arbeitsmappe eingefügt. Drittens: Das kopierte Filterergebnis wird mit ActiveSheet.Range ("A1").Insert in das neu erstellte Tabellenblatt eingefügt.

▶ Damit enden die Anweisungen der Schleife. Der Zähler wird um den Wert 1 erhöht. Als Filterkriterium kann nun der Inhalt der Zelle Cells(1 + i, 1) oder A3 herangezogen werden.

▲	A	B	C	D
1	**Kostenstellenliste**			**Kostenstelle**
2	853			162
3	362			
4	726			
5	120			
6	954			
7	342			
8	162			

Abbildung 17.47 Liste eindeutiger Kostenstellen und Kriterienbereich des Filtervorgangs im ersten Durchlauf der Schleife

Hinzufügen von Tabellenblättern mit der »Sheets.Add«-Methode

Tabellenblätter können in VBA nicht nur über ihren Namen oder die Objektvariablenbezeichnung angesprochen werden, wie es in den bisherigen Beispielen jeweils erfolgte. Neben der Adressierung Worksheets("Tabelle1") oder wksTB1 ist auch die Angabe Worksheets(1) zulässig. Bei dieser Art der Bezeichnung in VBA werden die Tabellenblätter intern einfach durchnummeriert. Diese Methode können Sie sich beim Einfügen von neuen Tabellenblättern in eine Arbeitsmappe zunutze machen.

> Die Methode Sheets.Add verwendet unter anderem den Parameter After, mit dem Sie bestimmen, hinter welchem Tabellenblatt ein weiteres eingefügt werden soll. Die Position für das Einfügen lässt sich leicht bestimmen, da es Ihnen möglich ist, die bereits vorhandenen Tabellenblätter mit Sheets.Count zu zählen. Der zu verwendende Ausdruck Sheets.Add After:=Sheets(Sheets.Count) stellt dann sicher, dass ein zusätzliches Tabellenblatt hinter den bereits vorhandenen eingefügt wird.

Der vollständige Quelltext zum Erstellen von separaten Tabellenblättern pro Kostenstelle hat folgenden Aufbau:

```
Sub KSTDatenFiltern()
Dim wksTB1 As Worksheet
Dim wksTB2 As Worksheet
Dim wksTB3 As Worksheet
Dim lngAnzahlKST As Long
Set wksTB1 = ThisWorkbook.Worksheets("Datenbank")
Set wksTB2 = ThisWorkbook.Worksheets("Kostenstellen")
Set wksTB3 = ThisWorkbook.Worksheets("KSTErgebnis")
lngAnzahlKST = wksTB2.Cells(Rows.Count, 1).End(xlUp).Row - 1
  For i = 1 To lngAnzahlKST
    wksTB2.Select
    ActiveSheet.Cells(1 + i, 1).Copy Destination:=Range("D2")
    wksTB1.Range("DBGesamt").AdvancedFilter Action:=xlFilterCopy, _
     CriteriaRange:=wksTB2.Range("D1:D2"), CopyToRange:=wksTB3.Range( _
    "KSTErgebnisbereich"), Unique:=False
    wksTB3.Range("KSTErgebnis").Copy
    Sheets.Add After:=Sheets(Sheets.Count)
      ActiveSheet.Range("A1").Insert
    Next i
End Sub
```

Listing 17.9 Quelltext zum Erstellen von separaten Tabellenblättern

17.11.12 Schleifen mit Objektvariablen und »For Each ... In ... Next«

Objekte, dies wurde bereits festgestellt, besitzen eine Menge unterschiedlicher Eigenschaften. Stellen Sie sich das Objekt *Diagramm* vor. Es entspricht einem Diagrammtyp, hat einen Speicherort und eine Größe. Doch das Objekt *Diagramm* besteht auch aus einer oder unter Umständen mehreren Datenreihen. Diese Datenreihen besitzen wiederum verschiedene Datenpunkte.

Während eine normale Variable – wie der Zähler in den letzten Makros, das wir benutzt haben – in der Regel nur einen einzigen Wert speichert, tragen die Objektvariablen den umfangreichen Eigenschaften von Objekten Rechnung und speichern sämtliche Eigenschaften des zugeordneten Objekts. Dies ist für den Benutzer äußerst praktisch, weil er damit in Schleifen sämtliche Objekte des gleichen Typs, beispielsweise einer Arbeitsmappe, ansprechen kann. Möchten Sie z. B. allen Diagrammen einer Arbeitsmappe eine bestimmte Überschrift geben, ist die Schleife mit einer Objektvariablen in der Lage, sämtliche Objekte dieses Typs auszuwählen und zu ändern. Sie suchen einen Zellinhalt in einem bestimmten Bereich, Sie möchten alle geöffneten Arbeitsmappen speichern? Mit Objektvariablen ist dies kein Problem.

17.11.13   Schrift- und Hintergrundfarben mit »For Each … In … Next« zählen

For Each …In … Next-Schleifen funktionieren im Zusammenspiel mit Objektvariablen optimal. Die Schleife wird begonnen mit For Each und der Benennung eines Elements, das mit In auf eine Gruppe beschränkt wird. In der Beispieldatei *17_VBA_Schleifen_FOR_EACH_IF_01.xlsm* (Abbildung 17.48) lautet die konkrete Anweisung:

```
For Each rngZelle In Range("B1:C100")
```

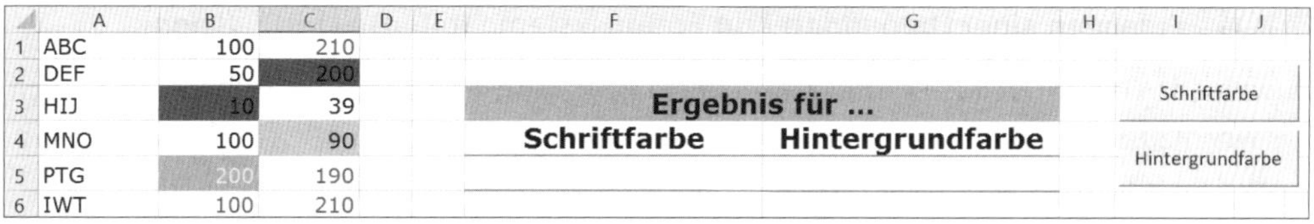

Abbildung 17.48 Ermittlung von Zelleigenschaften mit For Each … Next am Beispiel einer Zählung von Schriftfarben

In einem definierten Zellbereich von B1 bis C100 werden alle Elemente vom Typ rngZelle einer Überprüfung unterzogen. Der Zellbereich B1 bis B100 bildet in diesem Beispiel eine übergeordnete Gruppe, jede einzelne Zelle (rngZelle) stellt ein untergeordnetes Element dar. Dieses Element ist im Beispielquelltext zuvor als Objektvariable deklariert worden.

Um die Zellen zu zählen, in denen die Hintergrundfarbe Rot verwendet wird, muss nun eine Bedingung her. Sie lautet If rngZelle.Interior.ColorIndex = 3 Then. Die Bedingung entspricht den Regeln, die Sie bereits in Abschnitt 17.10, »Flusskontrolle mit ›If … Then … Else‹«, kennengelernt haben, und verwendet ebenfalls die Objektvariable rngZelle.

Wird die Bedingung erfüllt, soll der Wert der für die Zählung verantwortlichen Variablen int-Anzahl um 1 erhöht werden (intAnzahl = intAnzahl + 1). Dieser Wert wird beim Starten des Makros automatisch auf 0 zurückgesetzt (intAnzahl = 0), um beim mehrmaligen Ausführen des Programms immer das korrekte Ergebnis zu erhalten.

Sobald alle Zellen der Gruppe B1 bis C100 geprüft wurden, wird das Ergebnis der Zählung in Zelle G5 ausgegeben (Cells(5, 7).Value = intAnzahl).

Die Beispieldatei enthält zwei Makros, eines zum Zählen der Schriftfarbe Rot und ein weiteres, das die Hintergrundfarbe Rot zählt. Da sich beide Quelltexte kaum voneinander unterscheiden, wird an dieser Stelle nur der Code des ersten Makros wiedergegeben:

```
Sub ZaehleHintergrundfarbeRot()
Dim intAnzahl As Integer
Dim rngZelle As Range
    intAnzahl = 0
    For Each rngZelle In Range("B1:C100")
        If rngZelle.Interior.ColorIndex = 3 Then
            intAnzahl = intAnzahl + 1
        End If
    Next rngZelle
    Cells(5, 7).Value = intAnzahl
End Sub
```

Listing 17.10 Code zum Zählen der Schriftfarbe Rot

17.11.14 Erzeugen einer Uploaddatei für Fremdsysteme mit »Do Until … Loop«

Downloads von Daten aus Fremdsystemen gehören zum Alltag im Controlling. Doch auch das Hochladen von Daten kann erforderlich sein. Programme wie SAP schreiben die zulässigen Zahlenformate unabänderlich vor. Häufig ist die Anordnung der Werte in der Uploadtabelle eine völlig andere als die im Tabellenblatt, das der Erfassung oder Bearbeitung der Werte diente.

Dies hat zur Folge, dass der Benutzer nun manuell die vom Zielprogramm vorgeschriebene Datenanordnung erstellen müsste. Eine langwierige Folge von Kopier- und Formatierungsschritten wäre die Konsequenz.

Diese Ausgangslage ist nahezu ideal für die Anwendung einer Schleife vom Typ Do Until … Loop. An der Datei *17_VBA_Schleifen_DO_UNTIL_01.xlsm* wird dies deutlich (Abbildung 17.49). Do Until … Loop-Schleifen sind in der Lage, eine Reihe von einzelnen Befehlen so lange zu wiederholen, bis eine vorgegebene Bedingung nicht mehr erfüllt und die Schleife dadurch beendet wird (Abbildung 17.50).

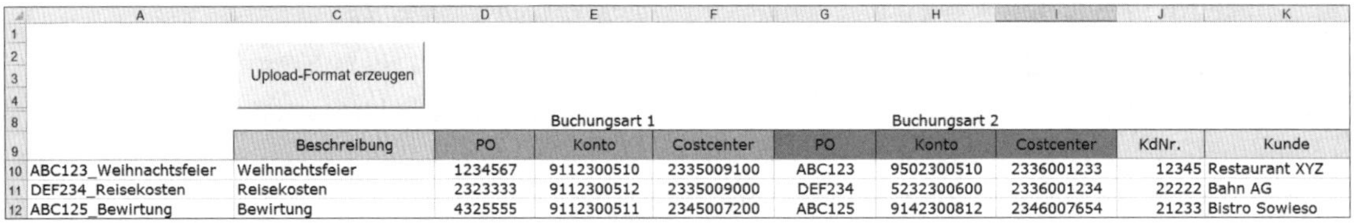

	A	C	D	E	F	G	H	I	J	K
1										
2										
3		Upload-Format erzeugen								
4										
8				Buchungsart 1			Buchungsart 2			
9		Beschreibung	PO	Konto	Costcenter	PO	Konto	Costcenter	KdNr.	Kunde
10	ABC123_Weihnachtsfeier	Weihnachtsfeier	1234567	9112300510	2335009100	ABC123	9502300510	2336001233	12345	Restaurant XYZ
11	DEF234_Reisekosten	Reisekosten	2323333	9112300512	2335009000	DEF234	5232300600	2336001234	22222	Bahn AG
12	ABC125_Bewirtung	Bewirtung	4325555	9112300511	2345007200	ABC125	9142300812	2346007654	21233	Bistro Sowieso

Abbildung 17.49 Aufbau einer strukturierten Buchungstabelle in Excel …

▲	A	B	C	D	E	F	G	H	I
1									
2	1	40	9502300510	2336001233			1256	ABC123_Weihnachtsfeier	Weihnachtsfeier
3	1	50	322700921		DE00010001		1256	ABC123_Weihnachtsfeier	
4	1	40	5232300600	2336001234			423	DEF234_Reisekosten	Reisekosten
5	1	50	322900321		DE00010001		423	DEF234_Reisekosten	
6	1	40	9142300812	2346007654			237	ABC125_Bewirtung	Bewirtung
7	1	50	360100222		DE00010001		237	ABC125_Bewirtung	

Abbildung 17.50 … und das Rohdatenformat der Uploaddatei nach einer »Do Until … Loop«-Schleife

Wie ist die Ausgangslage in unserer Beispieldatei? Die Buchungen dieses Beispiels werden im Tabellenblatt *Eingabe* bearbeitet. Dort kann der gesamte Funktionsumfang von Excel genutzt werden. Automatische Berechnungen, geeignete Zahlenformate und eine Anordnung der Daten, die gut lesbar ist, stehen in diesem Tabellenblatt im Mittelpunkt.

17.11.15 Beschreibung der Kopieranweisungen im »Do Until«-Block

Für das Hochladen der Daten in das Fremdsystem müssen wir abschließend allerdings aus jeder Buchung zwei Buchungszeilen erzeugen, das Zahlenformat der Eurobeträge entfernen und die spaltenweise Anordnung der Daten ändern. Diese Änderungen entsprechen im Quellcode einer Reihe von Einzelanweisungen zwischen Do Until und Loop, die aufgrund ihrer Fülle hier nur auszugsweise dargestellt werden:

```
wsUPLD.Cells(zu + 1, 1) = "1"
wsUPLD.Cells(zu + 1, 2) = "50"
wsUPLD.Cells(zu + 1, 3) = wsEING.Cells(ze, 15)
wsUPLD.Cells(zu + 1, 4) = " "
wsUPLD.Cells(zu + 1, 5) = "DE00010001"
wsUPLD.Cells(zu + 1, 7) = wsEING.Cells(ze, 16)
wsUPLD.Cells(zu + 1, 8) = wsEING.Cells(ze, 1)
wsUPLD.Cells(zu + 1, 9) = wsEING.Cells(ze, 2)
```

Lassen Sie mich zwei Zeilen herauspicken, um die Funktionsweise des Codes zu erläutern:

▶ Die Anweisung wsUPLD.Cells(zu + 1, 1) = "1" schreibt den Wert 1 in die Zelle A3 des Tabellenblattes *UploadDatei*. Das Tabellenblatt wurde zuvor der Objektvariablen wsUPLD zugeordnet. Die Variable zu bezieht sich auf die Zeilennummer im Tabellenblatt *UploadDatei*. Die Variable beginnt laut Definition mit der zweiten Zeile (zu = 2), da die erste Zeile der Uploadtabelle leer bleiben muss.

▶ Mit wsUPLD.Cells(zu +1, 3) = wsEING.Cells(ze, 15) wird in die Zelle C3 des Tabellenblattes *Update* (Cells(zu, 3) der Wert aus Zelle H10 der Eingabetabelle übernommen. Das entspricht der Kontoangabe. Auch die Variable ze wurde zu Beginn des Makros als Zeilennummer, diesmal im Tabellenblatt *Eingabe*, deklariert. Da auch in diesem Tabellenblatt neun Leerzeilen vorkommen, ist der Startwert dieser Variablen auf 10 gesetzt (ze = 10). Die Zuordnung der Objektvariablen wsUPLD gewährleistet den Zugriff auf das benötigte Tabellenblatt.

17

▶ Nach der Erzeugung der beiden Buchungszeilen muss die Variable zu um den Wert 2 hochgezählt werden. Um die nächste Buchungszeile aus Tabellenblatt *Eingabe* zu übertragen, springt der Zähler der Variablen ze um den Wert 1 höher.

17.11.16   Definition der Bedingung für die Ausführung von »Do Until … Loop«

Do-Schleifen würden zwangsläufig zu Endlosschleifen mutieren, gäbe es keine einschränkenden Bedingungen bei ihrer Definition. Diese Einschränkungen in VBA bekannt zu machen, ist Aufgabe des Until. In der Beispieldatei wird die Bedingung festgelegt, die Schleife so lange zu wiederholen, bis in Spalte H keine Daten mehr gefunden werden (Do Until Cells(ze, 8) = ""). Spalte H der Eingabetabelle enthält die Kontonummern.

Liegt keine Kontonummer vor, ist es sinnlos, die Daten der betreffenden Zeile für das Hochladen vorzubereiten. Die Do Until … Loop-Schleife wird in dem Fall, dass in einer Zelle der Spalte H keine Daten gefunden werden, sofort abgebrochen. Ihre Aufgabe hat sie bis dahin allerdings hervorragend erledigt: Ihnen als Benutzer hat sie die aufwendige manuelle Bearbeitung der Daten erspart.

```vba
Sub FormatUploadErzeugen()
    Dim ze As Integer
    Dim zu As Integer
    Dim wsUPLD As Worksheet
    Dim wsEING As Worksheet
    ze = 10
    zu = 2
    Set wsUPLD = ThisWorkbook.Worksheets("UploadDatei")
    Set wsEING = ThisWorkbook.Worksheets("Eingabe")
    wsUPLD.Range("A2:H100").ClearContents
    Application.ScreenUpdating = False
    wsEING.Select
    Do Until Cells(ze, 8) = ""
    wsUPLD.Cells(zu, 1) = "1"
    wsUPLD.Cells(zu, 2) = "40"
    wsUPLD.Cells(zu, 3) = wsEING.Cells(ze, 8)
    wsUPLD.Cells(zu, 4) = wsEING.Cells(ze, 9)
    wsUPLD.Cells(zu, 5) = " "
    wsUPLD.Cells(zu, 7) = wsEING.Cells(ze, 16)
    wsUPLD.Cells(zu, 8) = wsEING.Cells(ze, 1)
    wsUPLD.Cells(zu, 9) = wsEING.Cells(ze, 3)
    wsUPLD.Cells(zu + 1, 1) = "1"
    wsUPLD.Cells(zu + 1, 2) = "50"
    wsUPLD.Cells(zu + 1, 3) = wsEING.Cells(ze, 15)
    wsUPLD.Cells(zu + 1, 4) = " "
```

```
    wsUPLD.Cells(zu + 1, 5) = "DE00010001"
    wsUPLD.Cells(zu + 1, 7) = wsEING.Cells(ze, 16)
    wsUPLD.Cells(zu + 1, 8) = wsEING.Cells(ze, 1)
    wsUPLD.Cells(zu + 1, 9) = wsEING.Cells(ze, 2)
    zu = zu + 2
    ze - ze + 1
    Loop
    Application.ScreenUpdating = True
    wsUPLD.Select
End Sub
```

Listing 17.11 Beispiel für eine »Do Until … Loop«-Schleife

17.11.17   Schleifen mit »Do While … Loop«

Die Erzeugung der Uploadtabelle hätten Sie auch mit einer Schleife vom Typ Do While … Loop erzeugen können. Ihre Bedingung hätte dann aber lauten müssen Do While Cells(ze, 8) <> "". Bei einer Do-Until-Schleife wird die Bedingung positiv formuliert: »Führe die Anweisung aus, *bis* die geprüfte Zelle *leer* ist«. Do While setzt eine negative Formulierung der Bedingung voraus: »Wiederhole die Schleife, *solange* die geprüfte Zelle *nicht leer* ist.«

Auf die weitere Formulierung der auszuführenden Anweisungen hat dieser Unterschied allerdings keinen Einfluss.

Erzwingen einer einmaligen Ausführung der »Do«-Schleife

Eine Schleife wird, wie Sie am vorangegangenen Beispiel erkennen konnten, überhaupt nicht ausgeführt, wenn die erste Prüfung der definierten Bedingung den Wert False ergibt. In bestimmten Fällen könnte es allerdings wünschenswert sein, dass die Schleife zumindest einmal ausgeführt wird, unabhängig vom Ergebnis der Prüfung.

In diesem Fall stellen Sie Until – und damit die Bedingung – an das Ende der auszuführenden Befehle. Diese werden somit einmal bedingungslos ausgeführt, erhalten dann eine definierte Bedingung und die Anweisung Loop. Im zweiten Durchlauf der Schleife wird dann die Bedingung angewendet.

17.12   Formeln und Funktionen in VBA-Makros

Excel verfügt über zwei Methoden, Zellen in einer Arbeitsmappe anzusteuern. Eine von ihnen, die *Z1S1-Methode*, ist nahezu unbekannt. Vielleicht hat Ihnen schon einmal ein Kollege oder eine Kollegin einen Streich gespielt und diese Methode in den Optionen aktiviert. Eine vertraute Formel wie =B2*C2 in Zelle D2 mutierte unverhofft zu =ZS(-2)*ZS(-1), und statt der gewohnten Spaltenbuchstaben prangte urplötzlich eine fortlaufende Nummerierung über der Tabelle (Abbildung 17.51).

	1	2	3	4	5
1	**ID**	**Menge**	**Preis/Einheit**	**Gesamtpreis**	**UST**
2	ABC	64	319,00 €	=ZS(-1)*ZS(-2)	

Abbildung 17.51 Darstellung einer Formel nach der Z1S1-Methode

Die Rückkehr zur *A1-Methode* nach einem solchen Ausflug in eine fremde Welt führt meistens zu einer gewissen Erleichterung und zu der Gewissheit, dass man Z1S1 – das Kürzel für Zeile 1, Spalte 1 – in Excel eigentlich nicht unbedingt kennen muss.

Nun, dieser Schluss erweist sich als vorschnell, wenn man sich auf das Gebiet der Makros begibt. Denn der Makrorekorder zeichnet die Eingabe von Formeln und Funktionen standardmäßig mit der Z1S1-Methode auf. Da auf dem Hoheitsgebiet von VBA jedoch nur Englisch gesprochen wird, schreibt die Programmiersprache alle Bezüge nach dem *R1C1-Prinzip*. Row *1*, Column *1*. Alles klar?!

Ein weiteres Argument für die Z1S1-Schreibweise ist die Tatsache, dass bestimmte Funktionen, unter anderem die Bedingte Formatierung in VBA, diese Adressierungsmethode zwingend erfordern.

17.12.1   Grundzüge der Z1S1-Adressierung im Tabellenblatt

Es kann also keineswegs schaden, wenn Sie sich mit der R1C1-Adressierung von VBA auskennen. Aufgezeichnete Makros mit Formeln und Funktionen sind dann plötzlich leichter zu entschlüsseln und zu editieren. Die bedingte Formatierung in einem Quelltext ist wieder im Bereich des Handhabbaren, und vielleicht entdecken Sie sogar, dass die Methode rein technisch betrachtet einige Vorteile gegenüber der etablierten A1-Adressierung hat.

Lassen Sie uns der Einfachheit halber vom eben gewählten Beispiel ausgehen. Ein Wert aus Zelle B2 soll in Zelle D2 mit einem Wert aus C2 multipliziert werden (Tabelle 17.9).

Formel	Ausgeführte Berechnung
=ZS(-2)*ZS(-1)	Wird die Formel in D2 eingegeben, bedeutet dies, dass ein Wert in der gleichen Zeile (Z), aber zwei Spalten links von D2 (S(-2)) mit einem Wert in der gleichen Zeile (Z), aber eine Spalte links von D2 ((S-1)), multipliziert werden soll. Diese Formel entspricht also =B2*C2.
=ZS(-2)*Z(-1)S(-1)	Der erste Teil der Formel bezieht sich erneut auf B2, der zweite Teil allerdings auf C1. Z(-1) spricht eine Zelle an, die sich eine Zeile über der aktuellen Zeile befindet.

Tabelle 17.9 Auflösen von Zellbezügen nach der Z1S1-Adressierung

Formel	Ausgeführte Berechnung
=ZS(+2)*ZS(-1)	Der zweite Teil der Formel bezieht sich jetzt wieder von D2 aus betrachtet auf die Zelle C2; die erste Zelle in diesem Ausdruck ist nun allerdings F2. Verantwortlich dafür ist die Auswahl einer Adresse in der gleichen Zeile (Z), aber um zwei Spalten nach rechts versetzt (S(+2)).
=ZS(-1)*Z1S9	Der Wert aus C2 wird durch diese Schreibweise mit einem Wert in Zelle \$I\$9 multipliziert. Werden Zeilen- und/oder Spaltennummer als feste Zahlen angegeben, entspricht dies absoluten Bezügen.

Tabelle 17.9 Auflösen von Zellbezügen nach der Z1S1-Adressierung (Forts.)

Schlussfolgerung aus diesen Beispielen: Positive Zahlen verschieben einen Bezug von der aktuellen Cursorposition aus nach unten bzw. rechts. Negative Zahlen verlagern den Bezug nach oben oder links. Wird kein Wert in Klammern angegeben, bezieht sich die Adresse auf eine Zelle in der gleichen Zeile oder Spalte. Feste Zahlen definieren absolute Bezüge.

17.12.2   Übertragen der Z1S1-Methode auf den Quelltext des Makros

Die Berechnung =B2*C2 in Zelle D2, deren geänderte Darstellung Sie in der Arbeitsmappe durch Umschalten auf die Z1S1-Methode mühelos ausprobieren können, muss in VBA nur geringfügig modifiziert werden: Aus Z1S1 muss R1C1 werden. Und die runden Klammern der Zellbezüge im Tabellenblatt werden in VBA zu eckigen Klammern. Die in D2 eingegebene Formel lautet im Quelltext folglich "=RC[-2]*RC[-1]".

Woran Sie auch schon erkennen, dass Formeln und Funktionen als Text in die betreffende Zelle geschrieben werden. Ihre Formulierung muss in Anführungsstriche gesetzt werden.

17.12.3   Definition von Formeln im Quelltext eines Makros

In der Beispieldatei *17_VBA_Formeln_01.xlsm* sehen Sie eine kurze Tabelle, die einige Verkaufszahlen enthält (Abbildung 17.51). Im Rahmen der Makroausführung sollen in den Spalten D, E und F verschiedene Berechnungen durchgeführt werden (Tabelle 17.10).

Spalte	Formel
D	=B2*C2, Multiplikation der Menge mit dem Einzelpreis
E	=D2*\$I\$1, Multiplikation des Gesamtpreises mit dem Umsatzsteuersatz als absolutem Zellbezug
F	=D2+E2, Addition des Gesamtpreises mit dem Umsatzsteuerwert

Tabelle 17.10 Durchzuführende Berechnungen

Die Berechnung des Gesamtergebnisses in Spalte F soll ebenfalls Bestandteil des Makros sein. Da Sie nicht im Voraus wissen können, wie viele Zeilen Ihre Tabelle haben wird, muss die Positionierung der Summenfunktion über eine Variable erfolgen.

Der Quelltext für die Berechnung der Daten im Tabellenblatt *A1* nach der *A1-Methode* sieht folgendermaßen aus:

```
Sub A1_Methode()
    Dim lngLetzteZeile As Long
    lngLetzteZeile = Cells(Rows.Count, 2).End(xlUp).Row
    Range("D2").Formula = "=B2*C2"
    Range("E2").Formula = "=D2*$I$1"
    Range("F2").Formula = "=D2+E2"
    Range("D2:F2").Copy Destination:=Range("D3:F" & lngLetzteZeile)
    Cells(lngLetzteZeile + 1, 1).Value = "Gesamtergebnis"
    Cells(lngLetzteZeile + 1, 6).Formula = "=SUM(F2:G" & _
    lngLetzteZeile & ")"
End Sub
```

Listing 17.12 Quelltext für die Berechnung der Daten im Tabellenblatt A1

Die Verwendung der A1-Methode für die Formeln und die Summenfunktion bedeutet:

▶ Sie werden mit `Range("D2").Formula = "=B2*C2"` in Zelle D2 die Formel `=B2*C2`, also die Multiplikation der Menge mit dem Einzelpreis, erhalten.

▶ Der absolute Zellbezug auf den Umsatzsteuersatz in Zelle I1 wird mit dem Ausdruck `Range("E2").Formula = "=D2*$I$1"` hergestellt.

▶ die Berechnung der Gesamtsumme erfolgt über `Cells(lngLetzteZeile + 1, 6).Formula = "=SUM(F2:G" & lngLetzteZeile & ")"`.

Letztere Anweisung bedarf am ehesten einiger erklärender Worte:

▶ Zunächst wird die Zellposition der Gesamtsumme mit dem Wert der bereits bekannten Variablen `lngLetzteZeile` ermittelt. Sie wird eine Zeile unterhalb der letzten beschriebenen Zelle von Spalte A und um sechs Spalten von dort versetzt, also in Spalte F, berechnet.

▶ Funktionen werden in VBA mit ihren englischen Funktionsbezeichnungen angegeben. Deshalb wird in die Zelle nicht `SUMME`, sondern `SUM` eingegeben.

▶ Da Formeln und Funktionen in Anführungsstrichen erfasst werden müssen, werden drei Bestandteile miteinander verkettet: `"=SUM(F2:G"`, der bereits bekannte Teil der Funktion, `&` `lngLetzteZeile`, die Variable zur Bestimmung der letzten Zeile des Zellbereichs, und `&")"`, der Teil, der nach der Zelladresse den Abschluss der Funktion bildet.

17.12.4   Kopieren von Formeln und Funktionen in VBA

Für das Kopieren von Formeln und Funktionen bedient sich VBA der `Copy`-Methode mit dem Parameter `Destination`. Wir haben diese Methode bereits in einigen vorangegangenen Makrobeispielen eingesetzt. Der Code zum Kopieren der Formeln aus den Zellen D2 bis F2 lautet:

```
Range("D2:F2").Copy Destination:=Range("D3:F" & lngLetzteZeile)
```

Führen Sie das Makro aus, und schauen Sie sich das Resultat in der Formelansicht von Excel an, werden Sie feststellen, dass alle Formeln so in das Tabellenblatt geschrieben wurden, als hätten Sie sie in Zeile 2 eingegeben und mit einem Doppelklick auf das Ausfüllkästchen nach unten kopiert.

17.12.5   Definition der Formeln und Funktionen nach der R1C1-Methode

Die Unterschiede, die sich aus der Anwendung der R1C1-Methode in diesem Makro ergeben, beziehen sich naturgemäß auf den Mittelteil des Quelltextes:

```
Range("D2:D" & lngLetzteZeile).FormulaR1C1 = "=RC[-1]*RC[-2]"
Range("E2:E" & lngLetzteZeile).FormulaR1C1 = "=RC[-1]*R1C9"
Range("F2:F" & lngLetzteZeile).FormulaR1C1 = "=RC[-1]+RC[-3]"
```

Statt der zuvor angewendeten Methode `.Formula` wird nun `.FormulaR1C1` eingesetzt. Dies hat zur Folge, dass die Zelladressen bezogen auf beispielsweise die Zelle D2 in der R1C1-Schreibweise erfasst werden müssen.

Die entscheidende Neuerung ist jedoch, dass die Formel nicht allein in D2, sondern gleich in den gesamten Zellbereich `"D2:D"` & `lngLetzteZeile` eingegeben wird. Darin besteht nun der eigentliche Vorteil der R1C1-Schreibweise. Eine Formel, die in Zeile 2 `"=RC[-1]*RC[-2]"` lautet, wird auch in Zeile 20 oder Zeile 2.000 so lauten. In der A1-Schreibweise müssen für gleichartige Formeln einer Spalte oder Zeile hingegen die Bezüge angepasst werden. Aus `=B2*C2` muss so `=B20*C20` und `=B2000*C2000` werden.

Anpassungen dieser Art sind bei der R1C1-Schreibweise ebenso wenig notwendig wie ein zusätzlicher Kopierbefehl in VBA.

17.13   Gestaltung von Dialogen in VBA

Formulare sind ein probates Mittel, die Eingabe in vordefinierte Zellen des Tabellenblattes zu erzwingen und damit die Möglichkeit von Fehleingaben zu reduzieren. In einer Reihe von Beispieldateien haben wir bereits die Datenüberprüfung als ein Mittel der Einschränkung von Eingaben in bestimmte Zellen angewendet. In VBA reichen die Möglichkeiten der Dialogsteuerung viel weiter: von der einfachen Meldung, die auf dem Bildschirm angezeigt wird, bis zu umfangreichen Eingabeformularen, deren Schaltflächen unterschiedliche Makros und damit Unterprogramme starten können.

Ein Dialog benötigt natürlich immer zwei Partner. Das ist bei VBA nicht anders. Die Eingabe Ihrer Daten erfolgt in eine Inputbox. Ausgegeben werden diese Eingaben dann wahlweise in einer Messagebox oder in einer Zelle einer Ihrer Tabellen. *17_VBA_Dialoge_Inputbox_01.xlsm* bietet eine Basis für verschiedene Formen der einfachen Dialogsteuerung.

17.13.1   Inputbox und Messagebox

Die Datei enthält drei Schaltflächen, die jeweils mit einem einfachen VBA-Makro verknüpft sind (Abbildung 17.52). Die oberste der Schaltflächen startet ein VBA-Makro mit dem Namen MeldungAnzeigen.

▲	A	B	C	D	E
1					
2			20,50%	0	Ich hab' da mal eine Frage.
3					
4					
5					
6					Wert in die aktuell ausgewählte Zelle eingeben!
7					
8					
9					
10					Wert in Zelle B2 eingeben!
11					
12					
13					

Abbildung 17.52 Dialogsteuerung über Schaltflächen auf dem Tabellenblatt

Wie die Beschriftung der Schaltfläche schon ahnen lässt, werden Sie mit einer Frage konfrontiert. Eine *Inputbox* wird auf dem Bildschirm angezeigt. Sie enthält einen Titel in der obersten Zeile, eine Frage, ein Eingabefeld für Ihre Antwort und die beiden Schaltflächen zum Abbrechen bzw. zur Bestätigung Ihrer Antwort (Abbildung 17.53).

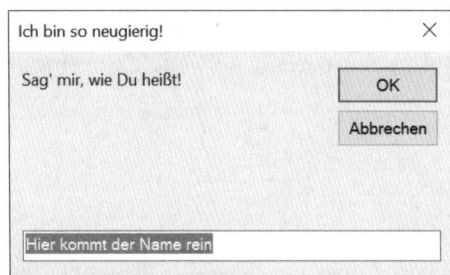

Abbildung 17.53 Inputbox

Wenn Sie die Frage beantwortet haben und auf OK klicken, wird der nächste Befehl im Quelltext des Makros ausgeführt. Dieser sieht vor, eine Messagebox anzuzeigen, die Ihre Antwort enthält (Abbildung 17.54).

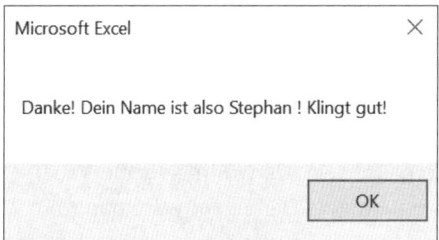

Abbildung 17.54 Messagebox

Der Quellcode des Makros enthält folgende Anweisungen:

```
Sub MeldungAnzeigen()
Dim strEingabe As String
    strEingabe = InputBox("Sag mir, wie Du heißt!", "Ich bin so
    neugierig!", "Hier kommt der Name rein")
    MsgBox "Danke! Dein Name ist also " & strEingabe & "! Klingt gut!"
End Sub
```

Nach allem, was Sie in den vorangegangenen Beispielen gesehen und getestet haben, war zu erwarten, dass es eine Variable für die Eingabe und die Ausgabe des abgefragten Namens geben muss. Sie heißt strEingabe. Die InputBox verfügt über drei Parameter: prompt, title und default.

Mit prompt formulieren Sie die Frage, die in der Inputbox angezeigt werden soll. Der Parameter title bezeichnet die Überschrift der Inputbox, und default ist der Standardwert, der angezeigt wird, wenn der Benutzer den Dialog startet. Alle diese Parameter stehen in Anführungsstrichen und müssen durch Kommata getrennt werden.

Ihre in das Eingabefeld geschriebene Antwort wird laut Makroanweisung an die Variable übergeben. Damit kann sie im nächsten Arbeitsschritt wieder in der Messagebox angezeigt werden. Der Befehl dazu lautet:

```
MsgBox "Danke! Dein Name ist also " & strEingabe & " ! Klingt gut!"
```

Im Gegensatz zur Inputbox sind bei der Messagebox also keine Klammern zur Angabe der Parameter erforderlich. Die einzelnen Bausteine der Antwort – fester vorgegebener Antworttext und variabler Antworttext – verketten Sie wie gewohnt mit dem Verkettungszeichen &.

Fehler bei der Ausführung abfangen

Bei der Ausführung des zweiten Makros in dieser Arbeitsmappe tritt ein Fehler auf, wenn Sie auf die Schaltfläche ABBRECHEN klicken. Die angezeigte Fehlermeldung weist Sie auf die Ursache hin: *Typen unverträglich*.

Fehler dieser Art können und sollten in Benutzerdialogen erkannt und abgefangen werden. Die einfachste Form der Fehlerbehandlung ist die Zeile On Error Resume Next, die am Beginn des Makros eingegeben wird. Diese Anweisung veranlasst VBA, die fehlerhafte Zeile einfach zu ignorieren und mit der nächsten Zeile den Quellcode fortzusetzen. Fehlerbehandlung durch Ignorieren des Fehlers? In den meisten Fällen wird dies nicht ausreichend sein. Stellen Sie sich vor, der Fehler wird durch einen falschen Datentyp beim Schreiben in das Eingabefeld verursacht. Dieser fehlerhafte Datentyp oder überhaupt kein Wert würden in das Tabellenblatt gelangen und dort zum Teil einer Berechnung werden. Der Fehler wäre dann nur verschoben, jedoch nicht behoben.

Da Routinen zur Fehlerbehandlung natürlich sehr stark von der jeweiligen Situation abhängen, in der sie auftreten, kann man an dieser Stelle nur recht allgemeine Vorschläge zur Fehlerbehandlung machen.

Optimal ist mit Sicherheit das Einfügen eines *Error Handlers* in den Quelltext. An den Anfang der VBA-Routine setzen Sie die Zeile On Error GoTo Fehlerbehandlung. An das Ende des Makros, jedoch vor Sub End, fügen Sie dann die Anweisungen ein, die zur Behandlung des Fehlers angemessen sind. Im folgenden Beispiel wird der Benutzer aufgefordert, seine Eingabe noch einmal zu überprüfen:

```
Fehlerbehandlung:
MsgBox "Es ist ein Fehler bei der Eingabe aufgetreten! Bitte überprüfen Sie die Eingabe
noch einmal."
```

17.13.2   Ausgabe von Werten in der aktiven Zelle

Gehen wir davon aus, dass Sie in den meisten Fällen Dialoge dazu nutzen möchten, Werte in bestimmte Zellen zu schreiben, um damit bestimmte Berechnungen auszulösen, stellt sich natürlich sogleich die Frage, wie man Zellen in einem solchen Dialog adressiert.

Die Antwort liefert der Programmcode des Makros, das der zweiten Schaltfläche in der Beispieldatei zugeordnet ist. Es heißt WerteEingeben, enthält eine Variable vom Typ Integer, eine Inputbox, in die Sie einen ganzzahligen Wert (Integer) eingeben können, und eine Anweisung, die eingegebene Zahl in die aktive Zelle des Tabellenblattes zu schreiben. Die Anweisung dazu ist einfach ActiveCell.Value = intWerteingabe. Die aktive Zelle der Arbeitsmappe ist die Zelle, in der Sie den Cursor positioniert oder die Sie in VBA mit der Methode .Activate ausgewählt haben.

```
Sub WerteEingeben()
Dim intWerteingabe As Integer
  intWerteingabe = InputBox("Geben Sie bitte einen ganzzahligen
  Wert ein!", "Eingabe eines Wertes", "2000")
  ActiveCell.Value = intWerteingabe
End Sub
```

17.13.3 Ausgabe von Werten in einer vordefinierten Zelle

Es ist nur ein kleiner Schritt von der Ausgabe eines Wertes in der aktiven Zelle zur Ausgabe in einer ausgewählten Zelle. Klicken Sie auf die dritte Schaltfläche, erscheint die bekannte Dialogbox und möchte, dass Sie nun eine beliebige Zahl eingeben. Das Ergebnis Ihrer Eingabe wird in Zelle B2 angezeigt, wenn Sie auf OK klicken. Als Benutzer haben Sie somit keinerlei Einfluss auf die Auswahl der Eingabezelle, der Programmcode gibt diese unmissverständlich vor. Im Quelltext ist der Grund dafür schnell ausgemacht: `Range("B2").Select` und `Active-Cell = sngWerteingabe`. Die Anweisung `Range("B2").Value = sngWerteingabe` würde zu einem identischen Resultat führen.

Zu beachten ist in diesem Zusammenhang, dass Sie beim Ausführen des dritten Makros auch einen Wert mit Nachkommastellen in die Dialogbox eingeben können und dieser Wert korrekt in Zelle B2 übernommen wird. Im Gegensatz zum vorherigen Makro wird in diesem eine Variable vom Typ `Single` benutzt, die auch Fließkommawerte erlaubt.

17.13.4 Entwurf und Nutzung von Formularen

Formulare bieten im Rahmen von VBA-Makros noch wesentlich größere Spielräume bei der Gestaltung von Dialogen als die beiden Objekte Messagebox und Inputbox. Das deutet die Arbeitsmappe *17_VBA_Dialoge_Formular_01.xlsm* bestenfalls an (Abbildung 17.55).

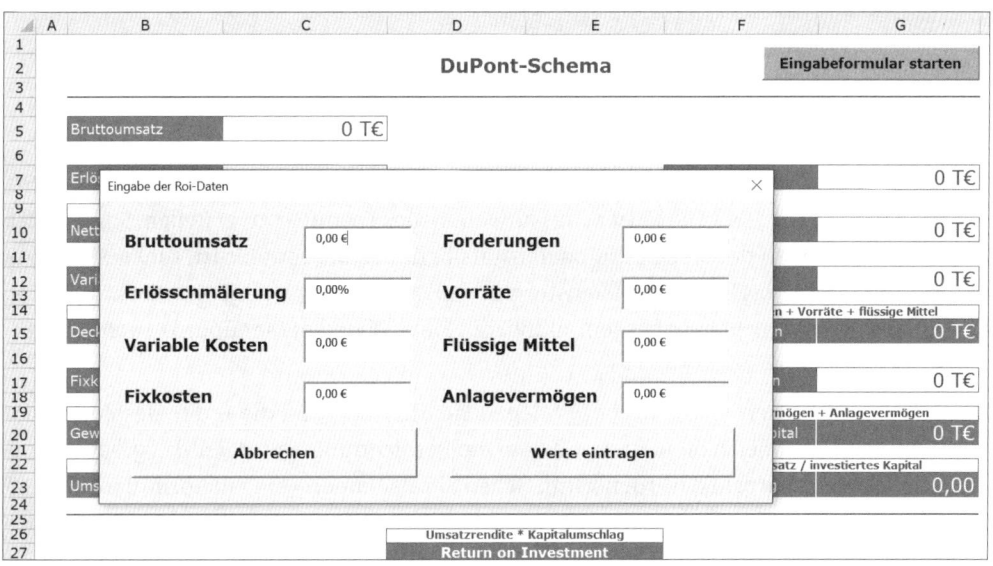

Abbildung 17.55 Eingabe der Werte in eine UserForm

Bei dieser Datei handelt es sich um das *DuPont-Schema* zur Berechnung des *Return on Investments* (ROI), das wir bereits in Kapitel 15, »Unternehmenssteuerung und Kennzahlen«, verwendet haben. Der Anwendungszusammenhang ist hier allerdings anders: Die Daten des

Bruttoumsatzes, der Erlösschmälerung etc. werden in diesem Beispiel nicht in das Tabellenblatt selbst geschrieben, sondern mit einem Formular erfasst. Dieses Formular wird mit einem Mausklick auf die ActiveX-Schaltfläche EINGABEFORMULAR STARTEN aufgerufen.

17.13.5   Bausteine für eine formulargesteuerte Dateneingabe

Die Nutzung von Formularen gestaltet sich, wie bereits angedeutet, wesentlich flexibler und variantenreicher als das Arbeiten mit Input- und Messagebox. Doch ist der Aufwand zum Erstellen einer formularbasierten Bearbeitung von Daten auch größer. Um diese zu realisieren, sind folgende Bestandteile notwendig:

- ▶ ein Formular vom Typ `UserForm`, das im VB-Editor angelegt wird
- ▶ Eingabefelder (`TextBox`) – oder auch andere Formularfelder wie Kombinations- oder Optionsfelder – im Formular, in denen vorhandene Daten aus dem Tabellenblatt angezeigt werden und neue Daten erfasst werden können
- ▶ Beschriftungen (`Label`) für die Eingabefelder
- ▶ Schaltflächen (`CommandButton`), mit denen bestimmte Aktionen aus dem Formular gestartet werden
- ▶ VBA-Makros, die beim Klicken auf die Schaltflächen ausgeführt werden

Im Normalfall werden Sie damit beginnen, ein Formular für die Datenanzeige bzw. -eingabe zu erstellen. Und genau das werden wir nun auch tun.

17.13.6   Erstellen eines Formulars im VB-Editor

Wechseln Sie aus der geöffneten Datei mit Alt + F11 in den VB-Editor, und wählen Sie dort im Menü EINFÜGEN • USERFORM aus, um ein neues Formular zu erstellen. Solange das Formular, das sich an der Stelle des Codefensters befindet, ausgewählt ist, sehen Sie rechts unten im VB-Editor das Eigenschaftsfenster mit den Eigenschaften des Formulars. Sollte das Eigenschaftsfenster nicht sichtbar sein, aktivieren Sie es über den Menüpunkt ANSICHT • EIGENSCHAFTSFENSTER oder mit F4.

Über die Eigenschaften `Height` und `Width` legen Sie die Höhe und die Breite des Formulars fest. `Caption` bezeichnet seinen Titel und `Name` die Bezeichnung, unter der das gesamte Formular in VBA angesprochen werden kann. Geben Sie als Namen »Eingabeformular« ein. Darüber hinaus stehen Ihnen zahlreiche Optionen beispielsweise zur farblichen Gestaltung des Formulars zur Verfügung.

Mit der Werkzeugsammlung bietet Ihnen der VB-Editor eine ähnliche Sammlung an Tools für die Bedienung des Formulars, wie Sie sie bereits aus dem Menü ENTWICKLERTOOLS • STEUERELEMENTE der Excel-Arbeitsmappe kennen. Zeichnen Sie mithilfe dieser Werkzeuge die benötigten Beschriftungen, Eingabefelder und Schaltflächen auf das Formular. Auch hier gilt wieder: Wenn Sie ein Objekt wie eine Schaltfläche anklicken, zeigt Ihnen das Eigenschaftsfenster auf der rechten Seite alle Objekteigenschaften an (Abbildung 17.56).

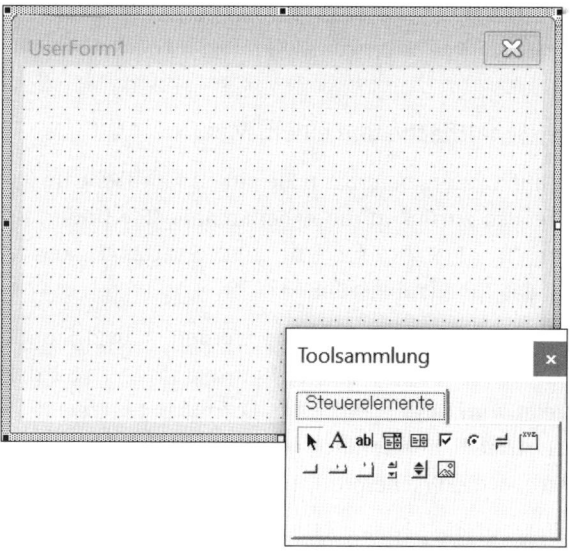

Abbildung 17.56 UserForm, Eigenschaftsfenster und Werkzeugsammlung

Auch bei diesen Objekten werden es hauptsächlich die Eigenschaften Höhe, Breite und Beschriftung sein, die Sie beim ersten Entwurf des Formulars beschäftigen werden.

Um das Erstellen der Objekte zu vereinfachen, sollten Sie je ein Label, eine TextBox und einen CommandButton erstellen und nach Ihren Vorstellungen gestalten. Anschließend kopieren Sie diese Objekte, indem Sie mit Strg und linker Maustaste am Rahmen der Objekte ziehen. Auf diesem Weg die acht Eingabefelder und Beschriftungen sowie zwei Schaltflächen anzulegen, kostet Sie nur wenige Minuten (Abbildung 17.57). Sie werden feststellen, dass die Eingabefelder beim Kopieren fortlaufend nummeriert werden (TextBox1, TextBox2 usw.).

Eingabe der RoI-Daten			
Bruttoumsatz		**Forderungen**	
Erlösschmälerung		**Vorräte**	
Variable Kosten		**Flüssige Mittel**	
Fixkosten		**Anlagevermögen**	
Abbrechen		**Werte eintragen**	

Abbildung 17.57 Formular mit Eingabefeldern, Beschriftungen und Schaltflächen

Damit alle Objekte auf dem Formular ausgerichtet werden, sollten Sie die Funktion FORMAT • AUSRICHTEN und die beiden Funktionen FORMAT • HORIZONTALER ABSTAND bzw. VERTIKALER ABSTAND verwenden, nachdem Sie die auszurichtenden Objekte im Formular zuvor markiert haben.

17.13.7 Starten des Formulars mit einer Schaltfläche und einem Makro

Um das Formular aus der Tabelle heraus aufzurufen, benötigen Sie eine Schaltfläche im Tabellenblatt *DuPont-Schema*. Wechseln Sie also zurück in die Arbeitsmappe. Sie finden im Menü ENTWICKLERTOOLS • STEUERELEMENTE • EINFÜGEN die ACTIVEX-STEUERELEMENTE. Fügen Sie eine BEFEHLSSCHALTFLÄCHE in das Tabellenblatt ein.

Auch dieses Objekt besitzt Eigenschaften, die ebenfalls angezeigt werden, sobald Sie die Schaltfläche EIGENSCHAFTEN im Menü aktivieren. Mit der Eigenschaft Caption legen Sie den Text fest, der auf der Schaltfläche angezeigt wird. Im Gegensatz zu Formularsteuerelementen bieten Ihnen ActiveX-Steuerelemente zusätzliche Gestaltungsoptionen. Sie können also Schriftarten, Hintergrundfarben etc. besser an das Erscheinungsbild der Tabelle anpassen.

Wichtiger ist jedoch, dass ein Doppelklick auf die Schaltfläche den VB-Editor öffnet und damit die Voraussetzung schafft, zwischen die beiden Zeilen Private Sub Command-Button1_ Click() und End Sub den Befehl zu schreiben, der bei einem Anklicken der Schaltfläche durch den Benutzer ausgeführt werden soll. Da Sie das UserForm »Eingabeformular« genannt haben, schreiben Sie folgenden Befehl zwischen Makrostart und -ende:

```
Eingabeformular.Show
```

Dieses Makro hat die Aufgabe, das Formular in Excel zu öffnen.

Kehren Sie nach dem Schreiben der Anweisung im VB-Editor in die Arbeitsmappe zurück, schließen Sie die Eigenschaften des Objekts SCHALTFLÄCHE, und deaktivieren Sie den Entwurfsmodus. Sobald dies erledigt ist, testen Sie die Funktion der Schaltfläche. Wenn Sie sie anklicken, sollte das Formular auf dem Bildschirm angezeigt werden.

17.13.8 Anweisung zum Schließen des Formulars zuweisen

Das nun angezeigte Formular besitzt allerdings noch keinerlei Funktionalität. Doch das lässt sich ändern, indem Sie über Makros im Hintergrund des Formulars die gewünschten Funktionen initiieren. Wenn das Formular im VB-Editor angezeigt wird, gelangen Sie auf zwei Arten in den so wichtigen Hintergrund des Formulars:

1. Durch Drücken von F7 wechseln Sie in das Codefenster des angezeigten Formulars.
2. Durch einen Doppelklick auf eine Schaltfläche des Formulars erzielen Sie denselben Effekt.

Letztere Methode ist besonders geeignet, wenn Sie einer Schaltfläche eine bestimmte Funktion zuweisen möchten. Dieses Verfahren sollten Sie mit der Schaltfläche ABBRECHEN erproben:

▸ Doppelklicken Sie auf die Schaltfläche ABBRECHEN.

▸ Zwischen die beiden Zeilen `Private Sub CommandButton1_Click()` und `End Sub` schreiben Sie nun die Anweisung `Unload Eingabeformular`.

Damit verfügt das Formular nun über die erste Funktion, nämlich das Abbrechen der Eingabe und das Ausblenden des Eingabeformulars. Testen Sie auch diese Funktion, indem Sie entweder im VB-Editor [F5] drücken oder im Tabellenblatt auf die zuvor erstellte Schaltfläche klicken und – nachdem das Formular geöffnet wurde – ABBRECHEN auswählen.

17.13.9 Schreiben der Formularfeldinhalte in das Tabellenblatt

Wenn sich das Formular starten und auch wieder beenden lässt, sollten Sie sich um die Eingabe der Daten in das Formular und die anschließende Übernahme der Daten in die Tabelle kümmern. Bereits jetzt haben Sie die Möglichkeit, Daten in die Eingabefelder zu schreiben. Doch wie gelingt es, die Zahlen in das Tabellenblatt zu übernehmen?

Da diese Funktion später mit einem Klick auf die Schaltfläche WERTE EINTRAGEN erfolgen soll, klicken Sie im VB-Editor doppelt auf diesen CommandButton. Unterhalb der nun angezeigten Zeile `Private Sub CommandButton2_Click()` müssen Sie jetzt einen längeren Quelltext erfassen:

```
Private Sub CommandButton2_Click()
    Sheets("DuPont-Schema").Select
        Range("Bruttoumsatz").Value = TextBox1.Value
        Range("Erlösschmälerung").Value = TextBox2.Value
        Range("KostenVariabel").Value = TextBox3.Value
        Range("KostenFix").Value = TextBox4.Value
        Range("Forderungen").Value = TextBox5.Value
        Range("Vorräte").Value = TextBox6.Value
        Range("MittelFluessig").Value = TextBox7.Value
        Range("Anlagevermoegen").Value = TextBox8.Value
Unload Eingabeformular
End Sub
```

Mit dem an dieser Stelle verwendeten Makro wird zunächst das Tabellenblatt *DuPont-Schema* aktiviert. Danach wiederholen sich die Anweisungen im Grundsatz sehr stark. Einer Zelle im Tabellenblatt wird ein konkreter Wert aus einem Eingabefeld zugewiesen. Da alle Eingabezellen im Tabellenblatt mit Bereichsnamen benannt wurden, können Sie diese Bereichsnamen auch für die Adressierung im Quelltext nutzen. Die Übernahmen des Eingabewertes für das Bruttovermögen aus dem Formular in das Tabellenblatt lautet demnach:

```
Range("Bruttoumsatz").Value = TextBox1.Value
```

Der Wert (Value) aus TextBox1, dem ersten Eingabefeld, wird also zum Wert der Zelle Bruttoumsatz in der Tabelle. Für alle weiteren Zellen erfolgt die Datenübernahme nach dem gleichen Muster.

17.13.10   Übernahme der vorhandenen Werte aus der Tabelle in das Formular

Abschließend müssen Sie dem Formular nur noch eine letzte Funktion hinzufügen. Die bereits in den benannten Zellen der Tabelle vorhandenen Werte sollen beim Starten des Formulars in den Eingabefeldern angezeigt werden, damit Sie sich einen Überblick verschaffen und die Werte im Bedarfsfall ändern können.

Für diese Aktion gibt es keine Schaltfläche, die der Benutzer betätigen wird; sie soll automatisch ausgeführt werden, wenn er das Formular aufruft. Deshalb benötigen Sie hier eine andere Form vom VBA-Makro mit der Bezeichnung Private Sub UserForm_Activate().

Da keine andere Funktion vorgesehen ist, als die Zellinhalte reihum in das Formular einzulesen, wiederholen sich auch in diesem Makro die Anweisungen recht stark. Um das erste Eingabefeld mit dem Wert der benannten Zelle Bruttoumsatz aus der Tabelle zu füllen, verwenden Sie:

```
TextBox1.Value = Format(Range("Bruttoumsatz"), "Currency")
```

Der Wert (Value) in TextBox1 wird mit dem Inhalt von Range("Bruttoumsatz") gefüllt. Eine Euro-Formatierung in der Eingabezelle des Formulars erhalten Sie, indem Sie den Zellbezug in den Befehl Format(*Ausdruck*, "Currency") fassen. *Ausdruck* ersetzen Sie durch die verschiedenen Zellbezüge der einzelnen Eingabefelder. Lediglich das Feld Erlösschmälerung verwendet eine Prozentangabe und muss demnach beim Laden der Daten in das Formular auch etwas anders formatiert werden:

```
TextBox2.Value = Format(Range("Erlösschmälerung"), "Percent")
```

Der vollständige Quelltext zum Laden der Tabellendaten in das Formular hat folgenden Aufbau:

```
Private Sub UserForm_Activate()
TextBox1.Value = Format(Range("Bruttoumsatz"), "Currency")
TextBox2.Value = Format(Range("Erlösschmälerung"), "Percent")
TextBox3.Value = Format(Range("KostenVariabel"), "Currency")
TextBox4.Value = Format(Range("KostenFix"), "Currency")
TextBox5.Value = Format(Range("Forderungen"), "Currency")
```

```
TextBox6.Value = Format(Range("Vorräte"), "Currency")
TextBox7.Value = Format(Range("MittelFlüssig"), "Currency")
TextBox8.Value = Format(Range("Anlagevermögen"), "Currency")
End Sub
```

17.13.11   Schließen des Formulars durch den Benutzer verhindern

Sobald ein Formular auf dem Bildschirm angezeigt wird, beginnt der Benutzer damit, Daten zu erfassen. Seine Eingaben kann er bestätigen oder aber den gesamten Erfassungsprozess abbrechen. Prinzipiell könnte er auch das Formular einfach schließen, indem er in der rechten oberen Ecke des Formulars auf X (SCHLIESSEN) klickt. Damit würde er in das Tabellenblatt wechseln und könnte dort Änderungen vornehmen. Dies ist in manchen Fällen jedoch nicht wünschenswert.

Um das Verlassen des Dialogs durch einen Mausklick auf SCHLIESSEN zu verhindern, können Sie im Quelltext des Formulars folgenden Code hinterlegen:

```
Private Sub UserForm_QueryClose(Cancel As Integer, CloseMode As Integer)
   If CloseMode = 0 Then
     Cancel = 1
     MsgBox "Bitte geben Sie die Daten in das Formular ein und bestätigen
       Sie die Eingabe oder brechen Sie die Eingabe ab!", _
     vbOKOnly + vbInformation, "Unzulässige Auswahl!"
   End If
End Sub
```

17.14   Benutzerdefinierte Funktionen

Zunächst erscheint es ein wenig anachronistisch, in einem Programm, das über Hunderte von Kalkulationsfunktionen verfügt, die selbst der erfahrene Benutzer selten oder nie einsetzt, weitere benutzerdefinierte Funktionen ergänzen zu wollen. Denkt man hingegen an die kleineren Lücken im Funktionengeflecht von Excel oder auch an die spezialisierten Aufgabenstellungen, denen wir mehrfach begegnet sind, erscheinen BENUTZERDEFINIERTE FUNKTIONEN eher als ein interessantes Mittel, Arbeitsschritte zu vereinfachen.

17.14.1   Definition einer benutzerdefinierten Funktion

Lassen Sie uns zunächst an einer ganz einfachen und allgemeinen Berechnung das grundsätzliche Vorgehen beim Erstellen einer Option BENUTZERDEFINIERTE FUNKTION betrachten. Dazu soll eine Funktion zur Kalkulation der Umsatzsteuer auf Basis eines Nettowertes dienen.

In der Arbeitsmappe *17_UDF_Umsatzsteuer_KW_nach_ISO_01.xlsm* habe ich diese benutzerdefinierte Funktion bereits erstellt. Um das Vorgehen nachzuvollziehen, gehen Sie wie folgt vor: Nachdem Sie in den VB-Editor gewechselt sind, rufen Sie dort die Funktion EINFÜGEN • PROZEDUR auf. In der nun angezeigten Dialogbox werden Sie aufgefordert, einen Namen für die zu erstellende Funktion zu vergeben, z. B. UST. Unter TYP sollten Sie die Option FUNCTION anklicken (Abbildung 17.58).

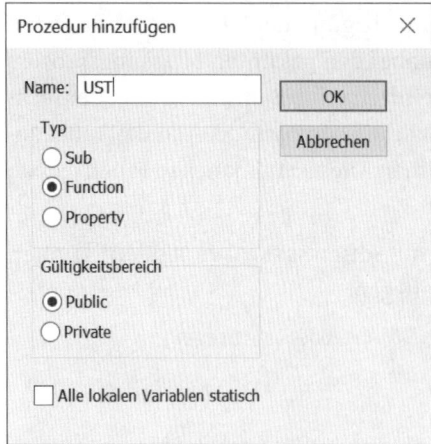

Abbildung 17.58 Dialogbox zum Hinzufügen einer Prozedur

Mit OK bestätigen Sie die Eingabe. Dadurch werden die folgenden Zeilen im Modul automatisch erstellt:

`Public Function UST()` und `End Function`

Das Schlüsselwort zum Erstellen von Funktionen lautet also nicht `Sub`, sondern `Function`. Doch wie bei den bisherigen Makros können Sie die Leerzeile zwischen Funktionsanfang und -ende nutzen, um dort Ihre Anweisungen für die Berechnung einzugeben. Bei der Berechnung der Umsatzsteuer mit dem normalen Umsatzsteuersatz wird der Nettowert mit 19 % oder 0,19 multipliziert. Die Kalkulationsanweisung lautet für diese Funktion schlicht:

`UST = Wert * 0.19`

Damit ist die Definition Ihrer ersten Option BENUTZERDEFINIERTE FUNKTION auch bereits abgeschlossen. Der Funktion `UST()` wird die Multiplikation eines Wertes mit 0,19 zugeschrieben. `Wert` ist eine Zelladresse, die Sie in der Dialogbox der Funktion, wie Sie es von anderen Funktionen schon gewohnt sind, auswählen können.

17.14.2   Aufrufen einer benutzerdefinierten Funktion

Ob die Funktion in der Arbeitsmappe verfügbar ist und so arbeitet, wie Sie es sich wünschen, überprüfen Sie, indem Sie den VB-Editor verlassen. Geben Sie in das Tabellenblatt der Arbeitsmappe, sofern nicht bereits vorhanden, einige Zahlen ein. Danach starten Sie den Funktionsassistenten und wählen dort die Kategorie BENUTZERDEFINIERT aus (Abbildung 17.59). Bewegen Sie sich in der Funktionsliste der Dialogbox an das Ende, dort wird Ihre Funktion UST() angezeigt.

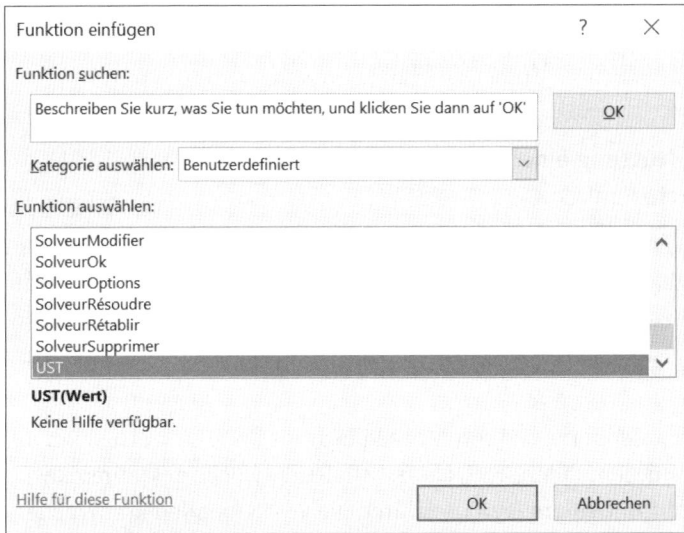

Abbildung 17.59 Anzeige der erstellten Funktion im Funktionsassistenten

Wählen Sie die Funktion wie gewohnt mit einem Doppelklick aus. Excel zeigt Ihnen nun die Dialogbox zur Auswahl der Funktionsargumente an (Abbildung 17.60).

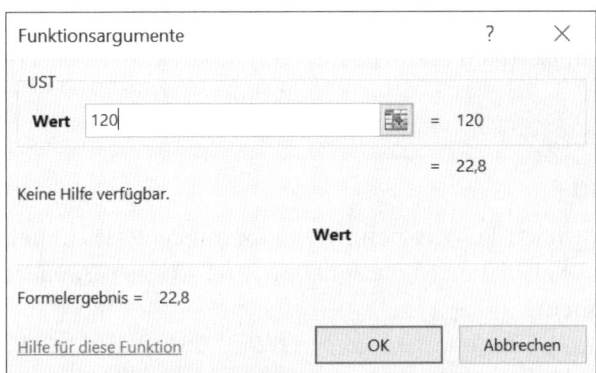

Abbildung 17.60 Anzeige der Dialogbox Funktionsargumente

Da es nur ein Argument gibt, zeigen Sie mit der Maus auf eine Zelle, die einen Nettowert enthält. Bestätigen Sie die Auswahl mit OK, um die Berechnung durchzuführen.

In der Ergebniszelle sehen Sie nun das berechnete Ergebnis. Wenn Sie die Zelle editieren, wird die Funktion wie jede andere Funktion auch mit ihrem Namen und den benutzten Argumenten angezeigt (Abbildung 17.61). Kopieren Sie die Funktion mit einem Doppelklick nach unten, um auch alle weiteren Werte zu berechnen.

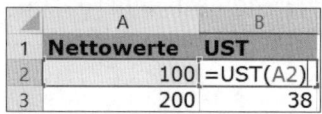

Abbildung 17.61 Editieren der benutzerdefinierten Funktion

17.14.3 KW nach ISO 8601: Nutzung einer VBA-Funktion als benutzerdefinierte Funktion

Ein Beispiel für eine *fehlende* Funktion in früheren Excel-Versionen ist die Berechnung der Kalenderwoche nach ISO 8601:2000. Wollten Sie Ihre Daten nach KW auswerten, lieferte die über die Analysefunktionen in der Gruppe DATUM & ZEIT des Funktionsassistenten angebotene Funktion KALENDERWOCHE() eine Berechnung, die den Vorgaben der ISO 8601 erst ab Excel 2010 entspricht.

Diese Norm besagt, dass eine Kalenderwoche mit Montag beginnt und die Woche, von der mindestens vier Tage in das neue Jahr fallen, auch als erste Kalenderwoche des Jahres gewertet wird. Begönne das neue Jahr mit einem Freitag, zählten die verbleibenden drei Wochentage zur 53. KW des Vorjahres. Diese Tatsache hatte uns zu einer verschachtelten Funktion für Excel-2007-Anwender geführt, mit der auch die korrekte Berechnung der Kalenderwoche nach ISO 8601:2000 möglich ist:

`=KÜRZEN((C16-DATUM(JAHR(C16+3-REST(C16-2;7));1;REST(C16-2;7)-9))/7)`

Dennoch ist diese Form der Kalkulation nur die zweitbeste Lösung des Problems. Die beste, weil am schnellsten und sichersten umsetzbare Lösung stellt eine BENUTZERDEFINIERTE FUNKTION dar.

17.14.4 Die VBA-Funktion »DatePart«

Erstellen Sie eine neue BENUTZERDEFINIERTE FUNKTION im VB-Editor mit der Bezeichnung Function ISOKW(Tag). Der Kern der VBA-Kalkulation ist die Funktion DatePart. Sie verwendet die in Tabelle 17.11 aufgeführten Argumente.

Argument	Erklärung
interval	Gibt vor, in welcher Darstellungsweise das berechnete Zeitintervall angezeigt werden soll.
date	das Datum, das Sie umrechnen möchten

Tabelle 17.11 Argumente der Funktion »DatePart«

Argument	Erklärung
firstdayofweek	der Wochentag, mit dem die Zählung der Woche beginnen soll
firstweekofyear	Legt fest, welche Regeln für die Bestimmung der ersten Woche des Jahres gelten sollen.

Tabelle 17.11 Argumente der Funktion »DatePart« (Forts.)

Um eine Berechnung der KW nach ISO zu ermöglichen, benötigen Sie nun die geeigneten Einstellungen und Konstanten für diese vier Argumente. Im Zweifelsfall markieren Sie die VBA-Funktion und starten mit ［F1］ die Hilfe. Die wichtigsten auf unsere Fragen bezogenen Antworten werden dann sein:

▶ Mit der Einstellung "ww" wird das Ergebnis der DatePart-Berechnung als zweistellige Wochenzahl ausgegeben.

▶ Das Argument date stellt das Datum dar, das Sie später in der Dialogbox als Funktionsargument angeben; für dieses Argument werden Sie also keine weiteren Einstellungen benötigen.

▶ Die Konstante, mit der Sie der Option BENUTZERDEFINIERTE FUNKTION mitteilen, dass der Montag als firstdayofweek verwendet werden soll, lautet vbMonday.

▶ Mit der Konstante vbFirstFourDays für das Argument firstweekofyear legen Sie schließlich fest, dass die erste Woche des Jahres mindestens vier Wochentage besitzen muss.

Das Resultat der Eingabe sämtlicher Argumente, Einstellungen und Konstanten ist:

```
Function ISOKW(Tag)
    ISOKW = DatePart("ww", Tag, vbMonday, vbFirstFourDays)
End Function
```

17.14.5   Berechnung der KW nach ISO 8601

Damit Sie sich auch hier wieder von der Funktionsfähigkeit des Resultats Ihrer Arbeit überzeugen können, wechseln Sie in den Funktionsassistenten, nachdem Sie einige Datumswerte in das Tabellenblatt eingegeben haben.

Wählen Sie die Funktion ISOKW() aus der Liste aus, und geben Sie als Argument das Datum ein, für das Sie die Kalenderwoche nach ISO berechnen möchten, oder zeigen Sie auf die Zelle, in der dieses Datum steht. Nachdem Sie den Tag ausgewählt haben, bestätigen Sie die Eingabe und kopieren die Funktion nach unten. Das Ergebnis sollte eine Liste der KW-Nummern sein (Abbildung 17.62).

	A	B	C
1	**Datum**	**KW nach DIN**	**Berechnung mit KALENDERWOCHE()**
2	03.03.2016	9	9
3	03.04.2016	13	13
4	03.05.2016	18	18
5	03.06.2016	22	22
6	03.07.2016	26	26
7	03.08.2016	31	31
8	03.09.2016	35	35
9	03.10.2016	40	40
10	03.11.2016	44	44
11	03.12.2016	48	48

Abbildung 17.62 Berechnung der Kalenderwoche nach ISO 8601 mit einer benutzerdefinierten Funktion und zum Vergleich mit KALENDERWOCHE()

17.14.6 Benutzerdefinierte Funktionen mit mehreren Argumenten

Die beiden ersten Funktionen besaßen lediglich ein veränderbares Argument, doch in der Regel werden Sie auch mehrere Variablen in Ihren benutzerbedingten Funktionen einsetzen wollen. Um sich einen Überblick über die Vorgehensweise in einem solchen Fall zu verschaffen, sollten Sie die Datei *17_UDF_Farben_Zählen_und_Summieren_01.xlsm* öffnen.

Im Tabellenblatt *Anzahl + Summe* sind einige Werte aufgelistet, die mit verschiedenen Hintergrundfarben gekennzeichnet sind. Stellen Sie sich vor, diese Werte wären Teil einer umfangreicheren Liste, in der Sie bestimmte Werte, die Ihnen wichtig oder auffällig erscheinen, farblich gekennzeichnet haben. Nun möchten Sie diese gekennzeichneten Werte summieren.

Dazu benötigen Sie zwei Argumente:

▶ den Bereich, in dem sich die Werte befinden

▶ den Farbcode der Zellen, die Sie addieren möchten

Wie schon bei den beiden bereits behandelten Funktionen geben Sie die Argumente in Klammern nach dem Namen der Funktion an. Wenn Sie mehrere Argumente verwenden werden, müssen Sie sie mit Komma trennen. Darüber hinaus können Sie den Datentyp der Variablen festlegen. Die Funktion SummeFarbe() zur Addition der farblich gekennzeichneten Zellen wird somit mit der folgenden Zeile eingeleitet:

```
Function SummeFarbe(Bereich As Range, Farbe As Integer)
```

Die eigentliche Berechnung der Summe folgt wiederum einem Muster, das Sie bereits kennengelernt und benutzt haben. Eine For Each ... Next-Schleife wird eingesetzt, um in einem vom Benutzer zu markierenden Bereich sämtliche Zellen zu überprüfen. Wird in den Zellen ein bestimmter Farbcode verwendet, wird eine einfache Berechnung durchgeführt:

```
SummeFarbe = SummeFarbe + Zelle
```

Dem eventuell bereits vorhandenen Ergebnis von SummeFarbe wird der Wert der gefundenen eingefärbten Zelle hinzugefügt. Nachdem der gesamte Bereich durchlaufen wurde, erhalten Sie die Gesamtsumme aller Zellen, die eine Hintergrundfarbe enthalten.

Der gesamte Quelltext dieser Funktion stellt sich folgendermaßen dar:

```
Function SummeFarbe(Bereich As Range, Farbe As Integer)
    Application.Volatile
        For Each Zelle In Bereich
            If Zelle.Interior.ColorIndex = Farbe Then
                SummeFarbe = SummeFarbe + Zelle
            End If
        Next
End Function
```

Die Anweisung Application.Volatile steuert die Art und Weise, mit der eine Neuberechnung der Funktion ausgelöst wird. Ist diese Anweisung auf True gesetzt, wird mit jeder Änderung im Tabellenblatt eine Neuberechnung der BENUTZERDEFINIERTEN FUNKTION veranlasst. Der Wahrheitswert False hingegen initiiert eine Neuberechnung nur, wenn sich Werte der Variablen, in diesem Beispiel also Zahlen oder Formatierungen im Zellbereich D1 bis D20, geändert haben. Die Standardeinstellung für Application.Volatile entspricht True.

17.14.7   Das Argument zur Bestimmung des Farbcodes

Da als zweites Argument in der Dialogbox FUNKTIONSARGUMENTE die Farbe als numerischer Wert eingetragen werden muss, müssen Sie natürlich wissen, welche Farbcodes überhaupt in Excel vorhanden sind. Einige Farbcodes haben wir bereits in früheren VBA-Makros benutzt. Der Farbcode 3 entsprach beispielsweise der Farbe Rot, und 5 codiert Blau. Wenn Sie einen der beiden Codes als zweites Argument in der Funktion SummeFarbe() verwenden, werden Sie die gewünschte Summe für diese Farbe erhalten.

Einen besseren Überblick über die Codierung der Farben verschaffen Sie sich, indem Sie das Makro FarbcodesAuflisten() starten. Es zeigt Ihnen in der ersten Spalte des Tabellenblattes den Wert des Farbcodes und in der zweiten Spalte die zugehörige Farbe an:

```
Sub FarbcodesAuflisten()
    Dim i As Long
        For i = 1 To 56
            Cells(i, 1) = i
            Cells(i, 2).Interior.ColorIndex = i
        Next i
End Sub
```

17.14.8   Zellen mit farblicher Gestaltung zählen

Selbstverständlich ist es auch möglich, die Anzahl der Zellen, die eine farbliche Gestaltung besitzen, zu ermitteln. Dafür können Sie das folgende VBA-Makro einsetzen:

```
Function Farbenanzahl(Bereich As Range)
  Application.Volatile
    For Each Zelle In Bereich
      If Not Zelle.Interior.ColorIndex = xlNone Then Farbenanzahl = _
        Farbenanzahl + 1
    Next Zelle
End Function
```

Der Unterschied zur Addition der farbigen Zellen lässt sich an der Zeile If Not Zelle.Interior.ColorIndex = xlNone Then Farbenanzahl = Farbenanzahl + 1 festmachen. Die Prüfung der Zellen bezieht sich darauf, festzustellen, ob *keine* Hintergrundfarbe verwendet wird (xlNone). Für die Zellen, auf die diese Bedingung nicht zutrifft, wird die Berechnung Farbenanzahl = Farbenanzahl + 1 durchgeführt. Ist der gesamte markierte Zellbereich durchlaufen, erhalten Sie auf diese Weise die Gesamtzahl der Zellen, die eine Hintergrundfarbe haben.

17.14.9   Gewichtete durchschnittliche Kapitalkosten als benutzerdefinierte Funktion

Zum Abschluss können und sollten wir die Kenntnisse zum Entwerfen und Nutzen von benutzerdefinierten Funktionen näher in den Gesamtzusammenhang des Controllings rücken; denn mit solchen Funktionen lassen sich zahlreiche Kennzahlen bequem und sicher berechnen. Ich möchte Ihnen das am Beispiel der Datei *17_UDF_WACC_01.xlsm* zeigen.

Gewichtete durchschnittliche Kapitalkosten oder *Weighted Average Cost of Capital (WACC)* erhalten Sie, indem Sie

▸ den Kapitalkostensatz für Eigenkapital mit dem Anteil des Eigenkapitals multiplizieren,

▸ den Kapitalkostensatz für Fremdkapital mit dem Anteil des Fremdkapitals multiplizieren und

▸ beide Zwischenergebnisse addieren.

Es dürfte kein Zweifel bestehen, dass sich diese Berechnung auch als BENUTZERDEFINIERTE FUNKTION durchführen lässt. Dazu verwenden Sie den hier dargestellten Quelltext:

```
Public Function WACC(KostensatzEigenkapital As Single, AnteilEigenkapital As
  Single, KostensatzFremdkapital As Single, AnteilFremdkapital As Single)

WACC = KostensatzEigenkapital * AnteilEigenkapital + KostensatzFremdkapital * _
  AnteilFremdkapital

End Function
```

Die vier Variablen werden als Variable vom Typ Single deklariert. Die Formel zur Berechnung des WACC ist äußerst simpel, da Sie lediglich die beiden Multiplikationen auf Basis der Variablennamen eingeben und die beiden Teile der Kalkulation addieren müssen.

Wenn Sie die BENUTZERDEFINIERTE FUNKTION dann starten und die Zellen, in denen sich die Werte der vier Variablen befinden, zuordnen, erhalten Sie die gewichteten durchschnittlichen Kapitalkosten (Abbildung 17.63).

	A	B	C	D	E
1	**Berechnung der Gesamtkapitalkosten (WACC)**				
2	Kostensatz Eigenkapital		10,80%		
3	Kostensatz Fremdkapital		4,00%		
4	Eigenkapitalkostensatz gewichtet		80%		
5	Fremdkapitalkostensatz gewichtet		20%		
6	**Gesamtkapitalkostensatz**		**=WACC(C2;C4;C3;C5)**		

Abbildung 17.63 WACC als benutzerdefinierte Funktion

Die Vorteile gegenüber der manuellen Berechnung liegen auf der Hand: Sie müssen keine Formel mit unterschiedlichen Operatoren mehr eingeben. Und wo keine manuelle Formeleingabe erfolgt, kann auch nicht versehentlich ein fehlerhafter Rechenweg eingegeben werden. Weniger Aufwand, mehr Gewissheit – eigentlich sollte die Arbeit mit Excel immer so funktionieren!

17.15   Die Beispiele aus dem Buch zum Herunterladen

Alle Beispieldateien, die im Buch erwähnt werden, können Sie auf der Webseite zum Buch (*www.rheinwerk-verlag/4679*) herunterladen. Scrollen Sie auf der Webseite ganz nach unten bis zum Punkt MATERIALIEN ZUM BUCH. Dort finden Sie ein Zip-Archiv, das sämtliche Beispieldateien beinhaltet.

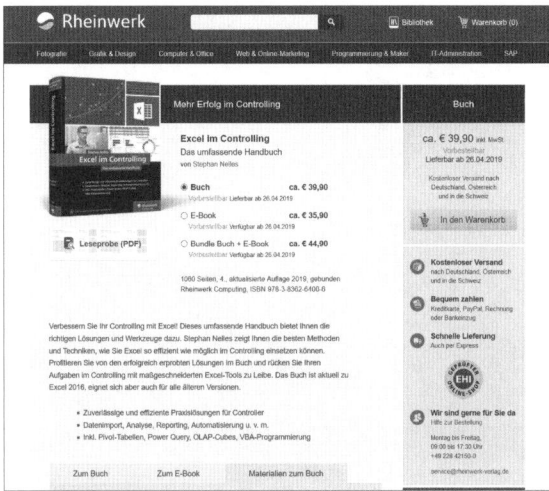

Abbildung 17.64 Unter »Materialien zum Buch« auf der Webseite finden Sie die Beispieldateien.

Index